连续介质力学基础

（第二版）

Fundamentals of Continuum Mechanics

(Second Edition)

黄筑平

高等教育出版社·北京

内容简介

连续介质力学是近代物理学中的一个重要分支,它是以统一的观点来研究连续介质在外部作用下变形和运动规律的一门学科,是流体力学、弹性力学、黏弹性力学、塑性力学等众多力学课程的重要理论基础,也是理解与有限变形有关的近代力学文献、从事相关课题研究的基础,已成为力学专业学生的必修课。

作者自1986年以来为北京大学力学系研究生开设了“连续介质力学”课程,本书的第一版是在该课程讲稿的基础上经过进一步的充实和完善后写成的,于2003年出版。第二版中又增加、补充了作者近年来的部分科研成果。例如,介绍了构造可压缩橡胶类材料热-弹性本构关系的一般方法以及作者提出的表/界面能理论和热-弹塑性本构理论,完善了作者关于黏弹性本构关系的内变量理论等。此外,第二版还适当增加了一些例题和习题。全书共分九章,内容包括张量初步、变形几何学和运动学、守恒定律和非平衡态热力学、本构理论、流体、有限变形下的弹性体、黏弹性体和弹塑性体以及间断条件等。本书强调基本概念提法的准确性和理论体系的严密性,在对数学表达式进行严格推导的同时,还尽可能地阐明数学方程所具有的物理内涵;在介绍连续介质力学最新研究进展的同时,还尽可能地澄清一些目前存在的尚有争议的基本而又重大的理论问题。本书力图将抽象的理论与物理实际相结合,但又不局限于个例,具有系统性和完整性的鲜明特色。为了加深对书中内容的理解,各章给出了适当的例题和习题,并在书后附有部分习题的解答或提示。本书可作为力学、应用数学、应用物理、工程科学等类专业的研究生教材,也可作为力学和相关专业师生及科技工作者的参考书。

第二版前言

本书自2003年出版至今已有八个年头了。其间得到了国内外同行的积极评价、关心、支持和鼓励，作者对此表示深深的谢意！这次对第一版进行修订，主要是出于以下几点考虑：

(1) 第一版中有一些印刷错误和疏漏之处，需要予以订正。

(2) 为了便于读者更好地理解现有文献中的某些相关内容，需要再适当增加一些例题和习题，并对其中大部分习题给出解答。例如，第1章例题中关于四阶横观各向同性张量的绝对表示，习题1.9关于非对称仿射量的谱分解以及习题4.4关于对数旋率的讨论等。

(3) 在作者近年来的科研成果中，有一部分内容是与“非线性连续介质力学”相关的，有必要将这部分成果介绍给读者。例如：第6章§6.3中以Gent模型为例给出了构造可压缩橡胶类材料热-弹性本构关系的一般方法，第6章§6.5介绍了作者提出的关于表/界面能理论，第7章§7.5完善了作者关于热-黏弹性本构关系的内变量理论，第8章§8.2简要介绍了作者于1994年提出的热-弹塑性本构理论等。

本书能够顺利完稿，还要感谢妻子陈文琴医师多年来的理解和支持。最后，还要特别感谢高等教育出版社的李鹏先生为第二版的出版所付出的辛勤努力。

黄筑平
2011年8月

第一版序

连续介质力学(又称连续统力学、连续体力学)是近代力学的一个分支,它以统一的观点,高屋建瓴地研究连续介质在外部作用下的变形和运动规律,是诸多力学课程的理论基础。近年来,我一直关注着这一分支学科的进展,1977年我发起、建立了中国力学学会理性力学和力学中的数学方法专业组(后成为专业委员会),尔后通过多次学术活动和倡议翻译有关连续介质力学的专著,大力推动这一领域的研究。这些年来,已有不少连续介质力学的著作在国内问世。最近,我欣喜地注意到,北京大学黄筑平教授的《连续介质力学基础》即将付梓,此书颇有特色,值得学术界注意。

我在二十年前组织了一次全国非线性力学学术会议,会上认识了当时还是年轻学者的黄筑平,他在会上所做的关于理想刚塑性动力学的两个间断定理的报告引起了人们注意。后来我了解到,黄筑平教授几十年来,一直孜孜不倦地从事弹塑性大变形理论的研究,凭着他深厚的数理力学根底,力图澄清这一领域中有争议的一些基本问题,提出了不少独到见解,基于他的学术造诣,他被聘任为上海大学兼职教授,为上海大学上海市应用数学和力学研究所做了不少实事。

连续介质力学是一门相当难于阐释的学科,描述起来既不能过于抽象,脱离物理实际,又不能局限于个例,缺乏系统性和完整性,而黄筑平的这部著作经过多年反复磨砺、修改,较好地避免这两方面的缺陷,达到了较高的学术水平。具体说来,该书有下述特点:

(1) 概念清晰、体系严密。该书特别注意基本概念提法的准确性和理论体系严密性的结合,尽可能阐明了各种物理内涵以及有关的实验证据,强调了理论描述的朴实性和系统性;

(2) 观点鲜明、论述严谨。在连续介质力学专著中常有众说纷纭、莫衷一是之处,作者力图以足够的证据和充分的演绎,澄清各种有歧见的重要理论问题,其中关于非平衡态的热力学和有限变形弹塑性本构理论方面,所发表的见解很有新意;

(3) 取材新颖、立足前沿。由于作者长期从事相关领域的研究,书中充分反映了最新研究成果,包括作者近年的研究心得和著述,这在后四章中体现得尤为明显。

(4) 深入浅出、明白易懂。连续介质力学方面的著作往往失之于艰涩难懂，本书作者在取材、处理和编排上作了审慎考虑，采用了文献中的通用记法，尽可能以简明而准确的语言阐述深奥的道理，使读者易于接受。

当今社会普遍有浮躁心理，人们往往急功近利。黄筑平教授长期以来安心从事基础理论研究，以十五年之功推出这本著作，这种精神本身就值得称道。我相信，本书的推出，必将有利于我国的力学教学与科研事业的发展。

钱伟长

二〇〇一年十月九日

第一版前言

我们通常所遇到的物质是由大量的微小粒子(如原子、分子)组成的。连续介质力学并不重点考察个别粒子的运动规律,而是研究这些粒子运动的统计平均效应,即物质的宏观力学行为。因此,我们通常所说的宏观物质单元(或物质点)实际上包含了大量的粒子,由此所引进的宏观物理量,如温度、密度、应力等都是相应的微观量的统计平均。基于这种认识,在连续介质力学中,真实的物质将被抽象为一个连续体。因为在连续体中的宏观物理量一般要随物质点的改变而改变,所以,关于连续介质力学的基本理论是在场论的基础上建立起来的。

连续介质力学的基本方程有三类:

(1) 关于物体变形和运动的几何学描述,它可具有任意要求的精度。

(2) 适用于一切连续介质的物理基本定律,如质量守恒定律、动量守恒定律等以及热力学定律。由于未考虑量子效应和相对论效应,它仅在一定的尺度范围和较小的运动速度下近似成立。

(3) 描述材料力学性质的宏观本构关系。由于材料力学性质的多样性和复杂性,以及现有实验条件的限制,通常我们所建立的本构关系将不可能达到以上两类方程的精度。

以上三类基本方程,连同相应的初始条件和边界条件,将构成数学物理方程的初、边值问题的完整提法。因此,连续介质力学的任务首先是讨论基本方程的建立,其次是关于初、边值问题的求解,并由此来揭示物体在变形和运动过程中的基本特性。

由于新型材料的不断出现,以及材料强韧化设计的需要,本构关系的研究已成为当前变形体力学中的研究热点之一,力学与材料科学相结合,宏观-细观-微观相结合的研究方法已愈来愈受到人们的重视。这无疑为连续介质力学的发展增添了新的活力。反之,连续介质力学中所建立的具有共性的基本原理,又为具体材料本构关系的构造提供了相应的理论依据。因此,学习连续介质力学不仅对于更深刻地理解力学中各个分支学科(如流体力学、弹性力学、黏弹性力学等)的内容有帮助,而且对于深入进行材料本构关系的研究也是必不可少的。

自 1986 年以来,本书作者为北京大学力学系研究生开设了“连续介质力学”必修课,本书是在该课程讲稿的基础上,经过充实和完善写成的。本书强调了基本概念提法的准确性和理论体系的严密性,并结合连续介质力学的最新研究进展,力图澄清目前存在的尚有争议的基本而又重大的理论问题。

考虑到张量运算是连续介质力学中最基本的数学工具之一,本书第一章对张量理论作了必要的介绍,可作为学习连续介质力学时的参考。特别是§1.5(仿射量)、§1.6(张量分析)和§1.9(张量表示定理)中的有关知识,可以看作是学习以后几章时的必要数学准备。本书第二章和第三章分别对物体变形和运动的几何学描述,以及物体变形和运动所应遵循的基本物理定律进行了系统地讨论。虽然目前在非平衡态热力学的理论中存在一些有争议性的问题,本书还是给出了使理性力学家和物理学家双方都能接受的非平衡态热力学的一种表述形式。本书第四章对构造本构关系时所应遵循的基本原理和物质分类进行了讨论,同时还介绍了作者本人所建议的一种新的物质分类方法。本书第五章是关于简单流体的讨论。第六、第七和第八章分别讨论了在有限变形条件下弹性体、黏弹性体和弹塑性体的本构关系,并给出了某些简单问题的求解实例。应该说,采用诸如流体、弹性体、黏弹性体和弹塑性体等术语是十分粗糙的、不严格的,因为它们之间并没有明确的分界线。然而,为了强调在特定的外部环境作用下物体所表现出来的特有的变形规律,将物体分为流体、弹性体等不仅能简化问题的讨论,而且能对问题的物理本质有更加深入的认识。由于篇幅所限,书中未能涉及关于铁电体、生物体,以及其他一些典型材料的本构关系的讨论。有兴趣的读者可参考相关的文献(例如,Eringen A C, Maugin G A. Electrodynamics of Continua. New York: Springer-Verlag,1990;冯元桢.连续介质力学导论(中译本).重庆大学出版社,1997)。本书的最后一章是关于间断条件的讨论,其中也介绍了作者提出的理想刚塑性动力学中的两个间断定理。需要说明,为了强调书中的某些概念,我们在相应文字的下方加上了黑点,以便引起读者的重视。书中有些章节或例题是带“*”号的,根据教学的具体情况,这些带“*”号的部分也可以略去不讲。

在本书的写作过程中,得到了许多同行的关心、支持和帮助。这里,我首先要感谢的是中国科学院研究生院的王文标教授。多年来,他与作者就许多共同感兴趣的问题进行过十分有益的讨论。此外,清华大学的郑泉水教授,北京航空航天大学的黄执中教授,美国 Notre Dame 大学的黄乃建教授,中国科学院力学研究所的谈庆明研究员、范椿研究员和梁乃刚研究员，北京大学的陈维桓教授、林宗涵教授、殷有泉教授和李植副教授，上海大学的钱伟长教授和戴世强教授以及北方交通大学的高玉臣教授等都对本书的出版提出过许多宝贵的意见，在此谨向以上各位教授表示深深的谢意。

鉴于作者水平有限，错漏和不当之处在所难免，恳请读者和专家们批评指正。

黄筑平

2002 年 3 月

目　　录

常用符号表

在绝大多数情况下，本书将以白体字母表示标量，以黑体字母表示向量、仿射量或高阶张量。下面列出书中最常出现的符号，其中有些符号也可能还会有其他的含义，但可以通过上下文的说明来加以区分。

$\boldsymbol{a}$	加速度
$\boldsymbol{A}_{(n)}$	n 阶 Rivlin-Ericksen 张量
$\boldsymbol{B}$	左 Cauchy-Green 张量
C_{E}	定容比热容
C_{T}	定压比热容
curl	旋度
$\boldsymbol{c}$	左 Cauchy-Green 张量 $\boldsymbol{B}$ 的逆
$\boldsymbol{C}$	右 Cauchy-Green 张量
det	行列式
diag	由对角元素表示的仿射量
div	散度
$\mathrm{d}s$	线元
$\mathrm{d}S$	面元
$\mathrm{d}v$	体元
$\boldsymbol{D}$	变形率张量
$\boldsymbol{e}$	Euler 型应变度量
$\boldsymbol{E}$	Lagrange 型应变度量
Fr	Froude 数
$\boldsymbol{F}$	变形梯度
G	Gibbs 自由能密度
$\boldsymbol{g}_i$	空间坐标系$\{x^i\}$中的协变基向量
$\boldsymbol{G}_A$	物质坐标系$\{X^A\}$中的协变基向量
h	单位时间内单位质量上的分布热源
$H(t)$	Heaviside 单位阶梯函数
$\boldsymbol{I}$	单位仿射量

$\overset{(1)}{\boldsymbol{I}}$		对称化的四阶单位张量
	$\mathscr{J}$	体元变形后与变形前的体积比
$\boldsymbol{J}$		加速度梯度的反对称部分
	K	动能
$\boldsymbol{l}_\alpha$		左伸长张量 $\boldsymbol{V}$ 的单位特征向量
$\boldsymbol{L}_\alpha$		右伸长张量 $\boldsymbol{U}$ 的单位特征向量
$\boldsymbol{L}$		速度梯度
	Ma	Mach 数
$\boldsymbol{N}$		变形后物体边界上的单位外法向量
${}_0\boldsymbol{N}$		变形前物体边界上的单位外法向量
	$\mathscr{O}_3$	正交群
	p	压强
$\boldsymbol{q}$		热流向量
$\boldsymbol{Q}$		正交张量
	Re	Reynolds 数
$\mathbb{R}$		实数
$\boldsymbol{R}$		转动张量
	sp	张成
$\boldsymbol{S}$		第一类 Piola-Kirchhoff 应力
	t	时间
	tr	迹
$\boldsymbol{T}$		与 Lagrange 应变 $\boldsymbol{E}$ 相共轭的应力
$\boldsymbol{u}$		位移向量
$\boldsymbol{U}$		右伸长张量
v		速度
$\boldsymbol{V}$		左伸长张量
$\boldsymbol{W}$		物质旋率
$\boldsymbol{x}$		空间坐标系 $\{x^i\}$ 中点的向径
$\boldsymbol{X}$		物质坐标系 $\{X^A\}$ 中点的向径
	δ^i_j	Kronecker 符号
	ε	内能密度
$\boldsymbol{\varepsilon}$		置换张量
	η	熵密度

	θ	热力学温度
	$\dot{\Theta}$	熵产生率
$\boldsymbol{\nu}$		间断面上的单位法向量
	ξ_m	内变量
	ρ	质量密度
$\boldsymbol{\sigma}$		Cauchy 应力
$\boldsymbol{\tau}$		Kirchhoff 应力
	ψ	Helmholtz 自由能密度
∇		Hamilton 算子
$\otimes$		张量的并积
$\tilde{\boxtimes}$		对称化的张量积
$\cdot$		张量的点积
$\times$		张量的叉积
$\{\!\{\ \}\!\}$		泛函
$[\![\ ]\!]$		间断量

第一章　张量初步

人们通常总是在某一选取的坐标系中来描述某些物理量.但这些物理量及其遵循的规律是客观存在的,并不随坐标系的选取而改变.因此,在不同的坐标系中,相应的物理量的分量之间就必然要满足某种不变性关系.张量运算的目的就是研究上述这种不变性关系.

作为连续介质力学的主要数学基础,本章将对三维欧氏空间中有关张量的初步知识作一简要的介绍.对于那些熟悉张量运算的读者来说,可以从下一章开始直接进入连续介质力学的正题,而本章的内容仅起到复习和参考的作用.

§1.1　有限维欧氏向量空间

(一) 向量空间

向量又称为矢量,实数域$\mathbb{R}$上的向量空间是由满足以下两条性质的向量集合$\mathscr{V}$构成的:

1) 向量的加法:集合$\mathscr{V}$中的任意两个向量$\boldsymbol{u}$和$\boldsymbol{v}$都对应于$\mathscr{V}$中的另一个向量$\boldsymbol{u}+\boldsymbol{v}$,称作$\boldsymbol{u}$与$\boldsymbol{v}$的和,满足:

a) 交换律　　$\boldsymbol{u}+\boldsymbol{v}=\boldsymbol{v}+\boldsymbol{u}$.

b) 结合律　　对于$\mathscr{V}$中的第三个向量$\boldsymbol{w}$,有

$$\boldsymbol{u}+(\boldsymbol{v}+\boldsymbol{w})=(\boldsymbol{u}+\boldsymbol{v})+\boldsymbol{w}.$$

c) $\mathscr{V}$中存在唯一的零向量$\mathbf{0}$,使得$\boldsymbol{v}+\mathbf{0}=\boldsymbol{v}$.

d) 对于$\mathscr{V}$中的任一向量$\boldsymbol{v}$,在$\mathscr{V}$中存在唯一的向量$-\boldsymbol{v}$,使得

$$\boldsymbol{v}+(-\boldsymbol{v})=\mathbf{0}.$$

2) 向量的数乘:对于实数域$\mathbb{R}$中的任意实数α和$\mathscr{V}$中的向量$\boldsymbol{v}$,都对应于$\mathscr{V}$中的另一个向量$\alpha\boldsymbol{v}$,称作α与$\boldsymbol{v}$的数乘,满足

a) $1\boldsymbol{v}=\boldsymbol{v}$.

b) 对于两个实数α和β,有结合律$(\alpha\beta)\boldsymbol{v}=\alpha(\beta\boldsymbol{v})$和分配律$(\alpha+\beta)\boldsymbol{v}=\alpha\boldsymbol{v}+\beta\boldsymbol{v}$.

c) 对于$\mathscr{V}$中的两个向量$\boldsymbol{u}$和$\boldsymbol{v}$,有分配律

$$\alpha(\boldsymbol{u} + v) = \alpha\boldsymbol{u} + \alpha v.$$

以后将采用记号 $\alpha \in \mathbb{R}$ 和 $v \in \mathscr{V}$ 分别表示实数域 $\mathbb{R}$ 中的实数 α 和集合 $\mathscr{V}$ 中的向量 v,采用记号 $\forall \alpha \in \mathbb{R}$ 和 $\forall\ v \in \mathscr{V}$ 分别表示实数域 $\mathbb{R}$ 中的任意实数 α 和集合 $\mathscr{V}$ 中的任意向量 v.

对于 $\mathscr{V}$ 中 p 个非零向量 $v_1, v_2, \cdots, v_p$,如果存在 p 个不全为零的实数 $\alpha_1, \alpha_2, \cdots, \alpha_p$,使得

$$\sum_{i=1}^{p} \alpha_i v_i = \boldsymbol{0}, \tag{1.1}$$

则称这组向量 $v_i (i = 1,2,\cdots,p)$ 是线性相关的. 反之,如果不存在不全为零的 $\alpha_i (i = 1,2,\cdots,p)$,使得(1.1)式成立,则称 $v_i (i = 1,2,\cdots,p)$ 是线性无关的.

现考虑 $\mathscr{V}$ 中所有可能的线性无关向量组. 如果组中向量的个数是有限的,即存在 n 个线性无关的向量 $\{\boldsymbol{g}_1, \boldsymbol{g}_2, \cdots, \boldsymbol{g}_n\}$,使得 $\mathscr{V}$ 中的任意向量 v 都可表示为其线性组合

$$v = \sum_{i=1}^{n} v^i \boldsymbol{g}_i, \tag{1.2}$$

则称 $\mathscr{V}$ 是一个由基向量 $\{\boldsymbol{g}_1, \boldsymbol{g}_2, \cdots, \boldsymbol{g}_n\}$ 张成的 n 维(有限维)向量空间,记为 $\mathrm{sp}\{\boldsymbol{g}_1, \boldsymbol{g}_2, \cdots, \boldsymbol{g}_n\}$,其中 $v^i (i = 1,2,\cdots,n)$ 称作是向量 v 在基 $\{\boldsymbol{g}_1, \boldsymbol{g}_2, \cdots, \boldsymbol{g}_n\}$ 上的分量. 根据 **Einstein 求和约定**,(1.2) 式右端可写为 $v^i \boldsymbol{g}_i$,其中重复的指标 i 称之为哑标,表示此式要对 i 由 1 至 n 求和. 除非作相反的说明,以后本书将采用求和约定.

(二) 欧氏向量空间(Euclidean Vector Spaces)

如果对于 n 维向量空间 $\mathscr{V}$ 中的任意两个向量 $\boldsymbol{u}$ 和 v,都存在一个实数,称作为 $\boldsymbol{u}$ 和 v 的标量积(或内积,或点积),记为 $\boldsymbol{u} \cdot v$,满足:

1) 交换律 $\boldsymbol{u} \cdot v = v \cdot \boldsymbol{u}$.

2) 结合律 $(\alpha\boldsymbol{u}) \cdot v = \alpha(\boldsymbol{u} \cdot v),\ \forall \alpha \in \mathbb{R}$.

3) 分配律 $\boldsymbol{u} \cdot (v + \boldsymbol{w}) = \boldsymbol{u} \cdot v + \boldsymbol{u} \cdot \boldsymbol{w}$.

4) 如果对任意的 $\boldsymbol{u}$,都有 $\boldsymbol{u} \cdot v = 0$,则 $v = \boldsymbol{0}$.

5) 如果 $\boldsymbol{u} \neq 0$,则 $\boldsymbol{u} \cdot \boldsymbol{u} > 0$.

这时称满足以上性质的 n 维向量空间为 n 维欧氏向量空间 $\mathscr{V}_n$. 以后本书仅限于对三维欧氏空间 $\mathscr{V}_3$ 的讨论.

现考虑 $\mathscr{V}_3$ 中的两个向量 $\boldsymbol{u}$ 和 v,其长度分别为

$$|\boldsymbol{u}| = \sqrt{\boldsymbol{u}\cdot\boldsymbol{u}}$$

和 (1.3)

$$|v| = \sqrt{v\cdot v},$$

根据 **Schwarz 不等式**，$\boldsymbol{u}$ 和 v 的内积满足

$$|\boldsymbol{u}\cdot v| \leqslant |\boldsymbol{u}||v|. \tag{1.4}$$

如果 $|\boldsymbol{u}|$ 和 $|v|$ 都不为零，便可定义 $\boldsymbol{u}$ 与 v 之间的夹角 φ：$\cos\varphi = \boldsymbol{u}\cdot v/|\boldsymbol{u}||v|$. 当 $\boldsymbol{u}\cdot v = 0$ 时，则称 $\boldsymbol{u}$ 与 v 是相互正交的，可记为 $\boldsymbol{u}\perp v$.

设 $\boldsymbol{g}_1,\boldsymbol{g}_2,\boldsymbol{g}_3$ 为三维欧氏空间中的线性无关向量组，则可构造三个相互正交的单位向量 $\boldsymbol{e}_1,\boldsymbol{e}_2,\boldsymbol{e}_3$，使其满足

$$\boldsymbol{e}_i\cdot\boldsymbol{e}_j = \begin{cases}1, & i=j,\\ 0, & i\neq j.\end{cases} \tag{1.5}$$

例如，可取

$$\left.\begin{aligned}\boldsymbol{e}_1 &= \boldsymbol{g}_1/|\boldsymbol{g}_1|,\\ \boldsymbol{e}_2 &= (\boldsymbol{g}_2-\alpha\boldsymbol{g}_1)/|\boldsymbol{g}_2-\alpha\boldsymbol{g}_1|,\\ \boldsymbol{e}_3 &= (\boldsymbol{g}_3-\beta\boldsymbol{g}_2-\gamma\boldsymbol{g}_1)/|\boldsymbol{g}_3-\beta\boldsymbol{g}_2-\gamma\boldsymbol{g}_1|,\end{aligned}\right\} \tag{1.6}$$

其中 α 由方程 $\boldsymbol{g}_1\cdot(\boldsymbol{g}_2-\alpha\boldsymbol{g}_1)=0$ 或由 $\alpha = \boldsymbol{g}_1\cdot\boldsymbol{g}_2/|\boldsymbol{g}_1\cdot\boldsymbol{g}_1|$ 来确定，β 和 γ 由联立方程

$$\boldsymbol{g}_1\cdot(\boldsymbol{g}_3-\beta\boldsymbol{g}_2-\gamma\boldsymbol{g}_1)=0,$$

$$(\boldsymbol{g}_2-\alpha\boldsymbol{g}_1)\cdot(\boldsymbol{g}_3-\beta\boldsymbol{g}_2)=0$$

来确定. 不难看出，由上式求得的 α、β 和 γ 仅仅依赖于 $g_{ij}=\boldsymbol{g}_i\cdot\boldsymbol{g}_j(i,j=1,2,3)$.

于是，可选取某一原点 O，并以满足(1.5)式的向量组 $\{\boldsymbol{e}_i\}(i=1,2,3)$ 作为基向量来建立相应的坐标系，这样的坐标系称之为直角坐标系或笛卡儿坐标系(Rectangular Cartesian Coordinates). 三维欧氏空间中的任意向量 $\boldsymbol{u}$ 可以在直角坐标系中写为 $u^i\boldsymbol{e}_i$，即可以由基向量 $\{\boldsymbol{e}_i\}$ 上的三个有序分量 u^i 来表示.

(三) 向量的并积

现在从另一角度来理解向量 $\boldsymbol{u}$ 和 v 的内积. 当固定 $\boldsymbol{u}$ 而变化 v 时，$\boldsymbol{u}\cdot v$ 可以看作是向量 v 的标量值函数，它将向量空间 $\mathscr{V}$ 中的任意向量 v 线性变换到实数 $\boldsymbol{u}\cdot v$，满足：

$$\boldsymbol{u}\cdot(\alpha v+\beta\boldsymbol{w}) = \alpha\boldsymbol{u}\cdot v+\beta\boldsymbol{u}\cdot\boldsymbol{w},$$

$$\forall \boldsymbol{u}, v, \boldsymbol{w} \in \mathscr{V}, \forall \alpha, \beta \in \mathbb{R}.$$

显然,向量 $\boldsymbol{u}$ 可以通过以上的线性变换来加以定义,它在基向量 $\{\boldsymbol{e}_i\}$,$(i = 1,2,3)$ 上的三个有序分量由 $\boldsymbol{u} \cdot \boldsymbol{e}_i (i = 1,2,3)$ 给出.

为了将以上概念加以推广,现考虑两个欧氏空间 $\mathscr{U}$ 和 $\mathscr{V}$.设有两个向量 $\boldsymbol{u}$ 和 v,它们分别属于这两个空间:$\boldsymbol{u} \in \mathscr{U}, v \in \mathscr{V}$.若存在一个从 $\mathscr{V}$ 到 $\mathscr{U}$ 的线性变换,使得对于任意的 $\boldsymbol{w} \in \mathscr{V}$,都有

$$(\boldsymbol{u} \otimes v) \cdot \boldsymbol{w} = \boldsymbol{u}(v \cdot \boldsymbol{w}), \tag{1.7}$$

则上式定义了一个 $\mathscr{U} \otimes \mathscr{V}$ 空间中的元素 $\boldsymbol{u} \otimes v$,称之为 $\boldsymbol{u}$ 和 v 的并积,满足以下性质:

1) $\boldsymbol{u} \otimes (\alpha v_1 + \beta v_2) = \alpha(\boldsymbol{u} \otimes v_1) + \beta(\boldsymbol{u} \otimes v_2)$,

2) $(\alpha \boldsymbol{u}_1 + \beta \boldsymbol{u}_2) \otimes v = \alpha(\boldsymbol{u}_1 \otimes v) + \beta(\boldsymbol{u}_2 \otimes v)$,

$$\forall \boldsymbol{u}, \boldsymbol{u}_1, \boldsymbol{u}_2 \in \mathscr{U}, \forall v, v_1, v_2 \in \mathscr{V}, \forall \alpha, \beta \in \mathbb{R}.$$

特别地,以上的 $\mathscr{U}$ 和 $\mathscr{V}$ 可以是同一个空间 $\mathscr{V}$.

类似地,还可以依次定义多个向量的并积.

§1.2　曲线坐标系中的基向量

在三维欧氏空间中,可建立由原点 O 和三个相互正交的单位基向量 $\{\boldsymbol{e}_i\}(i = 1,2,3)$ 组成的直角坐标系.从原点 O 到空间中任一点 x 的向径是一个向量,可记为 $\boldsymbol{x}$,它可由向径 $\boldsymbol{x}$ 在直角坐标系中的三个有序分量来加以表示.其实,在三维欧氏空间中还可以建立另一曲线坐标系,空间中任一点 x 将对应于一有序数组 (x^1, x^2, x^3),称之为 x 在该曲线坐标系中的坐标.现假定点 x 与有序数组 (x^1, x^2, x^3) 之间具有单一的对应关系.这时,向径 $\boldsymbol{x}$ 的微分式可写为

$$\mathrm{d}\boldsymbol{x} = \frac{\partial \boldsymbol{x}}{\partial x^i} \mathrm{d}x^i, \tag{1.8}$$

上式中已采用了 Einstein 求和约定.现引进记号

$$\boldsymbol{g}_i = \frac{\partial \boldsymbol{x}}{\partial x^i} \quad (i = 1,2,3), \tag{1.9}$$

这时

$$\mathrm{d}\boldsymbol{x} = \mathrm{d}x^i \boldsymbol{g}_i, \tag{1.10}$$

可视为是 $\boldsymbol{g}_i$ 的线性组合.

对于某一给定的曲线坐标系,空间中坐标值分别为 (x^1, x^2, x^3) 和 $(x^1 + \mathrm{d}x^1, x^2 + \mathrm{d}x^2, x^3 + \mathrm{d}x^3)$ 的相邻两点的距离 $\mathrm{d}s$ 可由如下的二次微

分型给出：

$$(\mathrm{d}s)^2 = \mathrm{d}\boldsymbol{x}\cdot\mathrm{d}\boldsymbol{x} = \boldsymbol{g}_i\cdot\boldsymbol{g}_j\mathrm{d}x^i\mathrm{d}x^j = g_{ij}\mathrm{d}x^i\mathrm{d}x^j, \tag{1.11}$$

其中

$$g_{ij} = \boldsymbol{g}_i\cdot\boldsymbol{g}_j = g_{ji}. \tag{1.12}$$

当 $\mathrm{d}x^i$ 不全为零时，有 $(\mathrm{d}s)^2>0$，说明(1.11)式是一个正定二次型，故 g_{ij} 的行列式大于零：

$$g = \det(g_{ij}) > 0, \tag{1.13}$$

于是，给定 $\mathrm{d}\boldsymbol{x}$ 后，由式 $\mathrm{d}\boldsymbol{x}\cdot\boldsymbol{g}_j = \mathrm{d}x^i g_{ij}$ 可唯一解出 $\mathrm{d}x^i$，即分解式(1.10)中的向量 $\boldsymbol{g}_1,\boldsymbol{g}_2,\boldsymbol{g}_3$ 是线性无关的，因此可用 $\boldsymbol{g}_i(i=1,2,3)$ 来作为相应点 x 上的局部标架．空间中每一点都可对应于一个局部标架，其全体构成一个标架场，称为活动标架场（见图 1.1）．$\boldsymbol{g}_i(i=1,2,3)$ 称为**协变基向量**(covariant base vectors)．以后本书将假定这组基向量构成右手系．由此可知基向量 $\boldsymbol{g}_1,\boldsymbol{g}_2,\boldsymbol{g}_3$ 的混合积是大于零的：

$$[\boldsymbol{g}_1,\boldsymbol{g}_2,\boldsymbol{g}_3] = (\boldsymbol{g}_1\times\boldsymbol{g}_2)\cdot\boldsymbol{g}_3 > 0. \tag{1.14}$$

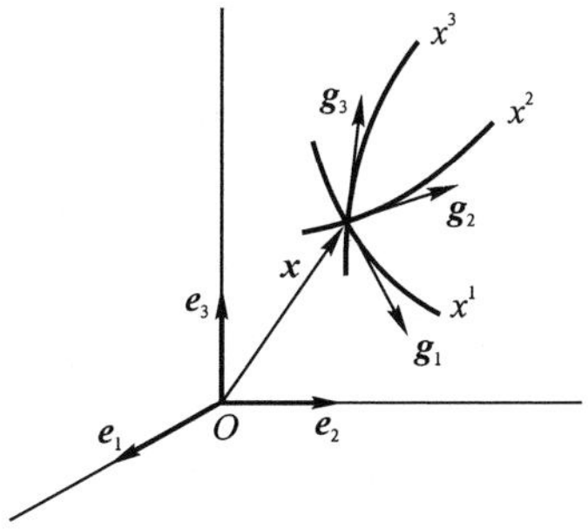

图 1.1　曲线坐标系中的基向量

另外，还可以定义相应的**逆变基向量** $\boldsymbol{g}^i$(contravariant base vectors)：

$$\begin{aligned}\boldsymbol{g}^1 &= \boldsymbol{g}_2\times\boldsymbol{g}_3/[\boldsymbol{g}_1,\boldsymbol{g}_2,\boldsymbol{g}_3],\\ \boldsymbol{g}^2 &= \boldsymbol{g}_3\times\boldsymbol{g}_1/[\boldsymbol{g}_1,\boldsymbol{g}_2,\boldsymbol{g}_3],\\ \boldsymbol{g}^3 &= \boldsymbol{g}_1\times\boldsymbol{g}_2/[\boldsymbol{g}_1,\boldsymbol{g}_2,\boldsymbol{g}_3].\end{aligned} \tag{1.15}$$

若引进置换记号(permutation symbol)

$$e_{ijk} = \begin{cases}0, & \text{如果有两个指标相同},\\ 1, & i,j,k\ \text{为正序排列},\\ -1, & i,j,k\ \text{为逆序排列},\end{cases} \tag{1.16}$$

则有

$$[\boldsymbol{g}_i, \boldsymbol{g}_j, \boldsymbol{g}_k] = [\boldsymbol{g}_1, \boldsymbol{g}_2, \boldsymbol{g}_3] e_{ijk}, \tag{1.17}$$

而(1.15)式可统一地写为

$$[\boldsymbol{g}_i, \boldsymbol{g}_j, \boldsymbol{g}_k] \boldsymbol{g}^k = \boldsymbol{g}_i \times \boldsymbol{g}_j. \tag{1.18}$$

协变基向量和逆变基向量有以下几点性质：

1）直接由定义(1.15)式，可得

$$\boldsymbol{g}^i \cdot \boldsymbol{g}_j = \delta^i_{\cdot j} = \begin{cases} 1, & i = j, \\ 0, & i \neq j, \end{cases} \tag{1.19}$$

其中 $\delta^i_{\cdot j}$ 称为 **Kronecker 符号**. 上式表明，当 $i \neq j$ 时 $\boldsymbol{g}^i$ 与 $\boldsymbol{g}_j$ 正交.

2）由(1.15)式和向量 $\boldsymbol{a}, \boldsymbol{b}, \boldsymbol{c}$ 所满足的熟知关系式

$$\boldsymbol{a} \times (\boldsymbol{b} \times \boldsymbol{c}) = (\boldsymbol{a} \cdot \boldsymbol{c}) \boldsymbol{b} - (\boldsymbol{a} \cdot \boldsymbol{b}) \boldsymbol{c},$$

可得

$$[\boldsymbol{g}^1, \boldsymbol{g}^2, \boldsymbol{g}^3] = (\boldsymbol{g}^1 \times \boldsymbol{g}^2) \cdot \boldsymbol{g}^3 = \frac{1}{[\boldsymbol{g}_1, \boldsymbol{g}_2, \boldsymbol{g}_3]} > 0. \tag{1.20}$$

这说明 $\boldsymbol{g}^i (i = 1,2,3)$ 也构成一组线性无关的右手系.

3）如果将 $\boldsymbol{g}_i$ 写为 $\boldsymbol{g}^j$ 的线性组合 $\boldsymbol{g}_i = \alpha_{ij} \boldsymbol{g}^j$，则由(1.12)式和(1.19)式可知其系数 α_{ij} 正好等于 g_{ij}，即有

$$\boldsymbol{g}_i = g_{ij} \boldsymbol{g}^j. \tag{1.21}$$

又由于 g_{ij} 的行列式 g 大于零，故可定义 g^{ij}，使其满足

$$g^{ir} g_{rj} = \delta^i_{\cdot j}. \tag{1.22}$$

对上式两端乘以 $\boldsymbol{g}^j$，则由(1.21)式得知 $\boldsymbol{g}^i$ 也可写为 $\boldsymbol{g}_j$ 的线性组合

$$\boldsymbol{g}^i = g^{ij} \boldsymbol{g}_j. \tag{1.23}$$

再次利用(1.19)式，便有

$$g^{ij} = \boldsymbol{g}^i \cdot \boldsymbol{g}^j = g^{ji}. \tag{1.24}$$

因为行列式 $g = \det(g_{ij})$ 中 g_{ij} 的代数余子式也可写为 $\dfrac{\partial g}{\partial g_{ij}}$，所以由定义式(1.22)式，还可得到

$$g^{ij} = \frac{1}{g} \frac{\partial g}{\partial g_{ji}}. \tag{1.25}$$

4）对(1.22)式两端取行列式，就有 $\det(g^{ir}) \cdot \det(g_{rj}) = 1$，因此 g^{ij} 的行列式满足

$$\det(g^{ij}) = g^{1i} g^{2j} g^{3k} e_{ijk} = \frac{1}{g} > 0. \tag{1.26}$$

5）将(1.23)式代入(1.20)式，则有

$$[\boldsymbol{g}^1, \boldsymbol{g}^2, \boldsymbol{g}^3] = (g^{1i} \boldsymbol{g}_i \times g^{2j} \boldsymbol{g}_j) \cdot g^{3k} \boldsymbol{g}_k = g^{1i} g^{2j} g^{3k} [\boldsymbol{g}_i, \boldsymbol{g}_j, \boldsymbol{g}_k]$$

$$= g^{1i}g^{2j}g^{3k}e_{ijk}[\boldsymbol{g}_1,\boldsymbol{g}_2,\boldsymbol{g}_3] = \frac{1}{g}[\boldsymbol{g}_1,\boldsymbol{g}_2,\boldsymbol{g}_3],$$

再利用(1.20)式,可得

$$[\boldsymbol{g}_1,\boldsymbol{g}_2,\boldsymbol{g}_3] = \frac{1}{[\boldsymbol{g}^1,\boldsymbol{g}^2,\boldsymbol{g}^3]} = \sqrt{g}. \tag{1.27}$$

因此(1.17)式也可写为

$$[\boldsymbol{g}_i,\boldsymbol{g}_j,\boldsymbol{g}_k] = \sqrt{g}e_{ijk}. \tag{1.28}$$

例 1　在正交曲线坐标系中的(1.12)式和(1.24)式满足以下性质:

当 $i \neq j$ 时,有 $g_{ij} = 0, g^{ij} = 0$.

当 $i = j$ 时,有 $g_{11} = \frac{1}{g^{11}}, g_{22} = \frac{1}{g^{22}}, g_{33} = \frac{1}{g^{33}}$.

而(1.13)式为 $g = g_{11}g_{22}g_{33}$.

例 2　在柱坐标系(r,θ,z)中,(1.11)式可写为

$$(\mathrm{d}s)^2 = (\mathrm{d}r)^2 + (r\mathrm{d}\theta)^2 + (\mathrm{d}z)^2,$$

如果曲线坐标系中的(x^1,x^2,x^3)与(r,θ,z)相对应,则有

$$g_{11} = \frac{1}{g^{11}} = 1, g_{22} = \frac{1}{g^{22}} = r^2, g_{33} = \frac{1}{g^{33}} = 1,$$

而 g_{ij} 的其他分量为零.

例 3　在如图1.2所示的球坐标系(r,θ,φ)中,(1.11)式可写为

$$(\mathrm{d}s)^2 = (\mathrm{d}r)^2 + (r\mathrm{d}\theta)^2 + (r\sin\theta\mathrm{d}\varphi)^2,$$

如果曲线坐标系中的(x^1,x^2,x^3)(如图 1.1)与(r,θ,φ)相对应,则有

$$g_{11} = \frac{1}{g^{11}} = 1,\quad g_{22} = \frac{1}{g^{22}} = r^2,\quad g_{33} = \frac{1}{g^{33}} = r^2\sin^2\theta,$$

而 g_{ij} 的其他分量为零.

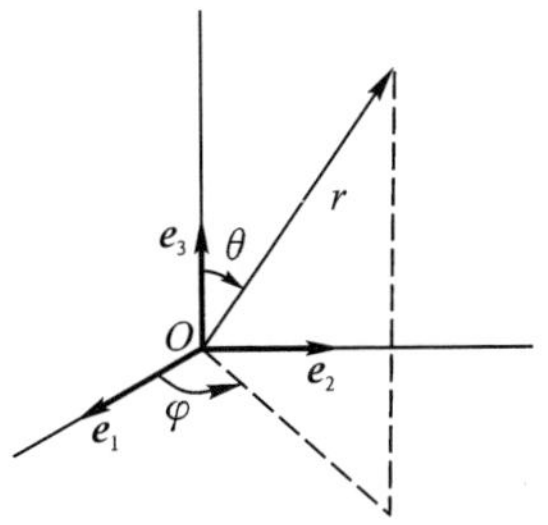

图 1.2　球坐标系(r,θ,φ)

§1.3 张量的定义

现考虑三维欧氏空间中的两组曲线坐标系，空间中同一点 x 在这两组坐标系中的坐标值分别为(x^1,x^2,x^3)和$(\bar{x}^1,\bar{x}^2,\bar{x}^3)$. 为叙述方便起见，我们称$(x^1,x^2,x^3)$和$(\bar{x}^1,\bar{x}^2,\bar{x}^3)$分别对应于旧坐标系和新坐标系，并假定它们之间存在的函数关系不仅是连续可微的，而且还是双方单值的，即有

$$\bar{x}^i = \bar{x}^i(x^1,x^2,x^3) \quad (i = 1,2,3), \tag{1.29}$$

或

$$x^i = x^i(\bar{x}^1,\bar{x}^2,\bar{x}^3) \quad (i = 1,2,3). \tag{1.30}$$

上式的微分可写为

$$\left.\begin{aligned} \mathrm{d}\bar{x}^i &= \frac{\partial \bar{x}^i}{\partial x^j}\mathrm{d}x^j, \\ \text{或} \qquad \mathrm{d}x^i &= \frac{\partial x^i}{\partial \bar{x}^j}\mathrm{d}\bar{x}^j, \end{aligned}\right\} \tag{1.31}$$

而且其相应的正逆两种变换的 Jacobi 行列式均不为零：

$$\det\left(\frac{\partial \bar{x}^i}{\partial x^j}\right) \neq 0, \quad \det\left(\frac{\partial x^i}{\partial \bar{x}^j}\right) \neq 0.$$

实际上，当以上两组坐标系皆为右手系时，其相应的 Jacobi 行列式应大于零.

对应于新坐标系的协变基向量可由(1.9)式写为

$$\bar{\boldsymbol{g}}_i = \frac{\partial \boldsymbol{x}}{\partial \bar{x}^i} = \frac{\partial \boldsymbol{x}}{\partial x^j}\frac{\partial x^j}{\partial \bar{x}^i} = \frac{\partial x^j}{\partial \bar{x}^i}\boldsymbol{g}_j, \tag{1.32}$$

上式的逆关系是

$$\boldsymbol{g}_i = \frac{\partial \bar{x}^j}{\partial x^i}\bar{\boldsymbol{g}}_j. \tag{1.33}$$

分别将以上两式的两端与 $\boldsymbol{g}^k$ 和 $\bar{\boldsymbol{g}}^k$ 作内积，则有

$$\boldsymbol{g}^i \cdot \bar{\boldsymbol{g}}_j = \frac{\partial x^i}{\partial \bar{x}^j}, \quad \bar{\boldsymbol{g}}^i \cdot \boldsymbol{g}_j = \frac{\partial \bar{x}^i}{\partial x^j}. \tag{1.34}$$

这说明逆变基向量 $\boldsymbol{g}^i$ 和 $\bar{\boldsymbol{g}}^i$ 之间存在着以下关系式：

$$\bar{\boldsymbol{g}}^i = \frac{\partial \bar{x}^i}{\partial x^j}\boldsymbol{g}^j, \quad \boldsymbol{g}^i = \frac{\partial x^i}{\partial \bar{x}^j}\bar{\boldsymbol{g}}^j. \tag{1.35}$$

由(1.12)式和(1.32)式，可得

$$\bar{g}_{ij} = \frac{\partial x^m}{\partial \bar{x}^i}\frac{\partial x^n}{\partial \bar{x}^j} g_{mn}. \tag{1.36}$$

类似地,由(1.24) 式和(1.35) 式,可得

$$\bar{g}^{ij} = \frac{\partial \bar{x}^i}{\partial x^m}\frac{\partial \bar{x}^j}{\partial x^n} g^{mn}. \tag{1.37}$$

(1.36) 式两端行列式的平方根为

$$\sqrt{\bar{g}} = \det\left(\frac{\partial x^i}{\partial \bar{x}^j}\right)\sqrt{g}. \tag{1.38}$$

利用(1.27) 式,上式还可改写为

$$[\bar{\boldsymbol{g}}_1, \bar{\boldsymbol{g}}_2, \bar{\boldsymbol{g}}_3] = \det\left(\frac{\partial x^i}{\partial \bar{x}^j}\right)[\boldsymbol{g}_1, \boldsymbol{g}_2, \boldsymbol{g}_3]. \tag{1.39}$$

对应于空间点 x 的任意向量 v 可表示为协变基向量$\boldsymbol{g}_i$(或 $\bar{\boldsymbol{g}}_i$)的线性组合,也可表示为逆变基向量 $\boldsymbol{g}^i$(或 $\bar{\boldsymbol{g}}^i$) 的线性组合:

$$v = v^i \boldsymbol{g}_i = v_i \boldsymbol{g}^i = \bar{v}^i \bar{\boldsymbol{g}}_i = \bar{v}_i \bar{\boldsymbol{g}}^i, \tag{1.40}$$

其中 $v^i, \bar{v}^i$ 和 $v_i, \bar{v}_i$ 分别称为向量 v 的逆变分量和协变分量.

在新旧坐标系中,向量v 的逆变分量或协变分量之间的变换关系可利用(1.34) 式求得:

$$\left.\begin{aligned} \bar{v}^i &= v \cdot \bar{\boldsymbol{g}}^i = v^j \boldsymbol{g}_j \cdot \bar{\boldsymbol{g}}^i = \frac{\partial \bar{x}^i}{\partial x^j} v^j, \\ \bar{v}_i &= v \cdot \bar{\boldsymbol{g}}_i = v_j \boldsymbol{g}^j \cdot \bar{\boldsymbol{g}}_i = \frac{\partial x^j}{\partial \bar{x}^i} v_j. \end{aligned}\right\} \tag{1.41}$$

特别当v 为向径 $\boldsymbol{x}$ 的微分 $\mathrm{d}\boldsymbol{x}$ 时,上式便化为(1.31) 式.

两个基向量的并积可写为 $\boldsymbol{g}_i \otimes \boldsymbol{g}_j$(或 $\boldsymbol{g}^i \otimes \boldsymbol{g}^j$,或 $\boldsymbol{g}_i \otimes \boldsymbol{g}^j$,或 $\boldsymbol{g}^i \otimes \boldsymbol{g}_j$),其中每一组并积都有 $3^2 = 9$ 个元素.对于某一物理量 $\boldsymbol{\varphi}$,如果在任意曲线坐标系中该物理量都可表示为不变形式

$$\boldsymbol{\varphi} = \varphi^{ij} \boldsymbol{g}_i \otimes \boldsymbol{g}_j, \tag{1.42}$$

则称 $\boldsymbol{\varphi}$ 是一个二阶绝对张量,其中 φ^{ij} 称为该**张量的逆变分量**(有时也称为二阶逆变张量).如果另取一新的坐标系,则由以上定义,$\boldsymbol{\varphi}$ 可在此新的坐标系的基向量 $\bar{\boldsymbol{g}}_i$ 下表示为

$$\boldsymbol{\varphi} = \bar{\varphi}^{ij} \bar{\boldsymbol{g}}_i \otimes \bar{\boldsymbol{g}}_j, \tag{1.43}$$

利用(1.33) 式,$\boldsymbol{\varphi}$ 可以写为

$$\boldsymbol{\varphi} = \frac{\partial \bar{x}^i}{\partial x^m}\frac{\partial \bar{x}^j}{\partial x^n} \varphi^{mn} \bar{\boldsymbol{g}}_i \otimes \bar{\boldsymbol{g}}_j,$$

与(1.43) 式比较后,便得到 $\boldsymbol{\varphi}$ 的逆变分量的坐标变换关系式

$$\bar{\varphi}^{ij} = \frac{\partial \bar{x}^i}{\partial x^m}\frac{\partial \bar{x}^j}{\partial x^n}\varphi^{mn}. \tag{1.44}$$

(1.42) 式也可以写为

$$\boldsymbol{\varphi} = \varphi_{ij}\boldsymbol{g}^i \otimes \boldsymbol{g}^j = \varphi^i_{\cdot j}\boldsymbol{g}_i \otimes \boldsymbol{g}^j = \varphi_i^{\cdot j}\boldsymbol{g}^i \otimes \boldsymbol{g}_j, \tag{1.45}$$

其中 φ_{ij} 称为 $\boldsymbol{\varphi}$ 的**协变分量**(有时也称为二阶协变张量),而 $\varphi^i_{\cdot j}$ 和 $\varphi_i^{\cdot j}$ 称为 $\boldsymbol{\varphi}$ 的**混合分量**(有时也称为二阶混合张量). 因为在新坐标系中,$\boldsymbol{\varphi}$ 仍具有(1.45) 式的不变形式,所以当注意到(1.32) 式和(1.35) 式后,便可得到新旧坐标系中二阶张量 $\boldsymbol{\varphi}$ 的分量之间所满足的以下坐标变换关系式.

$$\bar{\varphi}_{ij} = \frac{\partial x^m}{\partial \bar{x}^i}\frac{\partial x^n}{\partial \bar{x}^j}\varphi_{mn}, \qquad \bar{\varphi}^i_{\cdot j} = \frac{\partial \bar{x}^i}{\partial x^m}\frac{\partial x^n}{\partial \bar{x}^j}\varphi^m_{\cdot n}, \qquad \bar{\varphi}_i^{\cdot j} = \frac{\partial x^m}{\partial \bar{x}^i}\frac{\partial \bar{x}^j}{\partial x^n}\varphi_m^{\cdot n}. \tag{1.46}$$

对于更一般的情形,可定义$(s+p)$个有序向量的并积. 特别地,可定义 s 个协变基向量和 p 个逆变基向量的并积为

$$\boldsymbol{g}_{t_1} \otimes \boldsymbol{g}_{t_2} \otimes \cdots \otimes \boldsymbol{g}_{t_s} \otimes \boldsymbol{g}^{q_1} \otimes \boldsymbol{g}^{q_2} \otimes \cdots \otimes \boldsymbol{g}^{q_p},$$

这样的并积共有 $3^{(s+p)}$ 个元素. 如果某一物理量 $\boldsymbol{\varphi}$ 在任意(曲线) 坐标系中都可以表示为不变形式

$$\boldsymbol{\varphi} = \varphi^{t_1 t_2 \cdots t_s}{}_{q_1 q_2 \cdots q_p}(\sqrt{g})^{-w}\boldsymbol{g}_{t_1} \otimes \boldsymbol{g}_{t_2} \otimes \cdots \otimes \boldsymbol{g}_{t_s} \otimes \boldsymbol{g}^{q_1} \otimes \boldsymbol{g}^{q_2} \otimes \cdots \otimes \boldsymbol{g}^{q_p}, \tag{1.47}$$

则称 $\boldsymbol{\varphi}$ 为$(s+p)$阶张量. 其中 w 为张量的权,$\varphi^{t_1 t_2 \cdots t_s}{}_{q_1 q_2 \cdots q_p}$ 称为该张量的 s 阶逆变,p 阶协变的混合分量(有时也称作权为 w 的s 阶逆变,p 阶协变的$(s+p)$阶混合张量).

由于(1.47) 式具有不变形式,故在新坐标系中,$\boldsymbol{\varphi}$ 可表示为

$$\boldsymbol{\varphi} = \bar{\varphi}^{u_1 u_2 \cdots u_s}{}_{r_1 r_2 \cdots r_p}(\sqrt{\bar{g}})^{-w}\bar{\boldsymbol{g}}_{u_1} \otimes \bar{\boldsymbol{g}}_{u_2} \otimes \cdots \otimes \bar{\boldsymbol{g}}_{u_s} \otimes \bar{\boldsymbol{g}}^{r_1} \otimes \bar{\boldsymbol{g}}^{r_2} \otimes \cdots \otimes \bar{\boldsymbol{g}}^{r_p}. \tag{1.48}$$

利用(1.33) 式,(1.35) 式和(1.38) 式,便可得到新旧坐标系中张量 $\boldsymbol{\varphi}$ 的分量之间的关系式

$$\bar{\varphi}^{u_1 u_2 \cdots u_s}{}_{r_1 r_2 \cdots r_p} = \left[\det\left(\frac{\partial x^i}{\partial \bar{x}^j}\right)\right]^w \frac{\partial \bar{x}^{u_1}}{\partial x^{t_1}}\frac{\partial \bar{x}^{u_2}}{\partial x^{t_2}}\cdots\frac{\partial \bar{x}^{u_s}}{\partial x^{t_s}}\frac{\partial x^{q_1}}{\partial \bar{x}^{r_1}}\cdots\frac{\partial x^{q_p}}{\partial \bar{x}^{r_p}}\varphi^{t_1 t_2 \cdots t_s}{}_{q_1 q_2 \cdots q_p}. \tag{1.49}$$

对应于 $w=0$ 的张量称之为绝对张量,否则便称为相对张量. 以后本书主要讨论绝对张量,并简称其为张量. 当遇到相对张量时,则将给予必要的说明.

把张量写成 $\boldsymbol{\varphi}$ 的表示法称为不变性记法(或称为抽象记法).此外,也可将它写为并矢记法(如写为 $\varphi_{ij}\boldsymbol{g}^i\otimes\boldsymbol{g}^j,\varphi^{ij}\boldsymbol{g}_i\otimes\boldsymbol{g}_j,\cdots$,等等),或分量记法(如写为 $\varphi_{ij},\varphi^{ij},\cdots$,等等).在张量的分量记法中,其指标的顺序一般是不能随意交换的.张量分量的同一指标的逆变和协变类型完全由所选取的基向量的类型决定,其间并无本质区别.事实上,协变基向量和逆变基向量之间可由(1.21)式和(1.23)式来相互表示.因此,张量的逆变分量、协变分量或混合分量之间也存在着简单的关系.例如,可将(1.45)式写成

$$\boldsymbol{\varphi}=\varphi_{mn}\boldsymbol{g}^m\otimes\boldsymbol{g}^n=\varphi_{mj}g^{mi}\boldsymbol{g}_i\otimes\boldsymbol{g}^j=\varphi_{mn}g^{mi}g^{nj}\boldsymbol{g}_i\otimes\boldsymbol{g}_j.$$

因此有

$$g^{im}\varphi_{mj}=\varphi^{i}_{\cdot j},\quad g^{im}g^{jn}\varphi_{mn}=\varphi^{ij},$$

或由(1.22)式而写为

$$g_{im}\varphi^{m}_{\cdot j}=\varphi_{ij},\quad g_{im}g_{jn}\varphi^{mn}=\varphi_{ij}.$$

以上运算称为指标的上升和指标的下降,它同样也适用于高阶张量的情形.

如果某一个量在给定坐标系中可写成分量形式,那么关系式(1.49)式就可以用作判定该量是否是张量的条件.作为例子,下面就某些常用的张量作一简要讨论.

首先来讨论**标量**,它是张量的特殊情形.标量是零阶张量,具有 $3^0=1$ 个分量.它是坐标变换下的不变量,即在空间的同一点上,有 $\bar{\varphi}=\varphi$.

现考虑行列式(1.13)式的平方根$\sqrt{g}$,其值与坐标系的选取有关,因此它不是绝对张量.其实,由(1.38)式可知,它是权为 1 的零阶相对张量.

向量是一阶张量,具有 $3^1=3$ 个分量,其分量在新、旧坐标系中的关系(1.49)式可简单地由(1.41)式给出.标量 φ 对坐标 x^i 的偏导数 $\dfrac{\partial\varphi}{\partial x^i}$ 可作为向量协变分量的例子,因为它满足(1.41)式.

但需指出,在一般曲线坐标系中,对应于空间位置的向量 $\boldsymbol{x}$ 不能简单地写为(1.40)式的形式:$x^1\boldsymbol{g}_1+x^2\boldsymbol{g}_2+x^3\boldsymbol{g}_3$,因为 $\boldsymbol{g}_i(i=1,2,3)$ 是局部标架中的基向量,不能应用于全空间.

其次来讨论由(1.12)式和(1.24)式所定义的量 g_{ij} 和 g^{ij}.注意到(1.36)式和(1.37)式,可知它们分别是某个二阶张量的协变分量和逆变分量.该张量称之为**度量张量**或二阶单位张量,可表示为

$$\boldsymbol{I}=g_{ij}\boldsymbol{g}^i\otimes\boldsymbol{g}^j=g^{ij}\boldsymbol{g}_i\otimes\boldsymbol{g}_j.\tag{1.50}$$

由(1.21)式和(1.23)式,上式也可写为 $\boldsymbol{I} = \boldsymbol{g}_j \otimes \boldsymbol{g}^j = \boldsymbol{g}^j \otimes \boldsymbol{g}_j$,但 $\boldsymbol{g}_j \otimes \boldsymbol{g}^j = \delta_j^{\cdot i} \boldsymbol{g}_i \otimes \boldsymbol{g}^j$ 又等于 $\boldsymbol{g}_j \otimes (\delta^j_{\cdot i} \boldsymbol{g}^i) = \delta^i_{\cdot j} \boldsymbol{g}_i \otimes \boldsymbol{g}^j$,说明 $\delta_j^{\cdot i} = \delta^i_{\cdot j}$,即其上下标的次序可以不加区分,记为 δ^i_j.

最后来讨论由(1.16)式所定义的记号 e_{ijk}.因为以 $A^i_{\cdot j}$ 为元素的三阶行列式可表示为

$$\det(A^i_{\cdot j}) = A^i_{\cdot 1} A^j_{\cdot 2} A^k_{\cdot 3} e_{ijk},$$

或等价地

$$\det(A^i_{\cdot j}) e_{pqr} = A^i_{\cdot p} A^j_{\cdot q} A^k_{\cdot r} e_{ijk}, \tag{1.51}$$

所以,当把 $A^i_{\cdot j} = \dfrac{\partial x^i}{\partial \bar{x}^j}$ 看作是新、旧坐标系之间坐标变换的微分式时,便有

$$e_{pqr} = \left[\det\left(\frac{\partial x^m}{\partial \bar{x}^n}\right)\right]^{-1} \frac{\partial x^i}{\partial \bar{x}^p} \frac{\partial x^j}{\partial \bar{x}^q} \frac{\partial x^k}{\partial \bar{x}^r} e_{ijk}. \tag{1.52}$$

这说明 e_{ijk} 是权为 -1 的相对张量.

另一方面,如将(1.28)式记为

$$\varepsilon_{ijk} = [\boldsymbol{g}_i, \boldsymbol{g}_j, \boldsymbol{g}_k] = \sqrt{g} e_{ijk}, \tag{1.53}$$

并注意到(1.38)式,则可将(1.51)式改写为

$$\bar{\varepsilon}_{pqr} = \frac{\partial x^i}{\partial \bar{x}^p} \frac{\partial x^j}{\partial \bar{x}^q} \frac{\partial x^k}{\partial \bar{x}^r} \varepsilon_{ijk}.$$

可见 ε_{ijk} 是绝对张量 $\boldsymbol{\varepsilon}$ 的协变分量.通常称张量

$$\boldsymbol{\varepsilon} = \varepsilon_{ijk} \boldsymbol{g}^i \otimes \boldsymbol{g}^j \otimes \boldsymbol{g}^k \tag{1.54}$$

为**置换张量**(Eddington 张量).再由(1.23)式和(1.27)式,其逆变分量可通过对(1.53)式的指标上升而写为

$$\varepsilon^{ijk} = [\boldsymbol{g}^i, \boldsymbol{g}^j, \boldsymbol{g}^k] = \frac{1}{\sqrt{g}} e^{ijk}, \tag{1.55}$$

其中

$$e^{ijk} = \begin{cases} 0, & \text{如果有两个指标相同}, \\ 1, & i,j,k \text{ 为正序排列}, \\ -1, & i,j,k \text{ 为逆序排列}. \end{cases}$$

下面来给出关于置换张量的恒等式.利用行列式的性质

$$\begin{vmatrix} B^p_{\cdot i} & B^q_{\cdot i} & B^r_{\cdot i} \\ B^p_{\cdot j} & B^q_{\cdot j} & B^r_{\cdot j} \\ B^p_{\cdot k} & B^q_{\cdot k} & B^r_{\cdot k} \end{vmatrix} = e_{ijk} e^{pqr} \det(B^m_{\cdot n}),$$

并取 $B^{m}_{\cdot n} = \delta^{m}_{n}$，便可得到如下的恒等式：

$$\varepsilon_{ijk}\varepsilon^{pqr} = \begin{vmatrix} \delta^{p}_{i} & \delta^{q}_{i} & \delta^{r}_{i} \\ \delta^{p}_{j} & \delta^{q}_{j} & \delta^{r}_{j} \\ \delta^{p}_{k} & \delta^{q}_{k} & \delta^{r}_{k} \end{vmatrix}.$$

对上式右端行列式展开后，有

$$\left.\begin{aligned} \varepsilon_{ijk}\varepsilon^{iqr} &= \delta^{q}_{j}\delta^{r}_{k} - \delta^{q}_{k}\delta^{r}_{j}, \\ \varepsilon_{ijk}\varepsilon^{ijr} &= 2\delta^{r}_{k}, \\ \varepsilon_{ijk}\varepsilon^{ijk} &= 6. \end{aligned}\right\} \tag{1.56}$$

根据(1.51)式，并利用上式最后一式，以 $A^{i}_{\cdot j}$ 为元素的三阶行列式还可表示为

$$\det(A^{i}_{\cdot j}) = \frac{1}{3!}\varepsilon_{ijk}\varepsilon^{pqr}A^{i}_{\cdot p}A^{j}_{\cdot q}A^{k}_{\cdot r}. \tag{1.57}$$

§ 1.4　张 量 代 数

(一) 对称张量和反称张量的定义

对于张量的分量，若交换两个逆变指标(或协变指标) 后其数值并不改变，则称此张量对这两个指标是对称的，如 $A^{ij} = A^{ji}$，$A_{ij} = A_{ji}$. 当交换两个逆变指标(或协变指标) 后其数值仅改变符号而不改变大小，则称此张量对这两个指标是反称的. 如 $A^{ij} = -A^{ji}$，$A_{ij} = -A_{ji}$. 一个高阶张量，如果对任意一对指标都是对称的(或反称的)，则称该张量为对称(或反称) 张量. 例如，度量张量是对称张量，置换张量是反称张量.

张量的对称性并不随坐标变换而改变. 例如当 $A^{ij} = A^{ji}$ 时，也有

$$\bar{A}^{ij} = \frac{\partial \bar{x}^{i}}{\partial x^{m}}\frac{\partial \bar{x}^{j}}{\partial x^{n}}A^{mn} = \frac{\partial \bar{x}^{j}}{\partial x^{n}}\frac{\partial \bar{x}^{i}}{\partial x^{m}}A^{nm} = \bar{A}^{ji}.$$

(二) 加减

只有同阶张量之间才能进行加减，其结果仍为同阶张量. 在进行张量分量的加减时，其对应指标类型也须相同. 例如

$$C^{i} = A^{i} + B^{i}, \qquad C^{i}_{\cdot jk} = A^{i}_{\cdot jk} - B^{i}_{\cdot jk}.$$

张量的加法满足交换律(如 $\boldsymbol{A} + \boldsymbol{B} = \boldsymbol{B} + \boldsymbol{A}$) 和结合律(如$(\boldsymbol{A} + \boldsymbol{B}) + \boldsymbol{C} = \boldsymbol{A} + (\boldsymbol{B} + \boldsymbol{C})$) 以及关于数乘的分配律(如$(\alpha + \beta)\boldsymbol{A} = \alpha\boldsymbol{A} + \beta\boldsymbol{A}$，

$\alpha(\boldsymbol{A}+\boldsymbol{B})=\alpha\boldsymbol{A}+\alpha\boldsymbol{B},\ \forall\alpha,\beta\in\mathbb{R}$)和数乘的结合律(如$(\alpha\beta)\boldsymbol{A}=\alpha(\beta\boldsymbol{A}),\forall\alpha,\beta\in\mathbb{R}$).显然,一个二阶张量总可以分解为对称张量和反称张量之和.例如

$$A_{ij}=\frac{1}{2}(A_{ij}+A_{ji})+\frac{1}{2}(A_{ij}-A_{ji}).$$

而且这种分解是唯一的.

(三) 缩并

在张量的并矢记法中,如对其中的某两个基向量进行点积,则原来的张量将降低两阶,这一过程称为张量的缩并.例如,张量 $\boldsymbol{A}=A^{i}{}_{\cdot jk}\boldsymbol{g}_i\otimes\boldsymbol{g}^j\otimes\boldsymbol{g}^k$ 中,两个指标 i 和 j 缩并后为 $A^{i}{}_{\cdot jk}\delta^j_i\boldsymbol{g}^k=A^{i}{}_{\cdot ik}\boldsymbol{g}^k$,两个指标 i 和 k 缩并后为 $A^{i}{}_{\cdot ji}\boldsymbol{g}^j$,而两个指标 j 和 k 缩并后为 $A^{i}{}_{\cdot jk}g^{jk}\boldsymbol{g}_i$.

(四) 并积

两个张量的并积是两个向量并积的推广,它形成一个高阶张量,其阶数为并积的各张量阶数之和.例如,$\boldsymbol{A}=A^{ij}\boldsymbol{g}_i\otimes\boldsymbol{g}_j$ 与 $\boldsymbol{B}=B_{ij}\boldsymbol{g}^i\otimes\boldsymbol{g}^j$ 的并积可写为

$$\boldsymbol{A}\otimes\boldsymbol{B}=A^{ij}B_{kl}\boldsymbol{g}_i\otimes\boldsymbol{g}_j\otimes\boldsymbol{g}^k\otimes\boldsymbol{g}^l=C^{ij}{}_{\cdot\cdot kl}\boldsymbol{g}_i\otimes\boldsymbol{g}_j\otimes\boldsymbol{g}^k\otimes\boldsymbol{g}^l.$$

张量的并积具有如下性质:

$$\boldsymbol{A}\otimes(\boldsymbol{B}_1+\boldsymbol{B}_2)=\boldsymbol{A}\otimes\boldsymbol{B}_1+\boldsymbol{A}\otimes\boldsymbol{B}_2,$$
$$(\boldsymbol{A}_1+\boldsymbol{A}_2)\otimes\boldsymbol{B}=\boldsymbol{A}_1\otimes\boldsymbol{B}+\boldsymbol{A}_2\otimes\boldsymbol{B},$$
$$\alpha(\boldsymbol{A}\otimes\boldsymbol{B})=(\alpha\boldsymbol{A})\otimes\boldsymbol{B}=\boldsymbol{A}\otimes(\alpha\boldsymbol{B}),\ \forall\alpha\in\mathbb{R}.$$

但应注意,张量并积的结果与次序有关.

两个二阶张量 $\boldsymbol{A}=A^{ij}\boldsymbol{g}_i\otimes\boldsymbol{g}_j$ 和 $\boldsymbol{B}=B^{kl}\boldsymbol{g}_k\otimes\boldsymbol{g}_l$ 也可以通过以下的张量积来构造一个四阶张量:$\boldsymbol{A}\boxtimes\boldsymbol{B}=A^{ik}B^{jl}\boldsymbol{g}_i\otimes\boldsymbol{g}_j\otimes\boldsymbol{g}_k\otimes\boldsymbol{g}_l$,使得对于任意的二阶张量 $\boldsymbol{C}$,满足$(\boldsymbol{A}\boxtimes\boldsymbol{B}):\boldsymbol{C}=\boldsymbol{A}\cdot\boldsymbol{C}\cdot\boldsymbol{B}^T$.

特别地,四阶单位张量可写为 $\boldsymbol{I}\boxtimes\boldsymbol{I}$.

(五) 点积

两个张量的点积(或内积)是由两个张量的并积,然后缩并而得到的新张量.例如对于 $\boldsymbol{A}=A^{ij}\boldsymbol{g}_i\otimes\boldsymbol{g}_j$ 和 $\boldsymbol{B}=B_{mn}{}^{\cdot\cdot k}\boldsymbol{g}^m\otimes\boldsymbol{g}^n\otimes\boldsymbol{g}_k$,其一次点积是对 $\boldsymbol{A}$ 和 $\boldsymbol{B}$ 作并积后,再将 $\boldsymbol{A}$ 的最后一个基向量与 $\boldsymbol{B}$ 的第一个基向量进行缩并求得

$$\boldsymbol{A}\cdot\boldsymbol{B}=A^{ij}B_{jn}^{\cdot\cdot k}\boldsymbol{g}_i\otimes\boldsymbol{g}^n\otimes\boldsymbol{g}_k.$$

其两次点积是对 $\boldsymbol{A}$ 和 $\boldsymbol{B}$ 作并积后，再将 $\boldsymbol{A}$ 的最后两个基向量与 $\boldsymbol{B}$ 的前两个基向量依次进行缩并求得：

$$\boldsymbol{A}:\boldsymbol{B}=A^{ij}B_{ij}^{\cdot\cdot k}\boldsymbol{g}_k.$$

（六）叉积

两个张量的叉积是两个向量叉积的推广. 对于两个向量 $\boldsymbol{u}=u^i\boldsymbol{g}_i$ 和 $v=v^j\boldsymbol{g}_j$，其叉积可写为

$$\begin{aligned}\boldsymbol{u}\times v&=u^iv^j(\boldsymbol{g}_i\times\boldsymbol{g}_j)=u^iv^j\varepsilon_{ijk}\boldsymbol{g}^k\\&=-u^i\varepsilon_{ikj}v^j\boldsymbol{g}^k=v^j\varepsilon_{jki}u^i\boldsymbol{g}^k,\end{aligned}$$

或等价地写为

$$\boldsymbol{u}\times v=(\boldsymbol{u}\otimes v):\boldsymbol{\varepsilon}=\boldsymbol{\varepsilon}:(\boldsymbol{u}\otimes v)=-\boldsymbol{u}\cdot\boldsymbol{\varepsilon}\cdot v=v\cdot\boldsymbol{\varepsilon}\cdot\boldsymbol{u},\tag{1.58}$$

其中 $\boldsymbol{\varepsilon}=\varepsilon_{ijk}\boldsymbol{g}^i\otimes\boldsymbol{g}^j\otimes\boldsymbol{g}^k=\varepsilon^{ijk}\boldsymbol{g}_i\otimes\boldsymbol{g}_j\otimes\boldsymbol{g}_k$ 为置换张量.

对于两个高阶张量，例如 $\boldsymbol{A}=A_i^{\cdot jk}\boldsymbol{g}^i\otimes\boldsymbol{g}_j\otimes\boldsymbol{g}_k$ 和 $\boldsymbol{B}=B^{mn}\boldsymbol{g}_m\otimes\boldsymbol{g}_n$，其一次叉积可写为

$$\begin{aligned}\boldsymbol{A}\times\boldsymbol{B}&=A_i^{\cdot jk}B^{mn}\boldsymbol{g}^i\otimes\boldsymbol{g}_j\otimes(\boldsymbol{g}_k\times\boldsymbol{g}_m)\otimes\boldsymbol{g}_n\\&=A_i^{\cdot jk}B^{mn}\varepsilon_{kml}\boldsymbol{g}^i\otimes\boldsymbol{g}_j\otimes\boldsymbol{g}^l\otimes\boldsymbol{g}_n\\&=-\boldsymbol{A}\cdot\boldsymbol{\varepsilon}\cdot\boldsymbol{B},\end{aligned}\tag{1.59}$$

其两次叉积可写为

$$\begin{aligned}\boldsymbol{A}\overset{\times}{\times}\boldsymbol{B}&=A_i^{\cdot jk}B^{mn}\boldsymbol{g}^i\otimes(\boldsymbol{g}_j\times\boldsymbol{g}_m)\otimes(\boldsymbol{g}_k\times\boldsymbol{g}_n)\\&=A_i^{\cdot jk}B^{mn}\varepsilon_{jml}\varepsilon_{knp}\boldsymbol{g}^i\otimes\boldsymbol{g}^l\otimes\boldsymbol{g}^p.\end{aligned}$$

（七）商法则

商法则是判别一组函数是否是张量分量的一个有用准则. 设有一组具有 $3^{(s+p)}$ 个分量的空间点坐标的函数 $A^{t_1t_2\cdots t_s}_{\cdots\cdots q_1\cdots q_p}$，若它与某个其分量可作任意变化的张量分量进行点积运算后仍构成张量分量的话，那么 $A^{t_1\cdots t_s}_{\cdots\cdots q_1\cdots q_p}$ 本身也必然是一个 $(s+p)$ 阶张量的分量.

例如，当 $s=2,p=0$ 时，以上函数组可取为 A^{ij}. 对于任意的张量分量 $B_j^{\cdot k}$，如果 $A^{ij}B_j^{\cdot k}=C^{ik}$ 仍为张量的分量时，则 A^{ij} 本身也是一个二阶张量的逆变分量. 这是因为在新坐标系中，有

$$\bar{A}^{ij}\bar{B}_j^{\cdot k}=\bar{C}^{ik},$$

由(1.44)式和(1.46)式,上式可写为

$$\bar{A}^{ij}\frac{\partial x^m}{\partial \bar{x}^j}\frac{\partial \bar{x}^k}{\partial x^n}B_m^{\cdot n} = \frac{\partial \bar{x}^i}{\partial x^r}\frac{\partial \bar{x}^k}{\partial x^n}C^{rn} = \frac{\partial \bar{x}^i}{\partial x^r}\frac{\partial \bar{x}^k}{\partial x^n}A^{rm}B_m^{\cdot n},$$

即有

$$\frac{\partial \bar{x}^k}{\partial x^n}\left[\bar{A}^{ij}\frac{\partial x^m}{\partial \bar{x}^j} - A^{rm}\frac{\partial \bar{x}^i}{\partial x^r}\right]B_m^{\cdot n} = 0.$$

对上式乘以$\frac{\partial x^s}{\partial \bar{x}^k}$并对$k$求和,得

$$\left[\bar{A}^{ij}\frac{\partial x^m}{\partial \bar{x}^j} - A^{rm}\frac{\partial \bar{x}^i}{\partial x^r}\right]B_m^{\cdot s} = 0.$$

由于$B_m^{\cdot s}$可以任意变化,故$\bar{A}^{ij}\frac{\partial x^m}{\partial \bar{x}^j} = A^{rm}\frac{\partial \bar{x}^i}{\partial x^r}$.再对上式乘以$\frac{\partial \bar{x}^l}{\partial x^m}$并对$m$求和,可得

$$\bar{A}^{il} = \frac{\partial \bar{x}^i}{\partial x^r}\frac{\partial \bar{x}^l}{\partial x^m}A^{rm},$$

说明A^{ij}是二阶张量的逆变分量.

现给出一简单例子来说明商法则的应用.因为(1.11)式右端的$\mathrm{d}x^i$和$\mathrm{d}x^j$是可以任意选取的向量$\mathrm{d}\boldsymbol{x}$的逆变分量(满足变换关系(1.31)式),左端是坐标变换下的不变量,所以g_{ij}是一个二阶张量的协变分量.

例 线性表示定理:

设ψ是r阶张量空间中的开子集$\mathscr{D}$到实数域$\mathbb{R}$的线性映射$\psi(\boldsymbol{B})$,则存在唯一的r阶张量$\boldsymbol{\psi}$,使得对任意的r阶张量$\boldsymbol{B} \in \mathscr{D}$,$\psi(\boldsymbol{B})$可表示为$\boldsymbol{\psi}$与$\boldsymbol{B}$的$r$重点积:

$$\psi(\boldsymbol{B}) = \boldsymbol{\psi} \odot \boldsymbol{B}, \tag{1.60}$$

此处$\odot$表示r重点积(或称为全点积).

证明 设r阶张量$\boldsymbol{B}$的并矢记法为

$$\boldsymbol{B} = B^{i_1 i_2 \cdots i_r}\boldsymbol{g}_{i_1} \otimes \boldsymbol{g}_{i_2} \otimes \cdots \otimes \boldsymbol{g}_{i_r},$$

则可定义

$$\psi_{i_1 i_2 \cdots i_r} = \psi(\boldsymbol{g}_{i_1} \otimes \boldsymbol{g}_{i_2} \otimes \cdots \otimes \boldsymbol{g}_{i_r}).$$

根据ψ的线性性质,有

$$\psi(\boldsymbol{B}) = \psi_{i_1 i_2 \cdots i_r}B^{i_1 i_2 \cdots i_r}.$$

因为$\boldsymbol{B}$可以任意变化,故由商法则可知$\psi_{i_1 i_2 \cdots i_r}$是张量

$$\boldsymbol{\psi} = \psi_{i_1 i_2 \cdots i_r}\boldsymbol{g}^{i_1} \otimes \boldsymbol{g}^{i_2} \otimes \cdots \otimes \boldsymbol{g}^{i_r}$$

的协变分量.证讫.

§ 1.5　仿　射　量

二阶张量又称为**仿射量**.对于给定的仿射量 $\boldsymbol{B}$,它与任一向量 $\boldsymbol{u}$ 作点积后可得到另一向量 $v=\boldsymbol{B}\cdot\boldsymbol{u}$(或 $v'=\boldsymbol{u}\cdot\boldsymbol{B}$).因此,$\boldsymbol{B}$ 可以看作是一个线性算子,它将欧氏空间中的每一向量 $\boldsymbol{u}$ 线性映射到向量 v(或 v').

仿射量 $\boldsymbol{B}=B_{ij}\boldsymbol{g}^i\otimes\boldsymbol{g}^j=B^{i}_{\cdot j}\boldsymbol{g}_i\otimes\boldsymbol{g}^j=B^{ij}\boldsymbol{g}_i\otimes\boldsymbol{g}_j$ 的转置记为 $\boldsymbol{B}^{\mathrm{T}}=B_{ij}\boldsymbol{g}^j\otimes\boldsymbol{g}^i=B^{i}_{\cdot j}\boldsymbol{g}^j\otimes\boldsymbol{g}_i=B^{ij}\boldsymbol{g}_j\otimes\boldsymbol{g}_i$.

满足条件 $\boldsymbol{B}=\boldsymbol{B}^{\mathrm{T}}$ 的仿射量 $\boldsymbol{B}$ 称为**对称仿射量**,满足条件 $\boldsymbol{A}=-\boldsymbol{A}^{\mathrm{T}}$ 的仿射量称为**反称仿射量**.

仿射量 $\boldsymbol{B}$ 的行列式可由(1.57)式定义为

$$\det\boldsymbol{B}=\det(B^{i}_{\cdot j})=\frac{1}{3!}\varepsilon_{ijk}\varepsilon^{pqr}B^{i}_{\cdot p}B^{j}_{\cdot q}B^{k}_{\cdot r}.\tag{1.61}$$

由(1.46)式可知,仿射量的行列式与坐标系的选取无关.

仿射量 $\boldsymbol{B}$ 的逆可记为 $\boldsymbol{B}^{-1}$,满足

$$\boldsymbol{B}\cdot\boldsymbol{B}^{-1}=\boldsymbol{B}^{-1}\cdot\boldsymbol{B}=\boldsymbol{I},$$

其中 $\boldsymbol{I}$ 为度量张量. $\boldsymbol{B}$ 存在逆的充要条件是 $\boldsymbol{B}$ 的行列式不为零,这时的 $\boldsymbol{B}$ 称为正则仿射量.

如果仿射量 $\boldsymbol{Q}$ 的逆 $\boldsymbol{Q}^{-1}$ 等于其转置 $\boldsymbol{Q}^{\mathrm{T}}$,即有

$$\boldsymbol{Q}\cdot\boldsymbol{Q}^{\mathrm{T}}=\boldsymbol{Q}^{\mathrm{T}}\cdot\boldsymbol{Q}=\boldsymbol{I},$$

则称 $\boldsymbol{Q}$ 为**正交仿射量**.

下面将分别对以上几种类型仿射量的性质作简要的讨论.

(一) 特征值和特征向量

对于某个仿射量 $\boldsymbol{B}$,若存在一个实数 λ 和非零向量 $\boldsymbol{r}$(或非零向量 $\boldsymbol{l}$),使得

$$\boldsymbol{B}\cdot\boldsymbol{r}=\lambda\boldsymbol{r}\quad(\text{或 }\boldsymbol{l}\cdot\boldsymbol{B}=\lambda\boldsymbol{l})\tag{1.62}$$

成立,则称 λ 为 $\boldsymbol{B}$ 的**特征值**,$\boldsymbol{r}$(或 $\boldsymbol{l}$)为 $\boldsymbol{B}$ 的右(或左)**特征向量**.因为一切与右(或左)特征向量共线的非零向量仍然是右(或左)特征向量,故经常把右(或左)特征向量取为单位向量,称其为右(或左)特征方向.特别地,当右和左特征方向相同时,我们称该方向为特征方向.此外还不难看出,如果 $\boldsymbol{r}$ 和 $\boldsymbol{r}'$ 都是与特征值 λ 相对应的右特征向量,那么 $\boldsymbol{r}$ 与 $\boldsymbol{r}'$ 的线性组合也一定是与特征值 λ 相对应的右特征向量.通常我们称与特征值 λ 相对应的右(或左)特征向量所张成的空间为相应的右(或左)**特征空间**.

(1.62) 式的分量形式为

$$(B_{ij}-\lambda g_{ij})r^j=0 \quad (\text{或}(B_{ij}-\lambda g_{ij})l^i=0),$$

上式存在非零解 $\boldsymbol{r}$(或 $\boldsymbol{l}$) 的充要条件是

$$\det(\boldsymbol{B}-\lambda\boldsymbol{I})=\det(B^{i}_{\cdot j}-\lambda\delta^{i}_{j})=0. \tag{1.63}$$

(1.63) 式称为 $\boldsymbol{B}$ 的特征方程,它是关于特征值 λ 的三次方程.其左端的展开式称为特征多项式,而相应的特征方程可具体写为

$$\lambda^3-I_1(\boldsymbol{B})\lambda^2+I_2(\boldsymbol{B})\lambda-I_3(\boldsymbol{B})=0, \tag{1.64}$$

其中

$$\left.\begin{aligned}&I_1(\boldsymbol{B})=B^{i}_{\cdot i}=\mathrm{tr}\boldsymbol{B},\\&I_2(\boldsymbol{B})=\frac{1}{2}(B^{i}_{\cdot i}B^{j}_{\cdot j}-B^{i}_{\cdot j}B^{j}_{\cdot i})=\frac{1}{2}[(\mathrm{tr}\boldsymbol{B})^2-\mathrm{tr}\boldsymbol{B}^2],\\&I_3(\boldsymbol{B})=\det\boldsymbol{B}.\end{aligned}\right\} \tag{1.65}$$

它们都是 $\boldsymbol{B}$ 的标量不变量,分别称为 $\boldsymbol{B}$ 的第一、第二和第三**主不变量**.在上式中,我们引进了符号 tr,称为**迹**.它是将两个向量的并积 $\boldsymbol{u}\otimes\boldsymbol{v}$ 映射到一个实数的线性运算:$\mathrm{tr}(\boldsymbol{u}\otimes\boldsymbol{v})=\boldsymbol{u}\cdot\boldsymbol{v}$.因此,仿射量 $\boldsymbol{B}$ 的迹可写为

$$\mathrm{tr}\boldsymbol{B}=\mathrm{tr}(B^{i}_{\cdot j}\boldsymbol{g}_i\otimes\boldsymbol{g}^j)=B^{i}_{\cdot j}\boldsymbol{g}_i\cdot\boldsymbol{g}^j=B^{i}_{\cdot i}.$$

例 1 若 $f(x)=\alpha_0x^{n+1}+\alpha_1x^n+\cdots+\alpha_nx+\alpha_{n+1}$ 为整数阶实多项式,$\boldsymbol{B}$ 为一任意仿射量,其特征值和(右)特征向量分别为 λ 和 $\boldsymbol{r}$,试证 $\boldsymbol{f}(\boldsymbol{B})=\alpha_0\boldsymbol{B}^{n+1}+\alpha_1\boldsymbol{B}^n+\cdots+\alpha_n\boldsymbol{B}+\alpha_{n+1}\boldsymbol{I}$ 的特征值和(右)特征向量分别为 $f(\lambda)$ 和 $\boldsymbol{r}$.

证明 由(1.62)式,可得

$$\boldsymbol{B}^2\cdot\boldsymbol{r}=\boldsymbol{B}\cdot\boldsymbol{B}\cdot\boldsymbol{r}=\boldsymbol{B}\cdot(\lambda\boldsymbol{r})=\lambda^2\boldsymbol{r}.$$

事实上,对任意整数 m,都有 $\boldsymbol{B}^m\cdot\boldsymbol{r}=\lambda^m\boldsymbol{r}$.因为由数学归纳法可知,当上式对 m 成立时,上式对 $m+1$ 也成立,即 $\boldsymbol{B}^{m+1}$ 的特征值和(右)特征向量分别为 λ^{m+1} 和 $\boldsymbol{r}$:

$$\boldsymbol{B}^{m+1}\cdot\boldsymbol{r}=\boldsymbol{B}\cdot(\boldsymbol{B}^m\cdot\boldsymbol{r})=\boldsymbol{B}\cdot(\lambda^m\boldsymbol{r})=\lambda^m\boldsymbol{B}\cdot\boldsymbol{r}=\lambda^{m+1}\boldsymbol{r},$$

因此有 $\boldsymbol{f}(\boldsymbol{B})\cdot\boldsymbol{r}=f(\lambda)\boldsymbol{r}$. 证讫.

例 2 如果正则仿射量 $\boldsymbol{B}$ 的特征值和(右)特征向量分别为 λ 和 $\boldsymbol{r}$,试证 $\boldsymbol{B}^{-n}$ 的特征值和(右)特征向量分别为 λ^{-n} 和 $\boldsymbol{r}$,其中 n 为正整数.

证明 因为 $\boldsymbol{B}$ 是正则仿射量,故存在逆 $\boldsymbol{B}^{-1}$,以及 $\boldsymbol{B}^{-2}=\boldsymbol{B}^{-1}\cdot\boldsymbol{B}^{-1}$, $\boldsymbol{B}^{-3}=\boldsymbol{B}^{-1}\cdot\boldsymbol{B}^{-1}\cdot\boldsymbol{B}^{-1}$,…,等等.因此,由

$$\boldsymbol{B}^{-n}\cdot\boldsymbol{B}^n\cdot\boldsymbol{r}=\boldsymbol{B}^{-n}\cdot(\lambda^n\boldsymbol{r})=\boldsymbol{r},$$

可得 $\boldsymbol{B}^{-n}\cdot\boldsymbol{r}=\lambda^{-n}\boldsymbol{r}$. 证讫.

例 3 设 $\mathscr{V}$ 为三维欧氏向量空间，φ 是由 $\mathscr{V}\otimes\mathscr{V}\otimes\mathscr{V}$ 映射到实数域 $\mathbb{R}$ 的三线性反对称函数，即有

$$\varphi(\boldsymbol{u},v,\boldsymbol{w}) = -\varphi(v,\boldsymbol{u},\boldsymbol{w}) = -\varphi(\boldsymbol{u},\boldsymbol{w},v) = -\varphi(\boldsymbol{w},v,\boldsymbol{u}),\ \forall\ \boldsymbol{u},v,\boldsymbol{w}\in\mathscr{V},$$

试证对于任一仿射量 $\boldsymbol{B}$，有：

$$\left.\begin{aligned}&\varphi(\boldsymbol{B}\cdot\boldsymbol{u},v,\boldsymbol{w})+\varphi(\boldsymbol{u},\boldsymbol{B}\cdot v,\boldsymbol{w})+\varphi(\boldsymbol{u},v,\boldsymbol{B}\cdot\boldsymbol{w})\\&=I_1(\boldsymbol{B})\varphi(\boldsymbol{u},v,\boldsymbol{w}),\\&\varphi(\boldsymbol{B}\cdot\boldsymbol{u},\boldsymbol{B}\cdot v,\boldsymbol{w})+\varphi(\boldsymbol{u},\boldsymbol{B}\cdot v,\boldsymbol{B}\cdot\boldsymbol{w})+\varphi(\boldsymbol{B}\cdot\boldsymbol{u},v,\boldsymbol{B}\cdot\boldsymbol{w})\\&=I_2(\boldsymbol{B})\varphi(\boldsymbol{u},v,\boldsymbol{w}),\\&\varphi(\boldsymbol{B}\cdot\boldsymbol{u},\boldsymbol{B}\cdot v,\boldsymbol{B}\cdot\boldsymbol{w})=I_3(\boldsymbol{B})\varphi(\boldsymbol{u},v,\boldsymbol{w}).\end{aligned}\right\}\quad(1.66)$$

证明 $\boldsymbol{u},v,\boldsymbol{w}$ 在任一协变基向量 $\boldsymbol{g}_l$ 上的分解式可写为

$$\boldsymbol{u}=u^l\boldsymbol{g}_l,\quad v=v^m\boldsymbol{g}_m,\quad \boldsymbol{w}=w^n\boldsymbol{g}_n,$$

注意到 $\varphi(\boldsymbol{B}\cdot\boldsymbol{u},v,\boldsymbol{w})=u^lv^mw^n\varphi(\boldsymbol{B}\cdot\boldsymbol{g}_l,\boldsymbol{g}_m,\boldsymbol{g}_n)$，故由 φ 的反对称性质可将(1.66)式的第一式等价地写为

$$u^lv^mw^ne_{lmn}[\varphi(\boldsymbol{B}\cdot\boldsymbol{g}_1,\boldsymbol{g}_2,\boldsymbol{g}_3)+\varphi(\boldsymbol{g}_1,\boldsymbol{B}\cdot\boldsymbol{g}_2,\boldsymbol{g}_3)+\varphi(\boldsymbol{g}_1,\boldsymbol{g}_2,\boldsymbol{B}\cdot\boldsymbol{g}_3)]$$
$$=u^lv^mw^ne_{lmn}I_1(\boldsymbol{B})\varphi(\boldsymbol{g}_1,\boldsymbol{g}_2,\boldsymbol{g}_3).$$

因此，在证明(1.66)式的第一式时，只需将 $\boldsymbol{g}_1,\boldsymbol{g}_2,\boldsymbol{g}_3$ 分别代替 $\boldsymbol{u},v,\boldsymbol{w}$ 即可. 类似地，在证明(1.66)式的第二和第三式时，也只需将 $\boldsymbol{g}_1,\boldsymbol{g}_2,\boldsymbol{g}_3$ 分别代替 $\boldsymbol{u},v,\boldsymbol{w}$ 即可.

对于 $\boldsymbol{B}=B^i_{\cdot j}\boldsymbol{g}_i\otimes\boldsymbol{g}^j$，利用 φ 的线性和反对称性质，可知

$$\varphi(\boldsymbol{B}\cdot\boldsymbol{g}_1,\boldsymbol{g}_2,\boldsymbol{g}_3)=B^1_{\cdot 1}\varphi(\boldsymbol{g}_1,\boldsymbol{g}_2,\boldsymbol{g}_3),$$

故有

$$\varphi(\boldsymbol{B}\cdot\boldsymbol{g}_1,\boldsymbol{g}_2,\boldsymbol{g}_3)+\varphi(\boldsymbol{g}_1,\boldsymbol{B}\cdot\boldsymbol{g}_2,\boldsymbol{g}_3)+\varphi(\boldsymbol{g}_1,\boldsymbol{g}_2,\boldsymbol{B}\cdot\boldsymbol{g}_3)$$
$$=(B^1_{\cdot 1}+B^2_{\cdot 2}+B^3_{\cdot 3})\varphi(\boldsymbol{g}_1,\boldsymbol{g}_2,\boldsymbol{g}_3)=(\mathrm{tr}\boldsymbol{B})\varphi(\boldsymbol{g}_1,\boldsymbol{g}_2,\boldsymbol{g}_3),$$

即(1.66)式的第一式成立.

现来证明(1.66)式的第二式. 注意到 φ 的线性和反对称性质，有

$$\begin{aligned}\varphi(\boldsymbol{B}\cdot\boldsymbol{g}_1,\boldsymbol{B}\cdot\boldsymbol{g}_2,\boldsymbol{g}_3)&=\varphi(B^i_{\cdot 1}\boldsymbol{g}_i,B^j_{\cdot 2}\boldsymbol{g}_j,\boldsymbol{g}_3)\\&=\varphi((B^1_{\cdot 1}\boldsymbol{g}_1+B^2_{\cdot 1}\boldsymbol{g}_2+B^3_{\cdot 1}\boldsymbol{g}_3),\\&\qquad(B^1_{\cdot 2}\boldsymbol{g}_1+B^2_{\cdot 2}\boldsymbol{g}_2+B^3_{\cdot 2}\boldsymbol{g}_3),\boldsymbol{g}_3)\\&=(B^1_{\cdot 1}B^2_{\cdot 2}-B^2_{\cdot 1}B^1_{\cdot 2})\varphi(\boldsymbol{g}_1,\boldsymbol{g}_2,\boldsymbol{g}_3).\end{aligned}$$

由于

$$I_2(\boldsymbol{B})=(B^1_{\cdot 1}B^2_{\cdot 2}+B^2_{\cdot 2}B^3_{\cdot 3}+B^3_{\cdot 3}B^1_{\cdot 1})-(B^2_{\cdot 1}B^1_{\cdot 2}+B^3_{\cdot 2}B^2_{\cdot 3}+B^1_{\cdot 3}B^3_{\cdot 1}),$$

所以

$$\varphi(\boldsymbol{B}\cdot\boldsymbol{g}_1,\boldsymbol{B}\cdot\boldsymbol{g}_2,\boldsymbol{g}_3)+\varphi(\boldsymbol{g}_1,\boldsymbol{B}\cdot\boldsymbol{g}_2,\boldsymbol{B}\cdot\boldsymbol{g}_3)+\varphi(\boldsymbol{B}\cdot\boldsymbol{g}_1,\boldsymbol{g}_2,\boldsymbol{B}\cdot\boldsymbol{g}_3)$$
$$=I_2(\boldsymbol{B})\varphi(\boldsymbol{g}_1,\boldsymbol{g}_2,\boldsymbol{g}_3),$$

即(1.66)式的第二式成立.

最后,我们不难写出

$$\begin{aligned}\varphi(\boldsymbol{B}\cdot\boldsymbol{g}_1,\boldsymbol{B}\cdot\boldsymbol{g}_2,\boldsymbol{B}\cdot\boldsymbol{g}_3)&=\varphi(B^i_{\cdot 1}\boldsymbol{g}_i,B^j_{\cdot 2}\boldsymbol{g}_j,B^k_{\cdot 3}\boldsymbol{g}_k)\\&=B^i_{\cdot 1}B^j_{\cdot 2}B^k_{\cdot 3}e_{ijk}\varphi(\boldsymbol{g}_1,\boldsymbol{g}_2,\boldsymbol{g}_3)\\&=\det(\boldsymbol{B})\varphi(\boldsymbol{g}_1,\boldsymbol{g}_2,\boldsymbol{g}_3),\end{aligned}$$

即(1.66)式的第三式也是成立的.证讫.

注 1 因为向量 $\boldsymbol{u},v,\boldsymbol{w}$ 的混合积$[\boldsymbol{u},v,\boldsymbol{w}]$是一个三线性反对称函数,故通常把以上的 φ 取为其变元 $\boldsymbol{u},v,\boldsymbol{w}$ 的混合积.

注 2 **Nanson 公式**:在三维欧氏向量空间中,对于任一正则仿射量 $\boldsymbol{F}$ 以及任意的向量 $\boldsymbol{u}$ 和 v,有

$$(\boldsymbol{F}\cdot\boldsymbol{u})\times(\boldsymbol{F}\cdot v)=(\det\boldsymbol{F})\boldsymbol{F}^{-\mathrm{T}}\cdot(\boldsymbol{u}\times v),\tag{1.67}$$

其中 $\boldsymbol{F}^{-\mathrm{T}}$ 表示 $\boldsymbol{F}$ 的转置的逆.

证明 取 φ 为其变元 $\boldsymbol{u},v,\boldsymbol{w}$ 的混合积,则(1.66)式的第三式可写为

$$(\boldsymbol{F}\cdot\boldsymbol{w})\cdot[(\boldsymbol{F}\cdot\boldsymbol{u})\times(\boldsymbol{F}\cdot v)]=(\det\boldsymbol{F})\boldsymbol{w}\cdot(\boldsymbol{u}\times v).$$

注意到向量的转置等于其自身,即 $\boldsymbol{F}\cdot\boldsymbol{w}=(\boldsymbol{F}\cdot\boldsymbol{w})^{\mathrm{T}}=\boldsymbol{w}\cdot\boldsymbol{F}^{\mathrm{T}}$,上式可改写为

$$\boldsymbol{w}\cdot\boldsymbol{F}^{\mathrm{T}}\cdot[(\boldsymbol{F}\cdot\boldsymbol{u})\times(\boldsymbol{F}\cdot v)]=(\det\boldsymbol{F})\boldsymbol{w}\cdot(\boldsymbol{u}\times v).$$

由 $\boldsymbol{w}$ 的任意性,上式还可写为

$$\boldsymbol{F}^{\mathrm{T}}\cdot[(\boldsymbol{F}\cdot\boldsymbol{u})\times(\boldsymbol{F}\cdot v)]=(\det\boldsymbol{F})(\boldsymbol{u}\times v).$$

因为 $\boldsymbol{F}$ 为正则仿射量,故 $\boldsymbol{F}$ 及其转置 $\boldsymbol{F}^{\mathrm{T}}$ 的逆是存在的,由此可得(1.67)式.证讫.

(二) Cayley-Hamilton 定理

现取例 1 中的多项式 $f(x)$ 为特征多项式(1.64)式,这时有 $f(\lambda)=0$.故根据例 1 的讨论,可知

$$\boldsymbol{f}(\boldsymbol{B})=\boldsymbol{B}^3-I_1(\boldsymbol{B})\boldsymbol{B}^2+I_2(\boldsymbol{B})\boldsymbol{B}-I_3(\boldsymbol{B})\boldsymbol{I}\tag{1.68}$$

的特征值为零.但这还不能说明上式中的 $\boldsymbol{f}(\boldsymbol{B})$ 是一个零仿射量,因为习题 1.4 的讨论表明,非零仿射量的三个特征值仍有可能都等于零.

Cayley-Hamilton 定理指出,(1.68)式的确是一个零仿射量,即任意仿射量满足其自身的特征方程.

实际上，由仿射量 $\boldsymbol{B} = B^{i}_{\cdot j}\boldsymbol{g}_i \otimes \boldsymbol{g}^j$ 和任意实数 η，可定义行列式 $\det(B^{i}_{\cdot j} - \eta\delta^i_j)$，其中 δ^i_j 为 Kronecker 符号. 利用行列式元素 $B^{i}_{\cdot j} - \eta\delta^i_j$ 的代数余子式 $H^{i}_{\cdot j}$，可构造如下张量：

$$\boldsymbol{H} = H_k^{\cdot l}\boldsymbol{g}_l \otimes \boldsymbol{g}^k,$$

其中 $H_k^{\cdot l}$ 是 η 的二次多项式，可写为

$$H_k^{\cdot l} = \overset{(0)}{H}{}_k^{\cdot l} + \overset{(1)}{H}{}_k^{\cdot l}\eta + \overset{(2)}{H}{}_k^{\cdot l}\eta^2.$$

令 $\overset{(r)}{\boldsymbol{H}} = \overset{(r)}{H}{}_k^{\cdot l}\boldsymbol{g}_l \otimes \boldsymbol{g}^k (r = 0,1,2)$，则 $\boldsymbol{H}$ 可写为

$$\boldsymbol{H} = \overset{(0)}{\boldsymbol{H}} + \overset{(1)}{\boldsymbol{H}}\eta + \overset{(2)}{\boldsymbol{H}}\eta^2.$$

这时，

$$\begin{aligned}(\boldsymbol{B} - \eta\boldsymbol{I}) \cdot (\overset{(0)}{\boldsymbol{H}} + \overset{(1)}{\boldsymbol{H}}\eta + \overset{(2)}{\boldsymbol{H}}\eta^2) &= \boldsymbol{I}\det(\boldsymbol{B} - \eta\boldsymbol{I}) \\ &= \boldsymbol{I}(I_3(\boldsymbol{B}) - I_2(\boldsymbol{B})\eta + I_1(\boldsymbol{B})\eta^2 - \eta^3).\end{aligned}$$

比较 η 的系数，并考虑到 η 的任意性，可得

$$\begin{aligned}-\overset{(2)}{\boldsymbol{H}} &= -\boldsymbol{I}, \\ \boldsymbol{B} \cdot \overset{(2)}{\boldsymbol{H}} - \overset{(1)}{\boldsymbol{H}} &= I_1(\boldsymbol{B})\boldsymbol{I}, \\ \boldsymbol{B} \cdot \overset{(1)}{\boldsymbol{H}} - \overset{(0)}{\boldsymbol{H}} &= -I_2(\boldsymbol{B})\boldsymbol{I}, \\ \boldsymbol{B} \cdot \overset{(0)}{\boldsymbol{H}} &= I_3(\boldsymbol{B})\boldsymbol{I},\end{aligned}$$

将以上各式两端分别与 $\boldsymbol{B}^3, \boldsymbol{B}^2, \boldsymbol{B}$ 和 $\boldsymbol{I}$ 作点积，相加后便得

$$\boldsymbol{B}^3 - I_1(\boldsymbol{B})\boldsymbol{B}^2 + I_2(\boldsymbol{B})\boldsymbol{B} - I_3(\boldsymbol{B})\boldsymbol{I} = \boldsymbol{0}. \tag{1.69}$$

证讫.

例 4 若 $\boldsymbol{B}$ 为正则仿射量，试证其第二主不变量也可写为

$$I_2(\boldsymbol{B}) = (\det\boldsymbol{B})(\mathrm{tr}\boldsymbol{B}^{-1}).$$

证明 因为 $\boldsymbol{B}$ 是正则仿射量，故存在逆 $\boldsymbol{B}^{-1}$. 将 $\boldsymbol{B}^{-1}$ 与(1.69)式作点积后取迹，可得

$$\mathrm{tr}\boldsymbol{B}^2 - (\mathrm{tr}\boldsymbol{B})^2 + 3I_2(\boldsymbol{B}) - (\det\boldsymbol{B})(\mathrm{tr}\boldsymbol{B}^{-1}) = 0.$$

注意到 $\boldsymbol{B}$ 的第二主不变量可由(1.65)式写为

$$I_2(\boldsymbol{B}) = \frac{1}{2}[(\mathrm{tr}\boldsymbol{B})^2 - \mathrm{tr}\boldsymbol{B}^2],$$

因此有

$$I_2(\boldsymbol{B}) = (\det\boldsymbol{B})(\mathrm{tr}\boldsymbol{B}^{-1}).$$

证讫.

(三) 对称仿射量

如果仿射量 $\boldsymbol{B}$ 满足 $\boldsymbol{B}=\boldsymbol{B}^{\mathrm{T}}$,则称 $\boldsymbol{B}$ 为对称仿射量.不难看出,对应于对称仿射量 $\boldsymbol{B}$ 的同一特征值 λ 的左、右特征方向是相同的,从而其左、右特征空间也是相同的.事实上,如果 $\boldsymbol{e}$ 是对应于特征值 λ 的右特征向量,即 $\boldsymbol{B}\cdot\boldsymbol{e}=\lambda\boldsymbol{e}$,则相应的转置可写为 $(\boldsymbol{B}\cdot\boldsymbol{e})^{\mathrm{T}}=\boldsymbol{e}\cdot\boldsymbol{B}^{\mathrm{T}}=\boldsymbol{e}\cdot\boldsymbol{B}=\lambda\boldsymbol{e}$,说明 $\boldsymbol{e}$ 也是 $\boldsymbol{B}$ 的左特征向量.在以后的讨论中,本书只考虑 $\boldsymbol{e}$ 对 $\boldsymbol{B}$ 的右点积.

(1) 容易证明,对称仿射量 $\boldsymbol{B}$ 有三个实的特征值,可记为 $\lambda_1,\lambda_2,\lambda_3$.这时(1.64)式可写为

$$(\lambda-\lambda_1)(\lambda-\lambda_2)(\lambda-\lambda_3)=0,$$

相应的三个主不变量分别为

$$\left.\begin{aligned}&I_1(\boldsymbol{B})=\lambda_1+\lambda_2+\lambda_3,\\&I_2(\boldsymbol{B})=\lambda_2\lambda_3+\lambda_3\lambda_1+\lambda_1\lambda_2,\\&I_3(\boldsymbol{B})=\lambda_1\lambda_2\lambda_3.\end{aligned}\right\}\tag{1.70}$$

如果 $\boldsymbol{B}$ 有两个不相等的特征值 λ_α 和 $\lambda_\beta(\alpha,\beta=1,2,3,\alpha\neq\beta)$,则与 λ_α 和 λ_β 相对应的两个特征方向 $\boldsymbol{e}_\alpha$ 和 $\boldsymbol{e}_\beta$ 相互正交:$\boldsymbol{e}_\alpha\cdot\boldsymbol{e}_\beta=0$.事实上,我们可写出 $\boldsymbol{B}\cdot\boldsymbol{e}_\alpha=\lambda_\alpha\boldsymbol{e}_\alpha$(不对 α 求和)和 $\boldsymbol{B}\cdot\boldsymbol{e}_\beta=\lambda_\beta\boldsymbol{e}_\beta$(不对 β 求和).分别用 $\boldsymbol{e}_\beta$ 和 $\boldsymbol{e}_\alpha$ 左点积上两式并相减,可得

$$(\lambda_\alpha-\lambda_\beta)\boldsymbol{e}_\alpha\cdot\boldsymbol{e}_\beta=0\quad(\text{不对 }\alpha,\beta\text{ 求和}).$$

因此有

$$\boldsymbol{e}_\alpha\cdot\boldsymbol{e}_\beta=0\quad(\text{当 }\lambda_\alpha\neq\lambda_\beta).\tag{1.71}$$

(2) 对称仿射量的**谱表示**

对称仿射量 $\boldsymbol{B}$ 一定存在由特征向量构成的一组单位正交基$(\boldsymbol{e}_1,\boldsymbol{e}_2,\boldsymbol{e}_3)$,其相应的特征值 λ_1、λ_2 和 λ_3 将构成 $\boldsymbol{B}$ 的谱,且有

$$\boldsymbol{B}=\sum_{\alpha=1}^{3}\lambda_\alpha\boldsymbol{e}_\alpha\otimes\boldsymbol{e}_\alpha.\tag{1.72}$$

反之,若 $\boldsymbol{B}$ 具有(1.72)式的形式,且 $\boldsymbol{e}_1$、$\boldsymbol{e}_2$ 和 $\boldsymbol{e}_3$ 相互正交,则 λ_α 和 $\boldsymbol{e}_\alpha$ 为 $\boldsymbol{B}$ 的第 $\alpha(\alpha=1,2,3)$ 个特征值和相应的特征向量.

对于 $\boldsymbol{B}$ 的三个实特征值 λ_1、λ_2 和 λ_3,可分下面三种情形来证明(1.72)式:

a) 如果 $\boldsymbol{B}$ 有三个相异的特征值 λ_1、λ_2 和 λ_3,则根据对(1.71)式的讨论,可知相应的三个(单位)特征向量 $\boldsymbol{e}_1$、$\boldsymbol{e}_2$ 和 $\boldsymbol{e}_3$ 是相互正交的. $\boldsymbol{B}$ 在基$\{\boldsymbol{e}_\alpha\}$上的分解式可写为

$$\boldsymbol{B} = \sum_{\alpha,\beta=1}^{3} B_{\alpha\beta}\,\boldsymbol{e}_\alpha \otimes \boldsymbol{e}_\beta.$$

但由于 $\boldsymbol{B} \cdot \boldsymbol{e}_\alpha = \lambda_\alpha \boldsymbol{e}_\alpha$(不对 α 求和),可知

$$B_{\alpha\beta} = \begin{cases} \lambda_\alpha, 当\ \alpha = \beta, \\ 0,\ 当\ \beta \neq \alpha, \end{cases}$$

因此有谱分解式(1.72)式.

b) 如果(1.64)式有一个重根 $\lambda_2 = \lambda_3$,即 $\boldsymbol{B}$ 有两个相异的特征值 λ_1 和 $\lambda_2 = \lambda_3 \neq \lambda_1$,则与 λ_1 相对应的特征空间是一维的,可由相应的单位特征向量 $\boldsymbol{e}_1$ 表示为 $\mathrm{sp}\{\boldsymbol{e}_1\}$,与 λ_2 相对应的特征空间是与 $\boldsymbol{e}_1$ 相垂直的平面,可记为 $\mathrm{sp}\{\boldsymbol{e}_1\}^\perp$. 因为任意向量 v 都可分解为在 $\boldsymbol{e}_1$ 上的投影,即

$$(v \cdot \boldsymbol{e}_1)\boldsymbol{e}_1 = (\boldsymbol{e}_1 \otimes \boldsymbol{e}_1) \cdot v,$$

和在垂直于 $\boldsymbol{e}_1$ 的平面上的投影,即

$$v - (v \cdot \boldsymbol{e}_1)\boldsymbol{e}_1 = (\boldsymbol{I} - \boldsymbol{e}_1 \otimes \boldsymbol{e}_1) \cdot v,$$

所以可分别用 $\boldsymbol{e}_1 \otimes \boldsymbol{e}_1$ 和 $\boldsymbol{I} - \boldsymbol{e}_1 \otimes \boldsymbol{e}_1$ 来表示空间 $\mathrm{sp}\{\boldsymbol{e}_1\}$ 和 $\mathrm{sp}\{\boldsymbol{e}_1\}^\perp$ 上的投影算子. 于是,$\boldsymbol{B}$ 可写为

$$\boldsymbol{B} = \lambda_1 \boldsymbol{e}_1 \otimes \boldsymbol{e}_1 + \lambda_2(\boldsymbol{I} - \boldsymbol{e}_1 \otimes \boldsymbol{e}_1). \tag{1.73}$$

注意到在平面 $\mathrm{sp}\{\boldsymbol{e}_1\}^\perp$ 上总可以选取两个相互垂直的单位向量 $\boldsymbol{e}_2$ 和 $\boldsymbol{e}_3$,而单位张量(1.50)式在单位正交基($\boldsymbol{e}_1, \boldsymbol{e}_2, \boldsymbol{e}_3$)下的分解式为

$$\boldsymbol{I} = \boldsymbol{e}_1 \otimes \boldsymbol{e}_1 + \boldsymbol{e}_2 \otimes \boldsymbol{e}_2 + \boldsymbol{e}_3 \otimes \boldsymbol{e}_3,$$

因此(1.73)式实际上就是(1.72)式在 $\lambda_2 = \lambda_3$ 条件下的特殊形式.

c) 如果 $\boldsymbol{B}$ 的三个特征值都相等,即 $\lambda_1 = \lambda_2 = \lambda_3 = \lambda$,则 $\boldsymbol{B}$ 可写为

$$\boldsymbol{B} = \lambda \boldsymbol{I}, \tag{1.74}$$

这时,$\boldsymbol{B}$ 的特征空间为全空间.

由以上讨论可知,任意向量 v 都可以根据 $\boldsymbol{B}$ 的特征空间 $\mathscr{U}_k$ 进行分解:

$$v = \sum_k v_k, \quad v_k \in \mathscr{U}_k. \tag{1.75}$$

上式中,当 $\boldsymbol{B}$ 的特征值互不相等时,$\mathscr{U}_k$ 分别为 $\mathrm{sp}\{\boldsymbol{e}_1\}$,$\mathrm{sp}\{\boldsymbol{e}_2\}$ 和 $\mathrm{sp}\{\boldsymbol{e}_3\}$. 当 $\boldsymbol{B}$ 有两个相异的特征值时,$\mathscr{U}_k$ 分别为 $\mathrm{sp}\{\boldsymbol{e}_1\}$ 和 $\mathrm{sp}\{\boldsymbol{e}_1\}^\perp$. 当 $\boldsymbol{B}$ 的三个特征值都相等时,$\mathscr{U}_k$ 为全空间.

(3) 对称正定仿射量

对于任意的非零向量 $\boldsymbol{u}$,满足条件 $\boldsymbol{u} \cdot \boldsymbol{C} \cdot \boldsymbol{u} > 0$ 的仿射量 $\boldsymbol{C}$ 称为**正定仿射量**,满足条件 $\boldsymbol{u} \cdot \boldsymbol{C} \cdot \boldsymbol{u} \geqslant 0$ 的仿射量 $\boldsymbol{C}$ 称为半正定仿射量. 容易证明,当 $\boldsymbol{C}$ 是对称正定仿射量时,$\boldsymbol{C}$ 的三个特征值都大于零,可设为 $\eta_\alpha =$

$\lambda_\alpha^2(\lambda_\alpha > 0, \alpha = 1,2,3)$,而相应的谱表示为

$$C = \sum_{\alpha=1}^{3} \lambda_\alpha^2 L_\alpha \otimes L_\alpha, \tag{1.76}$$

其中 $L_\alpha(\alpha = 1,2,3)$ 为 C 的单位特征向量,而且这时存在唯一的对称正定仿射量 U,其谱表示为

$$U = \sum_{\alpha=1}^{3} \lambda_\alpha L_\alpha \otimes L_\alpha, \tag{1.77}$$

满足 $U^2 = C$,因此 U 可记为 $C^{\frac{1}{2}}$.

此外,由于对称正定仿射量 U 的行列式大于零,故存在 U 的逆 U^{-1},它也是对称正定的,其谱表示为

$$U^{-1} = \sum_{\alpha=1}^{3} \lambda_\alpha^{-1} L_\alpha \otimes L_\alpha. \tag{1.78}$$

(4) 交换定理

如果仿射量 B 和 A 是可交换的,即如果 $B \cdot A = A \cdot B$,则 A 保持 B 的每一个特征空间不变.也就是说,如果 v 属于 B 的某个特征空间,那么 $A \cdot v$ 也属于 B 的同一个特征空间.反之,如果 A 保持对称仿射量 B 的每一个特征空间不变,则 B 和 A 是可交换的.

证明 因为 B 和 A 可交换,所以当 $B \cdot v = \lambda v$ 时,也有

$$B \cdot (A \cdot v) = A \cdot (B \cdot v) = \lambda (A \cdot v),$$

说明 $A \cdot v$ 和 v 属于 B 的同一个特征空间.

为了证明以上的逆命题,可将任意向量 v 在 B 的特征空间 $\mathscr{U}_k$ 上进行如(1.75) 式的分解. 如果 A 保持 B 的每一个特征空间 $\mathscr{U}_k$ 不变,即如果 $v_k \in \mathscr{U}_k$ 时,也有 $A \cdot v_k \in \mathscr{U}_k$,则

$$\begin{aligned} B \cdot (A \cdot v_k) &= \lambda_k (A \cdot v_k) \\ &= A \cdot (\lambda_k v_k) = A \cdot (B \cdot v_k) (\text{不对 } k \text{ 求和}), \end{aligned}$$

上式中 λ_k 为对应于 $\mathscr{U}_k$ 的特征值. 于是,由(1.75) 式可得

$$B \cdot A \cdot v = \sum_k B \cdot (A \cdot v_k) = \sum_k A \cdot (B \cdot v_k) = A \cdot B \cdot v.$$

由 v 的任意性,可知 $B \cdot A = A \cdot B$ 成立. 证讫.

(四) 反称仿射量

现考虑反称仿射量 W.这时,对于任意两个向量 u 和 v,有

$$\begin{aligned} v \cdot W \cdot u &= v \cdot (W \cdot u) = (W \cdot u)^{\mathrm{T}} \cdot v = (u \cdot W^{\mathrm{T}}) \cdot v \\ &= - u \cdot W \cdot v. \end{aligned} \tag{1.79}$$

特别当 $\boldsymbol{u}=\boldsymbol{v}$ 时,由上式可得

$$\boldsymbol{u}\cdot(\boldsymbol{W}\cdot\boldsymbol{u})=(\boldsymbol{u}\cdot\boldsymbol{W})\cdot\boldsymbol{u}=0. \tag{1.80}$$

说明 $\boldsymbol{W}\cdot\boldsymbol{u}$ 和 $\boldsymbol{u}\cdot\boldsymbol{W}$ 是两个与 $\boldsymbol{u}$ 正交的向量.

性质 1 反称仿射量 $\boldsymbol{W}$ 的实特征值为零.

证明 因为对应于 $\boldsymbol{W}$ 的特征方程(1.64)式至少有一个实根,故 $\boldsymbol{W}$ 至少有一个实特征值 λ.假定 $\boldsymbol{e}_3$ 是与 λ 相对应的单位特征向量,则有

$$\boldsymbol{W}\cdot\boldsymbol{e}_3=\lambda\boldsymbol{e}_3.$$

上式两端与 $\boldsymbol{e}_3$ 作点积并利用(1.80)式后,可知 $\lambda=\boldsymbol{e}_3\cdot(\boldsymbol{W}\cdot\boldsymbol{e}_3)=0$,说明 $\boldsymbol{W}$ 有一个零特征值和相应的单位特征向量 $\boldsymbol{e}_3$:

$$\boldsymbol{W}\cdot\boldsymbol{e}_3=\boldsymbol{0}. \tag{1.81}$$

性质 2 对于反称仿射量 $\boldsymbol{W}$,存在一个对应的向量 $\boldsymbol{\omega}$,使得对任意的向量 $\boldsymbol{u}$,都有

$$\boldsymbol{W}\cdot\boldsymbol{u}=\boldsymbol{\omega}\times\boldsymbol{u}, \tag{1.82}$$

上式中的向量 $\boldsymbol{\omega}$ 称为 $\boldsymbol{W}$ 的**轴向量**(或对偶向量).

证明 设 $\boldsymbol{e}_1$ 和 $\boldsymbol{e}_2$ 是两个相互正交的单位向量,它们与 $\boldsymbol{W}$ 的单位特征向量 $\boldsymbol{e}_3$ 构成右手系的单位正交基$(\boldsymbol{e}_1,\boldsymbol{e}_2,\boldsymbol{e}_3)$. $\boldsymbol{W}$ 在基$\{\boldsymbol{e}_\alpha\}$上的分解式可写为

$$\boldsymbol{W}=\sum_{\alpha,\beta=1}^{3}W_{\alpha\beta}\,\boldsymbol{e}_\alpha\otimes\boldsymbol{e}_\beta,$$

其中 $W_{\alpha\beta}=\boldsymbol{e}_\alpha\cdot\boldsymbol{W}\cdot\boldsymbol{e}_\beta(\alpha,\beta=1,2,3)$.

注意到(1.79)式、(1.80)式和(1.81)式,$\boldsymbol{W}$ 可表示为

$$\boldsymbol{W}=\omega(\boldsymbol{e}_2\otimes\boldsymbol{e}_1-\boldsymbol{e}_1\otimes\boldsymbol{e}_2), \tag{1.83}$$

其中 $\omega=W_{21}$.现令 $\boldsymbol{\omega}=\omega\boldsymbol{e}_3$,则对任意向量 $\boldsymbol{u}=u_1\boldsymbol{e}_1+u_2\boldsymbol{e}_2+u_3\boldsymbol{e}_3$,有

$$\begin{aligned}\boldsymbol{W}\cdot\boldsymbol{u}-\boldsymbol{\omega}\times\boldsymbol{u}&=\omega(\boldsymbol{e}_2\otimes\boldsymbol{e}_1-\boldsymbol{e}_1\otimes\boldsymbol{e}_2)\cdot\boldsymbol{u}-\omega\boldsymbol{e}_3\times\boldsymbol{u}\\&=\omega(u_1\boldsymbol{e}_2-u_2\boldsymbol{e}_1)-\omega\boldsymbol{e}_3\times(u_1\boldsymbol{e}_1+u_2\boldsymbol{e}_2+u_3\boldsymbol{e}_3)\\&=\boldsymbol{0}.\end{aligned}$$

于是(1.82)式得证.

根据(1.83)式,$\boldsymbol{W}$ 的轴向量还可写为

$$\boldsymbol{\omega}=-\frac{1}{2}\boldsymbol{\varepsilon}:\boldsymbol{W}, \tag{1.84}$$

其中 $\boldsymbol{\varepsilon}$ 为置换张量,而 $\boldsymbol{W}$ 也可由 $\boldsymbol{\omega}$ 表示为

$$\boldsymbol{W}=-\boldsymbol{\varepsilon}\cdot\boldsymbol{\omega}. \tag{1.85}$$

例 5 试证任意反称仿射量 $\boldsymbol{W}$ 的三个主不变量为

$$I_1(\boldsymbol{W})=\mathrm{tr}\boldsymbol{W}=0,I_2(\boldsymbol{W})=\omega^2,I_3(\boldsymbol{W})=\det\boldsymbol{W}=0, \tag{1.86}$$

其中 $\boldsymbol{\omega}$ 为 $\boldsymbol{W}$ 的轴向量,$\omega^2 = \boldsymbol{\omega}\cdot\boldsymbol{\omega}$.并由此证明 $\boldsymbol{W}$ 只能有一个等于零的实特征值.

证明 根据性质2中的讨论,可构造右手系的单位正交基($\boldsymbol{e}_1,\boldsymbol{e}_2,\boldsymbol{e}_3$),其中 $\boldsymbol{e}_3$ 为 $\boldsymbol{W}$ 的单位特征向量,而 $\boldsymbol{W}\cdot\boldsymbol{e}_3=\boldsymbol{0}$.将例3中的三线性反对称函数取为($\boldsymbol{e}_1,\boldsymbol{e}_2,\boldsymbol{e}_3$) 的混合积, 则有$[\boldsymbol{e}_1,\boldsymbol{e}_2,\boldsymbol{e}_3]=1$, 而相应的(1.66) 式可写为

$$
\begin{aligned}
&I_1(\boldsymbol{W})=[\boldsymbol{W}\cdot\boldsymbol{e}_1,\boldsymbol{e}_2,\boldsymbol{e}_3]+[\boldsymbol{e}_1,\boldsymbol{W}\cdot\boldsymbol{e}_2,\boldsymbol{e}_3],\\
&I_2(\boldsymbol{W})=[\boldsymbol{W}\cdot\boldsymbol{e}_1,\boldsymbol{W}\cdot\boldsymbol{e}_2,\boldsymbol{e}_3],\\
&I_3(\boldsymbol{W})=0.
\end{aligned}
$$

由(1.82) 式,有

$$
\begin{aligned}
\boldsymbol{W}\cdot\boldsymbol{e}_1&=\boldsymbol{\omega}\times\boldsymbol{e}_1=\omega\boldsymbol{e}_3\times\boldsymbol{e}_1=\omega\boldsymbol{e}_2,\\
\boldsymbol{W}\cdot\boldsymbol{e}_2&=\boldsymbol{\omega}\times\boldsymbol{e}_2=\omega\boldsymbol{e}_3\times\boldsymbol{e}_2=-\omega\boldsymbol{e}_1.
\end{aligned}
$$

代入上式后便得到(1.86) 式.由此可见,$\boldsymbol{W}$ 的特征方程为

$$\lambda^3+\omega^2\lambda=0,$$

此方程只有一个实根,其值为零.证讫.

(五) 正交仿射量

下面讨论正交仿射量 $\boldsymbol{Q}$,它满足

$$\boldsymbol{Q}\cdot\boldsymbol{Q}^{\mathrm{T}}=\boldsymbol{Q}^{\mathrm{T}}\cdot\boldsymbol{Q}=\boldsymbol{I}. \tag{1.87}$$

假定 $\boldsymbol{u}$ 和 v 是任意的两个向量,经过与 $\boldsymbol{Q}$ 的点积后,将分别变为 $\boldsymbol{Q}\cdot\boldsymbol{u}$ 和 $\boldsymbol{Q}\cdot v$,其内积为

$$(\boldsymbol{Q}\cdot\boldsymbol{u})\cdot(\boldsymbol{Q}\cdot v)=(\boldsymbol{u}\cdot\boldsymbol{Q}^{\mathrm{T}})\cdot(\boldsymbol{Q}\cdot v)=\boldsymbol{u}\cdot v.$$

这说明正交仿射量不改变向量的内积,即它不改变向量的长度和向量之间的夹角.

不难证明,所有正交仿射量的全体构成一个群,称为**正交群**.在三维欧氏空间中记为 $\mathscr{O}_3$.对(1.87) 式的两端取行列式,则有

$$(\det\boldsymbol{Q})^2=1 \quad 或 \quad \det\boldsymbol{Q}=\pm 1.$$

行列式为1的正交仿射量称为正常正交仿射量,它相当于一个刚体旋转.行列式为 -1 的正交仿射量称为非正常正交仿射量,它相当于一个刚体旋转和镜面反射的联合作用.所有正常正交仿射量的全体也构成一个群,它是正交群的子群,在三维欧氏空间中记为 $\mathscr{O}_3^+$.

性质1 对应于正交仿射量 $\boldsymbol{Q}$ 的同一个特征值 λ 的左、右特征空间相同.

证明　假定 λ 和 $\boldsymbol{r}$ 分别为 $\boldsymbol{Q}$ 的特征值和右特征向量，则有

$$\boldsymbol{Q}\cdot\boldsymbol{r}=\lambda\boldsymbol{r}. \tag{1.88}$$

此式也可写为 $\boldsymbol{r}\cdot\boldsymbol{Q}^{\mathrm{T}}=\lambda\boldsymbol{r}$，即 $\boldsymbol{r}$ 也是 $\boldsymbol{Q}^{\mathrm{T}}$ 的左特征向量. 由上式可知 $\boldsymbol{r}\cdot\boldsymbol{r}=(\boldsymbol{r}\cdot\boldsymbol{Q}^{\mathrm{T}})\cdot(\boldsymbol{Q}\cdot\boldsymbol{r})=\lambda^2\boldsymbol{r}\cdot\boldsymbol{r}$，因此有

$$\lambda^2=1. \tag{1.89}$$

现将 $\lambda\boldsymbol{Q}^{\mathrm{T}}$ 对(1.88) 式作点积，便得到

$$(\lambda\boldsymbol{Q}^{\mathrm{T}})\cdot(\boldsymbol{Q}\cdot\boldsymbol{r})=\lambda^2\boldsymbol{Q}^{\mathrm{T}}\cdot\boldsymbol{r}.$$

注意到(1.89) 式，上式还可写为 $\boldsymbol{Q}^{\mathrm{T}}\cdot\boldsymbol{r}=\lambda\boldsymbol{r}$ 或 $\boldsymbol{r}\cdot\boldsymbol{Q}=\lambda\boldsymbol{r}$，说明 $\boldsymbol{r}$ 也是 $\boldsymbol{Q}$ 的左特征向量. 证讫.

推论 1　由(1.89) 式可知，正交仿射量 $\boldsymbol{Q}$ 的特征值只可能取 $+1$ 或 -1.

推论 2　$\boldsymbol{Q}$ 与 $\boldsymbol{Q}^{\mathrm{T}}$ 具有相同的特征值和特征空间.

性质 2　绕单位向量 $\boldsymbol{r}$ 旋转 φ 角的正交仿射量记为 $\boldsymbol{Q}^{(r)}(\varphi)$，其表达式可写为

$$\boldsymbol{Q}^{(r)}(\varphi)=\cos\varphi\,\boldsymbol{I}+(1-\cos\varphi)\boldsymbol{r}\otimes\boldsymbol{r}-\sin\varphi\,\boldsymbol{\varepsilon}\cdot\boldsymbol{r}, \tag{1.90}$$

其中 $\boldsymbol{\varepsilon}$ 为置换张量.

证明　假定 $\boldsymbol{u}$ 是任意与 $\boldsymbol{r}$ 相垂直的向量，则 $\boldsymbol{r},\boldsymbol{u}/|\boldsymbol{u}|$ 和 $\boldsymbol{r}\times\boldsymbol{u}/|\boldsymbol{u}|$ 构成单位正交基. $\boldsymbol{u}$ 绕 $\boldsymbol{r}$ 旋转 φ 角后变为向量 $\boldsymbol{Q}^{(r)}(\varphi)\cdot\boldsymbol{u}$，它与 $\boldsymbol{r}$，$\boldsymbol{u}/|\boldsymbol{u}|$ 和 $\boldsymbol{r}\times\boldsymbol{u}/|\boldsymbol{u}|$ 的点积分别为 0，$\cos\varphi|\boldsymbol{u}|$ 和 $\sin\varphi|\boldsymbol{u}|$，因此可表示为

$$\boldsymbol{Q}^{(r)}(\varphi)\cdot\boldsymbol{u}=\cos\varphi\,\boldsymbol{u}+\sin\varphi\,\boldsymbol{r}\times\boldsymbol{u}\ .$$

现将任意向量 $\boldsymbol{v}$ 分解为平行于 $\boldsymbol{r}$ 的部分 $(\boldsymbol{v}\cdot\boldsymbol{r})\boldsymbol{r}$ 和垂直于 $\boldsymbol{r}$ 的部分 $\boldsymbol{u}=\boldsymbol{v}-(\boldsymbol{v}\cdot\boldsymbol{r})\boldsymbol{r}$.　这时 $\boldsymbol{v}$ 绕 $\boldsymbol{r}$ 旋转 φ 角后所得到的向量(见图 1.3) 可写为

$$\begin{aligned}\boldsymbol{Q}^{(r)}(\varphi)\cdot\boldsymbol{v}&=(\boldsymbol{v}\cdot\boldsymbol{r})\boldsymbol{r}+\cos\varphi[\boldsymbol{v}-(\boldsymbol{v}\cdot\boldsymbol{r})\boldsymbol{r}]+\\&\qquad\sin\varphi\,\boldsymbol{r}\times[\boldsymbol{v}-(\boldsymbol{v}\cdot\boldsymbol{r})\boldsymbol{r}]\\&=[\cos\varphi\,\boldsymbol{I}+(1-\cos\varphi)\boldsymbol{r}\otimes\boldsymbol{r}-\sin\varphi\,\boldsymbol{r}\cdot\boldsymbol{\varepsilon}]\cdot\boldsymbol{v}.\end{aligned}$$

在上式最后一项的计算中，我们用到了(1.58) 式. 于是，考虑到 $\boldsymbol{v}$ 的任意性，可得

$$\boldsymbol{Q}^{(r)}(\varphi)=\cos\varphi\,\boldsymbol{I}+(1-\cos\varphi)\boldsymbol{r}\otimes\boldsymbol{r}-\sin\varphi\,\boldsymbol{\varepsilon}\cdot\boldsymbol{r}.$$

证讫.

性质 3　垂直于单位向量 $\boldsymbol{r}$ 的平面的镜面反射 $\boldsymbol{R}^{(r)}$ 是一个非正常正交仿射量，可表示为

$$\boldsymbol{R}^{(r)}=\boldsymbol{I}-2\boldsymbol{r}\otimes\boldsymbol{r}. \tag{1.91}$$

此性质是显然的，这里不再讨论.

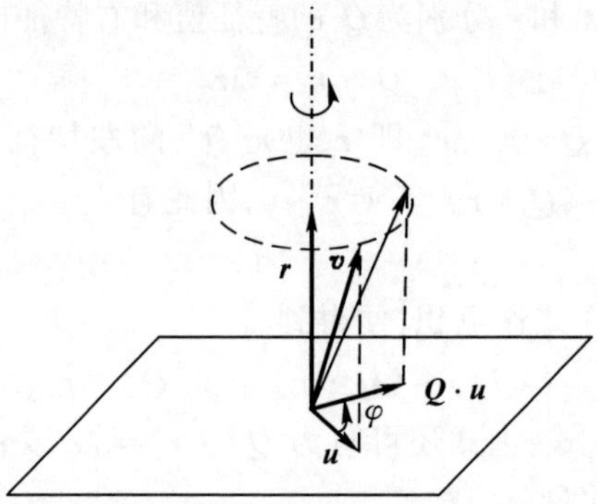

图 1.3　向量 v 绕 r 的旋转

下面我们给出以下五种正交群 $\mathscr{O}_3$ 的子群:

Ⅰ. $\boldsymbol{Q}^{(r)}(\varphi)$;　Ⅱ. $\boldsymbol{Q}^{(r)}(\varphi),\boldsymbol{R}^{(a)}$;　Ⅲ. $\boldsymbol{Q}^{(r)}(\varphi),\boldsymbol{R}^{(r)}$;

Ⅳ. $\boldsymbol{Q}^{(r)}(\varphi),\boldsymbol{Q}^{(a)}(\pi)$;　Ⅴ. $\boldsymbol{Q}^{(r)}(\varphi),\boldsymbol{Q}^{(a)}(\pi),\boldsymbol{R}^{(r)},\boldsymbol{R}^{(a)}$.

其中 $\boldsymbol{a}$ 是垂直于 $\boldsymbol{r}$ 的单位向量,$0 \leqslant \varphi < 2\pi$.

(六) 极分解

极分解定理　对于任意的正则仿射量 $\boldsymbol{F}$,总可唯一地作如下的乘法分解:

$$\boldsymbol{F} = \boldsymbol{R} \cdot \boldsymbol{U} = \boldsymbol{V} \cdot \boldsymbol{R}, \tag{1.92}$$

其中 $\boldsymbol{U}$ 和 $\boldsymbol{V}$ 为对称正定仿射量,$\boldsymbol{R}$ 为正交仿射量.

证明　因为 $\boldsymbol{F}$ 和 $\boldsymbol{F}^{\mathrm{T}}$ 都是正则的,所以对任意非零向量 $\boldsymbol{u}$,有

$$(\boldsymbol{F} \cdot \boldsymbol{u}) \cdot (\boldsymbol{F} \cdot \boldsymbol{u}) = \boldsymbol{u} \cdot (\boldsymbol{F}^{\mathrm{T}} \cdot \boldsymbol{F}) \cdot \boldsymbol{u} > 0.$$

说明 $\boldsymbol{C} = \boldsymbol{F}^{\mathrm{T}} \cdot \boldsymbol{F}$ 是一个对称正定仿射量,它的三个特征值都大于零,可设为 $\eta_\alpha = \lambda_\alpha^2(\lambda_\alpha > 0, \alpha = 1,2,3)$,其谱表示由(1.76)式给出.根据对(1.77)式的讨论,可知存在以 $\lambda_\alpha(\alpha = 1,2,3)$ 为特征值的对称正定仿射量 $\boldsymbol{U}$,使得 $\boldsymbol{U} \cdot \boldsymbol{U} = \boldsymbol{C}$.

现定义 $\boldsymbol{R} = \boldsymbol{F} \cdot \boldsymbol{U}^{-1}$,它显然满足

$$\boldsymbol{R}^{\mathrm{T}} \cdot \boldsymbol{R} = (\boldsymbol{U}^{-1} \cdot \boldsymbol{F}^{\mathrm{T}}) \cdot (\boldsymbol{F} \cdot \boldsymbol{U}^{-1}) = \boldsymbol{U}^{-1} \cdot \boldsymbol{C} \cdot \boldsymbol{U}^{-1} = \boldsymbol{I},$$

说明 $\boldsymbol{R}$ 是一个正交仿射量,于是(1.92)式的第一个等式得证.

现假定 $\boldsymbol{F}$ 还可分解为 $\boldsymbol{F} = \boldsymbol{R}_1 \cdot \boldsymbol{U}_1$,其中 $\boldsymbol{U}_1$ 是对称正定仿射量,$\boldsymbol{R}_1$ 是正交仿射量.这时,由 $\boldsymbol{R} \cdot \boldsymbol{U} = \boldsymbol{R}_1 \cdot \boldsymbol{U}_1$ 或 $\boldsymbol{U} = \boldsymbol{R}^{\mathrm{T}} \cdot \boldsymbol{R}_1 \cdot \boldsymbol{U}_1$ 以及 $\boldsymbol{U}$ 和 $\boldsymbol{U}_1$ 的对称性,可知

$$\boldsymbol{U}^2 = \boldsymbol{U}^{\mathrm{T}} \cdot \boldsymbol{U} = (\boldsymbol{U}_1^{\mathrm{T}} \cdot \boldsymbol{R}_1^{\mathrm{T}} \cdot \boldsymbol{R}) \cdot (\boldsymbol{R}^{\mathrm{T}} \cdot \boldsymbol{R}_1 \cdot \boldsymbol{U}_1) = \boldsymbol{U}_1^2.$$

再由 $\boldsymbol{U}$ 和 $\boldsymbol{U}_1$ 的正定性,可得 $\boldsymbol{U} = \boldsymbol{U}_1$,从而也有 $\boldsymbol{R} = \boldsymbol{R}_1$.可见(1.92)式中的第一个分解式是唯一的.

类似地,利用

$$(\boldsymbol{F}^{\mathrm{T}} \cdot \boldsymbol{u}) \cdot (\boldsymbol{F}^{\mathrm{T}} \cdot \boldsymbol{u}) = \boldsymbol{u} \cdot (\boldsymbol{F} \cdot \boldsymbol{F}^{\mathrm{T}}) \cdot \boldsymbol{u} > 0,$$

可得到对称正定仿射量 $\boldsymbol{V} = (\boldsymbol{F} \cdot \boldsymbol{F}^{\mathrm{T}})^{\frac{1}{2}}$,并可证明(1.92)式中第二个分解式的存在性和唯一性:$\boldsymbol{F} = \boldsymbol{V} \cdot \widetilde{\boldsymbol{R}}$,其中 $\widetilde{\boldsymbol{R}}$ 为第二个分解式中的正交仿射量.

将上式改写为 $\boldsymbol{F} = \widetilde{\boldsymbol{R}} \cdot (\widetilde{\boldsymbol{R}}^{\mathrm{T}} \cdot \boldsymbol{V} \cdot \widetilde{\boldsymbol{R}})$,并注意到 $\widetilde{\boldsymbol{R}}^{\mathrm{T}} \cdot \boldsymbol{V} \cdot \widetilde{\boldsymbol{R}}$ 的对称性和正定性,以及分解式 $\boldsymbol{F} = \boldsymbol{R} \cdot \boldsymbol{U}$ 的唯一性,可得

$$\widetilde{\boldsymbol{R}} = \boldsymbol{R} \quad 和 \quad \widetilde{\boldsymbol{R}}^{\mathrm{T}} \cdot \boldsymbol{V} \cdot \widetilde{\boldsymbol{R}} = \boldsymbol{R}^{\mathrm{T}} \cdot \boldsymbol{V} \cdot \boldsymbol{R} = \boldsymbol{U}.$$

说明以上两个分解式中的正交仿射量是相同的.证讫.

现假定(1.92)式中 $\boldsymbol{U}$ 的特征值和单位特征向量分别为 λ_α 和 $\boldsymbol{L}_\alpha$($\alpha = 1,2,3$),其谱表示由(1.77)式给出,则有

$$\boldsymbol{U} \cdot \boldsymbol{L}_\alpha = (\boldsymbol{R}^{\mathrm{T}} \cdot \boldsymbol{V} \cdot \boldsymbol{R}) \cdot \boldsymbol{L}_\alpha = \lambda_\alpha \boldsymbol{L}_\alpha \quad (不对\ \alpha\ 求和).$$

对上式两端左乘 $\boldsymbol{R}$,得

$$\boldsymbol{V} \cdot (\boldsymbol{R} \cdot \boldsymbol{L}_\alpha) = \lambda_\alpha (\boldsymbol{R} \cdot \boldsymbol{L}_\alpha) \quad (不对\ \alpha\ 求和).$$

说明 $\boldsymbol{V}$ 的特征值和单位特征向量分别为 λ_α 和 $\boldsymbol{l}_\alpha = \boldsymbol{R} \cdot \boldsymbol{L}_\alpha$,其谱表示为

$$\boldsymbol{V} = \sum_{\alpha=1}^{3} \lambda_\alpha \boldsymbol{l}_\alpha \otimes \boldsymbol{l}_\alpha. \tag{1.93}$$

注意到单位张量可写为 $\boldsymbol{I} = \sum_{\alpha=1}^{3} \boldsymbol{L}_\alpha \otimes \boldsymbol{L}_\alpha$,故可将 $\boldsymbol{R}$ 写为

$$\boldsymbol{R} = \boldsymbol{R} \cdot \boldsymbol{I} = \boldsymbol{R} \cdot \left(\sum_{\alpha=1}^{3} \boldsymbol{L}_\alpha \otimes \boldsymbol{L}_\alpha \right) = \sum_{\alpha=1}^{3} \boldsymbol{l}_\alpha \otimes \boldsymbol{L}_\alpha. \tag{1.94}$$

因此,正则仿射量 $\boldsymbol{F}$ 可以表示为

$$\boldsymbol{F} = \boldsymbol{R} \cdot \boldsymbol{U} = \boldsymbol{R} \cdot \left(\sum_{\alpha=1}^{3} \lambda_\alpha \boldsymbol{L}_\alpha \otimes \boldsymbol{L}_\alpha \right) = \sum_{\alpha=1}^{3} \lambda_\alpha \boldsymbol{l}_\alpha \otimes \boldsymbol{L}_\alpha.$$

而 $\boldsymbol{F}$ 的逆为

$$\boldsymbol{F}^{-1} = \boldsymbol{U}^{-1} \cdot \boldsymbol{R}^{\mathrm{T}} = \left(\sum_{\alpha=1}^{3} \lambda_\alpha^{-1} \boldsymbol{L}_\alpha \otimes \boldsymbol{L}_\alpha \right) \cdot \boldsymbol{R}^{\mathrm{T}} = \sum_{\alpha=1}^{3} \lambda_\alpha^{-1} \boldsymbol{L}_\alpha \otimes \boldsymbol{l}_\alpha. \tag{1.95}$$

除了对正则仿射量 $\boldsymbol{F}$ 进行极分解外,也可尝试对 $\boldsymbol{F}$ 进行其他类型的分解.下面就来讨论对 $\boldsymbol{F}$ 进行"和分解"的可能性.

例 6 正则仿射量 $\boldsymbol{F}$ 可分解为对称仿射量 $\boldsymbol{S}$ 和正交仿射量 $\boldsymbol{R}$ 之和:

$$\boldsymbol{F} = \boldsymbol{S} + \boldsymbol{R} \tag{1.96}$$

的充要条件是

$$-\frac{1}{2}\mathrm{tr}\,\boldsymbol{W}^2 = \omega^2 \leqslant 1 \quad (\omega \geqslant 0), \tag{1.97}$$

其中 $\boldsymbol{W} = \frac{1}{2}(\boldsymbol{F} - \boldsymbol{F}^{\mathrm{T}})$ 是 $\boldsymbol{F}$ 的反对称部分.

证明 必要性 如果分解式(1.96)式成立,则 $\boldsymbol{W}$ 也是 $\boldsymbol{R}$ 的反对称部分: $\boldsymbol{W} = \frac{1}{2}(\boldsymbol{R} - \boldsymbol{R}^{\mathrm{T}})$. 取 $\boldsymbol{R}$ 的对称部分为 $\boldsymbol{H} = \frac{1}{2}(\boldsymbol{R} + \boldsymbol{R}^{\mathrm{T}})$,则有

$$\boldsymbol{R} = \boldsymbol{H} + \boldsymbol{W}, \quad \boldsymbol{R}^{\mathrm{T}} = \boldsymbol{H} - \boldsymbol{W}.$$

因为正交仿射量 $\boldsymbol{R}$ 满足条件

$$\boldsymbol{R}^{\mathrm{T}} \cdot \boldsymbol{R} = \boldsymbol{R} \cdot \boldsymbol{R}^{\mathrm{T}} = \boldsymbol{I},$$

故有

$$(\boldsymbol{H} + \boldsymbol{W}) \cdot (\boldsymbol{H} - \boldsymbol{W}) = \boldsymbol{I}, \quad (\boldsymbol{H} - \boldsymbol{W}) \cdot (\boldsymbol{H} + \boldsymbol{W}) = \boldsymbol{I}.$$

展开上两式并分别相减和相加,可得

$$\begin{aligned} \boldsymbol{W} \cdot \boldsymbol{H} &= \boldsymbol{H} \cdot \boldsymbol{W}, \\ \boldsymbol{H}^2 &= \boldsymbol{I} + \boldsymbol{W}^2. \end{aligned} \tag{1.98}$$

在适当选取右手系的单位正交基$(\boldsymbol{e}_1, \boldsymbol{e}_2, \boldsymbol{e}_3)$后,反对称仿射量 $\boldsymbol{W}$ 可表示为(1.83)式的形式:

$$\boldsymbol{W} = \omega(\boldsymbol{e}_2 \otimes \boldsymbol{e}_1 - \boldsymbol{e}_1 \otimes \boldsymbol{e}_2),$$

其中 $\boldsymbol{e}_3$ 为 $\boldsymbol{W}$ 的单位特征向量,ω 为一实数. 于是有

$$\boldsymbol{W}^2 = -\omega^2(\boldsymbol{e}_1 \otimes \boldsymbol{e}_1 + \boldsymbol{e}_2 \otimes \boldsymbol{e}_2). \tag{1.99}$$

因为对于任意向量 $\boldsymbol{u}$,有

$$(H \cdot u) \cdot (H \cdot u) = \boldsymbol{u} \cdot \boldsymbol{H}^2 \cdot \boldsymbol{u} \geqslant 0,$$

所以由(1.98)式表示的对称仿射量 $\boldsymbol{H}^2$ 是半正定的,即 $\boldsymbol{H}^2$ 的特征值应该是非负的.由于 $\boldsymbol{H}^2$ 的谱表示为

$$\boldsymbol{H}^2 = \boldsymbol{I} + \boldsymbol{W}^2 = (1 - \omega^2)(\boldsymbol{e}_1 \otimes \boldsymbol{e}_1 + \boldsymbol{e}_2 \otimes \boldsymbol{e}_2) + \boldsymbol{e}_3 \otimes \boldsymbol{e}_3,$$

因此 $\boldsymbol{H}^2$ 的特征值为非负的条件相当于 $\omega^2 \leqslant 1$.

根据(1.86)式,可知 $\boldsymbol{W}$ 的第一和第二不变量分别为 0 和 ω^2. 故以上条件可等价地写为

$$I_2(\boldsymbol{W}) = \frac{1}{2}[(\mathrm{tr}\,\boldsymbol{W})^2 - \mathrm{tr}\,\boldsymbol{W}^2] = -\frac{1}{2}\mathrm{tr}\,\boldsymbol{W}^2 \leqslant 1,$$

于是(1.97)式得证.

充分性　现将 $\boldsymbol{F}$ 的反对称部分 $\boldsymbol{W}=\frac{1}{2}(\boldsymbol{F}-\boldsymbol{F}^{\mathrm{T}})$ 表示为(1.83)式的形式,由此可求出

$$\boldsymbol{I}+\boldsymbol{W}^2=(1-\omega^2)(\boldsymbol{e}_1\otimes\boldsymbol{e}_1+\boldsymbol{e}_2\otimes\boldsymbol{e}_2)+\boldsymbol{e}_3\otimes\boldsymbol{e}_3.$$

根据对例5的讨论,$\boldsymbol{W}$ 的三个不变量分别为

$$I_1(\boldsymbol{W})=0,\quad I_2(\boldsymbol{W})=\omega^2,\quad I_3(\boldsymbol{W})=0.$$

因此当条件(1.97)成立时,仿射量$(\boldsymbol{I}+\boldsymbol{W}^2)$的平方根$(\boldsymbol{I}+\boldsymbol{W}^2)^{\frac{1}{2}}$是存在的,可记为

$$\boldsymbol{H}=\pm\sqrt{1-\omega^2}(\boldsymbol{e}_1\otimes\boldsymbol{e}_1+\boldsymbol{e}_2\otimes\boldsymbol{e}_2)\pm\boldsymbol{e}_3\otimes\boldsymbol{e}_3.$$

由此可定义仿射量

$$\boldsymbol{R}=\boldsymbol{H}+\boldsymbol{W}=\pm\sqrt{1-\omega^2}(\boldsymbol{e}_1\otimes\boldsymbol{e}_1+\boldsymbol{e}_2\otimes\boldsymbol{e}_2)\pm\boldsymbol{e}_3\otimes\boldsymbol{e}_3+\omega(\boldsymbol{e}_2\otimes\boldsymbol{e}_1-\boldsymbol{e}_1\otimes\boldsymbol{e}_2).$$

容易验证,以上所构造的仿射量 $\boldsymbol{R}$ 满足条件$\boldsymbol{R}^{\mathrm{T}}\cdot\boldsymbol{R}=\boldsymbol{R}\cdot\boldsymbol{R}^{\mathrm{T}}=\boldsymbol{I}$,因此它是正交仿射量.特别地,当要求 $\det\boldsymbol{R}=1$ 时,$\boldsymbol{R}$ 可写为

$$\boldsymbol{R}=\pm\sqrt{1-\omega^2}(\boldsymbol{e}_1\otimes\boldsymbol{e}_1+\boldsymbol{e}_2\otimes\boldsymbol{e}_2)+\boldsymbol{e}_3\otimes\boldsymbol{e}_3+\omega(\boldsymbol{e}_2\otimes\boldsymbol{e}_1-\boldsymbol{e}_1\otimes\boldsymbol{e}_2).$$

若 $0<\omega\leqslant 1$,则可利用(1.99)式而将 $\boldsymbol{R}$ 表示为

$$\boldsymbol{R}=\boldsymbol{I}+\boldsymbol{W}+\left(\frac{1\mp\sqrt{1-\omega^2}}{\omega^2}\right)\boldsymbol{W}^2.\tag{1.100}$$

而相应的对称仿射量可写为

$$\boldsymbol{S}=\boldsymbol{F}-\boldsymbol{R}=\frac{1}{2}(\boldsymbol{F}+\boldsymbol{F}^{\mathrm{T}})-\boldsymbol{I}-\left(\frac{1\mp\sqrt{1-\omega^2}}{\omega^2}\right)\boldsymbol{W}^2.$$

于是充分性得证.

§1.6　张量分析

(一) 张量函数的微分

现考虑定义在开区间 $\mathscr{D}\subset\mathbb{R}$上的函数 $f(v)$.我们说 $f(v)$ 在 $v_0\in\mathscr{D}$ 处连续,是指对于任意小的正数 $\varepsilon>0$,总存在正数 δ,使得对于 $\mathscr{D}$中的 v,只要 $0<|v-v_0|<\delta$,就有 $|f(v)-f(v_0)|<\varepsilon$.如果 $f(v)$ 在开区间 $\mathscr{D}$ 上的每一个 v_0 处都连续,则称 $f(v)$ 在 $\mathscr{D}$ 上是连续的.

其次,我们来讨论函数 $f(v)$ 在 v 处的导数 $f'(v)$,它可通过以下表

达式来加以定义：

$$f(v+hu)=f(v)+hf'(v)u+o(h), \tag{1.101}$$

其中 $u\in\mathbb{R}$，$h\in\mathbb{R}$ 是一个趋于零的小量，$o(h)$ 是比 h 更高阶的小量. 上式表明，当 $f(v+hu)-f(v)$ 可以用一个关于 hu 的线性项 $hf'(v)u$ 与一个比 h 更快趋于零的项之和来表示时，我们就称 $f(v)$ 在 v 处是可微的.

显然，(1.101) 式与以下极限的存在性是等价的：

$$\lim_{\substack{h\to 0\\ h\in\mathbb{R}}}\frac{1}{h}[f(v+hu)-f(v)]=\left.\frac{\mathrm{d}}{\mathrm{d}h}f(v+hu)\right|_{h=0}, \tag{1.102}$$

此极限可记为 $f'(v;u)=f'(v)u$. 表示函数 $f(v)$ 在 v 处对应于增量 u 的微分. 可以证明，它是一个关于 u 的线性变换，而其中的 $f'(v)$ 则称为是 $f(v)$ 在 v 处的导数.

现在我们要将以上的概念推广到张量函数 $\boldsymbol{f}(v)$ 中，其中的 v 和 $\boldsymbol{f}$ 可假定分别为 r 阶张量和 s 阶张量. 为此，我们需要对张量空间赋以“范数”. 注意到每一个张量空间都是一个向量空间，故可给出如下的定义.

定义 1 对于向量空间 $\mathscr{V}$，如果可以定义一个由 $\mathscr{V}$ 到实数域 $\mathbb{R}$ 的映射，记为 $\|\cdot\|$，使得对于任意的 $\boldsymbol{u}$，$v\in\mathscr{V}$ 和 $\alpha\in\mathbb{R}$，都有

(i) $\|v\|\geqslant 0$，当且仅当 $v=\boldsymbol{0}$ 时，有 $\|v\|=0$，

(ii) $\|\alpha v\|=|\alpha|\,\|v\|$，

(iii) $\|\boldsymbol{u}+v\|\leqslant\|\boldsymbol{u}\|+\|v\|$，

则称 $\mathscr{V}$ 是一个**赋范向量空间**，其中 $\|v\|$ 称为 v 的范数.

由泛函分析可知，对于有限维向量空间，所有的范数是等价的. 因此，在以后的讨论中，我们只需选取一种范数即可. 例如，对于 r 阶张量 v，可选 v 与其自身的 r 重点积的平方根来作为 v 的范数.

现假定 $\mathscr{V}$ 和 $\mathscr{W}$ 都是有限维赋范向量空间，其中 $\mathscr{D}$ 为 $\mathscr{V}$ 中的开子集. 张量函数 $\boldsymbol{f}(v)$ 是一个从 $\mathscr{D}$ 到 $\mathscr{W}$ 的映射，我们说 $\boldsymbol{f}(v)$ 在 $v_0\in\mathscr{D}$ 处连续，是指对于任意小的正数 $\varepsilon>0$，总存在正数 δ，使得对于 $v\in\mathscr{D}$，只要 $0<\|v-v_0\|<\delta$，就有 $\|\boldsymbol{f}(v)-\boldsymbol{f}(v_0)\|<\varepsilon$. 如果 $\boldsymbol{f}(v)$ 在开集 $\mathscr{D}$ 上的每一个 v_0 处都连续，则称 $\boldsymbol{f}(v)$ 在 $\mathscr{D}$ 上是连续的.

下面我们来讨论张量函数 $\boldsymbol{f}(v)$ 在 v 处的导数. 假定对于每一个 $\boldsymbol{u}\in\mathscr{V}$，存在一个从 $\mathscr{V}$ 到 $\mathscr{W}$ 的线性变换，它把 $\boldsymbol{u}$ 变换为 $\boldsymbol{f}'(v)[\boldsymbol{u}]$，使得对于 $h\in\mathbb{R}$，当 $h\boldsymbol{u}$ 的范数 $\|h\boldsymbol{u}\|$ 趋于零时，范数 $\|\boldsymbol{f}(v+h\boldsymbol{u})-\boldsymbol{f}(v)-h\boldsymbol{f}'(v)[\boldsymbol{u}]\|$ 要比 $\|h\boldsymbol{u}\|$ 更快地趋于零，这时我们称 $\boldsymbol{f}(v)$ 在 v 处是可

微的，而其中 $\boldsymbol{f}'(v)[\boldsymbol{u}]$ 还可以等价地写为

$$\boldsymbol{f}'(v)[\boldsymbol{u}] = \lim_{\substack{h\to 0\\ h\in\mathbb{R}}} \frac{1}{h}[\boldsymbol{f}(v + h\boldsymbol{u}) - \boldsymbol{f}(v)] = \frac{\mathrm{d}}{\mathrm{d}h}\boldsymbol{f}(v + h\boldsymbol{u})\Big|_{h=0}, \tag{1.103}$$

它表示 $\boldsymbol{f}(v)$ 在 v 处对应于增量 $\boldsymbol{u}$ 的微分.(1.103)式中所采用的记号 $[\boldsymbol{u}]$ 是表示关于 $\boldsymbol{u}$ 的线性变换，而 $\boldsymbol{f}'(v)$ 则称为是 $\boldsymbol{f}(v)$ 在 v 处的导数.

通常，我们把在 $\mathscr{D}$ 中处处既连续又可微的张量函数 $\boldsymbol{f}(v)$ 称作为 C^1 类函数(或光滑函数).类似地，对于 C^1 类函数 $\boldsymbol{f}(v)$，如果 $\boldsymbol{f}'(v)$ 也是光滑的，则称 $\boldsymbol{f}(v)$ 是 C^2 类的，等等.

还应指出，对于张量函数的微分，同样有类似于数学分析中的乘积法则(Leibniz 法则)和链式法则.其证明可参见有关的文献(如[6,1.1])，此处就不再讨论了.

例 1　现考虑一个连续的张量值函数 $\boldsymbol{\varphi}(t)$，其定义域为实数域 $\mathbb{R}$ 中的开区间 $\mathscr{D}$.由(1.103)式，如果极限

$$\lim_{h\to 0}\frac{1}{h}[\boldsymbol{\varphi}(t + hu) - \boldsymbol{\varphi}(t)]$$

存在，则该极限可表示为 $\boldsymbol{\varphi}'(t)u$.这时，$\boldsymbol{\varphi}(t)$ 在 t 处的导数可写为

$$\dot{\boldsymbol{\varphi}}(t) = \lim_{s\to 0}\frac{1}{s}[\boldsymbol{\varphi}(t + s) - \boldsymbol{\varphi}(t)], \tag{1.104}$$

其中 s 相当于上式中的 hu.

例 2　假定(1.103)式中的 v 为仿射量 $\boldsymbol{B}$，并设 $\boldsymbol{f}(v) = \boldsymbol{f}(\boldsymbol{B}) = \boldsymbol{B}^2$.当取 $\boldsymbol{u}$ 为仿射量 $\boldsymbol{C}$ 时，(1.103)式可具体写为

$$\begin{aligned}\boldsymbol{f}'(\boldsymbol{B})[\boldsymbol{C}] &= \lim_{h\to 0}\frac{1}{h}[(\boldsymbol{B} + h\boldsymbol{C})\cdot(\boldsymbol{B} + h\boldsymbol{C}) - \boldsymbol{B}^2]\\ &= \lim_{h\to 0}\frac{1}{h}[h(\boldsymbol{B}\cdot\boldsymbol{C} + \boldsymbol{C}\cdot\boldsymbol{B}) + h^2\boldsymbol{C}^2]\\ &= \boldsymbol{B}\cdot\boldsymbol{C} + \boldsymbol{C}\cdot\boldsymbol{B},\end{aligned}$$

它是关于 $\boldsymbol{C}$ 的线性变换式.

例 3　假定 $f(v)$ 是一个标量值的向量函数，其定义域是向量空间 $\mathscr{V}$ 中的开子集 $\mathscr{D}$，其值域是实数域 $\mathbb{R}$.此外，还假定 $f(v)$ 在 $\mathscr{D}$ 上是连续的，且存在极限

$$f'(v)[\boldsymbol{u}] = \lim_{\substack{h\to 0\\ h\in\mathbb{R}}}\frac{1}{h}[f(v + h\boldsymbol{u}) - f(v)]. \tag{1.105}$$

下面来计算 $f(v)$ 在 v 处的导数.

现将 v 和 $\boldsymbol{u}$ 用协变基向量 $\boldsymbol{g}_i$ 表示为 $v = v^j\boldsymbol{g}_j$ 和 $\boldsymbol{u} = u^i\boldsymbol{g}_i$.考虑到

(1.105) 式关于 $\boldsymbol{u}$ 是线性的,故可将它写为 $f'(v)[\boldsymbol{g}_i]u^i$,其中

$$f'(v)[\boldsymbol{g}_i] = \lim_{\substack{h\to 0\\ h\in\mathbb{R}}} \frac{1}{h}[f(v+h\boldsymbol{g}_i) - f(v)].$$

在上式中,$[(v+h\boldsymbol{g}_i) - v]$ 表示向量 v 沿基向量 $\boldsymbol{g}_i$ 的改变量,即只有向量 v 的第 i 个逆变分量 v^i 有改变量 h. $[f(v+h\boldsymbol{g}_i) - f(v)]$ 表示由于 v^i 的改变所引起的 f 的改变量. 故上式可写为

$$f'(v)[\boldsymbol{g}_i] = \frac{\partial f(v)}{\partial v^i}.$$

由此得

$$f'(v)[\boldsymbol{u}] = \frac{\partial f(v)}{\partial v^i}u^i.$$

现定义 f 的梯度为

$$f(v)\nabla = \frac{\partial f}{\partial v^i}\boldsymbol{g}^i, \tag{1.106}$$

则有

$$f'(v)[\boldsymbol{u}] = (f(v)\nabla)\cdot\boldsymbol{u}.$$

可见 $f(v)$ 在 v 处的导数就是 f 的梯度(1.106)式.

例 4 现将上一例题中函数的自变量推广到高阶张量的情形. 假定 $f(\boldsymbol{B})$ 是一个标量值的张量函数,其中 $\boldsymbol{B}$ 为 r 阶张量:

$$\boldsymbol{B} = B^{i_1 i_2 \cdots i_r}\boldsymbol{g}_{i_1}\otimes\boldsymbol{g}_{i_2}\otimes\cdots\otimes\boldsymbol{g}_{i_r}.$$

另设 $\boldsymbol{C}$ 也是一个 r 阶张量,则由(1.103)式表示的

$$f'(\boldsymbol{B})[\boldsymbol{C}] = \lim_{\substack{h\to 0\\ h\in\mathbb{R}}} \frac{1}{h}[f(\boldsymbol{B}+h\boldsymbol{C}) - f(\boldsymbol{B})]$$

是一个把 $\boldsymbol{C}$ 映射到实数域 $\mathbb{R}$ 的线性变换式. 根据 §1.4 中的例 1,必存在一个 r 阶张量,记为 $f'(\boldsymbol{B}) = \frac{\mathrm{d}f}{\mathrm{d}\boldsymbol{B}}$,使得上式可写为 $\frac{\mathrm{d}f}{\mathrm{d}\boldsymbol{B}}$ 与 $\boldsymbol{C}$ 的 r 重点积:

$$f'(\boldsymbol{B})[\boldsymbol{C}] = \frac{\mathrm{d}f}{\mathrm{d}\boldsymbol{B}}\odot\boldsymbol{C}, \tag{1.107}$$

其中 $\frac{\mathrm{d}f}{\mathrm{d}\boldsymbol{B}}$ 称为 f 在 $\boldsymbol{B}$ 处的导数或**梯度**.

如果类似于上一例题的推导,则可先计算 $f'(\boldsymbol{B})[\boldsymbol{g}_{i_1}\otimes\boldsymbol{g}_{i_2}\otimes\cdots\otimes\boldsymbol{g}_{i_r}]$,它等于 $\frac{\partial f(\boldsymbol{B})}{\partial B^{i_1 i_2\cdots i_r}}$. 因此, $\frac{\mathrm{d}f}{\mathrm{d}\boldsymbol{B}}$ 还可具体写为

$$\frac{\mathrm{d}f}{\mathrm{d}\boldsymbol{B}} = \frac{\partial f(\boldsymbol{B})}{\partial B^{i_1 i_2\cdots i_r}}\boldsymbol{g}^{i_1}\otimes\boldsymbol{g}^{i_2}\otimes\cdots\otimes\boldsymbol{g}^{i_r}.$$

特别地,上式中的 $\boldsymbol{B}$ 可以是一个对称仿射量. 但应注意,如果把 f 写

为对称仿射量 $\boldsymbol{B}$ 的 6 个独立分量的函数时，则在求 f 的梯度之前，应先将 B^{ij} 用 $\frac{1}{2}(B^{ij}+B^{ji})$ 代替，使 f 成为 $\boldsymbol{B}$ 的 9 个分量的函数. 当求出这 9 个偏导数后，再用 $\boldsymbol{B}$ 的 6 个独立分量来加以表示. 显然，这时的 $\frac{\partial f}{\partial \boldsymbol{B}}$ 也是对称的.

例 5　现将 $\boldsymbol{f}(v)$ 取为欧氏向量空间中开集 $\mathscr{D}$ 上的张量值函数 $\boldsymbol{\varphi}(\boldsymbol{x})$，其中 $\boldsymbol{x}$ 表示空间点的位置向量，则 $\boldsymbol{\varphi}(\boldsymbol{x})$ 将对应于一个张量场. 当 $\boldsymbol{\varphi}$ 为 r 阶张量时，可写为

$$\boldsymbol{\varphi}(\boldsymbol{x}) = \varphi^{i_1 i_2 \cdots i_r}(\boldsymbol{x}) \boldsymbol{g}_{i_1}(\boldsymbol{x}) \otimes \boldsymbol{g}_{i_2}(\boldsymbol{x}) \otimes \cdots \otimes \boldsymbol{g}_{i_r}(\boldsymbol{x}).$$

另取(1.103)式中的 $\boldsymbol{u}$ 为 $\mathrm{d}\boldsymbol{x} = \mathrm{d}x^1\boldsymbol{g}_1 + \mathrm{d}x^2\boldsymbol{g}_2 + \mathrm{d}x^3\boldsymbol{g}_3$，表示 $\boldsymbol{x}$ 的改变量. 这时(1.103)式成为

$$\boldsymbol{\varphi}'(\boldsymbol{x})[\mathrm{d}\boldsymbol{x}] = \lim_{\substack{h\to 0\\ h\in\mathbb{R}}} \frac{1}{h}[\boldsymbol{\varphi}(\boldsymbol{x}+h\mathrm{d}\boldsymbol{x}) - \boldsymbol{\varphi}(\boldsymbol{x})].$$

注意到上式关于 $\mathrm{d}\boldsymbol{x}$ 是线性的，故可写为

$$\boldsymbol{\varphi}'(\boldsymbol{x})[\mathrm{d}\boldsymbol{x}] = \boldsymbol{\varphi}'(\boldsymbol{x})[\boldsymbol{g}_i]\mathrm{d}x^i = \mathrm{d}x^i\boldsymbol{\varphi}'(\boldsymbol{x})[\boldsymbol{g}_i].$$

类似于例 3 中的做法，可求得

$$\boldsymbol{\varphi}'(\boldsymbol{x})[\boldsymbol{g}_i] = \frac{\partial \boldsymbol{\varphi}(\boldsymbol{x})}{\partial x^i}.$$

于是有

$$\boldsymbol{\varphi}'(\boldsymbol{x})[\mathrm{d}\boldsymbol{x}] = \frac{\partial \boldsymbol{\varphi}(\boldsymbol{x})}{\partial x^i}\mathrm{d}x^i = \frac{\partial \boldsymbol{\varphi}}{\partial x^i} \otimes \boldsymbol{g}^i \cdot \boldsymbol{g}_j \mathrm{d}x^j = \boldsymbol{\varphi} \otimes \nabla \cdot \mathrm{d}\boldsymbol{x},$$

或

$$\boldsymbol{\varphi}'(\boldsymbol{x})[\mathrm{d}\boldsymbol{x}] = \mathrm{d}x^i \frac{\partial \boldsymbol{\varphi}(\boldsymbol{x})}{\partial x^i} = \mathrm{d}x^j\boldsymbol{g}_j \cdot \boldsymbol{g}^i \otimes \frac{\partial \boldsymbol{\varphi}}{\partial x^i} = \mathrm{d}\boldsymbol{x} \cdot \nabla \otimes \boldsymbol{\varphi},$$

其中

$$\boldsymbol{\varphi} \otimes \nabla = \frac{\partial \boldsymbol{\varphi}}{\partial x^i} \otimes \boldsymbol{g}^i \quad 和 \quad \nabla \otimes \boldsymbol{\varphi} = \boldsymbol{g}^i \otimes \frac{\partial \boldsymbol{\varphi}}{\partial x^i} \tag{1.108}$$

分别称为 $\boldsymbol{\varphi}$ 的右梯度和左梯度，而记号 ∇ 则称为 **Hamilton 算子**(或 nabla). 为书写方便起见，以后我们将 $\boldsymbol{\varphi}$ 的右梯度和左梯度分别记为 $\boldsymbol{\varphi}\nabla$ 和 $\nabla\boldsymbol{\varphi}$.

(1.108)式中的 $\frac{\partial \boldsymbol{\varphi}}{\partial x^i}$ 表示 $\boldsymbol{\varphi}(\boldsymbol{x})$ 对坐标分量 x^i 的偏导数，可简记为 $\boldsymbol{\varphi}_{,i}$. 如果 $\boldsymbol{\varphi}$ 是一个向量场 $\boldsymbol{\varphi} = \varphi^j(\boldsymbol{x})\boldsymbol{g}_j(\boldsymbol{x})$，则 $\boldsymbol{\varphi}_{,i}$ 可具体写为

$$\boldsymbol{\varphi}_{,i} = \varphi^j(\boldsymbol{x})_{,i}\,\boldsymbol{g}_j(\boldsymbol{x}) + \varphi^j(\boldsymbol{x})\boldsymbol{g}_j(\boldsymbol{x})_{,i}, \tag{1.109}$$

其中 $\boldsymbol{g}_{j,i}$ 表示协变基向量 $\boldsymbol{g}_j$ 对 x^i 的偏导数. 下面,我们就来讨论关于 $\boldsymbol{g}_{j,i}$ 的计算问题.

(二) Christoffel 符号

由(1.9)式可知,协变基向量 $\boldsymbol{g}_j$ 是位置向量 $\boldsymbol{x}$ 对其坐标分量 x^j 的偏导数,故可简写为

$$\boldsymbol{g}_j = \boldsymbol{x}_{,j}.$$

因为偏导数的次序是可以变换的,故有

$$\boldsymbol{g}_{j,i} = \boldsymbol{x}_{,ji} = \boldsymbol{x}_{,ij} = \boldsymbol{g}_{i,j}. \tag{1.110}$$

由上式引进的新向量可以用逆变基向量 $\boldsymbol{g}^k$ 或协变基向量 $\boldsymbol{g}_k$ 表示为

$$\boldsymbol{g}_{j,i} = \Gamma_{ijk}\boldsymbol{g}^k = \Gamma_{ij}^k\boldsymbol{g}_k, \tag{1.111}$$

其中 Γ_{ijk} 和 Γ_{ij}^k 分别称为**第一类和第二类 Christoffel 符号**. (1.110) 式表明,它们对指标 i 和 j 是对称的.

由(1.111)式可得

$$\Gamma_{ijk} = \boldsymbol{g}_k \cdot \boldsymbol{g}_{j,i}, \ \Gamma_{ij}^k = \boldsymbol{g}^k \cdot \boldsymbol{g}_{j,i} = g^{kl}\Gamma_{ijl}. \tag{1.112}$$

它们表示第 j 个协变基向量对第 i 个坐标分量的偏导数与第 k 个基向量的点积.

另外,根据表达式 $\boldsymbol{g}^k \cdot \boldsymbol{g}_j = \delta_j^k$ 对 $x^i (i = 1,2,3)$ 的偏导数为零的条件,还可将 Γ_{ij}^k 写为

$$\Gamma_{ij}^k = -\boldsymbol{g}_j \cdot \boldsymbol{g}^k_{,i},$$

逆变基向量 $\boldsymbol{g}^j$ 对 x^i 的偏导数可计算如下:首先,可将 $\boldsymbol{g}^j_{,i}$ 形式地写为 $\boldsymbol{g}^j_{,i} = \beta_{ik}^j\boldsymbol{g}^k$,其中系数 β_{ik}^j 是待求的. 然后利用上式,可知 $\Gamma_{il}^j = -\boldsymbol{g}_l \cdot \boldsymbol{g}^j_{,i} = -\beta_{il}^j$. 故得:

$$\boldsymbol{g}^j_{,i} = -\Gamma_{ik}^j\boldsymbol{g}^k. \tag{1.113}$$

Γ_{ijk} 和 Γ_{ij}^k 也可以由度量张量 g_{ij} 的偏导数表示如下:

利用 $\dfrac{\partial}{\partial x^k}(\boldsymbol{g}_i \cdot \boldsymbol{g}_j) = \boldsymbol{g}_{i,k} \cdot \boldsymbol{g}_j + \boldsymbol{g}_i \cdot \boldsymbol{g}_{j,k}$ 和(1.112)式,

可得

$$g_{ij,k} = \Gamma_{kij} + \Gamma_{kji}. \tag{1.114$_1$}$$

类似地还有

$$g_{jk,i} = \Gamma_{ijk} + \Gamma_{ikj}, \tag{1.114$_2$}$$

和

$$g_{ki,j} = \Gamma_{jki} + \Gamma_{jik}. \tag{1.114$_3$}$$

将(1.114)式的后两式相加再减去第一式，则由 Christoffel 符号对前两个指标的对称性，可得

$$\Gamma_{ijk} = \frac{1}{2}(g_{jk,i} + g_{ki,j} - g_{ij,k}). \tag{1.115}$$

而(1.112) 式的第二式可写为

$$\Gamma^k_{ij} = \frac{1}{2}g^{kl}(g_{jl,i} + g_{li,j} - g_{ij,l}). \tag{1.116}$$

如果将上式中的指标 j 也取为 k，并对 k 求和(这时 k 为哑指标)，则由 g^{kl} 中指标 k 和 l 的对称性，可得

$$\Gamma^k_{ik} = \frac{1}{2}g^{kl}g_{lk,i}.$$

注意到(1.25) 式，上式最终可写为

$$\Gamma^k_{ik} = \frac{1}{2g}\frac{\partial g}{\partial x^i} = \frac{1}{\sqrt{g}}\frac{\partial \sqrt{g}}{\partial x^i}. \tag{1.117}$$

需指出，Γ_{ijk} 和 Γ^k_{ij} 一般并不是三阶张量的分量. 因为在新旧坐标系中，它们满足如下的变换关系

$$\overline{\Gamma}^k_{ij} = \frac{\partial x^m}{\partial \overline{x}^i}\frac{\partial x^n}{\partial \overline{x}^j}\frac{\partial \overline{x}^k}{\partial x^s}\Gamma^s_{mn} + \frac{\partial \overline{x}^k}{\partial x^s}\frac{\partial^2 x^s}{\partial \overline{x}^i \partial \overline{x}^j}.$$

在正交曲线坐标系中，利用 $g_{ij} = 0$(当 $i \neq j$)，$g^{ii} = \dfrac{1}{g_{ii}}$ (不对 i 求和)，以及(1.115) 和(1.116) 两式，可知 Christoffel 符号满足以下关系：

(i) 三个指标均不相同时

$$\Gamma_{ijk} = 0, \qquad \Gamma^k_{ij} = 0 \quad (i \neq j \neq k \neq i).$$

(ii) 只有前两个指标相同

$$\Gamma_{iik} = -\frac{1}{2}g_{ii,k}, \qquad \Gamma^k_{ii} = -\frac{1}{2g_{kk}}g_{ii,k} \quad (i \neq k). \tag{1.118}$$

(iii) 第一个或第二个指标与第三个指标相同

$$\Gamma_{iki} = \Gamma_{kii} = \frac{1}{2}g_{ii,k}, \quad \Gamma^i_{ik} = \Gamma^i_{ki} = \frac{1}{2g_{ii}}g_{ii,k} = (\ln\sqrt{g_{ii}})_{,k},$$

在以上各式中，并不对重复指标进行求和.

(三) 协变导数(the covariant derivative)

现在我们来讨论向量场 $\boldsymbol{\varphi}(\boldsymbol{x})$ 对坐标分量 x^j 的偏导数. 利用(1.111)式和(1.113) 式，(1.109) 式可写为

$$\boldsymbol{\varphi}_{,j} = (\varphi^i_{,j} + \Gamma^i_{jr}\varphi^r)\boldsymbol{g}_i$$

$$= (\varphi_{i,j} - \Gamma^r_{ji}\varphi_r)\boldsymbol{g}^i. \tag{1.119}$$

如记

$$\varphi^i|_j = \varphi^i_{,j} + \Gamma^i_{jr}\varphi^r, \quad \varphi_i|_j = \varphi_{i,j} - \Gamma^r_{ji}\varphi_r, \tag{1.120}$$

则有

$$\boldsymbol{\varphi}_{,j} = \varphi^i|_j\boldsymbol{g}_i = \varphi_i|_j\boldsymbol{g}^i.$$

在新坐标系$(\bar{x}^1,\bar{x}^2,\bar{x}^3)$中，由

$$\boldsymbol{\varphi} = \bar{\varphi}^m\bar{\boldsymbol{g}}_m, \quad \frac{\partial\boldsymbol{\varphi}}{\partial\bar{x}^n} = \frac{\partial x^j}{\partial\bar{x}^n}\frac{\partial\boldsymbol{\varphi}}{\partial x^j},$$

和 $\bar{\boldsymbol{g}}_m = \dfrac{\partial x^i}{\partial\bar{x}^m}\boldsymbol{g}_i$，可知

$$\bar{\varphi}^m|_n = \frac{\partial\bar{x}^m}{\partial x^i}\frac{\partial x^j}{\partial\bar{x}^n}\varphi^i|_j.$$

说明 $\varphi^i|_j$ 是一个二阶张量的混合分量，称为向量 $\boldsymbol{\varphi}$ 的逆变分量对坐标 x^j 的**协变导数**．类似地，$\varphi_i|_j$ 是一个二阶张量的协变分量，称为向量 $\boldsymbol{\varphi}$ 的协变分量对坐标 x^j 的协变导数．

利用(1.111)式和(1.113)式，不难将以上讨论推广到高阶张量的情形．例如，对于一个二阶张量 $\boldsymbol{B}$，有

$$\begin{aligned}\boldsymbol{B}_{,k} &= (B_{ij}\boldsymbol{g}^i\otimes\boldsymbol{g}^j)_{,k} = B_{ij,k}\boldsymbol{g}^i\otimes\boldsymbol{g}^j + B_{ij}\boldsymbol{g}^i_{,k}\otimes\boldsymbol{g}^j + B_{ij}\boldsymbol{g}^i\otimes\boldsymbol{g}^j_{,k}\\ &= B_{ij}|_k\boldsymbol{g}^i\otimes\boldsymbol{g}^j,\end{aligned}$$

其中

$$B_{ij}|_k = B_{ij,k} - \Gamma^r_{ki}B_{rj} - \Gamma^r_{kj}B_{ir}, \tag{1.121}$$

称为二阶张量 $\boldsymbol{B}$ 的协变分量对坐标 x^k 的协变导数．类似地，还有

$$\begin{aligned}B^{ij}|_k &= B^{ij}{}_{,k} + \Gamma^i_{kr}B^{rj} + \Gamma^j_{kr}B^{ir},\\ B^i{}_{\cdot j}|_k &= B^i{}_{\cdot j,k} + \Gamma^i_{kr}B^r{}_{\cdot j} - \Gamma^r_{kj}B^i{}_{\cdot r},\end{aligned} \tag{1.122}$$

它们分别为 $\boldsymbol{B}$ 的逆变分量和混合分量对坐标 x^k 的协变导数．

显然，(1.121)式和(1.122)式分别对应于一个三阶张量的协变分量和混合分量．

更高阶张量分量的协变导数也可类似地得到．相应的逆变导数可利用指标的上升来加以定义．例如，向量 v 的逆变分量的**逆变导数**可定义为

$$v^i|^j = g^{jk}v^i|_k.$$

不难证明，张量分量的协变导数具有下列性质：

(i) 两张量分量的和或并积的协变导数运算与一般求导运算的法则相同．例如

$$(\alpha u_i + \beta v_i)|_j = \alpha u_i|_j + \beta v_i|_j \quad (\forall\,\alpha,\beta\in\mathbb{R}),$$

$$(u_i v^j)|_k = (u_i|_k)v^j + u_i(v^j|_k)$$（即满足 Leibniz 法则）.

由此可见，指标的缩并与进行协变导数运算的次序先后是可以交换的.

(ii) 因为在直角坐标系中度量张量的分量是常数，故相应的 Christoffel 符号为零.因此，对应于直角坐标系的度量张量分量的协变导数等于零.当变换到任意曲线坐标系后，可知在任意曲线坐标系中的度量张量分量的协变导数也都等于零，即

$$g_{ij}|_r = g^{ij}|_r = \delta_j^i|_r = 0.$$

以上关系称为 Ricci 引理.这说明，在进行协变导数的运算时，度量张量的分量可作为常数来处理.例如，有

$$(g^{ij}v_j)|_k = g^{ij}(v_j|_k).$$

类似地，置换张量的分量的协变导数也等于零：

$$\varepsilon_{ijk}|_s = 0, \qquad \varepsilon^{ijk}|_s = 0.$$

（四）Riemann-Christoffel 张量

现将向量场 $v(\boldsymbol{x})$ 的协变分量的协变导数看作是某一个二阶张量 $\boldsymbol{B}$ 的协变分量：

$$B_{ij} = v_i|_j = v_{i,j} - \Gamma_{ji}^r v_r,$$

则 B_{ij} 的协变导数可写为

$$B_{ij}|_k = B_{ij,k} - \Gamma_{ki}^r B_{rj} - \Gamma_{kj}^r B_{ir},$$

或

$$v_i|_{jk} = v_{i,jk} - \Gamma_{kj}^r v_{i,r} - \Gamma_{ki}^r v_{r,j} - \Gamma_{ji}^r v_{r,k} - v_s(\Gamma_{ji,k}^s - \Gamma_{ki}^r \Gamma_{jr}^s - \Gamma_{kj}^r \Gamma_{ri}^s).$$

由上式得

$$v_i|_{jk} - v_i|_{kj} = v_r R^r_{\cdot ijk}, \tag{1.123}$$

其中

$$R^r_{\cdot ijk} = \Gamma_{ki,j}^r - \Gamma_{ji,k}^r + \Gamma_{ki}^s \Gamma_{js}^r - \Gamma_{ji}^s \Gamma_{ks}^r. \tag{1.124}$$

注意到(1.123)式左端是一个三阶张量的协变分量，而 v_r 是任意向量 v 的协变分量，故由商法则可知 $R^r_{\cdot ijk}$ 是一个四阶张量的混合分量，称之为 **Riemann-Christoffel 张量**（**或曲率张量**）.显然，$R^r_{\cdot ijk}$ 关于指标 j 和 k 是反称的.(1.123)式表明，向量分量 v_i 的协变导数可交换次序的充要条件是 $R^r_{\cdot ijk}$ 恒等于零.其实，这一结论对任意阶张量分量的协变导数也都成立.

由(1.115)式和(1.116)式可知，(1.124)式仅由度量张量的分量及其直到二阶的偏导数组成.下降 $R^r_{\cdot ijk}$ 的第一个指标，有

$$R_{rijk} = g_{rl} R^l_{\cdot ijk}.$$

上式可写为

$$R_{rijk}=\frac{1}{2}(g_{rk,ij}+g_{ij,rk}-g_{rj,ik}-g_{ik,rj})+g^{mn}(\Gamma_{ijm}\Gamma_{rkn}-\Gamma_{rjm}\Gamma_{ikn}).\tag{1.125}$$

由此可得到下列关系

$$R_{rijk}=-R_{irjk}=-R_{rikj}=R_{jkri},\tag{1.126}$$

和

$$R_{rijk}+R_{rjki}+R_{rkij}=0.$$

(1.126)式表明，R_{rijk} 对指标 r,i 和 j,k 是反称的，因此当不计正负号时，在三维空间中 R_{rijk} 只可能有六个非零分量：R_{3131}，R_{3232}，R_{1212}，R_{3132}，R_{3212} 和 R_{3112}. 而在二维空间中，R_{rijk} 只可能有一个非零分量 R_{1212}.

在欧氏空间中，任何曲线坐标系都可由直角坐标系经过相应的坐标变换得到. 而在直角坐标系中，Riemann-Christoffel 张量是恒等于零的. 因此，欧氏空间中的 Riemann-Christoffel 张量恒等于零. 这说明，在欧氏空间中，张量分量的协变导数的次序是可以交换的.

最后，我们指出，Riemann-Christoffel 张量还满足如下的 **Bianchi 恒等式**：

$$R_{pqij}|_k+R_{pqjk}|_i+R_{pqki}|_j=0,$$

由此不难证明该张量的六个独立分量之间还应满足三个微分关系式.

（五）不变性微分算子

(1.108)式中的 Hamilton 算子又称为**不变性微分算子**，它对张量场 $\boldsymbol{\varphi}$ 所作的微分运算在坐标变换下是不变的. 例如，在新坐标系中，$\boldsymbol{\varphi}$ 的左梯度可写为 $\bar{\boldsymbol{g}}^j\otimes\dfrac{\partial\boldsymbol{\varphi}}{\partial\bar{x}^j}$. 显然，上式也等于

$$\frac{\partial x^i}{\partial\bar{x}^j}\bar{\boldsymbol{g}}^j\otimes\frac{\partial\boldsymbol{\varphi}}{\partial x^i}=\boldsymbol{g}^i\otimes\frac{\partial\boldsymbol{\varphi}}{\partial x^i}.$$

在(1.108)式中，我们已经定义了一个 r 阶张量场 $\boldsymbol{\varphi}$ 的**右梯度** $\boldsymbol{\varphi}\otimes\nabla$（或记为 $\boldsymbol{\varphi}\ \nabla$）和**左梯度** $\nabla\otimes\boldsymbol{\varphi}$（或记为 $\nabla\ \boldsymbol{\varphi}$），有时也将左梯度表示为 grad$\boldsymbol{\varphi}$，它们都是 $(r+1)$ 阶张量. 特别地，当 $\boldsymbol{\varphi}$ 为标量场 φ 时，其梯度为

$$\mathrm{grad}\varphi=\nabla\ \varphi=\varphi\ \nabla=\frac{\partial\varphi}{\partial x^i}\boldsymbol{g}^i.$$

当 $\boldsymbol{\varphi}$ 为向量场 v 时，$\nabla v=v_i|_j\boldsymbol{g}^j\otimes\boldsymbol{g}^i=(v_i|_j\boldsymbol{g}^i\otimes\boldsymbol{g}^j)^{\mathrm{T}}=(v\ \nabla)^{\mathrm{T}}$.

对于 r 阶张量场 $\boldsymbol{\varphi}(\boldsymbol{x})$，以下给出的定义式

$$\boldsymbol{\varphi}\cdot\nabla=\boldsymbol{\varphi}_{,j}\cdot\boldsymbol{g}^j \quad 和 \quad \nabla\cdot\boldsymbol{\varphi}=\boldsymbol{g}^j\cdot\boldsymbol{\varphi}_{,j}, \tag{1.127}$$

分别称为 $\boldsymbol{\varphi}$ 的**右散度**和**左散度**,有时也将左散度表示为 $\mathrm{div}\boldsymbol{\varphi}$,它们都是 $(r-1)$ 阶张量. 特别地,当 $\boldsymbol{\varphi}$ 为向量场 $v(\boldsymbol{x})$ 时,其散度为

$$\mathrm{div}\ v=\nabla\cdot v=v\cdot\nabla=v^i|_i=g^{ij}v_i|_j.$$

显然,上式也可写为

$$\mathrm{div}\ v=\mathrm{tr}(v^i|_j\boldsymbol{g}_i\otimes\boldsymbol{g}^j)=\mathrm{tr}(v\nabla).$$

利用(1.117)式,向量场的散度还可写为

$$\begin{aligned}\nabla\cdot v&=v^i_{,i}+\Gamma^r_{ri}v^i=v^i_{,i}+\frac{1}{\sqrt{g}}\frac{\partial\sqrt{g}}{\partial x^i}v^i\\&=\frac{1}{\sqrt{g}}(\sqrt{g}v^i)_{,i}.\end{aligned}\tag{1.128}$$

还需说明,在有些文献中,$v\cdot\nabla$表示的是如下的微分运算:

$$v^i\boldsymbol{g}_i\cdot\boldsymbol{g}^j\frac{\partial(\quad)}{\partial x^j}=v^i\frac{\partial(\quad)}{\partial x^i}.$$

而本书中的 $v\cdot\nabla$ 则表示 v 的右散度,两者的含义完全不同.

例 6　设 $\boldsymbol{u}=u_k\boldsymbol{g}^k$ 和 $\boldsymbol{\varphi}=\varphi^{ij}\boldsymbol{g}_i\otimes\boldsymbol{g}_j$ 分别为连续可微的向量场和仿射量场,则有

$$(\boldsymbol{u}\cdot\boldsymbol{\varphi})\cdot\nabla=\boldsymbol{u}\cdot(\boldsymbol{\varphi}\cdot\nabla)+(\boldsymbol{u}\nabla):\boldsymbol{\varphi}.$$

事实上,上式左端为

$$(\boldsymbol{u}\cdot\boldsymbol{\varphi})\cdot\nabla=(u_i\varphi^{ij}\boldsymbol{g}_j)_{,k}\cdot\boldsymbol{g}^k=(u_i\varphi^{ij})|_j=u_i(\varphi^{ij}|_j)+(u_i|_j)\varphi^{ij}.$$

另一方面,由于

$$\boldsymbol{u}\cdot(\boldsymbol{\varphi}\cdot\nabla)=(u_k\boldsymbol{g}^k)\cdot(\varphi^{ij}|_j\boldsymbol{g}_i)=u_i(\varphi^{ij}|_j),$$

和

$$(\boldsymbol{u}\nabla):\boldsymbol{\varphi}=(u_i|_j\boldsymbol{g}^i\otimes\boldsymbol{g}^j):(\varphi^{kl}\boldsymbol{g}_k\otimes\boldsymbol{g}_l)=(u_i|_j)\varphi^{ij},$$

故知上式是成立的. 特别地,当 $\boldsymbol{u}$ 为常向量时,有 $\boldsymbol{u}\nabla=\boldsymbol{0}$,这时上式将变为

$$(\boldsymbol{u}\cdot\boldsymbol{\varphi})\cdot\nabla=\boldsymbol{u}\cdot(\boldsymbol{\varphi}\cdot\nabla). \tag{1.129}$$

例 7　设 $v(\boldsymbol{x})$ 为欧氏空间中任意连续可微的向量场,则可证明有以下等式:

$$\nabla\cdot(v\nabla)=(\nabla v)\cdot\nabla=(\nabla\cdot v)\nabla=\nabla(v\cdot\nabla). \tag{1.130}$$

事实上,对于 $v=v^i\boldsymbol{g}_i$,易求得 $\nabla\cdot(v\nabla)=v^i|_{ji}\boldsymbol{g}^j=(\nabla v)\cdot\nabla$,故有上式的第一个等式. 另一方面,由于 $(\nabla\cdot v)\nabla=v^i|_{ij}\boldsymbol{g}^j=\nabla(v\cdot\nabla)$,故上式的最后一个等式也成立. 考虑到在欧氏空间中可交换协变导数的次序,因此(1.130)式得证.

对于三维欧氏空间中的 r 阶张量场 $\boldsymbol{\varphi}(\boldsymbol{x})$,可引进如下的定义式

$$\boldsymbol{\varphi} \times \nabla = \boldsymbol{\varphi}_{,j} \times \boldsymbol{g}^j, \quad \nabla \times \boldsymbol{\varphi} = \boldsymbol{g}^j \times \boldsymbol{\varphi}_{,j}, \tag{1.131}$$

分别称为 $\boldsymbol{\varphi}$ 的**右旋度**和**左旋度**.有时,$\boldsymbol{\varphi}$ 的左旋度也记为 $\operatorname{curl}\boldsymbol{\varphi}$.它们仍都是 r 阶张量.特别地,当 $\boldsymbol{\varphi}$ 为向量场 v 时,有

$$\begin{aligned} v \times \nabla &= (v_i \mid_j \boldsymbol{g}^i) \times \boldsymbol{g}^j = \varepsilon^{ijk} v_i \mid_j \boldsymbol{g}_k, \\ \nabla \times v &= \boldsymbol{g}^j \times (v_i \mid_j \boldsymbol{g}^i) = \varepsilon^{jik} v_i \mid_j \boldsymbol{g}_k = - v \times \nabla. \end{aligned} \tag{1.132}$$

例 8 设 $v(\boldsymbol{x})$ 为任一向量场,则反称张量场 $\boldsymbol{W} = \frac{1}{2}(v\nabla - \nabla v)$ 的轴向量为 $\boldsymbol{\omega} = \frac{1}{2}\nabla \times v$.事实上,对于任意向量 $\boldsymbol{u}$,相应的(1.82)式是成立的,即有

$$\frac{1}{2}(v\nabla - \nabla v) \cdot \boldsymbol{u} = \frac{1}{2}(\nabla \times v) \times \boldsymbol{u}. \tag{1.133}$$

这是因为上式左端可写为

$$\begin{aligned} \frac{1}{2}(v\nabla - \nabla v) \cdot \boldsymbol{u} &= \frac{1}{2}[(v_i \mid_j \boldsymbol{g}^i \otimes \boldsymbol{g}^j) - (v_i \mid_j \boldsymbol{g}^j \otimes \boldsymbol{g}^i)] \cdot (u^k \boldsymbol{g}_k) \\ &= \frac{1}{2}[v_i \mid_j u^j \boldsymbol{g}^i - v_i \mid_j u^i \boldsymbol{g}^j]. \end{aligned}$$

上式右端可利用(1.56)式而写为

$$\begin{aligned} \frac{1}{2}(\nabla \times v) \times \boldsymbol{u} &= \frac{1}{2}(\varepsilon^{jik} v_i \mid_j \boldsymbol{g}_k) \times (u^l \boldsymbol{g}_l) \\ &= \frac{1}{2}\varepsilon^{kji}\varepsilon_{klm} v_i \mid_j u^l \boldsymbol{g}^m = \frac{1}{2}(\delta^j_l \delta^i_m - \delta^j_m \delta^i_l) v_i \mid_j u^l \boldsymbol{g}^m \\ &= \frac{1}{2}[v_i \mid_j u^j \boldsymbol{g}^i - v_i \mid_j u^i \boldsymbol{g}^j]. \end{aligned}$$

可见(1.133)式成立.

例 9 对于欧氏空间中的仿射量场 $\boldsymbol{\varphi}(\boldsymbol{x})$,可利用协变导数的可交换性证明以下等式是成立的:

$$(\nabla \times \boldsymbol{\varphi}) \times \nabla = \nabla \times (\boldsymbol{\varphi} \times \nabla). \tag{1.134}$$

这说明,在上式中进行左、右旋度运算的次序是可以交换的,故可将(1.134)式写为 $\nabla \times \boldsymbol{\varphi} \times \nabla$.当 $\boldsymbol{\varphi}$ 为对称仿射量时,可引进记号 $\operatorname{Ink}\boldsymbol{\varphi} = -(\nabla \times \boldsymbol{\varphi} \times \nabla)$,称为**非协调算子**.

最后,我们来定义对于 r 阶张量场 $\boldsymbol{\varphi} = \varphi^{i_1 i_2 \cdots i_r} \boldsymbol{g}_{i_1} \otimes \boldsymbol{g}_{i_2} \otimes \cdots \otimes \boldsymbol{g}_{i_r}$ 的 **Laplace 算子**:

$$\begin{aligned} \nabla^2 \boldsymbol{\varphi} &= \nabla \cdot (\nabla \boldsymbol{\varphi}) = \operatorname{div}(\operatorname{grad}\boldsymbol{\varphi}) \\ &= \boldsymbol{g}^k \cdot (\boldsymbol{g}^l \otimes \boldsymbol{\varphi}_{,l})_{,k} \end{aligned}$$

$$= (g^{kl}\varphi^{i_1 i_2 \cdots i_r}|_{lk}) \boldsymbol{g}_{i_1} \otimes \boldsymbol{g}_{i_2} \otimes \cdots \otimes \boldsymbol{g}_{i_r}. \tag{1.135}$$

它仍是一个 r 阶张量.特别地,当 φ 为标量场时,有

$$\nabla^2 \varphi = g^{ij}(\varphi_{,j}|_i) = (g^{ij}\varphi_{,j})|_i = \frac{1}{\sqrt{g}}(\sqrt{g}g^{ij}\varphi_{,j})_{,i}.$$

如果$\nabla^2 \boldsymbol{\varphi} = \boldsymbol{0}$,则称 $\boldsymbol{\varphi}$ 是调和的.

例 10 如果$v(\boldsymbol{x})$ 是 C^2 类向量场,满足 $\operatorname{div} v = \nabla \cdot v = v \cdot \nabla = 0$ 和$v \times \nabla = \boldsymbol{0}$, 试证$v$ 是调和的.

证明 由例 8,可知$v \times \nabla$是反称张量$\nabla v - v \nabla$的轴向量.因此当$v \times \nabla = \boldsymbol{0}$时,也有

$$(\nabla v - v \nabla) = \boldsymbol{0}.$$

取上式的左散度,得$\nabla \cdot (\nabla v) = \nabla \cdot (v \nabla)$.再根据例 7,上式右端可写为$(\nabla \cdot v) \nabla$.注意到$\nabla \cdot v = 0$,故得$\nabla^2 v = \nabla \cdot (\nabla v) = \boldsymbol{0}$.证讫.

(六) 积分定理

在欧氏向量空间中我们可以建立直角坐标系$\{x^i\}$ 以及相应的单位正交基 $\boldsymbol{e}_i (i = 1,2,3)$.如果在该空间的开域 $\mathscr{D}$ 中给定某一个光滑的标量值函数 $\varphi(x^i)$,则由数学分析中的散度定理可知,在任意具有分片光滑边界 ∂v 的子域$v \subset \mathscr{D}$ 上,以下等式成立:

$$\int_v \varphi_{,i} \mathrm{d}v = \int_{\partial v} \varphi n_i \mathrm{d}S \quad (i = 1,2,3),$$

其中 n_i 为 ∂v 上单位外法向量$\boldsymbol{n} = n_1 \boldsymbol{e}_1 + n_2 \boldsymbol{e}_2 + n_3 \boldsymbol{e}_3$ 的第 $i(i = 1,2,3)$ 个分量.

如将上式左、右两端看作是基向量 $\boldsymbol{e}_i$ 的第i 个系数,则其线性组合为

$$\left(\int_v \varphi_{,i} \mathrm{d}v\right)\boldsymbol{e}_i = \left(\int_{\partial v} \varphi n_i \mathrm{d}S\right)\boldsymbol{e}_i.$$

因为 $\boldsymbol{e}_i$ 是常向量,可放入积分号内,故有

$$\int_v \varphi \nabla \mathrm{d}v = \int_{\partial v} \varphi \boldsymbol{n} \mathrm{d}S.$$

其次,我们可以将光滑向量场$v = v_j \boldsymbol{e}_j$ 的第j 个分量v_j 取为函数φ,则有

$$\int_v v_{j,i} \mathrm{d}v = \int_{\partial v} v_j n_i \mathrm{d}S. \tag{1.136}$$

再将上式左、右两端看作是并积 $\boldsymbol{e}_j \otimes \boldsymbol{e}_i$ 的系数,则其线性组合为

$$\left(\int_v v_{j,i} \mathrm{d}v\right)\boldsymbol{e}_j \otimes \boldsymbol{e}_i = \left(\int_{\partial v} v_j n_i \mathrm{d}S\right)\boldsymbol{e}_j \otimes \boldsymbol{e}_i,$$

于是得

$$\int_v v\nabla \mathrm{d}v = \int_{\partial v} v \otimes \boldsymbol{n}\mathrm{d}S.$$

此外,我们也可将(1.136)式中的 j 取为 i 并对 i 求和,这时便有

$$\int_v v\cdot\nabla \mathrm{d}v = \int_{\partial v} v\cdot\boldsymbol{n}\mathrm{d}S.$$

在更一般的情况下,如果用符号“-∘”表示并积、点积、缩并、叉积等任何一种代数运算时,**散度定理**可推广写为如下的形式

$$\left.\begin{aligned}&\int_v \boldsymbol{\varphi}\text{-}\circ\nabla \mathrm{d}v = \int_{\partial v}\boldsymbol{\varphi}\text{-}\circ\boldsymbol{n}\mathrm{d}S\\ \text{和}\quad&\int_v \nabla\text{-}\circ\boldsymbol{\varphi}\mathrm{d}v = \int_{\partial v}\boldsymbol{n}\text{-}\circ\boldsymbol{\varphi}\mathrm{d}S,\end{aligned}\right\}\tag{1.137}$$

其中 $\boldsymbol{\varphi}$ 是任意阶的光滑张量场. 例如, 对于向量场 $v(\boldsymbol{x})$ 和仿射量场 $\boldsymbol{\sigma}(\boldsymbol{x})$,可有

$$\left.\begin{aligned}&\int_v \nabla\times v\mathrm{d}v = \int_{\partial v}\boldsymbol{n}\times v\mathrm{d}S\\ \text{和}\quad&\int_v \boldsymbol{\sigma}\cdot\nabla \mathrm{d}v = \int_{\partial v}\boldsymbol{\sigma}\cdot\boldsymbol{n}\mathrm{d}S.\end{aligned}\right\}\tag{1.138}$$

需要指出,虽然以上公式是在直角坐标系中导出的,但由于它们是用张量的绝对形式来加以表示的,故与坐标系的选取无关,即这些公式对任意曲线坐标系也是适用的.

最后, 我们来引述数学分析中熟知的 **Stokes 定理**(实际上应称为 Kelvin 定理) 如下:光滑向量场 $v(\boldsymbol{x})$ 在分段光滑的简单封闭曲线 c 上的环量等于 v 的左旋度在由曲线 c 围成的曲面 S 上的通量,即

$$\oint_c v(\boldsymbol{x})\cdot\boldsymbol{l}\mathrm{d}s = \int_S (\nabla\times v)\cdot\boldsymbol{n}\mathrm{d}S,\tag{1.139}$$

其中 $\boldsymbol{l}$ 是沿曲线 c 的单位切向量. 上式在直角坐标系中是容易被证明的. 但由于它已表示为张量的绝对形式,故在一般曲线坐标系中也成立.

例 11　在单连通域内,向量场 $v(\boldsymbol{x})$ 旋度为零的充要条件是存在标量势 $\varphi(\boldsymbol{x})$,使得 $v(\boldsymbol{x})$ 是势的梯度 $\nabla\varphi(\boldsymbol{x})$.

证明　如果 v 可表示为 $v=\nabla\varphi$,则显然有 $\nabla\times(\nabla\varphi)=\boldsymbol{0}$,说明命题的充分性成立.

现假定 $\nabla\times v=\boldsymbol{0}$,则由(1.139)式,有

$$\oint_c v\cdot\boldsymbol{l}\mathrm{d}s = 0,$$

其中 c 为任意一条分段光滑且不自交的封闭曲线. 根据上式,可定义连接空间中某参考点 $\boldsymbol{x}_0$ 与任一点 $\boldsymbol{x}$ 的曲线上的积分

$$\varphi(\boldsymbol{x}) = \int_{\boldsymbol{x}_0}^{\boldsymbol{x}} v \cdot \boldsymbol{l} \mathrm{d}s,$$

它与从 $\boldsymbol{x}_0$ 到 $\boldsymbol{x}$ 的路径无关. 显然, 对于给定的 $\boldsymbol{x}_0$, 它是 $\boldsymbol{x}$ 的单值函数, 且可将 v 表示为

$$v = \nabla \varphi(\boldsymbol{x}),$$

于是必要性得证.

§ 1.7* 正交曲线坐标系中的物理分量

(一) 物理标架

在曲线坐标系中, 基向量 $\boldsymbol{g}_i$ 和 $\boldsymbol{g}^i$ 一般并不是单位向量, 其长度

$$|\boldsymbol{g}_i| = \sqrt{g_{ii}} \quad 和 \quad |\boldsymbol{g}^i| = \sqrt{g^{ii}} \quad (不对\ i\ 求和),$$

也不一定具有相同的量纲, 这往往会给张量的物理解释带来某些困难. 为此, 常常把张量建立在无量纲的、由单位基向量所构成的标架场上, 相应的张量分量便称为**物理分量**.

对于正交曲线坐标系, 可引进

$$\boldsymbol{g}\langle i\rangle = \boldsymbol{g}_i / |\boldsymbol{g}_i| \quad (i = 1,2,3;不对\ i\ 求和), \qquad (1.140)$$

称为该曲线坐标系的物理标架, 其中 $|\boldsymbol{g}_i| = \sqrt{g_{ii}}$, (不对 i 求和). 显然 $\boldsymbol{g}\langle i\rangle$ 构成局部单位正交基. 它与直角坐标系中单位正交基的不同之处在于 $\boldsymbol{g}\langle i\rangle$ 的方向一般要随空间点的改变而改变. 在正交曲线坐标系中, (1.140) 式也可通过逆变基向量 $\boldsymbol{g}^i$ 来加以定义:

$$\boldsymbol{g}\langle i\rangle = \boldsymbol{g}^i / |\boldsymbol{g}^i| = |\boldsymbol{g}_i| \boldsymbol{g}^i \quad (i = 1,2,3;不对\ i\ 求和),$$

其中 $|\boldsymbol{g}^i| = \sqrt{g^{ii}} = \dfrac{1}{\sqrt{g_{ii}}}$ (不对 i 求和). 可见正交曲线坐标系中物理标架的协变基向量和逆变基向量是重合的, 可以不加区分.

任何张量可以在 $\boldsymbol{g}\langle i\rangle$ 上进行分解. 例如, 向量 v 和仿射量 $\boldsymbol{B}$ 在基 $\boldsymbol{g}\langle i\rangle$ 上的分解式为

$$v = \sum_{i=1}^{3} v\langle i\rangle \boldsymbol{g}\langle i\rangle, \qquad (1.141)_1$$

$$\boldsymbol{B} = \sum_{i,j=1}^{3} B\langle ij\rangle \boldsymbol{g}\langle i\rangle \otimes \boldsymbol{g}\langle j\rangle, \qquad (1.141)_2$$

其中

$$v\langle i\rangle = v^i\,|\,\boldsymbol{g}_i\,| = v_i/|\,\boldsymbol{g}_i\,|\text{（不对 } i \text{ 求和）}, \tag{1.142}$$

$$\begin{aligned} B\langle ij\rangle &= B^{ij}\,|\,\boldsymbol{g}_i\,|\,|\,\boldsymbol{g}_j\,| = B_{ij}/|\,\boldsymbol{g}_i\,|\,|\,\boldsymbol{g}_j\,| = B^{i}{}_{\cdot j}\,|\,\boldsymbol{g}_i\,|/|\,\boldsymbol{g}_j\,| \\ &= B_i{}^{\cdot j}\,|\,\boldsymbol{g}_j\,|/|\,\boldsymbol{g}_i\,| \qquad \text{（不对 } i,j \text{ 求和）}. \end{aligned} \tag{1.143}$$

显然有 $B\langle ii\rangle = B^{i}{}_{\cdot i} = B_i{}^{\cdot i}$（不对 i 求和）. 以后，我们将对(1.141)式采用约定求和而简写为

$$v = v\langle i\rangle \boldsymbol{g}\langle i\rangle, \qquad \boldsymbol{B} = B\langle ij\rangle \boldsymbol{g}\langle i\rangle \otimes \boldsymbol{g}\langle j\rangle.$$

现以仿射量 $\boldsymbol{B}$ 为例，来讨论在正交曲线坐标系中物理标架上张量场的梯度

$$\boldsymbol{B}\,\nabla = \boldsymbol{B}_{,k} \otimes \boldsymbol{g}^k. \tag{1.144}$$

为此，可定义相应的 Pfaff 导数为

$$(\quad),\langle k\rangle = \frac{1}{|\,\boldsymbol{g}_k\,|}(\quad)_{,k}, \tag{1.145}$$

它表示在 $\boldsymbol{g}_k$ 方向上沿坐标线弧元 $\mathrm{d}s^k = \mathrm{d}x^k\,|\,\boldsymbol{g}_k\,|$（不对 k 求和）的变化率 $\dfrac{\partial}{\partial s^k}(\quad)$.

此外，类似于(1.112)式，可引进物理标架上的 Christoffel 符号：

$$\begin{aligned} \Gamma\langle ijk\rangle &= (\boldsymbol{g}\langle k\rangle)\cdot[(\boldsymbol{g}\langle j\rangle),\langle i\rangle] \\ &= \left[\boldsymbol{g}_k\cdot\left(\frac{\boldsymbol{g}_j}{|\,\boldsymbol{g}_j\,|}\right)_{,i}\right]\Big/|\,\boldsymbol{g}_k\,|\,|\,\boldsymbol{g}_i\,| \\ &= \Gamma_{ijk}/|\,\boldsymbol{g}_i\,|\,|\,\boldsymbol{g}_j\,|\,|\,\boldsymbol{g}_k\,| + \left(\frac{1}{\sqrt{g_{jj}}}\right)_{,i}\boldsymbol{g}_k\cdot\boldsymbol{g}_j/|\,\boldsymbol{g}_k\,|\,|\,\boldsymbol{g}_i\,| \\ &\qquad\qquad\text{（不对指标求和）}, \end{aligned} \tag{1.146}$$

它表示在正交曲线坐标系中，局部单位正交基的第 j 个单位向量 $\boldsymbol{g}_j/|\,\boldsymbol{g}_j\,|$ 沿第 i 个弧元 $\mathrm{d}s^i$ 上的变化率与第 k 个单位基向量 $\boldsymbol{g}_k/|\,\boldsymbol{g}_k\,|$ 的点积.

当 $j \neq k$ 时，由于 $\boldsymbol{g}_k\cdot\boldsymbol{g}_j = 0$，可知上式最后一项为零. 这时，物理标架上的 Christoffel 符号可写为

$$\Gamma\langle ijk\rangle = \Gamma_{ijk}/|\,\boldsymbol{g}_i\,|\,|\,\boldsymbol{g}_j\,|\,|\,\boldsymbol{g}_k\,| = \Gamma^k_{ij}\,|\,\boldsymbol{g}_k\,|/|\,\boldsymbol{g}_i\,|\,|\,\boldsymbol{g}_j\,|. \tag{1.147}$$

当 $j = k$ 时，(1.146)式右端第一项

$$\Gamma_{ijk}/|\,\boldsymbol{g}_i\,|\,|\,\boldsymbol{g}_j\,|\,|\,\boldsymbol{g}_k\,| = g_{kl}\Gamma^l_{ij}/|\,\boldsymbol{g}_i\,|\,|\,\boldsymbol{g}_j\,|\,|\,\boldsymbol{g}_k\,| = \Gamma^k_{ij}\,|\,\boldsymbol{g}_k\,|/|\,\boldsymbol{g}_i\,|\,|\,\boldsymbol{g}_j\,|$$

可由 $k = j$ 并利用(1.118)式而写为

$$(\ln\sqrt{g_{jj}})_{,i}/|\,\boldsymbol{g}_i\,| = (\sqrt{g_{jj}})_{,i}/|\,\boldsymbol{g}_i\,|\,|\,\boldsymbol{g}_j\,|\text{（不对指标求和）}.$$

再注意到(1.146)式右端第二项为

$$-(\sqrt{g_{jj}})_{,i}/|\boldsymbol{g}_i||\boldsymbol{g}_j|\text{（不对指标求和）},$$

故有 $\Gamma\langle ijj\rangle=0$.

于是，由(1.118)式可知，

(i) 当 $i\neq j\neq k\neq i$ 时，有 $\Gamma\langle ijk\rangle=0$,

(ii) 当 $i=j\neq k$ 时，$\Gamma\langle iik\rangle=\Gamma_{iik}/|\boldsymbol{g}_i|^2|\boldsymbol{g}_k|=-\dfrac{1}{2}g^{ii}g_{ii,k}/|\boldsymbol{g}_k|$
$=-(\ln\sqrt{g_{ii}}),\langle k\rangle$,

(iii) 当 $i=k\neq j$ 时，$\Gamma\langle iji\rangle=\Gamma_{iji}/|\boldsymbol{g}_i|^2|\boldsymbol{g}_j|=\dfrac{1}{2}g^{ii}g_{ii,j}/|\boldsymbol{g}_j|$
$=(\ln\sqrt{g_{ii}}),\langle j\rangle$,

(iv) 如果 $j=k$，或 $i=j=k$，则有 $\Gamma\langle ijj\rangle=0$.

需要说明，在以上各式中，并不对重复指标进行求和.

由此可见，$\Gamma\langle ijk\rangle$ 对前两个指标不对称，而对后两上指标是反对称的.因此，不为零的“分量”仅有

$$\Gamma\langle iji\rangle=-\Gamma\langle iij\rangle=(\ln\sqrt{g_{ii}}),\langle j\rangle. \tag{1.148}$$

根据(1.146)式，物理标架上第 i 个基向量的 Pfaff 导数为

$$(\boldsymbol{g}\langle i\rangle),\langle k\rangle=\Gamma\langle kil\rangle\boldsymbol{g}\langle l\rangle. \tag{1.149}$$

由(1.144)式表示的 $\boldsymbol{B}$ 的梯度，可在物理标架上写为

$$\begin{aligned}\boldsymbol{B}\nabla&=\boldsymbol{B}_{,k}\otimes\boldsymbol{g}^k=\frac{1}{|\boldsymbol{g}_k|}\boldsymbol{B}_{,k}\otimes\boldsymbol{g}\langle k\rangle=\boldsymbol{B},\langle k\rangle\otimes\boldsymbol{g}\langle k\rangle\\&=(B\langle ij\rangle\boldsymbol{g}\langle i\rangle\otimes\boldsymbol{g}\langle j\rangle),\langle k\rangle\otimes\boldsymbol{g}\langle k\rangle.\end{aligned}$$

利用(1.149)式，上式还可写为

$$\boldsymbol{B}\nabla=B\langle ij\rangle\Big|\langle k\rangle\boldsymbol{g}\langle i\rangle\otimes\boldsymbol{g}\langle j\rangle\otimes\boldsymbol{g}\langle k\rangle,$$

其中

$$B\langle ij\rangle\Big|\langle k\rangle=(B\langle ij\rangle),\langle k\rangle+\Gamma\langle kli\rangle B\langle lj\rangle+\Gamma\langle klj\rangle B\langle il\rangle. \tag{1.150}$$

显然，对于任意阶张量场在物理标架上的梯度、散度等微分运算，也可作完全类似的讨论.

（二）圆柱坐标系中张量的物理分量

对于圆柱坐标系(r,θ,z)，由 §1.2 的例 2 可知，当取(x^1,x^2,x^3)与

(r,θ,z) 相对应时,有

$$|\boldsymbol{g}_r|^2 = g_{11} = \frac{1}{g^{11}} = 1,$$

$$|\boldsymbol{g}_\theta|^2 = g_{22} = \frac{1}{g^{22}} = r^2,$$

$$|\boldsymbol{g}_z|^2 = g_{33} = \frac{1}{g^{33}} = 1,$$

故(1.145)式为

$$(\quad),\langle 1\rangle = \frac{\partial}{\partial r}(\quad), \quad (\quad),\langle 2\rangle = \frac{1}{r}\frac{\partial}{\partial \theta}(\quad), \quad (\quad),\langle 3\rangle = \frac{\partial}{\partial z}(\quad).$$

在(1.148)式中,只有$\sqrt{g_{22}} = r$不是常数,故相应的不为零的 Christoffel 符号只有

$$\Gamma\langle 212\rangle = -\Gamma\langle 221\rangle = \frac{\partial}{\partial r}(\ln r) = \frac{1}{r}. \tag{1.151}$$

对于向量场$v = v\langle i\rangle \boldsymbol{g}\langle i\rangle$,其梯度在物理标架上可写为

$$v\,\nabla = v\langle i\rangle\,|\,\langle j\rangle \boldsymbol{g}\langle i\rangle \otimes \boldsymbol{g}\langle j\rangle, \tag{1.152}$$

其中 $v\langle i\rangle\,|\,\langle j\rangle = (v\langle i\rangle),\langle j\rangle + \Gamma\langle jki\rangle v\langle k\rangle$. 上式可具体写为

$$\left.\begin{aligned}
&v\langle 1\rangle\Big|\langle 1\rangle = (v\langle 1\rangle),\langle 1\rangle = \frac{\partial v_r}{\partial r},\\
&v\langle 1\rangle\Big|\langle 2\rangle = (v\langle 1\rangle),\langle 2\rangle + \Gamma\langle 221\rangle v\langle 2\rangle = \frac{1}{r}\frac{\partial v_r}{\partial \theta} - \frac{v_\theta}{r},\\
&v\langle 1\rangle\Big|\langle 3\rangle = (v\langle 1\rangle),\langle 3\rangle = \frac{\partial v_r}{\partial z},\\
&v\langle 2\rangle\Big|\langle 1\rangle = (v\langle 2\rangle),\langle 1\rangle = \frac{\partial v_\theta}{\partial r},\\
&v\langle 2\rangle\Big|\langle 2\rangle = (v\langle 2\rangle),\langle 2\rangle + \Gamma\langle 212\rangle v\langle 1\rangle = \frac{1}{r}\frac{\partial v_\theta}{\partial \theta} + \frac{v_r}{r},\\
&v\langle 2\rangle\Big|\langle 3\rangle = (v\langle 2\rangle),\langle 3\rangle = \frac{\partial v_\theta}{\partial z},\\
&v\langle 3\rangle\Big|\langle 1\rangle = (v\langle 3\rangle),\langle 1\rangle = \frac{\partial v_z}{\partial r},\\
&v\langle 3\rangle\Big|\langle 2\rangle = (v\langle 3\rangle),\langle 2\rangle = \frac{1}{r}\frac{\partial v_z}{\partial \theta},\\
&v\langle 3\rangle\Big|\langle 3\rangle = (v\langle 3\rangle),\langle 3\rangle = \frac{\partial v_z}{\partial z}.
\end{aligned}\right\} \tag{1.153}$$

故向量场 v 的散度为

$$v\cdot\nabla = v\langle i\rangle\Big|\langle i\rangle = \frac{\partial v_r}{\partial r} + \frac{1}{r}\frac{\partial v_\theta}{\partial \theta} + \frac{\partial v_z}{\partial z} + \frac{v_r}{r}. \tag{1.154}$$

对于仿射量场 $\boldsymbol{\sigma} = \sigma\langle ij\rangle \boldsymbol{g}\langle i\rangle \otimes \boldsymbol{g}\langle j\rangle$,其右散度在物理标架上可写为

$$\boldsymbol{\sigma} \cdot \nabla = \sigma\langle ij\rangle \Big| \langle j\rangle \boldsymbol{g}\langle i\rangle,$$

其中

$$\sigma\langle ij\rangle \Big| \langle j\rangle = (\sigma\langle ij\rangle)_{,}\langle j\rangle + \Gamma\langle jki\rangle \sigma\langle kj\rangle + \Gamma\langle jkj\rangle \sigma\langle ik\rangle. \tag{1.155}$$

上式可具体写为

$$\left.\begin{aligned}
\sigma\langle 1j\rangle \Big| \langle j\rangle &= (\sigma\langle 11\rangle)_{,}\langle 1\rangle + (\sigma\langle 12\rangle)_{,}\langle 2\rangle + (\sigma\langle 13\rangle)_{,}\langle 3\rangle + \\
&\quad \Gamma\langle 221\rangle \sigma\langle 22\rangle + \Gamma\langle 212\rangle \sigma\langle 11\rangle \\
&= \frac{\partial \sigma_r}{\partial r} + \frac{\partial \sigma_{r\theta}}{r\partial \theta} + \frac{\partial \sigma_{rz}}{\partial z} + \frac{\sigma_r - \sigma_\theta}{r}, \\
\sigma\langle 2j\rangle \Big| \langle j\rangle &= (\sigma\langle 21\rangle)_{,}\langle 1\rangle + (\sigma\langle 22\rangle)_{,}\langle 2\rangle + (\sigma\langle 23\rangle)_{,}\langle 3\rangle + \\
&\quad \Gamma\langle 212\rangle \sigma\langle 12\rangle + \Gamma\langle 212\rangle \sigma\langle 21\rangle \\
&= \frac{\partial \sigma_{\theta r}}{\partial r} + \frac{\partial \sigma_\theta}{r\partial \theta} + \frac{\partial \sigma_{\theta z}}{\partial z} + \frac{\sigma_{r\theta} + \sigma_{\theta r}}{r}, \\
\sigma\langle 3j\rangle \Big| \langle j\rangle &= (\sigma\langle 31\rangle)_{,}\langle 1\rangle + (\sigma\langle 32\rangle)_{,}\langle 2\rangle + (\sigma\langle 33\rangle)_{,}\langle 3\rangle + \\
&\quad \Gamma\langle 212\rangle \sigma\langle 31\rangle \\
&= \frac{\partial \sigma_{zr}}{\partial r} + \frac{\partial \sigma_{z\theta}}{r\partial \theta} + \frac{\partial \sigma_z}{\partial z} + \frac{\sigma_{zr}}{r}.
\end{aligned}\right\} \tag{1.156}$$

(三) 球坐标系中张量的物理分量

对于球坐标系(r,θ,φ),由 §1.2 的例 3 可知,当取(x^1,x^2,x^3)与(r,θ,φ)相对应时,有

$$|\boldsymbol{g}_r|^2 = g_{11} = \frac{1}{g^{11}} = 1,$$

$$|\boldsymbol{g}_\theta|^2 = g_{22} = \frac{1}{g^{22}} = r^2,$$

$$|\boldsymbol{g}_\varphi|^2 = g_{33} = \frac{1}{g^{33}} = (r\sin\theta)^2.$$

故(1.145)式为

$$(\quad)_{,}\langle 1\rangle = \frac{\partial}{\partial r}(\quad), \quad (\quad)_{,}\langle 2\rangle = \frac{1}{r}\frac{\partial}{\partial \theta}(\quad),$$

$$(\quad)_{,}\langle 3\rangle = \frac{1}{r\sin\theta}\frac{\partial}{\partial \varphi}(\quad).$$

在(1.148)式中,只有$\sqrt{g_{22}} = r$和$\sqrt{g_{33}} = r\sin\theta$不是常数,故不为零的Christoffel符号有

$$\begin{aligned}
&\Gamma\langle 212\rangle = -\Gamma\langle 221\rangle = \frac{\partial}{\partial r}(\ln r) = \frac{1}{r},\\
&\Gamma\langle 313\rangle = -\Gamma\langle 331\rangle = \frac{\partial}{\partial r}[\ln(r\sin\theta)] = \frac{1}{r},\\
&\Gamma\langle 323\rangle = -\Gamma\langle 332\rangle = \frac{1}{r}\frac{\partial}{\partial\theta}[\ln(r\sin\theta)] = \frac{1}{r}\cot\theta.
\end{aligned} \tag{1.157}$$

在球坐标系中,向量场$v = v\langle i\rangle \boldsymbol{g}\langle i\rangle$的梯度仍可由(1.152)式表示,其物理分量

$$v\langle i\rangle \Big| \langle j\rangle = (v\langle i\rangle),\langle j\rangle + \Gamma\langle jki\rangle v\langle k\rangle,$$

可具体写为

$$\left.\begin{aligned}
&v\langle 1\rangle \Big| \langle 1\rangle = (v\langle 1\rangle),\langle 1\rangle = \frac{\partial v_r}{\partial r},\\
&v\langle 1\rangle \Big| \langle 2\rangle = (v\langle 1\rangle),\langle 2\rangle + \Gamma\langle 221\rangle v\langle 2\rangle = \frac{\partial v_r}{r\partial\theta} - \frac{v_\theta}{r},\\
&v\langle 1\rangle \Big| \langle 3\rangle = (v\langle 1\rangle),\langle 3\rangle + \Gamma\langle 331\rangle v\langle 3\rangle = \frac{1}{r\sin\theta}\frac{\partial v_r}{\partial\varphi} - \frac{v_\varphi}{r},\\
&v\langle 2\rangle \Big| \langle 1\rangle = (v\langle 2\rangle),\langle 1\rangle = \frac{\partial v_\theta}{\partial r},\\
&v\langle 2\rangle \Big| \langle 2\rangle = (v\langle 2\rangle),\langle 2\rangle + \Gamma\langle 212\rangle v\langle 1\rangle = \frac{\partial v_\theta}{r\partial\theta} + \frac{v_r}{r},\\
&v\langle 2\rangle \Big| \langle 3\rangle = (v\langle 2\rangle),\langle 3\rangle + \Gamma\langle 332\rangle v\langle 3\rangle = \frac{1}{r\sin\theta}\frac{\partial v_\theta}{\partial\varphi} - \frac{\cot\theta}{r}v_\varphi,\\
&v\langle 3\rangle \Big| \langle 1\rangle = (v\langle 3\rangle),\langle 1\rangle = \frac{\partial v_\varphi}{\partial r},\\
&v\langle 3\rangle \Big| \langle 2\rangle = (v\langle 3\rangle),\langle 2\rangle = \frac{\partial v_\varphi}{r\partial\theta},\\
&v\langle 3\rangle \Big| \langle 3\rangle = (v\langle 3\rangle),\langle 3\rangle + \Gamma\langle 313\rangle v\langle 1\rangle + \Gamma\langle 323\rangle v\langle 2\rangle\\
&\qquad = \frac{1}{r\sin\theta}\frac{\partial v_\varphi}{\partial\varphi} + \frac{v_r}{r} + \frac{\cot\theta}{r}v_\theta.
\end{aligned}\right\} \tag{1.158}$$

由此可知,v 的散度为

$$v\cdot\nabla = v\langle i\rangle \Big| \langle i\rangle = \frac{\partial v_r}{\partial r} + \frac{\partial v_\theta}{r\partial\theta} + \frac{1}{r\sin\theta}\frac{\partial v_\varphi}{\partial\varphi} + \frac{2v_r}{r} + \frac{\cot\theta}{r}v_\theta.$$

类似地,不难给出仿射量场 $\boldsymbol{\sigma}$ 的右散度(1.155)式在球坐标系中的具体表达式:

$$\begin{aligned}\sigma\langle 1j\rangle\Big|\langle j\rangle &= (\sigma\langle 11\rangle)_{,}\langle 1\rangle + (\sigma\langle 12\rangle)_{,}\langle 2\rangle + (\sigma\langle 13\rangle)_{,}\langle 3\rangle + \Gamma\langle 221\rangle\sigma\langle 22\rangle + \\ &\quad \Gamma\langle 331\rangle\sigma\langle 33\rangle + \Gamma\langle 212\rangle\sigma\langle 11\rangle + \Gamma\langle 313\rangle\sigma\langle 11\rangle + \Gamma\langle 323\rangle\sigma\langle 12\rangle \\ &= \frac{\partial\sigma_r}{\partial r} + \frac{\partial\sigma_{r\theta}}{r\partial\theta} + \frac{1}{r\sin\theta}\frac{\partial\sigma_{r\varphi}}{\partial\varphi} + \frac{2\sigma_r}{r} + \frac{1}{r}\cot\theta\,\sigma_{r\theta} - \frac{(\sigma_\theta+\sigma_\varphi)}{r} \\ &= \frac{1}{r^2}\frac{\partial}{\partial r}(r^2\sigma_r) + \frac{1}{r\sin\theta}\frac{\partial}{\partial\theta}(\sin\theta\,\sigma_{r\theta}) + \frac{1}{r\sin\theta}\frac{\partial\sigma_{r\varphi}}{\partial\varphi} - \frac{(\sigma_\theta+\sigma_\varphi)}{r},\end{aligned} \tag{1.159$_1$}$$

$$\begin{aligned}\sigma\langle 2j\rangle\Big|\langle j\rangle &= (\sigma\langle 21\rangle)_{,}\langle 1\rangle + (\sigma\langle 22\rangle)_{,}\langle 2\rangle + (\sigma\langle 23\rangle)_{,}\langle 3\rangle + \Gamma\langle 212\rangle\sigma\langle 12\rangle + \\ &\quad \Gamma\langle 332\rangle\sigma\langle 33\rangle + \Gamma\langle 212\rangle\sigma\langle 21\rangle + \Gamma\langle 313\rangle\sigma\langle 21\rangle + \Gamma\langle 323\rangle\sigma\langle 22\rangle \\ &= \frac{\partial\sigma_{\theta r}}{\partial r} + \frac{\partial\sigma_\theta}{r\partial\theta} + \frac{\partial\sigma_{\theta\varphi}}{r\sin\theta\partial\varphi} + \frac{\sigma_{r\theta}+2\sigma_{\theta r}}{r} + \frac{\cot\theta}{r}\sigma_\theta - \frac{\cot\theta}{r}\sigma_\varphi \\ &= \frac{1}{r^2}\frac{\partial}{\partial r}(r^2\sigma_{\theta r}) + \frac{1}{r\sin\theta}\frac{\partial}{\partial\theta}(\sin\theta\,\sigma_\theta) + \frac{1}{r\sin\theta}\frac{\partial\sigma_{\theta\varphi}}{\partial\varphi} + \\ &\quad \frac{\sigma_{r\theta}}{r} - \frac{\cot\theta}{r}\sigma_\varphi,\end{aligned} \tag{1.159$_2$}$$

$$\begin{aligned}\sigma\langle 3j\rangle\Big|\langle j\rangle &= (\sigma\langle 31\rangle)_{,}\langle 1\rangle + (\sigma\langle 32\rangle)_{,}\langle 2\rangle + (\sigma\langle 33\rangle)_{,}\langle 3\rangle + \Gamma\langle 313\rangle\sigma\langle 13\rangle + \\ &\quad \Gamma\langle 323\rangle\sigma\langle 23\rangle + \Gamma\langle 212\rangle\sigma\langle 31\rangle + \Gamma\langle 313\rangle\sigma\langle 31\rangle + \Gamma\langle 323\rangle\sigma\langle 32\rangle \\ &= \frac{\partial\sigma_{\varphi r}}{\partial r} + \frac{\partial\sigma_{\varphi\theta}}{r\partial\theta} + \frac{\partial\sigma_\varphi}{r\sin\theta\partial\varphi} + \frac{\sigma_{r\varphi}+2\sigma_{\varphi r}}{r} + \frac{1}{r}\cot\theta(\sigma_{\theta\varphi}+\sigma_{\varphi\theta}) \\ &= \frac{1}{r^2}\frac{\partial}{\partial r}(r^2\sigma_{\varphi r}) + \frac{1}{r\sin\theta}\frac{\partial}{\partial\theta}(\sin\theta\sigma_{\varphi\theta}) + \\ &\quad \frac{1}{r\sin\theta}\frac{\partial\sigma_\varphi}{\partial\varphi} + \frac{\sigma_{r\varphi}}{r} + \frac{\cot\theta}{r}\sigma_{\theta\varphi}.\end{aligned} \tag{1.159$_3$}$$

§ 1.8* 曲面几何

(一) 曲面基向量

现讨论三维欧氏空间中以(u^1,u^2)为参数的光滑曲面：$\boldsymbol{r}=\boldsymbol{r}(u^1,u^2)$. 曲面邻近任一点的向径可写为

$$\boldsymbol{x}=\boldsymbol{r}(u^1,u^2)+u^3\boldsymbol{a}_3, \tag{1.160}$$

其中$\boldsymbol{a}_3=\boldsymbol{a}_3(u^1,u^2)$是曲面上的单位法向量. 上式可理解为三维欧氏空间中由$u^3=\text{const}$表示的一族曲面.

相应于坐标系$\{u^i\}$ $(i = 1,2,3)$的协变基向量为

$$\left.\begin{aligned} \boldsymbol{g}_\alpha &= \frac{\partial \boldsymbol{x}}{\partial u^\alpha} = \boldsymbol{a}_\alpha + u^3 \boldsymbol{a}_{3,\alpha} \quad (\alpha = 1,2), \\ \boldsymbol{g}_3 &= \frac{\partial \boldsymbol{x}}{\partial u^3} = \boldsymbol{a}_3, \end{aligned}\right\} \tag{1.161}$$

其中$\boldsymbol{a}_\alpha = \boldsymbol{r}_{,\alpha}(\alpha = 1,2)$为上式中取$u^3 \equiv 0$时的协变基向量,称为曲面协变基向量.它们与曲面相切,且满足以下条件:

$$\boldsymbol{a}_1 \times \boldsymbol{a}_2 \neq \boldsymbol{0},$$

和

$$\boldsymbol{a}_\alpha \cdot \boldsymbol{a}_3 = 0, \quad \boldsymbol{a}_3 \cdot \boldsymbol{a}_{3,\alpha} = 0(\alpha = 1,2), \quad \boldsymbol{a}_3 \cdot \boldsymbol{a}_3 = 1. \tag{1.162}$$

在本小节的讨论中,我们约定希腊字母(如$\alpha,\beta,\gamma,\delta,\cdots$)的取值范围为1至2.因为在曲面上恒有$u^3 \equiv 0$,所以,以参数$(u^1,u^2,u^3)$为变元的张量场$\boldsymbol{\varphi}$及其分量在曲面上仅为$u^1$和$u^2$的函数,可记为$\boldsymbol{\varphi}(u)$.例如,度量张量在曲面上的协变分量可写为

$$\left.\begin{aligned} g_{\alpha\beta}(u) &= \boldsymbol{a}_\alpha \cdot \boldsymbol{a}_\beta, \\ g_{\alpha 3}(u) &= g_{3\beta}(u) = 0, \\ g_{33} &= 1, \end{aligned}\right\} \tag{1.163}$$

其行列式为

$$g(u) = \det(g_{\alpha\beta}(u)) = g_{11}(u) g_{22}(u) - (g_{12}(u))^2. \tag{1.164}$$

由此可求出曲面上度量张量的逆变分量:

$$g^{11}(u) = \frac{g_{22}(u)}{g(u)}, \quad g^{12}(u) = g^{21}(u) = -\frac{g_{12}(u)}{g(u)}, \quad g^{22}(u) = \frac{g_{11}(u)}{g(u)},$$

$$g^{3\alpha}(u) = g^{\beta 3}(u) = 0, \qquad g^{33}(u) = 1. \tag{1.165}$$

显然,$g_{\alpha\beta}(u)$与$g^{\beta\gamma}(u)$之间存在以下关系

$$g_{\alpha\beta}(u) g^{\beta\gamma}(u) = \delta_\alpha^\gamma = \begin{cases} 1, & \alpha = \gamma, \\ 0, & \alpha \neq \gamma, \end{cases}$$

且有

$$\det(g^{\alpha\beta}(u)) = \frac{1}{g(u)}.$$

在曲面上,逆变基向量可类似于(1.23)式写为

$$\boldsymbol{a}^\alpha = g^{\alpha\beta}(u) \boldsymbol{a}_\beta, \quad \boldsymbol{a}^3 = \boldsymbol{a}_3. \tag{1.166}$$

它与协变基向量的关系为

$$\boldsymbol{a}_\alpha \cdot \boldsymbol{a}^\beta = \delta_\alpha^\beta = \begin{cases} 1, & \alpha = \beta, \\ 0, & \alpha \neq \beta. \end{cases} \tag{1.167}$$

现定义曲面上的置换张量为

$$\boldsymbol{\varepsilon}(u) = \varepsilon_{\alpha\beta}\boldsymbol{a}^\alpha \otimes \boldsymbol{a}^\beta = \varepsilon^{\alpha\beta}\boldsymbol{a}_\alpha \otimes \boldsymbol{a}_\beta, \tag{1.168}$$

上式中

$$\left.\begin{aligned} \varepsilon_{\alpha\beta} &= [\boldsymbol{a}_\alpha, \boldsymbol{a}_\beta, \boldsymbol{a}_3] = \sqrt{g(u)}\, e_{\alpha\beta}, \\ \varepsilon^{\alpha\beta} &= [\boldsymbol{a}^\alpha, \boldsymbol{a}^\beta, \boldsymbol{a}^3] = \frac{1}{\sqrt{g(u)}}\, e^{\alpha\beta}, \end{aligned}\right\} \tag{1.169}$$

其中

$$e_{\alpha\beta} = e^{\alpha\beta} = \begin{cases} 0, & \text{当 } \alpha = \beta, \\ 1, & \text{当 } \alpha = 1, \beta = 2, \\ -1, & \text{当 } \alpha = 2, \beta = 1. \end{cases}$$

于是,曲面上基向量的叉积可通过曲面上的二维置换张量表示为

$$\boldsymbol{a}_\alpha \times \boldsymbol{a}_\beta = \varepsilon_{\alpha\beta}\boldsymbol{a}^3, \quad \boldsymbol{a}^\alpha \times \boldsymbol{a}^\beta = \varepsilon^{\alpha\beta}\boldsymbol{a}_3,$$

$$\boldsymbol{a}_3 \times \boldsymbol{a}_\beta = \varepsilon_{\beta\lambda}\boldsymbol{a}^\lambda, \quad \boldsymbol{a}^3 \times \boldsymbol{a}^\beta = \varepsilon^{\beta\lambda}\boldsymbol{a}_\lambda.$$

相应于(1.56)式的关系式可写为

$$\left.\begin{aligned} \varepsilon_{\alpha\beta}\varepsilon^{\lambda\sigma} &= \delta_\alpha^\lambda\delta_\beta^\sigma - \delta_\alpha^\sigma\delta_\beta^\lambda, \\ \varepsilon_{\alpha\sigma}\varepsilon^{\beta\sigma} &= \delta_\alpha^\beta, \\ \varepsilon_{\alpha\beta}\varepsilon^{\alpha\beta} &= 2. \end{aligned}\right\} \tag{1.170}$$

现假定空间中另有一个坐标系$\{x^i\}$ $(i = 1,2,3)$,它与曲面邻近的坐标系$\{u^i\}$之间具有单一的对应关系:$x^i = x^i(u^1, u^2, u^3)$ $(i = 1,2,3)$.对应于坐标系$\{x^i\}$的度量张量的协变分量和逆变分量可分别记为$g_{ij}(x)$和$g^{ij}(x)$.(1.163)式与$g_{ij}(x)$的关系可由(1.36)式给出,特别地,在曲面$\boldsymbol{r} = \boldsymbol{r}(u^1, u^2)$上,有

$$g_{\alpha\beta}(u) = g_{ij}(x)\frac{\partial x^i}{\partial u^\alpha}\frac{\partial x^j}{\partial u^\beta} \quad (\alpha, \beta = 1,2), \tag{1.171}$$

上式中$g_{ij}(x)$应理解为是在$x^i = x^i(u^1, u^2, 0)$上取值的.对应于坐标系$\{u^i\}$和坐标系$\{x^i\}$中度量张量的逆变分量之间的关系可利用(1.165)式写为

$$g^{ij}(x) = g^{mn}(u)\frac{\partial x^i}{\partial u^m}\frac{\partial x^j}{\partial u^n}$$

$$= g^{\alpha\beta}(u)\frac{\partial x^i}{\partial u^\alpha}\frac{\partial x^j}{\partial u^\beta}+\frac{\partial x^i}{\partial u^3}\frac{\partial x^j}{\partial u^3}.$$

同样,上式中的 $g^{ij}(x)$ 应理解为是在 $x^i = x^i(u^1, u^2, 0)$ 上取值的.由 $\boldsymbol{a}_3 = \frac{\partial \boldsymbol{x}}{\partial x^i}\frac{\partial x^i}{\partial u^3} = \frac{\partial x^i}{\partial u^3}\boldsymbol{g}_i$,可知$\frac{\partial x^i}{\partial u^3}$是曲面上单位法向量 $\boldsymbol{a}_3$ 关于 $\boldsymbol{g}_i$ 的逆变分量.如果将 $\boldsymbol{a}_3$ 记为 $\boldsymbol{\nu} = \nu^i\boldsymbol{g}_i$,则上式还可表示为

$$g^{\alpha\beta}(u)\frac{\partial x^i}{\partial u^\alpha}\frac{\partial x^j}{\partial u^\beta} = g^{ij}(x) - \nu^i\nu^j. \tag{1.172}$$

对上式两端乘以 $g_{ki}(x)$ 后,有

$$g_{ki}g^{\alpha\beta}\frac{\partial x^i}{\partial u^\alpha}\frac{\partial x^j}{\partial u^\beta} = \delta_k^j - g_{ki}\nu^i\nu^j,$$

对于连续可微函数 φ,将上式与$\frac{\partial \varphi}{\partial x^j}$ 相乘,并注意到$\frac{\partial \varphi}{\partial u^\beta} = \frac{\partial \varphi}{\partial x^j}\frac{\partial x^j}{\partial u^\beta}$,则得

$$\frac{\partial \varphi}{\partial x^k} = g_{ki}\nu^i\frac{\partial \varphi}{\partial \nu} + g_{ki}g^{\alpha\beta}\frac{\partial x^i}{\partial u^\alpha}\frac{\partial \varphi}{\partial u^\beta}, \tag{1.173}$$

上式中$\frac{\partial \varphi}{\partial \nu} = \nu^j\frac{\partial \varphi}{\partial x^j}$是 φ 在曲面上的法向导数.

(二) 曲面的基本型

曲面上的弧元 ds 满足以下关系

$$(ds)^2 = d\boldsymbol{r}\cdot d\boldsymbol{r} = (\boldsymbol{r}_{,\alpha}du^\alpha)\cdot(\boldsymbol{r}_{,\beta}du^\beta) = g_{\alpha\beta}(u)du^\alpha du^\beta. \tag{1.174}$$

上式称为曲面的第一基本型.不难看出,分别沿坐标线 u^1 和 u^2 的两个切向量之间的夹角 φ 可由下式决定

$$\cos\varphi = \frac{\boldsymbol{a}_1\cdot\boldsymbol{a}_2}{\sqrt{\boldsymbol{a}_1\cdot\boldsymbol{a}_1}\sqrt{\boldsymbol{a}_2\cdot\boldsymbol{a}_2}} = \frac{g_{12}(u)}{\sqrt{g_{11}(u)g_{22}(u)}},$$

或由(1.164)式而写为

$$\sin\varphi = \sqrt{\frac{g(u)}{g_{11}(u)g_{22}(u)}}.$$

(1.162)式表明,曲面的单位法向量 $\boldsymbol{a}_3$ 对 u^α 的偏导数始终与其自身垂直,故可表示为 $\boldsymbol{a}^1$ 和 $\boldsymbol{a}^2$,或 $\boldsymbol{a}_1$ 和 $\boldsymbol{a}_2$ 的线性组合:

$$\boldsymbol{a}_{3,\alpha} = -b_{\alpha\beta}\boldsymbol{a}^\beta = -b_\alpha^\beta\boldsymbol{a}_\beta. \tag{1.175}$$

注意到 $\boldsymbol{a}_{\alpha,\beta} = \boldsymbol{r}_{,\alpha\beta} = \boldsymbol{a}_{\beta,\alpha}$ 和 $\boldsymbol{a}_3\cdot\boldsymbol{a}_\beta = 0$,上式中的系数可写为

$$b_{\alpha\beta} = -\boldsymbol{a}_{3,\alpha}\cdot\boldsymbol{a}_\beta = \boldsymbol{a}_3\cdot\boldsymbol{a}_{\beta,\alpha} = \boldsymbol{a}_3\cdot\boldsymbol{a}_{\alpha,\beta} = -\boldsymbol{a}_{3,\beta}\cdot\boldsymbol{a}_\alpha. \tag{1.176}$$

故可将 $\boldsymbol{a}_{\alpha,\beta}$ 表示为 $\boldsymbol{a}_{\alpha,\beta} = b_{\alpha\beta}\boldsymbol{a}_3 + c^{\lambda}\boldsymbol{a}_{\lambda}$.

$\boldsymbol{a}_1$、$\boldsymbol{a}_2$ 和 $\boldsymbol{a}_{\alpha,\beta}$ 的混合积为

$$[\boldsymbol{a}_1, \boldsymbol{a}_2, \boldsymbol{a}_{\alpha,\beta}] = [\boldsymbol{a}_1 \times \boldsymbol{a}_2] \cdot (b_{\alpha\beta}\boldsymbol{a}_3) = \sqrt{g(u)}\, b_{\alpha\beta},$$

由此可得

$$b_{\alpha\beta} = [\boldsymbol{a}_1, \boldsymbol{a}_2, \boldsymbol{a}_{\alpha,\beta}] / \sqrt{g(u)}. \tag{1.177}$$

根据向量沿曲面的微分,可定义

$$\mathrm{d}\boldsymbol{a}_3 \cdot \mathrm{d}\boldsymbol{r} = (\boldsymbol{a}_{3,\alpha}\mathrm{d}u^{\alpha}) \cdot (\boldsymbol{r}_{,\beta}\mathrm{d}u^{\beta}) = -b_{\alpha\beta}\mathrm{d}u^{\alpha}\mathrm{d}u^{\beta}, \tag{1.178}$$

称为曲面的第二基本型. 由于上式左端为坐标变换

$$\bar{u}^{\alpha} = \bar{u}^{\alpha}(u^1, u^2)$$

下的不变量,而其右端中 $\mathrm{d}u^{\alpha}$ 和 $\mathrm{d}u^{\beta}$ 为向量 $\mathrm{d}\boldsymbol{r} = \mathrm{d}u^{\alpha}\boldsymbol{a}_{\alpha}$ 的逆变分量,故由商法则可知 $b_{\alpha\beta}$ 是二维空间中某对称二阶张量的协变分量,此张量称为曲面 $\boldsymbol{r} = \boldsymbol{r}(u^1, u^2)$ 的曲率张量,其相应的混合分量和逆变分量可通过指标的上升而求得

$$b^{\alpha}_{\beta} = g^{\alpha\lambda}(u) b_{\lambda\beta}, \quad b^{\alpha\beta} = g^{\alpha\lambda}(u) b^{\beta}_{\lambda}.$$

曲率张量的特征方程可写为 $\det(b^{\alpha}_{\beta} - \lambda\delta^{\alpha}_{\beta}) = 0$,或展开后为

$$\lambda^2 - 2H\lambda + K = 0, \tag{1.179}$$

其中

$$H = \frac{1}{2} b^{\alpha}_{\alpha} = \frac{1}{2} g^{\alpha\beta} b_{\alpha\beta} \tag{1.180}$$

和

$$K = \det(b^{\alpha}_{\beta}) = \frac{1}{g(u)} \det(b_{\alpha\beta}) \tag{1.181}$$

分别称为曲面的平均曲率和 Gauss 曲率. 它们分别是坐标变换 $\bar{u}^{\alpha} = \bar{u}^{\alpha}(u^1, u^2)$ 下的第一和第二不变量.

类似于三维空间中关于对称仿射量的主值(特征值)和主方向(特征方向)的讨论,在曲面上也存在两个相互正交的主方向. 为简单计,可将这两个主方向取为 $\boldsymbol{a}_{\alpha}$($\alpha = 1,2$). 这时有 $b^{\beta}_{\alpha} = 0$(当 $\alpha \neq \beta$). 于是,(1.175)式简化为

$$\boldsymbol{a}_{3,1} = -b^1_1\boldsymbol{a}_1, \quad \boldsymbol{a}_{3,2} = -b^2_2\boldsymbol{a}_2,$$

上式中 b^1_1 和 b^2_2 分别为(1.179)式的两个根,称为曲面的主曲率.

利用沿曲面的微分:

$$\mathrm{d}\boldsymbol{a}_3 = \boldsymbol{a}_{3,\alpha}\mathrm{d}u^{\alpha} = -b_{\alpha\beta}\boldsymbol{a}^{\beta}\mathrm{d}u^{\alpha} = -b^{\beta}_{\alpha}\boldsymbol{a}_{\beta}\mathrm{d}u^{\alpha},$$

最后我们还可定义曲面的第三基本型为

$$\mathrm{d}\boldsymbol{a}_3 \cdot \mathrm{d}\boldsymbol{a}_3 = b_{\alpha\lambda} b_\beta^\lambda \mathrm{d}u^\alpha \mathrm{d}u^\beta .$$

(三) 曲面协变导数

曲面上的Christoffel符号可由坐标系$\{u^i\}$中取对应于$u^3 \equiv 0$的值求得. 故由(1.112)式和(1.161)式,有

$$\left.\begin{aligned}
&\bar{\Gamma}_{\alpha\beta\gamma}(u) = \boldsymbol{a}_\gamma \cdot \boldsymbol{a}_{\beta,\alpha}, \bar{\Gamma}_{\alpha\beta}^\gamma(u) = g^{\gamma\lambda}(u)\bar{\Gamma}_{\alpha\beta\lambda}(u) = \boldsymbol{a}^\gamma \cdot \boldsymbol{a}_{\beta,\alpha} = -\boldsymbol{a}_\beta \cdot \boldsymbol{a}^\gamma_{,\alpha},\\
&\bar{\Gamma}_{\beta 3}^\alpha(u) = \boldsymbol{a}^\alpha \cdot \boldsymbol{a}_{3,\beta} = -b_\beta^\alpha, \quad \bar{\Gamma}_{\alpha\beta}^3(u) = \boldsymbol{a}^3 \cdot \boldsymbol{a}_{\beta,\alpha} = b_{\alpha\beta},\\
&\bar{\Gamma}_{\alpha 3}^3(u) = \boldsymbol{a}^3 \cdot \boldsymbol{a}_{3,\alpha} = 0, \quad \bar{\Gamma}_{33}^\alpha(u) = 0, \quad \bar{\Gamma}_{33}^3(u) = 0.
\end{aligned}\right\}$$

(1.182)

这说明,只要有两个或三个指标为3,曲面的Christoffel符号就等于零.

因此,曲面基向量对u^β的偏导数可写为

$$\boldsymbol{a}_{3,\beta} = -b_\beta^\alpha \boldsymbol{a}_\alpha \tag{1.183}$$

和

$$\left.\begin{aligned}
\boldsymbol{a}_{\alpha,\beta} &= \bar{\Gamma}_{\beta\alpha}^\lambda(u)\boldsymbol{a}_\lambda + b_{\beta\alpha}\boldsymbol{a}_3,\\
\boldsymbol{a}^\alpha_{,\beta} &= -\bar{\Gamma}_{\beta\lambda}^\alpha(u)\boldsymbol{a}^\lambda + b_\beta^\alpha \boldsymbol{a}^3.
\end{aligned}\right\} \tag{1.184}$$

(1.183)式和(1.184)式分别称为**Weingarten公式**和Gauss公式.

与曲面相切的向量$v = v^\lambda \boldsymbol{a}_\lambda = v_\lambda \boldsymbol{a}^\lambda$的偏导数可表示为

$$v_{,\alpha} = v_\lambda|_\alpha \boldsymbol{a}^\lambda + b_\alpha^\lambda v_\lambda \boldsymbol{a}^3 = v^\lambda|_\alpha \boldsymbol{a}_\lambda + b_{\alpha\lambda} v^\lambda \boldsymbol{a}_3,$$

上式中

$$\left.\begin{aligned}
v_\lambda|_\alpha &= v_{\lambda,\alpha} - v_\beta \bar{\Gamma}_{\alpha\lambda}^\beta(u),\\
v^\lambda|_\alpha &= v^\lambda_{,\alpha} + v^\beta \bar{\Gamma}_{\alpha\beta}^\lambda(u)
\end{aligned}\right\} \tag{1.185}$$

是关于v的分量的**曲面协变导数**. 在坐标变换$\bar{u}^\alpha = \bar{u}^\alpha(u^1, u^2)$下,它们分别满足二维空间中二阶张量的协变分量和混合分量的坐标变换关系式.

定义在曲面上的高阶张量的曲面协变导数也可类似地给出,例如,对于二阶张量$\boldsymbol{B}$,有

$$\left.\begin{aligned}
B_{\alpha\beta}|_\gamma &= B_{\alpha\beta,\gamma} - B_{\lambda\beta}\bar{\Gamma}_{\gamma\alpha}^\lambda(u) - B_{\alpha\lambda}\bar{\Gamma}_{\gamma\beta}^\lambda(u),\\
B^{\alpha\beta}|_\gamma &= B^{\alpha\beta}{}_{,\gamma} + B^{\lambda\beta}\bar{\Gamma}_{\gamma\lambda}^\alpha(u) + B^{\alpha\lambda}\bar{\Gamma}_{\gamma\lambda}^\beta(u).
\end{aligned}\right\} \tag{1.186}$$

因为在三维欧氏空间中度量张量和置换张量的分量的协变导数等于零,所以由(1.161)式和(1.163)式可知,在曲面$u^3 \equiv 0$上,它们的协变导数也都等于零:

$$g_{\alpha\beta}(u)|_\gamma = g^{\alpha\beta}(u)|_\gamma = \varepsilon_{\alpha\beta}|_\gamma = \varepsilon^{\alpha\beta}|_\gamma = 0,$$

故在计算曲面协变导数时,它们可被看作是常数.

此外,向量分量的曲面二阶协变导数也有与(1.123)式相类似的关系:

$$v_\alpha\mid_{\beta\gamma} - v_\alpha\mid_{\gamma\beta} = v_\lambda \bar{R}^{\lambda}_{\cdot\alpha\beta\gamma}(u),$$

其中

$$\bar{R}^{\lambda}_{\cdot\alpha\beta\gamma}(u) = \bar{\Gamma}^{\lambda}_{\gamma\alpha}(u)_{,\beta} - \bar{\Gamma}^{\lambda}_{\beta\alpha}(u)_{,\gamma} + \bar{\Gamma}^{\mu}_{\gamma\alpha}(u)\bar{\Gamma}^{\lambda}_{\beta\mu}(u) - \bar{\Gamma}^{\mu}_{\beta\alpha}(u)\bar{\Gamma}^{\lambda}_{\gamma\mu}(u) \tag{1.187}$$

称为曲面的 Riemann-Christoffel 张量.仅当此张量为零时,曲面协变导数的次序才是可交换的.

根据(1.124)式,三维空间中对应于坐标系$\{u^i\}$的 Riemann-Christoffel 张量与曲面的 Riemann-Christoffel 张量之间的关系可写为

$$R^{\lambda}_{\cdot\alpha\beta\gamma}(u) = \bar{R}^{\lambda}_{\cdot\alpha\beta\gamma}(u) + \bar{\Gamma}^{3}_{\gamma\alpha}(u)\bar{\Gamma}^{\lambda}_{\beta3}(u) - \bar{\Gamma}^{3}_{\beta\alpha}(u)\bar{\Gamma}^{\lambda}_{\gamma3}(u),$$

和

$$R^{3}_{\cdot\alpha\beta\gamma}(u) = \bar{\Gamma}^{3}_{\gamma\alpha,\beta}(u) - \bar{\Gamma}^{3}_{\beta\alpha,\gamma}(u) + \bar{\Gamma}^{s}_{\gamma\alpha}(u)\bar{\Gamma}^{3}_{\beta s}(u) - \bar{\Gamma}^{s}_{\beta\alpha}(u)\bar{\Gamma}^{3}_{\gamma s}(u).$$

在三维欧氏空间中曲率张量为零的条件可写为

$$R^{\lambda}_{\cdot\alpha\beta\gamma}(u) = 0, \quad R^{3}_{\cdot\alpha\beta\gamma}(u) = 0.$$

由以上第一式可得

$$\bar{R}^{\lambda}_{\cdot\alpha\beta\gamma}(u) = \bar{\Gamma}^{3}_{\beta\alpha}(u)\bar{\Gamma}^{\lambda}_{\gamma3}(u) - \bar{\Gamma}^{3}_{\gamma\alpha}(u)\bar{\Gamma}^{\lambda}_{\beta3}(u).$$

上式也可通过指标的下降写为$\bar{R}_{\lambda\alpha\beta\gamma}(u) = g_{\lambda\mu}(u)\bar{R}^{\mu}_{\cdot\alpha\beta\gamma}(u)$,其中的非零分量为

$$\bar{R}_{1212}(u) = g_{1\lambda}(u)[\bar{\Gamma}^{3}_{12}(u)\bar{\Gamma}^{\lambda}_{23}(u) - \bar{\Gamma}^{3}_{22}(u)\bar{\Gamma}^{\lambda}_{13}(u)],$$

或

$$\bar{R}_{1212}(u) = \det(b_{\alpha\beta}) = b_{11}b_{22} - (b_{12})^2.$$

这表明 Gauss 曲率可以写为

$$K = \frac{1}{g(u)}\bar{R}_{1212}(u) = \frac{1}{4}\varepsilon^{\delta\alpha}\varepsilon^{\beta\gamma}\bar{R}_{\delta\alpha\beta\gamma}(u). \tag{1.188}$$

称之为曲面上的 Gauss 方程.显然,曲面协变导数可交换次序的充要条件是 Gauss 曲率等于零.

条件$R^{3}_{\cdot\alpha\beta\gamma}(u) = 0$可以等价地写为

$$\bar{\Gamma}^{3}_{\gamma\alpha}(u)_{,\beta} - \bar{\Gamma}^{3}_{\beta\alpha}(u)_{,\gamma} + \bar{\Gamma}^{\mu}_{\gamma\alpha}(u)\bar{\Gamma}^{3}_{\beta\mu}(u) - \bar{\Gamma}^{\mu}_{\beta\alpha}(u)\bar{\Gamma}^{3}_{\gamma\mu}(u) = 0.$$

利用(1.182)式和(1.186)式,上式还可写为

$$b_{\alpha\beta}\mid_{\gamma} = b_{\alpha\gamma}\mid_{\beta}. \tag{1.189}$$

称之为曲面上的 **Codazzi 方程**.

在三维欧氏空间中,Riemann-Christoffel 张量的其他三个分量为零的条件可写为 $R_{\alpha 3\beta 3}=0$. 注意到(1.161)式和(1.162)式,可知在坐标系 $\{u^i\}$ 中恒有

$$g_{\alpha 3}=\boldsymbol{g}_\alpha\cdot\boldsymbol{g}_3=0,\quad g_{33}=\boldsymbol{g}_3\cdot\boldsymbol{g}_3=1\quad 和\quad \Gamma^3_{\alpha 3}=0.$$

因此,以上条件可直接根据(1.125)式写为

$$\frac{1}{2}g_{\alpha\beta,33}=\Gamma^\lambda_{3\beta}\Gamma_{3\alpha\lambda}.$$

于是,由(1.115)式和(1.116)式,可得

$$g_{\alpha\beta,33}=\frac{1}{2}g^{\lambda\mu}g_{\alpha\lambda,3}g_{\beta\mu,3}.$$

§1.9 张量表示定理

(一)各向同性张量

定义 在直角坐标系中,如果某张量的分量值不随坐标的正交变换而改变,则称该张量为欧氏空间中的**各向同性张量**.

例如,设张量 $\boldsymbol{\varphi}$ 可在任意两组直角坐标系 $\{\boldsymbol{e}_i\}$ 和 $\{\boldsymbol{e}'_i\}$ 中表示为

$$\boldsymbol{\varphi}=\varphi^{i_1i_2\cdots i_r}\boldsymbol{e}_{i_1}\otimes\boldsymbol{e}_{i_2}\otimes\cdots\otimes\boldsymbol{e}_{i_r}=\varphi^{i'_1i'_2\cdots i'_r}\boldsymbol{e}'_{i_1}\otimes\boldsymbol{e}'_{i_2}\otimes\cdots\otimes\boldsymbol{e}'_{i_r},$$

其中 $\boldsymbol{e}'_{i_1}=\boldsymbol{Q}\cdot\boldsymbol{e}_{i_1}$, $\boldsymbol{e}'_{i_2}=\boldsymbol{Q}\cdot\boldsymbol{e}_{i_2}$, $\cdots$, $\boldsymbol{e}'_{i_r}=\boldsymbol{Q}\cdot\boldsymbol{e}_{i_r}$, $\boldsymbol{Q}\in\mathscr{O}_3$ 为正交张量,则当 $\boldsymbol{\varphi}$ 为各向同性时,有

$$\varphi^{i_1i_2\cdots i_r}=\varphi^{i'_1i'_2\cdots i'_r},$$

或有

$$\boldsymbol{\varphi}=\boldsymbol{Q}\circ\boldsymbol{\varphi}\triangleq\varphi^{i_1i_2\cdots i_r}(\boldsymbol{Q}\cdot\boldsymbol{e}_{i_1})\otimes(\boldsymbol{Q}\cdot\boldsymbol{e}_{i_2})\otimes\cdots\otimes(\boldsymbol{Q}\cdot\boldsymbol{e}_{i_r}),$$

$$\forall\,\boldsymbol{Q}\in\mathscr{O}_3,$$

上式中 $\boldsymbol{Q}\circ\boldsymbol{\varphi}$ 表示正交张量 $\boldsymbol{Q}$ 对 $\boldsymbol{\varphi}$ 的作用.

例 1

(1) 绝对标量 φ 是各向同性的.

(2) 向量中只有零向量是各向同性的. 因为对于 $\forall\,\boldsymbol{Q}\in\mathscr{O}_3$,各向同性向量 v 满足 $v=v^i\boldsymbol{e}_i=v^i(\boldsymbol{Q}\cdot\boldsymbol{e}_i)=\boldsymbol{Q}\cdot v$,当取 $\boldsymbol{Q}=-\boldsymbol{I}$ 时,有 $v=-v$ 或 $v=\boldsymbol{0}$.

(3) 仿射量 $\boldsymbol{T}$ 是各向同性的,当且仅当 $\boldsymbol{T}$ 可表示为 $\boldsymbol{T}=\lambda\boldsymbol{I}$,其中 λ 为某一实数,$\boldsymbol{I}$ 为单位仿射量.

这是因为对于 $\forall \boldsymbol{Q} \in \mathscr{O}_3$,各向同性仿射量 $\boldsymbol{T}$ 满足:

$$\begin{aligned}\boldsymbol{T} &= T^{ij}\boldsymbol{e}_i \otimes \boldsymbol{e}_j = T^{ij}(\boldsymbol{Q}\cdot\boldsymbol{e}_i)\otimes(\boldsymbol{Q}\cdot\boldsymbol{e}_j) \\ &= T^{ij}(\boldsymbol{Q}\cdot\boldsymbol{e}_i)\otimes(\boldsymbol{e}_j\cdot\boldsymbol{Q}^{\mathrm{T}}) = \boldsymbol{Q}\cdot\boldsymbol{T}\cdot\boldsymbol{Q}^{\mathrm{T}},\end{aligned}$$

故有 $\boldsymbol{T}\cdot\boldsymbol{Q} = \boldsymbol{Q}\cdot\boldsymbol{T}$.

设 λ 和 $\boldsymbol{r}$ 分别为 $\boldsymbol{T}$ 的特征值和相应的右特征向量,则由

$$\boldsymbol{T}\cdot\boldsymbol{Q}\cdot\boldsymbol{r} = \boldsymbol{Q}\cdot\boldsymbol{T}\cdot\boldsymbol{r} = \lambda\boldsymbol{Q}\cdot\boldsymbol{r},$$

可得

$$(\boldsymbol{T} - \lambda\boldsymbol{I})\cdot(\boldsymbol{Q}\cdot\boldsymbol{r}) = \boldsymbol{0}, \quad \forall \boldsymbol{Q} \in \mathscr{O}_3.$$

因此,由 $\boldsymbol{Q}$ 的任意性,可知必有 $\boldsymbol{T} = \lambda\boldsymbol{I}$,即 $\boldsymbol{T}$ 与单位仿射量仅差一个标量因子 λ.

反之,$\lambda\boldsymbol{I}$ 显然是各向同性的.

(4) 三阶张量中,置换张量 $\boldsymbol{\varepsilon} = \varepsilon^{ijk}\boldsymbol{e}_i \otimes \boldsymbol{e}_j \otimes \boldsymbol{e}_k$ 在任意正常正交仿射量 $\boldsymbol{Q} \in \mathscr{O}_3^+$ 的作用下保持其分量不变.因此,$\lambda\boldsymbol{\varepsilon}$ 在旋转正交变换下是各向同性的,而在一般的正交变换(包括镜面反射)下并不是各向同性的.

(5) 在直角坐标系中,四阶各向同性张量的分量 $\mathscr{L}_{ijkl}$ 可写为

$$\mathscr{L}_{ijkl} = \lambda\delta_{ij}\delta_{kl} + \mu(\delta_{ik}\delta_{jl} + \delta_{il}\delta_{jk}) + \nu(\delta_{ik}\delta_{jl} - \delta_{il}\delta_{jk}),$$

其中 λ,μ,ν 为实数,而 $\delta_{ij} = \begin{cases}1, & i = j \\ 0, & i \neq j\end{cases}$.

如果该张量具有对指标 i,j 或 k,l 的对称性,则上式最后一项中 $\nu = 0$.

(4)、(5) 中的结论可通过选取某些特殊的正交张量 $\boldsymbol{Q} \in \mathscr{O}_3$ 来加以证明.例如对于(5),可作坐标平面的镜面反射变换,以及作绕坐标轴旋转 $\frac{\pi}{2}$ 和 $\frac{\pi}{4}$ 的变换来加以证明.此处不再作详细推导.

例 2　如果四阶各向同性张量具有双重的指标对称性,即在直角坐标系中其分量满足 $\mathscr{L}_{ijkl} = \mathscr{L}_{jikl} = \mathscr{L}_{ijlk} = \mathscr{L}_{klij}$,则该张量 $\mathscr{L}$ 可用绝对形式表示为

$$\mathscr{L} = \lambda\boldsymbol{I}\otimes\boldsymbol{I} + 2\mu\overset{(1)}{\boldsymbol{I}}, \tag{1.190}$$

其中 $\boldsymbol{I}$ 为二阶单位张量,$\overset{(1)}{\boldsymbol{I}}$ 为对称化的四阶单位张量. $\overset{(1)}{\boldsymbol{I}}$ 在直角坐标系中的分量为

$$\frac{1}{2}(\delta_{ik}\delta_{jl} + \delta_{il}\delta_{jk}).$$

现定义以下两个四阶张量:

$$\boldsymbol{I}_m = \frac{1}{3}\boldsymbol{I} \otimes \boldsymbol{I}, \quad \boldsymbol{I}_s = \overset{(1)}{\boldsymbol{I}} - \boldsymbol{I}_m, \tag{1.191}$$

则(1.190)式还可改写为

$$\mathscr{L} = 3k\boldsymbol{I}_m + 2\mu\boldsymbol{I}_s, \tag{1.192}$$

其中 $k = \lambda + \frac{2}{3}\mu$,上式有时也用$(3k,2\mu)$来加以表示.

注意到 $\boldsymbol{I}_m : \boldsymbol{I}_m = \boldsymbol{I}_m$, $\boldsymbol{I}_s : \boldsymbol{I}_s = \boldsymbol{I}_s$ 和 $\boldsymbol{I}_m : \boldsymbol{I}_s = \boldsymbol{I}_s : \boldsymbol{I}_m = \boldsymbol{0}$,可知(1.192)式中右端的第一项和第二项是不耦合的,故可很方便地计算两个四阶各向同性张量的双点积.特别地,$\mathscr{L}$的逆可表示为$\left(\frac{1}{3k},\frac{1}{2\mu}\right)$.

在线性弹性力学中,当四阶各向同性弹性张量可通过 Lamé 常数(λ,μ)由(1.190)式表示时,(1.192)式中的k和μ便对应于线性弹性体的体积模量和剪切模量.

(二) 各向同性张量函数

自变量为张量的函数称为张量函数,其函数值可以是标量,也可以是张量.

例如,$\boldsymbol{F} = \boldsymbol{F}(\boldsymbol{B}, v)$,其中自变量 $\boldsymbol{B}$ 和 v 分别为仿射量和向量,$\boldsymbol{F}$ 为仿射量.它在直角坐标系$\{\boldsymbol{e}_p\}$中的分量形式可写为

$$F^{ij} = F^{ij}(B^{kl}, v^m; \boldsymbol{e}_p).$$

定义 当自变量和函数值在任意正交变换 $\boldsymbol{Q} \in \mathscr{O}_3$ 下保持原有的函数关系时,则称该函数为**各向同性张量函数**.当在任意正常正交变换 $\boldsymbol{Q} \in \mathscr{O}_3^+$ 下保持原有的函数关系时,则称该函数为半各向同性张量函数.

例如,对于以上的张量函数 $\boldsymbol{F} = \boldsymbol{F}(\boldsymbol{B}, v)$,如果对于 $\forall \boldsymbol{Q} \in \mathscr{O}_3$,有 $\boldsymbol{Q} \cdot \boldsymbol{F} \cdot \boldsymbol{Q}^{\mathrm{T}} = \boldsymbol{F}(\boldsymbol{Q} \cdot \boldsymbol{B} \cdot \boldsymbol{Q}^{\mathrm{T}}, \boldsymbol{Q} \cdot v)$,则称 $\boldsymbol{F}$ 是各向同性张量函数.

上式中的 $\boldsymbol{F}$、$\boldsymbol{B}$ 和 v 也可以是任意阶的张量.这时,$\boldsymbol{F}$ 是各向同性张量函数的条件可写为:

$$\boldsymbol{Q} \circ \boldsymbol{F} = \boldsymbol{F}(\boldsymbol{Q} \circ \boldsymbol{B}, \boldsymbol{Q} \circ v), \text{或 } \boldsymbol{F} = \boldsymbol{Q}^{-1} \circ [\boldsymbol{F}(\boldsymbol{Q} \circ \boldsymbol{B}, \boldsymbol{Q} \circ v)], \tag{1.193}$$

其中 $\boldsymbol{Q} \circ \boldsymbol{F}$ 表示 $\boldsymbol{Q}$ 对 $\boldsymbol{F}$ 的作用.

例 3 试证仿射量 $\boldsymbol{B}$ 的三个主不变量是标量值的各向同性函数.

证明 对 $\forall \boldsymbol{Q} \in \mathscr{O}_3$,由

$$\mathrm{tr}(\boldsymbol{Q} \cdot \boldsymbol{B} \cdot \boldsymbol{Q}^{\mathrm{T}}) = \mathrm{tr}(\boldsymbol{B} \cdot \boldsymbol{Q}^{\mathrm{T}} \cdot \boldsymbol{Q}) = \mathrm{tr}\boldsymbol{B},$$

可知 $\boldsymbol{B}$ 的第一不变量 $I_1(\boldsymbol{B}) = \mathrm{tr}\boldsymbol{B}$ 是各向同性的.

其次,由

$$(\boldsymbol{Q}\cdot\boldsymbol{B}\cdot\boldsymbol{Q}^{\mathrm{T}})^2=(\boldsymbol{Q}\cdot\boldsymbol{B}\cdot\boldsymbol{Q}^{\mathrm{T}})\cdot(\boldsymbol{Q}\cdot\boldsymbol{B}\cdot\boldsymbol{Q}^{\mathrm{T}})=\boldsymbol{Q}\cdot\boldsymbol{B}^2\cdot\boldsymbol{Q}^{\mathrm{T}},$$

可知有

$$\mathrm{tr}[(\boldsymbol{Q}\cdot\boldsymbol{B}\cdot\boldsymbol{Q}^{\mathrm{T}})^2]=\mathrm{tr}(\boldsymbol{Q}\cdot\boldsymbol{B}^2\cdot\boldsymbol{Q}^{\mathrm{T}})=\mathrm{tr}\boldsymbol{B}^2,$$

即 $\mathrm{tr}\boldsymbol{B}^2$ 是各向同性的. 因此 $\boldsymbol{B}$ 的第二不变量 $I_2(\boldsymbol{B})=\frac{1}{2}[(\mathrm{tr}\boldsymbol{B})^2-\mathrm{tr}(\boldsymbol{B}^2)]$ 也是 $\boldsymbol{B}$ 的各向同性函数.

最后,由

$$\det(\boldsymbol{Q}\cdot\boldsymbol{B}\cdot\boldsymbol{Q}^{\mathrm{T}})=(\det\boldsymbol{Q})^2\det\boldsymbol{B}=\det\boldsymbol{B},$$

可知 $\boldsymbol{B}$ 的第三不变量 $I_3(\boldsymbol{B})=\det\boldsymbol{B}$ 是各向同性的.　证讫.

(三) 不变量的梯度

由 §1.6 的例 4 可知,以仿射量 $\boldsymbol{B}$ 为自变量的标量值张量函数 $\varphi(\boldsymbol{B})$ 的微分式可写为

$$\varphi'(\boldsymbol{B})[\boldsymbol{C}]=\frac{\mathrm{d}\varphi}{\mathrm{d}\boldsymbol{B}}:\boldsymbol{C},$$

其中

$$\varphi'(\boldsymbol{B})[\boldsymbol{C}]=\lim_{\substack{h\to 0\\ h\in\mathbb{R}}}\frac{1}{h}[\varphi(\boldsymbol{B}+h\boldsymbol{C})-\varphi(\boldsymbol{B})],\qquad(1.194)$$

$\boldsymbol{C}$ 为任意仿射量.

不难证明,如果 $\varphi(\boldsymbol{B})$ 是仿射量 $\boldsymbol{B}$ 的各向同性标量值函数,则 φ 的梯度 $\frac{\mathrm{d}\varphi}{\mathrm{d}\boldsymbol{B}}$ 必定是各向同性张量值函数. 事实上,φ 是其变元的各向同性标量值函数的条件相当于要求(1.194) 式的右端也是各向同性的. 因此,对于任意仿射量 $\boldsymbol{C}$,(1.194) 式的左端 $\frac{\mathrm{d}\varphi}{\mathrm{d}\boldsymbol{B}}:\boldsymbol{C}$ 也应该是各向同性的,故满足

$$\frac{\mathrm{d}\varphi}{\mathrm{d}\boldsymbol{B}}:\boldsymbol{C}=\frac{\mathrm{d}\varphi}{\mathrm{d}\boldsymbol{B}'}:\boldsymbol{C}',$$

其中 $\boldsymbol{B}'=\boldsymbol{Q}\cdot\boldsymbol{B}\cdot\boldsymbol{Q}^{\mathrm{T}}$, $\boldsymbol{C}'=\boldsymbol{Q}\cdot\boldsymbol{C}\cdot\boldsymbol{Q}^{\mathrm{T}}$. 上式可等价地写为

$$\mathrm{tr}\left[\left(\frac{\mathrm{d}\varphi}{\mathrm{d}\boldsymbol{B}}\right)^{\mathrm{T}}\cdot\boldsymbol{C}\right]=\mathrm{tr}\left[\left(\frac{\mathrm{d}\varphi}{\mathrm{d}\boldsymbol{B}'}\right)^{\mathrm{T}}\cdot\boldsymbol{Q}\cdot\boldsymbol{C}\cdot\boldsymbol{Q}^{\mathrm{T}}\right]=\mathrm{tr}\left[\boldsymbol{Q}^{\mathrm{T}}\cdot\left(\frac{\mathrm{d}\varphi}{\mathrm{d}\boldsymbol{B}'}\right)^{\mathrm{T}}\cdot\boldsymbol{Q}\cdot\boldsymbol{C}\right].$$

再由 $\boldsymbol{C}$ 的任意性,可知

$$\frac{\mathrm{d}\varphi}{\mathrm{d}\boldsymbol{B}'}=\boldsymbol{Q}\cdot\frac{\mathrm{d}\varphi}{\mathrm{d}\boldsymbol{B}}\cdot\boldsymbol{Q}^{\mathrm{T}},$$

说明 $\frac{\mathrm{d}\varphi}{\mathrm{d}\boldsymbol{B}}$ 为各向同性张量函数.

例 4　试计算仿射量 $\boldsymbol{B}$ 的 k 阶矩 $\bar{I}_k(\boldsymbol{B})=\mathrm{tr}\boldsymbol{B}^k$ 的梯度.

首先,对于任意正整数 k,由 $\operatorname{tr}[(\boldsymbol{Q}\cdot\boldsymbol{B}\cdot\boldsymbol{Q}^{\mathrm{T}})^k]=\operatorname{tr}(\boldsymbol{Q}\cdot\boldsymbol{B}^k\cdot\boldsymbol{Q}^{\mathrm{T}})=\operatorname{tr}\boldsymbol{B}^k$,可知 $\bar{I}_k(\boldsymbol{B})$ 是 $\boldsymbol{B}$ 的各向同性标量值函数.

其次,注意到

$$\begin{aligned}\operatorname{tr}(\boldsymbol{B}+h\boldsymbol{C})^k&=\operatorname{tr}[\boldsymbol{B}^k+h(\boldsymbol{C}\cdot\boldsymbol{B}^{k-1}+\boldsymbol{B}\cdot\boldsymbol{C}\cdot\boldsymbol{B}^{k-2}+\cdots+\boldsymbol{B}^{k-1}\cdot\boldsymbol{C})+\\&\quad h^2(\cdots)+\cdots]\\&=\operatorname{tr}\boldsymbol{B}^k+hk\operatorname{tr}(\boldsymbol{B}^{k-1}\cdot\boldsymbol{C})+h^2(\cdots)+\cdots,\end{aligned}$$

可将(1.194)式写为

$$\frac{\mathrm{d}\bar{I}_k}{\mathrm{d}\boldsymbol{B}}:\boldsymbol{C}=k\operatorname{tr}(\boldsymbol{B}^{k-1}\cdot\boldsymbol{C})=k\,(\boldsymbol{B}^{k-1})^{\mathrm{T}}:\boldsymbol{C}.$$

因此,由 $\boldsymbol{C}$ 的任意性可得

$$\frac{\mathrm{d}\bar{I}_k(\boldsymbol{B})}{\mathrm{d}\boldsymbol{B}}=k\,(\boldsymbol{B}^{k-1})^{\mathrm{T}}.\tag{1.195}$$

例5 试计算仿射量 $\boldsymbol{B}$ 的三个主不变量 $I_1(\boldsymbol{B})$、$I_2(\boldsymbol{B})$ 和 $I_3(\boldsymbol{B})$ 的梯度.

因为 $\boldsymbol{B}$ 的三个主不变量可用 $\boldsymbol{B}$ 的前三阶矩 $\bar{I}_1$、$\bar{I}_2$ 和 $\bar{I}_3$ 表示为

$$I_1(\boldsymbol{B})=\bar{I}_1,\quad I_2(\boldsymbol{B})=\frac{1}{2}(\bar{I}_1^{\,2}-\bar{I}_2),\quad I_3(\boldsymbol{B})=\frac{1}{6}\bar{I}_1^{\,3}-\frac{1}{2}\bar{I}_1\bar{I}_2+\frac{1}{3}\bar{I}_3,$$

所以,由(1.195)式可得

$$\frac{\mathrm{d}I_1(\boldsymbol{B})}{\mathrm{d}\boldsymbol{B}}=\frac{\mathrm{d}\bar{I}_1}{\mathrm{d}\boldsymbol{B}}=\boldsymbol{I},\tag{1.196$_1$}$$

$$\frac{\mathrm{d}I_2(\boldsymbol{B})}{\mathrm{d}\boldsymbol{B}}=\bar{I}_1\frac{\mathrm{d}\bar{I}_1}{\mathrm{d}\boldsymbol{B}}-\frac{1}{2}\frac{\mathrm{d}\bar{I}_2}{\mathrm{d}\boldsymbol{B}}=I_1(\boldsymbol{B})\boldsymbol{I}-\boldsymbol{B}^{\mathrm{T}},\tag{1.196$_2$}$$

$$\begin{aligned}\frac{\mathrm{d}I_3(\boldsymbol{B})}{\mathrm{d}\boldsymbol{B}}&=\frac{1}{2}\bar{I}_1^{\,2}\frac{\mathrm{d}\bar{I}_1}{\mathrm{d}\boldsymbol{B}}-\frac{1}{2}\bar{I}_2\frac{\mathrm{d}\bar{I}_1}{\mathrm{d}\boldsymbol{B}}-\frac{1}{2}\bar{I}_1\frac{\mathrm{d}\bar{I}_2}{\mathrm{d}\boldsymbol{B}}+\frac{1}{3}\frac{\mathrm{d}\bar{I}_3}{\mathrm{d}\boldsymbol{B}}\\&=(I_2(\boldsymbol{B})\boldsymbol{I}-I_1(\boldsymbol{B})\boldsymbol{B}+\boldsymbol{B}^2)^{\mathrm{T}}.\end{aligned}\tag{1.196$_3$}$$

当 $\boldsymbol{B}$ 存在逆时,我们还可直接计算 $I_3(\boldsymbol{B})=\det(\boldsymbol{B})$ 的梯度如下:

注意到

$$\begin{aligned}\det(\boldsymbol{B}+h\boldsymbol{C})&=\det(h\boldsymbol{B})\det\left(\frac{1}{h}\boldsymbol{I}+\boldsymbol{B}^{-1}\cdot\boldsymbol{C}\right)\\&=h^3(\det\boldsymbol{B})\det\left(\frac{1}{h}\boldsymbol{I}+\boldsymbol{B}^{-1}\cdot\boldsymbol{C}\right)\\&=(\det\boldsymbol{B})\{1+hI_1(\boldsymbol{B}^{-1}\cdot\boldsymbol{C})+\\&\quad h^2I_2(\boldsymbol{B}^{-1}\cdot\boldsymbol{C})+h^3I_3(\boldsymbol{B}^{-1}\cdot\boldsymbol{C})\},\end{aligned}$$

其中 $I_r(\boldsymbol{B}^{-1}\cdot\boldsymbol{C})$ 为 $\boldsymbol{B}^{-1}\cdot\boldsymbol{C}$ 的第 $r\,(r=1,2,3)$ 个主不变量. 将 $\varphi(\boldsymbol{B})=I_3(\boldsymbol{B})=\det(\boldsymbol{B})$ 代入(1.194)式后可得

$$\frac{\mathrm{d}I_3(\boldsymbol{B})}{\mathrm{d}\boldsymbol{B}}:\boldsymbol{C}=\lim_{h\to 0}\frac{1}{h}[\det(\boldsymbol{B}+h\boldsymbol{C})-\det\boldsymbol{B}]$$
$$=(\det\boldsymbol{B})\mathrm{tr}(\boldsymbol{B}^{-1}\cdot\boldsymbol{C})=(\det\boldsymbol{B})\boldsymbol{B}^{-\mathrm{T}}:\boldsymbol{C},$$

上式中 $\boldsymbol{B}^{-\mathrm{T}}$表示 $\boldsymbol{B}$ 的逆的转置,它也等于 $\boldsymbol{B}$ 的转置的逆.于是,由 $\boldsymbol{C}$ 的任意性,有

$$\frac{\mathrm{d}I_3(\boldsymbol{B})}{\mathrm{d}\boldsymbol{B}}=\frac{\mathrm{d}(\det\boldsymbol{B})}{\mathrm{d}\boldsymbol{B}}=(\det\boldsymbol{B})\boldsymbol{B}^{-\mathrm{T}}=I_3(\boldsymbol{B})\boldsymbol{B}^{-\mathrm{T}}. \qquad (1.197)$$

再根据 Cayley-Hamilton 定理:

$$\boldsymbol{B}^3-I_1(\boldsymbol{B})\boldsymbol{B}^2+I_2(\boldsymbol{B})\boldsymbol{B}-I_3(\boldsymbol{B})\boldsymbol{I}=\boldsymbol{0},$$

可知

$$I_3(\boldsymbol{B})\boldsymbol{B}^{-1}=I_2(\boldsymbol{B})\boldsymbol{I}-\boldsymbol{I}_1(\boldsymbol{B})\boldsymbol{B}+\boldsymbol{B}^2.$$

由此可见,当 $\boldsymbol{B}$ 存在逆时,(1.197) 式与$(1.196)_3$ 式是相同的.

例 6 假定 $\boldsymbol{U}$ 是一个对称正定仿射量,$\boldsymbol{C}=\boldsymbol{U}^2$,试计算 $\boldsymbol{X}=\dfrac{\mathrm{d}(\mathrm{tr}\boldsymbol{U})}{\mathrm{d}\boldsymbol{C}}$.

解 设 $\boldsymbol{U}$ 是参数 t 的任意光滑函数. 记 $\dot{\boldsymbol{U}}=\dfrac{\mathrm{d}\boldsymbol{U}}{\mathrm{d}t}$,$\dot{\boldsymbol{C}}=\dfrac{\mathrm{d}\boldsymbol{C}}{\mathrm{d}t}$,则有 $\mathrm{tr}\dot{\boldsymbol{U}}=\dfrac{\mathrm{d}}{\mathrm{d}t}(\mathrm{tr}\boldsymbol{U})=\dfrac{\mathrm{d}(\mathrm{tr}\boldsymbol{U})}{\mathrm{d}\boldsymbol{C}}:\dot{\boldsymbol{C}}$.

另一方面,由 $\dot{\boldsymbol{U}}\cdot\boldsymbol{U}+\boldsymbol{U}\cdot\dot{\boldsymbol{U}}=\dot{\boldsymbol{C}}$,可知 $\boldsymbol{U}^{-1}\cdot\dot{\boldsymbol{U}}\cdot\boldsymbol{U}+\dot{\boldsymbol{U}}=\boldsymbol{U}^{-1}\cdot\dot{\boldsymbol{C}}$,对上式取迹,并注意到 $\mathrm{tr}\boldsymbol{U}^{-1}\cdot\dot{\boldsymbol{U}}\cdot\boldsymbol{U}=\mathrm{tr}\dot{\boldsymbol{U}}$,得 $2\mathrm{tr}\dot{\boldsymbol{U}}=\mathrm{tr}(\boldsymbol{U}^{-1}\cdot\dot{\boldsymbol{C}})=\boldsymbol{U}^{-1}:\dot{\boldsymbol{C}}$.

因此有 $\mathrm{tr}\dot{\boldsymbol{U}}=\dfrac{\mathrm{d}(\mathrm{tr}\boldsymbol{U})}{\mathrm{d}\boldsymbol{C}}:\dot{\boldsymbol{C}}=\dfrac{1}{2}\boldsymbol{U}^{-1}:\dot{\boldsymbol{C}}$.

再根据上式中 $\dot{\boldsymbol{C}}$ 的任意性,最后可得

$$\boldsymbol{X}=\frac{\mathrm{d}(\mathrm{tr}\boldsymbol{U})}{\mathrm{d}\boldsymbol{C}}=\frac{1}{2}\boldsymbol{U}^{-1}. \qquad (1.198)$$

有关以上公式的讨论,可参见文献[1.4].

(四) 表示定理

(1) 各向同性标量值函数的表示定理

Cauchy 基本表示定理 以 m 个向量 $v_i(i=1,2,\cdots,m)$ 为变元的标量值函数

$$\varphi=\varphi(v_1,v_2,\cdots,v_m)$$

是各向同性的充要条件是 φ 可表示为这些向量内积的函数：

$$\varphi = \varphi^*(v_i \cdot v_j) \quad (i,j = 1,2,\cdots,m).$$

证明 定理的充分性是显然的.因为 $v_i \cdot v_j = (\boldsymbol{Q} \cdot v_i) \cdot (\boldsymbol{Q} \cdot v_j)$，$\forall \boldsymbol{Q} \in \mathcal{O}_3$，所以 $\varphi = \varphi^*(v_i \cdot v_j)$ 是各向同性的.

再来证必要性.现假定 $\varphi = \varphi(v_1\ v_2,\cdots,v_m)$ 是各向同性的.要证明如果还有另一组向量 $\boldsymbol{u}_1,\boldsymbol{u}_2,\cdots,\boldsymbol{u}_m$，使得

$$\boldsymbol{u}_i \cdot \boldsymbol{u}_j = v_i \cdot v_j \quad (i,j = 1,2,\cdots,m),$$

那么就必然有

$$\varphi(v_1,v_2,\cdots,v_m) = \varphi(\boldsymbol{u}_1,\boldsymbol{u}_2,\cdots,\boldsymbol{u}_m),$$

也就是说，φ 只依赖于 $v_i \cdot v_j$.

为简单计，此处仅讨论三维空间中的向量组 $v_1,v_2,\cdots,v_m$，并设其张成的空间维数为 3(在一般情况下，可讨论 n 维空间中的向量，其张成的空间维数为 $p \leqslant n$).于是，可选三个线性无关的向量 v_1、v_2 和 v_3，其他向量都可写为 (v_1,v_2,v_3) 的线性组合.另外，由于 $\boldsymbol{u}_i \cdot \boldsymbol{u}_j = v_i \cdot v_j (i,j = 1,2,\cdots,m)$，故 $\boldsymbol{u}_1$、$\boldsymbol{u}_2$ 和 $\boldsymbol{u}_3$ 也是线性无关的.因为如果有

$$a_1\boldsymbol{u}_1 + a_2\boldsymbol{u}_2 + a_3\boldsymbol{u}_3 = \boldsymbol{0},$$

其中 a_1，a_2 和 a_3 是不全为零的实数，则可将上式分别与 $\boldsymbol{u}_1$、$\boldsymbol{u}_2$ 和 $\boldsymbol{u}_3$ 作点积而得到

$$a_1\boldsymbol{u}_1 \cdot \boldsymbol{u}_1 + a_2\boldsymbol{u}_1 \cdot \boldsymbol{u}_2 + a_3\boldsymbol{u}_1 \cdot \boldsymbol{u}_3 = 0,$$
$$a_1\boldsymbol{u}_2 \cdot \boldsymbol{u}_1 + a_2\boldsymbol{u}_2 \cdot \boldsymbol{u}_2 + a_3\boldsymbol{u}_2 \cdot \boldsymbol{u}_3 = 0,$$
$$a_1\boldsymbol{u}_3 \cdot \boldsymbol{u}_1 + a_2\boldsymbol{u}_3 \cdot \boldsymbol{u}_2 + a_3\boldsymbol{u}_3 \cdot \boldsymbol{u}_3 = 0,$$

或等价地写为

$$v_1 \cdot (a_1 v_1 + a_2 v_2 + a_3 v_3) = 0,$$
$$v_2 \cdot (a_1 v_1 + a_2 v_2 + a_3 v_3) = 0,$$
$$v_3 \cdot (a_1 v_1 + a_2 v_2 + a_3 v_3) = 0.$$

这说明 $(a_1 v_1 + a_2 v_2 + a_3 v_3)$ 与线性无关的向量 v_1、v_2 和 v_3 分别作点积后都等于零，故它本身也为零，但这与 v_1，v_2，v_3 线性无关的假设是相矛盾的.

类似于(1.6)式，由 v_1、v_2 和 v_3 可构造三个相互正交的单位向量 v'_1、v'_2 和 v'_3：

$$v'_1 = v_1 / |v_1|, \quad v'_2 = (v_2 - \alpha v_1) / |v_2 - \alpha v_1|,$$

$$v'_3 = \frac{(v_3 - \beta v_2 - \gamma v_1)}{|v_3 - \beta v_2 - \gamma v_1|},$$

其中 α、β 和 γ 由条件

$$v_1 \cdot (v_2 - \alpha v_1) = 0,$$
$$v_1 \cdot (v_3 - \beta v_2 - \gamma v_1) = 0,$$
$$(v_2 - \alpha v_1) \cdot (v_3 - \beta v_2) = 0$$

来确定. 由上式求得的 α、β 和 γ 仅依赖于 $v_i \cdot v_j (i,j = 1,2,3)$.

类似地,由 $\boldsymbol{u}_1, \boldsymbol{u}_2, \boldsymbol{u}_3$ 可构造三个相互正交的单位向量 $\boldsymbol{u}'_1$、$\boldsymbol{u}'_2$ 和 $\boldsymbol{u}'_3$,根据条件 $\boldsymbol{u}_i \cdot \boldsymbol{u}_j = v_i \cdot v_j$,可知 $(\boldsymbol{u}_1, \boldsymbol{u}_2, \boldsymbol{u}_3)$ 和 $(\boldsymbol{u}'_1, \boldsymbol{u}'_2, \boldsymbol{u}'_3)$ 之间的关系完全与 (v_1, v_2, v_3) 和 (v'_1, v'_2, v'_3) 之间的关系相同,即有相同的 α、β 和 γ. 因此,存在一个正交仿射量 $\boldsymbol{Q} = \sum_{i=1}^{3} \boldsymbol{u}'_i \otimes v'_i$,它将 (v'_1, v'_2, v'_3) 变换到 $(\boldsymbol{u}'_1, \boldsymbol{u}'_2, \boldsymbol{u}'_3)$: $\boldsymbol{u}'_i = \boldsymbol{Q} \cdot v'_i (i = 1,2,3)$.

最后,由条件 $\boldsymbol{u}_i \cdot \boldsymbol{u}_j = v_i \cdot v_j$,可知 $v_k (k = 1,2,\cdots,m)$ 在基向量 (v'_1, v'_2, v'_3) 上的分量与 $\boldsymbol{u}_k (k = 1,2,\cdots,m)$ 在基向量 $(\boldsymbol{u}'_1, \boldsymbol{u}'_2, \boldsymbol{u}'_3)$ 上的分量是完全相同的,即当 v_k 可写为 $v_k = b_1 v'_1 + b_2 v'_2 + b_3 v'_3$ 时,$\boldsymbol{u}_k$ 必可写为 $\boldsymbol{u}_k = b_1 \boldsymbol{u}'_1 + b_2 \boldsymbol{u}'_2 + b_3 \boldsymbol{u}'_3$. 因此有

$$\boldsymbol{u}_k = \boldsymbol{Q} \cdot v_k \quad (k = 1,2,\cdots,m).$$

可见,当 φ 为各向同性函数时,必有

$$\varphi(v_1, v_2, \cdots, v_m) = \varphi(\boldsymbol{Q} \cdot v_1, \boldsymbol{Q} \cdot v_2, \cdots, \boldsymbol{Q} \cdot v_m) = \varphi(\boldsymbol{u}_1, \boldsymbol{u}_2, \cdots, \boldsymbol{u}_m).$$

于是必要性得证.

定理 1　对于对称仿射量 $\boldsymbol{B}$,$\varphi(\boldsymbol{B})$ 为各向同性标量值函数的充要条件是 $\varphi(\boldsymbol{B})$ 可表示为 $\boldsymbol{B}$ 的三个主不变量 $I_1(\boldsymbol{B})$、$I_2(\boldsymbol{B})$ 和 $I_3(\boldsymbol{B})$ 的函数:

$$\varphi = \hat{\varphi}(I_1, I_2, I_3).$$

证明　定理的充分性是显然的. 因为 $\boldsymbol{B}$ 的三个主不变量 $I_1(\boldsymbol{B})$、$I_2(\boldsymbol{B})$ 和 $I_3(\boldsymbol{B})$ 是 $\boldsymbol{B}$ 的各向同性函数,所以由上式表示的 $\varphi = \hat{\varphi}(I_1, I_2, I_3)$ 也是 $\boldsymbol{B}$ 的各向同性函数.

下面来证必要性. 假定 $\varphi(\boldsymbol{B})$ 是各向同性函数,并假定另有一个对称仿射量 $\boldsymbol{A}$. 现来证明,只要 $\boldsymbol{A}$ 与 $\boldsymbol{B}$ 的三个主不变量相等: $I_1(\boldsymbol{A}) = I_1(\boldsymbol{B})$, $I_2(\boldsymbol{A}) = I_2(\boldsymbol{B})$, $I_3(\boldsymbol{A}) = I_3(\boldsymbol{B})$,那么就必然有 $\varphi(\boldsymbol{B}) = \varphi(\boldsymbol{A})$. 即 φ 仅依赖于其变元的三个主不变量.

由于 $\boldsymbol{A}$ 和 $\boldsymbol{B}$ 的主不变量相等,故 $\boldsymbol{A}$ 与 $\boldsymbol{B}$ 具有相同的特征值. 因此,由 $\boldsymbol{B}$ 和 $\boldsymbol{A}$ 的谱分解式:

$$\boldsymbol{B} = \sum_{\alpha=1}^{3} \lambda_\alpha \boldsymbol{e}_\alpha \otimes \boldsymbol{e}_\alpha \quad \text{和} \quad \boldsymbol{A} = \sum_{\alpha=1}^{3} \lambda_\alpha \boldsymbol{f}_\alpha \otimes \boldsymbol{f}_\alpha,$$

可构造正交仿射量 $\boldsymbol{Q} = \sum_{\alpha=1}^{3} \boldsymbol{f}_\alpha \otimes \boldsymbol{e}_\alpha$，使得 $\boldsymbol{f}_\alpha = \boldsymbol{Q} \cdot \boldsymbol{e}_\alpha \quad (\alpha = 1,2,3)$.
注意到

$$\begin{aligned} \boldsymbol{Q} \cdot (\boldsymbol{e}_\alpha \otimes \boldsymbol{e}_\alpha) \cdot \boldsymbol{Q}^{\mathrm{T}} &= (\boldsymbol{Q} \cdot \boldsymbol{e}_\alpha) \otimes (\boldsymbol{Q} \cdot \boldsymbol{e}_\alpha) \\ &= \boldsymbol{f}_\alpha \otimes \boldsymbol{f}_\alpha \quad (\text{不对 } \alpha \text{ 求和}), \end{aligned}$$

可得 $\boldsymbol{A} = \boldsymbol{Q} \cdot \boldsymbol{B} \cdot \boldsymbol{Q}^{\mathrm{T}}$. 因此，当 $\varphi(\boldsymbol{B})$ 是各向同性函数时，便有

$$\varphi(\boldsymbol{B}) = \varphi(\boldsymbol{Q} \cdot \boldsymbol{B} \cdot \boldsymbol{Q}^{\mathrm{T}}) = \varphi(\boldsymbol{A}).$$

证讫.

下面，我们将不加证明地给出两个关于各向同性函数的表示定理，其详细讨论可参见有关文献(如[1]).

定理 2　若 $\varphi(\boldsymbol{A},\boldsymbol{B})$ 是各向同性标量值函数，其中 $\boldsymbol{A}$ 和 $\boldsymbol{B}$ 为对称仿射量，则 φ 可表示为以下十个不变量的函数

$$\left.\begin{array}{l} \mathrm{tr}\boldsymbol{A}, \quad \mathrm{tr}\boldsymbol{A}^2, \quad \mathrm{tr}\boldsymbol{A}^3, \\ \mathrm{tr}\boldsymbol{B}, \quad \mathrm{tr}\boldsymbol{B}^2, \quad \mathrm{tr}\boldsymbol{B}^3, \\ \mathrm{tr}(\boldsymbol{A} \cdot \boldsymbol{B}), \quad \mathrm{tr}(\boldsymbol{A} \cdot \boldsymbol{B}^2), \quad \mathrm{tr}(\boldsymbol{A}^2 \cdot \boldsymbol{B}), \quad \mathrm{tr}(\boldsymbol{A}^2 \cdot \boldsymbol{B}^2). \end{array}\right\} \tag{1.199}$$

需要指出，上式中的十个不变量并不是完全独立的，它们之间的隐式关系称之为合冲(syzygy). 例如，当 $\boldsymbol{A}$ 和 $\boldsymbol{B}$ 的谱分解式：

$$\boldsymbol{A} = \sum_{\alpha=1}^{3} \lambda_\alpha \boldsymbol{e}_\alpha \otimes \boldsymbol{e}_\alpha, \quad \boldsymbol{B} = \sum_{\beta=1}^{3} \eta_\beta \boldsymbol{f}_\beta \otimes \boldsymbol{f}_\beta$$

中的三个特征值不相等时，由于 $\{\boldsymbol{e}_\alpha\}(\alpha = 1,2,3)$ 和 $\{\boldsymbol{f}_\beta\}(\beta = 1,2,3)$ 都是单位正交基向量，故可构造表示刚体转动的正交仿射量 $\boldsymbol{R} = \sum_{\alpha=1}^{3} \boldsymbol{f}_\alpha \otimes \boldsymbol{e}_\alpha$，使得 $\boldsymbol{f}_\beta$ 可写为 $\boldsymbol{f}_\beta = \sum_{\alpha=1}^{3} R_{\beta\alpha} \boldsymbol{e}_\alpha (\beta = 1,2,3)$，其中 $R_{\beta\alpha} = \boldsymbol{f}_\beta \cdot \boldsymbol{e}_\alpha$ 表示 $\boldsymbol{R}$ 在单位基向量 $\{\boldsymbol{e}_\alpha\}$ 上的分量.

$\boldsymbol{R}$ 只有三个独立的分量. 例如，可用图 1.4 中的三个 Euler 角表示为

$$\begin{aligned} R_{11} &= \cos\varphi\cos\psi - \sin\varphi\sin\psi\cos\theta, \\ R_{12} &= \cos\varphi\sin\psi + \sin\varphi\cos\psi\cos\theta, \\ R_{13} &= \sin\varphi\sin\theta, \\ R_{21} &= -\sin\varphi\cos\psi - \cos\varphi\sin\psi\cos\theta, \\ R_{22} &= -\sin\varphi\sin\psi + \cos\varphi\cos\psi\cos\theta, \\ R_{23} &= \cos\varphi\sin\theta, \\ R_{31} &= \sin\theta\sin\psi, \end{aligned}$$

$$R_{32} = -\sin\theta\cos\psi,$$
$$R_{33} = \cos\theta.$$

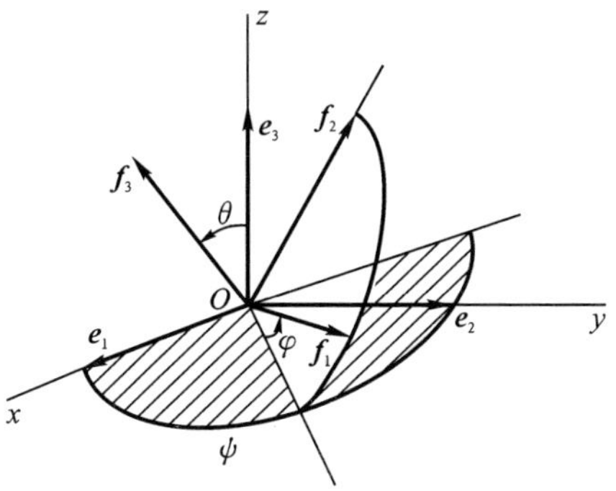

图 1.4 Euler 角

显然,tr$\boldsymbol{A}$、tr$\boldsymbol{A}^2$ 和 tr$\boldsymbol{A}^3$ 可用 $\lambda_\alpha(\alpha = 1,2,3)$ 表示,tr$\boldsymbol{B}$、tr$\boldsymbol{B}^2$ 和 tr$\boldsymbol{B}^3$ 可用 $\eta_\beta(\beta = 1,2,3)$ 表示.此外,由

$$\mathrm{tr}(\boldsymbol{A}\cdot\boldsymbol{B}) = \sum_{\alpha,\beta=1}^{3}\lambda_\alpha\eta_\beta R_{\beta\alpha}^2,\quad \mathrm{tr}(\boldsymbol{A}^2\cdot\boldsymbol{B}) = \sum_{\alpha,\beta=1}^{3}\lambda_\alpha^2\eta_\beta R_{\beta\alpha}^2,$$
$$\mathrm{tr}(\boldsymbol{A}\cdot\boldsymbol{B}^2) = \sum_{\alpha,\beta=1}^{3}\lambda_\alpha\eta_\beta^2 R_{\beta\alpha}^2,\quad \mathrm{tr}(\boldsymbol{A}^2\cdot\boldsymbol{B}^2) = \sum_{\alpha,\beta=1}^{3}\lambda_\alpha^2\eta_\beta^2 R_{\beta\alpha}^2,$$

可知只需要九个量 λ_1、λ_2、λ_3、η_1、η_2、η_3 和 ψ、θ、φ 就能完全表示(1.199)式中的十个量.

定理3 若 $\varphi(\boldsymbol{A},v)$ 是各向同性标量值函数,其中 $\boldsymbol{A}$ 为对称仿射量,v 为向量,则 φ 可表示为以下六个不变量的函数:

$$\mathrm{tr}\boldsymbol{A},\quad \mathrm{tr}\boldsymbol{A}^2,\quad \mathrm{tr}\boldsymbol{A}^3,\quad v\cdot v,\quad v\cdot\boldsymbol{A}\cdot v,\quad v\cdot\boldsymbol{A}^2\cdot v. \tag{1.200}$$

显然,如果 v 为单位向量,且令 $v\otimes v = \boldsymbol{B}$,则由

$$v\otimes v = (v\otimes v)^2 = (v\otimes v)^3 = \cdots$$

和

$$\mathrm{tr}(\boldsymbol{A}\cdot v\otimes v) = v\cdot\boldsymbol{A}\cdot v,\quad \mathrm{tr}(\boldsymbol{A}^2\cdot v\otimes v) = v\cdot\boldsymbol{A}^2\cdot v,$$

可知本定理是以上定理 2 的自然结果.

因为任意一个仿射量都可分解为对称仿射量和反称仿射量之和,而反称仿射量可对应于一个轴向量,由此不难看出,任意一个仿射量的独立不变量最多只有六个.

(2) 各向同性仿射量值函数的表示定理

转移定理(Transfer Theorem):若仿射量 $\boldsymbol{F}=\boldsymbol{F}(\boldsymbol{B})$ 是对称仿射量 $\boldsymbol{B}$ 的各向同性张量函数,则 $\boldsymbol{B}$ 的特征向量必定也是 $\boldsymbol{F}(\boldsymbol{B})$ 的特征向量.

证明　设 λ 和 $\boldsymbol{r}$ 分别为 $\boldsymbol{B}$ 的特征值和单位特征向量,则由 $\boldsymbol{B}$ 的对称性,可得

$$\boldsymbol{B}\cdot\boldsymbol{r}=\boldsymbol{r}\cdot\boldsymbol{B}=\lambda\boldsymbol{r}.$$

现构造正交仿射量 $\boldsymbol{R}=-\boldsymbol{I}+2\boldsymbol{r}\otimes\boldsymbol{r}\in\mathcal{O}_3$,由

$$\begin{aligned}\boldsymbol{R}\cdot\boldsymbol{B}\cdot\boldsymbol{R}^{\mathrm{T}}&=(-\boldsymbol{I}+2\boldsymbol{r}\otimes\boldsymbol{r})\cdot\boldsymbol{B}\cdot(-\boldsymbol{I}+2\boldsymbol{r}\otimes\boldsymbol{r})\\&=(-\boldsymbol{B}+2\boldsymbol{r}\otimes\boldsymbol{r}\cdot\boldsymbol{B})\cdot(-\boldsymbol{I}+2\boldsymbol{r}\otimes\boldsymbol{r})\\&=\boldsymbol{B}-2\boldsymbol{r}\otimes\boldsymbol{r}\cdot\boldsymbol{B}-2\boldsymbol{B}\cdot\boldsymbol{r}\otimes\boldsymbol{r}+4\boldsymbol{r}\otimes\boldsymbol{r}\cdot\boldsymbol{B}\cdot\boldsymbol{r}\otimes\boldsymbol{r}\\&=\boldsymbol{B}-2\lambda\boldsymbol{r}\otimes\boldsymbol{r}-2\lambda\boldsymbol{r}\otimes\boldsymbol{r}+4\lambda\boldsymbol{r}\otimes\boldsymbol{r}=\boldsymbol{B},\end{aligned}$$

可知,当 $\boldsymbol{F}(\boldsymbol{B})$ 为各向同性时,$\boldsymbol{R}$ 与 $\boldsymbol{F}$ 是可交换的,即有

$$\boldsymbol{R}\cdot\boldsymbol{F}(\boldsymbol{B})\cdot\boldsymbol{R}^{\mathrm{T}}=\boldsymbol{F}(\boldsymbol{R}\cdot\boldsymbol{B}\cdot\boldsymbol{R}^{\mathrm{T}})=\boldsymbol{F}(\boldsymbol{B}),$$

或

$$\boldsymbol{R}\cdot\boldsymbol{F}(\boldsymbol{B})=\boldsymbol{F}(\boldsymbol{B})\cdot\boldsymbol{R}.$$

因为一切与 $\boldsymbol{r}$ 相正交的向量 $\boldsymbol{f}$ 都满足 $\boldsymbol{R}\cdot\boldsymbol{f}=\boldsymbol{f}\cdot\boldsymbol{R}=-\boldsymbol{f}$,即 -1 和 $\boldsymbol{f}$ 分别为 $\boldsymbol{R}$ 的特征值和特征向量,所以,与正交仿射量 $\boldsymbol{R}$ 的特征值 -1 相对应的特征空间 $\{\boldsymbol{r}\}^{\perp}$ 是与 $\boldsymbol{r}$ 相正交的二维平面.另一方面,由 $\boldsymbol{R}\cdot\boldsymbol{r}=\boldsymbol{r}\cdot\boldsymbol{R}=\boldsymbol{r}$,以及 $\boldsymbol{R}$ 与 $\boldsymbol{F}$ 的可交换性,有

$$\boldsymbol{R}\cdot(\boldsymbol{F}(\boldsymbol{B})\cdot\boldsymbol{r})=\boldsymbol{F}(\boldsymbol{B})\cdot\boldsymbol{R}\cdot\boldsymbol{r}=\boldsymbol{F}(\boldsymbol{B})\cdot\boldsymbol{r},$$
$$(\boldsymbol{r}\cdot\boldsymbol{F}(\boldsymbol{B}))\cdot\boldsymbol{R}=\boldsymbol{r}\cdot\boldsymbol{R}\cdot\boldsymbol{F}(\boldsymbol{B})=\boldsymbol{r}\cdot\boldsymbol{F}(\boldsymbol{B}).$$

说明与正交仿射量 $\boldsymbol{R}$ 的特征值 $+1$ 相对应的右、左特征向量 $\boldsymbol{F}(\boldsymbol{B})\cdot\boldsymbol{r}$ 和 $\boldsymbol{r}\cdot\boldsymbol{F}(\boldsymbol{B})$ 属于由 $\boldsymbol{r}$ 张成的一维特征空间 $\{\boldsymbol{r}\}$,即 $\boldsymbol{F}(\boldsymbol{B})\cdot\boldsymbol{r}$ 和 $\boldsymbol{r}\cdot\boldsymbol{F}(\boldsymbol{B})$ 都可由 $\boldsymbol{r}$ 线性地表示为:

$$\boldsymbol{F}(\boldsymbol{B})\cdot\boldsymbol{r}=\xi_1\boldsymbol{r},\quad \boldsymbol{r}\cdot\boldsymbol{F}(\boldsymbol{B})=\xi_2\boldsymbol{r}.$$

将 $\boldsymbol{r}$ 分别从左和从右与上式作点积,得

$$\boldsymbol{r}\cdot\boldsymbol{F}(\boldsymbol{B})\cdot\boldsymbol{r}=\xi_1=\xi_2=\xi.$$

故有 $\boldsymbol{F}(\boldsymbol{B})\cdot\boldsymbol{r}=\boldsymbol{r}\cdot\boldsymbol{F}(\boldsymbol{B})=\xi\boldsymbol{r}$.说明 $\boldsymbol{r}$ 也是 $\boldsymbol{F}(\boldsymbol{B})$ 的特征向量.证讫.

C.C.Wang 引理　对于对称仿射量 $\boldsymbol{B}$,

(i) 当 $\boldsymbol{B}$ 的三个特征值 $\lambda_\alpha(\alpha=1,2,3)$ 互不相等时,$\{\boldsymbol{I},\boldsymbol{B},\boldsymbol{B}^2\}$ 是线性无关的,且

$$\mathrm{sp}\{\boldsymbol{I},\boldsymbol{B},\boldsymbol{B}^2\}=\mathrm{sp}\{\boldsymbol{e}_1\otimes\boldsymbol{e}_1,\boldsymbol{e}_2\otimes\boldsymbol{e}_2,\boldsymbol{e}_3\otimes\boldsymbol{e}_3\},$$

其中 $\boldsymbol{e}_\alpha(\alpha=1,2,3)$ 为对应于 λ_α 的单位特征向量;

(ii) 当 $\boldsymbol{B}$ 有两个相异的特征值 λ_1 和 $\lambda_2=\lambda_3$ 时,$\{\boldsymbol{I},\boldsymbol{B}\}$ 是线性无关的,且

$$\text{sp}\{\boldsymbol{I},\boldsymbol{B}\} = \text{sp}\{\boldsymbol{e}_1 \otimes \boldsymbol{e}_1, \boldsymbol{I} - \boldsymbol{e}_1 \otimes \boldsymbol{e}_1\}.$$

证明 对于(i),需要证明当

$$a_2\boldsymbol{B}^2 + a_1\boldsymbol{B} + a_0\boldsymbol{I} = \boldsymbol{0} \tag{1.201}$$

时,必有 $a_2 = a_1 = a_0 = 0$. 为此,可用 $\boldsymbol{e}_\beta(\beta = 1,2,3)$ 点积(1.201)式. 利用 $\boldsymbol{B}$ 的谱分解式 $\boldsymbol{B} = \sum_{\alpha=1}^{3} \lambda_\alpha \boldsymbol{e}_\alpha \otimes \boldsymbol{e}_\alpha$,可知点积后的方程为

$$(a_2\lambda_\beta^2 + a_1\lambda_\beta + a_0)\boldsymbol{e}_\beta = \boldsymbol{0} \quad (\beta = 1,2,3;\text{不对 } \beta \text{ 求和}),$$

或

$$a_2\lambda_\beta^2 + a_1\lambda_\beta + a_0 = 0 \quad (\beta = 1,2,3).$$

但二次方程 $a_2x^2 + a_1x + a_0 = 0$ 只有两个根,现有三个相异实根 $\lambda_\beta(\beta = 1,2,3)$ 同时满足上式,说明只可能有 $a_2 = a_1 = a_0 = 0$,即 $\boldsymbol{I},\boldsymbol{B},\boldsymbol{B}^2$ 是线性无关的.

其次考虑二阶张量空间的子空间 $\mathscr{H} = \text{sp}\{\boldsymbol{e}_1 \otimes \boldsymbol{e}_1, \boldsymbol{e}_2 \otimes \boldsymbol{e}_2, \boldsymbol{e}_3 \otimes \boldsymbol{e}_3\}$,其维数为 3. 由

$$\boldsymbol{I} = \sum_{\alpha=1}^{3} \boldsymbol{e}_\alpha \otimes \boldsymbol{e}_\alpha, \quad \boldsymbol{B} = \sum_{\alpha=1}^{3} \lambda_\alpha \boldsymbol{e}_\alpha \otimes \boldsymbol{e}_\alpha, \quad \boldsymbol{B}^2 = \sum_{\alpha=1}^{3} \lambda_\alpha^2 \boldsymbol{e}_\alpha \otimes \boldsymbol{e}_\alpha,$$

可知 $\boldsymbol{I},\boldsymbol{B},\boldsymbol{B}^2 \in \mathscr{H}$. 另一方面,$\mathscr{H}$中的任一元素 $b_1\boldsymbol{e}_1 \otimes \boldsymbol{e}_1 + b_2\boldsymbol{e}_2 \otimes \boldsymbol{e}_2 + b_3\boldsymbol{e}_3 \otimes \boldsymbol{e}_3$ 也一定可以表示为 $\boldsymbol{I},\boldsymbol{B},\boldsymbol{B}^2$ 的线性组合:$x\boldsymbol{I} + y\boldsymbol{B} + z\boldsymbol{B}^2$,因为其中的系数 x、y 和 z 可根据方程

$$x\boldsymbol{I} + y\boldsymbol{B} + z\boldsymbol{B}^2 = b_1\boldsymbol{e}_1 \otimes \boldsymbol{e}_1 + b_2\boldsymbol{e}_2 \otimes \boldsymbol{e}_2 + b_3\boldsymbol{e}_3 \otimes \boldsymbol{e}_3$$

来确定. 上式分别与 $\boldsymbol{e}_1$、$\boldsymbol{e}_2$ 和 $\boldsymbol{e}_3$ 作点积后,可得

$$x + y\lambda_1 + z\lambda_1^2 = b_1,$$

$$x + y\lambda_2 + z\lambda_2^2 = b_2,$$

$$x + y\lambda_3 + z\lambda_3^2 = b_3.$$

此方程组的系数行列式为 Vandermonde 行列式. 由于 $\lambda_1 \neq \lambda_2 \neq \lambda_3 \neq \lambda_1$,可知该行列式不为零,由此可求出 x、y 和 z. 于是命题(i)证讫.

对于(ii),可作类似的证明,此处从略.

各向同性函数的第一表示定理 仿射量 $\boldsymbol{G} = \boldsymbol{G}(\boldsymbol{B})$ 为对称仿射量 $\boldsymbol{B}$ 的各向同性张量函数的充要条件是存在以 $\boldsymbol{B}$ 的三个主不变量 $I_k(\boldsymbol{B})(k = 1,2,3)$ 为自变量的标量函数:$\varphi_m(I_k(\boldsymbol{B}))$ $(m = 0,1,2;k = 1,2,3)$,使得 $\boldsymbol{G}(\boldsymbol{B})$ 可表示为

$$\boldsymbol{G}(\boldsymbol{B}) = \varphi_0(I_k(\boldsymbol{B}))\boldsymbol{I} + \varphi_1(I_k(\boldsymbol{B}))\boldsymbol{B} + \varphi_2(I_k(\boldsymbol{B}))\boldsymbol{B}^2. \tag{1.202}$$

证明　定理的充分性是显然的.因为如果 $\boldsymbol{G}(\boldsymbol{B})$ 可表示为(1.202)式,则对于任意的正交张量 $\boldsymbol{Q}$,有

$$\begin{aligned}\boldsymbol{G}(\boldsymbol{Q}\cdot\boldsymbol{B}\cdot\boldsymbol{Q}^{\mathrm{T}}) &= \varphi_0(I_k(\boldsymbol{Q}\cdot\boldsymbol{B}\cdot\boldsymbol{Q}^{\mathrm{T}}))\boldsymbol{I} + \varphi_1(I_k(\boldsymbol{Q}\cdot\boldsymbol{B}\cdot\boldsymbol{Q}^{\mathrm{T}}))\boldsymbol{Q}\cdot\boldsymbol{B}\cdot\boldsymbol{Q}^{\mathrm{T}} + \\ &\quad \varphi_2(I_k(\boldsymbol{Q}\cdot\boldsymbol{B}\cdot\boldsymbol{Q}^{\mathrm{T}}))(\boldsymbol{Q}\cdot\boldsymbol{B}\cdot\boldsymbol{Q}^{\mathrm{T}})^2 \\ &= \boldsymbol{Q}\cdot\boldsymbol{G}(\boldsymbol{B})\cdot\boldsymbol{Q}^{\mathrm{T}}.\end{aligned}$$

说明 $\boldsymbol{G}(\boldsymbol{B})$ 是各向同性的.

其次来证必要性.现分以下几种情形来进行讨论.

1) 当 $\boldsymbol{B}$ 有三个不同的特征值时,$\boldsymbol{B}$ 的谱分解式可写为

$$\boldsymbol{B} = \sum_{\alpha=1}^{3}\lambda_\alpha\boldsymbol{e}_\alpha\otimes\boldsymbol{e}_\alpha.$$

由转移定理,$\boldsymbol{e}_\alpha$ 也是 $\boldsymbol{G}(\boldsymbol{B})$ 的特征向量,故有

$$\boldsymbol{G}(\boldsymbol{B}) = \sum_{\alpha=1}^{3}\eta_\alpha\boldsymbol{e}_\alpha\otimes\boldsymbol{e}_\alpha.$$

再根据 C.C.Wang 引理,可将 $\boldsymbol{G}(\boldsymbol{B})$ 在 $\mathscr{H}=\mathrm{sp}\{\boldsymbol{I},\boldsymbol{B},\boldsymbol{B}^2\}$ 中进行展开,即存在标量函数 $a_0(\boldsymbol{B})$、$a_1(\boldsymbol{B})$ 和 $a_2(\boldsymbol{B})$,使得

$$\boldsymbol{G}(\boldsymbol{B}) = a_0(\boldsymbol{B})\boldsymbol{I} + a_1(\boldsymbol{B})\boldsymbol{B} + a_2(\boldsymbol{B})\boldsymbol{B}^2. \tag{1.203}$$

2) 当 $\boldsymbol{B}$ 有两个不同的特征值 λ_1 和 $\lambda_2=\lambda_3$ 时,$\boldsymbol{B}$ 的谱分解式为

$$\boldsymbol{B} = \lambda_1\boldsymbol{e}_1\otimes\boldsymbol{e}_1 + \lambda_2(\boldsymbol{I}-\boldsymbol{e}_1\otimes\boldsymbol{e}_1),$$

即 $\boldsymbol{B}$ 的特征空间为 $\mathrm{sp}\{\boldsymbol{e}_1\}$ 和 $\mathrm{sp}\{\boldsymbol{e}_1\}^{\perp}$.由转移定理,以上两个子空间必包含于 $\boldsymbol{G}(\boldsymbol{B})$ 的特征空间中,这只可能是:(甲)$\boldsymbol{G}(\boldsymbol{B})$ 的特征空间为 $\mathrm{sp}\{\boldsymbol{e}_1\}$ 和 $\mathrm{sp}\{\boldsymbol{e}_1\}^{\perp}$;或(乙)$\boldsymbol{G}(\boldsymbol{B})$ 的特征空间为全空间 $\mathscr{V}$.

因此,$\boldsymbol{G}$ 的谱表示可写为

$$\boldsymbol{G}(\boldsymbol{B}) = \eta_1\boldsymbol{e}_1\otimes\boldsymbol{e}_1 + \eta_2(\boldsymbol{I}-\boldsymbol{e}_1\otimes\boldsymbol{e}_1), \tag{1.204}$$

其中对于情况(甲),有 $\eta_1\neq\eta_2$;对于情况(乙),有 $\eta_1=\eta_2$.

总之,根据C.C.Wang引理,仍可将 $\boldsymbol{G}(\boldsymbol{B})$ 写为(1.203)式的形式,只是其中的 $a_2(\boldsymbol{B})=0$.

3) 当 $\boldsymbol{B}$ 仅有一个特征值 λ 时,有 $\boldsymbol{B}=\lambda\boldsymbol{I}$.由转移定理,全空间 $\mathscr{V}$ 是 $\boldsymbol{B}$ 和 $\boldsymbol{G}(\boldsymbol{B})$ 的特征空间,故有 $\boldsymbol{G}(\boldsymbol{B})=\eta\boldsymbol{I}$.因此,$\boldsymbol{G}(\boldsymbol{B})$ 仍可表示为(1.203)式的形式,只是其中的 $a_1(\boldsymbol{B})=a_2(\boldsymbol{B})=0$.

于是,下面只需证明 a_0、a_1 和 a_2 是 $\boldsymbol{B}$ 的各向同性标量函数.即只需证明

$$a_m(\boldsymbol{B}) = a_m(\boldsymbol{Q}\cdot\boldsymbol{B}\cdot\boldsymbol{Q}^{\mathrm{T}}) \quad (m = 0,1,2). \tag{1.205}$$

因为如果上式成立，a_m 就可写为关于 $\boldsymbol{B}$ 的三个主不变量的函数：$\varphi_m(I_k(\boldsymbol{B}))\ (m = 0,1,2;k = 1,2,3)$.

根据定理条件，$\boldsymbol{G}(\boldsymbol{B})$ 是各向同性函数，即

$$\boldsymbol{G}(\boldsymbol{B}) - \boldsymbol{Q}^{\mathrm{T}}\cdot\boldsymbol{G}(\boldsymbol{Q}\cdot\boldsymbol{B}\cdot\boldsymbol{Q}^{\mathrm{T}})\cdot\boldsymbol{Q} = \boldsymbol{0}, \qquad \forall\, Q \in \mathscr{O}_3.$$

故有

$$a_0(\boldsymbol{B})\boldsymbol{I} + a_1(\boldsymbol{B})\boldsymbol{B} + a_2(\boldsymbol{B})\boldsymbol{B}^2 - \boldsymbol{Q}^{\mathrm{T}}\cdot[a_0(\boldsymbol{Q}\cdot\boldsymbol{B}\cdot\boldsymbol{Q}^{\mathrm{T}})\boldsymbol{I} + a_1(\boldsymbol{Q}\cdot\boldsymbol{B}\cdot\boldsymbol{Q}^{\mathrm{T}})\boldsymbol{Q}\cdot\boldsymbol{B}\cdot\boldsymbol{Q}^{\mathrm{T}} + a_2(\boldsymbol{Q}\cdot\boldsymbol{B}\cdot\boldsymbol{Q}^{\mathrm{T}})(\boldsymbol{Q}\cdot\boldsymbol{B}\cdot\boldsymbol{Q}^{\mathrm{T}})^2]\cdot\boldsymbol{Q} = \boldsymbol{0},$$

或

$$[a_0(\boldsymbol{B}) - a_0(\boldsymbol{Q}\cdot\boldsymbol{B}\cdot\boldsymbol{Q}^{\mathrm{T}})]\boldsymbol{I} + [a_1(\boldsymbol{B}) - a_1(\boldsymbol{Q}\cdot\boldsymbol{B}\cdot\boldsymbol{Q}^{\mathrm{T}})]\boldsymbol{B} + [a_2(\boldsymbol{B}) - a_2(\boldsymbol{Q}\cdot\boldsymbol{B}\cdot\boldsymbol{Q}^{\mathrm{T}})]\boldsymbol{B}^2 = \boldsymbol{0}. \tag{1.206}$$

因此，

1) 当 $\boldsymbol{B}$ 有三个不同的特征值时，由 C.C.Wang 引理，可知 $\boldsymbol{I},\boldsymbol{B},\boldsymbol{B}^2$ 线性无关. 故(1.205)式成立.

2) 注意到 $\boldsymbol{B}$ 和 $\boldsymbol{Q}\cdot\boldsymbol{B}\cdot\boldsymbol{Q}^{\mathrm{T}}$ 具有相同的特征值，且特征向量之间仅差一个正交变换 $\boldsymbol{Q}$，故由以上讨论可知，当 $\boldsymbol{B}$ 有两个不同的特征值 λ_1 和 $\lambda_2 = \lambda_3$，且 $\boldsymbol{G}(\boldsymbol{B})$ 的特征空间不为全空间时，$\boldsymbol{G}(\boldsymbol{B})$ 和 $\boldsymbol{G}(\boldsymbol{Q}\cdot\boldsymbol{B}\cdot\boldsymbol{Q}^{\mathrm{T}})$ 可分别写为如下式的形式：

$$\boldsymbol{G}(\boldsymbol{B}) = a_0(\boldsymbol{B})\boldsymbol{I} + a_1(\boldsymbol{B})\boldsymbol{B},$$

$$\boldsymbol{G}(\boldsymbol{Q}\cdot\boldsymbol{B}\cdot\boldsymbol{Q}^{\mathrm{T}}) = a_0(\boldsymbol{Q}\cdot\boldsymbol{B}\cdot\boldsymbol{Q}^{\mathrm{T}})\boldsymbol{I} + a_1(\boldsymbol{Q}\cdot\boldsymbol{B}\cdot\boldsymbol{Q}^{\mathrm{T}})\boldsymbol{Q}\cdot\boldsymbol{B}\cdot\boldsymbol{Q}^{\mathrm{T}}.$$

再由 C.C.Wang 引理，可知上式中的 $\boldsymbol{I}$ 和 $\boldsymbol{B}$ 是线性无关的. 故当 $\boldsymbol{G}(\boldsymbol{B})$ 是各向同性函数时，由(1.206)式可导出(1.205)式.

3) 当 $\boldsymbol{B}$ 仅有一个特征值时，由 $\boldsymbol{B} = \lambda\boldsymbol{I}$，可知 $\boldsymbol{B} = \boldsymbol{Q}\cdot\boldsymbol{B}\cdot\boldsymbol{Q}^{\mathrm{T}}$. 这时(1.205)式自动满足.

于是定理证讫.

各向同性函数的第二表示定理　仿射量 $\boldsymbol{G} = \boldsymbol{G}(\boldsymbol{B})$ 为对称正则仿射量 $\boldsymbol{B}$ 的各向同性张量函数的充要条件是存在以 $\boldsymbol{B}$ 的三个主不变量 $I_k(\boldsymbol{B})(k = 1,2,3)$ 为自变量的标量函数：$\beta_m(I_k(\boldsymbol{B}))\ (m = 0,1,-1;k = 1,2,3)$，使得 $\boldsymbol{G}(\boldsymbol{B})$ 可表示为

$$\boldsymbol{G}(\boldsymbol{B}) = \beta_0(I_k(\boldsymbol{B}))\boldsymbol{I} + \beta_1(I_k(\boldsymbol{B}))\boldsymbol{B} + \beta_{-1}(I_k(\boldsymbol{B}))\boldsymbol{B}^{-1}. \tag{1.207}$$

证明　充分性是显然的，故只需证明必要性.

因为 $\boldsymbol{B}$ 为正则仿射量，故存在逆 $\boldsymbol{B}^{-1}$. 由 Cayley-Hamilton 定理，有

$$\boldsymbol{B}^2 = I_1(\boldsymbol{B})\boldsymbol{B} - I_2(\boldsymbol{B})\boldsymbol{I} + I_3(\boldsymbol{B})\boldsymbol{B}^{-1}.$$

于是,根据以上的第一表示定理,(1.202) 式可以写为(1.207) 式的形式. 证讫.

各向同性线性张量函数的表示定理 若仿射量 $\boldsymbol{G}$ 为对称仿射量 $\boldsymbol{B}$ 的线性张量函数,则 $\boldsymbol{G}=\boldsymbol{G}(\boldsymbol{B})$ 为各向同性张量函数的充要条件是存在两个常数 μ 和 λ,使得 $\boldsymbol{G}(\boldsymbol{B})$ 可表示为

$$\boldsymbol{G}(\boldsymbol{B})=2\mu\boldsymbol{B}+\lambda(\mathrm{tr}\boldsymbol{B})\boldsymbol{I}. \tag{1.208}$$

证明 充分性是显然的,故只需证明必要性.

对于任意的单位向量 $\boldsymbol{r}$,可构造二阶张量 $\boldsymbol{r}\otimes\boldsymbol{r}$,其特征值和相应的特征空间分别为 $\lambda_1=1,\lambda_2=\lambda_3=0$ 和 $\mathrm{sp}\{\boldsymbol{r}\},\mathrm{sp}\{\boldsymbol{r}\}^{\perp}$. 故由转移定理和谱表示定理,可作类似于(1.204) 式的推导,当 $\boldsymbol{G}$ 为各向同性时,有

$$\boldsymbol{G}(\boldsymbol{r}\otimes\boldsymbol{r})=2\mu(\boldsymbol{r})\boldsymbol{r}\otimes\boldsymbol{r}+\lambda(\boldsymbol{r})\boldsymbol{I}.$$

现取任意的正交张量 $\boldsymbol{Q}\in\mathscr{O}_3$,则可得到另一个单位向量 $\boldsymbol{f}=\boldsymbol{Q}\cdot\boldsymbol{r}$. 类似地,也有

$$\boldsymbol{G}(\boldsymbol{f}\otimes\boldsymbol{f})=2\mu(\boldsymbol{f})\boldsymbol{f}\otimes\boldsymbol{f}+\lambda(\boldsymbol{f})\boldsymbol{I}.$$

由 $\boldsymbol{Q}\cdot(\boldsymbol{r}\otimes\boldsymbol{r})\cdot\boldsymbol{Q}^{\mathrm{T}}=\boldsymbol{f}\otimes\boldsymbol{f}$,以及 $\boldsymbol{G}$ 的各向同性性质,可知

$$\begin{aligned}\boldsymbol{0}&=\boldsymbol{Q}\cdot\boldsymbol{G}(\boldsymbol{r}\otimes\boldsymbol{r})\cdot\boldsymbol{Q}^{\mathrm{T}}-\boldsymbol{G}(\boldsymbol{f}\otimes\boldsymbol{f})\\&=2[\mu(\boldsymbol{r})-\mu(\boldsymbol{f})]\boldsymbol{f}\otimes\boldsymbol{f}+[\lambda(\boldsymbol{r})-\lambda(\boldsymbol{f})]\boldsymbol{I}.\end{aligned}$$

但 $\{\boldsymbol{f}\otimes\boldsymbol{f},\boldsymbol{I}\}$ 是线性无关的,故有 $\mu(\boldsymbol{r})=\mu(\boldsymbol{f}),\lambda(\boldsymbol{r})=\lambda(\boldsymbol{f})$. 说明上式中的 μ 和 λ 为常数. 因此 $\boldsymbol{G}(\boldsymbol{r}\otimes\boldsymbol{r})$ 可写为

$$\boldsymbol{G}(\boldsymbol{r}\otimes\boldsymbol{r})=2\mu\boldsymbol{r}\otimes\boldsymbol{r}+\lambda\boldsymbol{I}.$$

现考虑任意一个对称仿射量 $\boldsymbol{B}$,其谱分解式为

$$\boldsymbol{B}=\sum_{\alpha=1}^{3}\lambda_\alpha\boldsymbol{e}_\alpha\otimes\boldsymbol{e}_\alpha,$$

根据 $\boldsymbol{G}$ 的线性性质,有

$$\begin{aligned}\boldsymbol{G}(\boldsymbol{B})&=\sum_{\alpha=1}^{3}\lambda_\alpha\boldsymbol{G}(\boldsymbol{e}_\alpha\otimes\boldsymbol{e}_\alpha)\\&=\sum_{\alpha=1}^{3}\lambda_\alpha[2\mu\boldsymbol{e}_\alpha\otimes\boldsymbol{e}_\alpha+\lambda\boldsymbol{I}]\\&=2\mu\boldsymbol{B}+\lambda(\mathrm{tr}\boldsymbol{B})\boldsymbol{I},\end{aligned}$$

其中 $\mathrm{tr}\boldsymbol{B}=\lambda_1+\lambda_2+\lambda_3$. 证讫.

推论 若对称仿射量 $\boldsymbol{B}$ 的迹为零: $\mathrm{tr}\boldsymbol{B}=0$,则仿射量 $\boldsymbol{G}=\boldsymbol{G}(\boldsymbol{B})$ 为各向同性线性张量函数的充要条件是存在一个常数 μ,使得

$$\boldsymbol{G}(\boldsymbol{B})=2\mu\boldsymbol{B}.$$

证明 因为以上定理对任意对称仿射量 $\boldsymbol{B}$ 都成立,故对于任意的对

称仿射量 $\boldsymbol{B}$,可构造新的函数

$$\hat{\boldsymbol{G}}(\boldsymbol{B}) = \boldsymbol{G}(\boldsymbol{B} - \frac{1}{3}(\mathrm{tr}\boldsymbol{B})\boldsymbol{I}).$$

由 $\boldsymbol{G}$ 的各向同性性质,有

$$\boldsymbol{Q}\cdot\hat{\boldsymbol{G}}(\boldsymbol{B})\cdot\boldsymbol{Q}^{\mathrm{T}} = \boldsymbol{G}(\boldsymbol{Q}\cdot\boldsymbol{B}\cdot\boldsymbol{Q}^{\mathrm{T}} - \frac{1}{3}(\mathrm{tr}\boldsymbol{B})\boldsymbol{I}) = \hat{\boldsymbol{G}}(\boldsymbol{Q}\cdot\boldsymbol{B}\cdot\boldsymbol{Q}^{\mathrm{T}}).$$

说明 $\hat{\boldsymbol{G}}(\boldsymbol{B})$ 也是各向同性的,且当其变元满足 $\mathrm{tr}\boldsymbol{B} = 0$ 时,这两个张量函数 $\hat{\boldsymbol{G}}(\boldsymbol{B})$ 和 $\boldsymbol{G}(\boldsymbol{B})$ 重合. 因此,由以上定理可知,对于任意满足 $\mathrm{tr}\boldsymbol{B} = 0$ 的仿射量 $\boldsymbol{B}$,必有

$$\boldsymbol{G}(\boldsymbol{B}) = \hat{\boldsymbol{G}}(\boldsymbol{B}) = 2\mu[\boldsymbol{B} - \frac{1}{3}(\mathrm{tr}\boldsymbol{B})\boldsymbol{I}] = 2\mu\boldsymbol{B}.$$

证讫.

下面,我们将不加证明地给出几个关于各向同性仿射量值函数的表示定理,其详细证明可参见有关文献(如文献[1]).

定理 4　如果仿射量 $\boldsymbol{\varphi}$ 是两个对称仿射量 $\boldsymbol{A}$ 和 $\boldsymbol{B}$ 的各向同性张量函数: $\boldsymbol{\varphi} = \overline{\boldsymbol{\varphi}}(\boldsymbol{A},\boldsymbol{B})$,则 $\overline{\boldsymbol{\varphi}}$ 可表示为

$$\overline{\boldsymbol{\varphi}}(\boldsymbol{A},\boldsymbol{B}) = \varphi_0\boldsymbol{I} + \varphi_1\boldsymbol{A} + \varphi_2\boldsymbol{B} + \varphi_3\boldsymbol{A}^2 + \varphi_4\boldsymbol{B}^2 + \varphi_5(\boldsymbol{A}\cdot\boldsymbol{B} + \boldsymbol{B}\cdot\boldsymbol{A}) + \varphi_6(\boldsymbol{A}^2\cdot\boldsymbol{B} + \boldsymbol{B}\cdot\boldsymbol{A}^2) + \varphi_7(\boldsymbol{A}\cdot\boldsymbol{B}^2 + \boldsymbol{B}^2\cdot\boldsymbol{A}), \quad (1.209)$$

其中系数 $\varphi_0,\varphi_1,\varphi_2,\cdots,\varphi_7$ 是 $\boldsymbol{A}$ 和 $\boldsymbol{B}$ 的十个联立不变量(1.199)式的函数.

定理 5　如果向量 $\boldsymbol{f}$ 是以对称仿射量 $\boldsymbol{A}$ 和向量 v 为变元的各向同性函数: $\boldsymbol{f} = \boldsymbol{f}(\boldsymbol{A},v)$,则 $\boldsymbol{f}$ 可表示为

$$\boldsymbol{f}(\boldsymbol{A},v) = (f_0\boldsymbol{I} + f_1\boldsymbol{A} + f_2\boldsymbol{A}^2)\cdot v,$$

其中系数 f_0,f_1,f_2 是 $\boldsymbol{A}$ 和 v 的六个联立不变量(1.200)式的函数.

定理 6　如果反对称仿射量 $\boldsymbol{W}$ 是两个对称仿射量 $\boldsymbol{A}$ 和 $\boldsymbol{B}$ 的各向同性张量函数,则 $\boldsymbol{W} = \boldsymbol{W}(\boldsymbol{A},\boldsymbol{B})$ 可表示为

$$\boldsymbol{W} = \omega_1(\boldsymbol{A}\cdot\boldsymbol{B} - \boldsymbol{B}\cdot\boldsymbol{A}) + \omega_2(\boldsymbol{A}^2\cdot\boldsymbol{B} - \boldsymbol{B}\cdot\boldsymbol{A}^2) + \omega_3(\boldsymbol{A}\cdot\boldsymbol{B}^2 - \boldsymbol{B}^2\cdot\boldsymbol{A}) + \omega_4(\boldsymbol{A}\cdot\boldsymbol{B}\cdot\boldsymbol{A}^2 - \boldsymbol{A}^2\cdot\boldsymbol{B}\cdot\boldsymbol{A}) + \omega_5(\boldsymbol{B}\cdot\boldsymbol{A}\cdot\boldsymbol{B}^2 - \boldsymbol{B}^2\cdot\boldsymbol{A}\cdot\boldsymbol{B}),$$

其中系数 $\omega_1,\omega_2,\cdots,\omega_5$ 是 $\boldsymbol{A}$ 和 $\boldsymbol{B}$ 的十个联立不变量(1.199)式的函数.

例 7　设 $\boldsymbol{A}$ 和 $\boldsymbol{B}$ 为两个对称仿射量,试将各向同性张量函数 $\boldsymbol{\varphi} = \overline{\boldsymbol{\varphi}}(\boldsymbol{A},\boldsymbol{B}) = \boldsymbol{B}\cdot\boldsymbol{A}\cdot\boldsymbol{B}$ 表示为定理 4 中(1.209)式的形式.

解　如将 $\boldsymbol{B}$ 写为依赖于参数 t 的光滑函数,使得当 $t = t_0$ 时,有 $\boldsymbol{B}(t)|_{t_0} = \boldsymbol{B}$, $\dot{\boldsymbol{B}}(t)|_{t_0} = \boldsymbol{A}$,则可利用 Cayley-Hamilton 定理,对 $\boldsymbol{B}$ 所满足的特征方程:

$$\boldsymbol{B}^3 - I_1(\boldsymbol{B})\boldsymbol{B}^2 + I_2(\boldsymbol{B})\boldsymbol{B} - I_3(\boldsymbol{B})\boldsymbol{I} = \boldsymbol{0}$$

进行微分.由此得

$$(\dot{\boldsymbol{B}}\cdot \boldsymbol{B}^2 + \boldsymbol{B}\cdot\dot{\boldsymbol{B}}\cdot\boldsymbol{B} + \boldsymbol{B}^2\cdot\dot{\boldsymbol{B}}) - I_1(\boldsymbol{B})(\dot{\boldsymbol{B}}\cdot\boldsymbol{B} + \boldsymbol{B}\cdot\dot{\boldsymbol{B}}) + I_2(\boldsymbol{B})\dot{\boldsymbol{B}} - \dot{I}_1(\boldsymbol{B})\boldsymbol{B}^2 + \dot{I}_2(\boldsymbol{B})\boldsymbol{B} - \dot{I}_3(\boldsymbol{B})\boldsymbol{I} = \boldsymbol{0}.$$

现将上式在 $t = t_0$ 取值,并注意到

$$\dot{I}_1(\boldsymbol{B}) = \frac{\mathrm{d}I_1(\boldsymbol{B})}{\mathrm{d}\boldsymbol{B}} : \dot{\boldsymbol{B}} = \boldsymbol{I} : \boldsymbol{A} = \mathrm{tr}\boldsymbol{A} = I_1(\boldsymbol{A}),$$

$$\dot{I}_2(\boldsymbol{B}) = \frac{\mathrm{d}I_2(\boldsymbol{B})}{\mathrm{d}\boldsymbol{B}} : \dot{\boldsymbol{B}} = (I_1(\boldsymbol{B})\boldsymbol{I} - \boldsymbol{B}^{\mathrm{T}}) : \boldsymbol{A} = I_1(\boldsymbol{B})I_1(\boldsymbol{A}) - \mathrm{tr}(\boldsymbol{A}\cdot\boldsymbol{B}),$$

$$\begin{aligned}\dot{I}_3(\boldsymbol{B}) = \frac{\mathrm{d}I_3(\boldsymbol{B})}{\mathrm{d}\boldsymbol{B}} : \dot{\boldsymbol{B}} &= (I_2(\boldsymbol{B})\boldsymbol{I} - I_1(\boldsymbol{B})\boldsymbol{B} + \boldsymbol{B}^2)^{\mathrm{T}} : \boldsymbol{A} \\ &= I_2(\boldsymbol{B})I_1(\boldsymbol{A}) - I_1(\boldsymbol{B})\mathrm{tr}(\boldsymbol{A}\cdot\boldsymbol{B}) + \mathrm{tr}(\boldsymbol{A}\cdot\boldsymbol{B}^2),\end{aligned}$$

便有

$$\begin{aligned}\boldsymbol{B}\cdot\boldsymbol{A}\cdot\boldsymbol{B} = {} & \varphi_0\boldsymbol{I} + \varphi_1\boldsymbol{A} + \varphi_2\boldsymbol{B} + \varphi_4\boldsymbol{B}^2 + \varphi_5(\boldsymbol{A}\cdot\boldsymbol{B} + \boldsymbol{B}\cdot\boldsymbol{A}) - \\ & (\boldsymbol{A}\cdot\boldsymbol{B}^2 + \boldsymbol{B}^2\cdot\boldsymbol{A}),\end{aligned} \tag{1.210}$$

其中

$$\begin{aligned}\varphi_0 &= I_1(\boldsymbol{A})I_2(\boldsymbol{B}) + \mathrm{tr}(\boldsymbol{A}\cdot\boldsymbol{B}^2) - I_1(\boldsymbol{B})\mathrm{tr}(\boldsymbol{A}\cdot\boldsymbol{B}),\\ \varphi_1 &= - I_2(\boldsymbol{B}),\\ \varphi_2 &= \mathrm{tr}(\boldsymbol{A}\cdot\boldsymbol{B}) - I_1(\boldsymbol{A})I_1(\boldsymbol{B}),\\ \varphi_4 &= I_1(\boldsymbol{A}),\\ \varphi_5 &= I_1(\boldsymbol{B}).\end{aligned}$$

顺便指出,(1.210) 式也可以在习题 1.12 中令 $\boldsymbol{C} = \boldsymbol{B}$ 直接求得.

(五)* 材料的对称性和结构张量

前面我们曾经给出了各向同性张量的定义.现假定对于正交群 $\mathscr{O}_3$ 的子群 $\mathscr{G}\subset\mathscr{O}_3$,张量 $\boldsymbol{s}$ 满足关系式

$$\boldsymbol{Q}\circ\boldsymbol{s} = \boldsymbol{s},\quad \forall\,\boldsymbol{Q}\in\mathscr{G}, \tag{1.211}$$

其中,$\boldsymbol{Q}\circ\boldsymbol{s}$ 表示 $\boldsymbol{Q}$ 对 $\boldsymbol{s}$ 的作用,则称 $\boldsymbol{s}$ 是关于群 $\mathscr{G}$ 的不变量.它(们)描述了材料的对称性,称之为**结构张量**.特别地,当 $\mathscr{G} = \mathscr{O}_3$ 时,(1.211) 式中的 $\boldsymbol{s}$ 为各向同性张量.另一方面,对于给定的结构张量 $\boldsymbol{s}$,其相应的对称群可定义为

$$\mathscr{G} = \{\boldsymbol{Q}\in\mathscr{O}_3 \mid \boldsymbol{Q}\circ\boldsymbol{s} = \boldsymbol{s}\}. \tag{1.212}$$

根据(1.193)式的定义,对于任意的 $\boldsymbol{Q} \in \mathscr{O}_3$,如果张量函数 $\boldsymbol{F} = \boldsymbol{F}(\boldsymbol{B})$ 满足

$$\boldsymbol{F}(\boldsymbol{B}) = \boldsymbol{Q}^{-1} \circ [\boldsymbol{F}(\boldsymbol{Q} \circ \boldsymbol{B})], \tag{1.213}$$

那么,我们就称 $\boldsymbol{F}$ 是 $\boldsymbol{B}$ 的各向同性张量函数,其中 $\boldsymbol{Q} \circ \boldsymbol{B}$ 表示 $\boldsymbol{Q}$ 对 $\boldsymbol{B}$ 的作用.它表示 $\boldsymbol{F} = \boldsymbol{F}(\boldsymbol{B})$ 在由一切正交仿射量所组成的正交群 $\mathscr{O}_3$ 的作用下是不变的,可用来描述各向同性材料的有关性质.然而,对于**各向异性**材料,(1.213)式仅对那些属于正交群 $\mathscr{O}_3$ 的某一子群 $\mathscr{G}$ 的正交仿射量 $\boldsymbol{Q}$ 才成立,这时,我们称 $\boldsymbol{F} = \boldsymbol{F}(\boldsymbol{B})$ 在子群 $\mathscr{G} \subset \mathscr{O}_3$ 的作用下是不变的.

定理 7 张量函数 $\boldsymbol{F} = \boldsymbol{F}(\boldsymbol{B})$ 在 $\boldsymbol{s}$ 的对称群 $\mathscr{G} \subset \mathscr{O}_3$ 的作用下不变(即对于 $\forall \boldsymbol{Q} \in \mathscr{G}$,(1.213)式成立)的充要条件是:存在一个各向同性张量函数 $\hat{\boldsymbol{F}}(\boldsymbol{B}, \boldsymbol{s})$,使得 $\boldsymbol{F}$ 可表示为

$$\boldsymbol{F}(\boldsymbol{B}) = \hat{\boldsymbol{F}}(\boldsymbol{B}, \boldsymbol{s}), \tag{1.214}$$

其中 $\boldsymbol{s}$ 为满足(1.211)式的结构张量.

证明 先证必要性.为此,我们可以定义一个张量函数:

$$\hat{\boldsymbol{F}}(\boldsymbol{B}, \boldsymbol{t}) = \boldsymbol{Q}^{-1} \circ [\boldsymbol{F}(\boldsymbol{Q} \circ \boldsymbol{B})]. \tag{1.215}$$

当 $\boldsymbol{Q} \in \mathscr{G}$ 时,由定理条件可知上式右端就是 $\boldsymbol{F}(\boldsymbol{B})$.而当 $\boldsymbol{Q}$ 为任意正交仿射量时,由上式可定义 $\boldsymbol{t} = \boldsymbol{Q}^{-1} \circ \boldsymbol{s}$,其中 $\boldsymbol{t}$ 为集合 $\mathscr{T} = \{\boldsymbol{Q} \circ \boldsymbol{s} \mid \boldsymbol{Q} \in \mathscr{O}_3\}$ 中的元素.为了说明(1.215)式仅仅依赖于 $\boldsymbol{B}$ 和 $\boldsymbol{t}$,而不直接依赖于 $\boldsymbol{Q}$(即(1.215)式只是通过 $\boldsymbol{t}$ 间接地依赖于 $\boldsymbol{Q}$),可设另有一正交仿射量 $\boldsymbol{Q}_1$,并要求所对应的 $\boldsymbol{t}$ 相同,即 ${\boldsymbol{Q}_1}^{-1} \circ \boldsymbol{s} = \boldsymbol{Q}^{-1} \circ \boldsymbol{s}$ 或 $\boldsymbol{Q}_1 \circ \boldsymbol{Q}^{-1} \in \mathscr{G}$.现将 $\boldsymbol{Q} \circ \boldsymbol{B}$ 视为一个张量,则根据定理条件,有

$$\begin{aligned} \boldsymbol{F}(\boldsymbol{Q} \circ \boldsymbol{B}) &= (\boldsymbol{Q}_1 \circ \boldsymbol{Q}^{-1})^{-1} \circ \boldsymbol{F}[(\boldsymbol{Q}_1 \circ \boldsymbol{Q}^{-1}) \circ (\boldsymbol{Q} \circ \boldsymbol{B})] \\ &= \boldsymbol{Q} \circ \boldsymbol{Q}_1^{-1} \circ [\boldsymbol{F}(\boldsymbol{Q}_1 \circ \boldsymbol{B})]. \end{aligned}$$

因此,(1.215)式右端可写为

$$\begin{aligned} \boldsymbol{Q}^{-1} \circ [\boldsymbol{F}(\boldsymbol{Q} \circ \boldsymbol{B})] &= \boldsymbol{Q}^{-1} \circ (\boldsymbol{Q} \circ {\boldsymbol{Q}_1}^{-1}) \circ \boldsymbol{F}[(\boldsymbol{Q}_1 \circ \boldsymbol{B})] \\ &= \boldsymbol{Q}_1^{-1} \circ [\boldsymbol{F}(\boldsymbol{Q}_1 \circ \boldsymbol{B})]. \end{aligned}$$

这说明,定义式(1.215)式并不直接依赖于正交仿射量 $\boldsymbol{Q}$ 的选取,而仅仅依赖于 $\boldsymbol{B}$ 和 $\boldsymbol{t}$.

特别地,当取 $\boldsymbol{Q} \in \mathscr{G}$ 时,$\boldsymbol{t}$ 即为 $\boldsymbol{s}$,这时(1.215)式的右端为 $\boldsymbol{F}(\boldsymbol{B})$,而其左端为 $\hat{\boldsymbol{F}}(\boldsymbol{B}, \boldsymbol{s})$,故有(1.214)式.

下面要证 $\hat{\boldsymbol{F}}(\boldsymbol{B}, \boldsymbol{t}')$ 是以 $\boldsymbol{B}$ 和 $\boldsymbol{t}'$ 为自变量的各向同性张量函数,即要证 $\hat{\boldsymbol{F}}(\boldsymbol{B} \cdot \boldsymbol{t}')$ 在 $\mathscr{O}_3$ 群的作用下是不变的,其中 $\boldsymbol{t}'$ 为集合 $\mathscr{T} = \{\boldsymbol{Q} \circ \boldsymbol{s} \mid$

$\boldsymbol{Q}\in\mathscr{O}_3\}$ 中的任意元素.为此,现考虑任意的正交仿射量 $\boldsymbol{Q}\in\mathscr{O}_3$.由于 $\boldsymbol{t}'$ 可通过正交变换由 $\boldsymbol{s}$ 得到,故存在正交仿射量 $\boldsymbol{Q}'$,使得 $(\boldsymbol{Q}'\circ\boldsymbol{Q})\circ\boldsymbol{t}'=\boldsymbol{s}$.将(1.215)式中的 $\boldsymbol{B}$ 和 $\boldsymbol{t}$ 分别换为 $\boldsymbol{Q}\circ\boldsymbol{B}$ 和 $\boldsymbol{Q}\circ\boldsymbol{t}'$,而其中的 $\boldsymbol{Q}$ 换为 $\boldsymbol{Q}'$,并注意到 $\boldsymbol{Q}\circ\boldsymbol{t}'=(\boldsymbol{Q}')^{-1}\circ\boldsymbol{s}$,可得

$$\begin{aligned}\boldsymbol{Q}^{-1}\circ[\hat{\boldsymbol{F}}(\boldsymbol{Q}\circ\boldsymbol{B},\boldsymbol{Q}\circ\boldsymbol{t}')]&=\boldsymbol{Q}^{-1}\circ[(\boldsymbol{Q}')^{-1}\circ\boldsymbol{F}(\boldsymbol{Q}'\circ(\boldsymbol{Q}\circ\boldsymbol{B}))]\\&=(\boldsymbol{Q}'\circ\boldsymbol{Q})^{-1}\circ[\boldsymbol{F}((\boldsymbol{Q}'\circ\boldsymbol{Q})\circ\boldsymbol{B})]=\hat{\boldsymbol{F}}(\boldsymbol{B},\boldsymbol{t}'),\end{aligned}\tag{1.216}$$

上式的第一个等式和最后一个等式是根据定义式(1.215)式写出的.

于是,由(1.216)式可知 $\hat{\boldsymbol{F}}(\boldsymbol{B},\boldsymbol{t}')$ 是其变元 $\boldsymbol{B}$ 和 $\boldsymbol{t}'$ 的各向同性张量函数.

其次来证充分性.对于群 $\mathscr{G}$ 中的任意正交仿射量 $\boldsymbol{Q}\in\mathscr{G}$,由(1.211)、(1.212)、(1.214)和(1.216)各式,可有

$$\begin{aligned}\boldsymbol{Q}^{-1}\circ\boldsymbol{F}(\boldsymbol{Q}\circ\boldsymbol{B})=\boldsymbol{Q}^{-1}\circ[\hat{\boldsymbol{F}}(\boldsymbol{Q}\circ\boldsymbol{B},\boldsymbol{s})]&=\boldsymbol{Q}^{-1}\circ[\hat{\boldsymbol{F}}(\boldsymbol{Q}\circ\boldsymbol{B},\boldsymbol{Q}\circ\boldsymbol{s})]\\&=\hat{\boldsymbol{F}}(\boldsymbol{B},\boldsymbol{s})=\boldsymbol{F}(\boldsymbol{B}),\end{aligned}\tag{1.217}$$

上式中,第一个等式和最后一个等式利用了(1.214)式,第二个等式利用了(1.211)式,第三个等式利用了张量函数 $\hat{\boldsymbol{F}}(\boldsymbol{B},\boldsymbol{s})$ 的各向同性性质(1.216)式.因此,由(1.217)式可知,$\boldsymbol{F}(\boldsymbol{B})$ 在子群 $\mathscr{G}$ 的作用下是不变的.证讫.

由于在以上定理中张量 $\boldsymbol{F}$ 和 $\boldsymbol{B}$ 的阶数可以是任意的.而且,$\boldsymbol{B}$ 可以是一组变元 $\boldsymbol{B}_1,\boldsymbol{B}_2,\cdots$,$\boldsymbol{s}$ 也可以是一组结构张量 $\boldsymbol{s}_1,\boldsymbol{s}_2,\cdots$,因此,该定理具有相当的一般性.根据上述定理,关于各向异性材料的张量函数的表示问题可通过引进描述材料对称性的结构张量而转化为关于各向同性张量函数的表示问题来进行处理.有关这方面的进一步讨论还可参考文献[1.6~1.9].

例 8 试给出以单位向量 $\boldsymbol{r}$ 为对称轴的二阶和四阶横观各向同性张量的绝对表示.

解 对于绕单位向量 $\boldsymbol{r}$ 旋转任意角度的正交仿射量 $\boldsymbol{Q}^{(r)}$,有 $\boldsymbol{Q}^{(r)}\cdot\boldsymbol{r}=\boldsymbol{r}$.故可取 $\boldsymbol{A}=\boldsymbol{r}\otimes\boldsymbol{r}$ 为结构张量.令 $\boldsymbol{B}=\boldsymbol{I}-\boldsymbol{r}\otimes\boldsymbol{r}$,其中 $\boldsymbol{I}$ 为二阶单位张量,可知 $\boldsymbol{A}$ 和 $\boldsymbol{B}$ 不耦合,满足 $\boldsymbol{A}\cdot\boldsymbol{A}=\boldsymbol{A}$,$\boldsymbol{B}\cdot\boldsymbol{B}=\boldsymbol{B}$,$\boldsymbol{A}\cdot\boldsymbol{B}=\boldsymbol{B}\cdot\boldsymbol{A}=\boldsymbol{0}$.因此,$\boldsymbol{A}$ 和 $\boldsymbol{B}$ 可取为二阶横观各向同性张量的基本张量(elementary tensors).而任意一个以 $\boldsymbol{r}$ 为对称轴的二阶横观各向同性张量 $\boldsymbol{T}$ 可以用 $\boldsymbol{A}$ 和 $\boldsymbol{B}$ 表示为:

$$\boldsymbol{T}=a\boldsymbol{A}+b\boldsymbol{B},\tag{1.218}$$

其中 a 和 b 为相应的系数.

下面来讨论四阶横观各向同性张量的绝对表示.为此我们将采用

Walpole 记法(Advances in Appl. Mech. Vol. 21, 1981).

首先,对于任意两个仿射量 $\boldsymbol{F}=F_{ij}\boldsymbol{g}^i\otimes\boldsymbol{g}^j$ 和 $\boldsymbol{G}=G_{kl}\boldsymbol{g}^k\otimes\boldsymbol{g}^l$,我们可定义对称化的张量积为

$$\boldsymbol{F}\,\widetilde{\boxtimes}\,\boldsymbol{G}=\frac{1}{2}(F_{ik}G_{jl}+F_{il}G_{jk})\boldsymbol{g}^i\otimes\boldsymbol{g}^j\otimes\boldsymbol{g}^k\otimes\boldsymbol{g}^l,$$

使得对于任意仿射量 $\boldsymbol{C}$,有

$$(\boldsymbol{F}\,\widetilde{\boxtimes}\,\boldsymbol{G}):\boldsymbol{C}=\frac{1}{2}\boldsymbol{F}\cdot(\boldsymbol{C}+\boldsymbol{C}^T)\cdot\boldsymbol{G}^T.$$

其次,根据 $\boldsymbol{A}=\boldsymbol{r}\otimes\boldsymbol{r}$ 和 $\boldsymbol{B}=\boldsymbol{I}-\boldsymbol{A}$,可构造如下的四阶横观各向同性张量的基本张量:

$$\left.\begin{aligned}\boldsymbol{E}^{(1)}&=\frac{1}{2}\boldsymbol{B}\otimes\boldsymbol{B},\quad \boldsymbol{E}^{(2)}=\boldsymbol{A}\otimes\boldsymbol{A},\\ \boldsymbol{E}^{(3)}&=\boldsymbol{B}\,\widetilde{\boxtimes}\,\boldsymbol{B}-\frac{1}{2}\boldsymbol{B}\otimes\boldsymbol{B},\quad \boldsymbol{E}^{(4)}=\boldsymbol{A}\,\widetilde{\boxtimes}\,\boldsymbol{B}+\boldsymbol{B}\,\widetilde{\boxtimes}\,\boldsymbol{A}.\end{aligned}\right\}\tag{1.219}$$

注意到 $\boldsymbol{A}:\boldsymbol{I}=\boldsymbol{A}:\boldsymbol{A}=1,\quad \boldsymbol{B}:\boldsymbol{B}=2$,有

$$(\boldsymbol{A}\,\widetilde{\boxtimes}\,\boldsymbol{B}):\boldsymbol{A}=\boldsymbol{A}:(\boldsymbol{A}\,\widetilde{\boxtimes}\,\boldsymbol{B})=\boldsymbol{0},\quad(\boldsymbol{B}\,\widetilde{\boxtimes}\,\boldsymbol{A}):\boldsymbol{A}=\boldsymbol{A}:(\boldsymbol{B}\,\widetilde{\boxtimes}\,\boldsymbol{A})=\boldsymbol{0},$$

$$(\boldsymbol{A}\,\widetilde{\boxtimes}\,\boldsymbol{B}):\boldsymbol{B}=\boldsymbol{B}:(\boldsymbol{A}\,\widetilde{\boxtimes}\,\boldsymbol{B})=\boldsymbol{0},\quad(\boldsymbol{B}\,\widetilde{\boxtimes}\,\boldsymbol{A}):\boldsymbol{B}=\boldsymbol{B}:(\boldsymbol{B}\,\widetilde{\boxtimes}\,\boldsymbol{A})=\boldsymbol{0},$$

$$(\boldsymbol{A}\,\widetilde{\boxtimes}\,\boldsymbol{B}):(\boldsymbol{B}\,\widetilde{\boxtimes}\,\boldsymbol{B})=(\boldsymbol{B}\,\widetilde{\boxtimes}\,\boldsymbol{A}):(\boldsymbol{B}\,\widetilde{\boxtimes}\,\boldsymbol{B})=\boldsymbol{0},$$

以及

$$\begin{aligned}&(\boldsymbol{B}\,\widetilde{\boxtimes}\,\boldsymbol{B}):\boldsymbol{B}=\boldsymbol{B},\\&(\boldsymbol{B}\,\widetilde{\boxtimes}\,\boldsymbol{B}):(\boldsymbol{B}\,\widetilde{\boxtimes}\,\boldsymbol{B})=\boldsymbol{B}\,\widetilde{\boxtimes}\,\boldsymbol{B},\\&(\boldsymbol{A}\,\widetilde{\boxtimes}\,\boldsymbol{B}):(\boldsymbol{A}\,\widetilde{\boxtimes}\,\boldsymbol{B})=(\boldsymbol{A}\,\widetilde{\boxtimes}\,\boldsymbol{B}):(\boldsymbol{B}\,\widetilde{\boxtimes}\,\boldsymbol{A})=\frac{1}{2}\boldsymbol{A}\,\widetilde{\boxtimes}\,\boldsymbol{B},\\&(\boldsymbol{B}\,\widetilde{\boxtimes}\,\boldsymbol{A}):(\boldsymbol{A}\,\widetilde{\boxtimes}\,\boldsymbol{B})=(\boldsymbol{B}\,\widetilde{\boxtimes}\,\boldsymbol{A}):(\boldsymbol{B}\,\widetilde{\boxtimes}\,\boldsymbol{A})=\frac{1}{2}\boldsymbol{B}\,\widetilde{\boxtimes}\,\boldsymbol{A},\end{aligned}$$

可知 $\boldsymbol{E}^{(p)}(p=1,2,3,4)$ 满足以下的正交性条件.

$$\boldsymbol{E}^{(p)}:\boldsymbol{E}^{(q)}=\begin{cases}\boldsymbol{E}^{(p)}, & \text{当 } p=q,\\ \boldsymbol{0}, & \text{当 } p\neq q,\end{cases}\tag{1.220}$$

上式中 p 和 q 取为 1,2,3,4.

此外,如果将(1.219)式中的 $\boldsymbol{B}$ 写为 $\boldsymbol{I}-\boldsymbol{A}$,则不难验证对称化的四阶单位张量是以上四个基本张量之和:$\overset{(1)}{\boldsymbol{I}}=\boldsymbol{I}\,\widetilde{\boxtimes}\,\boldsymbol{I}=\boldsymbol{E}^{(1)}+\boldsymbol{E}^{(2)}+\boldsymbol{E}^{(3)}+\boldsymbol{E}^{(4)}$.

另外两个基本张量可取为

$$\boldsymbol{E}^{(5)} = \boldsymbol{A} \otimes \boldsymbol{B}, \quad \boldsymbol{E}^{(6)} = \boldsymbol{B} \otimes \boldsymbol{A}. \tag{1.221}$$

它们之间以及它们与前四个基本张量之间并不满足正交性条件.事实上,当 p 和 q 取 1 至 6 时,有

$$\boldsymbol{E}^{(p)}:\boldsymbol{E}^{(5)} = \begin{cases} \boldsymbol{E}^{(5)}, & 当\ p = 2, \\ 2\boldsymbol{E}^{(1)}, & 当\ p = 6, \\ \boldsymbol{0}, & 当\ p = 1,3,4,5, \end{cases} \tag{1.222}$$

$$\boldsymbol{E}^{(p)} : \boldsymbol{E}^{(6)} = \begin{cases} \boldsymbol{E}^{(6)}, & 当\ p = 1, \\ 2\boldsymbol{E}^{(2)}, & 当\ p = 5, \\ \boldsymbol{0}, & 当\ p = 2,3,4,6, \end{cases} \tag{1.223}$$

以及

$$\boldsymbol{E}^{(5)} : \boldsymbol{E}^{(q)} = \begin{cases} \boldsymbol{E}^{(5)}, & 当\ q = 1, \\ 2\boldsymbol{E}^{(2)}, & 当\ q = 6, \\ \boldsymbol{0}, & 当\ q = 2,3,4,5, \end{cases} \tag{1.224}$$

$$\boldsymbol{E}^{(6)} : \boldsymbol{E}^{(q)} = \begin{cases} \boldsymbol{E}^{(6)}, & 当\ q = 2, \\ 2\boldsymbol{E}^{(1)}, & 当\ q = 5, \\ \boldsymbol{0}, & 当\ q = 1,3,4,6. \end{cases} \tag{1.225}$$

于是,以 $\boldsymbol{r}$ 为对称轴的四阶横观各向同性张量可以写为由(1.219)式和(1.221)式表示的六个基本张量的线性组合:

$$\mathscr{L} = c\boldsymbol{E}^{(1)} + d\boldsymbol{E}^{(2)} + e\boldsymbol{E}^{(3)} + f\boldsymbol{E}^{(4)} + g\boldsymbol{E}^{(5)} + h\boldsymbol{E}^{(6)}, \tag{1.226}$$

或方便地写为

$$\mathscr{L} = (c, d, e, f, g, h). \tag{1.227}$$

根据(1.220)式以及(1.222)式至(1.225)式,上式与另一个横观各向同性张量 $\mathscr{L}' = (c', d', e', f', g', h')$ 的双点积为

$$\mathscr{L} : \mathscr{L}' = (cc' + 2hg', dd' + 2gh', ee', ff', gc' + dg', hd' + ch'). \tag{1.228}$$

将对称化的四阶单位张量写为

$$\overset{(1)}{\boldsymbol{I}} = (1,\ 1,\ 1,\ 1,\ 0,\ 0),$$

便可解出 $\mathscr{L}$ 的逆为

$$\mathscr{L}^{-1} = \left(\frac{d}{\Delta}, \frac{c}{\Delta}, \frac{1}{e}, \frac{1}{f}, -\frac{g}{\Delta}, -\frac{h}{\Delta}\right), \tag{1.229}$$

其中 $\Delta = cd - 2gh$.

如果 $\mathscr{L}$ 具有双重的指标对称性,则 $g = h$,独立的系数减少至5个,可以证明,这时 $\mathscr{L}$ 正定的充要条件是 $c, d - 2g^2/c, e, f$ 都大于零.

顺便指出，在线性弹性力学中，四阶横观各向同性弹性张量通常是用以下 5 个弹性常数来加以表示的. 它们分别是：平面应变体积模量 $k = \frac{c}{2}(>0)$，横向剪切模量 $m = \frac{e}{2}(>0)$，轴向杨氏模量 $E = d - 2g^2/c\ (>0)$，轴向剪切模量 $p = \frac{f}{2}(>0)$ 和泊松比 $\nu = g/c$.

习　　题

1.1　设 $\boldsymbol{u}$ 和 v 是 n 维欧氏空间中的任意两个向量，试证 Schwarz 不等式(1.4)式成立.

1.2　现考虑由数组 $g_{ij}(i,j = 1,2,\cdots,n)$ 构成的行列式 $g = \det(g_{ij})$，试证明对应于元素 g_{ij} 的代数余子式可写为$\dfrac{\partial g}{\partial g_{ij}}$.

1.3　对于任意的仿射量 $\boldsymbol{A}$、$\boldsymbol{B}$ 和 $\boldsymbol{C}$，试证：

(a) $\boldsymbol{A} : \boldsymbol{B} = \mathrm{tr}(\boldsymbol{A}^{\mathrm{T}} \cdot \boldsymbol{B}) = \mathrm{tr}(\boldsymbol{A} \cdot \boldsymbol{B}^{\mathrm{T}}) = \boldsymbol{A}^{\mathrm{T}} : \boldsymbol{B}^{\mathrm{T}}$；

(b) $\mathrm{tr}(\boldsymbol{A} \cdot \boldsymbol{B} \cdot \boldsymbol{C}) = \mathrm{tr}(\boldsymbol{C} \cdot \boldsymbol{A} \cdot \boldsymbol{B}) = \mathrm{tr}(\boldsymbol{B} \cdot \boldsymbol{C} \cdot \boldsymbol{A})$.

1.4　设 $\boldsymbol{u}$ 和 v 为任意两个向量，试证其并积 $\boldsymbol{u} \otimes v$ 的三个主不变量分别为

$$I_1(\boldsymbol{u} \otimes v) = \mathrm{tr}(\boldsymbol{u} \otimes v) = \boldsymbol{u} \cdot v,$$

$$I_2(\boldsymbol{u} \otimes v) = 0,$$

$$I_3(\boldsymbol{u} \otimes v) = \det(\boldsymbol{u} \otimes v) = 0.$$

由此可知，当 $\boldsymbol{u}$ 和 v 正交时，$\boldsymbol{u} \otimes v$ 的三个主不变量都等于零(因此，相应的三个特征值也都等于零)，但 $\boldsymbol{u} \otimes v$ 却是一个非零仿射量.

1.5　已知对称仿射量 $\boldsymbol{S}$ 的三个主不变量 $I_1(\boldsymbol{S})$、$I_2(\boldsymbol{S})$ 和 $I_3(\boldsymbol{S})$，试写出 $\boldsymbol{S}$ 的偏量：

$$\boldsymbol{S}' = \boldsymbol{S} - \frac{1}{3}(\mathrm{tr}\boldsymbol{S})\boldsymbol{I} \text{ 的第二和第三主不变量 } I'_2 \text{ 和 } I'_3.$$

1.6　对称仿射量 $\boldsymbol{S}$ 的三个主不变量 I_1、I_2 和 I_3 可由 $\boldsymbol{S}$ 的三个特征值 λ_1、λ_2 和 λ_3 表示为：

$$I_1 = \lambda_1 + \lambda_2 + \lambda_3,\ I_2 = \lambda_1\lambda_2 + \lambda_2\lambda_3 + \lambda_3\lambda_1,\ I_3 = \lambda_1\lambda_2\lambda_3.$$

试用 I_1、I_2 和 I_3 来表示 λ_1、λ_2 和 λ_3.

1.7　设对称正定仿射量 $\boldsymbol{U}$ 的三个主不变量分别为 $I_1(\boldsymbol{U})$、$I_2(\boldsymbol{U})$ 和 $I_3(\boldsymbol{U})$，试证：

(a) 若 $I_1(\boldsymbol{U}) = \mathrm{tr}\boldsymbol{U} = 3$，则有 $I_2(\boldsymbol{U}) \leqslant 3$，$I_3(\boldsymbol{U}) \leqslant 1$.

(b) 若 $I_3(\boldsymbol{U}) = \det\boldsymbol{U} = 1$，则有 $I_1(\boldsymbol{U}) \geqslant 3$，$I_2(\boldsymbol{U}) \geqslant 3$.

(c) 若同时满足 $I_1(\boldsymbol{U}) = 3$ 和 $I_3(\boldsymbol{U}) = 1$，则有 $I_2(\boldsymbol{U}) = 3$，这时的 $\boldsymbol{U}$ 为单位张量 $\boldsymbol{I}$.

1.8 设对称正定仿射量 $\boldsymbol{U}$ 的三个主不变量分别为 $I_1(\boldsymbol{U})$、$I_2(\boldsymbol{U})$ 和 $I_3(\boldsymbol{U})$,试证

$$I_1(\boldsymbol{U})I_2(\boldsymbol{U}) \geqslant 9I_3(\boldsymbol{U}).$$

1.9 试给出非对称仿射量 $\boldsymbol{F}$ 的谱分解表达式.

1.10 如果非零仿射量 $\boldsymbol{G}$ 满足 $\boldsymbol{G}^2 = \boldsymbol{0}$,试证:总可以选取一组单位正交基向量 $(\boldsymbol{e}_1, \boldsymbol{e}_2, \boldsymbol{e}_3)$,使得 $\boldsymbol{G}$ 可表示为 $\boldsymbol{G} = k\boldsymbol{e}_1 \otimes \boldsymbol{e}_2$.

1.11 对于任意两个向量 $\boldsymbol{u}$ 和 v,试证 $v \otimes \boldsymbol{u} - \boldsymbol{u} \otimes v$ 是一个反称仿射量,且与其相对应的轴向量为 $\boldsymbol{u} \times v$.

1.12 对于仿射量 $\boldsymbol{A}$、$\boldsymbol{B}$ 和 $\boldsymbol{C}$,试证以下推广的 Cayley-Hamilton 定理成立:

$$(\boldsymbol{A}\cdot\boldsymbol{B}\cdot\boldsymbol{C}+\boldsymbol{B}\cdot\boldsymbol{C}\cdot\boldsymbol{A}+\boldsymbol{C}\cdot\boldsymbol{A}\cdot\boldsymbol{B}+\boldsymbol{C}\cdot\boldsymbol{B}\cdot\boldsymbol{A}+\boldsymbol{B}\cdot\boldsymbol{A}\cdot\boldsymbol{C}+\boldsymbol{A}\cdot\boldsymbol{C}\cdot\boldsymbol{B}) -$$
$$[(\boldsymbol{B}\cdot\boldsymbol{C}+\boldsymbol{C}\cdot\boldsymbol{B})\mathrm{tr}\boldsymbol{A}+(\boldsymbol{C}\cdot\boldsymbol{A}+\boldsymbol{A}\cdot\boldsymbol{C})\mathrm{tr}\boldsymbol{B}+(\boldsymbol{A}\cdot\boldsymbol{B}+\boldsymbol{B}\cdot\boldsymbol{A})\mathrm{tr}\boldsymbol{C}] +$$
$$\boldsymbol{A}[(\mathrm{tr}\boldsymbol{B})(\mathrm{tr}\boldsymbol{C})-\mathrm{tr}(\boldsymbol{B}\cdot\boldsymbol{C})]+\boldsymbol{B}[(\mathrm{tr}\boldsymbol{C})(\mathrm{tr}\boldsymbol{A})-\mathrm{tr}(\boldsymbol{C}\cdot\boldsymbol{A})]+\boldsymbol{C}[(\mathrm{tr}\boldsymbol{A})(\mathrm{tr}\boldsymbol{B})-\mathrm{tr}(\boldsymbol{A}\cdot\boldsymbol{B})] -$$
$$\boldsymbol{I}\{(\mathrm{tr}\boldsymbol{A})(\mathrm{tr}\boldsymbol{B})(\mathrm{tr}\boldsymbol{C})-[(\mathrm{tr}\boldsymbol{A})\mathrm{tr}(\boldsymbol{B}\cdot\boldsymbol{C})+(\mathrm{tr}\boldsymbol{B})\mathrm{tr}(\boldsymbol{C}\cdot\boldsymbol{A})+(\mathrm{tr}\boldsymbol{C})(\mathrm{tr}(\boldsymbol{A}\cdot\boldsymbol{B})] +$$
$$\mathrm{tr}(\boldsymbol{A}\cdot\boldsymbol{B}\cdot\boldsymbol{C})+\mathrm{tr}(\boldsymbol{C}\cdot\boldsymbol{B}\cdot\boldsymbol{A})\} = \boldsymbol{0}.$$

1.13 设 $\boldsymbol{R}$ 为正则仿射量 $\boldsymbol{F}$ 在极分解 $\boldsymbol{F} = \boldsymbol{R}\cdot\boldsymbol{U}$ 中的正交张量,试证对于任意正交仿射量 $\boldsymbol{Q} \neq \boldsymbol{R}$,有

$$(\boldsymbol{F}-\boldsymbol{R}):(\boldsymbol{F}-\boldsymbol{R}) < (\boldsymbol{F}-\boldsymbol{Q}):(\boldsymbol{F}-\boldsymbol{Q}).$$

1.14 设 $\boldsymbol{A}$ 和 $\boldsymbol{C}$ 为给定的对称仿射量,$\boldsymbol{\Omega}$ 为待求的反对称仿射量,试求解张量方程

$$\boldsymbol{A}\cdot\boldsymbol{\Omega}-\boldsymbol{\Omega}\cdot\boldsymbol{A} = \boldsymbol{C}$$

并讨论以上张量方程存在解的充要条件.

1.15 对于任意两个对称正定仿射量 $\boldsymbol{C}_t$ 和 $\boldsymbol{C}_0$,试证:$\boldsymbol{C}_t$ 和 $\boldsymbol{C}_0$ 具有相同的特征值,而特征方向之间相差一个刚体转动 $\boldsymbol{Q}_t \in \mathscr{O}_3^+$ 的充要条件是

$$\boldsymbol{C}_t = \boldsymbol{Q}_t\cdot\boldsymbol{C}_0\cdot\boldsymbol{Q}_t^{\mathrm{T}}.$$

1.16 以仿射量 $\boldsymbol{M}$ 为指数的指数函数定义为 $\mathrm{e}^{s\boldsymbol{M}} = \boldsymbol{I} + \sum\limits_{n=1}^{\infty}\dfrac{s^n}{n!}\boldsymbol{M}^n$, 其中 s 为实数.试证:

(a) $\dfrac{\mathrm{d}}{\mathrm{d}s}\mathrm{e}^{s\boldsymbol{M}} = \mathrm{e}^{s\boldsymbol{M}}\cdot\boldsymbol{M}$.

(b) $\det(\mathrm{e}^{s\boldsymbol{M}}) = \mathrm{e}^{(\mathrm{tr}\boldsymbol{M})s}$.

(c) 若 $\boldsymbol{M}_1$ 和 $\boldsymbol{M}_2$ 是可交换的:$\boldsymbol{M}_1\cdot\boldsymbol{M}_2 = \boldsymbol{M}_2\cdot\boldsymbol{M}_1$,则有 $\mathrm{e}^{s\boldsymbol{M}_1}\cdot\mathrm{e}^{t\boldsymbol{M}_2} = \mathrm{e}^{(s\boldsymbol{M}_1+t\boldsymbol{M}_2)}$.

(d) $\mathrm{e}^{s\boldsymbol{M}}$ 的逆为 $\mathrm{e}^{-s\boldsymbol{M}}$.

(e) $\mathrm{e}^{s\boldsymbol{M}}$ 的转置为$(\mathrm{e}^{s\boldsymbol{M}})^{\mathrm{T}} = \mathrm{e}^{s\boldsymbol{M}^{\mathrm{T}}}$.

特别地,当 $\boldsymbol{M}$ 为反称仿射量时,$\mathrm{e}^{s\boldsymbol{M}}$ 为正交仿射量.

1.17 设$\mathscr{L}$为四阶对称张量,如果对于任意非零仿射量 $\boldsymbol{A}$,有 $\boldsymbol{A}:\mathscr{L}:\boldsymbol{A} > 0$,则称$\mathscr{L}$为正定的;如果对于任意非零仿射量 $\boldsymbol{A}$,有 $\boldsymbol{A}:\mathscr{L}:\boldsymbol{A} < 0$,则称$\mathscr{L}$为负定的.现考虑两个四阶对称正定张量$\mathscr{L}_0$和$\mathscr{L}$,其逆分别为四阶对称正定张量$\mathscr{M}_0$和$\mathscr{M}$,满足$\mathscr{L}_0$:

$\mathscr{M}_0 = \mathscr{M}_0 : \mathscr{L}_0 = \boldsymbol{I}^{(1)}$,$\mathscr{L} : \mathscr{M} = \mathscr{M} : \mathscr{L} = \boldsymbol{I}^{(1)}$,其中 $\boldsymbol{I}^{(1)}$ 为对称化的四阶单位张量.试证,当$\mathscr{L}_0 - \mathscr{L}$为四阶对称正定张量时,$\mathscr{M}_0 - \mathscr{M}$一定是四阶对称负定张量.

1.18 试写出圆柱坐标系(r,θ,z)和球坐标系(r,θ,φ)中的Christoffel符号 Γ_{ijr} 和 Γ_{ij}^{r}.

1.19 对于光滑向量场v 和 $\boldsymbol{w}$,试证:

$$(v \otimes \boldsymbol{w}) \cdot \nabla = v(\boldsymbol{w} \cdot \nabla) + (v \nabla) \cdot \boldsymbol{w},$$
$$\nabla \cdot (v \otimes \boldsymbol{w}) = (\nabla \cdot v)\boldsymbol{w} + v \cdot (\nabla \boldsymbol{w}).$$

1.20 如果光滑向量场v的左梯度可写为$\nabla v = \boldsymbol{a}^i \otimes \boldsymbol{b}_i$,其中 $\boldsymbol{a}^i$ 和$\boldsymbol{b}_i$$(i = 1,2,3)$为两组向量场.试证其左旋度可写为$\nabla \times v = \boldsymbol{a}^i \times \boldsymbol{b}_i$.

1.21 设 $\boldsymbol{u}(\boldsymbol{x})$ 是欧氏空间中 C^2 类向量场,试证

$$(\boldsymbol{u} \nabla) : (\nabla \boldsymbol{u}) = (\nabla \boldsymbol{u}) : (\boldsymbol{u} \nabla) = [(\boldsymbol{u} \nabla) \cdot \boldsymbol{u} - (\boldsymbol{u} \cdot \nabla)\boldsymbol{u}] \cdot \nabla + (\boldsymbol{u} \cdot \nabla)^2.$$

1.22 对于光滑的向量场$v(\boldsymbol{x})$,试利用(1.132)式和(1.133)式证明:

$$(\nabla \times v) \times v = (v \nabla) \cdot v - \frac{1}{2} \nabla (v \cdot v).$$

1.23 设 $\boldsymbol{u}(\boldsymbol{x})$ 和$v(\boldsymbol{x})$为光滑向量场,试证

(a) $(\boldsymbol{u} \times v) \cdot \nabla = \boldsymbol{u} \cdot (v \times \nabla) - (\boldsymbol{u} \times \nabla) \cdot v$,

(b) $\nabla \times (\boldsymbol{u} \times v) = (\boldsymbol{u} \nabla) \cdot v - \boldsymbol{u} \cdot (\nabla v) + \boldsymbol{u}(\nabla \cdot v) - (\boldsymbol{u} \cdot \nabla) v$.

1.24 对任意光滑向量场$v(\boldsymbol{x})$,试证

$$\nabla \times (\nabla \times v) = \nabla(\nabla \cdot v) - \nabla^2 v.$$

1.25 设$v(\boldsymbol{x})$是 C^2 类向量场,试证:

$\nabla \cdot v = 0$ 的充要条件是存在另一个光滑向量场 $\boldsymbol{u}(\boldsymbol{x})$,使得$v = \nabla \times \boldsymbol{u}$.

1.26 试证:对称仿射量 $\boldsymbol{\sigma}$ 满足$\boldsymbol{\sigma} \cdot \nabla = \boldsymbol{0}$的充分条件是存在另一个对称仿射量 $\boldsymbol{\varphi}$,使得 $\boldsymbol{\sigma}$ 可写为

$$\boldsymbol{\sigma} = \nabla \times \boldsymbol{\varphi} \times \nabla.$$

1.27 设$v(\boldsymbol{x})$为 C^2 类向量场,$\boldsymbol{D} = \frac{1}{2}(v \nabla + \nabla v)$,试证

$$\boldsymbol{D} \cdot \nabla = \frac{1}{2}[\nabla^2 v + \nabla(\mathrm{div}\, v)].$$

1.28 对于任意两个 C^2 类标量场 φ 和 ψ,试证,

$$\int_{\partial v} [\varphi(\nabla \psi) - \psi(\nabla \varphi)] \cdot \boldsymbol{n} \mathrm{d}S = \int_{v} [\varphi(\nabla^2 \psi) - \psi(\nabla^2 \varphi)] \mathrm{d}v,$$

其中 $\boldsymbol{n}$ 为区域v的边界∂v上的单位外法向量.

1.29 对于光滑的向量场 $\boldsymbol{u}$ 和仿射量场$\boldsymbol{\sigma}$,试证

$$\int_{\partial v} \boldsymbol{u} \otimes (\boldsymbol{\sigma} \cdot \boldsymbol{n}) \mathrm{d}S = \int_{v} [\boldsymbol{u} \otimes (\boldsymbol{\sigma} \cdot \nabla) + (\boldsymbol{u} \nabla) \cdot \boldsymbol{\sigma}^{\mathrm{T}}] \mathrm{d}v.$$

1.30 若仿射 $\boldsymbol{U}$ 是正则的,则可定义 $\boldsymbol{f}(\boldsymbol{U}) = \boldsymbol{U}^{-1}$,试证

$$\boldsymbol{f}'(\boldsymbol{U})[\boldsymbol{B}] = \left(\frac{\mathrm{d}\boldsymbol{U}^{-1}}{\mathrm{d}\boldsymbol{U}}\right) : \boldsymbol{B} = -\boldsymbol{U}^{-1} \cdot \boldsymbol{B} \cdot \boldsymbol{U}^{-1}.$$

1.31 试利用 Cayley-Hamilton 定理证明 §1.9 例 6 中的(1.198)式.

1.32 设对称正定仿射量 $\boldsymbol{U}$ 的三个主不变量为 $I_1(\boldsymbol{U})$、$I_2(\boldsymbol{U})$ 和 $I_3(\boldsymbol{U})$，且 $\boldsymbol{C}=\boldsymbol{U}^2$，试利用(1.198)式：$\dfrac{\mathrm{d}(\mathrm{tr}\boldsymbol{U})}{\mathrm{d}\boldsymbol{C}}=\dfrac{1}{2}\boldsymbol{U}^{-1}$，计算 $\dfrac{\mathrm{d}(\mathrm{tr}\boldsymbol{U}^{-1})}{\mathrm{d}\boldsymbol{C}}$.

1.33 设 $\boldsymbol{U}$ 和 $\boldsymbol{C}=\boldsymbol{U}^2$ 为对称正定仿射量，试用 $\boldsymbol{C}$ 的三个主不变量 $I_1(\boldsymbol{C})$、$I_2(\boldsymbol{C})$ 和 $I_3(\boldsymbol{C})$ 来表示 $\boldsymbol{U}$ 的三个主不变量 $I_1(\boldsymbol{U})$、$I_2(\boldsymbol{U})$ 和 $I_3(\boldsymbol{U})$.

1.34 设 $\boldsymbol{U}$ 和 $\boldsymbol{C}=\boldsymbol{U}^2$ 为对称正定仿射量，试用 $\boldsymbol{C}$ 及其主不变量 $I_1(\boldsymbol{C})$、$I_2(\boldsymbol{C})$ 和 $I_3(\boldsymbol{C})$ 来表示 $\boldsymbol{U}$.

参考文献

1.1 郭仲衡.张量(理论和应用).北京:科学出版社,1988.

1.2 Eringen A C.(ed.)Tensor analysis. Continuum Physics. New York: Academic Press,1971,1.(中译本:钱伟长等译.南京:江苏科学技术出版社,1982.)

1.3 Dui G S(兑关锁).Determination of the rotation tensor in the polar decomposition. J. Elasticity,1998,50(3):197—208.

1.4 Tian D Y,Jin M,Dui G S. A note on the derivation of the derivatives of invariants of stretch tensor to the right Cauchy-Green tensor. Progress in Natural Science, 2006,16(1):96—99.

1.5 Dui G S,Chen Y C. A note on Rivlin's identities and their extension. J. Elasticity,2004,76(2):107—112.

1.6 Boehler J P. Lois de comportement anisotrope des milieux continus. J. de Mecanique,1978,17:153—190.

1.7 Liu I S. On representations of anisotropic invariants. Int. J. Engng. Sci.,1982, 20:1099—1109.

1.8 郑泉水.张量函数的表示理论——本构方程统一不变性研究.力学进展. 1996,26(1):114—137,1996,26(2):237—282.

1.9 Zhang J M, Rychlewski J. Structural tensors for anisotropic solids. Arch. Mech.,1990,42:267—277.

第二章　变形和运动

物体在外部条件作用下通常会产生变形和运动.本章仅讨论物体在变形过程中有关几何学和运动学方面的问题,而不考虑引起这一变形和运动的外部原因以及构成该物体的材料属性.

§2.1　参考构形和当前构形

假定在某一"参考"时刻 t_0,一个连续体的所有物质点在欧氏空间中占有区域 $\mathscr{B}_0$,此区域由相应的物质体积 v_0 及其边界 ∂v_0 所构成.当任意选定某个以 O 为原点的曲线坐标系$\{X^A\}(A=1,2,3)$之后,每一个代表性物质点 X 的向径$\boldsymbol{X}$将对应于坐标值$X^A(A=1,2,3)$.坐标系$\{X^A\}$称为 Lagrange 坐标系或**物质坐标系**.区域 $\mathscr{B}_0$ 称为**参考构形** $\mathscr{K}_0$(reference configuration).

需要说明,以上所说的物质点并不等同于牛顿力学中的点质量,而应理解为连续介质力学中的宏观物质"单元",与物质点相对应的物理量应该是微观意义上大量粒子的统计平均.此外,还需说明,在本书中我们假定以上的宏观物质单元并不具有自身的"微结构".因此,不同于现有文献中的"高阶连续介质"理论(如 A.C.Eringen,Microcontinuum Field Theories,1999),我们将不赋予以上的宏观物质单元更多的自由度.

在随后的时刻 t,运动着的物体将占有欧氏空间中的区域 $\mathscr{B}$.此区域由体积 v 及其边界 ∂v 构成.通常可选定另一个以 o 为原点的曲线坐标系$\{x^i\}(i=1,2,3)$来描述任意时刻 t 物质点在空间中的位置,相应的坐标值为 $x^i(i=1,2,3)$,坐标系$\{x^i\}$称为 Euler 坐标系或**空间坐标系**,区域 $\mathscr{B}$ 称为**当前构形** $\mathscr{K}$(current configuration).

假定 t_0 时刻在坐标系$\{X^A\}$中具有向径 $\boldsymbol{X}$ 的物质点在 t 时刻变为坐标系$\{x^i\}$中具有向径为 $\boldsymbol{x}$ 的点,那么 $\boldsymbol{x}$ 与 $\boldsymbol{X}$ 之间的关系可写为

$$\boldsymbol{x}=\boldsymbol{X}+\boldsymbol{u}-\boldsymbol{b}, \tag{2.1}$$

其中 $\boldsymbol{u}$ 表示物质点 X 的位移,常向量 $\boldsymbol{b}$ 表示坐标系$\{x^i\}$的原点 o 在$\{X^A\}$中的向径,如图 2.1 所示.

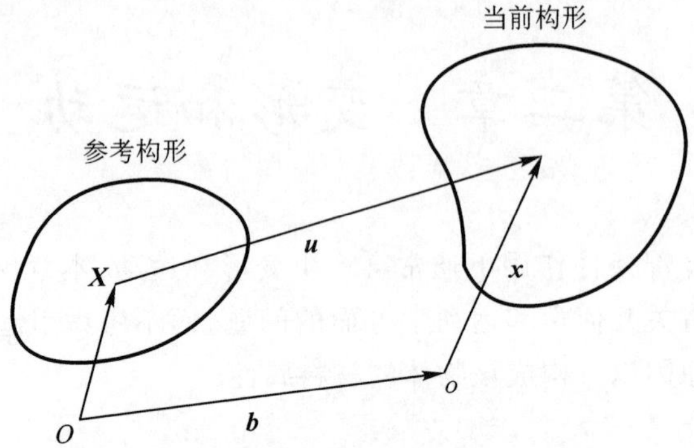

图 2.1 参考构形和当前构形

物体的变形可理解为是由参考构形中全体代表性物质点到当前构形中相应的代表性物质点的变换.由(2.1)式,此变换一般可表示为

$$\boldsymbol{x} = \boldsymbol{x}(\boldsymbol{X}, t) \quad 或 \quad x^i = x^i(X^A, t), \tag{2.2}$$

而物体的运动可理解为是以时间 t 为参数的物体的整个变形过程.

我们假定,对于任意时刻 t,变换关系(2.2)式是一个单值的连续可微函数,故存在逆变换:

$$\boldsymbol{X} = \boldsymbol{X}(\boldsymbol{x}, t) \quad 或 \quad X^A = X^A(x^i, t). \tag{2.3}$$

这时,相应的 Jacobi 行列式应满足

$$0 < \det\left(\frac{\partial x^i}{\partial X^A}\right) < \infty. \tag{2.4}$$

此外,我们还可以引进两种随体坐标系$\{X^A, t\}$和$\{x^i, t_0\}$.如果设想在 t_0 时刻物质点的坐标 $X^A(A = 1,2,3)$ 在整个运动过程中始终保持不变,即可以用 $X^A(A = 1,2,3)$ 来作为该物质点的"标志",而坐标系$\{X^A\}$可看作是一个"镶嵌"在物体内并随着物体一起运动的坐标系,则在 t 时刻,此坐标系就是**随体坐标系**$\{X^A, t\}$.反之,如果设想 t 时刻的坐标系$\{x^i\}$($i = 1,2,3$) 是由 t_0 时刻的坐标系$\{x^i, t_0\}$随物体一起运动至 t 时刻而得到的话,那么便定义了另一种随体坐标系$\{x^i, t_0\}$.

在连续介质力学中,如果有关的物理量(场量)是以 X^A 和 t 作为自变量来进行描述的话,那么我们就称其为 Lagrange 描述或物质描述.而以 x^i 和 t 作为自变量的描述称为 Euler 描述或空间描述.

下面我们来讨论以上各坐标系中的基向量.

对应于物质坐标系$\{X^A\}$和空间坐标系$\{x^i\}$的协变基向量可写为

$$\boldsymbol{G}_A = \frac{\partial \boldsymbol{X}}{\partial X^A}, \quad \boldsymbol{g}_i = \frac{\partial \boldsymbol{x}}{\partial x^i}. \tag{2.5}$$

根据对随体坐标系$\{X^A, t\}$的定义,如果在 t_0 时刻与物质点 $\boldsymbol{X}$ 相邻近的另一物质点$\boldsymbol{X}+\mathrm{d}\boldsymbol{X}$在$t$时刻变换到与$\boldsymbol{x}$相邻近的点$\boldsymbol{x}+\mathrm{d}\boldsymbol{x}$,那么$\mathrm{d}\boldsymbol{x}$在坐标系$\{X^A, t\}$中应该与$\mathrm{d}\boldsymbol{X} = \mathrm{d}X^A \boldsymbol{G}_A$在坐标系$\{X^A\}$中具有相同的坐标分量$\mathrm{d}X^A$.注意到$\mathrm{d}\boldsymbol{x} = \frac{\partial \boldsymbol{x}}{\partial X^A}\mathrm{d}X^A$,可知在随体坐标系$\{X^A, t\}$中的协变基向量应写为

$$\boldsymbol{C}_A = \frac{\partial \boldsymbol{x}}{\partial X^A}. \tag{2.6}$$

类似地,参考构形中的线元$\mathrm{d}\boldsymbol{X}$在$\{x^i, t_0\}$中的坐标分量应该与当前构形中线元$\mathrm{d}\boldsymbol{x} = \mathrm{d}x^i \boldsymbol{g}_i$在$\{x^i\}$中的坐标分量相同,即都等于$\mathrm{d}x^i$.故由$\mathrm{d}\boldsymbol{X} = \frac{\partial \boldsymbol{X}}{\partial x^i}\mathrm{d}x^i$可知随体坐标系$\{x^i, t_0\}$的协变基向量为

$$\boldsymbol{c}_i = \frac{\partial \boldsymbol{X}}{\partial x^i}. \tag{2.7}$$

需注意,$\boldsymbol{G}_A$和$\boldsymbol{C}_A$的下标由大写字母表示,表明其坐标变量为$X^A (A = 1,2,3)$.而$\boldsymbol{g}_i$和$\boldsymbol{c}_i$的下标由小写字母表示,表明其坐标变量为$x^i (i = 1, 2,3)$.

相应地,我们还可定义以上四种坐标系中的逆变基向量和度量张量.

以上四种基向量之间的关系可由(2.5)~(2.7)式写为

$$\boldsymbol{C}_A = \frac{\partial \boldsymbol{x}}{\partial x^i}\frac{\partial x^i}{\partial X^A} = x^i_{,A}\boldsymbol{g}_i, \quad \boldsymbol{c}_i = \frac{\partial \boldsymbol{X}}{\partial X^A}\frac{\partial X^A}{\partial x^i} = X^A_{,i}\boldsymbol{G}_A. \tag{2.8}$$

上式中$\frac{\partial x^i}{\partial X^A}$和$\frac{\partial X^A}{\partial x^i}$分别简记为$x^i_{,A}$和$X^A_{,i}$.注意到$x^i_{,A}X^A_{,j} = \delta^i_j$和$X^A_{,i}x^i_{,B} = \delta^A_B$,可得

$$\boldsymbol{C}^A = X^A_{,i}\boldsymbol{g}^i, \quad \boldsymbol{c}^i = x^i_{,A}\boldsymbol{G}^A. \tag{2.9}$$

现引进以下记号,它们仅与物质坐标系$\{X^A\}$和空间坐标系$\{x^i\}$的选取以及位置向量$\boldsymbol{X}$和$\boldsymbol{x}$有关,

$$g^i_A = \boldsymbol{G}_A \cdot \boldsymbol{g}^i, \quad g^A_i = \boldsymbol{G}^A \cdot \boldsymbol{g}_i. \tag{2.10}$$

由上式可得

$$\left.\begin{aligned} \boldsymbol{G}_A &= g^i_A \boldsymbol{g}_i, \quad \boldsymbol{g}_i = g^A_i \boldsymbol{G}_A, \\ \boldsymbol{G}^A &= g^A_i \boldsymbol{g}^i, \quad \boldsymbol{g}^i = g^i_A \boldsymbol{G}^A. \end{aligned}\right\} \tag{2.11}$$

于是有

$$\boldsymbol{C}_A = F^{B}_{\cdot A}\boldsymbol{G}_B, \quad \boldsymbol{G}_A = \overset{-1}{F}{}^{B}_{\cdot A}\boldsymbol{C}_B, \tag{2.12}$$

其中

$$\left.\begin{aligned} F^{B}_{\cdot A} &= \boldsymbol{C}_A \cdot \boldsymbol{G}^B = x^i_{,A}g^B_i, \\ \overset{-1}{F}{}^{B}_{\cdot A} &= \boldsymbol{C}^B \cdot \boldsymbol{G}_A = X^B_{,i}g^i_A. \end{aligned}\right\} \tag{2.13}$$

类似地,还有

$$\boldsymbol{c}_i = \overset{-1}{F}{}^{j}_{\cdot i}\boldsymbol{g}_j, \quad \boldsymbol{g}_i = F^{j}_{\cdot i}\boldsymbol{c}_j, \tag{2.14}$$

其中

$$\left.\begin{aligned} F^{j}_{\cdot i} &= \boldsymbol{g}_i \cdot \boldsymbol{c}^j = x^j_{,A}g^A_i, \\ \overset{-1}{F}{}^{j}_{\cdot i} &= \boldsymbol{g}^j \cdot \boldsymbol{c}_i = X^A_{,i}g^j_A. \end{aligned}\right\} \tag{2.15}$$

在随体坐标系$\{X^A, t\}$和$\{x^i, t_0\}$中,度量张量的协变分量可分别写为

$$\left.\begin{aligned} C_{AB} &= \boldsymbol{C}_A \cdot \boldsymbol{C}_B = x^i_{,A}x^j_{,B}g_{ij} = F^{M}_{\cdot A}F^{N}_{\cdot B}G_{MN}, \\ c_{ij} &= \boldsymbol{c}_i \cdot \boldsymbol{c}_j = X^A_{,i}X^B_{,j}G_{AB} = \overset{-1}{F}{}^{r}_{\cdot i}\overset{-1}{F}{}^{s}_{\cdot j}g_{rs}. \end{aligned}\right\} \tag{2.16}$$

其相应的逆变分量则可写为

$$\left.\begin{aligned} \overset{-1}{C}{}^{AB} &= \boldsymbol{C}^A \cdot \boldsymbol{C}^B = X^A_{,i}X^B_{,j}g^{ij} = \overset{-1}{F}{}^{A}_{\cdot M}\overset{-1}{F}{}^{B}_{\cdot N}G^{MN}, \\ \overset{-1}{c}{}^{ij} &= \boldsymbol{c}^i \cdot \boldsymbol{c}^j = x^i_{,A}x^j_{,B}G^{AB} = F^{i}_{\cdot r}F^{j}_{\cdot s}g^{rs}. \end{aligned}\right\} \tag{2.17}$$

上式中,字母C^{AB}和c^{ij}上方的符号"-1"表示它们对应于坐标系$\{X^A, t\}$和$\{x^i, t_0\}$中度量张量的逆变分量.如果把C_{AB}和c_{ij}分别看作是在坐标系$\{X^A\}$和$\{x^i\}$中张量$\boldsymbol{C}$和$\boldsymbol{c}$的协变分量,那么$\boldsymbol{C}$和$\boldsymbol{c}$的逆变分量就可通过指标的上升而分别写为

$$C^{AB} = G^{AM}G^{BN}C_{MN} \neq \overset{-1}{C}{}^{AB},$$

和

$$c^{ij} = g^{ir}g^{js}c_{rs} \neq \overset{-1}{c}{}^{ij}.$$

它们与(2.17)式是不相同的.

任何一个张量都可在上述任何一种坐标系的基向量下进行分解(这里我们默认张量的平移是允许的).例如(2.1)式中的位移向量$\boldsymbol{u}$可写为

$$\boldsymbol{u} = U^A\boldsymbol{G}_A = u^A\boldsymbol{C}_A = U^i\boldsymbol{c}_i = u^i\boldsymbol{g}_i. \tag{2.18}$$

其中用大写表示的分量U^A和U^i对应于参考构形,用小写表示的分量u^A和u^i对应于当前构形.以后我们规定,在坐标系$\{X^A\}$和$\{x^i\}$中,张量分

量的协变导数用一条竖线来表示(如 $U^A|_B, u^i|_j, \cdots$),而在随体坐标系 $\{X^A, t\}$ 和 $\{x^i, t_0\}$ 中,张量分量的协变导数用两条竖线来表示(如 $u^A\|_B, U^i\|_j, \cdots$).这时有:

$$\left.\begin{aligned} \boldsymbol{C}_A &= (\delta_A^B + U^B|_A)\boldsymbol{G}_B = (G_{AB} + U_B|_A)\boldsymbol{G}^B, \\ \boldsymbol{G}_A &= (\delta_A^B - u^B\|_A)\boldsymbol{C}_B = (C_{AB} - u_B\|_A)\boldsymbol{C}^B. \end{aligned}\right\} \tag{2.19}$$

由此可知

$$F^B_{\cdot A} = \delta_A^B + U^B|_A, \quad \overset{-1}{F}{}^B_{\cdot A} = \delta_A^B - u^B\|_A. \tag{2.20}$$

类似地

$$\left.\begin{aligned} \boldsymbol{c}_i &= (\delta_i^j - u^j|_i)\boldsymbol{g}_j = (g_{ij} - u_j|_i)\boldsymbol{g}^j, \\ \boldsymbol{g}_i &= (\delta_i^j + U^j\|_i)\boldsymbol{c}_j = (c_{ij} + U_j\|_i)\boldsymbol{c}^j. \end{aligned}\right\} \tag{2.21}$$

故有

$$F^j_{\cdot i} = \delta_i^j + U^j\|_i, \quad \overset{-1}{F}{}^j_{\cdot i} = \delta_i^j - u^j|_i. \tag{2.22}$$

§ 2.2 变形梯度和相对变形梯度

在参考构形中的有向线元 $\mathrm{d}\boldsymbol{X} = \mathrm{d}X^A\boldsymbol{G}_A = \mathrm{d}x^i\boldsymbol{c}_i$ 经过变形后将变为当前构形中的有向线元 $\mathrm{d}\boldsymbol{x} = \mathrm{d}X^A\boldsymbol{C}_A = \mathrm{d}x^i\boldsymbol{g}_i$. 由 $\mathrm{d}X^A = \boldsymbol{G}^A \cdot \mathrm{d}\boldsymbol{X}$ 和 $\mathrm{d}x^i = \boldsymbol{g}^i \cdot \mathrm{d}\boldsymbol{x}$,并利用(2.5) ~ (2.7) 式,可将 $\mathrm{d}\boldsymbol{x}$ 写为

$$\mathrm{d}\boldsymbol{x} = \frac{\partial \boldsymbol{x}}{\partial X^A}\mathrm{d}X^A = \frac{\partial \boldsymbol{x}}{\partial X^A} \otimes \boldsymbol{G}^A \cdot \mathrm{d}\boldsymbol{X} = \boldsymbol{C}_A \otimes \boldsymbol{G}^A \cdot \mathrm{d}\boldsymbol{X}. \tag{2.23}$$

或将 $\mathrm{d}\boldsymbol{X}$ 写为

$$\mathrm{d}\boldsymbol{X} = \frac{\partial \boldsymbol{X}}{\partial x^i}\mathrm{d}x^i = \frac{\partial \boldsymbol{X}}{\partial x^i} \otimes \boldsymbol{g}^i \cdot \mathrm{d}\boldsymbol{x} = \boldsymbol{c}_i \otimes \boldsymbol{g}^i \cdot \mathrm{d}\boldsymbol{x}, \tag{2.24}$$

上式中

$$\boldsymbol{F} = \boldsymbol{C}_A \otimes \boldsymbol{G}^A = x^i_{,A}\boldsymbol{g}_i \otimes \boldsymbol{G}^A = \boldsymbol{g}_i \otimes \boldsymbol{c}^i \tag{2.25}$$

称为**变形梯度**.它将参考构形中 X 点邻域的有向线元 $\mathrm{d}\boldsymbol{X}$ 线性变换到当前构形中 x 点邻域的有向线元 $\mathrm{d}\boldsymbol{x} = \boldsymbol{F} \cdot \mathrm{d}\boldsymbol{X}$(见图 2.2).特别地,它将物质坐标系 $\{X^A\}$ 中的协变基向量 $\boldsymbol{G}_A$ 变换到随体坐标系 $\{X^A, t\}$ 中的协变基向量 $\boldsymbol{C}_A = \boldsymbol{F} \cdot \boldsymbol{G}_A$.

由(2.24) 式,$\boldsymbol{F}$ 的逆可写为

$$\overset{-1}{\boldsymbol{F}} = \boldsymbol{c}_i \otimes \boldsymbol{g}^i = X^A_{,i}\boldsymbol{G}_A \otimes \boldsymbol{g}^i = \boldsymbol{G}_A \otimes \boldsymbol{C}^A. \tag{2.26}$$

上式中已用到了(2.8) 式和(2.9) 式.

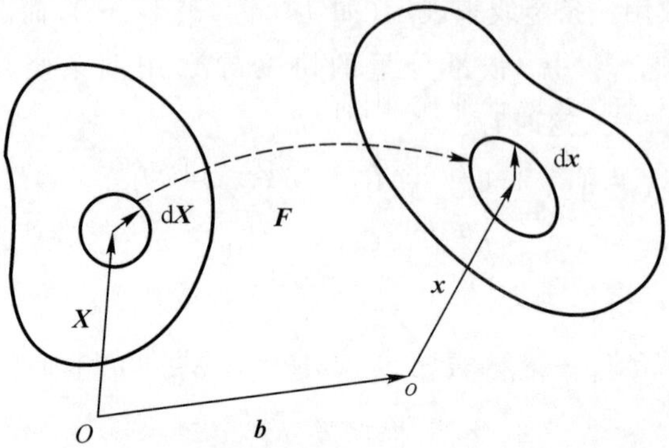

图 2.2 变形梯度的几何意义

对应于第一章的(1.108)式，变形梯度 $\boldsymbol{F}$ 及其逆 $\overset{-1}{\boldsymbol{F}}$ 还可写为

$$\boldsymbol{F}=\frac{\partial \boldsymbol{x}}{\partial X^{A}}\otimes \boldsymbol{G}^{A}=\boldsymbol{x}\,\nabla_{0},\quad \overset{-1}{\boldsymbol{F}}=\frac{\partial \boldsymbol{X}}{\partial x^{i}}\otimes \boldsymbol{g}^{i}=\boldsymbol{X}\,\nabla. \tag{2.27}$$

其中 ∇_0 和 ∇ 是分别定义在物质坐标系 $\{X^A\}$ 和空间坐标系 $\{x^i\}$ 上的 Hamilton 算子(或 nabla). 但需指出，与(1.109)式中的向量场 $\boldsymbol{\varphi}$ 不同，位置向量 $\boldsymbol{x}$ 并不能以坐标 x^i 作为其分量在局部标架上表示为 $x^i\boldsymbol{g}_i$. 因此在(2.25)式中，$x^i{}_{,A}$ 并不是 x^i 关于 X^A 的协变导数，而是关于 X^A 的普通偏导数. 同样，位置向量 $\boldsymbol{X}$ 并不能以坐标 X^A 作为其分量在局部标架上表示为 $X^A\boldsymbol{G}_A$，故在(2.26)式中 $X^A_{,i}$ 并不是 X^A 关于 x^i 的协变导数，而是关于 x^i 的普通偏导数.

还应说明，(2.25)式中 $\boldsymbol{F}$ 的分量 $x^i{}_{,A}$ 所对应的是一对基向量 $\boldsymbol{g}_i(\boldsymbol{x})$ 和 $\boldsymbol{G}^A(\boldsymbol{X})$，它们分别是空间坐标系 $\{x^i\}$ 和物质坐标系 $\{x^A\}$ 中的基向量. 这说明，仿射量 $\boldsymbol{F}$ 是一个定义在两个构形上并与一对点 $(\boldsymbol{X},\boldsymbol{x})$ 相对应的仿射量. 我们称这样的仿射量为**两点张量**. 当然，如果利用基向量之间的转换关系(2.11)式，$\boldsymbol{F}$ 也可形式地写为

$$\boldsymbol{F}=x^i{}_{,B}g_i^A\boldsymbol{G}_A\otimes\boldsymbol{G}^B=F^A{}_{\cdot B}\boldsymbol{G}_A\otimes\boldsymbol{G}^B.$$

在坐标系 $\{X^A\}$ 中，$\boldsymbol{F}$ 的行列式为

$$\mathscr{J}=\det\boldsymbol{F}=\det(x^i{}_{,B}g_i^A)=\sqrt{\frac{g}{G}}\det(x^i{}_{,B})>0. \tag{2.28}$$

在上式的计算过程中，我们已经用到了(2.4)式和(2.11)式. 因为对 $g_{ij}=g_i^Ag_j^BG_{AB}$ 两端取行列式，并注意到 $g=\det(g_{ij})$ 和 $G=\det(G_{AB})$，可得

$\det(g_i^A) = \sqrt{\dfrac{g}{G}} > 0.$

如果对(2.16)式取行列式，则有

$$C = \det(C_{AB}) = [\det(x^i_{,B})]^2 g.$$

因此(2.28)式也可以写为

$$\mathscr{J} = \det \boldsymbol{F} = \sqrt{\frac{C}{G}} > 0. \tag{2.29}$$

(2.28)式和(2.29)式表明，$\boldsymbol{F}$ 是一个正则仿射量，因此，由(2.26)式所表示的逆 $\overset{-1}{\boldsymbol{F}}$ 是存在的. 此外，根据极分解定理，有

$$\boldsymbol{F} = \boldsymbol{R} \cdot \boldsymbol{U} = \boldsymbol{V} \cdot \boldsymbol{R}, \tag{2.30}$$

其中 $\boldsymbol{R}$ 称为**转动张量**，满足正交性条件

$$\boldsymbol{R}^{\mathrm{T}} \cdot \boldsymbol{R} = \boldsymbol{R} \cdot \boldsymbol{R}^{\mathrm{T}} = \boldsymbol{I} \quad 和 \quad \det \boldsymbol{R} = 1.$$

而对称正定张量

$$\boldsymbol{U} = (\boldsymbol{F}^{\mathrm{T}} \cdot \boldsymbol{F})^{\frac{1}{2}} \quad 和 \quad \boldsymbol{V} = (\boldsymbol{F} \cdot \boldsymbol{F}^{\mathrm{T}})^{\frac{1}{2}} \tag{2.31}$$

分别称为**右伸长张量**和**左伸长张量**. 由上式还可定义

$$\left.\begin{aligned} \boldsymbol{C} &= \boldsymbol{U}^2 = \boldsymbol{F}^{\mathrm{T}} \cdot \boldsymbol{F} = (\boldsymbol{G}^A \otimes \boldsymbol{C}_A) \cdot (\boldsymbol{C}_B \otimes \boldsymbol{G}^B) = C_{AB} \boldsymbol{G}^A \otimes \boldsymbol{G}^B, \\ \boldsymbol{c} &= (\boldsymbol{V}^2)^{-1} = \boldsymbol{F}^{-\mathrm{T}} \cdot \boldsymbol{F}^{-1} = (\boldsymbol{g}^i \otimes \boldsymbol{c}_i) \cdot (\boldsymbol{c}_j \otimes \boldsymbol{g}^j) = c_{ij} \boldsymbol{g}^i \otimes \boldsymbol{g}^j, \end{aligned}\right\} \tag{2.32}$$

其中 C_{AB} 和 c_{ij} 由(2.16)式给出. 利用(2.17)式，我们还可写出(2.32)式的逆

$$\left.\begin{aligned} \overset{-1}{\boldsymbol{C}} &= (\boldsymbol{U}^2)^{-1} = \boldsymbol{F}^{-1} \cdot \boldsymbol{F}^{-\mathrm{T}} = (\boldsymbol{G}_A \otimes \boldsymbol{C}^A) \cdot (\boldsymbol{C}^B \otimes \boldsymbol{G}_B) \\ &= \overset{-1}{C}{}^{AB} \boldsymbol{G}_A \otimes \boldsymbol{G}_B, \\ \overset{-1}{\boldsymbol{c}} &= \boldsymbol{V}^2 = \boldsymbol{F} \cdot \boldsymbol{F}^{\mathrm{T}} = (\boldsymbol{g}_i \otimes \boldsymbol{c}^i) \cdot (\boldsymbol{c}^j \otimes \boldsymbol{g}_j) = \overset{-1}{c}{}^{ij} \boldsymbol{g}_i \otimes \boldsymbol{g}_j. \end{aligned}\right\} \tag{2.33}$$

上式中的 $\overset{-1}{\boldsymbol{c}}$ 还可记为 $\overset{-1}{\boldsymbol{c}} = \boldsymbol{B} = \boldsymbol{R} \cdot \boldsymbol{C} \cdot \boldsymbol{R}^{\mathrm{T}}$. 显然(2.32)式和(2.33)式中的张量都是对称正定的. (2.32)式中的 $\boldsymbol{C}$ 和(2.33)式中的 $\boldsymbol{B}$ 分别称为**右、左 Cauchy-Green 张量**，它们还可表示为

$$\left.\begin{aligned} \boldsymbol{C} &= G^{AM} C_{MB} \boldsymbol{G}_A \otimes \boldsymbol{G}^B, \\ \boldsymbol{B} &= G^{AB} \boldsymbol{C}_A \otimes \boldsymbol{C}_B = G^{AM} C_{MB} \boldsymbol{C}_A \otimes \boldsymbol{C}^B. \end{aligned}\right\} \tag{2.34}$$

这表明，$\boldsymbol{C}$ 和 $\boldsymbol{B}$ 分别在坐标系 $\{X^A\}$ 和 $\{X^A, t\}$ 中具有相同的混合分量 $G^{AM} C_{MB}$.

需要指出，张量的分量总是与它的基向量(的并积)联系在一起的. 只有在直角坐标系中，用矩阵形式来表示二阶张量的分量才是有意义的.

在下面的讨论中,我们形式地用矩阵来表示某个二阶张量的分量,仅仅是为了运算的方便,但必须注意到这些分量在运算时所对应的基向量.

例 1　现取物质坐标系 $\{X^A\}$ 和空间坐标系 $\{x^i\}$ 为同一个直角坐标系,其相应的单位基向量为 $(\boldsymbol{e}_1,\boldsymbol{e}_2,\boldsymbol{e}_3)$. 在该坐标系中,由下式表示的变形为**简单剪切变形**(见图 2.3):

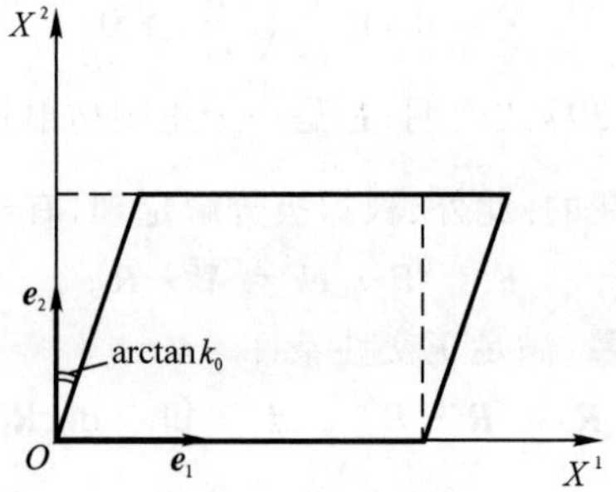

图 2.3　简单剪切变形

$$x^1 = X^1 + k_0 X^2,\quad x^2 = X^2,\quad x^3 = X^3. \tag{2.35}$$

相应的变形梯度可写为

$$\boldsymbol{F} = \boldsymbol{I} + k_0 \boldsymbol{e}_1 \otimes \boldsymbol{e}_2,$$

其中沿 $\boldsymbol{e}_1$ 的方向称为剪切方向,与 $\boldsymbol{e}_2$ 和 $\boldsymbol{e}_3$ 相垂直的平面分别称为滑动平面和剪切平面. $\boldsymbol{F}$ 和 $\boldsymbol{F}^{-1}$ 的矩阵表示分别为

$$\boldsymbol{F}:\quad \begin{pmatrix} 1 & k_0 & 0 \\ 0 & 1 & 0 \\ 0 & 0 & 1 \end{pmatrix};\qquad \boldsymbol{F}^{-1}:\quad \begin{pmatrix} 1 & -k_0 & 0 \\ 0 & 1 & 0 \\ 0 & 0 & 1 \end{pmatrix}.$$

由此可得相应的右、左 Cauchy-Green 张量的矩阵表示为

$$\boldsymbol{C} = \boldsymbol{F}^{\mathrm{T}} \cdot \boldsymbol{F}:\quad \begin{pmatrix} 1 & k_0 & 0 \\ k_0 & 1 + k_0^2 & 0 \\ 0 & 0 & 1 \end{pmatrix};\qquad \boldsymbol{B} = \boldsymbol{F} \cdot \boldsymbol{F}^{\mathrm{T}}:\quad \begin{pmatrix} 1 + k_0^2 & k_0 & 0 \\ k_0 & 1 & 0 \\ 0 & 0 & 1 \end{pmatrix}.$$

例 2　现考虑圆柱体的扭转变形. 物质坐标系 $\{X^A\}$ 和空间坐标系 $\{x^i\}$ 都取为圆柱坐标系,即 $\{X^A\} = \{R,\Theta,Z\}$, $\{x^i\} = \{r,\theta,z\}$,并取圆柱体的轴线与 Z 轴和 z 轴相重合. 柱体的扭转满足关系

$$x^1 = X^1,\quad x^2 = X^2 + kX^3,\quad x^3 = X^3, \tag{2.36}$$

$$(\text{即 } r = R,\ \theta = \Theta + kZ,\ z = Z).$$

显然,在以上变形中,每一个横截面仍变为原来的横截面,但绕 Z 轴旋转

了一个角度 kZ,其中 k 为单位长度的扭转角(见图 2.4).

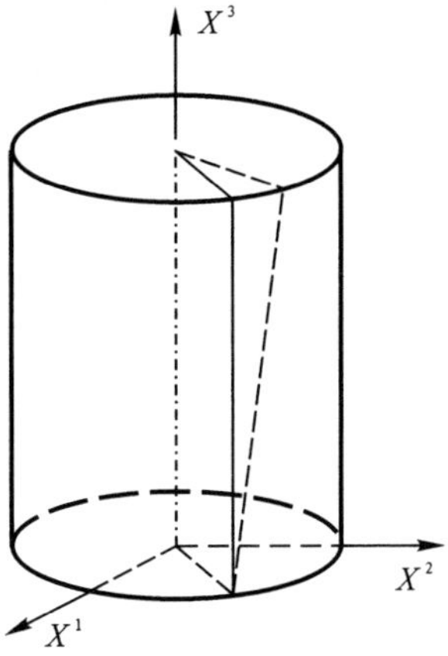

图 2.4　圆柱体的扭转

由 §1.2 的例 2 可知,对应于坐标系 $\{X^A\}$ 和 $\{x^i\}$ 的基向量,其相应的度量张量分量可以形式地分别用矩阵表示为

$$(G_{AB}) = \begin{pmatrix} 1 & 0 & 0 \\ 0 & R^2 & 0 \\ 0 & 0 & 1 \end{pmatrix}, \quad (G^{AB}) = \begin{pmatrix} 1 & 0 & 0 \\ 0 & \dfrac{1}{R^2} & 0 \\ 0 & 0 & 1 \end{pmatrix},$$

$$(g_{ij}) = \begin{pmatrix} 1 & 0 & 0 \\ 0 & r^2 & 0 \\ 0 & 0 & 1 \end{pmatrix}, \quad (g^{ij}) = \begin{pmatrix} 1 & 0 & 0 \\ 0 & \dfrac{1}{r^2} & 0 \\ 0 & 0 & 1 \end{pmatrix}.$$

变形梯度 $\boldsymbol{F} = x^i_{,A}\boldsymbol{g}_i \otimes \boldsymbol{G}^A$ 及其逆 $\boldsymbol{F}^{-1} = X^A_{,i}\boldsymbol{G}_A \otimes \boldsymbol{g}^i$ 中,$x^i_{,A}$ 和 $X^A_{,i}$ 的矩阵表示为

$$(x^i_{,A}) = \begin{pmatrix} 1 & 0 & 0 \\ 0 & 1 & k \\ 0 & 0 & 1 \end{pmatrix}, \quad (X^A_{,i}) = \begin{pmatrix} 1 & 0 & 0 \\ 0 & 1 & -k \\ 0 & 0 & 1 \end{pmatrix}.$$

因为 $\boldsymbol{C} = \boldsymbol{F}^{\mathrm{T}} \cdot \boldsymbol{F} = C_{AB}\boldsymbol{G}^A \otimes \boldsymbol{G}^B$ 和 $\boldsymbol{B} = \boldsymbol{F} \cdot \boldsymbol{F}^{\mathrm{T}} = \overset{-1}{c}{}^{ij}\boldsymbol{g}_i \otimes \boldsymbol{g}_j$ 中的 C_{AB} 和 $\overset{-1}{c}{}^{ij}$ 可由(2.16) 式和(2.17) 式写为

$$C_{AB} = x^i_{,A}x^j_{,B}g_{ij} \quad \text{和} \quad \overset{-1}{c}{}^{ij} = x^i_{,A}x^j_{,B}G^{AB},$$

因此,相应的矩阵表示可写为

$$(C_{AB}) = (x^i_{,A})^{\mathrm{T}}(g_{ij})(x^j_{,B})$$

$$= \begin{pmatrix} 1 & 0 & 0 \\ 0 & 1 & 0 \\ 0 & k & 1 \end{pmatrix} \begin{pmatrix} 1 & 0 & 0 \\ 0 & r^2 & 0 \\ 0 & 0 & 1 \end{pmatrix} \begin{pmatrix} 1 & 0 & 0 \\ 0 & 1 & k \\ 0 & 0 & 1 \end{pmatrix}$$

$$= \begin{pmatrix} 1 & 0 & 0 \\ 0 & R^2 & R^2 k \\ 0 & R^2 k & 1 + R^2 k^2 \end{pmatrix},$$

$$(\overset{-1}{c}{}^{ij}) = (x^i_{,A})(G^{AB})(x^j_{,B})^{\mathrm{T}}$$

$$= \begin{pmatrix} 1 & 0 & 0 \\ 0 & 1 & k \\ 0 & 0 & 1 \end{pmatrix} \begin{pmatrix} 1 & 0 & 0 \\ 0 & \dfrac{1}{R^2} & 0 \\ 0 & 0 & 1 \end{pmatrix} \begin{pmatrix} 1 & 0 & 0 \\ 0 & 1 & 0 \\ 0 & k & 1 \end{pmatrix}$$

$$= \begin{pmatrix} 1 & 0 & 0 \\ 0 & \dfrac{1}{r^2} + k^2 & k \\ 0 & k & 1 \end{pmatrix},$$

其中$(x^i_{,A})^{\mathrm{T}}$表示矩阵$(x^i_{,A})$的转置.类似地,还可写出$\boldsymbol{B}^{-1} = \boldsymbol{c} = c_{ij}\boldsymbol{g}^i \otimes \boldsymbol{g}^j$中$c_{ij} = X^A_{,i}X^B_{,j}G_{AB}$的矩阵表示为:

$$(c_{ij}) = (X^A_{,i})^{\mathrm{T}}(G_{AB})(X^B_{,j}) = \begin{pmatrix} 1 & 0 & 0 \\ 0 & r^2 & -r^2 k \\ 0 & -r^2 k & 1 + r^2 k^2 \end{pmatrix}.$$

通过指标的上升,上式也可写为$\boldsymbol{B}^{-1} = c^{ij}\boldsymbol{g}_i \otimes \boldsymbol{g}_j$,从而求得$c^{ij} = g^{ik}c_{kl}g^{lj}$的矩阵表示为

$$(c^{ij}) = \begin{pmatrix} 1 & 0 & 0 \\ 0 & \dfrac{1}{r^2} & -k \\ 0 & -k & 1 + r^2 k^2 \end{pmatrix}.$$

在以上各式中,我们已经用到了(2.36)式:$r = R$.

例 3 现考虑立方体的纯弯曲(见图 2.5).物质坐标系$\{X^A\}$取为直角坐标系$\{X^A\} = \{X, Y, Z\}$,空间坐标系$\{x^i\}$取为圆柱坐标系$\{x^i\} = \{r, \theta, z\}$,其中$z$轴与$Z$轴重合,$\theta = 0$与$X$轴重合.变形满足以下方程

$$r = r(X), \quad \theta = \theta(Y), \quad z = z(Z). \tag{2.37}$$

它使$X = \text{const}$的平面变为$r = \text{const}$的圆柱面,$Y = \text{const}$的平面变为$\theta = \text{const}$的平面,$Z = \text{const}$的平面变为$z = \text{const}$的平面.此外,还假定(2.37)式的逆关系$X = X(r)$,$Y = Y(\theta)$,$Z = Z(z)$是存在的.

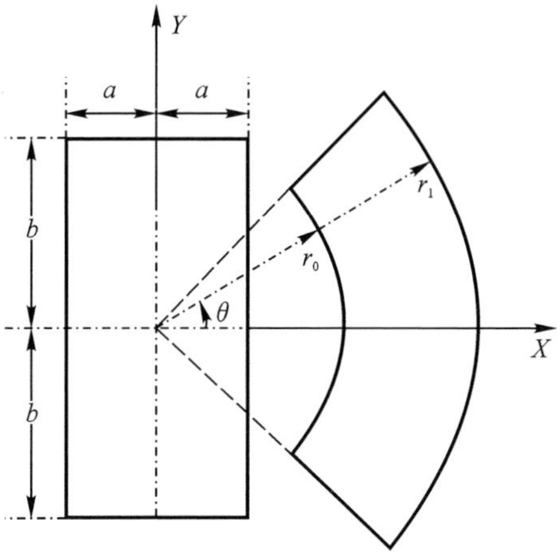

图 2.5 立方体的纯弯曲

坐标系$\{X^A\}$中度量张量 G_{AB} 和 G^{AB} 的矩阵表示为：$\begin{pmatrix}1&0&0\\0&1&0\\0&0&1\end{pmatrix}$.

对应于相应的基向量，坐标系$\{x^i\}$中的度量张量 g_{ij} 和 g^{ij} 的矩阵表示为：

$$(g_{ij}) = \begin{pmatrix}1&0&0\\0&r^2&0\\0&0&1\end{pmatrix}, \quad (g^{ij}) = \begin{pmatrix}1&0&0\\0&\dfrac{1}{r^2}&0\\0&0&1\end{pmatrix}.$$

变形梯度 $\boldsymbol{F} = x^i_{,A}\boldsymbol{g}_i \otimes \boldsymbol{G}^A$ 及其逆 $\boldsymbol{F}^{-1} = X^A_{,i}\boldsymbol{G}_A \otimes \boldsymbol{g}^i$ 中 $x^i_{,A}$ 和 $X^A_{,i}$ 的矩阵表示为

$$(x^i_{,A}) = \begin{pmatrix}r'&0&0\\0&\theta'&0\\0&0&z'\end{pmatrix}, \quad (X^A_{,i}) = \begin{pmatrix}X'&0&0\\0&Y'&0\\0&0&Z'\end{pmatrix},$$

其中撇号表示对其变元的微商. 右、左 Cauchy-Green 张量 $\boldsymbol{C} = C_{AB}\boldsymbol{G}^A \otimes \boldsymbol{G}^B$ 和 $\boldsymbol{B} = \overset{-1}{c}{}^{ij}\boldsymbol{g}_i \otimes \boldsymbol{g}_j$ 中 $C_{AB} = x^i_{,A}x^j_{,B}g_{ij}$ 和 $\overset{-1}{c}{}^{ij} = x^i_{,A}x^j_{,B}G^{AB}$ 的矩阵表示可类似于例 2 中的计算写为

$$(C_{AB}) = \begin{pmatrix}(r')^2&0&0\\0&(r\theta')^2&0\\0&0&(z')^2\end{pmatrix}, \quad (\overset{-1}{c}{}^{ij}) = \begin{pmatrix}(r')^2&0&0\\0&(\theta')^2&0\\0&0&(z')^2\end{pmatrix}.$$

而 $\boldsymbol{B}^{-1} = c_{ij}\boldsymbol{g}^i \otimes \boldsymbol{g}^j = c^{ij}\boldsymbol{g}_i \otimes \boldsymbol{g}_j$ 中 c_{ij} 和 c^{ij} 的矩阵表示可写为

$$(c_{ij}) = \begin{pmatrix} (X')^2 & 0 & 0 \\ 0 & (Y')^2 & 0 \\ 0 & 0 & (Z')^2 \end{pmatrix}, \quad (c^{ij}) = \begin{pmatrix} (X')^2 & 0 & 0 \\ 0 & \dfrac{1}{r^4}(Y')^2 & 0 \\ 0 & 0 & (Z')^2 \end{pmatrix}.$$

由(2.29)式,可得

$$(\det \boldsymbol{F})^2 = \det(C_{AB})/\det(G_{MN}) = (rr'\theta'z')^2.$$

如果要求变形中$(\det \boldsymbol{F})^2 = 1$,可特别地取 $rr' = A, \theta' = B, z' = C = \pm \dfrac{1}{AB}$,其中 A、B 和 C 为满足条件 $ABC = \pm 1$ 的常数.再令 $Y = 0$ 时 $\theta = 0, Z = 0$ 时 $z = 0$,可得

$$\theta = BY, \quad z = CZ \quad 和 \quad \frac{\mathrm{d}}{\mathrm{d}X}(r^2) = 2A.$$

这时,(2.37)式简化为

$$r = \sqrt{2AX + R_0^2}, \quad \theta = BY, \quad z = CZ, \tag{2.38}$$

其中 R_0 为另一常数.上式的逆关系为

$$X = \frac{r^2 - R_0^2}{2A}, \quad Y = \frac{\theta}{B}, \quad Z = \frac{z}{C}. \tag{2.39}$$

与此相应的 $\overset{-1}{c}{}^{ij}$ 和 c^{ij} 的矩阵表示为

$$(\overset{-1}{c}{}^{ij}) = \begin{pmatrix} (\dfrac{A}{r})^2 & 0 & 0 \\ 0 & B^2 & 0 \\ 0 & 0 & C^2 \end{pmatrix}, \quad (c^{ij}) = \begin{pmatrix} \dfrac{r^2}{A^2} & 0 & 0 \\ 0 & \dfrac{1}{r^4 B^2} & 0 \\ 0 & 0 & \dfrac{1}{C^2} \end{pmatrix}.$$

在以上讨论中,变形梯度 $\boldsymbol{F}$ 是相对于参考时刻 t_0 的参考构形而言的.但在某些情况下,以某一特定时刻 t 的构形来作为“参考”构形往往是方便的.现考虑在 t_0 时刻具有向径 $\boldsymbol{X}$ 的物质点,假定它在 t 时刻变为具有向径 $\boldsymbol{x}$ 的点,那么,在 τ 时刻该点的向径可写为

$$\boldsymbol{\zeta} = \boldsymbol{\zeta}(\boldsymbol{X}, \tau).$$

利用(2.3)式,上式也可写为

$$\boldsymbol{\zeta} = \boldsymbol{\zeta}(\boldsymbol{X}(\boldsymbol{x}, t), \tau) = \boldsymbol{\zeta}_t(\boldsymbol{x}, \tau), \tag{2.40}$$

其中 $\boldsymbol{\zeta}_t(\boldsymbol{x}, \tau)$ 称为相对变形函数,表示 t 时刻具有向径 $\boldsymbol{x}$ 的点在 τ 时刻的位置向量.上式的逆关系可写为

$$\boldsymbol{x} = \boldsymbol{x}_\tau(\boldsymbol{\zeta}, t). \tag{2.41}$$

以 t 时刻的构形作为"参考"构形的变形梯度称为**相对变形梯度**,可记为 $\boldsymbol{F}_t(\boldsymbol{x},\tau)$. 注意到

$$\mathrm{d}\boldsymbol{\zeta}=\frac{\partial\boldsymbol{\zeta}}{\partial X^A}\mathrm{d}X^A=\frac{\partial\boldsymbol{\zeta}}{\partial X^A}\otimes(\boldsymbol{C}^A\cdot\mathrm{d}\boldsymbol{x}),$$

可有

$$\boldsymbol{F}_t(\boldsymbol{x},\tau)=\frac{\partial\boldsymbol{\zeta}}{\partial X^A}\otimes\boldsymbol{C}^A=\hat{\boldsymbol{C}}_A\otimes\boldsymbol{C}^A. \tag{2.42}$$

它将 t 时刻 $\boldsymbol{x}$ 邻域的有向线元 $\mathrm{d}\boldsymbol{x}$ 变换到 τ 时刻 $\boldsymbol{\zeta}$ 邻域的有向线元 $\mathrm{d}\boldsymbol{\zeta}=\boldsymbol{F}_t(\boldsymbol{x},\tau)\cdot\mathrm{d}\boldsymbol{x}$. 在(2.42)式中,$\hat{\boldsymbol{C}}_A$ 为随体坐标系$\{X^A,\tau\}$中的协变基向量.

τ 时刻的变形梯度 $\boldsymbol{F}(\tau)=\boldsymbol{F}_{t_0}(\tau)$ 与 t 时刻的变形梯度 $\boldsymbol{F}(t)=\boldsymbol{F}_{t_0}(t)$ 之间满足以下关系

$$\boldsymbol{F}(\tau)=\frac{\partial\boldsymbol{\zeta}}{\partial X^A}\otimes\boldsymbol{G}^A=\left(\frac{\partial\boldsymbol{\zeta}}{\partial X^A}\otimes\boldsymbol{C}^A\right)\cdot(\boldsymbol{C}_B\otimes\boldsymbol{G}^B)=\boldsymbol{F}_t(\boldsymbol{x},\tau)\cdot\boldsymbol{F}(t).$$

上式中 $\boldsymbol{F}$ 的右下标 t_0 表示它是以 t_0 时刻的构形作为参考构形的. 因此,相对变形梯度也可以写为

$$\boldsymbol{F}_t(\boldsymbol{x},\tau)=\boldsymbol{F}(\tau)\cdot\boldsymbol{F}^{-1}(t). \tag{2.43}$$

显然,当 $\tau=t$ 时,有

$$\boldsymbol{F}_t(\boldsymbol{x},t)=\boldsymbol{I}.$$

相对右、左 Cauchy-Green 张量可分别定义为

$$\left.\begin{aligned}\boldsymbol{C}_t(\tau)&=\boldsymbol{F}_t^{\mathrm{T}}(\boldsymbol{x},\tau)\cdot\boldsymbol{F}_t(\boldsymbol{x},\tau),\\ \boldsymbol{B}_t(\tau)&=\boldsymbol{F}_t(\boldsymbol{x},\tau)\cdot\boldsymbol{F}_t^{\mathrm{T}}(\boldsymbol{x},\tau).\end{aligned}\right\} \tag{2.44}$$

由(2.43)式,可得

$$\left.\begin{aligned}\boldsymbol{C}(\tau)&=\boldsymbol{F}^{\mathrm{T}}(\tau)\cdot\boldsymbol{F}(\tau)=\boldsymbol{F}^{\mathrm{T}}(t)\cdot\boldsymbol{C}_t(\tau)\cdot\boldsymbol{F}(t),\\ \boldsymbol{B}(\tau)&=\boldsymbol{F}_t(\tau)\cdot\boldsymbol{B}(t)\cdot\boldsymbol{F}_t^{\mathrm{T}}(\tau).\end{aligned}\right\} \tag{2.45}$$

其中 $\boldsymbol{F}_t(\tau)=\boldsymbol{F}_t(\boldsymbol{x},\tau)$.

§ 2.3 代表性物质点邻域的变形描述

(一) 主长度比和主方向

在 t_0 时刻,参考构形中有向线元 $\mathrm{d}\boldsymbol{X}$ 的长度平方为

$$\mathrm{d}s_0^2=\mathrm{d}\boldsymbol{X}\cdot\mathrm{d}\boldsymbol{X}=(\boldsymbol{F}^{-1}\cdot\mathrm{d}\boldsymbol{x})\cdot(\boldsymbol{F}^{-1}\cdot\mathrm{d}\boldsymbol{x})=\mathrm{d}\boldsymbol{x}\cdot\boldsymbol{c}\cdot\mathrm{d}\boldsymbol{x}, \tag{2.46}$$

经变形,在 t 时刻它变为有向线元 $\mathrm{d}\boldsymbol{x}$ 的长度平方:

$$\mathrm{d}s^2 = \mathrm{d}\boldsymbol{x}\cdot\mathrm{d}\boldsymbol{x} = (\boldsymbol{F}\cdot\mathrm{d}\boldsymbol{X})\cdot(\boldsymbol{F}\cdot\mathrm{d}\boldsymbol{X}) = \mathrm{d}\boldsymbol{X}\cdot\boldsymbol{C}\cdot\mathrm{d}\boldsymbol{X}. \tag{2.47}$$

令 $\boldsymbol{L}_0 = \mathrm{d}\boldsymbol{X}/|\mathrm{d}\boldsymbol{X}| = L^A\boldsymbol{G}_A$ 和 $\boldsymbol{l} = \mathrm{d}\boldsymbol{x}/|\mathrm{d}\boldsymbol{x}| = l^i\boldsymbol{g}_i$ 分别为 $\mathrm{d}\boldsymbol{X}$ 和 $\mathrm{d}\boldsymbol{x}$ 的单位切向量,则对应于变形前具有方向 $\boldsymbol{L}_0$ 和变形后具有方向 $\boldsymbol{l}$ 的线元长度比可分别定义为

$$\lambda_{\boldsymbol{L}_0} = \frac{|\mathrm{d}\boldsymbol{x}|}{|\mathrm{d}\boldsymbol{X}|} = \left(\frac{\mathrm{d}\boldsymbol{X}\cdot\boldsymbol{C}\cdot\mathrm{d}\boldsymbol{X}}{|\mathrm{d}\boldsymbol{X}||\mathrm{d}\boldsymbol{X}|}\right)^{\frac{1}{2}}$$
$$= (\boldsymbol{L}_0\cdot\boldsymbol{C}\cdot\boldsymbol{L}_0)^{\frac{1}{2}} = (C_{MN}L^ML^N)^{\frac{1}{2}} \quad (M,N = 1,2,3), \tag{2.48$_1$}$$

和

$$\lambda_{\boldsymbol{l}} = \frac{|\mathrm{d}\boldsymbol{x}|}{|\mathrm{d}\boldsymbol{X}|} = \left(\frac{|\mathrm{d}\boldsymbol{x}||\mathrm{d}\boldsymbol{x}|}{\mathrm{d}\boldsymbol{x}\cdot\boldsymbol{c}\cdot\mathrm{d}\boldsymbol{x}}\right)^{\frac{1}{2}} = (\boldsymbol{l}\cdot\boldsymbol{c}\cdot\boldsymbol{l})^{-\frac{1}{2}}$$
$$= (c_{rs}l^rl^s)^{-\frac{1}{2}} \quad (r,s = 1,2,3), \tag{2.48$_2$}$$

以上定义表明,当 t_0 时刻具有切向 $\boldsymbol{L}_0$ 的线元经变形后成为具有切向 $\boldsymbol{l}$ 的线元时,就有 $\lambda_{\boldsymbol{L}_0} = \lambda_{\boldsymbol{l}}$.

现在来求使上式取极值(极大、极小或驻值)的长度比以及相应的单位切向量.对应于(2.48)式的第一式,这等价于在条件 $G_{MN}L^ML^N = 1$ 下求 $C_{MN}L^ML^N$ 的极值问题.为此,可引进 Lagrange 乘子 η,而使问题化为以下的极值条件

$$\frac{\partial}{\partial L^A}[C_{MN}L^ML^N - \eta(G_{MN}L^ML^N - 1)] = 0,$$

或

$$(C_{AM} - \eta G_{AM})L^M = 0.$$

通过指标的上升,上式还可等价地写为

$$(C^{A}_{\cdot M} - \eta\delta^A_M)L^M = 0, \tag{2.49}$$

或用抽象记法写为

$$(\boldsymbol{C} - \eta\boldsymbol{I})\cdot\boldsymbol{L}_0 = \boldsymbol{0}.$$

(2.49) 式是含有三个未知量 $L^M(M = 1,2,3)$ 的齐次线性代数方程组,它存在非零解的条件是其系数行列式等于零:

$$\det(\boldsymbol{C} - \eta\boldsymbol{I}) = 0.$$

比较(1.63) 式,可知上式就是关于 $\boldsymbol{C}$ 的特征方程,而特征方程展开式中的系数则对应于 $\boldsymbol{C}$ 的三个主不变量.因为 $\boldsymbol{C}$ 是对称正定的,故存在三个非负的特征值:$\eta_\alpha = \lambda^2_{\boldsymbol{L}_\alpha}(\alpha = 1,2,3)$ 和相应的三个相互垂直的单位特征

向量 $\boldsymbol{L}_\alpha = L_\alpha^M \boldsymbol{G}_M(\alpha = 1,2,3)$,使得

$$\boldsymbol{C} \cdot \boldsymbol{L}_\alpha = \lambda_{L_\alpha}^2 \boldsymbol{L}_\alpha \quad (\text{不对 } \alpha \text{ 求和}). \tag{2.50}$$

将 $\boldsymbol{L}_\alpha$ 从左方与上式作点积并与(2.48)式的第一式比较后,可知对应于 $\boldsymbol{L}_\alpha(\alpha = 1,2,3)$ 的线元的长度比等于 $\lambda_{L_\alpha}(\alpha = 1,2,3)$,称之为对应于 $\boldsymbol{L}_\alpha$ 的**主长度比**,而其中的 $\boldsymbol{L}_\alpha$ 则称为 **Lagrange 主方向**.注意到 $\boldsymbol{C} = \boldsymbol{U}^2$,可知 λ_{L_α} 和 $\boldsymbol{L}_\alpha$ 分别为 $\boldsymbol{U}$ 的特征值和单位特征向量.

类似地,对应于(2.48)式的第二式,同样可在条件 $g_{rs}l^r l^s = 1$ 下来计算 $c_{rs}l^r l^s$ 的极值.这相当于求解以下方程中的特征值 $\lambda_{l_\alpha}^{-2}$ 和单位特征向量 $\boldsymbol{l}_\alpha$,

$$\boldsymbol{c} \cdot \boldsymbol{l}_\alpha = \lambda_{l_\alpha}^{-2} \boldsymbol{l}_\alpha \quad (\text{不对 } \alpha \text{ 求和}). \tag{2.51}$$

上式也可等价地写为

$$\boldsymbol{B} \cdot \boldsymbol{l}_\alpha = \boldsymbol{c}^{-1} \cdot \boldsymbol{l}_\alpha = \lambda_{l_\alpha}^2 \boldsymbol{l}_\alpha \quad (\text{不对 } \alpha \text{ 求和}). \tag{2.52}$$

将 $\boldsymbol{l}_\alpha$ 从左方与(2.51)作点积并与(2.48)式的第二式比较后,可知对应于 $\boldsymbol{l}_\alpha(\alpha = 1,2,3)$ 的线元的长度比等于 $\lambda_{l_\alpha}(\alpha = 1,2,3)$,称之为对应于 $\boldsymbol{l}_\alpha$ 的**主长度比**,而其中的 $\boldsymbol{l}_\alpha$ 则称为 **Euler 主方向**.注意到 $\boldsymbol{B} = \boldsymbol{V}^2$,可知 λ_{l_α} 和 $\boldsymbol{l}_\alpha$ 分别为 $\boldsymbol{V}$ 的特征值和单位特征向量.

根据第一章关于极分解定理的讨论,右伸长张量 $\boldsymbol{U}$ 和左伸长张量 $\boldsymbol{V}$ 具有相同的特征值.因此,对应于 $\boldsymbol{L}_\alpha$ 的主长度比与对应于 $\boldsymbol{l}_\alpha$ 的主长度比可以不加区分:$\lambda_\alpha = \lambda_{L_\alpha} = \lambda_{l_\alpha}(\alpha = 1,2,3)$. $\boldsymbol{U}$ 和 $\boldsymbol{V}$ 的谱表示则可分别由(1.77)式和(1.93)式给出:

$$\boldsymbol{U} = \sum_{\alpha=1}^{3} \lambda_\alpha \boldsymbol{L}_\alpha \otimes \boldsymbol{L}_\alpha, \quad \boldsymbol{V} = \sum_{\alpha=1}^{3} \lambda_\alpha \boldsymbol{l}_\alpha \otimes \boldsymbol{l}_\alpha. \tag{2.53}$$

上式中 Euler 主方向与 Lagrange 主方向之间相差一个刚体转动

$$\boldsymbol{l}_\alpha = \boldsymbol{R} \cdot \boldsymbol{L}_\alpha \quad (\alpha = 1,2,3). \tag{2.54}$$

其中 $\boldsymbol{R}$ 为转动张量,可由(1.94)式表示为

$$\boldsymbol{R} = \sum_{\alpha=1}^{3} \boldsymbol{l}_\alpha \otimes \boldsymbol{L}_\alpha. \tag{2.55}$$

而变形梯度 $\boldsymbol{F}$ 及其逆 $\boldsymbol{F}^{-1}$ 则可由(1.95)式写为

$$\left.\begin{aligned} \boldsymbol{F} &= \boldsymbol{R} \cdot \boldsymbol{U} = \boldsymbol{V} \cdot \boldsymbol{R} = \sum_{\alpha=1}^{3} \lambda_\alpha \boldsymbol{l}_\alpha \otimes \boldsymbol{L}_\alpha, \\ \boldsymbol{F}^{-1} &= \boldsymbol{U}^{-1} \cdot \boldsymbol{R}^{\mathrm{T}} = \boldsymbol{R}^{\mathrm{T}} \cdot \boldsymbol{V}^{-1} = \sum_{\alpha=1}^{3} \lambda_\alpha^{-1} \boldsymbol{L}_\alpha \otimes \boldsymbol{l}_\alpha. \end{aligned}\right\} \tag{2.56}$$

(二) 应变椭球

现在我们来考察在参考构形中以 $\boldsymbol{X}$ 点为中心的圆球面:$\mathrm{d}s_0^2 = \mathrm{d}\boldsymbol{X} \cdot \mathrm{d}\boldsymbol{X} = G_{AB}\mathrm{d}X^A\mathrm{d}X^B = k^2$,其中 $k(>0)$ 为常数.注意到(2.32)式和(2.46)式,它可写为

$$\mathrm{d}\boldsymbol{x} \cdot \boldsymbol{c} \cdot \mathrm{d}\boldsymbol{x} = c_{ij}\mathrm{d}x^i\mathrm{d}x^j = k^2,$$

其中 c_{ij} 是对称正定张量 $\boldsymbol{c}$ 在坐标系 $\{x^i\}$ 中的协变分量.上式表示的是在当前构形中以 $\boldsymbol{x}$ 点为中心的椭球面.这说明,在 $\boldsymbol{X}$ 点邻域以 $\boldsymbol{X}$ 为中心的圆球在变形后将变为以 $\boldsymbol{x}$ 点为中心的椭球(见图 2.2),我们称这样的椭球为应变物质椭球.

同理,由(2.47)式可知,在当前构形中以 $\boldsymbol{x}$ 为中心的圆球面 $\mathrm{d}s^2 = \mathrm{d}\boldsymbol{x} \cdot \mathrm{d}\boldsymbol{x} = g_{ij}\mathrm{d}x^i\mathrm{d}x^j = k^2$ 在变形前将对应于参考构形中以 $\boldsymbol{X}$ 为中心的椭球面 $\mathrm{d}\boldsymbol{X} \cdot \boldsymbol{C} \cdot \mathrm{d}\boldsymbol{X} = C_{AB}\mathrm{d}X^A\mathrm{d}X^B = k^2$,我们称这样的椭球为应变空间椭球.

其次,我们来考察参考构形中沿任意两个相互垂直的 Lagrange 主方向 $\boldsymbol{L}_\alpha$ 和 $\boldsymbol{L}_\beta(\alpha \neq \beta)$ 的线元 $\mathrm{d}\boldsymbol{X}_\alpha$ 和 $\mathrm{d}\boldsymbol{X}_\beta$.在变形后,这两个线元分别变为 $\mathrm{d}\boldsymbol{x}_\alpha = \boldsymbol{F} \cdot \mathrm{d}\boldsymbol{X}_\alpha$ 和 $\mathrm{d}\boldsymbol{x}_\beta = \boldsymbol{F} \cdot \mathrm{d}\boldsymbol{X}_\beta$,它们的点积可写为 $(\boldsymbol{F} \cdot \mathrm{d}\boldsymbol{X}_\alpha) \cdot (\boldsymbol{F} \cdot \mathrm{d}\boldsymbol{X}_\beta) = \mathrm{d}\boldsymbol{X}_\alpha \cdot \boldsymbol{C} \cdot \mathrm{d}\boldsymbol{X}_\beta$.因为 $\mathrm{d}\boldsymbol{X}_\alpha$ 和 $\mathrm{d}\boldsymbol{X}_\beta(\alpha \neq \beta)$ 相互垂直,故由(2.49)式可得 $\mathrm{d}\boldsymbol{X}_\alpha \cdot \boldsymbol{C} \cdot \mathrm{d}\boldsymbol{X}_\beta = 0$,这表示在参考构形中沿三个相互垂直的主方向的线元在变形后仍是相互垂直的,它们实际上就是应变物质椭球的主轴.

根据以上关于变形梯度 $\boldsymbol{F}$ 的讨论,我们可对(2.23)式作如下的几何解释:物体中任一点邻域的变形可看作是先沿三个正交方向 $\boldsymbol{L}_\alpha(\alpha = 1,2,3)$ 伸长 λ_α,然后再作刚体转动 $\boldsymbol{R}$;或先作刚体转动 $\boldsymbol{R}$,然后再沿三个正交方向 $\boldsymbol{l}_\alpha(\alpha = 1,2,3)$ 伸长 λ_α(这里已默认有向线元可作任意的平移).对于(2.24)式,同样也可以进行关于变形逆过程的类似讨论.

例 1 由(2.48)式,对于在参考构形中具有单位切向量 $\boldsymbol{M}_0$ 的线元,其长度比可写为 $\lambda_{\boldsymbol{M}} = (\boldsymbol{M}_0 \cdot \boldsymbol{C} \cdot \boldsymbol{M}_0)^{\frac{1}{2}}$.设 λ_α^2 和 $\boldsymbol{L}_\alpha(\alpha = 1,2,3)$ 分别为 $\boldsymbol{C}$ 的特征值和单位特征向量,则 $\boldsymbol{C}$ 的谱分解式为

$$\boldsymbol{C} = \sum_{\alpha=1}^{3} \lambda_\alpha^2 \boldsymbol{L}_\alpha \otimes \boldsymbol{L}_\alpha .$$

如果向量 $\boldsymbol{M}_0$ 在单位正交基 $\boldsymbol{L}_\alpha(\alpha = 1,2,3)$ 上的分量为 $M_\alpha = \boldsymbol{M}_0 \cdot \boldsymbol{L}_\alpha$,则以上的长度比 $\lambda_{\boldsymbol{M}}$ 还可表示为

$$\lambda_{M} = \left[\sum_{\alpha=1}^{3} (\lambda_{\alpha} M_{\alpha})^2 \right]^{\frac{1}{2}}. \tag{2.57}$$

类似地，对于变形后在当前构形中具有单位切向量 $\boldsymbol{m}$ 的线元，其长度比可写为 $\lambda_{\boldsymbol{m}} = (\boldsymbol{m} \cdot \boldsymbol{c} \cdot \boldsymbol{m})^{-\frac{1}{2}}$. 设 λ_{α}^{-2} 和 $\boldsymbol{l}_{\alpha}(\alpha = 1,2,3)$ 分别为 $\boldsymbol{c}$ 的特征值和单位特征向量，则 $\boldsymbol{c}$ 的谱分解式为

$$\boldsymbol{c} = \sum_{\alpha=1}^{3} \lambda_{\alpha}^{-2} \boldsymbol{l}_{\alpha} \otimes \boldsymbol{l}_{\alpha}.$$

如果向量 $\boldsymbol{m}$ 在单位正交基 $\boldsymbol{l}_{\alpha}(\alpha = 1,2,3)$ 上的分量为 $m_{\alpha} = \boldsymbol{m} \cdot \boldsymbol{l}_{\alpha}$，则以上的长度比还可表示为

$$\lambda_{\boldsymbol{m}} = \left[\sum_{\alpha=1}^{3} (\lambda_{\alpha}^{-1} m_{\alpha})^2 \right]^{-\frac{1}{2}}. \tag{2.58}$$

例 2　设在参考构形中经过物质点 $\boldsymbol{X}$ 的任意两个线元 $\mathrm{d}\boldsymbol{X}_{(1)}$ 和 $\mathrm{d}\boldsymbol{X}_{(2)}$ 的单位切向量分别为 $\boldsymbol{M}^{(1)}$ 和 $\boldsymbol{M}^{(2)}$，其间的夹角 θ_0 满足 $\cos\theta_0 = \boldsymbol{M}^{(1)} \cdot \boldsymbol{M}^{(2)}$. 这两个线元经变形后分别为 $\mathrm{d}\boldsymbol{x}_{(1)}$ 和 $\mathrm{d}\boldsymbol{x}_{(2)}$，其单位切向量 $\boldsymbol{m}^{(1)}$ 和 $\boldsymbol{m}^{(2)}$ 之间的夹角为 θ. 下面来计算夹角 θ 所满足的方程. 如果 λ_{α}^2 和 $\boldsymbol{L}_{\alpha}(\alpha = 1,2,3)$ 分别为 $\boldsymbol{C}$ 的特征值和单位特征向量，而 $\boldsymbol{M}^{(1)}$ 和 $\boldsymbol{M}^{(2)}$ 在单位正交基 $\boldsymbol{L}_{\alpha}$ 上的分量可分别记为 $M_{\alpha}^{(1)}$ 和 $M_{\alpha}^{(2)}$，则有 $\cos\theta_0 = \sum_{\alpha=1}^{3} M_{\alpha}^{(1)} M_{\alpha}^{(2)}$. 变形后，线元 $\mathrm{d}\boldsymbol{x}_{(1)}$ 和 $\mathrm{d}\boldsymbol{x}_{(2)}$ 的单位切向量分别为

$$\boldsymbol{m}^{(1)} = \frac{\mathrm{d}\boldsymbol{x}_{(1)}}{|\mathrm{d}\boldsymbol{x}_{(1)}|} \quad 和 \quad \boldsymbol{m}^{(2)} = \frac{\mathrm{d}\boldsymbol{x}_{(2)}}{|\mathrm{d}\boldsymbol{x}_{(2)}|}.$$

由 $\mathrm{d}\boldsymbol{x}_{(1)} = \boldsymbol{F} \cdot \mathrm{d}\boldsymbol{X}_{(1)}$ 和 $|\mathrm{d}\boldsymbol{x}_{(1)}| = \lambda_{\boldsymbol{M}^{(1)}} |\mathrm{d}\boldsymbol{X}_{(1)}|$，以及 $\mathrm{d}\boldsymbol{x}_{(2)} = \boldsymbol{F} \cdot \mathrm{d}\boldsymbol{X}_{(2)}$ 和 $|\mathrm{d}\boldsymbol{x}_{(2)}| = \lambda_{\boldsymbol{M}^{(2)}} |\mathrm{d}\boldsymbol{X}_{(2)}|$，可得

$$\boldsymbol{m}^{(1)} = \boldsymbol{F} \cdot \frac{\mathrm{d}\boldsymbol{X}_{(1)}}{\lambda_{\boldsymbol{M}^{(1)}} |\mathrm{d}\boldsymbol{X}_{(1)}|} = \frac{1}{\lambda_{\boldsymbol{M}^{(1)}}} \boldsymbol{F} \cdot \boldsymbol{M}^{(1)},$$

$$\boldsymbol{m}^{(2)} = \boldsymbol{F} \cdot \frac{\mathrm{d}\boldsymbol{X}_{(2)}}{\lambda_{\boldsymbol{M}^{(2)}} |\mathrm{d}\boldsymbol{X}_{(2)}|} = \frac{1}{\lambda_{\boldsymbol{M}^{(2)}}} \boldsymbol{F} \cdot \boldsymbol{M}^{(2)}.$$

因此，$\boldsymbol{m}^{(1)}$ 和 $\boldsymbol{m}^{(2)}$ 之间的夹角 θ 满足

$$\begin{aligned} \cos\theta = \boldsymbol{m}^{(1)} \cdot \boldsymbol{m}^{(2)} &= \frac{1}{\lambda_{\boldsymbol{M}^{(1)}} \lambda_{\boldsymbol{M}^{(2)}}} (\boldsymbol{M}^{(1)} \cdot \boldsymbol{C} \cdot \boldsymbol{M}^{(2)}) \\ &= \frac{1}{\lambda_{\boldsymbol{M}^{(1)}} \lambda_{\boldsymbol{M}^{(2)}}} \left(\sum_{\alpha=1}^{3} \lambda_{\alpha}^2 M_{\alpha}^{(1)} M_{\alpha}^{(2)} \right). \end{aligned}$$

上式中的 $\lambda_{\boldsymbol{M}^{(1)}}$ 和 $\lambda_{\boldsymbol{M}^{(2)}}$ 可由(2.57)式给出：

$$\lambda_{\boldsymbol{M}^{(1)}} = \left(\sum_{\alpha=1}^{3} (\lambda_{\alpha} M_{\alpha}^{(1)})^2 \right)^{\frac{1}{2}}, \qquad \lambda_{\boldsymbol{M}^{(2)}} = \left(\sum_{\alpha=1}^{3} (\lambda_{\alpha} M_{\alpha}^{(2)})^2 \right)^{\frac{1}{2}}.$$

(三) 面元和体元的变化

现假定在 t_0 时刻参考构形中的面元可以用两有向线元 $\mathrm{d}\boldsymbol{X}_{(1)}$ 和 $\mathrm{d}\boldsymbol{X}_{(2)}$ 的叉积表示为

$$ {}_0\boldsymbol{N}\mathrm{d}S_0 = \mathrm{d}\boldsymbol{X}_{(1)} \times \mathrm{d}\boldsymbol{X}_{(2)}, \tag{2.59}$$

其中${}_0\boldsymbol{N}$ 和 $\mathrm{d}S_0$ 分别为面元的单位法向量和面元面积的大小.经变形后,该面元在当前构形中将变为

$$\boldsymbol{N}\mathrm{d}S = \mathrm{d}\boldsymbol{x}_{(1)} \times \mathrm{d}\boldsymbol{x}_{(2)} = (\boldsymbol{F}\cdot\mathrm{d}\boldsymbol{X}_{(1)}) \times (\boldsymbol{F}\cdot\mathrm{d}\boldsymbol{X}_{(2)}), \tag{2.60}$$

其中 $\boldsymbol{N}$ 和 $\mathrm{d}S$ 分别为变形后面元的单位法向量和面元面积的大小.因为变形梯度 $\boldsymbol{F}$ 为正则仿射量,故根据第一章给出的 Nanson 公式(1.67)式,(2.60)式的右端还可写为

$$(\boldsymbol{F}\cdot\mathrm{d}\boldsymbol{X}_{(1)}) \times (\boldsymbol{F}\cdot\mathrm{d}\boldsymbol{X}_{(2)}) = (\det\boldsymbol{F})\boldsymbol{F}^{-\mathrm{T}}\cdot(\mathrm{d}\boldsymbol{X}_{(1)}\times\mathrm{d}\boldsymbol{X}_{(2)}),$$

于是有

$$\boldsymbol{N}\mathrm{d}S = (\det\boldsymbol{F})\boldsymbol{F}^{-\mathrm{T}}\cdot{}_0\boldsymbol{N}\mathrm{d}S_0, \tag{2.61}$$

其中 $\det\boldsymbol{F}$ 可由(2.29)式写为 $\det\boldsymbol{F} = \mathscr{J} = \sqrt{\dfrac{C}{G}}$,上式就是面元之间的变换关系.因为任意形状的面元都可以用无穷多个平行四边形来逼近,因此以上公式对任意形状的面元也是成立的.

根据 $\boldsymbol{C}$ 和 $\boldsymbol{B}$ 的定义式(2.33)式,面元大小的相对变化可用面积比表示为

$$\frac{\mathrm{d}S}{\mathrm{d}S_0} = \mathscr{J}({}_0\boldsymbol{N}\cdot\boldsymbol{C}^{-1}\cdot{}_0\boldsymbol{N})^{\frac{1}{2}} = \mathscr{J}(\boldsymbol{N}\cdot\boldsymbol{B}\cdot\boldsymbol{N})^{-\frac{1}{2}}. \tag{2.62}$$

其次来讨论体元的变化.假定在 t_0 时刻参考构形中的体元可以用三个不共面的有向线元 $\mathrm{d}\boldsymbol{X}_{(1)}$、$\mathrm{d}\boldsymbol{X}_{(2)}$ 和 $\mathrm{d}\boldsymbol{X}_{(3)}$ 的混合积来加以表示:

$$\mathrm{d}v_0 = [\mathrm{d}\boldsymbol{X}_{(1)},\mathrm{d}\boldsymbol{X}_{(2)},\mathrm{d}\boldsymbol{X}_{(3)}],$$

那么在变形后,该体元将变为

$$\mathrm{d}v = [\mathrm{d}\boldsymbol{x}_{(1)},\mathrm{d}\boldsymbol{x}_{(2)},\mathrm{d}\boldsymbol{x}_{(3)}] = [\boldsymbol{F}\cdot\mathrm{d}\boldsymbol{X}_{(1)},\boldsymbol{F}\cdot\mathrm{d}\boldsymbol{X}_{(2)},\boldsymbol{F}\cdot\mathrm{d}\boldsymbol{X}_{(3)}].$$

如果将 §1.5 例 3 中的三线性反对称函数 φ 取为向量的混合积,则根据(1.66)式,上式右端还可以写为

$$I_3(\boldsymbol{F})[\mathrm{d}\boldsymbol{X}_{(1)},\mathrm{d}\boldsymbol{X}_{(2)},\mathrm{d}\boldsymbol{X}_{(3)}],$$

其中 $I_3(\boldsymbol{F})$ 为 $\boldsymbol{F}$ 的第三不变量,它等于 $\det\boldsymbol{F} = \mathscr{J}$.于是,体元之间的变换关系可以表示为

$$\mathrm{d}v = \mathscr{J}\mathrm{d}v_0. \tag{2.63}$$

因为任意形状的体元都可以用无穷多个平行六面体来逼近，故上式对任意形状的体元也是成立的.

由于在变形过程中代表性物质点邻域的体积变化可以通过$\mathscr{J}$来加以描述，因此，变形梯度有时也可以分解为体积部分和等容部分的乘积：

$$\boldsymbol{F}(\boldsymbol{X},t) = \mathscr{J}^{\frac{1}{3}}(\boldsymbol{X},t)\boldsymbol{I}\cdot\hat{\boldsymbol{F}}(\boldsymbol{X},t), \tag{2.64}$$

其中 $\hat{\boldsymbol{F}}(\boldsymbol{X},t)$ 满足 $\det\hat{\boldsymbol{F}} = 1$.

例 3 设 λ_α^2 和$\boldsymbol{L}_\alpha(\alpha = 1,2,3)$分别为$\boldsymbol{C} = \boldsymbol{U}^2$的特征值和单位特征向量，且参考构形中面元的单位法向量${}_0\boldsymbol{N}$在单位正交基$\boldsymbol{L}_\alpha(\alpha = 1,2,3)$上的分量为${}_0N_\alpha = {}_0\boldsymbol{N}\cdot\boldsymbol{L}_\alpha$，则变形前后面元的面积比(2.62)式和体元的体积比(2.63)式还可以表示为

$$\left.\begin{aligned}&\frac{\mathrm{d}S}{\mathrm{d}S_0} = \mathscr{J}\Big[\sum_{\alpha=1}^{3}(\lambda_\alpha^{-1}\,{}_0N_\alpha)^2\Big]^{\frac{1}{2}},\\&\frac{\mathrm{d}v}{\mathrm{d}v_0} = \mathscr{J} = \det\boldsymbol{F} = (\det\boldsymbol{R})(\det\boldsymbol{U}) = \lambda_1\lambda_2\lambda_3.\end{aligned}\right\} \tag{2.65}$$

§2.4 应变度量

(一) 应变的 Lagrange 描述

根据上一节的讨论可知，对于物质坐标系$\{X^A\}$中任一代表性物质点，可设法计算经过该点沿任意方向的线元长度的变化，经过该点的任意两线元夹角的变化以及该点邻域任意面元和体元的变化. 这些变化完全由主长度比$\lambda_\alpha(\alpha = 1,2,3)$和相应的 Lagrange 主方向$\boldsymbol{L}_\alpha(\alpha = 1,2,3)$所决定. 因此，任何一个能够确定$\lambda_\alpha$和$\boldsymbol{L}_\alpha$的张量都可作为应变的度量，来描述参考构形中代表性物质点邻域的变形状态. 这样的应变度量可以有无穷多种. 例如，Hill 曾建议，当采用物质描述时，可将应变定义为

$$\boldsymbol{E} = \sum_{\alpha=1}^{3} f(\lambda_\alpha)\boldsymbol{L}_\alpha\otimes\boldsymbol{L}_\alpha, \tag{2.66}$$

其中 $f(\lambda)$ 是某一给定的单调可微函数，且满足

$$f(1) = 0,\quad f'(1) = 1,\quad f'(\lambda) > 0.$$

式中的撇号表示对变元的微商. 上式的第一式表示，当第$\alpha(\alpha = 1,2,3)$个主长度比为 1 时(即无伸长)，则沿$\boldsymbol{L}_\alpha$方向的应变等于零. 第二式表示在小变形条件下(即在$\lambda_\alpha = 1$邻近)，(2.66)式的应变定义与经典的小变形条件下应变张量的定义相一致，即

$$f(1+\mathrm{d}\lambda) = f(1+\mathrm{d}\lambda) - f(1) = \mathrm{d}f\,|_{\lambda=1} = \mathrm{d}\lambda = \mathrm{d}\lambda/\lambda\,|_{\lambda=1}.$$

上式的最后一式要求,较大的主长度比对应于较大的应变,而且这种对应是一对一的.

特别地,对任意实数 n,可选取

$$f(\lambda) = \frac{1}{2n}(\lambda^{2n} - 1), \tag{2.67}$$

这时的应变称之为**Seth 应变度量**,相应的(2.66)式为

$$\boldsymbol{E}^{(n)} = \frac{1}{2n}\sum_{\alpha=1}^{3}(\lambda_\alpha^{2n} - 1)\boldsymbol{L}_\alpha \otimes \boldsymbol{L}_\alpha = \frac{1}{2n}(\boldsymbol{U}^{2n} - \boldsymbol{I}), \tag{2.68}$$

式中 $\boldsymbol{E}^{(n)}$ 的特征值和单位特征向量分别为 $\frac{1}{2n}(\lambda_\alpha^{2n} - 1)$ 和 $\boldsymbol{L}_\alpha(\alpha = 1,2,3)$.

下面来讨论当 n 取某些特殊值时的应变张量:

(1) 对应于 $n = 1$ 的应变张量

$$\boldsymbol{E}^{(1)} = \frac{1}{2}(\boldsymbol{C} - \boldsymbol{I}) = E_{AB}^{(1)}\boldsymbol{G}^A \otimes \boldsymbol{G}^B, \tag{2.69}$$

称为**Green 应变**.其中 $E_{AB}^{(1)} = \frac{1}{2}(C_{AB} - G_{AB})$ 可用位移分量表示为

$$E_{AB}^{(1)} = \frac{1}{2}(U_A\,|_B + U_B\,|_A + U^M\,|_A U_M\,|_B). \tag{2.70}$$

在参考构形中,任意线元 $\mathrm{d}\boldsymbol{X}$ 长度平方的改变量可通过 $\boldsymbol{E}^{(1)}$ 表示为

$$\mathrm{d}s^2 - \mathrm{d}s_0^2 = \mathrm{d}\boldsymbol{X}\cdot(\boldsymbol{C} - \boldsymbol{I})\cdot\mathrm{d}\boldsymbol{X} = 2\mathrm{d}\boldsymbol{X}\cdot\boldsymbol{E}^{(1)}\cdot\mathrm{d}\boldsymbol{X}.$$

如果 $\boldsymbol{L}_0 = \frac{\mathrm{d}\boldsymbol{X}}{|\mathrm{d}\boldsymbol{X}|}$ 为线元 $\mathrm{d}\boldsymbol{X}$ 的单位切向量,则上式还可写为

$$\left(\frac{\mathrm{d}s}{\mathrm{d}s_0}\right)^2 - 1 = 2\boldsymbol{L}_0\cdot\boldsymbol{E}^{(1)}\cdot\boldsymbol{L}_0.$$

它可用来说明 Green 应变的几何意义.

(2) 对应于 $n = \frac{1}{2}$ 的应变张量

$$\boldsymbol{E}^{(\frac{1}{2})} = \sum_{\alpha=1}^{3}(\lambda_\alpha - 1)\boldsymbol{L}_\alpha \otimes \boldsymbol{L}_\alpha = \boldsymbol{U} - \boldsymbol{I}, \tag{2.71}$$

称为**工程应变**或 Biot 应变.

(3) 对应于 $n = 0$ 的应变可由 $\lim\limits_{n\to 0}\frac{1}{2n}(\lambda^{2n} - 1) = \ln\lambda$ 给出:

$$\boldsymbol{E}^{(0)} = \sum_{\alpha=1}^{3}\ln\lambda_\alpha\boldsymbol{L}_\alpha \otimes \boldsymbol{L}_\alpha. \tag{2.72}$$

称为**对数应变**,并记作 $\ln\boldsymbol{U}$.

(4) 对应于 $n=-1$ 的应变张量为

$$\boldsymbol{E}^{(-1)}=\frac{1}{2}[\boldsymbol{I}-\overset{-1}{\boldsymbol{C}}]=\overset{(-1)}{E}{}^{AB}\boldsymbol{G}_A\otimes\boldsymbol{G}_B,\tag{2.73}$$

其中 $\overset{(-1)}{E}{}^{AB}=\frac{1}{2}(G^{AB}-\overset{-1}{C}{}^{AB})$,它与 Green 应变的关系为 $\boldsymbol{E}^{(-1)}=\boldsymbol{U}^{-1}\cdot\boldsymbol{E}^{(1)}\cdot\boldsymbol{U}^{-1}$.

当 $(\lambda-1)$ 是小量时, $f(\lambda)$ 可在 $\lambda=1$ 处展开为

$$f(\lambda)=(\lambda-1)+\frac{1}{2}f''(1)(\lambda-1)^2+\cdots,$$

特别地,有 $\ln\lambda=(\lambda-1)-\frac{1}{2}(\lambda-1)^2+\cdots$,因此,当主长度比 λ_α 与 1 相差很小时,(2.66) 式和(2.72) 式可分别展为

$$\boldsymbol{E}=(\boldsymbol{U}-\boldsymbol{I})+\frac{1}{2}f''(1)(\boldsymbol{U}-\boldsymbol{I})^2+\cdots,$$

$$\boldsymbol{E}^{(0)}=(\boldsymbol{U}-\boldsymbol{I})-\frac{1}{2}(\boldsymbol{U}-\boldsymbol{I})^2+\cdots.$$

将上式的第一式改写为 $\boldsymbol{U}-\boldsymbol{I}=\boldsymbol{E}-\frac{1}{2}f''(1)(\boldsymbol{U}-\boldsymbol{I})^2-\cdots$,并代入上式的第二式,可得

$$\boldsymbol{E}^{(0)}=\boldsymbol{E}-m\boldsymbol{E}\cdot\boldsymbol{E}+O(\boldsymbol{E}^3),\tag{2.74}$$

其中 $m=\frac{1}{2}(1+f''(1))$,而 $O(\boldsymbol{E}^3)$ 为 $\boldsymbol{E}$ 的三阶小量.上式给出了用一般的应变度量来表示对数应变的近似表达式.

(二) 应变的 Euler 描述

以上有关应变的定义是在 Lagrange 描述下给出的.如果在变形后的当前构形中来刻画某一点邻域的变形状态,则相应的应变度量应在 Euler 描述下给出,它由主长度比 $\lambda_\alpha(\alpha=1,2,3)$ 和相应的 Euler 主方向 $\boldsymbol{l}_\alpha(\alpha=1,2,3)$ 所决定.与(2.66) 式相对应,Euler 描述下的应变可定义为

$$\boldsymbol{e}=\sum_{\alpha=1}^{3}f(\lambda_\alpha)\boldsymbol{l}_\alpha\otimes\boldsymbol{l}_\alpha.\tag{2.75}$$

由(2.54) 式,可知上式与 Lagrange 应变度量(2.66) 式相差一个刚体转动 $\boldsymbol{R}$:

$$\boldsymbol{e}=\boldsymbol{R}\cdot\boldsymbol{E}\cdot\boldsymbol{R}^{\mathrm{T}}.\tag{2.76}$$

因此,对于 Euler 描述下的应变 $\boldsymbol{e}$,可以作与 $\boldsymbol{E}$ 完全类似的讨论.例如,可定义

$$\boldsymbol{e}^{(n)} = \frac{1}{2n}\sum_{\alpha=1}^{3}(\lambda_\alpha^{2n} - 1)\boldsymbol{l}_\alpha \otimes \boldsymbol{l}_\alpha = \frac{1}{2n}(\boldsymbol{V}^{2n} - \boldsymbol{I}). \tag{2.77}$$

特别地，对应于 $n = 1$ 和 $n = -1$，有

$$\boldsymbol{e}^{(1)} = \frac{1}{2}(\boldsymbol{B} - \boldsymbol{I}) = \frac{1}{2}(\overset{-1}{c}{}^{ij} - g^{ij})\boldsymbol{g}_i \otimes \boldsymbol{g}_j, \tag{2.78}$$

$$\boldsymbol{e}^{(-1)} = \frac{1}{2}(\boldsymbol{I} - \boldsymbol{c}) = \frac{1}{2}(g_{ij} - c_{ij})\boldsymbol{g}^i \otimes \boldsymbol{g}^j. \tag{2.79}$$

由(2.79)式定义的应变称为 **Almansi 应变**.其分量可根据(2.21)式用位移分量表示为

$$\overset{(-1)}{e}{}_{ij} = \frac{1}{2}(g_{ij} - c_{ij}) = \frac{1}{2}(u_i|_j + u_j|_i - u^r|_i u_r|_j).$$

另一个常用的应变是 Euler 型对数应变

$$\boldsymbol{e}^{(0)} = \ln \boldsymbol{V} = \sum_{\alpha=1}^{3}\ln\lambda_\alpha \boldsymbol{l}_\alpha \otimes \boldsymbol{l}_\alpha, \tag{2.80}$$

它有时也被称为 Hencky 应变.

注意到(2.32)式，Green 应变 $\boldsymbol{E}^{(1)}$ 与 Almansi 应变 $\boldsymbol{e}^{(-1)}$ 之间的关系可写为

$$\boldsymbol{E}^{(1)} = \boldsymbol{F}^{\mathrm{T}} \cdot \boldsymbol{e}^{(-1)} \cdot \boldsymbol{F}. \tag{2.81}$$

因为线元长度平方的改变量也可通过 $\boldsymbol{e}^{(-1)}$ 表示为

$$\mathrm{d}s^2 - \mathrm{d}s_0^2 = \mathrm{d}\boldsymbol{x} \cdot (\boldsymbol{I} - \boldsymbol{c}) \cdot \mathrm{d}\boldsymbol{x} = 2\mathrm{d}\boldsymbol{x} \cdot \boldsymbol{e}^{(-1)} \cdot \mathrm{d}\boldsymbol{x},$$

因此，对于变形后的线元 $\mathrm{d}\boldsymbol{x}$ 的单位切向量 $\boldsymbol{l} = \mathrm{d}\boldsymbol{x}/|\mathrm{d}\boldsymbol{x}|$，有

$$1 - \left(\frac{\mathrm{d}s_0}{\mathrm{d}s}\right)^2 = 2\boldsymbol{l} \cdot \boldsymbol{e}^{(-1)} \cdot \boldsymbol{l}.$$

它可用来说明 Almansi 应变的几何意义.

由(2.66)式和(2.75)式定义的应变是分别在 Lagrange 主方向和 Euler 主方向下的谱分解式，我们称它们为应变张量的主轴表示法.虽然在许多情况下难以给出它们的绝对表示，但我们仍倾向于采用这种表示方法.

(三) 协调方程

(2.70)式表明，对于给定的物质坐标系 $\{X^A\}$，右 Cauchy-Green 张量 $\boldsymbol{C} = \boldsymbol{I} + 2\boldsymbol{E}^{(1)}$ 可通过三个位移分量 U^A 及其相应的协变导数来加以表示.同样地，对于给定的空间坐标系 $\{x^i\}$，左 Cauchy-Green 张量的逆 $\boldsymbol{B}^{-1} = \boldsymbol{c} = \boldsymbol{I} - 2\boldsymbol{e}^{(-1)}$ 也可以通过位移分量 u_i 及其相应的协变导数来表示.实际上，因为从参考构形中 $\boldsymbol{X}$ 到当前构形中 $\boldsymbol{x}$ 的变换是通过位移场来实现

的,所以,对称正定仿射量 $\boldsymbol{C}$ 或 $\boldsymbol{c}$ 的六个分量只需要位移场的三个分量及其协变导数就可以完全被确定下来. 现在要问: 当任意给定右 Cauchy-Green 张量 $\boldsymbol{C} = C_{AB}\boldsymbol{G}^A \otimes \boldsymbol{G}^B = (\boldsymbol{I} + 2n\boldsymbol{E}^{(n)})^{\frac{1}{n}}$(或某应变度量 $\boldsymbol{E}^{(n)}$) 的六个分量后,是否能够通过求解相应的偏微分方程组(如(2.70)式) 而得到某个单值连续的位移场? 显然,问题的回答一般是否定的. 其实,张量 $\boldsymbol{C}$ 的六个分量之间并不是完全独立的. 因为我们所讨论的是三维欧氏空间中的物体,并且不允许物体在变形过程中出现张开的裂纹或物质点之间的相互嵌入,所以在初始时刻 t_0 以及在变形后的时刻 t,相应的曲率张量(Riemann-Christoffel 张量) 应该处处为零. 例如,当采用物质坐标系 $\{X^A\}$ 和随体坐标系 $\{X^A, t\}$ 时,由度量张量 G_{AB}, G^{AB} 及其导数所表示的曲率张量 ${}_0R_{ABMN}$ 和由度量张量 $C_{AB}, \overset{-1}{C}{}^{AB}$ 及其导数所表示的曲率张量 R_{ABMN} 都应该等于零:

$$ {}_0R_{ABMN} = 0, \quad R_{ABMN} = 0, \tag{2.82} $$

其中 ${}_0R_{ABMN}$ 和 R_{ABMN} 都只有六个非零分量, 其值可根据第一章的 (1.125) 式来进行计算. 于是,只有当物体内处处满足(2.82) 式时,才可能求得单值连续的位移场. (2.82) 式通常称为**协调方程**或相容性方程. 特别地,当坐标系 $\{X^A\}$ 是一个斜角坐标系时, ${}_0R_{ABMN} = 0$ 的条件将自然满足,而(2.82) 式的后一式可写为

$$ R_{ABMN} = \frac{1}{2}(C_{AN,BM} + C_{BM,AN} - C_{AM,BN} - C_{BN,AM}) + \overset{-1}{C}{}^{RS}(\Gamma_{ANR}\Gamma_{BMS} - \Gamma_{AMR}\Gamma_{BNS}) = 0, $$

其中 $\Gamma_{ANR} = \frac{1}{2}(C_{RA,N} + C_{NR,A} - C_{AN,R})$. 如果用 $G_{AB} + 2E^{(1)}_{AB}$ 代替 C_{AB} 并代入上式,便得到 Green 应变 $\boldsymbol{E}^{(1)}$ 的六个分量所应满足的协调方程.

如果采用空间坐标系 $\{x^i\}$ 和随体坐标系 $\{x^i, t_0\}$ 对 Euler 描述下的应变度量(如 Almansi 应变 $\boldsymbol{e}^{(-1)}$) 和 $\boldsymbol{c}$ 作相应的讨论,则可以完全类似地得到由 g_{ij}, g^{ij} 和 $c_{ij}, \overset{-1}{c}{}^{ij}$ 表示的协调方程.

顺便指出,由于曲率张量的六个分量还应满足附加的三个微分恒等式(Bianchi 恒等式),因此,以上的协调方程之间还存在着一定的关系.

还要说明,在讨论含缺陷场的变形体力学时,以上的协调方程将不再满足. 为此,近年来人们对变形体的非协调理论进行了很多研究,但这已超出了本书的范围.

§2.5 物质导数

以前我们曾提到,物体的运动可以看作是以时间 t 为参数的物体的整个变形过程,它可通过(2.2)式或(2.3)式来加以表示.现在我们来讨论在物体运动过程中某个物理量随时间的变化率.该物理量是一个张量 $\boldsymbol{\varphi}$,在物质描述中,它是以 $X^A(A=1,2,3)$ 和 t 为自变量的函数 $\boldsymbol{\varphi}(X^A,t)$.在空间描述中,它是以 $x^i(i=1,2,3)$ 和 t 为自变量的函数 $\boldsymbol{\varphi}(x^i,t)$,其中 X^A 与 x^i 之间满足关系式(2.2)式或(2.3)式.

$\boldsymbol{\varphi}$ 跟随物体中某一固定的物质点一起运动的时间变化率可由固定 X^A(或参考构形中的物质点 $\boldsymbol{X}$)对 t 求偏导数得到,称之为 $\boldsymbol{\varphi}$ 的**物质导数**,表示为

$$\frac{\mathscr{D}\boldsymbol{\varphi}}{\mathscr{D}t}=\dot{\boldsymbol{\varphi}}=\left(\frac{\partial\boldsymbol{\varphi}(\boldsymbol{X},t)}{\partial t}\right)_{\boldsymbol{X}}. \tag{2.83}$$

$\boldsymbol{\varphi}$ 对于空间中固定点 $\boldsymbol{x}$ 的时间变化率可由固定 x^i(或当前构形中的空间固定点 $\boldsymbol{x}$)对 t 求偏导数得到,称之为 $\boldsymbol{\varphi}$ 的**局部导数**或空间时间导数,表示为

$$\boldsymbol{\varphi}'=\left(\frac{\partial\boldsymbol{\varphi}(\boldsymbol{x},t)}{\partial t}\right)_{\boldsymbol{x}}, \tag{2.84}$$

它与物质导数之间的关系可通过对复合函数 $\boldsymbol{\varphi}(\boldsymbol{X},t)=\boldsymbol{\varphi}(\boldsymbol{x}(\boldsymbol{X},t),t)$ 的求导给出:

$$\frac{\mathscr{D}\boldsymbol{\varphi}}{\mathscr{D}t}=\left(\frac{\partial\boldsymbol{\varphi}(\boldsymbol{X},t)}{\partial t}\right)_{\boldsymbol{X}}=\left(\frac{\partial\boldsymbol{\varphi}(\boldsymbol{x},t)}{\partial t}\right)_{\boldsymbol{x}}+\frac{\partial\boldsymbol{\varphi}}{\partial x^r}\left(\frac{\partial x^r}{\partial t}\right)_{\boldsymbol{X}}. \tag{2.85}$$

物体中代表性物质点的**速度** $\boldsymbol{v}$ 是该点位置向量 $\boldsymbol{x}$ 的物质导数:

$$\boldsymbol{v}=\left(\frac{\partial\boldsymbol{x}}{\partial t}\right)_{\boldsymbol{X}}=\lim_{\Delta t\to 0}\frac{1}{\Delta t}[\boldsymbol{x}(\boldsymbol{X},t+\Delta t)-\boldsymbol{x}(\boldsymbol{X},t)]=\frac{\partial\boldsymbol{x}}{\partial x^r}\left(\frac{\partial x^r}{\partial t}\right)_{\boldsymbol{X}}=v^r\boldsymbol{g}_r, \tag{2.86}$$

其中 $v^r=\left(\frac{\partial x^r}{\partial t}\right)_{\boldsymbol{X}}=\boldsymbol{g}^r\cdot\boldsymbol{v}=\boldsymbol{v}\cdot\boldsymbol{g}^r$ 表示速度 $\boldsymbol{v}$ 在基向量 $\boldsymbol{g}_r$ 上的逆变分量.

当然,速度 $\boldsymbol{v}$ 也可在其他基向量下进行分解,例如 $\boldsymbol{v}=v^A\boldsymbol{C}_A$.

利用上式可知

$$\frac{\partial\boldsymbol{\varphi}}{\partial x^r}\left(\frac{\partial x^r}{\partial t}\right)_{\boldsymbol{X}}=\left(\frac{\partial\boldsymbol{\varphi}}{\partial x^r}\otimes\boldsymbol{g}^r\right)\cdot\boldsymbol{v}=(\boldsymbol{\varphi}\,\nabla)\cdot\boldsymbol{v}=\boldsymbol{v}\cdot(\nabla\,\boldsymbol{\varphi}),$$

故(2.85)式还可写为

$$\frac{\mathscr{D}\boldsymbol{\varphi}}{\mathscr{D}t}=\dot{\boldsymbol{\varphi}}=\boldsymbol{\varphi}'+(\boldsymbol{\varphi}\nabla)\cdot\boldsymbol{v}=\boldsymbol{\varphi}'+\boldsymbol{v}\cdot(\nabla\boldsymbol{\varphi}).\tag{2.87}$$

特别地,如在上式中取 $\boldsymbol{\varphi}$ 为速度向量 $\boldsymbol{v}$,则其物质导数就是物质点的**加速度** $\boldsymbol{a}$:

$$\boldsymbol{a}=\dot{\boldsymbol{v}}=\boldsymbol{v}'+(\boldsymbol{v}\nabla)\cdot\boldsymbol{v}.\tag{2.88}$$

下面讨论坐标系 $\{X^A\}$,$\{x^i\}$ 和随体坐标系 $\{X^A,t\}$ 中基向量的物质导数.

因为当固定 $\boldsymbol{X}$ 后,$\boldsymbol{X}$ 以及 $\boldsymbol{G}_A=\dfrac{\partial\boldsymbol{X}}{\partial X^A}$ 都不随时间变化,故基向量 $\boldsymbol{G}_A$,$\boldsymbol{G}^A$ 和 G_{AB} 的物质导数等于零:

$$\dot{\boldsymbol{G}}_A=\dot{\boldsymbol{G}}^A=\boldsymbol{0},\quad \dot{G}_{AB}=0.$$

因此,单位仿射量和置换张量的物质导数也都等于零.

同理,当固定 $\boldsymbol{x}$ 后,$\boldsymbol{x}$ 以及 $\boldsymbol{g}_i=\dfrac{\partial\boldsymbol{x}}{\partial x^i}$ 也都不随时间变化,故基向量 $\boldsymbol{g}_i$,$\boldsymbol{g}^i$ 以及 g_{ij} 的局部导数应该等于零.因此,由(2.85)式可得 $\boldsymbol{g}_i$ 的物质导数为

$$\dot{\boldsymbol{g}}_i=\left(\frac{\partial\boldsymbol{g}_i}{\partial x^r}\right)v^r=v^r\Gamma^s_{ri}\boldsymbol{g}_s.\tag{2.89}$$

再利用 $\dfrac{\mathscr{D}}{\mathscr{D}t}(\boldsymbol{g}_i\cdot\boldsymbol{g}^j)=0$,有

$$\dot{\boldsymbol{g}}^i=-v^r\Gamma^i_{rs}\boldsymbol{g}^s,\tag{2.90}$$

上式中 Γ^s_{ri} 和 Γ^i_{rs} 是空间坐标系 $\{x^i\}$ 中的第二类 Christoffel 符号.

因此,由(2.89)式可知,坐标系 $\{x^i\}$ 中度量张量 g_{ij} 的物质导数为

$$\begin{aligned}\dot{g}_{ij}&=(\dot{\boldsymbol{g}}_i\cdot\boldsymbol{g}_j+\boldsymbol{g}_i\cdot\dot{\boldsymbol{g}}_j)=v^r(\Gamma^s_{ri}g_{sj}+\Gamma^s_{rj}g_{si})\\&=v^r(\Gamma_{rij}+\Gamma_{rji}).\end{aligned}\tag{2.91}$$

此外,注意到 $\dfrac{1}{g}\dfrac{\partial g}{\partial g_{ij}}=g^{ji}$, $g=\det(g_{ij})$ 的物质导数可写为

$$\dot{g}=gg^{ji}\dot{g}_{ij}=gg^{ji}v^r(\Gamma_{rij}+\Gamma_{rji})=2gv^r\Gamma^k_{rk},$$

故得

$$\frac{\mathscr{D}}{\mathscr{D}t}\sqrt{g}=\frac{1}{2}\frac{1}{\sqrt{g}}\dot{g}=\sqrt{g}v^r\Gamma^k_{rk}.\tag{2.92}$$

或直接利用(1.117)式,有

$$\frac{\mathscr{D}\sqrt{g}}{\mathscr{D}t}=\frac{\partial\sqrt{g}}{\partial x^r}v^r=\sqrt{g}v^r\Gamma^k_{rk}.$$

根据定义式(2.6)式,$\boldsymbol{C}_A$ 的物质导数可写为

$$\dot{\boldsymbol{C}}_A=\left[\frac{\partial}{\partial t}\left(\frac{\partial \boldsymbol{x}}{\partial X^A}\right)\right]_{\boldsymbol{X}}=\frac{\partial \boldsymbol{v}}{\partial X^A}=\frac{\partial}{\partial X^A}(v^B\boldsymbol{C}_B)=v^B\parallel_A\boldsymbol{C}_B, \quad (2.93)$$

或

$$\dot{\boldsymbol{C}}_A=\frac{\partial \boldsymbol{v}}{\partial X^A}=\frac{\partial}{\partial x^i}(v^j\boldsymbol{g}_j)\frac{\partial x^i}{\partial X^A}=x^i{}_{,A}v^j\mid_i\boldsymbol{g}_j. \quad (2.94)$$

上式中,$v^B\parallel_A$ 是在随体坐标系$\{X^A,t\}$中对应于基向量 $\boldsymbol{C}_B$ 的速度分量 v^B 的协变导数,而 $v^j\mid_i$ 是在空间坐标系$\{x^i\}$中对应于基向量 $\boldsymbol{g}_j$ 的速度分量 v^j 的协变导数.

与(2.90)式的推导类似,利用$\frac{\mathscr{D}}{\mathscr{D}t}(\boldsymbol{C}_A\cdot\boldsymbol{C}^B)=0$,可得

$$\dot{\boldsymbol{C}}^A=-v^A\parallel_B\boldsymbol{C}^B=-X^A{}_{,i}v^i\mid_j\boldsymbol{g}^j. \quad (2.95)$$

由(2.93)式,不难求出

$$\dot{C}_{AB}=\dot{\boldsymbol{C}}_A\cdot\boldsymbol{C}_B+\boldsymbol{C}_A\cdot\dot{\boldsymbol{C}}_B=v_A\parallel_B+v_B\parallel_A. \quad (2.96)$$

类似于(2.92)式的推导,$C=\det(C_{AB})$ 的物质导数可写为

$$\dot{C}=C\overset{-1}{C}{}^{AB}\dot{C}_{AB}=2Cv^A\parallel_A. \quad (2.97)$$

因此有

$$\frac{\mathscr{D}\sqrt{C}}{\mathscr{D}t}=\frac{1}{2}\frac{1}{\sqrt{C}}\dot{C}=\sqrt{C}v^A\parallel_A. \quad (2.98)$$

由于任意阶张量 $\boldsymbol{\varphi}$ 可以在不同的基向量下进行分解,因此,根据以上关于基向量物质导数的计算,可以很容易地写出任意阶张量 $\boldsymbol{\varphi}$ 在不同基向量下的物质导数表达式.例如,对于三阶张量 $\boldsymbol{\varphi}$:

$$\boldsymbol{\varphi}=\varphi^{AB}_{\cdot\cdot M}\boldsymbol{C}_A\otimes\boldsymbol{C}_B\otimes\boldsymbol{C}^M=\varphi^{ij}_{\cdot\cdot k}\boldsymbol{g}_i\otimes\boldsymbol{g}_j\otimes\boldsymbol{g}^k,$$

其物质导数可写为

$$\frac{\mathscr{D}\boldsymbol{\varphi}}{\mathscr{D}t}=\left[\left(\frac{\partial\varphi^{AB}_{\cdot\cdot M}}{\partial t}\right)_{\boldsymbol{X}}+\varphi^{NB}_{\cdot\cdot M}v^A\parallel_N+\varphi^{AN}_{\cdot\cdot M}v^B\parallel_N-\varphi^{AB}_{\cdot\cdot N}v^N\parallel_M\right]\boldsymbol{C}_A\otimes\boldsymbol{C}_B\otimes\boldsymbol{C}^M,$$

也可写为

$$\begin{aligned}\frac{\mathscr{D}\boldsymbol{\varphi}}{\mathscr{D}t}&=\left[\left(\frac{\partial\varphi^{ij}_{\cdot\cdot k}}{\partial t}\right)_{\boldsymbol{X}}+\varphi^{sj}_{\cdot\cdot k}v^r\Gamma^i_{rs}+\varphi^{is}_{\cdot\cdot k}v^r\Gamma^j_{rs}-\varphi^{ij}_{\cdot\cdot s}v^r\Gamma^s_{rk}\right]\boldsymbol{g}_i\otimes\boldsymbol{g}_j\otimes\boldsymbol{g}^k\\&=\left[\left(\frac{\partial\varphi^{ij}_{\cdot\cdot k}}{\partial t}\right)_{\boldsymbol{x}}+\varphi^{ij}_{\cdot\cdot k}\mid_r v^r\right]\boldsymbol{g}_i\otimes\boldsymbol{g}_j\otimes\boldsymbol{g}^k,\end{aligned}$$

上式实际上就是(2.87)式的特殊情形.

在结束本小节之前,让我们以例题的形式给出关于定常运动的定义.

例　对于给定的物质点 $\boldsymbol{X}$,(2.2)式 $\boldsymbol{x}=\boldsymbol{x}(\boldsymbol{X},t)$ 可看作是在空间中以 t 为参数的一条曲线,它描绘了物质点 $\boldsymbol{X}$ 的运动路径,我们称这样的曲线为 $\boldsymbol{X}$ 点的**轨线**.

另一方面,对于某一给定时刻 t,在空间坐标系 $\{x^i\}$ 中速度向量

$$v = v(\boldsymbol{x},t)$$

是一个连续分布的向量场.在空间中,每一点都与速度向量相切的曲线称之为**流线**.如果以上连续分布的向量场不随时间变化,而仅仅由空间位置 $\boldsymbol{x}$ 决定,即

$$v = v(\boldsymbol{x}),$$

则我们称这样的运动为**定常运动**.

在定常运动中,轨线与流线相重合.这是因为轨线并不依赖于时间 t,而在定常运动中,流线也不随时间 t 变化.此外,当物质点 $\boldsymbol{X}$ 在某一时刻位于 $\boldsymbol{x}$ 点处时,其速度方向既沿该物质点过 $\boldsymbol{x}$ 的轨线方向,又沿过 $\boldsymbol{x}$ 的流线方向.因此在 $\boldsymbol{x}$ 点处,物质点的轨线与流线相切.由此可见以上的命题是成立的.

但需指出,轨线与流线相重合的运动并不一定就是定常运动.例如,现将(2.2)式取为 $\boldsymbol{x}=\boldsymbol{X}+h(t)\boldsymbol{e}$,其中 $h(t)$ 是时间 t 的光滑函数,$\boldsymbol{e}$ 为某一固定的单位向量,这时的速度场可写为 $v=\left(\dfrac{\mathrm{d}h}{\mathrm{d}t}\right)\boldsymbol{e}$.在上述运动中,物质点的轨线和流线都是沿 $\boldsymbol{e}$ 方向的直线,它们虽然相重合,但当 $\dfrac{\mathrm{d}h}{\mathrm{d}t}$ 不是常数时,以上的运动并不是定常的.

§ 2.6　速度梯度和加速度梯度

对于速度场 $v=v(\boldsymbol{x},t)=v^i\boldsymbol{g}_i$,其右梯度可写为

$$\boldsymbol{L} = v\nabla = v^i\mid_j \boldsymbol{g}_i\otimes\boldsymbol{g}^j. \tag{2.99}$$

上式称为**速度梯度**,其中 ∇ 为空间坐标系 $\{x^i\}$ 中的 Hamilton 算子.既然(2.99)式表示的是一个二阶张量,它也可以在随体坐标系 $\{X^A,t\}$ 中表示为

$$\boldsymbol{L} = v^B\parallel_A \boldsymbol{C}_B\otimes\boldsymbol{C}^A = \dot{\boldsymbol{C}}_A\otimes\boldsymbol{C}^A. \tag{2.100}$$

将上式右端改写为 $(\dot{\boldsymbol{C}}_A\otimes\boldsymbol{G}^A)\cdot(\boldsymbol{G}_B\otimes\boldsymbol{C}^B)$,并注意到(2.25)式和

(2.26) 式,可知速度梯度 $\boldsymbol{L}$ 也可以通过变形梯度 $\boldsymbol{F}$ 的物质导数表示为

$$\boldsymbol{L} = \dot{\boldsymbol{F}} \cdot \boldsymbol{F}^{-1}. \tag{2.101}$$

速度梯度的对称部分为

$$\boldsymbol{D} = \frac{1}{2}(\boldsymbol{L} + \boldsymbol{L}^{\mathrm{T}}) = \frac{1}{2}(\boldsymbol{v}\,\nabla + \nabla \boldsymbol{v}), \tag{2.102}$$

称为**变形率**. 而其反对称部分为

$$\boldsymbol{W} = \frac{1}{2}(\boldsymbol{L} - \boldsymbol{L}^{\mathrm{T}}) = \frac{1}{2}(\boldsymbol{v}\,\nabla - \nabla \boldsymbol{v}). \tag{2.103}$$

因为 $\boldsymbol{W}$ 是反称仿射量,故由(1.84) 式可定义其轴向量为

$$\boldsymbol{\omega} = -\frac{1}{2}\boldsymbol{\varepsilon} : \boldsymbol{W}.$$

注意到 §1.6 中例 8 的(1.133) 式,可得

$$\boldsymbol{\omega} = \frac{1}{2}\nabla \times \boldsymbol{v}. \tag{2.104}$$

上式表示了在代表性物质点邻域的物质旋转的角速度,因此,(2.103) 式所表示的 $\boldsymbol{W}$ 通常称为**物质旋率**. 在 §2.8 中,我们将对(2.102) 式和(2.103) 式的几何意义作进一步的讨论.

如果利用第一章习题 1.22 的结果:

$$(\boldsymbol{v}\,\nabla) \cdot \boldsymbol{v} = \frac{1}{2}\nabla(\boldsymbol{v} \cdot \boldsymbol{v}) + (\nabla \times \boldsymbol{v}) \times \boldsymbol{v},$$

以及

$$(\nabla \times \boldsymbol{v}) \times \boldsymbol{v} = 2\boldsymbol{\omega} \times \boldsymbol{v} = 2\boldsymbol{W} \cdot \boldsymbol{v},$$

加速度表达式(2.88) 式还可以写为

$$\begin{aligned} \boldsymbol{a} &= \boldsymbol{v}' + (\boldsymbol{v}\,\nabla) \cdot \boldsymbol{v} = \boldsymbol{v}' + \frac{1}{2}\nabla(\boldsymbol{v} \cdot \boldsymbol{v}) + (\nabla \times \boldsymbol{v}) \times \boldsymbol{v} \\ &= \boldsymbol{v}' + \frac{1}{2}\nabla(\boldsymbol{v} \cdot \boldsymbol{v}) + 2\boldsymbol{W} \cdot \boldsymbol{v}. \end{aligned} \tag{2.105}$$

速度梯度表达式(2.101) 式也可以通过相对变形梯度的物质导数来加以表示:在(2.43) 式 $\boldsymbol{F}_t(\boldsymbol{x}, \tau) = \boldsymbol{F}(\tau) \cdot \boldsymbol{F}^{-1}(t)$ 中,固定 t 并对 τ 求物质导数(在求导时 t 和 $\boldsymbol{x}(\boldsymbol{X}, t)$ 都是固定的),可得

$$\frac{\mathscr{D}}{\mathscr{D}\tau}(\boldsymbol{F}_t(\boldsymbol{x}, \tau)) = \dot{\boldsymbol{F}}(\tau) \cdot \boldsymbol{F}^{-1}(t).$$

再令 $\tau = t$,便有

$$\boldsymbol{L} = \dot{\boldsymbol{F}}(t) \cdot \boldsymbol{F}^{-1}(t) = \frac{\mathscr{D}}{\mathscr{D}\tau}(\boldsymbol{F}_t(\boldsymbol{x}, \tau))\,|_{\tau = t}. \tag{2.106}$$

可见速度梯度 $\boldsymbol{L}$ 实际上是相对变形梯度 $\boldsymbol{F}_t(\boldsymbol{x},\tau)$ 的物质导数在 $\tau = t$ 时的值.

现将相对变形梯度的极分解式写为

$$\begin{aligned}\boldsymbol{F}_t(\boldsymbol{x},\tau) &= \boldsymbol{R}_t(\boldsymbol{x},\tau)\cdot\boldsymbol{U}_t(\boldsymbol{x},\tau)\\ &= \boldsymbol{V}_t(\boldsymbol{x},\tau)\cdot\boldsymbol{R}_t(\boldsymbol{x},\tau).\end{aligned}$$

上式代入(2.106)式后并注意到当 $\tau = t$ 时,有

$$\boldsymbol{F}_t(\boldsymbol{x},t) = \boldsymbol{R}_t(\boldsymbol{x},t) = \boldsymbol{U}_t(\boldsymbol{x},t) = \boldsymbol{V}_t(\boldsymbol{x},t) = \boldsymbol{I},$$

便得到 $\boldsymbol{L} = \dot{\boldsymbol{U}}_t(\boldsymbol{x},t) + \dot{\boldsymbol{R}}_t(\boldsymbol{x},t) = \dot{\boldsymbol{V}}_t(\boldsymbol{x},t) + \dot{\boldsymbol{R}}_t(\boldsymbol{x},t) = \boldsymbol{D} + \boldsymbol{W}$.

可见,上式中 $\dot{\boldsymbol{U}}_t(\boldsymbol{x},t) = \dot{\boldsymbol{V}}_t(\boldsymbol{x},t)$ 对应于由(2.102)式表示的变形率张量 $\boldsymbol{D}$,而上式中的 $\dot{\boldsymbol{R}}_t(\boldsymbol{x},t)$ 对应于由(2.103)式表示的物质旋率 $\boldsymbol{W}$.

下面我们来讨论**加速度梯度** $\dot{\boldsymbol{v}}\,\nabla = \boldsymbol{a}\,\nabla$. 如果将加速度向量 $\boldsymbol{a}$ 在随体坐标系 $\{X^A,t\}$ 中表示为 $\boldsymbol{a} = a^B\boldsymbol{C}_B$,则与(2.100)式相对应,加速度梯度可写为

$$\boldsymbol{a}\,\nabla = a^B \parallel {}_A\boldsymbol{C}_B\otimes\boldsymbol{C}^A. \tag{2.107}$$

将变形梯度 $\boldsymbol{F} = \boldsymbol{C}_M\otimes\boldsymbol{G}^M$ 从右方对上式作点积,可得

$$(\boldsymbol{a}\,\nabla)\cdot\boldsymbol{F} = (a^B \parallel {}_A\boldsymbol{C}_B\otimes\boldsymbol{C}^A)\cdot(\boldsymbol{C}_M\otimes\boldsymbol{G}^M) = a^B \parallel {}_A\boldsymbol{C}_B\otimes\boldsymbol{G}^A.$$

另一方面,如果对变形梯度求两次物质导数,则有

$$\ddot{\boldsymbol{F}} = \ddot{\boldsymbol{C}}_A\otimes\boldsymbol{G}^A.$$

注意到

$$\ddot{\boldsymbol{C}}_A = \left[\frac{\partial^2}{\partial t^2}\left(\frac{\partial\boldsymbol{x}}{\partial X^A}\right)\right]_{\boldsymbol{X}} = \frac{\partial}{\partial X^A}\left(\frac{\partial^2\boldsymbol{x}}{\partial t^2}\right)_{\boldsymbol{X}} = \frac{\partial\boldsymbol{a}}{\partial X^A} = a^B \parallel {}_A\boldsymbol{C}_B,$$

可知有

$$\ddot{\boldsymbol{F}} = (\boldsymbol{a}\,\nabla)\cdot\boldsymbol{F}.$$

因此,与速度梯度表达式(2.101)式相对应,加速度梯度还可以写为

$$\boldsymbol{a}\,\nabla = \ddot{\boldsymbol{F}}\cdot\boldsymbol{F}^{-1}. \tag{2.108}$$

命题 1　如果将加速度梯度的反对称部分记为

$$\boldsymbol{J} = \frac{1}{2}(\boldsymbol{a}\,\nabla - \nabla\,\boldsymbol{a}), \tag{2.109}$$

则有

$$\boldsymbol{J}=\dot{\boldsymbol{W}}+\boldsymbol{D}\cdot\boldsymbol{W}+\boldsymbol{W}\cdot\boldsymbol{D}. \tag{2.110}$$

证明 现利用恒等式

$$2\boldsymbol{F}^{\mathrm{T}}\cdot\boldsymbol{W}\cdot\boldsymbol{F}=\boldsymbol{F}^{\mathrm{T}}\cdot(\boldsymbol{L}-\boldsymbol{L}^{\mathrm{T}})\cdot\boldsymbol{F}=\boldsymbol{F}^{\mathrm{T}}\cdot\dot{\boldsymbol{F}}-\dot{\boldsymbol{F}}^{\mathrm{T}}\cdot\boldsymbol{F}. \tag{2.111}$$

对恒等式的左端求物质导数,有

$$\begin{aligned}2[\boldsymbol{F}^{\mathrm{T}}\cdot\dot{\boldsymbol{W}}\cdot\boldsymbol{F}+\dot{\boldsymbol{F}}^{\mathrm{T}}\cdot\boldsymbol{W}\cdot\boldsymbol{F}+\boldsymbol{F}^{\mathrm{T}}\cdot\boldsymbol{W}\cdot\dot{\boldsymbol{F}}]&=2\boldsymbol{F}^{\mathrm{T}}\cdot[\dot{\boldsymbol{W}}+\boldsymbol{L}^{\mathrm{T}}\cdot\boldsymbol{W}+\boldsymbol{W}\cdot\boldsymbol{L}]\cdot\boldsymbol{F}\\&=2\boldsymbol{F}^{\mathrm{T}}\cdot[\dot{\boldsymbol{W}}+\boldsymbol{D}\cdot\boldsymbol{W}+\boldsymbol{W}\cdot\boldsymbol{D}]\cdot\boldsymbol{F}.\end{aligned}$$

对恒等式的右端求物质导数,有

$$\boldsymbol{F}^{\mathrm{T}}\cdot\ddot{\boldsymbol{F}}-\ddot{\boldsymbol{F}}^{\mathrm{T}}\cdot\boldsymbol{F}=\boldsymbol{F}^{\mathrm{T}}\cdot(\boldsymbol{a}\,\nabla)\cdot\boldsymbol{F}-\boldsymbol{F}^{\mathrm{T}}\cdot(\nabla\,\boldsymbol{a})\cdot\boldsymbol{F}=2\boldsymbol{F}^{\mathrm{T}}\cdot\boldsymbol{J}\cdot\boldsymbol{F}.$$

比较以上两式,可知(2.110)式是成立的.证讫.

为了对加速度场作进一步讨论,现给出下面的定义.

定义 1 处处满足 $\boldsymbol{W}=\boldsymbol{0}$ 或 $\boldsymbol{\omega}=\frac{1}{2}\nabla\times v=\boldsymbol{0}$ 的运动称为**无旋运动**.

定义 2 可以表示为空间标量场 $\alpha(\boldsymbol{x},t)$ 梯度的向量场 $\nabla\alpha(\boldsymbol{x},t)$ 称为势函数 $\alpha(\boldsymbol{x},t)$ 的梯度.

命题 2(Lagrange-Cauchy 定理) 现考虑加速度为势的梯度的运动.如果该运动在某一时刻是无旋的,则运动始终是无旋的.

证明 因为加速度场是势的梯度,故可写为 $\boldsymbol{a}=\nabla\alpha(\boldsymbol{x},t)$,注意到 $(\nabla\alpha)\nabla$ 的对称性,即 $(\nabla\alpha)\nabla=\nabla(\nabla\alpha)$,可知(2.109)式为零:

$$\boldsymbol{J}=\frac{1}{2}[(\nabla\alpha)\nabla-\nabla(\nabla\alpha)]=\boldsymbol{0}.$$

因此(2.110)式也为零.这说明,(2.111)式左端 $\boldsymbol{F}^{\mathrm{T}}\cdot\boldsymbol{W}\cdot\boldsymbol{F}$ 的物质导数始终等于零.于是,当以上运动在某一时刻无旋时,即在某一时刻 $\boldsymbol{F}^{\mathrm{T}}\cdot\boldsymbol{W}\cdot\boldsymbol{F}=\boldsymbol{0}$,则应始终有 $\boldsymbol{W}=\boldsymbol{0}$.证讫.

现考虑在 t_0 时刻参考构形中由物质点 $\boldsymbol{X}$ 形成的一条曲线 c_{t_0},称之为物质曲线,它可由参数 s 表示为 $\boldsymbol{X}(s)$,其中 $s\in[s_0,s_1]$ 为实数.在 t 时刻,该曲线将变为空间中的另一条曲线 c_t,它可由参数 s 表示为 $\boldsymbol{x}(\boldsymbol{X}(s),t)$.

定义 3 假定物质曲线 c_{t_0} 在 t 时刻变为曲线 c_t.当 c_t 的单位切向量 $\boldsymbol{l}$ 处处与物质旋率 $\boldsymbol{W}$ 轴向量 $\boldsymbol{\omega}$ 的切向相重合,即当 $\boldsymbol{W}\cdot\boldsymbol{l}=\frac{1}{2}(\nabla\times v)\times\boldsymbol{l}=\boldsymbol{0}$ 时,则称 c_t 是 t 时刻的一条**涡线**.

命题 3(涡旋传输定理) 如果加速度为势的梯度，则当物质曲线 c_{t_0} 在 τ 时刻所形成的曲线 c_τ 是一条涡线时，它在所有时刻仍然也是一条涡线.

证明 曲线 c_τ 的参数方程为 $\boldsymbol{x}=\boldsymbol{x}(\boldsymbol{X}(s),\tau)$，故在 τ 时刻，c_τ 上的线元为

$$\mathrm{d}\boldsymbol{x}=\frac{\partial \boldsymbol{x}}{\partial X^A}\frac{\mathrm{d}X^A}{\mathrm{d}s}\mathrm{d}s=\left(\frac{\partial \boldsymbol{x}}{\partial X^A}\otimes \boldsymbol{G}^A\right)\cdot\left(\boldsymbol{G}_B\frac{\mathrm{d}X^B}{\mathrm{d}s}\right)\mathrm{d}s$$

$$=\boldsymbol{F}(\boldsymbol{X}(s),\tau)\cdot\frac{\mathrm{d}\boldsymbol{X}}{\mathrm{d}s}\mathrm{d}s.$$

由此可知 $\boldsymbol{F}(\boldsymbol{X}(s),\tau)\cdot\dfrac{\mathrm{d}\boldsymbol{X}}{\mathrm{d}s}$ 沿曲线 c_τ 的切向. 于是，c_τ 在 τ 时刻为涡线的条件是在 c_τ 上处处有

$$\boldsymbol{W}(\boldsymbol{X}(s),\tau)\cdot\boldsymbol{F}(\boldsymbol{X}(s),\tau)\cdot\frac{\mathrm{d}\boldsymbol{X}(s)}{\mathrm{d}s}=\boldsymbol{0},$$

或

$$[\boldsymbol{F}^{\mathrm{T}}(\boldsymbol{X}(s),\tau)\cdot\boldsymbol{W}(\boldsymbol{X}(s),\tau)\cdot\boldsymbol{F}(\boldsymbol{X}(s),\tau)]\cdot\frac{\mathrm{d}\boldsymbol{X}(s)}{\mathrm{d}s}=\boldsymbol{0}. \quad (2.112)$$

如果加速度为势的梯度，则由 Lagrange-Cauchy 定理的证明，可知(2.111)式左端的物质导数为零，即 $\boldsymbol{F}^{\mathrm{T}}(\boldsymbol{X}(s),\tau)\cdot\boldsymbol{W}(\boldsymbol{X}(s),\tau)\cdot\boldsymbol{F}(\boldsymbol{X}(s),\tau)$ 不随时间变化. 因此，在任意时刻 t，(2.112) 式都成立. 这说明对于任意时刻 t，都有 $\boldsymbol{W}(\boldsymbol{X}(s),t)\cdot\boldsymbol{F}(\boldsymbol{X}(s),t)\cdot\dfrac{\mathrm{d}\boldsymbol{X}(s)}{\mathrm{d}s}=\boldsymbol{0}$，即曲线 c_t 仍然是一条涡线. 证讫.

§ 2.7 输 运 定 理

(一) 线元、面元和体元的物质导数

由(2.23) 式，在参考构形中的有向线元 $\mathrm{d}\boldsymbol{X}$ 经变形后将变为 $\mathrm{d}\boldsymbol{x}=\boldsymbol{F}\cdot\mathrm{d}\boldsymbol{X}$，故其物质导数可利用(2.101) 式而写为

$$\frac{\mathscr{D}}{\mathscr{D}t}(\mathrm{d}\boldsymbol{x})=\dot{\boldsymbol{F}}\cdot\mathrm{d}\boldsymbol{X}=\boldsymbol{L}\cdot\boldsymbol{F}\cdot\mathrm{d}\boldsymbol{X}=\boldsymbol{L}\cdot\mathrm{d}\boldsymbol{x}. \quad (2.113)$$

由(2.61) 式，有向面元的物质导数为

$$\frac{\mathscr{D}}{\mathscr{D}t}(\boldsymbol{N}\mathrm{d}S) = [\dot{\mathscr{J}}\boldsymbol{F}^{-\mathrm{T}} + \mathscr{J}\frac{\mathscr{D}}{\mathscr{D}t}(\boldsymbol{F}^{-\mathrm{T}})] \cdot {}_0\boldsymbol{N}\mathrm{d}S_0.$$

于是,问题划归为计算 $\mathscr{J} = \det\boldsymbol{F} = \sqrt{\frac{C}{G}}$ 和 $\boldsymbol{F}^{-\mathrm{T}}$ 的物质导数. 根据(2.98)式,可得

$$\dot{\mathscr{J}} = \frac{\mathscr{D}}{\mathscr{D}t}\left(\sqrt{\frac{C}{G}}\right) = v^A \parallel_A \sqrt{\frac{C}{G}} = v^A \parallel_A \mathscr{J},$$

其中 $v^A \parallel_A = \dot{\boldsymbol{C}}_A \cdot \boldsymbol{C}^A = v^i\mid_i$ 是速度向量 $v = v^A\boldsymbol{C}_A = v^i\boldsymbol{g}_i$ 的散度 $\mathrm{div}\ v$,它是坐标变换下的不变量. 故有

$$\dot{\mathscr{J}} = (\mathrm{div}\ v)\mathscr{J}. \tag{2.114}$$

此外,利用(2.101)式 $\dot{\boldsymbol{F}} = \boldsymbol{L} \cdot \boldsymbol{F}$ 以及 $\boldsymbol{F} \cdot \boldsymbol{F}^{-1} = \boldsymbol{I}$ 的物质导数为零的条件,可得

$$\frac{\mathscr{D}}{\mathscr{D}t}(\boldsymbol{F}^{-1}) = -\boldsymbol{F}^{-1} \cdot \dot{\boldsymbol{F}} \cdot \boldsymbol{F}^{-1} = -\boldsymbol{F}^{-1} \cdot \boldsymbol{L}, \tag{2.115}$$

或

$$\frac{\mathscr{D}}{\mathscr{D}t}(\boldsymbol{F}^{-\mathrm{T}}) = -\boldsymbol{L}^{\mathrm{T}} \cdot \boldsymbol{F}^{-\mathrm{T}}.$$

因此有

$$\frac{\mathscr{D}}{\mathscr{D}t}(\boldsymbol{N}\mathrm{d}S) = [(\mathrm{div}\ v)\boldsymbol{I} - \boldsymbol{L}^{\mathrm{T}}] \cdot \boldsymbol{N}\mathrm{d}S. \tag{2.116}$$

最后,体元的物质导数可直接由(2.63)式和(2.114)式求得:

$$\frac{\mathscr{D}}{\mathscr{D}t}(\mathrm{d}v) = \dot{\mathscr{J}}\mathrm{d}v_0 = (\mathrm{div}\ v)\mathrm{d}v. \tag{2.117}$$

(二)输运定理

现考虑在 t_0 时刻参考构形中由物质点 $\boldsymbol{X}$ 所形成的物质曲线 c_{t_0}、物质曲面 S_{t_0} 和体积 v_{t_0},它们在 t 时刻分别变为曲线 c_t、曲面 S_t 和体积 v_t. 我们要计算一个连续可微的张量场 $\boldsymbol{\varphi}(\boldsymbol{x},t)$ 分别在 c_t, S_t 和 v_t 上积分的时间变化率. 这些积分的积分区域在任何时刻都由相同的物质点组成,故称为物质积分.

首先,讨论曲线 c_t 上物质积分的时间变化率. 设曲线 c_t 的参数方程为 $\boldsymbol{x} = \boldsymbol{x}(\boldsymbol{X}(s),t)$,其中参数 s 的取值范围为 $[s_0, s_1] \in \mathbb{R}$. 如果用 $\mathrm{d}\boldsymbol{x}$ 表示沿曲线 c_t 的线元,则 c_t 上的物质积分可写为 $\int_{c_t}\boldsymbol{\varphi} \cdot \mathrm{d}\boldsymbol{x}$,其时间变化率可

利用(2.113)式写为

$$\frac{\mathscr{D}}{\mathscr{D}t}\left(\int_{c_t}\boldsymbol{\varphi}\cdot\mathrm{d}\boldsymbol{x}\right)=\int_{c_t}\frac{\mathscr{D}}{\mathscr{D}t}(\boldsymbol{\varphi}\cdot\mathrm{d}\boldsymbol{x})=\int_{c_t}\left[\frac{\mathscr{D}\boldsymbol{\varphi}}{\mathscr{D}t}+\boldsymbol{\varphi}\cdot\boldsymbol{L}\right]\cdot\mathrm{d}\boldsymbol{x}. \tag{2.118}$$

特别地，当 $\boldsymbol{\varphi}$ 为速度 $\boldsymbol{v}$ 时，有

$$\frac{\mathscr{D}}{\mathscr{D}t}\left(\int_{c_t}\boldsymbol{v}\cdot\mathrm{d}\boldsymbol{x}\right)=\int_{c_t}[\dot{\boldsymbol{v}}+\boldsymbol{v}\cdot\boldsymbol{L}]\cdot\mathrm{d}\boldsymbol{x}.$$

注意到沿曲线 c_t，有 $\boldsymbol{L}\cdot\mathrm{d}\boldsymbol{x}=(\boldsymbol{v}\nabla)\cdot\mathrm{d}\boldsymbol{x}=\frac{\partial\boldsymbol{v}}{\partial x^i}\mathrm{d}x^i=\mathrm{d}\boldsymbol{v}$，上式右端最后一项还可写为

$$\int_{c_t}\boldsymbol{v}\cdot\boldsymbol{L}\cdot\mathrm{d}\boldsymbol{x}=\int_{c_t}\boldsymbol{v}\cdot\mathrm{d}\boldsymbol{v}=\frac{1}{2}\int_{c_t}\mathrm{d}(\boldsymbol{v}\cdot\boldsymbol{v}).$$

可见当 c_t 为封闭曲线时，有 $\oint_{c_t}\boldsymbol{v}\cdot\boldsymbol{L}\cdot\mathrm{d}\boldsymbol{x}=0$，由此得

$$\frac{\mathscr{D}}{\mathscr{D}t}\left(\oint_{c_t}\boldsymbol{v}\cdot\mathrm{d}\boldsymbol{x}\right)=\oint_{c_t}\boldsymbol{a}\cdot\mathrm{d}\boldsymbol{x}, \tag{2.119}$$

其中 $\boldsymbol{a}=\dot{\boldsymbol{v}}$ 为物质点的加速度，上式有时称为**环量传输定理**.

定义 1　假定封闭的物质曲线 c_{t_0} 在 t 时刻变为封闭曲线 c_t，并且对于任意一条封闭的曲线 c_t 和任意时刻 t，都有

$$\frac{\mathscr{D}}{\mathscr{D}t}\left(\oint_{c_t}\boldsymbol{v}\cdot\mathrm{d}\boldsymbol{x}\right)=0,$$

则该运动称作是环量不变的. 于是可有以下定理:

Kelvin 定理　如果加速度为势的梯度，则运动是环量不变的.

证明　如果加速度可表示为 $\boldsymbol{a}=\nabla\alpha(\boldsymbol{x},t)$，则沿曲线 c_t 有

$$\boldsymbol{a}\cdot\mathrm{d}\boldsymbol{x}=\frac{\partial\alpha}{\partial x^i}\boldsymbol{g}^i\cdot\mathrm{d}\boldsymbol{x}=\frac{\partial\alpha}{\partial x^i}\mathrm{d}x^i=\mathrm{d}\alpha.$$

故(2.119)式的右端为

$$\oint_{c_t}\boldsymbol{a}\cdot\mathrm{d}\boldsymbol{x}=\oint_{c_t}\mathrm{d}\alpha=0.$$

证讫.

其次讨论曲面 S_t 上物质积分的时间变化率. 假定曲面 S_t 上的单位法向量为 $\boldsymbol{N}$，则相应的物质积分可写为

$$\int_{S_t}\boldsymbol{\varphi}\cdot\boldsymbol{N}\mathrm{d}S.$$

利用(2.116)式,上式的时间变化率为

$$\frac{\mathscr{D}}{\mathscr{D}t}\int_{S_t}\boldsymbol{\varphi}\cdot\boldsymbol{N}\mathrm{d}S=\int_{S_t}\frac{\mathscr{D}}{\mathscr{D}t}(\boldsymbol{\varphi}\cdot\boldsymbol{N}\mathrm{d}S)$$

$$=\int_{S_t}\left[\frac{\mathscr{D}\boldsymbol{\varphi}}{\mathscr{D}t}+\boldsymbol{\varphi}(\operatorname{div}v)-\boldsymbol{\varphi}\cdot\boldsymbol{L}^{\mathrm{T}}\right]\cdot\boldsymbol{N}\mathrm{d}S. \tag{2.120}$$

特别地,当 $\boldsymbol{\varphi}$ 为光滑向量场 $\boldsymbol{q}$ 时,则由第一章的习题 1.23(b),有

$$\nabla\times(\boldsymbol{q}\times v)+v(\operatorname{div}\boldsymbol{q})=(\boldsymbol{q}\,\nabla)\cdot v+\boldsymbol{q}(\operatorname{div}v)-\boldsymbol{q}\cdot(\nabla v).$$

注意到 $\dfrac{\mathscr{D}\boldsymbol{q}}{\mathscr{D}t}=\boldsymbol{q}'+(\boldsymbol{q}\,\nabla)\cdot v$ 和 $\boldsymbol{L}^{\mathrm{T}}=\nabla v$,上式还可写为

$$\frac{\mathscr{D}}{\mathscr{D}t}\int_{S_t}\boldsymbol{q}\cdot\boldsymbol{N}\mathrm{d}S=\int_{S_t}[\boldsymbol{q}'+\nabla\times(\boldsymbol{q}\times v)+v(\operatorname{div}\boldsymbol{q})]\cdot\boldsymbol{N}\mathrm{d}S, \tag{2.121}$$

其中 $\boldsymbol{q}'=\left(\dfrac{\partial\boldsymbol{q}}{\partial t}\right)_{\boldsymbol{x}}$ 为 $\boldsymbol{q}$ 的局部导数.由此可得 **Zorawski 准则**:对于穿过每一个由物质曲面 S_{t_0} 所形成的曲面 S_t 上的向量流(通量) $\int_{S_t}\boldsymbol{q}\cdot\boldsymbol{N}\mathrm{d}S$,它不随时间变化的充要条件是

$$\boldsymbol{q}'+\nabla\times(\boldsymbol{q}\times v)+v(\operatorname{div}\boldsymbol{q})=\boldsymbol{0}. \tag{2.122}$$

最后,注意到(2.117)式,体积 v_t 上物质积分的时间变化率可写为

$$\frac{\mathscr{D}}{\mathscr{D}t}\int_{v_t}\boldsymbol{\varphi}\mathrm{d}v=\int_{v_t}\left[\frac{\mathscr{D}\boldsymbol{\varphi}}{\mathscr{D}t}+\boldsymbol{\varphi}(\operatorname{div}v)\right]\mathrm{d}v, \tag{2.123}$$

或由(2.87)式并利用散度定理(1.137)式而写为

$$\frac{\mathscr{D}}{\mathscr{D}t}\int_{v_t}\boldsymbol{\varphi}\mathrm{d}v=\int_{v_t}[\boldsymbol{\varphi}'+(\boldsymbol{\varphi}\otimes v)\cdot\nabla]\mathrm{d}v$$

$$=\int_{v_t}\boldsymbol{\varphi}'\mathrm{d}v+\oint_{\partial v_t}(\boldsymbol{\varphi}\otimes v)\cdot\boldsymbol{N}\mathrm{d}S, \tag{2.124}$$

其中 $\oint_{\partial v_t}$ 表示在体积 v_t 边界上的面积分.上式表明,$\boldsymbol{\varphi}$ 在 v_t 上物质积分的时间变化率由两部分组成,第一部分是将 v_t“固定”在当前时刻位置上求得的积分变化率,第二部分是 $\boldsymbol{\varphi}$ 通过区域 v_t 边界的流入率.(2.123)式和(2.124)式通常称为 **Reynolds 传输定理**.在以后讨论守恒定律时,它们是十分有用的.

§ 2.8　变形率和物质旋率的几何意义

(一) 变形率张量的几何意义

(1) 长度率:现假定在 t_0 时刻的线元 $\mathrm{d}\boldsymbol{X}$ 经变形后在 t 时刻为 $\mathrm{d}\boldsymbol{x}$,其方向可由单位向量 $\boldsymbol{l}=\mathrm{d}\boldsymbol{x}/|\mathrm{d}\boldsymbol{x}|$ 表示.沿 $\boldsymbol{l}$ 方向线元 $\mathrm{d}\boldsymbol{x}$ 长度的相对变化率可定义为

$$d_l=\left(\frac{\mathscr{D}|\mathrm{d}\boldsymbol{x}|}{\mathscr{D}t}\right)\Big/|\mathrm{d}\boldsymbol{x}|.$$

由(2.113)式,上式可写为

$$\begin{aligned}d_l&=\frac{\mathscr{D}}{\mathscr{D}t}(\sqrt{\mathrm{d}\boldsymbol{x}\cdot\mathrm{d}\boldsymbol{x}})\Big/|\mathrm{d}\boldsymbol{x}|=\frac{1}{2}\left[\left(\frac{\mathscr{D}(\mathrm{d}\boldsymbol{x})}{\mathscr{D}t}\right)\cdot\mathrm{d}\boldsymbol{x}+\mathrm{d}\boldsymbol{x}\cdot\left(\frac{\mathscr{D}(\mathrm{d}\boldsymbol{x})}{\mathscr{D}t}\right)\right]\Big/|\mathrm{d}\boldsymbol{x}|^2\\&=\boldsymbol{l}\cdot\boldsymbol{D}\cdot\boldsymbol{l}.\end{aligned}\tag{2.125}$$

上式表明,沿 $\boldsymbol{l}$ 方向的线元长度的相对变化率可由(2.102)式给出的变形率张量 $\boldsymbol{D}$ 确定.

(2) 面积率:现计算以单位向量 $\boldsymbol{N}$ 为法向量的面元 $\boldsymbol{N}\mathrm{d}S$ 的面积变化率.利用(2.116)式,有

$$\begin{aligned}\frac{\mathscr{D}}{\mathscr{D}t}(\mathrm{d}S)&=\frac{\mathscr{D}}{\mathscr{D}t}\sqrt{(\boldsymbol{N}\mathrm{d}S)\cdot(\boldsymbol{N}\mathrm{d}S)}\\&=\frac{1}{2}\left[\left(\frac{\mathscr{D}(\boldsymbol{N}\mathrm{d}S)}{\mathscr{D}t}\right)\cdot(\boldsymbol{N}\mathrm{d}S)+(\boldsymbol{N}\mathrm{d}S)\cdot\left(\frac{\mathscr{D}(\boldsymbol{N}\mathrm{d}S)}{\mathscr{D}t}\right)\right]\Big/\mathrm{d}S\\&=\frac{1}{2}[\boldsymbol{N}\cdot(\boldsymbol{I}\mathrm{div}\,v-\boldsymbol{L})\cdot\boldsymbol{N}+\boldsymbol{N}\cdot(\boldsymbol{I}\mathrm{div}\,v-\boldsymbol{L}^{\mathrm{T}})\cdot\boldsymbol{N}]\mathrm{d}S\\&=[\boldsymbol{N}\cdot(\boldsymbol{I}\mathrm{div}\,v-\boldsymbol{D})\cdot\boldsymbol{N}]\mathrm{d}S.\end{aligned}$$

因此,注意到 $\mathrm{div}\,v=\mathrm{tr}\boldsymbol{D}$,面元面积的相对变化率可写为

$$\frac{1}{\mathrm{d}S}\frac{\mathscr{D}(\mathrm{d}S)}{\mathscr{D}t}=\mathrm{tr}\boldsymbol{D}-d_{\mathrm{N}},\tag{2.126}$$

其中 $d_{\mathrm{N}}=\boldsymbol{N}\cdot\boldsymbol{D}\cdot\boldsymbol{N}$.

(3) 体积率:体元 $\mathrm{d}v$ 的相对变化率可直接由(2.117)式写为

$$\frac{1}{\mathrm{d}v}\frac{\mathscr{D}(\mathrm{d}v)}{\mathscr{D}t}=\mathrm{tr}\boldsymbol{D}.$$

(4) 方向率:现考虑沿线元 $\mathrm{d}\boldsymbol{x}$ 单位切向量 $\boldsymbol{l}=\mathrm{d}\boldsymbol{x}/|\mathrm{d}\boldsymbol{x}|$ 的物质导数,它应该与其自身相垂直.利用(2.113)式和(2.125)式,可得

$$\dot{\boldsymbol{l}}=\frac{\mathscr{D}}{\mathscr{D}t}(\mathrm{d}\boldsymbol{x}/|\mathrm{d}\boldsymbol{x}|)=\frac{\mathscr{D}(\mathrm{d}\boldsymbol{x})}{\mathscr{D}t}\Big/|\mathrm{d}\boldsymbol{x}|-\left(\frac{\mathscr{D}|\mathrm{d}\boldsymbol{x}|}{\mathscr{D}t}\right)\mathrm{d}\boldsymbol{x}\Big/|\mathrm{d}\boldsymbol{x}|^2$$

$$= (\boldsymbol{L} - d_l\boldsymbol{I}) \cdot \boldsymbol{l}. \tag{2.127}$$

上式可用来描述由物质点组成的线元 $\mathrm{d}\boldsymbol{x}$ 的方向变化率.

(5) 剪切率:假设在 t 时刻沿线元 $\mathrm{d}\boldsymbol{x}_{(1)}$ 和 $\mathrm{d}\boldsymbol{x}_{(2)}$ 的单位切向量分别为 $\boldsymbol{m}^{(1)}$ 和 $\boldsymbol{m}^{(2)}$,其夹角 θ 满足 $\cos\theta = \boldsymbol{m}^{(1)} \cdot \boldsymbol{m}^{(2)}$,则由(2.127)式可知相应的剪切率为

$$\begin{aligned}\frac{\mathscr{D}}{\mathscr{D}t}(\cos\theta) &= \frac{\mathscr{D}}{\mathscr{D}t}(\boldsymbol{m}^{(1)} \cdot \boldsymbol{m}^{(2)}) = \left(\frac{\mathscr{D}\boldsymbol{m}^{(1)}}{\mathscr{D}t}\right) \cdot \boldsymbol{m}^{(2)} + \boldsymbol{m}^{(1)} \cdot \left(\frac{\mathscr{D}\boldsymbol{m}^{(2)}}{\mathscr{D}t}\right) \\ &= \boldsymbol{m}^{(1)} \cdot (\boldsymbol{L}^{\mathrm{T}} - d_{m^{(1)}}\boldsymbol{I}) \cdot \boldsymbol{m}^{(2)} + \boldsymbol{m}^{(1)} \cdot (\boldsymbol{L} - d_{m^{(2)}}\boldsymbol{I}) \cdot \boldsymbol{m}^{(2)} \\ &= 2\boldsymbol{m}^{(1)} \cdot \boldsymbol{D} \cdot \boldsymbol{m}^{(2)} - (d_{m^{(1)}} + d_{m^{(2)}})\boldsymbol{m}^{(1)} \cdot \boldsymbol{m}^{(2)}. \end{aligned} \tag{2.128}$$

以上讨论表明,变形率张量 $\boldsymbol{D}$ 在描述物体变形速率时是一个十分关键的物理量.

(二) 用 Green 应变物质导数表示的变形率

变形率张量的并积形式可写为

$$\boldsymbol{D} = d_{AB}\boldsymbol{C}^A \otimes \boldsymbol{C}^B = d_{ij}\boldsymbol{g}^i \otimes \boldsymbol{g}^j = \sum_{\alpha,\beta=1}^{3} d_{\alpha\beta}\boldsymbol{l}_\alpha \otimes \boldsymbol{l}_\beta, \tag{2.129}$$

其中的分量可根据(2.96)式、(2.99)式和(2.100)式表示为

$$d_{AB} = \frac{1}{2}(v_A \parallel_B + v_B \parallel_A) = \frac{1}{2}\dot{C}_{AB},$$

$$d_{ij} = \frac{1}{2}(v_i \mid_j + v_j \mid_i),$$

而 $d_{\alpha\beta}$ 是 $\boldsymbol{D}$ 在 Euler 描述下以(2.54)式表示的 Euler 主方向 $\boldsymbol{l}_\alpha$ 为基向量的分量.

Green 应变 $\boldsymbol{E}^{(1)}$ 的物质导数可通过下式表示为

$$\dot{\boldsymbol{E}}^{(1)} = \frac{1}{2}\dot{\boldsymbol{C}} = \frac{1}{2}\frac{\mathscr{D}}{\mathscr{D}t}(\boldsymbol{F}^{\mathrm{T}} \cdot \boldsymbol{F}) = \boldsymbol{F}^{\mathrm{T}} \cdot \boldsymbol{D} \cdot \boldsymbol{F}. \tag{2.130}$$

利用(2.25)式,上式也可写成如下的并积形式

$$\dot{\boldsymbol{E}}^{(1)} = d_{AB}\boldsymbol{G}^A \otimes \boldsymbol{G}^B. \tag{2.131}$$

说明 $\boldsymbol{D}$ 在基向量 $\boldsymbol{C}^A$ 下与 $\dot{\boldsymbol{E}}^{(1)}$ 在基向量 $\boldsymbol{G}^A$ 下具有相同的分量.

类似地,$\boldsymbol{E}^{(-1)}$ 的物质导数可利用(2.33)式、(2.73)式和(2.115)式写为

$$\dot{\boldsymbol{E}}^{(-1)} = -\frac{1}{2}\frac{\mathscr{D}}{\mathscr{D}t}(\overset{-1}{\boldsymbol{C}}) = -\frac{1}{2}\frac{\mathscr{D}}{\mathscr{D}t}(\boldsymbol{F}^{-1} \cdot \boldsymbol{F}^{-\mathrm{T}}) = \boldsymbol{F}^{-1} \cdot \boldsymbol{D} \cdot \boldsymbol{F}^{-\mathrm{T}}.$$

如果直接对(2.33)式求物质导数,有

$$\frac{\mathscr{D}}{\mathscr{D}t}(\overset{-1}{\boldsymbol{C}}) = \left(\frac{\mathscr{D}\overset{-1}{C}{}^{AB}}{\mathscr{D}t}\right)\boldsymbol{G}_A \otimes \boldsymbol{G}_B,$$

或 $\dot{\boldsymbol{E}}^{(-1)} = -\frac{1}{2}\left(\frac{\mathscr{D}\overset{-1}{C}{}^{AB}}{\mathscr{D}t}\right)\boldsymbol{G}_A \otimes \boldsymbol{G}_B$. 于是由(2.25)式可得

$$\boldsymbol{D} = \boldsymbol{F}\cdot\dot{\boldsymbol{E}}^{(-1)}\cdot\boldsymbol{F}^{\mathrm{T}} = -\frac{1}{2}\left(\frac{\mathscr{D}\overset{-1}{C}{}^{AB}}{\mathscr{D}t}\right)\boldsymbol{C}_A \otimes \boldsymbol{C}_B. \tag{2.132}$$

说明 $\boldsymbol{D}$ 在基向量 $\boldsymbol{C}_A$ 下与 $\dot{\boldsymbol{E}}^{(-1)}$ 在基向量 $\boldsymbol{G}_A$ 下具有相同的分量.

(三) 物质旋率的几何意义

在物质旋率 $\boldsymbol{W}$ 的轴向量表达式(2.104)式中,我们已经对其几何意义作了初步的说明.现在,我们将对线元的方向变化率(2.127)式作进一步的讨论.为此,先来考察使(2.125)式中线元长度相对变化率 d_l 取极值(驻值)的单位向量 $\boldsymbol{v}_\alpha(\alpha = 1,2,3)$,类似于对(2.48)式的讨论,$\boldsymbol{v}_\alpha$ 实际上就是 $\boldsymbol{D}$ 的单位特征向量,而 d_l 的极值就是 $\boldsymbol{D}$ 对应于 $\boldsymbol{v}_\alpha(\alpha = 1,2,3)$ 的特征值 $d_{(\alpha)}$,称之为主伸长率,满足

$$\boldsymbol{D}\cdot\boldsymbol{v}_\alpha = d_{(\alpha)}\boldsymbol{v}_\alpha \quad (\alpha = 1,2,3;\text{不对 }\alpha\text{ 求和}). \tag{2.133}$$

如果在时刻 t 选取(2.127)式中的 $\boldsymbol{l}$ 与 $\boldsymbol{D}$ 的特征方向 $\boldsymbol{v}_\alpha$ 相重合,则由上式可得

$$\begin{aligned}\dot{\boldsymbol{l}}(\boldsymbol{v}_\alpha) = \dot{\boldsymbol{l}}\,|_{\boldsymbol{l}=\boldsymbol{v}_\alpha} &= (\boldsymbol{L} - d_{(\alpha)}\boldsymbol{I})\cdot\boldsymbol{v}_\alpha \\ &= (\boldsymbol{L} - \boldsymbol{D})\cdot\boldsymbol{v}_\alpha = \boldsymbol{W}\cdot\boldsymbol{v}_\alpha = \boldsymbol{\omega}\times\boldsymbol{v}_\alpha.\end{aligned} \tag{2.134}$$

因此,物质旋率还可表示为

$$\boldsymbol{W} = \sum_{\alpha=1}^{3}\dot{\boldsymbol{l}}(\boldsymbol{v}_\alpha)\otimes\boldsymbol{v}_\alpha.$$

(2.134)式表明,$\boldsymbol{W}$ 是在 t 时刻与 $\boldsymbol{v}_\alpha$ 相重合的物质线元的转动速率张量.但需注意,在一般情况下,t 时刻与 $\boldsymbol{v}_\alpha$ 重合的物质线元在下一时刻并不一定再与下一时刻 $\boldsymbol{D}$ 的特征向量 $\boldsymbol{v}_\alpha$ 相重合,故(2.134)式左端不能理解为 $\boldsymbol{D}$ 的特征向量 $\boldsymbol{v}_\alpha$ 的物质导数 $\dot{\boldsymbol{v}}_\alpha$.

§ 2.9 Rivlin-Ericksen 张量

现在我们来计算有向线元 $\mathrm{d}\boldsymbol{x}$ 长度平方的物质导数.注意到(2.113)式,可知

$$\frac{\mathscr{D}(\mathrm{d}s^2)}{\mathscr{D}t}=\frac{\mathscr{D}}{\mathscr{D}t}(\mathrm{d}\boldsymbol{x}\cdot\mathrm{d}\boldsymbol{x})=2\mathrm{d}\boldsymbol{x}\cdot\boldsymbol{D}\cdot\mathrm{d}\boldsymbol{x}.$$

由 $\mathrm{d}\boldsymbol{x}=\boldsymbol{F}\cdot\mathrm{d}\boldsymbol{X}$,上式还可写为

$$\frac{\mathscr{D}(\mathrm{d}s^2)}{\mathscr{D}t}=2\mathrm{d}\boldsymbol{X}\cdot(\boldsymbol{F}^{\mathrm{T}}\cdot\boldsymbol{D}\cdot\boldsymbol{F})\cdot\mathrm{d}\boldsymbol{X}=2\mathrm{d}\boldsymbol{X}\cdot\dot{\boldsymbol{E}}^{(1)}\cdot\mathrm{d}\boldsymbol{X},$$

其中我们已经用到了(2.130)式.当然,上式也可通过直接计算(2.47)式的物质导数并利用(2.69)式求得.

以上两式可合并写为

$$\frac{\mathscr{D}(\mathrm{d}s^2)}{\mathscr{D}t}=2\mathrm{d}\boldsymbol{x}\cdot\boldsymbol{D}\cdot\mathrm{d}\boldsymbol{x}=2\mathrm{d}\boldsymbol{X}\cdot\dot{\boldsymbol{E}}^{(1)}\cdot\mathrm{d}\boldsymbol{X}. \tag{2.135}$$

它可用来作为变形率张量 $\boldsymbol{D}$ 的定义.

下面,我们来计算有向线元长度平方的高阶物质导数,其 n 阶物质导数可写为

$$\frac{\mathscr{D}^n(\mathrm{d}s^2)}{\mathscr{D}t^n}=\mathrm{d}\boldsymbol{x}\cdot\boldsymbol{A}_{(n)}\cdot\mathrm{d}\boldsymbol{x}=2\mathrm{d}\boldsymbol{X}\cdot\left(\frac{\mathscr{D}^n\boldsymbol{E}^{(1)}}{\mathscr{D}t^n}\right)\cdot\mathrm{d}\boldsymbol{X}, \tag{2.136}$$

其中 $\boldsymbol{A}_{(n)}=\boldsymbol{A}_{(n)}(\boldsymbol{x},t)$ 是一个对称仿射量,称为 n 阶 **Rivlin-Ericksen 张量**.由上式,它可表示为

$$\boldsymbol{A}_{(n)}=2\boldsymbol{F}^{-\mathrm{T}}\cdot\left(\frac{\mathscr{D}^n\boldsymbol{E}^{(1)}}{\mathscr{D}t^n}\right)\cdot\boldsymbol{F}^{-1}.$$

当 $n=1$ 时,由(2.135)式可知

$$\boldsymbol{A}_{(1)}=2\boldsymbol{D}.$$

利用(2.113)式:$\frac{\mathscr{D}}{\mathscr{D}t}(\mathrm{d}\boldsymbol{x})=\boldsymbol{L}\cdot\mathrm{d}\boldsymbol{x}$,我们不难给出$(n+1)$阶与 n 阶 Rivlin-Ericksen 张量的递推关系

$$\boldsymbol{A}_{(n+1)}=\dot{\boldsymbol{A}}_{(n)}+\boldsymbol{A}_{(n)}\cdot\boldsymbol{L}+\boldsymbol{L}^{\mathrm{T}}\cdot\boldsymbol{A}_{(n)}. \tag{2.137}$$

n 阶 Rivlin-Ericksen 张量 $\boldsymbol{A}_{(n)}$ 也可以通过计算相对右 Cauchy-Green 张量 $\boldsymbol{C}_t(\tau)$ 的 n 阶物质导数并取 $\tau=t$ 时的值求得.事实上,τ 时刻有向线元 $d\boldsymbol{\zeta}$ 的长度平方可写为

$$\mathrm{d}s_\tau^2=\mathrm{d}\boldsymbol{\zeta}\cdot\mathrm{d}\boldsymbol{\zeta}=\mathrm{d}\boldsymbol{x}\cdot\mathbf{C}_t(\tau)\cdot\mathrm{d}\boldsymbol{x}.$$

在上式中固定 t 并对 τ 求 n 阶物质导数(在求导时 t 和 $\boldsymbol{x}(\boldsymbol{X},t)$ 都是固定的),然后再令 $\tau=t$,便有

$$\frac{\mathscr{D}^n}{\mathscr{D}t^n}(\mathrm{d}s^2)=\frac{\mathscr{D}^n}{\mathscr{D}\tau^n}(\mathrm{d}s_\tau^2)\bigg|_{\tau=t}=\mathrm{d}\boldsymbol{x}\cdot\left(\frac{\mathscr{D}^n}{\mathscr{D}\tau^n}\boldsymbol{C}_t(\tau)\right)\bigg|_{\tau=t}\cdot\mathrm{d}\boldsymbol{x}.$$

比较(2.136)式,有

$$\boldsymbol{A}_{(n)}=\left(\frac{\mathscr{D}^n}{\mathscr{D}\tau^n}\boldsymbol{C}_t(\tau)\right)\bigg|_{\tau=t}.\tag{2.138}$$

上式右端是(2.44)式中的相对右 Cauchy-Green 张量对 τ 的 n 阶物质导数 $\frac{\mathscr{D}^n}{\mathscr{D}\tau^n}\boldsymbol{C}_t(\tau)$ 在 $\tau=t$ 时的值.

上式还可以进一步由 n 阶加速度梯度来加以表示. 类似于(2.106)式的推导,我们不难看出加速度梯度 $\boldsymbol{a}\nabla$ 实际上是相对变形梯度 $\boldsymbol{F}_t(\boldsymbol{x},\tau)$ 对 τ 的二阶物质导数在 $\tau=t$ 时的值. 如果将速度梯度和加速度梯度分别记为 $\boldsymbol{L}_{(1)}(=\boldsymbol{L})$ 和 $\boldsymbol{L}_{(2)}$,那么,我们还可以一般地写出 n 阶加速度梯度的表达式为

$$\boldsymbol{L}_{(n)}=\frac{\mathscr{D}^n}{\mathscr{D}\tau^n}(\boldsymbol{F}_t(\boldsymbol{x},\tau))\bigg|_{\tau=t}\quad(n=1,2,\cdots).$$

于是,$\boldsymbol{C}_t(\tau)$ 对 τ 的 n 阶导数可写为

$$\overset{(n)}{\boldsymbol{C}}_t(\tau)=\sum_{k=0}^{n}\binom{n}{k}\overset{(k)}{\boldsymbol{F}}{}_t^{\mathrm{T}}(\boldsymbol{x},\tau)\cdot\overset{(n-k)}{\boldsymbol{F}}{}_t(\boldsymbol{x},\tau),$$

上式中 $\overset{(k)}{\boldsymbol{F}}{}_t^{\mathrm{T}}(\boldsymbol{x},\tau)$ 和 $\overset{(n-k)}{\boldsymbol{F}}{}_t(\boldsymbol{x},\tau)$ 分别为 $\boldsymbol{F}_t^{\mathrm{T}}(\boldsymbol{x},\tau)$ 关于 τ 的 k 阶和 $\boldsymbol{F}_t(\boldsymbol{x},\tau)$ 关于 τ 的 $(n-k)$ 阶物质导数,它们在 $\tau=t$ 时的值分别可写为 k 阶加速度梯度的转置 $\boldsymbol{L}_{(k)}^{\mathrm{T}}$ 和 $(n-k)$ 阶加速度梯度 $\boldsymbol{L}_{(n-k)}$. 因此,(2.138)式可具体表示为

$$\boldsymbol{A}_{(n)}=\boldsymbol{L}_{(n)}+\boldsymbol{L}_{(n)}^{\mathrm{T}}+\sum_{k=1}^{n-1}\binom{n}{k}\boldsymbol{L}_{(k)}^{\mathrm{T}}\cdot\boldsymbol{L}_{(n-k)}.\tag{2.139}$$

利用(2.138)式,相对右 Cauchy-Green 张量 $\boldsymbol{C}_t(\tau)$ 还可以在 $\tau=t$ 附近进行 Taylor 展开. 若假定级数收敛,则有

$$\begin{aligned}\boldsymbol{C}_t(\tau)&=\boldsymbol{C}_t(t)+\sum_{m=1}^{\infty}\frac{(\tau-t)^m}{m!}\overset{(m)}{\boldsymbol{C}}_t(t)\\&=\boldsymbol{I}+\sum_{m=1}^{\infty}\frac{(\tau-t)^m}{m!}\boldsymbol{A}_{(m)}(t).\end{aligned}\tag{2.140}$$

这说明,物体的相对变形历史可以通过各阶 Rivlin-Ericksen 张量来加以描述.

§ 2.10　应变张量的物质导数

(一) 应变主方向的旋率

现讨论 Lagrange 描述下应变主方向 $\boldsymbol{L}_\alpha(\alpha=1,2,3)$ 和 Euler 描述下

应变主方向 $\boldsymbol{l}_\alpha(\alpha=1,2,3)$ 的物质导数.在“参考”时刻 t_0,即当 $t\to t_0$ 时,以上两组主方向是重合的,我们可以用单位正交基 $\boldsymbol{e}_\alpha(\alpha=1,2,3)$ 来表示 $t\to t_0$ 时刻的应变主方向 $\boldsymbol{L}_\alpha$ 和 $\boldsymbol{l}_\alpha$.由(2.54)式,可知这时有 $\boldsymbol{R}|_{t_0}=\boldsymbol{I}$.在以后的变形过程中,可设想基向量 $\boldsymbol{e}_\alpha$ 只跟随物质点平移而始终不改变方向,这样的 $\boldsymbol{e}_\alpha$ 称之为“背景”,张量的物质导数实际上就是相对于其背景的变化率.在任意时刻 t,单位向量 $\boldsymbol{L}_\alpha$ 和 $\boldsymbol{l}_\alpha$ 可表示为

$$\boldsymbol{L}_\alpha=\boldsymbol{R}^{\mathrm{L}}\cdot\boldsymbol{e}_\alpha,\quad \boldsymbol{l}_\alpha=\boldsymbol{R}^{\mathrm{E}}\cdot\boldsymbol{e}_\alpha,\tag{2.141}$$

其中 $\boldsymbol{R}^{\mathrm{L}}=\sum_{\alpha=1}^{3}\boldsymbol{L}_\alpha\otimes\boldsymbol{e}_\alpha$ 和 $\boldsymbol{R}^{\mathrm{E}}=\sum_{\alpha=1}^{3}\boldsymbol{l}_\alpha\otimes\boldsymbol{e}_\alpha$ 分别为满足正交性条件(即(1.87)式)的 Lagrange 转动张量和 Euler 转动张量.由(2.54)式,它们之间满足如下关系

$$\boldsymbol{R}^{\mathrm{E}}=\boldsymbol{R}\cdot\boldsymbol{R}^{\mathrm{L}}.\tag{2.142}$$

(2.141)式的物质导数可写为

$$\dot{\boldsymbol{L}}_\alpha=\dot{\boldsymbol{R}}^{\mathrm{L}}\cdot(\boldsymbol{R}^{\mathrm{L}})^{\mathrm{T}}\cdot\boldsymbol{L}_\alpha,\quad \dot{\boldsymbol{l}}_\alpha=\dot{\boldsymbol{R}}^{\mathrm{E}}\cdot(\boldsymbol{R}^{\mathrm{E}})^{\mathrm{T}}\cdot\boldsymbol{l}_\alpha.\tag{2.143}$$

上式中的反称仿射量

$$\left.\begin{aligned}\boldsymbol{\Omega}^{\mathrm{L}}&=\dot{\boldsymbol{R}}^{\mathrm{L}}\cdot(\boldsymbol{R}^{\mathrm{L}})^{\mathrm{T}}=\sum_{\beta=1}^{3}\dot{\boldsymbol{L}}_\beta\otimes\boldsymbol{L}_\beta=\sum_{\alpha,\beta=1}^{3}\omega_{\alpha\beta}^{\mathrm{L}}\boldsymbol{L}_\alpha\otimes\boldsymbol{L}_\beta,\\ \boldsymbol{\Omega}^{\mathrm{E}}&=\dot{\boldsymbol{R}}^{\mathrm{E}}\cdot(\boldsymbol{R}^{\mathrm{E}})^{\mathrm{T}}=\sum_{\beta=1}^{3}\dot{\boldsymbol{l}}_\beta\otimes\boldsymbol{l}_\beta=\sum_{\alpha,\beta=1}^{3}\omega_{\alpha\beta}^{\mathrm{E}}\boldsymbol{l}_\alpha\otimes\boldsymbol{l}_\beta\end{aligned}\right\}\tag{2.144}$$

分别称为 Lagrange 旋率和 Euler 旋率.此外,还可以引进反称仿射量

$$\boldsymbol{\Omega}^{\mathrm{R}}=\dot{\boldsymbol{R}}\cdot\boldsymbol{R}^{\mathrm{T}}=\sum_{\alpha,\beta=1}^{3}\omega_{\alpha\beta}^{\mathrm{R}}\boldsymbol{l}_\alpha\otimes\boldsymbol{l}_\beta,\tag{2.145}$$

称之为**相对旋率**.

于是,(2.143)式可表示为

$$\left.\begin{aligned}\dot{\boldsymbol{L}}_\alpha&=\boldsymbol{\Omega}^{\mathrm{L}}\cdot\boldsymbol{L}_\alpha=\sum_{\beta=1}^{3}\omega_{\beta\alpha}^{\mathrm{L}}\boldsymbol{L}_\beta=\boldsymbol{\omega}^{\mathrm{L}}\times\boldsymbol{L}_\alpha,\\ \dot{\boldsymbol{l}}_\alpha&=\boldsymbol{\Omega}^{\mathrm{E}}\cdot\boldsymbol{l}_\alpha=\sum_{\beta=1}^{3}\omega_{\beta\alpha}^{\mathrm{E}}\boldsymbol{l}_\beta=\boldsymbol{\omega}^{\mathrm{E}}\times\boldsymbol{l}_\alpha,\end{aligned}\right\}\tag{2.146}$$

上式中 $\boldsymbol{\omega}^{\mathrm{L}}$ 和 $\boldsymbol{\omega}^{\mathrm{E}}$ 分别为 $\boldsymbol{\Omega}^{\mathrm{L}}$ 和 $\boldsymbol{\Omega}^{\mathrm{E}}$ 的轴向量.

例 1* 设任意一个对称正定仿射量 $\boldsymbol{\Phi}$ 的谱分解式为

$$\boldsymbol{\Phi}=\sum_{\alpha=1}^{3}\eta_\alpha\boldsymbol{N}_\alpha\otimes\boldsymbol{N}_\alpha,\tag{2.147}$$

其正交基向量 $\boldsymbol{N}_\alpha$ 的旋率为

$$\boldsymbol{\Omega}^{\mathrm{N}} = \sum_{\alpha=1}^{3} \dot{\boldsymbol{N}}_{\alpha} \otimes \boldsymbol{N}_{\alpha}. \tag{2.148}$$

试给出上式的绝对表示.

解 在(2.147)式中,如果取 $\boldsymbol{\Phi}$ 为右伸长张量 $\boldsymbol{U}$ 或由(2.66)式定义的应变 $\boldsymbol{E}$,则 $\boldsymbol{N}_{\alpha}$ 为 Lagrange 主方向 $\boldsymbol{L}_{\alpha}(\alpha = 1,2,3)$.如果取 $\boldsymbol{\Phi}$ 为左伸长张量 $\boldsymbol{V}$ 或由(2.75)式定义的应变 $\boldsymbol{e}$,则 $\boldsymbol{N}_{\alpha}$ 为 Euler 主方向 $\boldsymbol{l}_{\alpha}(\alpha = 1,2,3)$.

根据 $\boldsymbol{\Omega}^{\mathrm{N}}$ 的反对称性,有

$$\dot{\boldsymbol{N}}_{\alpha} = \boldsymbol{\Omega}^{\mathrm{N}} \cdot \boldsymbol{N}_{\alpha} = - \boldsymbol{N}_{\alpha} \cdot \boldsymbol{\Omega}^{\mathrm{N}}.$$

故得

$$\dot{\boldsymbol{\Phi}} = \sum_{\alpha=1}^{3} \dot{\eta}_{\alpha} \boldsymbol{N}_{\alpha} \otimes \boldsymbol{N}_{\alpha} + \boldsymbol{\Omega}^{\mathrm{N}} \cdot \boldsymbol{\Phi} - \boldsymbol{\Phi} \cdot \boldsymbol{\Omega}^{\mathrm{N}}. \tag{2.149}$$

因此有

$$\dot{\boldsymbol{\Phi}} \cdot \boldsymbol{\Phi}^{-1} = \sum_{\alpha=1}^{3} (\dot{\eta}_{\alpha}/\eta_{\alpha}) \boldsymbol{N}_{\alpha} \otimes \boldsymbol{N}_{\alpha} + \boldsymbol{\Omega}^{\mathrm{N}} - \boldsymbol{\Phi} \cdot \boldsymbol{\Omega}^{\mathrm{N}} \cdot \boldsymbol{\Phi}^{-1},$$

$$\boldsymbol{\Phi}^{-1} \cdot \dot{\boldsymbol{\Phi}} = \sum_{\alpha=1}^{3} (\dot{\eta}_{\alpha}/\eta_{\alpha}) \boldsymbol{N}_{\alpha} \otimes \boldsymbol{N}_{\alpha} + \boldsymbol{\Phi}^{-1} \cdot \boldsymbol{\Omega}^{\mathrm{N}} \cdot \boldsymbol{\Phi} - \boldsymbol{\Omega}^{\mathrm{N}}.$$

以上两式相减,可得

$$2\boldsymbol{\Omega}^{\mathrm{N}} - (\boldsymbol{\Phi} \cdot \boldsymbol{\Omega}^{\mathrm{N}} \cdot \boldsymbol{\Phi}^{-1} + \boldsymbol{\Phi}^{-1} \cdot \boldsymbol{\Omega}^{\mathrm{N}} \cdot \boldsymbol{\Phi}) = \dot{\boldsymbol{\Phi}} \cdot \boldsymbol{\Phi}^{-1} - \boldsymbol{\Phi}^{-1} \cdot \dot{\boldsymbol{\Phi}}. \tag{2.150}$$

为了求得以上张量方程的解 $\boldsymbol{\Omega}^{\mathrm{N}}$,现根据文献[2.4]构造如下的反对称生成子:

$$\left.\begin{aligned}
\boldsymbol{\Omega}^{(1)} &= \boldsymbol{\Phi} \cdot \dot{\boldsymbol{\Phi}} - \dot{\boldsymbol{\Phi}} \cdot \boldsymbol{\Phi}, \\
\boldsymbol{\Omega}^{(0)} &= \boldsymbol{\Phi} \cdot \dot{\boldsymbol{\Phi}} \cdot \boldsymbol{\Phi}^{-1} - \boldsymbol{\Phi}^{-1} \cdot \dot{\boldsymbol{\Phi}} \cdot \boldsymbol{\Phi}, \\
\boldsymbol{\Omega}^{(-1)} &= \dot{\boldsymbol{\Phi}} \cdot \boldsymbol{\Phi}^{-1} - \boldsymbol{\Phi}^{-1} \cdot \dot{\boldsymbol{\Phi}}.
\end{aligned}\right\} \tag{2.151}$$

这时,可将 $\boldsymbol{\Omega}^{\mathrm{N}}$ 表示为

$$\boldsymbol{\Omega}^{\mathrm{N}} = \sum_{i=-1}^{1} \omega_i \boldsymbol{\Omega}^{(i)}. \tag{2.152}$$

其中待求的系数 $\omega_i(i = -1,0,1)$ 是 $\boldsymbol{\Phi}$ 的三个主不变量 $I_1(\boldsymbol{\Phi})$, $I_2(\boldsymbol{\Phi})$ 和 $I_3(\boldsymbol{\Phi})$ 的函数.

因为 $\boldsymbol{\Omega}^{\mathrm{N}}$ 只有三个独立分量,故只需要三个生成子.以上这三个生成子是完备的,不可约的.如果再构造其他的生成子,则由 Cayley-Hamilton

定理,可知其他的生成子将不再是独立的.

将(2.152)式代入(2.150)式并利用 Cayley-Hamilton 定理

$$\boldsymbol{\Phi}^3 - I_1\boldsymbol{\Phi}^2 + I_2\boldsymbol{\Phi} - I_3\boldsymbol{I} = \boldsymbol{0},$$

则根据 $\boldsymbol{\Omega}^{(1)},\boldsymbol{\Omega}^{(0)},\boldsymbol{\Omega}^{(-1)}$ 的线性独立性,可得

$$\begin{pmatrix} 3 & -(I_2 + I_1^2)/I_3 & I_1/I_3 \\ -I_1 & 3 - I_1 I_2/I_3 & -I_2/I_3 \\ I_2 & -I_1 + I_1^2/I_3 & 3 \end{pmatrix}\begin{pmatrix}\omega_1 \\ \omega_0 \\ \omega_{-1}\end{pmatrix} = \begin{pmatrix}0\\0\\1\end{pmatrix}.$$

由此解出

$$\omega_1 = \frac{1}{\Delta_0}(I_2^2 - 3I_1I_3),$$

$$\omega_0 = \frac{1}{\Delta_0}(3I_2 - I_1^2)I_3,$$

$$\omega_{-1} = \frac{1}{\Delta_0}(9I_3 - 4I_1I_2 + I_1^3)I_3, \tag{2.153}$$

其中

$$\Delta_0 = 4I_1^3I_3 - I_1^2I_2^2 - 18I_1I_2I_3 + 4I_2^3 + 27I_3^2. \tag{2.154}$$

于是有

$$\begin{aligned}\boldsymbol{\Omega}^{\mathrm{N}} = \frac{1}{\Delta_0}\{&(I_2^2 - 3I_1I_3)(\boldsymbol{\Phi}\cdot\dot{\boldsymbol{\Phi}} - \dot{\boldsymbol{\Phi}}\cdot\boldsymbol{\Phi}) + \\ &I_3(3I_2 - I_1^2)(\boldsymbol{\Phi}\cdot\dot{\boldsymbol{\Phi}}\cdot\boldsymbol{\Phi}^{-1} - \boldsymbol{\Phi}^{-1}\cdot\dot{\boldsymbol{\Phi}}\cdot\boldsymbol{\Phi}) + \\ &I_3(9I_3 - 4I_1I_2 + I_1^3)(\dot{\boldsymbol{\Phi}}\cdot\boldsymbol{\Phi}^{-1} - \boldsymbol{\Phi}^{-1}\cdot\dot{\boldsymbol{\Phi}})\}.\end{aligned} \tag{2.155}$$

以上推导中假定了 $\boldsymbol{\Phi}$ 的特征方程有三个相异的实根.如果 $\boldsymbol{\Phi}$ 的特征方程有两个相异实根,$\eta_1 = \eta_2 \neq \eta_3$,则与 η_1 相对应的特征空间是一个平面,处于该平面内的主方向的旋率是不能唯一确定的.在计算中,需要用最小多项式 $\boldsymbol{\Phi} - (\eta_1 + \eta_3)\boldsymbol{I} + \eta_1\eta_3\boldsymbol{\Phi}^{-1} = \boldsymbol{0}$ 来代替 Cayley-Hamilton 定理.这时的 $\boldsymbol{\Phi}$ 可由 $\boldsymbol{I}$ 和 $\boldsymbol{\Phi}^{-1}$ 来加以表示,故独立的生成子只有 $\boldsymbol{\Omega}^{(-1)}$,由此求得

$$\boldsymbol{\Omega}^{\mathrm{N}} = -\frac{\eta_1\eta_3}{(\eta_1 - \eta_3)^2}(\dot{\boldsymbol{\Phi}}\cdot\boldsymbol{\Phi}^{-1} - \boldsymbol{\Phi}^{-1}\cdot\dot{\boldsymbol{\Phi}}). \tag{2.156}$$

当 $\boldsymbol{\Phi}$ 的三个特征值都相同时,任何向量都是主方向,这时的 $\boldsymbol{\Omega}^{\mathrm{N}}$ 不能唯一确定.

下面给出由(2.144)式和(2.145)式表示的三种旋率之间的关系.对(2.54)式求物质导数,有

$$\dot{\boldsymbol{l}}_\alpha = \dot{\boldsymbol{R}} \cdot \boldsymbol{L}_\alpha + \boldsymbol{R} \cdot \dot{\boldsymbol{L}}_\alpha = \dot{\boldsymbol{R}} \cdot \boldsymbol{R}^{\mathrm{T}} \cdot \boldsymbol{R} \cdot \boldsymbol{L}_\alpha + \boldsymbol{R} \cdot \boldsymbol{\Omega}^{\mathrm{L}} \cdot \boldsymbol{L}_\alpha$$
$$= (\boldsymbol{\Omega}^{\mathrm{R}} + \boldsymbol{R} \cdot \boldsymbol{\Omega}^{\mathrm{L}} \cdot \boldsymbol{R}^{\mathrm{T}}) \cdot \boldsymbol{l}_\alpha.$$

再与(2.143)式的第二式比较,可得

$$\boldsymbol{\Omega}^{\mathrm{L}} = \boldsymbol{R}^{\mathrm{T}} \cdot (\boldsymbol{\Omega}^{\mathrm{E}} - \boldsymbol{\Omega}^{\mathrm{R}}) \cdot \boldsymbol{R}. \tag{2.157}$$

上式的分量形式可写为 $\omega^{\mathrm{L}}_{\alpha\beta} = \omega^{\mathrm{E}}_{\alpha\beta} - \omega^{\mathrm{R}}_{\alpha\beta}$.

物质旋率 $\boldsymbol{W}$ 也可以通过右、左伸长张量的物质导数来加以表示.利用极分解(2.30)式,速度梯度可写为

$$\boldsymbol{L} = \boldsymbol{D} + \boldsymbol{W} = \dot{\boldsymbol{F}} \cdot \boldsymbol{F}^{-1} = (\dot{\boldsymbol{R}} \cdot \boldsymbol{U} + \boldsymbol{R} \cdot \dot{\boldsymbol{U}}) \cdot \boldsymbol{U}^{-1} \cdot \boldsymbol{R}^{\mathrm{T}}$$
$$= \boldsymbol{\Omega}^{\mathrm{R}} + \boldsymbol{R} \cdot \dot{\boldsymbol{U}} \cdot \boldsymbol{U}^{-1} \cdot \boldsymbol{R}^{\mathrm{T}} \tag{2.158}$$

或

$$\boldsymbol{L} = \boldsymbol{D} + \boldsymbol{W} = \dot{\boldsymbol{F}} \cdot \boldsymbol{F}^{-1} = (\dot{\boldsymbol{V}} \cdot \boldsymbol{R} + \boldsymbol{V} \cdot \dot{\boldsymbol{R}}) \cdot \boldsymbol{R}^{\mathrm{T}} \cdot \boldsymbol{V}^{-1}$$
$$= \dot{\boldsymbol{V}} \cdot \boldsymbol{V}^{-1} + \boldsymbol{V} \cdot \boldsymbol{\Omega}^{\mathrm{R}} \cdot \boldsymbol{V}^{-1}. \tag{2.159}$$

对以上两式取反对称部分,便有

$$\boldsymbol{W} = \boldsymbol{\Omega}^{\mathrm{R}} + \frac{1}{2}\boldsymbol{R} \cdot (\dot{\boldsymbol{U}} \cdot \boldsymbol{U}^{-1} - \boldsymbol{U}^{-1} \cdot \dot{\boldsymbol{U}}) \cdot \boldsymbol{R}^{\mathrm{T}}$$
$$= \frac{1}{2}(\dot{\boldsymbol{V}} + \boldsymbol{V} \cdot \boldsymbol{\Omega}^{\mathrm{R}}) \cdot \boldsymbol{V}^{-1} - \frac{1}{2}\boldsymbol{V}^{-1} \cdot (\dot{\boldsymbol{V}} - \boldsymbol{\Omega}^{\mathrm{R}} \cdot \boldsymbol{V}). \tag{2.160}$$

反之,由(2.159)式,有

$$\boldsymbol{\Omega}^{\mathrm{R}} = \boldsymbol{V}^{-1} \cdot (\boldsymbol{D} + \boldsymbol{W} - \dot{\boldsymbol{V}} \cdot \boldsymbol{V}^{-1}) \cdot \boldsymbol{V}.$$

此外,我们还可以分别写出(2.158)式的对称部分和反对称部分

$$\left.\begin{aligned} \boldsymbol{D}^{(\mathrm{R})} = \boldsymbol{R}^{\mathrm{T}} \cdot \boldsymbol{D} \cdot \boldsymbol{R} &= \frac{1}{2}(\dot{\boldsymbol{U}} \cdot \boldsymbol{U}^{-1} + \boldsymbol{U}^{-1} \cdot \dot{\boldsymbol{U}}), \\ \boldsymbol{R}^{\mathrm{T}} \cdot (\boldsymbol{W} - \boldsymbol{\Omega}^{\mathrm{R}}) \cdot \boldsymbol{R} &= \frac{1}{2}(\dot{\boldsymbol{U}} \cdot \boldsymbol{U}^{-1} - \boldsymbol{U}^{-1} \cdot \dot{\boldsymbol{U}}). \end{aligned}\right\} \tag{2.161}$$

特别地,如果取当前时刻 t 的构形为参考构形,则上式中 $\boldsymbol{U} = \boldsymbol{R} = \boldsymbol{I}$,而相应的 $\boldsymbol{D}$ 和 $\boldsymbol{W}$ 将分别对应于 $\dot{\boldsymbol{U}}$ 和 $\boldsymbol{\Omega}^{\mathrm{R}} = \dot{\boldsymbol{R}}$.这与以前对(2.106)式的讨论是相一致的.

(二) 应变张量的物质导数

现讨论 Lagrange 描述下应变张量(2.66)式的物质导数.我们先形式地把它写为

$$\dot{\boldsymbol{E}} = \sum_{\alpha,\beta=1}^{3} \dot{E}_{\alpha\beta} \boldsymbol{L}_\alpha \otimes \boldsymbol{L}_\beta, \tag{2.162}$$

然后再设法给出 $\dot{E}_{\alpha\beta}$ 的具体表达式.特别地,对于由(2.71)式定义的工程应变 $\boldsymbol{E}^{(\frac{1}{2})}$,其物质导数可形式地写为

$$\dot{\boldsymbol{E}}^{(\frac{1}{2})} = \dot{\boldsymbol{U}} = \sum_{\alpha,\beta=1}^{3} \dot{\lambda}_{\alpha\beta} \boldsymbol{L}_\alpha \otimes \boldsymbol{L}_\beta. \tag{2.163}$$

现将(2.53)式、(2.55)式和(2.129)式代入(2.161)式的第一式,便有

$$\sum_{\alpha,\beta=1}^{3} d_{\alpha\beta} \boldsymbol{L}_\alpha \otimes \boldsymbol{L}_\beta = \sum_{\alpha,\beta=1}^{3} \frac{1}{2}(\lambda_\alpha^{-1} + \lambda_\beta^{-1}) \dot{\lambda}_{\alpha\beta} \boldsymbol{L}_\alpha \otimes \boldsymbol{L}_\beta.$$

由此可得

$$\dot{\lambda}_{\alpha\beta} = \frac{2\lambda_\alpha\lambda_\beta}{\lambda_\alpha + \lambda_\beta} d_{\alpha\beta} (\text{不对 } \alpha,\beta \text{ 求和}). \tag{2.164}$$

此外,如果直接对(2.71)式求物质导数并利用(2.146)式,则还有

$$\begin{aligned}\dot{\boldsymbol{U}} &= \sum_{\alpha=1}^{3} \dot{\lambda}_\alpha \boldsymbol{L}_\alpha \otimes \boldsymbol{L}_\alpha + \sum_{\alpha,\beta=1}^{3} \lambda_\alpha \omega_{\beta\alpha}^{\mathrm{L}} \boldsymbol{L}_\beta \otimes \boldsymbol{L}_\alpha + \sum_{\alpha,\beta=1}^{3} \lambda_\alpha \omega_{\beta\alpha}^{\mathrm{L}} \boldsymbol{L}_\alpha \otimes \boldsymbol{L}_\beta \\ &= \sum_{\alpha,\beta=1}^{3} [\dot{\lambda}_\alpha \delta_\beta^\alpha + (\lambda_\beta - \lambda_\alpha)\omega_{\alpha\beta}^{\mathrm{L}}] \boldsymbol{L}_\alpha \otimes \boldsymbol{L}_\beta,\end{aligned} \tag{2.165}$$

其中 $\delta_\beta^\alpha = \begin{cases} 1, & \text{当 } \alpha = \beta, \\ 0, & \text{当 } \alpha \neq \beta. \end{cases}$

根据(2.163)式和(2.164)式,上式中的系数可表示为

$$\dot{\lambda}_{\alpha\beta} = \frac{2\lambda_\alpha\lambda_\beta}{\lambda_\alpha + \lambda_\beta} d_{\alpha\beta} = [\dot{\lambda}_\alpha \delta_\beta^\alpha + (\lambda_\beta - \lambda_\alpha)\omega_{\alpha\beta}^{\mathrm{L}}] \quad (\text{不对 } \alpha,\beta \text{ 求和}). \tag{2.166}$$

这说明,当 $\alpha = \beta$ 时,

$$\dot{\lambda}_\alpha = d_{\alpha\alpha}\lambda_\alpha \quad (\text{不对 } \alpha \text{ 求和}). \tag{2.167}$$

当 $\alpha \neq \beta(\lambda_\alpha \neq \lambda_\beta)$ 时,

$$\omega_{\alpha\beta}^{\mathrm{L}} = \frac{2\lambda_\alpha\lambda_\beta}{\lambda_\beta^2 - \lambda_\alpha^2} d_{\alpha\beta} \quad (\text{不对 } \alpha,\beta \text{ 求和}). \tag{2.168}$$

注意到沿 $\boldsymbol{l}$ 方向线元的长度比可由(2.48)式来加以表示,其物质导数又可根据(2.125)式简单地写为

$$\dot{\lambda}_l = \frac{\mathscr{D}}{\mathscr{D}t} |\,\mathrm{d}\boldsymbol{x}\,| \Big/ |\,\mathrm{d}\boldsymbol{X}\,| = d_l \lambda_l,$$

因此不难看出,(2.167)式实际上是上式的特殊情形.

对于一般的应变度量(2.66)式,其物质导数可写为

$$\dot{\boldsymbol{E}} = \sum_{\alpha,\beta=1}^{3} \{ f'(\lambda_\alpha)\dot{\lambda}_\alpha \delta_\beta^\alpha + [f(\lambda_\beta) - f(\lambda_\alpha)]\omega_{\alpha\beta}^{\mathrm{L}} \} \boldsymbol{L}_\alpha \otimes \boldsymbol{L}_\beta. \tag{2.169}$$

于是,(2.162) 式中的 $\dot{E}_{\alpha\beta}$ 可利用(2.167) 式和(2.168) 式表示为

$$\dot{E}_{\alpha\beta} = \left(\frac{2\lambda_\alpha\lambda_\beta}{\lambda_\alpha + \lambda_\beta}\right)\varphi(\lambda_\alpha,\lambda_\beta)d_{\alpha\beta} \quad (\text{不对 } \alpha,\beta \text{ 求和}), \tag{2.170}$$

其中

$$\varphi(\lambda_\alpha,\lambda_\beta) = \begin{cases} f'(\lambda_\alpha) = \lim\limits_{\lambda_\alpha \to \lambda_\beta} \dfrac{f(\lambda_\beta) - f(\lambda_\alpha)}{\lambda_\beta - \lambda_\alpha}, & \text{当 } \lambda_\alpha = \lambda_\beta, \\ \dfrac{f(\lambda_\beta) - f(\lambda_\alpha)}{\lambda_\beta - \lambda_\alpha}, & \text{当 } \lambda_\alpha \neq \lambda_\beta. \end{cases} \tag{2.171}$$

特别地,当 $f(\lambda) = \lambda$ 时,上式退化为(2.166)式;而当 $f(\lambda) = \frac{1}{2}(\lambda^2 - 1)$ 时,便得到 Green 应变的物质导数:

$$\dot{E}_{\alpha\beta}^{(1)} = \lambda_\alpha\lambda_\beta d_{\alpha\beta} \quad (\text{不对 } \alpha,\beta \text{ 求和}). \tag{2.172}$$

当然,上式也可以将(2.56) 式和(2.129) 式直接代入(2.130) 式求得.

Euler 描述下应变度量的物质导数可利用(2.146) 式的第二式作类似地讨论,也可通过直接对(2.76) 式求物质导数来进行计算.由此可得

$$\dot{\boldsymbol{e}} = \boldsymbol{R} \cdot \dot{\boldsymbol{E}} \cdot \boldsymbol{R}^{\mathrm{T}} + \boldsymbol{\Omega}^{\mathrm{R}} \cdot \boldsymbol{e} - \boldsymbol{e} \cdot \boldsymbol{\Omega}^{\mathrm{R}}, \tag{2.173}$$

或写为

$$\boldsymbol{R} \cdot \dot{\boldsymbol{E}} \cdot \boldsymbol{R}^{\mathrm{T}} = \sum_{\alpha,\beta=1}^{3} \dot{E}_{\alpha\beta} \boldsymbol{l}_\alpha \otimes \boldsymbol{l}_\beta = \dot{\boldsymbol{e}} + \boldsymbol{e} \cdot \boldsymbol{\Omega}^{\mathrm{R}} - \boldsymbol{\Omega}^{\mathrm{R}} \cdot \boldsymbol{e}. \tag{2.174}$$

如果将(2.76) 式改写为

$$\boldsymbol{E} = \boldsymbol{F}^{\mathrm{T}} \cdot (\boldsymbol{V}^{-1} \cdot \boldsymbol{e} \cdot \boldsymbol{V}^{-1}) \cdot \boldsymbol{F},$$

并求其物质导数,可得

$$\dot{\boldsymbol{E}} = \boldsymbol{F}^{\mathrm{T}} \cdot \left[\frac{\mathscr{D}}{\mathscr{D}t}(\boldsymbol{V}^{-1} \cdot \boldsymbol{e} \cdot \boldsymbol{V}^{-1}) + (\boldsymbol{V}^{-1} \cdot \boldsymbol{e} \cdot \boldsymbol{V}^{-1}) \cdot \boldsymbol{L} + \boldsymbol{L}^{\mathrm{T}} \cdot (\boldsymbol{V}^{-1} \cdot \boldsymbol{e} \cdot \boldsymbol{V}^{-1}) \right] \cdot \boldsymbol{F}.$$

特别地,当取 $\boldsymbol{E} = \boldsymbol{E}^{(1)}, \boldsymbol{e} = \boldsymbol{e}^{(1)}$ 时,有 $\boldsymbol{V}^{-1} \cdot \boldsymbol{e} \cdot \boldsymbol{V}^{-1} = \boldsymbol{e}^{(-1)}$. 故由(2.130) 式可知

$$\boldsymbol{D} = \dot{\boldsymbol{e}}^{(-1)} + \boldsymbol{e}^{(-1)} \cdot \boldsymbol{L} + \boldsymbol{L}^{\mathrm{T}} \cdot \boldsymbol{e}^{(-1)}. \tag{2.175}$$

例 2*　试给出 Lagrange 描述下应变张量(2.66) 式物质导数的绝对

表示.

解 因为 $\boldsymbol{E}$ 和右伸长张量 $\boldsymbol{U}$ 具有相同的主方向 $\boldsymbol{L}_\alpha(\alpha=1,2,3)$，所以，Lagrange 旋率(2.144) 式的绝对表示可直接由(2.155) 式给出，但在(2.155) 式中，应将 $\boldsymbol{\Phi}$ 改为 $\boldsymbol{U}$，$\boldsymbol{N}_\alpha$ 改为 $\boldsymbol{L}_\alpha(\alpha=1,2,3)$，$\boldsymbol{\Omega}^{\mathrm{N}}$ 改为 $\boldsymbol{\Omega}^{\mathrm{L}}$.

记 $\boldsymbol{F}'(\boldsymbol{E})=\sum\limits_{\alpha=1}^{3}f'(\lambda_\alpha)\boldsymbol{L}_\alpha\otimes\boldsymbol{L}_\alpha$，可得

$$\dot{\boldsymbol{E}}=\sum_{\alpha=1}^{3}f'(\lambda_\alpha)\dot{\lambda}_\alpha\boldsymbol{L}_\alpha\otimes\boldsymbol{L}_\alpha+\boldsymbol{\Omega}^{\mathrm{L}}\cdot\boldsymbol{E}-\boldsymbol{E}\cdot\boldsymbol{\Omega}^{\mathrm{L}}. \tag{2.176}$$

注意到 $\sum\limits_{\alpha=1}^{3}\dot{\lambda}_\alpha\boldsymbol{L}_\alpha\otimes\boldsymbol{L}_\alpha=\dot{\boldsymbol{U}}-\boldsymbol{\Omega}^{\mathrm{L}}\cdot\boldsymbol{U}+\boldsymbol{U}\cdot\boldsymbol{\Omega}^{\mathrm{L}}$，(2.176) 式右端的第一项可写为

$$\begin{aligned}\sum_{\alpha=1}^{3}f'(\lambda_\alpha)\dot{\lambda}_\alpha\boldsymbol{L}_\alpha\otimes\boldsymbol{L}_\alpha&=\frac{1}{2}\boldsymbol{F}'(\boldsymbol{E})\cdot[\dot{\boldsymbol{U}}-\boldsymbol{\Omega}^{\mathrm{L}}\cdot\boldsymbol{U}+\boldsymbol{U}\cdot\boldsymbol{\Omega}^{\mathrm{L}}]+\\&\quad\frac{1}{2}[\dot{\boldsymbol{U}}-\boldsymbol{\Omega}^{\mathrm{L}}\cdot\boldsymbol{U}+\boldsymbol{U}\cdot\boldsymbol{\Omega}^{\mathrm{L}}]\cdot\boldsymbol{F}'(\boldsymbol{E})\\&=\frac{1}{2}[\boldsymbol{F}'(\boldsymbol{E})\cdot\dot{\boldsymbol{U}}+\dot{\boldsymbol{U}}\cdot\boldsymbol{F}'(\boldsymbol{E})]-\\&\quad\frac{1}{2}\boldsymbol{F}'(\boldsymbol{E})\cdot[\boldsymbol{\Omega}^{\mathrm{L}}\cdot\boldsymbol{U}-\boldsymbol{U}\cdot\boldsymbol{\Omega}^{\mathrm{L}}]-\\&\quad\frac{1}{2}[\boldsymbol{\Omega}^{\mathrm{L}}\cdot\boldsymbol{U}-\boldsymbol{U}\cdot\boldsymbol{\Omega}^{\mathrm{L}}]\cdot\boldsymbol{F}'(\boldsymbol{E}).\end{aligned} \tag{2.177}$$

将上式代入(2.176) 式，便得到 $\dot{\boldsymbol{E}}$ 的绝对表示.

(2.176) 式和(2.177) 式中的 $\dot{\boldsymbol{U}}$ 还可以通过求解张量方程(2.161) 式的第一式由 $\boldsymbol{D}^{(\mathrm{R})}=\boldsymbol{R}^{\mathrm{T}}\cdot\boldsymbol{D}\cdot\boldsymbol{R}$ 来加以表示. 例如，可将 $\dot{\boldsymbol{U}}$ 写为

$$\begin{aligned}\dot{\boldsymbol{U}}=\frac{1}{(I_1I_2-I_3)}\{&I_1I_3\boldsymbol{D}^{(\mathrm{R})}+(I_1^2+I_2)\boldsymbol{U}\cdot\boldsymbol{D}^{(\mathrm{R})}\cdot\boldsymbol{U}+\boldsymbol{U}^2\cdot\boldsymbol{D}^{(\mathrm{R})}\cdot\boldsymbol{U}^2-\\&I_3(\boldsymbol{U}\cdot\boldsymbol{D}^{(\mathrm{R})}+\boldsymbol{D}^{(\mathrm{R})}\cdot\boldsymbol{U})-I_1(\boldsymbol{U}^2\cdot\boldsymbol{D}^{(\mathrm{R})}\cdot\boldsymbol{U}+\boldsymbol{U}\cdot\boldsymbol{D}^{(\mathrm{R})}\cdot\boldsymbol{U}^2)\},\end{aligned}$$

其中 I_1、I_2 和 I_3 分别为 $\boldsymbol{U}$ 的第一、第二和第三主不变量.

特别地，当 $\boldsymbol{E}$ 为对数应变 $\boldsymbol{E}^{(0)}$ 时，由(2.72) 式可知

$$\boldsymbol{F}'(\boldsymbol{E}^{(0)})=\sum_{\alpha=1}^{3}\lambda_\alpha^{-1}\boldsymbol{L}_\alpha\otimes\boldsymbol{L}_\alpha=\boldsymbol{U}^{-1}.$$

因此，注意到(2.176) 式和(2.177) 式，有

$$\dot{\boldsymbol{E}}^{(0)}=\sum_{\alpha=1}^{3}(\dot{\lambda}_\alpha/\lambda_\alpha)\boldsymbol{L}_\alpha\otimes\boldsymbol{L}_\alpha+\boldsymbol{\Omega}^{\mathrm{L}}\cdot\boldsymbol{E}^{(0)}-\boldsymbol{E}^{(0)}\cdot\boldsymbol{\Omega}^{\mathrm{L}}, \tag{2.178}$$

其中

$$\sum_{\alpha=1}^{3}(\dot{\lambda}_\alpha/\lambda_\alpha)\boldsymbol{L}_\alpha\otimes\boldsymbol{L}_\alpha = \frac{1}{2}(\boldsymbol{U}^{-1}\cdot\dot{\boldsymbol{U}}+\dot{\boldsymbol{U}}\cdot\boldsymbol{U}^{-1}) + \frac{1}{2}(\boldsymbol{U}\cdot\boldsymbol{\Omega}^{\mathrm{L}}\cdot\boldsymbol{U}^{-1}-\boldsymbol{U}^{-1}\cdot\boldsymbol{\Omega}^{\mathrm{L}}\cdot\boldsymbol{U})$$
$$= \boldsymbol{R}^{\mathrm{T}}\cdot\boldsymbol{D}\cdot\boldsymbol{R}+\frac{1}{2}(\boldsymbol{U}\cdot\boldsymbol{\Omega}^{\mathrm{L}}\cdot\boldsymbol{U}^{-1}-\boldsymbol{U}^{-1}\cdot\boldsymbol{\Omega}^{\mathrm{L}}\cdot\boldsymbol{U}), \tag{2.179}$$

而 $\boldsymbol{\Omega}^{\mathrm{L}}$ 由(2.155)式给出,但需将其中的 $\boldsymbol{\Phi}$ 改为 $\boldsymbol{U}$.

习　　题

2.1　如果物体在运动过程中保持任意两点的距离不变,则称这样的运动为**刚体运动**.试证:在刚体运动中,参考构形中物质点 $\boldsymbol{X}$ 变换到当前构形的 $\boldsymbol{x}$ 时,必满足

$$\boldsymbol{x} = \boldsymbol{Q}(t)\cdot(\boldsymbol{X}-\boldsymbol{X}_0)+\boldsymbol{x}_0(t),$$

其中 $\boldsymbol{Q}(t)$ 为正常正交仿射量.

2.2　对于由(2.35)式给出的简单剪切变形

$$\boldsymbol{F} = \boldsymbol{I}+k_0\boldsymbol{e}_1\otimes\boldsymbol{e}_2,$$

(a) 试计算右、左 Cauchy-Green 张量 $\boldsymbol{C}$ 和 $\boldsymbol{B}$ 的三个主不变量.

(b) 试写出 $\boldsymbol{C}$ 和 $\boldsymbol{B}$ 的特征方程,并求出相应的特征值 $\eta_\alpha(\alpha = 1,2,3)$ 以及相应的特征方向 $\boldsymbol{L}_\alpha$ 和 $\boldsymbol{l}_\alpha(\alpha = 1,2,3)$.

(c) 试给出极分解式 $\boldsymbol{F} = \boldsymbol{V}\cdot\boldsymbol{R}$ 中的左伸长张量 $\boldsymbol{V}$ 和正交张量 $\boldsymbol{R}$ 的矩阵表示.

2.3　对于由(2.36)式给出的圆柱体扭转变形,试计算

(a) 右、左 Cauchy-Green 张量 $\boldsymbol{C}$ 和 $\boldsymbol{B}$ 的三个主不变量.

(b) $\boldsymbol{C}$ 和 $\boldsymbol{B}$ 的特征值和相应的特征方向.

2.4　对于由(2.37)式给出的立方体的纯弯曲变形,试计算右、左 Cauchy-Green 张量 $\boldsymbol{C}$ 和 $\boldsymbol{B}$ 的三个主不变量.

2.5　对于由(2.38)式给出的纯弯曲变形,试证有

$$\frac{\mathrm{d}I_2(\boldsymbol{C})}{\mathrm{d}r} = \left(\frac{1}{AB}\right)^2\frac{\mathrm{d}I_1(\boldsymbol{C})}{\mathrm{d}r}.$$

2.6　在参考构形中,物质坐标系取为球坐标系(R,Θ,Φ),坐标系的原点 O 与空间坐标系的原点 o 相重合,以 O 为中心的球壳的球对称变形可写为

$$\boldsymbol{x} = \left(\frac{r}{R}\right)\boldsymbol{X},\quad r = f(R,t),$$

其中 $\boldsymbol{X}$ 为变形前物质点的向径,$\boldsymbol{x}$ 为变形后该物质点的位置向量,$R = (\boldsymbol{X}\cdot\boldsymbol{X})^{\frac{1}{2}}$,$r = (\boldsymbol{x}\cdot\boldsymbol{x})^{\frac{1}{2}}$.如果以上变形是等容变形,试写出 $f(R,t)$ 所应满足的条件.

2.7　现考虑一个经受均匀变形的柱体.变形前柱体底部的面积为 $\mathrm{d}S_0$,底部的单位法向量为 ${}_0\boldsymbol{N}$.变形后,底部的面积为 $\mathrm{d}S$,底部的单位法向量为 $\boldsymbol{N}$.试利用变形前

后的几何关系证明(2.61)式.

2.8 对不可压缩材料,试证 Green 应变的迹满足

$$\mathrm{tr}\boldsymbol{E} = \mathrm{tr}(\boldsymbol{E}^2) - (\mathrm{tr}\boldsymbol{E})^2 - \frac{2}{3}[2\mathrm{tr}(\boldsymbol{E}^3) - 3(\mathrm{tr}\boldsymbol{E})\mathrm{tr}(\boldsymbol{E}^2) + (\mathrm{tr}\boldsymbol{E})^3],$$

故当 $\boldsymbol{E}$ 为小量时,$\mathrm{tr}\boldsymbol{E}$ 为二阶小量.

2.9 根据(2.64)式,变形梯度可以分解为 $\boldsymbol{F} = \mathscr{J}^{\frac{1}{3}}\boldsymbol{I}\cdot\hat{\boldsymbol{F}}$,其中 $\mathscr{J} = \det\boldsymbol{F}$.由此可定义相应的等容右 Cauchy-Green 张量:$\hat{\boldsymbol{C}} = \mathscr{J}^{-\frac{2}{3}}\boldsymbol{C}$,和等容右伸长张量:$\hat{\boldsymbol{U}} = \mathscr{J}^{-\frac{1}{3}}\boldsymbol{U}$.

试利用第一章的(1.103)式和(1.197)式证明:

$$\frac{\mathrm{d}\hat{\boldsymbol{U}}}{\mathrm{d}\boldsymbol{U}} = \mathscr{J}^{-\frac{1}{3}}[\overset{(1)}{\boldsymbol{I}} - \frac{1}{3}\boldsymbol{U}\otimes\boldsymbol{U}^{-1}],$$

其中 $\overset{(1)}{\boldsymbol{I}}$ 为对称化的四阶单位张量.

2.10 设任意一个对称正定仿射量 $\boldsymbol{\Phi}$ 的谱分解式可由(2.147)式表示为

$$\boldsymbol{\Phi} = \sum_{\alpha=1}^{3}\eta_\alpha\boldsymbol{N}_\alpha\otimes\boldsymbol{N}_\alpha,$$

试证:当 $\eta_1 \neq \eta_2 \neq \eta_3 \neq \eta_1$ 时,有

$$\frac{\partial\eta_\alpha}{\partial\boldsymbol{\Phi}} = \boldsymbol{N}_\alpha\otimes\boldsymbol{N}_\alpha \quad (\alpha = 1,2,3;\text{不对 }\alpha\text{ 求和}).$$

2.11 试证:物体运动为刚体运动的充要条件是 $\boldsymbol{D} = \boldsymbol{0}$,其中 $\boldsymbol{D}$ 为变形率张量(Killing 定理).

2.12 试证物质旋率 $\boldsymbol{W} = \frac{1}{2}(\boldsymbol{v}\nabla - \nabla\boldsymbol{v})$ 的轴向量可写为

$$\boldsymbol{\omega} = \frac{1}{2}\boldsymbol{C}^A\times\dot{\boldsymbol{C}}_A,$$

其中 $\boldsymbol{C}_A$ 和 $\boldsymbol{C}^A$ 分别为随体坐标系 $\{X^A, t\}$ 中的协变基向量和逆变基向量.

2.13 如果速度场 $\boldsymbol{v}$ 为势的梯度,即存在光滑标量场 $\varphi(\boldsymbol{x}, t)$,使得 $\boldsymbol{v} = \nabla\varphi$,试证有

$$\boldsymbol{a} = \dot{\boldsymbol{v}} = \nabla\left(\varphi' + \frac{\boldsymbol{v}\cdot\boldsymbol{v}}{2}\right).$$

因此加速度场也是势的梯度,其中 φ' 为 φ 的局部导数:$\varphi' = \left(\frac{\partial\varphi}{\partial t}\right)_{\boldsymbol{x}}$.

2.14 在 Euler 描述下,考虑速度满足 $\boldsymbol{v} = \boldsymbol{A}\cdot\boldsymbol{x}$ 的定常流动,其中 $\boldsymbol{A}$ 为常仿射量.如果加速度场是势的梯度,试证

(a) $\boldsymbol{A}^2$ 是对称仿射量.

(b) 物质旋率 $\boldsymbol{W}$ 的轴向量 $\boldsymbol{\omega}$ 满足

$$\boldsymbol{D}\cdot\boldsymbol{\omega} = (\mathrm{tr}\boldsymbol{D})\boldsymbol{\omega},$$

其中 $\boldsymbol{D}$ 为变形率张量.

2.15 设速度场 $\boldsymbol{v}$ 是 C^2 类的,试证

$$\boldsymbol{a} \cdot \nabla = \dot{v} \cdot \nabla = \frac{\mathscr{D}}{\mathscr{D}t}(v \cdot \nabla) + \boldsymbol{D} : \boldsymbol{D} - \boldsymbol{W} : \boldsymbol{W},$$

其中 $\boldsymbol{a} = \dot{v}$ 为加速度场,$\boldsymbol{D}$ 和 $\boldsymbol{W}$ 分别为变形率和物质旋率.

2.16 设单位正交基向量($\boldsymbol{e}_1, \boldsymbol{e}_2, \boldsymbol{e}_3$)是时间 t 的函数,试证 $\boldsymbol{\Omega}(\boldsymbol{e}) = \sum_{\beta=1}^{3} \dot{\boldsymbol{e}}_\beta \otimes \boldsymbol{e}_\beta$ 是一个反称仿射量,其中 $\dot{\boldsymbol{e}}_\beta$ 是 $\boldsymbol{e}_\beta$ 的时间变化率.

2.17 在由习题2.2 给出的简单剪切变形中,如果 $k_0 = k_0(t)$ 是时间 t 的函数,

(a) 试写出相应的速度梯度 $\boldsymbol{L}$,以及变形率张量 $\boldsymbol{D}$ 和物质旋率 $\boldsymbol{W}$ 的表达式.

(b) 试写出相对旋率 $\boldsymbol{\Omega}^{\mathrm{R}} = \dot{\boldsymbol{R}} \cdot \boldsymbol{R}^{\mathrm{T}}$ 的表达式.

(c) 试计算 Lagrange 主方向 $\boldsymbol{L}_\alpha$ 和 Euler 主方向 $\boldsymbol{l}_\alpha$ 的旋率.

2.18 利用面元物质导数表达式(2.116)式和面积变化率表达式(2.126)式,试证:面元的单位法向量 $\boldsymbol{N}$ 的物质导数为

$$\dot{\boldsymbol{N}} = [(\boldsymbol{N} \cdot \boldsymbol{D} \cdot \boldsymbol{N})\boldsymbol{I} - \boldsymbol{L}^{\mathrm{T}}] \cdot \boldsymbol{N}.$$

2.19 利用(2.56)式和(2.101)式,试证速度梯度可以表示为

$$\boldsymbol{L} = \sum_{\alpha=1}^{3} (\dot{\lambda}_\alpha / \lambda_\alpha) \boldsymbol{l}_\alpha \otimes \boldsymbol{l}_\alpha - \boldsymbol{F} \cdot \boldsymbol{\Omega}^{\mathrm{L}} \cdot \boldsymbol{F}^{-1} + \boldsymbol{\Omega}^{\mathrm{E}},$$

其中 $\boldsymbol{\Omega}^{\mathrm{L}}$ 和 $\boldsymbol{\Omega}^{\mathrm{E}}$ 分别为(2.144)式中的 Lagrange 旋率和 Euler 旋率.

2.20 如果将左伸长张量 $\boldsymbol{V} = \sum_{\alpha=1}^{3} \lambda_\alpha \boldsymbol{l}_\alpha \otimes \boldsymbol{l}_\alpha$ 的物质导数形式地写为 $\dot{\boldsymbol{V}} = \sum_{\alpha,\beta=1}^{3} \dot{V}_{\alpha\beta} \boldsymbol{l}_\alpha \otimes \boldsymbol{l}_\beta$,试证明有

$$\dot{V}_{\alpha\beta} = \left(\frac{\lambda_\alpha^2 + \lambda_\beta^2}{\lambda_\alpha + \lambda_\beta}\right) d_{\alpha\beta} - (\lambda_\alpha - \lambda_\beta) w_{\alpha\beta} \quad (\text{不对 } \alpha, \beta \text{ 求和}),$$

其中 $d_{\alpha\beta}$ 和 $w_{\alpha\beta}$ 分别为变形率张量 $\boldsymbol{D} = \sum_{\alpha,\beta=1}^{3} d_{\alpha\beta} \boldsymbol{l}_\alpha \otimes \boldsymbol{l}_\beta$ 和物质旋率 $\boldsymbol{W} = \sum_{\alpha,\beta=1}^{3} w_{\alpha\beta} \boldsymbol{l}_\alpha \otimes \boldsymbol{l}_\beta$ 在基 $\boldsymbol{l}_\alpha \otimes \boldsymbol{l}_\beta$ 上的分量.

2.21 试证明由(2.75)式表示的 Euler 应变 $\boldsymbol{e}$ 的物质导数与左伸长张量 $\boldsymbol{V}$ 的物质导数之间满足以下关系

$$\dot{\boldsymbol{e}} = \sum_{\alpha,\beta=1}^{3} \varphi(\lambda_\alpha, \lambda_\beta) \boldsymbol{P}_\alpha \cdot \dot{\boldsymbol{V}} \cdot \boldsymbol{P}_\beta,$$

其中 $\varphi(\lambda_\alpha, \lambda_\beta)$ 由(2.171)式给出,$\boldsymbol{P}_\alpha = \boldsymbol{l}_\alpha \otimes \boldsymbol{l}_\alpha$(不对 α 求和).特别地,当 $\boldsymbol{e}$ 为对数应变 $\boldsymbol{e}^{(0)} = \ln \boldsymbol{V}$ 时,有

$$\begin{aligned}
\dot{\boldsymbol{e}}^{(0)} &= \sum_{\alpha,\beta=1}^{3} \left(\frac{\ln \lambda_\alpha - \ln \lambda_\beta}{\lambda_\alpha - \lambda_\beta}\right) \boldsymbol{P}_\alpha \cdot \dot{\boldsymbol{V}} \cdot \boldsymbol{P}_\beta \\
&= \sum_{\alpha,\beta=1}^{3} (\ln \lambda_\alpha - \ln \lambda_\beta) \left[\left(\frac{\lambda_\alpha^2 + \lambda_\beta^2}{\lambda_\alpha^2 - \lambda_\beta^2}\right) \boldsymbol{P}_\alpha \cdot \boldsymbol{D} \cdot \boldsymbol{P}_\beta - \boldsymbol{P}_\alpha \cdot \boldsymbol{W} \cdot \boldsymbol{P}_\beta \right].
\end{aligned}$$

2.22 利用相对旋率表达式

$$\boldsymbol{\Omega}^{\mathrm{R}} = \boldsymbol{V}^{-1} \cdot (\boldsymbol{D} + \boldsymbol{W} - \dot{\boldsymbol{V}} \cdot \boldsymbol{V}^{-1}) \cdot \boldsymbol{V}$$

$$= \boldsymbol{V}^{-1} \cdot (\boldsymbol{D} + \boldsymbol{W}) \cdot \boldsymbol{V} - \boldsymbol{V}^{-1} \cdot \dot{\boldsymbol{V}}$$

以及习题 2.20 的结果,试证 $\boldsymbol{\Omega}^{\mathrm{R}}$ 可表示为

$$\boldsymbol{\Omega}^{\mathrm{R}} = \boldsymbol{W} + \sum_{\alpha,\beta=1}^{3} \left(\frac{\lambda_\beta - \lambda_\alpha}{\lambda_\beta + \lambda_\alpha}\right) d_{\alpha\beta}\, \boldsymbol{l}_\alpha \otimes \boldsymbol{l}_\beta,$$

其中 $\boldsymbol{W}$ 为物质旋率,$d_{\alpha\beta} = \boldsymbol{l}_\alpha \cdot \boldsymbol{D} \cdot \boldsymbol{l}_\beta$ 为变形率张量 $\boldsymbol{D}$ 在 $\boldsymbol{l}_\alpha \otimes \boldsymbol{l}_\beta$ 上的分量.

参考文献

2.1 郭仲衡,Dubey R N. 非线性连续介质力学中的“主轴法”. 力学进展,1983,13(3):1—17.

2.2 Hill R. Aspects of invariance in solid mechanics. Advances in Applied Mechanics,1978,18:1—75.

2.3 Gurtin M E, Spear K. On the relationship between the logarithmic strain rate and the stretching tensor. Int. J. Solids Structures,1983,19:437—444.

2.4 Wang W B(王文标),Duan Z P(段祝平). On the invariant representation of spin tensors with applications. Int. J. Solids Structures,1991,27(3):329—341.

第三章　守恒定律和连续介质热力学

§3.1　引　　言

本章将转入对经典物理学中守恒定律(balance laws)的讨论.这些定律描述了物质运动的基本规律,它们包括质量守恒、动量守恒、动量矩守恒、能量守恒(热力学第一定律)、熵不等式(热力学第二定律),以及电动力学中的 Gauss 定律、磁通量守恒、电荷守恒和 Faraday 定律、Ampère 定律,等等.

以上定律对所有的材料都是适用的.但是这里我们仅限于讨论物质点的速度较低,物体之间的间距较小(否则需用相对论来予以修正)以及物体的尺寸远大于原子尺度(否则需考虑量子力学效应)的情形.事实上,在连续介质力学中,代表性物质点邻域的体积虽然可以充分小,但它却包含了大量的粒子(分子、原子).我们所要讨论的物理量则应看作是大量粒子的统计平均效应.

作为一本简明教程,本书不准备介绍电动力学中的守恒定律,而将重点集中在关于力学和热学效应的讨论上.在这些讨论中,质量、力和热量等是作为原始概念被引进的,至于以上这些物理量的微观物理过程的研究,则已超出了本教程的范围.

守恒定律表示了物体中某些物理场量之间的关系,它可表述为:对于物理场量 $\boldsymbol{\varphi}$ 在物体体积上的物质积分,其时间变化率等于另一物理场量 $\boldsymbol{\psi}$(源,source)在该体积上的物质积分,与通过物体表面"流入"的物理量 $\boldsymbol{\pi}$(流,flux)的面积分之和.如果假定张量 $\boldsymbol{\pi}$ 不仅依赖于位置向量 $\boldsymbol{x}$ 和时间 t,而且还依赖于物体表面的单位(外)法向量 $\boldsymbol{N}$,则可将 $\boldsymbol{\pi}$ 表示为 $\boldsymbol{\pi}(\boldsymbol{N})$.这时,守恒定律的数学表达式可写为

$$\frac{\mathscr{D}}{\mathscr{D}t}\int_v \rho\boldsymbol{\varphi}\,\mathrm{d}v = \int_v \rho\boldsymbol{\psi}\,\mathrm{d}v + \int_{\partial v}\boldsymbol{\pi}(\boldsymbol{N})\,\mathrm{d}S, \tag{3.1}$$

上式中 v 是物体中物质点的全体在时刻 t 所占的体积,∂v 是该体积 v 的表面,对 v 所作的积分表示物质积分,而 $\rho = \rho(\boldsymbol{x}, t)$ 是一个非负的标量,

称为(质量)密度,它表示单位体积中的质量.在(3.1)式中,显然要求 $\boldsymbol{\varphi}$, $\boldsymbol{\psi}$ 和 $\boldsymbol{\pi}(\boldsymbol{N})$ 是阶数相同的张量.

由(3.1)式给出的方程称之为守恒定律的总体形式.如果假定(3.1)式对物体中的任意部分都成立,则我们还可以得到守恒定律的局部形式.为此,现考虑物体中的任意一个代表性物质点,它在空间坐标系 $\{x^i\}$ 中的位置向量为 $\boldsymbol{x}$.对应于 $\boldsymbol{x}$ 的协变基向量和逆变基向量分别为 $\boldsymbol{g}_i$ 和 $\boldsymbol{g}^i$($i = 1,2,3$).此外,再任意给定某单位向量 $\boldsymbol{N} = N_i\boldsymbol{g}^i$,以 $\boldsymbol{N}$ 为法向的平面与过 $\boldsymbol{x}$ 点沿三个局部基向量 $\boldsymbol{g}_1$、$\boldsymbol{g}_2$ 和 $\boldsymbol{g}_3$ 的直线相截后,可得到如图 3.1 所示

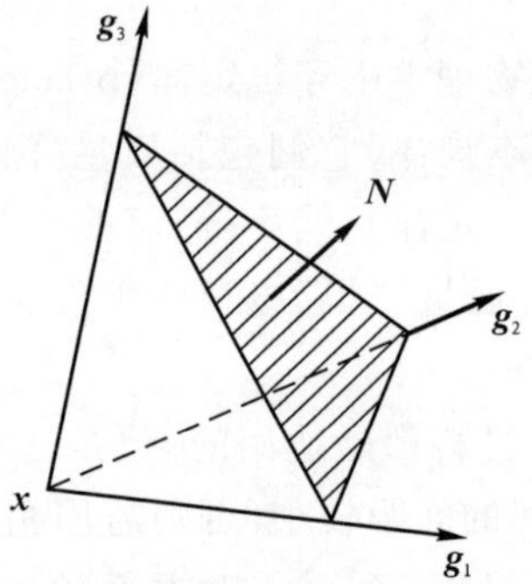

图 3.1　由协变基向量 $\boldsymbol{g}_i$($i = 1,2,3$)构成的四面体

的四面体.如果以 ΔS_k 和 ΔS 分别表示该四面体中对应于坐标面 $x^k =$ 常数($k = 1,2,3$)和对应于法向 $\boldsymbol{N}$ 的表面面积,那么,在该四面体上应用散度定理后,由 $\int_{\Delta S}\boldsymbol{N}\mathrm{d}S + \sum_{k=1}^{3}\int_{\Delta S_k}\boldsymbol{N}^k\mathrm{d}S = \boldsymbol{0}$ 可得

$$\boldsymbol{N}\Delta S = -\sum_{k=1}^{3}\boldsymbol{N}^k\Delta S_k, \tag{3.2}$$

其中 $\boldsymbol{N}^k$ 是四面体中对应于坐标面 $x^k = \mathrm{const}$ 的单位外法向量.因为它与逆变基向量 $\boldsymbol{g}^k$ 共线,故可表示为

$$\boldsymbol{N}^k = -\frac{1}{\sqrt{g^{\underline{k}\underline{k}}}}\boldsymbol{g}^k(\text{不对 } k \text{ 求和}). \tag{3.3}$$

将(3.2)式写成分量形式

$$N_i\boldsymbol{g}^i\Delta S = \sum_{k=1}^{3}\frac{1}{\sqrt{g^{\underline{k}\underline{k}}}}\boldsymbol{g}^k\Delta S_k,$$

并对其两端与 $\boldsymbol{g}_j$ 作点积,便有

$$\Delta S_j = \sqrt{g^{jj}} N_j \Delta S(\text{不对 } j \text{ 求和}). \tag{3.4}$$

如果假定守恒定律的局部形式成立，则可将(3.1)式应用于以上的四面体.利用中值定理，有

$$\frac{\mathscr{D}}{\mathscr{D}t}(\overline{\rho\boldsymbol{\varphi}}\Delta v) - (\overline{\rho\boldsymbol{\psi}}\Delta v) - \bar{\boldsymbol{\pi}}(\boldsymbol{N})\Delta S - \sum_{j=1}^{3}\bar{\boldsymbol{\pi}}(\boldsymbol{N}^j)\Delta S_j = \boldsymbol{0}, \tag{3.5}$$

上式中 Δv 为四面体的体积，$\overline{\rho\boldsymbol{\varphi}}$ 和$\overline{\rho\boldsymbol{\psi}}$ 分别为$\rho\boldsymbol{\varphi}$ 和$\rho\boldsymbol{\psi}$ 在四面体上的平均值，$\bar{\boldsymbol{\pi}}(\boldsymbol{N})$ 和 $\bar{\boldsymbol{\pi}}(\boldsymbol{N}^j)$ 分别为$\boldsymbol{\pi}(\boldsymbol{N})$ 在ΔS 上和$\boldsymbol{\pi}(\boldsymbol{N}^j)$ 在$\Delta S_j(j = 1,2,3)$ 上的平均值.如果令法向为 $\boldsymbol{N}$ 的平面趋近于$\boldsymbol{x}$ 点但保持法向$\boldsymbol{N}$ 不变，则四面体的体积 Δv 和侧面面积 ΔS、$\Delta S_j(j = 1,2,3)$ 将趋于零.现假定这时的 $\bar{\boldsymbol{\pi}}(\boldsymbol{N})$ 和 $\bar{\boldsymbol{\pi}}(\boldsymbol{N}^j)$ 将分别趋近于相应的极限值 $\boldsymbol{\pi}(\boldsymbol{N})$ 和 $\boldsymbol{\pi}(\boldsymbol{N}^j)$，并且作为 $\boldsymbol{x}$ 和 t 的函数，以上的极限值$\boldsymbol{\pi}(\boldsymbol{N})$ 和$\boldsymbol{\pi}(\boldsymbol{N}^j)$ 分别与过 $\boldsymbol{x}$ 点面元的单位法向量 $\boldsymbol{N}$ 和$\boldsymbol{N}^j$ 有关而与面元 ΔS 和 ΔS_j 的形状无关.此外，我们还假定张量$\rho\boldsymbol{\varphi}$，$\rho\boldsymbol{\psi}$ 和 $\boldsymbol{\pi}(\boldsymbol{N})$ 具有相同量级的范数.考虑到在以上极限过程中体元Δv 与面元 ΔS(以及 ΔS_j) 相比是一个高阶小量，故在(3.5) 式中可以略去含有 Δv 的项.因此，(3.5) 式可根据(3.4) 式写为

$$\boldsymbol{\pi}(\boldsymbol{N}) = -\sum_{j=1}^{3} |\boldsymbol{g}^j| \boldsymbol{\pi}(\boldsymbol{N}^j) N_j , \tag{3.6}$$

其中 $|\boldsymbol{g}^j| = (\boldsymbol{g}^j \cdot \boldsymbol{g}^j)^{1/2} = \sqrt{g^{jj}}$ 为逆变基向量 $\boldsymbol{g}^j$ 的长度.因为上式左端是依赖于 $\boldsymbol{N}$ 的张量，它是坐标变换下的不变量，而上式右端中的 N_j 是向量 $\boldsymbol{N} = N_j\boldsymbol{g}^j$ 在基向量$\boldsymbol{g}^j$ 下的协变分量，故由商法则可知，$-|\boldsymbol{g}^j|\boldsymbol{\pi}(\boldsymbol{N}^j)$ 是某一个阶数比 $\boldsymbol{\pi}(\boldsymbol{N})$ 高一阶的张量 $\boldsymbol{\Sigma}$ 的逆变分量：

$$-|\boldsymbol{g}^j|\boldsymbol{\pi}(\boldsymbol{N}^j) = \boldsymbol{\Sigma}\cdot\boldsymbol{g}^j(\text{不对 } j \text{ 求和}), \tag{3.7}$$

因此，可将(3.6) 式写为

$$\boldsymbol{\pi}(\boldsymbol{N}) = \boldsymbol{\Sigma}\cdot\boldsymbol{N}. \tag{3.8}$$

此外，如果将(3.2) 式的极限写为 $\boldsymbol{N} = \sum_{k=1}^{3} a_k\boldsymbol{N}^k$，其中 $a_k = -\lim\left(\dfrac{\Delta S_k}{\Delta S}\right)$，则(3.5) 式的极限还可写为

$$\boldsymbol{\pi}\Big(\sum_{j=1}^{3} a_j\boldsymbol{N}^j\Big) = \sum_{j=1}^{3} a_j\boldsymbol{\pi}(\boldsymbol{N}^j).$$

说明$\boldsymbol{\pi}(\boldsymbol{N})$ 是关于 $\boldsymbol{N}$ 的线性变换，故(3.8) 式中的 $\boldsymbol{\Sigma}$ 仅仅是$\boldsymbol{x}$ 和t 的函数：$\boldsymbol{\Sigma} = \boldsymbol{\Sigma}(\boldsymbol{x},t)$.(3.8) 式表明，分别与 $\boldsymbol{N}$ 和 $-\boldsymbol{N}$ 相对应的 $\boldsymbol{\pi}(\boldsymbol{N})$ 和 $\boldsymbol{\pi}(-\boldsymbol{N})$ 之间满足以下关系

$$\boldsymbol{\pi}(-\boldsymbol{N}) = -\boldsymbol{\pi}(\boldsymbol{N}). \tag{3.9}$$

由(3.3)式可知,四面体中对应于坐标面 $x^j = \text{const}$ 的内法向量 $-\boldsymbol{N}^j$ 与逆变基向量 $\boldsymbol{g}^j$ 具有相同的方向,故可将 $-\boldsymbol{\pi}(\boldsymbol{N}^j) = \boldsymbol{\pi}(-\boldsymbol{N}^j)$ 写为 $\boldsymbol{\pi}(\boldsymbol{g}^j/|\boldsymbol{g}^j|)$. 于是(3.7)式中的 $\boldsymbol{\Sigma}$ 可表示为:

$$\boldsymbol{\Sigma} = \sum_{j=1}^{3} |\boldsymbol{g}^j| \boldsymbol{\pi}(\boldsymbol{g}^j/|\boldsymbol{g}^j|) \otimes \boldsymbol{g}_j, \tag{3.10}$$

其中 $\boldsymbol{\Sigma}$ 为 $\boldsymbol{x}$ 和 t 的函数.

以上讨论是在空间坐标系 $\{x^i\}$ 中进行的. 如果选取随体坐标系 $\{X^A, t\}$ 并作完全类似的讨论,则(3.10)式还可写为

$$\boldsymbol{\Sigma} = \sum_{B=1}^{3} |\boldsymbol{C}^B| \boldsymbol{\pi}(\boldsymbol{C}^B/|\boldsymbol{C}^B|) \otimes \boldsymbol{C}_B, \tag{3.11}$$

其中 $\boldsymbol{C}_B$ 和 $\boldsymbol{C}^B$ 分别为随体坐标系 $\{X^A, t\}$ 中的协变基向量和逆变基向量.

利用(3.8)式,守恒定律的总体形式(3.1)式还可改写为

$$\frac{\mathscr{D}}{\mathscr{D}t}\int_v \rho\boldsymbol{\varphi}\,\mathrm{d}v = \int_v \rho\boldsymbol{\psi}\,\mathrm{d}v + \int_{\partial v} \boldsymbol{\Sigma}\cdot\boldsymbol{N}\,\mathrm{d}S. \tag{3.12}$$

上式左端还可以根据(2.124)式写为

$$\int_v \frac{\partial(\rho\boldsymbol{\varphi})}{\partial t}\mathrm{d}v + \int_{\partial v} \rho\boldsymbol{\varphi}\otimes\boldsymbol{v}\cdot\boldsymbol{N}\,\mathrm{d}S,$$

其中的积分区域应理解为对应于当前时刻 t 的区域.

根据第二章中关于面元和体元的变换关系(2.61)式和(2.63)式,(3.12)式也可以在参考构形中写为

$$\frac{\mathscr{D}}{\mathscr{D}t}\int_{v_0} \mathscr{J}\rho\boldsymbol{\varphi}\,\mathrm{d}v_0 = \int_{v_0} \mathscr{J}\rho\boldsymbol{\psi}\,\mathrm{d}v_0 + \int_{\partial v_0} \mathscr{J}\boldsymbol{\Sigma}\cdot(\boldsymbol{F}^{-\mathrm{T}})\cdot{}_0\boldsymbol{N}\,\mathrm{d}S_0, \tag{3.13}$$

其中 v_0 和 ∂v_0 分别为物体在参考时刻 t_0 所占的体积和相应的表面积.

§3.2 质量守恒

占有体积 v 的物体的总质量可以表示为 $\int_v \rho\,\mathrm{d}v$,其中 $\rho = \rho(\boldsymbol{x}, t)$ 为当前构形中的质量密度,满足 $0 < \rho < \infty$. 质量守恒定律的总体形式表明,物体总质量的时间变化率应等于零:

$$\frac{\mathscr{D}}{\mathscr{D}t}\int_v \rho\,\mathrm{d}v = 0. \tag{3.14}$$

这相当于在(3.1)式中取 $\boldsymbol{\varphi} = 1, \boldsymbol{\psi} = 0, \boldsymbol{\pi}(\boldsymbol{N}) = 0$ 的情形. 利用第二章的(2.123)式,上式还可写为

$$\int_v(\dot{\rho}+\rho\operatorname{div} v)\mathrm{d}v=0. \tag{3.15}$$

以上方程对应于质量守恒定律的空间描述(Euler 描述).若采用物质描述(Lagrange 描述),则由(3.14)式,可将质量守恒定律写成如下的形式:

$$\int_v \rho\mathrm{d}v=\int_{v_0}\rho_0\mathrm{d}v_0, \tag{3.16}$$

其中 $\rho_0=\rho_0(\boldsymbol{X},t_0)$ 为参考构形中的质量密度,它表明物体在任意时刻的总质量都与初始时刻的总质量相等.

根据(2.63)式,上式还可写为

$$\int_{v_0}(\rho\mathscr{J}-\rho_0)\mathrm{d}v_0=0. \tag{3.17}$$

质量守恒定律的局部形式要求,(3.15)式和(3.17)式对物体中任意部分的体积都成立.故由(3.15)式得

$$\dot{\rho}+\rho\operatorname{div} v=0. \tag{3.18}$$

注意到(2.87)式:$\dot{\rho}=\rho'+(\rho\nabla)\cdot v$,上式还可利用(1.128)式写为

$$\rho'+\operatorname{div}(\rho v)=\left(\frac{\partial\rho}{\partial t}\right)_{\boldsymbol{x}}+\frac{1}{\sqrt{g}}\frac{\partial}{\partial x^i}(\sqrt{g}\rho v^i)=0, \tag{3.19}$$

其中 v^i 为速度$v=v^i\boldsymbol{g}_i$ 在基向量$\boldsymbol{g}_i$ 下的逆变分量,g 由(1.13)式给出.

由(3.17)式导出的守恒定律的局部形式为

$$\rho_0/\rho=\mathscr{J}, \tag{3.20}$$

其中 $\rho=\rho(\boldsymbol{x},t)$ 和 $\rho_0=\rho_0(\boldsymbol{X},t_0)$ 中的变元之间满足(2.2)式:$\boldsymbol{x}=\boldsymbol{x}(\boldsymbol{X},t)$.

(3.18)式(或(3.19)式)和(3.20)式分别称为Euler型和Lagrange型**连续性方程**.特别当材料不可压缩时,由 $\operatorname{div}v=0$,可得 $\dot{\rho}\equiv0$ 或 $\rho=\rho_0$.

利用(3.18)式,(3.12)式左端物质积分的时间变化率可根据(2.123)式写为

$$\frac{\mathscr{D}}{\mathscr{D}t}\int_v\rho\boldsymbol{\varphi}\mathrm{d}v=\int_v\left[\frac{\mathscr{D}(\rho\boldsymbol{\varphi})}{\mathscr{D}t}+\rho\boldsymbol{\varphi}\operatorname{div} v\right]\mathrm{d}v=\int_v\rho\dot{\boldsymbol{\varphi}}\,\mathrm{d}v. \tag{3.21}$$

上式的结果是显然的,因为在对上式求导时,由质量守恒定律可知 $\rho\mathrm{d}v$ 并不随时间变化.由此可见,当质量守恒定律成立时,(3.12)式和(3.13)式可进一步写为

$$\int_v\rho\dot{\boldsymbol{\varphi}}\,\mathrm{d}v=\int_v\rho\boldsymbol{\psi}\mathrm{d}v+\int_{\partial v}\boldsymbol{\Sigma}\cdot\boldsymbol{N}\mathrm{d}S, \tag{3.22}$$

和

$$\int_{v_0}\rho_0\dot{\boldsymbol{\varphi}}\,\mathrm{d}v_0=\int_{v_0}\rho_0\boldsymbol{\psi}\mathrm{d}v_0+\int_{\partial v_0}\mathscr{J}\boldsymbol{\Sigma}\cdot(\boldsymbol{F}^{-\mathrm{T}})\cdot{}_0\boldsymbol{N}\mathrm{d}S_0.\quad(3.23)$$

§3.3　动量守恒

动量守恒定律仅在惯性系中成立,其总体形式可表述为:物体总动量的时间变化率等于作用于该物体上所有外力的合力: $\frac{\mathscr{D}}{\mathscr{D}t}\int_v\rho v\mathrm{d}v=\boldsymbol{F}(\mathrm{total})$,其中 v 为物体内代表性物质点的速度,$\boldsymbol{F}(\mathrm{total})$ 为所有外力的合力.外力一般可分为体力和面力两种.体力通常是由其他物体对该物体的远程作用而产生的分布力(如万有引力).若以向量场 $\boldsymbol{f}$ 表示单位质量上的体力,则体力的合力可写为 $\int_v\rho\boldsymbol{f}\mathrm{d}v$.面力是由其他物体与该物体表面相接触而产生的牵引力(如静水压力,摩擦力,……),若以 $\boldsymbol{t}(\boldsymbol{N})$ 表示法向为 $\boldsymbol{N}$ 的单位面积上的**接触面力**(traction),则其合力可写为 $\int_{\partial v}\boldsymbol{t}(\boldsymbol{N})\mathrm{d}S$.(由于集中力实际上是分布力的极限情形,故在以后的讨论中暂不考虑作用有集中体力和集中面力的情形.)因此,动量守恒定律的总体形式可表示为

$$\frac{\mathscr{D}}{\mathscr{D}t}\int_v\rho\,v\,\mathrm{d}v=\int_v\rho\boldsymbol{f}\mathrm{d}v+\int_{\partial v}\boldsymbol{t}(\boldsymbol{N})\mathrm{d}S.\quad(3.24)$$

这相当于在(3.1)式中将 $\boldsymbol{\varphi}$、$\boldsymbol{\psi}$ 和 $\boldsymbol{\pi}(\boldsymbol{N})$ 分别取为 v、$\boldsymbol{f}$ 和 $\boldsymbol{t}(\boldsymbol{N})$ 的情形.

当动量守恒定律的局部形式成立时,上式也适用于物体中的任意部分.故由(3.8)式可知,必存在一个二阶张量场 $\boldsymbol{\sigma}$,使得通过物体内任一点 $\boldsymbol{x}$ 并且具有单位法向量 $\boldsymbol{N}$ 的面元上的面力(见图 3.2)可以表示为

$$\boldsymbol{t}(\boldsymbol{N})=\boldsymbol{\sigma}\cdot\boldsymbol{N}.\quad(3.25)$$

这就是 **Cauchy(第一)基本定理**,其中 $\boldsymbol{t}(\boldsymbol{N})$ 又称为应力向量(stress vector).由于通过 $\boldsymbol{x}$ 点的所有截面上的应力向量 $\boldsymbol{t}(\boldsymbol{N})$ 的全体可用来刻画该点的应力状态,故由上式可见,任一点 $\boldsymbol{x}$ 的应力状态可以由对应于该点的张量 $\boldsymbol{\sigma}$ 表示,$\boldsymbol{\sigma}$ 称为 **Cauchy 应力**(或真应力).于是,当质量守恒定律成立时,动量守恒定律的总体形式可利用(3.22)式写为

$$\int_v\rho\boldsymbol{a}\mathrm{d}v=\int_v\rho\boldsymbol{f}\mathrm{d}v+\int_{\partial v}\boldsymbol{\sigma}\cdot\boldsymbol{N}\mathrm{d}S,\quad(3.26)$$

其中 $\boldsymbol{a}=\dot{v}$ 表示物体中代表性物质点的加速度.上式是在空间描述下对

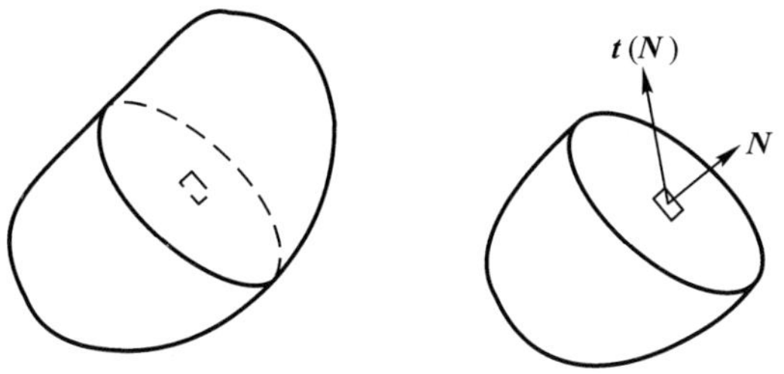

图 3.2 具有法向 N 的面元上的面力 $\boldsymbol{t}(\boldsymbol{N})$

应于当前构形的动量守恒表达式,称为 Euler 型方程.如果在初始时刻的参考构形中来进行讨论,则需采用物质描述.这时,利用(3.23)式可得到 Lagrange 型的动量守恒定律表达式:

$$\int_{v_0}\rho_0\boldsymbol{a}\,\mathrm{d}v_0=\int_{v_0}\rho_0\boldsymbol{f}\,\mathrm{d}v_0+\int_{\partial v_0}\mathscr{J}\boldsymbol{\sigma}\cdot(\boldsymbol{F}^{-1})^{\mathrm{T}}\cdot{}_0\boldsymbol{N}\,\mathrm{d}S_0,\quad(3.27)$$

上式右端第二项面积分中的张量

$$\boldsymbol{S}=\mathscr{J}\boldsymbol{\sigma}\cdot(\boldsymbol{F}^{-1})^{\mathrm{T}}\quad(3.28)$$

通常称为**第一类 Piola-Kirchhoff 应力**,而称其转置 $\boldsymbol{S}^{\mathrm{T}}$ 为非对称**名义应力**(non-symmetric nominal stress).此外,还可以定义如下的张量

$$\boldsymbol{T}^{(1)}=\boldsymbol{F}^{-1}\cdot\boldsymbol{S}=\mathscr{J}\boldsymbol{F}^{-1}\cdot\boldsymbol{\sigma}\cdot(\boldsymbol{F}^{-1})^{\mathrm{T}},\quad(3.29)$$

称之为**第二类 Piola-Kirchhoff 应力**.在下文中,我们将对 $\boldsymbol{S}$ 和 $\boldsymbol{T}^{(1)}$ 作进一步的讨论.

在空间坐标系 $\{x^i\}$ 和随体坐标系 $\{X^A,t\}$ 中,Cauchy 应力的并积形式为

$$\boldsymbol{\sigma}=\sigma^{ij}\boldsymbol{g}_i\otimes\boldsymbol{g}_j=\sigma^{AB}\boldsymbol{C}_A\otimes\boldsymbol{C}_B,\quad(3.30)$$

其中 $\boldsymbol{g}_i$ 和 $\boldsymbol{C}_A$ 分别为坐标系 $\{x^i\}$ 和 $\{X^A,t\}$ 中的协变基向量.根据(3.10)式和(3.11)式,Cauchy 应力还可表示为

$$\boldsymbol{\sigma}=\sum_{j=1}^{3}|\boldsymbol{g}^j|\,\boldsymbol{t}\Big(\boldsymbol{g}^j\Big/|\boldsymbol{g}^j|\Big)\otimes\boldsymbol{g}_j=\sum_{B=1}^{3}|\boldsymbol{C}^B|\,\boldsymbol{t}\Big(\boldsymbol{C}^B\Big/|\boldsymbol{C}^B|\Big)\otimes\boldsymbol{C}_B,\quad(3.31)$$

其中 $\boldsymbol{t}(\boldsymbol{g}^j/|\boldsymbol{g}^j|)$ 和 $\boldsymbol{t}(\boldsymbol{C}^B/|\boldsymbol{C}^B|)$ 分别是以 $\boldsymbol{g}^j$ 和以 $\boldsymbol{C}^B$ 为法向的面元上的应力向量.有关上式的推导和讨论可参见高玉臣所著的《固体力学基础》一书.

由(2.8)式,我们还可给出(3.30)式中应力分量之间的关系

$$\begin{aligned}\sigma^{ij} &= \sigma^{AB}x^i_{,A}x^j_{,B},\\ \sigma^{AB} &= \sigma^{ij}X^A_{,i}X^B_{,j}.\end{aligned}\tag{3.32}$$

注意到(2.26)式 $\boldsymbol{F}^{-1} = X^A_{,k}\boldsymbol{G}_A \otimes \boldsymbol{g}^k$，第一类 Piola-Kirchhoff 应力的并积形式可写为

$$\boldsymbol{S} = \mathscr{J}X^A_{,j}\sigma^{ij}\boldsymbol{g}_i \otimes \boldsymbol{G}_A = S^{iA}\boldsymbol{g}_i \otimes \boldsymbol{G}_A,\tag{3.33}$$

其中 $S^{iA} = \mathscr{J}X^A_{,j}\sigma^{ij}$. 由于 $\boldsymbol{g}_i = \boldsymbol{g}_i(\boldsymbol{x})$ 和 $\boldsymbol{G}_A = \boldsymbol{G}_A(\boldsymbol{X})$ 分别是 $\boldsymbol{x}$ 和 $\boldsymbol{X}$ 的函数，因此 $\boldsymbol{S}$ 是一个两点张量. 如果利用(2.11)式 $\boldsymbol{g}_i = g^B_i\boldsymbol{G}_B$，上式也可形式地写为

$$\boldsymbol{S} = S^{AB}\boldsymbol{G}_A \otimes \boldsymbol{G}_B,\tag{3.34}$$

其中 $S^{AB} = g^A_iS^{iB}$ 可通过(2.2)式 $\boldsymbol{x} = \boldsymbol{x}(\boldsymbol{X},t)$ 而被看作是 $\boldsymbol{X}$ 和 t 的函数.

因为(2.26)式也可表示为 $\boldsymbol{F}^{-1} = \boldsymbol{G}_A \otimes \boldsymbol{C}^A$，所以第二类 Piola-Kirchhoff 应力的并积形式可由(3.29)式和(3.30)式写为

$$\boldsymbol{T}^{(1)} = \mathscr{J}\sigma^{AB}\boldsymbol{G}_A \otimes \boldsymbol{G}_B = \overset{(1)}{T}{}^{AB}\boldsymbol{G}_A \otimes \boldsymbol{G}_B,\tag{3.35}$$

其中 $\overset{(1)}{T}{}^{AB} = \mathscr{J}\sigma^{AB} = \mathscr{J}\sigma^{ij}X^A_{,i}X^B_{,j}$ 可通过(2.2)式而被看作是 $\boldsymbol{X}$ 和 t 的函数.

下面来讨论动量守恒定律的局部形式. 对(3.26)式右端最后一项利用散度定理，有

$$\int_{\partial v}\boldsymbol{\sigma}\cdot\boldsymbol{N}\mathrm{d}S = \int_v\boldsymbol{\sigma}\cdot\nabla\,\mathrm{d}v = \int_v\sigma^{ij}\,|_j\boldsymbol{g}_i\mathrm{d}v.$$

因此，当(3.26)式对物体中任意部分的体积都成立时，可得

$$\boldsymbol{\sigma}\cdot\nabla + \rho\boldsymbol{f} = \rho\boldsymbol{a},\tag{3.36}$$

或写为分量形式：

$$\sigma^{ij}\,|_j + \rho f^i = \rho a^i,\tag{3.37}$$

其中 f^i 和 a^i 分别为 $\boldsymbol{f} = f^i\boldsymbol{g}_i$ 和 $\boldsymbol{a} = a^i\boldsymbol{g}_i$ 在基 $\boldsymbol{g}_i$ 下的逆变分量. (3.36)式和(3.37)式通常称为运动方程(或 Cauchy 动量方程). 当略去方程右端的惯性项时，以上方程便退化为静力平衡方程. 如果将 $\boldsymbol{f}$ 和 $\boldsymbol{a}$ 在随体坐标系 $\{X^A,t\}$ 中表示为 $\boldsymbol{f} = f^A\boldsymbol{C}_A$，$\boldsymbol{a} = a^A\boldsymbol{C}_A$，则(3.37)式也可等价地写为

$$\sigma^{AB}\,\|_B + \rho f^A = \rho a^A.\tag{3.38}$$

需要说明，(3.36)式是建立在变形后当前构形上的 Euler 型运动方程，其自变量为 $\boldsymbol{x}$ 和 t. 对于固体材料，通常给定的是变形前的构形，而变形后的构形则是待求的. 此外，由(2.88)式可知，(3.36)式右端的加速度与速度之间的关系也是非线性的. 因此，运动方程(3.36)式实际上是一个非线

性方程.

如果采用 Lagrange 描述,则可通过(3.27)式得到动量守恒定律的局部形式.对(3.27)式右端的最后一项利用散度定理,有

$$\boldsymbol{S}\cdot\nabla_0+\rho_0\boldsymbol{f}=\rho_0\boldsymbol{a},\tag{3.39}$$

其中∇_0是定义在物质坐标系$\{X^A\}$中的 Hamilton 算子.因为由(3.33)式表示的$\boldsymbol{S}$是一个两点张量,除变元t之外它同时还是$\boldsymbol{X}$和$\boldsymbol{x}$的函数,而且$\boldsymbol{X}$与$\boldsymbol{x}$之间满足(2.2)式$\boldsymbol{x}=\boldsymbol{x}(\boldsymbol{X},t)$,所以(3.39)式左端的第一项 $\boldsymbol{S}\cdot\nabla_0$应写为$\dfrac{D\boldsymbol{S}}{DX^B}\cdot\boldsymbol{G}^B$,称为"全散度",其中

$$\frac{D\boldsymbol{S}}{DX^B}=\frac{\partial\boldsymbol{S}}{\partial X^B}+x^j{}_{,B}\frac{\partial\boldsymbol{S}}{\partial x^j}.$$

于是,当把(3.33)式中的S^{iA}看作是$\boldsymbol{X}$和$\boldsymbol{x}$的函数时,(3.39)式的分量形式可表示为

$$S^{iB}{}_{:B}+\rho_0f^i=\rho_0a^i,\tag{3.40}$$

其中$S^{iB}{}_{:B}=(S^{iB}{}_{,B}+S^{iM}\Gamma^B_{BM})+(S^{iB}{}_{,j}+S^{kB}\Gamma^i_{jk})x^j{}_{,B}$,或由(1.128)式写为

$$S^{iB}{}_{:B}=\frac{1}{\sqrt{G}}\frac{\partial}{\partial X^B}(\sqrt{G}S^{iB})+(S^{iB}{}_{,j}+S^{kB}\Gamma^i_{jk})x^j{}_{,B}.$$

(3.40)式通常称为 Boussinesq 动量方程.

此外,我们还可以写出用第二类 Piola-Kirchhoff 应力$\boldsymbol{T}^{(1)}=\overset{(1)}{T}{}^{AB}\boldsymbol{G}_A\otimes\boldsymbol{G}_B$表示的运动方程.为此,可利用(2.19)式对$\boldsymbol{S}$在基$\{\boldsymbol{G}_A\}$下进行分解:

$$\begin{aligned}\boldsymbol{S}&=\boldsymbol{F}\cdot\boldsymbol{T}^{(1)}=(\boldsymbol{C}_M\otimes\boldsymbol{G}^M)\cdot(\overset{(1)}{T}{}^{AB}\boldsymbol{G}_A\otimes\boldsymbol{G}_B)\\&=\overset{(1)}{T}{}^{MB}\boldsymbol{C}_M\otimes\boldsymbol{G}_B=(\delta^A_M+U^A{}_{|M})\overset{(1)}{T}{}^{MB}\boldsymbol{G}_A\otimes\boldsymbol{G}_B,\end{aligned}$$

并将(3.34)式中的

$$S^{AB}=(\delta^A_M+U^A{}_{|M})\overset{(1)}{T}{}^{MB}$$

看作是$\boldsymbol{X}$和t的函数.这时,与(3.27)式相对应的动量守恒定律的局部形式可以在物质坐标系$\{X^A\}$中表示为

$$(\boldsymbol{F}\cdot\boldsymbol{T}^{(1)})\cdot\nabla_0+\rho_0\boldsymbol{f}=\rho_0\boldsymbol{a},\tag{3.41}$$

或写成如下的分量形式

$$\{(\delta^A_M+U^A{}_{|M})\overset{(1)}{T}{}^{MB}\}_{|B}+\rho_0f^A_0=\rho_0a^A_0,\tag{3.42}$$

其中U^A、f^A_0和a^A_0分别为位移向量,单位质量上的体力向量以及加速度

向量在基向量 $\boldsymbol{G}_A$ 下的逆变分量.(3.42)式通常称为Kirchhoff动量方程.

在结束本小节之前,让我们对动量守恒方程的"率型"形式作一简要的讨论.分别对(3.26)式和(3.27)式求物质导数,并利用(2.114)~(2.117)式和(3.21)式,可得

$$\int_v \rho\dot{\boldsymbol{a}}\,\mathrm{d}v = \int_v \rho\dot{\boldsymbol{f}}\,\mathrm{d}v + \int_{\partial v}\overset{\circ}{\boldsymbol{\sigma}}\cdot\boldsymbol{N}\mathrm{d}S,$$

$$\int_{v_0}\rho_0\dot{\boldsymbol{a}}\,\mathrm{d}v_0 = \int_{v_0}\rho_0\dot{\boldsymbol{f}}\,\mathrm{d}v_0 + \int_{\partial v_0}\dot{\boldsymbol{S}}\cdot{}_0\boldsymbol{N}\mathrm{d}S_0.$$

上式中

$$\left.\begin{aligned}&\dot{\boldsymbol{S}} = \mathscr{J}\overset{\circ}{\boldsymbol{\sigma}}\cdot\boldsymbol{F}^{-\mathrm{T}},\\&\overset{\circ}{\boldsymbol{\sigma}} = \dot{\boldsymbol{\sigma}} + \boldsymbol{\sigma}(\operatorname{div} v) - \boldsymbol{\sigma}\cdot\boldsymbol{L}^{\mathrm{T}},\\&\boldsymbol{L}^{\mathrm{T}} = \boldsymbol{D} - \boldsymbol{W}.\end{aligned}\right\}\tag{3.43}$$

因此,当上式的积分区域对物体中任一部分体积都成立时,可得

$$\left.\begin{aligned}&\overset{\circ}{\boldsymbol{\sigma}}\cdot\nabla + \rho\dot{\boldsymbol{f}} = \rho\dot{\boldsymbol{a}},\\&\dot{\boldsymbol{S}}\cdot\nabla_0 + \rho_0\dot{\boldsymbol{f}} = \rho_0\dot{\boldsymbol{a}}.\end{aligned}\right\}\tag{3.44}$$

它们分别为动量守恒方程(3.36)式和(3.39)式的"率型"形式.

§3.4 动量矩守恒

在惯性系中,动量矩守恒定律的总体形式可以在当前构形下表示为

$$\frac{\mathscr{D}}{\mathscr{D}t}\int_v \boldsymbol{x}\times(\rho v)\mathrm{d}v = \int_v \rho(\boldsymbol{l}_m + \boldsymbol{x}\times\boldsymbol{f})\mathrm{d}v + \int_{\partial v}[\boldsymbol{m}_c(\boldsymbol{N}) + \boldsymbol{x}\times\boldsymbol{t}(\boldsymbol{N})]\mathrm{d}S.\tag{3.45}$$

这相当于在(3.1)式中取 $\boldsymbol{\varphi} = \boldsymbol{x}\times v$,$\boldsymbol{\psi} = \boldsymbol{l}_m + \boldsymbol{x}\times\boldsymbol{f}$ 和 $\boldsymbol{\pi}(\boldsymbol{N}) = \boldsymbol{m}_c(\boldsymbol{N}) + \boldsymbol{x}\times\boldsymbol{t}(\boldsymbol{N})$ 的情形.上式左端的积分是关于坐标系 $\{x^i\}$ 原点 o 的动量矩,其时间变化率应等于作用在物体上总的合力矩,它包括单位质量上的**体力偶** $\boldsymbol{l}_m$ 和**接触面力偶**向量 $\boldsymbol{m}_c(\boldsymbol{N})$ 的贡献以及体力 $\boldsymbol{f}$ 和接触面力 $\boldsymbol{t}(\boldsymbol{N})$ 对 o 点的合力矩.(注意到(3.24)式,可知(3.45)式中的 $\boldsymbol{x}$ 也可改为 $\boldsymbol{x} - \boldsymbol{b}_0$,其中 $\boldsymbol{b}_0$ 为任一常向量.因此,以上定律对任一给定点取矩时都成立.)

由(3.25)式和 $\boldsymbol{x}\times\boldsymbol{t}(\boldsymbol{N}) = \boldsymbol{x}\times(\boldsymbol{\sigma}\cdot\boldsymbol{N}) = (\boldsymbol{x}\times\boldsymbol{\sigma})\cdot\boldsymbol{N}$,并根据关于(3.8)式的讨论,可知存在一个比 $\boldsymbol{m}_c(\boldsymbol{N})$ 高一阶的张量 $\boldsymbol{M}_c$ 使得:

$$\boldsymbol{m}_c = \boldsymbol{M}_c\cdot\boldsymbol{N}.$$

上式称为**Cauchy(第二)基本定理**,其中的二阶张量 $\boldsymbol{M}_c$ 称为**偶应力张量**.

利用(3.21)式,并注意到 $\boldsymbol{x}$ 的物质导数为速度向量v 以及$v \times v = \boldsymbol{0}$,则可将(3.45)式写为

$$\int_v \rho(\boldsymbol{x} \times \boldsymbol{a})\mathrm{d}v = \int_v \rho(\boldsymbol{l}_m + \boldsymbol{x} \times \boldsymbol{f})\mathrm{d}v + \int_{\partial v}(\boldsymbol{M}_c + \boldsymbol{x} \times \boldsymbol{\sigma}) \cdot \boldsymbol{N}\mathrm{d}S.$$

对上式应用散度定理,便得到动量矩守恒定律的局部形式

$$\rho\boldsymbol{x} \times \boldsymbol{a} = \rho(\boldsymbol{l}_m + \boldsymbol{x} \times \boldsymbol{f}) + (\boldsymbol{M}_c + \boldsymbol{x} \times \boldsymbol{\sigma}) \cdot \nabla$$

注意到 $\boldsymbol{x}_{,j} = \boldsymbol{g}_j$,可知

$$\begin{aligned}(\boldsymbol{x} \times \boldsymbol{\sigma}) \cdot \nabla &= (\boldsymbol{x} \times \boldsymbol{\sigma})_{,j} \cdot \boldsymbol{g}^j = \boldsymbol{x} \times (\boldsymbol{\sigma} \cdot \nabla) + \boldsymbol{g}_j \times (\boldsymbol{\sigma} \cdot \boldsymbol{g}^j) \\ &= \boldsymbol{x} \times (\boldsymbol{\sigma} \cdot \nabla) - \boldsymbol{\varepsilon} : \boldsymbol{\sigma},\end{aligned}$$

其中 $\boldsymbol{\varepsilon} = \varepsilon_{ijk}\boldsymbol{g}^i \otimes \boldsymbol{g}^j \otimes \boldsymbol{g}^k$ 为置换张量.于是,上式将化为

$$\boldsymbol{M}_c \cdot \nabla + \rho\boldsymbol{l}_m - \boldsymbol{\varepsilon} : \boldsymbol{\sigma} = \boldsymbol{x} \times (\rho\boldsymbol{a} - \rho\boldsymbol{f} - \boldsymbol{\sigma} \cdot \nabla).$$

根据动量守恒方程(3.36)式,上式右端应该等于零,由此得到以下的动量矩守恒方程:

$$\boldsymbol{M}_c \cdot \nabla + \rho\boldsymbol{l}_m = \boldsymbol{\varepsilon} : \boldsymbol{\sigma}.$$

特别地,如果假定体力偶和偶应力张量为零,则上式将退化为

$$\boldsymbol{\varepsilon} : \boldsymbol{\sigma} = \boldsymbol{0},$$

即

$$\varepsilon_{ijk}\sigma^{ij} = \sqrt{g}e_{ijk}\sigma^{ij} = 0 \quad 或 \quad \sigma^{ij} = \sigma^{ji}. \tag{3.46}$$

这时,Cauchy 应力 $\boldsymbol{\sigma}$ 在基向量 $\boldsymbol{g}_i$ 下的逆变分量 σ^{ij} 关于其指标是对称的.而由(3.35)式表示的第二类 Piola-Kirchhoff 应力 $\boldsymbol{T}^{(1)}$ 在基向量 $\boldsymbol{G}_A$ 下的逆变分量 $\overset{(1)}{T}{}^{AB} = \mathscr{J}\sigma^{ij}X^A_{,i}X^B_{,j}$ 关于其指标 A 和 B 也是对称的.

在以后的讨论中,我们将假定(3.46)式总是成立的.

§3.5 功共轭意义下的应力张量

Cauchy 应力 $\boldsymbol{\sigma}$ 是通过当前构形中作用在面元 $\boldsymbol{N}\mathrm{d}S$ 上的接触面力 $\boldsymbol{t}(\boldsymbol{N})\mathrm{d}S$ 来加以定义的,因此 $\boldsymbol{\sigma}$ 是一个 Euler 型张量.对应于参考构形中的接触面力,可形式地写为

$${}_0\boldsymbol{t}({}_0\boldsymbol{N})\mathrm{d}S_0.$$

如果给定了 $\boldsymbol{t}(\boldsymbol{N})\mathrm{d}S$ 与${}_0\boldsymbol{t}({}_0\boldsymbol{N})\mathrm{d}S_0$ 之间的对应关系,那么我们便可以通过${}_0\boldsymbol{t}({}_0\boldsymbol{N})$ 来定义参考构形中的应力张量.例如对于 Lagrange 定义法则,可假定

$$t(N)\mathrm{d}S = {}_0t^{(L)}({}_0N)\mathrm{d}S_0. \tag{3.47}$$

而对于 Kirchhoff 定义法则,可假定

$$t(N)\mathrm{d}S = F \cdot {}_0t^{(K)}({}_0N)\mathrm{d}S_0. \tag{3.48}$$

因为上两式的左端可写为

$$\sigma \cdot N\mathrm{d}S = \mathscr{J}\sigma \cdot (F^{-1})^{\mathrm{T}} \cdot {}_0N\mathrm{d}S_0,$$

所以由

$${}_0t^{(L)}({}_0N) = S \cdot {}_0N \quad 和 \quad {}_0t^{(K)}({}_0N) = T^{(1)} \cdot {}_0N$$

所定义的应力 S 和 $T^{(1)}$ 将分别对应于(3.28) 式和(3.29) 式的第一类和第二类 Piola-Kirchhoff 应力张量.显然,以上的“定义法则”带有较大的人为性.例如,我们还可以通过变形梯度 F 在极分解中的正交张量R 来定义

$$t(N)\mathrm{d}S = R \cdot {}_0t^{(B)}({}_0N)\mathrm{d}S_0,$$

并由此引进修正的 Biot 应力张量:$T^{(B)} = U \cdot T^{(1)}$.下面,我们将用统一的观点来定义 Lagrange 型应力张量.为此,先来讨论关于变形功率的具体表达式.

现假定在 t 时刻 Cauchy 应力 σ 满足运动方程(3.36) 式和物体边界 ∂v_{T} 上给定的面力

$$\sigma \cdot N = \overline{t(N)}.$$

这时,对于在物体边界 ∂v_u 上具有给定速度$\overline{v}$ 的任意虚速度场$v^* = v_i^* g^i$,可写出如下的恒等式

$$\int_v (\sigma^{ij}|_j g_i + \rho f - \rho a) \cdot v^* \mathrm{d}v = 0.$$

利用散度定理,并根据 σ^{ij} 关于指标 i 和 j 的对称性,便得到如下的虚功率方程:

$$\int_v \sigma : D^* \mathrm{d}v + \int_v \rho a \cdot v^* \mathrm{d}v$$
$$= \int_v \rho f \cdot v^* \mathrm{d}v + \int_{\partial v_{\mathrm{T}}} \overline{t(N)} \cdot v^* \mathrm{d}S + \int_{\partial v_u} N \cdot \sigma \cdot \overline{v}\, \mathrm{d}S, \tag{3.49}$$

上式中

$$D^* = d_{ij}^* g^i \otimes g^j = \frac{1}{2}(v_i^*|_j + v_j^*|_i) g^i \otimes g^j \tag{3.50}$$

为对应于虚速度场v^*的虚变形率,而 $\sigma : D^* = \mathrm{tr}(\sigma^{\mathrm{T}} \cdot D^*) = \sigma^{ij} d_{ij}^*$ 为虚变形功率.特别地,当v^*为真实速度场v 时,(3.49) 式右端为外力的功率 $\dot{W}$:

$$\dot{W} = \int_v \rho \boldsymbol{f} \cdot \boldsymbol{v} \, \mathrm{d}v + \int_{\partial v_T} \overline{\boldsymbol{t}(\boldsymbol{N})} \cdot \boldsymbol{v} \, \mathrm{d}S + \int_{\partial v_u} \boldsymbol{N} \cdot \boldsymbol{\sigma} \cdot \overline{\boldsymbol{v}} \, \mathrm{d}S,$$

而(3.49)式左端第二项为**动能** K 的时间变化率：

$$\dot{K} = \frac{\mathscr{D}}{\mathscr{D}t}\left(\frac{1}{2}\int_v \rho \boldsymbol{v} \cdot \boldsymbol{v} \, \mathrm{d}v\right) = \int_v \rho \boldsymbol{a} \cdot \boldsymbol{v} \, \mathrm{d}v.$$

这时,(3.49)式将化为

$$\int_v \boldsymbol{\sigma} : \boldsymbol{D} \mathrm{d}v + \dot{K} = \dot{W}. \tag{3.51}$$

需指出,上式对物体中的任意部分体积也是成立的.

(3.51)式也可在参考构形下写为

$$\int_{v_0} \mathscr{J} \boldsymbol{\sigma} : \boldsymbol{D} \mathrm{d}v_0 + \dot{K} = \dot{W}. \tag{3.52}$$

上式左端第一项的被积函数对应于参考构形中单位体积的变形功率,它是坐标变换下的不变量.注意到 $\dot{K}$ 和 $\dot{W}$ 并不依赖于应变度量的选取,因此 $\mathscr{J}\boldsymbol{\sigma} : \boldsymbol{D}$ 也与应变度量的选取无关.Hill 曾由此来定义与给定的 Lagrange 型应变 $\boldsymbol{E}$ 相共轭的应力 $\boldsymbol{T}$,并称 $\boldsymbol{T}$ 与 $\boldsymbol{E}$ 是**功共轭**的.如果 $\dot{\boldsymbol{E}}$ 对称,那么 $\boldsymbol{T}$ 就是满足

$$\mathscr{J}\boldsymbol{\sigma} : \boldsymbol{D} = \boldsymbol{\tau} : \boldsymbol{D} = \boldsymbol{T} : \dot{\boldsymbol{E}} \tag{3.53}$$

的对称化张量.上式中

$$\boldsymbol{\tau} = \mathscr{J}\boldsymbol{\sigma}, \tag{3.54}$$

称为 **Kirchhoff 应力**,其并积记法为

$$\boldsymbol{\tau} = \mathscr{J}\sigma^{ij}\boldsymbol{g}_i \otimes \boldsymbol{g}_j = \mathscr{J}\sigma^{AB}\boldsymbol{C}_A \otimes \boldsymbol{C}_B = \mathscr{J}\sigma_{AB}\boldsymbol{C}^A \otimes \boldsymbol{C}^B. \tag{3.55}$$

例 1 根据(2.130)式,可将(3.53)式写为

$$\boldsymbol{\tau} : \boldsymbol{D} = \boldsymbol{\tau} : (\boldsymbol{F}^{-\mathrm{T}} \cdot \dot{\boldsymbol{E}}^{(1)} \cdot \boldsymbol{F}^{-1}) = (\boldsymbol{F}^{-1} \cdot \boldsymbol{\tau} \cdot \boldsymbol{F}^{-\mathrm{T}}) : \dot{\boldsymbol{E}}^{(1)}.$$

可见与 Green 应变 $\boldsymbol{E}^{(1)} = \frac{1}{2}(\boldsymbol{U}^2 - \boldsymbol{I})$ 相共轭的应力为第二类 Piola-Kirchhoff 应力：

$$\boldsymbol{T}^{(1)} = \boldsymbol{F}^{-1} \cdot \boldsymbol{\tau} \cdot \boldsymbol{F}^{-\mathrm{T}},$$

即

$$\boldsymbol{\tau} : \boldsymbol{D} = \boldsymbol{T}^{(1)} : \dot{\boldsymbol{E}}^{(1)}.$$

例 2 根据(2.132)式,有

$$\boldsymbol{\tau} : \boldsymbol{D} = \boldsymbol{\tau} : (\boldsymbol{F} \cdot \dot{\boldsymbol{E}}^{(-1)} \cdot \boldsymbol{F}^{\mathrm{T}}) = (\boldsymbol{F}^{\mathrm{T}} \cdot \boldsymbol{\tau} \cdot \boldsymbol{F}) : \dot{\boldsymbol{E}}^{(-1)}.$$

因此,与 $\boldsymbol{E}^{(-1)}$ 相共轭的应力为

$$\boldsymbol{T}^{(-1)} = \mathscr{J}\boldsymbol{F}^{\mathrm{T}} \cdot \boldsymbol{\sigma} \cdot \boldsymbol{F}. \tag{3.56}$$

由(2.25)式 $\boldsymbol{F} = \boldsymbol{C}_A \otimes \boldsymbol{G}^A$ 和(3.55)式,可将 $\boldsymbol{T}^{(-1)}$ 写为如下的并积形式:

$$\boldsymbol{T}^{(-1)} = \mathscr{J}\sigma_{AB}\boldsymbol{G}^A \otimes \boldsymbol{G}^B.$$

这说明 $\boldsymbol{\tau} = \mathscr{J}\boldsymbol{\sigma}$ 在基向量 $\boldsymbol{C}^A$ 下与 $\boldsymbol{T}^{(-1)}$ 在基向量 $\boldsymbol{G}^A$ 下具有相同的协变分量.

例 3　由 $\boldsymbol{\tau}$ 的对称性,(3.53)式还可以改写为

$$\boldsymbol{\tau} : \boldsymbol{D} = \boldsymbol{\tau} : \boldsymbol{L} = \boldsymbol{\tau} : (\dot{\boldsymbol{F}} \cdot \boldsymbol{F}^{-1}) = (\boldsymbol{\tau} \cdot \boldsymbol{F}^{-\mathrm{T}}) : \dot{\boldsymbol{F}} = \boldsymbol{S} : \dot{\boldsymbol{F}},$$

其中 $\boldsymbol{L} = \boldsymbol{D} + \boldsymbol{W}$ 为速度梯度张量.上式表明 $\boldsymbol{S}$ 与 $\boldsymbol{F}$ 共轭,但因为变形梯度 $\boldsymbol{F}$ 并不是一个应变度量,所以 $\boldsymbol{S}$ 与 $\boldsymbol{F}$ 之间并不是在严格意义下的共轭.

例 4　因为 Green 应变 $\boldsymbol{E}^{(1)} = \frac{1}{2}(\boldsymbol{U}^2 - \boldsymbol{I})$ 的物质导数为 $\frac{1}{2}(\dot{\boldsymbol{U}} \cdot \boldsymbol{U} + \boldsymbol{U} \cdot \dot{\boldsymbol{U}})$,故有

$$\begin{aligned}\boldsymbol{\tau} : \boldsymbol{D} = \boldsymbol{T}^{(1)} : \dot{\boldsymbol{E}}^{(1)} &= \frac{1}{2}\boldsymbol{T}^{(1)} : (\dot{\boldsymbol{U}} \cdot \boldsymbol{U} + \boldsymbol{U} \cdot \dot{\boldsymbol{U}}) \\ &= \frac{1}{2}(\boldsymbol{T}^{(1)} \cdot \boldsymbol{U} + \boldsymbol{U} \cdot \boldsymbol{T}^{(1)}) : \dot{\boldsymbol{E}}^{(\frac{1}{2})}.\end{aligned}$$

可知与工程应变 $\boldsymbol{E}^{(\frac{1}{2})} = \boldsymbol{U} - \boldsymbol{I}$ 相共轭的应力为

$$\boldsymbol{T}^{(\frac{1}{2})} = \frac{1}{2}(\boldsymbol{T}^{(1)} \cdot \boldsymbol{U} + \boldsymbol{U} \cdot \boldsymbol{T}^{(1)}), \tag{3.57}$$

称之为**工程应力**.

与(2.66)式表示的一般应变度量 $\boldsymbol{E}$ 相共轭的应力 $\boldsymbol{T}$ 可通过主轴表示法形式地写为

$$\boldsymbol{T} = \sum_{\alpha,\beta=1}^{3} T_{\alpha\beta}\boldsymbol{L}_\alpha \otimes \boldsymbol{L}_\beta. \tag{3.58}$$

为了给出 $T_{\alpha\beta}$ 的具体表达式,现将 Kirchhoff 应力 $\boldsymbol{\tau}$ 在 Euler 主轴下表示为

$$\boldsymbol{\tau} = \sum_{\alpha,\beta=1}^{3} \tau_{\alpha\beta}\boldsymbol{l}_\alpha \otimes \boldsymbol{l}_\beta. \tag{3.59}$$

这时,根据(2.129)式和(2.162)式,可将(3.53)式写为

$$\sum_{\alpha,\beta=1}^{3} T_{\alpha\beta}\dot{E}_{\alpha\beta} = \sum_{\alpha,\beta=1}^{3} \tau_{\alpha\beta}d_{\alpha\beta}.$$

再利用(2.170)式,可得

$$\sum_{\alpha,\beta=1}^{3}\left[\left(\frac{2\lambda_\alpha\lambda_\beta}{\lambda_\alpha + \lambda_\beta}\right)\varphi(\lambda_\alpha, \lambda_\beta)T_{\alpha\beta} - \tau_{\alpha\beta}\right]d_{\alpha\beta} = 0.$$

上式对任意的变形率都成立.故要求 $d_{\alpha\beta}$ 的系数为零,因此有

$$T_{\alpha\beta} = \left(\frac{\lambda_\alpha + \lambda_\beta}{2\lambda_\alpha\lambda_\beta}\right)\frac{\tau_{\alpha\beta}}{\varphi(\lambda_\alpha,\lambda_\beta)}\text{(不对 }\alpha,\beta\text{ 求和)}, \tag{3.60}$$

其中 $\varphi(\lambda_\alpha,\lambda_\beta)$ 由(2.171) 式给出:

$$\varphi(\lambda_\alpha,\lambda_\beta) = \begin{cases} f'(\lambda_\alpha) = \lim\limits_{\lambda_\alpha\to\lambda_\beta}\dfrac{f(\lambda_\beta) - f(\lambda_\alpha)}{\lambda_\beta - \lambda_\alpha}, & \text{当 } \lambda_\alpha = \lambda_\beta, \\ \dfrac{f(\lambda_\beta) - f(\lambda_\alpha)}{\lambda_\beta - \lambda_\alpha}, & \text{当 } \lambda_\alpha \neq \lambda_\beta. \end{cases}$$

特别地,对于由(2.68) 式表示的 Seth 应变度量类,当取 $n = 1$(即(2.69) 式) 和 $n = -1$(即(2.73) 式) 时,(3.60) 式将分别对应于:$T_{\alpha\beta}^{(1)} = \dfrac{\tau_{\alpha\beta}}{\lambda_\alpha\lambda_\beta}$(不对 α,β 求和) 和 $T_{\alpha\beta}^{(-1)} = \lambda_\alpha\lambda_\beta\tau_{\alpha\beta}$(不对 α,β 求和). 注意到(2.56) 式,上式可等价地写为

$$\boldsymbol{T}^{(1)} = \boldsymbol{F}^{-1}\cdot\boldsymbol{\tau}\cdot\boldsymbol{F}^{-\mathrm{T}} \quad \text{和} \quad \boldsymbol{T}^{(-1)} = \boldsymbol{F}^{\mathrm{T}}\cdot\boldsymbol{\tau}\cdot\boldsymbol{F}.$$

这与例 1 和例 2 的讨论是相一致的. 如果取 $n = 0$,则与对数应变 $\boldsymbol{E}^{(0)}$ 相共轭的应力可写为 $\boldsymbol{T}^{(0)} = \sum\limits_{\alpha,\beta=1}^{3} T_{\alpha\beta}^{(0)}\boldsymbol{L}_\alpha\otimes\boldsymbol{L}_\beta$,称之为**对数应力**,其中 $T_{\alpha\beta}^{(0)}$ 由(3.60) 式表示为

$$T_{\alpha\beta}^{(0)} = \begin{cases} \tau_{\alpha\beta}, & \text{当 } \lambda_\alpha = \lambda_\beta, \\ \dfrac{(\lambda_\beta^2 - \lambda_\alpha^2)\tau_{\alpha\beta}}{2\lambda_\alpha\lambda_\beta(\ln\lambda_\beta - \ln\lambda_\alpha)}, & \text{当 } \lambda_\alpha \neq \lambda_\beta\text{;不对 }\alpha,\beta\text{ 求和}. \end{cases} \tag{3.61}$$

例 5 利用变形梯度张量 $\boldsymbol{F}$ 在极分解式中的正交张量 $\boldsymbol{R}$,还可将(3.53) 式写为

$$\boldsymbol{\tau} : \boldsymbol{D} = (\boldsymbol{R}^{\mathrm{T}}\cdot\boldsymbol{\tau}\cdot\boldsymbol{R}) : (\boldsymbol{R}^{\mathrm{T}}\cdot\boldsymbol{D}\cdot\boldsymbol{R}).$$

由此可定义无旋变形率

$$\boldsymbol{D}^{(\mathrm{R})} = \boldsymbol{R}^{\mathrm{T}}\cdot\boldsymbol{D}\cdot\boldsymbol{R} = \boldsymbol{U}^{-1}\cdot\dot{\boldsymbol{E}}^{(1)}\cdot\boldsymbol{U}^{-1}, \tag{3.62}$$

以及与之相共轭的**无旋应力**:

$$\boldsymbol{T}^{(\mathrm{R})} = \boldsymbol{R}^{\mathrm{T}}\cdot\boldsymbol{\tau}\cdot\boldsymbol{R}. \tag{3.63}$$

上式可理解为对应于只有纯变形而无转动的"中间构形"上的 Kirchhoff 应力. 如果 $\boldsymbol{\tau}$ 的主方向正好与 Euler 主轴 $\boldsymbol{l}_\alpha(\alpha = 1,2,3)$ 相重合,即(3.59) 式中的 $\tau_{\alpha\beta} = 0$(当 $\alpha\neq\beta$),则由(3.61) 式并注意到(2.55) 式,可知这时由(3.63) 式表示的无旋应力 $\boldsymbol{T}^{(\mathrm{R})}$ 正好等于对数应力 $\boldsymbol{T}^{(0)}$.

一般说,(3.62) 式中的 $\boldsymbol{D}^{(\mathrm{R})}$ 并不直接对应于某一个(Lagrange 型) 应

变度量的物质导数.但当变形率张量 $\boldsymbol{D}$ 的主方向在 t 时刻正好与 Euler 主轴 $\boldsymbol{l}_\alpha(\alpha=1,2,3)$ 相重合时,(2.129) 式将变为

$$\boldsymbol{D}=\sum_{\alpha=1}^{3}d_{\alpha\alpha}\boldsymbol{l}_\alpha\otimes\boldsymbol{l}_\alpha, \tag{3.64}$$

即当 $\alpha\neq\beta$ 时 $d_{\alpha\beta}=0$.而这时的对数应变 $\boldsymbol{E}^{(0)}$ 的物质导数可根据(2.162) 式和(2.170) 式写为

$$\dot{\boldsymbol{E}}^{(0)}=\sum_{\alpha,\beta=1}^{3}\dot{E}_{\alpha\beta}^{(0)}\boldsymbol{L}_\alpha\otimes\boldsymbol{L}_\beta,$$

其中

$$\dot{E}_{\alpha\beta}^{(0)}=\begin{cases}d_{\alpha\beta}, & \text{当 } \alpha=\beta,\\ 0, & \text{当 } \alpha\neq\beta.\end{cases}$$

对比以上两式,可得 $\boldsymbol{D}^{(\mathrm{R})}=\dot{\boldsymbol{E}}^{(0)}$,可见当(3.64) 式成立时,$\boldsymbol{T}^{(\mathrm{R})}$ 也可以看作是与对数应变 $\boldsymbol{E}^{(0)}=\ln\boldsymbol{U}$ 相共轭的应力.

此外,当应变很小时,可对(2.66) 式中的 $f(\lambda)$ 在 $\lambda=1$ 处进行级数展开.类似于(2.74) 式的讨论,可得

$$\boldsymbol{E}^{(0)}=(\boldsymbol{U}-\boldsymbol{I})-\frac{1}{2}(\boldsymbol{U}-\boldsymbol{I})^2+\cdots.$$

故有

$$\begin{aligned}\dot{\boldsymbol{E}}^{(0)}&=\dot{\boldsymbol{U}}-\frac{1}{2}[(\boldsymbol{U}-\boldsymbol{I})\cdot\dot{\boldsymbol{U}}+\dot{\boldsymbol{U}}\cdot(\boldsymbol{U}-\boldsymbol{I})]+\cdots\\&=2\dot{\boldsymbol{U}}-\frac{1}{2}(\boldsymbol{U}\cdot\dot{\boldsymbol{U}}+\dot{\boldsymbol{U}}\cdot\boldsymbol{U})+\cdots.\end{aligned}$$

再利用恒等式

$$\boldsymbol{U}=\frac{1}{2}(\boldsymbol{U}^2+\boldsymbol{I})-\frac{1}{2}(\boldsymbol{U}-\boldsymbol{I})^2,$$

可知略去高阶小量后,有

$$\begin{aligned}\boldsymbol{U}\cdot\dot{\boldsymbol{E}}^{(0)}\cdot\boldsymbol{U}&=2\boldsymbol{U}\cdot\dot{\boldsymbol{U}}\cdot\boldsymbol{U}-\frac{1}{2}(\boldsymbol{U}^2\cdot\dot{\boldsymbol{U}}\cdot\boldsymbol{U}+\boldsymbol{U}\cdot\dot{\boldsymbol{U}}\cdot\boldsymbol{U}^2)+\cdots\\&=\left[\frac{1}{2}(\boldsymbol{U}^2+\boldsymbol{I})\right]\cdot\dot{\boldsymbol{U}}\cdot\boldsymbol{U}+\boldsymbol{U}\cdot\dot{\boldsymbol{U}}\cdot\left[\frac{1}{2}(\boldsymbol{U}^2+\boldsymbol{I})\right]-\\&\quad\frac{1}{2}(\boldsymbol{U}^2\cdot\dot{\boldsymbol{U}}\cdot\boldsymbol{U}+\boldsymbol{U}\cdot\dot{\boldsymbol{U}}\cdot\boldsymbol{U}^2)+\cdots\\&=\frac{1}{2}(\dot{\boldsymbol{U}}\cdot\boldsymbol{U}+\boldsymbol{U}\cdot\dot{\boldsymbol{U}})+\cdots\\&=\dot{\boldsymbol{E}}^{(1)}+\cdots.\end{aligned}$$

因此,当应变很小时,由(3.62) 式可得

$$\boldsymbol{D}^{(\mathrm{R})} = \boldsymbol{U}^{-1}\cdot\dot{\boldsymbol{E}}^{(1)}\cdot\boldsymbol{U}^{-1} = \dot{\boldsymbol{E}}^{(0)} + \text{高阶小量}. \tag{3.65}$$

说明这时的 $\boldsymbol{T}^{(\mathrm{R})}$ 可近似地看作是与对数应变 $\boldsymbol{E}^{(0)}$ 相共轭的应力.

对于一般的应变度量 $\boldsymbol{E}$,与其相共轭的应力 $\boldsymbol{T}$ 也可以近似地用对数应力 $\boldsymbol{T}^{(0)}$ 来加以表示.因为当应变 $\boldsymbol{E}$ 很小时,由(2.74)式可得

$$\dot{\boldsymbol{E}}^{(0)} = \dot{\boldsymbol{E}} - \frac{1}{2}(1+f''(1))(\dot{\boldsymbol{E}}\cdot\boldsymbol{E}+\boldsymbol{E}\cdot\dot{\boldsymbol{E}}) + O(\boldsymbol{E}^2)\dot{\boldsymbol{E}}.$$

再由 $\boldsymbol{E}^{(0)}$ 和 $\boldsymbol{T}^{(0)}$ 的对称性,有

$$\begin{aligned}\boldsymbol{T}:\dot{\boldsymbol{E}} &= \boldsymbol{T}^{(0)}:\dot{\boldsymbol{E}}^{(0)}\\ &= \boldsymbol{T}^{(0)}:\left[\dot{\boldsymbol{E}} - \frac{1}{2}(1+f''(1))(\dot{\boldsymbol{E}}\cdot\boldsymbol{E}+\boldsymbol{E}\cdot\dot{\boldsymbol{E}}) + O(\boldsymbol{E}^2)\dot{\boldsymbol{E}}\right]\\ &= \left[\boldsymbol{T}^{(0)} - \frac{1}{2}(1+f''(1))(\boldsymbol{T}^{(0)}\cdot\boldsymbol{E}+\boldsymbol{E}\cdot\boldsymbol{T}^{(0)}) + O(\boldsymbol{T}^{(0)}\cdot\boldsymbol{E}^2)\right]:\dot{\boldsymbol{E}}.\end{aligned}$$

因此,当变形较小时,$\boldsymbol{T}$ 可近似地表示为

$$\boldsymbol{T} = \boldsymbol{T}^{(0)} - \frac{1}{2}(1+f''(1))(\boldsymbol{T}^{(0)}\cdot\boldsymbol{E}+\boldsymbol{E}\cdot\boldsymbol{T}^{(0)}) + O(\boldsymbol{T}^{(0)}\cdot\boldsymbol{E}^2). \tag{3.66}$$

§ 3.6 能 量 守 恒

(一) 引言

在本小节和下两小节中,我们将对经典热力学的某些要点作一简单的回顾.所要研究的物体(或某些物体的组合)将称为热力学体系,并假定其热力学状态通常可由若干个独立的状态参量来加以描述.独立参量的个数称之为该体系的自由度.其他的状态参量可表示为这些独立参量的函数,称之为状态函数.

状态参量可以是几何参量(如应变)、力学参量(如压强、应力)、热学参量(如温度)、电磁参量(如极化强度、电场强度)和化学参量(如化学成分)等.这些参量可分为两类,一类是随体系大小而改变的可加量,称为**广延量**(extensive),如克分子数,体积以及下面将要讨论的内能等;另一类是表示物质内在性质的量,称为**强度量**(intensive),如压强、温度、密度等.在热力学功的表达式中,广延量和强度量分别作为广义位移和广义力成对出现,如体积和压强,极化强度和电场强度等.一个广延量被体系的总质量或总克分子数除之后可变为相应的强度量.

如果状态参量不随物体内宏观意义下的物质点的改变而改变,则称体系是均匀的.如果状态参量不随时间改变,也没有宏观流动过程,则称体系处于热力学平衡态.体系有可能从一个平衡态变化到另一个平衡态,这种热力学状态随时间变化的过程称之为热力学过程.热力学过程可以是可逆的,也可以是不可逆的,前者是一个始终保持与热力学平衡态无限接近的变化过程,故是一个理想化了的准静态过程.

经典热力学主要基于以下四个定律:

第零定律:各自与第三个体系处于热平衡状态的两个体系之间也彼此处于热平衡状态.这一定律的重要意义在于它使我们可能引进温度的概念,并由此再现地测量任何一个体系的温度.

第一定律:自然界中一切物质都具有能量.能量虽然有各种不同的形式,并且可以从一种形式转化为另一种形式,从一个物体传递给另一个物体,但在转化和传递过程中,能量的数量是守恒的.这一定律的重要意义在于:当热力学体系处于平衡态时,有一个称之为内能的状态函数.在绝热过程中,体系内能的增加等于外界对该体系所做的功.

第二定律:能量转化和传递的热力学过程可分为"正过程"和"逆过程"两类,前者可以"自发"进行,而后者必须伴随"正过程"才可能实现.对于单一的自发热力学过程,以下的几种表述是相互等价的:

Clausius 说法(1850):不可能把热量从低温物体传递给高温物体而不产生其他影响.

Kelvin 说法(1851):不可能从单一热源取得热量使之完全转变为有用功,而不产生其他影响.

Carathéodory 说法(1909):对任意的热力学平衡态,总存在一些邻近状态,使得从该平衡态出发不能通过可逆的绝热过程达到这些邻近状态.

第三定律(Nernst,1906):不可能通过有限个可逆步骤达到绝对零度.

在以上四个定律中,最重要的是第一和第二定律,下面我们将分别对它们进行较为详细的讨论.

(二)能量守恒的总体形式和局部形式

热力学第一定律是关于热力学过程中能量守恒的定律,该定律与一个称之为内能的状态函数的引进密切相关,内能作为状态函数的存在性可由大量的实验予以证实,也可通过更为基本的假设来加以证明.

能量守恒定律可表述为:对于一个热力学体系,其总内能 $\tilde{\varepsilon}$ 和总动能

K 的时间变化率等于外力对该体系所做的功率 $\dot{W}$ 以及输入给该体系的其他类型能量的时间变化率之和. 其他类型的能量可以是热能、化学能等. 为简单计,以后我们仅考虑热能(量)$\mathscr{Q}$. 于是,能量守恒定律可表示为

$$\dot{\tilde{\varepsilon}} + \dot{K} = \dot{W} + \dot{\mathscr{Q}}. \tag{3.67}$$

若定义单位质量上的**内能密度**为 ε,那么,占有体积 v 的物体的总内能可由体积分表示为

$$\tilde{\varepsilon} = \int_v \rho\varepsilon \, \mathrm{d}v.$$

物体所获得的热能(量)$\mathscr{Q}$ 可由物体内部的**热源**(如热辐射)提供,也可通过物体表面输入给该物体,故其时间变化率可写为

$$\dot{\mathscr{Q}} = \int_v \rho h \, \mathrm{d}v - \int_{\partial v} q(\boldsymbol{N}) \, \mathrm{d}S,$$

其中 ρ 为密度,h 为单位时间内单位质量上的分布热源,$q(\boldsymbol{N})$ 为单位时间内通过物体表面的单位面积向外输出的热能. 注意到 $K = \dfrac{1}{2}\int_v \rho v \cdot v \mathrm{d}v$ 和 $\dot{W} = \int_v \rho \boldsymbol{f} \cdot v \mathrm{d}v + \int_{\partial v} \boldsymbol{t}(\boldsymbol{N}) \cdot v \mathrm{d}S$,其中 v 为质点的速度,$\boldsymbol{f}$ 和 $\boldsymbol{t}(\boldsymbol{N})$ 分别为体力和面力,能量守恒定律的总体形式可由(3.67)式表示为

$$\frac{\mathscr{D}}{\mathscr{D}t} \int_v \rho \left(\frac{1}{2} v \cdot v + \varepsilon \right) \mathrm{d}v = \int_v \rho (\boldsymbol{f} \cdot v + h) \mathrm{d}v + \int_{\partial v} (\boldsymbol{t}(\boldsymbol{N}) \cdot v - q(\boldsymbol{N})) \mathrm{d}S. \tag{3.68}$$

当上式对物体中任一部分体积都成立时,则类似于(3.8)式,可知有

$$\boldsymbol{t}(\boldsymbol{N}) \cdot v = v \cdot \boldsymbol{\sigma} \cdot \boldsymbol{N}, \quad q(\boldsymbol{N}) = \boldsymbol{q} \cdot \boldsymbol{N},$$

其中 $\boldsymbol{N}$ 为物体表面的单位外法向量,$\boldsymbol{\sigma}$ 为 Cauchy 应力,$\boldsymbol{q}$ 为**热流向量**.

(3.67)式还可利用(3.51)式改写为

$$\dot{\tilde{\varepsilon}} = \int_v \boldsymbol{\sigma} : \boldsymbol{D} \mathrm{d}v + \dot{\mathscr{Q}}, \tag{3.69}$$

其中 $\boldsymbol{D}$ 为变形率张量. 于是(3.68)式简化为

$$\int_v \rho \dot{\varepsilon} \, \mathrm{d}v = \int_v \boldsymbol{\sigma} : \boldsymbol{D} \mathrm{d}v + \int_v \rho h \mathrm{d}v - \int_{\partial v} \boldsymbol{q} \cdot \boldsymbol{N} \mathrm{d}S. \tag{3.70}$$

能量守恒定律的局部形式可根据上式写为

$$\rho \dot{\varepsilon} = \boldsymbol{\sigma} : \boldsymbol{D} + \rho h - \nabla \cdot \boldsymbol{q}. \tag{3.71}$$

以上是基于当前构形的讨论. 对应于初始构形,(3.70)式应改为

$$\int_{v_0} \rho_0 \dot{\varepsilon} \, \mathrm{d}v_0 = \int_{v_0} \mathscr{J} \boldsymbol{\sigma} : \boldsymbol{D} \mathrm{d}v_0 + \int_{v_0} \rho_0 h \mathrm{d}v_0 - \int_{\partial v_0} \mathscr{J} \boldsymbol{q} \cdot (\boldsymbol{F}^{-1})^{\mathrm{T}} \cdot {}_0\boldsymbol{N} \mathrm{d}S_0. \tag{3.72}$$

如果定义 $\boldsymbol{q}_0 = \mathscr{J}\boldsymbol{F}^{-1} \cdot \boldsymbol{q}$ 为初始参考构形中物体表面的热流向量,则在初始参考构形中,能量守恒定律的局部形式可写为

$$\rho_0 \dot{\varepsilon} = \boldsymbol{T} : \dot{\boldsymbol{E}} + \rho_0 h - \nabla_0 \cdot \boldsymbol{q}_0. \tag{3.73}$$

上式右端第一项的 $\boldsymbol{E}$ 为任意的 Lagrange 型的应变度量,$\boldsymbol{T}$ 是与 $\boldsymbol{E}$ 相功共轭的应力,$\nabla_0 \cdot \boldsymbol{q}_0$ 是在初始参考构形中关于 $\boldsymbol{q}_0$ 的散度.上式表明,对于一个具有单位初始体积的均匀系,当其热力学状态从一个平衡态(1) 达到另一个平衡态(2) 时,内能的改变量 $\rho_0(\varepsilon_{(2)} - \varepsilon_{(1)}) = \int_{(1)}^{(2)} \boldsymbol{T} : \mathrm{d}\boldsymbol{E} + \int_{(1)}^{(2)} \delta\mathscr{Q}$ 与状态空间中由状态(1) 到状态(2) 的路径无关.但是,输入给该体系的热量 $\int_{(1)}^{(2)} \delta\mathscr{Q}$ 却依赖于从状态(1) 到状态(2) 的路径.

§ 3.7 熵

热力学第一定律要求在热力学过程中能量是守恒的,但对热力学过程进行的方向并没有加以限制.关于热力学过程进行的方向问题是热力学第二定律所要讨论的内容.它可以有许多种相互等价的表述形式,如上小节提到的关于热量从高温物体自发传递给低温物体的 Clausius 说法,关于摩擦生热的 Kelvin 说法以及 Carathéodory 说法,等等.

关于以上几种表述形式的等价性证明和讨论可以参见有关的"热力学"教程(如王竹溪著的《热力学》和林宗涵著的《热力学与统计物理学》).下面我们仅对 Carathéodory 说法作一简要的讨论.

现考虑一个热力学体系.对于该体系,可设法构造一个热力学循环,使其先由第一个平衡态(1) 经过等温膨胀过程到达其邻近的第二个平衡态(2).在此过程中体系吸收热量 $\mathscr{Q}_{12} > 0$,并对外做功 W_{12}.假定以上过程十分缓慢,以致可忽略动能的贡献,则由热力学第一定律,该体系内能的改变量为

$$\tilde{\varepsilon}_2 - \tilde{\varepsilon}_1 = - W_{12} + \mathscr{Q}_{12}.$$

如果 Carathéodory 说法不成立,则由第二个平衡态(2) 经过绝热过程可以回到第一个平衡态(1),在这一过程中体系与外界没有热量交换但对外做功 W_{21}.当忽略动能的贡献时,该体系内能的改变量可写为

$$\tilde{\varepsilon}_1 - \tilde{\varepsilon}_2 = - W_{21}.$$

经过上述循环过程后，体系完全回到了原来的状态(1)，而体系对外所做的总功为 $W_{12} + W_{21} = \mathscr{Q}_{12} > 0$. 这说明，可以从单一热源取得热量使之完全转变为有用功而不产生其他影响. 这恰恰与热力学第二定律的 Kelvin 说法是相矛盾的. 可见，Carathéodory 说法可作为热力学第二定律的另一种表述形式.

在热力学第二定律的数学表述中，需要引进一个新的热力学状态函数，称之为**熵**(entropy). 下面，我们将根据 Carathéodory 说法来证明这样的状态函数是存在的，并说明该状态函数是一个具有可加性的广延量.

现假定所要讨论的热力学体系是一个具有单位初始体积的均匀系，其热力学状态可由内能 ε 和应变 $\boldsymbol{E}$ 来加以描述. 考虑到应变有 6 个独立分量，因此体系的自由度为 7，其他的状态参量(如应力 $\boldsymbol{T}$ 和经验温度 T) 可表示为 ε 和 $\boldsymbol{E}$ 的函数. 输入给该体系的热量增量可由(3.73) 式写为

$$\delta\mathscr{Q} = \rho_0 \mathrm{d}\varepsilon - \boldsymbol{T} : \mathrm{d}\boldsymbol{E}. \tag{3.74}$$

为以后讨论方便起见，上式也可改写为

$$\delta\mathscr{Q} = \rho_0 \mathrm{d}\varepsilon - \sum_{\alpha=1}^{6} T^\alpha \mathrm{d}E_\alpha, \tag{3.75}$$

其中 E_α 和 $T^\alpha(\alpha = 1,2,\cdots,6)$ 分别为 $\boldsymbol{E}$ 和 $\boldsymbol{T}$ 的分量. (3.75) 式右端对应于微分方程中的发甫型(Pfaffian differential form)，它存在积分因子 $\frac{1}{\theta}$，使发甫型为某个函数 $\eta(\varepsilon, \boldsymbol{E})$ 的全微分的充要条件为发甫方程

$$\rho_0 \mathrm{d}\varepsilon - \sum_{\alpha=1}^{6} T^\alpha \mathrm{d}E_\alpha = 0 \tag{3.76}$$

是完全可积的. (3.76) 式在物理上相应于一个绝热过程. 因此，在可逆过程中，状态函数 $\eta(\varepsilon, \boldsymbol{E})$ 存在的条件可由热力学第二定律的 Carathéodory 说法以及相应的 Carathéodory 引理得到保证. 该引理适用于任意有限维状态空间，这里仅讨论 ε 和 $E_\alpha(\alpha = 1,2,\cdots,6)$ 所张成的 7 维状态空间. 这时，**Carathéodory 引理**可表述为：对于由 $\varepsilon, E_\alpha(\alpha = 1,2,\cdots,6)$ 所张成的 7 维空间中的任意一点，如果存在这样一些邻近点，它们不能用满足(3.76) 式的曲线与该点相连接，那么，发甫型(3.75) 式必然存在积分因子 $\frac{1}{\theta}$，使其成为某一个函数 $\rho_0\eta$ 的全微分. 以上引理的证明可见文献[3.5]，也可在有关的书籍中找到(例如王竹溪著的《热力学》，高等教育出版社，1955). 这里不再讨论. 显然，热力学第二定律的 Carathéodory 说法恰好就

是上述引理成立的条件. 由此可见, 积分因子 $\frac{1}{\theta}$ 和状态函数 $\rho_0\eta$ 是存在的, 并可将(3.75)式写为

$$\rho_0\theta\mathrm{d}\eta = \rho_0\mathrm{d}\varepsilon - \sum_{\alpha=1}^{6} T^{\alpha}\mathrm{d}E_{\alpha} = \delta\mathcal{Q}. \tag{3.77}$$

上式表明, 对于一个具有单位初始体积的均匀系, 当其热力学状态从一个平衡态(1)经过准静态可逆过程达到另一个平衡态(2)时, 虽然输入给该体系的热量 $\int_{(1)}^{(2)}\delta\mathcal{Q}$ 依赖于状态空间中从状态(1)到状态(2)的路径, 但 $\int_{(1)}^{(2)}\frac{\delta\mathcal{Q}}{\theta}$ 却与从状态(1)到状态(2)的路径无关, 它等于 $\rho_0(\eta_{(2)} - \eta_{(1)})$.

例　现考虑体积为 V 且处于平衡态的气体. 假定其状态变量仅为内能 $\tilde{\varepsilon}$ 和体积 V, 压强是以 $\tilde{\varepsilon}$ 和 V 为变量的状态函数:

$$p = p(\tilde{\varepsilon}, V).$$

如果过程无限缓慢, 以致可忽略惯性效应和黏性效应, 则(3.52)式将简化为 $\mathrm{d}W = (\boldsymbol{T}:\mathrm{d}\boldsymbol{E})V = -p\mathrm{d}V$. 相应的能量守恒定律为

$$\rho_0\mathrm{d}\tilde{\varepsilon} + p\mathrm{d}V = \delta\mathcal{Q}.$$

在绝热过程中 $\delta\mathcal{Q} = 0$, 可知状态变量应满足方程

$$\rho_0\frac{\mathrm{d}\tilde{\varepsilon}}{\mathrm{d}V} = -p(\tilde{\varepsilon}, V). \tag{3.78}$$

在 $(\tilde{\varepsilon}, V)$ 平面上过某一点 $(\tilde{\varepsilon}_0, V_0)$ 且满足以上方程的 $(\tilde{\varepsilon}, V)$ 构成一条曲线, 称之为绝热曲线, 可表示为

$$\rho_0\eta(\tilde{\varepsilon}, V) = \text{const}. \tag{3.79}$$

根据热力学第二定律的 Carathéodory 说法, 对于任意热力学状态 $(\tilde{\varepsilon}_0, V_0)$, 在其邻近总存在这样一些状态 $(\tilde{\varepsilon}, V)$, 使得状态 $(\tilde{\varepsilon}_0, V_0)$ 不可能通过可逆绝热过程达到状态 $(\tilde{\varepsilon}, V)$. 即在状态 $(\tilde{\varepsilon}_0, V_0)$ 邻近总存在一些不在绝热曲线上的热力学状态 $(\tilde{\varepsilon}, V)$. 在上述前提下, 由 Carathéodory 引理, 可知存在积分因子 $\frac{1}{\theta}$, 使得 $\frac{1}{\theta}(\rho_0\mathrm{d}\tilde{\varepsilon} + p\mathrm{d}V)$ 是一个全微分:

$$\rho_0\mathrm{d}\eta = \frac{1}{\theta}(\rho_0\mathrm{d}\tilde{\varepsilon} + p\mathrm{d}V).$$

即存在两个状态函数 $\theta = \theta(\tilde{\varepsilon}, V)$ 和 $\eta = \eta(\tilde{\varepsilon}, V)$, 使上式成立.

事实上, 沿绝热曲线(3.79)式, 有

$$\rho_0\mathrm{d}\eta = \rho_0\left(\frac{\partial\eta}{\partial\tilde{\varepsilon}}\mathrm{d}\tilde{\varepsilon} + \frac{\partial\eta}{\partial V}\mathrm{d}V\right) = 0,$$

故可定义$\frac{1}{\theta}=\frac{\partial \eta}{\partial \tilde{\varepsilon}}$,再由(3.78) 式,得

$$p=-\rho_0\frac{\mathrm{d}\tilde{\varepsilon}}{\mathrm{d}V}=\rho_0\frac{\partial \eta}{\partial V}\Big/\frac{\partial \eta}{\partial \tilde{\varepsilon}}=\rho_0\theta\frac{\partial \eta}{\partial V}.$$

于是有:$\rho_0\theta\mathrm{d}\eta=\rho_0\mathrm{d}\tilde{\varepsilon}+p\mathrm{d}V$.

需注意,满足(3.77) 式的 θ 和 η 并不是唯一的.为了使 θ 和 η 分别对应于热力学中的热力学温度和状态函数熵,就必须要求 θ 是一个强度量,而与其相共轭的 η 是一个广延量.为此,我们来考虑两个相互处于热力学平衡状态的均匀系.它们各自的独立状态参量的个数都为 7.

假设第一个体系的密度为 $\rho_{(1)}$,体积为 $V_{(1)}$,由(3.77) 式所确定的总熵为

$$\tilde{\eta}_{(1)}=\rho_{(1)}V_{(1)}\eta_{(1)},$$

与该体系体积成正比的"应变分量" 为

$$\tilde{E}_\beta^{(1)}=V_{(1)}E_\beta^{(1)}\quad(\beta=1,2,\cdots,6).$$

类似地,假设第二个体系的密度为 $\rho_{(2)}$,体积为 $V_{(2)}$,由(3.77) 所确定的总熵为

$$\tilde{\eta}_{(2)}=\rho_{(2)}V_{(2)}\eta_{(2)},$$

与第二个体系体积成正比的"应变分量" 为

$$\tilde{E}_\beta^{(2)}=V_{(2)}E_\beta^{(2)}\quad(\beta=1,2,\cdots,6).$$

为了讨论方便起见,现选取第一个体系的状态参量为经验温度 T_1,$\tilde{\eta}_{(1)}$ 以及 $\tilde{E}_\beta^{(1)}$ 中的前 5 个分量:$\tilde{E}_\beta^{(1)}(\beta=1,2,\cdots,5)$.选取第二个体系的状态参量为经验温度 T_2,$\tilde{\eta}_{(2)}$ 以及 $\tilde{E}_\beta^{(2)}$ 中的前 5 个分量:$\tilde{E}_\beta^{(2)}(\beta=1,2,\cdots,5)$.因为这两个体系处于热力学平衡状态,故有 $T_1=T_2=T$.于是,总体系的热力学状态可由 T,$\tilde{\eta}_{(1)}$,$\tilde{\eta}_{(2)}$ 以及 $\tilde{E}_\beta^{(1)}$ 和 $\tilde{E}_\beta^{(2)}(\beta=1,2\cdots,5)$ 这 13 个状态变量所唯一确定. 对 13 维状态空间应用热力学第二定律的 Carathéodory 说法和 Carathéodory 引理,可知对于总体系来说,也存在积分因子$\frac{1}{\theta}$和相应的状态函数$\tilde{\eta}$.令 $\frac{1}{\theta_{(1)}}$ 和 $\frac{1}{\theta_{(2)}}$ 分别为第一个体系和第二个体系中对应于(3.77) 式的积分因子,并考虑到输入给总体系的热量应等于分别输入给这两个体系的热量之和,可得

$$\theta\mathrm{d}\tilde{\eta}=\theta_{(1)}\mathrm{d}\tilde{\eta}_{(1)}+\theta_{(2)}\mathrm{d}\tilde{\eta}_{(2)}.\tag{3.80}$$

这表明,总体系的 $\tilde{\eta}$ 仅与 $\tilde{\eta}_{(1)}$ 和 $\tilde{\eta}_{(2)}$ 有关,而与其他 11 个状态变量 T,$\tilde{E}_\beta^{(1)}$ 和 $\tilde{E}_\beta^{(2)}(\beta=1,2,\cdots,5)$ 无关.因此有

$$\frac{\partial\tilde{\eta}}{\partial\tilde{\eta}_{(k)}}=\frac{\theta_{(k)}}{\theta}\quad(k=1,2),\tag{3.81}$$

$$\frac{\partial\tilde{\eta}}{\partial T}=0,\quad\frac{\partial\tilde{\eta}}{\partial\tilde{E}_\beta^{(k)}}=0\quad(k=1,2;\beta=1,2,\cdots,5).\tag{3.82}$$

注意到(3.81)式与 T 和 $\tilde{E}_\beta^{(k)}(k=1,2;\beta=1,2,\cdots,5)$ 无关,故由

$$\frac{\partial}{\partial T}\left(\frac{\theta_{(k)}}{\theta}\right)=0,\quad\frac{\partial}{\partial\tilde{E}_\beta^{(l)}}\left(\frac{\theta_{(k)}}{\theta}\right)=0\quad(k,l=1,2;\beta=1,2,\cdots,5)$$

可得

$$\frac{1}{\theta_{(1)}}\frac{\partial\theta_{(1)}}{\partial T}=\frac{1}{\theta}\frac{\partial\theta}{\partial T}=\frac{1}{\theta_{(2)}}\frac{\partial\theta_{(2)}}{\partial T},\tag{3.83}$$

和

$$\left.\begin{aligned}&\frac{1}{\theta_{(1)}}\frac{\partial\theta_{(1)}}{\partial\tilde{E}_\beta^{(1)}}=\frac{1}{\theta}\frac{\partial\theta}{\partial\tilde{E}_\beta^{(1)}}=\frac{1}{\theta_{(2)}}\frac{\partial\theta_{(2)}}{\partial\tilde{E}_\beta^{(1)}}\ (\beta=1,2,\cdots,5),\\&\frac{1}{\theta_{(2)}}\frac{\partial\theta_{(2)}}{\partial\tilde{E}_\beta^{(2)}}=\frac{1}{\theta}\frac{\partial\theta}{\partial\tilde{E}_\beta^{(2)}}=\frac{1}{\theta_{(1)}}\frac{\partial\theta_{(1)}}{\partial\tilde{E}_\beta^{(2)}}\ (\beta=1,2,\cdots,5).\end{aligned}\right\}\tag{3.84}$$

(3.83)式左端与第二个体系的状态变量 $\tilde{\eta}_{(2)}$ 和 $\tilde{E}_\beta^{(2)}(\beta=1,2,\cdots,5)$ 无关,右端与第一个体系的状态变量 $\tilde{\eta}_{(1)}$ 和 $\tilde{E}_\beta^{(1)}(\beta=1,2,\cdots,5)$ 无关,因此它仅为 T 的函数,可记为

$$g(T)=\frac{1}{\theta_{(k)}}\frac{\partial\theta_{(k)}}{\partial T}=\frac{1}{\theta}\frac{\partial\theta}{\partial T}\ (k=1,2;\text{不对 }k\text{ 求和}).$$

现定义函数 $\hat{\theta}(T)$,满足 $g(T)=\dfrac{\mathrm{d}}{\mathrm{d}T}\ln\hat{\theta}(T)$,

则有

$$\ln\theta_{(k)}=\ln\hat{\theta}(T)+\ln f_k(k=1,2),\tag{3.85}$$

其中 f_k 对应于第 $k(k=1,2)$ 个体系的积分常数,因此仅与第 k 个体系的状态变量有关:

$$f_1=f_1(\tilde{\eta}_{(1)},\tilde{E}_\beta^{(1)}),\qquad f_2=f_2(\tilde{\eta}_{(2)},\tilde{E}_\beta^{(2)}).$$

既然 $\theta_{(2)}$ 与 $\tilde{E}_\beta^{(1)}(\beta=1,2,\cdots,5)$ 无关,$\theta_{(1)}$ 与 $\tilde{E}_\beta^{(2)}(\beta=1,2,\cdots,5)$ 无关,所以(3.84)式的右端等于零.由此可见,(3.84)式的左端也等于零.故有

$$\frac{\partial}{\partial\tilde{E}_\beta^{(1)}}(\ln\theta_{(1)})=\frac{\partial}{\partial\tilde{E}_\beta^{(1)}}(\ln f_1)=0,$$

$$\frac{\partial}{\partial\tilde{E}_\beta^{(2)}}(\ln\theta_{(2)})=\frac{\partial}{\partial\tilde{E}_\beta^{(2)}}(\ln f_2)=0.$$

即 f_k 仅为 $\tilde{\eta}_{(k)}$ 的函数： $f_1 = f_1(\tilde{\eta}_{(1)}), f_2 = f_2(\tilde{\eta}_{(2)})$.
再定义

$$\hat{\eta}_k = \int_0^{\tilde{\eta}_{(k)}} f_k(u)\mathrm{d}u \ (k = 1,2), \tag{3.86}$$

和

$$\hat{\eta} = \hat{\eta}_1 + \hat{\eta}_2, \tag{3.87}$$

则由 $\mathrm{d}\hat{\eta}_1 = f_1\mathrm{d}\tilde{\eta}_{(1)}, \mathrm{d}\hat{\eta}_2 = f_2\mathrm{d}\tilde{\eta}_{(2)}$，以及(3.85)式：$\theta_{(k)} = \hat{\theta}(T)f_k, (k = 1,2)$，可得

$$\theta_{(k)}\mathrm{d}\tilde{\eta}_{(k)} = \hat{\theta}(T)\mathrm{d}\hat{\eta}_k \ (k = 1,2;\text{不对 } k \text{ 求和}).$$

于是，输入给总体系的热量(3.80)式可写为

$$\hat{\theta}(T)(\mathrm{d}\hat{\eta}_1 + \mathrm{d}\hat{\eta}_2) = \hat{\theta}(T)\mathrm{d}\hat{\eta}. \tag{3.88}$$

由(3.85)式所定义的 $\hat{\theta}(T)$ 仅依赖于经验温度 T，而与体系的其他状态参量无关，称之为**热力学温度**(或称绝对温度)，除一个常数乘积因子外，它是完全被确定的. 通常假定恒有 $\hat{\theta}(T) > 0, \inf\hat{\theta} = 0$. 由(3.86)式和(3.87)式定义的 $\hat{\eta}_1$、$\hat{\eta}_2$ 和 $\hat{\eta}$ 分别称为第一个体系、第二个体系和总体系的熵，除一个可加常数外，它们也是完全被确定的.

在以后的讨论中，我们将以 η 表示单位质量上的**熵密度**，以 θ 表示热力学温度. 这时，(3.77)式可写为

$$\rho_0\theta\mathrm{d}\eta = \rho_0\mathrm{d}\varepsilon - \boldsymbol{T} : \mathrm{d}\boldsymbol{E}. \tag{3.89}$$

具有上式形式的方程称为 **Gibbs 方程**.

如果以 ε 和 $\boldsymbol{E}$ 作为状态变量，由上式可得

$$\frac{1}{\theta} = \frac{\partial\eta}{\partial\varepsilon}, \quad \boldsymbol{T} = -\rho_0\theta\frac{\partial\eta}{\partial\boldsymbol{E}}. \tag{3.90}$$

如果将状态变量取为 η 和 $\boldsymbol{E}$，则由(3.89)式可得

$$\theta = \frac{\partial\varepsilon}{\partial\eta}, \quad \boldsymbol{T} = \rho_0\frac{\partial\varepsilon}{\partial\boldsymbol{E}}. \tag{3.91}$$

如果选取 θ 和 $\boldsymbol{E}$ 作为独立的状态变量，则(3.89)式可写为

$$\rho_0\left(\theta\frac{\partial\eta}{\partial\theta}\right)\mathrm{d}\theta + \rho_0\left(\theta\frac{\partial\eta}{\partial\boldsymbol{E}}\right) : \mathrm{d}\boldsymbol{E} = \rho_0\frac{\partial\varepsilon}{\partial\theta}\mathrm{d}\theta + \left(\rho_0\frac{\partial\varepsilon}{\partial\boldsymbol{E}} - \boldsymbol{T}\right) : \mathrm{d}\boldsymbol{E}.$$

于是有

$$\theta\frac{\partial\eta(\theta,\boldsymbol{E})}{\partial\theta} = \frac{\partial\varepsilon(\theta,\boldsymbol{E})}{\partial\theta}, \quad \rho_0\theta\frac{\partial\eta(\theta,\boldsymbol{E})}{\partial\boldsymbol{E}} = \rho_0\frac{\partial\varepsilon(\theta,\boldsymbol{E})}{\partial\boldsymbol{E}} - \boldsymbol{T}. \tag{3.92}$$

(3.89) 式右端表示输入给单位初始体积的热量增量，因此，单位质量上输入给体系的热量增量为 $\mathrm{d}\varepsilon-\frac{1}{\rho_0}\boldsymbol{T}:\mathrm{d}\boldsymbol{E}$. 对于固定的 $\boldsymbol{E}$，它随温度的变化率为

$$C_{\mathrm{E}}=\frac{\partial\varepsilon(\theta,\boldsymbol{E})}{\partial\theta},\tag{3.93}$$

故(3.92) 式的第一式对应于**定容比热容**(简称定容比热) C_{E}，而第二式则是与 $\boldsymbol{E}$ 相共轭的潜热(latent heat).

现引进单位质量上的 **Helmholtz 自由能**作为新的状态函数：

$$\psi(\theta,\boldsymbol{E})=\varepsilon(\theta,\boldsymbol{E})-\theta\eta(\theta,\boldsymbol{E}).\tag{3.94}$$

利用(3.92) 式，可得

$$\eta(\theta,\boldsymbol{E})=-\frac{\partial\psi(\theta,\boldsymbol{E})}{\partial\theta},\quad \boldsymbol{T}=\rho_0\frac{\partial\psi(\theta,\boldsymbol{E})}{\partial\boldsymbol{E}}.\tag{3.95}$$

如果选取 θ 和 $\boldsymbol{T}$ 作为状态变量，则可引进另一个新的状态函数 $G(\theta,\boldsymbol{T})$：

$$G(\theta,\boldsymbol{T})=\psi-\frac{1}{\rho_0}\boldsymbol{T}:\boldsymbol{E}.\tag{3.96}$$

上式称为单位质量上的 **Gibbs 自由能**. 在上式中，ψ 和 $\boldsymbol{E}$ 应看作是 θ 和 $\boldsymbol{T}$ 的函数，相应于(3.95) 式的关系为

$$\eta(\theta,\boldsymbol{T})=-\frac{\partial G(\theta,\boldsymbol{T})}{\partial\theta},\quad \boldsymbol{E}=-\rho_0\frac{\partial G(\theta,\boldsymbol{T})}{\partial\boldsymbol{T}}.\tag{3.97}$$

因为单位质量上输入给体系的热量增量也可写为

$$\mathrm{d}\varepsilon-\frac{1}{\rho_0}\boldsymbol{T}:\mathrm{d}\boldsymbol{E}=\mathrm{d}G+\frac{1}{\rho_0}\boldsymbol{E}:\mathrm{d}\boldsymbol{T}+\theta\mathrm{d}\eta+\eta\mathrm{d}\theta,$$

所以，当固定 $\boldsymbol{T}$ 时，它随温度的变化率可写为：

$$C_{\mathrm{T}}=\frac{\partial G(\theta,\boldsymbol{T})}{\partial\theta}+\eta(\theta,\boldsymbol{T})+\theta\frac{\partial\eta(\theta,\boldsymbol{T})}{\partial\theta}=\theta\frac{\partial\eta(\theta,\boldsymbol{T})}{\partial\theta}.$$

由此可定义**定压比热容**(简称定压比热)

$$\begin{aligned}C_{\mathrm{T}}&=\theta\frac{\partial\eta(\theta,\boldsymbol{T})}{\partial\theta}=\theta\left(\frac{\partial\eta(\theta,\boldsymbol{E})}{\partial\theta}+\frac{\partial\eta(\theta,\boldsymbol{E})}{\partial\boldsymbol{E}}:\frac{\partial\boldsymbol{E}(\theta,\boldsymbol{T})}{\partial\theta}\right)\\&=C_{\mathrm{E}}+\theta\frac{\partial\eta(\theta,\boldsymbol{E})}{\partial\boldsymbol{E}}:\frac{\partial\boldsymbol{E}(\theta,\boldsymbol{T})}{\partial\theta}.\end{aligned}\tag{3.98}$$

注意到

$$\frac{\partial\eta(\theta,\boldsymbol{E})}{\partial\boldsymbol{E}}=-\frac{\partial^2\psi(\theta,\boldsymbol{E})}{\partial\theta\partial\boldsymbol{E}}=-\frac{1}{\rho_0}\frac{\partial\boldsymbol{T}(\theta,\boldsymbol{E})}{\partial\theta},$$

可得

$$\rho_0 \frac{\partial \varepsilon(\theta, \boldsymbol{E})}{\partial \boldsymbol{E}} = \boldsymbol{T} + \rho_0 \theta \frac{\partial \eta(\theta, \boldsymbol{E})}{\partial \boldsymbol{E}} = \boldsymbol{T} - \theta \frac{\partial \boldsymbol{T}(\theta, \boldsymbol{E})}{\partial \theta}.$$

因此,内能的增量可写为

$$\rho_0 \mathrm{d}\varepsilon = \rho_0 C_{\mathrm{E}} \mathrm{d}\theta + \left(\boldsymbol{T} - \theta \frac{\partial \boldsymbol{T}(\theta, \boldsymbol{E})}{\partial \theta}\right) : \mathrm{d}\boldsymbol{E}. \tag{3.99}$$

此外,我们还可定义单位质量上以 η 和 $\boldsymbol{T}$ 为状态变量的状态函数

$$h(\eta, \boldsymbol{T}) = \varepsilon - \frac{1}{\rho_0} \boldsymbol{T} : \boldsymbol{E},$$

称之为**焓**(enthalpy),其热力学关系可以很容易地导出,此处不再多加讨论.

§ 3.8 Clausius-Duhem 不等式

在热力学第一定律和第二定律建立之前,Carnot(1824) 就给出了以下的定理:在所有工作于两个给定温度之间的热机中,以可逆热机的效率最大. Clausius 正是从 Carnot 定理出发,引进了状态函数“熵”的概念,并证明了当均匀系的初态 P_0 和终态 P 都是平衡态时,在具有初始单位体积的体系中,熵差满足

$$\rho_0(\eta - \eta_0) \geqslant \int_{(P_0)}^{(P)} \frac{\delta \mathcal{Q}}{\theta}, \tag{3.100}$$

上式中 θ 为热力学温度,$\delta\mathcal{Q}$ 表示由 P_0 到 P 的过程中输入给体系的热量增量,其中的等号仅当由 P_0 到 P 为可逆过程时成立. 上式表明,对于绝热过程,熵是不可能减少的.

当体系的初态 P_0 与终态 P 十分接近,(3.100) 式也可写为微分形式

$$\rho_0 \mathrm{d}\eta \geqslant \frac{\delta \mathcal{Q}}{\theta} \quad \text{或} \quad \rho_0 \dot{\eta} \geqslant \frac{\dot{\mathcal{Q}}}{\theta}. \tag{3.101}$$

上式也可由热力学第二定律的 Carathéodory 表述导出,有关讨论可参见文献[3.7] 和[3.10]. 此处不再介绍.

例 1 理想气体的状态方程为 $pV = NR\theta$,其中 p, V 和 θ 分别为压强(以帕斯卡为单位)、体积(以立方米为单位) 和热力学温度(以开尔文为单位),N 为摩尔数,$R = 8.314\ \mathrm{J/(mol \cdot K)}$ 为摩尔气体常数. 体系的定容热容量为 $\widetilde{C}_{\mathrm{E}} = \alpha NR$(对于单原子气体 $\alpha = \frac{3}{2}$,对于双原子气体 $\alpha = \frac{5}{2}$,多原子气体 $\alpha = 3$).

由(3.99)式可知,对于理想气体,体系的内能满足 $\mathrm{d}\tilde{\varepsilon}=\tilde{C}_{\mathrm{E}}\mathrm{d}\theta$,故有

$$\tilde{\varepsilon}=\tilde{\varepsilon}_0+\alpha NR(\theta-\theta_0). \tag{3.102}$$

它仅是温度的函数,其中 θ_0 为参考温度.

由(3.92)式可知,体系的熵满足

$$\frac{\partial\tilde{\eta}(\theta,V)}{\partial\theta}=\frac{\tilde{C}_{\mathrm{E}}}{\theta}=\frac{\alpha NR}{\theta},$$

$$\frac{\partial\tilde{\eta}(\theta,V)}{\partial V}=\frac{p}{\theta}=\frac{NR}{V}.$$

对上式积分后可得

$$\tilde{\eta}(\theta,V)=NR\ln\left[\left(\frac{\theta}{\theta_0}\right)^{\alpha}\frac{V}{V_0}\right]+\tilde{\eta}_0. \tag{3.103}$$

当理想气体在绝热条件下自由膨胀,其体积由 V_1 到 V_2,这时内能不变,故温度也不变.而熵的改变量为

$$\tilde{\eta}_2-\tilde{\eta}_1=\tilde{\eta}(\theta,V_2)-\tilde{\eta}(\theta,V_1)=NR\ln\frac{V_2}{V_1}. \tag{3.104}$$

可见在以上绝热过程中熵是增加的,与(3.100)式相一致.

需注意,在(3.100)式和(3.101)式中,η 表示平衡态的熵.对于实际的不可逆过程,体系往往没有达到平衡态.在这种情况下,以上的表达式是否仍然成立,是一个有待进一步研究的问题.为此,我们先来讨论两个相关的例子.

例 2 现考虑一个具黏性效应的体系,该体系是初始时刻具有单位体积的均匀系.假定体系的应力 $\boldsymbol{T}$ 不仅依赖于内能 ε 和应变 $\boldsymbol{E}$,而且还依赖于应变率 $\dot{\boldsymbol{E}}$,故可将应力分解为:

$$\boldsymbol{T}=\boldsymbol{T}^{\mathrm{e}}(\varepsilon,\boldsymbol{E})+\boldsymbol{T}^{v}(\varepsilon,\boldsymbol{E},\dot{\boldsymbol{E}}), \tag{3.105}$$

其中 $\boldsymbol{T}^{\mathrm{e}}$ 对应于(平衡态)的弹性应力,$\boldsymbol{T}^{v}$ 为**黏性应力**.对于无限缓慢的准静态过程,黏性应力为零,即 $\boldsymbol{T}^{v}(\varepsilon,\boldsymbol{E},\boldsymbol{0})=\boldsymbol{0}$,故有

$$\boldsymbol{T}^{v}:\dot{\boldsymbol{E}}=o(|\dot{\boldsymbol{E}}|)\quad(\text{当 }|\dot{\boldsymbol{E}}|\to 0).$$

由于以上的准静态过程可看作是一个可逆过程,故可通过 Gibbs 方程来定义相应的热力学温度 θ 和熵 η,满足

$$\rho_0\theta\dot{\eta}=\rho_0\dot{\varepsilon}-\boldsymbol{T}^{\mathrm{e}}:\dot{\boldsymbol{E}}. \tag{3.106}$$

根据热力学第一定律,输入给体系热量的时间变化率可由(3.74)式写为

$$\dot{\mathscr{Q}}=\rho_0\dot{\varepsilon}-\boldsymbol{T}:\dot{\boldsymbol{E}}.$$

因此有

$$\rho_0 \theta \dot{\eta} = \dot{\mathscr{Q}} + \boldsymbol{T}^v : \dot{\boldsymbol{E}},$$

上式最后一项对应于**黏性耗散**项，经验表明它总是非负的．由此可得(3.101) 式．

例 3　现考虑一个非均匀的热流体系．为简单计，设该体系由两个相互可以进行热交换的均匀子系组成．如果两个子系之间由于热接触所进行的热交换十分缓慢，那么每个子系的变化过程都可看作是一个可逆过程．由此可定义这两个子系的热力学温度 θ_i 和熵 $\tilde{\eta}_i (i = 1,2)$．由热力学第二定律，输入给这两个子系的热量的时间变化率 $\dot{\mathscr{Q}}_i (i = 1,2)$ 满足

$$\theta_1 \dot{\tilde{\eta}}_1 = \dot{\mathscr{Q}}_1 = \dot{\mathscr{Q}}_{10} + \dot{\mathscr{Q}}_{12},$$

$$\theta_2 \dot{\tilde{\eta}}_2 = \dot{\mathscr{Q}}_2 = \dot{\mathscr{Q}}_{20} + \dot{\mathscr{Q}}_{21}.$$

上式中，$\dot{\mathscr{Q}}_{i0}$ 表示外界输入给第 $i (i = 1,2)$ 个子系的热量的时间变化率，$\dot{\mathscr{Q}}_{12}$ 是第 2 个子系输入给第 1 个子系的热量的时间变化率．显然，第 1 个子系输入给第 2 个子系的热量的时间变化率为 $\dot{\mathscr{Q}}_{21} = -\dot{\mathscr{Q}}_{12}$．

总体系的熵为 $\tilde{\eta} = \tilde{\eta}_1 + \tilde{\eta}_2$，其时间变化率可写为

$$\dot{\tilde{\eta}} = \sum_{i=1}^{2} \frac{\dot{\mathscr{Q}}_{i0}}{\theta_i} + \dot{\mathscr{Q}}_{12} \left(\frac{1}{\theta_1} - \frac{1}{\theta_2} \right).$$

当有 n 个子系时，上式的一般形式为

$$\dot{\tilde{\eta}} = \sum_{i=1}^{n} \frac{\dot{\mathscr{Q}}_{i0}}{\theta_i} + \sum_{i=1}^{n-1} \sum_{j>i} \dot{\mathscr{Q}}_{ij} \left(\frac{1}{\theta_i} - \frac{1}{\theta_j} \right).$$

经验表明，热流的方向总是由高温物体传递给低温物体，故有

$$\dot{\mathscr{Q}}_{ij} \left(\frac{1}{\theta_i} - \frac{1}{\theta_j} \right) \geqslant 0.$$

因此，总体系的熵增率满足

$$\dot{\tilde{\eta}} \geqslant \sum_{i=1}^{n} \frac{\dot{\mathscr{Q}}_{i0}}{\theta_i}. \tag{3.107}$$

上式可以看作是对(3.101) 式的推广．

下面，我们来对(3.101) 式作进一步的讨论．现考虑可逆过程，则在

Euler 描述下,由(3.71)式和(3.89)式可得

$$\rho\dot{\eta}=\frac{1}{\theta}(\rho\dot{\varepsilon}-\boldsymbol{\sigma}:\boldsymbol{D})=\frac{1}{\theta}(\rho h-\nabla\cdot\boldsymbol{q}).$$

上式中的变量是空间位置的函数.对物体在当前时刻所占有的体积 v 上进行积分,则有

$$\begin{aligned}\frac{\mathscr{D}}{\mathscr{D}t}\int_v\rho\eta\mathrm{d}v&=\int_v\rho\dot{\eta}\,\mathrm{d}v=\int_v\left[\rho\frac{h}{\theta}-\nabla\cdot\left(\frac{\boldsymbol{q}}{\theta}\right)+\boldsymbol{q}\cdot\nabla\left(\frac{1}{\theta}\right)\right]\mathrm{d}v\\&=\int_v\rho\frac{h}{\theta}\mathrm{d}v-\int_{\partial v}\frac{1}{\theta}\boldsymbol{q}\cdot\boldsymbol{N}\mathrm{d}S+\int_v\boldsymbol{q}\cdot\nabla\left(\frac{1}{\theta}\right)\mathrm{d}v.\end{aligned}$$

注意到热流向量 $\boldsymbol{q}$ 的方向总是由高温指向低温,即 $\boldsymbol{q}\cdot\nabla\left(\frac{1}{\theta}\right)\geqslant 0$,故得

$$\frac{\mathscr{D}}{\mathscr{D}t}\int_v\rho\eta\mathrm{d}v-\int_v\rho\frac{h}{\theta}\mathrm{d}v+\int_{\partial v}\frac{1}{\theta}\boldsymbol{q}\cdot\boldsymbol{N}\mathrm{d}S\geqslant 0. \tag{3.108}$$

上式可看作是(3.101)式的积分形式,称为 **Clausius-Duhem 不等式**的总体形式,它可看作是经典热力学中第二定律的数学表示.其局部形式可以写为

$$\rho\dot{\eta}-\rho\frac{h}{\theta}+\nabla\cdot\left(\frac{\boldsymbol{q}}{\theta}\right)\geqslant 0, \tag{3.109}$$

其中$\frac{\boldsymbol{q}}{\theta}$称为**熵流**(the entropy flux).

在 Lagrange 描述下,上式为

$$\dot{\Theta}=\rho_0\dot{\eta}-\rho_0\frac{h}{\theta}+\nabla_0\cdot\left(\frac{\boldsymbol{q}_0}{\theta}\right)\geqslant 0. \tag{3.110}$$

利用(3.73)式,上式还可写为

$$\rho_0\theta\dot{\eta}-\rho_0\dot{\varepsilon}+\boldsymbol{T}:\dot{\boldsymbol{E}}-\frac{1}{\theta}\boldsymbol{q}_0\cdot\nabla_0\theta\geqslant 0. \tag{3.111}$$

因此有

$$-\rho_0(\dot{\psi}+\eta\dot{\theta})+\boldsymbol{T}:\dot{\boldsymbol{E}}-\frac{1}{\theta}\boldsymbol{q}_0\cdot\nabla_0\theta\geqslant 0, \tag{3.112}$$

或

$$-\rho_0(\dot{G}+\eta\dot{\theta})-\boldsymbol{E}:\dot{\boldsymbol{T}}-\frac{1}{\theta}\boldsymbol{q}_0\cdot\nabla_0\theta\geqslant 0. \tag{3.113}$$

需指出,在以上的讨论中,我们所利用的仍然是平衡态熵的概念.在例 1 中,理想气体在初、终态的熵是平衡态的熵;例 2 是通过无限缓慢的准静态过程来定义(平衡态)熵的;在第 3 个例子中,体系的熵是通过每一个处于可逆过程的子系的熵之和来加以定义的.对于更一般的不可逆过程,当体系处于非平衡态时,是否仍然可以定义相应的熵?如果可以定义

的话,所定义的熵是否唯一?对于非平衡态过程,Clausius-Duhem 不等式是否仍然成立?如果成立的话,应作何种理解?以上这些问题是近代非平衡态连续介质热力学所要讨论的问题.我们将在下一小节中对此作简要的介绍.

§3.9 非平衡态热力学

(一) 引言

自 1963 年以来,热力学在连续介质力学中的重要作用已被愈来愈多的学者所认识.然而,在对非平衡态连续介质热力学进行研究的过程中,不同学派在某些基本问题上存在着完全不同的观点,主要分歧和争论集中在以下两个问题上.

(1) 对处于非平衡态的热力学体系,是否有可能引进和定义熵的概念?如果有可能的话,所定义的熵是否唯一?

(2) 在非平衡态热力学中,第二定律的基本不等式应具有什么形式?

以 Coleman, Noll, Truesdell 等人为代表的"理性热力学"把熵和热力学温度看作是原始的基本概念引入到非平衡态热力学中.他们认为,如同动力学中的质量和力的概念那样,熵和热力学温度的存在性是不需要加以证明的.此外,他们还不加论证地采用 Clausius-Duhem 不等式来作为热力学第二定律的表达式,并在此基础上给出相应的"热力学限制性条件".

在"理性热力学"中,热力学状态函数不仅与平衡态条件下的热力学状态变量有关,而且还与这些状态变量的历史有关.例如,如果以温度 θ 和应变 $\boldsymbol{E}$ 来作为平衡态下的状态变量,那么,状态函数将被表示为 θ、$\nabla_0\theta$ 和 $\boldsymbol{E}$ 历史的泛函.特别地,对于"充分光滑"的历史,状态函数将被写为 θ、$\nabla_0\theta$、$\boldsymbol{E}$,以及它们对时间各阶导数的函数.为简单计,现假定自由能 ψ 是 θ、$\nabla_0\theta$、$\boldsymbol{E}$ 以及 $\dot{\theta}$ 和 $\dot{\boldsymbol{E}}$ 的函数,则(3.112)式可写为

$$-\rho_0\left(\frac{\partial\psi}{\partial\theta}+\eta\right)\dot{\theta}-\rho_0\frac{\partial\psi}{\partial\dot{\theta}}\ddot{\theta}-\rho_0\frac{\partial\psi}{\partial(\nabla_0\theta)}\frac{\mathscr{D}}{\mathscr{D}t}(\nabla_0\theta)+\left(\boldsymbol{T}-\rho_0\frac{\partial\psi}{\partial\boldsymbol{E}}\right):\dot{\boldsymbol{E}}-$$

$$\rho_0\frac{\partial\psi}{\partial\dot{\boldsymbol{E}}}:\ddot{\boldsymbol{E}}-\frac{1}{\theta}\boldsymbol{q}_0\cdot\nabla_0\theta\geqslant 0.$$

因为以上不等式对任意的 $\ddot{\theta}$, $\frac{\mathscr{D}}{\mathscr{D}t}(\nabla_0\theta)$ 和 $\ddot{\boldsymbol{E}}$ 都成立,故它们的系数必然

为零,这说明 ψ 与 $\dot{\theta}$、$\nabla_0\theta$ 和 $\dot{\boldsymbol{E}}$ 无关,即自由能仅仅是 θ 和 $\boldsymbol{E}$ 的函数:$\psi=\psi(\theta,\boldsymbol{E})$. 于是上式简化为

$$-\rho_0\left(\frac{\partial\psi}{\partial\theta}+\eta\right)\dot{\theta}+\left(\boldsymbol{T}-\rho_0\frac{\partial\psi}{\partial\boldsymbol{E}}\right):\dot{\boldsymbol{E}}-\frac{1}{\theta}\boldsymbol{q}_0\cdot\nabla_0\theta\geqslant 0. \qquad (3.114)$$

对于具有黏性耗散的体系,由(3.105)式可见 $\boldsymbol{T}$ 还与 $\dot{\boldsymbol{E}}$ 有关,故可将 $\boldsymbol{T}$ 写为 $\boldsymbol{T}=\rho_0\dfrac{\partial\psi}{\partial\boldsymbol{E}}+\boldsymbol{T}^v$,其中 $\boldsymbol{T}^v$ 不仅依赖于 θ 和 $\boldsymbol{E}$,而且还依赖于 $\dot{\theta}$、$\nabla_0\theta$ 和 $\dot{\boldsymbol{E}}$. 只有当 $\dot{\boldsymbol{E}}=\boldsymbol{0}$ 时才有 $\boldsymbol{T}^v=\boldsymbol{0}$.

以上的推导方法通常称之为 Coleman 方法(例如,可参见 Coleman 和 Noll 于 1963 年所写的论文),是“理性热力学”学派在讨论材料本构关系的热力学限制性条件时所采用的基本方法.

为了简化问题的讨论,现假定(3.114)式中的状态函数 η、$\boldsymbol{T}$ 和 $\boldsymbol{q}_0$ 与 $\dot{\boldsymbol{E}}$ 无关,则由 $\dot{\boldsymbol{E}}$ 的任意性,可知 $\boldsymbol{T}^v=\boldsymbol{0}$. 故(3.114)式退化为

$$\Sigma=-\rho_0\left(\frac{\partial\psi}{\partial\theta}+\eta\right)\dot{\theta}-\frac{1}{\theta}\boldsymbol{q}_0\cdot\nabla_0\theta\geqslant 0. \qquad (3.115)$$

因为平衡态对应于 $\dot{\theta}=0$ 和 $\nabla_0\theta=\boldsymbol{0}$,所以上式在平衡态时取最小值. 于是,对于给定的 θ 和 $\boldsymbol{E}$,当 $\dot{\theta}$ 和 $\nabla_0\theta$ 在平衡态附近变化时,要求 Σ 的一阶变分为零,二阶变分非负,即要求有

$$\left.\frac{\partial\Sigma}{\partial\dot{\theta}}\right|_E=0,\quad \left.\frac{\partial\Sigma}{\partial(\nabla_0\theta)}\right|_E=\boldsymbol{0}, \qquad (3.116)$$

以及

$$\left.\begin{pmatrix}\dfrac{\partial^2\Sigma}{\partial\dot{\theta}^2} & \dfrac{\partial^2\Sigma}{\partial\dot{\theta}\,\partial(\nabla_0\theta)}\\[2ex] \dfrac{\partial^2\Sigma}{\partial\dot{\theta}\,\partial(\nabla_0\theta)} & \dfrac{\partial^2\Sigma}{\partial(\nabla_0\theta)^2}\end{pmatrix}\right|_E \text{ 是半正定的}. \qquad (3.117)$$

上式中的下标 E 表示是在平衡态($\dot{\theta}=0$, $\nabla_0\theta=\boldsymbol{0}$)条件下取值的. 由(3.116)式可知,当体系处于平衡态时,有

$$\eta\Big|_E=-\left.\frac{\partial\psi}{\partial\theta}\right|_E \quad 和 \quad \boldsymbol{q}_0\Big|_E=\boldsymbol{0}.$$

这与(3.95)式是相一致的. 利用(3.117)式,可知

$$\rho_0 \frac{\partial \eta}{\partial \dot{\theta}}\bigg|_E \leqslant 0 \quad 以及 \quad -\frac{\partial \boldsymbol{q}_0}{\partial(\nabla_0 \theta)}\bigg|_E \quad 半正定.$$

由$\dfrac{\partial \psi}{\partial \dot{\theta}} = 0$,上式第一个条件也可改写为

$$\rho_0 \frac{\partial \varepsilon}{\partial \dot{\theta}}\bigg|_E \leqslant 0, \tag{3.118}$$

而上式第二个条件可看作是关于热流向量与温度梯度之间本构关系的热力学限制性条件.

在以 Müller 为代表的“理性热力学”中,熵仍然被看作是基本的概念,但对熵流的概念进行了修正.Müller 将(3.109)式中的熵流 $\boldsymbol{q}/\theta$ 改为 $\boldsymbol{\varphi}_M$,并将 $\boldsymbol{\varphi}_M$ 看作是一个独立的状态(本构)函数.

在没有分布热源 h 的情况下,Müller 采用以下的熵不等式来代替经典的 Clausius-Duhem 不等式(3.109)式:

$$\rho\dot{\eta} + \nabla \cdot \boldsymbol{\varphi}_M \geqslant 0. \tag{3.119}$$

实际的热力学过程要求满足动量守恒方程和能量守恒方程.于是,在忽略分布体力 $\boldsymbol{f}$ 和分布热源 h 的条件下,可引进 Lagrange 乘子而将上式改写为

$$\rho\dot{\eta} + \nabla \cdot \boldsymbol{\varphi}_M - \boldsymbol{\Lambda}_v \cdot (\rho \boldsymbol{a} - \boldsymbol{\sigma} \cdot \nabla) - \Lambda_\varepsilon(\rho\dot{\varepsilon} - \boldsymbol{\sigma} : \boldsymbol{D} + \nabla \cdot \boldsymbol{q}) \geqslant 0. \tag{3.120}$$

基于以上不等式,Müller 对各向同性热弹性体进了讨论.在以经验温度 T,经验温度的时间变化率 $\dot{T}$,经验温度梯度 ∇T,以及右(或左)伸长张量的三个不变量为状态变量的热力学体系中,证明了 Lagrange 乘子 Λ_ε 仅仅为 T 和 $\dot{T}$ 的函数,满足

$$\boldsymbol{\varphi}_M = \Lambda_\varepsilon(T, \dot{T})\boldsymbol{q}. \tag{3.121}$$

Müller 进一步假定,如果经验温度 T 在跨过某一“界面”时连续,则熵流沿“界面”的法向分量也连续,即

$$[\![\boldsymbol{\varphi}_M \cdot \boldsymbol{N}]\!] = 0, \quad 当 [\![T]\!] = 0, \tag{3.122}$$

上式中 $\boldsymbol{N}$ 为该“界面”的法向量,$[\![\quad]\!]$表示“界面”两侧的间断量.在上述假定下,Müller 得到了与 Coleman 理论不同的结果:

(1) Lagrange 乘子 Λ_ε 是 T 和 $\dot{T}$ 的普适函数,称之为“冷度”(coldness).

当体系处于热力学平衡态时，Λ_ε 将等于热力学温度 θ 的倒数. 因此 Λ_ε 可作为非平衡态热力学中温度的度量.

(2) 与(3.118)式不同，$\rho_0 \left.\dfrac{\partial \varepsilon}{\partial \dot{T}}\right|_E$ 可能取正值. 由此导出的热传导方程将是双曲型的，表明温度的扰动将以有限速度传播.

以上关于"理性热力学"的讨论曾遭到许多物理学家的非议，他们批评"理性热力学"学派随意地把平衡态热力学中的概念(如熵)应用于非平衡态热力学是缺乏物理根据的. 事实上，"理性热力学"学派并没有真正回答本段一开始所提出的两个基本问题. 而在熵的存在性和唯一性的问题上，不少学者(如 Meixner)认为，对于非平衡态热力学，熵的定义是不唯一的，而且在无穷多种可能的定义中，并没有什么准则一定要选取这一种定义，而不选取另一种定义. 可见，对于非平衡态热力学，有必要从问题的物理方面进行更为深入的分析. 在下一小段中，我们将着重介绍"局部伴随状态"方面的理论.

(二) 内变量和局部伴随状态(the local accompanying state)

现在，我们来讨论如何描述一个在非平衡态条件下物质微元的热力学状态问题. 因为处于非平衡态的热力学体系伴随着体系内部的耗散过程，所以，仅仅由平衡态下的状态变量(如内能 ε 和应变 $\boldsymbol{E}$)还不足以描述非平衡的热力学状态. 为此，可引进一组(可能有无穷多个)用来刻画物质内部非平衡耗散过程的附加状态变量 ξ_m($m = 1,2,3,\cdots$)，称之为**内变量**，它们与作用在该微元上的内部非平衡广义力相对应，并由此来表示材料内部的耗散机制. 即使外部环境和状态没有改变，这些内变量也是有可能变化的. 因此，内变量的值一般是无法用宏观手段加以控制的. 在实际应用中，内变量的个数总是近似地取为有限个，它们可以是标量，也可以是向量或(高阶)张量. 如化学反应的程度，Frank-Read 源中被钉扎位错线扫过的面积，聚合物中分子的构象等那些与描述材料内部微观结构变化有关的量，都可通过统计平均的方法与宏观的内变量相联系.

基于以上讨论，我们可给出如下的假设：

假设 1：一个非平衡热力学状态可通过内变量的适当引入而与一个虚设的处于约束状态下的热力学平衡态(constrained equilibrium state)相对应. 这样的平衡态称之为**局部伴随状态**，其相应的状态变量除了平衡态下的状态变量之外，还有(Lagrange 型的)内变量 ξ_m($m = 1,2,\cdots$)，例如可取为($\varepsilon, \boldsymbol{E}, \xi_m$)($m = 1,2,\cdots$).

需强调指出，内变量的选取不仅与所要研究的材料有关，而且还与作用于该材料单元上的外部环境（如温度）和过程（如加载速率）有关．例如，我们可以用 $\tau = |\boldsymbol{E}| \Big/ |\dot{\boldsymbol{E}}|$ 来表示所研究材料单元的宏观变形过程的特征时间，其中 $\boldsymbol{E}$ 为应变张量，而用 $\tau_m = |\xi_m| \Big/ |\dot{\xi}_m|$（$m = 1,2,\cdots$；不对 m 求和）来表征对应于内变量 ξ_m 的松弛时间，那么，当 $\tau_m \ll \tau$ 时，第 m 个内变量 ξ_m 往往就可以不予考虑．因此在选取内变量时，只有同时考虑材料以及作用于该材料的外部作用过程才是有意义的．

现在，我们将一个真实的不可逆过程和与之相对应的虚设的，处于约束平衡态的可逆过程作一个比较．对于真实的过程，作用在单位初始体积上的变形功率可由(3.53)式表示为 $\boldsymbol{T} : \dot{\boldsymbol{E}}$，而对于一个实际上不可能实现的虚设的可逆过程，如果设想其内变量是可以独立变化的，那么就需要施加与内变量 ξ_m 相共轭的广义内力 $A^{(m)}$．这时，相应的变形功率应写为

$$\boldsymbol{T}^a : \dot{\boldsymbol{E}} - A^{(m)}\dot{\xi}_m（对\ m\ 求和）.$$

其中 $A^{(m)}\dot{\xi}_m$ 表示在实际过程中不可恢复的耗散功率，$\boldsymbol{T}^a$ 是约束平衡态下与 $\boldsymbol{E}$ 相功共轭的应力．类似于(3.74)式，可将上述虚设的可逆过程中输入给体系的热量增量写为

$$\delta\mathscr{Q}^0 = \rho_0 \mathrm{d}\varepsilon - \boldsymbol{T}^a : \mathrm{d}\boldsymbol{E} + A^{(m)}\mathrm{d}\xi_m（对\ m\ 求和）, \tag{3.123}$$

上式中，真实过程中的内能 ε 已被取作为约束平衡态下的内能，其合理性将在以后予以说明．

现假定经典热力学第二定律的 Carathéodory 说法同样适用于上述虚设的可逆过程．于是，存在两个状态函数 $\eta_a(\varepsilon, \boldsymbol{E}, \xi_m)$ 和 $\theta_a(\varepsilon, \boldsymbol{E}, \xi_m)$，使得下式成立

$$\rho_0\theta_a \mathrm{d}\eta_a = \rho_0 \mathrm{d}\varepsilon - \boldsymbol{T}^a : \mathrm{d}\boldsymbol{E} + A^{(m)}\mathrm{d}\xi_m（对\ m\ 求和）,$$

或

$$\rho_0\theta_a\dot{\eta}_a = \rho_0\dot{\varepsilon} - \boldsymbol{T}^a : \dot{\boldsymbol{E}} + A^{(m)}\dot{\xi}_m（对\ m\ 求和）. \tag{3.124}$$

上式就是对应于局部伴随状态的 Gibbs 方程，η_a 和 θ_a 分别为约束平衡态的熵和热力学温度，它们满足

$$\frac{1}{\theta_a} = \frac{\partial \eta_a}{\partial \varepsilon}, \quad \boldsymbol{T}^a = -\rho_0\theta_a \frac{\partial \eta_a}{\partial \boldsymbol{E}}, \quad A^{(m)} = \rho_0\theta_a \frac{\partial \eta_a}{\partial \xi_m}. \tag{3.125}$$

类似于对(3.89)～(3.97)式的讨论，当取$(\eta_a, \boldsymbol{E}, \xi_m)$为状态变量时，有

$$\theta_a = \frac{\partial \varepsilon}{\partial \eta_a}, \quad \boldsymbol{T}^a = \rho_0 \frac{\partial \varepsilon}{\partial \boldsymbol{E}}, \quad A^{(m)} = -\rho_0 \frac{\partial \varepsilon}{\partial \xi_m}. \tag{3.126}$$

如果引进 Helmholtz 自由能 $\psi_a = \varepsilon - \theta_a \eta_a$，并取$(\theta_a, \boldsymbol{E}, \xi_m)$作为状态变量，则可得

$$\eta_a = -\frac{\partial \psi_a}{\partial \theta_a}, \quad \boldsymbol{T}^a = \rho_0 \frac{\partial \psi_a}{\partial \boldsymbol{E}}, \quad A^{(m)} = -\rho_0 \frac{\partial \psi_a}{\partial \xi_m}. \tag{3.127}$$

最后，还可引进 Gibbs 自由能 $G_a = \psi_a - \frac{1}{\rho_0} \boldsymbol{T}^a : \boldsymbol{E}$，并取$(\theta_a, \boldsymbol{T}^a, \xi_m)$为状态变量，这时有

$$\eta_a = -\frac{\partial G_a}{\partial \theta_a}, \quad \boldsymbol{E} = -\rho_0 \frac{\partial G_a}{\partial \boldsymbol{T}^a}, \quad A^{(m)} = -\rho_0 \frac{\partial G_a}{\partial \xi_m}. \tag{3.128}$$

将(3.73)式代入(3.124)式，可得

$$\rho_0 \dot{\eta}_a - \rho_0 \left(\frac{h}{\theta_a}\right) + \nabla_0 \cdot \left(\frac{\boldsymbol{q}_0}{\theta_a}\right) = \frac{1}{\theta_a}(\boldsymbol{T} - \boldsymbol{T}^a) : \dot{\boldsymbol{E}} + \frac{1}{\theta_a} A^{(m)} \dot{\xi}_m + \boldsymbol{q}_0 \cdot \nabla_0 \left(\frac{1}{\theta_a}\right). \tag{3.129}$$

上式称为**局部熵产生率**，记为 $\dot{\Theta}_a$. 由于 $\boldsymbol{T}^a$ 与应变速率 $\dot{\boldsymbol{E}}$ 无关，可知 $\boldsymbol{T} - \boldsymbol{T}^a$ 相当于黏性应力 $\boldsymbol{T}^v$. 因此，上式右端的第一项对应于黏性(应力)耗散项，而上式右端的第二项和第三项则分别对应于由内变量的变化和热传导引起的耗散项. 比较(3.110)式，可有

假设 2：对于任意的热力学过程，局部熵产生率 $\dot{\Theta}_a$ 总是非负的：

$$\dot{\Theta}_a = \rho_0 \dot{\eta}_a - \rho_0 \left(\frac{h}{\theta_a}\right) + \nabla_0 \cdot \left(\frac{\boldsymbol{q}_0}{\theta_a}\right) \geqslant 0. \tag{3.130}$$

上式可作为非平衡态热力学中第二定律的数学表达式.

需强调指出，以上我们仅仅讨论了约束平衡态的熵 η_a 和热力学温度 θ_a 的存在性. 这与在实际非平衡态过程中是否存在熵的问题并无必然联系. 不过，如假定在非平衡态过程中也存在熵的话，那么 η_a 就可以看作是非平衡态熵的一个很好的近似. 可以期望，当内变量的个数取得越多，这种近似程度也就越好.

为了进一步说明上述论点，现来考虑一个处于非平衡态的宏观物质微元，其状态参量为$(\varepsilon, \boldsymbol{E}, \xi_m)$. 该微元在宏观上足够小以致可以把它看作为一个“点”，但在微观上又足够大以致其宏观量可看作是微观量的统计平均.

首先，可假想用一个绝热刚性壁将该物质微元包围起来. 这时，当经

过一个不可逆绝热过程后,该微元最终会达到某一个约束平衡态.绝热刚性壁不仅使该微元与外界没有物质交换,而且也使该微元与外界没有热量交换.此外,刚性壁还使该微元的应变 $\boldsymbol{E}$ 保持不变,故相应的变形功率为零.由质量守恒定律和能量守恒定律可知,处于该约束平衡态的微元的质量和内能与真实的非平衡态下微元的质量和内能相等.因此,在(3.123)式中用 ε 来表示约束平衡态下的内能是合理的.

其次,为了能"构造"一个约束平衡态使其具有相同的 ε,$\boldsymbol{E}$ 和 ξ_m 值,就需要通过绝热刚性壁对该微元施加相应的应力 $\boldsymbol{T}^a$ 和广义内应力 $A^{(m)}$,$\boldsymbol{T}^a$ 和 $A^{(m)}$ 的值应由(3.125)式确定,其中 $\boldsymbol{T}^a$ 的值并不一定等于 $\boldsymbol{T}$.由此可见,一个真实的不可逆过程和一个假想的约束平衡态的可逆过程之间可以建立一种如图 3.3 所示的对应关系.

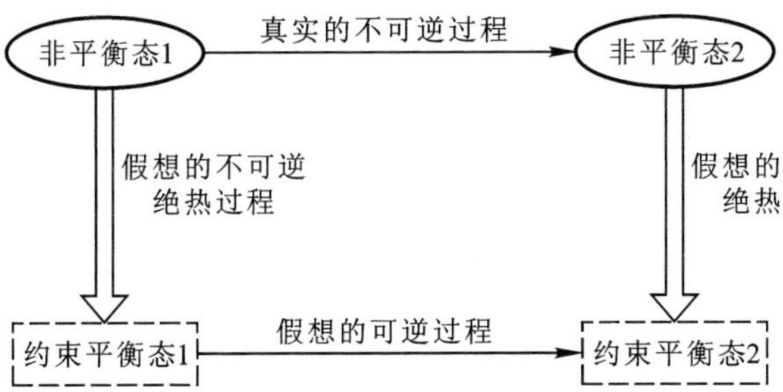

图 3.3 非平衡态与约束平衡态之间的对应关系

对于实际的非平衡态,如果可以定义热力学温度的话,那么,其相应的约束平衡态下的温度 θ_a 就可以用来作为以上非平衡态的热力学温度,因为在约束平衡态下,微元内部的温度是均匀的(例如,可参见由图 3.4 给出的示意图).

同样,如果在非平衡态条件下存在熵 η 的话,那么经过一个不可逆绝热过程而达到约束平衡态后,其相应的熵 $\eta_a = \eta + \Delta\eta$ 将大于 η.因此,对于如图 3.3 所示的两个状态(1) 和(2),有

$$\eta_{a_{(1)}} = \eta_{(1)} + \Delta\eta_{(1)},\ \eta_{a_{(2)}} = \eta_{(2)} + \Delta\eta_{(2)},\ \Delta\eta_{(1)} \geqslant 0,\quad \Delta\eta_{(2)} \geqslant 0.$$

可以期望,当内变量的个数越来越多时,$\Delta\eta_{(1)}$ 和 $\Delta\eta_{(2)}$ 的值就会越来越小,这时,非平衡态的熵差($\eta_{(2)} - \eta_{(1)}$)就可以近似地由($\eta_{a_{(2)}} - \eta_{a_{(1)}}$)来加以表示.反之,如果约束平衡态下的内变量 $\xi_1, \xi_2, \cdots, \xi_n$ 的排列次序正好使相应的松弛时间满足

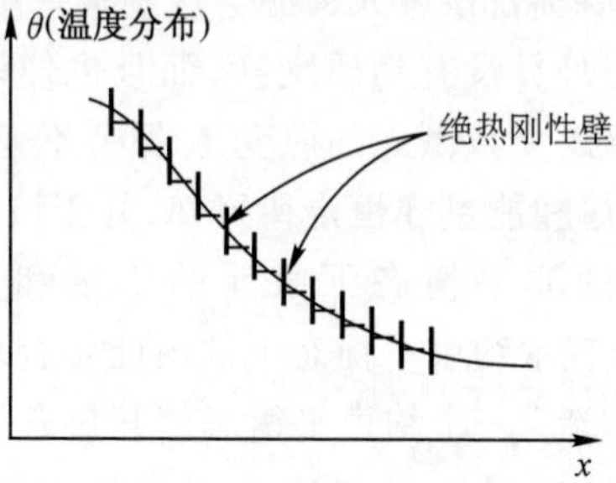

图 3.4 在实际热力学过程中,某时刻沿 x 方向的温度分布(细实线)和相应于约束平衡态的温度分布(水平线段)

$$\tau_1 > \tau_2 > \tau_3 > \cdots > \tau_n,$$

那么,当逐个地对施加于约束平衡态的广义内约束力 $A^{(n)}, A^{(n-1)}, \cdots$ 加以放松时,就可得到具有同样内能 ε 和应变 $\boldsymbol{E}$ 的相继的约束平衡态系列.由于每一次放松都是一个不可逆的绝热过程,因此,随着 n 的减小,相应的约束平衡态的熵就要增加,即 $\Delta\eta$ 的值就会越来越大.以上讨论同时也说明:在非平衡态热力学中,熵的定义是不唯一的.

(三) Onsager 倒易关系

为了讨论方便起见,以后我们将略去 θ_a、η_a、ψ_a 和 G_a 中的下标,而直接写为 θ、η、ψ 和 G.此外,我们还可以将(3.129)式右端的热力学量形式地看作是两个"向量"$\boldsymbol{J}$ 和 $\boldsymbol{P}$ 的点积.例如,可记为

$$\boldsymbol{J} = \{(\boldsymbol{T} - \boldsymbol{T}^a),\ \dot{\xi}_m, \boldsymbol{q}_0\},$$

$$\boldsymbol{P} = \left\{\frac{1}{\theta}\dot{\boldsymbol{E}}, \frac{1}{\theta}A^{(m)}, \nabla_0\left(\frac{1}{\theta}\right)\right\}, \tag{3.131}$$

其中 $\boldsymbol{J}$ 和 $\boldsymbol{P}$ 分别称为**广义热力学流**(fluxes)和**广义热力学力**(forces).例如,当 $\dot{\xi}_m$ 表示化学反应速率时,$A^{(m)}$ 就是相应的化学亲和力.

$\boldsymbol{J}$ 和 $\boldsymbol{P}$ 的分量可分别记为 $J_\mu(\mu = 1,2,\cdots,N)$ 和 $P_\nu(\nu = 1,2,\cdots,N)$.通常还可将它们分为两类:当 J_μ(或 P_ν)是时间 t 的偶函数时,则称是第一类的;当 J_μ(或 P_ν)是时间 t 的奇函数时,则称是第二类的.因为熵产生率是第二类的,故与 J_ν 相共轭的 P_ν 不可能是同类型的.$\boldsymbol{J}$ 与 $\boldsymbol{P}$ 之间的依赖关系实际上可看作是在给定外部作用条件下的材料本构关系.

"广义热力学流"$\boldsymbol{J}$ 可认为是在"广义热力学力"$\boldsymbol{P}$ 的驱动下产生的,

它不仅依赖于约束平衡态的状态变量 $\boldsymbol{\omega}=(\varepsilon,\boldsymbol{E},\xi_m)$，而且还依赖于“广义热力学力”$\boldsymbol{P}$，可写为

$$\boldsymbol{J}=\boldsymbol{J}(\boldsymbol{P};\boldsymbol{\omega}),\quad 其中\quad \boldsymbol{J}(\boldsymbol{0};\boldsymbol{\omega})=\boldsymbol{0}. \tag{3.132}$$

于是，(3.129) 式和(3.130) 式可重新表示为

$$\dot{\Theta}_a=\boldsymbol{P}\cdot\boldsymbol{J}(\boldsymbol{P};\boldsymbol{\omega})\geqslant 0. \tag{3.133}$$

1973 年，Edelen 对(3.133) 式所应满足的数学形式进行了讨论，给出了如下的分解定理：如果 $\boldsymbol{J}$ 对 $\boldsymbol{P}$ 是 C^1 连续的，而对 $\boldsymbol{\omega}$ 是 C^0 连续的，则 $\boldsymbol{J}$ 可写为

$$\boldsymbol{J}(\boldsymbol{P};\boldsymbol{\omega})=\nabla_{\boldsymbol{P}}\Phi(\boldsymbol{P};\boldsymbol{\omega})+\boldsymbol{U}(\boldsymbol{P};\boldsymbol{\omega}), \tag{3.134}$$

其中 $\boldsymbol{U}$ 满足

$$\boldsymbol{P}\cdot\boldsymbol{U}(\boldsymbol{P};\boldsymbol{\omega})=0,\quad \boldsymbol{U}(\boldsymbol{0};\boldsymbol{\omega})=\boldsymbol{0}. \tag{3.135}$$

即 $\boldsymbol{U}$ 与向径 $\boldsymbol{P}$ 垂直，而势函数 Φ 可写为

$$\Phi(\boldsymbol{P};\boldsymbol{\omega})=\int_0^1\varphi_1(\lambda\boldsymbol{P};\boldsymbol{\omega})\frac{\mathrm{d}\lambda}{\lambda}+\varphi_2(\boldsymbol{\omega}), \tag{3.136}$$

其中 $\varphi_1(\boldsymbol{P};\boldsymbol{\omega})$ 和 $\varphi_2(\boldsymbol{\omega})$ 是满足以下条件的任意标量函数：$\varphi_1(\boldsymbol{P};\boldsymbol{\omega})\geqslant 0,\varphi_1(\boldsymbol{0};\boldsymbol{\omega})=0$.

根据以上的 **Edelen 分解定理**，可知

(1) (3.133) 式可写为

$$\dot{\Theta}_a=\boldsymbol{P}\cdot\boldsymbol{J}(\boldsymbol{P};\boldsymbol{\omega})=\boldsymbol{P}\cdot\nabla_{\boldsymbol{P}}\Phi(\boldsymbol{P};\boldsymbol{\omega})=\varphi_1(\boldsymbol{P};\boldsymbol{\omega}). \tag{3.137}$$

(2) “热力学流” 的非耗散部分 $\boldsymbol{U}$ 对熵产生率 $\dot{\Theta}_a$ 没有贡献.

(3) “热力学流” 的耗散部分对应于**耗散势** $\Phi(\boldsymbol{P};\boldsymbol{\omega})$，除一个可加常数 $\varphi_2(\boldsymbol{\omega})$ 外，它与熵产生率之间的关系为

$$\Phi(\boldsymbol{P};\boldsymbol{\omega})=\int_0^1\dot{\Theta}_a(\lambda\boldsymbol{P};\boldsymbol{\omega})\frac{\mathrm{d}\lambda}{\lambda}.$$

(4) $\Phi(\boldsymbol{P};\boldsymbol{\omega})$ 在 $\boldsymbol{P}=\boldsymbol{0}$ 处达到最小值：

$$\Phi(\boldsymbol{P};\boldsymbol{\omega})\geqslant 0,\qquad \Phi(\boldsymbol{0};\boldsymbol{\omega})=0.$$

(5) 假定 $\boldsymbol{J}$ 对 $\boldsymbol{P}$ 是 C^2 连续的，则其分量满足

$$\frac{\partial(J_\mu-U_\mu)}{\partial P_\nu}=\frac{\partial(J_\nu-U_\nu)}{\partial P_\mu}\quad(\mu,\nu=1,2,\cdots,N).$$

特别地，当不出现非耗散项 $\boldsymbol{U}$ 时，由上式可知倒易关系成立：

$$\frac{\partial J_\mu}{\partial P_\nu}=\frac{\partial J_\nu}{\partial P_\mu}. \tag{3.138}$$

根据 Brussels 学派的观点，可将不可逆过程分为扩散型(热传导，物

质扩散,电传导,……)和反应型(化学反应,核反应,光合作用,……)两类.对于扩散型过程,当体系的热力学状态偏离平衡态不远时,热力学流与热力学力之间可近似地满足线性关系,即 $\boldsymbol{J}$ 可在 $\boldsymbol{P}=\boldsymbol{0}$ 的邻域内线性地表示为

$$J_{\mu}=L_{\mu\nu}(\boldsymbol{\omega})P_{\nu}(\text{对 }\nu\text{ 求和}). \tag{3.139}$$

而对于反应型过程,热力学流与热力学力之间通常并不具有线性关系.

现将(3.139)式中的 $L_{\mu\nu}$ 分解为对称部分 $L_{\mu\nu}^{s}$ 与反对称部分 $L_{\mu\nu}^{a}$ 之和.由(3.133)式和(3.135)式可知,$U_{\mu}=L_{\mu\nu}^{a}P_{\nu}$ 对熵产生率 $\dot{\Theta}_{a}$ 没有贡献,而

$$\Phi=\frac{1}{2}\dot{\Theta}_{a}=\frac{1}{2}L_{\mu\nu}^{s}(\boldsymbol{\omega})P_{\mu}P_{\nu} \tag{3.140}$$

是一个正定二次型.

Onsager(1931 年)在微观可逆的假定下,由统计物理推导了关于 $L_{\mu\nu}$ 对称性质的一般关系,被称为 **Onsager(1931)-Casimir(1945)倒易关系**,表示为

$$L_{\mu\nu}=\begin{cases}L_{\nu\mu}, & \text{当 } P_{\nu} \text{ 和 } P_{\mu} \text{ 同类型},\\ -L_{\nu\mu}, & \text{当 } P_{\nu} \text{ 和 } P_{\mu} \text{ 不同类型}.\end{cases} \tag{3.141}$$

当 $\mu\neq\nu$ 时,系数 $L_{\mu\nu}$ 刻画了两种不同过程的交叉效应.例如在热扩散现象中,$L_{\mu\nu}$ 可表示由于温度差而引起的扩散,即 **Soret(1893)效应**,而 $L_{\nu\mu}$ 则可表示由于扩散而引起的温度差,即 **Dufour(1872)效应**.实验证实了在上述过程中 $L_{\mu\nu}=L_{\nu\mu}$ 是成立的.这样,Onsager-Casimir 关系实际上表明了:若适当选取 $\boldsymbol{P}$ 的分量使其为同类型时,本构关系中就不会含有非耗散项 U_{μ}.即(3.139)式可写为

$$J_{\mu}=\frac{\partial\Phi}{\partial P_{\mu}}=\frac{1}{2}\frac{\partial\dot{\Theta}_{a}}{\partial P_{\mu}}. \tag{3.142}$$

对于热力学流与热力学力之间不满足线性关系的情形,目前还没有统一的理论.Edelen 的分解定理为Onsager 关系推广到非线性情形提供了一种可能的途径.这时,热力学流可由(3.134)式给出,但其中的非耗散项为零:$\boldsymbol{U}(\boldsymbol{P};\boldsymbol{\omega})=\boldsymbol{0}$.在线性情形下,它退化为(3.142)式.

另一种理论则假设 $\boldsymbol{J}\cdot\mathrm{d}\boldsymbol{P}$ 存在积分因子.这时,存在势函数 Π,使得

$$J_{\mu}=\chi(\boldsymbol{P})\frac{\partial\Pi}{\partial P_{\mu}}. \tag{3.143}$$

特别地,Π 可取为熵产生率:$\Pi=\dot{\Theta}_{a}$.这时,热力学流的方向将与熵产生率的等值面正交.在线性情形下,它退化为(3.142)式的第二个等式.

最后,让我们对“内变量”描述与“泛函”描述之间的关系问题作一简要的说明.现取状态变量为$(\theta,\boldsymbol{E},\xi_m)$,如果能够通过内变量的演化方程(如(3.132)式)和相应的初始条件求解出内变量ξ_m对θ、$\boldsymbol{E}$以及$\nabla_0\theta$历史的依赖关系,那么在其他的状态函数表达式(如$\boldsymbol{T}-\boldsymbol{T}^a,\boldsymbol{q}_0,\cdots$)中,就可以消去内变量$\xi_a$而得到具有泛函形式的本构关系.有关的具体实例可参见第七章对黏弹性体本构方程的讨论.当然,在对本构关系进行一般性质的研究中,采用泛函形式有时可能是较为方便的.

习 题

3.1 现考虑t时刻占有体积v的物体,如果密度ρ的局部导数为零:$\rho'=0$,试证:当在边界∂v上给定法向速度$\boldsymbol{v}\cdot\boldsymbol{N}=\overline{v}_N$的一切运动中,速度为势的梯度的运动使其总动能最小.

3.2 t时刻占有体积v的物体的总质量和总动量分别定义为$M=\int_v\rho\mathrm{d}v$和$\boldsymbol{l}_t=\int_v\rho\boldsymbol{v}\mathrm{d}v$,质心的向径定义为

$$\boldsymbol{o}_M(t)=\frac{1}{M}\int_v\rho\boldsymbol{x}\mathrm{d}v+\boldsymbol{o},$$

其中$\boldsymbol{o}$为空间坐标系原点的向径.试证:

(a) 质心的定义与空间坐标系原点的选取无关.

(b) 如果质心的速度为$\dot{\boldsymbol{o}}_M(t)$,则有

$$\int_v\rho\,\boldsymbol{v}\,\mathrm{d}v=M\dot{\boldsymbol{o}}_M(t).$$

3.3 对于刚体运动:$\boldsymbol{x}=\boldsymbol{Q}(t)\cdot(\boldsymbol{X}-\boldsymbol{X}_0)+\boldsymbol{x}_0(t)$,其速度分布可写为:$\dot{\boldsymbol{x}}=\boldsymbol{v}=\boldsymbol{W}\cdot(\boldsymbol{x}-\boldsymbol{x}_0)+\dot{\boldsymbol{x}}_0(t)$.其中$\boldsymbol{Q}(t)$为正常正交仿射量,$\boldsymbol{W}=\dot{\boldsymbol{Q}}(t)\cdot\boldsymbol{Q}^{\mathrm{T}}(t)$为反称仿射量.现定义$\boldsymbol{r}_{OM}=\boldsymbol{x}-\boldsymbol{o}_M$和$\boldsymbol{v}_{OM}=\dot{\boldsymbol{r}}_{OM}$分别为$\boldsymbol{x}$点相对于质心的向径和速度.并定义

$$\boldsymbol{a}_{\text{spin}}=\int_v\rho\boldsymbol{r}_{OM}\times\boldsymbol{v}_{OM}\mathrm{d}v$$

为相对于质心的角动量.试证:

(a) $\boldsymbol{v}_{OM}=\boldsymbol{\omega}\times\boldsymbol{r}_{OM}$,其中$\boldsymbol{\omega}$为$\boldsymbol{W}$的轴向量.

(b) $\boldsymbol{a}_{\text{spin}}=\boldsymbol{J}_{OM}\cdot\boldsymbol{\omega}$,其中$\boldsymbol{J}_{OM}=\int_v\rho\{(\boldsymbol{r}_{OM}\cdot\boldsymbol{r}_{OM})\boldsymbol{I}-\boldsymbol{r}_{OM}\otimes\boldsymbol{r}_{OM}\}\mathrm{d}v$为相对于质心的惯性张量.

3.4 动量守恒定律和动量矩守恒定律是在以惯性系作为参考系的前提下给出

的.试问:对于与惯性系作相对刚体运动的另一个参考系,应该对动量守恒定律和动量矩守恒定律给予怎样的修正?

3.5 试根据(3.9)式证明牛顿的作用与反作用定律.

3.6 试证明 $\rho\dot{v}=(\rho v)'+\nabla\cdot(\rho v\otimes v)$.

3.7 试证明动量守恒定律的总体形式(3.24)式可等价地写为

$$\frac{\partial}{\partial t}\left(\int_{v'}\rho\, v\,\mathrm{d}v\right)+\int_{\partial v'}\rho(v\otimes v)\cdot \boldsymbol{N}\mathrm{d}S=\int_{v'}\rho \boldsymbol{f}\mathrm{d}v+\int_{\partial v'}\boldsymbol{\sigma}\cdot\boldsymbol{N}\mathrm{d}S.$$

其中 v' 为 t 时刻物体所占有的固定空间,它不随物质点而运动,称之为控制体积,上式表明:物体总动量的物质导数为控制体积内的动量变化率与穿过该体积边界的动量流出率之和.

3.8 过空间 $\boldsymbol{x}$ 点,且具有单位法向量 $\boldsymbol{N}$ 的截面上的面力(traction)可表示为 $\boldsymbol{t}_{(N)}=\boldsymbol{\sigma}\cdot\boldsymbol{N}$,其中 $\boldsymbol{\sigma}$ 为 Cauchy 应力.相应的正应力 $\sigma_{(N)}$ 和剪应力 $\tau_{(N)}$ 可分别写为

$$\sigma_{(N)}=\boldsymbol{N}\cdot(\boldsymbol{\sigma}\cdot\boldsymbol{N}),\quad \tau_{(N)}=[\boldsymbol{N}\cdot\boldsymbol{\sigma}^2\cdot\boldsymbol{N}-\boldsymbol{\sigma}_{(N)}^2]^{\frac{1}{2}}.$$

试分别计算使 $\sigma_{(N)}$ 和 $\tau_{(N)}$ 取极值的 $\boldsymbol{N}$,并且由 $\boldsymbol{\sigma}$ 的主值来表示以上的极值.

3.9 在上题中,如果要使 $\tau_{(N)}$ 的最大值等于某常数 $K(>0)$,试给出 $\boldsymbol{\sigma}$ 的主不变量所应满足的条件.

3.10 在边值问题的求解中,还需要给出相应的边界条件.例如,在物体的边界上给定面力(traction)的应力边界条件.如果已知变形后的物体在边界上受静水压应力的作用 $\boldsymbol{\sigma}\cdot\boldsymbol{N}|_{\partial v}=-p\boldsymbol{N}$,其中 $\boldsymbol{N}$ 为变形后物体边界上的单位法向量.试将上式写成对应于变形前构形上的相应的边界条件.

3.11 如果物体所占有的体积为 V,试证

(a) 在静力平衡条件下,当前构形中 Cauchy 应力的平均值可写为

$$\frac{1}{V}\int_v\boldsymbol{\sigma}\mathrm{d}v=\frac{1}{2V}\left[\int_{\partial v}(\boldsymbol{x}\otimes\boldsymbol{\sigma}\cdot\boldsymbol{N}+\boldsymbol{N}\cdot\boldsymbol{\sigma}\otimes\boldsymbol{x})\mathrm{d}S+\int_v\rho(\boldsymbol{x}\otimes\boldsymbol{f}+\boldsymbol{f}\otimes\boldsymbol{x})\mathrm{d}v\right].$$

(b) 推导

$$\frac{\mathscr{D}^2}{\mathscr{D}t^2}\int_v\rho\boldsymbol{x}\otimes\boldsymbol{x}\mathrm{d}v=2\int_v\rho v\otimes v\mathrm{d}v-2\int_v\boldsymbol{\sigma}\mathrm{d}v+\int_{\partial v}(\boldsymbol{x}\otimes\boldsymbol{\sigma}\cdot\boldsymbol{N}+\boldsymbol{N}\cdot\boldsymbol{\sigma}\otimes\boldsymbol{x})\mathrm{d}S+\int_v\rho(\boldsymbol{x}\otimes\boldsymbol{f}+\boldsymbol{f}\otimes\boldsymbol{x})\mathrm{d}v,$$

并说明(a)是(b)的特殊情形.

(c) 在静力平衡条件下,初始参考构形中第一类 Piola-Kirchhoff 应力的平均值可写为

$$\frac{1}{V_0}\int_{v_0}\boldsymbol{S}\mathrm{d}v_0=\frac{1}{V_0}\int_{\partial v_0}\boldsymbol{X}\otimes\boldsymbol{S}\cdot{}_0\boldsymbol{N}\mathrm{d}S_0+\frac{1}{V_0}\int_{v_0}\rho_0\boldsymbol{X}\otimes\boldsymbol{f}\mathrm{d}v_0.$$

3.12 试用物理分量写出圆柱坐标系和球坐系中动量守恒方程的具体表达式.

3.13 试证：$\boldsymbol{U}\cdot\boldsymbol{T}^{(1)}\cdot\boldsymbol{U}$ 的主方向 $\boldsymbol{L}_\alpha(\boldsymbol{\sigma})$ 与 Cauchy 应力 $\boldsymbol{\sigma}$ 的主方向 $\boldsymbol{l}_\alpha(\boldsymbol{\sigma})$ 之间相差一个刚体转动：

$$\boldsymbol{l}_\alpha(\boldsymbol{\sigma}) = \boldsymbol{R}\cdot\boldsymbol{L}_\alpha(\boldsymbol{\sigma}).$$

其中 $\boldsymbol{T}^{(1)}$ 为第二类 Piola-Kirchhoff 应力，$\boldsymbol{U}$ 和 $\boldsymbol{R}$ 分别为变形梯度 $\boldsymbol{F}$ 极分解式中的右伸长张量和正交张量.

3.14 对于 Lagrange 型的一般应变度量 $\boldsymbol{E} = \sum_{\alpha=1}^{3} f(\lambda_\alpha)\boldsymbol{L}_\alpha\otimes\boldsymbol{L}_\alpha$，以及与其相共轭的应力 $\boldsymbol{T}$，试证 $\boldsymbol{T}\cdot\boldsymbol{E}-\boldsymbol{E}\cdot\boldsymbol{T}$ 与应变度量的选取无关.

3.15 试利用(3.39)式写出对应于初始参考构形的虚位移原理.

3.16 试利用(3.44)式写出对应于初始参考构形的“率型”形式的虚速度原理.

3.17 **Carnot(卡诺)定理**表明：在所有工作于两个给定温度之间的热机中，以可逆热机的效率最大. 现假设高温热源的温度为 θ_1，低温冷凝器的温度为 θ_2，在一个循环中，热机从高温热源吸收热量 $\mathscr{Q}_1$，向冷凝器放出的热量 $(-\mathscr{Q}_2)$. 注意到一个循环中热机对外所做的功为 $\mathscr{Q}_1-(-\mathscr{Q}_2)$，可知热机的效率为 $1-\dfrac{(-\mathscr{Q}_2)}{\mathscr{Q}_1}$. 于是，根据 Carnot 定理，可得 $1+\dfrac{\mathscr{Q}_2}{\mathscr{Q}_1}\leqslant 1-\dfrac{\theta_2}{\theta_1}$. 试利用上式证明：

(a) 如果均匀系从平衡态 P_0 经过可逆过程达到平衡态 P，则 $\displaystyle\int_{(P_0)}^{(P)}\frac{\delta\mathscr{Q}}{\theta}$ 与路径无关. 即存在状态函数 $\rho_0\eta$，使得 $\rho_0\mathrm{d}\eta=\dfrac{\delta\mathscr{Q}}{\theta}$ 是一个全微分. 上式中 $\delta\mathscr{Q}$ 为可逆过程中体系所吸收的热量增量.

(b) 如果从平衡态 P_0 到平衡态 P 的过程是不可逆的，则(3.100)式成立.

3.18 试以三维空间为例，证明 Carathéodory 引理.

3.19 根据 §3.8 的例 1，理想气体的状态方程可写为 $pV = NR\theta$，体系的内能可由(3.102)式表示为 $\tilde{\varepsilon}=\widetilde{C}_{\mathrm{E}}(\theta-\theta_0)+\tilde{\varepsilon}_0$，其中 θ_0 为参考温度，$\widetilde{C}_{\mathrm{E}}$ 为体系的定容热容量. 如果将体系的定压热容量记为 $\widetilde{C}_{\mathrm{T}}$，试证：

(a) $\widetilde{C}_{\mathrm{T}}-\widetilde{C}_{\mathrm{E}} = NR$.

(b) 在绝热过程中，有 $p\rho^{-\gamma}=$ 常数，其中 ρ 为密度，$\gamma=\widetilde{C}_{\mathrm{T}}/\widetilde{C}_{\mathrm{E}}(>1)$ 为常数.

3.20 在绝热过程中，理想气体的压强 p 与密度 ρ 之间的关系可由上题(或第五章的(5.4)式)写为：$p(\rho)=\alpha\rho^\gamma$，$(\gamma>1)$. 试据此写出内能 ε 与密度 ρ 之间的关系.

3.21 试证明：

(a) 在 Euler 描述下，熵不等式(3.129)式和(3.130)式可以改写为

$$\frac{1}{\theta}\boldsymbol{\sigma}^v:\boldsymbol{D}+\frac{1}{\theta}\frac{1}{\mathscr{J}}A^{(m)}\dot{\xi}_m+\boldsymbol{q}\cdot\nabla\left(\frac{1}{\theta}\right)\geqslant 0, \qquad (\text{Ⅲ}.\mathrm{a})$$

其中 $\boldsymbol{\sigma}^v$ 对应于 Cauchy 应力的黏性耗散部分.

(b) 如果假定

(i) $\boldsymbol{\sigma}^v$ 与 $\boldsymbol{D}$ 之间具有如下的线性关系：

$$\sigma^v = 2\mu D + \lambda(\mathrm{tr}D)I,$$

(ii) 热流向量 q 与温度梯度 $\nabla\theta$ 之间具有如下的线性关系(Fourier 定律)

$$q = -k\nabla\theta,$$

(iii) 可以忽略与内变量演化有关的耗散项,则(Ⅲ.a)式成立的充要条件为

$$\mu \geqslant 0 \qquad 3\lambda + 2\mu \geqslant 0, \qquad k \geqslant 0.$$

3.22 现考虑既没有变形又没有热源的物体.如果物体中的热传导过程是定常的.在 Euler 描述下,试证:

(a) 热流向量 q 满足 $\mathrm{div}q = 0$.

(b) 如果物体在边界 ∂v_1 和在边界 ∂v_2 上分别具有恒定温度 θ_1 和 θ_2,而在其他边界上是绝热的,则 $\theta_1 \geqslant \theta_2$ 的充要条件是热量从 ∂v_1 流入,而从 ∂v_2 流出.

参考文献

3.1 Hoger A. The stress conjugate to logarithmic strain. Int. J. Solids Structures, 1987,23(12):1645—1656.

3.2 Guo Z H(郭仲衡),Man C S. Conjugate stress and tensor equations. Int. J. Solids Structures, 1992,29(16):2063—2076.

3.3 Xiao H(肖 衡).Unified explicit basis-free expressions for time rate and conjugate stress of an arbitrary Hill's strain.Int. J.Solids Structures,1995,32(22):3327—3340.

3.4 Dui G S(兑关锁).Some basis-free formulae for the time rate and conjugate stress of logarithmic strain tensor. J.Elasticity,2006,83(2):113—151.

3.5 Carathéodory C. Investigation into the foundations of thermodynamics. Math. Annalen., 1909,67:355—386.

3.6 吴大猷.理论物理(第五册).热力学·气体运动论及统计力学.北京:科学出版社,1983.

3.7 王竹溪.热力学.北京:高等教育出版社,1955.

3.8 林宗涵.热力学与统计物理学,北京:北京大学出版社,2007.

3.9 Germain P, Nguyen Q S, Suquet P. Continuum thermodynamics. ASME J. Appl. Mech., 1983,50:1010—1020.

3.10 Müller I. Themodynamics theories of thermoelasticity and special cases of themoplasticity//Th. Lehmann ed. The constitutive law in thermoplasticity. New York/Wien: Springer-Verlag,1984:13—104.

3.11 Truesdell C. Rational thermodynamics. New York: McGraw-Hill,1969(2nd edn. Springer-Verlag,1984).

3.12 Coleman B D. Thermodynamics of materials with memory. Arch. Rat. Mech. Anal.,1964,17:1—46.

3.13 Edelen D G B. On the existence of symmetry relations and dissipation potentials. Arch. Rat. Mech. Anal., 1973,51:218—227.

3.14 Edelen D G B. General solution of the dissipation inequality. J. Non-Equilib. Thermodyn.,1977,2:205—210.

3.15 Ziegler H. An introduction to thermomechanics. New York: North-Holland Publishing Company, 1977(2nd edn., 1983).

3.16 Meixner J. The entropy problem in thermodynamics of processes. Rheol. Acta, 1973,12:381—383.

3.17 Bataille J, Kestin J. Irreversible processes and physical interpretation of rational thermodynamics. J. Non-Equilib. Thermodyn.,1979,4:229—258.

第四章 本构理论

§4.1 本构原理

(一) 引言

在对变形体进行力学分析时,仅仅依据第二章关于变形和运动的几何学描述和第三章的守恒定律,尚不能构成数学物理(初)边值问题的完整提法,这是因为由几何学描述和守恒定律所给出的方程个数总是少于需要确定的未知数的个数.为此,我们还需要给出描述材料力学性质的**本构关系**(constitutive relations).例如,仅仅由动量守恒方程和动量矩守恒方程,即(3.36)式和(3.46)式,还不能完全确定物体中的应力分布和速度分布.当补充了一组描述应力与运动之间关系的方程(以及相应的初、边条件)之后,以上的应力分布和速度分布才有可能被确定下来.本构关系可理解为物体中应力张量、热流向量、内能、熵等与物体所经受的温度历史和变形历史之间所应满足的关系,其中也包括热力学流与热力学力之间的关系.在讨论如何建立本构关系之前,首先应作以下几点说明:

(1) 材料的本构关系不能理解为仅仅是关于材料本身性质的描述,而应与其外部环境和外部作用过程紧密地联系在一起.离开了外部作用(如温度场及其变化、加载速率等)来讨论材料的力学性质是没有意义的.两种材料在某种外部作用条件下如果具有完全相同的性质,那么在另一种外部作用条件下则可能会表现出完全不同的性质.对于同一种材料而言,如果在低温和高应变率加载条件下表现为脆性的话,那么在高温和低应变率加载条件下则往往会具有明显的黏性特征.其实,要指明一种材料的性质究竟像流体还是像固体有时是很困难的.硅橡胶(silly putty)可以从杯子里缓慢地倾倒出来,而在高应变率加载条件下又可以像橡皮球一样迅速地弹起.由此可见,我们所要研究的本构关系实际上是**材料-过程对**(the pair material-process),即我们所建立的本构关系总是与一定的外部作用条件相对应的.

(2) 不同类型的材料(如多晶金属材料、高聚物材料、生物材料等)具有不同的微结构.研究材料中微结构的基本特征及其在变形过程中的演化规律,对建立合理的本构关系是十分重要的.从材料变形的微观机制出发来研究本构关系不仅可以更深入地认识材料变形和运动规律的本质,而且也可避免在本构关系中盲目地引进一些不必要的材料参数.例如,从微观机制出发,可以很好地解释为什么气体的黏性系数随温度的升高而增大,而液体的黏性系数则随温度的升高而迅速减小这一实验现象.

然而,由于问题的复杂性,直接从微观出发来建立相应的宏观本构关系往往是十分困难的.为此,引进一个介于微观与宏观之间的中间层次 —— 细观层次来讨论材料的本构关系是一种较为可行的研究途径,这就是所谓的“宏观 - 细观 - 微观相结合”的多尺度研究方法.例如,多晶金属材料的塑性变形主要是由位错运动造成的,但是,直接通过研究微观层次(原子尺度)的位错运动规律来导出相应的宏观本构关系是极其困难的.为此,可以引进一个具有晶粒尺度的细观层次.因为一个“宏观物质单元”包含有大量的单晶晶粒,所以,首先可以根据位错运动及位错组态的演化来了解单晶的滑移规律,从而建立起细观与微观之间的联系;其次,再通过单晶的滑移规律,晶粒的尺寸和取向分布,以及晶界性质等来导出多晶体的宏观本构关系,从而建立起宏观与细观这两个层次之间的联系.由于“宏观 - 细观 - 微观相结合”的研究方法目前仍处于不断发展和完善的阶段,本书将不准备对此作更多的介绍.

(3) 本构关系的建立不能理解为仅仅是对实验数据的简单拟合.因为在三维应变(应力)空间中,可以有无穷多种加载方式,即有无穷多种应变(应力)路径和应变(应力)率历史,而实验不可能穷尽所有的加载方式.所以,为了减少实验的盲目性,并确保所建立的本构关系的正确性,就需要对本构关系加以某种限制性条件,使其能遵循一定的原则(或一定的假设).这些原则有时也被称为本构原理.不同的作者曾提出过不同的本构原理.下面,我们仅对几个较为常用的本构原理进行简要的介绍.

(二) 本构原理

历史上,Noll, Eringen 等人都曾提出过相应的本构原理,本节仅列举以下几个较为常用的原理.

(1) 坐标不变性原理(principle of coordinate invariance)

本构关系应该与坐标系的选取无关,当采用张量的绝对记法时,这一条件可以自然得到满足.

(2) 相容性原理(requirements of consistency)

本构关系应该与守恒定律相一致,并满足热力学第二定律所要求的限制性条件.例如,根据(3.130)式,在讨论热流向量的本构关系时,通常要求热流向量与温度梯度的内积不大于零.

(3) 关于材料对称性的不变性原理(material isomorphism)

本构关系应满足与材料对称性有关的、在某些变换群下的不变性要求.例如,对于各向同性材料,本构关系在任意正交变换群下是不变的,故其形式可由各向同性张量函数的表示定理给出.

为简单起见,在本小节关于本构原理的介绍中,我们仅考虑纯力学过程(即暂时忽略温度、电磁等效应的影响),并限于讨论 Cauchy 应力张量对物体变形和运动的依赖关系.

(4) 决定性原理(principle of determinism)

现假定在某一参考时刻 t_0,物体 $\mathscr{B}_0$ 在空间所占有的区域对应于参考构形 $\mathscr{K}_0$.决定性原理认为:如果在 t_0 时刻物体中所有物质点的热力学状态是已知的,则该时刻具有向径 $\boldsymbol{X}$ 的物质点 X 在以后的时刻 t 的应力 $\boldsymbol{\sigma}(\boldsymbol{X},t)$ 完全由物体中全部物质点自 t_0 至 t 的运动历史所决定.

如果用函数 $\boldsymbol{x}(\boldsymbol{X}',\tau),\tau\in[t_0,t]$ 来表示质点 $\boldsymbol{X}'\in\mathscr{B}_0$ 的运动历史,则应力 $\boldsymbol{\sigma}(\boldsymbol{X},t)$ 可写为

$$\boldsymbol{\sigma}(\boldsymbol{X},t)=\boldsymbol{\sigma}_{\mathscr{K}_0}\{\{\boldsymbol{X},t;\boldsymbol{x}(\boldsymbol{X}',\tau)\}\},\boldsymbol{X}'\in\mathscr{B}_0,\tau\in[t_0,t]. \tag{4.1}$$

上式中双花括号表示泛函,它不仅依赖于质点 $\boldsymbol{X}'\in\mathscr{B}_0$ 的运动历史,而且还依赖于参考构形 $\mathscr{K}_0$ 的选取.

(5) 局部作用原理(principle of local action)

局部作用原理认为,t 时刻对应于物质点 $\boldsymbol{X}$ 的应力仅仅依赖于该物质点附近无限小邻域内物质点的运动历史,而与远距离物质点的运动历史无关.

(6) 客观性原理(或物质的时空无差异原理,principle of material frame-indifference)

现考虑满足以下变换关系的两个时空系$\{\boldsymbol{x},t\}$和$\{\boldsymbol{x}^*,t^*\}$,

$$\boldsymbol{x}^*=\boldsymbol{Q}(t)\cdot\boldsymbol{x}+\boldsymbol{c}(t),\quad t^*=t+a, \tag{4.2}$$

其中 $\boldsymbol{Q}(t)$ 和 $\boldsymbol{c}(t)$ 分别为正交张量和向量,a 为某一常数.

客观性原理认为,材料的本构关系不应随观测者的改变而改变,即在时空变换(4.2)式下,本构关系的形式是不变的,且本构关系中的张量应该是客观性张量.例如,在这两个时空系中的 Cauchy 应力 $\boldsymbol{\sigma}$ 以及 Euler 型仿射量应满足以下形式的变换关系

$$\boldsymbol{\sigma}^* = \boldsymbol{Q}(t)\cdot\boldsymbol{\sigma}\cdot\boldsymbol{Q}^{\mathrm{T}}(t). \tag{4.3}$$

显然,Galileo 变换

$$\boldsymbol{x}^* = \boldsymbol{Q}\cdot\boldsymbol{x} + v_0 t + \boldsymbol{c}_0 \tag{4.4}$$

是(4.2)式的特殊情形.因为在(4.4)式中,$\boldsymbol{Q}$,v_0 和 $\boldsymbol{c}_0$ 都不随时间变化.

关于客观性原理的合理性问题,目前仍然是有争议的.这主要是因为描述材料性质的本构关系是与分子之间的相互作用直接相联系的,而支配分子运动的牛顿第二定律仅在惯性系中成立.因此,在 Galileo 变换(4.4)式下所具有的不变性是否在时空变换(4.2)式下仍然适用,就值得进一步研究了[4.2].由此看来,在建立本构关系时,客观性原理可能是一个较强的限制性条件.

下面,我们将对张量的客观性问题作进一步的讨论.

(三) 张量的客观性

(1) 客观性张量的定义

由(4.2)式表示的变换式可以理解为同一个代表性物质点在两个作相对刚体运动的参考系$\{\boldsymbol{x},t\}$和$\{\boldsymbol{x}^*,t^*\}$中的时空变换关系,也可以等价地理解为同一个参考系中所观测到的两个作相对刚体运动物体的代表点之间的变换关系.它们的计时起点相差 a,但时钟的快慢是一样的.它们的位置相差一个平移 $\boldsymbol{c}(t)$ 和刚体转动 $\boldsymbol{Q}(t)$.

如进一步假定在参考时刻 t_0,有 $\boldsymbol{Q}(t_0)=\boldsymbol{I}$,则变形梯度(2.27)式在以上两个作相对刚体运动的参考系中将满足如下的变换关系

$$\boldsymbol{F}^* = \boldsymbol{Q}(t)\cdot\boldsymbol{F}. \tag{4.5}$$

由极分解定理 $\boldsymbol{F}=\boldsymbol{R}\cdot\boldsymbol{U}=\boldsymbol{V}\cdot\boldsymbol{R}$ 和 $\boldsymbol{F}^*=\boldsymbol{R}^*\cdot\boldsymbol{U}^*=\boldsymbol{V}^*\cdot\boldsymbol{R}^*$,可得

$$\boldsymbol{U}^* = \boldsymbol{U},\quad \boldsymbol{R}^* = \boldsymbol{Q}\cdot\boldsymbol{R},\quad \boldsymbol{V}^* = \boldsymbol{Q}\cdot\boldsymbol{V}\cdot\boldsymbol{Q}^{\mathrm{T}}. \tag{4.6}$$

可见,由右伸长张量 $\boldsymbol{U}$ 所定义的 Lagrange 型应变度量(如(2.68)式)及其物质导数在以上两个时空参考系中是相同的,即

$$\boldsymbol{E}^* = \boldsymbol{E},\quad \dot{\boldsymbol{E}}^* = \dot{\boldsymbol{E}}. \tag{4.7}$$

而由左伸长张量 $\boldsymbol{V}$ 所定义的 Euler 型应变度量(如(2.77)式)在以上两个时空参考系中满足如(4.3)式所表示的变换关系.

下面我们来考察速度梯度(2.101)式:$\boldsymbol{L}=\dot{\boldsymbol{F}}\cdot\boldsymbol{F}^{-1}$.由(4.5)式可知,在第二个时空系中它可表示为:

$$\boldsymbol{L}^* = \boldsymbol{Q}\cdot\boldsymbol{L}\cdot\boldsymbol{Q}^{\mathrm{T}} + \dot{\boldsymbol{Q}}\cdot\boldsymbol{Q}^{\mathrm{T}}. \tag{4.8}$$

因为上式中的 $\dot{\boldsymbol{Q}}\cdot\boldsymbol{Q}^{\mathrm{T}}$ 是一个反对称仿射量,所以对上式分别取对称部分和反对称部分,可得到变形率 $\boldsymbol{D}$ 和物质旋率 $\boldsymbol{W}$ 所满足的变换关系

$$\boldsymbol{D}^{*}=\boldsymbol{Q}\cdot\boldsymbol{D}\cdot\boldsymbol{Q}^{\mathrm{T}}, \tag{4.9}$$

$$\boldsymbol{W}^{*}=\boldsymbol{Q}\cdot\boldsymbol{W}\cdot\boldsymbol{Q}^{\mathrm{T}}+\dot{\boldsymbol{Q}}\cdot\boldsymbol{Q}^{\mathrm{T}}. \tag{4.10}$$

说明变形率 $\boldsymbol{D}$ 在以上两个时空系中满足如(4.3) 式给出的变换关系,而反称张量 $\boldsymbol{W}$ 在以上两个时空系中则具有如(4.10) 式形式的变换关系.

例 1 试列举出几种具有(4.10) 式变换关系的反称仿射量.

(i) 沿线元 $\mathrm{d}\boldsymbol{x}$ 的单位切向量 $\boldsymbol{l}$ 的物质导数可由 (2.127) 式表示为

$$\dot{\boldsymbol{l}}=(\boldsymbol{L}-d_{l}\boldsymbol{I})\cdot\boldsymbol{l}=[\boldsymbol{W}+\boldsymbol{D}\cdot(\boldsymbol{l}\otimes\boldsymbol{l})-(\boldsymbol{l}\otimes\boldsymbol{l})\cdot\boldsymbol{D}]\cdot\boldsymbol{l}. \tag{4.11}$$

由此可定义反称仿射量

$$\widetilde{\boldsymbol{W}}=\boldsymbol{W}+\boldsymbol{D}\cdot(\boldsymbol{l}\otimes\boldsymbol{l})-(\boldsymbol{l}\otimes\boldsymbol{l})\cdot\boldsymbol{D}. \tag{4.12}$$

它表示方向为 $\boldsymbol{l}$ 的物质线元的旋率. 因为 $\mathrm{d}\boldsymbol{x}^{*}=\boldsymbol{Q}\cdot\mathrm{d}\boldsymbol{x}$,所以单位切向量在以上两个时空系中满足

$$\boldsymbol{l}^{*}=\boldsymbol{Q}\cdot\boldsymbol{l},\text{或 }\boldsymbol{l}=\boldsymbol{Q}^{\mathrm{T}}\cdot\boldsymbol{l}^{*}.$$

利用

$$\dot{\boldsymbol{l}}^{*}=\boldsymbol{Q}\cdot\dot{\boldsymbol{l}}+\dot{\boldsymbol{Q}}\cdot\boldsymbol{l},$$

或

$$\dot{\boldsymbol{l}}^{*}=\widetilde{\boldsymbol{W}}^{*}\cdot\boldsymbol{l}^{*}=(\boldsymbol{Q}\cdot\widetilde{\boldsymbol{W}}+\dot{\boldsymbol{Q}})\cdot\boldsymbol{l},$$

可知有

$$\widetilde{\boldsymbol{W}}^{*}=\boldsymbol{Q}\cdot\widetilde{\boldsymbol{W}}\cdot\boldsymbol{Q}^{\mathrm{T}}+\dot{\boldsymbol{Q}}\cdot\boldsymbol{Q}^{\mathrm{T}}. \tag{4.13}$$

特别地,当物质线元的方向 $\boldsymbol{l}$ 与变形率 $\boldsymbol{D}$ 的主方向在该时刻相重合时,$\widetilde{\boldsymbol{W}}$ 便退化为物质旋率 $\boldsymbol{W}$.

(ii) 根据$(4.6)_2$式,可知由(2.145) 式表示的相对旋率 $\boldsymbol{\Omega}^{\mathrm{R}}=\dot{\boldsymbol{R}}\cdot\boldsymbol{R}^{\mathrm{T}}$ 在以上两个时空参考系中满足:

$$\boldsymbol{\Omega}^{\mathrm{R}*}=\boldsymbol{Q}\cdot\boldsymbol{\Omega}^{\mathrm{R}}\cdot\boldsymbol{Q}^{\mathrm{T}}+\dot{\boldsymbol{Q}}\cdot\boldsymbol{Q}^{\mathrm{T}}. \tag{4.14}$$

(iii) 现考虑由(2.144) 式表示的 Euler 旋率:$\boldsymbol{\Omega}^{\mathrm{E}}=\dot{\boldsymbol{R}}^{\mathrm{E}}\cdot(\boldsymbol{R}^{\mathrm{E}})^{\mathrm{T}}$,其中 $\boldsymbol{R}^{\mathrm{E}}$ 满足由(2.142) 式给出的关系:$\boldsymbol{R}^{\mathrm{E}}=\boldsymbol{R}\cdot\boldsymbol{R}^{\mathrm{L}}$. 因为右伸长张量 $\boldsymbol{U}$ 及相应的 Lagrange 型应变在时空参考系$\{\boldsymbol{x},t\}$和$\{\boldsymbol{x}^{*},t^{*}\}$中是相同的,故 $\boldsymbol{U}$ 的主方向 $\boldsymbol{L}_{\alpha}$ 和 $\boldsymbol{R}^{\mathrm{L}}$ 在以上两个时空参考系中也是相同的. 因此,由$(4.6)_2$

式可知$\boldsymbol{R}^{E*}=\boldsymbol{Q}\cdot\boldsymbol{R}^{E}$,即$\boldsymbol{R}^{E}$和$\boldsymbol{R}$在以上两个时空参考系中具有相同的变换关系$(4.6)_2$式.由此不难得到

$$\boldsymbol{\Omega}^{E*}=\boldsymbol{Q}\cdot\boldsymbol{\Omega}^{E}\cdot\boldsymbol{Q}^{T}+\dot{\boldsymbol{Q}}\cdot\boldsymbol{Q}^{T}. \tag{4.15}$$

例1表明,有一类称之为“旋率”的反称仿射量$\boldsymbol{\Omega}$,它们在两个作相对刚体运动的时空参考系中的变换关系可写为:

$$\boldsymbol{\Omega}^{*}=\boldsymbol{Q}\cdot\boldsymbol{\Omega}\cdot\boldsymbol{Q}^{T}+\dot{\boldsymbol{Q}}\cdot\boldsymbol{Q}^{T}. \tag{4.16}$$

显然,对于任意两个满足以上关系的“旋率”$\boldsymbol{\Omega}_1$和$\boldsymbol{\Omega}_2$的线性组合:$\boldsymbol{\Omega}=\mu\boldsymbol{\Omega}_1+(1-\mu)\boldsymbol{\Omega}_2$,其组合后的旋率$\boldsymbol{\Omega}$仍然满足变换关系(4.16)式.

下面讨论在两个作相对刚体运动的时空系$\{\boldsymbol{x},t\}$和$\{\boldsymbol{x}^*,t^*\}$中Cauchy应力之间的关系.在(3.25)式中,面元的单位法向量$\boldsymbol{N}$与参考构形中的面元${}_0\boldsymbol{N}\mathrm{d}S_0$之间满足(2.61)式.考虑到在以上的时空系变换下${}_0\boldsymbol{N}\mathrm{d}S_0$和$\det\boldsymbol{F}$是不变的,故由(4.5)式可知有$\boldsymbol{N}^*=\boldsymbol{Q}\cdot\boldsymbol{N}$.如假设在以上两个时空系中的应力向量之间满足$\boldsymbol{t}^*(\boldsymbol{N}^*)=\boldsymbol{Q}\cdot\boldsymbol{t}(\boldsymbol{N})$,则可得

$$\boldsymbol{\sigma}^{*}=\boldsymbol{Q}\cdot\boldsymbol{\sigma}\cdot\boldsymbol{Q}^{T}. \tag{4.3}$$

(4.3)式的物质导数为

$$\dot{\boldsymbol{\sigma}}^{*}=\boldsymbol{Q}\cdot\dot{\boldsymbol{\sigma}}\cdot\boldsymbol{Q}^{T}+\dot{\boldsymbol{Q}}\cdot\boldsymbol{\sigma}\cdot\boldsymbol{Q}^{T}+\boldsymbol{Q}\cdot\boldsymbol{\sigma}\cdot\dot{\boldsymbol{Q}}^{T}.$$

将(4.16)式,即:$\dot{\boldsymbol{Q}}=\boldsymbol{\Omega}^*\cdot\boldsymbol{Q}-\boldsymbol{Q}\cdot\boldsymbol{\Omega}$代入上式,便可得到

$$\overset{\triangledown}{\boldsymbol{\sigma}}{}^{*}_{(\Omega)}=\boldsymbol{Q}\cdot\overset{\triangledown}{\boldsymbol{\sigma}}_{(\Omega)}\cdot\boldsymbol{Q}^{T}, \tag{4.17}$$

其中

$$\overset{\triangledown}{\boldsymbol{\sigma}}_{(\Omega)}=\dot{\boldsymbol{\sigma}}+\boldsymbol{\sigma}\cdot\boldsymbol{\Omega}-\boldsymbol{\Omega}\cdot\boldsymbol{\sigma}, \tag{4.18}$$

称为应力$\boldsymbol{\sigma}$的**共旋导数**(co-rotational rates)或应力$\boldsymbol{\sigma}$的Jaumann型导数.特别地,当选取$\boldsymbol{\Omega}$为物质旋率$\boldsymbol{W}$时,上式便退化为原来意义下的**Zaremba-Jaumann导数**$\overset{\triangledown}{\boldsymbol{\sigma}}_{(W)}$.

根据以上讨论,我们可以分别对基于当前构形的Euler型张量和基于参考构形的Lagrange型张量的客观性作出如下的定义:

第一种定义(Truesdell和Noll):

在满足(4.2)式的两个作相对刚体运动的时空参考系中,若标量场ρ,向量场$\boldsymbol{l}$和仿射量场$\boldsymbol{e}$分别满足如下的关系:

$$\rho^{*}=\rho,\quad \boldsymbol{l}^{*}=\boldsymbol{Q}\cdot\boldsymbol{l},\quad \boldsymbol{e}^{*}=\boldsymbol{Q}\cdot\boldsymbol{e}\cdot\boldsymbol{Q}^{T}, \tag{4.19}$$

则分别称ρ,$\boldsymbol{l}$和$\boldsymbol{e}$是客观的.在更一般的情况下,如果张量$\boldsymbol{\varphi}$满足$\boldsymbol{\varphi}^*=\boldsymbol{Q}\circ\boldsymbol{\varphi}$,则我们称$\boldsymbol{\varphi}$为**客观性张量**,其中$\boldsymbol{Q}\circ\boldsymbol{\varphi}$表示$\boldsymbol{Q}$对$\boldsymbol{\varphi}$的作用.

由以上定义可知,变形梯度 $\boldsymbol{F}$ 的行列式 $\mathscr{J}$,客观性仿射量 $\boldsymbol{e}$ 的行列式,任意两个客观性仿射量的双点积等都是客观性标量场;当前构形中的有向线元 $\mathrm{d}\boldsymbol{x}$,面元的单位法向量 $\boldsymbol{N}$ 等都是客观性向量场;左伸长张量 $\boldsymbol{V}$, $\boldsymbol{B} = \boldsymbol{V}^2$,和由此导出的 Euler 型应变张量 $\boldsymbol{e}$,变形率 $\boldsymbol{D}$,Cauchy 应力 $\boldsymbol{\sigma}$ 及其 Jaumann 型导数,客观性仿射量的转置或逆,以及任意两个客观性仿射量的线性组合或点积等都是客观性仿射量场.显然,基于以上定义的客观性仿射量的物质导数不再是客观性仿射量.因此,在本构关系的讨论中,需要引进客观性张量或相应的客观性导数(如 Rivlin-Ericksen 张量(2.137)式,Cauchy 应力的 Jaumann 型导数(4.18)式,等等).

由(4.3)式表示的 Cauchy 应力 $\boldsymbol{\sigma}$ 的客观性性质也可以从以下的假设中导出.即假设在能量守恒(3.71)式中,内能 ε 的时间变化率和单位时间内输入的热能都是客观性标量场.这时,$\boldsymbol{\sigma} : \boldsymbol{D}$ 也是客观性标量场,即 $\boldsymbol{\sigma}^* : \boldsymbol{D}^* = \boldsymbol{\sigma} : \boldsymbol{D}$.再利用(4.9)式,可知关系式(4.3)式是成立的.

下面,我们将对上述假设的合理性作进一步的讨论.

例 2　现假定宏观物质单元是由大量的粒子组成,试讨论粒子运动的统计平均行为与能量守恒定律之间的关系.

假设在一个宏观物质单元中共有 N 个粒子,第 i 个粒子的质量为 m_i,总质量为 $M = \sum_{i=1}^{N} m_i$.在当前构形中选取直角坐标系,第 i 个粒子的向径和速度分别为 $\boldsymbol{x}_i$ 和 $\dot{\boldsymbol{x}}_i$,则该物质单元的质心和线动量可分别写为

$$\boldsymbol{x}(t) = \boldsymbol{x}_0 + \frac{1}{M}\sum_{i=1}^{N} m_i(\boldsymbol{x}_i - \boldsymbol{x}_0), \quad \boldsymbol{P} = \sum_{i=1}^{N} m_i\dot{\boldsymbol{x}}_i = M\dot{\boldsymbol{x}}(t).$$

上式中 $\boldsymbol{x}_0$ 为任一常向量.物质单元的总动能可写为

$$\begin{aligned} K(t) &= \frac{1}{2}\sum_{i=1}^{N} m_i |\dot{\boldsymbol{x}}_i|^2 = \frac{1}{2}M|\dot{\boldsymbol{x}}|^2 + \frac{1}{2}\sum_{i=1}^{N} m_i |\dot{\boldsymbol{x}}_i - \dot{\boldsymbol{x}}|^2 \\ &= \overline{K}(t) + \hat{K}(t), \end{aligned}$$

其中 $\overline{K}(t) = \frac{1}{2}M|\dot{\boldsymbol{x}}|^2$ 和 $\hat{K}(t) = \frac{1}{2}\sum_{i=1}^{N} m_i |\dot{\boldsymbol{x}}_i - \dot{\boldsymbol{x}}|^2$ 分别对应于宏观意义下物质单元的动能和微观意义下粒子相对运动的动能.作用于第 i 个粒子上的力可分为外部对该粒子的作用力 $\boldsymbol{f}_{i0}$ 和其他粒子对该粒子的作用力.如果粒子之间的相互作用是有势的,其势为 $\Phi(\boldsymbol{x}_1, \boldsymbol{x}_2, \cdots)$,那么作用于第 i 个粒子上的力可表示为 $\left(\boldsymbol{f}_{i0} - \frac{\partial \Phi}{\partial \boldsymbol{x}_i}\right)$,它应等于 $m_i\ddot{\boldsymbol{x}}_i$.因此,外部功率为 $\sum_i \boldsymbol{f}_{i0}\cdot\dot{\boldsymbol{x}}_i = \frac{\mathrm{d}}{\mathrm{d}t}[\Phi + \overline{K} + \hat{K}]$.上式左端的外部功率可以分解为

两部分，第一部分是宏观意义下外力对物质单元所做的（机械）功率，它与物质单元的变形和运动有关，记为 $\dot{\bar{W}}$，第二部分是微观意义下物质单元与外界的能量交换率，例如，由于物质单元中的粒子与其他粒子之间碰撞所获得的能量率，记为$\frac{\mathrm{d}}{\mathrm{d}t}\hat{W}$. 于是，我们有

$$\dot{\bar{W}} = \dot{\bar{K}} + \frac{\mathrm{d}}{\mathrm{d}t}[\Phi + \hat{K}] - \frac{\mathrm{d}}{\mathrm{d}t}\hat{W}. \tag{4.20}$$

如将 $\Phi + \hat{K}$ 定义为内能$\tilde{\varepsilon}$，$\frac{\mathrm{d}}{\mathrm{d}t}\hat{W}$ 定义为单位时间内输入的热能 $\dot{\mathscr{Q}}$，并略去 W 和 K 上方的横线，便得到能量守恒方程(3.67)式

$$\dot{\tilde{\varepsilon}} + \dot{K} = \dot{W} + \dot{\mathscr{Q}}.$$

现在来考察由(4.20)式定义的内能 $\tilde{\varepsilon} = \Phi + \hat{K}$. 在热力学中，要求内能是一个广延量，即要求 $\tilde{\varepsilon}$ 是一个可加的量. 由宏观意义下速度场 $v = \dot{\boldsymbol{x}}$ 的连续性，可知 $\hat{K}$ 满足可加性条件. 然而，粒子间相互作用势 Φ 的可加性只是近似成立的. 这是因为当把以上的粒子体系分为两个子系时，总体系的相互作用势可写为 $\Phi = \Phi_1 + \Phi_2 + \Phi_{12}$，其中 Φ_1 和 Φ_2 分别为第一个子系和第二个子系中的相互作用势，Φ_{12} 是第一个子系中的粒子与第二个子系中的粒子之间的作用势.

当粒子间是近程作用时，只有那些位于两个子系交界面附近狭窄区域内的粒子的相互作用才对 Φ_{12} 有贡献，这些粒子的个数具有 $N^{2/3}$ 的数量级，故 $\Phi_{12}/(\Phi_1 + \Phi_2)$ 具有 $N^{-\frac{1}{3}}$ 的数量级. 因此，对于粒子总数 N 非常大的体系，$\Phi_{12}/(\Phi_1 + \Phi_2)$ 是可以忽略的. 在这种情形下，内能 $\tilde{\varepsilon}$ 的可加性才是成立的.

最后，我们来考察内能 $\tilde{\varepsilon}$ 的客观性问题. 对于满足(4.2)式的两个时空系，势函数应该是不变的 $\Phi^* = \Phi$. 但不难看出，$\hat{K}$ 在两个作相对刚体运动的时空系中却具有不同的值. 因此，内能的客观性仅仅在某些特殊情况下才能近似成立.

Müller (1972), Edelen 和 Mclennan (1973)，以及 Woods (1981) 等人曾从气体运动论(the kinetic theory of gases)的角度对客观性原理提出过异议. 应该说，在构造本构关系时，客观性原理是一个较强的限制性条件. 有关这方面的讨论还可参考 Speziale 的综述性文献[4.2].

第二种定义(Hill)：

在满足(4.2)式的两个作相对刚体运动的时空参考系中，若标量场

ρ_0,向量场 $\boldsymbol{L}_0$ 和仿射量场 $\boldsymbol{E}$ 分别满足如下的关系

$$\rho_0^* = \rho_0, \quad \boldsymbol{L}_0^* = \boldsymbol{L}_0, \quad \boldsymbol{E}^* = \boldsymbol{E}, \tag{4.21}$$

则分别称 ρ_0,$\boldsymbol{L}_0$ 和 $\boldsymbol{E}$ 是客观的.在更一般的情况下,如果张量 $\boldsymbol{\Phi}$ 满足 $\boldsymbol{\Phi}^* = \boldsymbol{\Phi}$,则我们称 $\boldsymbol{\Phi}$ 为**客观性张量**.

由以上定义可知,变形梯度 $\boldsymbol{F}$ 的行列式 $\mathscr{J}$,客观性仿射量 $\boldsymbol{E}$ 的行列式,任意两个客观性仿射量 $\boldsymbol{E}_1$ 和 $\boldsymbol{E}_2$ 的双点积等都是客观性标量场;参考构形中的有向线元 $\mathrm{d}\boldsymbol{X}$,参考构形中面元的单位法向量${}_0\boldsymbol{N}$,客观性仿射量 $\boldsymbol{E}$ 的主方向等都是客观性向量场;右伸长张量 $\boldsymbol{U}$,$\boldsymbol{C} = \boldsymbol{U}^2$ 和由此导出的 Lagrange 型应变张量,与 Lagrange 应变张量相功共轭的应力 $\boldsymbol{T}$,客观性仿射量的转置或逆,以及任意两个客观性仿射量的线性组合或点积等都是第二种定义下的客观性仿射量场.显然,基于以上定义的客观性仿射量的物质导数仍然是客观性仿射量,因此,采用 Lagrange 描述来构造本构方程往往是十分方便的.这时,客观性原理可以自然得到满足.

(2) 客观性原理对本构关系的限制

客观性原理对本构关系的建立具有十分重要的作用,我们将在以后对此作详细的讨论.本小段仅以 Reiner-Rivlin 流体的本构关系为例,对此作简要的说明.

1845 年,Stokes 假设非线性黏性流体的本构关系应具有如下的形式

$$\boldsymbol{\sigma} = -p\boldsymbol{I} + \boldsymbol{f}(\boldsymbol{D}), \quad \boldsymbol{f}(\boldsymbol{0}) = \boldsymbol{0}. \tag{4.22}$$

而后,在 1868 年,Boussinesq 提出上式左端的 Cauchy 应力除依赖于变形率 $\boldsymbol{D}$ 外,可能还与物质旋率 $\boldsymbol{W}$ 有关.现将 Stokes 假设的更一般形式写为:

$$\boldsymbol{\sigma} = -p(\rho)\boldsymbol{I} + \boldsymbol{f}(\rho, \boldsymbol{D}, \boldsymbol{W}, \dot{\boldsymbol{x}}), \tag{4.23}$$

满足 $\boldsymbol{f}(\rho, \boldsymbol{0}, \boldsymbol{0}, \boldsymbol{0}) = \boldsymbol{0}$.上式中 ρ 为密度,$\dot{\boldsymbol{x}}$ 为质点速度.如果在时空变换关系(4.2) 式下,本构关系(4.23) 式仍然成立,则有

$$\boldsymbol{\sigma}^* = -p(\rho^*)\boldsymbol{I} + \boldsymbol{f}(\rho^*, \boldsymbol{D}^*, \boldsymbol{W}^*, \dot{\boldsymbol{x}}^*). \tag{4.24}$$

注意到在时空系 $\{\boldsymbol{x}^*, t^*\}$ 中的各量满足以下方程

$$\boldsymbol{\sigma}^* = \boldsymbol{Q} \cdot \boldsymbol{\sigma} \cdot \boldsymbol{Q}^{\mathrm{T}}, \quad \rho^* = \rho, \quad \boldsymbol{D}^* = \boldsymbol{Q} \cdot \boldsymbol{D} \cdot \boldsymbol{Q}^{\mathrm{T}},$$

$$\boldsymbol{W}^* = \boldsymbol{Q} \cdot \boldsymbol{W} \cdot \boldsymbol{Q}^{\mathrm{T}} + \dot{\boldsymbol{Q}} \cdot \boldsymbol{Q}^{\mathrm{T}}, \quad \dot{\boldsymbol{x}}^* = \boldsymbol{Q} \cdot \dot{\boldsymbol{x}} + \dot{\boldsymbol{Q}} \cdot \boldsymbol{x} + \dot{\boldsymbol{c}},$$

则由客观性原理,可得

$$\boldsymbol{Q} \cdot \boldsymbol{f}(\rho, \boldsymbol{D}, \boldsymbol{W}, \dot{\boldsymbol{x}}) \cdot \boldsymbol{Q}^{\mathrm{T}} = \boldsymbol{f}(\rho, \boldsymbol{Q} \cdot \boldsymbol{D} \cdot \boldsymbol{Q}^{\mathrm{T}}, \boldsymbol{Q} \cdot \boldsymbol{W} \cdot \boldsymbol{Q}^{\mathrm{T}} + \dot{\boldsymbol{Q}} \cdot \boldsymbol{Q}^{\mathrm{T}}, \boldsymbol{Q} \cdot \dot{\boldsymbol{x}} + \dot{\boldsymbol{Q}} \cdot \boldsymbol{x} + \dot{\boldsymbol{c}}). \tag{4.25}$$

上式对任意的 $\boldsymbol{Q}$, $\dot{\boldsymbol{Q}}$ 和 $\dot{\boldsymbol{c}}$ 都成立. 如取 $\boldsymbol{Q}=\boldsymbol{I}$, $\dot{\boldsymbol{Q}}=\boldsymbol{0}$, 就有

$$\boldsymbol{f}(\rho,\boldsymbol{D},\boldsymbol{W},\dot{\boldsymbol{x}})=\boldsymbol{f}(\rho,\boldsymbol{D},\boldsymbol{W},\dot{\boldsymbol{x}}+\dot{\boldsymbol{c}}).$$

由向量 $\dot{\boldsymbol{c}}$ 的任意性, 可知 $\boldsymbol{f}$ 并不依赖于速度 $\dot{\boldsymbol{x}}$. 其次, 取 $\boldsymbol{Q}=\boldsymbol{I}$, $\dot{\boldsymbol{Q}}\neq\boldsymbol{0}$, 则由

$$\boldsymbol{f}(\rho,\boldsymbol{D},\boldsymbol{W})=\boldsymbol{f}(\rho,\boldsymbol{D},\boldsymbol{W}+\dot{\boldsymbol{Q}}),$$

以及 $\dot{\boldsymbol{Q}}$ 的任意性, 可知 $\boldsymbol{f}$ 也与 $\boldsymbol{W}$ 无关. 于是(4.25) 式退化为

$$\boldsymbol{Q}\cdot\boldsymbol{f}(\rho,\boldsymbol{D})\cdot\boldsymbol{Q}^{\mathrm{T}}=\boldsymbol{f}(\rho,\boldsymbol{Q}\cdot\boldsymbol{D}\cdot\boldsymbol{Q}^{\mathrm{T}}).$$

这表明, $\boldsymbol{f}$ 是关于 $\boldsymbol{D}$ 的各向同性张量函数. 故由张量表示定理(1.202) 式, 可将(4.23) 式写为

$$\boldsymbol{\sigma}=-p(\rho)\boldsymbol{I}+\varphi_0\boldsymbol{I}+\varphi_1\boldsymbol{D}+\varphi_2\boldsymbol{D}^2, \tag{4.26}$$

其中 $\varphi_i(i=0,1,2)$ 是 $\boldsymbol{D}$ 的三个不变量和密度 ρ 的标量函数, 且当 $\boldsymbol{D}=\boldsymbol{0}$ 时满足 $\varphi_0=0$.

本构关系可写为(4.26) 式的材料称之为 Reiner-Rivlin 流体, 它在 Stokes 假设提出一百年之后才被研究清楚. 由此不难看出在本构关系推导过程中客观性原理所起的作用.

(3) Euler 型仿射量的客观性导数

根据以上对客观性张量的定义, 可见第一种定义和第二种定义分别对应于当前构形的Euler型张量和参考构形的Lagrange型张量. 这两种类型的张量可以通过"前推", "后拉" 运算 (push-forward, pull-back operation) 联系在一起. "前推"是通过参考构形中基向量转换为当前构形中基向量的运算而将 Lagrange 型张量变换为 Euler 型张量. 反之, "后拉"则是通过当前构形中基向量转换为参考构形中基向量的运算而将 Euler 型张量变换为Lagrange型张量. 这种运算可用于任意阶张量. 例如, (2.76) 式和(2.132) 式可看作是对应变 $\boldsymbol{E}$ 和应变率 $\overset{\bullet}{\boldsymbol{E}}{}^{(-1)}$ 所进行的"前推" 运算, 而(2.81) 式, (2.130) 式和(3.29) 式, (3.56) 式则是对应变 $\boldsymbol{e}^{(-1)}$, 变形率张量 $\boldsymbol{D}$ 和 Cauchy 应力 $\boldsymbol{\sigma}$ 所进行的"后拉" 运算.

显然, 通过所谓的 Lie 时间导数(Lie time derivative) 便可得到 Euler 型客观性张量的客观性时间导数. 其步骤是: 先将 Euler 型客观性张量"后拉" 为基于参考构形的 Lagrange 型张量, 再求出该 Lagrange 型张量的物质导数(可以是高阶物质导数), 最后将求导后的 Lagrange 型张量"前推" 为相应的 Euler 型张量.

下面, 我们将以 Euler 型仿射量 $\boldsymbol{\varphi}$ 为例来进行具体的讨论. 这些仿射

量可以是左伸长张量 $\boldsymbol{V}$,左 Cauchy-Green 张量 $\boldsymbol{B}$,Euler 型应变度量 $\boldsymbol{e}$ 和 Cauchy 应力 $\boldsymbol{\sigma}$,Kirchhoff 应力 $\boldsymbol{\tau}$ 等.通过以下几种变换之一,$\boldsymbol{\varphi}$ 可以化为相应的满足第二种定义的客观性仿射量 $\boldsymbol{\Phi}$:

$$\text{(a)}\quad \boldsymbol{\Phi}_{(R)} = \boldsymbol{R}^{\mathrm{T}} \cdot \boldsymbol{\varphi} \cdot \boldsymbol{R}, \tag{4.27}$$

其中 $\boldsymbol{R}$ 为变形梯度 $\boldsymbol{F}$ 在极分解中的正交张量.

例如,当 $\boldsymbol{\varphi}$ 取为(2.75)式的 Euler 型应变 $\boldsymbol{e}$ 时,$\boldsymbol{\Phi}_{(R)}$ 为(2.66)式的 Lagrange 型应变 $\boldsymbol{E}$;当 $\boldsymbol{\varphi}$ 取为(3.55)式的 Kirchhoff 应力 $\boldsymbol{\tau}$ 时,$\boldsymbol{\Phi}_{(R)}$ 为(3.63)式的无旋应力 $\boldsymbol{T}^{(R)}$.

$$\text{(b)}\quad \boldsymbol{\Phi}_{(1)} = \boldsymbol{F}^{-1} \cdot \boldsymbol{\varphi} \cdot \boldsymbol{F}^{-\mathrm{T}}, \tag{4.28}$$

其中 $\boldsymbol{F}$ 为变形梯度张量.

例如,当取 $\boldsymbol{\varphi}$ 为(2.78)式的 Euler 型应变 $\boldsymbol{e}^{(1)}$ 时,$\boldsymbol{\Phi}_{(1)}$ 为(2.73)式的 Lagrange 型应变 $\boldsymbol{E}^{(-1)}$;当取 $\boldsymbol{\varphi}$ 为 Kirchhoff 应力 $\boldsymbol{\tau}$ 时,$\boldsymbol{\Phi}_{(1)}$ 为(3.29)式的第二类 Piola-Kirchhoff 应力 $\boldsymbol{T}^{(1)}$.

$$\text{(c)}\quad \boldsymbol{\Phi}_{(2)} = \boldsymbol{F}^{\mathrm{T}} \cdot \boldsymbol{\varphi} \cdot \boldsymbol{F}. \tag{4.29}$$

例如,当取 $\boldsymbol{\varphi}$ 为(2.79)式的 Almansi 应变 $\boldsymbol{e}^{(-1)}$ 时,$\boldsymbol{\Phi}_{(2)}$ 为(2.69)式的 Green 应变 $\boldsymbol{E}^{(1)}$;当取 $\boldsymbol{\varphi}$ 为变形率张量 $\boldsymbol{D}$ 时,$\boldsymbol{\Phi}_{(2)}$ 为(2.130)式的 Green 应变的物质导数 $\dot{\boldsymbol{E}}^{(1)}$;当取 $\boldsymbol{\varphi}$ 为 Kirchhoff 应力 $\boldsymbol{\tau}$ 时,$\boldsymbol{\Phi}_{(2)}$ 为由(3.56)式表示的与 $\boldsymbol{E}^{(-1)}$ 相共轭的应力 $\boldsymbol{T}^{(-1)}$.

$$\text{(d)}\quad \boldsymbol{\Phi}_{(3)} = \boldsymbol{F}^{\mathrm{T}} \cdot \boldsymbol{\varphi} \cdot \boldsymbol{F}^{-T}. \tag{4.30}$$

$$\text{(e)}\quad \boldsymbol{\Phi}_{(4)} = \boldsymbol{F}^{-1} \cdot \boldsymbol{\varphi} \cdot \boldsymbol{F}. \tag{4.31}$$

在(d)和(e)中,如取 $\boldsymbol{\varphi}$ 为(2.75)式的 Euler 型应变张量 $\boldsymbol{e}$,或(2.77)式的应变张量 $\boldsymbol{e}^{(n)}$ 时,则 $\boldsymbol{\Phi}_{(3)}$ 和 $\boldsymbol{\Phi}_{(4)}$ 为(2.66)式的 Lagrange 型应变张量 $\boldsymbol{E}$,或(2.68)式的应变张量 $\boldsymbol{E}^{(n)}$.

因为 $\boldsymbol{\Phi}_{(R)}, \boldsymbol{\Phi}_{(i)}(i = 1,2,3,4)$ 是满足第二种定义的客观性仿射量,故其物质导数也是第二种定义下的客观性仿射量.因此,利用(2.145)式、(2.101)式和(2.115)式,可得到以下几种关于 $\boldsymbol{\varphi}$ 的客观性导数:

(a)′ 由 $\dot{\boldsymbol{\Phi}}_{(R)} = \boldsymbol{R}^{\mathrm{T}} \cdot \overset{\triangledown}{\boldsymbol{\varphi}}_{(R)} \cdot \boldsymbol{R}$,可得形如(4.18)式的共旋导数.

$$\overset{\triangledown}{\boldsymbol{\varphi}}_{(R)} = \dot{\boldsymbol{\varphi}} + \boldsymbol{\varphi} \cdot \boldsymbol{\Omega}^{\mathrm{R}} - \boldsymbol{\Omega}^{\mathrm{R}} \cdot \boldsymbol{\varphi}, \tag{4.32}$$

其中 $\boldsymbol{\Omega}^{\mathrm{R}} = \dot{\boldsymbol{R}} \cdot \boldsymbol{R}^{\mathrm{T}}$ 为(2.145)式的相对旋率.

(b)′ 对(4.28)式求物质导数可得

$$\dot{\boldsymbol{\Phi}}_{(1)} = \boldsymbol{F}^{-1} \cdot \overset{\triangledown}{\boldsymbol{\varphi}}_{(1)} \cdot \boldsymbol{F}^{-\mathrm{T}}, \tag{4.33}$$

其中

$$\overset{\triangledown}{\boldsymbol{\varphi}}_{(1)} = \dot{\boldsymbol{\varphi}} - \boldsymbol{\varphi} \cdot \boldsymbol{L}^{\mathrm{T}} - \boldsymbol{L} \cdot \boldsymbol{\varphi} = \overset{\triangledown}{\boldsymbol{\varphi}}_{(W)} - \boldsymbol{\varphi} \cdot \boldsymbol{D} - \boldsymbol{D} \cdot \boldsymbol{\varphi}, \tag{4.34}$$

上式中的 $\boldsymbol{L} = \boldsymbol{D} + \boldsymbol{W}$ 为速度梯度，$\overset{\triangledown}{\boldsymbol{\varphi}}_{(W)}$ 为对应于物质旋率 $\boldsymbol{W}$ 的 Jaumann 导数.

(c)′ 由 $\dot{\boldsymbol{\Phi}}_{(2)} = \boldsymbol{F}^{\mathrm{T}} \cdot \overset{\triangledown}{\boldsymbol{\varphi}}_{(2)} \cdot \boldsymbol{F}$，可得

$$\overset{\triangledown}{\boldsymbol{\varphi}}_{(2)} = \dot{\boldsymbol{\varphi}} + \boldsymbol{\varphi} \cdot \boldsymbol{L} + \boldsymbol{L}^{\mathrm{T}} \cdot \boldsymbol{\varphi} = \overset{\triangledown}{\boldsymbol{\varphi}}_{(W)} + \boldsymbol{\varphi} \cdot \boldsymbol{D} + \boldsymbol{D} \cdot \boldsymbol{\varphi}. \tag{4.35}$$

(d)′ 由 $\dot{\boldsymbol{\Phi}}_{(3)} = \boldsymbol{F}^{\mathrm{T}} \cdot \overset{\triangledown}{\boldsymbol{\varphi}}_{(3)} \cdot \boldsymbol{F}^{-\mathrm{T}}$，可得

$$\overset{\triangledown}{\boldsymbol{\varphi}}_{(3)} = \dot{\boldsymbol{\varphi}} - \boldsymbol{\varphi} \cdot \boldsymbol{L}^{\mathrm{T}} + \boldsymbol{L}^{\mathrm{T}} \cdot \boldsymbol{\varphi} = \overset{\triangledown}{\boldsymbol{\varphi}}_{(W)} - \boldsymbol{\varphi} \cdot \boldsymbol{D} + \boldsymbol{D} \cdot \boldsymbol{\varphi}. \tag{4.36}$$

(e)′ 由 $\dot{\boldsymbol{\Phi}}_{(4)} = \boldsymbol{F}^{-1} \cdot \overset{\triangledown}{\boldsymbol{\varphi}}_{(4)} \cdot \boldsymbol{F}$，可得

$$\overset{\triangledown}{\boldsymbol{\varphi}}_{(4)} = \dot{\boldsymbol{\varphi}} + \boldsymbol{\varphi} \cdot \boldsymbol{L} - \boldsymbol{L} \cdot \boldsymbol{\varphi} = \overset{\triangledown}{\boldsymbol{\varphi}}_{(W)} + \boldsymbol{\varphi} \cdot \boldsymbol{D} - \boldsymbol{D} \cdot \boldsymbol{\varphi}. \tag{4.37}$$

$\overset{\triangledown}{\boldsymbol{\varphi}}_{(1)}, \overset{\triangledown}{\boldsymbol{\varphi}}_{(2)}, \overset{\triangledown}{\boldsymbol{\varphi}}_{(3)}, \overset{\triangledown}{\boldsymbol{\varphi}}_{(4)}$ 统称为 $\boldsymbol{\varphi}$ 的**随体导数**(convected derivatives). 其中，$\overset{\triangledown}{\boldsymbol{\varphi}}_{(1)}$ 称为 $\boldsymbol{\varphi}$ 的 **Oldroyd 随体导数**，$\overset{\triangledown}{\boldsymbol{\varphi}}_{(2)}$ 称为 $\boldsymbol{\varphi}$ 的 **Cotter-Rivlin 随体导数**. 当然，$\boldsymbol{\varphi}$ 的客观性导数的构造并不限于采用以上几种变换式. 例如，我们还可以给出如下的变换式：

$$\boldsymbol{\Phi}_{(T)} = \boldsymbol{F}^{-1} \cdot (\mathscr{J}\boldsymbol{\varphi}) \cdot \boldsymbol{F}^{-\mathrm{T}},$$

即以($\mathscr{J}\boldsymbol{\varphi}$)代替(4.28)式中的 $\boldsymbol{\varphi}$，其中 $\mathscr{J}$ 为变形梯度的行列式 $\mathscr{J} = \det\boldsymbol{F}$. 对上式求物质导数并注意到(2.114)式：$\dot{\mathscr{J}} = (\mathrm{div}\,\boldsymbol{v})\mathscr{J}$，则有

$$\dot{\boldsymbol{\Phi}}_{(T)} = \boldsymbol{F}^{-1}(\mathscr{J}\overset{\triangledown}{\boldsymbol{\varphi}}_{(T)}) \cdot \boldsymbol{F}^{-\mathrm{T}},$$

由此可得 $\boldsymbol{\varphi}$ 的客观性导数：

$$\overset{\triangledown}{\boldsymbol{\varphi}}_{(T)} = \dot{\boldsymbol{\varphi}} + \boldsymbol{\varphi}(\mathrm{div}\,\boldsymbol{v}) - \boldsymbol{\varphi} \cdot \boldsymbol{L}^{\mathrm{T}} - \boldsymbol{L} \cdot \boldsymbol{\varphi}, \tag{4.38}$$

称之为 $\boldsymbol{\varphi}$ 的 **Truesdell 随体导数.**

除了上面几种常用的客观性导数外，还有一种关于 Euler 型对数应变 $\boldsymbol{e}^{(0)} = \ln\boldsymbol{V}$ 的客观性导数，其对数共旋导数正好等于变形率张量 $\boldsymbol{D}$，即

$$\overset{\triangledown}{\boldsymbol{e}}^{(0)} = \dot{\boldsymbol{e}}^{(0)} + \boldsymbol{e}^{(0)} \cdot \boldsymbol{\Omega}^{\log} - \boldsymbol{\Omega}^{\log} \cdot \boldsymbol{e}^{(0)} = \boldsymbol{D}.$$

上式中的 $\boldsymbol{\Omega}^{\log}$ 称之为**对数旋率**，当 $\boldsymbol{V}$ 的三个主长度比 $\lambda_\alpha (\alpha = 1,2,3)$ 互不相等时，可表示为

$$\boldsymbol{\Omega}^{\log} = \boldsymbol{W} + \sum_{\alpha,\beta=1}^{3}\left[\left(\frac{1}{\ln\lambda_\alpha - \ln\lambda_\beta}\right) + \left(\frac{\lambda_\beta^2 + \lambda_\alpha^2}{\lambda_\beta^2 - \lambda_\alpha^2}\right)\right] d_{\alpha\beta}\boldsymbol{l}_\alpha \otimes \boldsymbol{l}_\beta,$$

其中 $\boldsymbol{W}$ 为物质旋率，$d_{\alpha\beta}$ 是由(2.129)式给出的变形率张量 $\boldsymbol{D}$ 在以 Euler 主方向 $\boldsymbol{l}_\alpha$ 为基向量上的分量.

以上关系的推导可参考 Lehmann，郭仲衡和梁浩云(Eur.J.Mech. A/Solids,1991)，以及肖衡等人(Acta Mech.,1997)的工作，也可参见本章习题4.4的解答.

在结束本段之前，我们再作以下几点说明.

(i) 因为 Euler 型客观性仿射量 $\boldsymbol{\varphi}$ 与 Lagrange 型客观性仿射量 $\boldsymbol{\Phi}$ 之间可通过"前推"和"后拉"的运算建立起对应关系. 所以，在本构关系的讨论中，Euler 描述与 Lagrange 描述之间也存在相应的对应关系. 例如，由(3.55)式表示的 Kirchhoff 应力 $\boldsymbol{\tau} = \tau^{AB}\boldsymbol{C}_A \otimes \boldsymbol{C}_B$ 和由(3.35)式表示的第二类 Piola-Kirchhoff 应力 $\boldsymbol{T}^{(1)} = \boldsymbol{F}^{-1} \cdot \boldsymbol{\tau} \cdot \boldsymbol{F}^{-\mathrm{T}} = \tau^{AB}\boldsymbol{G}_A \otimes \boldsymbol{G}_B$ 分别对应于第一种和第二种定义下的客观性应力. 其相应的客观性应力率可分别写为 $\overset{\triangledown}{\boldsymbol{\tau}}_{(1)} = \dot{\tau}^{AB}\boldsymbol{C}_A \otimes \boldsymbol{C}_B$ 和 $\dot{\boldsymbol{T}}^{(1)} = \dot{\tau}^{AB}\boldsymbol{G}_A \otimes \boldsymbol{G}_B$. 类似地，由(2.129)式表示的变形率 $\boldsymbol{D} = d_{AB}\boldsymbol{C}^A \otimes \boldsymbol{C}^B$ 和由(2.131)式表示的 Green 应变的物质导数 $\dot{\boldsymbol{E}}^{(1)} = d_{AB}\boldsymbol{G}^A \otimes \boldsymbol{G}^B$ 也分别对应于第一种和第二种定义下的客观性应变率. 因此在率型本构关系的讨论中，$\dot{\tau}^{AB}$ 与 d_{AB} 之间的关系既可以理解为是 $\overset{\triangledown}{\boldsymbol{\tau}}_{(1)}$ 与 $\boldsymbol{D}$ 的关系，也可以理解为是 $\dot{\boldsymbol{T}}^{(1)}$ 与 $\dot{\boldsymbol{E}}^{(1)}$ 的关系. 前者对应于 Euler 描述，而后者则对应于 Lagrange 描述.

(ii) 如果对(4.27) ~ (4.31)式各式求高阶物质导数，则我们还可以得到 Euler 型客观性仿射量 $\boldsymbol{\varphi}$ 的高阶客观性时间变化率. 例如在(4.29)式中，$\boldsymbol{\varphi}$ 和 $\boldsymbol{\Phi}_{(2)}$ 可分别取为 $2\boldsymbol{e}^{(-1)}$ 和 $2\boldsymbol{E}^{(1)}$，对该式求 n 阶物质导数后，便得到 $2\dfrac{\mathscr{D}^n}{\mathscr{D}t^n}\boldsymbol{E}^{(1)} = \boldsymbol{F}^{\mathrm{T}} \cdot \boldsymbol{A}_{(n)} \cdot \boldsymbol{F}$，其中 $\boldsymbol{A}_{(n)}$ 为(2.136)式中的 n 阶 Rivlin-Ericksen 张量.

(iii) 在实际计算中，往往将时间域划分为若干个增量步来逐步求解. 对于每一个增量步，可取当前构形作为参考构形，由于这时的变形梯度 $\boldsymbol{F} = \boldsymbol{I}$，可知相应的 Lagrange 型应变 $\boldsymbol{E}$ 和与之相共轭的应力 $\boldsymbol{T}$ 分别为：

$$\boldsymbol{E}\Big|_{(0)} = \boldsymbol{0}, \quad \boldsymbol{T}\Big|_{(0)} = \boldsymbol{\tau}. \tag{4.39}$$

上式中，右下标(0)表示以当前构形作为参考构形时所对应的值，$\boldsymbol{\tau}$ 为 Kirchhoff 应力，由于 $\mathscr{J} = 1$，所以它也等于 Cauchy 应力 $\boldsymbol{\sigma}$. 特别地，上式中的 $\boldsymbol{T}$ 也可取为对数应力 $\boldsymbol{T}^{(0)}$.

此外，应变 $\boldsymbol{E}$ 的物质导数显然可写为

$$\dot{\boldsymbol{E}}\Big|_{(0)} = \boldsymbol{D}. \tag{4.40}$$

对(3.66)式求物质导数并利用(4.39)式和(4.40)式，可得

$$\dot{\boldsymbol{T}}\Big|_{(0)} = \dot{\boldsymbol{T}}^{(0)}\Big|_{(0)} - \frac{1}{2}(1+f''(1))(\boldsymbol{\tau}\cdot\boldsymbol{D}+\boldsymbol{D}\cdot\boldsymbol{\tau}), \tag{4.41}$$

在上式中，如取 Seth 应变度量类(2.67)式中的 $n=1$，则有 $\frac{1}{2}(1+f''(1)) = 1$. 因为这时上式左端对应于第二类 Piola-Kirchhoff 应力的物质导数，故由(4.33)式和(4.34)式，有

$$\dot{\boldsymbol{T}}^{(1)}\Big|_{(0)} = (\boldsymbol{F}^{-1}\cdot\overset{\triangledown}{\boldsymbol{\tau}}_{(1)}\cdot\boldsymbol{F}^{-\mathrm{T}})\Big|_{(0)} = \overset{\triangledown}{\boldsymbol{\tau}}_{(1)} = \overset{\triangledown}{\boldsymbol{\tau}}_{(W)} - (\boldsymbol{\tau}\cdot\boldsymbol{D}+\boldsymbol{D}\cdot\boldsymbol{\tau}).$$

再与(4.41)式中取 $n=1$ 的表达式比较，可知 $\dot{\boldsymbol{T}}^{(0)}\Big|_{(0)} = \overset{\triangledown}{\boldsymbol{\tau}}_{(W)} = \dot{\boldsymbol{\tau}} + \boldsymbol{\tau}\cdot\boldsymbol{W} - \boldsymbol{W}\cdot\boldsymbol{\tau}$. 于是，(4.41)式可写为

$$\begin{aligned}\dot{\boldsymbol{T}}\Big|_{(0)} &= \overset{\triangledown}{\boldsymbol{\tau}}_{(W)} - \frac{1}{2}(1+f''(1))(\boldsymbol{\tau}\cdot\boldsymbol{D}+\boldsymbol{D}\cdot\boldsymbol{\tau}) \\ &= \overset{\triangledown}{\boldsymbol{\sigma}}_{(W)} + \boldsymbol{\sigma}(\mathrm{div}\,v) - \frac{1}{2}(1+f''(1))(\boldsymbol{\sigma}\cdot\boldsymbol{D}+\boldsymbol{D}\cdot\boldsymbol{\sigma}).\end{aligned} \tag{4.42}$$

(4.39)～(4.42)式给出了以当前构形作为参考构形时 Lagrange 型客观性应变张量、应力张量及其物质导数与相应的 Euler 型客观性张量之间的对应关系.

§ 4.2　简单物质

(一) 简单物质的定义

现考虑在物质点 $\boldsymbol{X}$ 的十分小的邻域内的另一个物质点 $\boldsymbol{X}'$，其运动历史可利用 Taylor 展开近似地由物质点 $\boldsymbol{X}$ 的运动历史表示为

$$\boldsymbol{x}(\boldsymbol{X}',\tau) = \boldsymbol{x}(\boldsymbol{X},\tau) + \boldsymbol{x}_{,\boldsymbol{X}}\cdot(\boldsymbol{X}'-\boldsymbol{X}) + \cdots, \tag{4.43}$$

上式中 $\tau\in[t_0,t]$，$\boldsymbol{x}_{,\boldsymbol{X}} = \frac{\partial\boldsymbol{x}}{\partial\boldsymbol{X}} = \boldsymbol{F}(\boldsymbol{X},\tau)$ 为对应于 $\boldsymbol{X}$ 的**变形梯度历史**. 在忽略温度效应的条件下，由决定性原理和局部作用原理，(4.1)式可写为

$$\boldsymbol{\sigma}(\boldsymbol{X},t) = \boldsymbol{\sigma}_{\mathscr{K}_0}\{\{\boldsymbol{X},t;\boldsymbol{x}(\boldsymbol{X},\tau),\boldsymbol{x}_{,\boldsymbol{X}}(\boldsymbol{X},\tau),\boldsymbol{x}_{,\boldsymbol{XX}}(\boldsymbol{X},\tau),\cdots\}\}.$$

现定义一种物质，其本构关系仅依赖于变形梯度历史 $\boldsymbol{F}(\boldsymbol{X},\tau)$，而与

$\boldsymbol{x}$ 关于 $\boldsymbol{X}$ 的高阶导数无关：

$$\boldsymbol{\sigma}(\boldsymbol{X},t)=\boldsymbol{\sigma}_{\mathscr{K}_0}\{\!\{\boldsymbol{X},t;\boldsymbol{x}(\boldsymbol{X},\tau),\boldsymbol{F}(\boldsymbol{X},\tau)\}\!\}. \tag{4.44}$$

我们称这样的物质为**简单物质**.以后我们仅讨论简单物质的本构关系.

对应于时空变换(4.2)式,变形梯度历史和Cauchy应力满足由(4.5)式和(4.3)式表示的关系:

$$\boldsymbol{F}^*(\boldsymbol{X},\tau)=\boldsymbol{Q}(\tau)\cdot\boldsymbol{F}(\boldsymbol{X},\tau),$$
$$\boldsymbol{\sigma}^*(\boldsymbol{X},t)=\boldsymbol{Q}(t)\cdot\boldsymbol{\sigma}(\boldsymbol{X},t)\cdot\boldsymbol{Q}^{\mathrm{T}}(t).$$

因此,根据客观性原理,可得

$$\begin{aligned}&\boldsymbol{\sigma}_{\mathscr{K}_0}\{\!\{\boldsymbol{X},t^*;\boldsymbol{x}^*(\boldsymbol{X},\tau^*),\boldsymbol{F}^*(\boldsymbol{X},\tau^*)\}\!\}\\&=\boldsymbol{Q}(t)\cdot\boldsymbol{\sigma}_{\mathscr{K}_0}\{\!\{\boldsymbol{X},t;\boldsymbol{x}(\boldsymbol{X},\tau),\boldsymbol{F}(\boldsymbol{X},\tau)\}\!\}\cdot\boldsymbol{Q}^{\mathrm{T}}(t).\end{aligned} \tag{4.45}$$

如取 $\boldsymbol{Q}(\tau)=\boldsymbol{I}$,则由 $\boldsymbol{c}(\tau)$ 和 a 的任意性,可知以上泛函表达式中的变元不应显含 t 和 $\boldsymbol{x}(\boldsymbol{X},\tau)$,故(4.44)式简化为

$$\boldsymbol{\sigma}(\boldsymbol{X},t)=\boldsymbol{\sigma}_{\mathscr{K}_0}\{\!\{\boldsymbol{X};\boldsymbol{F}(\boldsymbol{X},\tau)\}\!\}, \tag{4.46}$$

其中 $\tau\in[t_0,t]$.当取 $a=0$ 时,(4.45)式可写为

$$\boldsymbol{\sigma}_{\mathscr{K}_0}\{\!\{\boldsymbol{X};\boldsymbol{Q}(\tau)\cdot\boldsymbol{F}(\boldsymbol{X},\tau)\}\!\}=\boldsymbol{Q}(t)\cdot\boldsymbol{\sigma}_{\mathscr{K}_0}\{\!\{\boldsymbol{X};\boldsymbol{F}(\boldsymbol{X},\tau)\}\!\}\cdot\boldsymbol{Q}^{\mathrm{T}}(t), \tag{4.47}$$

上式对一切正交张量历史 $\boldsymbol{Q}(\tau)$ 都是成立的.

现对变形梯度历史进行极分解:$\boldsymbol{F}(\boldsymbol{X},\tau)=\boldsymbol{R}(\boldsymbol{X},\tau)\cdot\boldsymbol{U}(\boldsymbol{X},\tau)$,并取 $\boldsymbol{Q}(\tau)=\boldsymbol{R}^{\mathrm{T}}(\boldsymbol{X},\tau)$,则由上式可得

$$\begin{aligned}\boldsymbol{\sigma}(\boldsymbol{X},t)&=\boldsymbol{\sigma}_{\mathscr{K}_0}\{\!\{\boldsymbol{X};\boldsymbol{F}(\boldsymbol{X},\tau)\}\!\}\\&=\boldsymbol{R}(\boldsymbol{X},t)\cdot\boldsymbol{\sigma}_{\mathscr{K}_0}\{\!\{\boldsymbol{X};\boldsymbol{U}(\boldsymbol{X},\tau)\}\!\}\cdot\boldsymbol{R}^{\mathrm{T}}(\boldsymbol{X},t),\ \tau\in[t_0,t].\end{aligned} \tag{4.48}$$

说明 Cauchy 应力仅依赖于伸长张量的历史和当前时刻 t 的旋转 $\boldsymbol{R}(\boldsymbol{X},t)$,而与 t 时刻以前的转动历史无关.

变形梯度历史 $\boldsymbol{F}(\boldsymbol{X},\tau),\tau\in[t_0,t]$ 也可用相对变形梯度历史 $\boldsymbol{F}_t(\boldsymbol{X},\tau)$ 表示为

$$\begin{aligned}\boldsymbol{F}(\boldsymbol{X},\tau)&=\boldsymbol{F}_t(\boldsymbol{X},\tau)\cdot\boldsymbol{F}(\boldsymbol{X},t)\\&=\boldsymbol{R}_t(\boldsymbol{X},\tau)\cdot\boldsymbol{U}_t(\boldsymbol{X},\tau)\cdot\boldsymbol{R}(\boldsymbol{X},t)\cdot\boldsymbol{U}(\boldsymbol{X},t).\end{aligned} \tag{4.49}$$

如取 $\boldsymbol{Q}(\tau)=\boldsymbol{R}^{\mathrm{T}}(\boldsymbol{X},t)\cdot\boldsymbol{R}_t^{\mathrm{T}}(\boldsymbol{X},\tau)$,并注意到 $\boldsymbol{R}_t^{\mathrm{T}}(\boldsymbol{X},t)=\boldsymbol{I}$,则由(4.47)式可得

$$\begin{aligned}\boldsymbol{\sigma}_{\mathscr{K}_0}\{\!\{\boldsymbol{X};\boldsymbol{F}(\boldsymbol{X},\tau)\}\!\}=\boldsymbol{R}(\boldsymbol{X},t)\cdot\boldsymbol{\sigma}_{\mathscr{K}_0}\{\!\{\boldsymbol{X};\boldsymbol{U}_t^{(\mathrm{R})}(\boldsymbol{X},\tau)\cdot\\\boldsymbol{U}(\boldsymbol{X},t)\}\!\}\cdot\boldsymbol{R}^{\mathrm{T}}(\boldsymbol{X},t),\end{aligned} \tag{4.50}$$

其中

$$\boldsymbol{U}_t^{(\mathrm{R})}(\boldsymbol{X},\tau) = \boldsymbol{R}^{\mathrm{T}}(\boldsymbol{X},t)\cdot\boldsymbol{U}_t(\boldsymbol{X},\tau)\cdot\boldsymbol{R}(\boldsymbol{X},t). \tag{4.51}$$

上式的定义与(3.62)式和(3.63)式类似.其实,对于任意仿射量 $\boldsymbol{\varphi}$,我们都可以定义相应的 $\boldsymbol{\varphi}^{(\mathrm{R})}$,满足 $\boldsymbol{\varphi}^{(\mathrm{R})} = \boldsymbol{R}^{\mathrm{T}}(t)\cdot\boldsymbol{\varphi}\cdot\boldsymbol{R}(t)$.于是,(4.50)式可表示为

$$\boldsymbol{\sigma}^{(\mathrm{R})}(\boldsymbol{X},t) = \boldsymbol{\sigma}_{\mathscr{K}_0}\{\{\boldsymbol{X};\boldsymbol{U}_t^{(\mathrm{R})}(\boldsymbol{X},\tau)\cdot\boldsymbol{U}(\boldsymbol{X},t)\}\}. \tag{4.52}$$

或等价地写为

$$\boldsymbol{\sigma}^{(\mathrm{R})}(\boldsymbol{X},t) = \hat{\boldsymbol{\sigma}}_{\mathscr{K}_0}\{\{\boldsymbol{X};\boldsymbol{C}_t^{(\mathrm{R})}(\boldsymbol{X},\tau),\boldsymbol{C}(\boldsymbol{X},t)\}\}, \tag{4.53}$$

其中 $\boldsymbol{C}_t^{(\mathrm{R})}(\boldsymbol{X},\tau) = [\boldsymbol{U}_t^{(\mathrm{R})}(\boldsymbol{X},\tau)]^2$.

将上式右端分解为两部分之和有时是较为方便的,其中第一部分对应于静止变形历史:$\boldsymbol{C}_t^{(\mathrm{R})}(\boldsymbol{X},\tau) = \boldsymbol{I}$,可写为

$$\boldsymbol{\sigma}^{(\mathrm{e})}(\boldsymbol{X},t) = \boldsymbol{\sigma}_{\mathscr{K}_0}^{(\mathrm{e})}(\boldsymbol{X};\boldsymbol{C}(\boldsymbol{X},t)) = \hat{\boldsymbol{\sigma}}_{\mathscr{K}_0}\{\{\boldsymbol{X};\boldsymbol{I},\boldsymbol{C}(\boldsymbol{X},t)\}\},$$

称之为弹性应力,它是当前时刻右 Cauchy-Green 张量 $\boldsymbol{C}(\boldsymbol{X},t)$ 的函数.第二部分为

$$\begin{aligned}\boldsymbol{\sigma}^{(a)}(\boldsymbol{X},t) &= \boldsymbol{\sigma}_{\mathscr{K}_0}^{(a)}\{\{\boldsymbol{X};\boldsymbol{C}_t^{(\mathrm{R})}(\boldsymbol{X},\tau)-\boldsymbol{I},\boldsymbol{C}(\boldsymbol{X},t)\}\}\\ &= \hat{\boldsymbol{\sigma}}_{\mathscr{K}_0}\{\{\boldsymbol{X};\boldsymbol{C}_t^{(\mathrm{R})}(\boldsymbol{X},\tau),\boldsymbol{C}(\boldsymbol{X},t)\}\} - \boldsymbol{\sigma}^{(\mathrm{e})}(\boldsymbol{X},t),\end{aligned}$$

称之为非弹性应力,它不仅依赖于 $\boldsymbol{C}(\boldsymbol{X},t)$,而且还依赖于变形历史.于是,总的应力可写为

$$\boldsymbol{\sigma}^{(\mathrm{R})}(\boldsymbol{X},t) = \boldsymbol{\sigma}_{\mathscr{K}_0}^{(\mathrm{e})}(\boldsymbol{X};\boldsymbol{C}(\boldsymbol{X},t)) + \boldsymbol{\sigma}_{\mathscr{K}_0}^{(a)}\{\{\boldsymbol{X};\boldsymbol{C}_t^{(\mathrm{R})}(\boldsymbol{X},\tau)-\boldsymbol{I},\boldsymbol{C}(\boldsymbol{X},t)\}\}. \tag{4.54}$$

上式在讨论流体和黏弹性体的本构关系时会经常用到.特别地,当材料为弹性体时,上式右端第二项的非弹性应力将等于零.

根据(4.48)式,第二类 Piola-Kirchhoff 应力可写为

$$\begin{aligned}\boldsymbol{T}^{(1)}(\boldsymbol{X},t) &= \mathscr{J}\boldsymbol{F}^{-1}(\boldsymbol{X},t)\cdot\boldsymbol{\sigma}_{\mathscr{K}_0}\{\{\boldsymbol{X};\boldsymbol{F}(\boldsymbol{X},\tau)\}\}\cdot\boldsymbol{F}^{-\mathrm{T}}(\boldsymbol{X},t)\\ &= \mathscr{J}\boldsymbol{U}^{-1}(\boldsymbol{X},t)\cdot\boldsymbol{\sigma}_{\mathscr{K}_0}\{\{\boldsymbol{X};\boldsymbol{U}(\boldsymbol{X},\tau)\}\}\cdot\boldsymbol{U}^{-1}(\boldsymbol{X},t),\end{aligned}$$

其中 $\mathscr{J} = \det(\boldsymbol{U}(\boldsymbol{X},t))$.因此 $\boldsymbol{T}^{(1)}$ 也可表示为右伸长张量历史 $\boldsymbol{U}(\boldsymbol{X},\tau)$ 和当前时刻右伸长张量 $\boldsymbol{U}(X,t)$ 的泛函,或等价地表示为

$$\boldsymbol{T}^{(1)}(\boldsymbol{X},t) = \boldsymbol{T}_{\mathscr{K}_0}^{(1)}\{\{\boldsymbol{X};\boldsymbol{C}(\boldsymbol{X},\tau),\boldsymbol{C}(\boldsymbol{X},t)\}\}, \tag{4.55}$$

其中 $\tau\in[t_0,t]$,$\boldsymbol{C}(\boldsymbol{X},\tau) = (\boldsymbol{U}(\boldsymbol{X},\tau))^2$.

因为以上表达式对物质点 $\boldsymbol{X}$ 的依赖关系是不言自明的,所以,为了书写方便起见,在下面本构关系的讨论中我们将略去标记 $\boldsymbol{X}$.

(二) 内约束

在以上的本构关系表达式中，我们并没有对物体的变形和运动给予某种特殊的限制．应变场唯一需要满足的约束条件就是协调条件．本段将考虑由这样一种材料所构成的物体，它们的变形和运动服从某种限制性条件，称之为**内约束**(internal constraints)．也就是说，由具有内约束的材料所构成的物体，存在着某种不可能实现的变形和运动．对于给定的物质点 $\boldsymbol{X}$ 来说，简单物质的内约束条件可用若干个标量方程来加以表示．为简单起见，这里我们仅讨论由一个标量方程表示的内约束条件：

$$\Lambda(\boldsymbol{F}) = 0. \tag{4.56}$$

上式中的 $\boldsymbol{F}$ 为对应于点 $\boldsymbol{X}$ 的变形梯度．由客观性原理，上式也可写为

$$\Lambda(\boldsymbol{Q} \cdot \boldsymbol{F}) = 0,$$

其中 $\boldsymbol{Q}$ 为任意正交张量．注意到 $\boldsymbol{F} = \boldsymbol{R} \cdot \boldsymbol{U}$，并取 $\boldsymbol{Q} = \boldsymbol{R}^{\mathrm{T}}$，则(4.56)式还可写为

$$\Lambda(\boldsymbol{U}) = 0,$$

或等价地写为

$$\Lambda_0(\boldsymbol{C}) = 0, \tag{4.57}$$

其中 $\boldsymbol{C} = \boldsymbol{U}^2$ 为右 Cauchy-Green 张量．因为由 $\boldsymbol{U}$ 或 $\boldsymbol{C}$ 可得到相应的 Lagrange 型应变度量，所以上式可看作为应变空间中的超曲面．在物体的变形过程中，(4.57)式应始终成立，故有

$$\frac{\mathrm{d}\Lambda}{\mathrm{d}\boldsymbol{U}} : \dot{\boldsymbol{U}} = 0 \quad 或 \quad \frac{\mathrm{d}\Lambda_0(\boldsymbol{C})}{\mathrm{d}\boldsymbol{C}} : \dot{\boldsymbol{C}} = 0. \tag{4.58}$$

上式中$\dfrac{\mathrm{d}\Lambda_0}{\mathrm{d}\boldsymbol{C}}$和 $\dot{\boldsymbol{C}}$ 分别沿超曲面 $\Lambda_0(\boldsymbol{C}) = 0$ 的“法向”和“切向”．

现来讨论与以上变形相对应的应力．由第三章(3.53)式，参考构形中单位体积的变形功率为

$$\mathscr{J}\boldsymbol{\sigma} : \boldsymbol{D} = \boldsymbol{T} : \dot{\boldsymbol{E}} = \boldsymbol{T}^{(1)} : \dot{\boldsymbol{E}}^{(1)} = \frac{1}{2}\boldsymbol{T}^{(1)} : \dot{\boldsymbol{C}}, \tag{4.59}$$

其中第二类 Piola-Kirchhoff 应力 $\boldsymbol{T}^{(1)}$ 与 Green 应变 $\boldsymbol{E}^{(1)}$ 相功共轭．如假定 $\boldsymbol{T}^{(1)}$ 可分解为两部分：

$$\boldsymbol{T}^{(1)} = \boldsymbol{T}_N^{(1)} + \boldsymbol{T}_A^{(1)},$$

其中第一部分 $\boldsymbol{T}_N^{(1)}$ 在应力空间中沿超曲面 $\Lambda_0(\boldsymbol{C}) = 0$ 的“法向”$\dfrac{\mathrm{d}\Lambda_0}{\mathrm{d}\boldsymbol{C}}$，即

$$\boldsymbol{T}_N^{(1)} = -\,p\,\frac{\mathrm{d}\Lambda_0}{\mathrm{d}\boldsymbol{C}}, \tag{4.60}$$

式中 p 为某一标量因子，则由(4.58)式和(4.59)式可知，与 $\boldsymbol{T}_N^{(1)}$ 相对应的变形功率为零．这说明，对于具有内约束的简单物质，由于存在着不可能实现的运动(即 $\dot{\boldsymbol{C}}$ 不与超曲面 $\Lambda_0(\boldsymbol{C})=0$ 相切的运动)，就需要维持这种内约束的应力 $\boldsymbol{T}_N^{(1)}$，它不能由物体的运动历史来确定(即(4.60)式中的 p 不能由物体的运动历史来确定)，而只能由场方程和边界条件来加以确定．这样的应力 $\boldsymbol{T}_N^{(1)}$ 称之为**非确定应力**，它在可能的运动上是不做功的．

于是，应力张量可写为"非确定应力"与由在内约束条件下的变形和运动历史所确定的"确定应力"两部分之和．

对应于 Cauchy 应力的"非确定应力"可写为

$$\boldsymbol{\sigma}_N=\frac{1}{\mathscr{J}}\boldsymbol{F}\cdot\boldsymbol{T}_N^{(1)}\cdot\boldsymbol{F}^{\mathrm{T}}=-\frac{p}{\mathscr{J}}\boldsymbol{F}\cdot\frac{\mathrm{d}\Lambda_0}{\mathrm{d}\boldsymbol{C}}\cdot\boldsymbol{F}^{\mathrm{T}},\tag{4.61}$$

其中 $\mathscr{J}=\det\boldsymbol{F}$．注意到 $\dot{\boldsymbol{C}}=2\dot{\boldsymbol{E}}^{(1)}=2\boldsymbol{F}^{\mathrm{T}}\cdot\boldsymbol{D}\cdot\boldsymbol{F}$，(4.58)式还可写为

$$\left(\frac{\partial\Lambda_0}{\partial\boldsymbol{C}}\right):(\boldsymbol{F}^{\mathrm{T}}\cdot\boldsymbol{D}\cdot\boldsymbol{F})=\left(\boldsymbol{F}\cdot\frac{\mathrm{d}\Lambda_0}{\mathrm{d}\boldsymbol{C}}\cdot\boldsymbol{F}^{\mathrm{T}}\right):\boldsymbol{D}=0.$$

因此，$\boldsymbol{\sigma}_N$ 满足

$$\boldsymbol{\sigma}_N:\boldsymbol{D}=\mathrm{tr}(\boldsymbol{\sigma}_N\cdot\boldsymbol{D})=0.\tag{4.62}$$

上式中 $\boldsymbol{D}$ 是在内约束条件下的可能运动的变形率．

下面给出几个具有内约束的简单物质的实例．

(1) 不可压缩材料

许多液体和橡胶类材料可近似认为其体积是不可压缩的．不可压缩材料的内约束条件可写为

$$\Lambda(\boldsymbol{F})=\det\boldsymbol{F}-1=0,$$

或

$$\Lambda_0(\boldsymbol{C})=\det\boldsymbol{C}-1=0.\tag{4.63}$$

根据质量守恒定律，上式等价于 $\rho=\rho_0$ 或 $\mathrm{tr}\boldsymbol{D}=\mathrm{div}v=0$，即物体的变形是一种等容变形．

利用第一章(1.197)式：$\dfrac{\mathrm{d}(\det\boldsymbol{B})}{\mathrm{d}\boldsymbol{B}}=(\det\boldsymbol{B})\boldsymbol{B}^{-\mathrm{T}}$，可得 $\dfrac{\mathrm{d}\Lambda_0(\boldsymbol{C})}{\mathrm{d}\boldsymbol{C}}=\boldsymbol{C}^{-1}$，相应的"非确定应力"为：

$$\boldsymbol{T}_N^{(1)}=-p\boldsymbol{C}^{-1},\tag{4.64}$$

或由(4.61)式，有

$$\boldsymbol{\sigma}_N=-p\boldsymbol{I}.\tag{4.65}$$

(2) 在方向 $\boldsymbol{L}_0$ 上不可伸长的材料

对于某些纤维增强复合材料,当纤维的刚度远大于基体材料的刚度时,常可近似认为材料沿纤维方向是不可伸长的.现令 $\boldsymbol{L}_0$ 为参考构形中的单位向量,则对于在方向 $\boldsymbol{L}_0$ 上不可伸长的材料,其内约束条件可利用(2.48)式写为

$$\Lambda_0(\boldsymbol{C}) = \boldsymbol{L}_0 \cdot \boldsymbol{C} \cdot \boldsymbol{L}_0 - 1 = 0. \tag{4.66}$$

因此有

$$\frac{\mathrm{d}\Lambda_0(\boldsymbol{C})}{\mathrm{d}\boldsymbol{C}} = \boldsymbol{L}_0 \otimes \boldsymbol{L}_0.$$

相应的"非确定应力"为

$$\boldsymbol{T}_N^{(1)} = -p\boldsymbol{L}_0 \otimes \boldsymbol{L}_0, \tag{4.67}$$

或由(4.61)式,有

$$\boldsymbol{\sigma}_N = -\frac{p}{\mathscr{J}}\boldsymbol{l} \otimes \boldsymbol{l}, \tag{4.68}$$

其中 $\boldsymbol{l} = \boldsymbol{F} \cdot \boldsymbol{L}_0$ 对应于变形后物体中的不可伸长方向.

(3) Bell 材料

根据 Bell(1985) 对金属塑性大变形的实验结果,可假定材料满足如下的内约束条件:

$$\Lambda(\boldsymbol{U}) = \mathrm{tr}\boldsymbol{U} - 3 = \mathrm{tr}\boldsymbol{V} - 3 = 0,$$

或

$$\Lambda_0(\boldsymbol{C}) = \mathrm{tr}(\boldsymbol{C}^{\frac{1}{2}}) - 3 = 0. \tag{4.69}$$

上式称之为 **Bell 内约束**条件,满足 Bell 内约束条件的材料称之为 Bell 材料.根据 §1.9 例 6 的结果,可知

$$\frac{\mathrm{d}\Lambda_0(\boldsymbol{C})}{\mathrm{d}\boldsymbol{C}} = \frac{\mathrm{d}(\mathrm{tr}\boldsymbol{U})}{\mathrm{d}\boldsymbol{C}} = \frac{1}{2}\boldsymbol{U}^{-1}. \tag{4.70}$$

因此,对应于 Bell 材料的非确定应力为

$$\boldsymbol{T}_N^{(1)} = -\frac{p}{2}\boldsymbol{U}^{-1}, \tag{4.71}$$

或由(4.61)式,得

$$\boldsymbol{\sigma}_N = -\frac{p}{2\mathscr{J}}\boldsymbol{V}, \tag{4.72}$$

其中 $\boldsymbol{V}$ 为左伸长张量.

(4) 满足 **Ericksen 内约束**条件的材料

Ericksen(1986) 在描述晶体性质时提出了以下的内约束条件:

$$\Lambda_0(\boldsymbol{C}) = \mathrm{tr}\boldsymbol{C} - 3 = 0. \tag{4.73}$$

显然,这时有$\dfrac{\mathrm{d}\Lambda_0(\boldsymbol{C})}{\mathrm{d}\boldsymbol{C}} = \boldsymbol{I}$.因此,非确定应力为

$$\boldsymbol{T}_N^{(1)} = -p\boldsymbol{I},$$

或由(4.61)式,得

$$\boldsymbol{\sigma}_N = -\frac{p}{\det(\boldsymbol{V})}\boldsymbol{V}^2 = -p'\boldsymbol{V}^2. \tag{4.74}$$

(5) 刚性材料

刚性材料是完全不变形的材料,其内约束条件为

$$\boldsymbol{C} - \boldsymbol{I} = \boldsymbol{0}.$$

因为此时 $\dot{\boldsymbol{C}} = \boldsymbol{0}$ 或 $\boldsymbol{D} = \boldsymbol{0}$,故应力的一切分量都是非确定的.也就是说,无论施加怎样的应力都不可能使刚性物体变形.因此,我们无法由物体的运动来确定作用在该物体上的应力.

(三) 同格群(材料对称群)

简单物质的本构关系(4.46)式与参考构形的选取有关.如果参考构形由 t_0 时刻的 $\mathscr{K}_0$ 变换到 t_1 时刻的$\mathscr{K}_1$,其相应的变形梯度为 $\boldsymbol{P}$(图 4.1),则对应于 $\mathscr{K}_0$ 的变形梯度 $\boldsymbol{F}(\tau)$ 与对应于 $\mathscr{K}_1$ 的变形梯度 $\boldsymbol{F}_1(\tau)$ 之间满足如下的关系

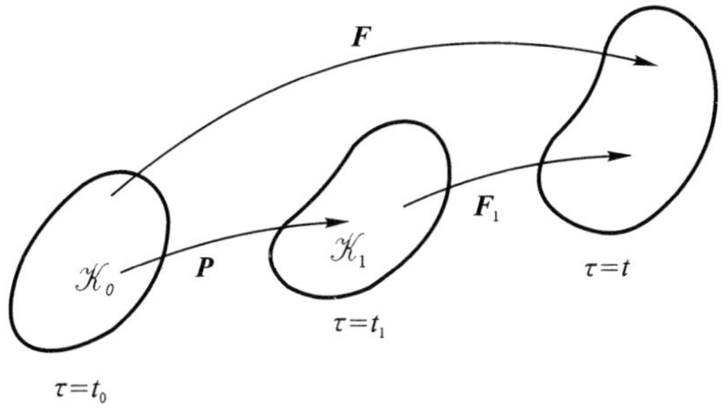

图 4.1　响应泛函对参考构形的依赖关系

$$\boldsymbol{F}(\tau) = \boldsymbol{F}_1(\tau)\cdot\boldsymbol{P}. \tag{4.75}$$

故(4.46)式为

$$\boldsymbol{\sigma}_{\mathscr{K}_0}\{\!\{\boldsymbol{F}(\tau)\}\!\} = \boldsymbol{\sigma}_{\mathscr{K}_0}\{\!\{\boldsymbol{F}_1(\tau)\cdot\boldsymbol{P}\}\!\} = \boldsymbol{\sigma}_{\mathscr{K}_1}\{\!\{\boldsymbol{F}_1(\tau)\}\!\}. \tag{4.76}$$

这说明,简单物质的定义与参考构形的选取无关.

现讨论与上式含义完全不同的另一个问题.假设有两个参考构形 $\mathscr{K}_1$ 和 $\mathscr{K}_2$,由 $\mathscr{K}_1$ 到 $\mathscr{K}_2$ 的变换为 $\boldsymbol{H}$,并假设在这一变换过程中应力状态始终没有变化.在上述条件下,如果对于任何一个运动历史 $\boldsymbol{F}(\tau)$,基于这两个参考构形所得到的应力完全相同,即本构泛函满足

$$\boldsymbol{\sigma}_{\mathscr{K}_1}\{\{\boldsymbol{F}(\tau)\}\} = \boldsymbol{\sigma}_{\mathscr{K}_2}\{\{\boldsymbol{F}(\tau)\}\} = \boldsymbol{\sigma}_{\mathscr{K}_1}\{\{\boldsymbol{F}(\tau)\cdot\boldsymbol{H}\}\}, \quad (4.77)$$

则称这两个参考构形是同格的(图 4.2).这时,对于参考构形 $\mathscr{K}_1$ 来说,非奇异变换 $\boldsymbol{H}$ 对于应力响应不产生任何影响.例如,对于给定取向的纤维增强复合材料来说,如果绕纤维方向旋转某一角度后所进行的试验与旋转前的试验结果完全一样,那么,就可以取以上的旋转为(4.77)式中的 $\boldsymbol{H}$.

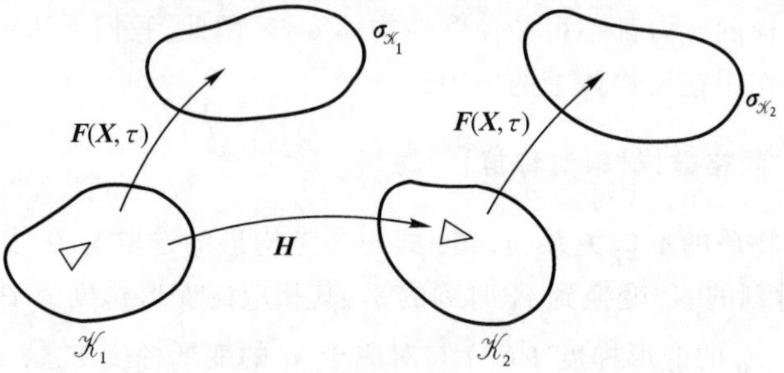

图 4.2　响应泛函不依赖于参考构形的变换 $\boldsymbol{H}$

性质 1　满足(4.77)式的一切 $\boldsymbol{H}$ 构成一个群,称为**同格群**或材料对称群(isotropy group),记为 $\mathscr{H}_{\mathscr{K}_1}$.

以上性质可根据群的定义直接得到:假定满足(4.77)式的一切 $\boldsymbol{H}$ 构成一个集合 $\mathscr{H}_{\mathscr{K}_1}$,且 $\boldsymbol{H}_1$、$\boldsymbol{H}_2$ 和 $\boldsymbol{H}_3$ 都是集合 $\mathscr{H}_{\mathscr{K}_1}$ 中的元素,则

(i) 由 $\boldsymbol{\sigma}_{\mathscr{K}_1}\{\{\boldsymbol{F}(\tau)\}\} = \boldsymbol{\sigma}_{\mathscr{K}_1}\{\{\boldsymbol{F}(\tau)\cdot\boldsymbol{H}_1\}\} = \boldsymbol{\sigma}_{\mathscr{K}_1}\{\{\boldsymbol{F}(\tau)\cdot\boldsymbol{H}_1\cdot\boldsymbol{H}_2\}\}$.可知当 $\boldsymbol{H}_1$ 和 $\boldsymbol{H}_2$ 是集合中的元素时,其积 $\boldsymbol{H}_1\cdot\boldsymbol{H}_2$ 也是集合中的元素.

(ii) 由

$$\begin{aligned}\boldsymbol{\sigma}_{\mathscr{K}_1}\{\{\boldsymbol{F}(\tau)\cdot\boldsymbol{H}_1\cdot(\boldsymbol{H}_2\cdot\boldsymbol{H}_3)\}\} &= \boldsymbol{\sigma}_{\mathscr{K}_1}\{\{\boldsymbol{F}(\tau)\cdot\boldsymbol{H}_1\}\}\\ &= \boldsymbol{\sigma}_{\mathscr{K}_1}\{\{\boldsymbol{F}(\tau)\cdot\boldsymbol{H}_1\cdot\boldsymbol{H}_2\}\} = \boldsymbol{\sigma}_{\mathscr{K}_1}\{\{\boldsymbol{F}(\tau)\cdot(\boldsymbol{H}_1\cdot\boldsymbol{H}_2)\cdot\boldsymbol{H}_3\}\},\end{aligned}$$

可知以下的结合律成立:$\boldsymbol{H}_1\cdot(\boldsymbol{H}_2\cdot\boldsymbol{H}_3) = (\boldsymbol{H}_1\cdot\boldsymbol{H}_2)\cdot\boldsymbol{H}_3$.

(iii) 恒等变换 $\boldsymbol{I}$ 满足(4.77)式,且对于集合中的任何元素 $\boldsymbol{H}$,有 $\boldsymbol{I}\cdot\boldsymbol{H} = \boldsymbol{H}\cdot\boldsymbol{I} = \boldsymbol{H}$,故 $\boldsymbol{I}$ 可作为集合中的单位元素.

(iv) 由于集合中的一切元素 $\boldsymbol{H}$ 都是非奇异的,故存在唯一的逆元素

$\boldsymbol{H}^{-1}$,使 $\boldsymbol{H}\cdot\boldsymbol{H}^{-1}=\boldsymbol{H}^{-1}\cdot\boldsymbol{H}=\boldsymbol{I}$,如取 $\boldsymbol{F}(\tau)\cdot\boldsymbol{H}^{-1}$ 作为(4.77)式中的变形梯度历史,则(4.77)式可写为

$$\boldsymbol{\sigma}_{\mathscr{K}_1}\{\{\boldsymbol{F}(\tau)\cdot\boldsymbol{H}^{-1}\}\}=\boldsymbol{\sigma}_{\mathscr{K}_1}\{\{\boldsymbol{F}(\tau)\}\},$$

说明 $\boldsymbol{H}^{-1}$ 也是集合 $\mathscr{H}_{\mathscr{K}_1}$ 中的元素.

由此可见,以上集合构成一个群,它与所选取的参考构形 $\mathscr{K}_1$ 有关,故记为 $\mathscr{H}_{\mathscr{K}_1}$.为了进一步说明同格群对参考构形的依赖关系,现来讨论如下的性质:

性质 2 设对应于两个参考构形 $\mathscr{K}_1$ 和 $\mathscr{K}_2$ 的同格群分别为 $\mathscr{H}_{\mathscr{K}_1}$ 和 $\mathscr{H}_{\mathscr{K}_2}$,且由 $\mathscr{K}_1$ 到 $\mathscr{K}_2$ 的变形梯度为 $\boldsymbol{P}$,则以上两个同格群之间的变换关系为

$$\mathscr{H}_{\mathscr{K}_2}=\boldsymbol{P}\cdot\mathscr{H}_{\mathscr{K}_1}\cdot\boldsymbol{P}^{-1}. \tag{4.78}$$

证明 设 $\boldsymbol{H}$ 为 $\mathscr{H}_{\mathscr{K}_1}$ 中的元素,如果 $\mathscr{K}_1$ 和 $\mathscr{K}_2$ 分别对应于(4.76)式中的 $\mathscr{K}_0$ 和 $\mathscr{K}_1$,并分别取 $\boldsymbol{F}(\tau)$ 和 $\boldsymbol{F}(\tau)\cdot\boldsymbol{P}\cdot\boldsymbol{H}\cdot\boldsymbol{P}^{-1}$ 作为(4.76)式中的 $\boldsymbol{F}_1(\tau)$,则(4.76)式可分别写为

$$\boldsymbol{\sigma}_{\mathscr{K}_1}\{\{\boldsymbol{F}(\tau)\cdot\boldsymbol{P}\}\}=\boldsymbol{\sigma}_{\mathscr{K}_2}\{\{\boldsymbol{F}(\tau)\}\}, \tag{4.79}$$

和

$$\boldsymbol{\sigma}_{\mathscr{K}_1}\{\{\boldsymbol{F}(\tau)\cdot\boldsymbol{P}\cdot\boldsymbol{H}\}\}=\boldsymbol{\sigma}_{\mathscr{K}_2}\{\{\boldsymbol{F}(\tau)\cdot\boldsymbol{P}\cdot\boldsymbol{H}\cdot\boldsymbol{P}^{-1}\}\}. \tag{4.80}$$

因为 $\boldsymbol{H}$ 为同格群 $\mathscr{H}_{\mathscr{K}_1}$ 中的元素,故(4.77)式成立:

$$\boldsymbol{\sigma}_{\mathscr{K}_1}\{\{\boldsymbol{F}(\tau)\cdot\boldsymbol{P}\}\}=\boldsymbol{\sigma}_{\mathscr{K}_1}\{\{\boldsymbol{F}(\tau)\cdot\boldsymbol{P}\cdot\boldsymbol{H}\}\}.$$

说明(4.79)式与(4.80)式的左端相等.因此以上两式的右端也应相等:

$$\boldsymbol{\sigma}_{\mathscr{K}_2}\{\{\boldsymbol{F}(\tau)\}\}=\boldsymbol{\sigma}_{\mathscr{K}_2}\{\{\boldsymbol{F}(\tau)\cdot\boldsymbol{P}\cdot\boldsymbol{H}\cdot\boldsymbol{P}^{-1}\}\},$$

即 $\overline{\boldsymbol{H}}=\boldsymbol{P}\cdot\boldsymbol{H}\cdot\boldsymbol{P}^{-1}$ 为同格群 $\mathscr{H}_{\mathscr{K}_2}$ 中的元素.

反之,如果 $\overline{\boldsymbol{H}}$ 为同格群 $\mathscr{H}_{\mathscr{K}_2}$ 中的元素,则可证 $\boldsymbol{H}=\boldsymbol{P}^{-1}\cdot\overline{\boldsymbol{H}}\cdot\boldsymbol{P}$ 必为同格群 $\mathscr{H}_{\mathscr{K}_1}$ 中的元素.故(4.78)式得证.

性质 3 同格群的元素 $\boldsymbol{H}$ 对应于等体积变换,即满足

$$|\det\boldsymbol{H}|=1. \tag{4.81}$$

事实上,如果对(4.77)式进行 $n-1$ 次运算,可得

$$\begin{aligned}\boldsymbol{\sigma}_{\mathscr{K}_1}\{\{\boldsymbol{F}(\tau)\}\}&=\boldsymbol{\sigma}_{\mathscr{K}_1}\{\{\boldsymbol{F}(\tau)\cdot\boldsymbol{H}^{(n-1)}\}\}\\&=\boldsymbol{\sigma}_{\mathscr{K}_n}\{\{\boldsymbol{F}(\tau)\}\}.\end{aligned} \tag{4.82}$$

上式中的 $\boldsymbol{\sigma}_{\mathscr{K}_n}$ 对应于参考构形 $\mathscr{K}_n$ 上的应力,该参考构形是通过由 $\mathscr{K}_1$ 到

$\mathscr{K}_n$ 的变换 $\boldsymbol{H}^{(n-1)}$ 来实现的. 现特别取上式中的 $\boldsymbol{F}(\tau)$ 为恒等变形 $\boldsymbol{I}$,则(4.82) 式为

$$\boldsymbol{\sigma}_{\mathscr{K}_1}\{\{\boldsymbol{I}\}\} = \boldsymbol{\sigma}_{\mathscr{K}_n}\{\{\boldsymbol{I}\}\}. \tag{4.83}$$

如果 $\boldsymbol{H}$ 不是等体积变换,则当 n 不断增大时,参考构形 $\mathscr{K}_n$ 相对于参考构形 $\mathscr{K}_1$ 的体积将不断地膨胀(若 $|\det\boldsymbol{H}|>1$),或不断地缩小(若 $|\det\boldsymbol{H}|<1$). 而(4.83) 式表明,对应于 $\mathscr{K}_1$ 和 $\mathscr{K}_n$ 上的应力却是相等的,这显然不符合人们的常识. 由此可见,变换 $\boldsymbol{H}$ 是保持体积不变的,即 $\boldsymbol{H}$ 满足(4.81)式. 满足(4.81) 式的一切元素 $\boldsymbol{H}$ 构成一个群,称为**么模群**(unimodular group),记为 $\mathscr{V}$.

性质 4 正交仿射量 $\boldsymbol{Q}$ 属于同格群 $\mathscr{H}_{\mathscr{K}_1}$ 的充要条件为:对于任意的变形梯度历史 $\boldsymbol{F}(\tau)$,有

$$\boldsymbol{\sigma}_{\mathscr{K}_1}\{\{\boldsymbol{Q}\cdot\boldsymbol{F}(\tau)\cdot\boldsymbol{Q}^{\mathrm{T}}\}\} = \boldsymbol{Q}\cdot\boldsymbol{\sigma}_{\mathscr{K}_1}\{\{\boldsymbol{F}(\tau)\}\}\cdot\boldsymbol{Q}^{\mathrm{T}}. \tag{4.84}$$

证明 必要性 如果 $\boldsymbol{Q}$ 是同格群 $\mathscr{H}_{\mathscr{K}_1}$ 中的元素,则 $\boldsymbol{Q}^{-1}=\boldsymbol{Q}^{\mathrm{T}}$ 也是同格群 $\mathscr{H}_{\mathscr{K}_1}$ 中的元素. 若分别以 $\boldsymbol{Q}\cdot\boldsymbol{F}(\tau)$ 和 $\boldsymbol{Q}^{\mathrm{T}}$ 代换(4.77) 式中的 $\boldsymbol{F}(\tau)$ 和 $\boldsymbol{H}$,则(4.77) 式可写为

$$\boldsymbol{\sigma}_{\mathscr{K}_1}\{\{\boldsymbol{Q}\cdot\boldsymbol{F}(\tau)\}\} = \boldsymbol{\sigma}_{\mathscr{K}_1}\{\{\boldsymbol{Q}\cdot\boldsymbol{F}(\tau)\cdot\boldsymbol{Q}^{\mathrm{T}}\}\}. \tag{4.85}$$

另一方面,由客观性原理,(4.47) 式为

$$\boldsymbol{\sigma}_{\mathscr{K}_1}\{\{\boldsymbol{Q}(\tau)\cdot\boldsymbol{F}(\tau)\}\} = \boldsymbol{Q}(t)\cdot\boldsymbol{\sigma}_{\mathscr{K}_1}\{\{\boldsymbol{F}(\tau)\}\}\cdot\boldsymbol{Q}^{\mathrm{T}}(t). \tag{4.86}$$

如令上式中的 $\boldsymbol{Q}(\tau)$ 不随时间变化:$\boldsymbol{Q}(\tau)=\boldsymbol{Q}(t)=\boldsymbol{Q}$,并与(4.85) 式比较,便得到(4.84) 式.

充分性 假定(4.84) 式对于任意的变形梯度历史都成立,则可取变形梯度历史为 $\boldsymbol{F}(\tau)\cdot\boldsymbol{Q}^{\mathrm{T}}$,并利用客观性原理而将(4.86) 式改写为:

$$\boldsymbol{\sigma}_{\mathscr{K}_1}\{\{\boldsymbol{Q}\cdot\boldsymbol{F}(\tau)\cdot\boldsymbol{Q}^{\mathrm{T}}\}\} = \boldsymbol{Q}\cdot\boldsymbol{\sigma}_{\mathscr{K}_1}\{\{\boldsymbol{F}(\tau)\cdot\boldsymbol{Q}^{\mathrm{T}}\}\}\cdot\boldsymbol{Q}^{\mathrm{T}}.$$

与(4.84) 式比较后,可得

$$\boldsymbol{\sigma}_{\mathscr{K}_1}\{\{\boldsymbol{F}(\tau)\}\} = \boldsymbol{\sigma}_{\mathscr{K}_1}\{\{\boldsymbol{F}(\tau)\cdot\boldsymbol{Q}^{\mathrm{T}}\}\},$$

说明 $\boldsymbol{Q}^{\mathrm{T}}$ 是同格群 $\mathscr{H}_{\mathscr{K}_1}$ 中的元素,因此 $\boldsymbol{Q}$ 也是 $\mathscr{H}_{\mathscr{K}_1}$ 中的元素.

性质5 单位仿射量 $\boldsymbol{I}$ 及其反演 $-\boldsymbol{I}$ 必定是一切同格群中的元素,由这两个元素构成的群称为**三斜群**(triclinic group),记为 $\{\boldsymbol{I},-\boldsymbol{I}\}$.

因为 $\boldsymbol{I}$ 和 $-\boldsymbol{I}$ 都是正交仿射量,且满足(4.84) 式(如将(4.84) 式两端中的 $\boldsymbol{Q}$ 取为 $\boldsymbol{I}$ 或 $-\boldsymbol{I}$ 后,等号自然成立),故由性质 4,可知 $\{\boldsymbol{I},-\boldsymbol{I}\}$ 必为同格群的元素.

根据性质 3 和性质 5,可知一切同格群 $\mathscr{H}_{\mathscr{K}_1}$ 必满足

$$\{\boldsymbol{I}, -\boldsymbol{I}\} \subset \mathscr{H}_{\mathscr{K}_1} \subset \mathscr{V}. \tag{4.87}$$

“材料对称性”是通过同格群来加以描述的,上式表明,具有最小“材料对称性”的同格群就是“三斜群”$\{\boldsymbol{I}, -\boldsymbol{I}\}$,而具有最大“材料对称性”的同格群就是“么模群”$\mathscr{V}$.介于以上两个群之间,还有一个十分重要的群,就是正交群 $\mathscr{O}_3$,它是一切正交仿射量的集合.

下面,我们来考察各向同性材料本构关系的具体形式.

定义　对于给定的材料,如果存在这样的参考构形 $\mathscr{K}_0$,使得对此参考构形进行(在应力状态不变下的)正交变换后,其响应泛函不变,那么我们就称该材料是各向同性的,并称 $\mathscr{K}_0$ 为各向同性“无畸变状态”(undistored state)参考构形.也就是说,所有的正交张量必定是各向同性材料的同格群 $\mathscr{H}_{\mathscr{K}_0}$ 中的元素:

$$\mathscr{O}_3 \subset \mathscr{H}_{\mathscr{K}_0} \subset \mathscr{V}. \tag{4.88}$$

反之,如果无论怎样来选取参考构形,都不能使(4.88)式成立,那么,我们就称该材料是各向异性的.

由群论知识可以证明[4.6,4.7],满足(4.88)式的 $\mathscr{H}_{\mathscr{K}_0}$ 只可能有两种,即

$$\mathscr{H}_{\mathscr{K}_0} = \mathscr{O}_3 \quad \text{或} \quad \mathscr{H}_{\mathscr{K}_0} = \mathscr{V}. \tag{4.89}$$

这说明,各向同性材料的同格群只可能是正交群 $\mathscr{O}_3$ 和么模群 $\mathscr{V}$ 中的一种.

现利用本构关系(4.46)式和(4.47)式而将 Cauchy 应力表示为

$$\boldsymbol{\sigma}(t) = \boldsymbol{Q}^{\mathrm{T}}(t) \cdot \boldsymbol{\sigma}_{\mathscr{K}_0}\{\!\{\boldsymbol{Q}(\tau) \cdot \boldsymbol{F}(\tau)\}\!\} \cdot \boldsymbol{Q}(t). \tag{4.90}$$

如果材料是各向同性的,则由性质 4 可知(4.84)式成立.故有

$$\boldsymbol{\sigma}(t) = \boldsymbol{\sigma}_{\mathscr{K}_0}\{\!\{\boldsymbol{Q}^{\mathrm{T}}(t) \cdot \boldsymbol{Q}(\tau) \cdot \boldsymbol{F}(\tau) \cdot \boldsymbol{Q}(t)\}\!\}.$$

将上式中的 $\boldsymbol{F}(\tau)$ 写成(4.49)式的形式,并取 $\boldsymbol{Q}(\tau) = \boldsymbol{R}^{\mathrm{T}}(t) \cdot \boldsymbol{R}_t^{\mathrm{T}}(\tau)$,则由 $\boldsymbol{R}_t(t) = \boldsymbol{I}$, $\boldsymbol{Q}(t) = \boldsymbol{R}^{\mathrm{T}}(t)$,可得

$$\boldsymbol{\sigma}(t) = \boldsymbol{\sigma}_{\mathscr{K}_0}\{\!\{\boldsymbol{U}_t(\tau) \cdot \boldsymbol{V}(t)\}\!\}. \tag{4.91}$$

其中 $\boldsymbol{U}_t(\tau)$ 是相对右伸长张量历史,$\boldsymbol{V}(t) = \boldsymbol{R}(t) \cdot \boldsymbol{U}(t) \cdot \boldsymbol{R}^{\mathrm{T}}(t)$ 是 t 时刻的左伸长张量.因此,各向同性材料的本构关系可写为

$$\boldsymbol{\sigma}(t) = \boldsymbol{\sigma}_{\mathscr{K}_0}\{\!\{\boldsymbol{U}_t(\tau), \boldsymbol{V}(t)\}\!\}, \tag{4.92}$$

且对任意的正交仿射量 $\boldsymbol{Q}$,上式右端的泛函满足关系式

$$\boldsymbol{Q} \cdot \boldsymbol{\sigma}_{\mathscr{K}_0}\{\!\{\boldsymbol{U}_t(\tau), \boldsymbol{V}(t)\}\!\} \cdot \boldsymbol{Q}^{\mathrm{T}}$$

$$= \boldsymbol{\sigma}_{\mathscr{K}_0}\{\{\boldsymbol{Q}\cdot\boldsymbol{U}_t(\tau)\cdot\boldsymbol{Q}^{\mathrm{T}},\boldsymbol{Q}\cdot\boldsymbol{V}(t)\cdot\boldsymbol{Q}^{\mathrm{T}}\}\}. \tag{4.93}$$

(四) 简单物质的分类

根据以上关于同格群的讨论，Coleman，Noll 等人曾对简单物质进行了如下的分类：

(1) 简单固体

固体是一种具有抵抗变形能力的物质．现假定在适当选取的参考构形 $\mathscr{K}_1$ 下，恒等变形 $\boldsymbol{F}(\tau)=\boldsymbol{I}$ 所对应的 Cauchy 应力为零：

$$\boldsymbol{\sigma}_{\mathscr{K}_1}\{\{\boldsymbol{I}\}\}=\boldsymbol{0}.$$

由上式可以推断，同格群 $\mathscr{H}_{\mathscr{K}_1}$ 中的元素 $\boldsymbol{H}$ 是一个正交仿射量．这是因为 $\boldsymbol{H}$ 是非奇异的：$|\det\boldsymbol{H}|=1$，可对 $\boldsymbol{H}$ 进行极分解：$\boldsymbol{H}=\boldsymbol{R}\cdot\boldsymbol{U}$，其中 $\boldsymbol{R}$ 为正交仿射量，它对应于刚体转动，$\boldsymbol{U}$ 为对称正定（或负定）仿射量，当 $\boldsymbol{U}\neq\boldsymbol{I}$ 时，它对应于材料的变形．由 $\boldsymbol{F}\cdot\boldsymbol{H}=\boldsymbol{I}\cdot\boldsymbol{H}=\boldsymbol{R}\cdot\boldsymbol{U}$，并利用(4.77)式，可得

$$\boldsymbol{\sigma}_{\mathscr{K}_1}\{\{\boldsymbol{I}\}\}=\boldsymbol{\sigma}_{\mathscr{K}_1}\{\{\boldsymbol{R}\cdot\boldsymbol{U}\}\}=\boldsymbol{0}.$$

而上式只有当固体不变形（即 $\boldsymbol{U}=\boldsymbol{I}$）时才成立，说明 $\boldsymbol{H}$ 是一个正交仿射量．以上讨论表明，固体是这样一种物质，在适当选取的参考构形 $\mathscr{K}_1$ 下，其同格群 $\mathscr{H}_{\mathscr{K}_1}$ 为正交群 $\mathscr{O}_3$ 的子群，即满足：

$$\{\boldsymbol{I},-\boldsymbol{I}\}\subset\mathscr{H}_{\mathscr{K}_1}\subset\mathscr{O}_3. \tag{4.94}$$

这样的参考构形 $\mathscr{K}_1$ 称之为固体的“无畸变状态”的参考构形．

通常我们所说的正交各向异性、横观各向同性和各向同性等固体材料所具有的材料对称性是各不相同的，因此，它们的同格群也是不相同的．晶体的“材料对称性”问题是通过晶体点群来加以描述的，有关这方面的详细讨论可参见文献[1.8,4.4,4.5]，此处不再介绍．

各向同性固体材料的同格群应同时满足(4.88)式和(4.94)式，其中 $\mathscr{K}_0$ 和 $\mathscr{K}_1$ 并不一定是同一个参考构形．不难证明，对应于这两个参考构形的同格群 $\mathscr{H}_{\mathscr{K}_0}$ 和 $\mathscr{H}_{\mathscr{K}_1}$ 都是正交群 $\mathscr{O}_3$．因为通过对(4.88)式和(4.89)式的讨论可知，满足(4.88)式的 $\mathscr{H}_{\mathscr{K}_0}$ 只可能是正交群 $\mathscr{O}_3$ 或幺模群 $\mathscr{V}$．如果 $\mathscr{H}_{\mathscr{K}_0}=\mathscr{V}$，则由(4.78)式可得

$$\mathscr{H}_{\mathscr{K}_1}=\boldsymbol{P}\cdot\mathscr{V}\cdot\boldsymbol{P}^{-1},$$

其中 $\boldsymbol{P}$ 为由 $\mathscr{K}_0$ 到 $\mathscr{K}_1$ 的变形梯度．这时，容易看出上式中的 $\mathscr{H}_{\mathscr{K}_1}$ 也必定为

么模群,即 $\mathscr{H}_{\mathscr{K}_1} = \mathscr{U}$,而这显然与(4.94) 式是相矛盾的,由此可得 $\mathscr{H}_{\mathscr{K}_0} = \mathscr{O}_3$. 此外,类似于第四章习题 4.12 和 4.13 的证明,可知 $\mathscr{H}_{\mathscr{K}_0}$ 中的元素 $\boldsymbol{Q}_0$ 与 $\mathscr{H}_{\mathscr{K}_1}$ 中的元素 $\boldsymbol{Q}_1$ 之间有对应关系

$$\boldsymbol{Q}_1 = \boldsymbol{R} \cdot \boldsymbol{Q}_0 \cdot \boldsymbol{R}^{\mathrm{T}},$$

其中 $\boldsymbol{R}$ 为正交仿射量. 因为对于任意的正交仿射量 $\boldsymbol{Q}_1$,都存在对应于同格群 $\mathscr{H}_{\mathscr{K}_0} = \mathscr{O}_3$ 中的元素 $\boldsymbol{Q}_0 \in \mathscr{O}_3$,使上式得到满足,说明一切正交仿射量 $\boldsymbol{Q}_1$ 都是同格群 $\mathscr{H}_{\mathscr{K}_1}$ 的元素,故 $\mathscr{H}_{\mathscr{K}_1}$ 也一定是正交群 $\mathscr{O}_3$. 于是以上命题得证.

(2) 简单流体

在密度不变的条件下,流体的力学性质不会因为其形状的改变而改变. 也就是说,在体积给定的条件下,流体的力学性质并不依赖于特别选取的参考构形. 因此,简单流体的同格群 $\mathscr{H}_{\mathscr{K}_1}$ 在参考构形作等容变换 $\boldsymbol{P}_0$ 之后仍然是其本身 $\mathscr{H}_{\mathscr{K}_1}$,即由(4.78) 式,对于任意满足 $|\det\boldsymbol{P}_0| = 1$ 的 $\boldsymbol{P}_0$,有

$$\mathscr{H}_{\mathscr{K}_1} = \boldsymbol{P}_0 \cdot \mathscr{H}_{\mathscr{K}_1} \cdot \boldsymbol{P}_0^{-1}.$$

根据群论知识,满足上式的 $\mathscr{H}_{\mathscr{K}_1}$ 只可能是三斜群 $\{\boldsymbol{I}, -\boldsymbol{I}\}$ 或么模群 $\mathscr{U}$. 但三斜群满足(4.94) 式,它对应于简单固体的同格群. 因此,简单流体的同格群只能是么模群:

$$\mathscr{H}_{\mathscr{K}_1} = \mathscr{U}.$$

此外,根据各向同性材料的同格群所应满足的条件(4.88) 式,可知简单流体是各向同性材料,其本构关系可由(4.91) 式或(4.92) 式来加以表示,其中的泛函满足(4.93) 式. 在(4.92) 式中,$\boldsymbol{U}_t(\tau)$ 为相对于当前时刻的相对右伸长张量历史,与参考构形的选取无关. 但式中的左伸长张量 $\boldsymbol{V}(t)$ 通常却随参考构形的改变而改变. 由于流体的性质除了与其密度有关外,并不依赖于参考构形的选取,因此,(4.92) 式对 $\boldsymbol{V}(t)$ 的依赖关系是通过 $\det\boldsymbol{V} = \det\boldsymbol{F} = \rho_0/\rho$ 来体现的,其中 ρ_0 和 ρ 分别对应于初始时刻参考构形和当前构形的密度. 于是,在等温条件下,简单流体的本构关系应写为

$$\boldsymbol{\sigma}(t) = \boldsymbol{\sigma}\{\{\boldsymbol{U}_t(\tau), \rho(t)\}\}, \tag{4.95}$$

且对任意正交仿射量 $\boldsymbol{Q}$,上式右端的泛函满足关系式

$$\boldsymbol{Q} \cdot \boldsymbol{\sigma}\{\{\boldsymbol{U}_t(\tau), \rho(t)\}\} \cdot \boldsymbol{Q}^{\mathrm{T}} = \boldsymbol{\sigma}\{\{\boldsymbol{Q} \cdot \boldsymbol{U}_t(\tau) \cdot \boldsymbol{Q}^{\mathrm{T}}, \rho(t)\}\}. \tag{4.96}$$

当流体处于静止状态时,由 $\boldsymbol{U}_t(\tau)=\boldsymbol{I}$,(4.95) 式退化为:

$$\boldsymbol{\sigma}(t)=\boldsymbol{\sigma}\{\{\boldsymbol{I},\rho(t)\}\}=\boldsymbol{\sigma}_{\mathrm{st}}(\rho).$$

由此可将(4.95) 式改写为

$$\boldsymbol{\sigma}(t)=\boldsymbol{\sigma}_{\mathrm{st}}(\rho)+\boldsymbol{\sigma}'\{\{\boldsymbol{U}_t(\tau)-\boldsymbol{I},\rho(t)\}\}, \tag{4.97}$$

其中 $\boldsymbol{\sigma}'\{\{\boldsymbol{U}_t(\tau)-\boldsymbol{I},\rho(t)\}\}=\boldsymbol{\sigma}\{\{\boldsymbol{U}_t(\tau),\rho(t)\}\}-\boldsymbol{\sigma}_{\mathrm{st}}(\rho)$,满足

$$\boldsymbol{\sigma}'\{\{\boldsymbol{0},\rho(t)\}\}=\boldsymbol{0}. \tag{4.98}$$

对应于(4.96) 式的各向同性条件可化为

$$\boldsymbol{Q}\cdot\boldsymbol{\sigma}_{\mathrm{st}}(\rho)\cdot\boldsymbol{Q}^{\mathrm{T}}=\boldsymbol{\sigma}_{\mathrm{st}}(\rho), \tag{4.99}$$

和

$$\boldsymbol{Q}\cdot\boldsymbol{\sigma}'\{\{\boldsymbol{U}_t(\tau)-\boldsymbol{I},\rho(t)\}\}\cdot\boldsymbol{Q}^{\mathrm{T}}=\boldsymbol{\sigma}'\{\{\boldsymbol{Q}\cdot\boldsymbol{U}_t(\tau)\cdot\boldsymbol{Q}^{\mathrm{T}}-\boldsymbol{I},\rho(t)\}\}. \tag{4.100}$$

(4.99) 式表明,$\boldsymbol{\sigma}_{\mathrm{st}}$ 为各向同性仿射量,故由 §1.9 的讨论,可知 $\boldsymbol{\sigma}_{\mathrm{st}}(\rho)=-p(\rho)\boldsymbol{I}$. 因此,简单流体的本构关系可表示为:

$$\boldsymbol{\sigma}(t)=-p(\rho(t))\boldsymbol{I}+\boldsymbol{\sigma}'\{\{\boldsymbol{U}_t(\tau)-\boldsymbol{I},\rho(t)\}\}, \tag{4.101}$$

而上式右端第二项的泛函应满足条件(4.98) 式和(4.100) 式. 显然,(4.101) 式也可等价地写为如下的泛函形式

$$\boldsymbol{\sigma}(t)=-p(\rho(t))\boldsymbol{I}+\boldsymbol{\sigma}''\{\{\boldsymbol{C}_t(\tau)-\boldsymbol{I},\rho(t)\}\}, \tag{4.102}$$

其中 $\boldsymbol{C}_t(\tau)=[\boldsymbol{U}_t(\tau)]^2$. 对于不可压缩流体,上式应改写为

$$\boldsymbol{\sigma}(t)=-p\boldsymbol{I}+\boldsymbol{\sigma}^0\{\{\boldsymbol{C}_t(\tau)-\boldsymbol{I}\}\}, \tag{4.103}$$

其中 p 是非确定的.

(3) 流晶(simple liquid crystal)

现考虑另一类简单物质. 对于这类物质,无论怎样选取参考构形 $\mathscr{K}_1$,其同格群 $\mathscr{H}_{\mathscr{K}_1}$ 既不能成为正交群 $\mathscr{O}_3$ 的子群:

$$\mathscr{H}_{\mathscr{K}_1}\not\subset\mathscr{O}_3, \tag{4.104}$$

又不能使正交群 $\mathscr{O}_3$ 作为该物质的同格群 $\mathscr{H}_{\mathscr{K}_1}$ 的子群:

$$\mathscr{O}_3\not\subset\mathscr{H}_{\mathscr{K}_1}. \tag{4.105}$$

(4.104) 式不满足简单固体的定义(4.94) 式,因为该物质的同格群中包含有非正交变换的元素. 由于非正交变换对应于物体的变形,说明该物质具有流体的性质. 另一方面,(4.105) 式不满足简单流体的定义,因为简单流体的同格群为幺模群 $\mathscr{V}$,而正交群 $\mathscr{O}_3$ 应该是它的子群. 这表明,存在某些不属于同格群 $\mathscr{H}_{\mathscr{K}_1}$ 的正交变换,在这样的正交变换下,该物质具有不同的响应,可见这样的物质还具有各向异性固体的性质. 以后,我们称以

上这种同时满足(4.104)式和(4.105)式的物质为**流晶**.

为了说明流晶的存在,现讨论一种具有如下本构关系的物质:

$$\boldsymbol{\sigma} = a(\boldsymbol{F}\cdot\boldsymbol{r})\otimes(\boldsymbol{F}\cdot\boldsymbol{r}), \tag{4.106}$$

上式中 a 为某一常数,$\boldsymbol{r}$ 为单位向量,$\boldsymbol{F}$ 为变形梯度.

显然,(4.106)式满足本构原理中的决定性原理、局部作用原理和客观性原理.此外,不难证明,这种物质的同格群 $\mathscr{H}_{\mathscr{K}_1}$ 是一切满足关系式

$$|\det\boldsymbol{H}| = 1 \quad 和 \quad \boldsymbol{H}\cdot\boldsymbol{r} = \pm\boldsymbol{r} \tag{4.107}$$

的仿射量 $\boldsymbol{H}$ 的集合,即当(4.107)式成立时,必有

$$a(\boldsymbol{F}\cdot\boldsymbol{H}\cdot\boldsymbol{r})\otimes(\boldsymbol{F}\cdot\boldsymbol{H}\cdot\boldsymbol{r}) = a(\boldsymbol{F}\cdot\boldsymbol{r})\otimes(\boldsymbol{F}\cdot\boldsymbol{r}).$$

现取以单位向量 $\boldsymbol{r}$ 为法向的平面 $\{\boldsymbol{r}\}^{\perp}$.空间中的任一向量 $\boldsymbol{v}$ 都可分解为平行于 $\boldsymbol{r}$ 的 $\boldsymbol{v}_{/\!/}$ 和平面 $\{\boldsymbol{r}\}^{\perp}$ 内的 $\boldsymbol{v}_{\perp}$(见图 4.3):

$$\boldsymbol{v} = \boldsymbol{v}_{/\!/} + \boldsymbol{v}_{\perp}.$$

在变换 $\boldsymbol{H}$ 下,向量 $\boldsymbol{v}$ 变为 $\boldsymbol{v}' = \boldsymbol{H}\cdot\boldsymbol{v}$,其中 $\boldsymbol{v}'_{/\!/} = \boldsymbol{H}\cdot\boldsymbol{v}_{/\!/} = \pm\boldsymbol{v}_{/\!/}$,而 $\boldsymbol{v}'_{\perp} = \boldsymbol{H}\cdot\boldsymbol{v}_{\perp}$ 仍在平面 $\{\boldsymbol{r}\}^{\perp}$ 内,但并不一定等于 $\boldsymbol{v}_{\perp}$ 或 $-\boldsymbol{v}_{\perp}$.

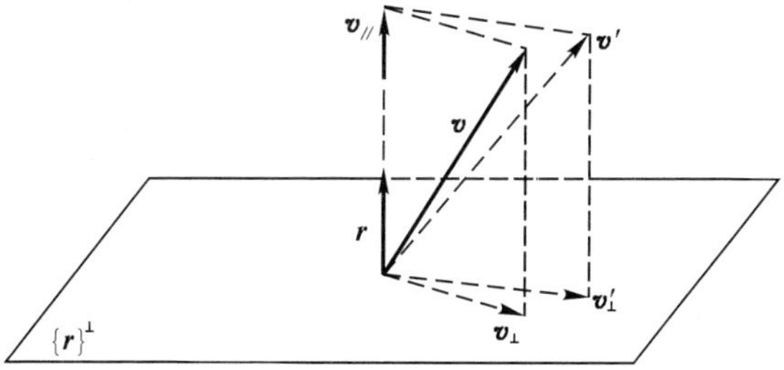

图 4.3 在变换 $\boldsymbol{H}$ 下的向量 $\boldsymbol{v}$

如果平面 $\{\boldsymbol{r}\}^{\perp}$ 内的任意两个向量 $\boldsymbol{v}_1$ 和 $\boldsymbol{v}_2$ 在变换 $\boldsymbol{H}$ 下分别变为 $\boldsymbol{H}\cdot\boldsymbol{v}_1$ 和 $\boldsymbol{H}\cdot\boldsymbol{v}_2$,则由 §1.5 例 3 中的 $(1.66)_3$ 式,可知向量 $\boldsymbol{v}_1$、$\boldsymbol{v}_2$ 和 $\boldsymbol{r}$ 的混合积满足

$$[\boldsymbol{H}\cdot\boldsymbol{v}_1, \boldsymbol{H}\cdot\boldsymbol{v}_2, \boldsymbol{H}\cdot\boldsymbol{r}] = (\det\boldsymbol{H})[\boldsymbol{v}_1, \boldsymbol{v}_2, \boldsymbol{r}] = \pm[\boldsymbol{v}_1, \boldsymbol{v}_2, \boldsymbol{r}].$$

这里,我们并没有要求 $\boldsymbol{H}$ 是正交变换,即 $\boldsymbol{v}_1$ 和 $\boldsymbol{v}_2$ 的内积在变换 $\boldsymbol{H}$ 下是可以改变的,故(4.104)式成立.但上式却要求平面 $\{\boldsymbol{r}\}^{\perp}$ 内由 $\boldsymbol{v}_1$ 和 $\boldsymbol{v}_2$ 构成的平行四边形在变换 $\boldsymbol{H}$ 下是保持面积不变的.因此,变换 $\boldsymbol{H}$ 对应于平面 $\{\boldsymbol{r}\}^{\perp}$ 内等体积的平面应变变形.也就是说,具有本构关系(4.106)式的物质在平面 $\{\boldsymbol{r}\}^{\perp}$ 内显示出流体的性质.

另一方面,对于沿 $\boldsymbol{r}$ 方向的变形,该物质又显示出固体的性质.虽然

某些正交变换(如绕 $\boldsymbol{r}$ 方向轴线的刚体转动)为该物质同格群 $\mathscr{H}_{\mathscr{K}_1}$ 中的元素,但也有某些正交变换(如绕与 $\boldsymbol{r}$ 成某一角度轴线的刚体转动,在这样的转动下,(4.107) 式不成立) 并不属于同格群 $\mathscr{H}_{\mathscr{K}_1}$. 因此,该物质的同格群又满足关系式(4.105) 式.

以上按照同格群对简单物质所进行的分类可参见示意图 4.4. 这种分类是一种纯几何的考虑,其合理性仍有待作进一步探讨.

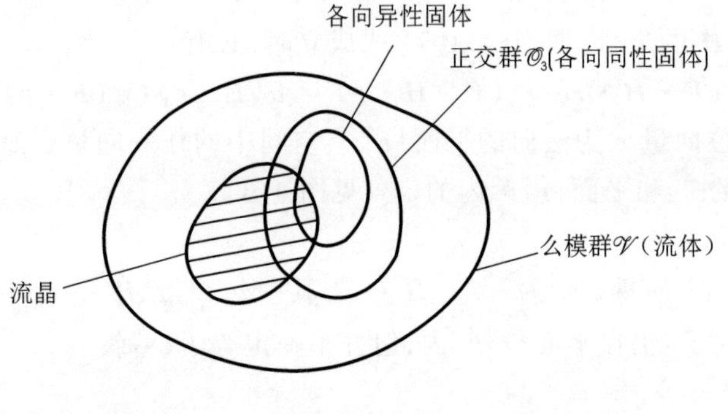

图 4.4　按照同格群对简单物质进行分类

注意到固体与流体的主要区别在于固体具有抵抗剪切变形的能力,故可对物质的分类作如下的讨论.

现采用(2.64)式中变形梯度的等容部分 $\hat{\boldsymbol{F}} = \mathscr{J}^{-\frac{1}{3}}\boldsymbol{F}$ 来描述材料的剪切变形. 为此引进对应于等容变形的右伸长张量

$$\hat{\boldsymbol{U}} = (\hat{\boldsymbol{F}}^{\mathrm{T}} \cdot \hat{\boldsymbol{F}})^{\frac{1}{2}} = \mathscr{J}^{-\frac{1}{3}}\boldsymbol{U},$$

并由此定义相应的 Lagrange 型应变度量 $\hat{\boldsymbol{E}}$,它只有 5 个独立的分量. 为讨论方便起见,下面我们取等容变形的 Green 应变:

$$\hat{\boldsymbol{E}} = \frac{1}{2}(\hat{\boldsymbol{U}}^2 - \boldsymbol{I}) = \frac{1}{2}(\mathscr{J}^{-\frac{2}{3}}\boldsymbol{C} - \boldsymbol{I}) \tag{4.108}$$

来作为 Lagrange 型应变度量. 这时,(3.127) 式中的 Helmholtz 自由能可以改写为

$$\psi = \psi(\theta, \mathscr{J}, \hat{\boldsymbol{E}}, \xi_m). \tag{4.109}$$

于是,相应的第二类 Piola-Kirchhoff 应力可由(3.127) 式写为

$$\boldsymbol{T}^{(1)} = \boldsymbol{T}^{v} + \rho_0 \frac{\partial \psi}{\partial \boldsymbol{E}} = \boldsymbol{T}^{v} + \rho_0\left(\frac{\partial \psi}{\partial \mathscr{J}}\frac{\partial \mathscr{J}}{\partial \boldsymbol{E}} + \frac{\partial \psi}{\partial \hat{\boldsymbol{E}}} : \frac{\partial \hat{\boldsymbol{E}}}{\partial \boldsymbol{E}}\right), \tag{4.110}$$

其中 $\mathscr{J} = \det \boldsymbol{F}, \dfrac{\partial \mathscr{J}}{\partial \boldsymbol{E}} = \mathscr{J} \boldsymbol{C}^{-1}, \dfrac{\partial \hat{\boldsymbol{E}}}{\partial \boldsymbol{E}} = \mathscr{J}^{-\frac{2}{3}}[\boldsymbol{I}^{(1)} - \dfrac{1}{3}\boldsymbol{C} \otimes \boldsymbol{C}^{-1}]$，$\boldsymbol{I}^{(1)}$ 为对称化的四阶单位张量. 在上式中，ξ_m 需根据内变量的演化方程由加载历史（即 θ 和 $\boldsymbol{E}$ 的历史）来加以确定.

(4.110) 式右端第一项对应于 Lagrange 型"黏性"应力，它不仅与状态变量 $\theta, \mathscr{J}, \hat{\boldsymbol{E}}$ 和 ξ_m 有关，而且还与 $\theta, \mathscr{J}$ 和 $\hat{\boldsymbol{E}}$ 的时间变化率有关，且当 $\mathscr{J}$ 和 $\hat{\boldsymbol{E}}$ 不随时间变化时，有 $\boldsymbol{T}^v = \boldsymbol{0}$. 此外，根据热力学第二定律，通常还要求有

$$\boldsymbol{T}^v : \dot{\boldsymbol{E}} = \mathscr{J} \boldsymbol{\sigma}^v : \boldsymbol{D} \geqslant 0.$$

在 Euler 描述下，$\boldsymbol{T}^v$ 需转换为相应的 Cauchy"黏性"应力 $\boldsymbol{\sigma}^v$. 例如，当取 $\boldsymbol{T}^v = \lambda \dot{\mathscr{J}} \boldsymbol{C}^{-1} + 2\mu \mathscr{J} \boldsymbol{C}^{-1} \cdot \dot{\boldsymbol{E}}^{(1)} \cdot \boldsymbol{C}^{-1}$ 时，则相应的 Cauchy"黏性"应力为：$\boldsymbol{\sigma}^v = \lambda(\mathrm{tr}\boldsymbol{D})\boldsymbol{I} + 2\mu \boldsymbol{D}$，上式中 λ 和 μ 为材料常数，$\boldsymbol{D}$ 为变形率.

基于(4.109) 式和(4.110) 式，可建议给出如下的物质分类.

(i) 固体　如果(4.109) 式中的 ψ 依赖于 $\hat{\boldsymbol{E}}$，且对任意的 $\hat{\boldsymbol{E}}$ 始终有 $\dfrac{\partial \psi}{\partial \hat{\boldsymbol{E}}} \neq \boldsymbol{0}$，则由(4.110) 式可知，材料具有抵抗剪切变形的能力，我们称这样的材料为固体. 特别地

(a) 如果(4.110) 式中的 $\boldsymbol{T}^v = \boldsymbol{0}$，且在内变量的演化方程中，$\dot{\xi}_m$ 为 $\dot{\theta}$ 和 $\dot{\boldsymbol{E}}$ 的一次齐次式，则称这样的材料为**"率无关"固体材料**.

(b) 如果(4.109) 式中的 ψ 虽然依赖于 $\hat{\boldsymbol{E}}$，但对于任意给定的 θ 和 $\boldsymbol{E}$，随着时间的不断增长，内变量 ξ_m 的演化使 $\dfrac{\partial \psi}{\partial \hat{\boldsymbol{E}}} \to \boldsymbol{0}$，即材料逐渐丧失抵抗剪切变形的能力，这时，我们称这样的材料为具有松弛特性的流变(固) 体.

(c) 刚体或刚塑性体是一种特殊类型的固体. 在计算 ψ 和 $\dfrac{\partial \psi}{\partial \hat{\boldsymbol{E}}}$ 时，应理解为是弹性模量趋于无穷大时的极限情形.

(ii) 流体　如果(4.109) 式中的 ψ 不依赖于 $\hat{\boldsymbol{E}}$，则由(4.110) 式可知，材料不具有抵抗剪切变形的能力，我们称这样的材料为流体. 这时，可将当前构形取为参考构形，从而得到 Euler 描述下的本构关系.

(iii) 流晶　现假定 $\hat{\boldsymbol{E}}$ 可在特定的基$(\hat{\boldsymbol{L}}_1, \hat{\boldsymbol{L}}_2, \hat{\boldsymbol{L}}_3)$ 下分解为 $\hat{\boldsymbol{E}} = \sum\limits_{\alpha,\beta=1}^{3} \hat{E}_{\alpha\beta} \hat{\boldsymbol{L}}_\alpha \otimes \hat{\boldsymbol{L}}_\beta$，如果 ψ 仅依赖于其中的某些分量 $\hat{E}_{\alpha\beta}$，而不依赖于另一些

分量 $\hat{E}_{\alpha\beta}$，则称这样的材料为流晶.

§4.3 本构关系的具体形式

简单物质的本构关系不仅依赖于当前时刻的变形，而且还依赖于变形历史. 因此，Coleman，Noll 等人所讨论的本构关系是通过泛函形式来表示的. 然而，以泛函形式表示的本构关系通常只具有理论意义，有时难以用来描述具体材料的力学行为. 此外，只有在约束平衡态下来定义温度和熵才是有意义的. 因此，当引进内变量后，材料的热力学状态的历史也可以通过内变量的演化方程来加以描述. 总之，对于在不同加载条件下的不同材料，还需要根据某些假设使以上的泛函形式具体化，并由此导出相应的本构关系的具体形式. 这里，我们不打算介绍基于泛函形式表示的有关假设(如"减退记忆"假设)以及用泛函分析知识所进行的各种讨论，而仅仅通过简单实例给出几种可用来描述变形历史的具体本构形式. 在实际问题中，本构形式的选取应根据不同的材料和不同的外部加载条件来确定. 当然，也应该使所选取的本构形式尽可能地便于应用.

(一) 积分型本构关系

如果材料变形历史的泛函可通过关于 $\boldsymbol{F}(\boldsymbol{X},\tau)$ 的积分算子来加以表示，则所得到的本构关系是积分型的. 例如在(4.55) 式中，可令

$$\boldsymbol{E}(t,s) = \frac{1}{2}(\boldsymbol{C}(\tau) - \boldsymbol{I}), \tag{4.111}$$

并定义"范数"

$$\| \boldsymbol{E}(t) \| = \left[\int_0^\infty h^2(s)\boldsymbol{E}(t,s) : \boldsymbol{E}(t,s)\mathrm{d}s\right]^{1/2}, \tag{4.112}$$

其中 $s = t - \tau$ 表示从当前时刻 t 到以前时刻 τ 的时间间隔，$h(s)(>0)$ 是 s 的单调递减函数，满足

$$\lim_{s\to\infty} s^r h(s) = 0,$$

称之为 r 阶影响函数. (4.112) 式表明，与当前时刻 t 较接近(s 较小) 的变形历史要比与当前时刻 t 较遥远(s 较大) 的变形历史具有更大的"影响".

以上具有有界范数的变形历史的集合构成了一个 Hilbert 空间. 在此空间中，如果(4.55) 式是关于 $\boldsymbol{E}(t,s)$ 的线性连续泛函，则可将其写为内积的形式. 这时(4.55) 式可写为

$$\boldsymbol{T}^{(1)}(t)=\int_0^{t-t_0}\boldsymbol{K}(s,\boldsymbol{C}(t)):[\boldsymbol{E}(t,s)]\mathrm{d}s+\boldsymbol{T}^{(1)}(t_0),\qquad(4.113)$$

上式中 $\boldsymbol{T}^{(1)}(t_0)$ 是 $\boldsymbol{T}^{(1)}(t)$ 在 t_0 时刻的初值，$\boldsymbol{K}$ 是一个四阶对称张量，它是关于 $\boldsymbol{E}(t,s)$ 的线性变换，且对任意的 $\boldsymbol{C}$，要求 $\int_0^{\infty}|\boldsymbol{K}(s,\boldsymbol{C})|^2\cdot h^{-2}(s)\mathrm{d}s$ 有界. (4.113) 式通常称为有限线性黏弹性本构关系. 因为遥远的变形历史对当前的应力影响很小，所以在许多文献中，经常将上式中的 t_0 取为 $-\infty$. 以上讨论是在等温条件下进行的，当考虑温度效应时，以上的 $\boldsymbol{T}^{(1)}(t)$ 还依赖于温度的历史.

(二) 微分型本构关系

作为微分型本构关系的例子，现假定材料的应力状态仅依赖于无限接近于当前时刻 t 的历史. 注意到相对右 Cauchy-Green 张量可以由 (2.140) 式表示为

$$\boldsymbol{C}_t(\tau)=\boldsymbol{I}+\sum_{m=1}^{\infty}\frac{(\tau-t)}{m!}\boldsymbol{A}_{(m)}(t),\qquad(2.140)$$

其中 $\boldsymbol{A}_{(m)}$ 为 m 阶 Rivlin-Ericksen 张量，故可以用以上级数的前 n 项来作为 $\boldsymbol{C}_t(\tau)$ 的近似值. 于是，在等温条件下的(4.53) 式可近似地写为

$$\boldsymbol{\sigma}^{(R)}(t)=\boldsymbol{\sigma}_{\mathscr{K}_0}^{(n)}(\boldsymbol{A}_{(1)}^{(R)}(t),\boldsymbol{A}_{(2)}^{(R)}(t),\cdots,\boldsymbol{A}_{(n)}^{(R)}(t);\boldsymbol{C}(t)),\qquad(4.114)$$

其中 $\boldsymbol{A}_m^{(R)}(t)=\boldsymbol{R}^{\mathrm{T}}(t)\cdot\boldsymbol{A}_{(m)}(t)\cdot\boldsymbol{R}(t)$. 因为上式中应变对时间微分的最高次数为 n，故称为"n 错综度微分型"本构关系.

如果材料是各向同性的，则上式还可写为

$$\boldsymbol{\sigma}(t)=\boldsymbol{\sigma}_{\mathscr{K}_0}^{(n)}(\boldsymbol{A}_{(1)}(t),\boldsymbol{A}_{(2)}(t),\cdots,\boldsymbol{A}_{(n)}(t);\boldsymbol{B}(t)).\qquad(4.115)$$

特别地，对于流体，(4.115) 式的参考构形 $\mathscr{K}_0$ 应取为当前构形 $\mathscr{K}$，而式中的 $\boldsymbol{B}(t)$ 应改为 $\rho(t)$. 于是有

$$\boldsymbol{\sigma}(t)=\boldsymbol{\sigma}_{\mathscr{K}}(\boldsymbol{A}_{(1)}(t),\boldsymbol{A}_{(2)}(t),\cdots,\boldsymbol{A}_{(n)}(t);\rho(t)),\qquad(4.116)$$

其中 $\boldsymbol{\sigma}_{\mathscr{K}}$ 是其变元的各向同性函数，称之为 n 阶 **Rivlin-Ericksen 流体**.

一阶 Rivlin-Ericksen 流体又称为 **Stokes 流体**或 **Reiner-Rivlin 黏性流体**. 注意到 $\boldsymbol{A}_{(1)}=2\boldsymbol{D}$，其本构方程可利用各向同性张量函数表示定理而写为

$$\boldsymbol{\sigma}(t)=-p(\rho)\boldsymbol{I}+\varphi_0\boldsymbol{I}+\varphi_1\boldsymbol{D}+\varphi_2\boldsymbol{D}^2,\qquad(4.26)$$

其中 $\varphi_i(i=0,1,2)$ 是 $\boldsymbol{D}$ 的三个不变量和 ρ 的标量函数，且当 $\boldsymbol{D}=\boldsymbol{0}$ 时有 $\varphi_0=0$.

当流体不可压缩时,则要求 $\mathrm{tr}\boldsymbol{D}=0$,且在(4.26)式中出现非确定静水应力 p:

$$\boldsymbol{\sigma}(t)=-p\boldsymbol{I}+\varphi_1\boldsymbol{D}+\varphi_2\boldsymbol{D}^2.$$

类似地,不可压缩的二阶 Rivlin-Ericksen 流体的本构关系可写为

$$\begin{aligned}\boldsymbol{\sigma}(t)=&-p\boldsymbol{I}+\varphi_1\boldsymbol{A}_{(1)}+\varphi_2\boldsymbol{A}_{(1)}^2+\varphi_3\boldsymbol{A}_{(2)}+\varphi_4\boldsymbol{A}_{(2)}^2+\\&\varphi_5(\boldsymbol{A}_{(1)}\cdot\boldsymbol{A}_{(2)}+\boldsymbol{A}_{(2)}\cdot\boldsymbol{A}_{(1)})+\varphi_6(\boldsymbol{A}_{(1)}^2\cdot\boldsymbol{A}_{(2)}+\boldsymbol{A}_{(2)}\cdot\boldsymbol{A}_{(1)}^2)+\\&\varphi_7(\boldsymbol{A}_{(1)}\cdot\boldsymbol{A}_{(2)}^2+\boldsymbol{A}_{(2)}^2\cdot\boldsymbol{A}_{(1)})+\varphi_8(\boldsymbol{A}_{(1)}^2\cdot\boldsymbol{A}_{(2)}^2+\boldsymbol{A}_{(2)}^2\cdot\boldsymbol{A}_{(1)}^2).\end{aligned}\tag{4.117}$$

式中 $\varphi_i(i=1,2,\cdots,8)$ 为以下 9 个关于 $\boldsymbol{A}_{(1)}$ 和 $\boldsymbol{A}_{(2)}$ 的联合不变量的标量函数:$\mathrm{tr}\boldsymbol{A}_{(1)}^2,\mathrm{tr}\boldsymbol{A}_{(1)}^3,\mathrm{tr}\boldsymbol{A}_{(2)},\mathrm{tr}\boldsymbol{A}_{(2)}^2,\mathrm{tr}\boldsymbol{A}_{(2)}^3,\mathrm{tr}(\boldsymbol{A}_{(1)}\cdot\boldsymbol{A}_{(2)}),\mathrm{tr}(\boldsymbol{A}_{(1)}^2\cdot\boldsymbol{A}_{(2)}),\mathrm{tr}(\boldsymbol{A}_{(1)}\cdot\boldsymbol{A}_{(2)}^2),\mathrm{tr}(\boldsymbol{A}_{(1)}^2\cdot\boldsymbol{A}_{(2)}^2)$.

(三) 率型本构关系

如将(4.114)式左端 $\boldsymbol{\sigma}^{(R)}(t)$ 对时间 t 的 m 阶物质导数记为 $\frac{\mathscr{D}^m}{\mathscr{D}t^m}\boldsymbol{\sigma}^{(R)}(t)$,则率型本构关系一般可写为如下的常微分方程:

$$\begin{aligned}\frac{\mathscr{D}^m}{\mathscr{D}t^m}\boldsymbol{\sigma}^{(R)}(t)=\hat{\boldsymbol{H}}\Big(&\boldsymbol{\sigma}^{(R)}(t),\frac{\mathscr{D}}{\mathscr{D}t}\boldsymbol{\sigma}^{(R)}(t),\cdots,\frac{\mathscr{D}^{(m-1)}}{\mathscr{D}t}\boldsymbol{\sigma}^{(R)}(t);\\&\boldsymbol{A}_{(1)}^{(R)}(t),\boldsymbol{A}_{(2)}^{(R)}(t),\cdots,\boldsymbol{A}_{(n)}^{(R)}(t);\boldsymbol{C}(t)\Big),\end{aligned}\tag{4.118}$$

上式中 m 和 n 为正整数,$\hat{\boldsymbol{H}}$ 为其变元的充分光滑的张量函数.此外,还需假定在给定初始条件下,上式存在唯一的解 $\boldsymbol{\sigma}^{(R)}(t),\frac{\mathscr{D}}{\mathscr{D}t}\boldsymbol{\sigma}^{(R)}(t),\cdots,\frac{\mathscr{D}^{m-1}}{\mathscr{D}t}\boldsymbol{\sigma}^{(R)}(t)$.但需指出,在某些情况下,(4.118)式的解并不一定对应于某种真实材料的本构关系.

最简单的率型本构关系可取 $m=n=1$,且令 $\hat{\boldsymbol{H}}$ 为各向同性张量函数.这时(4.118)式简化为

$$\overset{\triangledown}{\boldsymbol{\sigma}}_{(R)}=\hat{\boldsymbol{H}}(\boldsymbol{\sigma}(t),\boldsymbol{D};\boldsymbol{B}(t)),$$

其中 $\overset{\triangledown}{\boldsymbol{\sigma}}_{(R)}$ 是 Cauchy 应力相对于 $\boldsymbol{\Omega}^{\mathrm{R}}=\dot{\boldsymbol{R}}\cdot\boldsymbol{R}^{\mathrm{T}}$ 的共旋应力率(即(4.32)式). 如将上式中的 $\boldsymbol{B}(t)$ 改为 $\rho(t)$,$\overset{\triangledown}{\boldsymbol{\sigma}}_{(R)}$ 改为原来意义下的 Zaremba-Jaumann 导数 $\overset{\triangledown}{\boldsymbol{\sigma}}_{(\mathrm{w})}$,则有,

$$\overset{\triangledown}{\boldsymbol{\sigma}}_{(\mathrm{w})} = \boldsymbol{H}(\boldsymbol{\sigma}(t), \boldsymbol{D}, \rho). \tag{4.119}$$

这类介质称之为**流固体**(hygrosteric media),它曾被 Noll 等人研究过.如果上式中的 $\boldsymbol{H}$ 线性地依赖于 $\boldsymbol{D}$,则(4.119)式便退化为 Truesdell 定义的低弹性(hypoelastic)材料的本构关系.

(四) 内变量型本构关系

绝大多数物质在变形和运动过程中都具有耗散性质.其特点是:(i) 在变形和运动过程中有能量耗散;(ii) 变形和运动过程是一个不可逆过程;(iii) 相应的本构关系具有变形历史相关性,这种变形历史的相关性既可以用泛函形式表示,也可以通过引进一组内变量以及相应的内变量演化方程来加以描述.这组内变量可以是标量,也可以是向量或高阶张量.在下面的讨论中,我们假定它们是 Lagrange 型张量,并形式地记为 ξ.

具有耗散性质材料的本构关系一般由两类方程组成.第一类方程描述了材料在约束平衡态下的性质.例如,约束平衡态下的 Helmholtz 自由能可由(3.127)式给出.这时,在等温过程中,与 Lagrange 型应变 $\boldsymbol{E}$ 相共轭的应力 $\boldsymbol{T}$ 可写为

$$\boldsymbol{T}(t) = \boldsymbol{T}^{v}\left(\boldsymbol{E}, \xi; \frac{\mathscr{D}\boldsymbol{E}}{\mathscr{D}t}\right) + \rho_0 \frac{\partial \psi(\boldsymbol{E}, \xi)}{\partial \boldsymbol{E}}, \tag{4.120}$$

其中,$\dfrac{\mathscr{D}\boldsymbol{E}}{\mathscr{D}t}$ 表示 $\boldsymbol{E}$ 的物质导数.当 $\boldsymbol{E}$ 不随时间变化时,有 $\boldsymbol{T}^{v} = \boldsymbol{0}$.第二类方程描述了材料在耗散过程中广义热力学流 $\boldsymbol{J}$ 与广义热力学力 $\boldsymbol{P}$ 之间的关系,且要求满足耗散率非负的条件(3.133)式.因为(3.129)式右端的第一、第二和第三项分别对应于黏性耗散、内变量演化引起的耗散和热传导引起的耗散,所以通常还需要给出与以上三种耗散相对应的本构关系.例如,在等温过程中,需要给出内变量的演化方程

$$\dot{\xi} = \Xi\left(\boldsymbol{E}, \xi; \frac{\mathscr{D}\boldsymbol{E}}{\mathscr{D}t}\right). \tag{4.121}$$

有关内变量型本构关系的具体讨论将在以后的章节中给出,这里仅对以上表达式的物理意义作两点说明:

(1) 通过适当引入内变量和内变量的演化方程,(4.120)式右端第一项的"黏性应力"也可以表示为应变的各阶时间导数的函数.这时,Euler 型 Cauchy 黏性应力 σ^{v} 将依赖于各阶 Rivlin-Ericksen 张量.这样的本构关系可用来描述牛顿流体和非牛顿流体的力学行为.但需要注意,(4.120)式中的 $\boldsymbol{T}^{v}$ 还同时依赖于应变的时间导数,因此,即使在本构关系中没有

引进内变量,材料在变形过程中仍可能存在黏性耗散.

(2)“材料对称性”可由 $\boldsymbol{T}^{v}$, ψ 和 $\varXi$ 的函数形式确定.一般说, $\boldsymbol{T}^{v}$, ψ 和 $\varXi$ 并不一定是其变元的各向同性函数.当本构关系中不出现内变量时,材料的各向异性性质可通过引进相应的结构张量 s(满足(1.211)式),由各向同性张量函数表示定理来予以描述.而当本构关系中出现内变量时,即使材料在参考时刻是各向同性的,材料也可能会在以后的变形过程中由于内变量的演化而导致材料的各向异性.

(五)混合型本构关系

本构关系的具体形式有时也可以通过上述几种类型的组合来加以表示.例如,积分型本构关系(4.113)式的 $\boldsymbol{K}$ 可能还依赖于 $\boldsymbol{E}(t,s)$ 对时间 s 的导数在 $s=0$ 的值,这时,(4.113)式便化为积分-微分方程.

需注意,以上讨论仅适用于忽略温度效应和电磁效应的情形.在许多情况下,温度效应是不能忽略的.这时,应力状态不仅与应变历史有关,而且还与温度历史有关.

在具体应用以上某一类型的本构关系时,首先应了解该本构关系所采用的基本假设以及相应的限制性条件(如与热力学定律相容的条件,……),以保证其合理性.在以下几章中,我们将针对几种常见的材料进行具体的讨论.

习 题

4.1 由质量守恒(3.18)式、动量守恒(3.36)式、动量矩守恒(3.46)式以及能量守恒(3.71)式所给出的关系还不能完全确定方程中 ρ、ε,以及 v、$\boldsymbol{\sigma}$ 和 $\boldsymbol{q}$ 的分量,因为这里所要确定的分量共有17个,试讨论需要补充什么样的关系式才能完全确定以上17个分量.

4.2 试讨论动量守恒方程(3.36)式的客观性问题.

4.3 试证明由(3.62)式定义的无旋变形率 $\boldsymbol{D}^{(\mathrm{R})}=\boldsymbol{R}^{\mathrm{T}}\cdot\boldsymbol{D}\cdot\boldsymbol{R}$,以及与之相共轭的无旋应力 $\boldsymbol{T}^{(\mathrm{R})}=\boldsymbol{R}^{\mathrm{T}}\cdot\boldsymbol{\tau}\cdot\boldsymbol{R}$ 是在第二种定义下的客观性仿射量,即 $\boldsymbol{D}^{(\mathrm{R})*}=\boldsymbol{D}^{(\mathrm{R})}$, $\boldsymbol{T}^{(\mathrm{R})*}=\boldsymbol{T}^{(\mathrm{R})}$.

4.4 对于 Euler 型对数应变 $\boldsymbol{e}^{(0)}=\ln\boldsymbol{V}$,当其客观性共旋导数 $\overset{\nabla}{\boldsymbol{e}}{}^{(0)}=\dot{\boldsymbol{e}}^{(0)}+\boldsymbol{e}^{(0)}\cdot\boldsymbol{\Omega}-\boldsymbol{\Omega}\cdot\boldsymbol{e}^{(0)}$ 正好等于变形率张量 $\boldsymbol{D}$ 时,上式中的 $\boldsymbol{\Omega}$ 将被称为对数旋率,记为 $\boldsymbol{\Omega}^{\log}$,试给出 $\boldsymbol{\Omega}^{\log}$ 的具体表达式.

4.5 试利用(4.27)式和(4.28)式,并取式中的 $\boldsymbol{\varphi}$ 为变形率张量 $\boldsymbol{D}$,导出 $\boldsymbol{D}$ 的高阶客观性时间导数.

4.6 如果某种材料的本构关系可以表示为

$$\boldsymbol{\sigma} = \boldsymbol{f}\left(\boldsymbol{F}, \frac{\mathscr{D}}{\mathscr{D}t}\boldsymbol{F}, \cdots, \frac{\mathscr{D}^n}{\mathscr{D}t^n}\boldsymbol{F}\right),$$

其中 $\boldsymbol{\sigma}$ 为 Cauchy 应力，$\boldsymbol{F}$ 为变形梯度，$\frac{\mathscr{D}^m}{\mathscr{D}t^m}\boldsymbol{F}$ 是 $\boldsymbol{F}$ 的 m 阶物质导数，$\boldsymbol{f}$ 为对称张量函数. 试利用客观性原理证明上式可写为

$$\boldsymbol{\sigma} = \boldsymbol{R}\cdot\boldsymbol{f}\left(\boldsymbol{U}, \frac{\mathscr{D}}{\mathscr{D}t}\boldsymbol{U}, \cdots, \frac{\mathscr{D}^n}{\mathscr{D}t^n}\boldsymbol{U}\right)\cdot\boldsymbol{R}^{\mathrm{T}},$$

其中 $\boldsymbol{U}$ 和 $\boldsymbol{R}$ 分别是 $\boldsymbol{F}$ 在极分解中的右伸长张量和正交张量.

4.7 试利用第一章习题 1.7 的结果：当 $I_1(\boldsymbol{U}) = 3$ 时，有 $I_2(\boldsymbol{U}) \leqslant 3, I_3(\boldsymbol{U}) \leqslant 1$，说明：

(a) 除刚体运动外，Bell 材料经变形后的体积总是减小的，即不可能实现等容变形.

(b) Bell 材料不可能实现简单剪切变形.

4.8 试证，同时满足不可压缩内约束条件 $\det\boldsymbol{U} - 1 = 0$ 和 Bell 内约束条件 $\mathrm{tr}\boldsymbol{U} - 3 = 0$ 的材料为刚性材料：$\boldsymbol{U} - \boldsymbol{I} = \boldsymbol{0}$，其中 $\boldsymbol{U}$ 为右伸长张量.

4.9 Bell 材料的内约束条件可写为 $\mathrm{tr}\boldsymbol{V} - 3 = 0$，其中 $\boldsymbol{V}$ 为左伸长张量，试直接从上式出发，证明对应于 Cauchy 应力 $\boldsymbol{\sigma}$ 的“非确定应力”为 $\boldsymbol{\sigma}_N = -p'\boldsymbol{V}$，其中 p' 为标量因子.

4.10 试证，同时满足内约束条件 $\mathrm{tr}\boldsymbol{C} - 3 = 0$ 和 $\det\boldsymbol{C} - 1 = 0$ 的材料为刚性材料，其中 $\boldsymbol{C}$ 为右 Cauchy-Green 张量.

4.11 现考虑埋置两组纤维的复合材料，这两组纤维的方向在初始参考构形中分别为 $\boldsymbol{L}_1$ 和 $\boldsymbol{L}_2$，假定材料沿纤维方向不可伸长，试给出对应于 Cauchy 应力的非确定应力.

4.12 假定以 $\mathscr{K}_1$ 为参考构形的同格群 $\mathscr{H}_{\mathscr{K}_1}$ 包含正交群 $\mathscr{O}_3$，试证，当 $\mathscr{K}_1$ 经正交变换而变为 $\mathscr{K}_2$ 后，以 $\mathscr{K}_2$ 为参考构形的同格群 $\mathscr{H}_{\mathscr{K}_2}$ 也包含 $\mathscr{O}_3$. 即各向同性材料的同格群在正交变换下不变.

4.13 现假定有两个固体的“无畸变状态”参考构形 $\mathscr{K}_1$ 和 $\mathscr{K}_2$，相应的同格群分别为 $\mathscr{H}_{\mathscr{K}_1}$ 和 $\mathscr{H}_{\mathscr{K}_2}$. 如果由 $\mathscr{K}_1$ 到 $\mathscr{K}_2$ 的变形梯度为 $\boldsymbol{P}$，且 $\boldsymbol{P}$ 的极分解式为 $\boldsymbol{P} = \boldsymbol{R}\cdot\boldsymbol{U}$. 试证

$$\mathscr{H}_{\mathscr{K}_2} = \boldsymbol{R}\cdot\mathscr{H}_{\mathscr{K}_1}\cdot\boldsymbol{R}^{\mathrm{T}},$$

且要求 $\boldsymbol{U}$ 满足 $\mathscr{H}_{\mathscr{K}_1} = \boldsymbol{U}\cdot\mathscr{H}_{\mathscr{K}_1}\cdot\boldsymbol{U}^{-1}$.

4.14 试证：对应于各向同性固体的“无畸变状态”参考构形之间的变换为“相似变形”，即对于各向同性固体材料，上题中的 $\boldsymbol{U}$ 一定可表示为 $\boldsymbol{U} = \lambda\boldsymbol{I}$，其中 λ 为任

一标量.

4.15 试从(4.54)式出发,导出简单流体本构关系(4.102)式.

4.16 试证明,由(4.106)式表示的本构关系满足决定性原理、局部作用原理和客观性原理.

4.17 试证明:具有本构关系(4.106)式的物质的同格群为满足

$$|\det\boldsymbol{H}| = 1 \text{ 和 } \boldsymbol{H}\cdot\boldsymbol{r} = \pm\boldsymbol{r}$$

的张量 $\boldsymbol{H}$ 的集合.

参考文献

4.1 Noll W. A mathematical theory of the mechanical behavior of continuous media. Arch. Rat. Mech. Anal., 1958, 2:197—226.

4.2 Speziale C G. A review of material frame-indifference in mechanics. Appl. Mech. Rev., 1998, 51(8):489—504.

4.3 Xiao H, Bruhns O T, Meyers A. On objective corotational rates and their defining spin tensors. Int. J. Solids Structures, 1998, 35:4001—4014.

4.4 Coleman B D, Noll W. Material symmetry and thermostatic inequalities in finite elastic deformations. Arch. Rat. Mech. Anal., 1964, 15:87—111.

4.5 Rivlin R S, Smith G F. The description of material symmetry in materials with memory. Int. J. Solids Structures, 1987, 23:325—334.

4.6 Brauer R. On the relation between the orthogonal group and the unimodular group. Arch. Rat. Mach. Anal., 1965, 18:97—99.

4.7 Noll W. Proof of the maximality of the orthogonal group in the unimodular group. Arch. Rat. Mech. Anal., 1965, 18:100—102.

第五章 简单流体

§5.1 引　　言

本章将重点讨论 n 阶 Rivlin-Ericksen 流体,它具有如上一章(4.116)式给出的微分型本构关系的形式.如计及温度的影响,(4.116)式需改写为

$$\boldsymbol{\sigma}(t)=\boldsymbol{\sigma}_{\mathcal{H}}(\boldsymbol{A}_{(1)},\boldsymbol{A}_{(2)},\cdots,\boldsymbol{A}_{(n)},\theta,\rho). \tag{5.1}$$

由(5.1)式描述的流体可分为以下两种情形.

(i) 无黏性流体

如果流体在流动过程中不具有黏性耗散,即这种流体的质点在作相对运动时并不承受剪力的作用,则由(5.1)式左端表示的应力的偏量为零,我们称这样的流体为**无黏性流体**或**理想流体**.这时,(5.1)式与 $\boldsymbol{A}_{(1)}$, $\boldsymbol{A}_{(2)},\cdots,\boldsymbol{A}_{(n)}$ 无关.

(a) 如果还假设流体是不可压缩的,则 ρ 为常值,(5.1)式便退化为

$$\boldsymbol{\sigma}=-p\boldsymbol{I}, \tag{5.2}$$

其中 p 为“非确定”压强.

(b) 如果流体是可压缩的,则 ρ 不再为常值,这时(5.1)式可写为

$$\boldsymbol{\sigma}=-p(\theta,\rho)\boldsymbol{I}. \tag{5.3}$$

在正压过程中,上式中的密度仅仅是压强的函数,例如对于在绝热过程中的理想气体,(5.3)式中的 $p(\theta,\rho)$ 可具体写为

$$p(\rho)=\alpha\rho^{\gamma}\qquad(\alpha>0,\gamma>1). \tag{5.4}$$

(ii) 黏性流体

如果流体在流动过程中具有黏性耗散,则称这样的流体为**黏性流体**.一般说,这样的黏性耗散是通过阻滞流体质点作相对运动的剪力表现出来的.

(a) 牛顿流体(Newtonian fluids):1687 年,牛顿(Newton)利用平行平板间充满黏性流体的装置进行了简单剪切流动实验,指出两板间流体的速度分布服从线性规律,而施加于板上的剪力与板间的相对速度成正比,与板的间距成反比.

现考虑等温过程,并以 k 表示流体的剪切应变率,$\tau'(k)$表示剪应力,则可定义 $\eta'(k)=\dfrac{\tau'(k)}{k}$为剪切黏性函数,$\eta'_0=\left.\dfrac{\mathrm{d}\tau'(k)}{\mathrm{d}k}\right|_{k=0}$为**剪切黏性系数**.显然,对于以上的实验,有 $\eta'(k)=\eta'_0(k)=\text{const}$.在这种情况下,也可将 $\eta'(k)$简称为**黏性系数** η'.如果将以上结果推广到三维应力状态,则(5.1)式中的偏应力张量将与 $\boldsymbol{A}_{(1)}=2\boldsymbol{D}$ 呈线性关系.满足这一性质的流体称之为**牛顿流体**.不可压牛顿流体的本构关系可写为

$$\boldsymbol{\sigma}=-p\boldsymbol{I}+2\eta'\boldsymbol{D},\quad \mathrm{tr}\boldsymbol{D}=0. \tag{5.5}$$

上式中 η'为黏性系数.

(b) 非牛顿流体(non-Newtonian fluids)

偏应力张量与变形率之间不存在线性关系的黏性流体称为**非牛顿黏性流体**.以下几种流体都是非牛顿流体的典型实例.

① 对于等温过程,剪切黏性函数 η'为剪切应变率 k 的函数.

例如,对于大多数高聚物溶液,$\eta'(k)$随 k 的增加而减小,这样的物质称为剪切变稀(或拟塑性—pseudoplastic)物质.少数物质的 $\eta'(k)$随 k 的增加而增大,这样的物质称为剪切增稠(或胀流型—dilatant)物质.而对于 **Bingham 塑性流体**,当剪应力 τ' 未达到某一临界值 τ'_0 时,有 $\eta'(k)\to\infty$,即流体静止不动,而仅当 $\tau'\geqslant\tau'_0$ 时,介质才具有流动特性.

② 对于等温过程,剪切黏性函数 η'不仅与剪切应变率 k 有关,而且还与剪切流动的持续时间有关.我们称在 k 保持为常数的条件下,η'随时间增长而减小的流体为**触变流体**(thixotropic fluids),而称 η'随时间增长而增大的流体为**反触变流体**(antithixotropic fluids)或震凝流体.前者在静止时较黏稠,但搅动后将会变稀而易于流动;后者通常为乳状的溶液,但在长时间的剪切作用下会显现出类似于弹性的性质(例如,碱性的丁腈橡胶的乳胶悬浮液就是一种反触变流体).

③ 非线性黏弹性流体,其本构方程通常可由(5.1)式来加以描述.这时,不仅剪切黏性函数 η'可能与剪切应变率 k 有关,而且在正交曲线坐标系中,正应力差(法向应力差)

$$\sigma_1(k)=\sigma\langle 11\rangle-\sigma\langle 33\rangle \text{和} \sigma_2(k)=\sigma\langle 22\rangle-\sigma\langle 33\rangle$$

也可能与剪切应变率 k 有关.例如,在一只盛有黏性流体的烧杯里旋转一根圆棒.对于牛顿流体,在离心力作用下,液面将呈现为凹形,但对于许多黏弹性流体,液面的形状将会在中心凸起(见图 5.1).这就是著名的 **Weissenberg**(1944)**爬升效应**.有关非线性黏弹性流体的详细讨论可参见文献[5.2]、[5.3]和[7.5].

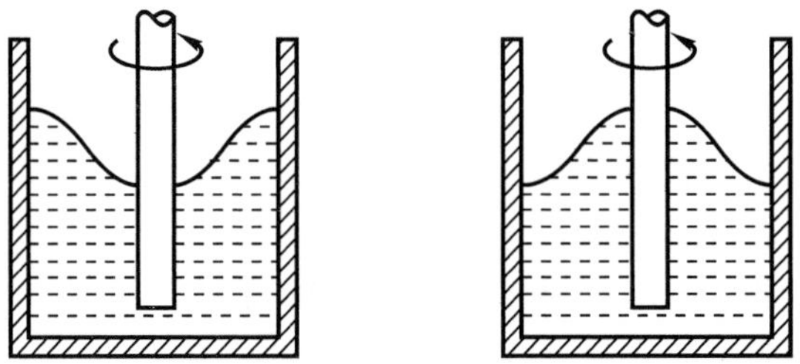

(a) 牛顿流体　(b) 非牛顿流体 (Weissenberg效应)

图 5.1　两同心旋转圆柱间的流动

§ 5.2　无黏性流体

(一) 无黏性流体的基本性质

下面仅讨论正压过程中的无黏性流体. 对于确定的热力学过程, 如等温过程或绝热过程, 当流体可压缩时, (5.3)式中的 p 可写为 ρ 的函数. 这时, 可定义 ρ 的函数 $\kappa^2(\rho)(>0)$ 和 $\chi(\rho)$ 如下:

$$\kappa^2(\rho) = \frac{\mathrm{d}p(\rho)}{\mathrm{d}\rho}, \tag{5.6}$$

$$\chi(\rho) = \int_{\rho_0}^{\rho} \frac{1}{\zeta}\left(\frac{\mathrm{d}p(\zeta)}{\mathrm{d}\zeta}\right)\mathrm{d}\zeta, \tag{5.7}$$

其中 ρ_0 为参考状态下的密度. 上两式的物理意义将通过下面的讨论来加以说明.

当流体不可压时, 由 $\rho=\rho_0$, 上式的微分 $\mathrm{d}\chi=\dfrac{1}{\rho}\mathrm{d}p$ 应改写为 $\mathrm{d}\chi=\dfrac{\mathrm{d}p}{\rho_0}$, 故(5.7)式中的 $\chi(\rho)$ 应该用 $\dfrac{p}{\rho_0}$ 来代替.

为了描述无黏性流体的流动特性, 除(5.2)式或(5.3)式外, 还需补充相应的质量守恒方程、动量守恒方程以及相应的边界条件. 由(3.19)式, 有

质量守恒: $\dfrac{\partial\rho}{\partial t}+\nabla\cdot(\rho\boldsymbol{v})=0$　(可压缩无黏性流体),　(5.8)

$\rho=\rho_0$　或　$\nabla\cdot\boldsymbol{v}=0$　(不可压无黏性流体).　(5.9)

(5.9)式是根据流体体积不可压条件得到的. 将(5.3)式和(5.2)式分别代入动量守恒方程(3.36)式, 则有

动量守恒： $\rho\dot{v}=-\nabla p+\rho f$ （可压缩无黏性流体）， (5.10)

$$\rho_0\dot{v}=-\nabla p+\rho_0 f \quad \text{（不可压无黏性流体）}. \tag{5.11}$$

上式也称为 Euler 方程(1775).

边界条件通常有两类：

(1) 在固体界壁上,流体沿界壁法向的速度分量等于固壁自身运动速度在同一法向上的分量.特别当界壁静止时,有

$$v\cdot\boldsymbol{n}=0, \tag{5.12}$$

其中 $\boldsymbol{n}$ 为固体界壁的单位法向量,这时流体的速度沿固体界壁的切向.

(2) 在自由面上,其面力的负值等于外部压强 p_0,即

$$\boldsymbol{\sigma}\cdot\boldsymbol{n}=-p_0\boldsymbol{I},$$

其中 $\boldsymbol{n}$ 为自由面的单位法向量.

由(5.7)式,有

$$\nabla\chi(\rho)=\frac{\mathrm{d}\chi}{\mathrm{d}\rho}\nabla\rho=\frac{1}{\rho}\frac{\mathrm{d}p(\rho)}{\mathrm{d}\rho}\nabla\rho=\frac{1}{\rho}\kappa^2(\rho)\nabla\rho=\frac{1}{\rho}\nabla p. \tag{5.13}$$

故(5.10)式中的 ∇p 还可以写为 $\rho\nabla\chi(p)$. 如果体力为保守力场,即 $\boldsymbol{f}$ 可通过位势函数 β 表示为 $\boldsymbol{f}=-\nabla\beta$,则(5.10)式和(5.11)式可分别写为

$$\dot{v}=-\nabla(\chi(\rho)+\beta) \quad \text{（可压缩无黏性流体）}, \tag{5.14}$$

$$\dot{v}=-\nabla\left(\frac{p}{\rho_0}+\beta\right) \quad \text{（不可压无黏性流体）}. \tag{5.15}$$

上式表明了 $\chi(\rho)$ 的物理意义,即加速度是势函数 $(\chi(\rho)+\beta)$,或是势函数 $\left(\frac{p}{\rho_0}+\beta\right)$ 的梯度. 于是有如下定理.

定理 体力为保守力场的无黏性流体具有如下性质：

(i) 如果流动在某一时刻是无旋的,则流动在任何时刻都是无旋的.

(ii) 对于任一物质曲线,如果它在某时刻是一条涡线,则它在任何时刻也是一条涡线.

(iii) 流动保持环量不变.

性质(i),(ii),(iii)的证明是显然的,因为它们可分别由§2.6 的 Lagrange-Cauchy 定理、涡旋传输定理以及§2.7 的 Kelvin 定理直接得到.

定义 如果速度场 v 可由位势函数 φ 表示为 $v=\nabla\varphi$,则流动被称为**势流**.

显然,根据§1.6 例 11 的讨论可知,在单连通域内,流动为势流的充要条件是速度场 v 的旋度处处为零,即速度场可写为 $v=\nabla\varphi$ 的充要条件是 $\nabla\times v=\boldsymbol{0}$.

Bernoulli 定理　体力为保守力场的无黏性流体具有如下性质:

(i) 如果流动为势流,$v=\nabla\ \varphi$,则有

$$\nabla\left(\varphi'+\frac{v^2}{2}+\chi(\rho)+\beta\right)=\mathbf{0}. \tag{5.16}$$

(ii) 如果流动是定常的,则有

$$\frac{\mathscr{D}}{\mathscr{D}t}\left(\frac{v^2}{2}+\chi(\rho)+\beta\right)=0. \tag{5.17}$$

(iii) 如果流动是定常无旋的,则处处有

$$\frac{v^2}{2}+\chi(\rho)+\beta=\text{const}, \tag{5.18}$$

其中:$\varphi'=\dfrac{\partial\varphi}{\partial t}$为$\varphi$对时间$t$的局部导数;$v^2=v\cdot v$;对于可压缩无黏性流体,式中的$\chi(\rho)$由(5.7)式给出;对于不可压无黏性流体,上式中的$\chi(\rho)$应改写为$\dfrac{p}{\rho_0}$.

证明　利用§2.6中的(2.105)式,(5.14)式或(5.15)式左端的加速度可以表示为

$$\dot{v}=v'+\frac{1}{2}\nabla(v\cdot v)+(\nabla\times v)\times v, \tag{2.105}$$

其中v'为v对时间t的局部导数,$\nabla\times v$为物质旋率$\boldsymbol{W}$的轴向量的两倍.

如果流动为势流,由$v=\nabla\ \varphi$,可知$\nabla\times v=\mathbf{0}$,而$v$的局部导数为$v'=\dfrac{\partial}{\partial t}(\nabla\ \varphi)\Big|_{\boldsymbol{x}}=\nabla(\varphi')$,因此加速度可写为

$$\dot{v}=\nabla\left(\varphi'+\frac{1}{2}v\cdot v\right).$$

将上式代入(5.14)式(或(5.15)式),便得到(5.16)式.

如果流动为定常流动,则$v'=\mathbf{0}$,这时(2.105)式退化为

$$\dot{v}=\frac{1}{2}\nabla(v\cdot v)+2\boldsymbol{W}\cdot v.$$

由于$\boldsymbol{W}$为反对称仿射量,$v\cdot\boldsymbol{W}\cdot v=0$,故

$$v\cdot\dot{v}=\frac{1}{2}v\cdot\nabla(v\cdot v).$$

于是由(5.14)式(或(5.15)式)可得

$$v\cdot\nabla\left(\frac{1}{2}v\cdot v+\chi(\rho)+\beta\right)=0.$$

现令$\pi=\dfrac{1}{2}v\cdot v+\chi(\rho)+\beta$,则由上式,$\pi$的物质导数可写为

$$\dot{\pi}=\pi'+v\cdot\nabla\pi=\pi'.$$

因此,当流动为定常流动时,$\pi'=0$,便得到(5.17)式.

最后,如果流动不仅是无旋的,而且还是定常的,则(2.105)式退化为 $\dot{v}=\frac{1}{2}\nabla(v\cdot v)$. 这时,由(5.14)式(或由(5.15)式)可得 $\nabla\left(\frac{1}{2}v^2+\chi(\rho)+\beta\right)=\mathbf{0}$,即处处有 $\pi'=0$ 和 $\nabla\pi=\mathbf{0}$,于是(5.18)式得证. 证讫.

(二)可压缩无黏性流体的定常流动

现来讨论正压过程中可压缩无黏性流体的运动特性.利用(5.13)式,$\nabla p=\kappa^2(\rho)\nabla\rho$,相应的基本方程(5.8)式和(5.10)式可分别写为

$$\left.\frac{\partial\rho}{\partial t}\right|_x+\nabla\cdot(\rho v)=0, \tag{5.8}$$

$$\rho\left(\left.\frac{\partial v}{\partial t}\right|_x+(v\nabla)\cdot v\right)+\kappa^2(\rho)\nabla\rho=\rho\boldsymbol{f}. \tag{5.19}$$

它们是关于 ρ 和v的非线性方程组.在一般情况下,求解比较困难.为了简化问题的讨论,下面仅考虑体力 $\boldsymbol{f}$ 为零的情形.

首先考察上式中 $\kappa^2(\rho)=\frac{\mathrm{d}p(\rho)}{\mathrm{d}\rho}$的物理意义.如果流体在静止状态下的密度为 ρ_0,并假设给流体一个小扰动后,$|\rho-\rho_0|$与 ρ_0 相比,$|(\nabla\rho)\cdot v|$与 $\rho_0|v\cdot\nabla|$相比,$|(v\nabla)\cdot v|$与$\left|\frac{\partial v}{\partial t}\right|$相比都为高阶小量(式中符号$|\cdot|$表示标量的绝对值,或向量的长度),则当略去这些高阶小量后,可对(5.8)式和(5.9)式作如下的线性化近似:

$$\frac{\partial\rho}{\partial t}+\rho_0\nabla\cdot v=0, \tag*{$(5.20)_1$}$$

$$\rho_0\left.\frac{\partial v}{\partial t}\right|_x+\kappa^2(\rho_0)\nabla\rho=\mathbf{0}. \tag*{$(5.20)_2$}$$

这是一个线性方程组,称为声学方程.对$(5.20)_2$式取散度,而对$(5.20)_1$式取局部(时间)导数并消去v后,可得

$$\frac{\partial^2\rho}{\partial t^2}=\kappa^2(\rho_0)\nabla^2\rho, \tag{5.21}$$

上式中$\nabla^2=\nabla\cdot\nabla$为 Laplace 算子.这说明,以上的小扰动是以速度 $\kappa(\rho_0)$进行传播的,故通常称 $\kappa(\rho)$为“声速”.

其次,来讨论定常流动的情形.由于 $\dot{\rho}=v\cdot(\nabla\rho)$以及 $\boldsymbol{f}=\mathbf{0}$,(5.19)

式可改写为

$$\rho v \cdot \dot{v} = -\kappa^2(\rho) v \cdot (\nabla \rho) = -\kappa^2(\rho)\dot{\rho},$$

在上式两端加以$(v \cdot v)\dot{\rho}$,并再次利用上式,得

$$\frac{\mathscr{D}}{\mathscr{D}t}(\rho v) \cdot v = (v \cdot v - \kappa^2(\rho))\dot{\rho} = \rho v \cdot \dot{v}(1 - (Ma)^2), \tag{5.22}$$

其中

$$Ma = |v| / \kappa(\rho) \tag{5.23}$$

是一个无量纲数,称为 **Mach 数**.对于流场$v(\boldsymbol{x}, t)$,处处满足 $Ma < 1$ 和 $Ma > 1$ 的流动分别对应于亚声速流和超声速流.(5.23)式中的$|v|$表示速度的绝对值,记为 v,注意到 $v^2 = v \cdot v$,故有 $v\dot{v} = v \cdot \dot{v}$ 和 $v \dfrac{\mathscr{D}}{\mathscr{D}t}(\rho v) = \dfrac{\mathscr{D}}{\mathscr{D}t}(\rho v) \cdot v$.因此,(5.22)式可写为

$$v \frac{\mathscr{D}}{\mathscr{D}t}(\rho v) = \rho v \dot{v}(1 - (Ma)^2). \tag{5.24}$$

当 $v \neq 0$ 时,有

$$\frac{\mathscr{D}}{\mathscr{D}t}(\rho v) = \rho(1 - (Ma)^2)\dot{v}. \tag{5.25}$$

上式反映了亚声速流与超声速流的特性之间的主要区别.

现考虑任意一条流线.在通过该流线某一点 $\boldsymbol{x}$ 并垂直于流线的截面上,单位面积的质量流可表示为 $\rho(\boldsymbol{x})v(\boldsymbol{x})$,其时间变化率即为(5.25)式的左端.对于亚声速流($Ma < 1$),当 v 沿流线增加时,质量流也增加.而对于超声速流($Ma > 1$),当 v 沿流线增加时,质量流反而会减少.于是,一个在喷管中流动的流场,如果喷管的横截面面积 A 是缓慢变化的,以至于可以近似假定在同一个横截面上各点的 ρv 为常数,则根据质量守恒定律,通过每一个横截面上的总的质量流 $\rho v A$ 应该保持不变.故 ρv 与 A 成反比.对于亚声速收缩喷管,在流体从进口到出口的流动过程中,喷管的横截面积 A 始终在减小.这将导致质量流 ρv 的不断增加,从而使流速也不断增加.一种先收缩后扩张的使流体运动从亚声速增加到超声速的喷管称为 **Laval 喷管**(1883).流体在该喷管的入口收缩段为亚声速流,喷管的横截面面积的不断减小将导致流速的不断增加.当流体到达喷管的喉部(即其横截面积最小处)时,其流速达到声速($Ma = 1$).此后,喷管的横截面面积将不断增大,从而进一步地使流体得到了加速,这样便在扩张段内实现了超声速流动.

§5.3 牛顿流体

不可压牛顿流体的本构关系由(5.5)式给出,即

$$\boldsymbol{\sigma}=-p\boldsymbol{I}+2\eta'\boldsymbol{D},$$

其中 $\boldsymbol{D}$ 满足不可压条件 $\mathrm{tr}\boldsymbol{D}=\mathrm{div}\ v=0$. 将上式代入运动方程(3.36)式,并利用第一章习题 1.27 的结果

$$\boldsymbol{D}\cdot\nabla=\frac{1}{2}[\nabla^2 v+\nabla(\mathrm{div}\ v)],$$

以及不可压条件 $\mathrm{div}\ v=0$, $\rho=\rho_0$, 可得

$$\left.\begin{aligned}&\rho_0\left[\frac{\partial v}{\partial t}+(v\nabla)\cdot v\right]=\eta'\nabla^2 v-\nabla p+\rho_0\boldsymbol{f},\\&\mathrm{div}\ v=0.\end{aligned}\right\}\tag{5.26}$$

相应的边界条件要求流体始终附着于边界,即流体的速度与边界的速度相等.

如令 $p_0=\dfrac{p}{\rho_0}$,并定义运动黏性 $\eta'_0=\dfrac{\eta'}{\rho_0}$,上式还可改写为

$$\left.\begin{aligned}&\boldsymbol{a}=\frac{\partial v}{\partial t}+(v\nabla)\cdot v=\eta'_0\nabla^2 v-\nabla p_0+\boldsymbol{f},\\&\mathrm{div}\ v=0.\end{aligned}\right\}\tag{5.27}$$

上式称为 **Navier-Stokes 方程**.

牛顿流体与无黏性流体的区别是其本构方程(5.5)式中含有黏性项 $2\eta'\boldsymbol{D}$,表明牛顿流体是具有黏性耗散的. 事实上,由第三章(3.51)式可知,外力的功率 $\dot{W}$ 由两部分组成,其中一部分为动能的改变率 $\dot{K}$,另一部分为变形功率 $\int_v\boldsymbol{\sigma}:\boldsymbol{D}\mathrm{d}v$. 利用不可压条件 $\mathrm{div}\ v=\boldsymbol{I}:\boldsymbol{D}=0$,可得

$$\boldsymbol{\sigma}:\boldsymbol{D}=2\eta'\boldsymbol{D}:\boldsymbol{D}=2\eta'|\boldsymbol{D}|^2\quad(\eta'>0).$$

因此,牛顿流体的变形功率为

$$\int_v\boldsymbol{\sigma}:\boldsymbol{D}\mathrm{d}v=2\eta'\int_v|\boldsymbol{D}|^2\mathrm{d}v,$$

它对应于流体的能量耗散率. 这说明,当外力功率 $\dot{W}$ 为零时,流体的总动能将随时间不断地减小.

由于牛顿流体的耗散性质,其环量一般将随时间变化. 事实上,我们可以有以下定理.

定理 对于体力有势的牛顿流体,有

$$\boldsymbol{J}=\dot{\boldsymbol{W}}+\boldsymbol{D}\cdot\boldsymbol{W}+\boldsymbol{W}\cdot\boldsymbol{D}=\eta'_0\nabla^2\boldsymbol{W},\tag{5.28}$$

且对于任意封闭曲线 c_t，其环量的变化率满足

$$\frac{\mathscr{D}}{\mathscr{D}t}\oint_{c_t}v\cdot\mathrm{d}\boldsymbol{x}=\eta'_0\int_{c_t}\nabla^2 v\cdot\mathrm{d}\boldsymbol{x},\tag{5.29}$$

其中 $\boldsymbol{D}$ 和 $\boldsymbol{W}$ 分别为变形率和物质旋率，$\boldsymbol{J}$ 为由(2.109)式表示的加速度梯度的反对称部分.

证明　因为体力有势 $\boldsymbol{f}=-\nabla\beta$，故(5.27)式可写为

$$\boldsymbol{a}=\dot{v}=\eta'_0\nabla^2 v-\nabla(p_0+\beta).\tag{5.30}$$

如果加速度有势，则根据 §2.6 关于 Lagrange-Cauchy 定理的讨论，有 $\boldsymbol{J}=\boldsymbol{0}$，且由 Kelvin 定理可知环量是不变的. 但(5.30)式右端第一项的存在表明加速度并不是有势的.

现在将(5.30)式右端的梯度写为

$$(\eta'_0\nabla^2 v-\nabla(p_0+\beta))\nabla=\eta'_0\nabla^2(v\nabla)-(\nabla(p_0+\beta))\nabla.$$

利用 $\boldsymbol{W}=\dfrac{1}{2}(v\nabla-\nabla v)$ 以及 $(\nabla(p_0+\beta))\nabla$ 的对称性，可知上式的反对称部分为 $\eta'_0\nabla^2\boldsymbol{W}$，这说明(5.28)式是成立的：

$$\boldsymbol{J}=\frac{1}{2}(\boldsymbol{a}\nabla-\nabla\boldsymbol{a})=\eta'_0\nabla^2\boldsymbol{W}.\tag{5.31}$$

下面来证(5.29)式. 因为 c_t 为封闭曲线，故由 §2.7 的(2.119)式，可得

$$\frac{\mathscr{D}}{\mathscr{D}t}\oint_{c_t}v\cdot\mathrm{d}\boldsymbol{x}=\oint_{c_t}\boldsymbol{a}\cdot\mathrm{d}\boldsymbol{x}.$$

(5.30)式表示的加速度 $\boldsymbol{a}$ 由两部分组成，其中一部分为 $\eta'_0\nabla^2 v$，另一部分为 $-\nabla(p_0+\beta)$. 类似于 §2.7 中 Kelvin 定理的证明，可知对应于有势部分 $-\nabla(p_0+\beta)$ 的环量应等于零. 因此有 $\oint_{c_t}\boldsymbol{a}\cdot\mathrm{d}\boldsymbol{x}=\eta'_0\oint_{c_t}\nabla^2 v\cdot\mathrm{d}\boldsymbol{x}$. 于是(5.29)式得证.

§5.4　量纲分析在黏性流体中的应用实例

量纲分析是连续介质力学中十分重要的一种分析方法. 本节仅以黏性流体为例，对其作简要的介绍.

(一) 概述

一个物理量，如果其数值依赖于所采用的量度单位，则该物理量称为

有量纲量.反之,如果其数值与所采用的量度单位无关,则该物理量称为无量纲量.在我们讨论物理量之间所存在的某种联系时,可以选定其中的一些物理量作为"基本量",并对每一个基本量规定一个"基本量度单位".这时,其他物理量的量度单位可根据它们与基本量之间的关系式导出(这些关系式是由定义或由物理定律确定的),这样的物理量称为"导出量",其单位称为"导出量度单位".由此便构成了一定的"单位制".

对于选定的单位制,导出量的量度单位可以由基本量度单位的乘幂来加以表示.这样的表达式称为该导出量的"量纲式".例如,在力学中,可以引进三个独立的基本量度单位,它们是长度、质量(或力)和时间的量度单位.如果用符号 L、M 和 T 分别表示长度量纲、质量量纲和时间量纲,那么,所有物理量的量纲式都可写为如下的幂次单项式的形式:

$$\mathrm{L}^{l}\mathrm{M}^{m}\mathrm{T}^{t}$$

现以 $X_1, X_2, \cdots, X_k$ 表示所选单位制中的 k 个基本量度单位.则导出量 q 的量纲式 $[q]$ 一般可写为

$$[q] = X_1^{a_1} X_2^{a_2} \cdots X_k^{a_k}. \tag{5.32}$$

现假定有若干个物理量 $q_1, q_2, \cdots$,如果其中任何一个量的量纲式不能以幂次单项式的形式表示为其他各量的量纲式的组合,则称这些物理量是量纲独立的.

由理论或者由实验所建立的物理规律通常可表示为若干物理量之间的函数关系.对于其中某些有量纲的物理量,其数值依赖于量度单位制的选取.然而,单位制的选取是具有人为性的,它与物理现象的本质无关.因此,表示"与量度单位制无关"的物理规律的这种函数关系应该具有某种特定的结构形式.揭示以上函数关系的结构形式将是量纲分析的重要内容之一.它可通过 Buckingham(1914 年)提出的"Π 定理"表述为:

假定某物理问题中所涉及的 n 个有量纲(物理)量 $q_1, q_2, \cdots, q_n$ 之间满足函数关系

$$\gamma(q_1, q_2, \cdots, q_n) = 0, \tag{5.33}$$

又设所选定的单位制中有 k 个量纲独立的量(其中 $k < n$,k 表示在 n 个量中最大的量纲独立量的个数),则可构造 $n-k$ 个无量纲量 $\pi_1, \pi_2, \cdots, \pi_{n-k}$,使(5.33)式可以写为相应的无量纲形式

$$\gamma_0(\pi_1, \pi_2, \cdots, \pi_{n-k}) = 0. \tag{5.34}$$

这里不准备给出上述定理的详细证明,有兴趣的读者可参见 Седов(谢多夫)的《力学中的相似方法与量纲理论》一书.不难看出,在以

上 n 个有量纲量中,最大的量纲独立的量的个数 k 不应大于基本量度单位的个数.不妨设其中前 k 个量 $q_1,q_2,\cdots,q_k$ 是量纲独立的,而其余量 $q_{k+j}(j=1,2,\cdots,n-k)$ 的量纲可写为

$$[q_{k+j}]=[q_1]^{x_{1j}}[q_2]^{x_{2j}}\cdots[q_k]^{x_{kj}}. \tag{5.35}$$

上式中的 $x_{1j},x_{2j},\cdots,x_{kj}$ 可计算如下:利用(5.32)式,可将 $q_i(i=1,2,\cdots,k)$ 的量纲式写为

$$[q_i]=X_1^{a_{1i}}X_2^{a_{2i}}\cdots X_k^{a_{ki}},$$

再将 q_{k+j} 的量纲式写为

$$[q_{k+j}]=X_1^{a_{1\,k+j}}X_2^{a_{2\,k+j}}\cdots X_k^{a_{k\,k+j}},$$

则由(5.35)式可知,$x_{1j},x_{2j},\cdots,x_{kj}$ 是以下线性方程组的解:

$$\begin{pmatrix} a_{11} & a_{12} & \cdots & a_{1k} \\ a_{21} & a_{22} & \cdots & a_{2k} \\ \vdots & \vdots & & \vdots \\ a_{k1} & a_{k2} & \cdots & a_{kk} \end{pmatrix}\begin{pmatrix} x_{1j} \\ x_{2j} \\ \vdots \\ x_{kj} \end{pmatrix}=\begin{pmatrix} a_{1k+j} \\ a_{2k+j} \\ \vdots \\ a_{kk+j} \end{pmatrix}. \tag{5.36}$$

由于 $q_1,q_2,\cdots,q_k$ 是量纲独立的,故上式左端的系数行列式不等于零.

如果将物理量 $q_1,q_2,\cdots,q_k$ 的量度单位分别改为原来的 $1/\alpha_1$, $1/\alpha_2,\cdots,1/\alpha_k$,则在新的单位制中,这些量的数值将分别等于

$$q_1'=\alpha_1q_1,q_2'=\alpha_2q_2,\cdots,q_k'=\alpha_kq_k,$$

而 q_{k+j} 的数值将变为

$$q_{k+j}'=\alpha_1^{x_{1j}}\alpha_2^{x_{2j}}\cdots\alpha_k^{x_{kj}}q_{k+j}(j=1,2,\cdots,n-k).$$

在新的量度单位制中,(5.33)式将具有如下的形式:

$$\gamma(\alpha_1q_1,\alpha_2q_2,\cdots,\alpha_kq_k,\cdots,\alpha_1^{x_{1\,n-k}}\alpha_2^{x_{2\,n-k}}\cdots\alpha_k^{x_{k\,n-k}}q_n)=0. \tag{5.37}$$

注意到 $\alpha_1,\alpha_2,\cdots,\alpha_k$ 的任意性,故可设法选取适当的 $\alpha_1,\alpha_2,\cdots,\alpha_k$ 来减少函数 γ 中自变量的个数.如果 $q_1,q_2,\cdots,q_k$ 不为零或不为无穷大,则可令

$$\alpha_1=1/q_1,\alpha_2=1/q_2,\cdots,\alpha_k=1/q_k.$$

即可这样来选取量度单位制,使得(5.37)式中函数 γ 的前 k 个自变量的值等于 1.

由此可见,当假定(5.33)式与量度单位制无关时,便可这样来建立量度单位制,使得函数 γ 中的 k 个自变量都取固定的常数值 1,而相应的 $q_{k+1}(j=1,2,\cdots,n-k)$ 的数值由下式确定:

$$\pi_j=q_1^{-x_{1j}}q_2^{-x_{2j}}\cdots q_k^{-x_{kj}}q_{k+j}(j=1,2,\cdots,n-k), \tag{5.38}$$

其中 $q_i(i=1,2,\cdots,n)$ 是所研究的量在原先的量度单位制中的数值.不难看出,$\pi_j(j=1,2,\cdots,n-k)$ 的值与原先的量度单位制的选取无关,因

为它们都是无量纲量.于是,(5.37) 式将具有形式

$$\gamma(1,1,\cdots,\pi_1,\cdots,\pi_{n-k}) = 0,$$

或等价地写为(5.34) 式.

(二) 量纲分析的应用实例

在 SI 制中有三个基本量,它们是长度、质量和时间,分别记为 L、M 和 T.这时,速度 v、密度 ρ、黏性系数 η'、单位质量上的体力 $\boldsymbol{f}$ 以及压强 p(或应力 $\boldsymbol{\sigma}$)的量纲式可分别写为

$$[v]=LT^{-1},\quad [\rho]=L^{-3}M,\quad [\eta']=L^{-1}MT^{-1},$$
$$[f]=LT^{-2},\quad [p]=L^{-1}MT^{-2}.$$

下面将通过黏性流体力学中的例题来对量纲分析方法进行具体的说明.

例 1　密度和黏性系数分别为 ρ 和 η' 的流体通过横截面特征长度为 d 的水平管道作定常流动.流动由压力梯度 $\Delta p/\Delta l$ 维持.如果不计重力的影响,试给出单位时间内流体流量 Q 与 $\Delta p/\Delta l$ 之间的关系.

解　管道的横截面面积可表示为 $\delta_0 d^2$,其中 δ_0 为截面的形状系数.对于直径为 d 的圆形管道,$\delta_0=\pi/4$.设流体的平均流速为 v,则单位时间内的流体流量可表示为 $Q=\delta_0 d^2 v$.在本问题中,可假设有 $n=5$ 个有量纲量,它们之间满足如下的函数关系:

$$\gamma(\rho,d,v,\eta',\Delta p/\Delta l)=0. \tag{5.39}$$

现取长度、质量和时间为基本量.如果将上式中的前三个自变量 ρ、d 和 v 取为量纲独立的量($k=3$),则由 Π 定理可得到两个($n-k=2$)无量纲量.为此,可将以上各量的量纲式用矩阵形式表示为

	ρ	d	v	η'	$\Delta p/\Delta l$
L	−3	1	1	−1	−2
M	1	0	0	1	1
T	0	0	−1	−1	−2

其中的每一纵列就是相应物理量的量纲式,前三列对应于(5.36)式左端的系数矩阵,后两列对应于(5.36)式的右端.对(5.36)式求解后,有

$$[\eta']=[\rho][d][v],\qquad [\Delta p/\Delta l]=[\rho][d]^{-1}[v]^2.$$

利用(5.38)式,可得以下两个无量纲量:

$$Re=\rho dv/\eta',\quad \pi_1=\frac{d}{\rho v^2}(\Delta p/\Delta l). \tag{5.40}$$

上式中 Re 称为 **Reynolds 数**. 如果以 Q 表示单位时间内的流量 $Q=\delta_0 d^2 v$, 无量纲量 π_1 还可取为 $\pi_1 = Re\,\dfrac{\delta_0 d^4}{\eta' Q}(\Delta p/\Delta l)$. 因此, 本问题也可取 $\pi_2=\left(\dfrac{Re}{\pi_1}\right)=\dfrac{\eta' Q}{\delta_0 d^4}(\Delta p/\Delta l)^{-1}$ 作为无量纲量来进行讨论. 由 Π 定理, (5.39)式可写为如下的无量纲形式:

$$\pi_2=\varphi(Re),$$

即

$$Q=\delta_0\frac{d^4}{\eta'}\left(\frac{\Delta p}{\Delta l}\right)\varphi(Re), \tag{5.41}$$

其中 φ 为 Reynolds 数 Re 的函数.

实验表明, 当流速很小(即 Re 很小)时, 流体运动的流线为平行的直线, 流动为**层流**. 这时流体运动没有加速度, 单位时间内的流量 Q 与惯性项中的 ρ(密度)无关. 因此, (5.41)式中的 $\varphi(Re)$ 为常数. 对于圆形管道, 可计算求得 $\delta_0\varphi(Re)=\dfrac{\pi}{128}$, 或 $\varphi(Re)=\dfrac{1}{32}$. 由此便得到著名的 **Hagen-Poiseuille(哈根-泊肃叶)方程**(1839—1842). 当流速逐渐增大(即 Re 增大)时, 流动将由层流变为**湍流**. 由层流向湍流过渡的 Re 称为临界 Reynolds 数 R_c. 对于圆形管道, 其值通常在 2 000 以上. 当 $Re>R_c$ 时, (5.41)式中函数 $\varphi(Re)$的具体形式可通过实验来加以确定.

例 2 在重力作用下, 半径和密度分别为 R 和 ρ_1 的小球在黏性系数为 η'、密度为 ρ_2 的流体中自由下落. 其速度在初始阶段将不断地增大, 但相应的黏滞阻力也将随下降速度的增大而增加, 使小球最终以某一确定的速度 v 向下运动. 试计算速度 v 的大小.

解 现假定流体是不可压缩的. 在定常运动下, 相应的物理量有 R、v、η'、ρ_2 以及小球运动时所受到的阻力. 对于匀速运动, 该阻力与小球受到的向下作用力相等, 它与 $g(\rho_1-\rho_2)$成比例, 其中 g 为重力加速度. 因此, 本问题中各物理量之间的函数关系可写为

$$\gamma(R, v, \eta', \rho_2, g(\rho_1-\rho_2))=0.$$

现取长度、质量和时间作为基本量, 并取上式中前三个自变量作为量纲独立的量, 则以上各物理量的量纲式可用矩阵形式表示为

	R	v	η'	ρ_2	$g(\rho_1-\rho_2)$
L	1	1	−1	−3	−2
M	0	0	1	1	1
T	0	−1	−1	0	−2

类似于例 1 的计算,可得无量纲量

$$\pi_1=\frac{\rho_2 Rv}{\eta'},\qquad \pi_2=\frac{g(\rho_1-\rho_2)R^2}{v\eta'}.$$

故可将无量纲方程写为

$$g(\rho_1-\rho_2)=\frac{v\eta'}{R^2}f(\pi_1),$$

其中 π_1 为相应的 Reynolds 数.

较大的 Reynolds 数对应于较大的 R 和 v. 这时流体的黏性作用相对不很重要,故可设 $\eta'=0$,它相当于理想流体. 事实上,如果当 π_1 趋于无穷大时 $\lim\limits_{\pi_1\to\infty}\dfrac{f(\pi_1)}{\pi_1}$存在极限 π_3,则上式可写为

$$g(\rho_1-\rho_2)=\pi_3\rho_2 v^2/R.$$

在这种情况下,量纲独立的物理量可取为 R、v 和 ρ_2,各物理量的量纲式可用矩阵形式写为

	R	v	ρ_2	$g(\rho_1-\rho_2)$
L	1	1	−3	−2
M	0	0	1	1
T	0	−1	0	−2

故得无量纲量 $\pi_3=R\rho_2^{-1}v^{-2}g(\rho_1-\rho_2)$,表明小球运动的阻力与速度平方成正比.

较小的 Reynolds 数对应于较小的 R 和 v(即小球运动十分缓慢). 这时流体的黏性作用要比惯性力的作用更为重要,故可略去 ρ_2 的影响而将 π_1 近似地取为零. 于是,无量纲方程可以改写为

$$v=\alpha\left(\frac{R^2}{\eta'}\right)(\rho_1-\rho_2)g, \tag{5.42}$$

其中 $\alpha=1/f(0)$为无量纲系数. 在 Stokes 公式中,α 取为 2/9.

在工程技术问题中,实际的物理现象可通过模拟试验来进行研究. 这

时，就需要根据量纲分析方法，用无量纲形式的方程来表示相应的物理规律. 例如，对于例 1 的管道流动问题，只要 Reynolds 数相同，无论怎样改变管道尺寸或流体的流速，所得到的物理规律总是相同的.

(三) 无量纲形式的 Navier-Stokes 方程

牛顿流体的基本方程是 Navier-Stokes 方程(5.27)式. 为了进行关于牛顿流体流动规律的模型试验，就需要对以上方程无量纲化.

现以 d，v，σ_0 和 g 分别表示所讨论问题的特征长度、特征速度、特征压强和重力加速度，则相应的无量纲向径 $\bar{\boldsymbol{x}}$、无量纲速度 $\bar{v}$、无量纲时间 $\bar{t}$ 分别为

$$\bar{\boldsymbol{x}}=\left(\frac{1}{d}\right)\boldsymbol{x},\quad \bar{v}=\left(\frac{1}{v}\right)v,\quad \bar{t}=\left(\frac{v}{d}\right)t.$$

而无量纲压强 $\bar{p}$ 和无量纲体力 $\bar{\boldsymbol{f}}$ 为

$$\bar{p}=\left(\frac{1}{\sigma_0}\right)p,\quad \bar{\boldsymbol{f}}=\left(\frac{1}{g}\right)\boldsymbol{f}.$$

注意到

$$\frac{\partial\bar{v}}{\partial\bar{t}}=\left(\frac{d}{v^2}\right)\frac{\partial v}{\partial t},\quad (\bar{v}\bar{\nabla})=\left(\frac{d}{v}\right)(v\nabla),$$

$$\bar{\nabla}^2\ \bar{v}=\left(\frac{d^2}{v}\right)\nabla^2\ v\quad 以及\quad \bar{\nabla}\bar{p}=\left(\frac{d}{\sigma_0}\right)\nabla\ p,$$

Navier-Stokes 方程(5.27)式可写为

$$\left(\frac{v^2}{d}\right)\left(\frac{\partial\bar{v}}{\partial\bar{t}}+(\bar{v}\bar{\nabla})\cdot\bar{v}\right)=\left(\frac{\eta' v}{\rho_0 d^2}\right)\bar{\nabla}^2\ \bar{v}-\left(\frac{\sigma_0}{\rho_0 d}\right)\bar{\nabla}\bar{p}+g\bar{\boldsymbol{f}}.$$

根据量纲齐次性原理，对于任何一个物理方程，其中各项不仅要求是同阶的张量，而且还要求具有相同的量纲. 因此，对上式除以(v^2/d)后，可得到三个无量纲参数：

$$Re=\frac{\rho_0 dv}{\eta'},\quad \mathscr{D}=\frac{\rho_0 v^2}{\sigma_0},\quad Fr=\frac{v}{\sqrt{gd}}. \tag{5.43}$$

于是，Navier-Stokes 方程的无量纲形式应写为

$$\frac{\partial\bar{v}}{\partial\bar{t}}+(\bar{v}\bar{\nabla})\cdot\bar{v}=\frac{1}{Re}\bar{\nabla}^2\ \bar{v}-\frac{1}{\mathscr{D}}\bar{\nabla}\bar{p}+\frac{1}{Fr^2}\ \bar{\boldsymbol{f}}. \tag{5.44}$$

其中 Re 就是由(5.40)式定义的 Reynolds 数，Fr 称为 **Froude 数**，它与重力加速度有关. $\mathscr{D}$ 是一个与 Mach 数有关的无量纲数. 显然，以上这些相似参数在关于模拟试验的理论中是十分重要的.

§5.5 恒定伸长历史运动

(一) 引言

牛顿流体的本构关系可用来描述低分子质量流体(如水)的流动特性,但不能描述具有高分子质量流体(如聚合物溶液)的流动特性,如剪切流动中所存在的不相等的法向应力差效应等.这些特性需要由非牛顿流体的本构关系来加以描述.

对于非牛顿流体以及具有比较复杂本构关系的物质,通常可采用以下两种途径来简化问题的讨论:

(1) 对本构关系进行简化.即仅考虑具有某类特殊性质的物质,从而得到近似的本构关系.

例如,通过上一章对物质进行的分类,可分别得到固体、流体等材料的简化本构关系.又如,为了简化由(4.103)式表示的不可压缩简单流体的本构关系,可以引进与流动过程有关的特征时间 τ_0 和无量纲时间差 $\bar{s}=s/\tau_0$(其中 $s=t-\tau$),而将相对右 Cauchy-Green 张量(2.140)式展开为

$$\boldsymbol{C}_t(\tau)=\boldsymbol{I}+\sum_{m=1}^{\infty}\frac{(-\bar{s}\tau_0)^m}{m!}\boldsymbol{A}_{(m)}(t). \tag{2.140}$$

如果 τ_0 很小,以至于可以忽略上式中 $(-\bar{s}\tau_0)^n$ 以上的项,则不可压缩的 n 阶 Rivlin-Ericksen 流体的本构关系可表示为

$$\boldsymbol{\sigma}(t)=-p\boldsymbol{I}+\boldsymbol{\sigma}_{\mathscr{H}}^{(n)}(\tau_0\boldsymbol{A}_{(1)},\tau_0^2\boldsymbol{A}_{(2)},\cdots,\tau_0^n\boldsymbol{A}_{(n)}),$$

其中 $\boldsymbol{\sigma}_{\mathscr{H}}^{(n)}$ 为其变元的各向同性函数.将上式按 τ_0 的幂次展开,当分别保留 τ_0 的一次、二次和三次项时,则相应地可得到:

$$\tau_0:\quad \boldsymbol{\sigma}(t)=-p\boldsymbol{I}+\boldsymbol{S}_1, \tag{5.45}$$

$$\tau_0^2:\quad \boldsymbol{\sigma}(t)=-p\boldsymbol{I}+\boldsymbol{S}_1+\boldsymbol{S}_2 \tag{5.46}$$

$$\tau_0^3:\quad \boldsymbol{\sigma}(t)=-p\boldsymbol{I}+\boldsymbol{S}_1+\boldsymbol{S}_2+\boldsymbol{S}_3, \tag{5.47}$$

其中

$$\boldsymbol{S}_1=\eta'\boldsymbol{A}_{(1)},\quad \boldsymbol{S}_2=\beta_1\boldsymbol{A}_{(1)}^2+\beta_2\boldsymbol{A}_{(2)},$$
$$\boldsymbol{S}_3=\mu_1(\mathrm{tr}\boldsymbol{A}_{(2)})\boldsymbol{A}_{(1)}+\mu_2(\boldsymbol{A}_{(1)}\cdot\boldsymbol{A}_{(2)}+\boldsymbol{A}_{(2)}\cdot\boldsymbol{A}_{(1)})+\mu_3\boldsymbol{A}_{(3)},$$

而 η'、β_1、β_2 和 μ_1、μ_2、μ_3 为材料常数.以上三式分别对应于牛顿流体、二阶流体和三阶流体的本构关系,它们实质上是一种具有“无穷小记忆”物质的近似本构关系,可用来描述缓慢流动的流体特性.相应的应力是由

“无限接近现在的过去”到现在的变形历史来决定的.不可压二阶流体的本构关系(5.46)式要比不可压二阶 Rivlin-Ericksen 流体的本构关系(4.117)式简单得多.当 $\beta_2=0$ 时,它退化为 Reiner-Rivlin 流体.但需指出,在剪切流动中,Reiner-Rivlin 流体的三个法向应力中有两个相等(但与第三个不相等).而实验表明,剪切流动中只要有两个法向应力不相等,那么三个法向应力都互不相等,说明 Reiner-Rivlin 流体并不能正确描述真实流体的流动特性.关于不可压二阶流体本构关系适用性的讨论,读者可参见陈文芳的《非牛顿流体力学》(科学出版社,1984)一书,此处不再介绍.

(2) 对变形历史进行简化,即仅考察流体在某些特殊变形历史条件下的流动特性.

由(4.53)式可知,简单物质的本构泛函可写为

$$\boldsymbol{\sigma}^{(\mathrm{R})}(t)=\hat{\boldsymbol{\sigma}}_{\mathscr{K}_0}\ \{\!\!\{\ \boldsymbol{C}_t^{(\mathrm{R})}(\tau),\boldsymbol{C}(t)\ \}\!\!\}\ , \tag{4.53}$$

其中

$$\left.\begin{aligned}\boldsymbol{\sigma}^{(\mathrm{R})}(t)&=\boldsymbol{R}^{\mathrm{T}}(t)\cdot\boldsymbol{\sigma}(t)\cdot\boldsymbol{R}(t),\\ \boldsymbol{C}_t^{(\mathrm{R})}(\tau)&=\boldsymbol{R}^{\mathrm{T}}(t)\cdot\boldsymbol{C}_t(\tau)\cdot\boldsymbol{R}(t).\end{aligned}\right\} \tag{5.48}$$

一般说,相对右 Cauchy-Green 张量 $\boldsymbol{C}_t(\tau)$不仅依赖于过去时刻 τ,而且还依赖于(参考)时刻 t.现考虑一种特殊的变形历史,使 $\boldsymbol{C}_t(\tau)$的主伸长仅仅依赖于时间间隔 $s=t-\tau$,而与参考时刻 t 无关.这样的变形历史称之为**恒定伸长历史运动**(motions with constant stretch history).下一节将重点讨论在恒定伸长历史运动条件下非牛顿流体的某些流动规律.

(二) 恒定伸长历史运动的基本性质

在恒定伸长历史运动中,如果以 t 时刻和 $t_0=0$ 时刻为参考构形的相对右 Cauchy-Green 张量 $\boldsymbol{C}_t(\tau)=\boldsymbol{C}_t(t-s)$和 $\boldsymbol{C}_0(0-s)$具有相同的时间间隔 $s=t-\tau=0-(-s)$,那么,它们将具有相同的(相对)主伸长.如果允许它们的主方向相差一个刚体转动 $\boldsymbol{Q}_0(t)$,则由第一章的习题1.15,可知以下关系式成立:

$$\boldsymbol{C}_t(t-s)=\boldsymbol{Q}_0(t)\cdot\boldsymbol{C}_0(0-s)\cdot\boldsymbol{Q}_0^{\mathrm{T}}(t). \tag{5.49}$$

特别地,当 $t=0$ 时,上式应为恒等式,故要求 $\boldsymbol{Q}_0(0)=\boldsymbol{I}$.(5.49)式实际上就是恒定伸长历史运动的定义式.

性质 1 对于恒定伸长历史运动,其变形梯度历史可写为

$$\boldsymbol{F}_0(\tau)=\boldsymbol{Q}(\tau)\cdot\mathrm{e}^{\tau k\boldsymbol{N}_0}, \tag{5.50}$$

其中 $\boldsymbol{F}_0(\tau)$ 是以 $t_0=0$ 时刻的构形作为参考构形的变形梯度；$\boldsymbol{Q}(\tau)$ 是满足 $\det\boldsymbol{Q}=1, \boldsymbol{Q}(0)=\boldsymbol{I}$ 的正交张量；k 为标量；$\boldsymbol{N}_0$ 为恒定张量，满足 $|\boldsymbol{N}_0|=1$.(5.50)式的右端是以仿射量 $\boldsymbol{N}_0$ 为指数的指数函数，定义为

$$\mathrm{e}^{\tau k\boldsymbol{N}_0} = \boldsymbol{I} + \sum_{n=1}^{\infty}\frac{(\tau k)^n}{n!}\boldsymbol{N}_0^n,$$

其有关性质可参见第一章习题 1.16.

证明

必要性 $\boldsymbol{C}_t(t-s)$ 可由相对变形梯度

$$\boldsymbol{F}_t(t-s) = \boldsymbol{F}_0(t-s)\cdot\boldsymbol{F}_0^{-1}(t)$$

表示为

$$\begin{aligned}\boldsymbol{C}_t(t-s) &= \boldsymbol{F}_t^{\mathrm{T}}(t-s)\cdot\boldsymbol{F}_t(t-s)\\ &= \boldsymbol{F}_0^{-\mathrm{T}}(t)\cdot\boldsymbol{C}_0(t-s)\cdot\boldsymbol{F}_0^{-1}(t).\end{aligned}$$

根据(5.49)式，上式可改写为

$$\boldsymbol{C}_0(t-s) = \boldsymbol{E}_0^{\mathrm{T}}(t)\cdot\boldsymbol{C}_0(0-s)\cdot\boldsymbol{E}_0(t), \tag{5.51}$$

其中

$$\boldsymbol{E}_0(t) = \boldsymbol{Q}_0^{\mathrm{T}}(t)\cdot\boldsymbol{F}_0(t), \tag{5.52}$$

满足 $\boldsymbol{E}_0(0)=\boldsymbol{I}$.

将(5.51)式两端对 t 求导，然后令 $t=0$，则其左端为

$$\left.\frac{\mathrm{d}}{\mathrm{d}t}\boldsymbol{C}_0(t-s)\right|_{t=0} = -\left.\frac{\mathrm{d}}{\mathrm{d}s}\boldsymbol{C}_0(t-s)\right|_{t=0} = -\dot{\boldsymbol{C}}_0(-s),$$

其右端为 $\dot{\boldsymbol{E}}_0^{\mathrm{T}}(0)\cdot\boldsymbol{C}_0(-s)+\boldsymbol{C}_0(-s)\cdot\dot{\boldsymbol{E}}_0(0)$. 于是有

$$\dot{\boldsymbol{C}}_0(-s) = -\boldsymbol{M}^{\mathrm{T}}\cdot\boldsymbol{C}_0(-s)-\boldsymbol{C}_0(-s)\cdot\boldsymbol{M},$$

其中 $\boldsymbol{M}=\dot{\boldsymbol{E}}_0(0)$.

根据以仿射量为指数的指数函数的性质(参见第一章习题 1.16)，以上方程在初始条件 $\boldsymbol{C}_0(0)=\boldsymbol{I}$ 下有唯一解

$$\boldsymbol{C}_0(-s) = \mathrm{e}^{-s\boldsymbol{M}^{\mathrm{T}}}\cdot\mathrm{e}^{-s\boldsymbol{M}}.$$

因此，(5.51)式可以写为

$$\mathrm{e}^{(t-s)\boldsymbol{M}^{\mathrm{T}}}\cdot\mathrm{e}^{(t-s)\boldsymbol{M}} = \boldsymbol{E}_0^{\mathrm{T}}(t)\cdot\mathrm{e}^{-s\boldsymbol{M}^{\mathrm{T}}}\cdot\mathrm{e}^{-s\boldsymbol{M}}\cdot\boldsymbol{E}_0(t).$$

特别地，取 $s=0$，上式为

$$\mathrm{e}^{t\boldsymbol{M}^{\mathrm{T}}}\cdot\mathrm{e}^{t\boldsymbol{M}} = \boldsymbol{E}_0^{\mathrm{T}}(t)\cdot\boldsymbol{E}_0(t).$$

对上式左乘 $\mathrm{e}^{-t\boldsymbol{M}^{\mathrm{T}}}$，右乘 $\mathrm{e}^{-t\boldsymbol{M}}$，可得

$$(\boldsymbol{E}_0(t)\cdot\mathrm{e}^{-t\boldsymbol{M}})^{\mathrm{T}}\cdot(\boldsymbol{E}_0(t)\cdot\mathrm{e}^{-t\boldsymbol{M}}) = \boldsymbol{I}.$$

说明 $\boldsymbol{Q}''(t)=\boldsymbol{E}_0(t)\cdot\mathrm{e}^{-t\boldsymbol{M}}$ 是一个正交张量.将上式代入(5.52)式,有

$$\boldsymbol{Q}''(t)\cdot\mathrm{e}^{t\boldsymbol{M}}=\boldsymbol{Q}_0^{\mathrm{T}}(t)\cdot\boldsymbol{F}_0(t),$$

即

$$\boldsymbol{F}_0(t)=\boldsymbol{Q}(t)\cdot\mathrm{e}^{t\boldsymbol{M}},\tag{5.53}$$

其中 $\boldsymbol{Q}(t)=\boldsymbol{Q}_0(t)\cdot\boldsymbol{Q}''(t)$ 为正交张量.如果 $\boldsymbol{M}\neq\boldsymbol{0}$,可令 $|\boldsymbol{M}|=k$,$\boldsymbol{N}_0=\boldsymbol{M}/k$,则(5.53)式就是所要证明的(5.50)式.如果 $\boldsymbol{M}=\boldsymbol{0}$,则有 $k=0$,(5.53)式仍然对应于(5.50)式中 $k=0$ 的情形.于是必要性得证.

充分性　现假定(5.50)式成立.取 $\tau=t-s$,则相对变形梯度

$$\boldsymbol{F}_t(t-s)=\boldsymbol{F}_0(t-s)\cdot\boldsymbol{F}_0^{-1}(t)$$

可写为

$$\begin{aligned}\boldsymbol{F}_t(t-s)&=\boldsymbol{Q}(t-s)\cdot\mathrm{e}^{(t-s)k\boldsymbol{N}_0}\cdot\mathrm{e}^{-tk\boldsymbol{N}_0}\cdot\boldsymbol{Q}^{\mathrm{T}}(t)\\&=\boldsymbol{Q}(t-s)\cdot\mathrm{e}^{-sk\boldsymbol{N}_0}\cdot\boldsymbol{Q}^{\mathrm{T}}(t).\end{aligned}\tag{5.54}$$

特别地,有 $\boldsymbol{F}_0(0-s)=\boldsymbol{Q}(-s)\cdot\mathrm{e}^{-sk\boldsymbol{N}_0}$,因此

$$\boldsymbol{F}_t(t-s)=\boldsymbol{Q}(t-s)\cdot\boldsymbol{Q}^{\mathrm{T}}(-s)\cdot\boldsymbol{F}_0(0-s)\cdot\boldsymbol{Q}^{\mathrm{T}}(t).$$

于是可得

$$\begin{aligned}\boldsymbol{C}_t(t-s)&=\boldsymbol{F}_t^{\mathrm{T}}(t-s)\cdot\boldsymbol{F}_t(t-s)\\&=\boldsymbol{Q}(t)\cdot\boldsymbol{F}_0^{\mathrm{T}}(0-s)\cdot\boldsymbol{F}_0(0-s)\cdot\boldsymbol{Q}^{\mathrm{T}}(t)\\&=\boldsymbol{Q}(t)\cdot\boldsymbol{C}_0(0-s)\cdot\boldsymbol{Q}^{\mathrm{T}}(t).\end{aligned}$$

说明(5.50)式对应于恒定伸长历史运动的变形梯度.证讫.

性质 2　在恒定伸长历史运动中,相对右 Cauchy-Green 张量历史可由张量

$$\boldsymbol{G}(t)=k\boldsymbol{Q}(t)\cdot\boldsymbol{N}_0\cdot\boldsymbol{Q}^{\mathrm{T}}(t)=k\boldsymbol{N}(t)\tag{5.55}$$

唯一确定.

证明　因为(5.55)的 n 次乘幂为

$$\boldsymbol{G}^n=k^n\boldsymbol{Q}(t)\cdot\boldsymbol{N}_0^n\cdot\boldsymbol{Q}^{\mathrm{T}}(t),$$

所以

$$\begin{aligned}\boldsymbol{Q}(t)\cdot\mathrm{e}^{-sk\boldsymbol{N}_0}\cdot\boldsymbol{Q}^{\mathrm{T}}(t)&=\boldsymbol{Q}(t)\cdot\left[\boldsymbol{I}+\sum_{n=1}^{\infty}\frac{(-s)^nk^n}{n!}\boldsymbol{N}_0^n\right]\cdot\boldsymbol{Q}^{\mathrm{T}}(t)\\&=\boldsymbol{I}+\sum_{n=1}^{\infty}\frac{(-s)^n}{n!}\boldsymbol{G}^n=\mathrm{e}^{-s\boldsymbol{G}}.\end{aligned}$$

于是,(5.54)式可写为

$$\boldsymbol{F}_t(t-s)=\boldsymbol{Q}(t-s)\cdot\boldsymbol{Q}^{\mathrm{T}}(t)\cdot\mathrm{e}^{-s\boldsymbol{G}}.\tag{5.56}$$

由此得

$$C_t(t-s) = e^{-sG^T} \cdot e^{-sG}. \tag{5.57}$$

说明性质 2 的命题成立.

如果令 $G^{(R)}(t) = R^T(t) \cdot G(t) \cdot R(t)$,并取 $\tau = t - s$,则(5.48)式为

$$C_t^{(R)}(\tau) = (R^T(t) \cdot e^{-sG^T} \cdot R(t)) \cdot (R^T(t) \cdot e^{-sG} \cdot R(t))$$

$$= e^{-sG^{(R)T}} \cdot e^{-sG^{(R)}}.$$

可见在恒定伸长历史运动下,本构泛函(4.53)式中的 $C_t^{(R)}(\tau)$ 可以完全由 $G^{(R)}(t)$ 唯一确定.

性质 3 在恒定伸长历史运动下,$n+1$ 阶 Rivlin-Ericksen 张量 $A_{(n+1)}(t)$ 满足如下的递推公式:

$$A_{(n+1)} = G^T \cdot A_{(n)} + A_{(n)} \cdot G \quad (n \geqslant 1). \tag{5.58}$$

证明 n 阶 Rivlin-Ericksen 张量可利用(2.138)式来加以定义:

$$A_{(n)}(t) = \frac{\mathscr{D}^n}{\mathscr{D}\tau^n}(C_t(\tau))\bigg|_{\tau=t}.$$

如果在(5.57)式中取 $\tau = t - s$,固定 t 并对 τ 微分,则有

$$\dot{C}_t(\tau) = G^T \cdot C_t(\tau) + C_t(\tau) \cdot G. \tag{5.59}$$

然后令 $\tau = t(s = 0)$,可得

$$A_{(1)} = G^T + G. \tag{5.60}$$

因为 G 仅为 t 的函数,故在(5.59)式中固定 t 并对 τ 微分 n 次后,便得到

$$\frac{\mathscr{D}^{n+1}}{\mathscr{D}\tau^{n+1}}(C_t(\tau)) = G^T \cdot \frac{\mathscr{D}^n}{\mathscr{D}\tau^n}(C_t(\tau)) + \frac{\mathscr{D}^n}{\mathscr{D}\tau^n}(C_t(\tau)) \cdot G.$$

再取 $\tau = t$ 后,上式便化为递推公式(5.58)式.

由此可见,对于恒定伸长历史运动,当给定 $G(t)$ 后,由(5.60)式和(5.58)式便可唯一确定 $A_{(n)}(n = 1,2,\cdots)$.因为 Rivlin-Ericksen 流体的变形历史是由 $A_{(n)}$ 来加以描述的,所以自然会问,G 是否也能反过来由 $A_{(n)}(n = 1,2,\cdots)$ 唯一地确定?如果能够的话,那么需要给定几个 $A_{(n)}$,以及如何给定这几个 $A_{(n)}$ 才能唯一地确定 G?由(5.57)式可知,一旦 $G(t)$ 被确定之后,$C_t(\tau)$ 也就被唯一地确定了.

性质 4 在恒定伸长历史运动中,相对右 Cauchy-Green 张量历史 $C_t(\tau)$ 最多只需要前三阶 Rivlin-Ericksen 张量 $A_{(1)}(t)$,$A_{(2)}(t)$ 和 $A_{(3)}(t)$ 便可唯一地被确定.但这三个张量函数必须满足一定的约束条

件.这些约束条件将在以下讨论中予以说明.

证明 由(5.60)式,$\boldsymbol{G}$ 可表示为

$$\boldsymbol{G} = \frac{1}{2}\boldsymbol{A}_{(1)} + \boldsymbol{W}, \tag{5.61}$$

式中 $\boldsymbol{W}$ 为待求的反称仿射量.

现将对称张量 $\boldsymbol{A}_{(1)}$ 的主轴(主方向)取为直角坐标系中的坐标轴.这时,$\boldsymbol{A}_{(1)}$ 的矩阵表示可写为

$$[\boldsymbol{A}_{(1)}] = \begin{pmatrix} a & 0 & 0 \\ 0 & b & 0 \\ 0 & 0 & c \end{pmatrix},$$

其中 a、b 和 c 为 $\boldsymbol{A}_{(1)}$ 的主值(特征值).有以下几种情形:

(i) $a = b = c$

这时 $\boldsymbol{G} = \frac{1}{2}a\boldsymbol{I} + \boldsymbol{W}$.根据(5.58)式,有 $\boldsymbol{A}_{(n)} = a^n\boldsymbol{I}$,说明 $\boldsymbol{W}$ 可以是任意的反对称张量,它无法由 Rivlin-Ericksen 张量 $\boldsymbol{A}_{(1)}, \boldsymbol{A}_{(2)}, \cdots$ 唯一确定.但是,由于这时有

$$\boldsymbol{G}^{\mathrm{T}} \cdot \boldsymbol{G} = \boldsymbol{G} \cdot \boldsymbol{G}^{\mathrm{T}},$$

说明 $\boldsymbol{G}^{\mathrm{T}}$ 与 $\boldsymbol{G}$ 点积的次序是可交换的.故(5.57)式可以写为

$$\boldsymbol{C}_t(t-s) = \mathrm{e}^{-s(\boldsymbol{G}^{\mathrm{T}}+\boldsymbol{G})} = \mathrm{e}^{-s\boldsymbol{A}_{(1)}}. \tag{5.62}$$

即相对右 Cauchy-Green 张量历史仅由 $\boldsymbol{A}_{(1)}$ 便可唯一确定.

(ii) $a \neq b \neq c \neq a$

如果未知的反称仿射量 $\boldsymbol{W}$ 的矩阵表示为

$$\begin{pmatrix} 0 & x & y \\ -x & 0 & z \\ -y & -z & 0 \end{pmatrix},$$

则 $\boldsymbol{G}$ 的矩阵表示可写为

$$\begin{pmatrix} \frac{a}{2} & x & y \\ -x & \frac{b}{2} & z \\ -y & -z & \frac{c}{2} \end{pmatrix}.$$

它由 $\boldsymbol{A}_{(1)}$ 和未知的 x, y, z 所唯一确定.

利用递推公式(5.58)式,$\boldsymbol{A}_{(2)}$ 的矩阵表示为

$$[\boldsymbol{A}_{(2)}] = [\boldsymbol{G}^{\mathrm{T}} \cdot \boldsymbol{A}_{(1)} + \boldsymbol{A}_{(1)} \cdot \boldsymbol{G}] = \begin{bmatrix} a^2 & (a-b)x & (a-c)y \\ & b^2 & (b-c)z \\ \text{对称} & & c^2 \end{bmatrix}.$$

当给定 $\boldsymbol{A}_{(2)}$ 时，$\boldsymbol{A}_{(2)}$ 的矩阵表示必具有如下形式：

$$[\boldsymbol{A}_{(2)}] = \begin{bmatrix} a^2 & d & e \\ & b^2 & f \\ \text{对称} & & c^2 \end{bmatrix}. \tag{5.63}$$

由此可唯一地确定未知的 x、y 和 z：

$$x = \frac{d}{a-b}, \quad y = \frac{e}{a-c}, \quad z = \frac{f}{b-c}.$$

这说明，由 $\boldsymbol{A}_{(1)}$ 和 $\boldsymbol{A}_{(2)}$ 就能唯一确定 $\boldsymbol{G} = \frac{1}{2}\boldsymbol{A}_{(1)} + \boldsymbol{W}$. 于是，根据(5.57)式，便可唯一地确定 $\boldsymbol{C}_t(t-s)$.

(iii) $a = b \neq c$

可作与(ii)类似的讨论，但这时 $\boldsymbol{A}_{(2)}$ 的矩阵表示为

$$[\boldsymbol{A}_{(2)}] = [\boldsymbol{G}^{\mathrm{T}} \cdot \boldsymbol{A}_{(1)} + \boldsymbol{A}_{(1)} \cdot \boldsymbol{G}] = \begin{bmatrix} a^2 & 0 & (a-c)y \\ & a^2 & (a-c)z \\ \text{对称} & & c^2 \end{bmatrix}. \tag{5.64}$$

当给定 $\boldsymbol{A}_{(2)}$ 时，$\boldsymbol{A}_{(2)}$ 的矩阵表示**必具有**如下形式：

$$[\boldsymbol{A}_{(2)}] = \begin{bmatrix} a^2 & 0 & e \\ & a^2 & f \\ \text{对称} & & c^2 \end{bmatrix}. \tag{5.65}$$

由此可确定

$$y = \frac{e}{a-c}, \quad z = \frac{f}{a-c}.$$

但 x 尚不能确定. 这里又有两种情形需分别进行讨论.

(a) $\boldsymbol{A}_{(1)}$ 与 $\boldsymbol{A}_{(2)}$ 的主轴方向一致，即 $e = f = 0$，故 $y = z = 0$. 这时 $\boldsymbol{G}$ 的矩阵表示可写为

$$[\boldsymbol{G}] = \begin{bmatrix} \frac{a}{2} & x & 0 \\ -x & \frac{a}{2} & 0 \\ 0 & 0 & \frac{c}{2} \end{bmatrix}.$$

由递推公式(5.58)式,$\boldsymbol{A}_{(n)}(n\geqslant 2)$的矩阵表示为$\begin{pmatrix} a^n & 0 & 0 \\ 0 & a^n & 0 \\ 0 & 0 & c^n \end{pmatrix}$,说明 x 无法由 Rivlin-Ericksen 张量 $\boldsymbol{A}_{(1)},\boldsymbol{A}_{(2)},\cdots$ 唯一确定.但是,可以验证这时 $\boldsymbol{G}^{\mathrm{T}}$ 与 $\boldsymbol{G}$ 点积的次序是可交换的:$\boldsymbol{G}^{\mathrm{T}}\cdot\boldsymbol{G}=\boldsymbol{G}\cdot\boldsymbol{G}^{\mathrm{T}}$.故(5.57)式可以写为

$$\boldsymbol{C}_t(t-s)=\mathrm{e}^{-s(\boldsymbol{G}^{\mathrm{T}}+\boldsymbol{G})}=\mathrm{e}^{-s\boldsymbol{A}_{(1)}},$$

即 $\boldsymbol{C}_t(t-s)$ 可由 $\boldsymbol{A}_{(1)}$ 唯一确定.

(b) $\boldsymbol{A}_{(1)}$ 与 $\boldsymbol{A}_{(2)}$ 的主轴方向不一致,即(5.65)式的 e 和 f 之中至少有一个不为零.这时,$\boldsymbol{G}^{\mathrm{T}}$ 与 $\boldsymbol{G}$ 点积的次序是不可交换的,即(5.62)式将不再成立.根据递推公式(5.58),$\boldsymbol{A}_{(3)}$ 的矩阵表示必具有如下形式:

$$[\boldsymbol{A}_{(3)}]=[\boldsymbol{G}\cdot\boldsymbol{A}_{(2)}+\boldsymbol{A}_{(2)}\cdot\boldsymbol{G}]$$
$$=\begin{pmatrix} a^3-2ey & -(fy+ez) & \left(\dfrac{a+c}{2}\right)e-fx+(a^2-c^2)y \\ & a^3-2fz & \left(\dfrac{a+c}{2}\right)f+ex+(a^2-c^2)z \\ \text{对称} & & c^3+2ey+2fz \end{pmatrix},\tag{5.66}$$

其中 $y=\dfrac{e}{a-c}$,$z=\dfrac{f}{a-c}$ 已由 $\boldsymbol{A}_{(1)}$ 和 $\boldsymbol{A}_{(2)}$ 唯一确定.当给定具有以上形式的 $\boldsymbol{A}_{(3)}$ 后,x 也可唯一地被确定下来.

由此可见,在恒定伸长历史运动中,最多只需要 $\boldsymbol{A}_{(1)}$、$\boldsymbol{A}_{(2)}$ 和 $\boldsymbol{A}_{(3)}$ 就可以唯一地确定相对右 Cauchy-Green 张量历史.但这三个函数之间应满足如(5.63)式、(5.65)式和(5.66)式所表示的约束条件.

(三) 恒定伸长历史运动的典型实例

最常见的恒定伸长历史运动的典型例子有以下两种.

(1) 恒定拉伸流动(steady extensional flows)

在化纤和塑料等工业的某些加工过程(如纺丝、吹塑、挤压等)中,**拉伸流动**是一种重要的流动形式.它一般分为

(a) 单轴拉伸流动

在直角坐标系$\{o;x_1,x_2,x_3\}$中,如果 t 时刻位于坐标(x_1,x_2,x_3)上物质点的速度分量为

$$v_1=kx_1,\quad v_2=-\frac{1}{2}kx_2,\quad v_3=-\frac{1}{2}kx_3,$$

其中 k 为某一常数，则 τ 时刻物质点的坐标可通过上式的积分求得：

$$x'_1(\tau) = x_1 e^{-ks}, \quad x'_2(\tau) = x_2 e^{\frac{1}{2}ks}, \quad x'_3(\tau) = x_3 e^{\frac{1}{2}ks},$$

其中 $s = t - \tau$. 由此可得(5.54)式中的相对变形梯度历史，而(5.57)式中 $\boldsymbol{G}$ 的矩阵表示可写为

$$k\begin{pmatrix} 1 & 0 & 0 \\ 0 & -\frac{1}{2} & 0 \\ 0 & 0 & -\frac{1}{2} \end{pmatrix}.$$

于是，相对右 Cauchy-Green 张量的矩阵表示为

$$[\boldsymbol{C}_t(t-s)] = \begin{pmatrix} e^{-2ks} & 0 & 0 \\ 0 & e^{ks} & 0 \\ 0 & 0 & e^{ks} \end{pmatrix}. \tag{5.67}$$

(b) 双轴拉伸流动

在直角坐标系 $\{o; x_1, x_2, x_3\}$ 中，t 时刻位于坐标 (x_1, x_2, x_3) 上物质点的速度分量为

$$v_1 = \alpha x_1, \quad v_2 = \alpha x_2, \quad v_3 = -2\alpha x_3,$$

其中 α 为某一常数. 类似于对单轴拉伸流动的讨论，可知(5.57)式中 $\boldsymbol{G}$ 的矩阵表示为

$$[\boldsymbol{G}] = \alpha\begin{pmatrix} 1 & 0 & 0 \\ 0 & 1 & 0 \\ 0 & 0 & -2 \end{pmatrix}.$$

因此，相对右 Cauchy-Green 张量的矩阵表示为

$$[\boldsymbol{C}_t(t-s)] = \begin{pmatrix} e^{-2\alpha s} & 0 & 0 \\ 0 & e^{-2\alpha s} & 0 \\ 0 & 0 & e^{4\alpha s} \end{pmatrix}. \tag{5.68}$$

(c) 纯剪切流动

在直角坐标系 $\{o; x_1, x_2, x_3\}$ 中，t 时刻位于坐标 (x_1, x_2, x_3) 上物质点的速度分量为

$$v_1 = \beta x_1, \quad v_2 = -\beta x_2, \quad v_3 = 0,$$

其中 β 为某一常数. 类似地，可求得 $\boldsymbol{G}$ 的矩阵表示为

$$[\boldsymbol{G}] = \beta\begin{pmatrix} 1 & 0 & 0 \\ 0 & -1 & 0 \\ 0 & 0 & 0 \end{pmatrix},$$

而 $\boldsymbol{C}_t(t-s)$ 的矩阵表示可写为

$$[\boldsymbol{C}_t(t-s)] = \begin{bmatrix} e^{-2\beta s} & 0 & 0 \\ 0 & e^{2\beta s} & 0 \\ 0 & 0 & 1 \end{bmatrix}. \tag{5.69}$$

(2) 测黏流动(viscometric flows)

流场中每一点都具有常剪切率的流动称为**测黏流动**.诸如圆管中的流动、两个旋转圆筒之间的流动等.测黏流动的定义可通过以下的数学表达式表述为:

如果(5.50)式中的 $\boldsymbol{N}_0$ 满足条件

$$\boldsymbol{N}_0^2 = \boldsymbol{0}, \tag{5.70}$$

则相应的恒定伸长历史运动将称为测黏流动.

显然,由(5.55)式可知,这时也有

$$\boldsymbol{N}^2 = \boldsymbol{0} \quad 和 \quad \boldsymbol{G}^2 = \boldsymbol{0}. \tag{5.71}$$

对于测黏流动,由递推公式(5.58)式和(5.60)式可得

$$\boldsymbol{A}_{(n)} = \boldsymbol{0} \quad (当\ n \geqslant 3).$$

说明在测黏流动中,运动历史只需要 $\boldsymbol{A}_{(1)}$ 和 $\boldsymbol{A}_{(2)}$ 便可唯一地确定下来.

事实上,对(5.56)式中的指数函数作级数展开并利用(5.71)式,可将测黏流动中的相对变形梯度写为

$$\boldsymbol{F}_t(t-s) = \boldsymbol{Q}(t-s)\cdot\boldsymbol{Q}^{\mathrm{T}}(t)\cdot[\boldsymbol{I} - s\boldsymbol{G}]. \tag{5.72}$$

因此,相对右 Cauchy-Green 张量为

$$\begin{aligned} \boldsymbol{C}_t(t-s) &= (\boldsymbol{I} - s\boldsymbol{G}^{\mathrm{T}})\cdot(\boldsymbol{I} - s\boldsymbol{G}) \\ &= \boldsymbol{I} - s(\boldsymbol{G}^{\mathrm{T}} + \boldsymbol{G}) + s^2\boldsymbol{G}^{\mathrm{T}}\cdot\boldsymbol{G}. \end{aligned} \tag{5.73}$$

由递推公式(5.58)式和(5.60)式,以及条件 $\boldsymbol{G}^2 = \boldsymbol{0}$,上式还可写为

$$\boldsymbol{C}_t(t-s) = \boldsymbol{I} - s\boldsymbol{A}_{(1)} + \frac{1}{2}s^2\boldsymbol{A}_{(2)}, \tag{5.74}$$

这表明运动历史可由 $\boldsymbol{A}_{(1)}$ 和 $\boldsymbol{A}_{(2)}$ 唯一确定.

根据习题 1.10,在适当选取单位正交基后,满足条件(5.71)式的 $\boldsymbol{G}$ 的矩阵表示可写为

$$[\boldsymbol{G}] = \begin{bmatrix} 0 & k & 0 \\ 0 & 0 & 0 \\ 0 & 0 & 0 \end{bmatrix}. \tag{5.75}$$

这时,(5.73)式的矩阵表示式为

$$[\boldsymbol{C}_t(t-s)] = \begin{pmatrix} 1 & 1-sk & 0 \\ & 1+s^2k^2 & 0 \\ \text{对称} & & 1 \end{pmatrix}. \tag{5.76}$$

注意到变形率张量可写为

$$\begin{aligned} \boldsymbol{D}(t) &= \frac{1}{2}\frac{\mathrm{d}}{\mathrm{d}\tau}\boldsymbol{C}_t(\tau)\bigg|_{\tau=t} = -\frac{1}{2}\frac{\mathrm{d}}{\mathrm{d}s}\boldsymbol{C}_t(t-s)\bigg|_{s=0} \\ &= \frac{1}{2}\boldsymbol{A}_{(1)} = \frac{1}{2}(\boldsymbol{G}^{\mathrm{T}}+\boldsymbol{G}), \end{aligned}$$

因此,$\boldsymbol{D}$ 的矩阵表示为

$$[\boldsymbol{D}] = \frac{1}{2}\begin{pmatrix} 0 & k & 0 \\ k & 0 & 0 \\ 0 & 0 & 0 \end{pmatrix}. \tag{5.77}$$

说明测黏流动对应于剪切率为 k 的简单剪切流动. 相应地,由递推公式(5.58)式,可得 $\boldsymbol{A}_{(2)}$ 的矩阵表示为

$$\boldsymbol{A}_{(2)} = [2\boldsymbol{G}^{\mathrm{T}}\cdot\boldsymbol{G}] = \begin{pmatrix} 0 & 0 & 0 \\ 0 & 2k^2 & 0 \\ 0 & 0 & 0 \end{pmatrix}. \tag{5.78}$$

现考虑一种特殊的定常流动. 为此,在流场中用以下方式构造曲线坐标系:取定常的流线作为坐标曲线 x^1,再适当选取与坐标曲线 x^1 相互正交的另两条曲线作为坐标曲线 x^2 和 x^3,使得协变基向量长度只与 x^2 有关:

$$|\boldsymbol{g}_l| = \sqrt{g_{\underline{l}\,\underline{l}}(x^2)} \quad (l=1,2,3;\text{不对 } l \text{ 求和}). \tag{5.79}$$

在以上正交曲线坐标系中,如果坐标为 $\boldsymbol{x}$ 的质点速度满足

$$\dot{x}^1 = v(x^2), \quad \dot{x}^2 = 0, \quad \dot{x}^3 = w(x^2), \tag{5.80}$$

即沿坐标曲线的速度分量只与坐标曲线 x^2 有关,则称这样的流动为**曲线流动**(curvilinear flows).

下面来证,曲线流动是一种测黏流动. 为简单起见,下面仅讨论 $w(x^2)=0$ 的情形. 设在 τ 时刻位置向量为 $\boldsymbol{\zeta}(\tau)$ 的质点在 t 时刻的坐标为 $\boldsymbol{x}$:

$$\boldsymbol{\zeta}(t) = \boldsymbol{x}. \tag{5.81}$$

于是,τ 时刻的速度可由(5.80)式表示为

$$\dot{\zeta}^1(\tau) = v(\zeta^2(\tau)), \quad \dot{\zeta}^2(\tau) = \dot{\zeta}^3(\tau) = 0, \tag{5.82}$$

其中点号表示对时间 τ 的导数. 积分(5.82)式中第二式并利用初始条件(5.81)式,得

$$\zeta^2(\tau) = x^2, \quad \zeta^3(\tau) = x^3. \tag{5.83}$$

再由(5.79)式,可知 τ 时刻协变基向量的长度只是 x^2 的函数:

$$\left| \boldsymbol{g}_l(\zeta^2(\tau)) \right| = \left| \boldsymbol{g}_l(x^2) \right| \quad (l = 1,2,3).$$

这说明,当质点沿坐标曲线 x^1 运动时,协变基向量的长度是不变的.

对(5.82)式的第一式积分,并利用初始条件(5.81)式,得

$$\zeta^1(\tau) = x^1 - sv(x^2), \tag{5.84}$$

其中 $s = t - \tau$.由(5.83)式和(5.84)式,相对变形梯度 $\boldsymbol{F}_t(\tau) = \dfrac{\partial \boldsymbol{\zeta}}{\partial \boldsymbol{x}} = \zeta^m_{,l}\boldsymbol{g}_m(\zeta) \otimes \boldsymbol{g}^l(\boldsymbol{x})$ 的分量可用矩阵表示为

$$\begin{pmatrix} 1 & -sv' & 0 \\ 0 & 1 & 0 \\ 0 & 0 & 1 \end{pmatrix},$$

其中 $v' = \dfrac{\mathrm{d}v(x^2)}{\mathrm{d}x^2}$.如果采用物理分量(1.143)式,则 $\boldsymbol{F}_t(\tau)$ 的物理分量可由矩阵表示为

$$\begin{pmatrix} 1 & -sk & 0 \\ 0 & 1 & 0 \\ 0 & 0 & 1 \end{pmatrix}, \tag{5.85}$$

其中

$$k = v' \mid \boldsymbol{g}_1 \mid / \mid \boldsymbol{g}_2 \mid \tag{5.86}$$

为剪切速率.由此可见,相对变形梯度可写为(5.72)式的形式,表明以上的定常流动属于测黏流动.

§ 5.6 测黏流动中的不可压黏性流体

本节将讨论在测黏流动中非牛顿流体的流动特性.但需指出,测黏流动是一种特殊形式的运动历史,在这种运动历史下,不同的简单物质有可能会表现出相同的性质.正如只通过静水压力实验并不能完全区分可压缩无黏性流体、可压缩黏性流体以及各向同性弹性固体的性质那样,仅仅通过测黏流动来研究非牛顿流体的全部特性还是远远不够的.

(一) 测黏函数

在等温过程中,不可压缩流体的本构关系可由(4.103)式表示,即

$$\boldsymbol{\sigma}(t) = -p\boldsymbol{I} + \boldsymbol{\sigma}^0 \{\!\{ \boldsymbol{C}_t(\tau) - \boldsymbol{I} \}\!\},$$

其中 p 为"非确定"压强,而偏应力张量 $\boldsymbol{\sigma}^0$ 是其变元的各向同性张量泛函,且满足

$$\boldsymbol{\sigma}^0\{\!\{\mathbf{0}\}\!\} = \mathbf{0}.$$

在测黏流动中,$\boldsymbol{C}_t(\tau) = \boldsymbol{C}_t(t-s)$ 具有(5.73)式的形式,其中 $\boldsymbol{G}(t) = k\boldsymbol{N}(t)$ 由(5.55)式表示,它与 τ 无关.因此,(4.103)式中的偏应力张量 $\boldsymbol{\sigma}^0$ 退化为 $k\boldsymbol{N}(t)$ 的各向同性张量函数,可写为

$$\boldsymbol{\sigma}^0(t) = \boldsymbol{\Sigma}(k, \boldsymbol{N}), \tag{5.87}$$

满足 $\boldsymbol{\Sigma}(0, \boldsymbol{N}) = \mathbf{0}$,且对于任意正交张量 $\boldsymbol{Q}$,有

$$\boldsymbol{Q}\cdot\boldsymbol{\Sigma}(k, \boldsymbol{N})\cdot\boldsymbol{Q}^{\mathrm{T}} = \boldsymbol{\Sigma}(\alpha k, \alpha\boldsymbol{Q}\cdot\boldsymbol{N}\cdot\boldsymbol{Q}^{\mathrm{T}}), \tag{5.88}$$

上式中的 α 可取为 $+1$ 或 -1.这样并不会改变 $\boldsymbol{G} = \alpha^2 k\boldsymbol{N} = k\boldsymbol{N}$ 的值.

在适当选取单位正交基后,由习题1.10,可将 $\boldsymbol{G}$ 表示为(5.75)式的形式,即 $\boldsymbol{N}$ 的矩阵表示可写为

$$[\boldsymbol{N}] = \begin{bmatrix} 0 & 1 & 0 \\ 0 & 0 & 0 \\ 0 & 0 & 0 \end{bmatrix}.$$

对应于这组单位正交基,令 $\alpha = 1$,和

$$[\boldsymbol{Q}] = \begin{bmatrix} 1 & 0 & 0 \\ 0 & 1 & 0 \\ 0 & 0 & -1 \end{bmatrix},$$

则有 $[\alpha\boldsymbol{Q}\cdot\boldsymbol{N}\cdot\boldsymbol{Q}^{\mathrm{T}}] = [\boldsymbol{N}]$.故由(4.103)式、(5.87)式和(5.88)式,可得

$$[\boldsymbol{\sigma}] = [\boldsymbol{Q}\cdot\boldsymbol{\sigma}\cdot\boldsymbol{Q}^{\mathrm{T}}].$$

上式可用物理分量表示为

$$\begin{bmatrix} \sigma\langle 11\rangle & \sigma\langle 12\rangle & \sigma\langle 13\rangle \\ & \sigma\langle 22\rangle & \sigma\langle 23\rangle \\ \text{对称} & & \sigma\langle 33\rangle \end{bmatrix} = \begin{bmatrix} \sigma\langle 11\rangle & \sigma\langle 12\rangle & -\sigma\langle 13\rangle \\ & \sigma\langle 22\rangle & -\sigma\langle 23\rangle \\ \text{对称} & & \sigma\langle 33\rangle \end{bmatrix},$$

说明 $\sigma\langle 13\rangle = \sigma\langle 23\rangle = 0.$ (5.89)

因此,在适当选取单位正交基后,应力张量 $\boldsymbol{\sigma}$ 只有四个非零的物理分量,它们都是 k 的函数.因为(4.103)式中的静水压应力 p 是非确定的,故在以上四个物理分量中,最多只能确定其中的三个.例如,这三个函数可取为

$$\left.\begin{aligned} &\sigma\langle 12\rangle = \sigma^0\langle 12\rangle = \tau'(k), \\ &\sigma\langle 11\rangle - \sigma\langle 33\rangle = \sigma^0\langle 11\rangle - \sigma^0\langle 33\rangle = \sigma_1(k), \\ &\sigma\langle 22\rangle - \sigma\langle 33\rangle = \sigma^0\langle 22\rangle - \sigma^0\langle 33\rangle = \sigma_2(k). \end{aligned}\right\} \tag{5.90}$$

注意到

$$[\boldsymbol{N}^{\mathrm{T}}+\boldsymbol{N}]=\begin{pmatrix}0&1&0\\1&0&0\\0&0&0\end{pmatrix},[\boldsymbol{N}^{\mathrm{T}}\cdot\boldsymbol{N}]=\begin{pmatrix}0&0&0\\0&1&0\\0&0&0\end{pmatrix},[\boldsymbol{N}\cdot\boldsymbol{N}^{\mathrm{T}}]=\begin{pmatrix}1&0&0\\0&0&0\\0&0&0\end{pmatrix},$$

并将 $\sigma\langle 33\rangle$ 并入非确定静水压应力 p 的表达式之中,便可将(5.87)式写成如下的形式:

$$\boldsymbol{\sigma}^0=\boldsymbol{\Sigma}(k,\boldsymbol{N})=\tau'(k)(\boldsymbol{N}^{\mathrm{T}}+\boldsymbol{N})+\sigma_1(k)\boldsymbol{N}\cdot\boldsymbol{N}^{\mathrm{T}}+\sigma_2(k)\boldsymbol{N}^{\mathrm{T}}\cdot\boldsymbol{N}. \tag{5.91}$$

于是,测黏流动中的物质特性可以完全由(5.90)式中的三个函数 $\tau'(k)$、$\sigma_1(k)$ 和 $\sigma_2(k)$ 来加以描述.这三个函数称之为**测黏函数**,它们通常是通过测黏流动的实验来予以确定的.

现令 $\alpha=-1$,

$$[\boldsymbol{Q}]=\begin{pmatrix}1&0&0\\0&-1&0\\0&0&1\end{pmatrix},$$

则 $\alpha k=-k,\alpha\boldsymbol{Q}\cdot\boldsymbol{N}\cdot\boldsymbol{Q}^{\mathrm{T}}=\boldsymbol{N}$.再注意到(5.89)式,有

$$[\boldsymbol{Q}\cdot\boldsymbol{\sigma}\cdot\boldsymbol{Q}^{\mathrm{T}}]=\begin{pmatrix}\sigma\langle 11\rangle&-\sigma\langle 12\rangle&0\\&\sigma\langle 22\rangle&0\\\text{对称}&&\sigma\langle 33\rangle\end{pmatrix}.$$

因此,由(4.103)式以及(5.87)式和(5.88)式可知,当 k 变为 $-k$ 时,剪应力 $\sigma\langle 12\rangle$ 将改变符号而正应力 $\sigma\langle 11\rangle$、$\sigma\langle 22\rangle$ 和 $\sigma\langle 33\rangle$ 仍保持不变.即 $\tau'(k)$ 是其变元的奇函数,$\sigma_1(k)$ 和 $\sigma_2(k)$ 是其变元的偶函数:

$$\left.\begin{aligned}\tau'(-k)&=-\tau'(k),\\\sigma_1(-k)&=\sigma_1(k),\\\sigma_2(-k)&=\sigma_2(k).\end{aligned}\right\} \tag{5.92}$$

剪应力函数 $\sigma\langle 12\rangle=\tau'(k)$ 与剪切率 k 的比值可记为

$$\eta'(k)=\frac{\tau'(k)}{k}\quad(k\neq 0), \tag{5.93}$$

称之为剪切黏性函数.上式在 k 趋于零时的极限 η'_0 称为**剪切黏性系数**:

$$\eta'_0=\lim_{k\to 0}\frac{\tau'(k)}{k}. \tag{5.94}$$

对于牛顿流体,$\tau'(k)$ 与 k 成正比(η' 为常数);对于非牛顿流体,$\tau'(k)$ 则为 k 的非线性函数.

正应力差函数 $\sigma_1(k)$ 和 $\sigma_2(k)$ 反映了非牛顿流体的另一个特性,即

正应力差效应.许多实验表明,在测黏流动中,只要两个正应力分量不相等,那么三个正应力分量也都是彼此不相等的.因此,正应力差实验还可用于进一步检验所研究流体本构关系的合理性.当然,具有相同测黏函数的物质并不一定具有相同的本构关系.因为无数多种流体都可能具有相同的测黏函数,所以仅仅通过测黏流动实验还无法得到流体所具有的全部特性.

(二) 几种典型的测黏流动

下面来计算不可压流体在几种典型的测黏流动中的应力分布.计算中,不仅要用到本构关系,而且还要用到守恒定律和相应的边界条件.

根据不可压条件,质量守恒方程简化为 $\rho = \rho_0$,或 $\mathscr{J} = 1$.而动量守恒方程和动量矩守恒方程可分别写为

$$\boldsymbol{\sigma} \cdot \nabla + \rho \boldsymbol{f} = \rho \boldsymbol{a} \quad 和 \quad \boldsymbol{\sigma}^{\mathrm{T}} = \boldsymbol{\sigma}.$$

如果体力为保守力场,则 $\boldsymbol{f}$ 可由位势函数 β 表示为 $\boldsymbol{f} = -\nabla\beta$.将(4.103)式 $\boldsymbol{\sigma} = -p\boldsymbol{I} + \boldsymbol{\sigma}^0$ 代入上式,得

$$\boldsymbol{\sigma}^0 \cdot \nabla - \rho\nabla\left(\frac{p}{\rho} + \beta\right) = \rho \boldsymbol{a}, \tag{5.95}$$

上式中的"非确定"压强 p 需由边界条件来加以确定,而偏应力张量 $\boldsymbol{\sigma}^0$ 的物理分量可通过测黏函数(5.90)式表示为

$$\left.\begin{aligned}
\sigma^0\langle 11\rangle &= \frac{2}{3}\sigma_1(k) - \frac{1}{3}\sigma_2(k),\\
\sigma^0\langle 22\rangle &= \frac{2}{3}\sigma_2(k) - \frac{1}{3}\sigma_1(k),\\
\sigma^0\langle 33\rangle &= -\frac{1}{3}(\sigma_1(k) + \sigma_2(k)),\\
\sigma^0\langle 12\rangle &= \tau'(k),\\
\sigma^0\langle 13\rangle &= \sigma^0\langle 23\rangle = 0.
\end{aligned}\right\} \tag{5.96}$$

它们只是 k 的函数.

(1) 两平行平板间的测黏流动

取直角坐标系 $x^1 = x, x^2 = y, x^3 = z$ 来进行讨论.两平板都与 $y = 0$ 平面相平行.

现考虑如下的速度场:

$$\dot{x} = v(y), \quad \dot{y} = \dot{z} = 0, \tag{5.97}$$

它相当于(5.80)式在直角坐标系下的特殊情形.因此由(5.83)~(5.86)式,可知相对变形梯度的矩阵表示为

$$[\boldsymbol{F}_t(\tau)] = \begin{bmatrix} 1 & -sk & 0 \\ 0 & 1 & 0 \\ 0 & 0 & 1 \end{bmatrix}, \tag{5.98}$$

式中 $s = t - \tau, k(y) = \dfrac{\mathrm{d}v}{\mathrm{d}y}$ 为剪切率，它仅与 y 有关．如果将上式与(5.72)式和(5.75)式相对应，则可知有 $\boldsymbol{Q}(t-s)\cdot\boldsymbol{Q}^{\mathrm{T}}(t) = \boldsymbol{I}$.

因为对应于(5.97)式的加速度场为零，而且(5.96)式中的偏应力张量 $\boldsymbol{\sigma}^0$ 仅为 k 的函数，即 $\boldsymbol{\sigma}^0$ 仅与 y 有关，所以运动方程(5.95)式可写为

$$\frac{\partial}{\partial y}\sigma^0_{xy} - \rho\frac{\partial}{\partial x}\left(\frac{p}{\rho} + \beta\right) = 0, \tag{5.99$_1$}$$

$$\frac{\partial}{\partial y}\sigma^0_{yy} - \rho\frac{\partial}{\partial y}\left(\frac{p}{\rho} + \beta\right) = 0, \tag{5.99$_2$}$$

$$-\rho\frac{\partial}{\partial z}\left(\frac{p}{\rho} + \beta\right) = 0. \tag{5.99$_3$}$$

由$(5.99)_3$式，可知$\left(\dfrac{p}{\rho} + \beta\right)$与 z 无关．将$(5.99)_2$式对 x 微分，可得

$$\rho\frac{\partial^2}{\partial x\partial y}\left(\frac{p}{\rho} + \beta\right) = 0.$$

表明 $\rho\dfrac{\partial}{\partial x}\left(\dfrac{p}{\rho} + \beta\right)$与 y 无关，可记为

$$\rho\frac{\partial}{\partial x}\left(\frac{p}{\rho} + \beta\right) = -a(x). \tag{5.100}$$

但$(5.99)_1$式中的$\dfrac{\partial}{\partial y}\sigma^0_{xy}$仅与 y 有关，故该式中的 $\rho\dfrac{\partial}{\partial x}\left(\dfrac{p}{\rho} + \beta\right)$也只能是 y 的函数．因此，$a(x)$ 应该是一个常数 a．(5.100)式对 x 积分后，有

$$\rho\left(\frac{p}{\rho} + \beta\right) = -ax + g(y),$$

或

$$p = -ax + g(y) - \rho\beta. \tag{5.101}$$

于是，由(5.99)式可得

$$\sigma^0_{xy} = -ay + b,$$
$$\sigma^0_{yy} = g(y) + c,$$

其中 b 和 c 为积分常数．由此可见，σ^0_{xy} 是 y 的线性函数．

计入静水压后，应力分量可表示为：

$$\sigma_{xy} = \sigma^0_{xy} = \tau'(k) = -ay + b, \tag{5.102}$$

$$\left.\begin{aligned} &\sigma_{yy} = \sigma^0_{yy} - p = g(y) + c - (-ax + g(y) - \rho\beta) = ax + \rho\beta + c, \\ &\sigma_{xx} = (\sigma_{xx} - \sigma_{zz}) - (\sigma_{yy} - \sigma_{zz}) + \sigma_{yy} = \sigma_1(k) - \sigma_2(k) + \sigma_{yy}, \\ &\sigma_{zz} = (\sigma_{zz} - \sigma_{yy}) + \sigma_{yy} = -\sigma_2(k) + \sigma_{yy}. \end{aligned}\right\} \tag{5.103}$$

由于 $\sigma_1(k)$ 和 $\sigma_2(k)$ 与 x 无关，而 $-\frac{\partial\beta}{\partial x}$ 为体力 $\boldsymbol{f}$ 在 x 方向上的分量 f_x，故在流动方向(即 x 方向)上的正应力 σ_{xx} 沿该方向的变化率可写为

$$\frac{\partial}{\partial x}\sigma_{xx}=\frac{\partial}{\partial x}\sigma_{yy}=a+\rho\frac{\partial\beta}{\partial x}=a-\rho f_x. \tag{5.104}$$

这说明在流动方向上，正应力沿该方向的变化率(即压力梯度)与体力在该方向上的分量之和为恒定值 a，通常称它为**比推力**.

如果已知剪应力 τ' 对剪切率 $k=\frac{\mathrm{d}v}{\mathrm{d}y}$ 的依赖关系 $\tau'=\tau'(k)$，那么速度分布 $v=v(y)$ 就不能任意给定，它应满足由(5.102)式表示的微分方程

$$\tau'\left(\frac{\mathrm{d}v}{\mathrm{d}y}\right)=-ay+b. \tag{5.105}$$

设 $\tau'=\tau'(k)$ 的反函数为 $k=\lambda(\tau')$，则可对

$$k=\frac{\mathrm{d}v}{\mathrm{d}y}=\lambda(-ay+b) \tag{5.106}$$

进行积分而求出 $v(y)$.

下面将给出对应于速度场(5.97)式的两种特殊的二维流动实例.

(i) 在两个作相对运动的平行平板之间的**纯剪切流动**(simple shearing flow).

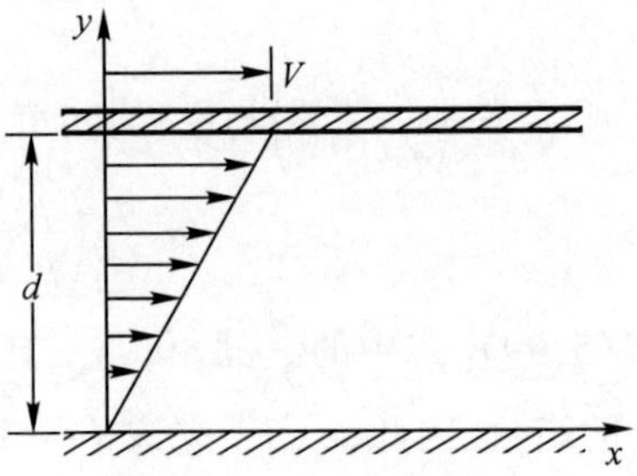

图 5.2 纯剪切流动

如果下板壁 $y=0$ 静止不动，上板壁 $y=d$ 以速度 V 沿 x 方向运动(图 5.2)，并假定流体的质点固着在板壁上，则边界条件可写为

$$v(0)=0,\quad v(d)=V.$$

如果比推力为零，即 $a=0$，则(5.106)式可简化为 $k=\frac{\mathrm{d}v}{\mathrm{d}y}=\lambda(b)$，说明剪切速率 k 与 y 无关. 积分上式并利用边界条件，可得 $v(y)=\frac{V}{d}y$ 和 $k=\frac{V}{d}$. 这时，(5.102)式简化为

$$\sigma_{xy}=\tau'\left(\frac{V}{d}\right). \tag{5.107}$$

正应力分量中的非确定应力需由远场边界条件来确定. 如果假设给定了 $\sigma_{zz}=f(x,y)$，则(5.103)式还可写为

$$\left.\begin{aligned}&\sigma_{xx}=\sigma_1(k)+f(x,y),\\&\sigma_{yy}=\sigma_2(k)+f(x,y)=\rho\beta+c,\\&\sigma_{zz}=f(x,y).\end{aligned}\right\}\tag{5.108}$$

实验表明,对于非牛顿流体,上式中的三个正应力分量是彼此不相等的,这就是所谓的"正应力差"效应.

(ii) 在两个静止不动的平行平板间的测黏流动(channel flow).

当下板壁 $y=-d$ 和上板壁 $y=d$ 都静止不动时,边界条件可写为

$$v(-d)=v(d)=0.$$

设比推力 a 不为零:$a\neq0$. 注意到流动对于 x 轴对称,故 $v(y)$是 y 的偶函数,而 $\dfrac{\mathrm{d}v}{\mathrm{d}y}=v'$是 y 的奇函数:

$$v(-y)=v(y),\quad v'(-y)=-v'(y).$$

另外,由(5.92)式可知,$\tau'(k)$是 $k=\dfrac{\mathrm{d}v}{\mathrm{d}y}=v'$的奇函数:

$$\tau'(-v')=-\tau'(v').$$

从而有 $\tau'(v'(-y))=\tau'(-v'(y))=-\tau'(v'(y))$. 说明(5.105)式是 y 的奇函数,故要求有 $b=0$.

于是,(5.106)式简化为

$$k=\frac{\mathrm{d}v}{\mathrm{d}y}=\lambda(-ay)=-\lambda(ay).\tag{5.109}$$

积分上式,可得速度分布

$$v(y)=v(-y)=\int_y^d\lambda(a\xi)\mathrm{d}\xi.\tag{5.110}$$

单位时间内,z 方向上具有单位宽度流槽中的流体流量为

$$Q=\int_{-d}^{d}v(y)\mathrm{d}y.$$

将(5.110)式代入上式,作变数替换 $a\xi=\zeta, ay=\eta$ 后再分部积分,有

$$\begin{aligned}Q&=\int_{-d}^{d}\mathrm{d}y\int_y^d\lambda(a\xi)\mathrm{d}\xi=\frac{2}{a^2}\int_0^{ad}\mathrm{d}\eta\int_\eta^{ad}\lambda(\zeta)\mathrm{d}\zeta\\&=\frac{2}{a^2}\int_0^{ad}\eta\lambda(\eta)\mathrm{d}\eta.\end{aligned}\tag{5.111}$$

上式两端乘以 a^2 并对 a 求导,得

$$\lambda(ad)=\frac{1}{2ad^2}\frac{\partial}{\partial a}(a^2Q).\tag{5.112}$$

压力梯度与比推力 a 的关系由(5.104)式给出. 如果能通过实验测出流量 Q 随a 的变化规律,则(5.112)式右端便成为 a 的已知函数,由此

可求得 $k=\lambda(\tau')$ 的函数形式.取其反函数后,便可最终得到测黏函数 $\tau'=\tau'(k)$ 的具体形式.

在以上流动中,剪应力 σ_{xy} 仍由(5.102)式给出,但要求其中的 $b=0$:

$$\sigma_{xy}=-ay. \tag{5.113}$$

此外,如果由边界条件可确定 $\sigma_{zz}=f(x,y)$,则(5.103)式中的其他两个正应力分量便可由测黏函数表示为

$$\begin{aligned}\sigma_{xx}&=\sigma_1(\lambda(ay))+f(x,y),\\ \sigma_{yy}&=\sigma_2(\lambda(ay))+f(x,y).\end{aligned} \tag{5.114}$$

(2) 通过圆管的 Poiseuille 流动

沿圆管轴向的轴对称定常流动称为**Poiseuille流动**.如图5.3所示,在圆柱坐标系(r,θ,z)中,其速度分量可以写为

$$\dot{z}=v(r),\quad \dot{r}=0,\quad \dot{\theta}=0. \tag{5.115}$$

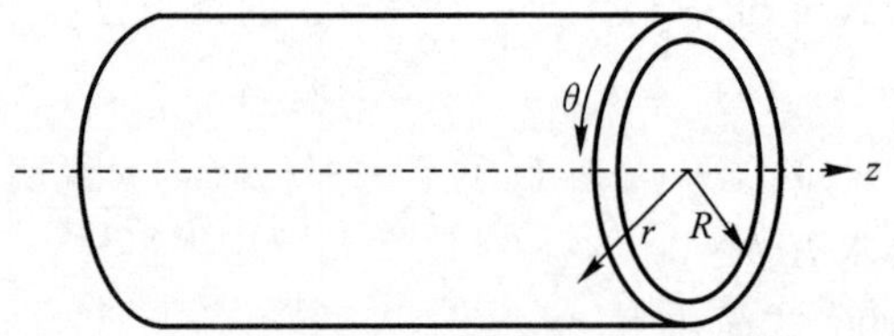

图 5.3 通过圆形管道的 Poiseuille 流动

如取曲线坐标系的(x^1,x^2,x^3)与(z,r,θ)相对应,则上式具有(5.80)式的形式,因此它属于"曲线流动".

如果以流体质点固着在圆管内壁 $r=R$ 处的条件作为边界条件,则有

$$v(R)=0. \tag{5.116}$$

另外,由轴对称条件,要求 $r=0$ 处有$\dfrac{\mathrm{d}v}{\mathrm{d}r}=0$.

注意到

$$|\boldsymbol{g}_1|=|\boldsymbol{g}_z|=1,\quad |\boldsymbol{g}_2|=|\boldsymbol{g}_r|=1,\quad |\boldsymbol{g}_3|=|\boldsymbol{g}_\theta|=r,$$

速度的物理分量可写为 $v_z=v(r)$, $v_r=0$, $v_\theta=0$. 由(5.86)式表示的剪切速率可写为

$$k=\frac{\mathrm{d}v(r)}{\mathrm{d}r}=v'(r). \tag{5.117}$$

因为 k 仅是 r 的函数,所以偏应力张量 $\boldsymbol{\sigma}^0$ 也仅仅是 r 的函数,其非零物理分量可利用(5.96)式由测黏函数表示为

$$\left.\begin{aligned}\sigma_{zz}^0 &= \frac{2}{3}\sigma_1(k) - \frac{1}{3}\sigma_2(k),\\ \sigma_{rr}^0 &= \frac{2}{3}\sigma_2(k) - \frac{1}{3}\sigma_1(k),\\ \sigma_{\theta\theta}^0 &= -\frac{1}{3}(\sigma_1(k) + \sigma_2(k)),\\ \sigma_{rz}^0 &= \tau'(k).\end{aligned}\right\} \tag{5.118}$$

由(5.115)式,可知加速度为零.故在轴对称条件下的运动方程(5.95)式可利用(1.156)式写为

$$\frac{\partial}{\partial r}\sigma_{rz}^0 + \frac{1}{r}\sigma_{rz}^0 - \rho\frac{\partial}{\partial z}\left(\frac{p}{\rho} + \beta\right) = 0, \tag*{$(5.119)_1$}$$

$$\frac{\partial}{\partial r}\sigma_{rr}^0 + \frac{1}{r}(\sigma_{rr}^0 - \sigma_{\theta\theta}^0) - \rho\frac{\partial}{\partial r}\left(\frac{p}{\rho} + \beta\right) = 0, \tag*{$(5.119)_2$}$$

$$-\rho\frac{\partial}{r\partial\theta}\left(\frac{p}{\rho} + \beta\right) = 0. \tag*{$(5.119)_3$}$$

$(5.119)_2$ 式表明 $\frac{\partial}{\partial r}[\sigma_{rr}^0 - p - \rho\beta]$仅是 r 的函数,可记为$\frac{\partial}{\partial r}g_1(r)$.因此有

$$\sigma_{rr}^0 - \rho\left(\frac{p}{\rho} + \beta\right) = g_1(r) + g_2(\theta, z). \tag{5.120}$$

但由$(5.119)_3$ 式可知$\left(\frac{p}{\rho} + \beta\right)$与 θ 无关,而$(5.119)_1$ 式要求$\frac{\partial}{\partial z}\left(\frac{p}{\rho} + \beta\right)$仅是$r$ 的函数.因此,(5.120)式中的 $g_2(\theta, z)$只能是 z 的线性函数,可记为 $g_2 = az + c$,其中 a 和c 为积分常数.于是,(5.120)式化为

$$\sigma_{rr}^0 = p + \rho\beta + g_1(r) + az + c. \tag{5.121}$$

由上式对 z 的偏导数可得

$$\rho\frac{\partial}{\partial z}\left(\frac{p}{\rho} + \beta\right) = -a. \tag{5.122}$$

再代入$(5.119)_1$ 式,$\frac{\partial}{\partial r}(r\sigma_{rz}^0) = -ar$,并作积分,得

$$\sigma_{rz}^0 = -\frac{ar}{2} + \frac{b}{r},$$

其中 b 为积分常数.因为要求 $r=0$ 处的 σ_{rz}^0连续有界,所以 $b=0$.于是有

$$\sigma_{rz} = \sigma_{rz}^0 = \tau'(k) = -\frac{ar}{2}. \tag*{$(5.123)_1$}$$

特别地,管壁处的剪应力为

$$\sigma_{rz}(R)=-\frac{aR}{2}. \tag{5.123$_2$}$$

注意到(5.92)式,可知 $\tau'(k)$ 是其变元的奇函数.故由(5.117)式可知,$r=0$处要求 σ_{rz}^0 的连续有界性与要求$\frac{\mathrm{d}v}{\mathrm{d}r}=0$ 是等价的.

正应力分量 σ_{rr} 由(5.121)式给出:

$$\sigma_{rr}=\sigma_{rr}^0-p=\rho\beta+g_1(r)+az+c. \tag{5.124$_1$}$$

其他两个正应力分量可利用(5.118)式写为:

$$\begin{aligned}\sigma_{\theta\theta}&=-\sigma_2(k)+\sigma_{rr},\\ \sigma_{zz}&=\sigma_1(k)-\sigma_2(k)+\sigma_{rr}.\end{aligned} \tag{5.124$_2$}$$

注意到 k 仅与 r 有关,故

$$\frac{\partial\sigma_{zz}}{\partial z}=\frac{\partial\sigma_{rr}}{\partial z}=a+\rho\frac{\partial\beta}{\partial z}=a-\rho f_z, \tag{5.125}$$

其中 ρf_z 为体力在圆管轴线 z 方向上的分量.这说明,沿圆管轴向的正应力 σ_{zz} 在其流动方向上的变化率(即压力梯度)与体力在该方向的分量之和为恒定值 a,通常称它为**比推力**.

设测黏函数 $\tau'=\tau'(k)$ 的反函数为 $k=\lambda(\tau')$,则由(5.123)$_1$ 式可得

$$k=\frac{\mathrm{d}v}{\mathrm{d}r}=\lambda\left(-\frac{ar}{2}\right)=-\lambda\left(\frac{ar}{2}\right). \tag{5.126}$$

由此求得速度分布

$$v(r)=\int_r^R\lambda\left(\frac{a\xi}{2}\right)\mathrm{d}\xi. \tag{5.127}$$

单位时间内流体的流量为

$$Q=2\pi\int_0^R rv(r)\mathrm{d}r=2\pi\int_0^R r\left(\int_r^R\lambda\left(\frac{a\xi}{2}\right)\mathrm{d}\xi\right)\mathrm{d}r.$$

进行分部积分后,有

$$Q=\frac{8\pi}{a^3}\int_0^{aR/2}\zeta^2\lambda(\zeta)\mathrm{d}\zeta. \tag{5.128}$$

将上式两端乘以 a^3 并对 a 求导数,得

$$\lambda\left(\frac{aR}{2}\right)=\frac{1}{\pi a^2R^3}\frac{\partial}{\partial a}(a^3Q). \tag{5.129}$$

流量 Q 与比推力 a 的关系可通过实验来加以测定.这时,上式右端便成为 a 的已知函数.由此可求得 $k=\lambda(\tau')$ 的函数形式,取其反函数后,便得到测黏函数 $\tau'=\tau'(k)$ 的具体形式.

下面将通过测黏函数 $\sigma_1(k)$ 和 $\sigma_2(k)$ 来表示(5.124) 中的正应力分

量.为此可将$(5.119)_2$式写为

$$\frac{\partial}{\partial r}(\sigma_{rr}^0 - p - \rho\beta) = \frac{\partial}{\partial r}g_1(r) = -\frac{1}{r}(\sigma_{rr}^0 - \sigma_{\theta\theta}^0) = -\frac{1}{r}\sigma_2(k).$$

积分上式并利用(5.126)式,可得

$$g_1(r) = -\int_0^r \frac{1}{\xi}\sigma_2\left(\lambda\left(\frac{a\xi}{2}\right)\right)\mathrm{d}\xi. \tag{5.130}$$

在上式中,积分常数已包含在$(5.124)_1$式的常数c中,而取$g_1(0)=0$.如定义复合函数$\hat{\sigma}_1(\zeta)=\sigma_1(\lambda(\zeta))$, $\hat{\sigma}_2(\zeta)=\sigma_2(\lambda(\zeta))$,则$(5.124)_1$式可写为

$$\sigma_{rr} = \rho\beta + az - \int_0^r \frac{1}{\xi}\hat{\sigma}_2\left(\frac{a\xi}{2}\right)\mathrm{d}\xi + c. \tag{5.131}$$

再利用$(5.124)_2$式,便可得到由测黏函数$\sigma_1(k) = \hat{\sigma}_1\left(\frac{ar}{2}\right)$和$\sigma_2(k) = \hat{\sigma}_2\left(\frac{ar}{2}\right)$表示的$\sigma_{\theta\theta}$和$\sigma_{zz}$.

下面来定性地考察在圆管内作 Poiseuille 流动的流体在管道出口处$z=L$的流动特性.设管外的大气压为p_0,并假定出口处正应力σ_{zz}的合力与大气压的总压力相平衡:

$$2\pi\int_0^R r\sigma_{zz}\mathrm{d}r\bigg|_{z=L} = -\pi R^2 p_0, \tag{5.132}$$

上式中的σ_{zz}可由$(5.124)_2$式和(5.131)式给出.现假定体力势β仅是z的函数,则(5.131)式的积分可表示为

$$2\int_0^R r\sigma_{rr}\mathrm{d}r\bigg|_{z=L} = R^2(\rho\beta(L) + aL + c) - \int_0^R \left(\frac{R^2-\xi^2}{\xi}\right)\hat{\sigma}_2\left(\frac{a\xi}{2}\right)\mathrm{d}\xi.$$

再利用$(5.124)_2$式,可将(5.132)式写为

$$2\int_0^R \xi\left[\hat{\sigma}_1\left(\frac{a\xi}{2}\right) - \hat{\sigma}_2\left(\frac{a\xi}{2}\right)\right]\mathrm{d}\xi - \int_0^R \frac{R^2}{\xi}\hat{\sigma}_2\left(\frac{a\xi}{2}\right)\mathrm{d}\xi + \int_0^R \xi\hat{\sigma}_2\left(\frac{a\xi}{2}\right)\mathrm{d}\xi +$$
$$R^2(\rho\beta(L) + aL + c) = -R^2 p_0.$$

由此可确定$[\rho\beta(L) + aL + c]$的值为

$$\rho\beta(L) + aL + c = -p_0 + \int_0^R \frac{1}{\xi}\hat{\sigma}_2\left(\frac{a\xi}{2}\right)\mathrm{d}\xi -$$
$$\frac{1}{R^2}\int_0^R \xi\left[2\hat{\sigma}_1\left(\frac{a\xi}{2}\right) - \hat{\sigma}_2\left(\frac{a\xi}{2}\right)\right]\mathrm{d}\xi.$$

将上式代入(5.131)式,可求得出口处垂直于管壁的正应力为

$$\sigma_{rr}\bigg|_{\substack{z=L\\ r=R}} = -p_0 - \frac{1}{R^2}\int_0^R \xi\hat{S}(\xi)\mathrm{d}\xi, \tag{5.133}$$

其中 $\hat{S}(\xi) = 2\hat{\sigma}_1\left(\frac{a\xi}{2}\right) - \hat{\sigma}_2\left(\frac{a\xi}{2}\right) = 2\sigma_1\left(\lambda\left(\frac{a\xi}{2}\right)\right) - \sigma_2\left(\lambda\left(\frac{a\xi}{2}\right)\right)$.

$$(5.134)$$

现讨论以下两种情形：

(i) 当 $0 \leqslant \xi \leqslant R$ 时，$\hat{S}(\xi) > 0$. (5.135)

则 $-\sigma_{rr}\Big|_{\substack{z=L\\r=R}} > p_0$，即作用在管壁处的流体压应力大于大气压强.这时，流出管口的流体会出现胀大现象.这种从毛细管流出时的射流胀大现象也称作 **Barus 效应**或 Merrington 效应.对于大多数高分子溶液来说，$\sigma_1(k)$是正的且远大于 $\sigma_2(k)$，因此条件(5.135)式是成立的.

(ii) 当 $0 \leqslant \xi \leqslant R$ 时，$\hat{S}(\xi) < 0$. (5.136)

则 $-\sigma_{rr}\Big|_{\substack{z=L\\r=R}} < p_0$，即作用在管壁处的流体压应力小于大气压强.这时流出管口的流体会出现收缩现象.

需要指出，(5.133)式是基于无穷长圆管中定常流动的分析导出的，它并不适用于管道出口附近的流场情形.因此，以上讨论仅仅是为了说明正应力效应而作的定性讨论.

(3) 两圆筒间的 Couette 流动

在两个长圆筒之间的定常回转流动被称作 **Couette 流动**.现取柱坐标系(r,θ,z)中的 z 轴沿两圆筒的轴线方向，并设内、外圆筒的半径分别为 R_1 和 R_2，相应的回转角速度分别为 Ω_1 和 Ω_2.对应于 Couette 流动的速度分布可写为

$$\dot{\theta} = \omega(r), \quad \dot{r} = 0, \quad \dot{z} = 0. \tag{5.137}$$

如取曲线坐标系的(x^1, x^2, x^3)与(θ, r, z)相对应，则上式具有(5.80)式的形式，因此这种流动属于“曲线流动”.

如果以流体质点固着在筒壁的条件作为边界条件，则有

$$\omega(R_1) = \Omega_1, \quad \omega(R_2) = \Omega_2. \tag{5.138}$$

注意到

$$|\boldsymbol{g}_1| = |\boldsymbol{g}_\theta| = r, \quad |\boldsymbol{g}_2| = |\boldsymbol{g}_r| = 1, \quad |\boldsymbol{g}_3| = |\boldsymbol{g}_z| = 1,$$

速度的物理分量为 $v_\theta = r\omega(r)$, $v_r = 0$, $v_z = 0$.

由(5.86)式表示的剪切速率可写为

$$k = r\frac{\mathrm{d}\omega(r)}{\mathrm{d}r} = r\omega'(r), \tag{5.139}$$

它仅是 r 的函数.

于是，偏应力张量 $\boldsymbol{\sigma}^0$ 也仅仅是 r 的函数，其非零的物理分量可利用

(5.96)式由测黏函数表示为

$$\left.\begin{aligned}
\sigma_{\theta\theta}^0 &= \frac{2}{3}\sigma_1(k) - \frac{1}{3}\sigma_2(k),\\
\sigma_{rr}^0 &= \frac{2}{3}\sigma_2(k) - \frac{1}{3}\sigma_1(k),\\
\sigma_{zz}^0 &= -\frac{1}{3}(\sigma_1(k) + \sigma_2(k)),\\
\sigma_{r\theta}^0 &= \tau'(k).
\end{aligned}\right\} \tag{5.140}$$

根据(5.137)式,加速度$\dot{v} = v' + (v\nabla)\cdot v$的物理分量可利用(1.153)式写为

$$a_\theta = 0, \qquad a_r = -r\omega^2, \qquad a_z = 0.$$

因此,运动方程(5.95)式可利用(1.156)式写为

$$\frac{\partial\sigma_{r\theta}^0}{\partial r} + \frac{2\sigma_{r\theta}^0}{r} - \frac{\rho}{r}\frac{\partial}{\partial\theta}\left(\frac{p}{\rho} + \beta\right) = 0, \tag{5.141$_1$}$$

$$\frac{\partial\sigma_{rr}^0}{\partial r} + \frac{1}{r}(\sigma_{rr}^0 - \sigma_{\theta\theta}^0) - \rho\frac{\partial}{\partial r}\left(\frac{p}{\rho} + \beta\right) = -\rho r\omega^2, \tag{5.141$_2$}$$

$$-\rho\frac{\partial}{\partial z}\left(\frac{p}{\rho} + \beta\right) = 0. \tag{5.141$_3$}$$

$(5.141)_2$ 式表明$\frac{\partial}{\partial r}(\sigma_{rr}^0 - p - \rho\beta)$仅是 r 的函数,可记为$\frac{\partial}{\partial r}f_1(r)$.因此有

$$\sigma_{rr}^0 - \rho\left(\frac{p}{\rho} + \beta\right) = f_1(r) + f_2(\theta, z). \tag{5.142}$$

由$(5.141)_3$ 式,可知$\left(\frac{p}{\rho} + \beta\right)$与 z 无关,而$(5.141)_1$ 式要求$\frac{\partial}{r\partial\theta}\left(\frac{p}{\rho} + \beta\right)$仅是$r$ 的函数,因此(5.142)式中的 $f_2(\theta, z)$只能是 θ 的线性函数,可记为 $f_2 = \theta a + c$,其中 a 和c 为积分常数.于是,(5.142)式可写为

$$\sigma_{rr}^0 = p + \rho\beta + f_1(r) + \theta a + c. \tag{5.143}$$

注意到上式左端仅是 r 的函数,因此,如假定体力势 β 与θ 无关,就要求上式中的 a 等于零.由此可求得正应力分量 σ_{rr}为

$$\sigma_{rr} = \sigma_{rr}^0 - p = \rho\beta + f_1(r) + c. \tag{5.144$_1$}$$

其他两个正应力分量可根据(5.140)式写为

$$\left.\begin{aligned}
\sigma_{zz} &= -\sigma_2(k) + \sigma_{rr},\\
\sigma_{\theta\theta} &= \sigma_1(k) - \sigma_2(k) + \sigma_{rr}.
\end{aligned}\right\} \tag{5.144$_2$}$$

由条件 $a = 0$,(5.143)式对 θ 的偏导数可写为

$$\rho\frac{\partial}{r\partial\theta}\left(\frac{p}{\rho}+\beta\right)=0.$$

代入$(5.141)_1$式后，有：$\frac{1}{r^2}\frac{\partial}{\partial r}(r^2\sigma^0_{r\theta})=0$. 故得

$$\sigma_{r\theta}=\sigma^0_{r\theta}=\tau'(k)=\frac{b}{r^2},\tag{5.145}$$

其中 b 为积分常数.

单位长度上作用于半径为 r 的圆柱面上的扭矩为 $M=2\pi r^2\sigma_{r\theta}=2\pi b$，因此测黏函数 $\tau'(k)$也可写为

$$\tau'(r\omega'(r))=\frac{M}{2\pi r^2}.\tag{5.146}$$

如取上式的反函数为

$$k=r\omega'(r)=\lambda\left(\frac{M}{2\pi r^2}\right),\tag{5.147}$$

则由内边界条件$(5.138)_1$式，可知角速度分布为

$$\omega(r)=\Omega_1+\int_{R_1}^{r}\frac{1}{\xi}\lambda\left(\frac{M}{2\pi\xi^2}\right)\mathrm{d}\xi.\tag{5.148}$$

特别地，外筒与内筒的角速度之差可写为

$$\Delta\Omega=\Omega_2-\Omega_1=\int_{R_1}^{R_2}\frac{1}{r}\lambda\left(\frac{M}{2\pi r^2}\right)\mathrm{d}r=\frac{1}{2}\int_{\zeta_2}^{\zeta_1}\frac{1}{\zeta}\lambda(\zeta)\mathrm{d}\zeta.\tag{5.149}$$

上式中 $\zeta=\frac{M}{2\pi r^2}$，而 $\zeta_1=\frac{M}{2\pi R_1^2}$ 和 $\zeta_2=\frac{M}{2\pi R_2^2}$ 分别为作用在内、外圆筒上的剪应力.

由(5.149)式还难以直接求得 $k=\lambda(\tau')$. 对于牛顿流体，因为以上的函数形式是已知的，即 $k=\lambda(\tau')=\tau'/\eta'$，故(5.149)式化为 $\Delta\Omega=\frac{\zeta_1-\zeta_2}{2\eta'}$. 如能通过实验测得 ζ_1、ζ_2 和 $\Delta\Omega$，那么就可以确定黏性系数

$$\eta'=\frac{\zeta_1-\zeta_2}{2\Delta\Omega}.$$

但是对于非牛顿流体，$k=\lambda(\tau')$的函数形式是未知的. 为了求得 $k=\lambda(\tau')$，可假定两圆筒的间隙很小，这时$\frac{R_2-R_1}{R_1}$是一个小量. 当略去高阶小量后，(5.149)式可近似地写为

$$\Delta\Omega=\frac{R_2-R_1}{R_1}\lambda\left(\frac{M}{2\pi R_1^2}\right).\tag{5.150}$$

于是，通过测量 $\Delta\Omega$ 和 M，便可确定函数 $k=\lambda(\tau')$的形式.

正应力分量(5.144)式可通过测黏函数来加以表示.为此,将$(5.144)_1$式对r求偏导数,并利用$(5.141)_2$式,得

$$\frac{\partial}{\partial r}(\sigma_{rr}^0 - p - \rho\beta) = \frac{\mathrm{d}f_1(r)}{\mathrm{d}r} = \frac{1}{r}(\sigma_1(k) - \sigma_2(k)) - \rho r\omega^2.$$

积分上式,有

$$f_1(r) = \int_{R_1}^{r} \frac{1}{\xi}\left[\sigma_1\left(\lambda\left(\frac{M}{2\pi\xi^2}\right)\right) - \sigma_2\left(\lambda\left(\frac{M}{2\pi\xi^2}\right)\right)\right]\mathrm{d}\xi - \int_{R_1}^{r}\rho\xi\omega^2(\xi)\mathrm{d}\xi.$$

上式中的积分常数已包含在$(5.144)_1$式的c中,而假定$f_1(R_1) = 0$.如定义复合函数$\hat{\sigma}_1(\zeta) = \sigma_1(\lambda(\zeta))$,$\hat{\sigma}_2(\zeta) = \sigma_2(\lambda(\zeta))$,则$(5.144)_1$式可表示为

$$\sigma_{rr} = \rho\beta + \int_{R_1}^{r}\frac{1}{\xi}\left[\hat{\sigma}_1\left(\frac{M}{2\pi\xi^2}\right) - \hat{\sigma}_2\left(\frac{M}{2\pi\xi^2}\right)\right]\mathrm{d}\xi - \int_{R_1}^{r}\rho\xi\omega^2(\xi)\mathrm{d}\xi + c, \tag{5.151}$$

其中$\omega(\xi)$由(5.148)式给出.将上式代入$(5.144)_2$式后,便得到由测黏函数表示的σ_{zz}和$\sigma_{\theta\theta}$.

由(5.151)式可知,如果β与r无关,则外筒壁与内筒壁的正应力差可写为

$$\sigma_{rr}(R_2) - \sigma_{rr}(R_1) = f_1(R_2) = \int_{R_1}^{R_2}\frac{1}{\xi}\left[\hat{\sigma}_1\left(\frac{M}{2\pi\xi^2}\right) - \hat{\sigma}_2\left(\frac{M}{2\pi\xi^2}\right)\right]\mathrm{d}\xi - \int_{R_1}^{R_2}\rho\xi\omega^2(\xi)\mathrm{d}\xi. \tag{5.152}$$

上式右端第二项为离心力的影响.

类似于(5.150)式的讨论,当两圆筒的间隙很小时,上式可近似写为

$$\Delta\sigma_{rr} = \left(\frac{R_2 - R_1}{R_1}\right)\left[\hat{\sigma}_1\left(\frac{M}{2\pi R_1^2}\right) - \hat{\sigma}_2\left(\frac{M}{2\pi R_1^2}\right) - \frac{1}{2}\rho R_1^2(\Omega_1^2 + \Omega_2^2)\right]. \tag{5.153}$$

由此可通过实验测得$\hat{\sigma}_1(\zeta) - \hat{\sigma}_2(\zeta)$.

下面来定性考察 Couette 流动中流体自由面的形状.如果忽略表面张力,则由$(5.144)_2$式表示的正应力分量σ_{zz}在自由面上应该与大气压p_0相平衡:

$$\sigma_{zz} = \rho g z + \int_{R_1}^{r}\frac{1}{\xi}\left[\hat{\sigma}_1\left(\frac{M}{2\pi\xi^2}\right) - \hat{\sigma}_2\left(\frac{M}{2\pi\xi^2}\right)\right]\mathrm{d}\xi - \int_{R_1}^{r}\rho\xi\omega^2(\xi)\mathrm{d}\xi - \hat{\sigma}_2\left(\frac{M}{2\pi r^2}\right) + c = -p_0, \tag{5.154}$$

上式中已取 $\beta = gz$,其中 g 为重力加速度,$z = z_0(r)$ 为自由面的高度.

将(5.154)式对 r 求导后,有

$$\rho g \frac{\mathrm{d}z_0(r)}{\mathrm{d}r} = \rho r\omega^2(r) - \frac{1}{r}\left\{\hat{\sigma}_1\left(\frac{M}{2\pi r^2}\right) - \hat{\sigma}_2\left(\frac{M}{2\pi r^2}\right)\right\} - \frac{M}{\pi r^3}\hat{\sigma}_2'\left(\frac{M}{2\pi r^2}\right), \tag{5.155}$$

其中 $\hat{\sigma}_2' = \dfrac{\mathrm{d}\hat{\sigma}_2(\zeta)}{\mathrm{d}\zeta}$.

对于牛顿流体,由第5章习题5.6,可知正应力差为零:$\sigma_1(k) = \sigma_2(k) = 0$.故上式简化为

$$\rho g \frac{\mathrm{d}z_0(r)}{\mathrm{d}r} = \rho r\omega^2(r) > 0 \quad (R_1 \leqslant r \leqslant R_2). \tag{5.156}$$

这时,由于惯性效应,液面高度将随着半径 r 的增大而不断增加.对于非牛顿流体,由于 $\sigma_1(k)$ 通常为正值且远大于 $\sigma_2(k)$,故(5.155)式右端可能会变为负值.这时,液面将沿内圆筒爬升,即出现如图5.1所示的 Weissenberg 效应.

需要指出,以上分析与射流胀大现象的分析一样,只是一种定性的讨论.但它却能说明正应力差效应在非牛顿流体的研究中的重要性.

(三)简短的结束语

本节仅通过几个简单实例对非牛顿流体在测黏流动中的流动特性进行了简要的讨论.由于篇幅所限,本节未能对如何通过实验来确定测黏函数的问题进行必要的介绍.关于这一方面的详细的讨论,读者可参考有关文献(如[5.2-5.4,7.5]).

习 题

5.1 现考虑在区域 v 中流动的不可压无黏性流体.如果流体在区域边界 ∂v 上的法向速度始终为零,且体力有势.试证流体在 v 内的总动能不随时间改变.

5.2 现考虑不可压无黏性流体绕刚性物体 B 的定常流动.当体力为零时,试证流体作用在刚性物体上的合力为

$$\frac{\rho_0}{2}\int_{\partial B}(\boldsymbol{v}\cdot\boldsymbol{v})\boldsymbol{N}\mathrm{d}S,$$

其中 ∂B 为刚性物体 B 的边界,$\boldsymbol{N}$ 为 ∂B 的单位外法向量.

5.3 在绝热过程中,理想气体的本构方程可写为 $\boldsymbol{\sigma} = -p(\rho)\boldsymbol{I}$,其中 $p(\rho) = \alpha\rho^\gamma(\alpha > 0, \gamma > 1)$ 由(5.4)式给出.试证其声速 $\kappa = \kappa(\rho)$ 满足 $\kappa^2 = \gamma\dfrac{p}{\rho}$.

5.4 现考虑在区域 v 中流动的不可压牛顿流体.边界 ∂v 固定不动,且体力和边界上的速度为零.试证流体总动能的变化率为 $\dot{K}=-4\eta'\int_v \boldsymbol{\omega}\cdot\boldsymbol{\omega}\mathrm{d}v$,其中 η' 为黏性系数,$\boldsymbol{\omega}$ 为物质旋率 $\boldsymbol{W}$ 的轴向量.

5.5 考虑在无体力情形下的不可压牛顿流体的定常流动.这时的 Navier-Stokes 方程简化为

$$\rho_0(v\,\nabla)\cdot v=\eta'\,\nabla^2 v-\nabla\,p,$$

$$\operatorname{div} v=0.$$

在上述条件下,试计算下列问题中的速度分布和应力分布:

(a) 两个作相对运动的平行平板之间的纯剪切流动,其中假定沿流动方向的压力梯度为零.

(b) 两个静止不动的平行板之间的流动,其中假定沿流动方向的压力梯度为非零常数.

(c) 在半径为 R 的直圆管中的流动,其中假定沿管道母线方向的压力梯度为非零常数.

5.6 试将上题中(a)的计算结果与(5.107)式和(5.108)式进行比较,并说明牛顿流体没有"正应力差"效应.

5.7 试利用习题5.5 中(c) 的计算结果,写出单位时间内的流量 Q 与压力梯度之间的关系,即 Hagen-Poiseuille 方程.

5.8 对于给定的初始条件和边界条件,试讨论 Navier-Stokes 方程解的唯一性.

5.9 试证由习题2.14 表示的定常流动 $v=\boldsymbol{A}\cdot\boldsymbol{x}$ 是恒定伸长历史运动.但在一般情况下,$\boldsymbol{N}_0^m\neq\boldsymbol{0}$(其中 m 为正整数),即并不是测黏流动.

5.10 对于恒定拉伸流动,

(a) 试计算 (i) 单轴拉伸流动(5.67) 式,(ii) 双轴拉伸流动(5.68) 式,以及 (iii) 纯剪切流动(5.69) 式所对应的 Rivlin-Ericksen 张量 $\boldsymbol{A}_{(1)},\boldsymbol{A}_{(2)},\cdots$.

(b) 试证明不可压黏性流体在以上三种恒定拉伸流动中的本构关系可写为

$$\boldsymbol{\sigma}=-p\boldsymbol{I}+\eta_1\boldsymbol{A}_{(1)}+\eta_2\boldsymbol{A}_{(1)}^2,$$

其中 η_1 和 η_2 为 $\boldsymbol{A}_{(1)}$ 的不变量的函数.

(c) 如果分别定义以上三种流动中的法向应力差为

(i) $\sigma\langle 11\rangle-\sigma\langle 33\rangle=k\eta_E(k)$,

(ii) $\sigma\langle 11\rangle-\sigma\langle 33\rangle=\alpha\eta_{EB}(\alpha)$,

(iii) $\sigma\langle 11\rangle-\sigma\langle 22\rangle=\beta\eta_{EP}(\beta)$,

试证:对于牛顿流体,有 $\eta_E=3\eta'$,$\eta_{EB}=6\eta'$ 和 $\eta_{EP}=4\eta'$,其中 η' 为牛顿流体中的黏性系数,η_E 又称为 Trouton 黏性系数.

5.11 试写出不可压 Reiner-Rivlin 黏性流体在测黏流动中的应力表达式,并进而讨论相应的测黏函数所具有的性质.

5.12 试直接利用(5.128) 式导出不可压牛顿流体在圆管流动中的

Hagen-Poiseuille 方程.

5.13 如果非牛顿流体的测黏函数 $\tau' = \tau'(k)$ 具有幂次形式

$$|\tau'| = c'|k|^n \quad (n < 1),$$

其中 c' 为材料常数,试写出该流体在圆管中 Poiseuille 流动的速度分布.

5.14 试给出不可压 Reiner-Rivlin 黏性流体在 Couette 流动中的角速度和正应力分量的表达式.

5.15 试利用(5.155)式讨论不可压 Reiner-Rivlin 黏性流体在 Couette 流动中的液面爬升现象.

参考文献

5.1 Reiner M. Lectures on theoretical rheology. Amsterdam: North-Holland, 1960. (中译本:郭友中,等.理论流变学讲义.北京:科学出版社,1965.)

5.2 Zahorski S. Mechanics of viscoelastic fluids. The Hague/Boston/London: Martinus Nijhoff Publishers, 1982.

5.3 陈文芳.非牛顿流体力学.北京:科学出版社,1984.

5.4 Van Wazer J R, Lyons J W, Kim K Y, Colwell R E. Viscosity and flow measurement. New York: Interscience, 1963.

第六章 弹性体和热弹性体

§6.1 引 言

上一章曾提到，在本构关系的研究中，通常可采用两种途径来简化问题的讨论. 其一是对本构关系进行简化，其二是对变形历史进行简化. 本章所要讨论的弹性体和热弹性体是对本构关系进行简化的典型实例.

从广义上讲，弹性体的本构关系可分为以下三种类型.

(一) Cauchy 弹性体

在等温过程中，如果 Cauchy 应力 $\boldsymbol{\sigma}$ 仅仅是当前时刻变形梯度 $\boldsymbol{F}$ 的函数，而与当前时刻以前的变形梯度历史无关，则通常称这样的物体为弹性体或 **Cauchy 弹性体**. 这时，根据 §4.2 的讨论，可知由泛函形式表示的无旋应力(4.53)式将变为函数形式的表达式，它可由(4.54)式中的弹性应力表示为

$$\boldsymbol{\sigma}^{(\mathrm{R})} = \boldsymbol{R}^{\mathrm{T}} \cdot \boldsymbol{\sigma} \cdot \boldsymbol{R} = \boldsymbol{\sigma}^{(\mathrm{e})}_{\mathscr{K}_0}(\boldsymbol{C}), \tag{6.1}$$

其中 $\boldsymbol{C}$ 为右 Cauchy-Green 张量. 利用(4.55)式，上式也可改写为

$$\boldsymbol{T}^{(1)} = \boldsymbol{T}^{(1)}_{\mathscr{K}_0}(\boldsymbol{C}). \tag{6.2}$$

上式中的 $\boldsymbol{T}^{(1)}$ 是与 Green 应变 $\boldsymbol{E}^{(1)} = \dfrac{1}{2}(\boldsymbol{C} - \boldsymbol{I})$ 相共轭的第二类 Piola-Kirchhoff 应力，表明 $\boldsymbol{T}^{(1)}$ 也可写为 $\boldsymbol{E}^{(1)}$ 的单值函数.

对于一般的 Lagrange 型应变度量 $\boldsymbol{E}$ 以及与之相共轭的应力 $\boldsymbol{T}$，Cauchy 弹性体的本构关系可写为

$$\boldsymbol{T} = \boldsymbol{T}_{\mathscr{K}_0}(\boldsymbol{E}), \tag{6.3}$$

即对于选定的参考构形 $\mathscr{K}_0$，应力 $\boldsymbol{T}$ 仅仅是应变 $\boldsymbol{E}$ 的一对一的单值函数.

如果材料是各向同性的，则(6.1)式右端的函数将是其变元的各向同性张量函数. 这时(6.1) ~ (6.3)式可写为

$$\boldsymbol{\sigma} = \boldsymbol{R} \cdot \boldsymbol{\sigma}^{(\mathrm{e})}_{\mathscr{K}_0}(\boldsymbol{C}) \cdot \boldsymbol{R}^{\mathrm{T}} = \boldsymbol{\sigma}^{(\mathrm{e})}_{\mathscr{K}_0}(\boldsymbol{R} \cdot \boldsymbol{C} \cdot \boldsymbol{R}^{\mathrm{T}}) = \boldsymbol{\sigma}^{(\mathrm{e})}_{\mathscr{K}_0}(\boldsymbol{B}), \tag{6.4}$$

上式中的 $\boldsymbol{B} = \boldsymbol{V}^2$ 是左 Cauchy-Green 张量. 如采用由 (2.75) 式表示的

Euler 型应变度量$\boldsymbol{e}$,则 Cauchy 应力 $\boldsymbol{\sigma}$ 也可以等价地表示为$\boldsymbol{e}$ 的各向同性张量函数.根据 §1.9 各向同性函数的第一表示定理,各向同性弹性体的本构关系可以写为

$$\boldsymbol{\sigma} = \alpha_0\boldsymbol{I} + \alpha_1\boldsymbol{B} + \alpha_2\boldsymbol{B}^2, \tag{6.5}$$

或

$$\boldsymbol{T}^{(1)} = \beta_0\boldsymbol{I} + \beta_1\boldsymbol{C} + \beta_2\boldsymbol{C}^2, \tag{6.6}$$

上式中 $\alpha_i(i = 0,1,2)$ 和 $\beta_j(j = 0,1,2)$ 为 $\boldsymbol{B}$(或 $\boldsymbol{C}$) 的三个不变量的函数.如果要求参考状态下的应力为零,则(6.5) 式中的 α_i 和(6.6) 式中的 β_i 还应满足条件:

$$(\alpha_0 + \alpha_1 + \alpha_2)\,|_0 = 0, \quad (\beta_0 + \beta_1 + \beta_2)\,|_0 = 0, \tag{6.7}$$

其中下标 0 表示是在参考状态下取值的.在此状态下,$\boldsymbol{B}$(或 $\boldsymbol{C}$) 的第一、第二和第三主不变量分别为 3、3 和 1.

如果材料是各向异性的,则可通过引进结构张量而将(6.1) ~ (6.3) 式右端的函数表示为其变元和结构张量的各向同性函数.例如,对于在参考构形中取向为单位向量 $\boldsymbol{L}_0$ 的纤维增强复合材料,可以引进结构张量 $\boldsymbol{L}_0 \otimes \boldsymbol{L}_0$,而将(6.2) 式右端表示为 $\boldsymbol{C}$ 和$\boldsymbol{L}_0 \otimes \boldsymbol{L}_0$ 的各向同性函数(参见(1.209) 式):

$$\begin{aligned}\boldsymbol{T}^{(1)} = {} & \beta_0\boldsymbol{I} + \beta_1\boldsymbol{C} + \beta_2\boldsymbol{C}^2 + \beta_3\boldsymbol{L}_0 \otimes \boldsymbol{L}_0 + \beta_4(\boldsymbol{L}_0 \otimes \boldsymbol{L}_0 \cdot \boldsymbol{C} + \\ & \boldsymbol{C} \cdot \boldsymbol{L}_0 \otimes \boldsymbol{L}_0) + \beta_5(\boldsymbol{L}_0 \otimes \boldsymbol{L}_0 \cdot \boldsymbol{C}^2 + \boldsymbol{C}^2 \cdot \boldsymbol{L}_0 \otimes \boldsymbol{L}_0),\end{aligned} \tag{6.8}$$

其中 $\beta_i(i = 0,1,2,\cdots,5)$ 为 $\boldsymbol{C}$ 和$\boldsymbol{L}_0$ 的以下五个联合不变量的函数:

$$\begin{aligned}& I_1 = \mathrm{tr}\boldsymbol{C}, \quad I_2 = \frac{1}{2}[(\mathrm{tr}\boldsymbol{C})^2 - \mathrm{tr}\boldsymbol{C}^2], \quad I_3 = \det\boldsymbol{C}, \\ & I_4 = \boldsymbol{L}_0 \cdot \boldsymbol{C} \cdot \boldsymbol{L}_0, \quad I_5 = \boldsymbol{L}_0 \cdot \boldsymbol{C}^2 \cdot \boldsymbol{L}_0.\end{aligned} \tag{6.9}$$

(二) 超弹性体(hyperelasticity)

超弹性体又称为 **Green 弹性体**.在等温过程中,超弹性体的热力学状态仅依赖于应变 $\boldsymbol{E}$.这时,(3.89) 式可写为

$$\begin{aligned}\boldsymbol{T} : \mathrm{d}\boldsymbol{E} &= \rho_0(\mathrm{d}\varepsilon - \theta\mathrm{d}\eta) = \rho_0\mathrm{d}(\varepsilon - \theta\eta) \\ &= \rho_0\mathrm{d}\psi = \rho_0\frac{\partial\psi}{\partial\boldsymbol{E}} : \mathrm{d}\boldsymbol{E}.\end{aligned} \tag{6.10}$$

即 Helmholtz 自由能 ψ 可作为势函数,使得(3.95) 式成立:

$$\boldsymbol{T} = \rho_0\frac{\partial\psi}{\partial\boldsymbol{E}}. \tag{6.11}$$

利用(3.52) 式和(3.53) 式,可知有

$$dW = dK + \rho_0 d\psi. \tag{6.12}$$

上式左端表示外力对超弹性体所做的功的增量,右端第一项为体系动能的改变量,第二项为体系变形能的改变量.

对于任意的应变闭循环,显然有

$$\oint \boldsymbol{T} : d\boldsymbol{E} = \oint \rho_0 d\psi = 0.$$

因此,对于超弹性体来说,在经历任意的应变闭循环之后,外力所做的功将完全变成了体系动能的增量.

另一方面,如果在变形过程中外力对体系不做功:$dW = 0$,则在此过程中有:

$$K + \rho_0 \psi = \text{const},$$

即这时体系的动能与变形能的总和保持不变.

在(6.11)式中,$\boldsymbol{T}$ 是与 $\boldsymbol{E}$ 相共轭的应力.特别地,当 $\boldsymbol{E}$ 为 Green 应变 $\boldsymbol{E}^{(1)} = \frac{1}{2}(\boldsymbol{C} - \boldsymbol{I})$ 时,$\boldsymbol{T}$ 就是第二类 Piola-Kirchhoff 应力 $\boldsymbol{T}^{(1)}$:

$$\boldsymbol{T}^{(1)} = \rho_0 \frac{\partial \psi}{\partial \boldsymbol{E}^{(1)}} = 2\rho_0 \frac{\partial \psi}{\partial \boldsymbol{C}}, \tag{6.13}$$

上式中,ψ 可看作是 $\boldsymbol{C}$ 的函数.

例 1 根据全书参考文献[13],现将(6.13)式中的 ψ 看作是 $\boldsymbol{C}_R$ 的函数,试证 Cauchy 应力可写为

$$\boldsymbol{\sigma} = \rho \frac{\partial \psi}{\partial \boldsymbol{C}_R} \otimes \boldsymbol{C}_R, \tag{6.14}$$

其中 $\boldsymbol{C}_R (R = 1,2,3)$ 是随体坐标系中的协变基向量,它由(2.6)式表示为 $\boldsymbol{C}_R = \dfrac{\partial \boldsymbol{x}}{\partial X^R}$.

证明 因为变形梯度可由(2.25)写为 $\boldsymbol{F} = \boldsymbol{C}_A \otimes \boldsymbol{G}^A$,所以

$$\boldsymbol{C} = \boldsymbol{F}^{\mathrm{T}} \cdot \boldsymbol{F} = C_{AB} \boldsymbol{G}^A \otimes \boldsymbol{G}^B = C^{AB} \boldsymbol{G}_A \otimes \boldsymbol{G}_B.$$

上式中 C^{AB} 需通过 C_{AB} 的指标上升求得:

$$C^{AB} = G^{AM} G^{BN} C_{MN}. \tag{6.15}$$

由 §1.6 例 4,ψ 对 $\boldsymbol{C}$ 的梯度可写为 $\dfrac{\partial \psi}{\partial \boldsymbol{C}} = \dfrac{\partial \psi}{\partial C^{AB}} \boldsymbol{G}^A \otimes \boldsymbol{G}^B$,因此有

$$\begin{aligned} \boldsymbol{F} \cdot \frac{\partial \psi}{\partial \boldsymbol{C}} \cdot \boldsymbol{F}^{\mathrm{T}} &= (\boldsymbol{C}_M \otimes \boldsymbol{G}^M) \cdot \left(\frac{\partial \psi}{\partial C^{AB}} \boldsymbol{G}^A \otimes \boldsymbol{G}^B \right) \cdot \boldsymbol{G}^N \otimes \boldsymbol{C}_N \\ &= \frac{\partial \psi}{\partial C^{AB}} G^{AM} G^{BN} \boldsymbol{C}_M \otimes \boldsymbol{C}_N. \end{aligned} \tag{6.16}$$

另一方面,由(6.15)式可知

$$\frac{\partial C^{AB}}{\partial \boldsymbol{C}_R} = G^{AM}G^{BN}(\delta_M^R \boldsymbol{C}_N + \delta_N^R \boldsymbol{C}_M) = G^{AR}G^{BN}\boldsymbol{C}_N + G^{AM}G^{BR}\boldsymbol{C}_M.$$

故有

$$\frac{\partial \psi}{\partial \boldsymbol{C}_R} \otimes \boldsymbol{C}_R = \left(\frac{\partial \psi}{\partial C^{AB}}\frac{\partial C^{AB}}{\partial \boldsymbol{C}_R}\right) \otimes \boldsymbol{C}_R = 2\frac{\partial \psi}{\partial C^{AB}} G^{AM}G^{BN}\boldsymbol{C}_M \otimes \boldsymbol{C}_N. \tag{6.17}$$

于是,利用(6.13)式,并比较(6.16)式和(6.17)式,可得(6.14)式:

$$\boldsymbol{\sigma} = \frac{1}{\mathscr{J}}\boldsymbol{F}\cdot\boldsymbol{T}^{(1)}\cdot\boldsymbol{F}^{\mathrm{T}} = \frac{2\rho_0}{\mathscr{J}}\boldsymbol{F}\cdot\frac{\partial \psi}{\partial \boldsymbol{C}}\cdot\boldsymbol{F}^{\mathrm{T}} = \rho\frac{\partial \psi}{\partial \boldsymbol{C}_R}\otimes\boldsymbol{C}_R.$$

注意到(3.31)式,上式中的 $\rho\frac{\partial \psi}{\partial \boldsymbol{C}_R}$ 可以写为 $|\boldsymbol{C}^R|\,\boldsymbol{t}(\boldsymbol{C}^R/|\boldsymbol{C}^R|)$(不对 R 求和),其中 $\boldsymbol{t}(\boldsymbol{C}^R/|\boldsymbol{C}^R|)$ 表示以 $\boldsymbol{C}^R$ 为法向的面元上的应力向量.

如果材料是各向同性的,则 ψ 应该是其变元的各向同性函数.这时,由 §1.9的定理1,可知 ψ 为其变元的三个不变量的函数.例如,在(6.13)式中,ψ 可写为 $\boldsymbol{C}$ 的三个主不变量 $I_1(\boldsymbol{C})$、$I_2(\boldsymbol{C})$ 和 $I_3(\boldsymbol{C})$ 的函数.

如果材料是各向异性的,则可引进结构张量,使 ψ 表示为其变元和结构张量的联合不变量的函数.例如,对于在参考构形中取向为单位向量 $\boldsymbol{L}_0$ 的纤维增强复合材料,可以引进结构张量 $\boldsymbol{L}_0\otimes\boldsymbol{L}_0$,而将(6.13)式的 ψ 表示为(6.9)式中 $I_i(i=1,2,\cdots,5)$ 的函数.这时,(6.13)式便可具体地写为:

$$\begin{aligned}\boldsymbol{T}^{(1)} = 2\rho_0\frac{\partial \psi}{\partial \boldsymbol{C}} = 2\rho_0[&\psi_1\boldsymbol{I} + \psi_2(I_1\boldsymbol{I}-\boldsymbol{C}) + \psi_3 I_3\boldsymbol{C}^{-1} + \psi_4\boldsymbol{L}_0\otimes\boldsymbol{L}_0 + \\ &\psi_5(\boldsymbol{L}_0\otimes\boldsymbol{L}_0\cdot\boldsymbol{C} + \boldsymbol{C}\cdot\boldsymbol{L}_0\otimes\boldsymbol{L}_0)],\end{aligned} \tag{6.18}$$

其中 $\psi_i = \frac{\partial \psi}{\partial I_i}(i=1,2,\cdots,5)$.上式中已用到不变量梯度的表达式(1.196)式和(1.197)式以及 $\frac{\partial I_4}{\partial \boldsymbol{C}} = \boldsymbol{L}_0\otimes\boldsymbol{L}_0$ 和 $\frac{\partial I_5}{\partial \boldsymbol{C}} = (\boldsymbol{L}_0\otimes\boldsymbol{L}_0\cdot\boldsymbol{C} + \boldsymbol{C}\cdot\boldsymbol{L}_0\otimes\boldsymbol{L}_0)$.

关于超弹性体中势函数 ψ 的具体表示,还可参见文献[6.2],此处不再讨论.

(三) 低弹性体(hypoelasticity)

低弹性体的本构关系具有(4.119)式所表示的率型形式.在 Euler 描述下,其本构关系可表示为

$$\overset{\triangledown}{\boldsymbol{\sigma}} = \boldsymbol{H}(\boldsymbol{\sigma})[\boldsymbol{D}], \tag{6.19}$$

其中 $\overset{\triangledown}{\boldsymbol{\sigma}}$ 为 Cauchy 应力的客观性时间导数，而 $\boldsymbol{H}(\boldsymbol{\sigma})[\boldsymbol{D}]$ 是 $\boldsymbol{\sigma}$ 和 $\boldsymbol{D}$ 的各向同性张量函数，按照 Truesdell 的定义，它对变形率 $\boldsymbol{D}$ 是线性依赖的.

根据以上定义，可知超弹性体一定是 Cauchy 弹性体，而 Cauchy 弹性体也一定是低弹性体. 但反之不然. Cauchy 弹性体只有在一定的条件下才具有势函数 ψ，而低弹性体也只有在一定的条件下才可能具有 Cauchy 弹性体的本构关系形式. 因此，对于低弹性体来说，应力不仅与应变有关，而且还可能与应变历史有关.

例 2 假定低弹性体的本构关系为

$$\overset{\triangledown}{\boldsymbol{\sigma}}_{(W)} = \lambda(\mathrm{tr}\boldsymbol{D})\boldsymbol{I} + 2\mu\boldsymbol{D}, \tag{6.20}$$

其中 $\overset{\triangledown}{\boldsymbol{\sigma}}_{(W)} = \dot{\boldsymbol{\sigma}} + \boldsymbol{\sigma}\cdot\boldsymbol{W} - \boldsymbol{W}\cdot\boldsymbol{\sigma}$ 为 Zaremba-Jaumann 导数，λ 和 μ 为材料常数. 试计算在图 2.3 所示的简单剪切过程中的应力 $\boldsymbol{\sigma}$.

解 在直角坐标系中，简单剪切变形可由(2.35)式表示为

$$x^1 = X^1 + k_0X^2,\quad x^2 = X^2,\quad x^3 = X^3,$$

其中 k_0 为 t 的函数，可设为 $k_0(t) = kt$，其中 k 为常数.

根据 §2.2 中的例 1，可知变形梯度 $\boldsymbol{F}$ 的矩阵表示为

$$\boldsymbol{F}:\begin{pmatrix}1 & k_0 & 0\\ 0 & 1 & 0\\ 0 & 0 & 1\end{pmatrix},$$

因此，速度梯度 $\boldsymbol{L}$ 的矩阵表示为

$$\boldsymbol{L} = \dot{\boldsymbol{F}}\cdot\boldsymbol{F}^{-1}:\begin{pmatrix}0 & k & 0\\ 0 & 0 & 0\\ 0 & 0 & 0\end{pmatrix},$$

其中 $k = \dot{k}_0(t)$. 于是 $\boldsymbol{D}$ 和 $\boldsymbol{W}$ 可表示为

$$\boldsymbol{D}:\begin{pmatrix}0 & \dfrac{k}{2} & 0\\ \dfrac{k}{2} & 0 & 0\\ 0 & 0 & 0\end{pmatrix},\quad \boldsymbol{W}:\begin{pmatrix}0 & \dfrac{k}{2} & 0\\ -\dfrac{k}{2} & 0 & 0\\ 0 & 0 & 0\end{pmatrix}.$$

显然，$\boldsymbol{D}$ 满足 $\mathrm{tr}\boldsymbol{D} = 0$. 将以上结果代入(6.20)式，可得关于应力分量的微分方程式：

$$\dot{\sigma}_{11} - k\sigma_{12} = 0,\quad \dot{\sigma}_{12} - \frac{1}{2}k(\sigma_{22} - \sigma_{11}) = \mu k,\quad \dot{\sigma}_{22} + k\sigma_{12} = 0, \tag{6.21}$$

和

$$\dot{\sigma}_{13}-\frac{k}{2}\sigma_{23}=0,\quad \dot{\sigma}_{23}+\frac{k}{2}\sigma_{13}=0,\quad \dot{\sigma}_{33}=0. \tag{6.22}$$

如假定在初始时刻 $t=0$ 有 $\boldsymbol{\sigma}=\mathbf{0}$,则由(6.22)式可得

$$\sigma_{13}=\sigma_{23}=\sigma_{33}=0.$$

而(6.21)式的解为

$$\left.\begin{aligned}&\sigma_{11}=-\sigma_{22}=\mu(1-\cos kt),\\&\sigma_{12}=\mu\sin kt.\end{aligned}\right\} \tag{6.23}$$

表明随着剪切变形 $k_0(t)=kt$ 的不断增大,剪应力 σ_{12} 将以正弦形式振荡,这与物理直观是相矛盾的.

例 3 仍讨论例2 的问题,但低弹性体的本构关系(6.20)式改为

$$\overset{\triangledown}{\boldsymbol{\sigma}}_{(R)}=\lambda(\mathrm{tr}\boldsymbol{D})\boldsymbol{I}+2\mu\boldsymbol{D}, \tag{6.24}$$

其中 $\overset{\triangledown}{\boldsymbol{\sigma}}_{(R)}=\dot{\boldsymbol{\sigma}}+\boldsymbol{\sigma}\cdot\boldsymbol{\Omega}^{\mathrm{R}}-\boldsymbol{\Omega}^{\mathrm{R}}\cdot\boldsymbol{\sigma},\quad \boldsymbol{\Omega}^{\mathrm{R}}=\dot{\boldsymbol{R}}\cdot\boldsymbol{R}^{\mathrm{T}}$ 为相对旋率.

解 由 §2.2 中的例 1 可知,左 Cauchy-Green 张量 $\boldsymbol{B}=\boldsymbol{V}^2$ 的矩阵形式为

$$\boldsymbol{B}:\begin{pmatrix}1+k_0^2 & k_0 & 0\\ k_0 & 1 & 0\\ 0 & 0 & 1\end{pmatrix}.$$

由此可求得 $\boldsymbol{F}=\boldsymbol{V}\cdot\boldsymbol{R}$ 中的 $\boldsymbol{V}$ 和 $\boldsymbol{R}$ 的矩阵表示

$$\boldsymbol{V}:\begin{pmatrix}\dfrac{1+\sin^2\beta}{\cos\beta} & \sin\beta & 0\\ \sin\beta & \cos\beta & 0\\ 0 & 0 & 1\end{pmatrix},\quad \boldsymbol{R}:\begin{pmatrix}\cos\beta & \sin\beta & 0\\ -\sin\beta & \cos\beta & 0\\ 0 & 0 & 1\end{pmatrix},$$

其中 $k_0=2\tan\beta$ 或 $\beta=\arctan\dfrac{k_0}{2}$. 进而可求得相对旋率 $\boldsymbol{\Omega}^{\mathrm{R}}=\dot{\boldsymbol{R}}\cdot\boldsymbol{R}^{\mathrm{T}}$ 的矩阵表示:

$$\begin{pmatrix}0 & \dot{\beta} & 0\\ -\dot{\beta} & 0 & 0\\ 0 & 0 & 0\end{pmatrix}.$$

将以上结果代入(6.24)式,并注意到 $k=2(\sec^2\beta)\dot{\beta}$,则与(6.21)式相对应的方程应写为

$$\dot{\sigma}_{11}-2\dot{\beta}\,\sigma_{12}=0,\quad \dot{\sigma}_{12}-\dot{\beta}\,(\sigma_{22}-\sigma_{11})=2\mu(\sec^2\beta)\dot{\beta},\quad \dot{\sigma}_{22}+2\dot{\beta}\,\sigma_{12}=0. \tag{6.25}$$

现取 $\beta=\arctan\dfrac{k}{2}t$ 为自变量,上式便化为如下的常微分方程组:

$$\frac{\mathrm{d}\sigma_{11}}{\mathrm{d}\beta}-2\sigma_{12}=0,\quad \frac{\mathrm{d}\sigma_{12}}{\mathrm{d}\beta}+(\sigma_{11}-\sigma_{22})=2\mu\sec^2\beta,\quad \frac{\mathrm{d}\sigma_{22}}{\mathrm{d}\beta}+2\sigma_{12}=0.$$

于是可得到满足初条件:$\boldsymbol{\sigma}\mid_{\beta=0}=\mathbf{0}$ 的解:

$$\left.\begin{aligned}\sigma_{11}&=-\sigma_{22}=4\mu(\cos 2\beta\ \ln\cos\beta+\beta\sin 2\beta-\sin^2\beta),\\ \sigma_{12}&=2\mu\cos 2\beta(2\beta-2\tan 2\beta\ \ln\cos\beta-\tan\beta).\end{aligned}\right\} \tag{6.26}$$

(6.26) 式表明,剪应力 σ_{12} 是剪切应变 $k_0(t)$ 的单调递增函数,这与物理直观是相一致的.

§6.2　各向同性超弹性体的应力表达式

(一) 可压缩情形

如果 ψ 仅仅是 $\boldsymbol{C}$ 的三个主不变量的函数:$\psi=\psi(I_1,I_2,I_3)$,则 (6.13) 式可写为

$$\boldsymbol{T}^{(1)}=2\rho_0[\psi_3 I_3\boldsymbol{C}^{-1}+(\psi_1+\psi_2 I_1)\boldsymbol{I}-\psi_2\boldsymbol{C}], \tag{6.27}$$

其中 $I_i(i=1,2,3)$ 是 $\boldsymbol{C}$ 的三个主不变量,可用主长度比 $\lambda_\alpha(\alpha=1,2,3)$ 表示为 $I_1=\lambda_1^2+\lambda_2^2+\lambda_3^2$, $I_2=\lambda_1^2\lambda_2^2+\lambda_2^2\lambda_3^2+\lambda_3^2\lambda_1^2$, $I_3=\lambda_1^2\lambda_2^2\lambda_3^2$. 在上式中,$\psi_i=\dfrac{\partial\psi}{\partial I_i}(i=1,2,3)$.

利用 Cayley-Hamilton 定理,上式右端第一项还可写为

$$I_3\boldsymbol{C}^{-1}=\boldsymbol{C}^2-I_1\boldsymbol{C}+I_2\boldsymbol{I}.$$

因此,(6.27) 式也可等价地写为

$$\boldsymbol{T}^{(1)}=2\rho_0[(\psi_1+\psi_2 I_1+\psi_3 I_2)\boldsymbol{I}-(\psi_2+\psi_3 I_1)\boldsymbol{C}+\psi_3\boldsymbol{C}^2]. \tag{6.28}$$

如采用 Euler 描述,则由 $\boldsymbol{\sigma}=\dfrac{1}{\mathscr{J}}\boldsymbol{F}\cdot\boldsymbol{T}^{(1)}\cdot\boldsymbol{F}^{\mathrm{T}}$,可将(6.27) 式写为

$$\boldsymbol{\sigma}=\frac{2\rho_0}{\mathscr{J}}[\psi_3 I_3\boldsymbol{I}+(\psi_1+\psi_2 I_1)\boldsymbol{B}-\psi_2\boldsymbol{B}^2]. \tag{6.29}$$

因为 $\boldsymbol{B}$ 和 $\boldsymbol{C}$ 有相同的主不变量,所以上式中的 ψ 也可看作是 $\boldsymbol{B}$ 的三个主不变量 $I_i(i=1,2,3)$ 的函数. 注意到在上式中 $\mathscr{J}=\sqrt{I_3}=\dfrac{\rho_0}{\rho}$,故有

$$\boldsymbol{\sigma} = 2\rho[\psi_3 I_3 \boldsymbol{I} + (\psi_1 + \psi_2 I_1)\boldsymbol{B} - \psi_2 \boldsymbol{B}^2]. \tag{6.30}$$

再次利用 Cayley-Hamilton 定理：

$$\boldsymbol{B}^2 = I_1 \boldsymbol{B} - I_2 \boldsymbol{I} + I_3 \boldsymbol{B}^{-1},$$

上式也可改写为

$$\boldsymbol{\sigma} = 2\rho[(\psi_2 I_2 + \psi_3 I_3)\boldsymbol{I} + \psi_1 \boldsymbol{B} - \psi_2 I_3 \boldsymbol{B}^{-1}]. \tag{6.31}$$

通常还假定在自然状态下的应力为零，即在不变形时，由 $\boldsymbol{C} = \boldsymbol{B} = \boldsymbol{I}$，$I_1 = I_2 = 3, I_3 = 1$，有 $\boldsymbol{\sigma} = \boldsymbol{0}$. 这时 ψ 还应满足条件：

$$(\psi_1 + 2\psi_2 + \psi_3)\Big|_0 = \left(\frac{\partial\psi}{\partial I_1} + 2\frac{\partial\psi}{\partial I_2} + \frac{\partial\psi}{\partial I_3}\right)\Big|_0 = 0, \tag{6.32}$$

上式中的右下标 0 表示在自然状态下取值.

例 1 为了便于区分材料的体积变形和等容变形(纯剪切变形)，可利用(2.64)式将变形梯度写为

$$\boldsymbol{F} = \mathscr{J}^{\frac{1}{3}} \boldsymbol{I} \cdot \hat{\boldsymbol{F}},$$

其中 $\mathscr{J} = \det\boldsymbol{F} = \rho_0/\rho$. 现定义等容变形的右伸长张量和右 Cauchy-Green 张量：

$$\hat{\boldsymbol{U}} = (\hat{\boldsymbol{F}}^{\mathrm{T}} \cdot \hat{\boldsymbol{F}})^{\frac{1}{2}} = \mathscr{J}^{-\frac{1}{3}} \boldsymbol{U}, \quad \hat{\boldsymbol{C}} = (\hat{\boldsymbol{U}})^2 = \mathscr{J}^{-\frac{2}{3}} \boldsymbol{C}, \tag{6.33}$$

以及相应的不变量

$$\hat{I}_1 = \mathrm{tr}\hat{\boldsymbol{C}} = \mathscr{J}^{-\frac{2}{3}} I_1, \quad \hat{I}_2 = \mathscr{J}^{-\frac{4}{3}} I_2. \tag{6.34}$$

这时，可将势函数中的自变量取为 $\hat{I}_1$、$\hat{I}_2$ 和 $\mathscr{J}$: $\psi = \hat{\psi}(\hat{I}_1, \hat{I}_2, \mathscr{J})$. 于是，各向同性超弹性体的第二类 Piola-Kirchhoff 应力也可写为

$$\boldsymbol{T}^{(1)} = 2\rho_0 \frac{\partial\psi}{\partial\boldsymbol{C}} = 2\rho_0\left[\frac{\partial\hat{\psi}}{\partial\hat{I}_1}\frac{\partial\hat{I}_1}{\partial\boldsymbol{C}} + \frac{\partial\hat{\psi}}{\partial\hat{I}_2}\frac{\partial\hat{I}_2}{\partial\boldsymbol{C}} + \frac{\partial\hat{\psi}}{\partial\mathscr{J}}\frac{\partial\mathscr{J}}{\partial\boldsymbol{C}}\right], \tag{6.35}$$

其中

$$\left.\begin{aligned} &\frac{\partial\hat{I}_1}{\partial\boldsymbol{C}} = \mathscr{J}^{-\frac{2}{3}}[\boldsymbol{I} - \frac{1}{3}I_1\boldsymbol{C}^{-1}], \\ &\frac{\partial\hat{I}_2}{\partial\boldsymbol{C}} = \mathscr{J}^{-\frac{4}{3}}[I_1\boldsymbol{I} - \boldsymbol{C} - \frac{2}{3}I_2\boldsymbol{C}^{-1}], \\ &\frac{\partial\mathscr{J}}{\partial\boldsymbol{C}} = \frac{1}{2}\mathscr{J}\boldsymbol{C}^{-1}. \end{aligned}\right\} \tag{6.36}$$

由此还可以得到 Cauchy 应力 $\boldsymbol{\sigma} = \dfrac{1}{\mathscr{J}}\boldsymbol{F} \cdot \boldsymbol{T}^{(1)} \cdot \boldsymbol{F}^{\mathrm{T}}$ 的表达式，式中的

$\boldsymbol{F} \cdot \dfrac{\partial\hat{I}_1}{\partial\boldsymbol{C}} \cdot \boldsymbol{F}^{\mathrm{T}} = \mathscr{J}^{-\frac{2}{3}}(\boldsymbol{B} - \dfrac{1}{3}I_1\boldsymbol{I})$ 和 $\boldsymbol{F} \cdot \dfrac{\partial\hat{I}_2}{\partial\boldsymbol{C}} \cdot \boldsymbol{F}^{\mathrm{T}} = \mathscr{J}^{-\frac{4}{3}}[I_1\boldsymbol{B} - \boldsymbol{B}^2 - \dfrac{2}{3}I_2\boldsymbol{I}]$

对应于等容变形下的应力，因此有 $\mathrm{tr}(\boldsymbol{B}-\frac{1}{3}I_1\boldsymbol{I})=0$ 和 $\mathrm{tr}(I_1\boldsymbol{B}-\boldsymbol{B}^2-\frac{2}{3}I_2\boldsymbol{I})=0$，而 $\boldsymbol{F}\cdot\frac{\partial \mathscr{J}}{\partial \boldsymbol{C}}\cdot\boldsymbol{F}^{\mathrm{T}}=\frac{1}{2}\mathscr{J}\boldsymbol{I}$ 则对应于纯体积变形下的静水应力.

各向同性超弹性体的势 ψ 也可以写为主长度比 $\lambda_\alpha(\alpha=1,2,3)$ 的函数，它具有如下的对称性条件：

$$\psi(I_1,I_2,I_3)=\varphi(\lambda_1,\lambda_2,\lambda_3)=\varphi(\lambda_1,\lambda_3,\lambda_2)=\varphi(\lambda_3,\lambda_1,\lambda_2). \tag{6.37}$$

不难证明，这时 Cauchy 应力可通过主应力 $\sigma_\alpha(\alpha=1,2,3)$ 表示为

$$\boldsymbol{\sigma}=\sum_{\alpha=1}^{3}\sigma_\alpha\boldsymbol{l}_\alpha\otimes\boldsymbol{l}_\alpha, \tag{6.38}$$

其中 $\boldsymbol{l}_\alpha(\alpha=1,2,3)$ 是左伸长张量 $\boldsymbol{V}$ 的主方向，

$$\mathscr{J}\sigma_\alpha=\rho_0\lambda_\alpha\frac{\partial\varphi(\lambda_1,\lambda_2,\lambda_3)}{\partial\lambda_\alpha}\quad(\alpha=1,2,3;\text{不对 }\alpha\text{ 求和}),$$

$$\mathscr{J}=\det\boldsymbol{F}=\det\boldsymbol{V}=\lambda_1\lambda_2\lambda_3.$$

事实上，由各向同性条件，可知(6.5)式成立. 因此 $\boldsymbol{\sigma}$ 与 $\boldsymbol{B}=\boldsymbol{V}^2$ 有相同的主方向 $\boldsymbol{l}_\alpha(\alpha=1,2,3)$. 由(2.53)式，$\boldsymbol{V}$ 和 $\boldsymbol{B}$ 的谱表示为

$$\boldsymbol{V}=\sum_{\alpha=1}^{3}\lambda_\alpha\boldsymbol{l}_\alpha\otimes\boldsymbol{l}_\alpha,\quad \boldsymbol{B}=\sum_{\alpha=1}^{3}\lambda_\alpha^2\boldsymbol{l}_\alpha\otimes\boldsymbol{l}_\alpha,$$

故 $\boldsymbol{\sigma}$ 的谱表示可写为(6.38)式的形式. 利用(6.10)式，可将(3.53)式写为

$$\begin{aligned}\rho_0\dot{\psi}&=\rho_0\sum_{\alpha=1}^{3}\frac{\partial\varphi}{\partial\lambda_\alpha}\dot{\lambda}_\alpha=\boldsymbol{T}:\dot{\boldsymbol{E}}=\mathscr{J}\boldsymbol{\sigma}:\boldsymbol{D}\\&=\mathscr{J}\Big(\sum_{\delta=1}^{3}\sigma_\delta\boldsymbol{l}_\delta\otimes\boldsymbol{l}_\delta\Big):\Big(\sum_{\alpha,\beta=1}^{3}d_{\alpha\beta}\boldsymbol{l}_\alpha\otimes\boldsymbol{l}_\beta\Big)\\&=\mathscr{J}\sum_{\alpha=1}^{3}\sigma_\alpha d_{\alpha\alpha}=\mathscr{J}\sum_{\alpha=1}^{3}\left(\frac{\sigma_\alpha}{\lambda_\alpha}\right)\dot{\lambda}_\alpha.\end{aligned}$$

上式中已用到了表达式(2.129)式和(2.167)式. 于是，由 $\dot{\lambda}_\alpha$ 的任意性，可得以上关于 $\mathscr{J}\sigma_\alpha$ 的表达式.

利用(6.38)式，并注意到(2.56)式，我们不难将(3.28)式和(3.29)式中的第一类和第二类 Piola-Kirchhoff 应力表示为

$$\boldsymbol{S}=\rho_0\sum_{\alpha=1}^{3}\frac{\partial\varphi}{\partial\lambda_\alpha}\boldsymbol{l}_\alpha\otimes\boldsymbol{L}_\alpha,$$

$$\boldsymbol{T}^{(1)}=\rho_0\sum_{\alpha=1}^{3}\frac{1}{\lambda_\alpha}\frac{\partial\varphi}{\partial\lambda_\alpha}\boldsymbol{L}_\alpha\otimes\boldsymbol{L}_\alpha,$$

其中，$\boldsymbol{L}_\alpha$ 是右伸长张量的主方向.

现在我们来考察第一类 Piola-Kirchhoff 应力：$\boldsymbol{S} = \mathscr{J}\boldsymbol{\sigma}\cdot\boldsymbol{F}^{-\mathrm{T}} = \mathscr{J}\boldsymbol{\sigma}\cdot\boldsymbol{V}^{-1}\cdot\boldsymbol{R}$. 由各向同性条件，$\boldsymbol{\sigma}$ 与 $\boldsymbol{V}$ 和 $\boldsymbol{V}^{-1}$ 的主轴一致，故 $\boldsymbol{\sigma}$ 与

$$\boldsymbol{S}^{(B)} = \boldsymbol{S}\cdot\boldsymbol{R}^{\mathrm{T}} = \mathscr{J}\boldsymbol{\sigma}\cdot\boldsymbol{V}^{-1} \tag{6.39}$$

的主轴也是一致的，有人称 $\boldsymbol{S}^{(B)} = \boldsymbol{R}\cdot\boldsymbol{T}^{(B)}\cdot\boldsymbol{R}^{\mathrm{T}}$ 为 Biot 应力. 如将其对称部分记为

$$\boldsymbol{S}^{(\frac{1}{2})} = \frac{1}{2}\mathscr{J}(\boldsymbol{\sigma}\cdot\boldsymbol{V}^{-1} + \boldsymbol{V}^{-1}\cdot\boldsymbol{\sigma}), \tag{6.40}$$

则(3.57)式可写为

$$\boldsymbol{T}^{(\frac{1}{2})} = \boldsymbol{R}^{\mathrm{T}}\cdot\boldsymbol{S}^{(\frac{1}{2})}\cdot\boldsymbol{R}. \tag{6.41}$$

(6.39)式表明，对于各向同性弹性体，$\boldsymbol{S}^{(B)}$ 的主方向为 $\boldsymbol{l}_\alpha$，而 $\boldsymbol{S}^{(B)}$ 的主值可表示为

$$S_\alpha^{(B)} = \mathscr{J}\frac{\sigma_\alpha}{\lambda_\alpha} = \rho_0\frac{\partial\varphi}{\partial\lambda_\alpha}(\alpha = 1,2,3;\text{不对 }\alpha\text{ 求和}). \tag{6.42}$$

例如，对于 $\alpha = 1$ 的方向，有

$$S_1^{(B)} = \lambda_2\lambda_3\sigma_1 = \rho_0\frac{\partial\varphi}{\partial\lambda_1}. \tag{6.43}$$

假定变形后沿 $\boldsymbol{V}$ 主方向 $\boldsymbol{l}_\alpha(\alpha = 1,2,3)$ 的线元 $\mathrm{d}\boldsymbol{x}_\alpha$ 在变形前为线元 $\mathrm{d}\boldsymbol{X}_\alpha$，由于 $\mathrm{d}\boldsymbol{x}_1$，$\mathrm{d}\boldsymbol{x}_2$ 和 $\mathrm{d}\boldsymbol{x}_3$ 相互正交，故 $\mathrm{d}\boldsymbol{X}_1$，$\mathrm{d}\boldsymbol{X}_2$ 和 $\mathrm{d}\boldsymbol{X}_3$ 也相互正交，即变形后的长方体元在变形前也是一个长方体元，且有

$$\lambda_\alpha = |\mathrm{d}\boldsymbol{x}_\alpha| / |\mathrm{d}\boldsymbol{X}_\alpha|\ (\alpha = 1,2,3;\text{不对 }\alpha\text{ 求和}).$$

这时，(6.43) 可写为

$$|\mathrm{d}\boldsymbol{X}_2||\mathrm{d}\boldsymbol{X}_3|\,S_1^{(B)} = |\mathrm{d}\boldsymbol{x}_2||\mathrm{d}\boldsymbol{x}_3|\,\sigma_1.$$

其中 $|\mathrm{d}\boldsymbol{X}_2||\mathrm{d}\boldsymbol{X}_3|$ 和 $|\mathrm{d}\boldsymbol{x}_2||\mathrm{d}\boldsymbol{x}_3|$ 分别对应于变形前和变形后以第一主方向($\alpha = 1$)为法向的面元面积. 上式给出了 $\boldsymbol{S}^{(B)}$ 与 Cauchy 应力 $\boldsymbol{\sigma}$ 之间的关系，可用来说明 $\boldsymbol{S}^{(B)}$ 的力学意义.

例 2 类似于例1，可引进修正的主长度比

$$\hat{\lambda}_\alpha = \lambda_\alpha\mathscr{J}^{-\frac{1}{3}}\quad(\alpha = 1,2,3). \tag{6.44}$$

而将(6.37)式中的 φ 改写为

$$\varphi(\lambda_1,\lambda_2,\lambda_3) = \hat{\varphi}(\hat{\lambda}_1,\hat{\lambda}_2,\hat{\lambda}_3,\mathscr{J}), \tag{6.45}$$

其中 $\hat{\lambda}_\alpha(\alpha = 1,2,3)$ 满足等容变形条件

$$\hat{\lambda}_1\hat{\lambda}_2\hat{\lambda}_3 = 1. \tag{6.46}$$

这时，(6.38)式中的 σ_α 可表示为

$$\mathscr{J}\sigma_\alpha = \rho_0\hat{\lambda}_\alpha\left(\frac{\partial\hat{\varphi}}{\partial\hat{\lambda}_\alpha}\right) - \rho_0\left[\frac{1}{3}\sum_{\beta=1}^{3}\hat{\lambda}_\beta\left(\frac{\partial\hat{\varphi}}{\partial\hat{\lambda}_\beta}\right) - \mathscr{J}\frac{\partial\hat{\varphi}}{\partial\mathscr{J}}\right]$$

$$(\alpha = 1,2,3;\text{不对 }\alpha\text{ 求和}). \tag{6.47}$$

由此得

$$\frac{1}{3}(\sigma_1 + \sigma_2 + \sigma_3) = \rho_0\frac{\partial\hat{\varphi}}{\partial\mathscr{J}}, \tag{6.48}$$

和

$$\mathscr{J}(\sigma_\alpha - \sigma_\beta) = \rho_0\left(\lambda_\alpha\frac{\partial\varphi}{\partial\lambda_\alpha} - \lambda_\beta\frac{\partial\varphi}{\partial\lambda_\beta}\right)$$

$$= \rho_0\left(\hat{\lambda}_\alpha\left(\frac{\partial\hat{\varphi}}{\partial\hat{\lambda}_\alpha}\right) - \hat{\lambda}_\beta\left(\frac{\partial\hat{\varphi}}{\partial\hat{\lambda}_\beta}\right)\right)\ (\text{不对 }\alpha,\beta\text{ 求和}). \tag{6.49}$$

由条件(6.46)式,可将(6.45)式重新写为

$$\varphi^0(\hat{\lambda}_1,\hat{\lambda}_2,\mathscr{J}) = \hat{\varphi}(\hat{\lambda}_1,\hat{\lambda}_2,(\hat{\lambda}_1\hat{\lambda}_2)^{-1},\mathscr{J}). \tag{6.50}$$

这时,(6.48)式和(6.49)式将分别简化为

$$\frac{1}{3}(\sigma_1 + \sigma_2 + \sigma_3) = \rho_0\frac{\partial\varphi^0}{\partial\mathscr{J}}, \tag{6.51}$$

$$\mathscr{J}(\sigma_1 - \sigma_3) = \rho_0\hat{\lambda}_1\left(\frac{\partial\varphi^0}{\partial\hat{\lambda}_1}\right),\quad \mathscr{J}(\sigma_2 - \sigma_3) = \rho_0\hat{\lambda}_2\left(\frac{\partial\varphi^0}{\partial\hat{\lambda}_2}\right). \tag{6.52}$$

为了要与各向同性弹性体中小变形的经典理论相一致,φ^0 的函数形式还应满足如下的条件:

(a) 自然状态下应力为零:

$$\varphi^0(1,1,1) = 0,\quad \frac{\partial\varphi^0}{\partial\mathscr{J}}(1,1,1) = \frac{\partial\varphi^0}{\partial\hat{\lambda}_1}(1,1,1) = \frac{\partial\varphi^0}{\partial\hat{\lambda}_2}(1,1,1) = 0. \tag{6.53}$$

(b) 初始时刻的体积变形和剪切变形不相耦合:

$$\frac{\partial^2\varphi^0}{\partial\hat{\lambda}_1\partial\mathscr{J}}(1,1,1) = \frac{\partial^2\varphi^0}{\partial\hat{\lambda}_2\partial\mathscr{J}}(1,1,1) = 0. \tag{6.54}$$

(c) 初始剪切模量为 μ^0:

$$\rho_0\frac{\partial^2\varphi^0}{\partial\hat{\lambda}_1^2}(1,1,1) = \rho_0\frac{\partial^2\varphi^0}{\partial\hat{\lambda}_2^2}(1,1,1) = 2\rho_0\frac{\partial^2\varphi^0}{\partial\hat{\lambda}_1\partial\hat{\lambda}_2}(1,1,1) = 4\mu^0. \tag{6.55}$$

(d) 初始体积模量为 k^0:

$$\rho_0 \frac{\partial^2 \varphi^0}{\partial \mathscr{J}^2}(1,1,1) = k^0. \tag{6.56}$$

(6.53) ~ (6.56) 式在构造势函数 φ^0 的表达式时将会是有用的.

(二) 不可压缩情形

对于不可压缩的各向同性超弹性体,则有$\mathscr{J} = \sqrt{I_3} = 1, \rho = \rho_0$. 超弹性势 ψ 仅为I_1 和 I_2 的函数. 根据内约束方程(4.64) 式和(4.65) 式,可知(6.27) 式右端第一项中 $\boldsymbol{C}^{-1}$ 的系数以及(6.30) 式和(6.31) 式右端第一项中 $\boldsymbol{I}$ 的系数是非确定的,因此有

$$\boldsymbol{T}^{(1)} = -p\boldsymbol{C}^{-1} + 2\rho_0[(\psi_1 + \psi_2 I_1)\boldsymbol{I} - \psi_2 \boldsymbol{C}], \tag{6.57}$$

以及

$$\boldsymbol{\sigma} = -p\boldsymbol{I} + 2\rho[(\psi_1 + \psi_2 I_1)\boldsymbol{B} - \psi_2 \boldsymbol{B}^2], \tag{6.58}$$

或

$$\boldsymbol{\sigma} = -p\boldsymbol{I} + 2\rho[\psi_1 \boldsymbol{B} - \psi_2 \boldsymbol{B}^{-1}]. \tag{6.59}$$

上式中,$\psi_1 = \dfrac{\partial \psi}{\partial I_1}, \psi_2 = \dfrac{\partial \psi}{\partial I_2}$, p 为“非确定”静水压应力,它需要通过动量守恒方程和边界条件才能最后确定.

当采用主长度比 $\lambda_\alpha(\alpha = 1,2,3)$ 来表示不可压超弹性体的势函数时,需要附加相应的内约束条件

$$\lambda_1 \lambda_2 \lambda_3 = 1. \tag{6.60}$$

引进 Lagrange 乘子 p 后,可将势函数 $\rho_0 \varphi(\lambda_1, \lambda_2, \lambda_3)$ 改写为

$$\rho_0 \varphi(\lambda_1, \lambda_2, \lambda_3) - p(\lambda_1 \lambda_2 \lambda_3 - 1), \tag{6.61}$$

其中 $\varphi(\lambda_1, \lambda_2, \lambda_3)$ 满足对称性条件(6.37) 式. 于是相应于(6.38) 式,可将 Cauchy 应力的分量表示为

$$\sigma_\alpha = \rho_0 \lambda_\alpha \frac{\partial \varphi(\lambda_1, \lambda_2, \lambda_3)}{\partial \lambda_\alpha} - p \quad (\alpha = 1,2,3;\text{不对 } \alpha \text{ 求和}), \tag{6.62}$$

其中λ_α 满足条件(6.60)式,上式也可看作是(6.47)式当$\mathscr{J} \to 1$时的极限.

因为在不可压材料中 $\lambda_\alpha(\alpha = 1,2,3)$ 是不独立的,故可类似于(6.50) 式引进函数

$$\varphi^{(i)}(\lambda_1, \lambda_2) = \varphi^{(i)}(\lambda_2, \lambda_1) = \varphi(\lambda_1, \lambda_2, (\lambda_1 \lambda_2)^{-1}). \tag{6.63}$$

这时,与(6.52) 式相对应,有

$$\sigma_1 - \sigma_3 = \rho_0 \lambda_1 \frac{\partial \varphi^{(i)}}{\partial \lambda_1}, \quad \sigma_2 - \sigma_3 = \rho_0 \lambda_2 \frac{\partial \varphi^{(i)}}{\partial \lambda_2}. \tag{6.64}$$

而条件(6.53)式和(6.55)式化为

$$\left.\begin{aligned}&\varphi^{(i)}(1,1)=0,\quad \frac{\partial\varphi^{(i)}}{\partial\lambda_\alpha}(1,1)=0\ (\alpha=1,2),\\&\frac{\partial^2\varphi^{(i)}}{\partial\lambda_1\partial\lambda_2}(1,1)=2\mu^0,\quad \frac{\partial^2\varphi^{(i)}}{\partial\lambda_\alpha^2}(1,1)=4\mu^0(\alpha=1,2).\end{aligned}\right\}\tag{6.65}$$

例 3 现考虑初始时刻半径和壁厚分别为 R 和 H 的薄球壳,逐渐充内压 p 后,其半径和壁厚分别变为 r 和 h.如果材料是各向同性不可压超弹性体,试用势函数 $\varphi^{(i)}$ 写出压应力 p 与 $\left(\frac{r}{R}\right)$之间的关系.

解 对于薄壳,沿厚度方向的主长度比可近似写为

$$\lambda_3=h/H.$$

因此,由不可压条件可得沿球面切向的主长度比 λ 为

$$\lambda=\lambda_1=\lambda_2=\left(\frac{1}{\lambda_3}\right)^{\frac{1}{2}}=\left(\frac{H}{h}\right)^{\frac{1}{2}}=\frac{r}{R}.\tag{6.66}$$

上式的最后一个等式利用了近似表达式 $HR^2=hr^2$.

壳体外表面处于双向拉伸状态:$\sigma_1=\sigma_2=\sigma,\sigma_3=0$,故(6.64)式为

$$\sigma_1=\rho_0\lambda_1\left.\frac{\partial\varphi^{(i)}}{\partial\lambda_1}\right|_{\lambda_1=\lambda_2=\lambda},\quad \sigma_2=\rho_0\lambda_2\left.\frac{\partial\varphi^{(i)}}{\partial\lambda_2}\right|_{\lambda_1=\lambda_2=\lambda}.\tag{6.67}$$

由平衡条件:$\pi r^2p=2\pi rh\sigma$,上式可写为

$$\frac{rp}{2h}=\rho_0\lambda_1\left.\frac{\partial\varphi^{(i)}}{\partial\lambda_1}\right|_{\lambda_1=\lambda_2=\lambda}.$$

利用$\frac{r}{h}=\left(\frac{H}{h}\right)^{3/2}\left(\frac{R}{H}\right)=\lambda^3\left(\frac{R}{H}\right)$,并定义 $W^{(i)}(\lambda)=\varphi^{(i)}(\lambda,\lambda)$,则可得

$$p^*=\left(\frac{Rp}{H}\right)=2\rho_0\lambda^{-2}\left.\frac{\partial\varphi^{(i)}}{\partial\lambda_1}\right|_{\lambda_1=\lambda_2=\lambda}=\rho_0\lambda^{-2}\frac{\mathrm{d}W^{(i)}}{\mathrm{d}\lambda},\tag{6.68}$$

其中 $\lambda=r/R$.于是,通过薄球壳的内压实验,可设法求得上式中 $W^{(i)}$ 的表达式.

§6.3 超弹性体的势函数

(一) 对于势函数的限制性条件

根据物理上的考虑或实验观测,通常还需要提出一些对超弹性势函数的限制性条件.下面将重点讨论超弹性势的凸性条件.

(1) 一般表达式

在线性弹性理论中,变形能应该是应变的正定二次型.在有限变形超弹性理论中,它相当于要求(6.11)式中的 $\rho_0\psi$ 是其变元的(下)凸函数.

现假定至少对于工程应变 $\boldsymbol{E}^{(\frac{1}{2})}=\boldsymbol{U}-\boldsymbol{I}$, $\rho_0\psi$ 是凸的.即假定对于两个状态(1)和(2),当 $\boldsymbol{T}^{(\frac{1}{2})}=\rho_0\dfrac{\partial\psi}{\partial\boldsymbol{E}^{(\frac{1}{2})}}$ 在应力空间中沿直线路径由状态(1)单调地变化到状态(2)时,有

$$\int_{(1)}^{(2)}\mathrm{d}(\rho_0\psi)=\rho_0[\psi(\boldsymbol{E}_{(2)})-\psi(\boldsymbol{E}_{(1)})]\geqslant(\boldsymbol{E}_{(2)}-\boldsymbol{E}_{(1)}):\boldsymbol{T}_{(1)},\tag{6.69}$$

其中 $\boldsymbol{E}_{(1)}$ 和 $\boldsymbol{E}_{(2)}$ 分别对应于状态(1)和状态(2)的工程应变,$\boldsymbol{T}_{(1)}=\rho_0\dfrac{\partial\psi}{\partial\boldsymbol{E}}\Big|_{(1)}$ 对应于状态(1)的与工程应变相共轭的应力,式中的等号仅当 $\boldsymbol{E}_{(1)}=\boldsymbol{E}_{(2)}$ 时才成立.如果交换状态(1)和状态(2)的位置,则上式也可写为

$$(\boldsymbol{E}_{(2)}-\boldsymbol{E}_{(1)}):\boldsymbol{T}_{(2)}\geqslant\rho_0[\psi(\boldsymbol{E}_{(2)})-\psi(\boldsymbol{E}_{(1)})]=\int_{(1)}^{(2)}\mathrm{d}(\rho_0\psi).\tag{6.70}$$

由上两式可得

$$(\boldsymbol{T}_{(2)}-\boldsymbol{T}_{(1)}):(\boldsymbol{E}_{(2)}-\boldsymbol{E}_{(1)})\geqslant 0,\tag{6.71}$$

其中等号仅当 $\boldsymbol{E}_{(1)}=\boldsymbol{E}_{(2)}$ 时成立.

如果 $\boldsymbol{E}_{(2)}-\boldsymbol{E}_{(1)}=\mathrm{d}\boldsymbol{E}$ 是一个小量,则 $\boldsymbol{T}_{(2)}-\boldsymbol{T}_{(1)}=\mathrm{d}\boldsymbol{T}=\rho_0\dfrac{\partial^2\psi}{\partial\boldsymbol{E}\partial\boldsymbol{E}}:\mathrm{d}\boldsymbol{E}$ 也是一个小量.这时,(6.71)式便退化为

$$\mathrm{d}\boldsymbol{T}:\mathrm{d}\boldsymbol{E}\geqslant 0\quad 或\quad \rho_0\mathrm{d}\boldsymbol{E}:\frac{\partial^2\psi}{\partial\boldsymbol{E}\partial\boldsymbol{E}}:\mathrm{d}\boldsymbol{E}\geqslant 0,\tag{6.72}$$

其中等号仅当 $\mathrm{d}\boldsymbol{E}=\boldsymbol{0}$ 时成立.由此可见,上式相当于要求四阶张量 $\rho_0\dfrac{\partial^2\psi}{\partial\boldsymbol{E}\partial\boldsymbol{E}}$ 是对称正定的.

由条件(6.72)式出发,也可得到(6.69)~(6.71)式.事实上,对任意两个状态(1)和(2)的应变和应力:$\boldsymbol{E}_{(1)}$、$\boldsymbol{T}_{(1)}$ 和 $\boldsymbol{E}_{(2)}$、$\boldsymbol{T}_{(2)}$,可在应力空间中构造由 $\boldsymbol{T}_{(1)}$ 到 $\boldsymbol{T}_{(2)}$ 的直线路径:

$$\boldsymbol{T}=\boldsymbol{T}_{(1)}+\tau[\boldsymbol{T}_{(2)}-\boldsymbol{T}_{(1)}],$$

其中 τ 满足 $0\leqslant\tau\leqslant 1$ 和 $\mathrm{d}\tau>0$.这时有

$$\mathrm{d}\boldsymbol{T}=[\boldsymbol{T}_{(2)}-\boldsymbol{T}_{(1)}]\mathrm{d}\tau.$$

现假定(6.72)式成立:

$$(\boldsymbol{T}_{(2)}-\boldsymbol{T}_{(1)}):\mathrm{d}\boldsymbol{E}\mathrm{d}\tau\geqslant 0. \tag{6.73}$$

则由条件 $0\leqslant\tau\leqslant 1$ 和 $\mathrm{d}\tau>0$,可知上式也能写为

$$\tau(\boldsymbol{T}_{(2)}-\boldsymbol{T}_{(1)}):\mathrm{d}\boldsymbol{E}=(\boldsymbol{T}-\boldsymbol{T}_{(1)}):\mathrm{d}\boldsymbol{E}\geqslant 0.$$

对上式由状态(1)到状态(2)进行积分,得

$$\int_{(1)}^{(2)}\boldsymbol{T}:\mathrm{d}\boldsymbol{E}\geqslant(\boldsymbol{E}_{(2)}-\boldsymbol{E}_{(1)}):\boldsymbol{T}_{(1)}.$$

因为上式左端为

$$\int_{(1)}^{(2)}\rho_0\frac{\partial\psi}{\partial\boldsymbol{E}}:\mathrm{d}\boldsymbol{E}=\rho_0[\psi(\boldsymbol{E}_{(2)})-\psi(\boldsymbol{E}_{(1)})],$$

可见(6.69)式是成立的.

(6.73)式也可等价地写为

$$(1-\tau)(\boldsymbol{T}_{(2)}-\boldsymbol{T}_{(1)}):\mathrm{d}\boldsymbol{E}=(\boldsymbol{T}_{(2)}-\boldsymbol{T}):\mathrm{d}\boldsymbol{E}\geqslant 0.$$

对上式由状态(1)到状态(2)进行积分,可得

$$(\boldsymbol{E}_{(2)}-\boldsymbol{E}_{(1)}):\boldsymbol{T}_{(2)}\geqslant\int_{(1)}^{(2)}\boldsymbol{T}:\mathrm{d}\boldsymbol{E}=\rho_0[\psi(\boldsymbol{E}_{(2)})-\psi(\boldsymbol{E}_{(1)})],$$

说明(6.70)式也成立.联立(6.69)式和(6.70)式便立即得到(6.71)式.

(2) 关于各向同性超弹性体的本构不等式

下面我们将(6.71)式用于各向同性超弹性体的讨论,其中的 $\boldsymbol{E}$ 表示工程应变 $\boldsymbol{U}-\boldsymbol{I}$,$\boldsymbol{T}$ 表示与工程应变相共轭的应力.现假定由状态(1)到状态(2)的变形过程没有旋转,即对应于(1)和对应于(2)的变形梯度 $\boldsymbol{F}_{(1)}$ 和 $\boldsymbol{F}_{(2)}$ 在极分解中的正交张量 $\boldsymbol{R}$ 是相同的.于是,注意到(6.41)式,可将(6.71)式写为

$$\left[\boldsymbol{R}^{\mathrm{T}}\cdot\left(\boldsymbol{S}_{(2)}^{(\frac{1}{2})}-\boldsymbol{S}_{(1)}^{(\frac{1}{2})}\right)\cdot\boldsymbol{R}\right]:[\boldsymbol{R}^{\mathrm{T}}\cdot(\boldsymbol{V}_{(2)}-\boldsymbol{V}_{(1)})\cdot\boldsymbol{R}]$$

$$=\left(\boldsymbol{S}_{(2)}^{(\frac{1}{2})}-\boldsymbol{S}_{(1)}^{(\frac{1}{2})}\right):(\boldsymbol{V}_{(2)}-\boldsymbol{V}_{(1)})\geqslant 0, \tag{6.74}$$

其中下标(1)和下标(2)分别表示是在状态(1)和状态(2)下取值的.

上式称为广义“Coleman-Noll”不等式.对于各向同性材料,$\boldsymbol{\sigma}$、$\boldsymbol{V}$ 和 $\boldsymbol{V}^{-1}$ 有相同的主轴.当 $\boldsymbol{V}_{(1)}$ 和 $\boldsymbol{V}_{(2)}$ 也有相同的主轴时,由(6.42)式,还可将(6.74)式用主值表示为

$$\sum_{\alpha=1}^{3}(S_{\alpha(2)}^{(B)}-S_{\alpha(1)}^{(B)})(\lambda_{\alpha(2)}-\lambda_{\alpha(1)})$$

$$=\sum_{\alpha=1}^{3}\left[\left(\mathscr{J}\frac{\sigma_\alpha}{\lambda_\alpha}\right)_{(2)}-\left(\mathscr{J}\frac{\sigma_\alpha}{\lambda_\alpha}\right)_{(1)}\right](\lambda_{\alpha(2)}-\lambda_{\alpha(1)})$$

$$= \rho_0 \sum_{\alpha=1}^{3} \left[\left(\frac{\partial \varphi}{\partial \lambda_\alpha} \right)_{(2)} - \left(\frac{\partial \varphi}{\partial \lambda_\alpha} \right)_{(1)} \right] (\lambda_{\alpha(2)} - \lambda_{\alpha(1)}) \geqslant 0. \quad (6.75)$$

上式中的等号仅当 $\lambda_{\alpha(2)} = \lambda_{\alpha(1)} (\alpha = 1,2,3)$ 时才成立. 即对于状态(1)和状态(2),只要其中某一个 $\alpha (\alpha = 1,2,3)$ 的主伸长不相等: $\lambda_{\alpha(2)} \neq \lambda_{\alpha(1)}$, 上式就应大于零.

由(6.75)式可得到以下几点推论.

推论 1 当 $\lambda_{1(2)} = \lambda_{1(1)}, \lambda_{2(2)} = \lambda_{2(1)}, \lambda_{3(2)} > \lambda_{3(1)}$ 时,由于

$$(\mathscr{J}/\lambda_3)_{(2)} = (\mathscr{J}/\lambda_3)_{(1)} = \lambda_{1(1)}\lambda_{2(1)},$$

(6.75)式退化为

$$(\sigma_{3(2)} - \sigma_{3(1)})(\lambda_{3(2)} - \lambda_{3(1)}) > 0. \quad (6.76)$$

因此,对应于 $\alpha = 3$, Cauchy 应力的分量 σ_3 是主伸长 λ_3 的单调递增函数. 以上结论对 $\alpha = 1$ 和 $\alpha = 2$ 也成立.

推论 2 (6.5)式可写为

$$\sigma_\alpha(\lambda_1, \lambda_2, \lambda_3) = \alpha_0 + \alpha_1 \lambda_\alpha^2 + \alpha_2 \lambda_\alpha^4 \quad (\alpha = 1,2,3), \quad (6.77)$$

其中 $\alpha_0, \alpha_1, \alpha_2$ 是 $\boldsymbol{B}$ 的主不变量的函数,因此也是 $\lambda_1, \lambda_2, \lambda_3$ 的函数,而且 $\alpha_0, \alpha_1, \alpha_2$ 的函数值不因自变量 $\lambda_1, \lambda_2, \lambda_3$ 顺序的改变而改变. 故有

$$\sigma_1(\lambda_1, \lambda_2, \lambda_3) = \sigma_1(\lambda_1, \lambda_3, \lambda_2).$$

现令 $\sigma_1(\lambda_1, \lambda_2, \lambda_3) = \sigma(\lambda_1, \lambda_2, \lambda_3)$,并注意到(6.77)式,可得

$$\begin{aligned} \sigma_1(\lambda_1, \lambda_2, \lambda_3) &= \sigma(\lambda_1, \lambda_2, \lambda_3), \\ \sigma_2(\lambda_1, \lambda_2, \lambda_3) &= \sigma(\lambda_2, \lambda_3, \lambda_1), \\ \sigma_3(\lambda_1, \lambda_2, \lambda_3) &= \sigma(\lambda_3, \lambda_1, \lambda_2). \end{aligned}$$

如在(6.75)式中设 $\lambda_{1(2)} = \lambda_{2(1)}, \lambda_{2(2)} = \lambda_{1(1)}, \lambda_{3(2)} = \lambda_{3(1)}$,则有

$$\left(\mathscr{J}\frac{\sigma_1}{\lambda_1}\right)_{(2)} = \left(\frac{\lambda_1\lambda_2\lambda_3}{\lambda_1}\sigma_1\right)_{(2)} = \left(\frac{\lambda_1\lambda_2\lambda_3}{\lambda_2}\right)_{(1)} \sigma(\lambda_{2(1)}, \lambda_{1(1)}, \lambda_{3(1)}) = \left(\frac{\mathscr{J}\sigma_2}{\lambda_2}\right)_{(1)},$$

$$\left(\mathscr{J}\frac{\sigma_2}{\lambda_2}\right)_{(2)} = \left(\frac{\lambda_1\lambda_2\lambda_3}{\lambda_2}\sigma_2\right)_{(2)} = \left(\frac{\lambda_1\lambda_2\lambda_3}{\lambda_1}\right)_{(1)} \sigma(\lambda_{1(1)}, \lambda_{3(1)}, \lambda_{2(1)}) = \left(\frac{\mathscr{J}\sigma_1}{\lambda_1}\right)_{(1)},$$

$$\left(\mathscr{J}\frac{\sigma_3}{\lambda_3}\right)_{(2)} = \left(\frac{\lambda_1\lambda_2\lambda_3}{\lambda_3}\sigma_3\right)_{(2)} = \left(\frac{\lambda_1\lambda_2\lambda_3}{\lambda_3}\right)_{(1)} \sigma(\lambda_{3(1)}, \lambda_{2(1)}, \lambda_{1(1)}) = \left(\frac{\mathscr{J}\sigma_3}{\lambda_3}\right)_{(1)}.$$

故当 $\lambda_{2(1)} \neq \lambda_{1(1)}$ 时,(6.75)式退化为

$$\left[\left(\frac{\mathscr{J}\sigma_2}{\lambda_2}\right)_{(1)} - \left(\frac{\mathscr{J}\sigma_1}{\lambda_1}\right)_{(1)}\right][\lambda_{2(1)} - \lambda_{1(1)}] > 0. \quad (6.78)$$

可见对于同一个应力状态, $\boldsymbol{S}^{(B)}$ 的主值 $S_\alpha^{(B)}$ 与主伸长 λ_α 的大小顺序是一致的.

推论3 对于同一个应力状态,当$\lambda_2>\lambda_1$时,由(6.78)式$\lambda_3(\lambda_1\sigma_2-\lambda_2\sigma_1)(\lambda_2-\lambda_1)>0$,可知$\sigma_2>\dfrac{\lambda_2}{\lambda_1}\sigma_1>\sigma_1$.说明在主伸长较大的方向上,Cauchy应力的主值也较大,而主伸长相等的两个方向上,相应的Cauchy应力的主值也相等.下面我们将根据这一性质来推导关于超弹性势的限制性条件.

利用(6.31)式或(6.59)式,Cauchy应力$\boldsymbol{\sigma}$可具体表示为

$$\boldsymbol{\sigma}=2\rho[(\psi_2I_2+\psi_3I_3)\boldsymbol{I}+\psi_1\boldsymbol{B}-\psi_2I_3\boldsymbol{B}^{-1}]\ (\text{可压缩情形}), \tag{6.31}$$

$$\boldsymbol{\sigma}=-p\boldsymbol{I}+2\rho[\psi_1\boldsymbol{B}-\psi_2\boldsymbol{B}^{-1}]\ (\text{不可压缩情形}). \tag{6.59}$$

因此,对于可压缩情形,由

$$\sigma_1=2\rho[(\psi_2I_2+\psi_3I_3)+\psi_1\lambda_1^2-\psi_2(\lambda_2\lambda_3)^2],$$
$$\sigma_2=2\rho[(\psi_2I_2+\psi_3I_3)+\psi_1\lambda_2^2-\psi_2(\lambda_3\lambda_1)^2],$$

可得

$$\sigma_1-\sigma_2=2\rho(\lambda_1^2-\lambda_2^2)(\psi_1+\psi_2\lambda_3^2). \tag{6.79}$$

对于不可压缩情形($\lambda_1\lambda_2\lambda_3=1$),由

$$\sigma_1=-p+2\rho[\psi_1\lambda_1^2-\psi_2\lambda_1^{-2}],$$
$$\sigma_2=-p+2\rho[\psi_1\lambda_2^2-\psi_2\lambda_2^{-2}],$$

可得

$$\sigma_1-\sigma_2=2\rho(\lambda_1^2-\lambda_2^2)(\psi_1+\psi_2\lambda_3^2). \tag{6.80}$$

因为当$\lambda_1>\lambda_2$时,要求$\sigma_1>\sigma_2$,故得$\psi_1+\lambda_3^2\psi_2>0$.考虑到上式的连续性,当$\lambda_1=\lambda_2$时,有$\psi_1+\lambda_3^2\psi_2\geqslant 0$.类似地,也有

$$\psi_1+\lambda_1^2\psi_2>0(\text{当}\ \lambda_2\neq\lambda_3)\quad\text{和}\quad\psi_1+\lambda_2^2\psi_2>0(\text{当}\ \lambda_1\neq\lambda_3),$$

以及

$$\psi_1+\lambda_1^2\psi_2\geqslant 0(\text{当}\ \lambda_2=\lambda_3)\quad\text{和}\quad\psi_1+\lambda_2^2\psi_2\geqslant 0(\text{当}\ \lambda_1=\lambda_3).$$

因此,超弹性势ψ的形式应满足如下的限制性条件

$$\frac{\partial\psi}{\partial I_1}+\lambda_\delta^2\frac{\partial\psi}{\partial I_2}>0(\delta=1,2,3)(\text{当}\ \lambda_\alpha\neq\lambda_\beta)(\delta\neq\alpha\neq\beta\neq\delta), \tag{6.81}$$

$$\frac{\partial\psi}{\partial I_1}+\lambda_\delta^2\frac{\partial\psi}{\partial I_2}\geqslant 0(\delta=1,2,3)(\text{当}\ \lambda_\alpha=\lambda_\beta)(\delta\neq\alpha\neq\beta\neq\delta), \tag{6.82}$$

其中I_1和I_2是$\boldsymbol{B}$或$\boldsymbol{C}$的第一和第二主不变量.

推论 4 现考虑球对称载荷作用下的两个应力状态.对应于状态(2)和状态(1)的主伸长为

$$\lambda_{1(2)} = \lambda_{2(2)} = \lambda_{3(2)} = \lambda_{(2)}, \quad \lambda_{1(1)} = \lambda_{2(1)} = \lambda_{3(1)} = \lambda_{(1)},$$

则由(6.77)式,可知

$$\sigma_{1(2)} = \sigma_{2(2)} = \sigma_{3(2)} = \sigma_{(2)},$$

$$\sigma_{1(1)} = \sigma_{2(1)} = \sigma_{3(1)} = \sigma_{(1)}.$$

于是,当 $\lambda_{(2)} \neq \lambda_{(1)}$ 时,(6.75)式可写为

$$(\lambda_{(2)}^2 \sigma_{(2)} - \lambda_{(1)}^2 \sigma_{(1)})(\lambda_{(2)} - \lambda_{(1)}) > 0. \tag{6.83}$$

如果取状态(1)为参考状态:$\lambda_{(1)} = 1, \sigma_{(1)} = 0$,上式还可写为

$$\sigma_{(2)}(\lambda_{(2)} - 1) > 0(\text{当 } \lambda_{(2)} \neq 1).$$

可见,在等向拉伸(膨胀)时,有 $\sigma_{(2)} > 0$(受静水拉应力),在等轴压缩(压缩)时,有 $\sigma_{(2)} < 0$(受静水压应力).

例 在正压过程中,可压缩无黏性流体的本构方程可表示为

$$\boldsymbol{\sigma} = -p(\rho)\boldsymbol{I}, \tag{5.3}$$

其中 ρ 为密度,$p(\rho)$ 为静水压应力.利用连续性方程(3.18)式,功共轭的定义式(3.53)式可写为

$$\mathscr{J}\boldsymbol{\sigma} : \boldsymbol{D} = -\mathscr{J}p(\rho)(\boldsymbol{I} : \boldsymbol{D}) = -\mathscr{J}p(\rho)\mathrm{tr}\boldsymbol{D} = \mathscr{J}\frac{p(\rho)}{\rho}\dot{\rho} = \rho_0 \frac{p(\rho)}{\rho^2}\dot{\rho},$$

上式中 $\mathscr{J} = \det\boldsymbol{F} = \dfrac{\rho_0}{\rho}, \mathrm{d}\mathscr{J} = -\dfrac{\rho_0}{\rho^2}\mathrm{d}\rho$.

现定义

$$\psi = \int_{\rho_0}^{\rho} \frac{p(\rho)}{\rho^2}\mathrm{d}\rho = -\int_1^{\mathscr{J}} \frac{p(\mathscr{J})}{\rho_0}\mathrm{d}\mathscr{J}, \tag{6.84}$$

则可证明上式就是正压过程中可压缩无黏性流体的势函数.事实上,由于 $\dfrac{\partial \mathscr{J}}{\partial \boldsymbol{C}} = \dfrac{1}{2}\mathscr{J}\boldsymbol{C}^{-1}$,故可将第二类 Piola-Kirchhoff 应力表示为

$$\boldsymbol{T}^{(1)} = 2\rho_0 \frac{\partial \psi}{\partial \boldsymbol{C}} = 2\rho_0 \frac{\partial \psi}{\partial \mathscr{J}}\frac{\partial \mathscr{J}}{\partial \boldsymbol{C}} = -\mathscr{J}p\boldsymbol{C}^{-1}.$$

因此有,$\boldsymbol{\sigma} = \dfrac{1}{\mathscr{J}}\boldsymbol{F} \cdot \boldsymbol{T}^{(1)} \cdot \boldsymbol{F}^{\mathrm{T}} = -p\boldsymbol{I}$,说明在正压过程中,可压缩无黏性流体也就是超弹性流体.

在静水压作用下,超弹性流体的三个主长度比是相等的

$$\lambda_1 = \lambda_2 = \lambda_3 = \lambda, \quad \text{故有} \quad \mathscr{J} = \lambda^3 \quad \text{或} \quad \lambda = \mathscr{J}^{\frac{1}{3}} = \left(\frac{\rho_0}{\rho}\right)^{\frac{1}{3}}.$$

于是,根据推论 4,相应的主应力 $\sigma_1 = \sigma_2 = \sigma_3 = \sigma = -p$ 满足

$$\sigma(\lambda - 1) = -p\left[\left(\frac{\rho_0}{\rho}\right)^{\frac{1}{3}} - 1\right] > 0. \tag{6.85}$$

可见当静水压应力大于零时,流体的密度 ρ 将大于其初始密度 ρ_0.

现考虑两个状态(1) 和(2),状态(1) 的密度为 ρ,静水应力为 $\boldsymbol{\sigma}_{(1)} = -p(\rho)\boldsymbol{I}$,状态(2) 的密度为 $\beta\rho(\beta > 0, \beta \neq 1)$,静水应力为 $\boldsymbol{\sigma}_{(2)} = -p(\beta\rho)\boldsymbol{I}$. 注意到 $\lambda_{(1)} = \left(\frac{\rho_0}{\rho}\right)^{\frac{1}{3}}, \lambda_{(2)} = \left(\frac{\rho_0}{\beta\rho}\right)^{\frac{1}{3}}$,(6.83) 式可写为

$$\left[\left(\frac{\rho_0}{\rho}\right)^{2/3} p(\rho) - \left(\frac{\rho_0}{\beta\rho}\right)^{2/3} p(\beta\rho)\right]\left[\left(\frac{\rho_0}{\beta\rho}\right)^{\frac{1}{3}} - \left(\frac{\rho_0}{\rho}\right)^{\frac{1}{3}}\right] > 0.$$

即有

$$[(\beta\rho)^{-2/3} p(\beta\rho) - \rho^{-2/3} p(\rho)][(\beta\rho)^{\frac{1}{3}} - \rho^{\frac{1}{3}}] > 0.$$

说明 $\rho^{-2/3} p(\rho)$ 是 ρ 的单调递增函数.故有

$$\frac{\mathrm{d}(\rho^{-2/3} p(\rho))}{\mathrm{d}\rho} = \rho^{-2/3}\left[\frac{\mathrm{d}p(\rho)}{\mathrm{d}\rho} - \frac{2}{3}\,\frac{1}{\rho} p(\rho)\right] \geqslant 0.$$

这相当于要求"压缩率"满足

$$\frac{\mathrm{d}p(\rho)}{\mathrm{d}\rho} \geqslant \frac{2}{3}\,\frac{p(\rho)}{\rho}. \tag{6.86}$$

只要静水压应力 $p(\rho)$ 大于零,压缩率就必然大于零.特别地,对于"多方流体",其状态方程为

$$p(\rho) = \alpha\rho^{\gamma} \quad (\alpha > 0, \gamma > 1), \tag{5.4}$$

可见,上式中的指数 γ 满足(6.86) 式所要求的条件:$\gamma \geqslant \frac{2}{3}$.

(二) 各向同性超弹性势的表达式

各向同性超弹性势的具体函数形式应在给定的外部环境下由实验来加以确定,通常它还应满足关于势函数的限制性条件.各向同性超弹性势既可以写成 $\boldsymbol{C}$ 的三个主不变量 $I_i (i = 1,2,3)$ 的函数,也可以写成右伸长张量 $\boldsymbol{U}$ 的主长度比 $\lambda_\alpha (\alpha = 1,2,3)$ 的函数. 此外,基于橡胶弹性的分子网络模型,它还可以通过分子链的伸长来加以表示. 这将在以后作简要的介绍.下面分别针对不可压材料和可压缩材料列举出文献中常见的几种表达式.

(1) 不可压材料

许多橡胶类弹性材料在变形过程中可近似认为是不可压缩的:$I_3 =$

$\det \boldsymbol{C} = 1$.这时,(6.57)式和(6.59)式中的 ψ 仅是 I_1 和 I_2 的函数:$\psi = \psi(I_1, I_2)$,其中 I_1 和 I_2 是 $\boldsymbol{C}$(或 $\boldsymbol{B}$)的第一和第二主不变量.由习题1.7,可知 $I_1 \geqslant 3, I_2 \geqslant 3$,且在参考状态下,有 $I_1 = I_2 = 3$.

Rivlin(1949)曾建议将 $\psi(I_1, I_2)$ 写为如下的级数形式

$$\psi(I_1, I_2) = \sum_{m=0}^{\infty}\sum_{n=0}^{\infty} C_{mn}(I_1 - 3)^m (I_2 - 3)^n, \tag{6.87}$$

其中 C_{mn} 为常数,且满足 $C_{00} = 0$.

如果取 $C_{10} = C_1, C_{mn} = 0$(当 $m \neq 1, n \neq 0$),则有

$$\psi = C_1(I_1 - 3). \tag{6.88}$$

上式是由 Treloar 于 1943 年提出的,通常称之为 **neo-Hookean 材料**.如果取 $C_{10} = C_1, C_{20} = C_2, C_{30} = C_3$,而其他 C_{mn} 为零,则得到 Yeoh(1993)所建议的表达式

$$\psi = C_1(I_1 - 3) + C_2(I_1 - 3)^2 + C_3(I_1 - 3)^3,$$

其中 C_1, C_2, C_3 为材料常数,它们应满足一定的限制性条件.如果取 $C_{10} = C_1, C_{01} = C_2$,而其他的 C_{mn} 为零,则有

$$\psi = C_1(I_1 - 3) + C_2(I_2 - 3). \tag{6.89}$$

上式最早是由 Mooney 于 1940 年提出的,通常称之为 **Mooney-Rivlin 材料**.(6.88)和(6.89)两式在数学上虽然简单,但有时与实验不符.Rivlin 和 Saunders 曾建议将(6.89)式右端的第二项 $C_2(I_2 - 3)$ 改为以 $(I_2 - 3)$ 为变元的函数 $f(I_2 - 3)$.他们通过对3%硫化橡胶的双轴拉伸实验,发现当 I_2 较小时,$\dfrac{\partial \psi}{\partial I_2} = \dfrac{\mathrm{d}f}{\mathrm{d}I_2}$ 的值约为 $\dfrac{1}{8}\dfrac{\partial \psi}{\partial I_1} = \dfrac{1}{8}C_1$,并随 I_2 的增加而单调递减.

Signiorini(1955)针对橡胶弹性体,将(6.87)式的势函数写为

$$\psi(I_1, I_2) = \left(\frac{1}{2}C_0 + C_2\right)(I_1 - 3) + \frac{1}{4}\left(\frac{1}{2}C_1 + C_2\right)(I_1 - 3)^2 - \frac{1}{2}C_2(I_2 - 3), \tag{6.90}$$

其中 C_0、C_1 和 C_2 为材料常数.

势函数(6.88)式还有各种其他的推广形式.例如 Knowles(1977)曾将(6.88)式推广为

$$\psi = \frac{C_1}{b}\left\{\left[1 + \frac{b}{n}(I_1 - 3)\right]^n - 1\right\}, \tag{6.91}$$

上式除 C_1 之外,还有另外两个材料常数 b 和 n.

基于橡胶分子链伸长为有限值的考虑,Gent(1996)将(6.88)式推广

为

$$\psi = -C_1 J_m \ln\left(1 - \frac{I_1 - 3}{J_m}\right).$$

上式中的材料常数为 C_1 和 J_m，其中 J_m 表示 $I_1 - 3$ 的极限值，用来描述材料在大变形时的强化效应.

Gent 和 Thomas(1958) 还考虑了 I_2 的影响，这时，上式可改写为

$$\psi = -C_1 J_m \ln\left(1 - \frac{I_1 - 3}{J_m}\right) + C_2 \ln\left(\frac{I_2}{3}\right), \tag{6.92}$$

其中 C_1, C_2 和 J_m 为材料常数.

Fung(冯元桢，1967) 在对生物组织力学行为的实验研究中，将(6.88) 式推广为

$$\psi = \frac{\mu^0}{2\rho_0 \gamma}\left[e^{\gamma(I_1 - 3)} - 1\right],$$

上式中 ρ_0 和 μ^0 分别为初始密度和初始剪切模量，$\gamma(\geqslant 0)$ 为材料常数.

如果以主长度比 λ_1、λ_2 和 λ_3 为变元，则需给出(6.61) 式中势函数 $\varphi(\lambda_1, \lambda_2, \lambda_3)$ 的相应表达式，其中 $\lambda_1 \lambda_2 \lambda_3 = 1$. Valanis 和 Landel(1967) 曾建议将 $\varphi(\lambda_1, \lambda_2, \lambda_3)$ 取为如下的分离形式

$$\rho_0 \varphi(\lambda_1, \lambda_2, \lambda_3) = W(\lambda_1) + W(\lambda_2) + W(\lambda_3).$$

1972 年，Ogden 将上式中的 $W(\lambda)$ 更具体地表示为

$$W(\lambda) = \sum_{n=1}^{\infty} \frac{\mu_n}{\alpha_n}(\lambda^{\alpha_n} - 1), \tag{6.93}$$

上式中的 α_n 和 μ_n 为材料常数，其中 α_n 不限于整数，它可能取正值，也可能取负值. 为了与经典弹性理论相一致，以上的材料常数还要求满足 $\sum_n \alpha_n \mu_n = 2\mu^0$，其中的 μ^0 为(6.65) 式中的初始剪切模量. 显然，如果只取 $n = 1, \alpha_1 = 2$；或者只取 $n = 1$ 和 $2, \alpha_1 = 2, \alpha_2 = -2$；上式便分别退化为 neo-Hookean 材料或者 Mooney-Rivlin 材料的势函数. Ogden 认为，取(6.93) 式中的三项就能得到较好的近似. 例如，通过对 Treloar 实验数据的拟合，可得

$$\alpha_1 = 1.3, \qquad \alpha_2 = 5.0, \qquad \alpha_3 = -2.0,$$

$$\mu_1 = 1.491\mu^0, \qquad \mu_2 = 0.003\mu^0, \qquad \mu_3 = -0.0237\mu^0.$$

文献中还建议过其他一些关于超弹性势的表达式，此处不再一一列出.

(2) 可压缩材料

对于可压缩材料，$\boldsymbol{C}$ 和 $\boldsymbol{B}$ 的第三主不变量 $I_3 = \mathscr{J}^2 = \lambda_1^2\lambda_2^2\lambda_3^2$ 可以不等于1. 因此(6.28)式和(6.31)式中的 ψ 不仅与 I_1，I_2 有关，而且还与 I_3 有关. 其相应的超弹性势函数通常可以在不可压缩材料超弹性势函数的基础上加以修正. 例如，可以在不可压缩超弹性势的表达式中乘以与 I_3 有关的因子(当 $I_3 = 1$ 时，该因子取值为1)，并迭加上另一个依赖于 I_3 的函数.

Blatz 和 Ko(1962)，Treloar(1969)，Levinson(1972)，Faulkner(1972)等人曾建议将超弹性势函数的表达式取为

$$\psi = C_1(I_1 - 3) + f(I_3). \tag{6.94}$$

特别地，上式中的 $f(I_3)$ 可写为

$$f(I_3) = C_1 \frac{1 - 2\nu}{\nu}[I_3^{-\nu/(1-2\nu)} - 1],$$

式中 ν 为常数，相当于经典弹性力学中的 Poisson 比.

(6.94)式可看作是对(6.88)式的一种推广. 作为对(6.89)式的推广，Blatz 和 Ko 曾将泡沫橡胶的超弹性势写为

$$\psi = C_1\left[(I_1 - 3) + \frac{1 - 2\nu}{\nu}(I_3^{-\nu/(1-2\nu)} - 1)\right] + C_2\left[\left(\frac{I_2}{I_3} - 3\right) + \frac{1 - 2\nu}{\nu}(I_3^{\nu/(1-2\nu)} - 1)\right]. \tag{6.95}$$

对于47% 的泡沫聚氨酯橡胶，上式中的常数可以近似取为 $C_1 = 0$，$C_2 = \frac{1}{2\rho_0}\mu^0$，$\nu = \frac{1}{4}$. 这时(6.95)式便退化为十分简单的形式

$$\psi = \frac{1}{2\rho_0}\mu^0\left[\frac{I_2}{I_3} + 2\sqrt{I_3} - 5\right]. \tag{6.96}$$

有关 Blatz-Ko 超弹性势的讨论还可参见文献[6.9].

为了将(6.88)式推广到可压缩的情形，通常还要求在小变形下相应的超弹性势能够与线性弹性本构关系相一致. 如果 ψ 仅仅是 I_1 和 $\mathscr{J} = \sqrt{I_3}$ 的函数，则 $\rho_0\psi$ 的表达式可取为

$$\rho_0\psi = \mu^0\left[\frac{1}{2}(I_1 - 3) - g(\mathscr{J})\right] + \lambda^0 U(\mathscr{J}), \tag{6.97}$$

其中 μ^0 和 λ^0 为初始 Lamé 常数，μ^0 和 $k^0 = \lambda^0 + \frac{2}{3}\mu^0$ 分别为初始剪切模量和初始体积模量. 上式中要求当 $\mathscr{J} = 1$ 时，$g(1) = 0$，$g'(1) = 1$，$g''(1) = -1$ 和 $U(1) = U'(1) = 0$，$U''(1) = 1$. 显然，以上 $g(\mathscr{J})$ 和 $U(\mathscr{J})$ 的选取并不是唯一的. 例如 $g(\mathscr{J})$ 可写为 $g(\mathscr{J}) = \ln\mathscr{J} + h(\mathscr{J})$，其

中 $h(\mathscr{J}) = f(\mathscr{J}) - f(1) - f'(1)(\mathscr{J}-1) - \frac{1}{2}f''(1)(\mathscr{J}-1)^2$，而 $f(\mathscr{J})$ 为 $\mathscr{J}$ 的任意光滑函数. 特别地，Simo 和 Pister(1984) 将 $g(\mathscr{J})$ 取为 $\ln \mathscr{J}$. 同样，不同作者对 $U(\mathscr{J})$ 的选取也是各不相同的，例如可将 $U(\mathscr{J})$ 取为

(i) $\frac{1}{2}(\ln \mathscr{J})^2$；(ii) $\frac{1}{\beta}\left(\mathscr{J} + \frac{1}{\beta-1}\mathscr{J}^{-\beta+1} - \frac{\beta}{\beta-1}\right)$；

(iii) $\beta^{-2}(\beta\ln \mathscr{J} + \mathscr{J}^{-\beta} - 1)$；或(iv) $\beta^{-2}\{\cosh[\beta(\mathscr{J}-1)] - 1\}$.

不难验证，当取 $g(\mathscr{J}) = \ln \mathscr{J}, U(\mathscr{J}) = \beta^{-2}(\beta\ln \mathscr{J} + \mathscr{J}^{-\beta} - 1)$，并令 $\beta = \frac{\lambda^0}{\mu^0} = \frac{2\nu}{1-2\nu}$ 时，(6.97) 式就是 Blatz 和 Ko 所建议的超弹性势函数 (6.95) 式，其中取 $C_1 = \frac{\mu^0}{2\rho_0}, C_2 = 0$.

构造可压缩材料超弹性势函数至少需要两个基本的实验曲线：其一是等容条件下的应力 - 应变曲线；其二是没有畸变的纯体积变形下的应力 - 应变曲线. 对于几乎不可压的橡胶弹性材料，可以先根据等容条件下的应力 - 应变曲线得到相应的不可压超弹性势函数，然后再来考虑可压缩性对材料力学性能的影响.

下面给出通过对不可压超弹性材料势函数的修正来构造可压缩材料超弹性势函数的一种方法. 为此，我们先将 $\rho_0\psi$ 形式地写为

$$\rho_0\psi = \mu^0\chi(I_1, I_2, \mathscr{J}) + \lambda^0 U(\mathscr{J}). \tag{6.98}$$

上式中 $\chi(I_1, I_2, \mathscr{J})$ 和 $U(\mathscr{J})$ 的函数形式可通过以下几个步骤来加以确定.

首先，需要根据不可压超弹性势函数 $\hat{\chi}(I_1, I_2, 1)$ 来构造 $\chi(I_1, I_2, \mathscr{J})$，其中引入自变量 $\mathscr{J}$ 是必要的，因为这样才能保证在小变形条件下 $\mu^0\chi(I_1, I_2, \mathscr{J})$ 与线性弹性力学中用 Lamé 常数(λ^0, μ^0) 表示的应变能函数(对应于 μ^0 部分) 相一致. 例如，对应于 neo-Hookean 材料(6.88) 式，可取

$$\chi(I_1, I_2, \mathscr{J}) = \frac{\rho^0}{\mu^0}[C_1(I_1 - 3) - C_3(\ln \mathscr{J} + h(\mathscr{J}))].$$

而对应于修正的 Gent 模型(6.92) 式，可取

$$\chi(I_1, I_2, \mathscr{J}) = \frac{\rho^0}{\mu^0}\left[-C_1 J_m \ln\left(1 - \frac{I_1 - 3}{J_m}\right) + C_2 \ln\left(\frac{I_2}{3}\right) - C_3(\ln \mathscr{J} + h(\mathscr{J}))\right],$$

上式中 C_1, C_2 和 C_3 为待定的材料常数. 函数 $h(\mathscr{J})$ 满足条件 $h(1) =$

$h'(1) = h''(1) = 0$.

其次,为了能够简单地用 k^0 表示材料在纯体积变形下的应力 - 应变关系,可以令

$$U(\mathscr{J}) = \frac{3}{2}\chi(3\mathscr{J}^{2/3}, 3\mathscr{J}^{4/3}, \mathscr{J}).$$

显然,这样选取的 $U(\mathscr{J})$ 仅仅依赖于待定函数 $h(\mathscr{J})$,其函数形式可通过纯体积变形下的实验曲线来加以确定.

最后,利用在小变形下超弹性势函数与线性弹性本构关系相一致的条件(例如,(6.53) ~ (6.56) 式),便可得到以上的待定材料常数,从而最终得到可压缩材料的超弹性势函数. 例如,将修正的 Gent 模型(6.92) 式推广到可压缩情形时,有

$$\rho_0\psi = \frac{\mu^0}{(J_m+3)}\left[-\frac{1}{2}J_m{}^2\ln\left(1-\frac{I_1-3}{J_m}\right)+\frac{9}{2}\ln\left(\frac{I_2}{3}\right)-\right.$$
$$\left.(J_m+6)(\ln\mathscr{J}+h(\mathscr{J}))\right]-\frac{3\lambda^0}{2(J_m+3)}\left[\frac{1}{2}J_m{}^2\ln\left(1-\frac{3(\mathscr{J}^{2/3}-1)}{J_m}\right)+\right.$$
$$\left.J_m\ln\mathscr{J}+(J_m+6)h(\mathscr{J})\right]. \tag{6.99}$$

可见当材料不可压时,(6.92) 式中的材料常数应取为 $C_1 = \frac{\mu^0}{2\rho_0}\left(\frac{J_m}{J_m+3}\right)$, $C_2 = \frac{9\mu^0}{2\rho_0}\left(\frac{1}{J_m+3}\right)$. 特别地,当 $J_m \to \infty$ 时,(6.99) 式便退化为

$$\rho_0\psi = \mu^0\left[\frac{1}{2}(I_1-3)-(\ln\mathscr{J}+h(\mathscr{J}))\right]+$$
$$\frac{9}{4}\lambda^0\left[\mathscr{J}^{2/3}-1-\frac{2}{3}(\ln\mathscr{J}+h(\mathscr{J}))\right]. \tag{6.100}$$

这相当于在(6.97) 式中取 $U(\mathscr{J}) = \frac{9}{4}\left[\mathscr{J}^{2/3}-1-\frac{2}{3}(\ln\mathscr{J}+h(\mathscr{J}))\right]$,其中 $h(\mathscr{J})$ 应根据纯体积变形下的应力 - 应变曲线来加以确定. (6.100) 式可作为将 neo-Hookean 材料推广到可压缩情形时所对应的一种超弹性势函数.

文献中还曾建议过一些其他类型的可压缩材料的超弹性势函数. 例如,高玉臣(1990) 曾建议将 ψ 取为

$$\psi = C_1\left(\frac{I_1^3}{I_3}\right)^n + C_2(I_3-1)^{2m}I_3^{-l},$$

其中 C_1, C_2, n 和 l 为正的材料参数, m 为正整数. 上式中的材料参数较

多,如何通过实验来确定这些参数尚需作进一步研究.后来,高玉臣(1997)又提出了一个更为简单的超弹性势表达式:

$$\psi = C_1\left[I_1^n + \left(\frac{I_2}{I_3}\right)^n\right],$$

其中只有两个材料参数 C_1 和 n.有关以上两式的进一步讨论可参见文献[13]和[6.12].

各向同性超弹性势也可写成伸长张量 $\boldsymbol{U}$(或 $\boldsymbol{V}$)的三个主不变量 i_1, i_2 和 i_3 的函数,其中 $i_1 = \lambda_1 + \lambda_2 + \lambda_3, i_2 = \lambda_1\lambda_2 + \lambda_2\lambda_3 + \lambda_3\lambda_1$, $i_3 = \lambda_1\lambda_2\lambda_3 = \mathscr{J}$.它们与 $\boldsymbol{C}$ 的主不变量 $I_i(i = 1,2,3)$ 之间的关系为 $I_1 = i_1^2 - 2i_2, I_2 = i_2^2 - 2i_1i_3, I_3 = i_3^2$.

现列出文献中给出的以下六种类型的超弹性势函数 $\varphi(\lambda_1,\lambda_2,\lambda_3)$.它们曾被 Carroll (1988,1991),Murphy(1992),Horgan (1992) 等人用来研究可压缩超弹性体的变形特征.这六类超弹性势函数是:

$$\begin{aligned}
&(\text{Ⅰ})\ e(i_1) + C_2(i_2 - 3) + C_3(i_3 - 1), \quad e''(i_1) \neq 0,\\
&(\text{Ⅱ})\ C_1(i_1 - 3) + f(i_2) + C_3(i_3 - 1), \quad f''(i_2) \neq 0,\\
&(\text{Ⅲ})\ C_1(i_1 - 3) + C_2(i_2 - 3) + g(i_3), \quad g''(i_3) \neq 0,\\
&(\text{Ⅳ})\ C_1i_1i_2 + C_2i_1 + C_3i_2 + C_4i_3 + C_5, \quad C_1 \neq 0,\\
&(\text{Ⅴ})\ C_1i_2i_3 + C_2i_1 + C_3i_2 + C_4i_3 + C_5, \quad C_1 \neq 0,\\
&(\text{Ⅵ})\ C_1i_1i_3 + C_2i_1 + C_3i_2 + C_4i_3 + C_5, \quad C_1 \neq 0.
\end{aligned} \tag{6.101}$$

在不同类型的势函数中,上式的材料常数 C_1, C_2, C_3, C_4 和 C_5 应取不同的值.此外这些材料常数和本构函数 e, f, g 还应满足一定的限制性条件,以保证其物理上的合理性.例如,如果要求在初始状态下应力为零,而且在小变形条件下能够与线性弹性本构关系相一致,则对于类型(Ⅰ),有 $e(3) = 0, e'(3) = -(2C_2 + C_3), \rho_0(C_2 + C_3) = -2\mu^0(<0)$, $\rho_0 e''(3) = k^0 + \frac{4}{3}\mu^0$;而对于类型(Ⅲ),有 $g(1) = 0, g'(1) = -(C_1 + 2C_2), \rho_0(C_1 + C_2) = 2\mu^0(>0), \rho_0 g''(1) = k^0 + \frac{4}{3}\mu^0$,式中的撇号表示对变元的微商.满足类型(Ⅲ)的材料通常被称为**广义 Varga 材料**,它是对不可压的 Varga 材料本构模型(势函数只取(Ⅲ)中第一项)的一种推广.

类似于不可压缩超弹性体的情形,超弹性势的变元也可以取为主长度比 λ_1、λ_2 和 λ_3,或采用修正的主长度比(6.44)式.因为这时的 $\mathscr{J}$ 一般并不等于 1,所以通常要在不可压材料超弹性势的表达式中加上一个依赖于 $\mathscr{J} = \lambda_1\lambda_2\lambda_3$ 的函数.例如,Ogden(1972,1976)曾建议将 $\rho_0\psi(I_1, I_2, I_3)$

$=\rho_0\varphi(\lambda_1,\lambda_2,\lambda_3)$ 的形式取为

$$\rho_0\varphi(\lambda_1,\lambda_2,\lambda_3)=\sum_{i=1}^{3}W(\lambda_i)+g(\mathscr{J}), \tag{6.102}$$

上式中的 $W(\lambda_i)(i=1,2,3)$ 由(6.93)式给出,函数 $g(\mathscr{J})$ 的形式可以类似于(6.94)式中的 $f(I_3)$ 来加以构造.

如果以修正的主长度比(6.44)式来作为自变量,则需给出超弹性势(6.45)式 $\hat{\varphi}(\hat{\lambda}_1,\hat{\lambda}_2,\hat{\lambda}_3,\mathscr{J})$ 的具体表达式.简单拉伸的实验数据表明,该表达式中由 $\hat{\lambda}_1$、$\hat{\lambda}_2$ 和 $\hat{\lambda}_3$ 表示的畸变部分和由 $\mathscr{J}$ 表示的体积变化部分是相互耦合的.Fong 和 Penn(1975),Peng 和 Landel(1979) 以及 Ogden(1976, 1979) 曾建议过几种类型的势函数形式,它们实际上都是如下表达式的特殊情形.

$$\rho_0\hat{\varphi}(\hat{\lambda}_1,\hat{\lambda}_2,\hat{\lambda}_3,\mathscr{J})=\rho_0\varphi_*(\hat{\lambda}_1,\hat{\lambda}_2,\hat{\lambda}_3)+\sum_{n=1}^{N}\chi_n(\hat{\lambda}_1,\hat{\lambda}_2,\hat{\lambda}_3)h_n(\mathscr{J})+g(\mathscr{J}). \tag{6.103}$$

有关上式的进一步讨论可参见文献[6.8].

(三) 橡胶超弹性势的分子网络模型

橡胶弹性体是由共价键连接而成的长链分子构成的.每一根长链由许多链节组成,分子链之间在许多结点上通过化学键相连而形成交联网络结构.而链一端的结点相对于另一端结点的向量称之为**末端距向量**.在一定的简化假设下,人们可以通过对长链分子弹性性质的研究来设法得到橡胶弹性体的宏观本构关系.

通常采用的简化假设有:

假设 1 链节之间的键角通常保持有一定的角度.为了简化问题的讨论,现采用"自由连接"链的概念,即假设分子链由相同的链节连接而成,而且链节之间的键角可以任意变化而不受限制.

假设 2 交联点在其平均位置附近的统计涨落运动可以忽略不计.

假设 3 在变形时,结点间末端距向量的变化与宏观尺度下连续介质的变形相一致,即服从仿射变换规律.

假设 4 在计算分子交联网络的应变储能函数时,可以不考虑分子链之间的相互作用能.

在超弹性体宏观本构关系(6.13)式中,ψ 表示的是单位质量上的 Helmholtz 自由能:

$$\psi(\theta,\boldsymbol{E}^{(1)})=\varepsilon(\theta,\boldsymbol{E}^{(1)})-\theta\eta(\theta,\boldsymbol{E}^{(1)}). \tag{3.94}$$

由(3.95)式,上式中的熵 $\eta(\theta,\boldsymbol{E}^{(1)})$ 还可写为

$$\eta(\theta,\boldsymbol{E}^{(1)})=-\frac{\partial\psi(\theta,\boldsymbol{E}^{(1)})}{\partial\theta},\tag{3.95}$$

其中 θ 为热力学温度.利用第二类 Piola-Kirchhoff 应力 $\boldsymbol{T}^{(1)}$ 与 Cauchy 应力 $\boldsymbol{\sigma}$ 之间的关系(3.29)式,可得

$$\frac{\partial\eta}{\partial\boldsymbol{E}^{(1)}}=-\frac{\partial}{\partial\theta}\left(\frac{\partial\psi}{\partial\boldsymbol{E}^{(1)}}\right)=-\frac{1}{\rho}\boldsymbol{F}^{-1}\cdot\frac{\partial\boldsymbol{\sigma}}{\partial\theta}\cdot\boldsymbol{F}^{-\mathrm{T}}.$$

于是,(6.13)式可改写为

$$\begin{aligned}\frac{\rho_0}{\rho}\boldsymbol{F}^{-1}\cdot\boldsymbol{\sigma}\cdot\boldsymbol{F}^{-\mathrm{T}}&=\rho_0\frac{\partial\psi}{\partial\boldsymbol{E}^{(1)}}=\rho_0\left[\frac{\partial\varepsilon}{\partial\boldsymbol{E}^{(1)}}-\theta\frac{\partial\eta}{\partial\boldsymbol{E}^{(1)}}\right]\\&=\rho_0\left[\frac{\partial\varepsilon}{\partial\boldsymbol{E}^{(1)}}+\frac{\theta}{\rho}\boldsymbol{F}^{-1}\cdot\frac{\partial\boldsymbol{\sigma}}{\partial\theta}\cdot\boldsymbol{F}^{-\mathrm{T}}\right],\end{aligned}$$

或

$$\rho\boldsymbol{F}\cdot\frac{\partial\varepsilon}{\partial\boldsymbol{E}^{(1)}}\cdot\boldsymbol{F}^{\mathrm{T}}=\boldsymbol{\sigma}-\theta\frac{\partial\boldsymbol{\sigma}}{\partial\theta}.\tag{6.104}$$

Meyer 和 Ferri 根据橡胶的实验结果认为,对于给定的应变,上式右端近似为零.这说明在变形过程中,应力主要是由熵的变化引起的,即可以忽略内能 ε 的贡献.通常称橡胶的这种弹性性质为“熵弹性”.基于以上讨论,可给出分子网络模型中的另一个简化假设:

假设 5 在变形过程中,内能没有变化,弹性体的熵是所有长链分子的熵的总和,因而弹性体的弹性应变能是所有长链分子弹性应变能的总和.

橡胶弹性体的长链分子由于其组成原子的微布朗运动(micro-Brownian motion),可能有许多不同的构象.当没有外力作用时,分子链通常总是趋向于使其相应的熵取最大值的卷曲构象.当有外力作用时,分子链的构象也将随之改变,从而引起构象熵的改变.

现考虑由 n 个长为 l 的链节组成的分子链.在选取的直角坐标系 $\{x_1,x_2,x_3\}$ 中,链一端的结点位于坐标原点,而链的另一端结点的位置向量(即末端距向量)为 $\boldsymbol{r}_0$.如果这两端结点的距离 $r_0=|\boldsymbol{r}_0|$ 远远小于伸直链的长度 ln,则可近似采用 **Gauss 统计理论**,即假设处于体元 $\mathrm{d}x_1\mathrm{d}x_2\mathrm{d}x_3$ 内的末端距向量服从如下的概率分布函数:

$$p(x_1,x_2,x_3)\mathrm{d}x_1\mathrm{d}x_2\mathrm{d}x_3=\left(\frac{b}{\sqrt{\pi}}\right)^3\exp(-b^2r_0^2)\mathrm{d}x_1\mathrm{d}x_2\mathrm{d}x_3,\tag{6.105}$$

其中 $r_0^2=x_1^2+x_2^2+x_3^2$, $b^2=\dfrac{3}{2nl^2}$.(6.105)式表明,以上概率分布是球

对称的.末端距向量处于 r_0 和 $r_0+\mathrm{d}r_0$ 之间的概率应等于 $p(r_0)$ 与"球壳"体积 $4\pi r_0^2\mathrm{d}r_0$ 的乘积:

$$\overline{p}(r_0)\mathrm{d}r_0 = 4\pi p(r_0)r_0^2\mathrm{d}r_0 = 4\left(\frac{1}{\sqrt{\pi}}\right)b^3 r_0^2\exp(-b^2r_0^2)\mathrm{d}r_0,$$

而相应的均方根末端距 $\sqrt{\langle r_0^2\rangle}$ 可由下式求得

$$\langle r_0^2\rangle = \int_0^\infty r_0^2\overline{p}(r_0)\mathrm{d}r_0 = \frac{3}{2b^2} = l^2 n. \tag{6.106}$$

因此有 $\sqrt{\langle r_0^2\rangle} = l\sqrt{n}$.

由统计物理学可知,"自由连接"链的熵 η_0 应该与构象数 Ω 的对数成正比:

$$\eta_0 = k_B\ln\Omega,$$

其中 $k_B = 1.380662\times10^{-23}\mathrm{J/K}$,为 **Boltzmann 常数**.如果材料是不可压的,则在变形时体积元 $\mathrm{d}x_1\mathrm{d}x_2\mathrm{d}x_3$ 保持不变,这时链的构象数与单位体积内的概率 $p(x_1,x_2,x_3)$ 成正比.因此,自由连接链的熵可写为

$$\eta_0 = c_0 - k_Bb^2r_0^2 = c_0 - k_Bb^2(x_1^2+x_2^2+x_3^2), \tag{6.107}$$

其中 c_0 为常数.

下面考虑弹性体经受变形的情形.如果相应的变形梯度为 $\boldsymbol{F}$,则根据简化假设 3,末端距向量由 $\boldsymbol{r}_0$ 变为 $\boldsymbol{F}\cdot\boldsymbol{r}_0$,故变形后的熵可写为

$$\eta = c_0 - k_Bb^2(\boldsymbol{r}_0\cdot\boldsymbol{C}\cdot\boldsymbol{r}_0),$$

其中 $\boldsymbol{C} = \boldsymbol{F}^{\mathrm{T}}\cdot\boldsymbol{F}$ 为右 Cauchy-Green 张量.

由此可得熵的变化

$$\eta - \eta_0 = -k_Bb^2(\boldsymbol{r}_0\cdot\boldsymbol{C}\cdot\boldsymbol{r}_0 - \boldsymbol{r}_0\cdot\boldsymbol{r}_0). \tag{6.108}$$

交联网络中具有相同 b 值的全部分子链的总熵的变化可通过对上式的求和得到.假定材料是各向同性的,即分子链的取向分布在所有方向相同,则在求和时可选取直角坐标系 $\{x_1,x_2,x_3\}$ 的坐标轴与 $\boldsymbol{C}$ 的主方向相重合而不失一般性.于是,(6.108)式可写为

$$\eta - \eta_0 = -k_Bb^2[(\lambda_1^2-1)x_1^2+(\lambda_2^2-1)x_2^2+(\lambda_3^2-1)x_3^2], \tag{6.109}$$

上式中 λ_1^2、λ_2^2 和 λ_3^2 为 $\boldsymbol{C}$ 的主长度比.如果单位体积内的总链数为 N,则单位体积内总熵的变化应等于

$$\Delta\tilde{\eta} = -k_BNb^2\int[(\lambda_1^2-1)x_1^2+(\lambda_2^2-1)x_2^2+(\lambda_3^2-1)x_3^2]p(x_1,x_2,x_3)\mathrm{d}v_0,$$

其中 $\mathrm{d}v_0 = \mathrm{d}x_1\mathrm{d}x_2\mathrm{d}x_3$,式中的积分表示为全空间的体积分.对于各向同性材料,由

$$\int x_1^2 p(x_1,x_2,x_3)\mathrm{d}v_0 = \int x_2^2 p(x_1,x_2,x_3)\mathrm{d}v_0 = \int x_3^2 p(x_1,x_2,x_3)\mathrm{d}v_0$$
$$= \frac{1}{3}\int_0^\infty r_0^2\overline{p}(r_0)\mathrm{d}r_0 = \frac{1}{2b^2},$$

可得

$$\Delta\tilde{\eta} = -\frac{1}{2}k_B N(\lambda_1^2+\lambda_2^2+\lambda_3^2-3) = -\frac{1}{2}k_B N(I_1-3),$$

其中 I_1 为 $\boldsymbol{C}$ 的第一主不变量.

根据简化假设 5,内能的变化为零.因此单位质量上的 Helmholtz 自由能的变化 $\Delta\psi$ 满足

$$\rho_0\Delta\psi = -\theta\Delta\tilde{\eta} = \frac{1}{2}k_B N\theta(I_1-3). \tag{6.110}$$

如取变形前的自由能为零,则有

$$\rho_0\psi = \frac{1}{2}k_B N\theta(I_1-3). \tag{6.111}$$

于是便得到了 neo-Hookean 材料的超弹性势表达式(6.88)式,说明以上模型是一种不可压的超弹性本构模型.

Gauss 统计理论仅当末端距向量的长度 r_0 远小于链长 ln 时才是适用的.对于较大的变形,Kuhn 和 Grun 采用了如下的概率分布函数:

$$\ln p(r_0) = \text{常数} - n\left[\frac{r_0}{ln}\beta + \ln\frac{\beta}{\sinh\beta}\right]. \tag{6.112}$$

其中 β 可通过如下的 Langevin 函数 $\mathscr{L}(\beta)$ 来加以定义:

$$\mathscr{L}(\beta) = \coth\beta - \frac{1}{\beta} = \frac{r_0}{ln},$$

即 $\beta = \mathscr{L}^{-1}\left(\frac{r_0}{ln}\right)$ 为 $\frac{r_0}{ln}$ 的 **Langevin 逆函数**.

(6.112) 式的展开式为

$$\ln p(r_0) = \text{常数} - n\left[\frac{3}{2}\left(\frac{r_0}{ln}\right)^2 + \frac{9}{20}\left(\frac{r_0}{ln}\right)^4 + \frac{99}{350}\left(\frac{r_0}{ln}\right)^6 + \cdots\right].$$

可见,Gauss 分布仅取了上式的第一项,是上式在 $r_0 \ll ln$ 时的近似.

基于 Langevin 逆函数的橡胶弹性理论可用来描述分子链具有最大伸长比 $\sqrt{n}$ 的特性.在(6.112) 式的基础上,Arruda 和 Boyce(1993) 建议将不可压超弹性势函数写为

$$\rho_0\psi_{(8)} = k_B N\theta n\left[\frac{\lambda_{(8)}\beta_{(8)}}{\sqrt{n}} + \ln\left(\frac{\beta_{(8)}}{\sinh\beta_{(8)}}\right)\right],$$

其中 $\lambda_{(8)} = \frac{1}{\sqrt{3}}(\lambda_1^2 + \lambda_2^2 + \lambda_3^2)^{\frac{1}{2}}, \beta_{(8)} = \mathscr{L}^{1}\left(\frac{\lambda_{(8)}}{\sqrt{n}}\right)$. 以上的本构模型通常被称为八链模型(8-chain model).

Wu(吴沛东) 和 van der Giessen(1992) 采用全网模型(full-network model),将不可压超弹性势函数写为

$$\rho_0\psi_{(full)} = k_B N\theta n\int_0^{\pi}\mathrm{d}\varphi\int_0^{2\pi}\left[\frac{\lambda\beta}{\sqrt{n}} + \ln\left(\frac{\beta}{\sinh\beta}\right)\right]h(\varphi,\omega)\sin\varphi\mathrm{d}\omega, \tag{6.113}$$

上式中 $\lambda = (\boldsymbol{L}_0 \cdot \boldsymbol{C} \cdot \boldsymbol{L}_0)^{\frac{1}{2}}$ 是对应于取向 $\boldsymbol{L}_0$ 的链段长度比,其中当 $\boldsymbol{L}_0$ 在球坐标系(r,φ,ω)中取向为(φ,ω)时,$\boldsymbol{L}_0$ 在直角坐标系中的分量为$(\sin\varphi\cos\omega, \sin\varphi\sin\omega, \cos\varphi)$, $\beta = \mathscr{L}^{1}\left(\frac{\lambda}{\sqrt{n}}\right)$, $h(\varphi,\omega)$为初始取向分布函数,满足规一化条件$\int_0^{\pi}\mathrm{d}\varphi\int_0^{2\pi}h(\varphi,\omega)\sin\varphi\mathrm{d}\omega = 1$.

有关分子网络模型的讨论可参见[6.7]和[6.10],此处不再介绍.

§6.4 简单问题的求解实例

(一) 普适变形

如果弹性体处于静力平衡状态,则施加于该物体的分布体力 $\rho\boldsymbol{f}$(在 v 内)和边界上的面力 $\boldsymbol{t_N} = \boldsymbol{\sigma} \cdot \boldsymbol{N}$(在 ∂v 上)应满足相应的总体平衡条件,即合力和合力矩为零的条件:

$$\int_v \rho\boldsymbol{f}\mathrm{d}v + \int_{\partial v}\boldsymbol{t_N}\mathrm{d}S = \boldsymbol{0},$$

$$\int_v \rho\boldsymbol{x}\times\boldsymbol{f}\mathrm{d}v + \int_{\partial v}\boldsymbol{x}\times\boldsymbol{t_N}\mathrm{d}S = \boldsymbol{0}.$$

这时,物体内的应力场 $\boldsymbol{\sigma}$ 和变形场可由如下的控制方程求得:

$$\rho\mathscr{J} = \rho_0, \tag{3.20}$$

$$\boldsymbol{\sigma}\cdot\nabla + \rho\boldsymbol{f} = \boldsymbol{0}, \tag{3.36}$$

以及

$$\boldsymbol{\sigma} = 2\rho[(\psi_2 I_2 + \psi_3 I_3)\boldsymbol{I} + \psi_1\boldsymbol{B} - \psi_2 I_3\boldsymbol{B}^{-1}](\text{可压缩材料}), \tag{6.31}$$

或

$$\boldsymbol{\sigma} = -p\boldsymbol{I} + 2\rho[\psi_1\boldsymbol{B} - \psi_2\boldsymbol{B}^{-1}](\text{不可压缩材料}, I_3 \equiv 1). \tag{6.59}$$

此外,为了保证位移的单值性,$\boldsymbol{B}$ 还应满足相应的协调条件.

在一般情况下,求解以上方程是十分困难的.为此,人们通常采用半逆解法(inverse method)来揭示有限变形弹性理论中的某些基本现象.半逆解法是首先假定适当的变形形式,然后利用本构关系得到相应的应力分布,最后根据平衡方程来考察变形形式所应满足的限制性条件以及维持这种变形所需的边界面力.

下面仅考虑体力 $\boldsymbol{f}$ 为零的情形.如果变形是均匀的,则 $\boldsymbol{B}$ 及其三个不变量 I_1、I_2 和 I_3 不随空间位置变化.由本构关系(6.31)式可知,应力 $\boldsymbol{\sigma}$ 在物体中也是均匀的(对于不可压缩材料,当取(6.59)式中的"非确定"静水压应力 p 为常值时,物体中应力 $\boldsymbol{\sigma}$ 的值也将处处相等).因此,平衡方程(3.36)式自动满足.由此可见,无论选取何种超弹性势函数,可压缩和不可压缩各向同性弹性体的均匀变形总能使平衡方程得到满足.这样的变形称之为**均匀普适变形**.

现将可压缩弹性材料的本构关系(6.31)式代入平衡方程(3.36)式.不难看出,如果要使平衡方程对任意选取的超弹性势都成立,就必须要求 $\boldsymbol{B}$ 为恒定张量,这说明可压缩超弹性体的普适变形只可能是均匀变形.这一结果首先是由 Ericksen 给出的.

再来讨论不可压缩超弹性体.将(6.59)式代入(3.36)式,可得

$$2\rho(\psi_1\boldsymbol{B}-\psi_2\boldsymbol{B}^{-1})\cdot\nabla=\operatorname{grad}p.$$

选取适当的 p 使上式对任意的超弹性势都成立的充要条件为

$$[(\psi_1\boldsymbol{B}-\psi_2\boldsymbol{B}^{-1})\cdot\nabla]\times\nabla=\boldsymbol{0}.$$

满足上式的变形就是不可压缩各向同性超弹性体的**非均匀普适变形**.可以证明,这样的变形共有五类.由于篇幅所限,这里将不再列出这五类变形以及相关的证明,有兴趣的读者可参考有关的文献.

(二) 均匀拉伸

现考虑正方体的均匀变形.初始构形和当前构形的坐标系 $\{X^A\}$ 和 $\{x^i\}$ 都选为同一个直角坐标系,且使正方体的边界与坐标轴的方向相一致.沿坐标轴方向的均匀变形可表示为

$$x^1=\lambda_1X^1,\quad x^2=\lambda_2X^2,\quad x^3=\lambda_3X^3,$$

其中 λ_1、λ_2 和 λ_3 为主长度比.这时,$\boldsymbol{B}$ 和 $\boldsymbol{B}^{-1}$ 的矩阵表示可写为

$$\boldsymbol{B}:\begin{pmatrix}\lambda_1^2 & 0 & 0\\ 0 & \lambda_2^2 & 0\\ 0 & 0 & \lambda_3^2\end{pmatrix},\quad \boldsymbol{B}^{-1}:\begin{pmatrix}\lambda_1^{-2} & 0 & 0\\ 0 & \lambda_2^{-2} & 0\\ 0 & 0 & \lambda_3^{-2}\end{pmatrix}.$$

由(6.31)式,可得

$$\left.\begin{aligned}\sigma^{11}&=\frac{2\rho_0\lambda_1}{\lambda_2\lambda_3}[\psi_1+(\lambda_2^2+\lambda_3^2)\psi_2+\lambda_2^2\lambda_3^2\psi_3],\\\sigma^{22}&=\frac{2\rho_0\lambda_2}{\lambda_3\lambda_1}[\psi_1+(\lambda_3^2+\lambda_1^2)\psi_2+\lambda_3^2\lambda_1^2\psi_3],\\\sigma^{33}&=\frac{2\rho_0\lambda_3}{\lambda_1\lambda_2}[\psi_1+(\lambda_1^2+\lambda_2^2)\psi_2+\lambda_1^2\lambda_2^2\psi_3],\\\sigma^{12}&=\sigma^{23}=\sigma^{31}=0.\end{aligned}\right\}\tag{6.114}$$

特别地,对于简单拉伸 $\lambda_1=\lambda,\lambda_2=\lambda_3,\sigma^{22}=\sigma^{33}=0$,则有

$$0=\frac{2\rho_0}{\lambda}[\psi_1+(\lambda^2+\lambda_2^2)\psi_2+\lambda^2\lambda_2^2\psi_3].$$

上式表明,同一个轴向伸长 λ 可能会对应于不同的 $\lambda_2=\lambda_3$,因此,也可能会对应于不同的 σ^{11} 值.

对于均匀膨胀,$\lambda_1=\lambda_2=\lambda_3=\lambda(>0)$,则有

$$\boldsymbol{\sigma}=\frac{2\rho_0}{\lambda}[\psi_1+2\lambda^2\psi_2+\lambda^4\psi_3]\boldsymbol{I}.\tag{6.115}$$

于是,由 §6.3(一) 中的推论 4,可知有

$$\psi_1+2\lambda^2\psi_2+\lambda^4\psi_3>0\quad(当\ \lambda>1),$$
$$\psi_1+2\lambda^2\psi_2+\lambda^4\psi_3<0\quad(当\ \lambda<1).$$

如果材料是不可压缩的:$\lambda_1\lambda_2\lambda_3=1$,由(6.59)式可得

$$\left.\begin{aligned}\sigma^{11}&=-p+2\rho_0(\lambda_1^2\psi_1-\lambda_1^{-2}\psi_2),\\\sigma^{22}&=-p+2\rho_0(\lambda_2^2\psi_1-\lambda_2^{-2}\psi_2),\\\sigma^{33}&=-p+2\rho_0(\lambda_3^2\psi_1-\lambda_3^{-2}\psi_2),\\\sigma^{12}&=\sigma^{23}=\sigma^{31}=0.\end{aligned}\right\}\tag{6.116}$$

特别地,对于简单拉伸 $\lambda_1=\lambda,\lambda_2=\lambda_3=\dfrac{1}{\sqrt{\lambda}},\sigma^{22}=\sigma^{33}=0$,有

$$p=2\rho_0\left(\frac{1}{\lambda}\psi_1-\lambda\psi_2\right),$$

$$\sigma^{11}=2\rho_0\left(\lambda^2-\frac{1}{\lambda}\right)\left(\psi_1+\frac{1}{\lambda}\psi_2\right).\tag{6.117}$$

说明对于不可压缩超弹性体,由长度比 λ 可唯一确定相应的拉伸应力 σ^{11}.

对于受双向拉伸的平板,当给定 λ_1 和 λ_2 之后,由不可压条件 $\lambda_3=\dfrac{1}{\lambda_1\lambda_2}$,以及 $\sigma^{33}=0$,可知

$$p = 2\rho_0\left[\left(\frac{1}{\lambda_1\lambda_2}\right)^2\psi_1 - \lambda_1^2\lambda_2^2\psi_2\right]. \tag{6.118}$$

于是,Cauchy 应力的非零分量为

$$\left.\begin{aligned}\sigma^{11} &= 2\rho_0(\lambda_1^2 - \lambda_1^{-2}\lambda_2^{-2})(\psi_1 + \lambda_2^2\psi_2),\\ \sigma^{22} &= 2\rho_0(\lambda_2^2 - \lambda_1^{-2}\lambda_2^{-2})(\psi_1 + \lambda_1^2\psi_2).\end{aligned}\right\} \tag{6.119}$$

上式是变形后平板两侧单位截面积上的力.如果要换算到变形前的构形,则单位边长上的力可写为

$$f_1 = H\sigma^{11}/\lambda_1, \quad f_2 = H\sigma^{22}/\lambda_2, \tag{6.120}$$

其中 H 为变形前平板的厚度.

根据(6.119)式,我们还可用 σ^{11} 和 σ^{22} 来表示 ψ_1 和 ψ_2:

$$\left.\begin{aligned}\psi_1 &= \frac{\partial\psi}{\partial I_1} = \frac{1}{2\rho_0(\lambda_1^2 - \lambda_2^2)}\left[\frac{\lambda_1^2\sigma^{11}}{(\lambda_1^2 - \lambda_1^{-2}\lambda_2^{-2})} - \frac{\lambda_2^2\sigma^{22}}{(\lambda_2^2 - \lambda_1^{-2}\lambda_2^{-2})}\right],\\ \psi_2 &= \frac{\partial\psi}{\partial I_2} = \frac{1}{2\rho_0(\lambda_2^2 - \lambda_1^2)}\left[\frac{\sigma^{11}}{(\lambda_1^2 - \lambda_1^{-2}\lambda_2^{-2})} - \frac{\sigma^{22}}{(\lambda_2^2 - \lambda_1^{-2}\lambda_2^{-2})}\right],\end{aligned}\right\} \tag{6.121}$$

其中 $I_1 = \lambda_1^2 + \lambda_2^2 + \lambda_1^{-2}\lambda_2^{-2}, \quad I_2 = \lambda_1^2\lambda_2^2 + \lambda_1^{-2} + \lambda_2^{-2}$.

(三) 简单剪切

仍取 $\{X^A\}$ 和 $\{x^i\}$ 相重合的直角坐标系,并讨论由(2.35)式表示的简单剪切变形

$$x^1 = X^1 + k_0X^2, \quad x^2 = X^2, \quad x^3 = X^3.$$

根据 §2.2 中的例 1,可知 $\boldsymbol{B}$ 和 $\boldsymbol{B}^{-1}$ 的矩阵表示可写为

$$\boldsymbol{B}:\begin{pmatrix}1 + k_0^2 & k_0 & 0\\ k_0 & 1 & 0\\ 0 & 0 & 1\end{pmatrix}, \quad \boldsymbol{B}^{-1}:\begin{pmatrix}1 & -k_0 & 0\\ -k_0 & 1 + k_0^2 & 0\\ 0 & 0 & 1\end{pmatrix}. \tag{6.122}$$

而 $\boldsymbol{B}$ 的主不变量为 $I_1 = I_2 = 3 + k_0^2, I_3 = 1$.

对于可压缩弹性体,可将上式代入(6.31)式而得到

$$\left.\begin{aligned}\sigma^{11} &= 2\rho[(1 + k_0^2)\psi_1 + (2 + k_0^2)\psi_2 + \psi_3],\\ \sigma^{22} &= 2\rho[\psi_1 + 2\psi_2 + \psi_3],\\ \sigma^{33} &= 2\rho[\psi_1 + (2 + k_0^2)\psi_2 + \psi_3],\\ \sigma^{23} &= \sigma^{31} = 0,\\ \sigma^{12} &= 2\rho k_0(\psi_1 + \psi_2).\end{aligned}\right\} \tag{6.123}$$

注意到 ψ_1、ψ_2 和 ψ_3 为 I_1、I_2 和 I_3 的函数,即 ψ_1、ψ_2 和 ψ_3 为 $3+k_0^2$ 的函数,可知上式中的正应力分量为 k_0 的偶函数,而剪应力分量为 k_0 的奇函数.如果要求剪应力与剪切应变的方向相一致,则由上式可得 $\psi_1+\psi_2>0$.即广义剪切模量

$$\mu(k_0^2)=2\rho(\psi_1+\psi_2)$$

应大于零.

根据(6.123)式,我们还可得到关系式

$$\sigma^{11}-\sigma^{22}=k_0\sigma^{12}. \tag{6.124}$$

它是对一切各向同性超弹性体都成立的"普适关系式".

从图2.3中不难看出,变形前 $X^1=\mathrm{const}$ 截面的法向(1,0,0)和切向(0,1,0)经变形后将分别变为

$$\boldsymbol{N}^{(1)}:\left(\frac{1}{\sqrt{1+k_0^2}},-\frac{k_0}{\sqrt{1+k_0^2}},0\right),$$

$$\boldsymbol{S}^{(1)}:\left(\frac{k_0}{\sqrt{1+k_0^2}},\frac{1}{\sqrt{1+k_0^2}},0\right).$$

而对于变形前 $X^2=\mathrm{const}$ 的截面和 $X^3=\mathrm{const}$ 的截面,其法向和切向仍然保持不变.因此,在剪切变形后,相应的面力分别为

$$\boldsymbol{t}^{(1)}=\boldsymbol{\sigma}\cdot\boldsymbol{N}^{(1)}:\left(\frac{2\rho}{\sqrt{1+k_0^2}}(\psi_1+2\psi_2+\psi_3),-\frac{2\rho k_0}{\sqrt{1+k_0^2}}(\psi_2+\psi_3),0\right),$$

$$\boldsymbol{t}^{(2)}=\boldsymbol{\sigma}\cdot\boldsymbol{N}^{(2)}:(2\rho k_0(\psi_1+\psi_2),2\rho(\psi_1+2\psi_2+\psi_3),0),$$

$$\boldsymbol{t}^{(3)}=\boldsymbol{\sigma}\cdot\boldsymbol{N}^{(3)}:(0,0,2\rho[\psi_1+(2+k_0^2)\psi_2+\psi_3]).$$

由此可见,为了实现简单剪切变形,在其边界上不仅需要施加剪应力,而且还需要施加法向正应力,其中一部分大小为 $\boldsymbol{N}^{(3)}\cdot\boldsymbol{t}^{(3)}=\boldsymbol{N}^{(3)}\cdot\boldsymbol{\sigma}\cdot\boldsymbol{N}^{(3)}$ 的静水应力是用来维持体积不变的.我们称由于剪切变形而引起体积变化的效应为**Kelvin 效应**.此外,由(6.124)式可知 $\sigma^{11}\neq\sigma^{22}$,我们称维持剪切变形所需要的数值不等的正应力效应为**Poynting 效应**(1909).

下面来讨论不可压缩弹性体,将(6.122)式代入(6.59)式,可得

$$\left.\begin{aligned}
\sigma^{11}&=-p+2\rho_0[(1+k_0^2)\psi_1-\psi_2],\\
\sigma^{22}&=-p+2\rho_0[\psi_1-(1+k_0^2)\psi_2],\\
\sigma^{33}&=-p+2\rho_0[\psi_1-\psi_2],\\
\sigma^{23}&=\sigma^{31}=0,\\
\sigma^{12}&=2\rho_0k_0(\psi_1+\psi_2).
\end{aligned}\right\} \tag{6.125}$$

当体力为零时,由平衡方程可知静水压应力 p 为常数. 设 $X^3 = \text{const}$ 截面上的面力向量为零:$\sigma^{33} = 0$,则有 $p = 2\rho_0(\psi_1 - \psi_2)$. 于是

$$\sigma^{11} = 2\rho_0 k_0^2 \psi_1, \quad \sigma^{22} = -2\rho_0 k_0^2 \psi_2, \quad \sigma^{12} = 2\rho_0 k_0(\psi_1 + \psi_2),$$
$$\sigma^{31} = \sigma^{32} = \sigma^{33} = 0.$$

可见"普适关系式"(6.124) 式仍成立.

由于材料是不可压缩的,因此不存在 Kelvin 效应,但 Poynting 效应仍然是存在的:$\sigma^{11} \neq \sigma^{22} \neq \sigma^{33} \neq \sigma^{11}$.

(四) 圆柱体的扭转

不可压超弹性圆柱体的扭转是一种非均匀普适变形. 现选取 $\{X^A\} = (R, \Theta, Z)$ 和 $\{x^i\} = (r, \theta, z)$ 为相重合的圆柱坐标系,半径为 a 的圆柱体的轴线与 Z(或 z) 轴相一致. 这时,圆柱体的扭转变形可由(2.36) 式表示为

$$x^1 = X^1, \quad x^2 = X^2 + kX^3, \quad x^3 = X^3, \tag{6.126}$$

即 $r = R, \theta = \Theta + kZ, z = Z$.

根据 §2.2 中例 2 的讨论,并注意到 $r = R$,可知 $\boldsymbol{C} = \boldsymbol{F}^{\mathrm{T}} \cdot \boldsymbol{F} = C_{AB}\boldsymbol{G}^A \otimes \boldsymbol{G}^B$ 中的 C_{AB},以及 $\boldsymbol{B} = \boldsymbol{F} \cdot \boldsymbol{F}^{\mathrm{T}} = B^{ij}\boldsymbol{g}_i \otimes \boldsymbol{g}_j$ 中 $B^{ij} = \overset{-1}{c}{}^{ij}$ 的矩阵表示可分别写为

$$C_{AB}: \begin{pmatrix} 1 & 0 & 0 \\ 0 & R^2 & kR^2 \\ 0 & kR^2 & k^2R^2 + 1 \end{pmatrix}, \tag{6.127}$$

和

$$B^{ij}: \begin{pmatrix} 1 & 0 & 0 \\ 0 & k^2 + \dfrac{1}{r^2} & k \\ 0 & k & 1 \end{pmatrix}. \tag{6.128}$$

而 $\boldsymbol{B}^{-1} = c^{ij}\boldsymbol{g}_i \otimes \boldsymbol{g}_j$ 中 c^{ij} 的矩阵表示可写为

$$c^{ij}: \begin{pmatrix} 1 & 0 & 0 \\ 0 & \dfrac{1}{r^2} & -k \\ 0 & -k & k^2r^2 + 1 \end{pmatrix}. \tag{6.129}$$

利用以上结果,$\boldsymbol{C}$ 或 $\boldsymbol{B}$ 的三个主不变量可计算如下

$$I_1(\boldsymbol{C}) = C_{AB}G^{AB} = 3 + k^2R^2 = 3 + k^2r^2,$$

或

$$I_1(\boldsymbol{B}) = B^{ij}g_{ij} = 3 + k^2r^2. \tag{6.130}$$

再由 $\mathrm{tr}\boldsymbol{B}^2 = B^{ij}g_{jk}B^{kl}g_{li} = 3 + 4k^2r^2 + k^4r^4$,可得

$$I_2(\boldsymbol{B}) = \frac{1}{2}[(\mathrm{tr}\boldsymbol{B})^2 - \mathrm{tr}\boldsymbol{B}^2] = 3 + k^2r^2, \tag{6.131}$$

$$I_3(\boldsymbol{C}) = I_3(\boldsymbol{B}) = \det\boldsymbol{C} = (\det C_{AB})(\det G^{AB}) = 1. \tag{6.132}$$

对于不可压超弹性体,Cauchy 应力可由(6.59)式写为

$$\sigma^{ij}\boldsymbol{g}_i \otimes \boldsymbol{g}_j = -pg^{ij}\boldsymbol{g}_i \otimes \boldsymbol{g}_j + 2\rho_0(\psi_1B^{ij} - \psi_2c^{ij})\boldsymbol{g}_i \otimes \boldsymbol{g}_j, \tag{6.133}$$

其中 ψ_1 和 ψ_2 为 I_1 和 I_2 的函数,即为 k^2r^2 的函数.注意到 $|\boldsymbol{g}_1| = |\boldsymbol{g}_3| = 1$, $|\boldsymbol{g}_2| = r$,上式还可用物理分量 $\sigma\langle ij\rangle = \sigma^{ij}|\boldsymbol{g}_i||\boldsymbol{g}_j|$(不对 i,j 求和),$B\langle ij\rangle = B^{ij}|\boldsymbol{g}_i||\boldsymbol{g}_j|$(不对 i,j 求和)以及 $c\langle ij\rangle = c^{ij}|\boldsymbol{g}_i||\boldsymbol{g}_j|$(不对 i,j 求和)来加以表示.故有

$$\left.\begin{aligned}
&\sigma_r = \sigma\langle 11\rangle = -p + 2\rho_0(\psi_1 - \psi_2),\\
&\sigma_\theta = \sigma\langle 22\rangle = -p + 2\rho_0[(k^2r^2+1)\psi_1 - \psi_2],\\
&\sigma_{\theta z} = \sigma\langle 23\rangle = 2\rho_0kr(\psi_1 + \psi_2) = \sigma_{z\theta},\\
&\sigma_z = \sigma\langle 33\rangle = -p + 2\rho_0[\psi_1 - (k^2r^2+1)\psi_2],
\end{aligned}\right\} \tag{6.134}$$

而应力的其他分量为零.

利用(1.156)式,并注意到 ψ_1 和 ψ_2 仅为 r^2 的函数而与 θ 和 z 无关,可将平衡方程写为:

$$\left.\begin{aligned}
&\frac{\partial}{\partial r}(-p + 2\rho_0\psi_1 - 2\rho_0\psi_2) - 2\rho_0k^2r\psi_1 = 0,\\
&\frac{\partial p}{r\partial\theta} = 0,\\
&\frac{\partial p}{\partial z} = 0.
\end{aligned}\right\} \tag{6.135}$$

可见 p 仅仅是 r 的函数.故由(6.135)$_1$ 式以及边界条件 $\sigma_r|_{r=a} = 0$,有

$$\sigma_r = 2\rho_0k^2\int_a^r r\psi_1\mathrm{d}r. \tag{6.136}$$

再将 $p = 2\rho_0(\psi_1 - \psi_2) - \sigma_r$ 代入应力的其他非零分量,便得到

$$\left.\begin{aligned}
&\sigma_\theta = 2\rho_0k^2\left[\int_a^r r\psi_1\mathrm{d}r + r^2\psi_1\right],\\
&\sigma_{\theta z} = 2\rho_0kr(\psi_1 + \psi_2),\\
&\sigma_z = 2\rho_0k^2\left[\int_a^r r\psi_1\mathrm{d}r - r^2\psi_2\right].
\end{aligned}\right\} \tag{6.137}$$

上式中的 σ_z 为端面上的法向应力分量,它是使圆柱体在扭转时没有轴向伸长所需的轴向应力,反映了扭转中的Poynting效应.扭转时所需的轴向合力可写为

$$N = 2\pi\int_0^a r\sigma_z \mathrm{d}r = 4\rho_0\pi k^2\int_0^a r\left(\int_a^r r\psi_1\mathrm{d}r - r^2\psi_2\right)\mathrm{d}r$$
$$= -2\rho_0\pi k^2\int_0^a r^3(\psi_1 + 2\psi_2)\mathrm{d}r. \tag{6.138}$$

(6.137) 式中的 $\sigma_{\theta z}$ 为端面上的切向应力分量,由此可求得施加于端面上的扭矩为

$$M = 2\pi\int_0^a r^2\sigma_{\theta z}\mathrm{d}r = 4\rho_0\pi k\int_0^a r^3(\psi_1 + \psi_2)\mathrm{d}r$$
$$= 2\pi k\int_0^a r^3\mu(k^2r^2)\mathrm{d}r, \tag{6.139}$$

上式中的 $\mu = \mu(k^2r^2)$ 为广义剪切模量.

对于橡胶弹性体,通常有 $\psi_1 > 0, \psi_2 > 0$,故(6.138) 式总是负的,即扭转时的轴向力为压力.可以想象,如果扭转时不施加轴向压力,圆柱体将有伸长的趋势.

对于可压缩超弹性圆柱体的扭转,问题将会变得十分复杂.根据Ericksen的讨论,可压缩弹性体的“普适变形”只可能是均匀变形.因此,并不是对于一切可压缩超弹性材料都能实现由(6.126) 式表示的扭转变形.

由此可见,对于可压缩超弹性体的扭转问题,首先需要寻求一类能够实现纯扭转的可压缩超弹性材料,然后再设法给出问题的解.这一方面的工作可以参见有关的文献,例如,可参见 Carroll(1988),Carroll 和 Horgan(1990) 以及 Polignone 和 Horgan(1991) 等人的论文.这里不再加以讨论.

(五) 立方体的纯弯曲

现将物质坐标系 $\{X^A\}$ 取为直角坐标系 $\{X, Y, Z\}$,而将空间坐标系 $\{x^i\}$ 取为圆柱坐标系 $\{r, \theta, z\}$,并使 z 轴与 Z 轴相重合,而使 $\theta = 0$ 和 $z = 0$ 的交线与 X 轴相重合.考虑 §2.2 例 3 中的变形,它使:

$X = \text{const}$ 的平面变为 $r = \text{const}$ 的圆柱面,

$Y = \text{const}$ 的平面变为 $\theta = \text{const}$ 的平面,

$Z = \text{const}$ 的平面变为 $z = \text{const}$ 的平面.

即有(2.37) 式

$$r = r(X), \quad \theta = \theta(Y), \quad z = z(Z),$$

上式中的函数是单值连续的,其相应的反函数可写为

$$X = X(r), \quad Y = Y(\theta), \quad Z = Z(x). \tag{6.140}$$

可以证明,当适当选取上式中的函数形式后,以上的变形是不可压超弹性体普适变形的一种.

根据 §2.2 中例 3 的讨论,$\boldsymbol{C} = C_{AB}\boldsymbol{G}^A \otimes \boldsymbol{G}^B$ 中 $C_{AB} = x^i{}_{,A}x^j{}_{,B}g_{ij}$ 以及 $\boldsymbol{B} = B^{ij}\boldsymbol{g}_i \otimes \boldsymbol{g}_j$ 中的 $B^{ij} = \overset{-1}{c}{}^{ij} = x^i{}_{,A}x^j{}_{,B}G^{AB}$ 的矩阵表示可分别写为

$$C_{AB}: \begin{bmatrix} (r')^2 & 0 & 0 \\ 0 & r^2(\theta')^2 & 0 \\ 0 & 0 & (z')^2 \end{bmatrix}, \quad B^{ij}: \begin{bmatrix} (r')^2 & 0 & 0 \\ 0 & (\theta')^2 & 0 \\ 0 & 0 & (z')^2 \end{bmatrix}. \tag{6.141}$$

而 $\boldsymbol{B}^{-1} = c_{ij}\boldsymbol{g}^i \otimes \boldsymbol{g}^j = c^{ij}\boldsymbol{g}_i \otimes \boldsymbol{g}_j$ 中 $c_{ij} = X^A{}_{,i}X^B{}_{,j}G_{AB}$ 和 $c^{ij} = g^{ik}g^{jl}c_{kl}$ 的矩阵表示分别为:

$$c_{ij}: \begin{bmatrix} (X')^2 & 0 & 0 \\ 0 & (Y')^2 & 0 \\ 0 & 0 & (Z')^2 \end{bmatrix}, \quad c^{ij}: \begin{bmatrix} (X')^2 & 0 & 0 \\ 0 & \dfrac{1}{r^4}(Y')^2 & 0 \\ 0 & 0 & (Z')^2 \end{bmatrix}. \tag{6.142}$$

在以上各式中,字母右上方的撇号表示该函数对其自变量的微商.因为 $\boldsymbol{C} = C_{AB}\boldsymbol{G}^A \otimes \boldsymbol{G}^B$ 中的基向量是直角坐标系中的基向量,故 $\boldsymbol{C}$ 的三个特征值分别为 $(r')^2$、$r^2(\theta')^2$ 和 $(z')^2$.由此不难得到 $\boldsymbol{C}$(或 $\boldsymbol{B}$)的三个主不变量为:

$$\left.\begin{aligned} I_1 &= (r')^2 + (r\theta')^2 + (z')^2, \\ I_2 &= (rr'\theta')^2 + (r\theta'z')^2 + (r'z')^2, \\ I_3 &= (rr'\theta'z')^2. \end{aligned}\right\} \tag{6.143}$$

对于不可压缩弹性体,有 $I_3 = (rr'\theta'z')^2 = 1$.特别地,可取

$$rr' = A, \quad \theta' = B, \quad z' = C, \tag{6.144}$$

其中的常数 A、B 和 C 满足条件 $ABC = 1$.如果进一步假定当 $Y = 0$ 时有 $\theta = 0$,当 $Z = 0$ 时有 $z = 0$,则积分(6.144)式后可得(2.38)式:

$$r = \sqrt{2AX + R_0^2}, \quad \theta = BY, \quad z = CZ. \tag{6.145}$$

这说明,(6.143)式中的三个主不变量

$$I_1 = \left(\frac{A}{r}\right)^2 + (rB)^2 + C^2, \quad I_2 = (AB)^2 + (rBC)^2 + \left(\frac{AC}{r}\right)^2, \quad I_3 = 1 \tag{6.146}$$

仅仅是 r 的函数.

由(6.145)式,(6.141)式和(6.142)式中 B^{ij} 和 c^{ij} 的矩阵表示还可具体写为

$$B^{ij}:\begin{bmatrix}\left(\dfrac{A}{r}\right)^2 & 0 & 0\\ 0 & B^2 & 0\\ 0 & 0 & C^2\end{bmatrix},\quad c^{ij}:\begin{bmatrix}\left(\dfrac{r}{A}\right)^2 & 0 & 0\\ 0 & \dfrac{1}{r^4}\left(\dfrac{1}{B}\right)^2 & 0\\ 0 & 0 & \left(\dfrac{1}{C}\right)^2\end{bmatrix}. \tag{6.147}$$

而相应的物理分量的矩阵表示为

$$B\langle ij\rangle:\begin{bmatrix}\left(\dfrac{A}{r}\right)^2 & 0 & 0\\ 0 & (rB)^2 & 0\\ 0 & 0 & C^2\end{bmatrix},\quad c\langle ij\rangle:\begin{bmatrix}\left(\dfrac{r}{A}\right)^2 & 0 & 0\\ 0 & \left(\dfrac{1}{rB}\right)^2 & 0\\ 0 & 0 & \left(\dfrac{1}{C}\right)^2\end{bmatrix}. \tag{6.148}$$

将上式代入不可压缩超弹性体的本构关系(6.59)式,可知 Cauchy 应力 $\boldsymbol{\sigma} = \sigma^{ij}\boldsymbol{g}_i \otimes \boldsymbol{g}_j$ 的物理分量 $\sigma\langle ij\rangle$ 应具有如下的形式:

$$\left.\begin{aligned}\sigma_r &= -p + 2\rho_0\left[\left(\frac{A}{r}\right)^2\psi_1 - \left(\frac{r}{A}\right)^2\psi_2\right],\\ \sigma_\theta &= -p + 2\rho_0\left[(rB)^2\psi_1 - \left(\frac{1}{rB}\right)^2\psi_2\right],\\ \sigma_z &= -p + 2\rho_0\left[C^2\psi_1 - \left(\frac{1}{C}\right)^2\psi_2\right],\\ \sigma_{r\theta} &= \sigma_{\theta z} = \sigma_{zr} = 0.\end{aligned}\right\} \tag{6.149}$$

利用(1.156)式,并注意到 ψ_1 和 ψ_2 仅仅为 I_1 和 I_2 的函数,即仅仅为 r 的函数,可将平衡方程写为

$$\left.\begin{aligned}&\frac{\partial\sigma_r}{\partial r} + \frac{(\sigma_r - \sigma_\theta)}{r} = 0,\\ &-\frac{\partial p}{r\partial\theta} = 0,\\ &-\frac{\partial p}{\partial z} = 0.\end{aligned}\right\} \tag{6.150}$$

上式中的最后两式表明,p 仅仅为 r 的函数.因此,由(6.149)式表示的应

力各分量也仅仅是 r 的函数. 利用 $C=\dfrac{1}{AB}$,可知

$$\begin{aligned}\frac{\sigma_r-\sigma_\theta}{r}&=\frac{2\rho_0}{r}\left[\left(\frac{A}{r}\right)^2-(rB)^2\right]\psi_1-\frac{2\rho_0}{r}\left[\left(\frac{r}{A}\right)^2-\left(\frac{1}{rB}\right)^2\right]\psi_2\\&=\frac{2\rho_0}{r}\left[\left(\frac{A}{r}\right)^2-(rB)^2\right]\psi_1+\frac{2\rho_0}{r}\left(\frac{1}{AB}\right)^2\left[\left(\frac{A}{r}\right)^2-(rB)^2\right]\psi_2\\&=\frac{2\rho_0}{r}(\psi_1+C^2\psi_2)\left[\left(\frac{A}{r}\right)^2-(rB)^2\right].\end{aligned}$$

再由

$$\left.\begin{aligned}\frac{dI_1}{dr}&=-\frac{2}{r}\left[\left(\frac{A}{r}\right)^2-(rB)^2\right],\\\frac{dI_2}{dr}&=\left(\frac{1}{AB}\right)^2\frac{d}{dr}\left[(rB)^2+\left(\frac{A}{r}\right)^2\right]=C^2\frac{dI_1}{dr},\end{aligned}\right\}\tag{6.151}$$

并注意到 $\psi_1=\dfrac{\partial\psi}{\partial I_1}$ 和 $\psi_2=\dfrac{\partial\psi}{\partial I_2}$,平衡方程(6.150)式的第一式还可写为

$$\frac{d\sigma_r}{dr}=-\left(\frac{\sigma_r-\sigma_\theta}{r}\right)=\rho_0\left[\frac{\partial\psi}{\partial I_1}\frac{dI_1}{dr}+\frac{\partial\psi}{\partial I_2}\frac{dI_2}{dr}\right]=\rho_0\frac{d\psi}{dr}.\tag{6.152}$$

如果假定 $r=r_0$ 为变形后的自由面:$\sigma_r(r_0)=0$,则对上式积分后有

$$\sigma_r=\rho_0[\psi(r)-\psi(r_0)].\tag{6.153}$$

再次利用(6.152)式,可得

$$\sigma_\theta=\sigma_r+\rho_0 r\frac{d\psi}{dr}=\rho_0\left[\psi(r)-\psi(r_0)+r\frac{d\psi}{dr}\right].\tag{6.154}$$

最后,由(6.149)式

$$\begin{aligned}\sigma_z-\sigma_r&=2\rho_0\left[C^2-\left(\frac{A}{r}\right)^2\right]\psi_1-2\rho_0\left[\left(\frac{1}{C}\right)^2-\left(\frac{r}{A}\right)^2\right]\psi_2\\&=2\rho_0\left[C^2-\left(\frac{A}{r}\right)^2\right]\psi_1+2\rho_0\left(\frac{r}{AC}\right)^2\left[C^2-\left(\frac{A}{r}\right)^2\right]\psi_2\\&=2\rho_0\left[C^2-\left(\frac{A}{r}\right)^2\right][\psi_1+(rB)^2\psi_2],\end{aligned}$$

便得到

$$\sigma_z=\rho_0[\psi(r)-\psi(r_0)]+2\rho_0\left[C^2-\left(\frac{A}{r}\right)^2\right][\psi_1+(rB)^2\psi_2].\tag{6.155}$$

现考虑如图 6.1 所示的变形. 如果还假定 $r=r_1$ 也是变形后的自由面:$\sigma_r(r_1)=0$,就有

$$\psi(r_1)=\psi(r_0).\tag{6.156}$$

因为 ψ 是不变量 I_1 和 I_2 的函数,故当

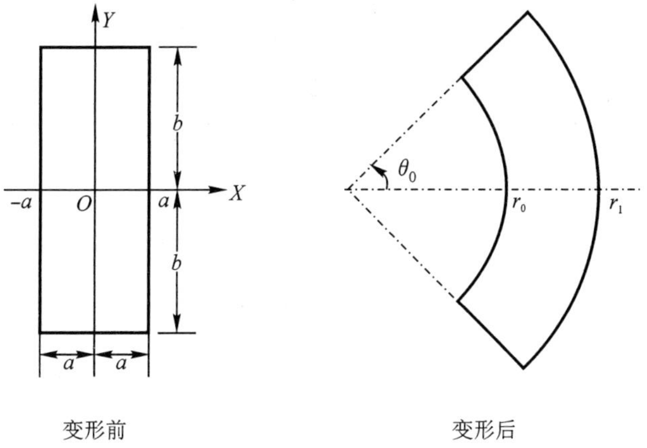

图 6.1　由(6.145) 式表示的立方体纯弯曲

$$I_1(r_1) = I_1(r_0), \quad I_2(r_1) = I_2(r_0) \tag{6.157}$$

时,(6.156) 式自然得到满足. 例如可取

$$A = r_0 r_1 B, \tag{6.158}$$

而将(6.146) 式写为:

$$I_1 = \left(\frac{r_0 r_1}{r}\right)^2 B^2 + (rB)^2 + C^2,$$

$$I_2 = \left(\frac{r}{r_0 r_1 B}\right)^2 + \left(\frac{1}{rB}\right)^2 + \left(\frac{1}{C}\right)^2.$$

不难看出,以上表达式是自动满足(6.157) 式的.

(6.158) 式使描述变形的独立参数减少为两个. 如果取 r_0 和 r_1 为独立参数,则由 $X = -a$ 处 $r = r_0$ 和 $X = a$ 处 $r = r_1$ 的条件,有

$$r_0^2 = -2Aa + R_0^2,$$

$$r_1^2 = 2Aa + R_0^2.$$

故得

$$A = \frac{r_1^2 - r_0^2}{4a}, \quad R_0^2 = \frac{1}{2}(r_0^2 + r_1^2), \tag*{(6.159)$_1$}$$

以及

$$B = \frac{A}{r_0 r_1} = \frac{r_1^2 - r_0^2}{4a r_0 r_1}, \tag*{(6.159)$_2$}$$

和

$$C = \frac{1}{AB} = \frac{16a^2 r_0 r_1}{(r_1^2 - r_0^2)^2}. \tag{6.159$_3$}$$

经过变形，平面 $Y = b$ 和 $Y = -b$ 分别变成了平面 $\theta = \theta_0 = Bb$ 和 $\theta = -\theta_0 = -Bb$，其上的面力只有法向分量 σ_θ. 故在单位厚度上实现弯曲所需的力矩为

$$M = \int_{r_0}^{r_1} r\sigma_\theta \mathrm{d}r = \rho_0 \int_{r_0}^{r_1} r[\psi(r) - \psi(r_0)]\mathrm{d}r + \rho_0 \int_{r_0}^{r_1} r^2 \frac{\mathrm{d}\psi}{\mathrm{d}r}\mathrm{d}r.$$

注意到 $\psi(r_1) = \psi(r_0)$，上式最后一项可利用分部积分写为

$$\rho_0 \int_{r_0}^{r_1} r^2 \frac{\mathrm{d}\psi}{\mathrm{d}r}\mathrm{d}r = \rho_0(r_1^2 - r_0^2)\psi(r_0) - 2\rho_0 \int_{r_0}^{r_1} r\psi(r)\mathrm{d}r.$$

因此有

$$M = \frac{\rho_0}{2}(r_1^2 - r_0^2)\psi(r_0) - \rho_0 \int_{r_0}^{r_1} r\psi(r)\mathrm{d}r. \tag{6.160}$$

在 $z = \text{const}$ 的侧面上，法向应力 σ_z 可由(6.155)式表示. 说明沿 z 方向需要施加法向应力才能实现以上的弯曲变形，这表明在弯曲时也存在 Poynting 效应.

（六）实心球体在球对称载荷作用下的孔洞化极限应力

现考虑初始半径为 B 的实心球体，在其外边界 $R = B$ 上作用常值的径向面力 $p_0(>0$，即静水拉应力). 如将物质坐标系和空间坐标系取为相重合的球坐标系 $\{X^A\} = \{R, \Theta, \Phi\}$ 和 $\{x^i\} = \{r, \theta, \varphi\}$，并将坐标原点取在球心上，则相应的球对称变形可写为

$$r = r(R), \quad \theta = \Theta, \quad \varphi = \Phi. \tag{6.161}$$

对应于坐标系 $\{R, \Theta, \Phi\}$ 和坐标系 $\{r, \theta, \varphi\}$ 中的度量张量，其矩阵表示可分别写为

$$G_{AB}: \begin{pmatrix} 1 & 0 & 0 \\ 0 & R^2 & 0 \\ 0 & 0 & R^2\sin^2\Theta \end{pmatrix}, \quad G^{AB}: \begin{pmatrix} 1 & 0 & 0 \\ 0 & \dfrac{1}{R^2} & 0 \\ 0 & 0 & \dfrac{1}{R^2\sin^2\Theta} \end{pmatrix},$$

$$g_{ij}: \begin{pmatrix} 1 & 0 & 0 \\ 0 & r^2 & 0 \\ 0 & 0 & r^2\sin^2\theta \end{pmatrix}, \quad g^{ij}: \begin{pmatrix} 1 & 0 & 0 \\ 0 & \dfrac{1}{r^2} & 0 \\ 0 & 0 & \dfrac{1}{r^2\sin^2\theta} \end{pmatrix}.$$

根据变形梯度 $\boldsymbol{F} = x^i_{,A}\boldsymbol{g}_i \otimes \boldsymbol{G}^A$ 中 $x^i_{,A}$ 的矩阵表示

$$x^i_{,A}:\begin{pmatrix} r' & 0 & 0 \\ 0 & 1 & 0 \\ 0 & 0 & 1 \end{pmatrix},$$

可将 $\boldsymbol{C} = C_{AB}\boldsymbol{G}^A \otimes \boldsymbol{G}^B$ 中 $C_{AB} = x^i_{,A}x^j_{,B}g_{ij}$ 的矩阵表示写为

$$\begin{pmatrix} (r')^2 & 0 & 0 \\ 0 & r^2 & 0 \\ 0 & 0 & r^2\sin^2\theta \end{pmatrix}.$$

因此,由条件 $\theta = \Theta$,可得 $\boldsymbol{C}$ 的物理分量,其矩阵表示为

$$\begin{pmatrix} (r')^2 & 0 & 0 \\ 0 & \left(\dfrac{r}{R}\right)^2 & 0 \\ 0 & 0 & \left(\dfrac{r}{R}\right)^2 \end{pmatrix},$$

式中 $r' = \dfrac{\mathrm{d}r}{\mathrm{d}R}$.

事实上,在球对称变形下,相应的主长度比分别为 $\lambda_1 = \lambda_r = r'$,$\lambda_2 = \lambda_\theta = \dfrac{r}{R}$,$\lambda_3 = \lambda_\varphi = \dfrac{r}{R}$.因此,$\boldsymbol{C}$ 的主值应分别等于 λ_1^2、λ_2^2 和 λ_3^2.

对于不可压缩材料,由条件

$$\mathscr{J} = r'\left(\frac{r}{R}\right)^2 = 1 \tag{6.162}$$

或

$$\frac{1}{3}\frac{\mathrm{d}}{\mathrm{d}R}(r^3) = R^2,$$

可得

$$r(R) = (R^3 + C^3)^{\frac{1}{3}}, \tag{6.163}$$

其中 $C \geqslant 0$ 为积分常数. $C = 0$ 时球体没有变形;$C > 0$ 时球体有变形,且变形后的球体中心有一个半径为 C 的球形孔洞. 在后一种情形下,还需假定孔洞边界的面力为零.需要说明,虽然在球体的外边界施加的是球对称载荷,但球体中心所形成的空洞并不一定也是球形的. 为了简化问题的讨论,下面我们将不考虑球体中心可能形成非球形空洞的情形.

Cauchy 应力 $\boldsymbol{\sigma}$ 的主值可由(6.62)式写为

$$\sigma_\alpha = \rho_0\lambda_\alpha\frac{\partial\varphi(\lambda_1,\lambda_2,\lambda_3)}{\partial\lambda_\alpha} - p \quad (\alpha = 1,2,3;\text{不对 } \alpha \text{ 求和}),$$

其中 $\varphi(\lambda_1,\lambda_2,\lambda_3)$ 是用主长度比表示的不可压超弹性势函数.而式中的 p 表示的是静水压应力.

如引进记号

$$v = v(R) = \frac{r}{R} = \left[1 + \left(\frac{C}{R}\right)^3\right]^{\frac{1}{3}}, \tag{6.164}$$

则有 $\lambda_1 = v^{-2}, \lambda_2 = \lambda_3 = v$.故(6.62)式可具体写为

$$\left.\begin{aligned} \sigma_1 &= \sigma_r(R) = \rho_0 v^{-2}\varphi_1(v^{-2},v,v) - p(R), \\ \sigma_2 &= \sigma_\theta(R) = \rho_0 v\varphi_2(v^{-2},v,v) - p(R), \\ \sigma_3 &= \sigma_\varphi(R) = \sigma_\theta(R). \end{aligned}\right\} \tag{6.165}$$

上式中 $\varphi_1 = \dfrac{\partial\varphi(\lambda_1,\lambda_2,\lambda_3)}{\partial\lambda_1}, \quad \varphi_2 = \dfrac{\partial\varphi(\lambda_1,\lambda_2,\lambda_3)}{\partial\lambda_2} = \dfrac{\partial\varphi(\lambda_1,\lambda_3,\lambda_2)}{\partial\lambda_2}$.

利用(1.159)式,并注意到在球对称条件下有

$$\sigma_{r\theta} = \sigma_{\theta\varphi} = \sigma_{\varphi r} = 0,$$

可知球坐标系$\{r,\theta,\varphi\}$中的平衡方程为

$$\frac{\partial\sigma_r}{\partial r} + \frac{2(\sigma_r - \sigma_\theta)}{r} = 0. \tag{6.166}$$

如果以 R 为变元,上式还可改写为

$$\frac{\mathrm{d}\sigma_r}{\mathrm{d}R} + \frac{2r'}{r}(\sigma_r - \sigma_\theta) = 0. \tag{6.167}$$

利用(6.165)式,可得

$$\begin{aligned} &\frac{\mathrm{d}}{\mathrm{d}R}[\rho_0 v^{-2}\varphi_1(v^{-2},v,v) - p(R)] + \\ &\frac{2\rho_0 v^{-4}}{R}[v^{-1}\varphi_1(v^{-2},v,v) - v^2\varphi_2(v^{-2},v,v)] = 0 \\ &(0 \leqslant R \leqslant B). \end{aligned}$$

对上式积分后,有

$$p(R) = \rho_0 v^{-2}(R)\varphi_1(v^{-2},v,v) - \sigma_r(0_+) + 2J(R),$$

其中 $v = v(R)$ 是 R 的函数,而

$$J(R) = \rho_0\int_0^R [v^{-5}(s)\varphi_1(v^{-2},v,v) - v^{-2}(s)\varphi_2(v^{-2},v,v)]\frac{\mathrm{d}s}{s}. \tag{6.168}$$

因此,(6.165)式的第一式可写为

$$\sigma_r(R) = \sigma_r(0_+) - 2J(R). \tag{6.169}$$

此外,如果在 $R = B$ 上给定"呆重"边界条件,则 $\sigma_r(B)$ 还应满足

$$\sigma_r(B) = p_0\left[\frac{B}{r(B)}\right]^2 = p_0 v^{-2}(B). \tag{6.170}$$

下面讨论两种情形：

(i) $C = 0$,则(6.163)式为 $r(R) \equiv R, v = 1$,球体不变形.故有

$$\sigma_r(R) = \sigma_\theta(R) = \sigma_\varphi(R) = p_0.$$

因此

$$p(R) = \rho_0\varphi_1(1,1,1) - p_0 = \rho_0\varphi_2(1,1,1) - p_0 = \text{const}. \tag{6.171}$$

上式中,$p(R)$ 表示的是静水压应力,而 p_0 则表示静水拉应力.

(ii) $C > 0$,则还要求变形后 $r = C$ 上的面力为零：$\sigma_r(R)\Big|_{R\to 0_+} = \sigma_r(0_+) = 0$.

因此,由(6.169)式和(6.170)式,$R = B$ 上的边界条件可写为

$$-2J(B) = p_0 v^{-2}(B). \tag{6.172}$$

现定义如下函数

$$\left.\begin{aligned}\varphi^*(x) &= \varphi(x^{-2}, x, x),\\ \varphi_1^*(x) &= \frac{\mathrm{d}}{\mathrm{d}x}\varphi^*(x),\end{aligned}\right\} \tag{6.173}$$

并作变数替换 $x^3 = 1 + \left(\frac{C}{s}\right)^3$,则由 $\frac{\mathrm{d}s}{s} = -\frac{x^2\mathrm{d}x}{x^3 - 1}$,可将(6.172)式写为

$$p_0 = \rho_0[v(B)]^2\int_{v(B)}^{\infty}\frac{\varphi_1^*(x)}{x^3 - 1}\mathrm{d}x \quad (C \geqslant 0). \tag{6.174}$$

这一结果最早是由 Ball(1982) 给出的.

注意到 $v(B) = \left[1 + \left(\frac{C}{B}\right)^3\right]^{\frac{1}{3}}$ 是 C 的函数,可知上式中的 p_0 也是 C 的函数.特别地,当 $C \to 0$ 时,$v(B) \to 1$,便得到球心处刚刚形成半径为零的孔洞时的临界载荷 p_{cr}:

$$p_{\mathrm{cr}} = \rho_0\int_1^{\infty}\frac{\varphi_1^*(x)}{x^3 - 1}\mathrm{d}x. \tag{6.175}$$

以上临界载荷称之为**孔洞化极限应力**(cavitation limit).

p_{cr} 值的大小与不可压超弹性势 $\varphi(\lambda_1, \lambda_2, \lambda_3)$ 的形式有关.利用(6.65)式,可得

$$\lim_{x\to 1}\varphi_1^*(x) = 0, \quad \lim_{x\to 1}\frac{\mathrm{d}\varphi_1^*(x)}{\mathrm{d}x} = 12\mu^0,$$

其中 μ^0 为小变形条件下材料的剪切模量. 故由 L'Hôpital 法则, 可知 (6.175) 式中的被积函数当 $x\to1$ 时取有限值. 因此, (6.175) 式中的 p_{cr} 是有限值还是无穷大应取决于函数 $\varphi^*(x)$ 在 $x\to\infty$ 时的渐近性质. 例如, 如果 $\varphi^*(x)$ 可表示为 x 的多项式, 且其最高次幂为 $n(>0)$, 则当 x 趋于无穷大时, $\dfrac{\varphi_1^*(x)}{x^3-1}$ 的最高次幂应该为 x^{n-4}. 故当

$$n<3 \tag{6.176}$$

时, 由 (6.175) 式表示的 p_{cr} 才可能为有限值. 特别地, 对于 neo-Hookean 材料, 可将 (6.88) 式写为

$$\rho_0\varphi(\lambda_1,\lambda_2,\lambda_3)=\frac{\mu^0}{2}(\lambda_1^2+\lambda_2^2+\lambda_3^2-3)\quad(\text{其中 }\lambda_1\lambda_2\lambda_3=1).$$

因此

$$\rho_0\varphi^*(x)=\frac{\mu^0}{2}(x^{-4}+2x^2-3), \tag{6.177}$$

上式的最高次幂为 2, 故 p_{cr} 为有限值. 事实上, 可求得这时的 p_{cr} 为 $5\mu^0/2$.

对于 Mooney-Rivlin 材料, 可将 (6.89) 式写为

$$\rho_0\varphi(\lambda_1,\lambda_2,\lambda_3)=\frac{\mu_1}{2}(\lambda_1^2+\lambda_2^2+\lambda_3^2-3)+\frac{\mu_2}{2}(\lambda_1^2\lambda_2^2+\lambda_2^2\lambda_3^2+\lambda_3^2\lambda_1^2-3),$$

其中 $\lambda_1\lambda_2\lambda_3=1$. 因此

$$\rho_0\varphi^*(x)=\frac{\mu_1}{2}(x^{-4}+2x^2-3)+\frac{\mu_2}{2}(x^4+2x^{-2}-3), \tag{6.178}$$

上式的最高次幂为 4, 不满足 (6.176) 式, 故这时的 p_{cr} 不再是有限的.

显然, $p_0=p_{cr}$ 对应于问题的分叉点. 当 $p_0>p_{cr}$ 时, 除了对应于 $C=0$ 的平凡解之外, 还有对应于 $C>0$ 的另一支解. 因为平凡解是不稳定的, 故通常称这一现象为孔洞化不稳定性 (cavitation instability). 该现象曾被 Gent 和 Lindley(1958) 关于硫化橡胶的实验研究所证实.

对于可压缩超弹性球体, 以上问题将会变得十分复杂. 除某些特殊的材料外, 往往难以得到解析解. Horgan 和 Abeyaratne(1986) 等人曾讨论过由 (6.96) 式表示的 Blatz-Ko 材料的孔洞化问题. 后来, Horgan(1992) 又讨论了广义 Varga 材料的孔洞化现象, 得到了问题的解析解.

对于可压缩材料, 同样有 $\lambda_1=r'$, $\lambda_2=\lambda_3=\dfrac{r}{R}$, 但不要求满足 (6.162) 式. 由于

$$\mathscr{J}=\det\boldsymbol{F}=r'\left(\frac{r}{R}\right)^2>0\quad(0\leqslant R\leqslant B),$$

故有

$$r' = \frac{\mathrm{d}r}{\mathrm{d}R} > 0. \tag{6.179}$$

这时,由(6.38)式表示的 Cauchy 应力 $\boldsymbol{\sigma}$ 的主值为

$$\sigma_\alpha = \rho_0 \frac{\lambda_\alpha}{\lambda_1\lambda_2\lambda_3}\frac{\partial\varphi(\lambda_1,\lambda_2,\lambda_3)}{\partial\lambda_\alpha} \quad (\alpha = 1,2,3;\text{不对 } \alpha \text{ 求和}), \tag{6.38}$$

可具体写为

$$\left.\begin{aligned} \sigma_r &= \rho_0 \frac{1}{\lambda_2^2}\frac{\partial\varphi}{\partial\lambda_1}, \\ \sigma_\theta &= \sigma_\varphi = \rho_0\frac{1}{\lambda_1\lambda_2}\frac{\partial\varphi}{\partial\lambda_2}. \end{aligned}\right\} \tag{6.180}$$

代入平衡方程(6.166)式后,可得

$$\frac{\mathrm{d}}{\mathrm{d}R}\left[R^2\frac{\partial\varphi}{\partial\lambda_1}\right] - 2R\frac{\partial\varphi}{\partial\lambda_2} = 0 \quad (0 \leqslant R \leqslant B). \tag{6.181}$$

其中 φ 是主长度比 $\lambda_1 = \frac{\mathrm{d}r}{\mathrm{d}R}$ 和 $\lambda_2 = \frac{r}{R}$ 的函数,故上式是关于 $r(R)$ 的非线性二阶常微分方程.

现假定在边界 $r(B)$ 上给定如下的位移边条件:

$$r(B) = \lambda B \quad (\lambda > 1). \tag{6.182}$$

而在球心处或者有

$$r(0_+) = 0, \tag{6.183}$$

或者有

$$\sigma_r(0_+) = 0 \quad (\text{当 } r(0_+) > 0). \tag{6.184}$$

由此不难得到满足(6.181) ~ (6.183)式的平凡解:

$$r(R) = \lambda R \quad (0 \leqslant R \leqslant B). \tag{6.185}$$

它对应于球体的均匀球对称变形.对于某些材料,当 λ 足够大时,还可能存在不同于平凡解的另一个解,它满足(6.184)式,相当于在球心处形成了一个半径为 $r(0_+) > 0$ 的孔洞.

作为特例,现取(6.180)式中的超弹性势为(6.101)(Ⅲ)式的广义 Varga 材料的势函数:

$$\begin{aligned} \varphi(\lambda_1,\lambda_2,\lambda_3) = {} & C_1(\lambda_1+\lambda_2+\lambda_3-3) + \\ & C_2(\lambda_1\lambda_2+\lambda_2\lambda_3+\lambda_3\lambda_1-3) + g(\mathscr{J}), \end{aligned}$$

其中 $g(1) = 0, g'(1) = -(C_1 + 2C_2)$,式中的撇号表示对其变元的微商.将上式代入平衡方程(6.181)式,可得

$$\frac{\mathrm{d}}{\mathrm{d}R}g'(\mathscr{J}) = g''(\mathscr{J})\frac{\mathrm{d}\mathscr{J}}{\mathrm{d}R} = 0 \quad (0 \leqslant R \leqslant B), \tag{6.186}$$

其中$\mathscr{J} = \lambda_1\lambda_2\lambda_3 = r'\left(\frac{r}{R}\right)^2$. 如果要求以上超弹性势函数中的 $g(\mathscr{J})$ 满足

$$g''(\mathscr{J}) \neq 0 \quad (0 \leqslant R \leqslant B),$$

则由(6.186)式可得

$$\mathscr{J} = r'\left(\frac{r}{R}\right)^2 = k_1 = \mathrm{const} \quad (0 \leqslant R \leqslant B). \tag{6.187}$$

注意到(6.179)式,上式中的常数应大于零:$k_1 > 0$.

积分(6.187)式,便得到方程(6.181)式的解析解,

$$r^3(R) = k_1R^3 + k_2, \tag{6.188}$$

其中 k_2 为另一个积分常数. 如要求 $r(0_+) > 0$,则应有 $k_2 > 0$,常数 k_1 和 k_2 可由边条件(6.182)式和(6.183)式(或(6.184)式)来加以确定. $k_1 = \lambda^3$ 和 $k_2 = 0$ 对应于平凡解(6.185)式. 为了得到 $k_2 > 0$ 的非平凡解,首先可将(6.182)式写为

$$r^3(B) = \lambda^3B^3 = k_1B^3 + k_2. \tag{6.189}$$

其次,由(6.180)式和(6.187)式,可知

$$\sigma_r = \rho_0\frac{1}{\lambda_2^2}\frac{\partial\varphi}{\partial\lambda_1} = \rho_0\left[\left(\frac{R}{r}\right)^2C_1 + 2\left(\frac{R}{r}\right)C_2 + g'(\mathscr{J})\right],$$

$$g'(\mathscr{J}) = g'(k_1).$$

故条件(6.184)式化为

$$g'(k_1) = 0. \tag{6.190}$$

因此,如果存在正常数 k_1 使上式满足,便可求得如下的非平凡解:

$$\begin{aligned} r(R) &= (k_1R^3 + k_2)^{1/3}, \\ \sigma_r &= \rho_0\left[\left(\frac{R}{r(R)}\right)^2C_1 + 2\left(\frac{R}{r(R)}\right)C_2\right]. \end{aligned} \tag{6.191}$$

上式中的 k_1 和 k_2 分别满足(6.190)式和(6.189)式,即

$$g'(k_1) = 0, k_2 = (\lambda^3 - k_1)B^3.$$

可见,$k_2 > 0$ 成立的充要条件为

$$\lambda > (k_1)^{1/3}. \tag{6.192}$$

于是,分叉时 λ 的临界值 λ_{cr} 应等于

$$\lambda_{\mathrm{cr}} = (k_1)^{\frac{1}{3}}. \tag{6.193}$$

球体均匀地向外膨胀的条件 $\lambda > 1$ 相当于要求有 $k_1 > 1$.

以上讨论表明，为了使广义 Varga 材料的球体在球对称变形下存在非平凡解，可假设其中的材料函数 $g(x)$ 在 $x = k_1 > 1$ 处取单一的最小值：$g'(k_1) = 0, g''(x) > 0$. 这时，当 $\lambda \geqslant \lambda_{cr} = (k_1)^{1/3}$ 时，球心处便形成一个半径为 $r(0_+) = (k_2)^{1/3} = (\lambda^3 - k_1)^{1/3}B$ 的孔洞.

§6.5　多相超弹性体中界面的基本方程

在原子尺度下，两种材料间的界面（或单一材料的表面）附近的微观结构与材料内部的微观结构是不相同的. 在宏观上，这可以用界面能（或表面能）以及相应的界面（或表面）应力来加以描述. 界面能（或表面能）是形成新的界面（或表面）所需的附加能量. 在经典的连续介质力学中，由于界面（或表面）面积相对于其体积而言非常之小，因此界面能（或表面能）的影响可以忽略不计. 然而，在研究微-纳米尺度的结构和（或）纳米复合材料的宏观性质时，界面能（或表面能）的影响将会是十分显著的. 下面来介绍本书作者提出的界面能（表面能）理论中的基本方程.

为叙述方便起见，下文中我们只采用“界面”一词来进行讨论. 对于“表面”来说，这些讨论同样也是适用的. 此外，我们还需对所要讨论的“界面”作以下两点说明：(1) 实际的界面通常只有几个原子层厚度，因此，在连续介质力学的理论中，往往可以将它简化为没有厚度的“数学界面”；(2) 在多相弹性体的变形过程中，假定界面两侧的位移是连续的，即界面两侧的物质既不会相互嵌入，也不会出现开裂，而且也没有由于物质输运而产生的“界面扩散”.

现考虑三维欧氏空间中的一个多相超弹性体. 在没有任何外力的作用下，该多相超弹性体所占有的体积和相应的边界分别记为 v_0 和 ∂v_0. 我们将特别地将这时所对应的构形取为参考构形 $\mathscr{K}_0$. 在外力作用下，该多相超弹性体经过变形而占有体积 v 和相应的边界 ∂v，这时的构形对应于当前构形 $\mathscr{K}$.

假定在上述多相超弹性体中，两相之间的界面是光滑的. 在参考构形中，该界面 A_0 的向径 $\boldsymbol{r}_0$ 可由参数 (θ^1, θ^2) 来加以表示：$\boldsymbol{r}_0 = \boldsymbol{r}_0(\theta^1, \theta^2)$. 需要说明，这里的 (θ^1, θ^2) 相当于(1.160)式中的 (u^1, u^2)，但为了避免与位移分量的符号相混淆，在本小节中，我们将采用符号 (θ^1, θ^2) 来代替 §1.8 中的 (u^1, u^2).

经过变形后，曲面 A_0 将变为曲面 A，其向径可表示为 $\boldsymbol{r} = \boldsymbol{r}_0 +$

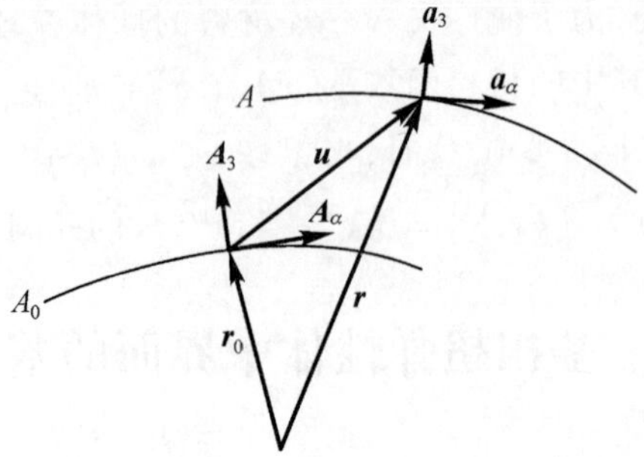

图 6.2 曲面变化示意图

$\boldsymbol{u}(\theta^1,\theta^2)$,其中 $\boldsymbol{u}$ 为位移向量. 对应于曲面 A_0 和曲面 A 的协变基向量分别为

$$\left.\begin{aligned} \boldsymbol{A}_\alpha &= \boldsymbol{r}_{0,\alpha} & (\alpha = 1,2), \\ \boldsymbol{a}_\alpha &= \boldsymbol{r}_{0,\alpha} + \boldsymbol{u}_{,\alpha} = \boldsymbol{A}_\alpha + \boldsymbol{u}_{,\alpha} & (\alpha = 1,2). \end{aligned}\right\} \tag{6.194}$$

而 A_0 和 A 的单位法向量分别记为 $\boldsymbol{A}_3$ 和 $\boldsymbol{a}_3$.

曲面 A_0 和曲面 A 的逆变基向量可分别表示为 $\boldsymbol{A}^\alpha$ 和 $\boldsymbol{a}^\alpha$. 类似于(1.167)式,它们满足 $\boldsymbol{A}_\alpha\cdot\boldsymbol{A}^\beta = \delta_\alpha^\beta, \boldsymbol{a}_\alpha\cdot\boldsymbol{a}^\beta = \delta_\alpha^\beta(\alpha,\beta = 1,2)$.

位移向量 $\boldsymbol{u}$ 可在参考构形中的基向量($\boldsymbol{A}_1,\boldsymbol{A}_2,\boldsymbol{A}_3$)上作如下的分解:$\boldsymbol{u} = \boldsymbol{u}_{0s} + \boldsymbol{u}_{0n}$,其中 $\boldsymbol{u}_{0s} = u_0^\alpha\boldsymbol{A}_\alpha$ 在曲面 A_0 的切平面 $\mathscr{T}^0$ 上,$\boldsymbol{u}_{0n} = u_0^n\boldsymbol{A}_3$ 沿曲面 A_0 的法向. 利用(1.183) ~ (1.185)式,$\boldsymbol{a}_\alpha$ 可以由 A_0 上的基向量($\boldsymbol{A}_1,\boldsymbol{A}_2,\boldsymbol{A}_3$)和位移分量表示为

$$\begin{aligned} \boldsymbol{a}_\alpha &= \boldsymbol{A}_\alpha + (u_0^\beta\boldsymbol{A}_\beta)_{,\alpha} + (u_0^n\boldsymbol{A}_3)_{,\alpha} \\ &= \boldsymbol{A}_\alpha + \left(u_0^\lambda\Big|_\alpha - u_0^n b_{0\alpha}^\lambda\right)\boldsymbol{A}_\lambda + (u_0^\lambda b_{0\lambda\alpha} + u^n_{0,\alpha})\boldsymbol{A}_3, \end{aligned} \tag{6.195}$$

其中 $\boldsymbol{b}_0 = b_{0\alpha}^\lambda\boldsymbol{A}_\lambda\otimes\boldsymbol{A}^\alpha$ 为曲面 A_0 的曲率张量.

于是,曲面变形梯度可写为

$$\boldsymbol{F}_s = \boldsymbol{a}_\alpha\otimes\boldsymbol{A}^\alpha = \boldsymbol{i}_0 + \boldsymbol{u}\,\nabla_{0s} + d_\alpha\boldsymbol{A}_3\otimes\boldsymbol{A}^\alpha. \tag{6.196}$$

上式中,重复指标 α 表示从 1 到 2 求和. $\boldsymbol{i}_0$ 为曲面 A_0 切平面 $\mathscr{T}^0$ 上的二阶单位张量,∇_{0s} 为曲面 A_0 上的梯度算子.

$$\boldsymbol{u}\,\nabla_{0s} = \boldsymbol{u}_{0s}\,\nabla_{0s} - {u_0}^n\boldsymbol{b}_0 = {u_0}^\lambda\Big|_\alpha\boldsymbol{A}_\lambda\otimes\boldsymbol{A}^\alpha - {u_0}^n\boldsymbol{b}_0, \tag{6.197}$$

$$d_\alpha = u_0^\lambda b_{0\lambda\alpha} + u^n_{0,\alpha}. \tag{6.198}$$

需注意,$\boldsymbol{F}_s$ 是二维空间中的两点张量. 如果要用参考构形中对应于

曲面 A_0 的基向量($\boldsymbol{A}_1,\boldsymbol{A}_2,\boldsymbol{A}_3$)来表示的话,则它可分解为曲面 A_0 切平面 $\mathscr{T}^0$ 上的"面内项"$\boldsymbol{F}_s^{(in)}=\boldsymbol{i}_0+\boldsymbol{u}\nabla_{0s}$ 和对应于曲面A_0的"面外项"$\boldsymbol{F}_s^{(ou)}=d_\alpha\boldsymbol{A}_3\otimes\boldsymbol{A}^\alpha$ 之和:

$$\boldsymbol{F}_s=\boldsymbol{F}_s^{(in)}+\boldsymbol{F}_s^{(ou)}. \tag{6.199}$$

由 $\boldsymbol{F}_s$ 出发,可分别定义曲面 A_0 上的右 Cauchy-Green 张量 $\boldsymbol{C}_s=\boldsymbol{F}_s^{\mathrm{T}}\cdot\boldsymbol{F}_s$ 和曲面A 上的左 Cauchy-Green 张量 $\boldsymbol{B}_s=\boldsymbol{F}_s\cdot\boldsymbol{F}_s^{\mathrm{T}}$,它们分别是参考构形中曲面$A_0$的切平面$\mathscr{T}^0$上和当前构形中曲面$A$的切平面$\mathscr{T}$上的二阶张量. 显然,$\boldsymbol{C}_s$ 和$\boldsymbol{B}_s$ 是对称正定的,故可定义曲面 A_0 上的右伸长张量 $\boldsymbol{U}_s=\boldsymbol{C}_s^{1/2}$ 和曲面 A 上的左伸长张量 $\boldsymbol{V}_s=\boldsymbol{B}_s^{1/2}$.

不难证明,曲面变形梯度的极分解式可写为

$$\boldsymbol{F}_s=\boldsymbol{R}_s\cdot\boldsymbol{U}_s=\boldsymbol{V}_s\cdot\boldsymbol{R}_s, \tag{6.200}$$

其中 $\boldsymbol{R}_s$ 对应于曲面的转动张量,满足 $\boldsymbol{R}_s^{\mathrm{T}}=\boldsymbol{R}_s^{-1}$.

需要指出,$\boldsymbol{F}_s^{-1}\cdot\boldsymbol{F}_s=\boldsymbol{R}_s^{\mathrm{T}}\cdot\boldsymbol{R}_s=\boldsymbol{i}_0$ 和 $\boldsymbol{F}_s\cdot\boldsymbol{F}_s^{-1}=\boldsymbol{R}_s\cdot\boldsymbol{R}_s^{\mathrm{T}}=\boldsymbol{i}$ 分别对应于曲面 A_0 切平面$\mathscr{T}^0$和曲面 A 切平面$\mathscr{T}$上的二阶单位张量. 因为 $\boldsymbol{i}_0$ 和 $\boldsymbol{i}$ 并不相等,所以

$$\boldsymbol{F}_s^{-1}\cdot\boldsymbol{F}_s\neq\boldsymbol{F}_s\cdot\boldsymbol{F}_s^{-1},\ \boldsymbol{R}_s^{\mathrm{T}}\cdot\boldsymbol{R}_s\neq\boldsymbol{R}_s\cdot\boldsymbol{R}_s^{\mathrm{T}}.$$

类似于三维欧氏空间中的 Seth 应变度量(2.68)式和(2.77)式, Lagrange 型和 Euler 型的曲面应变可分别定义为

$$\begin{aligned}\boldsymbol{E}_s^{(n)}&=\frac{1}{2n}(\boldsymbol{U}_s^{2n}-\boldsymbol{i}_0)\quad(n\neq0),\\ \boldsymbol{E}_s^{(0)}&=\ln\boldsymbol{U}_s\qquad\qquad(n=0),\end{aligned} \tag{6.201}$$

和

$$\begin{aligned}\boldsymbol{e}_s^{(n)}&=\frac{1}{2n}(\boldsymbol{V}_s^{2n}-\boldsymbol{i})\quad(n\neq0),\\ \boldsymbol{e}_s^{(0)}&=\ln\boldsymbol{V}_s\qquad\qquad(n=0).\end{aligned} \tag{6.202}$$

对于多相超弹性体,界面上的基本方程有两类. 第一类是界面的本构方程,第二类是界面上的平衡方程. 下面将分别讨论这两类基本方程.

先来讨论界面的本构方程. 假定当前构型$\mathscr{K}$中界面 A 在单位面积上的自由能γ不仅与空间位置(θ^1,θ^2)有关,而且还与由参考构形到当前构形的变形有关. 在一般情况下,界面的变形可以由曲面应变 $\boldsymbol{E}_s^{(n)}$(或 $\boldsymbol{C}_s$)和界面上曲率张量的改变来加以描述. 为了简化对问题的讨论,这里假定 γ 仅是(θ^1,θ^2) 和 $\boldsymbol{E}_s^{(n)}$(或 $\boldsymbol{C}_s$) 的函数,表示为 $\gamma=\gamma(\boldsymbol{E}_s^{(n)})$ 或 $\gamma=\gamma(\boldsymbol{C}_s)$. 因为当前构形中的面元 $\mathrm{d}A$ 可以由参考构形中的面元 $\mathrm{d}A_0$ 表示为

$\mathrm{d}A = J_2\mathrm{d}A_0$，其中 $J_2 = \det \boldsymbol{U}_s$. 所以，在 Lagrange 描述下，与 $\boldsymbol{E}_s^{(n)}$ 相共轭的界面应力可表示为

$$\boldsymbol{T}_s^{(n)} = \frac{\partial(J_2\gamma)}{\partial \boldsymbol{E}_s^{(n)}}. \tag{6.203}$$

特别地，界面上的第一类和第二类 Piola-Kirchhoff 应力可分别写为

$$\boldsymbol{S}_s = 2\boldsymbol{F}_s \cdot \frac{\partial(J_2\gamma)}{\partial \boldsymbol{C}_s}, \quad \boldsymbol{T}_s^{(1)} = 2\frac{\partial(J_2\gamma)}{\partial \boldsymbol{C}_s}, \tag{6.204}$$

界面上的 Cauchy 应力可写为

$$\boldsymbol{\sigma}_s = \frac{1}{J_2}\boldsymbol{F}_s \cdot \boldsymbol{T}_s^{(1)} \cdot \boldsymbol{F}_s^{\mathrm{T}}. \tag{6.205}$$

上式中，$\boldsymbol{T}_s^{(1)}$ 和 $\boldsymbol{\sigma}_s$ 分别对应于 A_0 切平面 $\mathscr{T}^0$ 上和 A 切平面 $\mathscr{T}$ 上的二阶对称张量，而 $\boldsymbol{S}_s$ 是一个两点张量，它在基向量 $(\boldsymbol{A}_1, \boldsymbol{A}_2, \boldsymbol{A}_3)$ 上可分解为“面内项”和“面外项”之和：

$$\boldsymbol{S}_s = \boldsymbol{S}_s^{(in)} + \boldsymbol{S}_s^{(ou)}, \tag{6.206}$$

其中 $\boldsymbol{S}_s^{(in)} = \boldsymbol{F}_s^{(in)} \cdot \boldsymbol{T}_s^{(1)}, \boldsymbol{S}_s^{(ou)} = \boldsymbol{F}_s^{(ou)} \cdot \boldsymbol{T}_s^{(1)}$.

以上的界面本构方程可用来描述各向异性的界面性质. 如果界面相对于参考构型 $\mathscr{K}_0$ 而言是各向同性的，则 γ 可以表示为 $\boldsymbol{U}_s$（或 $\boldsymbol{V}_s$）的不变量的函数 $\gamma = \gamma(J_1, J_2)$，其中 $J_1 = \mathrm{tr}\,\boldsymbol{U}_s = \mathrm{tr}\,\boldsymbol{V}_s, J_2 = \det \boldsymbol{U}_s = \det \boldsymbol{V}_s$ 分别为 $\boldsymbol{U}_s$（或 $\boldsymbol{V}_s$）的第一和第二不变量. 注意到 $\dfrac{\partial J_1}{\partial \boldsymbol{C}_s} = \dfrac{1}{2}\boldsymbol{U}_s^{-1}$ 和 $\dfrac{\partial J_2}{\partial \boldsymbol{C}_s} = \dfrac{1}{2}J_2\boldsymbol{C}_s^{-1}$，便得到

$$\boldsymbol{T}_s^{(1)} = J_2\left[\frac{\partial\gamma}{\partial J_1}\boldsymbol{U}_s^{-1} + \left(J_2\frac{\partial\gamma}{\partial J_2} + \gamma\right)\boldsymbol{C}_s^{-1}\right]. \tag{6.207}$$

而界面的工程应力和界面的对数应力可分别写为

$$\boldsymbol{T}_s^{(1/2)} = J_2\left[\frac{\partial\gamma}{\partial J_1}\boldsymbol{i}_0 + \left(J_2\frac{\partial\gamma}{\partial J_2} + \gamma\right)\boldsymbol{U}_s^{-1}\right], \tag{6.208}$$

$$\boldsymbol{T}_s^{(0)} = J_2\left[\frac{\partial\gamma}{\partial J_1}\boldsymbol{U}_s + \left(J_2\frac{\partial\gamma}{\partial J_2} + \gamma\right)\boldsymbol{i}_0\right]. \tag{6.209}$$

界面的 Cauchy 应力为

$$\boldsymbol{\sigma}_s = \frac{\partial\gamma}{\partial J_1}\boldsymbol{V}_s + \left(J_2\frac{\partial\gamma}{\partial J_2} + \gamma\right)\boldsymbol{i}. \tag{6.210}$$

如果没有外力的作用，则界面相对于参考构形是没有变形的. 这时的当前构形与参考构形重合. 由 $\boldsymbol{U}_s = \boldsymbol{i}_0, J_1 = 2, J_2 = 1$，可知以上几种界面应力相等，但它们并不等于零，可表示为 $\boldsymbol{\sigma}_s^* = \gamma_0^*\boldsymbol{i}_0$，称之为残余界

面(表面)应力. 上式中,$\gamma_0^* = \gamma_0 + \gamma_1 + \gamma_2$,$\gamma_0 = \gamma(1,2)$为参考状态下的界面能，它描述了具有流体属性界面(表面)的性质，而 $\gamma_1 = \left.\dfrac{\partial \gamma}{\partial J_1}\right|_{J_1=2,J_2=1}$ 和 $\gamma_2 = \left.\dfrac{\partial \gamma}{\partial J_2}\right|_{J_1=2,J_2=1}$ 则描述了具有固体属性界面(表面)的性质.

由此可见,即使没有外力的作用,在参考构形 $\mathscr{K}_0$ 中也存在残余界面应力. 由于该残余界面应力的存在,通常还会在弹性体内诱导一个残余变形场和残余应力场. 为了描述残余界面(表面)应力所诱导的体内的残余变形场，可引进一个“虚设的无应力构形”(fictitious stress-free configuration)$\mathscr{K}_*$.这一虚设的无应力构形是假想地将材料沿界面分离,并使材料中每一相都回复到原有的无应力自然状态所得到的一种构形.需要说明,以上的界面分离过程只是一种假想的过程. 因为这时我们要求在原子尺度下,分离后界面(表面)附近的微观结构与超弹性体内部的微观结构完全相同,而实际上,分离后所形成的新表面也会具有表面能,所以,这样的构形仅仅是一种假想的虚设构形. 体内的残余变形场可通过由“虚设的无应力构形”$\mathscr{K}_*$ 到参考构形 $\mathscr{K}_0$ 的残余变形梯度 $\boldsymbol{F}^*$ 来加以描述.这样的参考构形 $\mathscr{K}_0$ 可理解为是经过一个弛豫过程得到的,其中的残余应力场是一个自平衡应力场.文献[6.16]和[6.17]首次提出了“虚设的无应力构形”的概念,并具体给出了计算残余变形梯度 $\boldsymbol{F}^*$ 的简单实例. 需强调指出,界面能(表面能)的计算和界面(表面)本构关系(例如(6.203)式)的建立应基于参考构形 $\mathscr{K}_0$,而体内的弹性能的计算则应基于“虚设的无应力构形”$\mathscr{K}_*$.如果用 $\boldsymbol{F}$ 来表示弹性体内由参考构形 $\mathscr{K}_0$ 到当前构形 $\mathscr{K}$ 的变形梯度,则体内的总变形梯度应该为 $\boldsymbol{F}\cdot\boldsymbol{F}^*$,而相应的右 Cauchy-Green 张量为 $\widetilde{\boldsymbol{C}}_s = (\boldsymbol{F}\cdot\boldsymbol{F}^*)^{\mathrm{T}}\cdot(\boldsymbol{F}\cdot\boldsymbol{F}^*)$.因此,体内的超弹性势 ψ_0 可以表示为空间位置 $\boldsymbol{X}$ 和 $\widetilde{\boldsymbol{C}}$ 的函数,或简单地表示为 $\psi_0 = \psi_0(\widetilde{\boldsymbol{C}})$.

体内的相对于构形 $\mathscr{K}_*$ 和构形 $\mathscr{K}_0$ 的第一类和第二类 Piola-Kirchhoff 应力可分别表示为

$$\boldsymbol{S}^* = 2\rho_*\boldsymbol{F}\cdot\boldsymbol{F}^*\cdot\frac{\partial\psi_0}{\partial\widetilde{\boldsymbol{C}}},\quad \boldsymbol{T}^* = 2\rho_*\frac{\partial\psi_0}{\partial\widetilde{\boldsymbol{C}}},\tag{6.211}$$

$$\boldsymbol{S}^0 = 2\rho_0\boldsymbol{F}\cdot\boldsymbol{F}^*\cdot\frac{\partial\psi_0}{\partial\widetilde{\boldsymbol{C}}}\cdot\boldsymbol{F}^{*\mathrm{T}},\quad \boldsymbol{T}^0 = 2\rho_0\boldsymbol{F}^*\cdot\frac{\partial\psi_0}{\partial\widetilde{\boldsymbol{C}}}\cdot\boldsymbol{F}^{*\mathrm{T}}.\tag{6.212}$$

而体内的对应于当前构型 $\mathscr{K}$ 的 Cauchy 应力为

$$\boldsymbol{\sigma} = 2\rho \boldsymbol{F} \cdot \boldsymbol{F}^* \cdot \frac{\partial \psi_0}{\partial \widetilde{\boldsymbol{C}}} \cdot \boldsymbol{F}^{*\mathrm{T}} \cdot \boldsymbol{F}^{\mathrm{T}}. \tag{6.213}$$

上式中的 ρ_*,ρ_0 和 ρ 分别对应于构形 $\mathscr{K}_*$,$\mathscr{K}_0$ 和 $\mathscr{K}$ 中的密度,由质量守恒定律,它们满足 $\rho_* \mathrm{d}v_* = \rho_0 \mathrm{d}v_0 = \rho \mathrm{d}v$.

现在,我们来讨论界面上的第二类基本方程,即界面上的平衡方程,或称为广义 Young-Laplace 方程. 它实际上就是厚度为零的薄壳的平衡方程. 特别地,如果不考虑曲率改变对界面能的影响,则以上的方程便可简化为厚度为零的薄膜的平衡方程(例如参见文献[6.1] 中的 §12.1).

可以有多种途径来建立界面上的平衡方程,例如,可以直接列出界面单元的平衡条件(或等价地采用虚功原理来给出界面单元的平衡方程). 下面,我们将通过引进一个新的能量泛函,并根据该泛函的驻值条件来建立相应的界面平衡方程. 为此,我们来考虑一个多相超弹性体,在体内 v_0 给定分布体力 $\boldsymbol{f}$,在位移边界 ∂v_{0u} 上和应力边界 $\partial v_{0\mathrm{T}}$ 上分别给定位移 $\bar{\boldsymbol{u}}_0$ 和面力 ${}_0\bar{\boldsymbol{t}}$. 对于这样一个多相超弹性体,以下命题是成立的.

命题 在所有满足位移边界条件 $\boldsymbol{u}|_{\partial v_{0u}} = \bar{\boldsymbol{u}}_0$ 的许可位移场中,使下列泛函取驻值的位移场将满足体内的平衡方程和应力边界上的边界条件:

$$\Pi(\boldsymbol{u}) = \int_{A_0} J_2 \gamma(\boldsymbol{C}_s)\,\mathrm{d}A_0 + \int_{v_0} \rho_0 \psi_0(\widetilde{\boldsymbol{C}})\mathrm{d}v_0 - \int_{v_0} \rho_0 \boldsymbol{f} \cdot \boldsymbol{u}\,\mathrm{d}v_0 - \int_{\partial v_{0\mathrm{T}}} {}_0\bar{\boldsymbol{t}} \cdot \boldsymbol{u}\,\mathrm{d}S_0. \tag{6.214}$$

需要说明,以上的位移场是指由参考构形 $\mathscr{K}_0$ 到当前构形 $\mathscr{K}$ 的位移场.

证明 首先来讨论(6.214) 式右端第一项的变分. 将位移场 $\boldsymbol{u}$ 的变分记为 $\delta\boldsymbol{u}$,则有

$$\begin{aligned}\delta(J_2\gamma) &= \frac{\partial(J_2\gamma)}{\partial \boldsymbol{C}_s} : \delta\boldsymbol{C}_s = \frac{1}{2}\boldsymbol{T}_s^{(1)} : (\delta\boldsymbol{F}_s^{\mathrm{T}} \cdot \boldsymbol{F}_s + \boldsymbol{F}_s^{\mathrm{T}} \cdot \delta\boldsymbol{F}_s) \\ &= (\boldsymbol{F}_s \cdot \boldsymbol{T}_s^{(1)}) : \delta\boldsymbol{F}_s = \boldsymbol{S}_s : \delta\boldsymbol{F}_s.\end{aligned} \tag{6.215}$$

在 Euler 描述下,由(6.196) 式可知

$$\begin{aligned}\delta\boldsymbol{F}_s &= \delta\boldsymbol{a}_\alpha \otimes \boldsymbol{A}^\alpha = (\delta\boldsymbol{a}_\alpha \otimes \boldsymbol{a}^\alpha) \cdot (\boldsymbol{a}_\beta \otimes \boldsymbol{A}^\beta) \\ &= (\delta\boldsymbol{a}_\alpha \otimes \boldsymbol{a}^\alpha) \cdot \boldsymbol{F}_s,\end{aligned}$$

其中 $\delta\boldsymbol{a}_\alpha = (\delta\boldsymbol{u})_{,\alpha}$. 如果 $\delta\boldsymbol{u}$ 在基向量$(\boldsymbol{a}_1, \boldsymbol{a}_2, \boldsymbol{a}_3)$ 上的分解式为 $\delta\boldsymbol{u} = \delta\boldsymbol{u}_s + \delta\boldsymbol{u}_n = \delta u^\alpha \boldsymbol{a}_\alpha + \delta u^n \boldsymbol{a}_3$,则由(1.183) 式和(1.184) 式,有

$$(\delta \boldsymbol{u})_{,\alpha} = (\delta u^{\beta}|_{\alpha} - \delta u^{n} b_{\alpha}^{\beta}) \boldsymbol{a}_{\beta} + (\delta u^{\beta} b_{\alpha\beta} + \delta u^{n}{}_{,\alpha}) \boldsymbol{a}_3 .$$

因此

$$(\delta \boldsymbol{a}_{\alpha} \otimes \boldsymbol{a}^{\alpha}) = (\delta \boldsymbol{u}\ \nabla_s) + \delta d_{\alpha} \boldsymbol{a}_3 \otimes \boldsymbol{a}^{\alpha},$$

上式中，$\delta \boldsymbol{u}\ \nabla_s = \delta u^{\beta}|_{\alpha} \boldsymbol{a}_{\beta} \otimes \boldsymbol{a}^{\alpha} - \delta u^{n} \boldsymbol{b}$，$\delta d_{\alpha} = \delta u^{\lambda} b_{\lambda\alpha} + \delta u^{n}{}_{,\alpha}$，$\boldsymbol{b}$ 为当前构形中界面 A 上的曲率张量，$b_{\alpha\beta}$ 为曲率张量 $\boldsymbol{b}$ 的协变分量.

于是，(6.214) 式右端第一项的变分可写为

$$\int_{A_0} \delta(J_2 \gamma)\, \mathrm{d}A_0 = \int_{A_0} \boldsymbol{S}_s : \delta \boldsymbol{F}_s\, \mathrm{d}A_0 = \int_{A_0} \boldsymbol{S}_s : [(\delta \boldsymbol{a}_{\alpha} \otimes \boldsymbol{a}^{\alpha}) \cdot \boldsymbol{F}_s]\, \mathrm{d}A_0$$

$$= \int_{A} \left(\frac{1}{J_2}\right)(\boldsymbol{S}_s \cdot \boldsymbol{F}_s^{\mathrm{T}}) : (\delta \boldsymbol{a}_{\alpha} \otimes \boldsymbol{a}^{\alpha}) \mathrm{d}A = \int_{A} \boldsymbol{\sigma}_s : (\delta \boldsymbol{u}\ \nabla_s) \mathrm{d}A, \tag{6.216}$$

其中 $\boldsymbol{\sigma}_s$ 为界面 A 上的 Cauchy 应力. 因为它是界面 A 的切平面 $\mathscr{T}$ 上的二阶张量，它与 $(\delta \boldsymbol{a}_{\alpha} \otimes \boldsymbol{a}^{\alpha})$ 中"面外项" $\delta d_{\alpha} \boldsymbol{a}_3 \otimes \boldsymbol{a}^{\alpha}$ 的双点积为零.

现考虑界面 A 上的任意一个区域 Ω，其边界为 $\partial\Omega$. 利用 Green-Stocks 定理，(6.216) 式右端可表示为

$$\int_{A} \boldsymbol{\sigma}_s : (\delta \boldsymbol{u}\ \nabla_s) \mathrm{d}A = -\int_{\partial\Omega} \delta \boldsymbol{u}_s \cdot [\![\boldsymbol{\sigma}_s]\!] \cdot \boldsymbol{n} \mathrm{d}l - \int_{A} [\delta \boldsymbol{u}_s \cdot (\boldsymbol{\sigma}_s \cdot \nabla_s) + \delta u^{n} (\boldsymbol{\sigma}_s : \boldsymbol{b})] \mathrm{d}A. \tag{6.217}$$

上式中，$\boldsymbol{l}$ 是界面 A 上沿边界 $\partial\Omega$ 的单位切向量，$\mathrm{d}l$ 为边界 $\partial\Omega$ 的弧元，$\boldsymbol{n} = \boldsymbol{l} \times \boldsymbol{a}_3$，$[\![\boldsymbol{\sigma}_s]\!]$ 表示 $\boldsymbol{\sigma}_s$ 在 $\partial\Omega$ 上的间断值.

在 Lagrange 描述下，根据(6.196) ~ (6.199) 式，有 $\delta \boldsymbol{F}_s = \delta \overset{(in)}{\boldsymbol{F}}_s + \delta \overset{(ou)}{\boldsymbol{F}}_s$，其中 $\delta \overset{(in)}{\boldsymbol{F}}_s = \delta \boldsymbol{u}_{0s} \nabla_{0s} - \delta u_0^{n} \boldsymbol{b}_0$，$\delta \overset{(ou)}{\boldsymbol{F}}_s = (\delta u_0^{\lambda} b_{0\lambda\alpha} + \delta u_0^{n}{}_{,\alpha}) \boldsymbol{A}_3 \otimes \boldsymbol{A}^{\alpha}$. 因此

$$\boldsymbol{S}_s : \delta \boldsymbol{F}_s = \overset{(in)}{\boldsymbol{S}}_s : \delta \overset{(in)}{\boldsymbol{F}}_s + \overset{(ou)}{\boldsymbol{S}}_s : \delta \overset{(ou)}{\boldsymbol{F}}_s = (\delta \boldsymbol{u}_{0s} \cdot \overset{(in)}{\boldsymbol{S}}_s) \cdot \nabla_{0s} + (\delta u_0^{n} \boldsymbol{A}_3 \cdot \overset{(ou)}{\boldsymbol{S}}_s) \cdot \nabla_{0s} - \delta \boldsymbol{u}_{0s} \cdot (\overset{(in)}{\boldsymbol{S}}_s \cdot \nabla_{0s} - \boldsymbol{b}_0 \cdot \overset{(ou)}{\boldsymbol{S}}{}_s^{\mathrm{T}} \cdot \boldsymbol{A}_3) - \delta u_0^{n} [\overset{(in)}{\boldsymbol{S}}_s : \boldsymbol{b}_0 + (\boldsymbol{A}_3 \cdot \overset{(ou)}{\boldsymbol{S}}_s) \cdot \nabla_{0s}]. \tag{6.218}$$

上式中 $\boldsymbol{b}_0$ 为参考构形中界面 A_0 上的曲率张量.

现考虑界面 A_0 上的任意一个区域 Ω_0，其边界为 $\partial\Omega_0$. 利用 Green-Stocks 定理，(6.216) 式还可表示为

$$
\begin{aligned}
\int_{A_0} \boldsymbol{S}_s : \delta \boldsymbol{F}_s \, dA_0 = & -\int_{\partial\Omega_0} \delta \boldsymbol{u}_{0s} \cdot [\![\overset{(in)}{\boldsymbol{S}}_s]\!] \cdot \boldsymbol{n}_0 dl_0 - \\
& \int_{\partial\Omega_0} \delta u_0^n \boldsymbol{A}_3 \cdot [\![\overset{(ou)}{\boldsymbol{S}}_s]\!] \cdot \boldsymbol{n}_0 dl_0 + \\
& \int_{A_0} \delta \boldsymbol{u}_{0s} \cdot (-\overset{(in)}{\boldsymbol{S}}_s \cdot \nabla_{0s} + \boldsymbol{b}_0 \cdot \overset{(ou)}{\boldsymbol{S}}{}_s^{\mathrm{T}} \cdot \boldsymbol{A}_3) dA_0 - \\
& \int_{A_0} \delta u_0^n [\overset{(in)}{\boldsymbol{S}}_s : \boldsymbol{b}_0 + (\boldsymbol{A}_3 \cdot \overset{(ou)}{\boldsymbol{S}}_s) \cdot \nabla_{0s}] dA_0 .
\end{aligned}
\tag{6.219}
$$

上式中，$\boldsymbol{l}_0$ 是界面 A_0 上沿边界 $\partial\Omega_0$ 的单位切向量，dl_0 为边界 $\partial\Omega_0$ 的弧元，$\boldsymbol{n}_0 = \boldsymbol{l}_0 \times \boldsymbol{A}_3$.

其次来讨论(6.214)式右端第二项的变分. 在三维物体内部，有

$$
\begin{aligned}
\rho_0 \frac{\partial \psi_0(\widetilde{\boldsymbol{C}})}{\partial \boldsymbol{C}} : \delta \boldsymbol{C} &= \rho_0 (\boldsymbol{F}^* \cdot \frac{\partial \psi_0}{\partial \widetilde{\boldsymbol{C}}} \cdot \boldsymbol{F}^{*\mathrm{T}}) : \delta \boldsymbol{C} \\
&= \boldsymbol{S}^0 : (\delta \boldsymbol{u} \, \nabla_0) = (\det \boldsymbol{F}) \boldsymbol{\sigma} : (\delta \boldsymbol{u} \, \nabla),
\end{aligned}
$$

其中 $\boldsymbol{S}^0$ 和 $\boldsymbol{\sigma}$ 分别为三维物体内部对应于参考构形 $\mathscr{K}_0$ 的第一类 Piola-Kirchhoff 应力和对应于当前构形 $\mathscr{K}$ 的 Cauchy 应力，∇_0 和 ∇ 分别为三维物体中对应于参考构形和当前构形的梯度算子.

因此，在 Euler 描述下，由质量守恒定律，有

$$
\begin{aligned}
& \delta \int_{v_0} \rho_0 \psi_0(\widetilde{\boldsymbol{C}}) dv_0 = \int_v \boldsymbol{\sigma} : (\delta \boldsymbol{u} \, \nabla) dv \\
= & \int_{\partial v_{\mathrm{T}}} \delta \boldsymbol{u} \cdot (\boldsymbol{\sigma} \cdot \boldsymbol{N}) dS - \int_A \delta \boldsymbol{u} \cdot [\![\boldsymbol{\sigma}]\!] \cdot \boldsymbol{a}_3 dA - \int_v \delta \boldsymbol{u} \cdot (\boldsymbol{\sigma} \cdot \nabla) dv .
\end{aligned}
\tag{6.220}
$$

在 Lagrange 描述下，有

$$
\begin{aligned}
& \delta \int_{v_0} \rho_0 \psi_0(\widetilde{\boldsymbol{C}}) dv_0 = \int_{v_0} \boldsymbol{S}^0 : (\delta \boldsymbol{u} \, \nabla_0) dv_0 \\
= & \int_{\partial v_{0\mathrm{T}}} \delta \boldsymbol{u} \cdot (\boldsymbol{S}^0 \cdot {}_0\boldsymbol{N}) \, dS_0 - \int_{A_0} \delta \boldsymbol{u} \cdot [\![\boldsymbol{S}^0]\!] \cdot \boldsymbol{A}_3 \, dA_0 - \\
& \int_{v_0} \delta \boldsymbol{u} \cdot (\boldsymbol{S}^0 \cdot \nabla_0) dv_0 .
\end{aligned}
\tag{6.221}
$$

上式中 $\boldsymbol{N}$ 和 ${}_0\boldsymbol{N}$ 分别为变形后和变形前物体边界的单位法向量，$[\![\boldsymbol{\sigma}]\!]$ 和 $[\![\boldsymbol{S}^0]\!]$ 分别为界面 A 和界面 A_0 上 $\boldsymbol{\sigma}$ 和 $\boldsymbol{S}^0$ 的间断值.

最后，我们来讨论(6.214)式右端最后两项的变分. 在当前构形中，

其变分为

$$-\int_v \rho\delta\boldsymbol{u}\cdot\boldsymbol{f}\mathrm{d}v-\int_{\partial v_{\mathrm{T}}}\delta\boldsymbol{u}\cdot\bar{\boldsymbol{t}}\mathrm{d}S. \tag{6.222}$$

在参考构形中，上式可写为

$$-\int_{v_0}\rho_0\delta\boldsymbol{u}\cdot\boldsymbol{f}\mathrm{d}v_0-\int_{\partial v_{0\mathrm{T}}}\delta\boldsymbol{u}\cdot{}_0\bar{\boldsymbol{t}}\,\mathrm{d}S_0. \tag{6.223}$$

当泛函(6.214)式取驻值时，其变分应该等于零. 这时，利用(6.216)式，(6.217)式，(6.220)式和(6.222)式(或利用(6.218)式，(6.219)式，(6.221)式和(6.223)式)，并由 $\delta\boldsymbol{u}$ 的任意性，可知在 Euler 描述下，有

$$\left.\begin{aligned}&\boldsymbol{\sigma}\cdot\nabla+\rho\boldsymbol{f}=\boldsymbol{0}\quad(\text{在 } v \text{ 内}),\\&\boldsymbol{\sigma}\cdot\boldsymbol{N}=\bar{\boldsymbol{t}}\qquad\quad(\text{在 } \partial v_{\mathrm{T}} \text{ 上}),\end{aligned}\right\} \tag{6.224}$$

$$\left.\begin{aligned}&\boldsymbol{a}_3\cdot[\![\boldsymbol{\sigma}]\!]\cdot\boldsymbol{a}_3=-\boldsymbol{\sigma}_s:\boldsymbol{b}\quad(\text{在界面 } A \text{ 上}),\\&\boldsymbol{P}\cdot[\![\boldsymbol{\sigma}]\!]\cdot\boldsymbol{a}_3=-\boldsymbol{\sigma}_s\cdot\nabla_s\quad(\text{在界面 } A \text{ 上}),\\&[\![\boldsymbol{\sigma}_s]\!]\cdot\boldsymbol{n}=\boldsymbol{0}\qquad(\text{在界面 } A \text{ 的曲线 } \partial\Omega \text{ 上}).\end{aligned}\right\} \tag{6.225}$$

在 Lagrange 描述下，有

$$\left.\begin{aligned}&\boldsymbol{S}^0\cdot\nabla_0+\rho_0\boldsymbol{f}=\boldsymbol{0}\quad(\text{在 } v_0 \text{ 内}),\\&\boldsymbol{S}^0\cdot{}_0\boldsymbol{N}={}_0\bar{\boldsymbol{t}}\qquad(\text{在 } \partial v_{0\mathrm{T}} \text{ 上}),\end{aligned}\right\} \tag{6.226}$$

以及在界面 A_0 上有

$$\left.\begin{aligned}&\boldsymbol{A}_3\cdot[\![\boldsymbol{S}^0]\!]\cdot\boldsymbol{A}_3=-\overset{(in)}{\boldsymbol{S}}_s:\boldsymbol{b}_0-(\boldsymbol{A}_3\cdot\overset{(ou)}{\boldsymbol{S}}_s)\cdot\nabla_{0s},\\&\boldsymbol{P}_0\cdot[\![\boldsymbol{S}^0]\!]\cdot\boldsymbol{A}_3=-\overset{(in)}{\boldsymbol{S}}_s\cdot\nabla_{0s}+\boldsymbol{A}_3\cdot\overset{(ou)}{\boldsymbol{S}}_s\cdot\boldsymbol{b}_0.\end{aligned}\right\} \tag{6.227}$$

而在界面 A_0 的曲线 $\partial\Omega_0$ 上，有 $[\![\boldsymbol{S}_s]\!]\cdot\boldsymbol{n}_0=\boldsymbol{0}$.
上式中，$\boldsymbol{P}=\boldsymbol{I}-\boldsymbol{a}_3\otimes\boldsymbol{a}_3$，$\boldsymbol{P}_0=\boldsymbol{I}-\boldsymbol{A}_3\otimes\boldsymbol{A}_3$，$\boldsymbol{I}$ 是三维空间中的二阶单位张量.

显然，(6.224)式和(6.226)式分别对应于在 Euler 描述和 Lagrange 描述下物体内的静力平衡方程和应力边界条件.

不难验证，(6.225)式和(6.227)式与直接根据界面单元的平衡条件所导出的界面上的平衡方程是一致的(例如，可参见文献[6.1]的第12章). 由此可以推断，使泛函(6.214)式取驻值的弹性场也就是真实的弹性场. 可见以上命题是成立的. (6.225)式和(6.227)式有时也称为 Euler 描述下和 Lagrange 描述下的广义 Young-Laplace 方程.

应强调指出，因为通常我们事先并不知道变形后界面的几何形状(例

如,我们事先并不知道界面 A 的曲率张量 $\boldsymbol{b}$),所以,在对多相超弹性体的边值问题进行求解时,采用 Lagrange 描述下的基本方程将会更加方便. 注意到 Lagrange 描述下的界面平衡方程(6.227) 式右端出现的是第一类 Piola-Kirchhoff 界面应力 $\boldsymbol{S}_s$, 所以, 相应地也需要采用由第一类 Piola-Kirchhoff 界面应力所表示的界面本构关系(即(6.204) 式的第一式) 来进行讨论. 本书作者曾基于以上给出的 Lagrange 描述下的基本方程,对纳米复合材料的宏观性质进行了研究([6.16],[6.17] 和[6.18]). 结果表明,即使是在小变形条件下,也需要采用 Lagrange 描述. 由此所得到的结论是:残余界面(表面) 应力对微 - 纳米尺度的结构和纳米复合材料的宏观性质是有影响的.

§6.6 橡胶弹性变形的实验研究

超弹性势的具体函数形式需根据实验来加以确定. 通常有两种做法: (i) 先假定超弹性势具有某种函数形式,然后再由实验来确定其中的材料参数(或函数);(ii) 对于所要研究的材料,通过实验来探讨超弹性势函数所应具有的形式. 有关橡胶弹性变形的实验研究工作有很多,下面仅对某些早期实验结果作简要的介绍.

(一) Treloar 的实验

20 世纪 40 年代,Treloar 曾对硫化橡胶进行了一系列实验,以检验 neo-Hookean 形式超弹性势的合理性. 对于简单拉伸,由(6.88) 式可知 $\psi_1 = \dfrac{\partial\psi}{\partial I_1} = C_1, \psi_2 = \dfrac{\partial\psi}{\partial I_2} = 0$. 故拉伸方向上的应力(6.117) 式为

$$\sigma = 2\rho_0 C_1\left(\lambda^2 - \frac{1}{\lambda}\right). \tag{6.228}$$

由不可压缩条件,这相当于要求在变形前的单位截面积上施加大小为

$$T = \frac{\sigma}{\lambda} = 2\rho_0 C_1(\lambda - \lambda^{-2}) \tag{6.229}$$

的轴向力. 实验表明,当 λ 较小时,实际的轴向力略低于上式. 但随着 λ 的增长,实际的轴向力将迅速增大,并远高于上式. 可见 neo-Hookean 形式的势函数只能看作是小变形条件下的一种近似.

Treloar 还对正方形橡胶薄板进行了双向拉伸实验,板面上画有方形格子以便测定其变形. 沿板面的两个正应力可由(6.119) 式给出. 对于 neo-Hookean 势函数, 式中的 ψ_1 和 ψ_2 分别为 $\psi_1 = C_1, \psi_2 = 0$; 对于

Mooney-Rivlin 势函数,式中的 ψ_1 和 ψ_2 分别为 C_1 和 C_2. neo-Hookean 势函数与实验结果有较大的误差,而 Mooney-Rivlin 势函数与实验的偏离较小,可以近似地取 $C_2 = 0.05C_1$.

(二) Rivlin 和 Saunders 的实验

Rivlin 和 Saunders(1951) 对 Treloar 的双向拉伸实验进行了改进,他们利用弹簧来实现可以连续变化的加载. 实验中,同时改变 λ_1 和 λ_2 的值但使 I_2(或 I_1) 保持不变,从而可由(6.121) 式得到$\dfrac{\partial\psi}{\partial I_1}\left(\text{或}\dfrac{\partial\psi}{\partial I_2}\right)$. 他们根据实验结果建议了如下形式的超弹性势:

$$\psi = C_1(I_1 - 3) + f(I_2 - 3),$$

其中 f 是其变元$(I_2 - 3)$ 的函数. 他们还对 Mooney-Rivlin 势函数中的材料常数进行了测定. 此外,利用 §6.4(四) 对圆柱体扭转的分析结果,Rivlin 和 Saunders 还进行了相应的扭转实验. 但需指出,(6.121) 式在 λ_1 趋近于 λ_2,或在 $\lambda_1 = 1$ 和 $\lambda_2 = 1$ 邻近的测量误差会大大影响实验结果的精确性,而保持其中的一个不变量 I_2(或 I_1) 为常值来进行加载也有相当的困难. 因此,以上实验的可靠性是值得怀疑的. 例如,Becker(1967) 以及 Kawabata 和 Kawai(1977) 曾指出,当变形较小时,ψ_1(和 ψ_2) 对 I_1 和 I_2 的依赖关系是相当复杂的.

(三) 其他人的实验

Obata, Kawabata 和 Kawai(1970), Jones 和 Treloar(1975) 基于(6.64) 式对双向拉伸实验进行了分析. 在给定不同的 λ_2 值之后,作出了 $\sigma_1 - \sigma_2$ 与 λ_1 之间的关系曲线. 它们的实验结果表明,当 λ_1 和 λ_2 在一定范围内取值时,Valanis 和 Landel 所建议的如下表达式是合理的.

$$\rho_0\varphi(\lambda_1, \lambda_2, \lambda_3) = W(\lambda_1) + W(\lambda_2) + W(\lambda_3). \qquad (6.230)$$

如果上式成立,则可较容易地通过实验来确定势函数表达式. Valanis 和 Landel 根据纯剪切的实验结果,认为在一定范围内,$W(\lambda)$ 满足如下的关系

$$\frac{\mathrm{d}}{\mathrm{d}\lambda}W(\lambda) = 2\mu\log\lambda.$$

Ogden 在(6.93) 式的基础上对 Treloar 的实验数据进行了拟合,认为取(6.93) 式中的三项便可得到较好的近似.

通过对 §6.2 例 3 关于充内压薄球壳膨胀问题的讨论,我们还可以

进一步得到对(6.93)式势函数的限制性条件.

现将(6.93)式代入(6.230)式,并注意到(6.66)式:$\lambda_1 = \lambda_2 = \lambda, \lambda_3 = \lambda^{-2}$,则有

$$\rho_0 \varphi(\lambda_1, \lambda_2, \lambda_3) = \sum_{n=1}^{\infty} \frac{\mu_n}{\alpha_n}[2(\lambda^{\alpha_n} - 1) + (\lambda^{-2\alpha_n} - 1)].$$

因此(6.68)式可具体写为

$$p^* = 2\sum_{n=1}^{\infty} \mu_n(\lambda^{\alpha_n - 3} - \lambda^{-2\alpha_n - 3}).$$

于是,

$$\frac{\mathrm{d}p^*}{\mathrm{d}\lambda} = 2\sum_{n=1}^{\infty} \mu_n[(\alpha_n - 3)\lambda^{\alpha_n - 4} + (2\alpha_n + 3)\lambda^{-2\alpha_n - 4}]. \quad (6.231)$$

由(6.65)式,可知$\left.\frac{\mathrm{d}p^*}{\mathrm{d}\lambda}\right|_{\lambda=1} = 12\mu^0$.故在初始加载阶段,$p^*$ 随 λ 的增大而增长.

Hart-Smith(1966)和 Alexander(1971)的实验表明,当 λ 从 $\lambda = 1$ 开始增大时,p^* 也将从 $p^* = 0$ 开始增大并达到某一最大值.此后,p^* 将随 λ 的增大而缓慢减小并达到某一最小值.最后,p^* 又随 λ 的增大而单调地增大直至破坏.

由(6.231)式可知,p^* 存在最大值的必要条件是

$$-\frac{3}{2} < \alpha_n < 3 \quad (\text{对某些 } n). \quad (6.232)$$

如果对所有的 n 上式都成立,则当 p^* 达到最大值后,将会随 λ 的增大而单调地减小.这与以上的实验结果是相矛盾的.因此,(6.93)式中求和的项数不应小于2,且其中有一些 α_n 满足(6.232)式,而另一些 α_n 不满足(6.232)式.不难看出,neo-Hookean 势函数并不符合上述要求.

进一步的研究表明,当球壳内压达到最大值后,球壳可能会在某个阶段丧失球对称性.Haughton 和 Ogden(1978)得到了存在这种非球对称变形分叉解的必要条件为:

$$-1 < \alpha_n < 2 \quad (\text{对某些 } n).$$

显然,Mooney-Rivlin 势函数是不符合这一条件的.

§6.7 热弹性体的本构关系

现考虑以热力学温度 θ 和(Lagrange型)应变 $\boldsymbol{E}$ 为状态变量的热力学体系.如果引进 Helmholtz 自由能函数

$$\psi(\theta,\boldsymbol{E}) = \varepsilon(\theta,\boldsymbol{E}) - \theta\eta(\theta,\boldsymbol{E}), \tag{3.94}$$

其中 ε 和 η 分别为单位质量上的内能和熵,则由(3.95)式可知

$$\eta(\theta,\boldsymbol{E}) = \frac{-\partial\psi(\theta,\boldsymbol{E})}{\partial\theta}, \quad \boldsymbol{T} = \rho_0\frac{\partial\psi(\theta,\boldsymbol{E})}{\partial\boldsymbol{E}}, \tag{3.95}$$

上式中的 $\boldsymbol{T}$ 是与 $\boldsymbol{E}$ 相功共轭的(Lagrange 型)应力.

相应的定容比热 C_{E} 和定压比热 C_{T} 可分别由(3.93)式和(3.98)式给出:

$$C_{\mathrm{E}} = \frac{\partial\varepsilon(\theta,\boldsymbol{E})}{\partial\theta} = \theta\frac{\partial\eta(\theta,\boldsymbol{E})}{\partial\theta} = -\theta\frac{\partial^2\psi}{\partial\theta^2},$$

$$C_{\mathrm{T}} = \theta\frac{\partial\eta(\theta,\boldsymbol{T})}{\partial\theta} = C_{\mathrm{E}} + \theta\frac{\partial\eta(\theta,\boldsymbol{E})}{\partial\boldsymbol{E}} : \frac{\partial\boldsymbol{E}(\theta,\boldsymbol{T})}{\partial\theta}.$$

对(3.95)式求物质导数,可得

$$\left.\begin{aligned} \rho_0\dot{\eta} &= \rho_0\left(\frac{C_{\mathrm{E}}}{\theta}\right)\dot{\theta} + \mathscr{L}_1 : \dot{\boldsymbol{E}}, \\ \dot{\boldsymbol{T}} &= -\mathscr{L}_1\dot{\theta} + \mathscr{L} : \dot{\boldsymbol{E}}, \end{aligned}\right\} \tag{6.233}$$

其中二阶对称张量 $\mathscr{L}_1 = \rho_0\frac{\partial\eta}{\partial\boldsymbol{E}} = -\rho_0\frac{\partial^2\psi}{\partial\theta\partial\boldsymbol{E}} = -\frac{\partial\boldsymbol{T}}{\partial\theta}$ 刻画了材料的热膨胀性质,而四阶对称张量 $\mathscr{L} = \frac{\partial\boldsymbol{T}}{\partial\boldsymbol{E}} = \rho_0\frac{\partial^2\psi}{\partial\boldsymbol{E}\partial\boldsymbol{E}}$ 则相当于等温条件下的**弹性切线模量**.

如果以熵 η 和应变 $\boldsymbol{E}$ 为独立变量,则由(3.91)式,有

$$\theta = \frac{\partial\varepsilon}{\partial\eta}, \quad \boldsymbol{T} = \rho_0\frac{\partial\varepsilon}{\partial\boldsymbol{E}}.$$

故得

$$\left.\begin{aligned} \dot{\theta} &= \mathscr{L}_0^*(\rho_0\dot{\eta}) + \mathscr{L}_1^* : \dot{\boldsymbol{E}}, \\ \dot{\boldsymbol{T}} &= \mathscr{L}_1^*(\rho_0\dot{\eta}) + \mathscr{L}^* : \dot{\boldsymbol{E}}. \end{aligned}\right\} \tag{6.234}$$

上式中,* 号表示该量是以 η 和 $\boldsymbol{E}$ 为自变量的. 上式右端的 $\mathscr{L}_0^*$ 和 $\mathscr{L}_1^*$ 可写为

$$\mathscr{L}_0^* = \frac{1}{\rho_0}\frac{\partial\theta}{\partial\eta} = \frac{1}{\rho_0}\frac{\partial^2\varepsilon}{\partial\eta^2}, \quad \mathscr{L}_1^* = \frac{\partial\theta}{\partial\boldsymbol{E}} = \frac{\partial^2\varepsilon}{\partial\eta\partial\boldsymbol{E}} = \frac{1}{\rho_0}\frac{\boldsymbol{T}(\eta,\boldsymbol{E})}{\partial\eta}, \tag{6.235}$$

而 $\mathscr{L}^* = \frac{\partial\boldsymbol{T}(\eta,\boldsymbol{E})}{\partial\boldsymbol{E}} = \rho_0\frac{\partial^2\varepsilon}{\partial\boldsymbol{E}\partial\boldsymbol{E}}$ 为绝热条件下的**弹性切线模量**.

将(6.233)式的第一式代入(6.234)式,可得

$$\dot{\theta} = \mathscr{L}_0^* \left[\rho_0 \left(\frac{C_{\mathrm{E}}}{\theta} \right) \dot{\theta} + \mathscr{L}_1 : \dot{\boldsymbol{E}} \right] + \mathscr{L}_1^* : \dot{\boldsymbol{E}},$$

$$\dot{\boldsymbol{T}} = \mathscr{L}_1^* \left[\rho_0 \left(\frac{C_{\mathrm{E}}}{\theta} \right) \dot{\theta} + \mathscr{L}_1 : \dot{\boldsymbol{E}} \right] + \mathscr{L}^* : \dot{\boldsymbol{E}}.$$

故有

$$\left.\begin{aligned} \mathscr{L}_0^* &= \frac{\theta}{\rho_0 C_{\mathrm{E}}}, \\ \mathscr{L}_1^* &= -\mathscr{L}_0^* \mathscr{L}_1 = -\frac{\theta}{\rho_0 C_{\mathrm{E}}} \mathscr{L}_1, \\ \mathscr{L}^* &= \mathscr{L} + \frac{\theta}{\rho_0 C_{\mathrm{E}}} \mathscr{L}_1 \otimes \mathscr{L}_1. \end{aligned}\right\} \tag{6.236}$$

和

上述的热力学体系相当于 §3.9(二) 中黏性应力 $\boldsymbol{T}^v$ 和广义内力 $A^{(m)}(m = 1,2,\cdots)$ 都等于零的情形. 即在(3.127) 式中有

$$\boldsymbol{T} = \boldsymbol{T}^a = \rho_0 \frac{\partial \psi(\theta, \boldsymbol{E})}{\partial \boldsymbol{E}}, \quad A^{(m)} = -\rho_0 \frac{\partial \psi}{\partial \xi_m} = 0 \quad (m = 1,2,\cdots).$$

这时,(3.129) 式和(3.130) 式为

$$\rho_0 \dot{\eta} - \rho_0 \left(\frac{h}{\theta} \right) + \nabla_0 \cdot \left(\frac{\boldsymbol{q}_0}{\theta} \right) = \boldsymbol{q}_0 \cdot \nabla_0 \left(\frac{1}{\theta} \right) \geqslant 0. \tag{6.237}$$

而热力学流与热力学力之间的关系(3.132) 退化为热流向量与温度梯度之间的关系式:

$$\boldsymbol{q}_0 = \boldsymbol{q}_0(\theta, \boldsymbol{E}, \nabla_0 \theta). \tag{6.238}$$

它应满足热力学限制性条件(6.237) 式.

(3.95) 式和(6.238) 式就是热弹性体的本构关系. 特别地,当材料为各向同性时,则自由能 ψ 仅仅是温度和应变不变量的函数. 如取应变 $\boldsymbol{E}$ 为 Green 应变,则(3.95) 式可具体写为

$$\left.\begin{aligned} \eta &= -\frac{\partial \psi(\theta, I_1, I_2, I_3)}{\partial \theta}, \\ \boldsymbol{T}^{(1)} &= 2\rho_0 [(\psi_1 + \psi_2 I_1 + \psi_3 I_2) \boldsymbol{I} - (\psi_2 + \psi_3 I_1) \boldsymbol{C} + \psi_3 \boldsymbol{C}^2]. \end{aligned}\right\} \tag{6.239}$$

或

$$\left.\begin{aligned} \eta &= -\frac{\partial \psi(\theta, I_1, I_2, I_3)}{\partial \theta}, \\ \boldsymbol{\sigma} &= 2\rho [(\psi_2 I_2 + \psi_3 I_3) \boldsymbol{I} + \psi_1 \boldsymbol{B} - \psi_2 I_3 \boldsymbol{B}^{-1}]. \end{aligned}\right\} \tag{6.240}$$

上两式的第二式与(6.28) 式或(6.31) 式的区别是 ψ_1、ψ_2 和 ψ_3 不仅是 $\boldsymbol{C}$(或 $\boldsymbol{B}$) 的三个主不变量 I_1、I_2 和 I_3 的函数,而且还是 θ 的函数.

现假定由(3.93) 式表示的定容比热 C_{E} 仅仅是热力学温度的函数.

积分(3.93)式后,可得

$$\begin{aligned}\varepsilon(\theta,\boldsymbol{E}) &= \int_{\theta_0}^{\theta} C_{\mathrm{E}}(\theta')\mathrm{d}\theta' + \varepsilon_1(\theta_0,\boldsymbol{E}) + \varepsilon_0,\\ \eta(\theta,\boldsymbol{E}) &= \int_{\theta_0}^{\theta} \frac{C_{\mathrm{E}}(\theta')}{\theta'}\mathrm{d}\theta' + \eta_1(\theta_0,\boldsymbol{E}) + \eta_0.\end{aligned} \tag{6.241}$$

上式中 θ_0 为参考温度,$\varepsilon_0 = \varepsilon(\theta_0,\mathbf{0})$ 和 $\eta_0 = \eta(\theta_0,\mathbf{0})$ 分别对应于在参考温度下未变形时的内能和熵. 于是,Helmholtz 自由能(3.94)式可写为

$$\psi = \psi_0 + \psi_{(1)}(\theta,\boldsymbol{E}) + \psi_{(2)}(\theta), \tag{6.242}$$

其中 $\psi_0 = \varepsilon_0 - \theta_0\eta_0$ 为参考状态下的自由能,$\psi_{(1)}(\theta,\boldsymbol{E}) = \varepsilon_1(\theta_0,\boldsymbol{E}) - \theta\eta_1(\theta_0,\boldsymbol{E})$ 是温度的线性函数,而

$$\psi_{(2)}(\theta) = \int_{\theta_0}^{\theta} C_{\mathrm{E}}(\theta')\left(1 - \frac{\theta}{\theta'}\right)\mathrm{d}\theta' - (\theta - \theta_0)\eta_0 \tag{6.243}$$

仅仅是温度的函数.

特别地,当假定在参考温度 θ_0 附近 C_{E} 为常数时,由(6.241)式,可知(6.240)式的第一式应具有如下形式

$$\eta = \eta_0 + C_{\mathrm{E}}\ln\frac{\theta}{\theta_0} + \eta_1(I_1,I_2,I_3),$$

而 $\boldsymbol{\sigma} = 2\rho[(\psi_2 I_2 + \psi_3 I_3)\boldsymbol{I} + \psi_1\boldsymbol{B} - \psi_2 I_3\boldsymbol{B}^{-1}]$ 中的 ψ_1、ψ_2 和 ψ_3 与 θ 之间将具有线性依赖关系.

将(3.95)式中的应力表达式(或各向同性材料的应力表达式(6.240)式的第二式)代入到运动方程(3.41)式(或(3.36)式)中,便可得到热力耦合条件下的运动方程.

例 §6.3 中所讨论的超弹性势函数相当于在参考温度 θ_0 下的 Helmholtz 自由能,试从推广的 Gent 模型(6.99)式出发,给出考虑温度变化时的热弹性体的自由能表达式.

解 现假设定容比热 C_{E} 仅仅依赖于温度. 这时,Helmholtz 自由能具有(6.242)式的形式.在参考温度下,(6.242)式中的 $\psi_{(1)}(\theta_0,\boldsymbol{E})$ 对应于(6.99)式表示的超弹性势. 现从以下两方面来考虑温度变化的影响. 首先,根据橡胶弹性的统计理论,自由能的变化主要是由熵的变化引起的(例如,见(6.110)式). 因为修正的 Gent 模型是非 Gauss 统计理论的一种唯象描述,所以当考虑温度变化时,(6.99)式右端第一项中的 μ^0 应该用 $\mu^0\left(\dfrac{\theta}{\theta_0}\right)$ 代替. 其次,温度的变化也会引起材料的热膨胀变形. 如果假定材料的热膨胀性质是各向同性的,而且线性热膨胀系数 $\alpha(\theta)$ 可近似取为

常数 α_0,则总的变形梯度可以写为

$$\boldsymbol{F} = \lambda_\theta \boldsymbol{F}_M. \tag{6.244}$$

上式中,$\boldsymbol{F}_M$ 对应于参考温度 θ_0 下纯力学响应的变形梯度,$\lambda_\theta = \exp\left[\int_{\theta_0}^{\theta}\alpha(\theta')\mathrm{d}\theta'\right] = \exp[\alpha_0(\theta-\theta_0)]$ 是热膨胀对变形梯度的贡献. 因此,当计入热膨胀的影响时,(6.99) 式中的 I_1, I_2 和 $\mathscr{J}$ 应根据变形梯度 $\lambda_\theta^{-1}\boldsymbol{F}$ 来进行计算. 如果 $\alpha_0(\theta-\theta_0)$ 是一个小量,则当略去高阶小量后,热膨胀的影响可通过引进如下的附加项来对(6.99) 式进行修正:

$$-3k^0\frac{\mathrm{d}U}{\mathrm{d}\mathscr{J}}\mathscr{J}\alpha_0(\theta-\theta_0) = -\omega_{(\mathrm{th})}(\mathscr{J})(\theta-\theta_0), \tag{6.245}$$

其中 $\omega_{(\mathrm{th})}(\mathscr{J}) = \dfrac{9}{2}k^0\alpha_0\left(\dfrac{J_m(\mathscr{J}^{2/3}-1)}{J_m-3(\mathscr{J}^{2/3}-1)}\right) - \dfrac{9}{2}\dfrac{k^0\alpha_0(J_m+6)}{J_m+3}\mathscr{J}h'(\mathscr{J})$.

再注意到(6.242) 式中的 $\psi_{(1)}(\theta, \boldsymbol{E})$ 必定是温度的线性函数,因此可以推断上式表示的附加项在温度变化较大时也同样成立.

于是,相应的 Helmholtz 自由能可写为

$$\begin{aligned}\rho_0\psi(\theta,\boldsymbol{E}) = & -\mu^0\left(\frac{\theta}{\theta_0}\right)\left(\frac{1}{J_m+3}\right)\left[\frac{1}{2}J_m{}^2\ln\left(1-\frac{I_1-3}{J_m}\right)-\frac{9}{2}\ln\left(\frac{I_2}{3}\right)+\right.\\ & \left.(J_m+6)(\ln\mathscr{J}+h(\mathscr{J}))\right] - \frac{3\lambda^0}{2(J_m+3)}\cdot\\ & \left[\frac{1}{2}J_m{}^2\ln\left(1-\frac{3(\mathscr{J}^{2/3}-1)}{J_m}\right)+J_m\ln\mathscr{J}+(J_m+6)h(\mathscr{J})\right]\\ & -\omega_{(\mathrm{th})}(\mathscr{J})(\theta-\theta_0)+\rho_0\psi_0+\rho_0\psi_{(2)}(\theta),\end{aligned} \tag{6.246}$$

上式中的 $\psi_{(2)}(\theta)$ 由(6.243) 式给出. 特别地,当定容比热 C_{E} 为常数时,相应的熵可写为

$$\begin{aligned}\eta = -\frac{\partial\psi}{\partial\theta} = & \left(\frac{\mu^0}{\rho_0\theta_0}\right)\left(\frac{1}{J_m+3}\right)\left[\frac{1}{2}J_m{}^2\ln\left(1-\frac{I_1-3}{J_m}\right)-\frac{9}{2}\ln\left(\frac{I_2}{3}\right)+\right.\\ & \left.(J_m+6)(\ln\mathscr{J}+h(\mathscr{J}))\right]+\left(\frac{1}{\rho_0}\right)\omega_{(\mathrm{th})}(\mathscr{J})+C_{\mathrm{E}}\ln\frac{\theta}{\theta_0}+\eta_0.\end{aligned} \tag{6.247}$$

与 $\boldsymbol{E}$ 相共轭的应力 $\boldsymbol{T}$ 可根据(3.95) 式和(6.246) 式来进行计算. 如果将上面的自由能看成是主长度比的函数时,也可利用(6.38) 式写出相应的 Cauchy 应力表达式.

显然,当 $J_m \to \infty$ 时,(6.246) 式便退化为计及可压缩性和热效应的广义 neo-Hookean 材料的自由能表达式,可具体写为

$$
\begin{aligned}
\rho_0\psi(\theta,\boldsymbol{E}) = {} & \mu^0\left(\frac{\theta}{\theta_0}\right)\left[\frac{1}{2}(I_1-3)-\ln\mathscr{J}-h(\mathscr{J})\right]+ \\
& \frac{9}{4}\lambda^0\left[(\mathscr{J}^{2/3}-1)-\frac{2}{3}(\ln\mathscr{J}+h(\mathscr{J}))\right]- \\
& \frac{9}{2}k^0\alpha_0[(\mathscr{J}^{2/3}-1)-\mathscr{J}h'(\mathscr{J})](\theta-\theta_0)+ \\
& \rho_0\int_{\theta_0}^{\theta}C_{\mathrm{E}}(\theta')\left(1-\frac{\theta}{\theta'}\right)\mathrm{d}\theta'+ \\
& \rho_0\psi_0-\rho_0(\theta-\theta_0)\eta_0.
\end{aligned}
\tag{6.248}
$$

以上的(6.246)式和(6.248)式就是考虑温度变化时的 Helmholtz 自由能表达式.

由 §1.9 的定理 5,我们还可将各向同性材料的热流向量(6.238)式写为

$$
\boldsymbol{q}_0=(k_0\boldsymbol{I}+k_1\boldsymbol{C}+k_2\boldsymbol{C}^2)\cdot\nabla_0\theta, \tag{6.249}
$$

其中 k_0、k_1 和 k_2 为 $\boldsymbol{C}=\boldsymbol{F}^{\mathrm{T}}\cdot\boldsymbol{F}$ 和 $\nabla_0\theta$ 的联合不变量的函数,即为 I_1、I_2、I_3 和 $(\nabla_0\theta)\cdot(\nabla_0\theta)$、$(\nabla_0\theta)\cdot\boldsymbol{C}\cdot(\nabla_0\theta)$ 以及 $(\nabla_0\theta)\cdot\boldsymbol{C}^2\cdot(\nabla_0\theta)$ 的函数.当然,它们还依赖于温度 θ.

注意到 $\boldsymbol{q}_0=\mathscr{J}\boldsymbol{F}^{-1}\cdot\boldsymbol{q}$ 和 $\nabla_0\theta=\nabla\theta\cdot\boldsymbol{F}$,(6.249)式也可写为

$$
\boldsymbol{q}=\mathscr{J}^{-1}[k_2I_3\boldsymbol{I}+(k_0-k_2I_2)\boldsymbol{B}+(k_1+k_2I_1)\boldsymbol{B}^2]\cdot\nabla\theta. \tag{6.250}
$$

上式中 $\boldsymbol{q}$ 为当前构形的热流向量,它应满足限制性条件(6.237)式

$$
-\boldsymbol{q}_0\cdot\nabla_0\theta=-\mathscr{J}\boldsymbol{q}\cdot\nabla\theta\geqslant 0.
$$

特别地,如果取 $\mathscr{J}^{-1}k_2I_3=-k_F(\theta)$,$k_0=k_2I_2$,$k_1=-k_2I_1$,则(6.250)式便退化为各向同性材料的 **Fourier 定律**:

$$
\boldsymbol{q}=-k_F(\theta)\nabla\theta, \tag{6.251}
$$

其中 $k_F(\geqslant 0)$ 为**热导率**.它通常是温度的函数.例如,对于硫化橡胶,它将随温度的升高而减小.

比较(3.71)式和(3.73)式,可知由(6.237)式左端等号所表示的能量守恒方程

$$
\rho_0\theta\dot{\eta}=\rho_0h-\nabla_0\cdot\boldsymbol{q}_0, \tag{6.252}
$$

也可等价地写为

$$
\rho_0\theta\dot{\eta}=\rho_0h-\mathscr{J}\nabla\cdot\boldsymbol{q}.
$$

将(6.233)式的第一式和(6.238)式分别代入上式的左端和右端,便可得

到热传导方程. 特别当各向同性材料的热流向量满足 Fourier 定律(6.251) 式时,热传导方程还可具体地写为

$$\rho_0 C_E \dot{\theta} + \theta \mathscr{L}_1 : \dot{\boldsymbol{E}} = \rho_0 h + \mathscr{J} \nabla \cdot (k_F \nabla \theta). \tag{6.253}$$

对于没有分布热源 h 的绝热过程,由于上式右端等于零,故有

$$\dot{\theta} = -\frac{\theta}{\rho_0 C_E} \mathscr{L}_1 : \dot{\boldsymbol{E}}, \tag{6.254}$$

上式称为**Kelvin 公式**. 与气体在绝热膨胀过程中温度下降的现象相类似,上式表明了固体材料在绝热拉伸过程中也同样会伴随着温度的变化. 值得一提的是,历史上 Gough (1805) 和 Joule(1859) 等人曾对橡胶在绝热拉伸过程中的温度变化进行了实验研究. (6.253) 式对于分析上述的实验结果是十分有用的.

需要指出, 由 (6.253) 式表示的热传导方程是抛物型的(parabolic-type),故热扰动的传播速度为无穷大. 这与通常的物理直观并不完全相符合. 如果要使热信号以有限速度传播,热传导方程就应该是双曲型的(hyperbolic-type). 为此,曾有人对 Fourier 定律进行了修正. 例如,在(6.251) 式左端,除热流向量 $\boldsymbol{q}$ 外,还加上了与热流向量的(客观性) 时间变化率有关的项(如 Cattaneo,1948,1958;Vernotte,1958,1961),或者把热流向量看作是温度梯度历史的泛函(如 Gurtin 和 Pipkin,1968). 这类模型称之为“热松弛” 模型. 另一些人(如 Müller,1971;Green 和 Lindsay,1972) 则将温度的时间变化率也作为热力学状态参量来进行处理. 在一定条件下,该理论仍然不违背经典的 Fourier 定律. 这类模型称之为“温度率相关” 模型. 以上两种途径都是唯象的,缺乏对热传导微观机制的深入讨论, 虽然能够得到“双曲型” 的热传导方程(如参见文献[6.19 ~ 6.21]),但其物理基础仍有待作进一步的研究.

有关热弹性体初 - 边值问题的求解和实例可在许多参考书中找到,但其中大多数仅限于小变形的讨论,此处不再介绍.

习　题

6.1　对于各向同性超弹性体,试利用超弹性势的各向同性性质证明(6.14) 式.

6.2　(6.18) 式表示的是在 Lagrange 描述下横观各向同性超弹性体的本构关系,试在 Euler 描述下,写出 Cauchy 应力 $\boldsymbol{\sigma}$ 与左 Cauchy-Green 张量 $\boldsymbol{B}$ 之间的对应关系.

6.3　在直角坐标系中考虑两种加载方式:

(i)　由(2.35) 式表示的简单剪切

$$x^1 = X^1 + k_0 X^2, \quad x^2 = X^2, \quad x^3 = X^3 \quad (k_0 > 0).$$

(ii) 沿 X^2 方向的均匀拉伸

$$x^1 = X^1, \quad x^2 = \lambda_2 X^2, \quad x^3 = X^3 \quad (\lambda_2 > 1).$$

试计算由本构关系(6.24)式表示的低弹性体在以下两种加载路径下的应力值.第一种路径是先剪切(k_0)再拉伸(λ_2),第二种路径是先拉伸(λ_2)再剪切(k_0/λ_2),使以上两种路径的最终变形状态一样.请说明最终的应力不仅与最终的应变状态有关,而且还与加载路径有关.

6.4 试利用(6.10)式证明:在等熵过程中,超弹性体的本构关系可写为

$$\boldsymbol{T} = \rho_0 \left.\frac{\partial \varepsilon}{\partial \boldsymbol{E}}\right|_\eta .$$

6.5 Bell 内约束条件为 $\mathrm{tr}\,\boldsymbol{V} = 3$,其中 $\boldsymbol{V}$ 为左伸长张量.试证明满足以上内约束条件的各向同性弹性材料的本构关系可写为

$$\boldsymbol{\sigma} = -p'\boldsymbol{V} + \alpha_0 \boldsymbol{I} + \alpha_2 \boldsymbol{V}^2,$$

上式中 $\boldsymbol{\sigma}$ 为 Cauchy 应力,p' 为非确定应力,α_0 和 α_2 为 $\boldsymbol{V}$ 的第二和第三主不变量的函数.

此外,利用 Cayley-Hamilton 定理,证明上式也可改写为 $\boldsymbol{\sigma} = -p'\boldsymbol{V} + \beta_0 \boldsymbol{I} + \beta_{-1}\boldsymbol{V}^{-1}$,其中 p' 为非确定应力.β_0 和 β_{-1} 为 $\boldsymbol{V}$ 的第二和第三主不变量的函数.

6.6 各向同性 Bell 超弹性材料的应变能 W 可表示为左伸长张量 $\boldsymbol{V}$ 的第二、第三不变量的函数:$W = W(I_2(\boldsymbol{V}), I_3(\boldsymbol{V}))$,试证明以上材料的本构关系可写为

$$\boldsymbol{\sigma} = -p'\boldsymbol{V} + \frac{\partial W}{\partial I_3(\boldsymbol{V})}\boldsymbol{I} - \frac{1}{I_3(\boldsymbol{V})}\frac{\partial W}{\partial I_2(\boldsymbol{V})}\boldsymbol{V}^2,$$

其中 p' 对应于非确定应力部分.

6.7 对于各向同性弹性体,试证在正交曲线坐标系中,Cauchy 应力 $\boldsymbol{\sigma}$ 和左伸长张量 $\boldsymbol{V}$ 的物理分量之间满足

$$V\langle 12\rangle(\sigma\langle 11\rangle - \sigma\langle 22\rangle) = (V\langle 11\rangle - V\langle 22\rangle)\sigma\langle 12\rangle + V\langle 13\rangle\sigma\langle 32\rangle - \sigma\langle 13\rangle V\langle 32\rangle,$$

$$V\langle 23\rangle(\sigma\langle 22\rangle - \sigma\langle 33\rangle) = (V\langle 22\rangle - V\langle 33\rangle)\sigma\langle 23\rangle + V\langle 21\rangle\sigma\langle 13\rangle - \sigma\langle 21\rangle V\langle 13\rangle,$$

$$V\langle 31\rangle(\sigma\langle 33\rangle - \sigma\langle 11\rangle) = (V\langle 33\rangle - V\langle 11\rangle)\sigma\langle 31\rangle + V\langle 32\rangle\sigma\langle 21\rangle - \sigma\langle 32\rangle V\langle 21\rangle.$$

特别地,当曲线坐标系的第三个基向量为 $\boldsymbol{V}$ 的主方向时,有

$$\frac{\sigma\langle 11\rangle - \sigma\langle 22\rangle}{\sigma\langle 12\rangle} = \frac{V\langle 11\rangle - V\langle 22\rangle}{V\langle 12\rangle}.$$

6.8 现考虑由不可压超弹性材料组成的厚壁圆柱筒的轴对称变形.筒长为 L,变形前筒的内径 R_1 和外径 R_2 在变形后分别变为 r_1 和 r_2.如果筒的内壁在变形后承受均布压应力 p_0,试给出筒中应力分布的表达式.

6.9 各向同性超弹性体的势函数既可以写为 $\boldsymbol{B}$ 的三个主不变量 I_1, I_2 和 I_3 的

函数,也可以写为 $J_1 = I_1 = \mathrm{tr}\boldsymbol{B}, J_2 = \dfrac{I_2}{I_3} = \mathrm{tr}\boldsymbol{B}^{-1}$ 和 $J_3 = \sqrt{I_3}$ 的函数:$\psi(I_1, I_2, I_3) = W(J_1, J_2, J_3)$.

(a) 试证:可压缩超弹性体的 Cauchy 应力 (6.31) 式可以用势函数 $W(J_1, J_2, J_3)$ 表示为

$$\boldsymbol{\sigma} = \rho_0\left(\frac{\partial W}{\partial J_3}\boldsymbol{I} + \frac{2}{J_3}\frac{\partial W}{\partial J_1}\boldsymbol{B} - \frac{2}{J_3}\frac{\partial W}{\partial J_2}\boldsymbol{B}^{-1}\right).$$

(b) 如果假设 $\dfrac{\partial W}{\partial J_1} = \dfrac{1}{2}\alpha$ 和 $\dfrac{\partial W}{\partial J_2} = \dfrac{1}{2}\beta$ 都是常数,$\dfrac{\partial W}{\partial J_3} = W_3(J_3)$ 仅仅是 J_3 的函数,并要求以上的 Cauchy 应力表达式在小变形条件下与线性弹性本构关系相一致. 试证:$\rho_0(\alpha + \beta) = \mu^0$,其中 μ^0 为初始剪切模量. 这时可以取 $\rho_0\alpha = f\mu^0, \rho_0\beta = (1 - f)\mu^0$,其中 f 为材料常数,通常要求有 $\mu^0 > 0, 0 \leqslant f \leqslant 1$. 而相应的 Cauchy 应力可写为

$$\boldsymbol{\sigma} = \rho_0 W_3(J_3)\boldsymbol{I} + \frac{f\mu^0}{J_3}\boldsymbol{B} - \frac{(1 - f)\mu^0}{J_3}\boldsymbol{B}^{-1},$$

满足以上关系的材料称之为 Blatz-Ko 材料.

6.10　现考虑由可压缩超弹性泡沫橡胶组成的球体. 材料的势函数具有(6.96)式表示的 Blatz-Ko 形式. 在球对称静水压 p_0 的作用下,球体由半径 R_0 变为 r_0,试给出 $\dfrac{r_0}{R_0}$ 与 p_0 之间的关系.

6.11　现讨论可压缩超弹性圆柱体的扭转问题. 类似于(6.126)式,扭转变形可表示为

$$r = r(R), \quad \theta = \Theta + kZ, \quad z = Z.$$

如果柱体的超弹性势函数为(6.96)式表示的 Blatz-Ko 形式,试给出相应的应力分布.

6.12　现考虑由不可压超弹性材料组成的厚壁圆柱筒的扭转问题. 变形前的内径 R_1 和外径 R_2 在变形后分别变为 r_1 和 r_2. 如果扭转变形可表示为

$$r = \left(\frac{R^2 + A}{\lambda}\right)^{1/2}, \quad \theta = \Theta + kZ, \quad z = \lambda Z,$$

试给出圆筒内的应力分布.

6.13　如果上题中的圆柱筒改为实心圆柱体(这时 $A = 0$),且柱体两端轴向应力的合力为零,试给出单位长度扭转角 k 与轴向伸长比 λ 之间的关系.

6.14　现考察一个经受绝热拉伸的橡胶条带的温度变化. 实验表明,在拉伸的初始阶段,即当拉伸方向的主长度比 λ 较小时,温度 θ 将随 λ 的增长而下降,但此后温度 θ 又随 λ 的增长而上升. 这一现象通常称之为 Gough-Joule 效应. 假定橡胶的 Helmholtz 自由能可以由(6.246)式表示,其中定容比热 C_E 为常数. 试证在以上的绝热拉伸过程中,温度曲线 $\theta = \theta(\lambda)$ 的初始斜率为负值,即对应于 $\lambda_1 = \lambda_2 = \lambda_3 = 1$ 和 $\theta = \theta_0$,有

$$\frac{\mathrm{d}\theta}{\mathrm{d}\lambda} = -\left[\frac{3\mu^0 k^0 \alpha_0 \theta_0}{9(k^0\alpha_0)^2\theta_0 + \left(k^0 + \dfrac{1}{3}\mu^0\right)\rho_0 C_E}\right],$$

说明在拉伸的初始阶段温度是下降的.

参考文献

6.1 Green A E, Zerna W. Theoretical elasticity. Oxford: Clarendon Press, 1954.

6.2 Green A E, Adkins J E. Large elastic deformations. Oxford: Oxford University Press, 1960.

6.3 Antman S S. Nonlinear problems of elasticity. New York: Springer-Verlag, 1995.

6.4 Atkin R J, Fox N. An introduction to the theory of elasticity. London: Longman Group Limited, 1980.

6.5 Truesdell C. Hypo-elasticity. J. Rational Mech. Annal., 1955, 4: 83—133, 1019—1020.

6.6 Dienes J K. On the analysis of rotation and stress rate in deforming bodies. Acta Mechanica, 1979, 32: 217—232.

6.7 Treloar L R G. The physics of rubber elasticity. 3rd ed. Oxford: Clarendon Press, 1975.

6.8 Ogden R W. Nonlinear elastic deformations. Chichester, UK: Ellis Horwood, 1984.

6.9 Beatty M F. Topics in finite elasticity: Hyperelasticity of rubber, elastomers, and biological tissues—with examples, Appl. Mech. Rev., 1987, 40(12): 1699—1734.

6.10 Boyce M C, Arruda E M. Constitutive models of rubber elasticity: a review. Rubber Chem. Technol., 2000, 73(3): 504—523.

6.11 Fu Y B, Ogden R W. (eds), Nonlinear elasticity: theory and applications. London Mathematical Society lecture Note Series 283, Cambridge: Cambridge University Press, 2001.

6.12 Gao Y C(高玉臣), Gao T J. Mechanical behavior of two kind of rubber materials. Int. J. Solids Structures, 1999, 36: 5545—5558.

6.13 Carroll M M. Finite strain solution in compressible isotropic elasticity. J. Elasticity, 1988, 20: 65—92.

6.14 Ball J M. Discontinuous equilibrium solutions and cavitation in nonlinear elasticity. Phil. Trans. R. Soc. Lond., 1982, A 306: 557—610.

6.15 Horgan C O, Polignone D A. Cavitation in nonlinearly elastic solids: a review. Appl. Mech. Rev., 1995, 48(8): 471—485.

6.16 Sun L, Wu Y M, Huang Z P, Wang J, Interface effect on the effective bulk modulus of a particle-reinforced composite. Acta Mechanica Sinica (English series), 2004, 20(6): 676—679.

6.17 Huang Z P, Wang J, A theory of hyperelasticity of multi-phase media with surface/interface energy effect, Acta Mech., 2006, 182: 195—210.

* Erratum: Acta Mech., 2010, 215: 365—366.

6.18 Huang Z P, Sun L, Size-dependent effective properties of a heterogeneous material with interface energy effect: from finite deformation theory to infinitesimal strain analysis, Acta Mech., 2007, 190: 151—163.

* Erratum: Acta Mech., 2010, 215: 363—364.

6.19 Chandrasekharaiah D S. Thermoelasticity with second sound: a review. Appl. Mech. Rev., 1986, 39(3): 355—376.

6.20 Joseph D D, Preziosi L. Heat waves. Reviews of Modern Physics, 1989, 61(1): 41—73.

6.21 Ozisik M N, Tzou D Y. On the wave theory in heat conduction. Trans. ASME, J. Heat Transfer, 1994, 116: 526—535.

第七章 黏弹性体

§7.1 引 言

在第四章中我们曾提到,材料的本构关系总是与外部作用条件(如环境温度、加载速率等)相联系的.例如,对于非晶态高聚物(amorphous polymers,如 PMMA),随着温度或加载速率的变化,其弹性模量也将随之发生相应的变化.根据温度 θ 与**玻璃化转变温度** θ_g 比值的大小,通常可将非晶态高聚物分为以下几个特征区域:

1) 玻璃态($\theta/\theta_g < 1$),模量约为 3GPa.

2) 黏弹态(θ/θ_g 的值在 1 附近),模量从 3GPa 到 3MPa 之间.

3) 橡胶态($\theta/\theta_g > 1$),模量较低,约为 3MPa.

4) 黏流态(θ 不仅大于 θ_g,而且还大于黏流温度 θ_f),高聚物具有黏性流体的特征.

这表明,当温度较低时,高聚物处于玻璃态(它实际上是一种液相结构,即过冷液体),具有较高的模量,可看作是弹性固体;而当温度较高时,高聚物除具有固体的力学性质外,往往还具有(黏性)流体的力学性质.

现考虑在 $t = 0$ 时刻处于自然状态的杆件,在等温条件下进行单轴拉伸实验.拉伸方向上的对数应变 $E_{11}^{(0)}$ 和对数应力 $T_{11}^{(0)}$ 分别记为 $E^{(0)}$ 和 $T^{(0)}$.如给定阶跃应变 $E^{(0)}(t) = E(0)H(t)$,其中 $H(t)$ 为 Heaviside 单位阶梯函数:$H(t) = 0$(当 $t < 0$);$H(t) = 1$(当 $t \geqslant 0$),弹性体和黏弹性体的应力响应 $T(0)$ 可由图 7.1 来加以表示.

图 7.1 表明,对于黏弹性体,阶跃应变下的应力是时间的递减函数,这种现象称之为**应力松弛**(stress relaxation).当时间趋于无穷大时,如果应力趋于大于零的有限值,则材料性质更接近于固体,反之,如果应力很快地趋于零,则材料性质更接近于流体.

类似地,如给定阶跃应力 $T^{(0)}(t) = T(0)H(t)$,弹性体和黏弹性体的应变响应 $E(0)$ 可由图 7.2 来加以表示.

图 7.2 表明,对于黏弹性体,阶跃应力下的应变是时间的递增函数,这种现象称之为**蠕变**(creep).当时间趋于无穷大时,如果应变的时间变

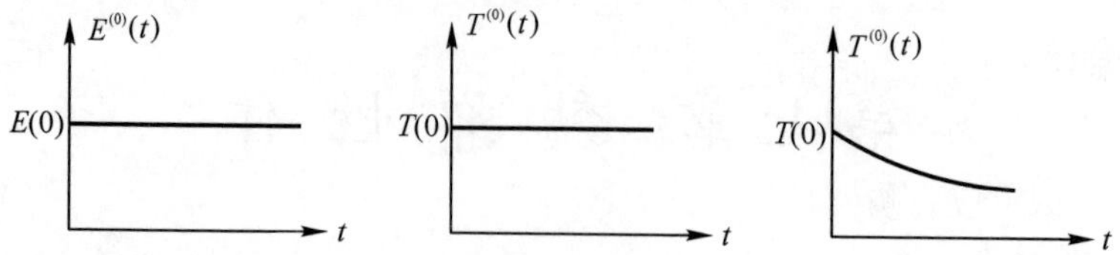

(a) 给定的阶跃应变 $E(0)H(t)$　(b) 弹性体的应力响应　(c) 黏弹性体的应力响应

图 7.1　黏弹性体的应力松弛

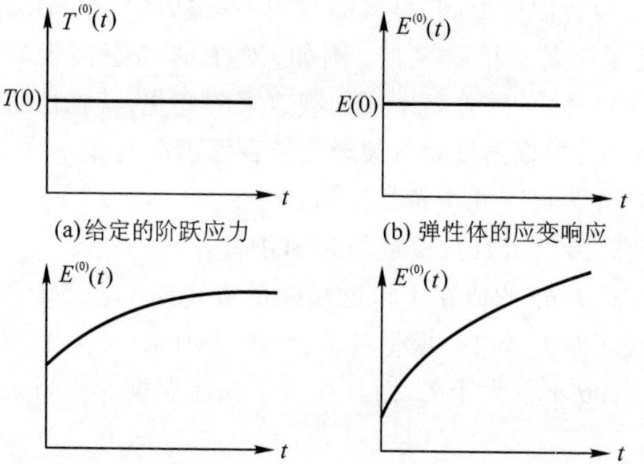

(a) 给定的阶跃应力　(b) 弹性体的应变响应

(c) 黏弹性固体的应变响应　(d) 黏弹性流体的应变响应

图 7.2　黏弹性体的蠕变

化率趋于零,则材料性质更接近于固体.反之,如果应变的时间变化率趋于大于零的有限值,则材料性质更接近于流体.

如果图 7.1 中给定的 $E(0)$ 是一个小量 $\Delta E(0)$,作为线性近似,应力响应可近似地写为

$$T^{(0)}(t) = \mathscr{X}(t,0)\Delta E(0), \tag{7.1}$$

其中 $\mathscr{X}(t,0)$ 称之为线性应力松弛模量,而 $\mathscr{X}(0,0)$ 为 $t = 0_+$ 时刻的瞬时弹性模量.类似地,如果图 7.2 中给定的 $T(0)$ 是一个小量 $\Delta T(0)$,作为线性近似,应变响应可近似地写为

$$E^{(0)}(t) = \mathscr{Y}(t,0)\Delta T(0), \tag{7.2}$$

其中 $\mathscr{Y}(t,0)$ 称之为线性蠕变柔度,满足 $\mathscr{Y}(0,0) = 1/\mathscr{X}(0,0)$.

(7.1) 式表示的是对应于 $t = 0_+$ 时刻输入阶跃应变 $\Delta E(0)$ 的响应函数.如果在 $t = t_1$ 时刻输入阶跃应变 $\Delta E_1^{(0)}$,则相应的响应函数可写为

$$T^{(0)}(t) = \mathscr{X}(t,t_1)\Delta E_1^{(0)}(t_1).$$

现考虑对应于 $t = t_1$ 和 $t = t_2$ 的两次阶跃应变增量：

$$H(t - t_1)\Delta E_1^{(0)}(t_1) + H(t - t_2)\Delta E_2^{(0)}(t_2).$$

这时，可假定应力响应具有如下的形式

$$T^{(0)}(t) = \mathscr{X}_1(t,t_1,t_2)\Delta E_1^{(0)}(t_1) + \mathscr{X}_2(t,t_1,t_2)\Delta E_2^{(0)}(t_2),$$

上式中略去了关于应变增量的高阶小量.

如果进一步假定上式对于任意的足够小的应变增量都成立，那么，可以特别地取 $\Delta E_2^{(0)} = 0$. 这时，上式应等于 $\mathscr{X}(t,t_1)\Delta E_1^{(0)}$，故有 $\mathscr{X}_1(t,t_1,t_2) = \mathscr{X}(t,t_1)$. 类似地，也应有 $\mathscr{X}_2(t,t_1,t_2) = \mathscr{X}(t,t_2)$. 如果将以上讨论推广到 N 次阶跃应变增量的情形，并使 N 趋于无穷大，则可得到由积分表示的应力响应函数.

由此可见，当应力响应是应变历史的线性泛函时，由 Riesz 表示定理，可知 **Boltzmann 叠加原理**成立：

$$T^{(0)}(t) = \int_0^t \mathscr{X}(t,\tau)\mathrm{d}E^{(0)}(\tau). \tag{7.3}$$

对任意的 $t \geqslant 0$，上式中的 $\mathscr{X}(t,\tau)$ 是关于 τ 的可积函数，称为**松弛函数**.

对上式作分部积分，并利用初始条件 $T^{(0)}(0) = 0, E^{(0)}(0) = 0$，有

$$T^{(0)}(t) = \mathscr{X}(t,t)E^{(0)}(t) - \int_0^t \frac{\partial \mathscr{X}(t,\tau)}{\partial \tau}E^{(0)}(\tau)\mathrm{d}\tau, \tag{7.4}$$

其中 $\mathscr{X}(\tau,\tau)$ 为 τ 时刻的弹性模量.

类似地，如假定应变响应是应力历史的线性泛函，则由 Riesz 表示定理，可知 Boltzmann 叠加原理成立：

$$E^{(0)}(t) = \int_0^t \mathscr{Y}(t,\tau)\mathrm{d}T^{(0)}(\tau). \tag{7.5}$$

上式中的 $\mathscr{Y}(t,\tau)$ 称为**蠕变函数**. 对上式作分部积分后，有

$$E^{(0)}(t) = \mathscr{Y}(t,t)T^{(0)}(t) - \int_0^t \frac{\partial \mathscr{Y}(t,\tau)}{\partial \tau}T^{(0)}(\tau)\mathrm{d}\tau, \tag{7.6}$$

其中 $\mathscr{Y}(\tau,\tau) = 1/\mathscr{X}(\tau,\tau)$.

现讨论松弛函数 $\mathscr{X}(t,\tau)$ 与蠕变函数 $\mathscr{Y}(t,\tau)$ 之间的关系，将(7.6)式代入(7.4)式，可得

$$T^{(0)}(t) = T^{(0)}(t) - \int_0^t \left[\mathscr{X}(t,t)\frac{\partial \mathscr{Y}(t,s)}{\partial s} + \frac{1}{\mathscr{X}(s,s)}\frac{\partial \mathscr{X}(t,s)}{\partial s} \right] T^{(0)}(s)\mathrm{d}s + \int_0^t \frac{\partial \mathscr{X}(t,s)}{\partial s}\left[\int_0^s \frac{\partial \mathscr{Y}(s,\tau)}{\partial \tau}T^{(0)}(\tau)\mathrm{d}\tau \right]\mathrm{d}s.$$

因此有

$$\mathscr{X}(t,t)\frac{\partial y(t,s)}{\partial s}+\frac{1}{\mathscr{X}(s,s)}\frac{\partial \mathscr{X}(t,s)}{\partial s}=\int_s^t \frac{\partial \mathscr{X}(t,\tau)}{\partial \tau}\frac{\partial \mathscr{Y}(\tau,s)}{\partial s}\mathrm{d}\tau. \tag{7.7}$$

将上式由 T 到 t 对 s 积分,并交换右端的积分次序,有

$$\mathscr{X}(t,t)[y(t,t)-y(t,T)]+\int_T^t \frac{1}{\mathscr{X}(s,s)}\frac{\partial \mathscr{X}(t,s)}{\partial s}\mathrm{d}s$$
$$=\int_T^t \frac{\partial \mathscr{X}(t,\tau)}{\partial \tau}\left[\int_T^\tau \frac{\partial \mathscr{Y}(\tau,s)}{\partial s}\mathrm{d}s\right]\mathrm{d}\tau.$$

注意到 $\mathscr{Y}(\tau,\tau)=1/\mathscr{X}(\tau,\tau)$,可得

$$\mathscr{X}(t,t)\mathscr{Y}(t,T)-\int_T^t \frac{\partial \mathscr{X}(t,\tau)}{\partial \tau}\mathscr{Y}(\tau,T)\mathrm{d}\tau=1. \tag{7.8}$$

上式对任意 $T\leqslant t$ 都成立,它是 $\mathscr{X}(t,\tau)$ 与 $\mathscr{Y}(t,\tau)$ 之间所应满足的关系式.

在以上讨论中,$\mathscr{X}(t,\tau)$ 不仅与 t 有关,而且还与 τ 有关,可用来描述具有老化特性的黏弹性介质(aging viscoelastic media) 的力学行为. 如果应力松弛函数具有时间平移不变性(time-translation-invariant),则 $\mathscr{X}(t,\tau)$ 可表示为 $\mathscr{X}_0(t-\tau)$,它可用来描述无老化黏弹性介质(nonaging viscoelastic media) 的力学行为. 对于无老化黏弹性介质,(7.8) 式可写为

$$\mathscr{X}_0(t-T)\mathscr{Y}_0(0)+\int_T^t \mathscr{X}_0(t-\tau)\frac{\partial \mathscr{Y}_0(\tau-T)}{\partial \tau}\mathrm{d}\tau=1.$$

注意到 $\mathscr{X}_0(t-\tau)$ 是其变元的单调递减函数,故当 $t\geqslant T$ 时,$\mathscr{X}_0(t-\tau)\geqslant\mathscr{X}_0(t-T)$. 因此,上式不应小于

$$\mathscr{X}_0(t-T)\mathscr{Y}_0(0)+\mathscr{X}_0(t-T)[\mathscr{Y}_0(t-T)-\mathscr{Y}_0(0)]$$
$$=\mathscr{X}_0(t-T)\mathscr{Y}_0(t-T).$$

这说明,对于任意的 $t'=t-T\geqslant 0$,总有

$$\mathscr{X}_0(t')\mathscr{Y}_0(t')\leqslant 1, \tag{7.9}$$

且当 $t'=0$ 时,上式取等号

$$\mathscr{X}_0(0)\mathscr{Y}_0(0)=1.$$

以上讨论表明了黏弹性介质中的应力(或应变) 响应的应变(或应力) 历史相关性. 这种相关性可通过应变(或应力) 历史的时间积分来加以描述,也可通过其他途径来加以描述. 下面,我们将介绍几种在有限变形下的三维黏弹性本构模型.

§ 7.2 Green-Rivlin 多重积分型本构理论

(一) 本构关系的导出

在第四章中，当假定 Cauchy 应力是变形梯度历史的泛函时，可根据客观性原理得到(4.48)式，或等价地写为

$$\boldsymbol{\sigma}(t) = \boldsymbol{R}(t)\cdot(\tilde{\boldsymbol{\sigma}}_{\mathscr{K}_0}\{\!\{\boldsymbol{E}(\tau)\}\!\})\cdot\boldsymbol{R}^{\mathrm{T}}(t), \tag{7.10}$$

其中$\mathscr{K}_0$ 表示对应于初始时刻 t_0 的参考构形，$\boldsymbol{E}(\tau) = \boldsymbol{U}(\boldsymbol{X},\tau) - \boldsymbol{I}$ 表示 τ 时刻的工程应变(也可取 $\boldsymbol{E}(\tau)$ 为 τ 时刻的对数应变)，符号$\{\!\{\cdots\}\!\}$表示泛函．为讨论方便起见，下面将取 $t_0 = 0$，并略去 $\tilde{\boldsymbol{\sigma}}$ 的下标$\mathscr{K}_0$．因此，在直角坐标系中，上式的分量形式可写为

$$\sigma_{ij}(t) = R_{iP}(t)R_{jQ}(t)\tilde{\sigma}_{PQ}\{\!\{E_{MN}(\tau)\}\!\}. \tag{7.11}$$

对于 $0 \leqslant \tau \leqslant t$ 上的任意两个连续函数 $\varphi(\tau)$ 和 $\psi(\tau)$，现定义内积 $\langle\varphi,\psi\rangle = \int_0^t \varphi(\tau)\psi(\tau)\mathrm{d}\tau$，以及 φ 的范数 $\|\varphi\| = \sqrt{\langle\varphi,\varphi\rangle}$．由此便定义了相应的 Hilbert 空间．如假定 $E_{MN}(\tau)$ 是区间 $0 \leqslant \tau \leqslant t$ 上的连续函数，则它可在某一选取的标准正交完备基$\{\varphi^{(\alpha)}(\tau)\}$上展开为

$$E_{MN}(\tau) = \sum_{\alpha=1}^{\infty} E_{MN}^{(\alpha)}\varphi^{(\alpha)}(\tau), \tag{7.12}$$

其中 $\varphi^{(\alpha)}(\tau)$ 满足$\langle\varphi^{(\alpha)},\varphi^{(\beta)}\rangle = \begin{cases}1, & 当\ \alpha = \beta,\\ 0, & 当\ \alpha \neq \beta.\end{cases}$而

$$E_{MN}^{(\alpha)} = \int_0^t E_{MN}(\tau)\varphi^{(\alpha)}(\tau)\mathrm{d}\tau$$

称为对应于$\{\varphi^{(\alpha)}(\tau)\}$的 **Fourier 系数**．

以上 Hilbert 空间中的标准正交完备基有很多．例如可取

$$\varphi^{(\alpha)}(\tau) = \begin{cases}\sqrt{\dfrac{1}{t}}, & \alpha = 1,\\[2ex] \sqrt{\dfrac{2}{t}}\cos[(\alpha-1)\pi\tau/t], & \alpha = 2,3,\cdots.\end{cases}$$

由 Bessel 不等式

$$\sum_{\alpha=1}^{\infty}|E_{MN}^{(\alpha)}|^2 \leqslant \|E_{MN}(\tau)\|,$$

可知上式左端的级数收敛．故当 n 足够大时，

$$\sum_{\alpha=1}^{n} E_{MN}^{(\alpha)} \varphi^{(\alpha)}(\tau)$$

可作为 $E_{MN}(\tau)$ 的最佳近似,且当 $n \to \infty$ 时收敛于 $E_{MN}(\tau)$.

现假定(7.11)式中的 $\tilde{\sigma}_{PQ}$ 是 $E_{MN}(\tau)$ 的连续泛函,则利用连续泛函的 Fréchet 展开,对应于给定的标准正交完备基 $\{\varphi^{(\alpha)}(\tau)\}$,$\tilde{\sigma}_{PQ}\ \{\!\{E_{MN}(\tau)\}\!\}$ 可近似由 $E_{MN}^{(\alpha)}(\alpha = 1,2,\cdots,n)$ 的多项式函数 $\sigma_{PQ}^{(n)}(E_{MN}^{(1)}, E_{MN}^{(2)},\cdots, E_{MN}^{(n)})$ 来加以表示,且当 n 趋于无穷大时,有 $\tilde{\sigma}_{PQ} = \lim_{n\to\infty} \sigma_{PQ}^{(n)}(E_{MN}^{(1)}, E_{MN}^{(2)},\cdots, E_{MN}^{(n)})$.

以上的多项式函数是由具有如下形式的代表项组合而成的:

$$E_{M_1N_1}^{(\alpha_1)} E_{M_2N_2}^{(\alpha_2)} \cdots E_{M_kN_k}^{(\alpha_k)} = \underbrace{\int_0^t \int_0^t \cdots \int_0^t}_{k\text{重积分}} [\varphi^{(\alpha_1)}(\tau_1)\varphi^{(\alpha_2)}(\tau_2)\cdots$$

$$\varphi^{(\alpha_k)}(\tau_k) E_{M_1N_1}(\tau_1) E_{M_2N_2}(\tau_2)\cdots E_{M_kN_k}(\tau_k) \mathrm{d}\tau_1 \mathrm{d}\tau_2 \cdots \mathrm{d}\tau_k. \qquad (7.13)$$

因此,泛函 $\tilde{\sigma}_{PQ}\ \{\!\{E_{MN}(\tau)\}\!\}$ 可近似地表示为

$$\tilde{\sigma}_{PQ}\ \{\!\{E_{MN}(\tau)\}\!\} = \sum_{k=0}^{n} \sigma_{PQ}^{(k)}(t), \qquad (7.14)$$

上式中的 $\sigma_{PQ}^{(k)}(t)$ 可通过积分核 $K_{PQM_1N_1\cdots M_kN_k}$ 写为

$$\sigma_{PQ}^{(k)} = \underbrace{\int_0^t \int_0^t \cdots \int_0^t}_{k\text{重积分}} K_{PQM_1N_1\cdots M_kN_k}(t, \tau_1, \tau_2, \cdots, \tau_k) E_{M_1N_1}(\tau_1) E_{M_2N_2}(\tau_2)$$

$$\cdots E_{M_kN_k}(\tau_k) \mathrm{d}\tau_1 \mathrm{d}\tau_2 \cdots \mathrm{d}\tau_k \quad (\text{当 } k \geqslant 1 \text{ 时}), \qquad (7.15)$$

且当 n 趋于无穷大时,有

$$\tilde{\sigma}_{PQ}\ \{\!\{E_{MN}(\tau)\}\!\} = \lim_{n\to\infty} \sum_{k=1}^{n} \sigma_{PQ}^{(k)}. \qquad (7.16)$$

现考虑两个完全相同的,但在时间上滞后 a 的变形梯度历史 $\boldsymbol{F}'$ 和 $\boldsymbol{F}$,满足

$$\boldsymbol{F}(\tau) = \boldsymbol{F}'(\tau + a). \qquad (7.17)$$

显然,这时也有

$$\boldsymbol{E}(\tau) = \boldsymbol{E}'(\tau + a).$$

假定材料性质具有时间平移不变性,即对任意的 a,当 $\boldsymbol{F}(\tau) = \boldsymbol{F}'(\tau + a)$ 时,要求有

$$\tilde{\sigma}_{PQ}(t) = \tilde{\sigma}'_{PQ}(t + a).$$

这相当于要求有

$$\sigma_{PQ}^{(k)}(t) = \sigma'^{(k)}_{PQ}(t + a) \quad (k = 0,1,2,\cdots).$$

上式可具体写为

$$\sigma_{PQ}^{(k)}(t) = \int_a^{t+a}\int_a^{t+a}\cdots\int_a^{t+a} K_{PQM_1N_1\cdots M_kN_k}(t+a,\tau_1,\tau_2,\cdots,\tau_k)$$
$$E'_{M_1N_1}(\tau_1)E'_{M_2N_2}(\tau_2)\cdots E'_{M_kN_k}(\tau_k)\mathrm{d}\tau_1\mathrm{d}\tau_2\cdots\mathrm{d}\tau_k$$
$$= \int_0^t\int_0^t\cdots\int_0^t K_{PQM_1N_1\cdots M_kN_k}(t,\tau_1,\tau_2,\cdots,\tau_k)E_{M_1N_1}(\tau_1)E_{M_2N_2}(\tau_2)$$
$$\cdots E_{M_kN_k}(\tau_k)\mathrm{d}\tau_1\mathrm{d}\tau_2\cdots\mathrm{d}\tau_k.$$

作变数替换 $\bar{\tau}_i = \tau_i - a(i = 1,2,\cdots,k)$,并注意到

$$E'_{M_iN_i}(\bar{\tau}_i + a) = E_{M_iN_i}(\bar{\tau}_i)(i = 1,2,\cdots,k).$$

上式还可写为

$$\sigma_{PQ}^{(k)}(t) = \int_0^t\int_0^t\cdots\int_0^t K_{PQM_1N_1\cdots M_kN_k}(t+a,\bar{\tau}_1+a,\cdots,\bar{\tau}_k+a)$$
$$E_{M_1N_1}(\bar{\tau}_1)E_{M_2N_2}(\bar{\tau}_2)\cdots E_{M_kN_k}(\bar{\tau}_k)\mathrm{d}\bar{\tau}_1\mathrm{d}\bar{\tau}_2\cdots\mathrm{d}\bar{\tau}_k$$
$$= \int_0^t\int_0^t\cdots\int_0^t K_{PQM_1N_1\cdots M_kN_k}(t+a,\tau_1+a,\cdots,\tau_k+a)$$
$$E_{M_1N_1}(\tau_1)E_{M_2N_2}(\tau_2)\cdots E_{M_kN_k}(\tau_k)\mathrm{d}\tau_1\mathrm{d}\tau_2\cdots\mathrm{d}\tau_k.$$

因为上式对任意 a 都成立,故可令 $a = -t$.所以,上式中的积分核应具有如下的形式

$$K_{PQM_1N_1\cdots M_kN_k}(t+a,\tau_1+a,\cdots,\tau_k+a)$$
$$= K_{PQM_1N_1\cdots M_kN_k}(0,\tau_1-t,\cdots,\tau_k-t).$$

由此可见,对于满足时间平移不变性的无老化材料,(7.11) 式中的 $\tilde{\sigma}_{PQ}\{\!\{E_{MN}(\tau)\}\!\}$ 可用多重积分表示为

$$\tilde{\sigma}_{PQ}\{\!\{E_{MN}(\tau)\}\!\} = \sum_{k=0}^{\infty}\sigma_{PQ}^{(k)}(t) = K_{PQ}^{(0)}(t) + \int_0^t K_{PQMN}^{(1)}(t-\tau)E_{MN}(\tau)\mathrm{d}\tau +$$
$$\int_0^t\int_0^t K_{PQM_1N_1M_2N_2}^{(2)}(t-\tau_1,t-\tau_2)E_{M_1N_1}(\tau_1)E_{M_2N_2}(\tau_2)\mathrm{d}\tau_1\mathrm{d}\tau_2 + \cdots +$$
$$\underbrace{\int_0^t\int_0^t\cdots\int_0^t}_{k\text{重积分}} K_{PQM_1N_1\cdots M_kN_k}^{(k)}(t-\tau_1,t-\tau_2,\cdots,t-\tau_k)$$
$$E_{M_1N_1}(\tau_1)E_{M_2N_2}(\tau_2)\cdots E_{M_kN_k}(\tau_k)\mathrm{d}\tau_1\mathrm{d}\tau_2\cdots\mathrm{d}\tau_k + \cdots. \tag{7.18}$$

如果初始时刻无残余应力,则 $\sigma_{PQ}^{(0)}(t) = K_{PQ}^{(0)}(t) = 0$.

此外,应力响应也可写作是应变率历史的泛函.这时,上式中的 $E_{MN}(\tau)$ 要改为相应的物质导数 $\dot{E}_{MN}(\tau)$,但积分下限需改为 0_-,以便可以计入在 $t = 0$ 时刻的瞬态响应.如果记

$$\bar{\sigma}_{PQ}^{(k)}(t) = \int_{0_-}^{t}\int_{0_-}^{t}\cdots\int_{0_-}^{t} \overline{K}_{PQM_1N_1\cdots M_kN_k}^{(k)}(t-\tau_1, t-\tau_2, \cdots, t-\tau_k)$$

$$\dot{E}_{M_1N_1}(\tau_1)\dot{E}_{M_2N_2}(\tau_2)\cdots\dot{E}_{M_kN_k}(\tau_k)\mathrm{d}\tau_1\cdots\mathrm{d}\tau_k, \tag{7.19}$$

则由 Lagrange 型应变的物质导数表示的应力响应泛函可写为

$$\boldsymbol{\sigma} = \boldsymbol{R}(t)\cdot\bar{\boldsymbol{\sigma}}\{\!\{\dot{\boldsymbol{E}}(\tau)\}\!\}\cdot\boldsymbol{R}^{\mathrm{T}}(t), \tag{7.20}$$

或

$$\sigma_{ij} = R_{iP}(t)R_{jQ}(t)\bar{\sigma}_{PQ}\{\!\{\dot{E}_{MN}(\tau)\}\!\},$$

其中

$$\bar{\sigma}_{PQ}\{\!\{\dot{E}_{MN}(\tau)\}\!\} = \sum_{k=1}^{\infty}\bar{\sigma}_{PQ}^{(k)}(t). \tag{7.21}$$

(二) 初始各向同性黏弹性体的本构方程

对于各向同性黏弹性体,(7.20) 可写为

$$\boldsymbol{\sigma} = \bar{\boldsymbol{\sigma}}\{\!\{\dot{\boldsymbol{E}}_R(\tau)\}\!\}, \tag{7.22}$$

其中 $\dot{\boldsymbol{E}}_R(\tau) = \boldsymbol{R}(t)\cdot\dot{\boldsymbol{E}}(\tau)\cdot\boldsymbol{R}^{\mathrm{T}}(t)$. 因此, $R_{iP}R_{jQ}\bar{\sigma}_{PQ}^{(k)}(t)$ 仍可由(7.19)式的 k 重积分来加以表示,只需将式中的 $\dot{\boldsymbol{E}}$ 换为 $\dot{\boldsymbol{E}}_R$. 由各向同性张量表示定理可知,该式中的被积函数是由 $\dot{\boldsymbol{E}}_R(\tau_i)(i = 1,2,\cdots,k)$ 及其不变量所表示的对称多项式,且线性地依赖于每一个 $\dot{\boldsymbol{E}}_R(\tau_i)$.

例如,对于其中的一重积分,由于被积函数是线性依赖于 $\dot{\boldsymbol{E}}_R(\tau_1)$ 的各向同性张量函数,故利用(1.208) 式后,一重积分可写为

$$\int_{0_-}^{t}[K_1(t-\tau_1)(\mathrm{tr}\dot{\boldsymbol{E}}_R(\tau_1))\boldsymbol{I} + K_2(t-\tau_1)\dot{\boldsymbol{E}}_R(\tau_1)]\mathrm{d}\tau_1. \tag{7.23}$$

对于其中的二重积分,由于被积函数是线性依赖于 $\dot{\boldsymbol{E}}_R(\tau_1)$ 和 $\dot{\boldsymbol{E}}_R(\tau_2)$ 的各向同性张量函数,故利用(1.209) 式,并取其中仅线性依赖于 $\dot{\boldsymbol{E}}_R(\tau_1)$ 和 $\dot{\boldsymbol{E}}_R(\tau_2)$ 的项,可将二重积分写为

$$\int_{0_-}^{t}\int_{0_-}^{t}\{K_3(t-\tau_1, t-\tau_2)(\mathrm{tr}\dot{\boldsymbol{E}}_R(\tau_1)\mathrm{tr}\dot{\boldsymbol{E}}_R(\tau_2))\boldsymbol{I} +$$

$$K_4(t-\tau_1,t-\tau_2)\mathrm{tr}(\dot{\boldsymbol{E}}_R(\tau_1)\cdot\dot{\boldsymbol{E}}_R(\tau_2))\boldsymbol{I}+$$

$$K_5(t-\tau_1,t-\tau_2)\mathrm{tr}(\dot{\boldsymbol{E}}_R(\tau_1))\dot{\boldsymbol{E}}_R(\tau_2)+$$

$$K_6(t-\tau_1,t-\tau_2)[\dot{\boldsymbol{E}}_R(\tau_1)\cdot\dot{\boldsymbol{E}}_R(\tau_2)+\dot{\boldsymbol{E}}_R(\tau_2)\cdot\dot{\boldsymbol{E}}_R(\tau_1)]\}\mathrm{d}\tau_1\mathrm{d}\tau_2, \tag{7.24}$$

上式中,对应于 $K_5(t-\tau_1,t-\tau_2)$ 的项实际上是将积分式

$$\int_{0_-}^{t}\int_{0_-}^{t}[I_5(t-\tau_1,t-\tau_2)(\mathrm{tr}\dot{\boldsymbol{E}}_R(\tau_1))\dot{\boldsymbol{E}}_R(\tau_2)+$$

$$J_5(t-\tau_1,t-\tau_2)(\mathrm{tr}\dot{\boldsymbol{E}}_R(\tau_2))\dot{\boldsymbol{E}}_R(\tau_1)]\mathrm{d}\tau_1\mathrm{d}\tau_2$$

的第二项作变数替换,再合并系数后得到的:

$$K_5(t-\tau_1,t-\tau_2)=I_5(t-\tau_1,t-\tau_2)+J_5(t-\tau_2,t-\tau_1).$$

其中的三重积分可作类似的讨论,其被积函数涉及以下七项:

$$\left.\begin{array}{l}
1)\ \mathrm{tr}(\dot{\boldsymbol{E}}_1\cdot\dot{\boldsymbol{E}}_2\cdot\dot{\boldsymbol{E}}_3)\boldsymbol{I},\\
2)\ \mathrm{tr}(\dot{\boldsymbol{E}}_1)\mathrm{tr}(\dot{\boldsymbol{E}}_2\cdot\dot{\boldsymbol{E}}_3)\boldsymbol{I},\\
3)\ \mathrm{tr}(\dot{\boldsymbol{E}}_1)\mathrm{tr}(\dot{\boldsymbol{E}}_2)\mathrm{tr}(\dot{\boldsymbol{E}}_3)\boldsymbol{I},\\
4)\ \mathrm{tr}(\dot{\boldsymbol{E}}_1)\mathrm{tr}(\dot{\boldsymbol{E}}_2)\dot{\boldsymbol{E}}_3,\\
5)\ \mathrm{tr}(\dot{\boldsymbol{E}}_1\cdot\dot{\boldsymbol{E}}_2)\dot{\boldsymbol{E}}_3,\\
6)\ \mathrm{tr}(\dot{\boldsymbol{E}}_1)(\dot{\boldsymbol{E}}_2\cdot\dot{\boldsymbol{E}}_3+\dot{\boldsymbol{E}}_3\cdot\dot{\boldsymbol{E}}_2),\\
7)\ \dot{\boldsymbol{E}}_1\cdot\dot{\boldsymbol{E}}_2\cdot\dot{\boldsymbol{E}}_3+\dot{\boldsymbol{E}}_3\cdot\dot{\boldsymbol{E}}_2\cdot\dot{\boldsymbol{E}}_1,
\end{array}\right\} \tag{7.25}$$

其中 $\dot{\boldsymbol{E}}_i=\dot{\boldsymbol{E}}_R(\tau_i)(i=1,2,3)$,各项前的系数(核函数)具有如下形式

$$K_m(t-\tau_1,t-\tau_2,t-\tau_3)\quad(m=7,8,\cdots).$$

上式中未出现的项都可利用变数替换而归结为(7.25)式中的某一项.

然而,以上七项并不是完全独立的.如令 $\dot{\boldsymbol{E}}_1=\boldsymbol{A},\dot{\boldsymbol{E}}_2=\boldsymbol{B},\dot{\boldsymbol{E}}_3=\boldsymbol{C}$,则由推广的 Cayley-Hamilton 定理(第一章习题 1.12),可知

$(\boldsymbol{A}\cdot\boldsymbol{B}\cdot\boldsymbol{C}+\boldsymbol{B}\cdot\boldsymbol{C}\cdot\boldsymbol{A}+\boldsymbol{C}\cdot\boldsymbol{A}\cdot\boldsymbol{B}+\boldsymbol{C}\cdot\boldsymbol{B}\cdot\boldsymbol{A}+\boldsymbol{B}\cdot\boldsymbol{A}\cdot\boldsymbol{C}+\boldsymbol{A}\cdot\boldsymbol{C}\cdot\boldsymbol{B})-[(\boldsymbol{B}\cdot\boldsymbol{C}+\boldsymbol{C}\cdot\boldsymbol{B})\mathrm{tr}\boldsymbol{A}+(\boldsymbol{C}\cdot\boldsymbol{A}+\boldsymbol{A}\cdot\boldsymbol{C})\mathrm{tr}\boldsymbol{B}+(\boldsymbol{A}\cdot\boldsymbol{B}+\boldsymbol{B}\cdot\boldsymbol{A})\mathrm{tr}\boldsymbol{C}]+\boldsymbol{A}[(\mathrm{tr}\boldsymbol{B})(\mathrm{tr}\boldsymbol{C})-\mathrm{tr}(\boldsymbol{B}\cdot\boldsymbol{C})]+\boldsymbol{B}[(\mathrm{tr}\boldsymbol{C})(\mathrm{tr}\boldsymbol{A})-\mathrm{tr}(\boldsymbol{C}\cdot\boldsymbol{A})]+$

$$\boldsymbol{C}[(\mathrm{tr}\boldsymbol{A})(\mathrm{tr}\boldsymbol{B})-\mathrm{tr}(\boldsymbol{A}\cdot\boldsymbol{B})]-\boldsymbol{I}\{(\mathrm{tr}\boldsymbol{A})(\mathrm{tr}\boldsymbol{B})(\mathrm{tr}\boldsymbol{C})-[(\mathrm{tr}\boldsymbol{A})\mathrm{tr}(\boldsymbol{B}\cdot\boldsymbol{C})+(\mathrm{tr}\boldsymbol{B})\mathrm{tr}(\boldsymbol{C}\cdot\boldsymbol{A})+(\mathrm{tr}\boldsymbol{C})\mathrm{tr}(\boldsymbol{A}\cdot\boldsymbol{B})]+\mathrm{tr}(\boldsymbol{A}\cdot\boldsymbol{B}\cdot\boldsymbol{C})+\mathrm{tr}(\boldsymbol{C}\cdot\boldsymbol{B}\cdot\boldsymbol{A})\}=\boldsymbol{0}. \tag{7.26}$$

说明(7.25)式中的七项应满足约束条件(7.26)式,即(7.25)式中只有六项是独立的. 故在积分表达式中,可以略去其中某一项,例如,可略去(7.25)式中的第六项.

显然,我们还可以讨论多于三重的积分. 一般说,(7.21)式中展开的积分重数越多,表达式也就越精确. 对于简单剪切问题,剪应力是剪应变的奇函数,故不出现二重积分. 因此,为了描述材料的非线性性质,至少应将积分型本构关系展开到第三重积分. 这时,本构关系表达式中将会含有12项(其中一重积分有两项,二重积分有四项,三重积分有六项). 当然,要通过实验来确定12个积分核函数是十分困难的.

Lockett曾研究过展开到第三重积分的一维Green-Rivlin本构关系和三维Green-Rivlin本构关系,并详细地讨论了如何通过实验来确定积分核函数的问题. 读者可参考F.J. Lockett所写的《Nonlinear Viscoelastic Solids》(1972)(文献[7.2]),此处不再介绍.

§7.3 单积分型的本构关系

多重积分型本构关系中的多变量核函数需要由大量的实验来加以确定,这在实际应用中是非常不方便的. 为了简化问题的讨论,有时可采用单积分型的本构关系,用来描述某些给定条件下的材料力学行为. 下面,我们仅列举两种有代表性的单积分型本构关系.

(一) BKZ 模型

Kaye(1962)以及Bernstein, Kearsley和Zapas(1963)曾建议过以下形式的单积分型本构关系,称之为**BKZ模型**(或K-BKZ模型). 现对该模型作简要的介绍.

1) 不可压固体的BKZ模型

利用(4.55)式,我们可将Cauchy应力写为

$$\boldsymbol{\sigma}(t)=\frac{1}{\mathscr{J}}\boldsymbol{F}(t)\cdot\boldsymbol{T}^{(1)}_{\mathscr{K}_0}\{\!\{\boldsymbol{C}(\tau);\boldsymbol{C}(t)\}\!\}\cdot\boldsymbol{F}^{\mathrm{T}}(t).$$

当材料不可压时,上式需改写为

$$\boldsymbol{\sigma}(t) = -p\boldsymbol{I} + \rho_0 \boldsymbol{F}(t) \cdot \boldsymbol{T}_s \{\!\{ \boldsymbol{E}(\tau) \}\!\} \cdot \boldsymbol{F}^{\mathrm{T}}(t), \tag{7.27}$$

其中泛函 $\boldsymbol{T}_s$ 是一个二阶对称张量，$s = t - \tau$，$\boldsymbol{E}(\tau) = \dfrac{1}{2}(\boldsymbol{C}(\tau) - \boldsymbol{I})$ 为 τ 时刻的 Green 应变. 如果进一步假定材料是初始各向同性的，且 $\boldsymbol{T}_s$ 是关于 $\boldsymbol{E}(\tau)$ 的线性泛函，则根据对(4.113)式的讨论和各向同性张量表示定理，可将上式表示为

$$\boldsymbol{T}_s \{\!\{ \boldsymbol{E}(\tau) \}\!\} = C_0 \boldsymbol{I} + \left(\int_{-\infty}^{t} \overline{C}_1(t-\tau) \mathrm{tr} \boldsymbol{E}(\tau) \mathrm{d}\tau \right) \boldsymbol{I} + 2\int_{-\infty}^{t} \overline{C}_2(t-\tau) \boldsymbol{E}(\tau) \mathrm{d}\tau. \tag{7.28}$$

上式对应于(4.113)式中的 $t_0 = -\infty$，其中 C_0 为常数，$\overline{C}_1$ 和 $\overline{C}_2$ 为材料函数.

对于阶梯应变 $\boldsymbol{E}(t) = \boldsymbol{E}_0 H(t)$，其中 $H(t)$ 为 Heaviside 单位阶梯函数，$\boldsymbol{E}_0$ 与时间无关，则上式可简化为

$$\boldsymbol{T}_s \{\!\{ \boldsymbol{E}(\tau) \}\!\} = C_0 \boldsymbol{I} + (C_1(t) \mathrm{tr} \boldsymbol{E}_0) \boldsymbol{I} + 2C_2(t) \boldsymbol{E}_0,$$

其中 $C_1(t) = \int_0^t \overline{C}_1(\tau)\mathrm{d}\tau$；$C_2(t) = \int_0^t \overline{C}_2(\tau)\mathrm{d}\tau$.

于是，当 $t \to \infty$ 时，(7.27) 式化为

$$\boldsymbol{\sigma} = -p\boldsymbol{I} + \rho_0 \boldsymbol{F} \cdot \frac{\partial \psi}{\partial \boldsymbol{E}_0} \cdot \boldsymbol{F}^{\mathrm{T}}, \tag{7.29}$$

其中

$$\left.\begin{aligned} &\psi = C_0 \mathrm{tr} \boldsymbol{E}_0 + \frac{1}{2} C_1 (\mathrm{tr} \boldsymbol{E}_0)^2 + C_2 \mathrm{tr} \boldsymbol{E}_0^2, \\ &C_1 = C_1(\infty), \quad C_2 = C_2(\infty), \quad \boldsymbol{F} = \boldsymbol{F}(\infty). \end{aligned}\right\} \tag{7.30}$$

因为对应于 $\boldsymbol{E}_0$ 的右 Cauchy-Green 张量为 $\boldsymbol{C} = 2\boldsymbol{E}_0 + \boldsymbol{I}$，其第一、第二不变量为

$$I_1 = \mathrm{tr}\boldsymbol{C}, \quad I_2 = \frac{1}{2}(I_1^2 - \mathrm{tr}\boldsymbol{C}^2),$$

故(7.30) 式还可写为

$$\psi = \left(\frac{1}{2}C_0 + C_2\right)(I_1 - 3) + \frac{1}{4}\left(\frac{1}{2}C_1 + C_2\right)(I_1 - 3)^2 - \frac{1}{2}C_2(I_2 - 3). \tag{7.31}$$

它对应于 Signiorini 建议的超弹性本构势(6.90) 式，表明单积分型本构方程(7.27) 式和(7.28) 式可用来描述长期加载时处于平衡态下的固体的力学行为.

2) 不可压黏弹性流体的 BKZ 模型

Cauchy 应力也可以通过相对变形梯度历史的泛函由(4.50)式来加以表示.对于各向同性材料,(4.50)式还可等价地由(4.53)式表示为

$$\boldsymbol{\sigma}(t)=\hat{\boldsymbol{\sigma}}_{\mathscr{K}_0}\{\!\{\boldsymbol{C}_t(\tau),\boldsymbol{B}(t)\}\!\}. \tag{7.32}$$

其中 $\{\!\{\cdots\}\!\}$ 表示泛函,$\boldsymbol{C}_t(\tau)$ 是对应于相对变形梯度 $\boldsymbol{F}_t(\tau)$ 的右 Cauchy-Green 张量,$\boldsymbol{B}(t)$ 是 t 时刻的左 Cauchy-Green 张量.显然,上式也可以表示为 $\boldsymbol{C}_t(\tau)$ 的逆的泛函.因为 $\boldsymbol{F}_t(\tau)$ 的逆等于 $\boldsymbol{F}_\tau(t)=\boldsymbol{F}_t^{-1}(\tau)$,表示了以 τ 时刻的构形作为参考构形的变形梯度,所以

$$\boldsymbol{C}_t^{-1}(\tau)=\boldsymbol{F}_t^{-1}(\tau)\cdot\boldsymbol{F}_t^{-\mathrm{T}}(\tau)=\boldsymbol{F}_\tau(t)\cdot\boldsymbol{F}_\tau^{\mathrm{T}}(t)=\boldsymbol{B}_\tau(t) \tag{7.33}$$

是相对于 τ 时刻的左 Cauchy-Green 张量.

现考虑以 τ 时刻的构形为参考构形的不可压超弹性体.由(6.13)式,t 时刻的 Cauchy 应力可表示为

$$\boldsymbol{\sigma}_\tau(t)=-p_0\boldsymbol{I}+2\rho_0\boldsymbol{F}_\tau(t)\cdot\frac{\partial\psi_\tau}{\partial\boldsymbol{C}_\tau(t)}\cdot\boldsymbol{F}_\tau^{\mathrm{T}}(t). \tag{7.34}$$

其中 ψ_τ 是以 $\boldsymbol{C}_\tau(t)=\boldsymbol{F}_\tau^{\mathrm{T}}(t)\cdot\boldsymbol{F}_\tau(t)$ 为变元的超弹性势.对于不可压各向同性材料,ψ_τ 可表示为 $\boldsymbol{C}_\tau(t)$(或 $\boldsymbol{B}_\tau(t)$)的第一和第二主不变量 $I_1(\tau)$ 和 $I_2(\tau)$ 的函数.

不可压黏弹性流体的 BKZ 模型相当于假定 t 时刻的应力是由所有 $\tau(<t)$ 时刻的构形作为参考构形的弹性储能对应力贡献的总和,由习题 7.3,Cauchy 应力可写为

$$\boldsymbol{\sigma}(t)=-p\boldsymbol{I}+\rho_0\int_{-\infty}^{t}\boldsymbol{F}_\tau(t)\cdot\frac{\partial\psi_\tau}{\partial\boldsymbol{E}_\tau}\cdot\boldsymbol{F}_\tau^{\mathrm{T}}(t)\mathrm{d}\tau, \tag{7.35}$$

上式中 $\boldsymbol{E}_\tau=\dfrac{1}{2}(\boldsymbol{C}_\tau(t)-\boldsymbol{I})$ 为相对 Green 应变.注意到

$$\boldsymbol{F}_\tau(t)\cdot\frac{\partial\psi_\tau}{\partial\boldsymbol{E}_\tau}\cdot\boldsymbol{F}_\tau^{\mathrm{T}}(t)=2\left[\left(\frac{\partial\psi_\tau}{\partial I_1(\tau)}+\frac{\partial\psi_\tau}{\partial I_2(\tau)}I_1(\tau)\right)\boldsymbol{B}_\tau(t)-\frac{\partial\psi_\tau}{\partial I_2(\tau)}\boldsymbol{B}_\tau^2(t)\right], \tag{7.36}$$

并对 $\boldsymbol{B}_\tau(t)$ 应用 Cayley-Hamilton 定理,则当扣除静水应力部分后,(7.35)式也可等价地写为

$$\boldsymbol{\sigma}(t)=-p\boldsymbol{I}+2\rho_0\int_{-\infty}^{t}\left[\frac{\partial\psi_\tau}{\partial I_1(\tau)}\boldsymbol{B}_\tau(t)-\frac{\partial\psi_\tau}{\partial I_2(\tau)}\boldsymbol{B}_\tau^{-1}(t)\right]\mathrm{d}\tau. \tag{7.37}$$

特别地,(7.35)式中的 ψ_τ 可类似于(7.30)式取为

$$\psi_\tau = \hat{C}_0(t-\tau)\mathrm{tr}\boldsymbol{E}_\tau + \frac{1}{2}\hat{C}_1(t-\tau)(\mathrm{tr}\boldsymbol{E}_\tau)^2 + \hat{C}_2(t-\tau)\mathrm{tr}\boldsymbol{E}_\tau^2. \tag{7.38}$$

比较(7.31)式,可知(7.36)式中的系数为

$$2\left[\frac{\partial\psi_\tau}{\partial I_1(\tau)} + \frac{\partial\psi_\tau}{\partial I_2(\tau)}I_1(\tau)\right] = \hat{C}_0(t-\tau) + \frac{1}{2}\hat{C}_1(t-\tau)(I_1(\tau)-3) - \hat{C}_2(t-\tau),$$

$$2\frac{\partial\psi_\tau}{\partial I_2(\tau)} = -\hat{C}_2(t-\tau).$$

故可将表达式(7.36)式代入(7.35)式而得到

$$\boldsymbol{\sigma}(t) = -p\boldsymbol{I} + \rho_0\int_{-\infty}^{t}\left\{\left[\hat{C}_0(t-\tau) + \frac{1}{2}\hat{C}_1(t-\tau)(\mathrm{tr}\boldsymbol{B}_\tau - 3) - \hat{C}_2(t-\tau)\right]\boldsymbol{B}_\tau + \hat{C}_2(t-\tau)\boldsymbol{B}_\tau^2\right\}\mathrm{d}\tau. \tag{7.39}$$

现讨论在 $t=0$ 时刻材料经受阶跃应变 $\boldsymbol{B}_\tau^{(0)}$ 的应力松弛特性.由

$$\boldsymbol{B}_\tau(t) = \begin{cases}\boldsymbol{I}, & \text{当 } t<0, \text{或 } t>0, \tau>0,\\ \boldsymbol{B}_\tau^{(0)}, & \text{当 } t>0 \text{ 和 } \tau<0.\end{cases}$$

(7.39)式将简化为

$$\boldsymbol{\sigma}(t) = -p'\boldsymbol{I} + \rho_0\left[C_0(t) + \frac{1}{2}C_1(t)(\mathrm{tr}\boldsymbol{B}_\tau^{(0)} - 3) - C_2(t)\right]\boldsymbol{B}_\tau^{(0)} + \rho_0 C_2(t)(\boldsymbol{B}_\tau^{(0)})^2, \tag{7.40}$$

其中

$$\left.\begin{aligned} C_0(t) &= \int_t^\infty \hat{C}_0(s)\mathrm{d}s,\\ C_1(t) &= \int_t^\infty \hat{C}_1(s)\mathrm{d}s,\\ C_2(t) &= \int_t^\infty \hat{C}_2(s)\mathrm{d}s.\end{aligned}\right\} \tag{7.41}$$

需注意,上式中的 $C_0(t)$、$C_1(t)$ 和 $C_2(t)$ 并不等同于不可压固体 BKZ 模型中的 C_0、C_1 和 C_2.之所以采用相同的符号,只是为了便于对以上两种本构关系进行比较而已.事实上,当 $t\to\infty$ 时,(7.41)式中的 $C_0(t)$,$C_1(t)$,$C_2(t)$ 将趋于零.因此,除静水压外,并不存在长期加载下的平衡态.可见(7.39)式更适合于描述流体的特性.

Zapas 和 Craft(1965),Larson 和 Valesano(1976),Osaki 等(1981)曾通过二次阶跃应变实验对 BKZ 模型进行了检验.实验结果表明,当两个阶跃应变同方向时,采用流体 BKZ 模型来模拟材料的黏弹性性质还是比较

合理的,但当两个阶跃应变反方向时,BKZ 模型与实验结果并不完全一致. 此外,Attané 等(1988),Chan Man Fong 和 De Kee(1992) 也对 BKZ 模型进行过实验研究.

(二) 有限线性黏弹性模型

1) Lianis 模型

(7.32) 式表明,对于各向同性材料,t 时刻的 Cauchy 应力 $\boldsymbol{\sigma}$ 仅依赖于当前时刻的$\boldsymbol{B}(t)$ 以及相对右 Cauchy-Green 张量 $\boldsymbol{C}_t(\tau)$ 的历史. 根据各向同性张量函数表示定理(1.209) 式,以 $\boldsymbol{B}(t)$ 和 $\dot{\boldsymbol{C}}_t(\tau)$ 为变元的各向同性张量函数具有如下的形式:

$$\begin{aligned}\boldsymbol{\Phi}(\boldsymbol{B}(t),\dot{\boldsymbol{C}}_t(\tau)) = {} & \varphi_0\boldsymbol{I} + \varphi_1\boldsymbol{B} + \varphi_2\dot{\boldsymbol{C}}_t(\tau) + \varphi_3\boldsymbol{B}^2 + \varphi_4(\dot{\boldsymbol{C}}_t(\tau))^2 + \\ & \varphi_5(\boldsymbol{B}\cdot\dot{\boldsymbol{C}}_t(\tau) + \dot{\boldsymbol{C}}_t(\tau)\cdot\boldsymbol{B}) + \varphi_6(\boldsymbol{B}^2\cdot\dot{\boldsymbol{C}}_t(\tau) + \\ & \dot{\boldsymbol{C}}_t(\tau)\cdot\boldsymbol{B}^2) + \varphi_7[\boldsymbol{B}\cdot(\dot{\boldsymbol{C}}_t(\tau))^2 + (\dot{\boldsymbol{C}}_t(\tau))^2\cdot\boldsymbol{B}],\end{aligned}$$

其中 $\dot{\boldsymbol{C}}_t(\tau)$ 是 $\boldsymbol{C}_t(\tau)$ 对 τ 的导数,$\varphi_0,\varphi_1,\cdots,\varphi_7$ 是 $\boldsymbol{B}$ 和$\dot{\boldsymbol{C}}_t(\tau)$ 的联合不变量的函数.

如果变形比较缓慢,则可假定 $\boldsymbol{\sigma}(t)$ 是 $\dot{\boldsymbol{C}}_t(\tau)$ 的线性泛函. 这时,对于不可压材料,(7.32) 式可写为

$$\begin{aligned}\boldsymbol{\sigma}(t) = {} & -p\boldsymbol{I} + \varphi_1\boldsymbol{B} + \varphi_3\boldsymbol{B}^2 + \\ & \sum_{\alpha=0}^{2}\int_{-\infty}^{t}K_\alpha(t-\tau)[\boldsymbol{B}^\alpha\cdot\dot{\boldsymbol{C}}_t(\tau) + \dot{\boldsymbol{C}}_t(\tau)\cdot\boldsymbol{B}^\alpha]\mathrm{d}\tau + \\ & \sum_{\alpha=0}^{2}\sum_{\beta=0}^{2}\int_{-\infty}^{t}K_{\alpha\beta}(t-\tau)\boldsymbol{B}^\alpha\mathrm{tr}(\boldsymbol{B}^\beta\cdot\dot{\boldsymbol{C}}_t(\tau))\mathrm{d}\tau,\end{aligned} \tag{7.42}$$

其中 φ_1 和 φ_3 为 $\boldsymbol{B}(t)$ 的主不变量的函数,$K_\alpha(\alpha=0,1,2)$ 和 $K_{\alpha\beta}(\alpha,\beta=0,1,2)$ 除了依赖于 $\boldsymbol{B}(t)$ 的主不变量之外,还依赖于时间 $t-\tau$.

Lianis(1963) 对上式作了进一步的简化. 他假定:(i) 应力松弛函数 K_α 和$K_{\alpha\beta}$ 不依赖于$\boldsymbol{B}(t)$的主不变量. (ii) 在长期加载($t\to\infty$)条件下和在短期加载条件下,(7.42) 式可退化为具有 Mooney 形式的超弹性本构关系,即可退化为(6.58) 式的形式,但其中 $\boldsymbol{B}$ 的系数为$I_1=\mathrm{tr}\boldsymbol{B}(t)$ 的线性函数,而 $\boldsymbol{B}^2$ 的系数为常数.

不难看出,如果设:

(i) $\varphi_1=\rho_0\left[C_0'+\dfrac{1}{2}C_1'(I_1-3)-C_2'\right],\varphi_3=\rho_0C_2'$, (7.43)

其中 C_0', C_1', C_2' 为常数.

(ii) 当 $t \to \infty$ 时, $K_\alpha \to 0$ 和 $K_{\alpha\beta} \to 0$.

(iii) $K_{10} = K_{12} = K_{20} = K_{21} = K_{22} = 0.$ (7.44)

则 Lianis 的假定可以自动满足.这时,本构关系(7.42) 式可简化为

$$\begin{aligned}\boldsymbol{\sigma}(t) = &- p\boldsymbol{I} + \rho_0\left[C_0' + \frac{1}{2}C_1'(I_1 - 3) - C_2'\right]\boldsymbol{B}(t) + \\ &\rho_0 C_2'\boldsymbol{B}^2(t) + 2\int_{-\infty}^{t} K_0(t-\tau)\dot{\boldsymbol{C}}_t(\tau)\mathrm{d}\tau + \\ &\int_{-\infty}^{t} K_1(t-\tau)[\boldsymbol{B}\cdot\dot{\boldsymbol{C}}_t(\tau) + \dot{\boldsymbol{C}}_t(\tau)\cdot\boldsymbol{B}]\mathrm{d}\tau + \\ &\int_{-\infty}^{t} K_2(t-\tau)[\boldsymbol{B}^2\cdot\dot{\boldsymbol{C}}_t(\tau) + \dot{\boldsymbol{C}}_t(\tau)\cdot\boldsymbol{B}^2]\mathrm{d}\tau + \\ &\boldsymbol{B}\int_{-\infty}^{t} K_{11}(t-\tau)\mathrm{tr}[\boldsymbol{B}\cdot\dot{\boldsymbol{C}}_t(\tau)]\mathrm{d}\tau.\end{aligned} \tag{7.45}$$

事实上,对于阶梯应变,使得当 $t > 0$ 时,

$$\boldsymbol{C}_t(\tau) = \begin{cases}\boldsymbol{I}, & \tau > 0,\\ \boldsymbol{B}_\tau^{-1}(t) = \boldsymbol{B}_0^{-1}, & \tau \leqslant 0.\end{cases}$$

其中 $\boldsymbol{B}_0$ 不随时间变化,便有

$$\boldsymbol{C}_t(\tau) = \boldsymbol{B}_0^{-1} + (\boldsymbol{I} - \boldsymbol{B}_0^{-1})H(\tau), \quad \dot{\boldsymbol{C}}_t(\tau) = (\boldsymbol{I} - \boldsymbol{B}_0^{-1})\delta(\tau), \tag{7.46}$$

式中的 $\delta(\tau)$ 为 δ- 函数.如果将上式代入(7.42) 式,并利用(7.43) 式,便得到

$$\begin{aligned}\boldsymbol{\sigma}(t) = &- p\boldsymbol{I} + \rho_0\left[C_0' + \frac{1}{2}C_1'(I_1 - 3) - C_2'\right]\boldsymbol{B}_0 + \rho_0 C_2'\boldsymbol{B}_0^2 + \\ &\sum_{\alpha=0}^{2} 2K_\alpha(t)[\boldsymbol{B}_0^\alpha - \boldsymbol{B}_0^{\alpha-1}] + \sum_{\alpha=0}^{2}\sum_{\beta=0}^{2} K_{\alpha\beta}(t)\boldsymbol{B}_0^\alpha[\mathrm{tr}\boldsymbol{B}_0^\beta - \mathrm{tr}\boldsymbol{B}_0^{\beta-1}].\end{aligned}$$

可见,当(7.44) 式成立时,由 $I_3 = 1$ 以及 Cayley-Hamilton 定理

$$\boldsymbol{B}_0^{-1} = \boldsymbol{B}_0^2 - I_1\boldsymbol{B}_0 + I_2\boldsymbol{I},$$

上式可化为具有 Mooney 形式的超弹性本构关系:

$$\begin{aligned}\boldsymbol{\sigma}(t) = &- p\boldsymbol{I} + \left\{\rho_0\left[C_0' + \frac{1}{2}C_1'(I_1 - 3) - C_2'\right] + 2[K_0(t)I_1 + K_1(t) - \right. \\ &\left. K_2(t)] + K_{11}(t)(I_1 - 3)\right\}\boldsymbol{B}_0 + \{\rho_0 C'_2 + 2[K_2(t) - K_0(t)]\}\boldsymbol{B}_0^2.\end{aligned} \tag{7.47}$$

上式中,已将含 $\boldsymbol{I}$ 的项合并到关于静水压的右端第一项中.

与(7.40) 式比较,可知上式与 BKZ 模型的系数之间有如下的对应关

系:

$$\left.\begin{aligned}\rho_0 C_0(t) &= \rho_0 C_0' + 2[2K_0(t) + K_1(t)],\\ \rho_0 C_1(t) &= \rho_0 C_1' + 2[2K_0(t) + K_{11}(t)],\\ \rho_0 C_2(t) &= \rho_0 C_2' - 2[K_0(t) - K_2(t)].\end{aligned}\right\} \tag{7.48}$$

因此,当描述材料在阶梯应变下的应力松弛特性时,Lianis 模型与 BKZ 模型是等价的.

文献[7.2]对如何通过实验来确定 BKZ 模型和 Lianis 模型中的材料参数(或函数)作了详细的介绍,并对这两种模型的适用性进行了相应的讨论.考虑到 Lianis 模型中有四个应力松弛函数,因此,与 BKZ 模型相比,需要有更多的变形历史的实验才能确定(7.48)式中的 C'_0、C'_1、C'_2 和 $K_0(t)$、$K_1(t)$、$K_2(t)$、$K_{11}(t)$.有关这方面的内容可参见文献[7.2],这里不再讨论.

2) **McGuirt-Lianis 模型**

现考虑在简单拉伸条件下的阶跃应变.在直角坐标系中,如果拉伸方向沿 x_1 方向,则

$$\begin{aligned}x_1 &= X_1[1 + (\lambda - 1)H(t)],\\ x_2 &= X_2[1 + (\lambda^{-\frac{1}{2}} - 1)H(t)],\\ x_3 &= X_3[1 + (\lambda^{-\frac{1}{2}} - 1)H(t)].\end{aligned}$$

故当 $t > 0, \tau < 0$ 时,相应的 $\boldsymbol{B}_\tau(t)$ 可由主值表示为

$$\boldsymbol{B}_\tau(t) = \mathrm{diag}[\lambda^2, \lambda^{-1}, \lambda^{-1}], \tag{7.49}$$

因此 $I_1 = \lambda^2 + 2\lambda^{-1}$.

再考虑在双向拉伸条件下的阶跃应变:

$$\begin{aligned}x_1 &= X_1[1 + (\lambda - 1)H(t)],\\ x_2 &= X_2[1 + (\lambda - 1)H(t)],\\ x_3 &= X_3[1 + (\lambda^{-2} - 1)H(t)].\end{aligned}$$

当 $t > 0, \tau < 0$ 时,相应的 $\boldsymbol{B}_\tau(t)$ 可表示为

$$\boldsymbol{B}_\tau(t) = \mathrm{diag}[\lambda^2, \lambda^2, \lambda^{-4}]. \tag{7.50}$$

因此 $I_1 = 2\lambda^2 + \lambda^{-4}$.

将(7.49)式代入(7.47)式,并由 $\sigma_{33} = 0$ 消去 p,可知当 $t \to \infty$ 时,平衡态下的应力 $\sigma_{11}(t) = \sigma(t)$ 可表示为

$$\sigma_U^{(e)} = \frac{\sigma(t)}{\lambda^2 - \lambda^{-1}} = \rho_0\left(\frac{1}{2}C_1' + C_2'\right)(\lambda^2 - 1) +$$

$$\rho_0(C_1' + C_2')\lambda^{-1} + \rho_0(C_0' - C_1'). \tag{7.51}$$

类似地,将(7.50)式代入(7.47)式,并由 $\sigma_{33} = 0$ 消去 p,可知当 $t \to \infty$ 时,平衡态下的应力 $\sigma_{11}(t) = \sigma_{22}(t) = \sigma(t)$ 可表示为

$$\sigma_B^{(e)} = \frac{\sigma(t)}{\lambda^2 - \lambda^{-4}} = \rho_0\left(\frac{1}{2}C_1' + C_2'\right)(2\lambda^2 + \lambda^{-4} - 3) - \rho_0 C_2'\lambda^2 + \rho_0(C_0' + 2C_2'). \tag{7.52}$$

Goldberg 和 Lianis(1967) 对丁苯橡胶(SBR) 等高聚物进行了实验研究,发现以上的材料常数满足 $\frac{1}{2}C_1' + C_2' = 0$,即 $C_1' = -2C_2'$. 这时,(7.51) 式和(7.52) 式分别化为

$$\sigma_U^{(e)} = \frac{1}{2}\rho_0 C_1'\lambda^{-1} + \rho_0(C_0' - C'_1),$$

和

$$\sigma_B^{(e)} = \frac{1}{2}\rho C_1'\lambda^2 + \rho_0(C_0' - C_1').$$

即 $\sigma_U^{(e)}$ 与λ^{-1} 以及 $\sigma_B^{(e)}$ 与λ^2 之间不仅具有线性关系,而且还具有相同的斜率和截距.

然而,McGuirt 和 Lianis(1967) 在对丁苯橡胶(SBR) 所进行的单向和双向拉伸实验表明,$\sigma_U^{(e)} \sim \lambda^{-1}$ 及 $\sigma_B^{(e)} \sim \lambda^2$ 之间虽然可近似认为具有线性关系,但却没有相同的斜率和截距. 可见,Lianis 模型并不能同时描述单向拉伸和双向拉伸实验中材料的应力松弛特性.

基于以上讨论,McGuirt 和 Lianis 对(7.45) 式作了相应的修正,认为(7.45) 式中的材料参数和应力松弛函数还应该依赖于 $\boldsymbol{B}(t)$ 的第二不变量 I_2. 它们所建议的本构关系可写为

$$\begin{aligned}\boldsymbol{\sigma}(t) = &-p\boldsymbol{I} + \rho_0[a_0 + a_1(I_2 - 2)^{-2} - a_2 I_1 - a_3 I_1(I_2 - 3)]\boldsymbol{B} + \\ &[a_2 + a_3(I_2 - 3)]\boldsymbol{B}^2 + 2\int_{-\infty}^{t}\hat{K}_0(t-\tau)\dot{\boldsymbol{C}}_t(\tau)\mathrm{d}\tau + \\ &2(I_2 - 3)\int_{-\infty}^{t}\hat{K}_0'(t-\tau)\dot{\boldsymbol{C}}_t(\tau)\mathrm{d}\tau + \\ &\int_{-\infty}^{t}\hat{K}_1(t-\tau)[\boldsymbol{B}\cdot\dot{\boldsymbol{C}}_t(\tau) + \dot{\boldsymbol{C}}_t(\tau)\cdot\boldsymbol{B}]\mathrm{d}\tau.\end{aligned} \tag{7.53}$$

上式中有四个材料常数和三个依赖于时间 t 的应力松弛函数需要由实验来确定. 由于(7.53) 式的给出具有一定的随意性,因此其适用范围还有待进一步检验.

在结束本小节的讨论之前,我们还要对变温条件下的单积分型黏弹性本构关系作一点说明. 为了将本小节在恒定温度下的本构关系推广到

变化温度的情形，常引进所谓“折合时间”(reduced time) 的概念，其定义为

$$\zeta(t) = \int_0^t a[\theta(t')]\mathrm{d}t' \tag{7.54}$$

上式中 θ 为温度，$a(\theta)$ 是温度的函数，称之为**移动函数**(shift function)，它在参考温度 θ_0 下等于1，即 $a(\theta_0) = 1$. 应力松弛函数对温度的依赖性是通过“折合时间”ζ 的引入来予以描述的. 例如，在变温条件下，Lianis 模型(7.45) 式中的 $K_\alpha(t-\tau)(\alpha = 0,1,2)$ 和 $K_{11}(t-\tau)$ 应分别改为 $K_\alpha(\zeta(t)-\zeta(\tau))(\alpha = 0,1,2)$ 和 $K_{11}(\zeta(t)-\zeta(\tau))$. 特别地，当温度恒定时：$\theta = \theta_1 \neq \theta_0$，有 $\zeta = a(\theta_1)t$，或 $\log\zeta = \log a(\theta_1) + \log t$，故以上关系也称之为时 - 温等效关系. McGuirt 和 Lianis(1968) 在 -30℃ 到27℃ 温度范围内对丁苯橡胶(SBR) 所作的实验以及其他的一些实验表明，在一定范围内，时 - 温等效关系是成立的.

§7.4 高聚物本构关系的瞬态网络模型

(一) 变形能函数

(1) 引言

在第六章关于弹性体本构关系的讨论中，我们曾简单地介绍了橡胶弹性的分子网络模型. 该模型是建立在某些简化假设基础上的. 对于橡胶弹性体来说，由于温度远高于玻璃化转变温度，因此可忽略分子之间 van der Waals 力的作用. 对于黏弹性体，我们仍然可以建立相应的分子网络模型. 这里，我们将保留 §6.3(三) 的前四个假设，但由于材料的温度在玻璃化转变温度附近，需考虑分子链的松弛特性. 这时，可认为高聚物是由 M 种类型的分子链网构成的，不同类型的链网对应于不同的松弛特性(即对应于分子链的不同的特征长度). 两端处于不同结点的一条分子链可简化为一根非线性弹簧. 由于微布朗运动，链的一端可能会与结点断开(breakage)，而已经断开的链的一端又可能与邻近的结点相结合而重新形成新的链段(reformation). 基于以上考虑的本构模型将称为**瞬态网络模型**(the transient network model). 有关这方面的详细讨论可参考[7.7].

现考虑球坐标系(r,φ,ω) 中对应于 t 时刻取向为(φ,ω) 的立体锥元 $\sin\varphi\mathrm{d}\varphi\mathrm{d}\omega$ 内的分子链数. 如果分子链数非常多，则可用取向分布函数来进行描述. 初始单位体积中，τ 时刻以前形成，而在 t 时刻仍然存在且取

向位于(φ,ω)与$(\varphi+\mathrm{d}\varphi,\omega+\mathrm{d}\omega)$之间的第 m 种类型的分子链数可记为

$$X_m(t,\tau;\varphi,\omega)\sin\varphi\mathrm{d}\varphi\mathrm{d}\omega.$$

类似地,具有取向(φ,ω)的第 m 种类型分子链在$\tau=0$时刻以前形成,而在 t 时刻仍然存在的数密度,以及$[\tau,\tau+\mathrm{d}\tau]$时间内形成并在 t 时刻仍然存在的分子链数密度可分别记为

$$X_m(t,0;\varphi,\omega)\quad 和 \quad \frac{\partial X_m(t,\tau;\varphi,\omega)}{\partial\tau}\mathrm{d}\tau.$$

另外,可将 τ 时刻形成,而在 t 时刻仍然存在并具有取向(φ,ω)的第 m 种类型单根分子链的弹性变形能记为 $W_m(t,\tau;\varphi,\omega)$. 于是,当不考虑分子链之间的交互作用能时,初始单位体积中 t 时刻的变形能可假定为所有分子链弹性变形能的总和

$$W(t)=\sum_{m=1}^{M}\Big[\langle X_m(t,0;\varphi,\omega)W_m(t,0;\varphi,\omega)\rangle+\int_0^t\langle\frac{\partial X_m(t,\tau;\varphi,\omega)}{\partial\tau}W_m(t,\tau;\varphi,\omega)\rangle\mathrm{d}\tau\Big],\tag{7.55}$$

上式中

$$\left.\begin{aligned}&\langle X_m(t,0;\varphi,\omega)W_m(t,0;\varphi,\omega)\rangle\\&=\int_0^{\pi}\mathrm{d}\varphi\int_0^{2\pi}X_m(t,0;\varphi,\omega)W_m(t,0;\varphi,\omega)\sin\varphi\mathrm{d}\omega,\\&\langle\frac{\partial X_m(t,\tau;\varphi,\omega)}{\partial\tau}W_m(t,\tau;\varphi,\omega)\rangle\\&=\int_0^{\pi}\mathrm{d}\varphi\int_0^{2\pi}\frac{\partial X_m(t,\tau;\varphi,\omega)}{\partial\tau}W_m(t,\tau;\varphi,\omega)\sin\varphi\mathrm{d}\omega.\end{aligned}\right\}\tag{7.56}$$

因此,计算 $W(t)$ 的问题将归结为对函数 $X_m(t,\tau;\varphi,\omega)$ 和函数 $W_m(t,\tau;\varphi,\omega)$ 的讨论.

(2) 瞬态网络的动力学方程(kinetic equation)

为了简化问题的讨论,现假定 $X_m(t,\tau;\varphi,\omega)$ 具有如下的形式

$$X_m(t,\tau;\varphi,\omega)=X_m(t,\tau)h(\varphi,\omega).\tag{7.57}$$

其中 $X_m(t,\tau)$ 为 τ 时刻以前形成,而在 t 时刻仍然存在的第 m 种类型的分子链数,$h(\varphi,\omega)$ 为**取向分布函数**,满足归一化条件:

$$\int_0^{\pi}\mathrm{d}\varphi\int_0^{2\pi}h(\varphi,\omega)\sin\varphi\mathrm{d}\omega=1.\tag{7.58}$$

如果定义第 m 种分子链在 τ 时刻以前存在,但在 t 时刻以前断开的分子链百分数为 $g_m(t,\tau)$,则有

$$X_m(t,0)=X_m(0,0)[1-g_m(t,0)], \tag{7.59}$$

其中 $X_m(0,0)$ 为初始时刻的第 m 种类型分子链数.注意到 $[\tau,\tau+\mathrm{d}\tau]$ 时间内形成的第 m 种类型的分子链数为

$$\left.\frac{\partial X_m(t,\tau)}{\partial \tau}\right|_{t=\tau}\mathrm{d}\tau=\frac{\partial X_m(\tau,\tau)}{\partial \tau}\mathrm{d}\tau,$$

故还有

$$\frac{\partial X_m(t,\tau)}{\partial \tau}=\frac{\partial X_m(\tau,\tau)}{\partial \tau}[1-g_m(t,\tau)]. \tag{7.60}$$

利用恒等式

$$X_m(t,t)=X_m(t,\tau)+\int_\tau^t\frac{\partial X_m(t,s)}{\partial s}\mathrm{d}s, \tag{7.61}$$

可得

$$X_m(t,\tau)=X_m(t,t)-\int_\tau^t\frac{\partial X_m(s,s)}{\partial s}[1-g_m(t,s)]\mathrm{d}s. \tag{7.62}$$

特别地,(7.61) 式可写为

$$\begin{aligned}X_m(t,t)&=X_m(t,0)+\int_0^t\frac{\partial X_m(t,\tau)}{\partial \tau}\mathrm{d}\tau\\&=X_m(0,0)\left\{[1-g_m(t,0)]+\int_0^t r_m(\tau)[1-g_m(t,\tau)]\mathrm{d}\tau\right\},\end{aligned} \tag{7.63}$$

上式中 $r_m(\tau)=\dfrac{1}{X_m(0,0)}\left.\dfrac{\partial X_m(t,\tau)}{\partial \tau}\right|_{t=\tau}$ 为 τ 时刻第 m 种类型分子链数的相对生成率.

对于无老化黏弹性体,其力学性质不依赖于参考时间,故可假定第 m 种类型的分子链总数以及相应的分子链数的相对生成率也不随时间变化,即

$$\left.\begin{aligned}X_m(0,0)&=X_m(t,t)=\bar{X}_m=\text{const},\\r_m(\tau)&=\bar{r}_m=\text{const}.\end{aligned}\right\} \tag{7.64}$$

而 $g_m(t,\tau)$ 也可假定仅仅为 $t-\tau$ 的函数:

$$g_m(t,\tau)=\bar{g}_m(t-\tau). \tag{7.65}$$

因此,对于无老化黏弹性体,(7.63) 式变为

$$\bar{g}_m(t)=\bar{r}_m\int_0^t[1-\bar{g}_m(t-\tau)]\mathrm{d}\tau.$$

微分上式后,有

$$\frac{\mathrm{d}\bar{g}_m(t)}{\mathrm{d}t} = \bar{r}_m(1 - \bar{g}_m(t)). \tag{7.66}$$

由初始条件 $\bar{g}_m(0) = 0$,得

$$\bar{g}_m(t) = 1 - \exp(-\bar{r}_m t). \tag{7.67}$$

这时,(7.59)式和(7.60)式可分别写为

$$\left.\begin{aligned} X_m(t,0) &= \bar{X}_m \exp(-\bar{r}_m t), \\ \frac{\partial X_m(t,\tau)}{\partial \tau} &= \bar{X}_m \bar{r}_m \exp[-\bar{r}_m(t-\tau)]. \end{aligned}\right\} \tag{7.68}$$

而(7.62)式变为

$$X_m(t,\tau) = \bar{X}_m \exp[-\bar{r}_m(t-\tau)]. \tag{7.69}$$

对于一般的老化材料,(7.64)式和(7.65)式将不再成立.这时需设法给出本构函数 $X_m(t,t)$,$r_m(t)$ 和 $g_m(t,\tau)$.在文献[7.7]中,假定 $g_m(t,\tau)$ 满足以下微分方程

$$\left.\begin{aligned} \frac{\partial g_m(t,\tau)}{\partial t} &= r_m(t)[1 - g_m(t,\tau)], \\ g_m(\tau,\tau) &= 0. \end{aligned}\right\} \tag{7.70}$$

显然,(7.66)式是上式的特殊情形.上式中的 r_m 与材料的松弛时间成反比,它通常与温度历史和变形历史有关.

(3) 变形能函数的计算

现考察在 τ 时刻形成而在 t 时刻具有取向 (φ,ω) 的分子链.假定第 m 种类型分子链的弹性变形能 $W_m(t,\tau;\varphi,\omega)$ 是连续介质中由 τ 时刻到 t 时刻相对伸长比 $\lambda(t,\tau)$ 的函数,注意到 t 时刻具有取向 (φ,ω) 的线元 $\mathrm{d}\boldsymbol{x}$ 在 τ 时刻为

$$\mathrm{d}\boldsymbol{\zeta} = \boldsymbol{F}_t(\tau) \cdot \mathrm{d}\boldsymbol{x} = \boldsymbol{F}_\tau^{-1}(t) \cdot \mathrm{d}\boldsymbol{x},$$

(其中 $\boldsymbol{F}_t(\tau)$ 为相对变形梯度),故由(2.48)式可知,$\mathrm{d}\boldsymbol{x}$ 与 $\mathrm{d}\boldsymbol{\zeta}$ 的长度比为

$$\begin{aligned} \lambda(t,\tau) &= |\mathrm{d}\boldsymbol{x}| / |\mathrm{d}\boldsymbol{\zeta}| = [\boldsymbol{l} \cdot \boldsymbol{F}_t^{\mathrm{T}}(\tau) \cdot \boldsymbol{F}_t(\tau) \cdot \boldsymbol{l}]^{-\frac{1}{2}} \\ &= (\boldsymbol{l} \cdot \boldsymbol{B}_\tau^{-1}(t) \cdot \boldsymbol{l})^{-\frac{1}{2}}. \end{aligned} \tag{7.71}$$

上式中 $\boldsymbol{l}$ 为具有取向 (φ,ω) 的单位向量,$\boldsymbol{B}_\tau(t) = \boldsymbol{F}_\tau(t) \cdot \boldsymbol{F}_\tau^{\mathrm{T}}(t)$ 为相对于 τ 时刻的左 Cauchy-Green 张量.

利用(7.71)式,具有取向 (φ,ω) 的第 m 种类型分子链的弹性变形能可表示为

$$W_m(t,\tau;\varphi,\omega) = W_m^0(\lambda(t,\tau)), \tag{7.72}$$

满足 $W_m^0(1) = 0$.

例如,类似于(2.67)式,$W_m^0(\lambda)$可看作是以$\frac{1}{2n}(\lambda^{2n}-1)$为变元的函数.当取$n=1$时,$W_m^0(\lambda)$关于$\frac{1}{2}(\lambda^2-1)$的 Taylor 级数展开式可写为:

$$W_m^0(\lambda)=\sum_{r=1}^{\infty}C_{m,r}(\lambda^2-1)^r. \tag{7.73}$$

根据(7.57)式,(7.55)式可进一步简化为

$$W(t)=\sum_{m=0}^{M}\left\{\left[X_m^0(t,0)\langle W_m^0(\lambda(t,0))\rangle+\int_0^t\frac{\partial X_m(t,\tau)}{\partial\tau}\langle W_m^0(\lambda(t,\tau))\rangle\mathrm{d}\tau\right]\right\}, \tag{7.74}$$

上式中

$$\langle W_m^0(\lambda(t,\tau))\rangle=\int_0^{\pi}\mathrm{d}\varphi\int_0^{2\pi}h(\varphi,\omega)W_m^0(\lambda(t,\tau))\sin\varphi\mathrm{d}\omega. \tag{7.75}$$

特别地,对于各向同性材料,可设$h(\varphi,\omega)=\frac{1}{4\pi}$.这时,(7.75)式仅仅是$\boldsymbol{B}_\tau(t)$的三个主不变量的函数.

例 1　对于各向同性材料,试计算对应于(7.73)式中第一项的分子链平均弹性变形能$\langle W_m^0(\lambda(t,\tau))\rangle$.

解　由各向同性条件,可知$h(\varphi,\omega)=\frac{1}{4\pi}$,而且(7.75)式中的$(\varphi,\omega)$可以是相对于任意选取的直角坐标系中的球坐标.

注意到(7.71)式也可以写为

$$\lambda(t,\tau)=\left[\frac{\mathrm{d}\boldsymbol{\zeta}\cdot\boldsymbol{F}_\tau^{\mathrm{T}}(t)\cdot\boldsymbol{F}_\tau(t)\cdot\mathrm{d}\boldsymbol{\zeta}}{|\mathrm{d}\boldsymbol{\zeta}||\mathrm{d}\boldsymbol{\zeta}|}\right]^{\frac{1}{2}}=[\boldsymbol{l}(\tau)\cdot\boldsymbol{C}_\tau(t)\cdot\boldsymbol{l}(\tau)]^{\frac{1}{2}}, \tag{7.76}$$

其中$\boldsymbol{l}(\tau)=\mathrm{d}\boldsymbol{\zeta}/|\mathrm{d}\boldsymbol{\zeta}|$为$\tau$时刻对应于$\mathrm{d}\boldsymbol{\zeta}$的单位向量,它在$t$时刻具有方向$\boldsymbol{l}=\mathrm{d}\boldsymbol{x}/|\mathrm{d}\boldsymbol{x}|$,$\boldsymbol{C}_\tau(t)=\boldsymbol{F}_\tau^{\mathrm{T}}(t)\cdot\boldsymbol{F}_\tau(t)$为相对于$\tau$时刻的右 Cauchy-Green 张量,它与$\boldsymbol{B}_\tau(t)$有相同的三个正特征值:$\eta_1=\lambda_1^2(t,\tau)$、$\eta_2=\lambda_2^2(t,\tau)$和$\eta_3=\lambda_3^2(t,\tau)$.取直角坐标系的基向量沿$\boldsymbol{C}_\tau(t)$的三个主方向,则可将$\boldsymbol{l}(\tau)$的方向表示为$(\varphi_0,\omega_0)$(见图 7.3).

于是,(7.73)式的第一项可利用(7.76)式表示为

$$W_m^0(\lambda(t,\tau))=C_{m,1}[(\eta_1\sin^2\varphi_0\cos^2\omega_0+\eta_2\sin^2\varphi_0\sin^2\omega_0+\eta_3\cos^2\varphi_0)-1]. \tag{7.77}$$

再代入(7.75)式,有

$$\langle W_m^0(\lambda(t,\tau))\rangle = \frac{C_{m,1}}{4\pi}\int_0^{\pi}\mathrm{d}\varphi_0\int_0^{2\pi}[(\eta_1\cos^2\omega_0+\eta_2\sin^2\omega_0)\sin^2\varphi_0+\eta_3\cos^2\varphi_0-1]\sin\varphi_0\mathrm{d}\omega_0.$$

令 $z=\cos\varphi_0$ 并交换积分次序后,上式为

$$\begin{aligned}\langle W_m^0(\lambda(t,\tau))\rangle &= \frac{C_{m,1}}{2\pi}\int_0^{2\pi}\mathrm{d}\omega_0\int_0^1[(1-z^2)(\eta_1\cos^2\omega_0+\eta_2\sin^2\omega_0)+\eta_3z^2-1]\mathrm{d}z\\ &= \frac{C_{m,1}}{6\pi}\int_0^{2\pi}[2(\eta_1\cos^2\omega_0+\eta_2\sin^2\omega_0)+\eta_3-3]\mathrm{d}\omega_0\\ &= \frac{C_{m,1}}{3}(\eta_1+\eta_2+\eta_3-3)=\frac{C_{m,1}}{3}[I_1(t,\tau)-3].\end{aligned}\tag{7.78}$$

上式中 $I_1(t,\tau)=I_1(\boldsymbol{B}_\tau(t))=\eta_1+\eta_2+\eta_3$ 为 $\boldsymbol{B}_\tau(t)$ 的第一主不变量.

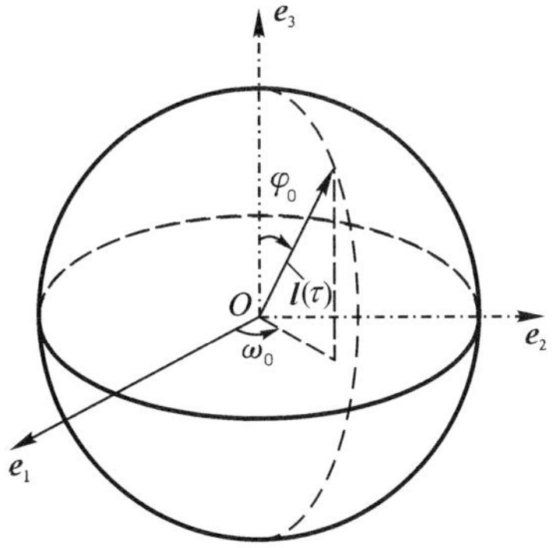

图 7.3 τ 时刻取向为(φ_0,ω_0)的线元方向 $\boldsymbol{l}(\tau)$

例 2 对于各向同性材料,试计算对应于(7.73)式中第二项的分子链的平均弹性变形能$\langle W_m^0(\lambda(t,\tau))\rangle$.

解 类似于例 1,对应于(7.73)式第二项的平均弹性变形能为

$$\begin{aligned}\langle W_m^0(\lambda(t,\tau))\rangle &= \frac{C_{m,2}}{4\pi}\int_0^{\pi}\mathrm{d}\varphi_0\int_0^{2\pi}[(\eta_1\cos^2\omega_0+\eta_2\sin^2\omega_0)\sin^2\varphi_0+\eta_3\cos^2\varphi_0-1]^2\sin\varphi_0\mathrm{d}\omega_0\\ &= \frac{C_{m,2}}{2\pi}\int_0^{2\pi}\mathrm{d}\omega_0\int_0^1[(1-z^2)(\eta_1\cos^2\omega_0+\eta_2\sin^2\omega_0)+\eta_3z^2-1]^2\mathrm{d}z\\ &= \frac{C_{m,2}}{30\pi}\int_0^{2\pi}[3\eta_3^2-10\eta_3+4\eta_3(\eta_1\cos^2\omega_0+\eta_2\sin^2\omega_0)-20(\eta_1\cos^2\omega_0+\eta_2\sin^2\omega_0)+\end{aligned}$$

$$8(\eta_1\cos^2\omega_0+\eta_2\sin^2\omega_0)^2+15]\mathrm{d}\omega_0$$
$$=\frac{C_{m,2}}{15}[3(\eta_1^2+\eta_2^2+\eta_3^2)+$$
$$2(\eta_1\eta_2+\eta_2\eta_3+\eta_3\eta_1)-10(\eta_1+\eta_2+\eta_3)+15].$$

如记 $\boldsymbol{B}_\tau(t)$ 的第一和第二主不变量为

$$I_1(t,\tau)=I_1(\boldsymbol{B}_\tau(t))=\eta_1+\eta_2+\eta_3,$$
$$I_2(t,\tau)=I_2(\boldsymbol{B}_\tau(t))=\eta_1\eta_2+\eta_2\eta_3+\eta_3\eta_1,$$

则上式还可写为

$$\langle W_m^0(\lambda(t,\tau))\rangle=\frac{C_{m,2}}{15}\{3[I_1(t,\tau)-3]^2+8[I_1(t,\tau)-3]-4[I_2(t,\tau)-3]\}. \tag{7.79}$$

(二) 应力 - 应变关系

(1) 由变形能函数导出的应力 - 应变关系

现讨论等温条件下黏弹性体的应力 - 应变关系. 这时,由(3.124) 式可得

$$\rho_0\mathrm{d}\psi_a=\rho_0(\mathrm{d}\varepsilon-\theta_a\mathrm{d}\eta_a)=\boldsymbol{T}^a:\mathrm{d}\boldsymbol{E}-A^{(m)}\mathrm{d}\xi_m$$
$$=\boldsymbol{T}:\mathrm{d}\boldsymbol{E}-(\boldsymbol{T}-\boldsymbol{T}^a):\mathrm{d}\boldsymbol{E}-A^{(m)}\mathrm{d}\xi_m \quad (\text{对 } m \text{ 求和}). \tag{7.80}$$

根据(3.129) 式和(3.130) 式,可知上式中的

$$\mathrm{d}\mathscr{D}_{is}=(\boldsymbol{T}-\boldsymbol{T}^a):\mathrm{d}\boldsymbol{E}+A^{(m)}\mathrm{d}\xi_m \tag{7.81}$$

总是非负的,它表示在变形过程中的耗散能. 于是,由(3.53) 式有

$$\rho_0\dot{\psi}_a=\mathscr{J}\boldsymbol{\sigma}:\boldsymbol{D}-\dot{\mathscr{D}}_{is}, \tag{7.82}$$

其中耗散率 $\dot{\mathscr{D}}_{is}\geqslant 0$.

在等温条件下,(7.82) 式的左端可看作是由(7.74) 式表示的变形能函数的时间变化率,可写为

$$\rho_0\dot{\psi}_a=\dot{W}(t)=\sum_{m=1}^{M}\Big[X_m(t,0)\frac{\partial}{\partial t}\langle W_m^0(\lambda(t,0))\rangle+\int_0^t\frac{\partial X_m(t,\tau)}{\partial\tau}\frac{\partial}{\partial t}\langle W_m^0(\lambda(t,\tau))\rangle\mathrm{d}\tau\Big]+\sum_{m=0}^{M}\Big[\frac{\partial X_m(t,0)}{\partial t}\langle W_m^0(\lambda(t,0))\rangle+\int_0^t\frac{\partial^2X_m(t,\tau)}{\partial t\partial\tau}\langle W_m^0(\lambda(t,\tau))\rangle\mathrm{d}\tau\Big]. \tag{7.83}$$

特别地,对于各向同性材料,上式中的 $\langle W_m^0(\lambda(t,\tau))\rangle$ 应该是 $\boldsymbol{C}_\tau(t)$ 或

$\boldsymbol{B}_\tau(t)$ 的三个主不变量的函数,可记为

$$\overline{W}_m(t,\tau) = \overline{W}_m(I_1(t,\tau),I_2(t,\tau),I_3(t,\tau)).$$

这时,(7.83) 式为

$$\rho_0\dot{\psi}_a = \sum_{m=1}^{M}\left[X_m(t,0)\frac{\partial}{\partial t}\overline{W}_m(t,0) + \int_0^t \frac{\partial X_m(t,\tau)}{\partial\tau}\frac{\partial}{\partial t}\overline{W}_m(t,\tau)\mathrm{d}\tau\right] + \sum_{m=1}^{M}\left[\frac{\partial X_m(t,0)}{\partial t}\overline{W}_m(t,0) + \int_0^t \frac{\partial^2 X_m(t,\tau)}{\partial t\partial\tau}\overline{W}_m(t,\tau)\mathrm{d}\tau\right]. \tag{7.84}$$

注意到(1.196) 式:

$$\frac{\partial I_1(t,\tau)}{\partial \boldsymbol{C}_\tau(t)} = \boldsymbol{I},\quad \frac{\partial I_2(t,\tau)}{\partial \boldsymbol{C}_\tau(t)} = I_1(t,\tau)\boldsymbol{I} - \boldsymbol{C}_\tau(t),$$

$$\frac{\partial I_3(t,\tau)}{\partial \boldsymbol{C}_\tau(t)} = I_3(t,\tau)\boldsymbol{C}_\tau^{-1}(t),$$

以及(2.130) 式

$$\dot{\boldsymbol{C}}_\tau(t) = 2\boldsymbol{F}_\tau^{\mathrm{T}}(t)\cdot\boldsymbol{D}\cdot\boldsymbol{F}_\tau(t),$$

便有

$$\begin{aligned}\frac{\partial}{\partial t}\overline{W}_m(t,\tau) &= \left[\frac{\partial\overline{W}_m}{\partial I_1}\frac{\partial I_1}{\partial\boldsymbol{C}_\tau(t)} + \frac{\partial\overline{W}_m}{\partial I_2}\frac{\partial I_2}{\partial\boldsymbol{C}_\tau(t)} + \frac{\partial\overline{W}_m}{\partial I_3}\frac{\partial I_3}{\partial\boldsymbol{C}_\tau(t)}\right]:\dot{\boldsymbol{C}}_\tau(t) \\ &= 2\left[I_3\frac{\partial\overline{W}_m}{\partial I_3}\boldsymbol{I} + \left(\frac{\partial\overline{W}_m}{\partial I_1} + I_1\frac{\partial\overline{W}_m}{\partial I_2}\right)\boldsymbol{B}_\tau(t) - \frac{\partial\overline{W}_m}{\partial I_2}\boldsymbol{B}_\tau^2(t)\right]:\boldsymbol{D}.\end{aligned} \tag{7.85}$$

将上式代入(7.84) 式,可知(7.84) 式右端的第一个求和项是变形率 $\boldsymbol{D}$ 的线性函数. 如果进一步假定(7.84) 式右端第二个求和项(即含有 $\dfrac{\partial X_m(t,0)}{\partial t}$ 和 $\dfrac{\partial^2 X_m(t,\tau)}{\partial t\partial\tau}$ 的项) 对应于(7.82) 式中的最后一项,则利用(7.82) 式并根据 $\boldsymbol{D}$ 的任意性,可得

$$\begin{aligned}\mathscr{J}\boldsymbol{\sigma} = 2\sum_{m=1}^{M}\Bigg\{&X_m(t,0)\left[\left(I_3\frac{\partial\overline{W}_m}{\partial I_3}\right)_0\boldsymbol{I} + \left(\frac{\partial\overline{W}_m}{\partial I_1} + I_1\frac{\partial\overline{W}_m}{\partial I_2}\right)_0\boldsymbol{B}_0(t) - \left(\frac{\partial\overline{W}_m}{\partial I_2}\right)_0\boldsymbol{B}_0^2(t)\right] + \int_0^t\frac{\partial X_m(t,\tau)}{\partial\tau}\left[I_3\frac{\partial\overline{W}_m}{\partial I_3}\boldsymbol{I} + \right. \\ &\left.\left(\frac{\partial\overline{W}_m}{\partial I_1} + I_1\frac{\partial\overline{W}_m}{\partial I_2}\right)\boldsymbol{B}_\tau(t) - \frac{\partial\overline{W}_m}{\partial I_2}\boldsymbol{B}_\tau^2(t)\right]\mathrm{d}\tau\Bigg\},\end{aligned} \tag{7.86}$$

其中($)_0$ 中的下标 0 表示对应于 $\tau = 0$ 时的值,$X_m(t,0)$ 和 $\dfrac{\partial X_m(t,\tau)}{\partial\tau}$

可由(7.59)式和(7.60)式给出

$$\left.\begin{aligned} X_m(t,0) &= X_m(0,0)[1-g_m(t,0)], \\ \frac{\partial X_m(t,\tau)}{\partial \tau} &= X_m(0,0)r_m(\tau)[1-g_m(t,\tau)]. \end{aligned}\right\} \tag{7.87}$$

由于(7.84)式的第二个求和项对应于 $-\dot{\mathscr{D}}_{is}$,因此它应该是非正的.

如采用(7.70)式的假定,则有

$$\left.\begin{aligned} \frac{\partial X_m(t,0)}{\partial t} &= -r_m(t)X_m(0,0)[1-g_m(t,0)] \\ &= -r_m(t)X_m(t,0), \\ \frac{\partial^2 X_m(t,\tau)}{\partial t\partial \tau} &= -r_m(t)X_m(0,0)r_m(\tau)[1-g_m(t,\tau)] \\ &= -r_m(t)\frac{\partial X_m(t,\tau)}{\partial \tau}. \end{aligned}\right\} \tag{7.88}$$

因此,(7.82)式中的耗散率可具体写为

$$\dot{\mathscr{D}}_{is} = \sum_{m=1}^{M} r_m(t)\left[X_m(t,0)\overline{W}_m(t,0) + \int_0^t \frac{\partial X_m(t,\tau)}{\partial \tau}\overline{W}_m(t,\tau)\mathrm{d}\tau\right]. \tag{7.89}$$

需要说明,对于其特征时间远远大于实验观测时间的化学和物理交联分子网络,可认为在变形过程它们是不会断开的.对于这部分分子链,其断开函数 $g_m(t,\tau)$ 始终为零.而当(7.70)式成立时,这部分分子链的相对生成率 $r_m(t)$ 也要求等于零.故在变形过程中,这部分分子链的弹性变形能相当于没有黏性耗散的橡胶弹性能.

现假定对于第 m 种类型的分子链,永远不会断开的分子链百分数为 χ_m,而百分数为$(1-\chi_m)$的其余分子链则可能会断开或重新生成.在这种情况下,(7.86)式中的 $X_m(t,0)$ 和$\dfrac{\partial X_m(t,\tau)}{\partial \tau}$应由下式表示

$$\left.\begin{aligned} X_m(t,0) &= X_m(0,0)\{\chi_m + (1-\chi_m)[1-g_m(t,0)]\}, \\ \frac{\partial X_m(t,\tau)}{\partial \tau} &= X_m(0,0)(1-\chi_m)r_m(\tau)[1-g_m(t,\tau)]. \end{aligned}\right\} \tag{7.90}$$

对于无老化材料,(7.64)式和(7.65)式仍然成立.这时上式退化为

$$X_m(t,0) = \overline{X}_m\{\chi_m + (1-\chi_m)[1-\overline{g}_m(t)]\},$$

$$\frac{\partial X_m(t,\tau)}{\partial \tau} = \overline{X}_m(1-\chi_m)\overline{r}_m[1-\overline{g}_m(t-\tau)].$$

将上式代入(7.63)式后再对 t 微分,仍可得(7.67)式,故有

$$\left.\begin{aligned} X_m(t,0) &= \bar{X}_m\{\chi_m + (1-\chi_m)\exp[-\bar{r}_m t]\},\\ \frac{\partial X_m(t,\tau)}{\partial \tau} &= \bar{X}_m(1-\chi_m)\bar{r}_m\exp[-\bar{r}_m(t-\tau)],\end{aligned}\right\}\tag{7.91}$$

其中 $\bar{X}_m$ 和 χ_m 分别为第 m 种类型的分子链总数和永远不会断开的分子链百分数.显然,(7.68) 式是上式中取 $\chi_m = 0$ 的特殊情形.

对于一般的老化材料,仍可采用(7.70) 式的假定.因此,这时的(7.88) 式应改为

$$\left.\begin{aligned} \frac{\partial X_m(t,0)}{\partial t} &= -r_m(t)X_m(0,0)(1-\chi_m)[1-g_m(t,0)],\\ \frac{\partial^2 X_m(t,\tau)}{\partial t\partial \tau} &= -r_m(t)X_m(0,0)(1-\chi_m)r_m(\tau)[1-g_m(t,\tau)].\end{aligned}\right\}\tag{7.92}$$

(7.86) 式考虑了材料的可压缩性.但在实际问题中,许多高聚物材料可近似认为是不可压的.对于不可压黏弹性体,Cauchy 应力的静水应力部分是不确定的.这时,$\overline{W}_m$ 仅仅是 $I_1(t,\tau)$ 和 $I_2(t,\tau)$ 的函数,而(7.86) 式将变为

$$\begin{aligned}\boldsymbol{\sigma} = -p\boldsymbol{I} + 2\sum_{m=1}^{M}\Bigg\{ & X_m(t,0)\left[\left(\frac{\partial \overline{W}_m}{\partial I_1} + I_1\frac{\partial \overline{W}_m}{\partial I_2}\right)_0 \boldsymbol{B}_0(t) - \right.\\ & \left.\left(\frac{\partial \overline{W}_m}{\partial I_2}\right)_0 \boldsymbol{B}_0^2(t)\right] + \int_0^t \frac{\partial X_m(t,\tau)}{\partial \tau}\left[\left(\frac{\partial \overline{W}_m}{\partial I_1} + I_1\frac{\partial \overline{W}_m}{\partial I_2}\right)\boldsymbol{B}_\tau(t) - \right.\\ & \left.\left(\frac{\partial \overline{W}_m}{\partial I_2}\right)\boldsymbol{B}_\tau^2(t)\right]\mathrm{d}\tau\Bigg\},\end{aligned}\tag{7.93}$$

上式中的 $X_m(t,0)$ 和$\dfrac{\partial X_m(t,\tau)}{\partial \tau}$ 可以由(7.90) 式给出.

(2) 实验验证

不可压黏弹性本构关系(7.93) 式依赖于以下两个材料函数:分子链平均弹性变形能 $\overline{W}_m$ 和 τ 时刻以前形成而在 t 时刻仍然存在的分子链数 $X_m(t,\tau)$.所选取的这两个材料函数的合理性应通过实验来加以验证.

1) 简单拉伸

现考虑直杆的简单拉伸问题.选取拉伸方向沿直角坐标系 $\{X_1,X_2,X_3\}$ 中的 X_1 方向.由不可压条件,初始时刻坐标为(X_1,X_2,X_3) 的物质点变形后在直角坐标系 $\{x_1,x_2,x_3\}$ 中具有如下的分量

$$x_1 = \lambda(t)X_1,\quad x_2 = \lambda^{-\frac{1}{2}}(t)X_2,\quad x_3 = \lambda^{-\frac{1}{2}}(t)X_3.\tag{7.94}$$

满足 $\lambda(0) = 1$.由上式可知

$$\left.\begin{aligned}\boldsymbol{B}_0(t) &= \mathrm{diag}[\lambda^2(t),\lambda^{-1}(t),\lambda^{-1}(t)],\\ \boldsymbol{B}_\tau(t) &= \mathrm{diag}\left[\left(\frac{\lambda(t)}{\lambda(\tau)}\right)^2,\frac{\lambda(\tau)}{\lambda(t)},\frac{\lambda(\tau)}{\lambda(t)}\right].\end{aligned}\right\} \tag{7.95}$$

代入(7.93)式并注意到 $I_1(t,\tau)=\left(\frac{\lambda(t)}{\lambda(\tau)}\right)^2+2\left(\frac{\lambda(t)}{\lambda(\tau)}\right)^{-1}$,可得

$$\begin{aligned}\sigma_{11} &= -p+2\sum_{m=1}^{M}\left\{X_m(t,0)\left[\left(\frac{\partial\overline{W}_m}{\partial I_1}\right)_0\lambda^2(t)+2\left(\frac{\partial\overline{W}_m}{\partial I_2}\right)_0\lambda(t)\right]+\right.\\ &\qquad\left.\int_0^t\frac{\partial X_m(t,\tau)}{\partial\tau}\left[\frac{\partial\overline{W}_m}{\partial I_1}\left(\frac{\lambda(t)}{\lambda(\tau)}\right)^2+2\,\frac{\partial\overline{W}_m}{\partial I_2}\left(\frac{\lambda(t)}{\lambda(\tau)}\right)\right]\mathrm{d}\tau\right\},\\ \sigma_{22} &= -p+2\sum_{m=1}^{M}\left\{X_m(t,0)\left[\left(\frac{\partial\overline{W}_m}{\partial I_1}\right)_0\lambda^{-1}(t)+\right.\right.\\ &\qquad\left.\left(\frac{\partial\overline{W}_m}{\partial I_2}\right)_0(\lambda(t)+\lambda^{-2}(t))\right]+\int_0^t\frac{\partial X_m(t,\tau)}{\partial\tau}\left[\frac{\partial\overline{W}_m}{\partial I_1}\left(\frac{\lambda(t)}{\lambda(\tau)}\right)^{-1}+\right.\\ &\qquad\left.\left.\frac{\partial\overline{W}_m}{\partial I_2}\left(\frac{\lambda(t)}{\lambda(\tau)}+\left(\frac{\lambda(t)}{\lambda(\tau)}\right)^{-2}\right)\right]\mathrm{d}\tau\right\}.\end{aligned} \tag{7.96}$$

利用 $\sigma_{22}=\sigma_{33}=0$ 消去上式中的 p,有

$$\begin{aligned}\sigma_{11} &= 2\sum_{m=1}^{M}\left\{X_m(t,0)\left[\left(\frac{\partial\overline{W}_m}{\partial I_1}\right)_0+\lambda^{-1}(t)\left(\frac{\partial\overline{W}_m}{\partial I_2}\right)_0\right](\lambda^2(t)-\lambda^{-1}(t))+\right.\\ &\left.\int_0^t\frac{\partial X_m(t,\tau)}{\partial\tau}\left[\frac{\partial\overline{W}_m}{\partial I_1}+\left(\frac{\lambda(t)}{\lambda(\tau)}\right)^{-1}\left(\frac{\partial\overline{W}_m}{\partial I_2}\right)\right]\left[\left(\frac{\lambda(t)}{\lambda(\tau)}\right)^2-\left(\frac{\lambda(t)}{\lambda(\tau)}\right)^{-1}\right]\mathrm{d}\tau\right\}.\end{aligned} \tag{7.97}$$

特别地,对于标准的松弛实验,

$$\lambda(t)=\begin{cases}1, & t<0,\\ \lambda, & t\geqslant 0.\end{cases} \tag{7.98}$$

上式化为

$$\sigma_{11}=2\sum_{m=1}^{M}\left\{X_m(t,0)\left[\left(\frac{\partial\overline{W}_m}{\partial I_1}\right)_0+\frac{1}{\lambda}\left(\frac{\partial\overline{W}_m}{\partial I_2}\right)_0\right]\left(\lambda^2-\frac{1}{\lambda}\right)\right\}. \tag{7.99}$$

为了进一步简化上式,可假定不同类型的分子链具有相同的平均弹性变形能

$$\overline{W}_1=\overline{W}_2=\cdots=\overline{W}_M=\overline{W}. \tag{7.100}$$

于是,将上式和(7.91)式代入(7.99)式后,可得

$$\sigma_{11}=2\overline{X}(1+\overline{Q}(t))\left[\left(\frac{\partial\overline{W}}{\partial I_1}\right)_0+\frac{1}{\lambda}\left(\frac{\partial\overline{W}}{\partial I_2}\right)_0\right]\left(\lambda^2-\frac{1}{\lambda}\right). \tag{7.101}$$

上式中 $\bar{X}=\sum_{m=1}^{M}\bar{X}_m$ 为初始单位体积中分子链的总数，

$$\begin{aligned}\bar{Q}(t)&=\frac{-1}{\bar{X}}\sum_{m=1}^{M}\bar{X}_m(1-\chi_m)[1-\exp(-\bar{r}_m t)]\\&=-\sum_{m=1}^{M}D_m[1-\exp(-\bar{r}_m t)]\end{aligned}\tag{7.102}$$

为松弛函数,其中

$$D_m=\frac{\bar{X}_m}{\bar{X}}(1-\chi_m)\quad(\text{不对 } m \text{ 求和}).$$

下面取几种典型的超弹性势函数来进行讨论:

(i) 对于 neo-Hookean 模型,有

$$\bar{X}\bar{W}=\rho_0 C_1(I_1-3).\tag{7.103}$$

相应的(7.101)式为

$$\sigma_{11}=2\rho_0 C_1(1+\bar{Q}(t))\left(\lambda^2-\frac{1}{\lambda}\right).\tag{7.104}$$

(ii) 对于 Mooney-Rivlin 模型,有

$$\bar{X}\bar{W}=\rho_0 C_1(I_1-3)+\rho_0 C_2(I_2-3).\tag{7.105}$$

相应的(7.101)式为

$$\sigma_{11}=2\rho_0[1+\bar{Q}(t)]\left(C_1+\frac{1}{\lambda}C_2\right)\left(\lambda^2-\frac{1}{\lambda}\right).\tag{7.106}$$

(iii) 对于由(6.91)式表示的 Knowles 模型,有

$$\bar{X}\bar{W}=\rho_0\frac{C_1}{b}\left\{\left[1+\frac{b}{n}(I_1-3)\right]^n-1\right\}.\tag{7.107}$$

相应的(7.101)式为

$$\sigma_{11}=2\rho_0 C_1[1+\bar{Q}(t)]\left[1+\frac{b}{n}\left(\lambda^2+\frac{2}{\lambda}-3\right)\right]^{n-1}\left(\lambda^2-\frac{1}{\lambda}\right).\tag{7.108}$$

以上各式中的参数可利用Glucklich和Landel(1977)关于丁苯橡胶(SBR)的实验数据的拟合求得.结果表明,neo-Hookean 模型不能用来描述上述材料的黏弹性力学行为.而采用 Mooney-Rivlin 模型和 Knowles 模型虽然可以得到与实验相一致的结果,但仅仅根据简单拉伸实验还不足以判定(7.100)式中的 $\bar{W}$ 应取何种形式才是最合适的.

2) 双向拉伸

现考虑薄板的双向拉伸问题.薄板的中面位于直角坐标系$\{X_1,X_2,X_3\}$中的 X_1-X_2 平面,拉伸方向为 X_1 方向和 X_2 方向.对于不可压材料,

板的变形可表示为

$$x_1 = \lambda_1(t)X_1,\quad x_2 = \lambda_2(t)X_2,\quad x_3 = [\lambda_1(t)\lambda_2(t)]^{-1}X_3, \tag{7.109}$$

满足 $\lambda_1(0) = 1$, $\lambda_2(0) = 1$. 由上式可知

$$\boldsymbol{B}_0(t) = \mathrm{diag}[\lambda_1^2(t),\lambda_2^2(t),\lambda_1^{-2}(t)\lambda_2^{-2}(t)], \tag{7.110}$$

$$\boldsymbol{B}_\tau(t) = \mathrm{diag}\left[\left(\frac{\lambda_1(t)}{\lambda_1(\tau)}\right)^2,\left(\frac{\lambda_2(t)}{\lambda_2(\tau)}\right)^2,\left(\frac{\lambda_1(t)\lambda_2(t)}{\lambda_1(\tau)\lambda_2(\tau)}\right)^{-2}\right]. \tag{7.111}$$

故有

$$\left.\begin{aligned} I_1(t,\tau) &= \left(\frac{\lambda_1(t)}{\lambda_1(\tau)}\right)^2 + \left(\frac{\lambda_2(t)}{\lambda_2(\tau)}\right)^2 + \left(\frac{\lambda_1(t)\lambda_2(t)}{\lambda_1(\tau)\lambda_2(\tau)}\right)^{-2}, \\ I_2(t,\tau) &= \left(\frac{\lambda_1(t)}{\lambda_1(\tau)}\right)^{-2} + \left(\frac{\lambda_2(t)}{\lambda_2(\tau)}\right)^{-2} + \left(\frac{\lambda_1(t)\lambda_2(t)}{\lambda_1(\tau)\lambda_2(\tau)}\right)^2. \end{aligned}\right\} \tag{7.112}$$

因此,(7.93) 式的分量形式为

$$\begin{aligned} \sigma_{11} = -p+2\sum_{m=1}^{M}\Bigg\{ & X_m(t,0)\left[\left(\frac{\partial \overline{W}_m}{\partial I_1}\right)_0 \lambda_1^2(t) + \left(\frac{\partial \overline{W}_m}{\partial I_2}\right)_0 (\lambda_1^2(t)\lambda_2^2(t) + \right. \\ & \left.\lambda_2^{-2}(t))\right] + \int_0^t \frac{\partial X_m(t,\tau)}{\partial \tau}\left[\left(\frac{\partial \overline{W}_m}{\partial I_1}\right)\left(\frac{\lambda_1(t)}{\lambda_1(\tau)}\right)^2 + \right. \\ & \left.\left(\frac{\partial \overline{W}_m}{\partial I_2}\right)\left(\left(\frac{\lambda_1(t)}{\lambda_1(\tau)}\frac{\lambda_2(t)}{\lambda_2(\tau)}\right)^2 + \left(\frac{\lambda_2(t)}{\lambda_2(\tau)}\right)^{-2}\right)\right]\mathrm{d}\tau\Bigg\}, \end{aligned} \tag{7.113$_1$}$$

$$\begin{aligned} \sigma_{22} = -p+2\sum_{m=1}^{M}\Bigg\{ & X_m(t,0)\left[\left(\frac{\partial \overline{W}_m}{\partial I_1}\right)_0 \lambda_2^2(t) + \left(\frac{\partial \overline{W}_m}{\partial I_2}\right)_0 (\lambda_1^2(t)\lambda_2^2(t) + \right. \\ & \left.\lambda_1^{-2}(t))\right] + \int_0^t \frac{\partial X_m(t,\tau)}{\partial \tau}\left[\left(\frac{\partial \overline{W}_m}{\partial I_1}\right)\left(\frac{\lambda_2(t)}{\lambda_2(\tau)}\right)^2 + \right. \\ & \left.\left(\frac{\partial \overline{W}_m}{\partial I_2}\right)\left(\left(\frac{\lambda_1(t)}{\lambda_1(\tau)}\frac{\lambda_2(t)}{\lambda_2(\tau)}\right)^2 + \left(\frac{\lambda_1(t)}{\lambda_1(\tau)}\right)^{-2}\right)\right]\mathrm{d}\tau\Bigg\}, \end{aligned} \tag{7.113$_2$}$$

$$\begin{aligned} \sigma_{33} = -p+2\sum_{m=1}^{M}\Bigg\{ & X_m(t,0)\left[\left(\frac{\partial \overline{W}_m}{\partial I_1}\right)_0 (\lambda_1(t)\lambda_2(t))^{-2} + \right. \\ & \left.\left(\frac{\partial \overline{W}_m}{\partial I_2}\right)_0 (\lambda_1^{-2}(t) + \lambda_2^{-2}(t))\right] + \\ & \int_0^t \frac{\partial X_m(t,\tau)}{\partial \tau}\left[\left(\frac{\partial \overline{W}_m}{\partial I_1}\right)\left(\frac{\lambda_1(t)}{\lambda_1(\tau)}\frac{\lambda_2(t)}{\lambda_2(\tau)}\right)^{-2} + \right. \\ & \left.\left(\frac{\partial \overline{W}_m}{\partial I_2}\right)\left(\left(\frac{\lambda_1(t)}{\lambda_1(\tau)}\right)^{-2} + \left(\frac{\lambda_2(t)}{\lambda_2(\tau)}\right)^{-2}\right)\right]\mathrm{d}\tau\Bigg\}. \end{aligned} \tag{7.113$_3$}$$

由条件 $\sigma_{33} = 0$ 消去上式中的 p,可得

$$
\left.
\begin{aligned}
\sigma_{11} = {} & 2\sum_{m=1}^{M}\left\{X_m(t,0)\left[\left(\frac{\partial \overline{W}_m}{\partial I_1}\right)_0 + \right.\right. \\
& \left.\lambda_2^2(t)\left(\frac{\partial \overline{W}_m}{\partial I_2}\right)_0\right]\left[\lambda_1^2(t) - \lambda_1^{-2}(t)\lambda_2^{-2}(t)\right] + \\
& \int_0^t \frac{\partial X_m(t,\tau)}{\partial \tau}\left[\left(\frac{\partial \overline{W}_m}{\partial I_1}\right) + \right. \\
& \left.\left(\frac{\lambda_2(t)}{\lambda_2(\tau)}\right)^2\left(\frac{\partial \overline{W}_m}{\partial I_2}\right)\right]\left[\left(\frac{\lambda_1(t)}{\lambda_1(\tau)}\right)^2 - \right. \\
& \left.\left.\left(\frac{\lambda_1(t)}{\lambda_1(\tau)}\frac{\lambda_2(t)}{\lambda_2(\tau)}\right)^{-2}\right]\mathrm{d}\tau\right\}, \\
\sigma_{22} = {} & 2\sum_{m=1}^{M}\left\{X_m(t,0)\left[\left(\frac{\partial \overline{W}_m}{\partial I_1}\right)_0 + \right.\right. \\
& \left.\lambda_1^2(t)\left(\frac{\partial \overline{W}_m}{\partial I_2}\right)_0\right]\left[\lambda_2^2(t) - \lambda_1^{-2}(t)\lambda_2^{-2}(t)\right] + \\
& \int_0^t \frac{\partial X_m(t,\tau)}{\partial \tau}\left[\left(\frac{\partial \overline{W}_m}{\partial I_1}\right) + \right. \\
& \left.\left(\frac{\lambda_1(t)}{\lambda_1(\tau)}\right)^2\left(\frac{\partial \overline{W}_m}{\partial I_2}\right)\right]\left[\left(\frac{\lambda_2(t)}{\lambda_2(\tau)}\right)^2 - \right. \\
& \left.\left.\left(\frac{\lambda_1(t)}{\lambda_1(\tau)}\frac{\lambda_2(t)}{\lambda_2(\tau)}\right)^{-2}\right]\mathrm{d}\tau\right\}.
\end{aligned}
\right\} \tag{7.114}
$$

特别地,对于标准松弛实验

$$
\lambda_i(t) = \begin{cases} 1, & t < 0, \\ \lambda_i, & t \geqslant 0 \end{cases} \quad (i = 1,2), \tag{7.115}
$$

(7.114) 式简化为

$$
\left.
\begin{aligned}
\sigma_{11} &= 2\sum_{m=1}^{M} X_m(t,0)\left[\left(\frac{\partial \overline{W}_m}{\partial I_1}\right)_0 + \lambda_2^2\left(\frac{\partial \overline{W}_m}{\partial I_2}\right)_0(\lambda_1^2 - \lambda_1^{-2}\lambda_2^{-2})\right], \\
\sigma_{22} &= 2\sum_{m=1}^{M} X_m(t,0)\left[\left(\frac{\partial \overline{W}_m}{\partial I_1}\right)_0 + \lambda_1^2\left(\frac{\partial \overline{W}_m}{\partial I_2}\right)_0(\lambda_2^2 - \lambda_1^{-2}\lambda_2^{-2})\right].
\end{aligned}
\right\} \tag{7.116}
$$

如采用假设(7.100) 式,则有

$$
\left.
\begin{aligned}
\sigma_{11} &= 2\overline{X}(1 + \overline{Q}(t))\left[\left(\frac{\partial \overline{W}}{\partial I_1}\right)_0 + \lambda_2^2\left(\frac{\partial \overline{W}}{\partial I_2}\right)_0\right](\lambda_1^2 - \lambda_1^{-2}\lambda_2^{-2}), \\
\sigma_{22} &= 2\overline{X}(1 + \overline{Q}(t))\left[\left(\frac{\partial \overline{W}}{\partial I_1}\right)_0 + \lambda_1^2\left(\frac{\partial \overline{W}}{\partial I_2}\right)_0\right](\lambda_2^2 - \lambda_1^{-2}\lambda_2^{-2}).
\end{aligned}
\right\} \tag{7.117}
$$

由此可解出

$$\left.\begin{aligned}\bar{X}\left(\frac{\partial \overline{W}}{\partial I_1}\right)_0 &= \frac{\lambda_1^2\lambda_2^2}{2(1+\overline{Q}(t))(\lambda_1^2-\lambda_2^2)}\left[\frac{\sigma_{11}(t)\lambda_1^2}{\lambda_1^4\lambda_2^2-1}-\frac{\sigma_{22}(t)\lambda_2^2}{\lambda_1^2\lambda_2^4-1}\right],\\ \bar{X}\left(\frac{\partial \overline{W}}{\partial I_2}\right)_0 &= \frac{\lambda_1^2\lambda_2^2}{2(1+\overline{Q}(t))(\lambda_2^2-\lambda_1^2)}\left[\frac{\sigma_{11}(t)}{\lambda_1^4\lambda_2^2-1}-\frac{\sigma_{22}(t)}{\lambda_1^2\lambda_2^4-1}\right].\end{aligned}\right\}\quad(7.118)$$

对于选定的加载后的某一时刻 t_0,可由实验测得该时刻的应力 $\sigma_{11}(t_0)$ 和 $\sigma_{22}(t_0)$,再根据上式便可得到 $\bar{X}\left(\frac{\partial \overline{W}}{\partial I_1}\right)_0$ 和 $\bar{X}\left(\frac{\partial \overline{W}}{\partial I_2}\right)_0$ 随 λ_1 和 λ_2 的变化规律. Glucklich 和 Landel(1977) 的双向拉伸实验表明,neo-Hookean 模型(7.103) 式,Mooney-Rivlin 模型(7.105) 式和 Knowles 模型(7.107) 式都不能用来很好地描述丁苯橡胶的黏弹性力学行为. 文献[7.7] 曾假定了几种关于 $\overline{W}(I_1,I_2)$ 的函数形式,并根据实验数据建议了一种 $\overline{W}(I_1,I_2)$ 的具体表达式. 有兴趣的读者可参阅 Drozdov 的工作,这里不再介绍.

函数 $\overline{Q}(t)$ 可根据实验所测得的 $\sigma_{11}(t)$ 或 $\sigma_{22}(t)$ 来加以确定. 例如,对于双向等值拉伸,有 $\lambda_1=\lambda_2=\lambda$,$\sigma_{11}(t)=\sigma_{22}(t)=\sigma(t)$. 注意到 $t\to 0_+$ 时 $\overline{Q}(t)\to 0$(但 $\sigma(0_+)\neq 0$),故由(7.117) 式可得

$$\frac{\sigma(t)}{\sigma(0_+)} = 1+\overline{Q}(t),$$

或

$$\overline{Q}(t) = \frac{\sigma(t)}{\sigma(0_+)}-1.$$

实验表明,由(7.102) 式给出的 $\overline{Q}(t)$ 的表达式还是较为合理的.

§7.5 热-黏弹性本构关系的内变量理论

(一) 定容比热为常数时的自由能表达式

第三章中我们曾假设,一个非平衡态热力学状态可通过内变量的适当引入而与一个处于约束状态下的热力学平衡态相对应. 如果以温度 θ,应变 $\boldsymbol{E}$ 和内变量 ξ_m 作为状态变量,则本构关系可由(3.127) 式(或(4.110) 式) 写为

$$\boldsymbol{T} = \boldsymbol{T}^v + \rho_0\frac{\partial\psi(\theta,\boldsymbol{E},\xi_m)}{\partial\boldsymbol{E}}.\quad(7.119)$$

上式中 $\boldsymbol{T}^v$ 为黏性应力,它依赖于应变的时间变化率,可用来描述牛顿流

体或非牛顿流体的力学行为,其中要求 $\boldsymbol{T}^v$ 满足 $\boldsymbol{T}^v:\dot{\boldsymbol{E}}\geqslant 0$,$\psi$ 为约束平衡态下的 Helmholtz 自由能.当给定 $\boldsymbol{T}^v$ 和 ψ 的函数形式,以及内变量 ξ_m 的演化方程之后,材料的本构关系也就可以被确定了.

在等温条件下,M.A.Biot(1954,1955)曾将 ψ 在平衡态附近展开为其变元 $\boldsymbol{E}$ 和 ξ_m 的二次式,并由此导出了小变形条件下的线性黏弹性本构关系.在变温条件下,自由能 ψ 的表达式还依赖于变元 θ.有人曾将 ψ 表示为 θ 的幂级数形式,但级数中的某些高阶项往往缺乏明确的物理意义.

在以下讨论中,我们仅考虑材料在变形过程中的温度 θ 与参考温度 θ_0 相差不大的情形,并假定这时的定容比热可近似取为常数:

$$C_{\mathrm{E}} = \theta \frac{\partial \eta}{\partial \theta}\bigg|_{(\boldsymbol{E},\xi_m)} = \text{const}. \tag{7.120}$$

对上式积分,可得熵的表达式

$$\eta = \eta_0 + C_{\mathrm{E}}\ln\frac{\theta}{\theta_0} + \tilde{\eta}(\boldsymbol{E},\xi_m). \tag{7.121}$$

再由

$$-\eta = \frac{\partial \psi}{\partial \theta} = \frac{\partial \varepsilon}{\partial \theta} - \eta - \theta\frac{\partial \eta}{\partial \theta},$$

或 $\dfrac{\partial \varepsilon}{\partial \theta} = \theta\dfrac{\partial \eta}{\partial \theta} = C_{\mathrm{E}}$,可将内能写为

$$\varepsilon = \varepsilon_0 + C_{\mathrm{E}}(\theta - \theta_0) + \tilde{\varepsilon}(\boldsymbol{E},\xi_m). \tag{7.122}$$

上式中 θ_0、η_0 和 ε_0 分别为参考状态下的温度、熵和内能.这里,我们要求在参考状态下的应变和内变量为零,且满足

$$\tilde{\eta}(\boldsymbol{0},0) = 0, \quad \tilde{\varepsilon}(\boldsymbol{0},0) = 0.$$

联合以上两式,可得与(6.242)式相类似的关系:

$$\psi = \psi_0 + (C_{\mathrm{E}} - \eta_0)(\theta - \theta_0) - C_{\mathrm{E}}\theta\ln\frac{\theta}{\theta_0} + \widetilde{W}, \tag{7.123}$$

其中

$$\psi_0 = \varepsilon_0 - \theta_0\eta_0,$$
$$\widetilde{W} = \widetilde{W}(\theta,\boldsymbol{E},\xi_m) = \tilde{\varepsilon}(\boldsymbol{E},\xi_m) - \theta\tilde{\eta}(\boldsymbol{E},\xi_m). \tag{7.124}$$

于是,(7.119)式可表示为

$$\boldsymbol{T} = \boldsymbol{T}^v + \boldsymbol{T}^a, \tag{7.125}$$

$$\boldsymbol{T}^a = \rho_0\frac{\partial \widetilde{W}}{\partial \boldsymbol{E}} = \rho_0\left(\frac{\partial \tilde{\varepsilon}}{\partial \boldsymbol{E}} - \theta\frac{\partial \tilde{\eta}}{\partial \boldsymbol{E}}\right). \tag{7.126}$$

这说明,在变形过程中,约束平衡态应力 $\boldsymbol{T}^a$ 主要是由内能和熵的变化引

起的. 前者与温度无关,后者与温度成正比. 在第三小节中,我们将对(7.126)式中 $\widetilde{W}$ 的具体形式作进一步的讨论.

(二) 温度变化率

下面讨论材料在变形过程中的温度变化率. 利用(3.73)式和(3.124)式,可得

$$\begin{aligned}\rho_0\theta\dot{\eta} &= \rho_0\dot{\varepsilon} - \boldsymbol{T}^a : \dot{\boldsymbol{E}} + A^{(m)}\dot{\xi}_m \qquad (\text{对 } m \text{ 求和}).\\ &= (\boldsymbol{T} - \boldsymbol{T}^a) : \dot{\boldsymbol{E}} + A^{(m)}\dot{\xi}_m + \rho_0 h - \nabla_0 \cdot \boldsymbol{q}_0\end{aligned}$$

为简单计,上式中已经略去了 θ 和 η 的下标 a.

如果取$(\theta, \boldsymbol{E}, \xi_m)$为状态变量,则由 $\eta = -\dfrac{\partial\psi}{\partial\theta}$,可将上式左端写为

$$\rho_0\theta\dot{\eta} = \rho_0\theta\frac{\partial\eta}{\partial\theta}\dot{\theta} - \theta\frac{\partial\boldsymbol{T}^a}{\partial\theta} : \dot{\boldsymbol{E}} + \theta\frac{\partial A^{(m)}}{\partial\theta}\dot{\xi}_m,$$

再根据定容比热的定义:$C_{\mathrm{E}} = \theta\left.\dfrac{\partial\eta}{\partial\theta}\right|_{(\boldsymbol{E},\xi_m)}$,便得到材料在变形过程中温度变化率的表达式

$$\rho_0 C_{\mathrm{E}}\dot{\theta} = \theta\frac{\partial\boldsymbol{T}^a}{\partial\theta} : \dot{\boldsymbol{E}} - \theta\frac{\partial A^{(m)}}{\partial\theta}\dot{\xi}_m + \boldsymbol{T}^v : \dot{\boldsymbol{E}} + A^{(m)}\dot{\xi}_m + \rho_0 h - \nabla_0 \cdot \boldsymbol{q}_0, \tag{7.127}$$

其中 $\boldsymbol{T}^v = \boldsymbol{T} - \boldsymbol{T}^a$ 为黏性应力. 上式中的热流向量 $\boldsymbol{q}_0$ 需要由热传导的本构方程来加以确定. 特别地,在没有分布热源的绝热过程中,上式可简化为

$$\rho_0 C_{\mathrm{E}}\dot{\theta} = \theta\frac{\partial\boldsymbol{T}^a}{\partial\theta} : \dot{\boldsymbol{E}} - \theta\frac{\partial A^{(m)}}{\partial\theta}\dot{\xi}_m + \boldsymbol{T}^v : \dot{\boldsymbol{E}} + A^{(m)}\dot{\xi}_m \quad (\text{对 } m \text{ 求和}).$$

(三) 变形能表达式和内变量的演化方程

由第一小节的讨论可知,为了建立黏弹性本构关系,就需要构造由(7.124)式所表示的变形能表达式 $\widetilde{W}(\theta, \boldsymbol{E}, \xi_m)$. 这样的表达式需要由实验来加以确定,它通常还应满足以下几点要求:(i) 当黏弹性体的变形速率无限缓慢时,黏弹性体的本构关系将退化为有限变形弹性本构关系,而当黏弹性体经受无限快速加载时,其瞬态力学响应所对应的本构关系也应该是弹性的本构关系;(ii) 当变形很小时,其本构关系能够与小变形条件下的本构关系相一致;(iii) 在某些简化假设下,变形能表达式的物理意义可以通过其微观变形机制的分析得到合理的解释;(iv) 材料参数(或材

料函数）尽可能少，这些材料参数不仅有明确的物理意义，而且能够通过实验来加以确定. 基于以上考虑，我们可设法通过对橡胶弹性分子网络模型的适当修正来得到固体高聚物的黏弹性本构关系. 根据 §6.3(三) 中关于橡胶弹性分子网络模型的前四个假设，可将初始时刻取向具有单位向量 $\boldsymbol{L}_0$ 的链段的长度比写为

$$\lambda = (\boldsymbol{L}_0 \cdot \boldsymbol{U}^2 \cdot \boldsymbol{L}_0)^{\frac{1}{2}},$$

上式中 $\boldsymbol{U}$ 为右伸长张量.

如果每个链段的弹性变形能可表示为 $w^0(\theta,\lambda)$，满足 $w^0(\theta_0,1) = 0$，而初始取向 $\boldsymbol{L}_0$ 在球坐标系 (r,φ,ω) 中对应于 (φ_0,ω_0)，那么，类似于 (7.75) 式，单位质量的弹性变形能可写为

$$\widetilde{W}_e = \langle w^0(\theta,\lambda)\rangle = X\int_0^{\pi}\mathrm{d}\varphi_0\int_0^{2\pi} h_0(\varphi_0,\omega_0)w^0(\theta,\lambda)\sin\varphi_0\mathrm{d}\omega_0, \tag{7.128}$$

上式中 X 为初始单位质量的总链段数，$h_0(\varphi_0,\omega_0)$ 为初始取向分布函数，满足归一化条件

$$\int_0^{\pi}\mathrm{d}\varphi_0\int_0^{2\pi} h_0(\varphi_0,\omega_0)\sin\varphi_0\mathrm{d}\omega_0 = 1.$$

特别地，对于初始时刻具有随机取向分布的分子网络，有

$$h_0(\varphi_0,\omega_0) = \frac{1}{4\pi}.$$

以上讨论并未考虑分子链之间的相互作用，为了能够同时考虑分子链之间的相互作用，我们假定(7.128) 式中的 $w^0(\theta,\lambda)$ 还依赖于材料单元的体积比 $\mathscr{J} = \det\boldsymbol{U}$. 这时(7.128) 式中的 $w^0(\theta,\lambda)$ 应该改为 $w^0(\theta,\lambda,\mathscr{J})$.

为了将(7.128) 式推广到黏弹性材料中，可假定在一部分分子网络中，分子链段具有瞬态网络模型所描述的特性，而且这种松弛特性可以通过内变量 ξ 的适当引入来加以描述. 这时，分子链的弹性变形能不仅与长度比 λ 和体积比 $\mathscr{J}$ 有关，而且还与有效长度比 $\lambda_e(>0)$ 和内变量 ξ 有关，可写为 $w^0(\theta,\lambda,\mathscr{J};\lambda_e,\xi)$.

类似于 §7.4 的讨论，现假定高聚物材料中除了有一部分没有耗散性质的分子网络外，还有 M 种具有不同松弛特性的分子网络，第 $m(m = 1,2,3,\cdots,M)$ 种分子网络的黏性耗散性质可由二阶对称张量 $\boldsymbol{\xi}_m$ 来加以描述，称之为第 m 个内变量. 如果采用工程应变 $\boldsymbol{E}^{(\frac{1}{2})} = \boldsymbol{U} - \boldsymbol{I}$ 来作为本构关系中的应变度量，则可定义第 m 个有效工程应变为

$$\boldsymbol{E}_m = \boldsymbol{E}^{(\frac{1}{2})} - \boldsymbol{\xi}_m = \boldsymbol{U} - \boldsymbol{\xi}_m - \boldsymbol{I}, \tag{7.129}$$

其中 $\boldsymbol{U}-\boldsymbol{\xi}_m$ 为对称正定仿射量，可用来表示第 m 种网络中初始取向为 $\boldsymbol{L}_0$ 的链段的有效长度比

$$\lambda_m = (\boldsymbol{L}_0 \cdot (\boldsymbol{U}-\boldsymbol{\xi}_m)^2 \cdot \boldsymbol{L}_0)^{\frac{1}{2}}. \tag{7.130}$$

利用上式，便可对超弹性体的(7.128)式作相应的推广. 为此，我们假设由(7.124)表示的 $\widetilde{W}$ 可写成如下的形式：

$$\widetilde{W} = W^{(0)}(\theta, \boldsymbol{E}^{(\frac{1}{2})}) + \sum_{m=1}^{M} W^{(m)}(\theta, \boldsymbol{E}^{(\frac{1}{2})}; \boldsymbol{E}_m, \boldsymbol{\xi}_m). \tag{7.131}$$

上式中 $W^{(0)}$ 对应于完全没有黏性耗散的分子网络的变形能，$W^{(m)}$ 对应于第 m 种有黏性耗散分子网络的变形能. 下面假定 $W^{(m)}$ 是其变元的各向同性函数，可写为

$$W^{(m)} = \frac{X_m}{4\pi}\int_0^{\pi} \mathrm{d}\varphi_0 \int_0^{2\pi} w^{(m)}(\theta, \lambda, \mathscr{J}; \lambda_m, \xi_m)\sin\varphi_0 \mathrm{d}\omega_0, \tag{7.132}$$

其中 X_m 为第m种分子网络的总链段数，$w^{(m)}(\theta,\lambda,\mathscr{J};\lambda_m,\xi_m)$ 为第 m 种分子网络中每一个链段的弹性变形能，上式中 $\xi_m = (\boldsymbol{L}_0 \cdot \boldsymbol{\xi}_m \cdot \boldsymbol{L}_0)$.

如果能求得关于 $W^{(0)}$ 和 $W^{(m)}$ 的表达式，则可将约束平衡态下的工程应力表示为

$$\boldsymbol{T}^a = \boldsymbol{T}^{(0)} + \sum_{m=1}^{M} \boldsymbol{T}^{(m)}, \tag{7.133}$$

其中

$$\boldsymbol{T}^{(0)} = \rho_0 \frac{\partial W^{(0)}}{\partial \boldsymbol{E}^{(\frac{1}{2})}}, \quad \boldsymbol{T}^{(m)} = \rho_0 \frac{\partial W^{(m)}}{\partial \boldsymbol{E}^{(\frac{1}{2})}} \quad (m = 1,2,\cdots,M). \tag{7.134}$$

下面，我们进一步将(7.131)式中的 $W^{(m)}$ 简化为如下的形式

$$W^{(m)} = W_v^{(m)}(\theta, \mathscr{J}) + W_D^{(m)}(\theta, \boldsymbol{E}_m, \boldsymbol{\xi}_m), \tag{7.135}$$

$$W_D^{(m)} = W_{D1}^{(m)}(\theta, \boldsymbol{E}_m) + W_{D2}^{(m)}(\theta, \boldsymbol{\xi}_m). \tag{7.136}$$

上式中 $W_{D1}^{(m)}$ 和 $W_{D2}^{(m)}$ 为其变元的各向同性函数. 此外，它们通常还应该满足在自然状态下所对应的应力为零的条件.

现在我们来对(7.135)式的物理意义作如下的说明. 为简单计，在讨论中略去了符号中的下标 m.

先来看第 m 种分子网络变形梯度 $\boldsymbol{F}$ 的极分解式 $\boldsymbol{F} = \boldsymbol{R}\cdot\boldsymbol{U}$. 由(2.53)式和(2.55)式，可知

$$\boldsymbol{U} = \sum_{\alpha=1}^{3} \lambda_\alpha \boldsymbol{L}_\alpha \otimes \boldsymbol{L}_\alpha, \quad \boldsymbol{R} = \sum_{\alpha=1}^{3} \boldsymbol{l}_\alpha \otimes \boldsymbol{L}_\alpha.$$

现设想将第 m 种分子网络从变形梯度为 $\boldsymbol{F}$ 的当前状态快速卸载到无应力状态.因为卸载过程中的变形速率为无穷大,所以这一卸载过程是一个纯弹性的响应,由此所得到的变形梯度可记为 $\boldsymbol{F}_i$.因此 $\boldsymbol{F}$ 也可表示为

$$\boldsymbol{F} = \boldsymbol{F}_e \cdot \boldsymbol{F}_i. \tag{7.137}$$

上式中 $\boldsymbol{F}_i$ 是由参考构形到中间构形的变形梯度,$\boldsymbol{F}_e$ 是由中间构形到当前构形的变形梯度.$\boldsymbol{F}_i$ 和 $\boldsymbol{F}_e$ 的极分解式可分别写为

$$\boldsymbol{F}_i = \boldsymbol{R}_i \cdot \boldsymbol{\Phi}, \quad \boldsymbol{F}_e = \boldsymbol{R}_e \cdot \boldsymbol{U}_e, \tag{7.138}$$

其中 $\boldsymbol{\Phi}$ 和 $\boldsymbol{U}_e$ 都是对称正定仿射量,$\boldsymbol{R}_i$ 是由参考构形到中间构形的转动张量,$\boldsymbol{R}_e$ 是由中间构形到当前构形的转动张量.$\boldsymbol{U}_e$ 的谱表示可写为

$$\boldsymbol{U}_e = \sum_{\beta=1}^{3} \lambda_\beta^e \boldsymbol{r}_\beta \otimes \boldsymbol{r}_\beta, \tag{7.139}$$

其中 $\boldsymbol{r}_\beta$ 对应于中间构形右伸长张量 $\boldsymbol{U}_e$ 的单位主方向.

另一方面,$\boldsymbol{R}$ 还可写为 $\boldsymbol{R} = \boldsymbol{R}_e \cdot \boldsymbol{R}_i'$,其中

$$\boldsymbol{R}_e = \sum_{\delta=1}^{3} \boldsymbol{l}_\delta \otimes \boldsymbol{r}_\delta, \quad \boldsymbol{R}_i' = \sum_{\beta=1}^{3} \boldsymbol{r}_\beta \otimes \boldsymbol{L}_\beta. \tag{7.140}$$

故有 $\boldsymbol{F} = \boldsymbol{R}_e \cdot \boldsymbol{R}_i' \cdot \boldsymbol{U} = \boldsymbol{R}_e \cdot \boldsymbol{U}_e \cdot \boldsymbol{R}_i \cdot \boldsymbol{\Phi}$.因此

$$\boldsymbol{F}_i = \boldsymbol{R}_i \cdot \boldsymbol{\Phi} = \sum_{\alpha=1}^{3} \left(\frac{\lambda_\alpha}{\lambda_\alpha^e}\right) \boldsymbol{r}_\alpha \otimes \boldsymbol{L}_\alpha = \boldsymbol{R}_i' \cdot \left[\sum_{\alpha=1}^{3} \left(\frac{\lambda_\alpha}{\lambda_\alpha^e}\right) \boldsymbol{L}_\alpha \otimes \boldsymbol{L}_\alpha\right].$$

根据极分解的唯一性,可知 $\boldsymbol{R}_i = \boldsymbol{R}_i'$,

$$\boldsymbol{\Phi} = \sum_{\alpha=1}^{3} \Phi_\alpha \boldsymbol{L}_\alpha \otimes \boldsymbol{L}_\alpha = \sum_{\alpha=1}^{3} \left(\frac{\lambda_\alpha}{\lambda_\alpha^e}\right) \boldsymbol{L}_\alpha \otimes \boldsymbol{L}_\alpha.$$

说明 $\boldsymbol{\Phi}$ 与 $\boldsymbol{U}$ 有相同的主方向 $\boldsymbol{L}_\alpha$,而(7.139)式中的 λ_β^e 可写为:

$$\lambda_\beta^e = \left(\frac{\lambda_\beta}{\Phi_\beta}\right) \quad (\text{不对 } \beta \text{ 求和}). \tag{7.141}$$

通常我们称一个弹簧与一个黏壶相串联的元件为 **Maxwell 元件**,而称一个弹簧与一个黏壶相并联的元件为 **Kelvin-Voigt 元件**.如果将第 m 种分子网络看作是由一个非线性弹簧与一个黏壶,或者与一个Kelvin-Voigt 元件相串联的体系,那么定义在中间构形上的非线性弹簧的右伸长张量就是

$$\boldsymbol{U}_e = \boldsymbol{R}_i \cdot \overline{\boldsymbol{U}}_e \cdot \boldsymbol{R}_i^{\mathrm{T}}, \tag{7.142}$$

其中

$$\overline{\boldsymbol{U}}_e = \sum_{\alpha=1}^{3} \left(\frac{\lambda_\alpha}{\Phi_\alpha}\right) \boldsymbol{L}_\alpha \otimes \boldsymbol{L}_\alpha \tag{7.143}$$

为定义在参考构形上的弹簧的右伸长张量.

现考虑参考构形上的单位有向线元 $\boldsymbol{L}_0$,它与中间构形上的单位有向

线元 $\boldsymbol{r}_0$ 之间满足如下关系 $\boldsymbol{r}_0 = \boldsymbol{R}_i \cdot \boldsymbol{L}_0$. 由此可定义非线性弹簧的有效长度比为

$$\lambda_e = (\boldsymbol{r}_0 \cdot \boldsymbol{U}_e^2 \cdot \boldsymbol{r}_0)^{\frac{1}{2}} = (\boldsymbol{L}_0 \cdot \overline{\boldsymbol{U}}_e^2 \cdot \boldsymbol{L}_0)^{\frac{1}{2}}, \tag{7.144}$$

与(7.130) 式相对比,有

$$\boldsymbol{U} - \boldsymbol{\xi} = \overline{\boldsymbol{U}}_e,$$

于是,相应的内变量 $\boldsymbol{\xi}$ 可表示为

$$\boldsymbol{\xi} = \sum_{\alpha=1}^{3} \xi_\alpha \boldsymbol{L}_\alpha \otimes \boldsymbol{L}_\alpha, \tag{7.145}$$

其中 $\xi_\alpha = \lambda_\alpha \left(1 - \dfrac{1}{\Phi_\alpha}\right)$(不对 α 求和, $\alpha = 1,2,3$). 可见,以上所定义的内变量 $\boldsymbol{\xi}$ 与右伸长张量 $\boldsymbol{U}$ 有相同的主方向 $\boldsymbol{L}_\alpha$.

由以上讨论我们不难看出,非线性弹簧的变形能可以由 $\boldsymbol{U}_e$ 或 $\overline{\boldsymbol{U}}_e$ 的各向同性函数来加以表示,也可以由 $\boldsymbol{U} - \boldsymbol{\xi}$ 或 $\boldsymbol{E}_m = \boldsymbol{U} - \boldsymbol{\xi} - \boldsymbol{I}$ 的各向同性函数来加以表示. 对于第 m 种分子网络,扣除对应于纯体积变形的贡献外,其变形能可写为(7.135) 式中的 $W_D^{(m)}$. 对于非线性弹簧与一个黏壶相串联的 Maxwell 体系,所对应的变形能就是 $W_D^{(m)} = W_{D1}^{(m)}$. 而对于非线性弹簧与一个 Kelvin-Voigt 元件相串联的体系,所对应的变形能还应包括 Kelvin-Voigt 元件的变形能 $W_{D2}^{(m)}$,可以由(7.136) 式来加以表示.

需要说明,以上关于第 m 种分子网络变形梯度的乘法分解(7.137) 式并不能简单地应用于整个高聚物体系的变形梯度的讨论中. 也就是说,在讨论黏弹性体的变形时,变形梯度的乘法分解一般并不成立.

此外,还需说明,以上关于黏性耗散的描述仅仅是在某些简化假设下导出的,其中并未考虑固体高聚物在实际变形过程中可能出现的变形诱导结晶,塑性变形和微损伤演化等其他微观变形机制的影响,而有关这些变形机制的讨论也是需要进一步研究的课题.

在本构关系中,我们还需要给出关于内变量的演化方程. 为此,可假设内变量 $\boldsymbol{\xi}_m$ 的演化方程满足如下形式的 Onsager-Casimir 倒易关系:

$$\eta_m(\theta)\overset{\triangle}{\boldsymbol{\xi}}_m = \boldsymbol{A}^{(m)} = -\rho_0 \frac{\partial W^{(m)}}{\partial \boldsymbol{\xi}_m} \quad (\text{不对 } m \text{ 求和}; m = 1,2,\cdots,M), \tag{7.146}$$

上式中

$$\overset{\triangle}{\boldsymbol{\xi}}_m = \dot{\boldsymbol{\xi}}_m + \boldsymbol{\xi}_m \cdot \boldsymbol{\Omega}^{\mathrm{L}} - \boldsymbol{\Omega}^{\mathrm{L}} \cdot \boldsymbol{\xi}_m = \sum_{\alpha=1}^{3} \dot{\xi}_\alpha^{(m)} \boldsymbol{L}_\alpha \otimes \boldsymbol{L}_\alpha,$$

$\boldsymbol{\Omega}^{\mathrm{L}}$ 是由(2.144) 式所表示的 Lagrange 旋率, $\boldsymbol{A}^{(m)}$ 是与内变量 $\boldsymbol{\xi}_m$ 相共轭

的广义力，$\eta_m(\theta)$ 对应于第 m 种分子网络松弛过程的黏性系数. 根据(3.129) 式和(3.130) 式，应要求 $\eta_m(\theta) > 0$.

(四) 各向同性热 - 黏弹性本构关系的简单实例

现考虑初始时刻具有随机取向分布的分子网络：$h_m = \frac{1}{4\pi}(m = 0,1,2,\cdots,M)$. 这时，(7.131) 式中的 $W^{(0)}$ 和 $W^{(m)}$ 以及(7.135) 式中的 $W_D^{(m)}$ 可写为其变元的各向同性函数. 需注意，$W^{(0)}$ 和 $W^{(m)}$ 为各向同性函数并不意味着材料在变形过程中是各向同性的. 因为这里我们引入了反映材料黏性耗散的内变量 $\boldsymbol{\xi}_m(m = 1,2,\cdots,M)$，它们相当于(1.214) 式中的结构张量 $\boldsymbol{s}$. 由于 $\boldsymbol{\xi}_m$ 随着材料的变形而演化，因此，我们称黏弹性材料在变形过程中所表现出来的各向异性性质为黏性诱导各向异性.

(7.131) 式只是形式地给出了黏弹性材料变形能的表达式. 下面我们将给出构造各向同性热 - 黏弹性材料本构关系的具体实例.

首先，为了使黏弹性材料的变形能函数能够与其微观变形机制联系起来，我们可以考虑分子网络模型中的 Gauss 统计理论和非 Gauss 统计理论，前者对应于 neo-Hookean 势函数. 当计及材料的可压缩性和热效应时，我们可以从(6.248) 式出发来进行讨论. 对应于完全没有黏性耗散分子网络的变形能函数可假设具有类似于(6.248) 式的形式，但考虑到在玻璃化转变温度附近材料的弹性模量不仅要比橡胶态的弹性模量高，而且弹性模量随温度的变化规律也与橡胶态的不同. 因此，对应于(7.131) 式中的 $W^{(0)}$，可假设为

$$\rho_0 W^{(0)} = \mu_0(\theta)\left[\frac{1}{2}(I_1 - 3) - \ln \mathscr{J} - h(\mathscr{J})\right] + \rho_0 W_v^{(0)}(\theta,\mathscr{J}), \tag{7.147}$$

其中

$$\rho_0 W_v^{(0)}(\theta,\mathscr{J}) = \frac{3}{4}(3k_0(\theta) - 2\mu_0(\theta))\left[\mathscr{J}^{2/3} - 1 - \frac{2}{3}(\ln \mathscr{J} + h(\mathscr{J}))\right] - \frac{9}{2}k_0^0\alpha_0[(\mathscr{J}^{2/3} - 1) - \mathscr{J}h'(\mathscr{J})](\theta - \theta_0). \tag{7.148}$$

上式中 $\mu_0(\theta)$ 和 $k_0(\theta)$ 分别为没有黏性耗散分子网络的初始剪切模量和初始体积模量，它们是温度 θ 的线性函数. 特别地，在参考温度 θ_0 下，有 $\mu_0(\theta_0) = \mu_0^0, k_0(\theta_0) = k_0^0$，$\alpha_0$ 为线性热膨胀系数，$h(\mathscr{J})$ 需通过在参考温度下的纯体积变形实验来加以确定.

其次，来考虑第 m 种有黏性耗散分子网络的变形能. 假定它们也具

有与(7.147)式相类似的形式,但其中的 $h(\mathscr{J})$ 近似取为零.如果进一步假定纯体积变形和热膨胀变形不引起黏性耗散,则可将(7.135)式中的 $W_v^{(m)}$ 和 $W_D^{(m)}$ 分别写为

$$\rho_0 W_v^{(m)}(\theta,\mathscr{J}) = \frac{3}{4}(3k_m(\theta) - 2\mu_m(\theta))\left(\mathscr{J}^{2/3} - 1 - \frac{2}{3}\ln \mathscr{J}\right) - \frac{9}{2}k_m^0\alpha_0(\mathscr{J}^{2/3} - 1)(\theta - \theta_0), \tag{7.149}$$

$$\rho_0 W_D^{(m)}(\theta,\boldsymbol{E}_m) = \mu_m(\theta)\left\{\frac{1}{2}[(\boldsymbol{U} - \boldsymbol{\xi}_m):(\boldsymbol{U} - \boldsymbol{\xi}_m) - 3] - \ln \mathscr{J}_m\right\}, \tag{7.150}$$

其中

$$\boldsymbol{U} - \boldsymbol{\xi}_m = \boldsymbol{E}_m + \boldsymbol{I}, \quad \mathscr{J}_m = \det(\boldsymbol{U} - \boldsymbol{\xi}_m).$$

$\mu_m(\theta)$ 和 $k_m(\theta)$ 是温度 θ 的线性函数,$k_m(\theta_0) = k_m^0$.(7.150)式相当于第 m 个 Maxwell 元件中弹簧的弹性能.需注意,即使材料是不可压的,(7.150)式中也必须引入 $\ln \mathscr{J}_m$ 的项,以保证当弹簧应变 $\boldsymbol{E}_m$ 为零时,弹簧的应力也为零.另外,从下面的讨论中也可看出,只有在(7.150)式中引入了 $\ln \mathscr{J}_m$,才能给出合理的内变量演化方程.

将以上各式代入(7.133)式和(7.134)式,便可求得约束平衡态下的工程应力,其中材料的初始剪切模量和初始体积模量分别为 $\sum_{m=0}^{M}\mu_m(\theta)$ 和 $\sum_{m=0}^{M}k_m(\theta)$.

根据(7.150)式,可将内变量的演化方程(7.146)式具体写为

$$\eta_m(\theta)\overset{\triangle}{\boldsymbol{\xi}}_m = -\rho_0\frac{\partial W_D^{(m)}}{\partial \boldsymbol{\xi}_m} = \mu_m(\theta)[(\boldsymbol{U} - \boldsymbol{\xi}_m) - (\boldsymbol{U} - \boldsymbol{\xi}_m)^{-1}]$$

$$(\text{不对 } m \text{ 求和}, m = 1,2,\cdots,M) \tag{7.151}$$

或写为

$$\overset{\triangle}{\boldsymbol{\xi}}_m = \frac{1}{2\tau_{(m)}}[(\boldsymbol{U} - \boldsymbol{\xi}_m) - (\boldsymbol{U} - \boldsymbol{\xi}_m)^{-1}] \tag{7.152}$$

$$(\text{不对 } m \text{ 求和}, m = 1,2,3,\cdots,M).$$

上式中

$$\tau_{(m)}(\theta) = \frac{\eta_m(\theta)}{2\mu_m(\theta)}(>0), \tag{7.153}$$

对应于第 m 个**松弛时间**,它是温度 θ 的函数.

第 m 个黏性系数 $\eta_m(\theta)$ 通常可假定服从 **Arrhenius 方程**

$$\eta_m = A_m \exp\left(\frac{\Delta H}{k_B f(\theta)}\right), \tag{7.154}$$

其中 A_m 为材料常数，k_B 为 Boltzmann 常数，ΔH 为松弛激活焓，$f(\theta)$ 为自由体积分数，可近似写为

$$f(\theta) = \begin{cases} f_g + \beta_g(\theta - \theta_g), & 当\ \theta < \theta_g, \\ f_g + \beta_1(\theta - \theta_g), & 当\ \theta \geqslant \theta_g, \end{cases}$$

其中 θ_g 为玻璃化转变温度，f_g 为玻璃化转变点的自由体积. β_g 和 β_1 分别为玻璃态和橡胶态下自由体积的热胀系数. 有关自由体积的概念，可参见 R. Zallen 的《The Physics of Amorphous Solids》(1983)，I. M. Ward 和 D. W. Hadley 的《An Introduction to the Mechanical Properties of Solid Polymers》(1993) 以及文献[7.7]，此处不再介绍.

在玻璃化转变温度以上，可根据 (7.154) 式得到如下的 Williams-Landel-Ferry(WLF) 方程：

$$\log\left(\frac{\eta_m(\theta)}{\eta_m(\theta_g)}\right) = -\frac{C_1(\theta - \theta_g)}{C_2 + (\theta - \theta_g)}, \tag{7.155}$$

其中 $C_1 = \dfrac{\Delta H}{k_B f_g}$ 和 $C_2 = \dfrac{f_g}{\beta_1}$ 为材料常数.

(五) 讨论

以上所建议的黏弹性本构理论可用来描述材料的非线性弹性和黏性耗散行为. 下面我们来证明，有些文献中将自由能展开为内变量的二次式的黏弹性本构模型仅仅是以上理论的一种线性化近似. 例如，有的文献将 (7.135) 式中的 $W_D^{(m)}$ 取为 Maxwell 元件的变形能，并表示为

$$\rho_0 W_D^{(m)} = \mu_m(\theta)\boldsymbol{\xi}_m : \boldsymbol{\xi}_m - \frac{\partial \varphi^{(m)}(\theta, \boldsymbol{E})}{\partial \boldsymbol{E}} : \boldsymbol{\xi}_m + \varphi^{(m)}(\theta, \boldsymbol{E})$$

$$(不对\ m\ 求和) \tag{7.156}$$

形式上，上式中的 $\varphi^{(m)}$ 可以是 $\boldsymbol{E}$ 的任意非线性函数，但考虑到对于给定的 $\boldsymbol{E}$，当 $t \to \infty$ 时，体系将趋于平衡态，即 $\overset{\triangle}{\boldsymbol{\xi}}_m = \boldsymbol{0}$. 故由 (7.146) 式：

$$\eta_m(\theta)\overset{\triangle}{\boldsymbol{\xi}}_m = -\rho_0 \frac{\partial W^{(m)}}{\partial \boldsymbol{\xi}_m} = -\left(2\mu_m(\theta)\boldsymbol{\xi}_m - \frac{\partial \varphi^{(m)}}{\partial \boldsymbol{E}}\right),$$

可知当 $t \to \infty$ 时有

$$\frac{\partial \varphi^{(m)}}{\partial \boldsymbol{E}} = 2\mu_m(\theta)\boldsymbol{\xi}_m \Big|_{t\to\infty} \quad (不对\ m\ 求和).$$

而这时 $\rho_0 W_D^{(m)}$ 也将松弛到零值：

$$\rho_0 W_D^{(m)}\Big|_{t\to\infty} = \varphi^{(m)} - \frac{1}{4\mu_m(\theta)}\frac{\partial\varphi^{(m)}}{\partial \boldsymbol{E}} : \frac{\partial\varphi^{(m)}}{\partial \boldsymbol{E}} = 0 \quad (\text{不对 } m \text{ 求和}).$$

对上式求导,得

$$\frac{\partial\varphi^{(m)}}{\partial \boldsymbol{E}} - \frac{1}{2\mu_m(\theta)}\frac{\partial^2\varphi^{(m)}}{\partial \boldsymbol{E}\partial \boldsymbol{E}} : \frac{\partial\varphi^{(m)}}{\partial \boldsymbol{E}} = \left[\overset{(1)}{\boldsymbol{I}} - \frac{1}{2\mu_m(\theta)}\frac{\partial^2\varphi^{(m)}}{\partial \boldsymbol{E}\partial \boldsymbol{E}}\right] : \frac{\partial\varphi^{(m)}}{\partial \boldsymbol{E}} = \boldsymbol{0}$$

$$(\text{不对 } m \text{ 求和}).$$

如果$\dfrac{\partial\varphi^{(m)}}{\partial \boldsymbol{E}}$依赖$\boldsymbol{E}$,则由$\boldsymbol{E}$的任意性可知$\dfrac{\partial^2\varphi^{(m)}}{\partial \boldsymbol{E}\partial \boldsymbol{E}} = 2\mu_m(\theta)\overset{(1)}{\boldsymbol{I}}$.

说明$\dfrac{\partial\varphi^{(m)}}{\partial \boldsymbol{E}}$为$\boldsymbol{E}$的线性函数:

$$\frac{\partial\varphi^{(m)}}{\partial \boldsymbol{E}} = 2\mu_m(\theta)\boldsymbol{E}, \tag{7.157}$$

即(7.156)式实际上应写为

$$\rho_0 W_D^{(m)} = \mu_m(\theta)(\boldsymbol{E} - \boldsymbol{\xi}_m) : (\boldsymbol{E} - \boldsymbol{\xi}_m) \quad (\text{不对 } m \text{ 求和}). \tag{7.158}$$

它只是(7.135)式的一种线性化近似.

如果从上式出发,并略去热膨胀的影响,则可建议将(7.135)式用工程应变表示为

$$\rho_0 W^{(m)} = \frac{3}{2}(3k_m(\theta) - 2\mu_m(\theta))(\mathscr{J}^{1/3} - 1)^2 +$$

$$\mu_m(\theta)(\boldsymbol{E}^{(\frac{1}{2})} - \boldsymbol{\xi}_m) : (\boldsymbol{E}^{(\frac{1}{2})} - \boldsymbol{\xi}_m)$$

$$(\text{不对 } m \text{ 求和}), \tag{7.159}$$

其中$\mu_m(\theta)$和$k_m(\theta)$对应于第m种分子网络的初始剪切模量和初始体积模量,它们都是温度的线性函数.

相应的内变量演化方程可写为

$$\overset{\Delta}{\boldsymbol{\xi}}_m = \frac{1}{\tau_{(m)}}(\boldsymbol{U} - \boldsymbol{\xi}_m - \boldsymbol{I}), \tag{7.160}$$

其中$\tau_{(m)}$为第m个松弛时间,它是温度的函数.如果假设初始时刻$t = 0$的内变量为零,便可解得

$$\boldsymbol{\xi}_m = \sum_{\alpha=1}^{3}\xi_\alpha^{(m)}\boldsymbol{L}_\alpha \otimes \boldsymbol{L}_\alpha, \tag{7.161}$$

$$\xi_\alpha^{(m)} = \exp(-F_m(t))\int_0^t \frac{1}{\tau_{(m)}(\theta(s))}\exp(F_m(s))(\lambda_\alpha(s) - 1)\mathrm{d}s$$

$$(\alpha = 1,2,3) \quad (\text{不对 } m \text{ 求和}), \tag{7.162}$$

其中

$$F_m(t)=\int_0^t\frac{\mathrm{d}s}{\tau_{(m)}(\theta(s))},\tag{7.163}$$

$\lambda_\alpha(t)$ 是第 $\alpha(\alpha=1,2,3)$ 个主长度比.

对于等温过程，$\tau_{(m)}$ 不随时间变化，这时 $F_m(t)=\dfrac{t}{\tau_{(m)}}$，上式退化为

$$\xi_\alpha^{(m)}=\frac{1}{\tau_{(m)}}\int_0^t\exp\left(-\frac{(t-s)}{\tau_{(m)}}\right)(\lambda_\alpha(s)-1)\mathrm{d}s.$$

于是，根据(7.159)式，在约束平衡态下对应于第 m 种分子网络的工程应力 $\boldsymbol{T}^{(m)}$ 可写为

$$\boldsymbol{T}^{(m)}=(3k_m(\theta)-2\mu_m(\theta))(\mathscr{J}^{1/3}-1)\mathscr{J}^{1/3}\boldsymbol{U}^{-1}+2\mu_m(\theta)(\boldsymbol{U}-\boldsymbol{\xi}_m-\boldsymbol{I}).\tag{7.164}$$

上式中的 $\boldsymbol{\xi}_m$ 由(7.161)式和(7.162)式给出.

习　　题

7.1　试证在无老化黏弹性体的一维线性本构关系(7.3)式和(7.5)式中，应力松弛模量 $\mathscr{X}_0(t)$ 和蠕变柔度 $\mathscr{Y}_0(t)$ 之间满足：

(a) $\displaystyle\int_0^t\mathscr{Y}_0(t-\tau)\mathscr{X}_0(\tau)\mathrm{d}\tau=t$，

(b) $\displaystyle\mathscr{X}_0(t)\int_0^t\mathscr{Y}_0(s)\mathrm{d}s\leqslant t\leqslant\mathscr{Y}_0(t)\int_0^t\mathscr{X}_0(s)\mathrm{d}s$.

7.2　一维拉伸条件下的 Green-Rivlin 多重积分型本构方程可类似于(7.18)式写为

$$\begin{aligned}\sigma(t)=&\int_{0_-}^t K^{(1)}(t-\tau_1)\dot{E}(\tau_1)\mathrm{d}\tau_1+\\&\int_{0_-}^t\int_{0_-}^t K^{(2)}(t-\tau_1,t-\tau_2)\dot{E}(\tau_1)\dot{E}(\tau_2)\mathrm{d}\tau_1\mathrm{d}\tau_2+\\&\int_{0_-}^t\int_{0_-}^t\int_{0_-}^t K^{(3)}(t-\tau_1,t-\tau_2,t-\tau_3)\dot{E}(\tau_1)\dot{E}(\tau_2)\dot{E}(\tau_3)\mathrm{d}\tau_1\mathrm{d}\tau_2\mathrm{d}\tau_3+\cdots,\end{aligned}$$

试讨论需要通过几个多重阶跃应变的实验才能确定上式中的材料函数 $K^{(1)}$，$K^{(2)}$ 和 $K^{(3)}$.

7.3　不可压黏弹性流体的 BKZ 模型相当于假定 t 时刻材料的弹性储能密度为

$$\boldsymbol{\Psi}(t)=\int_{-\infty}^t\psi_\tau(\boldsymbol{C}_\tau(t))\mathrm{d}\tau,$$

其中 $\boldsymbol{C}_\tau(t)$ 是以 τ 时刻的构形作为参考构形的相对右 Cauchy-Green 张量，试写出 t 时刻的 Cauchy 应力表达式.

7.4 在单向拉伸条件下,如果拉伸方向的伸长比 λ 是一个阶跃函数:

$$\lambda=\begin{cases}1, & \text{当 } t<0,\\ \lambda, & \text{当 } t\geqslant 0.\end{cases}$$

(a) 试根据(7.27)式和(7.28)式以及(7.40)式写出拉伸方向的应力 $\sigma(t)$ 与 λ 之间的关系.

(b) 试讨论由以上实验可确定哪些材料函数.

7.5 在单向拉伸条件下,如果主伸长历史是时间 t 的函数:$x_1(t)=\lambda(t)X_1$,$x_2(t)=\lambda^{-\frac{1}{2}}(t)X_2$,$x_3(t)=\lambda^{-\frac{1}{2}}(t)X_3$,试根据(7.39)式具体写出 x_1 方向应力 $\sigma(t)$ 的表达式.

7.6 在单向拉伸条件下,如果拉伸方向的伸长比 λ 由下式给出:

$$\lambda(\tau)=\lambda_0(1+\eta(\tau))\quad(-\infty<\tau<\infty),$$

其中 λ_0 为大于 1 的常数,$\eta(\tau)$ 为一个小量.

(a) 当略去 η 的高阶小量之后,试写出不可压黏弹性流体 BKZ 模型中拉伸方向的应力表达式.

(b) 根据以上表达式,试讨论不可压黏弹性流体 BKZ 模型的合理性.

7.7 在线性黏弹性力学中,Kelvin-Voigt 模型是线性弹簧和线性黏壶的并联.

(a) 试给出以上模型的线性蠕变柔度.

(b) 试将以上模型推广到非线性弹簧和非线性黏壶的情形.

(c) 试写出以上模型的最一般形式的三维本构关系.

7.8 在线性黏弹性力学中,Maxwell 模型是线性弹簧和线性黏壶的串联.

(a) 试写出以上模型的线性应力松弛模量.

(b) 试将以上模型推广到非线性弹簧和非线性黏壶的情形,并由此说明将自由能展开为内变量的二次式,且内变量的演化方程满足 Onsager 倒易关系的黏弹性模型只能描述材料的线弹性性质.

(c) 试写出以上模型的最一般形式的三维本构关系.

7.9 如果简单拉伸时的黏弹性本构关系可用下图中的非线性弹簧与线性黏壶的串、并联模型来加以表示,其中 η_0 和 η 分别为两个黏壶的黏性系数,$\rho_0\psi$ 为非线性弹簧的超弹性势函数.试写出以上模型中应力 T 和应变 E 之间的关系.

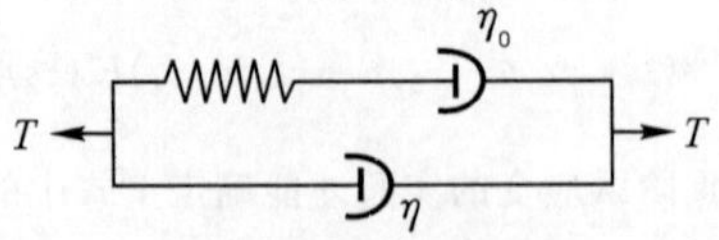

题 7.9 图

参考文献

7.1 Green A E, Rivlin R S. The mechanics of non-linear materials with memory(Part1). Arch. Rat. Mech. Anal. ,1957,1:1—21.

7.2 Lockett F J. Nonlinear viscoelastic solids. London: Academic Press Inc. , 1972.

7.3 Ferry J D. Viscoelastic properties of polymers. 3rd ed. New York: Wiley, 1980.

7.4 Christensen R M. Theory of viscoelasticity,An introduction. 2nd ed. New York:Academic Press,Inc. ,1982.(中译本:郝松林,老亮译.粘弹性力学引论.北京:科学出版社,1990.)

7.5 Carreau P J,Kee D De,Chhabra R P. Rheology of polymeric systems: principles and applications. New York:Hanser/Gardner Publications,Inc,1997.

7.6 Tanaka F,Edwards S F. Viscoelastic properties of physically cross-linked networks,transient network theory. Macromolecules,1992,25:1516—1523.

7.7 Drozdov A D. Mechanics of viscoelastic solids. Chichester,New York:John Wiley & Sons,1998.

7.8 Biot M A. Theory of stress-strain relations in anisotropic viscoelasticity and relaxation phenomena. J. Appl. Phys. ,1954,25(11):1385—1391.

7.9 Huang Z P(黄筑平). A constitutive theory in thermo-viscoelasticity at finite deformation. Mechanics Research Communications,1999,26(6):679—686.

7.10 杨挺青,罗文波,徐平,危银涛,刚芹果.黏弹性理论与应用.北京:科学出版社,2004.

7.11 Zhang Y,Huang Z P, A model for the non-linear viscoelastic behavior of amorphous polymers. Mechanics Research Communications,2004,31:195—202.

7.12 Zhang Y,Huang Z P, Mechanical behavior of amorphous polymers in shear. Applied Mathematics and Mechanics,2004,25(10):1089—1099.

第八章　弹 塑 性 体

§8.1　单晶的弹塑性变形

(一) 变形几何学

弹塑性理论的发展是和韧性金属材料力学行为的研究密不可分的.金属通常具有多晶结构,即它是由大量晶粒组成的,而其中每个晶粒可看作是一个单晶.

在晶体中,原子以规则的晶格结构排列.原子可以在晶格的固定位置附近振动,但由于受到其邻近原子的作用力,故不能自由运动.原子之间的相互作用是通过以下几种键合类型实现的:离子键、共价键、金属键以及分子键(如 van der Waals 键和氢键等弱键).然而,实际的晶体中往往存在大量的缺陷,其中包括点缺陷(如空穴原子和间隙原子)、线缺陷(如刃型位错和螺型位错)、面缺陷(如亚晶界、层错、孪晶界)和体缺陷(如孔洞).这些缺陷对晶体材料弹塑性性质和强度的影响具有特殊的意义.

晶体在变形过程中除产生晶格畸变之外,还可能会由于位错运动而产生晶体一部分相对于另一部分的剪切塑性变形.剪切塑性变形是一种不可恢复的永久变形.其主要形式有滑移、孪生和变形带.在以下讨论中,我们将主要考虑滑移变形.由于晶格畸变是可恢复的弹性变形,故可以用连续介质力学的方法来进行描述.而位错沿特定结晶学平面运动所产生的滑移在晶体中是离散分布的,而且位错运动将产生位移的间断,故不能直接用连续介质力学的方法来处理.但考虑到晶体中存在着大量的位错,因此,从宏观角度看,我们仍然可以近似地认为滑移在晶粒内是均匀的并可用连续介质力学中的场变量来进行描述.晶体的滑移变形是沿密排平面上的最密排方向进行的,滑移面以及该面上的滑移方向构成晶体的**滑移系**.晶体的滑移系可以有许多个(如面心立方晶体通常有 12 个滑移系),下文中,我们将以 $\boldsymbol{m}_\alpha$ 和 $\boldsymbol{s}_\alpha$ 分别表示第 α($\alpha=1,2,\cdots$)个滑移系中滑移面的单位法向量和滑移方向的单位向量.

现假定晶体在外力作用下的变形是均匀的,并可用变形梯度 $\boldsymbol{F}$ 来加以描述.如果晶体内产生了剪切滑移,则当卸去外载后,晶体并不能恢复到加载前的形状.我们称由初始构形到卸载后构形的变形梯度为塑性变形梯度.现考虑变形中只有第 α 个滑移系开动的情形,并使卸载后构形与初始构形具有相同的晶格取向.这时,塑性变形梯度可根据(2.35)式的剪切变形而写为

$$\boldsymbol{F}_{\mathrm{p}}=\boldsymbol{I}+\gamma^{(\alpha)}\boldsymbol{s}_{\alpha}\otimes\boldsymbol{m}_{\alpha}\ (\text{不对}\ \alpha\ \text{求和}),\tag{8.1}$$

上式中,$\gamma^{(\alpha)}$表示沿 $\boldsymbol{s}_{\alpha}$ 方向滑移产生的剪切变形.

由卸载后构形到未卸载的当前构形的变形梯度,刻画了晶格的畸变和晶体的刚体转动,称之为弹性变形梯度 $\boldsymbol{F}_{\mathrm{e}}$.于是,如图 8.1 所示,总的变形梯度 $\boldsymbol{F}$ 可用乘法分解的形式表示为

$$\boldsymbol{F}=\boldsymbol{F}_{\mathrm{e}}\cdot\boldsymbol{F}_{\mathrm{p}}.\tag{8.2}$$

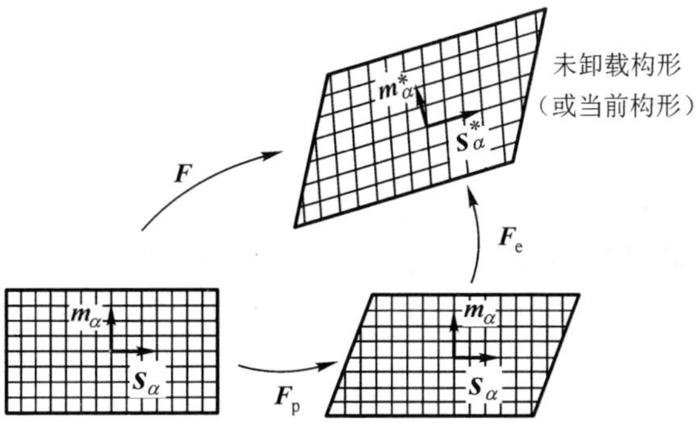

图 8.1 单晶的弹塑性变形

以上的卸载后构形也称为中间构形,因为它与初始构形具有相同的晶格取向,故通常称之为**等倾中间构形**(isoclinic configuration).需说明,对于相同的 $\boldsymbol{F}$,不同的材料和不同的晶格取向将对应于不同的 $\boldsymbol{F}_{\mathrm{e}}$ 和 $\boldsymbol{F}_{\mathrm{p}}$,因此,由(8.2)式所表示的乘法分解并不是对晶体变形的纯几何描述.

在当前构形中,滑移方向 $\boldsymbol{s}_{\alpha}$ 将变为

$$\boldsymbol{s}_{\alpha}^{*}=\boldsymbol{F}_{\mathrm{e}}\cdot\boldsymbol{s}_{\alpha}=\boldsymbol{\beta}\cdot\boldsymbol{U}_{\mathrm{e}}\cdot\boldsymbol{s}_{\alpha},\tag{8.3}$$

相应的滑移面法向将变为

$$\boldsymbol{m}_{\alpha}^{*}=\boldsymbol{m}_{\alpha}\cdot\boldsymbol{F}_{\mathrm{e}}^{-1}=\boldsymbol{m}_{\alpha}\cdot\boldsymbol{U}_{\mathrm{e}}^{-1}\cdot\boldsymbol{\beta}^{\mathrm{T}},\tag{8.4}$$

式中 $\boldsymbol{U}_{\mathrm{e}}$ 和 $\boldsymbol{\beta}$ 分别为 $\boldsymbol{F}_{\mathrm{e}}$ 的极分解式中的右伸长张量和正交张量.显然,$\boldsymbol{m}_{\alpha}^{*}$ 与 $\boldsymbol{s}_{\alpha}^{*}$ 仍然是正交的,但它们一般并不再是单位向量.不过,由于弹性

变形通常要比塑性变形小得多，故当 $\boldsymbol{U}_{\mathrm{e}}$ 与单位张量 $\boldsymbol{I}$ 相差很小时，$\boldsymbol{s}_{\alpha}^{*}$ 和 $\boldsymbol{m}_{\alpha}^{*}$ 可近似地认为具有单位长度.

根据(8.2)式，速度梯度(2.101)式可写为

$$\boldsymbol{L}=\dot{\boldsymbol{F}}\cdot\boldsymbol{F}^{-1}=\dot{\boldsymbol{F}}_{\mathrm{e}}\cdot\boldsymbol{F}_{\mathrm{e}}^{-1}+\boldsymbol{F}_{\mathrm{e}}\cdot\dot{\boldsymbol{F}}_{\mathrm{p}}\cdot\boldsymbol{F}_{\mathrm{p}}^{-1}\cdot\boldsymbol{F}_{\mathrm{e}}^{-1}. \tag{8.5}$$

注意到

$$\dot{\boldsymbol{F}}_{\mathrm{p}}=\dot{\gamma}^{(\alpha)}\boldsymbol{s}_{\alpha}\otimes\boldsymbol{m}_{\alpha}\quad(\dot{\gamma}^{(\alpha)}\geqslant 0)\quad(\text{不对 }\alpha\text{ 求和}),$$

和

$$\boldsymbol{F}_{\mathrm{p}}^{-1}=\boldsymbol{I}-\gamma^{(\alpha)}\boldsymbol{s}_{\alpha}\otimes\boldsymbol{m}_{\alpha}\quad(\text{不对 }\alpha\text{ 求和}),$$

可知

$$\dot{\boldsymbol{F}}_{\mathrm{p}}\cdot\boldsymbol{F}_{\mathrm{p}}^{-1}=\dot{\gamma}^{(\alpha)}\boldsymbol{s}_{\alpha}\otimes\boldsymbol{m}_{\alpha}\quad(\text{不对 }\alpha\text{ 求和}). \tag{8.6}$$

故(8.5)式可写为

$$\boldsymbol{L}=\boldsymbol{L}_{\mathrm{e}}+\boldsymbol{L}_{\mathrm{p}}, \tag{8.7}$$

其中

$$\boldsymbol{L}_{\mathrm{e}}=\dot{\boldsymbol{F}}_{\mathrm{e}}\cdot\boldsymbol{F}_{\mathrm{e}}^{-1},\quad \boldsymbol{L}_{\mathrm{p}}=\dot{\gamma}^{(\alpha)}\boldsymbol{s}_{\alpha}^{*}\otimes\boldsymbol{m}_{\alpha}^{*}\quad(\text{不对 }\alpha\text{ 求和}). \tag{8.8}$$

(8.5)式的对称部分 $\boldsymbol{D}$ 和反对称部分 $\boldsymbol{W}$ 也可分别写为

$$\boldsymbol{D}=\boldsymbol{D}_{\mathrm{e}}+\boldsymbol{D}_{\mathrm{p}},\quad \boldsymbol{W}=\boldsymbol{W}_{\mathrm{e}}+\boldsymbol{W}_{\mathrm{p}}. \tag{8.9}$$

上式中，

$$\left.\begin{aligned}\boldsymbol{D}_{\mathrm{e}}&=\frac{1}{2}(\boldsymbol{L}_{\mathrm{e}}+\boldsymbol{L}_{\mathrm{e}}^{\mathrm{T}}),\\ \boldsymbol{D}_{\mathrm{p}}&=\dot{\gamma}^{(\alpha)}\boldsymbol{P}^{(\alpha)},\end{aligned}\right\} \tag{8.10}$$

$$\left.\begin{aligned}\boldsymbol{W}_{\mathrm{e}}&=\frac{1}{2}(\boldsymbol{L}_{\mathrm{e}}-\boldsymbol{L}_{\mathrm{e}}^{\mathrm{T}}),\\ \boldsymbol{W}_{\mathrm{p}}&=\dot{\gamma}^{(\alpha)}\boldsymbol{Q}^{(\alpha)},\end{aligned}\right\} \tag{8.11}$$

其中

$$\left.\begin{aligned}\boldsymbol{P}^{(\alpha)}&=\frac{1}{2}(\boldsymbol{s}_{\alpha}^{*}\otimes\boldsymbol{m}_{\alpha}^{*}+\boldsymbol{m}_{\alpha}^{*}\otimes\boldsymbol{s}_{\alpha}^{*}),\\ \boldsymbol{Q}^{(\alpha)}&=\frac{1}{2}(\boldsymbol{s}_{\alpha}^{*}\otimes\boldsymbol{m}_{\alpha}-\boldsymbol{m}_{\alpha}^{*}\otimes\boldsymbol{s}_{\alpha}^{*}).\end{aligned}\right\} \tag{8.12}$$

以上各式中，重复指标 α 不表示对 α 的求和.

(二) 弹性变形

单晶的弹性变形可由无应力状态的中间构形到当前构形的弹性变形梯度 $\boldsymbol{F}_{\mathrm{e}}$ 来加以描述，它反映了晶格的畸变和晶体的刚体转动. 于是，基

于中间构形的 Green 应变 $\boldsymbol{E}^{\mathrm{e}}$ 可写为

$$\boldsymbol{E}^{\mathrm{e}}=\frac{1}{2}(\boldsymbol{U}_{\mathrm{e}}^{2}-\boldsymbol{I})=\frac{1}{2}(\boldsymbol{C}_{\mathrm{e}}-\boldsymbol{I}). \tag{8.13}$$

此外,我们还可定义基于中间构形的第二类 Piola-Kirchhoff 应力

$$\boldsymbol{T}^{\mathrm{e}}=\mathscr{J}\boldsymbol{F}_{\mathrm{e}}^{-1}\cdot\boldsymbol{\sigma}\cdot\boldsymbol{F}_{\mathrm{e}}^{-\mathrm{T}}=\boldsymbol{F}_{\mathrm{e}}^{-1}\cdot\boldsymbol{\tau}\cdot\boldsymbol{F}_{\mathrm{e}}^{-\mathrm{T}}. \tag{8.14}$$

上式中 $\boldsymbol{\sigma}$ 为 Cauchy 应力,ρ_0 和 ρ 分别为中间构形和当前构形中的密度,当塑性变形不发生体积变化时,ρ_0 也是初始构形中的密度,$\mathscr{J}=\rho_0/\rho$. 单晶的弹性变形规律可假定为

$$\boldsymbol{T}^{\mathrm{e}}=\rho_0\frac{\partial\psi_{\mathrm{e}}}{\partial\boldsymbol{E}^{\mathrm{e}}}, \tag{8.15}$$

其中 ψ_{e} 为弹性势,它表示在等温过程中的 Helmholtz 自由能. 在一般情况下,ψ_{e} 不仅与 $\boldsymbol{E}^{\mathrm{e}}$ 有关,而且还与晶体的变形历史有关. 为了分析简单起见,以后我们假定 ψ_{e} 仅仅是 $\boldsymbol{E}^{\mathrm{e}}$ 的函数. 由于单晶的弹性性质是各向异性的,故 ψ_{e} 并不能表示为 $\boldsymbol{E}^{\mathrm{e}}$ 的不变量的函数,但根据第一章的(1.214)式,它可以表示为 $\boldsymbol{E}^{\mathrm{e}}$ 与结构张量联立不变量的函数.

对(8.15)式求物质导数,可得

$$\dot{\boldsymbol{T}}^{\mathrm{e}}=\rho_0\frac{\partial^2\psi_{\mathrm{e}}}{\partial\boldsymbol{E}^{\mathrm{e}}\partial\boldsymbol{E}^{\mathrm{e}}}:\dot{\boldsymbol{E}}^{\mathrm{e}}. \tag{8.16}$$

(8.13)式和(8.14)式的物质导数可类似于(2.130)式和(4.34)式写为

$$\dot{\boldsymbol{E}}^{\mathrm{e}}=\boldsymbol{F}_{\mathrm{e}}^{\mathrm{T}}\cdot\boldsymbol{D}_{\mathrm{e}}\cdot\boldsymbol{F}_{\mathrm{e}} \tag{8.17}$$

和

$$\dot{\boldsymbol{T}}^{\mathrm{e}}=\boldsymbol{F}_{\mathrm{e}}^{-1}\cdot[\overset{\triangledown}{\boldsymbol{\tau}}_{(\mathrm{W}_{\mathrm{e}})}-\boldsymbol{\tau}\cdot\boldsymbol{D}_{\mathrm{e}}-\boldsymbol{D}_{\mathrm{e}}\cdot\boldsymbol{\tau}]\cdot\boldsymbol{F}_{\mathrm{e}}^{-\mathrm{T}}, \tag{8.18}$$

其中 $\overset{\triangledown}{\boldsymbol{\tau}}_{(\mathrm{W}_{\mathrm{e}})}-\boldsymbol{\tau}\cdot\boldsymbol{D}_{\mathrm{e}}-\boldsymbol{D}_{\mathrm{e}}\cdot\boldsymbol{\tau}$ 为 $\boldsymbol{\tau}=\mathscr{J}\boldsymbol{\sigma}$ 对应于 $\boldsymbol{L}_{\mathrm{e}}$ 的 Oldroyd 导数,而 $\overset{\triangledown}{\boldsymbol{\tau}}_{(\mathrm{W}_{\mathrm{e}})}$ 为 Kirchhoff 应力 $\boldsymbol{\tau}=\mathscr{J}\boldsymbol{\sigma}$ 对应于 $\boldsymbol{W}_{\mathrm{e}}$ 的 Jaumann 导数. (8.18)式还可以形式地写为

$$\overset{\triangledown}{\boldsymbol{\tau}}_{(\mathrm{W}_{\mathrm{e}})}-\boldsymbol{\tau}\cdot\boldsymbol{D}_{\mathrm{e}}-\boldsymbol{D}_{\mathrm{e}}\boldsymbol{\tau}=\boldsymbol{F}_{\mathrm{e}}\cdot\dot{\boldsymbol{T}}^{\mathrm{e}}\cdot\boldsymbol{F}_{\mathrm{e}}^{\mathrm{T}}=(\boldsymbol{F}_{\mathrm{e}}\otimes\boldsymbol{F}_{\mathrm{e}})\overset{*}{\underset{*}{}}\dot{\boldsymbol{T}}^{\mathrm{e}}, \tag{8.19}$$

其中记号 $\overset{*}{\underset{*}{}}$ 表示每一个 $\boldsymbol{F}_{\mathrm{e}}$ 的后一个分量依次与 $\dot{\boldsymbol{T}}^{\mathrm{e}}$ 所进行的双点积. 于是,将(8.17)式和(8.19)式代入(8.16)式后,可得

$$\overset{\triangledown}{\boldsymbol{\tau}}_{(\mathrm{W}_{\mathrm{e}})}=\left[\rho_0(\boldsymbol{F}_{\mathrm{e}}\otimes\boldsymbol{F}_{\mathrm{e}}\otimes\boldsymbol{F}_{\mathrm{e}}\otimes\boldsymbol{F}_{\mathrm{e}})\overset{*}{\underset{*}{\overset{*}{\underset{*}{}}}}\frac{\partial^2\psi_{\mathrm{e}}}{\partial\boldsymbol{E}^{\mathrm{e}}\partial\boldsymbol{E}^{\mathrm{e}}}\right]:\boldsymbol{D}_{\mathrm{e}}+\boldsymbol{\tau}\cdot\boldsymbol{D}_{\mathrm{e}}+\boldsymbol{D}_{\mathrm{e}}\cdot\boldsymbol{\tau}, \tag{8.20}$$

上式中,记号 $\overset{*}{\underset{*}{*}}{}^{*}$ 表示每一个 $\boldsymbol{F}_{\mathrm{e}}$ 的后一个分量依次与 $\dfrac{\partial^2\psi_{\mathrm{e}}}{\partial\boldsymbol{E}^{\mathrm{e}}\partial\boldsymbol{E}^{\mathrm{e}}}$ 所进行的四重点积.如果定义四阶张量 $\mathscr{L}^{(\tau)}$,使得 $\boldsymbol{\tau}\cdot\boldsymbol{D}_{\mathrm{e}}+\boldsymbol{D}_{\mathrm{e}}\cdot\boldsymbol{\tau}$ 可以形式地写为 $\mathscr{L}^{(\tau)}:\boldsymbol{D}_{\mathrm{e}}$,则(8.20)式最终可以简写为

$$\overset{\triangledown}{\boldsymbol{\tau}}_{(W_{\mathrm{e}})}=\mathscr{L}^{(\varepsilon)}:\boldsymbol{D}_{\mathrm{e}}, \tag{8.21}$$

其中

$$\mathscr{L}^{(\varepsilon)}=\rho_0(\boldsymbol{F}_{\mathrm{e}}\otimes\boldsymbol{F}_{\mathrm{e}}\otimes\boldsymbol{F}_{\mathrm{e}}\otimes\boldsymbol{F}_{\mathrm{e}})\overset{*}{\underset{*}{*}}{}^{*}\frac{\partial^2\psi_{\mathrm{e}}}{\partial\boldsymbol{E}^{\mathrm{e}}\partial\boldsymbol{E}^{\mathrm{e}}}+\mathscr{L}^{(\tau)}. \tag{8.22}$$

而 $\mathscr{L}^{(\tau)}$ 在直角坐标系中的分量可写为

$$\mathscr{L}^{(\tau)}_{ijkl}=\frac{1}{2}(\tau_{ik}\delta_{jl}+\tau_{il}\delta_{jk}+\delta_{ik}\tau_{jl}+\delta_{il}\tau_{jk}). \tag{8.23}$$

(8.21)式表示了单晶在作纯弹性变形时的增量型(率型)本构关系,式中的 $\mathscr{L}^{(\varepsilon)}$ 对应于 Euler 描述下的四阶弹性模量张量.在以后的讨论中,我们将假定 $\mathscr{L}^{(\varepsilon)}$ 是对称正定的,它在直角坐标系中的分量满足如下的对称性条件:

$$\mathscr{L}^{(\varepsilon)}_{ijkl}=\mathscr{L}^{(\varepsilon)}_{jikl}=\mathscr{L}^{(\varepsilon)}_{ijlk}=\mathscr{L}^{(\varepsilon)}_{klij}. \tag{8.24}$$

(三)塑性变形

晶体在塑性变形过程中由于位错的增殖与湮灭、位错的运动与其间的交互作用,(以及与溶质原子,与沉淀粒子的交互作用),位错群体将通过自组织形成一定的有序结构或花样(dislocation patterns),并伴有能量的耗散.而变形过程中,位错密度和位错组态的这种变化又将使晶体产生进一步塑性变形所需的外力发生相应的变化.通常,我们称晶体滑移变形与作用在滑移面上沿滑移方向剪切应力之间的定量关系为硬化规律.通过位错花样的演化来揭示晶体变形的硬化规律已成为当前晶体塑性中的研究课题之一.

对应于 α 个滑移系的分解剪应力可写为

$$(\boldsymbol{\sigma}:\boldsymbol{P}^{(\alpha)})/|\boldsymbol{s}^*_\alpha||\boldsymbol{m}^*_\alpha|\quad(\text{不对 }\alpha\text{ 求和}),$$

其中 $\boldsymbol{P}^{(\alpha)}$ 由(8.12)式给出.下面仅考虑弹性变形相对于塑性变形较小的情形.这时,上式可以近似地写为

$$\tau^{(\alpha)}=\mathscr{J}\boldsymbol{\sigma}:\boldsymbol{P}^{(\alpha)}=\boldsymbol{\tau}:\boldsymbol{P}^{(\alpha)}. \tag{8.25}$$

由于初始单位体积的塑性变形功率为

$$\boldsymbol{\tau}:\boldsymbol{D}_{\mathrm{p}}=\boldsymbol{\tau}:\boldsymbol{P}^{(\alpha)}\dot{\gamma}^{(\alpha)}=\tau^{(\alpha)}\dot{\gamma}^{(\alpha)}, \tag{8.26}$$

故在功共轭意义下，由(8.25)式所定义的分解剪应力 $\tau^{(\alpha)}$实际上是剪切变形 $\gamma^{(\alpha)}$的共轭量.

研究表明，分解剪应力 $\tau^{(\alpha)}$与滑移剪切变形 $\gamma^{(\alpha)}$之间不可能用一条统一的硬化曲线来加以描述. 影响硬化曲线的因素有晶格类型，金属纯度，晶格取向，晶体尺寸和形状，表面状态以及环境温度，加载历史和加载速率等. 应该说，关于硬化规律的研究是单晶材料弹塑性理论中最为重要和最为困难的问题之一.

为了简化问题的讨论，我们仅考虑等温过程中率无关材料的弹塑性变形，即忽略加载速率对变形规律的影响. 因为这样的材料在变形过程中不具有黏性效应，所以任何与时间呈单调递增关系的参数都可以取作为变形过程中的时间参数.

现采用 Schmid 定律来描述单晶的塑性流动特性. 在当前时刻，第 α 个滑移系开动并产生进一步塑性剪切变形 $\gamma^{(\alpha)}$的条件为：

(1) 分解剪应力 $\tau^{(\alpha)}$达到临界值 $\tau_c^{(\alpha)}$. 该临界值不仅与当前时刻的塑性变形状态有关，而且还与位错密度和位错组态有关. 为简单起见，我们将用滑移剪切变形 $\gamma^{(\beta)}$($\beta=1,2,\cdots$)来表示单晶的塑性变形状态，而用一组参量 ζ_m($m=1,2,\cdots$)来表示相应的位错密度和位错组态，它们反映了晶体的变形历史. 因此，临界剪应力可写为

$$\tau_c^{(\alpha)}=\tau_c^{(\alpha)}(\gamma^{(\beta)},\zeta_m)\quad\begin{pmatrix}\beta=1,2,\cdots\\ m=1,2,\cdots\end{pmatrix}. \tag{8.27}$$

(2) 在进一步塑性变形过程中，分解剪应力 $\tau^{(\alpha)}$将随着临界剪应力 $\tau_c^{(\alpha)}$的增加而相应地增加.

以上两个条件可表示为：

当 $\dot{r}^{(\alpha)}>0$ 时，要求有

$$F^{(\alpha)}=\boldsymbol{\tau}:\boldsymbol{P}^{(\alpha)}-\tau_c^{(\alpha)}=0, \tag{8.28}$$

和

$$\dot{\tau}^{(\alpha)}=\dot{\tau}_c^{(\alpha)}. \tag{8.29}$$

当 $\dot{r}^{(\alpha)}=0$ 时，有

$$F^{(\alpha)}=\boldsymbol{\tau}:\boldsymbol{P}^{(\alpha)}-\tau_c^{(\alpha)}<0, \tag{8.30$_1$}$$

或者有

$$\left.\begin{aligned}&F^{(\alpha)}=\boldsymbol{\tau}:\boldsymbol{P}^{(\alpha)}-\tau_c^{(\alpha)}=0,\\ \text{但}\quad&\dot{\tau}^{(\alpha)}<\dot{\tau}_c^{(\alpha)}.\end{aligned}\right\} \tag{8.30$_2$}$$

在(8.28)式中,

$$F^{(\alpha)}=\mathscr{J}\boldsymbol{\sigma}:\boldsymbol{P}^{(\alpha)}-\tau_{\mathrm{c}}^{(\alpha)}=0\quad(\alpha=1,2,\cdots)\tag{8.31}$$

表示了应力空间中一组超平面,称之为(后继)屈服面或加载面.如果弹性变形相对于塑性变形很小,则当第 α 个滑移系开动时,(8.10)式的第二式可写为

$$\boldsymbol{D}_{\mathrm{p}}=\dot{\gamma}^{(\alpha)}\boldsymbol{P}^{(\alpha)}=\dot{\lambda}_{\alpha}\frac{\partial F^{(\alpha)}}{\partial\boldsymbol{\tau}}\quad(\text{不对 }\alpha\text{ 求和}),\tag{8.32}$$

其中 $\dot{\lambda}_{\alpha}=\dot{\gamma}^{(\alpha)}\geqslant 0$.表明塑性变形率 $\boldsymbol{D}_{\mathrm{p}}$ 沿应力空间中加载面的外法向,即塑性变形率 $\boldsymbol{D}_{\mathrm{p}}$ 满足正交流动法则.

(8.29)式表明,当产生进一步塑性变形时,应力状态应始终位于加载面 $F^{(\alpha)}=0$ 上,这在塑性力学中称之为**一致性条件**.

对于率无关材料,$\zeta_m(m=1,2,\cdots)$的时间变化率与 $\dot{\gamma}^{(\alpha)}$之间具有线性关系.在当前时刻,如果只有第 α 个滑移系开动,则可假定有

$$\dot{\zeta}_m=g_{m\alpha}(\gamma^{(\beta)},\zeta_n)\dot{\gamma}^{(\alpha)}.\tag{8.33}$$

因此,(8.27)式的时间变化率为

$$\dot{\tau}_{\mathrm{c}}^{(\alpha)}=\left[\frac{\partial\tau_{\mathrm{c}}^{(\alpha)}}{\partial\gamma^{(\alpha)}}+\sum_{m}\frac{\partial\tau_{\mathrm{c}}^{(\alpha)}}{\partial\zeta_m}g_{m\alpha}\right]\dot{\gamma}^{(\alpha)}\quad(\text{不对 }\alpha\text{ 求和}),\tag{8.34}$$

或简写为

$$\dot{\tau}_{\mathrm{c}}^{(\alpha)}=h_{\alpha}\dot{\gamma}^{(\alpha)},\tag{8.35}$$

其中

$$h_{\alpha}=\frac{\partial\tau_{\mathrm{c}}^{(\alpha)}}{\partial\gamma^{(\alpha)}}+\sum_{m}\frac{\partial\tau_{\mathrm{c}}^{(\alpha)}}{\partial\zeta_m}g_{m\alpha}\tag{8.36}$$

称为瞬时硬化系数,它与单晶的变形历史有关.

(四) 弹塑性本构关系

在当前时刻,如果所有的滑移系都不开动,即 $\boldsymbol{D}_{\mathrm{p}}=0$, $\boldsymbol{W}_{\mathrm{p}}=0$,则(8.21)式中的 $\boldsymbol{D}_{\mathrm{e}}$ 和 $\boldsymbol{W}_{\mathrm{e}}$ 应分别等于 $\boldsymbol{D}$ 和 $\boldsymbol{W}$.这时,(8.21)式可用来作为单晶材料的率型本构关系.然而,当第 α 个滑移系上的分解剪应力较大,并使得(8.28)式和(8.29)式同时满足时,晶体将产生进一步的塑性变形.在这种情况下,$\boldsymbol{\tau}$ 的 Jaumann 导数可写为

$$\begin{aligned}\overset{\triangledown}{\boldsymbol{\tau}}_{(\mathrm{W})}&=\dot{\boldsymbol{\tau}}+\boldsymbol{\tau}\cdot\boldsymbol{W}-\boldsymbol{W}\cdot\boldsymbol{\tau}\\&=(\dot{\boldsymbol{\tau}}+\boldsymbol{\tau}\cdot\boldsymbol{W}_{\mathrm{e}}-\boldsymbol{W}_{\mathrm{e}}\cdot\boldsymbol{\tau})+\boldsymbol{\tau}\cdot\boldsymbol{W}_{\mathrm{p}}-\boldsymbol{W}_{\mathrm{p}}\cdot\boldsymbol{\tau}\end{aligned}$$

$$= \overset{\triangledown}{\boldsymbol{\tau}}_{(\mathrm{W_e})} - \boldsymbol{B}^{(\alpha)}\dot{\gamma}^{(\alpha)} \quad (\text{不对 } \alpha \text{ 求和}), \tag{8.37}$$

其中

$$\boldsymbol{B}^{(\alpha)} = \boldsymbol{Q}^{(\alpha)}\cdot\boldsymbol{\tau} - \boldsymbol{\tau}\cdot\boldsymbol{Q}^{(\alpha)}. \tag{8.38}$$

将(8.21)式代入上式,得

$$\begin{aligned}\overset{\triangledown}{\boldsymbol{\tau}}_{(\mathrm{W})} &= \mathscr{L}^{(\varepsilon)}:(\boldsymbol{D}-\boldsymbol{D}_{\mathrm{p}}) - \boldsymbol{B}^{(\alpha)}\dot{\gamma}^{(\alpha)}\\ &= \mathscr{L}^{(\varepsilon)}:\boldsymbol{D} - (\mathscr{L}^{(\varepsilon)}:\boldsymbol{P}^{(\alpha)} + \boldsymbol{B}^{(\alpha)})\dot{\gamma}^{(\alpha)}\\ &= \mathscr{L}^{(\varepsilon)}:\boldsymbol{D} - \boldsymbol{\lambda}^{(\alpha)}\dot{\gamma}^{(\alpha)} \quad (\text{不对 } \alpha \text{ 求和}),\end{aligned} \tag{8.39}$$

其中

$$\boldsymbol{\lambda}^{(\alpha)} = \mathscr{L}^{(\varepsilon)}:\boldsymbol{P}^{(\alpha)} + \boldsymbol{B}^{(\alpha)} = \boldsymbol{P}^{(\alpha)}:\mathscr{L}^{(\varepsilon)} + \boldsymbol{B}^{(\alpha)} \tag{8.40}$$

是一个二阶对称张量.

如果 $\dot{\gamma}^{(\alpha)}$可以用 $\boldsymbol{D}$ 来加以表示,则由上式便可得到 $\overset{\triangledown}{\boldsymbol{\tau}}_{(\mathrm{W})}$与 $\boldsymbol{D}$ 之间的率型本构关系.

(8.25)式的时间变化率可写为

$$\dot{\tau}^{(\alpha)} = \dot{\boldsymbol{\tau}}:\boldsymbol{P}^{(\alpha)} + \boldsymbol{\tau}:\dot{\boldsymbol{P}}^{(\alpha)}. \tag{8.41}$$

注意到(8.3)式和(8.4)式的时间变化率为

$$\dot{\boldsymbol{s}}_\alpha^* = \dot{\boldsymbol{F}}_{\mathrm{e}}\cdot\boldsymbol{s}_\alpha = \boldsymbol{L}_{\mathrm{e}}\cdot\boldsymbol{s}_\alpha^* = (\boldsymbol{D}_{\mathrm{e}} + \boldsymbol{W}_{\mathrm{e}})\cdot\boldsymbol{s}_\alpha^*,$$

$$\dot{\boldsymbol{m}}_\alpha^* = \boldsymbol{m}_\alpha\cdot\dot{\boldsymbol{F}}_{\mathrm{e}}^{-1} = -\boldsymbol{m}_\alpha^*\cdot\boldsymbol{L}_{\mathrm{e}} = -\boldsymbol{m}_\alpha^*\cdot(\boldsymbol{D}_{\mathrm{e}} + \boldsymbol{W}_{\mathrm{e}}),$$

可将(8.41)式中的 $\dot{\boldsymbol{P}}^{(\alpha)}$表示为

$$\begin{aligned}\dot{\boldsymbol{P}}^{(\alpha)} &= \frac{1}{2}(\dot{\boldsymbol{s}}_\alpha^*\otimes\boldsymbol{m}_\alpha^* + \dot{\boldsymbol{m}}_\alpha^*\otimes\boldsymbol{s}_\alpha^* + \boldsymbol{s}_\alpha^*\otimes\dot{\boldsymbol{m}}_\alpha^*\otimes + \boldsymbol{m}_\alpha^*\otimes\dot{\boldsymbol{s}}_\alpha^*)\\ &= \boldsymbol{W}_{\mathrm{e}}\cdot\boldsymbol{P}^{(\alpha)} - \boldsymbol{P}^{(\alpha)}\cdot\boldsymbol{W}_{\mathrm{e}} + \boldsymbol{D}_{\mathrm{e}}\cdot\boldsymbol{Q}^{(\alpha)} - \boldsymbol{Q}^{(\alpha)}\cdot\boldsymbol{D}_{\mathrm{e}},\end{aligned}$$

故由

$$\begin{aligned}\boldsymbol{\tau}:\dot{\boldsymbol{P}}^{(\alpha)} &= \boldsymbol{\tau}:(\boldsymbol{W}_{\mathrm{e}}\cdot\boldsymbol{P}^{(\alpha)} - \boldsymbol{P}^{(\alpha)}\cdot\boldsymbol{W}_{\mathrm{e}}) + \boldsymbol{\tau}:(\boldsymbol{D}_{\mathrm{e}}\cdot\boldsymbol{Q}^{(\alpha)} - \boldsymbol{Q}^{(\alpha)}\cdot\boldsymbol{D}_{\mathrm{e}})\\ &= (\boldsymbol{\tau}\cdot\boldsymbol{W}_{\mathrm{e}} - \boldsymbol{W}_{\mathrm{e}}\cdot\boldsymbol{\tau}):\boldsymbol{P}^{(\alpha)} + \boldsymbol{B}^{(\alpha)}:\boldsymbol{D}_{\mathrm{e}},\end{aligned}$$

可得

$$\begin{aligned}\dot{\tau}^{(\alpha)} &= \overset{\triangledown}{\boldsymbol{\tau}}_{(\mathrm{W_e})}:\boldsymbol{P}^{(\alpha)} + \boldsymbol{B}^{(\alpha)}:\boldsymbol{D}_{\mathrm{e}} = (\boldsymbol{P}^{(\alpha)}:\mathscr{L}^{(\varepsilon)} + \boldsymbol{B}^{(\alpha)}):\boldsymbol{D}_{\mathrm{e}}\\ &= \boldsymbol{\lambda}^{(\alpha)}:(\boldsymbol{D}-\boldsymbol{D}_{\mathrm{p}}).\end{aligned} \tag{8.42}$$

如果第 α 个滑移系开动,则由上式和(8.35)式,还可将(8.29)式写为

$$\boldsymbol{\lambda}^{(\alpha)}:\boldsymbol{D}=(\boldsymbol{\lambda}^{(\alpha)}:\boldsymbol{P}^{(\alpha)}+h_\alpha)\dot{\gamma}^{(\alpha)}=g_{(\alpha)}\dot{\gamma}^{(\alpha)}\quad(\text{不对 }\alpha\text{ 求和}),\tag{8.43}$$

其中

$$g_{(\alpha)}=\boldsymbol{\lambda}^{(\alpha)}:\boldsymbol{P}^{(\alpha)}+h_\alpha=\boldsymbol{P}^{(\alpha)}:\mathscr{L}^{(\varepsilon)}:\boldsymbol{P}^{(\alpha)}+\boldsymbol{B}^{(\alpha)}:\boldsymbol{P}^{(\alpha)}+h_\alpha.\tag{8.44}$$

反之,如果第 α 个滑移系不开动,则由(8.30)式可知,有以下两种情形:或者

$$\boldsymbol{\tau}:\boldsymbol{P}^{(\alpha)}-\tau_{\mathrm{c}}^{(\alpha)}<0,\tag{8.45$_1$}$$

或者

$$\left.\begin{aligned}&\boldsymbol{\tau}:\boldsymbol{P}^{(\alpha)}-\tau_{\mathrm{c}}^{(\alpha)}=0,\\ \text{但}\qquad&\boldsymbol{\lambda}^{(\alpha)}:\boldsymbol{D}<g_{(\alpha)}\dot{\gamma}^{(\alpha)}\quad(\text{不对 }\alpha\text{ 求和}).\end{aligned}\right\}\tag{8.45$_2$}$$

现假定 $g_{(\alpha)}>0$,则当第 α 个滑移系开动时,可由(8.43)式解出

$$\dot{\gamma}^{(\alpha)}=g_{(\alpha)}^{-1}\boldsymbol{\lambda}^{(\alpha)}:\boldsymbol{D}.\tag{8.46}$$

根据对(8.28)式的要求,上式还应该大于零.

于是,由(8.39)式可知,当第 α 个滑移系开动时,率型本构关系可写为

$$\overset{\triangledown}{\boldsymbol{\tau}}_{(\mathrm{W})}=\left[\mathscr{L}^{(\varepsilon)}-\frac{1}{g_{(\alpha)}}\boldsymbol{\lambda}^{(\alpha)}\otimes\boldsymbol{\lambda}^{(\alpha)}\right]:\boldsymbol{D}\quad(\text{不对 }\alpha\text{ 求和}).\tag{8.47}$$

率型本构关系又称为增量型本构关系.在实际问题中,通常把变形过程分为若干个时间增量步.当已知时刻 t 的应变状态和应力状态之后,下一时刻 $t+\Delta t$ 的应力便可根据给定的变形梯度增量由上式求得.

为了得到(8.47)式的逆关系,现将(8.39)式改写为

$$\begin{aligned}\boldsymbol{D}&=\mathscr{M}^{(\varepsilon)}:\overset{\triangledown}{\boldsymbol{\tau}}_{(\mathrm{W})}+\mathscr{M}^{(\varepsilon)}:\boldsymbol{\lambda}^{(\alpha)}\dot{\gamma}^{(\alpha)}\\&=\mathscr{M}^{(\varepsilon)}:\overset{\triangledown}{\boldsymbol{\tau}}_{(\mathrm{W})}+\boldsymbol{\mu}^{(\alpha)}\dot{\gamma}^{(\alpha)}\quad(\text{不对 }\alpha\text{ 求和}),\end{aligned}\tag{8.48}$$

其中四阶张量 $\mathscr{M}^{(\varepsilon)}$ 是弹性模量 $\mathscr{L}^{(\varepsilon)}$ 的逆,它也是对称正定的,而

$$\boldsymbol{\mu}^{(\alpha)}=\mathscr{M}^{(\varepsilon)}:\boldsymbol{\lambda}^{(\alpha)}=\boldsymbol{P}^{(\alpha)}+\mathscr{M}^{(\varepsilon)}:\boldsymbol{B}^{(\alpha)}=\boldsymbol{\lambda}^{(\alpha)}:\mathscr{M}^{(\varepsilon)}.\tag{8.49}$$

其次,利用(8.21)式和(8.37)式,(8.42)式可写为

$$\begin{aligned}\dot{\tau}^{(\alpha)}&=\boldsymbol{\lambda}^{(\alpha)}:\boldsymbol{D}_{\mathrm{e}}=\boldsymbol{\lambda}^{(\alpha)}:\mathscr{M}^{(\varepsilon)}:\overset{\triangledown}{\boldsymbol{\tau}}_{(\mathrm{W_e})}\\&=\boldsymbol{\mu}^{(\alpha)}:(\overset{\triangledown}{\boldsymbol{\tau}}_{(\mathrm{W})}+\boldsymbol{B}^{(\alpha)}\dot{\gamma}^{(\alpha)}).\end{aligned}$$

因此,当第 α 个滑移系开动时,由(8.35)式可知

$$\boldsymbol{\mu}^{(\alpha)}:\overset{\triangledown}{\boldsymbol{\tau}}_{(\mathrm{W})}=(h_\alpha-\boldsymbol{\mu}^{(\alpha)}:\boldsymbol{B}^{(\alpha)})\dot{\gamma}^{(\alpha)}=k_{(\alpha)}\dot{\gamma}^{(\alpha)}\quad(\text{不对 }\alpha\text{ 求和}),\tag{8.50}$$

其中

$$k_{(\alpha)}=h_\alpha-\boldsymbol{B}^{(\alpha)}:\mathscr{M}^{(\varepsilon)}:\boldsymbol{B}^{(\alpha)}-\boldsymbol{B}^{(\alpha)}:\boldsymbol{P}^{(\alpha)}\quad(\text{不对 }\alpha\text{ 求和}).\tag{8.51}$$

故当 $k_{(\alpha)}\neq 0$ 时，可将(8.50)式代入(8.48)式，并由此求得(8.47)式的逆关系为

$$\boldsymbol{D}=\left[\mathscr{M}^{(\varepsilon)}+\frac{1}{k_{(\alpha)}}\boldsymbol{\mu}^{(\alpha)}\otimes\boldsymbol{\mu}^{(\alpha)}\right]:\overset{\triangledown}{\boldsymbol{\tau}}_{(\mathrm{W})}\quad(\text{不对 }\alpha\text{ 求和}).\tag{8.52}$$

需注意，上式右端的第一项和第二项并不对应于(8.10)式中的 $\boldsymbol{D}_{\mathrm{e}}$ 和 $\boldsymbol{D}_{\mathrm{p}}$. 因为在应力空间中，$\boldsymbol{D}_{\mathrm{p}}$ 沿加载面的外法向 $\boldsymbol{P}^{(\alpha)}$，而上式的第二项则等于一个标量因子与 $\boldsymbol{\mu}^{(\alpha)}=\boldsymbol{P}^{(\alpha)}+\mathscr{M}^{(\varepsilon)}:\boldsymbol{B}^{(\alpha)}$ 的乘积.

以上给出的是只有一个滑移系开动时单晶弹塑性本构关系的 Euler 描述. 相应地，我们也可以给出单晶材料弹塑性本构关系的 Lagrange 描述，有关这方面的讨论可参见文献[8.6,8.7]，此处不再介绍.

§8.2　率无关材料的弹塑性本构关系

(一) 加载和卸载

对于弹塑性材料，应力与应变之间并没有单一的对应关系. 应力不仅依赖于应变，而且还依赖于材料的变形历史. 现采用 Hill 定义的应变(2.66)式来作为应变度量 $\boldsymbol{E}$，与其相功共轭的应力 $\boldsymbol{T}$ 满足(3.53)式. 此外，我们将用一组称作为内变量的参数 $\xi_m(m=1,2,\cdots)$ 来刻画宏观物质微元的变形历史. ξ_m 可以是标量，也可以是张量，它的选取应根据具体材料而定. 为讨论方便起见，我们将把内变量 ξ_m 也取为 Lagrange 型的变量，故其物质导数自然满足 Hill 定义下的客观性要求(4.21)式.

对于率无关材料，应力并不依赖于应变速率，故可将应力和应变之间的关系形式地写为

$$\boldsymbol{T}=\boldsymbol{T}(\boldsymbol{E},\xi_m)\quad(m=1,2,\cdots).\tag{8.53}$$

当 ξ_m 固定不变时，$\boldsymbol{T}$ 与 $\boldsymbol{E}$ 之间有单一的对应关系. 这时材料呈弹性响应，即对应于给定的 ξ_m，(8.53)式具有逆关系，且可形式地写为

$$\boldsymbol{E}=\boldsymbol{E}(\boldsymbol{T},\xi_m)\quad(m=1,2,\cdots).\tag{8.54}$$

在以后的讨论中，我们还可进一步假定：当给定 ξ_m 之后，材料的弹

性响应可通过超弹性势 $\rho_0\psi(\boldsymbol{E},\xi_m)$ 来加以表示，即由(3.127)式，可将(8.53)式具体写为

$$\boldsymbol{T}=\rho_0\frac{\partial\psi(\boldsymbol{E},\xi_m)}{\partial\boldsymbol{E}}. \tag{8.55}$$

类似地，对应于(3.128)式，可将(8.54)式具体写为

$$\boldsymbol{E}=-\rho_0\frac{\partial G(\boldsymbol{T},\xi_m)}{\partial\boldsymbol{T}}. \tag{8.56}$$

上式中 ρ_0 为对应于初始构形的密度. 上式表明，对于率无关材料，约束平衡态的应力 $\boldsymbol{T}^a$ 就是真实应力 $\boldsymbol{T}$.

现对(8.55)式作如下的说明. 为此，我们先来考虑单晶材料. 假定(8.2)式成立，则 Green 应变可写为

$$\begin{aligned}\boldsymbol{E}=\boldsymbol{E}^{(1)}&=\frac{1}{2}(\boldsymbol{F}^{\mathrm{T}}\cdot\boldsymbol{F}-\boldsymbol{I})\\&=\boldsymbol{F}_{\mathrm{p}}^{\mathrm{T}}\cdot\boldsymbol{E}^{\mathrm{e}}\cdot\boldsymbol{F}_{\mathrm{p}}+\frac{1}{2}(\boldsymbol{F}_{\mathrm{p}}^{\mathrm{T}}\cdot\boldsymbol{F}_{\mathrm{p}}-\boldsymbol{I}),\end{aligned} \tag{8.57}$$

其中 $\boldsymbol{E}^{\mathrm{e}}$ 由(8.13)式表示. 根据(8.57)式，可有

$$\boldsymbol{E}^{\mathrm{e}}=\boldsymbol{F}_{\mathrm{p}}^{-\mathrm{T}}\cdot\boldsymbol{E}\cdot\boldsymbol{F}_{\mathrm{p}}^{-1}+\frac{1}{2}(\boldsymbol{F}_{\mathrm{p}}^{-\mathrm{T}}\cdot\boldsymbol{F}_{\mathrm{p}}^{-1}-\boldsymbol{I}). \tag{8.58}$$

将上式代入(8.15)式中的 ψ_{e}，便得到以 $\boldsymbol{E}$ 和 $\boldsymbol{F}_{\mathrm{p}}$ 为变元的自由能表达式：

$$\psi(\boldsymbol{E},\boldsymbol{E}_{\mathrm{p}})=\psi_{\mathrm{e}}(\boldsymbol{E}^{\mathrm{e}}).$$

当 $\boldsymbol{F}_{\mathrm{p}}$ 固定不变时，可得

$$\frac{\partial\psi}{\partial\boldsymbol{E}}=\frac{\partial\psi_{\mathrm{e}}}{\partial\boldsymbol{E}^{\mathrm{e}}}:\frac{\partial\boldsymbol{E}^{\mathrm{e}}}{\partial\boldsymbol{E}}=\boldsymbol{F}_{\mathrm{p}}^{-1}\cdot\frac{\partial\psi_{\mathrm{e}}}{\partial\boldsymbol{E}^{\mathrm{e}}}\cdot\boldsymbol{F}_{\mathrm{p}}^{-\mathrm{T}}.$$

故由(8.14)式和(8.15)式可知，与 $\boldsymbol{E}$ 相功共轭的第二类 Piola-Kirchhoff 应力为

$$\begin{aligned}\boldsymbol{T}&=\mathscr{J}\boldsymbol{F}^{-1}\cdot\boldsymbol{\sigma}\cdot\boldsymbol{F}^{-\mathrm{T}}=\boldsymbol{F}_{\mathrm{p}}^{-1}\cdot\boldsymbol{T}^{\mathrm{e}}\cdot\boldsymbol{F}_{\mathrm{p}}^{-\mathrm{T}}\\&=\rho_0\frac{\partial\psi(\boldsymbol{E},\boldsymbol{F}_{\mathrm{p}})}{\partial\boldsymbol{E}}.\end{aligned} \tag{8.59}$$

由此可见，对于只有一个滑移系开动的单晶材料，可以取 $\boldsymbol{F}_{\mathrm{p}}$ 作为内变量 ξ_m，而将应力和应变之间的关系写为(8.55)式的形式.

多晶体可以看作是由大量取向各异的单晶晶粒组成的. 在变形过程中，由于单晶晶粒之间的相互制约，晶体内部的应变场和应力场在微观意义下是不均匀的. 宏观物质微元的应变和应力应该是这些单晶晶粒应变场和应力场的统计平均. 如果不考虑晶界之间的滑移，我们可近似地将宏观物质微元中所包含的全部单晶晶粒的 $\boldsymbol{F}_{\mathrm{p}}$ 取为相应的内变量 ξ_m($m=$

1,2,⋯).只要其中某些晶粒的 $\boldsymbol{F}_{\mathrm{p}}$ 产生了改变,那么多晶体也就相应地产生了不可恢复的塑性变形.因此,对于多晶体材料,其变形梯度并不能简单地采用如(8.2)式那样的乘法分解.但应力和应变之间的关系仍可形式地由(8.53)式或(8.55)式来加以表示.

对于每一组给定的 ξ_m,在应变空间中,弹性响应的范围可对应于一个闭紧集,该集合的边界将由函数

$$g(\boldsymbol{E},\xi_m)=0 \tag{8.60}$$

来表示,称之为**应变空间中的加载面**或应变空间中的后继屈服面,它与应变度量的选取有关.当应变满足 $g(\boldsymbol{E},\xi_m)<0$ 时,材料呈弹性响应而不产生新的塑性变形.当应变状态使 $g(\boldsymbol{E},\xi_m)=0$ 成立时,应变的继续变化就可能使材料产生新的塑性变形.

同样地,对于每一组给定的 ξ_m,在应力空间中,弹性响应的范围也可对应于一个闭紧集,其边界可由函数

$$f(\boldsymbol{T},\xi_m)=0 \tag{8.61}$$

来表示,它是由(8.54)式代入(8.60)式之后得到的,称之为**应力空间中的加载面**,或应力空间中的后继屈服面,它也与应变度量的选取有关.当应力满足 $f(\boldsymbol{T},\xi_m)<0$ 时,材料呈弹性响应而不产生新的塑性变形.当应力状态使 $f(\boldsymbol{T},\xi_m)=0$ 成立时,应力的继续变化就可能使材料产生新的塑性变形.

以上讨论表明,为了描述材料的弹塑性变形,通常需要有两个独立的本构函数,其一是(8.55)式中的 Helmholtz 自由能 $\rho_0\psi(\boldsymbol{E},\xi_m)$,或(8.56)式中的 Gibbs 自由能 $\rho_0 G(\boldsymbol{T},\xi_m)$,其二是由(8.60)式表示的加载面 $g(\boldsymbol{E},\xi_m)=0$,(或由(8.61)式表示的加载面 $f(\boldsymbol{T},\xi_m)=0$).对于给定的内变量 ξ_m,应力和应变之间具有单一对应关系(8.53)式和(8.54)式,以上这种关系可通过函数 $\rho_0\psi(\boldsymbol{E},\xi_m)$或函数 $\rho_0 G(\boldsymbol{T},\xi_m)$来进行描述.然而,对于给定的 ξ_m,(8.53)式中的 $\boldsymbol{E}$ 和(8.54)式中的 $\boldsymbol{T}$ 并不能随意取值.当($\boldsymbol{E},\xi_m$)满足(8.60)式(或($\boldsymbol{T},\xi_m$)满足(8.61)式)时,应变 $\boldsymbol{E}$(或应力 $\boldsymbol{T}$)的继续增长将可能引起内变量的改变而产生新的塑性变形.这时,就需要根据加载面 $g=0$(或 $f=0$)的演化规律来对材料的弹塑性变形进行描述.图 8.2 是一维拉伸条件下材料的弹塑性变形规律的示意图.图中的坐标分别取为拉伸方向的应力和应变.自由能 $\rho_0\psi$ 可以用图中曲线 B_1BB_2 下的面积表示,加载面可以用图中曲线 ABC 表示.显然,当应力-应变状态达到 B 点时,继续加载的应力-应变曲线将沿 BC 方向延伸,而

曲线 BB_2 上的应力-应变状态是不可能实现的.

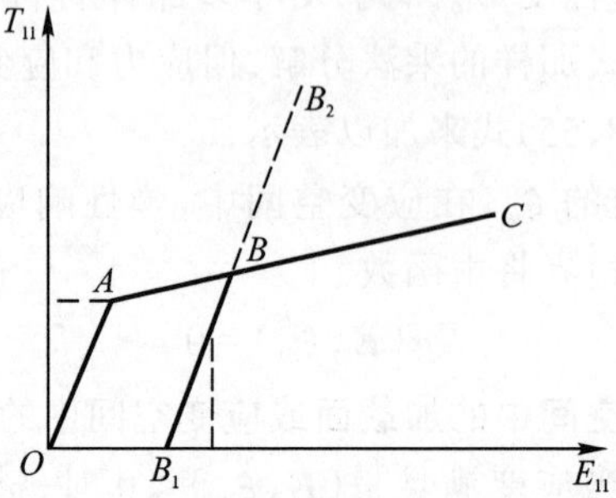

图 8.2 一维拉伸时的应力-应变关系

基于弹塑性材料的应力状态与应变历史有关的考虑,弹塑性本构关系通常是以率型(或增量型)的形式给出的,这样的率型本构关系一般是通过以下几点来具体实现的:

(i) 选取适当的内变量 $\xi_m(m=1,2,\cdots)$,并给出内变量的演化方程.

(ii) 给出 $\dot{\boldsymbol{T}}$与 $\dot{\boldsymbol{E}}$之间的率型表达式.

(iii) 给出加载面 $g(\boldsymbol{E},\xi_m)=0$(或 $f(\boldsymbol{T},\xi_m)=0$)的具体形式.

为了简化问题的讨论,现假定内变量的演化方程可以形式地写为

$$\dot{\xi}_m=\alpha_0 Z_m(\boldsymbol{E},\xi_n)\quad(m=1,2,\cdots),\tag{8.62}$$

上式中乘子 α_0 的具体形式将在下面作进一步的讨论.

当应变 $\boldsymbol{E}$ 已经满足(8.60)式时,进一步的加载将使应变和内变量分别得到了一微小的增量 $\Delta\boldsymbol{E}$ 和 $\Delta\xi_m$. 这时,新的状态 $\boldsymbol{E}+\Delta\boldsymbol{E}$ 和 $\xi_m+\Delta\xi_m$ 将处于新的加载面

$$g(\boldsymbol{E}+\Delta\boldsymbol{E},\xi_m+\Delta\xi_m)=0$$

上,故有

$$\frac{\partial g}{\partial\boldsymbol{E}}:\dot{\boldsymbol{E}}+\frac{\partial g}{\partial\xi_m}\dot{\xi}_m=0\quad(\text{对 } m \text{ 求和}).\tag{8.63}$$

上式称为**一致性条件**. 对应力作类似的讨论,可得

$$\frac{\partial f}{\partial\boldsymbol{T}}:\dot{\boldsymbol{T}}+\frac{\partial f}{\partial\xi_m}\dot{\xi}_m=0\quad(\text{对 } m \text{ 求和}).\tag{8.64}$$

将(8.62)式代入(8.63)式,便有

$$\alpha_0=-\left(\frac{\partial g}{\partial\xi_m}Z_m\right)^{-1}\left(\frac{\partial g}{\partial\boldsymbol{E}}:\dot{\boldsymbol{E}}\right).$$

如令 $\omega = -\left(\dfrac{\partial g}{\partial \xi_m} Z_m\right)^{-1}$（对 m 求和），并以

$$\hat{g} = \frac{\partial g}{\partial \boldsymbol{E}} : \dot{\boldsymbol{E}} \tag{8.65}$$

表示应变空间中加载面的外法向$\dfrac{\partial g}{\partial \boldsymbol{E}}$与应变率$\dot{\boldsymbol{E}}$的双点积，则(8.62)式还可写为

$$\dot{\xi}_m = \omega Z_m(\boldsymbol{E}, \xi_n)\,\hat{g}\,. \tag{8.66}$$

上式仅当应变 $\boldsymbol{E}$ 已经在加载面上并产生进一步塑性变形时才成立. 如果应变 $\boldsymbol{E}$ 在加载面内，即 $g(\boldsymbol{E}, \xi_m) < 0$；或者应变虽然在加载面上，但作弹性卸载，即 $\hat{g} \leqslant 0$，则 ξ_m 并不发生变化：$\dot{\xi}_m = 0$，这时(8.66)式将不再成立. 因此，(8.66)式的正确写法应该是

$$\dot{\xi}_m = \begin{cases} 0, & \text{当 } g(\boldsymbol{E}, \xi_m) < 0, \\ 0, & \text{当 } g(\boldsymbol{E}, \xi_m) = 0,\ \hat{g} \leqslant 0, \\ \omega Z_m\ \hat{g}, & \text{当 } g(\boldsymbol{E}, \xi_m) = 0,\ \hat{g} > 0. \end{cases} \tag{8.67}$$

上式就是通常所说的**加卸载准则**. 上式表明，内变量的时间变化率是应变率 $\dot{\boldsymbol{E}}$的一次齐次式，这与率无关材料的定义是相一致的.

由(8.67)式表示的加卸载准则是在应变空间中给出的，它根据(8.65)式中 $\hat{g}$ 的符号来判定材料是处于加载状态（即 $\hat{g} > 0$ 时进一步产生新的塑性变形），还是处于卸载状态（即 $\hat{g} \leqslant 0$ 时为弹性响应，不产生新的塑性变形）. 而在传统的塑性力学中，加卸载准则是在应力空间中给出的，它是以

$$\hat{f} = \frac{\partial f}{\partial \boldsymbol{T}} : \dot{\boldsymbol{T}} \tag{8.68}$$

的符号来判定材料是处于加载状态还是处于卸载状态的. 为了说明应力空间中加卸载准则的局限性，现来讨论 $\hat{g}$ 和 $\hat{f}$ 之间的关系.

利用(8.53)式和(8.54)式，可知(8.60)式和(8.61)式之间可以相互表示为：

$$\left.\begin{aligned} f(\boldsymbol{T}, \xi_m) &= g(\boldsymbol{E}(\boldsymbol{T}, \xi_n), \xi_m), \\ g(\boldsymbol{E}, \xi_m) &= f(\boldsymbol{T}(\boldsymbol{E}, \xi_n), \xi_m). \end{aligned}\right\} \tag{8.69}$$

于是有

$$\frac{\partial f}{\partial \boldsymbol{T}} = \frac{\partial g}{\partial \boldsymbol{E}} : \mathscr{M}, \quad \frac{\partial g}{\partial \boldsymbol{E}} = \frac{\partial f}{\partial \boldsymbol{T}} : \mathscr{L}, \tag{8.70}$$

和

$$\frac{\partial f}{\partial \xi_m}=\frac{\partial g}{\partial \boldsymbol{E}}:\frac{\partial \boldsymbol{E}}{\partial \xi_m}+\frac{\partial g}{\partial \xi_m},\quad \frac{\partial g}{\partial \xi_m}=\frac{\partial f}{\partial \boldsymbol{T}}:\frac{\partial \boldsymbol{T}}{\partial \xi_m}+\frac{\partial f}{\partial \xi_m}, \tag{8.71}$$

上式中

$$\mathscr{M}=\frac{\partial \boldsymbol{E}}{\partial \boldsymbol{T}}=-\rho_0\frac{\partial^2 G}{\partial \boldsymbol{T}\partial \boldsymbol{T}}$$

和

$$\mathscr{L}=\frac{\partial \boldsymbol{T}}{\partial \boldsymbol{E}}=\rho_0\frac{\partial \psi}{\partial \boldsymbol{E}\partial \boldsymbol{E}}, \tag{8.72}$$

为互逆的四阶张量,满足

$$\mathscr{M}:\mathscr{L}=\mathscr{L}:\mathscr{M}=\overset{(1)}{\boldsymbol{I}}, \tag{8.73}$$

其中 $\overset{(1)}{\boldsymbol{I}}$ 为对称化的四阶单位张量.现假定所选取的应变度量使$\mathscr{L}$和$\mathscr{M}$为具有正定对称性质的四阶张量,如在直角坐标系中将$\mathscr{L}$和$\mathscr{M}$写成分量形式,则对称性要求为

$$\left.\begin{aligned}&\mathscr{L}^{ABKL}=\mathscr{L}^{BAKL}=\mathscr{L}^{ABLK}=\mathscr{L}^{KLAB},\\&\mathscr{M}_{ABKL}=\mathscr{M}_{BAKL}=\mathscr{M}_{ABLK}=\mathscr{M}_{KLAB}.\end{aligned}\right\} \tag{8.74}$$

而(8.73)式可写为

$$\mathscr{L}^{ABPQ}\mathscr{M}_{PQKL}=\frac{1}{2}(\delta_K^A\delta_L^B+\delta_K^B\delta_L^A)=\overset{(1)}{I}{}^{AB}_{\cdot\cdot KL},$$

其中 δ_K^A 为 Kronecker 符号.此外,由(8.71)式,可知还有

$$\frac{\partial f}{\partial \boldsymbol{T}}:\frac{\partial \boldsymbol{T}}{\partial \xi_m}=-\frac{\partial g}{\partial \boldsymbol{E}}:\frac{\partial \boldsymbol{E}}{\partial \xi_m}\quad (m=1,2,\cdots). \tag{8.75}$$

利用(8.67)式和(8.75)式,并记

$$\hat{\boldsymbol{E}}=\omega\frac{\partial \boldsymbol{E}}{\partial \xi_m}Z_m,\quad \hat{\boldsymbol{T}}=\omega\frac{\partial \boldsymbol{T}}{\partial \xi_m}Z_m\quad (\text{对 } m \text{ 求和}) \tag{8.76}$$

和

$$\Phi=1+\frac{\partial f}{\partial \boldsymbol{T}}:\hat{\boldsymbol{T}}=1-\frac{\partial g}{\partial \boldsymbol{E}}:\hat{\boldsymbol{E}}, \tag{8.77}$$

则当加载时,即当 $g(\boldsymbol{E},\xi_m)=0,\hat{g}>0$ 时,由(8.63)式和(8.64)式便得到

$$\hat{g}=-\frac{\partial g}{\partial \xi_m}\dot{\xi}_m=-\left(\frac{\partial f}{\partial \boldsymbol{T}}:\frac{\partial \boldsymbol{T}}{\partial \xi_m}+\frac{\partial f}{\partial \xi_m}\right)\dot{\xi}_m=\hat{f}-\hat{g}\left(\frac{\partial f}{\partial \boldsymbol{T}}:\hat{\boldsymbol{T}}\right)>0\quad (\text{对 } m \text{ 求和}),$$

或

$$\hat{f}=\Phi\ \hat{g}\quad (\text{当 }\hat{g}>0). \tag{8.78}$$

定义 1 材料在弹塑性加载过程中,如有 $\Phi>0$,则称材料处于硬化

阶段;如有 $\Phi<0$,则称材料处于**软化**阶段;如有 $\Phi=0$,则称材料处于**理想塑性**阶段.始终处于硬化阶段的材料称之为硬化材料.

在加载过程中,应变空间中的加载面 $g(\boldsymbol{E},\xi_m)=0$ 在应变状态 $\boldsymbol{E}$ 附近将局部地向外移动.与此同时,应力空间中加载面 $f(\boldsymbol{T},\xi_m)=0$ 在应力状态 $\boldsymbol{T}$ 附近的移动方向则由 Φ 的符号来确定:$\Phi>0$ 对应于加载面 $f=0$ 局部地向外移动,$\Phi<0$ 对应于加载面 $f=0$ 局部地向内移动,而 $\Phi=0$ 对应于加载面 $f=0$ 局部地驻留不动.由此可见,只有当 $\Phi>0$,即当材料处于硬化阶段时,用(8.68)式 $\hat{f}$ 的符号来作为应力空间中加卸载准则的判据才是合理的.

(二) 应变率和应力率

为了得到率型形式的弹塑性本构关系,就需要先给出应变率(或应力率)的表达式.该表达式通常由两部分组成,其中一部分主要与弹性响应有关,而另一部分主要与非弹性响应有关.如何将应变率(或应力率)分解为弹性部分与非弹性部分之和的问题,目前尚无统一的看法.

1969 年,E. H. Lee 曾利用乘法分解(8.2)式来描述多晶体材料的弹塑性变形.然而,将(8.2)式应用于多晶体或其他类型材料(如具有黏弹性性质的无定形高聚物)的合理性问题仍是有争议的(参见文献[8.8]和[8.9]).其实,对于多晶体来说,其塑性变形梯度已不再具有(8.1)式那样简单的形式和明确的物理意义.因此,根据分解式(8.2)式给出多晶体的应变率表达式并建立相应的弹塑性本构关系是缺乏坚实物理基础的[8.11].

对(8.54)式和(8.53)式求物质导数,可得

$$\left.\begin{aligned}\dot{\boldsymbol{E}}&=\mathscr{M}:\dot{\boldsymbol{T}}+\frac{\partial\boldsymbol{E}}{\partial\xi_m}\dot{\xi}_m\quad(\text{对 } m \text{ 求和}),\\ \dot{\boldsymbol{T}}&=\mathscr{L}:\dot{\boldsymbol{E}}+\frac{\partial\boldsymbol{T}}{\partial\xi_m}\dot{\xi}_m\quad(\text{对 } m \text{ 求和}).\end{aligned}\right\}\tag{8.79}$$

利用(8.67)式和(8.76)式,上两式右端的第二项可分别写为

$$\left.\begin{aligned}\dot{\boldsymbol{E}}^{\mathrm{p}}&=\frac{\partial\boldsymbol{E}}{\partial\xi_m}\dot{\xi}_m=\langle 1\rangle\hat{\boldsymbol{E}}\ \hat{g},\\ \dot{\boldsymbol{T}}^{\mathrm{p}}&=\frac{\partial\boldsymbol{T}}{\partial\xi_m}\dot{\xi}_m=\langle 1\rangle\hat{\boldsymbol{T}}\ \hat{g},\end{aligned}\right\}\tag{8.80}$$

其中$\langle 1\rangle$为加卸载因子,定义为

$$\langle 1\rangle=\begin{cases}0, & \text{当 } g(\boldsymbol{E},\xi_m)<0,\\ 0, & \text{当 } g(\boldsymbol{E},\xi_m)=0,\ \hat{g}\leqslant 0,\\ 1, & \text{当 } g(\boldsymbol{E},\xi_m)=0,\ \hat{g}>0.\end{cases} \tag{8.81}$$

(8.80)式中的 $\dot{\boldsymbol{E}}^{\mathrm{p}}$ 和 $\dot{\boldsymbol{T}}^{\mathrm{p}}$ 分别称为非弹性应变率和非弹性应力率. 如将(8.79)式的第一式代入第二式,便有

$$\dot{\boldsymbol{E}}^{\mathrm{p}}=-\mathscr{M}:\dot{\boldsymbol{T}}^{\mathrm{p}} \quad \text{和} \quad \dot{\boldsymbol{T}}^{\mathrm{p}}=-\mathscr{L}:\dot{\boldsymbol{E}}^{\mathrm{p}}, \tag{8.82$_1$}$$

或

$$\hat{\boldsymbol{E}}=-\mathscr{M}:\hat{\boldsymbol{T}} \quad \text{和} \quad \hat{\boldsymbol{T}}=-\mathscr{L}:\hat{\boldsymbol{E}}. \tag{8.82$_2$}$$

需指出,应变率和应力率的分解式(8.79)式与应变度量的选取有关. 当应变度量改变时,$\dot{\boldsymbol{E}}$(或 $\dot{\boldsymbol{T}}$)的变换规律并不与 $\dot{\boldsymbol{E}}^{\mathrm{p}}$(或 $\boldsymbol{T}^{\mathrm{p}}$)的变换规律相同. 这方面的讨论可参见文献[8.10].

由(8.80)式可知,在弹塑性加载时,(8.79)式也可表示为

$$\left.\begin{aligned}&\dot{\boldsymbol{E}}=\mathscr{M}^{\mathrm{ep}}:\dot{\boldsymbol{T}} \quad (\text{当 } \Phi\neq 0),\\ &\dot{\boldsymbol{T}}=\mathscr{L}^{\mathrm{ep}}:\dot{\boldsymbol{E}},\end{aligned}\right\} \tag{8.83}$$

其中

$$\mathscr{M}^{\mathrm{ep}}=\mathscr{M}+\frac{\langle 1\rangle}{\Phi}\hat{\boldsymbol{E}}\otimes\frac{\partial f}{\partial \boldsymbol{T}}, \quad \mathscr{L}^{\mathrm{ep}}=\mathscr{L}+\langle 1\rangle\hat{\boldsymbol{T}}\otimes\frac{\partial g}{\partial \boldsymbol{E}} \tag{8.84}$$

称为弹塑性张量,式中的$\langle 1\rangle$为(8.81)式表示的加卸载因子.

四阶弹塑性张量$\mathscr{M}^{\mathrm{ep}}$和$\mathscr{L}^{\mathrm{ep}}$的性质与通常所说的材料稳定性有关. 现给物质微元一个虚应变增量 $\delta\boldsymbol{E}$,这相当于在原有的应变 $\boldsymbol{E}$ 和应力 $\boldsymbol{T}$ 的基础上作了一个小的虚扰动. 在此扰动下,当应力仍与作用的面力相平衡时,其值就可以写为 $\boldsymbol{T}+\boldsymbol{K}:\delta\boldsymbol{E}$,其中 $\boldsymbol{K}$ 为四阶张量,它不仅与当前的应力和应变有关,而且还与应变度量的选取有关. 于是,外力的虚功为

$$\boldsymbol{T}:\delta\boldsymbol{E}+\frac{1}{2}\delta\boldsymbol{E}:\boldsymbol{K}:\delta\boldsymbol{E}+\cdots.$$

另一方面,真实的应力将变为 $\boldsymbol{T}+\mathscr{L}^{\mathrm{ep}}:\delta\boldsymbol{E}$. 因此,可有如下的定义:

定义 2 对任意非零的虚应变增量 $\delta\boldsymbol{E}$,当 $\delta\boldsymbol{E}:(\mathscr{L}^{\mathrm{ep}}-\boldsymbol{K}):\delta\boldsymbol{E}>0$ 时,即当$\mathscr{L}^{\mathrm{ep}}-\boldsymbol{K}$ 正定时,则称材料是稳定的.

上述稳定性的定义不依赖于应变度量的选取. 如果对于某一特殊的应变度量,使得 $\boldsymbol{K}$ 近似为零,那么材料的稳定性就可近似地与$\mathscr{L}^{\mathrm{ep}}$的正定性等价. 为简单计,以后我们将假定 $\boldsymbol{K}$ 恒为零,这时当条件

$$\dot{\boldsymbol{E}}:\dot{\boldsymbol{T}}>0 \tag{8.85}$$

对一切非零的 $\dot{\boldsymbol{E}}$ 都成立时,就称材料是稳定的. 在某些情况下,上式的条件还可予以放松而写为

$$\dot{\boldsymbol{E}}:\dot{\boldsymbol{T}}\geqslant 0. \tag{8.86}$$

这时,材料将称为是在非严格意义下稳定的. 下面,我们将对材料的稳定性作进一步讨论.

(三) 本构不等式

现假定对于应变空间中任意一条由 $\boldsymbol{E}_{(1)}$ 到 $\boldsymbol{E}_{(2)}$ 的应变路径,总可找到应力空间中某条由 $\boldsymbol{T}_{(1)}$ 到 $\boldsymbol{T}_{(2)}$ 的应力路径与之相对应. 或反之,对于应力空间中任意一条由 $\boldsymbol{T}_{(1)}$ 到 $\boldsymbol{T}_{(2)}$ 的应力路径,总可找到应变空间中某条由 $\boldsymbol{E}_{(1)}$ 到 $\boldsymbol{E}_{(2)}$ 的应变路径与之相对应. 上述路径以后将统一地表述为由状态(1):$(\boldsymbol{E}_{(1)},\boldsymbol{T}_{(1)})$到状态(2):$(\boldsymbol{E}_{(2)},\boldsymbol{T}_{(2)})$的任意路径. 特别地,当以上路径为应变(或应力)空间中单调变化的直线路径时,不难证明有:

性质 1 当(8.86)式成立时,对任意由 $\boldsymbol{E}_{(1)}$ 单调变化到 $\boldsymbol{E}_{(2)}$ 的应变直线路径,或者任意由 $\boldsymbol{T}_{(1)}$ 单调变化到 $\boldsymbol{T}_{(2)}$ 的应力直线路径,总有如下的**本构不等式**:

$$\left.\begin{aligned}\boldsymbol{T}_{(2)}:(\boldsymbol{E}_{(2)}-\boldsymbol{E}_{(1)})\geqslant\int_{(1)}^{(2)}\boldsymbol{T}:\mathrm{d}\boldsymbol{E}\geqslant\boldsymbol{T}_{(1)}:(\boldsymbol{E}_{(2)}-\boldsymbol{E}_{(1)}),\\ \boldsymbol{E}_{(2)}:(\boldsymbol{T}_{(2)}-\boldsymbol{T}_{(1)})\geqslant\int_{(1)}^{(2)}\boldsymbol{E}:\mathrm{d}\boldsymbol{T}\geqslant\boldsymbol{E}_{(1)}:(\boldsymbol{T}_{(2)}-\boldsymbol{T}_{(1)}).\end{aligned}\right\} \tag{8.87}$$

对于稳定材料,即(8.85)式成立时,上式中的"⩾"号应改为">"号.

上两式的推导与超弹性势凸性条件的讨论相类似,读者可参见(6.72)式与(6.69)~(6.71)式的等价性证明,此处不再重复.

性质 2 当材料稳定时,对一个应力状态,不可能同时有两个不同的应变状态与之对应,且其中的一个应变可单调地直线变化到另一个应变. 类似地,对一个应变状态,不可能同时有两个不同的应力状态与之对应,且其中的一个应力可单调地直线变化到另一个应力.

此性质可以由反证法直接得到. 因为如果对同一个 $\boldsymbol{T}_{(1)}$,有两个不同的应变 $\boldsymbol{E}_{(1)}$ 和 $\boldsymbol{E}_{(2)}$ 与之对应,并可作连接 $\boldsymbol{E}_{(1)}$ 到 $\boldsymbol{E}_{(2)}$ 的应变直线路径,则注意到(8.87)式第一式中状态(2)的应力与状态(1)的相同:$\boldsymbol{T}_{(2)}=\boldsymbol{T}_{(1)}$,而其中的"⩾"号应改为">"号,可知是矛盾的. 类似地,可以证明对同一个 $\boldsymbol{E}_{(1)}$,不可能有两个应力 $\boldsymbol{T}_{(1)}$ 和 $\boldsymbol{T}_{(2)}$ 与之相对应,且使其间可通

过应力直线路径相连接.

如果材料是在非严格意义下稳定的,即对于非零的 $\dot{\boldsymbol{E}}$ 或非零的 $\dot{\boldsymbol{T}}$,(8.86)式成立,那么就可能有不同的应变同时对应于同一个应力,或者可能有不同的应力同时对应于同一个应变.前者相应于应变空间中的理想塑性区,后者相应于应力空间中的刚性区.

下面讨论当应力路径或应变路径取为闭循环的情形.

定义 3 **Drucker 公设**是指材料的宏观物质微元在应力空间的任意应力闭循环中的余功非正:

$$\oint \boldsymbol{E} : \mathrm{d}\boldsymbol{T} \leqslant 0, \tag{8.88}$$

满足以上条件的材料称为 Drucker 材料.

需注意,当应力经过闭循环回到初值时,相应的应变并不一定也回到初值.因此,一般说它并不构成热力学循环.但当应力状态始终在应力空间的加载面内时,应力的闭循环将对应于应变的闭循环.由于这时并未产生新的塑性变形,故材料呈弹性响应.这时,(8.88)式的积分应该等于零.因为如果(8.88)式取小于号的话,那么沿相反路径的积分就要取大于号,而这与 Drucker 材料的定义是相矛盾的.由此可见,在上述情况下,(8.88)式的被积函数是一个全微分,即 Drucker 材料的弹性余势 $-\rho_0 G$ 是存在的.

性质 3 如果在应力空间中由 $\boldsymbol{T}_{(1)}$ 到 $\boldsymbol{T}_{(2)}$ 然后再回到 $\boldsymbol{T}_{(3)} = \boldsymbol{T}_{(1)}$ 构成一个应力闭循环,而相应地在应变空间中应变由 $\boldsymbol{E}_{(1)}$ 到 $\boldsymbol{E}_{(2)}$ 然后到 $\boldsymbol{E}_{(3)}$,则(8.88)式与

$$\int_{(1)}^{(3)} (\boldsymbol{T} - \boldsymbol{T}_{(1)}) : \mathrm{d}\boldsymbol{E} \geqslant 0 \tag{8.89}$$

等价.

显然,利用恒等式

$$\int_{(1)}^{(3)} \boldsymbol{E} : \mathrm{d}\boldsymbol{T} + \int_{(1)}^{(3)} \boldsymbol{T} : \mathrm{d}\boldsymbol{E} = \boldsymbol{T}_{(3)} : \boldsymbol{E}_{(3)} - \boldsymbol{T}_{(1)} : \boldsymbol{E}_{(1)},$$

便可立即得到(8.88)式与(8.89)式之间的等价性证明.

性质 4 对于由状态(1):$(\boldsymbol{E}_{(1)}, \boldsymbol{T}_{(1)})$ 到状态(2):$(\boldsymbol{E}_{(2)}, \boldsymbol{T}_{(2)})$ 的任意路径,不等式

$$\int_{(1)}^{(2)} (\boldsymbol{T} - \boldsymbol{T}_{(1)}) : \mathrm{d}\boldsymbol{E} \geqslant 0 \tag{8.90}$$

成立的充要条件是(8.86)式和(8.88)式同时成立.

证明 必要性 对于任意一个使应力构成闭循环的路径,(8.90)式

将化为(8.89)式,故由性质 3 可知(8.88)式必然成立.其次,当取 $\boldsymbol{T}_{(2)}=\boldsymbol{T}_{(1)}+\mathrm{d}\boldsymbol{T}$, $\boldsymbol{E}_{(2)}=\boldsymbol{E}_{(1)}+\mathrm{d}\boldsymbol{E}$ 时,(8.90)式可写为 $\frac{1}{2}\mathrm{d}\boldsymbol{T}:\mathrm{d}\boldsymbol{E}\geqslant 0$,这与(8.86)式是等价的.

充分性　对于由$(\boldsymbol{E}_{(1)},\boldsymbol{T}_{(1)})$到$(\boldsymbol{E}_{(2)},\boldsymbol{T}_{(2)})$的任意路径,可构造一个由 $\boldsymbol{T}_{(2)}$ 到 $\boldsymbol{T}_{(3)}=\boldsymbol{T}_{(1)}$ 的单调变化的应力直线路径,相应的应变由 $\boldsymbol{E}_{(2)}$ 到 $\boldsymbol{E}_{(3)}$.这时,应力构成一个闭循环,故由(8.89)式,有

$$\int_{(1)}^{(2)}(\boldsymbol{T}-\boldsymbol{T}_{(1)}):\mathrm{d}\boldsymbol{E}+\int_{(2)}^{(3)}(\boldsymbol{T}-\boldsymbol{T}_{(1)}):\mathrm{d}\boldsymbol{E}\geqslant 0.$$

上式中由状态(1)到状态(2)的积分对应于任意路径,由状态(2)到状态(3)的积分对应于应力直线路径.故当(8.86)式成立时,由(8.87)式第一式的左半部可知

$$\int_{(2)}^{(3)}(\boldsymbol{T}-\boldsymbol{T}_{(3)}):\mathrm{d}\boldsymbol{E}=\int_{(2)}^{(3)}(\boldsymbol{T}-\boldsymbol{T}_{(1)}):\mathrm{d}\boldsymbol{E}\leqslant 0.$$

于是(8.90)式得证.

定义 4　伊柳辛公设是指材料的宏观物质微元在应变空间的任意应变闭循环中的功非负:

$$\oint \boldsymbol{T}:\mathrm{d}\boldsymbol{E}\geqslant 0, \tag{8.91}$$

满足以上条件的材料称为伊柳辛(Ильюшин)材料.

需注意,当应变经过闭循环回到初值时,相应的应力并不一定也回到初值,因此,一般说它并不构成热力学循环.但当应变状态始终在应变空间的加载面内时,应变的闭循环将对应于应力的闭循环.由于这时并未产生新的塑性变形,故材料呈弹性响应.这时(8.91)式的积分应该等于零.因为如果(8.91)式取大于号的话,那么沿相反路径的积分就要取小于号,而这与 Ильюшин 材料的定义是相矛盾的.由此可见,在上述情况下,(8.91)式中的被积函数是一个全微分,即 Ильюшин 材料的超弹性势 $\rho_0\psi$ 是存在的.

要求材料满足(8.90)式是一个很强的假设,这时材料不仅满足(8.86)式和 Drucker 公设,而且也满足 Ильюшин 公设.即有:

性质 5　对于由状态(1):$(\boldsymbol{E}_{(1)},\boldsymbol{T}_{(1)})$到状态(2):$(\boldsymbol{E}_{(2)},\boldsymbol{T}_{(2)})$的任意路径,当不等式(8.90)式成立时,(8.91)式也必然成立,因为可以把状态(1):$(\boldsymbol{E}_{(1)},\boldsymbol{T}_{(1)})$到状态(2):$(\boldsymbol{E}_{(2)},\boldsymbol{T}_{(2)})$的路径取作为一个应变闭循环:$\boldsymbol{E}_{(2)}=\boldsymbol{E}_{(1)}$,故由(8.90)式便可立即得到(8.91)式.

(四) 基于准热力学公设的宏观本构关系

内变量的类型、个数以及演化规律需根据塑性变形的微观机制来加以确定,这往往是一件十分困难的工作.另一方面,如果借助于从大量实验现象中总结、归纳出来的准热力学公设来构造相应的本构关系,则可以使问题得到极大的简化.在唯象的宏观本构关系的建立过程中,这样的准热力学公设将起着极为重要的作用.通常所采用的途径有以下两种:(1)给定加载面的形式,并采用 Drucker 公设或 Ильюшин 公设;(2)给定耗散率函数的形式,并采用 Ziegler 公设.下面,我们将分别对此作简要的讨论.

(1) Drucker 公设、Ильюшин 公设和正交法则

为了得到率型本构关系(8.83)式中弹塑性张量$\mathscr{M}^{\mathrm{ep}}$和$\mathscr{L}^{\mathrm{ep}}$的表达式,就需要给出(8.84)式中 $\hat{\boldsymbol{E}}$ 和 $\hat{\boldsymbol{T}}$ 的具体形式.所谓**正交法则**,是指 $\dot{\boldsymbol{E}}^{\mathrm{P}}$(或 $\hat{\boldsymbol{E}}$)沿应力空间中加载面 $f=0$ 的法线方向$\dfrac{\partial f}{\partial \boldsymbol{T}}$,或者指 $\dot{\boldsymbol{T}}^{\mathrm{P}}$(或 $\hat{\boldsymbol{T}}$)沿应变空间中加载面 $g=0$ 的法线方向$\dfrac{\partial g}{\partial \boldsymbol{E}}$.显然有

性质 6 正交法则成立的充要条件是弹塑性张量$\mathscr{M}^{\mathrm{ep}}$(当 $\Phi\neq 0$ 时)或$\mathscr{L}^{\mathrm{ep}}$是对称的.

因为$\mathscr{M}$和$\mathscr{L}$是对称的,所以由(8.84)式可知$\mathscr{M}^{\mathrm{ep}}-\mathscr{M}$(当 $\Phi\neq 0$)或$\mathscr{L}^{\mathrm{ep}}-\mathscr{L}$对称的充要条件为

$$\mathscr{M}^{\mathrm{ep}}-\mathscr{M}=\frac{1}{\Phi}\nu_{\mathscr{M}}\frac{\partial f}{\partial \boldsymbol{T}}\otimes\frac{\partial f}{\partial \boldsymbol{T}}\quad(\Phi\neq 0),$$

或

$$\mathscr{L}^{\mathrm{ep}}-\mathscr{L}=\nu_{\mathscr{L}}\frac{\partial g}{\partial \boldsymbol{E}}\otimes\frac{\partial g}{\partial \boldsymbol{E}},$$

式中的 $\nu_{\mathscr{M}}$ 和 $\nu_{\mathscr{L}}$ 为标量因子.这里,我们已将(8.84)式中的$\langle 1\rangle$取成了 1.

上式可等价地写为

$$\hat{\boldsymbol{E}}=\nu_{\mathscr{M}}\frac{\partial f}{\partial \boldsymbol{T}}\quad\text{或}\quad\hat{\boldsymbol{T}}=\nu_{\mathscr{L}}\frac{\partial g}{\partial \boldsymbol{E}}.\tag{8.92}$$

利用(8.70)式和$(8.82)_2$式,上式也可写为

$$\hat{\boldsymbol{T}}=-\mathscr{L}:\hat{\boldsymbol{E}}=-\nu_{\mathscr{M}}\mathscr{L}:\frac{\partial f}{\partial \boldsymbol{T}}=-\nu_{\mathscr{M}}\frac{\partial g}{\partial \boldsymbol{E}},$$

或

$$\hat{\boldsymbol{E}}=-\mathscr{M}:\hat{\boldsymbol{T}}=-\nu_{\mathscr{L}}\mathscr{M}:\frac{\partial g}{\partial \boldsymbol{E}}=-\nu_{\mathscr{L}}\frac{\partial f}{\partial \boldsymbol{T}}.$$

这说明，由(8.92)式中的任何一个关系式就可以导出另一个关系式，而且其中系数之间满足

$$\nu = \nu_{\mathscr{M}} = -\nu_{\mathscr{L}}.$$

性质 7 对于满足(8.88)式的 Drucker 材料，正交法则是成立的.

证明 在应力空间中，可构造如图 8.3 所示的应力闭循环. 此循环由加载面 $f=0$ 内的任意一点 $\boldsymbol{T}_{(1)}$ 出发，沿某一弹性路径达到加载面 $f=0$ 上的任一点 $\boldsymbol{T}_{(2)}$，相应的应变由 $\boldsymbol{E}_{(1)} = -\rho_0 \left.\dfrac{\partial G}{\partial \boldsymbol{T}}\right|_{(\boldsymbol{T}_{(1)},\xi_m)}$ 变化到 $\boldsymbol{E}_{(2)} = -\rho_0 \left.\dfrac{\partial G}{\partial T}\right|_{(\boldsymbol{T}_{(2)},\xi_m)}$. 此后给应力一个增量 $\mathrm{d}\boldsymbol{T}$ 使材料相应地产生一微小的塑性应变增量. 这时 $\boldsymbol{T}_{(2)}$ 变到 $\boldsymbol{T}_{(3)} = \boldsymbol{T}_{(2)} + \mathrm{d}\boldsymbol{T}$，$\boldsymbol{E}_{(2)}$ 变到 $\boldsymbol{E}_{(3)} = \boldsymbol{E}_{(2)} + \mathrm{d}\boldsymbol{E}$，$\xi_m$ 变到 $\xi_m + \mathrm{d}\xi_m$ $(m=1,2,\cdots)$. 最后，再由弹性路径使应力回到初始值 $\boldsymbol{T}_{(1)}$.（由于应力增量 $\mathrm{d}\boldsymbol{T}$ 是一个小量，$\boldsymbol{T}_{(1)}$ 仍然在新的加载面 $f(\boldsymbol{T}+\mathrm{d}\boldsymbol{T},\xi_m+\mathrm{d}\xi_m)=0$ 内，故可作出回到初始值 $\boldsymbol{T}_{(1)}$ 的弹性路径.）

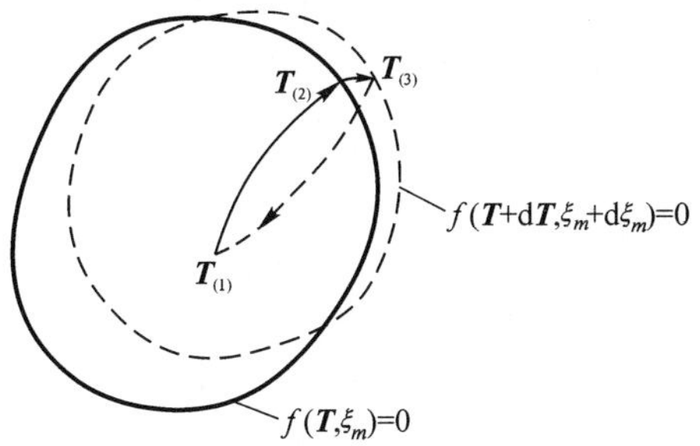

图 8.3 应力空间中的闭循环

在以上应力闭循环中，各段路径上的余功分别为：

$$\int_{(1)}^{(2)} \boldsymbol{E}:\mathrm{d}\boldsymbol{T} = -\rho_0 G(\boldsymbol{T}_{(2)},\xi_m) + \rho_0 G(\boldsymbol{T}_{(1)}+\xi_m),$$

$$\int_{(2)}^{(3)} \boldsymbol{E}:\mathrm{d}\boldsymbol{T} = -\int_{(2)}^{(3)} \rho_0 \frac{\partial G}{\partial \boldsymbol{T}}:\mathrm{d}\boldsymbol{T},$$

$$\int_{(3)}^{(1)} \boldsymbol{E}:\mathrm{d}\boldsymbol{T} = -\rho_0 G(\boldsymbol{T}_{(1)},\xi_m+\mathrm{d}\xi_m) + \rho_0(\boldsymbol{T}_{(3)},\xi_m+\mathrm{d}\xi_m).$$

如果令 $\Delta\boldsymbol{T} = \boldsymbol{T}_{(2)} - \boldsymbol{T}_{(1)}$ 为一阶小量，而 $\mathrm{d}\boldsymbol{T} = \boldsymbol{T}_{(3)} - \boldsymbol{T}_{(2)}$ 相对于 $\Delta\boldsymbol{T}$ 为高阶小量，则(8.88)式可写为

$$\oint \boldsymbol{E}:\mathrm{d}\boldsymbol{T} = -\rho_0\left[\left.\frac{\partial G}{\partial \xi_m}\right|_{(\boldsymbol{T}_{(1)},\xi_m)} - \left.\frac{\partial G}{\partial \xi_m}\right|_{(\boldsymbol{T}_{(2)},\xi_m)}\right]\mathrm{d}\xi_m \leqslant 0 \quad (\text{对 } m \text{ 求和}).$$

再由(8.56)式、(8.67)式、(8.76)式和 $\mathrm{d}\xi_m = \dot{\xi}_m \mathrm{d}t$，可得

$$(\boldsymbol{T}_{(2)}-\boldsymbol{T}_{(1)}):\hat{\boldsymbol{E}}(\boldsymbol{T}_{(2)},\xi_m)\geqslant 0. \tag{8.93}$$

由于 $\boldsymbol{T}_{(2)}$ 是加载面 $f=0$ 上的任意一点，而 $\boldsymbol{T}_{(1)}$ 是 $f=0$ 内邻近于 $\boldsymbol{T}_{(2)}$ 的任意点，故由(8.93)式可知，当加载面在 $\boldsymbol{T}_{(2)}$ 处光滑时(也可很容易地推广到加载面在 $\boldsymbol{T}_{(2)}$ 处非光滑的情形，此处从略)，$\hat{\boldsymbol{E}}$(或 $\dot{\boldsymbol{E}}^{\mathrm{P}}$)必然指向 $f=0$ 在 $\boldsymbol{T}_{(2)}$ 点的外法向，因此有

$$\hat{\boldsymbol{E}}=\nu\frac{\partial f}{\partial \boldsymbol{T}}\quad(\nu\geqslant 0). \tag{8.94}$$

上式与(8.92)式的不同之处在于本推导是在没有附加要求 $\Phi\neq 0$ 的情况下给出了一个新的限制性条件 $\nu\geqslant 0$. 同样地，由(8.70)式和(8.82)式，(8.94)式也可等价地写为

$$\hat{\boldsymbol{T}}=-\nu\frac{\partial g}{\partial \boldsymbol{E}}\quad(\nu\geqslant 0), \tag{8.95}$$

即 $\hat{\boldsymbol{T}}$ 或($\dot{\boldsymbol{T}}^{\mathrm{P}}$)指向应变空间中加载面 $g=0$ 的内法向. 证讫.

性质 8 对于满足(8.91)式的 Ильюшин 材料，正交法则是成立的.

证明 这可完全类似于性质 7 的证明. 即在应变空间中构造一个如图 8.4 所示的应变闭循环. 此循环由加载面 $g=0$ 内的任一点 $\boldsymbol{E}_{(1)}$ 出发，沿某一弹性路径达到加载面 $g=0$ 上的任一点 $\boldsymbol{E}_{(2)}$，相应的应力由 $\boldsymbol{T}_{(1)}=\rho_0\left.\frac{\partial\psi}{\partial \boldsymbol{E}}\right|_{(\boldsymbol{E}_{(1)},\xi_m)}$ 变化到 $\boldsymbol{T}_{(2)}=\rho_0\left.\frac{\partial\psi}{\partial \boldsymbol{E}}\right|_{(\boldsymbol{E}_{(2)},\xi_m)}$. 此后给应变一个增量 $\mathrm{d}\boldsymbol{E}$ 而使材料相应地产生一微小的塑性应变增量. 这时 $\boldsymbol{E}_{(2)}$ 变到 $\boldsymbol{E}_{(3)}=\boldsymbol{E}_{(2)}+\mathrm{d}\boldsymbol{E}$，$\boldsymbol{T}_{(2)}$ 变到 $\boldsymbol{T}_{(3)}=\boldsymbol{T}_{(2)}+\mathrm{d}\boldsymbol{T}$，$\xi_m$ 变到 $\xi_m+\mathrm{d}\xi_m$. 最后再由弹性路径使应变回到初始值 $\boldsymbol{E}_{(1)}$(由于应变增量 $\mathrm{d}\boldsymbol{E}$ 是一个小量，$\boldsymbol{E}_{(1)}$ 仍然在新的加载面 $g(\boldsymbol{E}+\mathrm{d}\boldsymbol{E},\xi_m+\mathrm{d}\xi_m)=0$ 内，故可作出回到初始值 $\boldsymbol{E}_{(1)}$ 的弹性路径).

在此应变闭循环中，各段路径上的功分别为

$$\int_{(1)}^{(2)}\boldsymbol{T}:\mathrm{d}\boldsymbol{E}=\rho_0\psi(\boldsymbol{E}_{(2)},\xi_m)-\rho_0\psi(\boldsymbol{E}_{(1)},\xi_m),$$

$$\int_{(2)}^{(3)}\boldsymbol{T}:\mathrm{d}\boldsymbol{E}=\int_{(2)}^{(3)}\rho_0\frac{\partial\psi}{\partial \boldsymbol{E}}:\mathrm{d}\boldsymbol{E},$$

$$\int_{(3)}^{(1)}\boldsymbol{T}:\mathrm{d}\boldsymbol{E}=\rho_0\psi(\boldsymbol{E}_{(1)},\xi_m+\mathrm{d}\xi_m)-\rho_0\psi(\boldsymbol{E}_{(3)},\xi_m+\mathrm{d}\xi_m).$$

如果令 $\Delta\boldsymbol{E}=\boldsymbol{E}_{(2)}-\boldsymbol{E}_{(1)}$ 为一阶小量，而 $\mathrm{d}\boldsymbol{E}=\boldsymbol{E}_{(3)}-\boldsymbol{E}_{(2)}$ 相对于 $\Delta\boldsymbol{E}$ 为高阶小量，则(8.91)式可写为

$$\oint\boldsymbol{T}:\mathrm{d}\boldsymbol{E}=\rho_0\left[\left.\frac{\partial\psi}{\partial\xi_m}\right|_{(\boldsymbol{E}_{(1)},\xi_m)}-\left.\frac{\partial\psi}{\partial\xi_m}\right|_{(\boldsymbol{E}_{(2)},\xi_m)}\right]\mathrm{d}\xi_m\geqslant 0\quad(\text{对 } m \text{ 求和}).$$

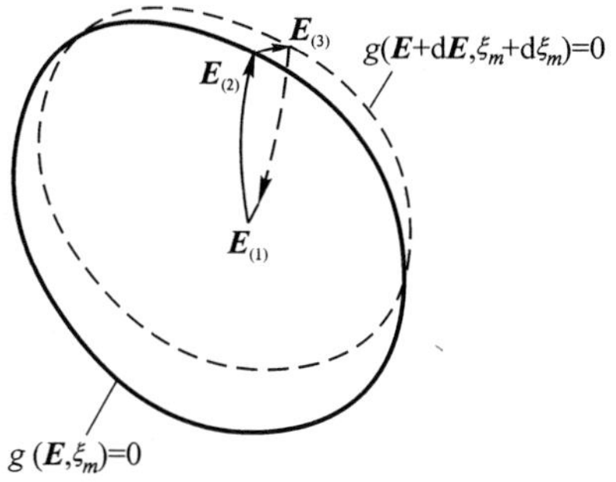

图 8.4 应变空间中的闭循环

再由(8.55)式、(8.67)式、(8.76)式和 $d\xi_m=\dot{\xi}_m dt$,可得

$$(\boldsymbol{E}_{(2)}-\boldsymbol{E}_{(1)}):\hat{\boldsymbol{T}}(\boldsymbol{E}_{(2)},\xi_m)\leqslant 0. \tag{8.96}$$

由于 $\boldsymbol{E}_{(2)}$是加载面 $g=0$ 上的任一点,而 $\boldsymbol{E}_{(1)}$是 $g=0$ 内邻近于 $\boldsymbol{E}_{(2)}$的任意点,故由(8.96)式可知,当加载面在 $\boldsymbol{E}_{(2)}$处光滑时(也可很容易地推广到加载面在 $\boldsymbol{E}_{(2)}$处非光滑的情形,此处从略),$\hat{\boldsymbol{T}}$(或 $\dot{\boldsymbol{T}}^{\mathrm{P}}$)必然指向 $g=0$ 在 $\boldsymbol{E}_{(2)}$点的内法向,因此有

$$\hat{\boldsymbol{T}}=-\nu\frac{\partial g}{\partial \boldsymbol{E}}\quad(\nu\geqslant 0).$$

于是也可得到(8.94)式.证讫.

需要指出,由(8.80)式所定义的非弹性应变率一般是不可积的,即并不一定存在某一个非弹性应变张量,使其物质导数等于 $\dot{\boldsymbol{E}}^{\mathrm{P}}$.因此,如果一定要定义某种“塑性应变”,那么其物质导数通常不满足正交法则.

由以上讨论还不难看出,Ильюшин 公设是不依赖于应变度量的选取的,而 Drucker 公设与应变度量的选取有关.其次,对应于某种应变度量的应力闭循环并不构成对应于另一种应变度量的应力闭循环.最后,当应力起始点 $\boldsymbol{T}_{(1)}$取在加载面 $f=0$ 上时,对于非稳定材料来说,无法作出如图 8.3 所示的应力闭循环.这些都说明采用 Drucker 公设的局限性.但应注意到,性质 7 和性质 8 的推导都没有用到(8.85)式或(8.86)式.因此,无论材料稳定与否,由 Drucker 公设或者由 Ильюшин 公设都可得到正交法则.因此,把 Drucker 公设称为“稳定材料公设”是不恰当的.

如果(8.94)式和(8.95)式成立,则(8.77)式可写为

$$\Phi=1-\nu\frac{\partial f}{\partial \boldsymbol{T}}:\frac{\partial g}{\partial \boldsymbol{E}}=1-\nu H\quad(\nu\geqslant 0), \tag{8.97}$$

其中 $H=\frac{\partial g}{\partial \boldsymbol{E}}:\frac{\partial f}{\partial \boldsymbol{T}}=\frac{\partial f}{\partial \boldsymbol{T}}:\mathscr{L}:\frac{\partial f}{\partial \boldsymbol{T}}>0$.

当 $\nu>0$ 时,可引进参数

$$h=\Phi/\nu, \tag{8.98}$$

故有 $\nu=\frac{1}{H+h}$.因为 h 的符号与 Φ 的符号相同,所以也可由 h 的符号来判别材料在加载过程中是处于硬化阶段还是软化阶段,或是理想塑性阶段.

于是,由(8.83)式表示的弹塑性本构关系可具体写为

$$\left.\begin{aligned}\dot{\boldsymbol{E}}&=\mathscr{M}^{\mathrm{ep}}:\dot{\boldsymbol{T}}=\left[\mathscr{M}+\frac{\langle 1\rangle}{h}\frac{\partial f}{\partial \boldsymbol{T}}\otimes\frac{\partial f}{\partial \boldsymbol{T}}\right]:\dot{\boldsymbol{T}}\quad(\text{当 } h\neq 0),\\ \dot{\boldsymbol{T}}&=\mathscr{L}^{\mathrm{ep}}:\dot{\boldsymbol{E}}=\left[\mathscr{L}-\left(\frac{\langle 1\rangle}{H+h}\right)\frac{\partial g}{\partial \boldsymbol{E}}\otimes\frac{\partial g}{\partial \boldsymbol{E}}\right]:\dot{\boldsymbol{E}}.\end{aligned}\right\} \tag{8.99}$$

其中$\langle 1\rangle$是由(8.81)式定义的加卸载因子.

下面讨论加载时弹塑性张量的性质.利用(8.70)式和(8.97)式,不难看出以下关系是成立的.

$$\mathscr{L}^{\mathrm{ep}}:\frac{\partial f}{\partial \boldsymbol{T}}=\Phi\,\mathscr{L}:\frac{\partial f}{\partial \boldsymbol{T}}\quad\text{或}\quad(\mathscr{M}:\mathscr{L}^{\mathrm{ep}}):\frac{\partial f}{\partial \boldsymbol{T}}=\Phi\,\frac{\partial f}{\partial \boldsymbol{T}}, \tag{8.100}$$

$$\Phi\,\mathscr{M}^{\mathrm{ep}}:\frac{\partial g}{\partial \boldsymbol{E}}=\mathscr{M}:\frac{\partial g}{\partial \boldsymbol{E}}\quad\text{或}\quad\Phi(\mathscr{L}:\mathscr{M}^{\mathrm{ep}}):\frac{\partial g}{\partial \boldsymbol{E}}=\frac{\partial g}{\partial \boldsymbol{E}}. \tag{8.101}$$

如果将四阶弹性张量$\mathscr{M}$和$\mathscr{L}$以及四阶弹塑性张量$\mathscr{M}^{\mathrm{ep}}$和$\mathscr{L}^{\mathrm{ep}}$分别看作是6×6矩阵,而$\frac{\partial f}{\partial \boldsymbol{T}}$和$\frac{\partial g}{\partial \boldsymbol{E}}$分别看作为6维向量,那么以上关系说明:$\mathscr{M}:\mathscr{L}^{\mathrm{ep}}$存在一个特征向量$\frac{\partial f}{\partial \boldsymbol{T}}$,其相应的特征值为 Φ,而$\mathscr{L}:\mathscr{M}^{\mathrm{ep}}$存在一个特征向量$\frac{\partial g}{\partial \boldsymbol{E}}$,其相应的特征值为 Φ^{-1}.此外,在6维空间中,总可选取5个相互线性无关的向量 $\boldsymbol{f}_p^*$($p=1,2,\cdots,5$),使其满足

$$\boldsymbol{f}_p^*:\frac{\partial g}{\partial \boldsymbol{E}}=\boldsymbol{f}_p^*:\mathscr{L}:\frac{\partial f}{\partial \boldsymbol{T}}=0\quad(p=1,2,\cdots,5),$$

和

$$\boldsymbol{f}_q^*:\mathscr{L}:\boldsymbol{f}_p^*=0\quad(p,q=1,2,\cdots,5,p\neq q).$$

也可选取另外5个相互线性无关的向量 $\boldsymbol{g}_p^*$($p=1,2,\cdots,5$),使其满足

$$\boldsymbol{g}_p^*:\frac{\partial f}{\partial \boldsymbol{T}}=\boldsymbol{g}_p^*:\mathscr{M}:\frac{\partial g}{\partial \boldsymbol{E}}=0\quad(p=1,2,\cdots,5),$$

和

$$\boldsymbol{g}_q^*:\mathscr{M}:\boldsymbol{g}_p^*=0\quad(p,q=1,2,\cdots,5,p\neq q).$$

由$\mathscr{M}$和$\mathscr{L}$的正定性可知，$\left(\boldsymbol{f}_1^*, \boldsymbol{f}_2^*, \cdots, \boldsymbol{f}_5^*, \dfrac{\partial f}{\partial \boldsymbol{T}}\right)$是线性无关的.同样，$\left(\boldsymbol{g}_1^*, \boldsymbol{g}_2^*, \cdots, \boldsymbol{g}_5^*, \dfrac{\partial g}{\partial \boldsymbol{E}}\right)$也是线性无关的.显然，$\boldsymbol{f}_p^*$ $(p=1,2,\cdots,5)$和 $\boldsymbol{g}_p^*$ $(p=1,2,\cdots,5)$分别为$\mathscr{M}:\mathscr{L}^{\mathrm{ep}}$和$\mathscr{L}:\mathscr{M}^{\mathrm{ep}}$的特征向量，而它们所对应的特征值都等于1.故有

$$\left.\begin{aligned}&\det(\mathscr{L}^{\mathrm{ep}})=\Phi\det(\mathscr{L}),\\&\det(\mathscr{M}^{\mathrm{ep}})=\Phi^{-1}\det(\mathscr{M})\quad(\Phi\neq 0).\end{aligned}\right\}\tag{8.102}$$

当$\mathscr{L}$和$\mathscr{M}$正定时，有 $\det(\mathscr{L})>0$ 和 $\det(\mathscr{M})>0$.因此，由上式可知，Φ 的符号与 $\det(\mathscr{L}^{\mathrm{ep}})$或 $\det(\mathscr{M}^{\mathrm{ep}})$的符号是相同的.

根据以上讨论，我们不难得到如下的性质：

性质 9 材料处于硬化阶段的充要条件是$\mathscr{L}^{\mathrm{ep}}$为正定张量；材料处于理想塑性阶段的充要条件是$\mathscr{L}^{\mathrm{ep}}$为半正定张量，即对任意的应变率 $\dot{\boldsymbol{E}}$，恒有 $\dot{\boldsymbol{E}}:\mathscr{L}^{\mathrm{ep}}:\dot{\boldsymbol{E}}\geqslant 0$，且存在某一个非零应变率 $\dot{\boldsymbol{E}}^*$，使 $\dot{\boldsymbol{E}}^*:\mathscr{L}^{\mathrm{ep}}:\dot{\boldsymbol{E}}^*=0$；材料处于软化阶段的充要条件是至少存在某一个应变率 $\dot{\boldsymbol{E}}^*$，使得

$$\dot{\boldsymbol{E}}^*:\mathscr{L}^{\mathrm{ep}}:\dot{\boldsymbol{E}}^*<0.$$

证明 现将应变率 $\dot{\boldsymbol{E}}$ 表示为 $\boldsymbol{f}_1^*, \boldsymbol{f}_2^*, \cdots, \boldsymbol{f}_5^*$ 和 $\dfrac{\partial f}{\partial \boldsymbol{T}}$ 的线性组合：$\dot{\boldsymbol{E}}=\sum\limits_{p=1}^{5}\mu_p\boldsymbol{f}_p^*+\mu\dfrac{\partial f}{\partial \boldsymbol{T}}$，则有

$$\dot{\boldsymbol{E}}:\mathscr{L}^{\mathrm{ep}}:\dot{\boldsymbol{E}}=\dot{\boldsymbol{E}}:\left(\sum_{p=1}^{5}\mu_p\,\mathscr{L}:\boldsymbol{f}_p^*+\Phi\mu\,\mathscr{L}:\frac{\partial f}{\partial \boldsymbol{T}}\right)=\sum_{p=1}^{5}\mu_p^2(\boldsymbol{f}_p^*:\mathscr{L}:\boldsymbol{f}_p^*)+\Phi\mu^2 H.\tag{8.103}$$

可见当$\mathscr{L}$正定时，$\Phi>0$ 的充要条件是对于任意非零的 $\dot{\boldsymbol{E}}$，恒有 $\dot{\boldsymbol{E}}:\mathscr{L}^{\mathrm{ep}}:\dot{\boldsymbol{E}}>0$；$\Phi=0$ 的充要条件是对于任意的 $\dot{\boldsymbol{E}}$，恒有 $\dot{\boldsymbol{E}}:\mathscr{L}^{\mathrm{ep}}:\dot{\boldsymbol{E}}\geqslant 0$，且当取 $\dot{\boldsymbol{E}}^*=\mu\dfrac{\partial f}{\partial \boldsymbol{T}}$时，有 $\dot{\boldsymbol{E}}^*:\mathscr{L}^{\mathrm{ep}}:\dot{\boldsymbol{E}}^*=0$；$\Phi<0$ 的充要条件是至少存在某一个应变率 $\dot{\boldsymbol{E}}^*$，使得 $\dot{\boldsymbol{E}}^*:\mathscr{L}^{\mathrm{ep}}:\dot{\boldsymbol{E}}^*<0$，例如 $\dot{\boldsymbol{E}}^*=\mu\dfrac{\partial f}{\partial \boldsymbol{T}}$就是满足上述要求的应变率.证讫.

(8.99)式是在等温条件下的弹塑性率型本构关系.本书作者曾将(8.91)式推广到计及温度效应的情形[8.12]，所提出的准热力学公设可表

述为:如果材料的宏观物质微元在熵-应变空间的任意闭循环中,即从时刻 t_0 到时刻 t_1 的过程中满足 $\eta(t_1)=\eta(t_0)$, $\boldsymbol{E}(t_1)=\boldsymbol{E}(t_0)$,则有

$$\int_{t_0}^{t_1}(\rho_0\theta\dot{\eta}+\boldsymbol{T}:\dot{\boldsymbol{E}})\mathrm{d}t\geqslant 0. \tag{8.104}$$

上式中的 θ 和 η 分别为热力学温度和熵,积分是对时间 t 的积分.

根据(8.104)式,本书作者得到了在"熵-应变空间"和"温度-应力空间"中的"广义"正交流动法则,并据此系统地构造了有限变形条件下的率无关热弹塑性本构关系.

如果将状态变量选为温度 θ, Lagrange 型应变 $\boldsymbol{E}$ 和塑性内变量 ξ_m,则相应的两个彼此独立的本构函数可取为 Helmholtz 自由能 $\psi=\psi(\theta,\boldsymbol{E},\xi_m)$ 和温度-应变空间中的加载面 $g_{(\mathrm{th})}(\theta,\boldsymbol{E},\xi_m)=0$. 需要注意的是,与(8.60)式不同,这里的 $g_{(\mathrm{th})}$ 还同时依赖于温度 θ.

当不考虑黏性应力 $\boldsymbol{T}^v$ 时,熵 η 以及与 $\boldsymbol{E}$ 相共轭的应力 $\boldsymbol{T}=\boldsymbol{T}^a$ 可由(3.127)式给出,其时间变化率可分别写为

$$\dot{\eta}=\dot{\eta}^{\mathrm{e}}+\dot{\eta}^{\mathrm{p}},\quad \dot{\boldsymbol{T}}=\dot{\boldsymbol{T}}^{\mathrm{e}}+\dot{\boldsymbol{T}}^{\mathrm{p}}.$$

其中, $\dot{\eta}^{\mathrm{e}}$ 和 $\dot{\boldsymbol{T}}^{\mathrm{e}}$ 的表达式对应于不产生新的塑性变形时的热-弹性响应,可由(6.233)式给出. $\dot{\eta}^{\mathrm{p}}=\dfrac{\partial\eta}{\partial\xi_m}\dot{\xi}_m$ 和 $\dot{\boldsymbol{T}}^{\mathrm{p}}=\dfrac{\partial\boldsymbol{T}}{\partial\xi_m}\dot{\xi}_m$ 分别对应于 $\dot{\eta}$ 和 $\dot{\boldsymbol{T}}$ 的非弹性部分.

现定义

$$\hat{g}_{(\mathrm{th})}=\frac{\partial g_{(\mathrm{th})}}{\partial\theta}\dot{\theta}+\frac{\partial g_{(\mathrm{th})}}{\partial\boldsymbol{E}}:\dot{\boldsymbol{E}},$$

则根据文献[8.13]的结果,可得

$$\rho_0\dot{\eta}^{\mathrm{p}}=\nu^*\frac{\partial g_{(\mathrm{th})}}{\partial\theta}\left\langle\frac{\hat{g}_{(\mathrm{th})}}{\chi_{(\mathrm{th})}}\right\rangle,$$

$$\dot{\boldsymbol{T}}^{\mathrm{p}}=-\nu^*\frac{\partial g_{(\mathrm{th})}}{\partial\boldsymbol{E}}\left\langle\frac{\hat{g}_{(\mathrm{th})}}{\chi_{(\mathrm{th})}}\right\rangle,$$

其中

$$\nu^*=\frac{1}{H_{(\mathrm{th})}+h},\ H_{(\mathrm{th})}=\left(\frac{\theta}{\rho_0C_{\mathrm{E}}}\right)\left(\frac{\partial g_{(\mathrm{th})}}{\partial\theta}\right)^2+\frac{\partial g_{(\mathrm{th})}}{\partial\boldsymbol{E}}:\mathscr{L}^{-1}:\frac{\partial g_{(\mathrm{th})}}{\partial\boldsymbol{E}},$$

$$\chi_{(\mathrm{th})}=1-\nu^*\left(\frac{\theta}{\rho_0C_{\mathrm{E}}}\right)\left(\frac{\partial g_{(\mathrm{th})}}{\partial\theta}\right)^2, \tag{8.105}$$

C_{E} 为定容比热, h 为硬化参数. 上式中的符号〈 〉与(8.81)式类似,表示加卸载准则:

$$\langle 1\rangle=\begin{cases}0, & \text{当 } g_{(\mathrm{th})}(\theta,\boldsymbol{E},\xi_m)<0,\\ 0, & \text{当 } g_{(\mathrm{th})}(\theta,\boldsymbol{E},\xi_m)=0,\hat{g}_{(\mathrm{th})}\leqslant 0,\\ 1, & \text{当 } g_{(\mathrm{th})}(\theta,\boldsymbol{E},\xi_m)=0,\hat{g}_{(\mathrm{th})}>0.\end{cases}$$

于是,热弹塑性材料的率型本构关系最终可写为

$$\begin{aligned}\rho_0\dot{\eta}&=\rho_0\frac{C_{\mathrm{E}}}{\theta}\dot{\theta}+\mathscr{L}_1:\dot{\boldsymbol{E}}+\nu^*\frac{\partial g_{(\mathrm{th})}}{\partial\theta}\left\langle\frac{\hat{g}_{(\mathrm{th})}}{\chi_{(\mathrm{th})}}\right\rangle,\\ \dot{\boldsymbol{T}}&=-\mathscr{L}_1\dot{\theta}+\mathscr{L}:\dot{\boldsymbol{E}}-\nu^*\frac{\partial g_{(\mathrm{th})}}{\partial\boldsymbol{E}}\left\langle\frac{\hat{g}_{(\mathrm{th})}}{\chi_{(\mathrm{th})}}\right\rangle.\end{aligned}\tag{8.106}$$

上式中的 ν^* 和 $\chi_{(\mathrm{th})}$ 由(8.105)式给出.

不难看出,当在变形过程中不产生新的塑性变形时,上式便退化为率型形式的热-弹性本构关系(6.233)式,而当 $g_{(\mathrm{th})}$ 不依赖温度时,上式便退化为(8.99)式.有关以上方程的详细推导可参见文献[8.13],此处不再多加讨论.

需要指出,以上给出的是基于 Lagrange 描述的本构关系.为了得到 Euler 描述下的率型形式的弹塑性本构关系,我们可以将当前构形取为参考构形.例如,可参见本章下一节中关于(8.136)式和(8.137)式的推导.此处暂不予以介绍.

例 试写出对应于理想刚塑性材料的本构关系.

解 对于理想塑性材料,有 $\Phi=0$.故由(8.68)式和(8.78)式得 $\hat{f}=\frac{\partial f}{\partial\boldsymbol{T}}:\dot{\boldsymbol{T}}=0$.再由(8.98)式,可知(8.99)式中的 h 和 $\frac{\partial f}{\partial\boldsymbol{T}}:\dot{\boldsymbol{T}}$ 都等于零,即 $\left(\frac{1}{h}\right)\frac{\partial f}{\partial\boldsymbol{T}}:\dot{\boldsymbol{T}}$ 是不定的.这时,(8.99)式的第一式应改为

$$\dot{\boldsymbol{E}}=\mathscr{M}:\dot{\boldsymbol{T}}+\langle 1\rangle\dot{\lambda}\frac{\partial f}{\partial\boldsymbol{T}}.$$

其中乘子 $\dot{\lambda}(\geqslant 0)$ 是不定的,表明非弹性应变率指向应力空间加载面的外法向.

对于刚塑性材料,有 $\mathscr{M}=\boldsymbol{0}$,故 $\dot{\boldsymbol{E}}=\dot{\boldsymbol{E}}^{\mathrm{p}}$.因此,理想刚塑性材料的本构关系可写为

$$\dot{\boldsymbol{E}}=\langle 1\rangle\dot{\lambda}\frac{\partial f}{\partial\boldsymbol{T}}.\tag{8.107}$$

由于加载面(8.61)式的函数形式与应变度量的选取有关,故不便于实际应用.现假定在 Cauchy 应力空间中,(8.61)式可写为

$$f(\boldsymbol{T},\xi_m)=f^0(\boldsymbol{\sigma},\boldsymbol{F},\xi_m)=0,$$

上式中 $\boldsymbol{\sigma}$ 为 Cauchy 应力,$\boldsymbol{F}$ 为变形梯度.对于刚塑性材料,它实际上就是塑性应变梯度 $\boldsymbol{F}_{\mathrm{p}}$,并可看作是其中的一个内变量.

如果将(8.107)式中的 $\boldsymbol{E}$ 和 $\boldsymbol{T}$ 分别取为 Green 应变和第二类 Piola-Kirchhoff 应力,则变形率张量 $\boldsymbol{D}$ 可表示为 $\boldsymbol{D}=\boldsymbol{F}^{-\mathrm{T}}\cdot\dot{\boldsymbol{E}}\cdot\boldsymbol{F}^{-1}$. 注意到

$$\frac{\partial f^0}{\partial \boldsymbol{\sigma}}=\mathscr{J}\boldsymbol{F}^{-\mathrm{T}}\cdot\frac{\partial f}{\partial \boldsymbol{T}}\cdot\boldsymbol{F}^{-1},$$

可知加载时有

$$\boldsymbol{D}=\dot{\lambda}^0\frac{\partial f^0}{\partial \boldsymbol{\sigma}}, \tag{8.108}$$

其中 $\dot{\lambda}^0=\frac{1}{\mathscr{J}}\dot{\lambda}(\geqslant 0)$ 为相应的不定乘子.

需要说明,对于某些材料,实验观察往往与“正交流动法则”不一致. 造成这种不一致的原因可能有很多. 如 1)不同作者对塑性应变率的定义可能并不相同;2)内变量的演化不能用单一的加卸载准则(8.67)式来加以描述. 也就是说,如果某些内变量的演化规律是由(8.65)式中 $\hat{g}$ 的符号来判定的话,那么还可能有另外一些内变量,其演化规律并不是由 $\hat{g}$ 的符号来加以判定的,这些内变量的演化甚至可能还有率相关性;3)加载面可理解为应变空间(或应力空间)中刚刚开始产生进一步新的塑性变形的“临界”应变(或应力)状态. 但在具体的实验中,新的塑性变形只有达到一定量值后才能被测量出来,这时的应变(或应力)状态实际上已超出了“原来意义下”的加载面. 因此,当加载面的形状及其外法向在加载过程中变化较快时,实验测出的加载面外法向已不再是“原来意义下”加载面的外法向.

(2) 耗散率函数与 Ziegler 公设

前面曾经提到,为了建立材料的弹塑性本构关系,通常需要两个独立的本构函数,其一是自由能函数,其二是加载面(即屈服面和后继屈服面). 在本小节中,这两个独立的本构函数将分别取为自由能函数和耗散率函数. 当给定耗散率函数并采用 Ziegler 公设后,我们可以首先得到与内变量 ξ_m 相共轭的广义力 $A^{(m)}$ 空间中的屈服面,再经过转换后,便可得到真实应力空间中的屈服面. 下面对其推导过程作简要的介绍.

在等温过程中,(8.55)式中的超弹性势 $\rho_0\psi(\boldsymbol{E},\xi_m)$ 实际上就是体系的自由能,如果忽略黏性应力 $\boldsymbol{T}^v=\boldsymbol{T}-\boldsymbol{T}^a$ 的影响,其时间变化率可写为

$$\rho_0\dot{\psi}=\rho_0\left(\frac{\partial\psi}{\partial\boldsymbol{E}}:\dot{\boldsymbol{E}}+\frac{\partial\psi}{\partial\xi_m}\dot{\xi}_m\right)=\boldsymbol{T}:\dot{\boldsymbol{E}}-A^{(m)}\dot{\xi}_m \quad (\text{对 } m \text{ 求和}). \tag{8.109}$$

其中 $A^{(m)}=-\rho_0\left.\frac{\partial\psi}{\partial\xi_m}\right|_{\boldsymbol{E}}$ 由(3.127)式给出,它是与内变量 ξ_m 相共轭的广

义力.可见,变形功率可以由两部分组成,其中一部分为自由能的变化率 $\rho_0\dot{\psi}$,另一部分为塑性变形引起的能量耗散率.根据由(3.129)式和(3.130)式表示的热力学第二定律,并注意到 $\boldsymbol{T}=\boldsymbol{T}^a$ 和 $\theta=\theta_a=\text{const}$,可得

$$\theta\dot{\Theta}_a=\Psi_{\rm E}(\dot{\xi}_m;\boldsymbol{E},\xi_n)=A^{(m)}\dot{\xi}_m\geqslant 0\quad(\text{对 } m \text{ 求和}),\tag{8.110}$$

上式称为 **Kelvin 不等式**.如果以 $(\boldsymbol{T},\xi_m)$ 作为自变量,则由(3.128)式,也可将 $A^{(m)}$ 写为

$$A^{(m)}=-\rho_0\frac{\partial G}{\partial\xi_m}.\tag{8.111}$$

这时,(8.110)式可等价地写为

$$\theta\dot{\Theta}_a=\Psi_{\rm T}(\dot{\xi}_m;\boldsymbol{T},\xi_n)=A^{(m)}\dot{\xi}_m\geqslant 0\quad(\text{对 } m \text{ 求和}).\tag{8.112}$$

$\Psi_{\rm E}(\dot{\xi}_m;\boldsymbol{E},\xi_n)$ 和 $\Psi_{\rm T}(\dot{\xi}_m;\boldsymbol{T},\xi_n)$ 称之为耗散率函数. Ziegler(1983), Ziegler 和 Wehrli(1987)以及 Collins 和 Houlsby(1997)等人从以上的耗散率函数出发,曾对弹塑性本构关系进行过讨论.

除差一个常数因子 $\frac{1}{\theta}$ 外,(8.110)式和(8.112)式中的 $\dot{\xi}_m$ 和 $A^{(m)}$ 分别对应于(3.131)式中的"广义热力学流"(fluxes)和"广义热力学力"(forces),它们之间的关系实际上就是一种本构关系.根据 Edelen 分解定理,如果不考虑黏性应力 $\boldsymbol{T}^v$ 的影响,在等温过程中内变量的演化方程可由(3.134)式表示为

$$\dot{\xi}_m=\frac{\partial g^*(\dot{\boldsymbol{E}},A^{(l)};\boldsymbol{E},\xi_n)}{\partial A^{(m)}}+U_m(\dot{\boldsymbol{E}},A^{(l)};\boldsymbol{E},\xi_n),\tag{8.113}$$

其中 U_m 满足(3.135)式:

$$\sum_m A^{(m)}U_m=0,\ U_m(\boldsymbol{0},0;\boldsymbol{E},\xi_n)=0.$$

作为对 Onsager-Casimir 倒易关系的一种推广,现假定 $U_m(\dot{\boldsymbol{E}},A^{(l)};\boldsymbol{E},\xi_n)=0$,即假定可以忽略回转效应(gyroscopic forces)的影响.这时,(8.113)式退化为

$$\dot{\xi}_m=\frac{\partial g^*(\dot{\boldsymbol{E}},A^{(l)};\boldsymbol{E},\xi_n)}{\partial A^{(m)}}.\tag{8.114}$$

如果以 $(\boldsymbol{T},\xi_m)$ 为变元,上式也可等价地写为

$$\dot{\xi}_m = \frac{\partial f^*(\dot{\boldsymbol{E}}, A^{(l)}; \boldsymbol{T}, \xi_n)}{\partial A^{(m)}}. \tag{8.115}$$

对于率无关材料,耗散率函数 $\boldsymbol{\Psi}_E$ 或 $\boldsymbol{\Psi}_T$ 应该是 $\dot{\xi}_m$ 的一次齐次式,故有

$$\boldsymbol{\Psi}_E(\dot{\xi}_m; \boldsymbol{E}, \xi_n) = \frac{\partial \boldsymbol{\Psi}_E}{\partial \dot{\xi}_m}\dot{\xi}_m = A^{(m)}\dot{\xi}_m \quad (\text{对 } m \text{ 求和})$$

或 (8.116)

$$\boldsymbol{\Psi}_T(\dot{\xi}_m; \boldsymbol{T}, \xi_n) = \frac{\partial \boldsymbol{\Psi}_T}{\partial \dot{\xi}_m}\dot{\xi}_m = A^{(m)}\dot{\xi}_m \quad (\text{对 } m \text{ 求和}),$$

因此

$$\left(\frac{\partial \boldsymbol{\Psi}_E}{\partial \dot{\xi}_m} - A^{(m)}\right)\dot{\xi}_m = 0 \quad (\text{对 } m \text{ 求和})$$

或

$$\left(\frac{\partial \boldsymbol{\Psi}_T}{\partial \dot{\xi}_m} - A^{(m)}\right)\dot{\xi}_m = 0 \quad (\text{对 } m \text{ 求和}), \tag{8.117}$$

说明 $\left(\frac{\partial \boldsymbol{\Psi}_E}{\partial \dot{\xi}_m} - A^{(m)}\right)$ 与 $\dot{\xi}_m$ 相乘并对 m 求和后等于零.如果进一步假设(8.117)式中每一个 $\dot{\xi}_m$ 的系数都等于零,则有

$$A^{(m)}(\boldsymbol{E}, \xi_n) = \frac{\partial \boldsymbol{\Psi}_E}{\partial \dot{\xi}_m} \quad \text{或} \quad A^{(m)}(\boldsymbol{T}, \xi_n) = \frac{\partial \boldsymbol{\Psi}_T}{\partial \dot{\xi}_m} \quad (m = 1, 2, \cdots). \tag{8.118}$$

这实际上就是对应于率无关材料的 **Ziegler** 公设[3.15],[8.14].于是有

$$A^{(m)} = -\rho_0 \frac{\partial \psi}{\partial \xi_m}\bigg|_{\boldsymbol{E}} = \frac{\partial \boldsymbol{\Psi}_E}{\partial \dot{\xi}_m} \quad \text{或} \quad A^{(m)} = -\rho_0 \frac{\partial G}{\partial \xi_m}\bigg|_{\boldsymbol{T}} = \frac{\partial \boldsymbol{\Psi}_T}{\partial \dot{\xi}_m}.$$

即 $A^{(m)}$ 既可以通过自由能函数加以表示,也可以通过耗散率函数加以表示.

耗散率函数的 Legendre 变换为

$$\left.\begin{aligned} \boldsymbol{\Psi}_E(\dot{\xi}_m; \boldsymbol{E}, \xi_n) &= A^{(m)}\dot{\xi}_m - \bar{g}(A^{(m)}; \boldsymbol{E}, \xi_n), \\ \boldsymbol{\Psi}_T(\dot{\xi}_m; \boldsymbol{T}, \xi_n) &= A^{(m)}\dot{\xi}_m - \bar{f}(A^{(m)}; \boldsymbol{T}, \xi_n). \end{aligned}\right\} \tag{8.119}$$

对于率无关材料,由(8.116)式和(8.119)式,可知有

$$\bar{g}(A^{(m)};\boldsymbol{E},\xi_n)=0 \quad 或 \quad \bar{f}(A^{(m)};\boldsymbol{T},\xi_n)=0. \tag{8.120}$$

以上就是用广义力 $A^{(m)}$ 表示的加载面(或屈服面).

因此,如果已知耗散率函数的形式,便可由(8.118)式求得 $A^{(m)}$,从而可利用(8.119)式得到(8.120)式.再将(3.127)式或(3.128)式中的 $A^{(m)}=A^{(m)}(\boldsymbol{E},\xi_n)$ 或 $A^{(m)}=A^{(m)}(\boldsymbol{T},\xi_n)$ 分别代入(8.120)式中的 $\bar{g}=0$,或 $\bar{f}=0$,便可最终得到应变空间或应力空间中的加载面表达式:

$$\begin{aligned} g(\boldsymbol{E},\xi_m)&=\bar{g}(A^{(m)}(\boldsymbol{E},\xi_n);\boldsymbol{E},\xi_n),\\ f(\boldsymbol{T},\xi_m)&=\bar{f}(A^{(m)}(\boldsymbol{T},\xi_n);\boldsymbol{T},\xi_n). \end{aligned} \tag{8.121}$$

根据 Legendre 变换(8.119)式,$\dot{\xi}_m$ 也可通过 $\bar{g}$ 或 $\bar{f}$ 来加以表示,但考虑到 $A^{(m)}$ 是 $\dot{\xi}_m$ 的零次齐次式,所以在表达式中需要引进一个比例乘子,即

$$\dot{\xi}_m=\dot{\lambda}\frac{\partial\bar{g}}{\partial A^{(m)}} \quad 或 \quad \dot{\xi}_m=\dot{\lambda}\frac{\partial\bar{f}}{\partial A^{(m)}}, \tag{8.122}$$

其中比例乘子 $\dot{\lambda}$ 应该是 $\dot{\boldsymbol{E}}$ 的一次齐次式.上式可看作是(8.114)式和(8.115)式的特殊形式.根据一致性条件,$\dot{\lambda}$ 可写为

$$\dot{\lambda}=-\langle 1\rangle\left[\left(\frac{\partial\bar{g}}{\partial\xi_m}+\frac{\partial\bar{g}}{\partial A^{(n)}}\frac{\partial A^{(n)}}{\partial\xi_m}\right)\frac{\partial\bar{g}}{\partial A^{(m)}}\right]^{-1}\hat{g}.$$

上式中 $\hat{g}$ 和 $\langle 1\rangle$ 的表达式分别由(8.65)式和(8.81)式给出.

由此可见,当给出独立于自由能的耗散率函数 Ψ_{E}(或 Ψ_{T}),便可确定相应的加载面 $g(\boldsymbol{E},\xi_m)=0$(或 $f(\boldsymbol{T},\xi_m)=0$)的具体表达式.

对(8.56)式求物质导数,可将应变率写为(8.79)式的形式

$$\dot{\boldsymbol{E}}=\mathscr{M}:\dot{\boldsymbol{T}}+\dot{\boldsymbol{E}}^{\mathrm{p}}.$$

其中

$$\mathscr{M}=-\rho_0\frac{\partial^2 G}{\partial\boldsymbol{T}\partial\boldsymbol{T}}, \quad \dot{\boldsymbol{E}}^{\mathrm{p}}=-\rho_0\frac{\partial G}{\partial\boldsymbol{T}\partial\xi_m}\dot{\xi}_m \quad (对\ m\ 求和).$$

根据(8.111)式和(8.122)式,上式中的塑性应变率可表示为

$$\dot{\boldsymbol{E}}^{\mathrm{p}}=\frac{\partial A^{(m)}}{\partial\boldsymbol{T}}\dot{\xi}_m=\dot{\lambda}\frac{\partial\bar{f}}{\partial A^{(m)}}\frac{\partial A^{(m)}}{\partial\boldsymbol{T}}=\dot{\lambda}\left(\frac{\partial f}{\partial\boldsymbol{T}}-\frac{\partial\bar{f}}{\partial\boldsymbol{T}}\right), \tag{8.123}$$

说明仅当 $\bar{g}(A^{(m)};\boldsymbol{E},\xi_n)$ 中不显含变量 $\boldsymbol{E}$ 或 $\bar{f}(A^{(m)};\boldsymbol{T},\xi_n)$ 中不显含变量 $\boldsymbol{T}$ 时,正交流动法则才成立.

顺便指出,有些文献将塑性功率表示为 $\boldsymbol{T}:\dot{\boldsymbol{E}}^{\mathrm{p}}=\boldsymbol{T}:\dfrac{\partial A^{(m)}}{\partial \boldsymbol{T}}\dot{\xi}_m$. 显然,只有当 $A^{(m)}$ 是 $\boldsymbol{T}$ 的一次齐次式,即当$\dfrac{\partial A^{(m)}}{\partial \boldsymbol{T}}:\boldsymbol{T}=A^{(m)}$时,塑性功率才等于耗散率函数. 而在一般情况下,塑性功率并不等于耗散率函数. 事实上,耗散率函数总是大于等于零的,但塑性功率有可能小于零.

§8.3 边值问题中解的唯一性和稳定性

(一) 边值问题的提法

弹塑性本构方程通常是以"率型"形式给出的. 因此,在实际求解弹塑性边值问题时,往往是将弹塑性物体的变形过程分为许多个时间增量步. 对应于每一个增量步,当已知物体中各质点的位置、变形梯度和应力分布后,可根据该时刻给定的体力率、应力边界上的面力率,或位移边界上的速度分布求解出物体中的速度场和应力率场,从而得到下一时刻物体中各质点的位置、变形梯度和应力分布.

现来讨论上述问题所应满足的基本方程和边界条件.

(1) "率型"形式的运动方程可由(3.44)式给出:

$$\dot{\boldsymbol{S}}\cdot\nabla_0+\rho_0\dot{\boldsymbol{f}}=\rho_0\dot{\boldsymbol{a}},$$

其中 $\dot{\boldsymbol{S}}$可由(3.43)式表示为

$$\dot{\boldsymbol{S}}=\mathscr{J}(\dot{\boldsymbol{\sigma}}+\boldsymbol{\sigma}(\operatorname{div} v)-\boldsymbol{\sigma}\cdot\boldsymbol{L}^{\mathrm{T}})\cdot\boldsymbol{F}^{-\mathrm{T}}.$$

特别地,对于准静态变形过程,可略去惯性项的影响而令物体中质点的加速度恒等于零,故有 $\boldsymbol{a}=\boldsymbol{0},\dot{\boldsymbol{a}}=\boldsymbol{0}$.

(2) "率型"形式的本构方程可由(8.99)式给出. 式中的 $\boldsymbol{E}$ 和 $\boldsymbol{T}$ 分别为 Lagrange 型的应变度量及其相功共轭的应力. 需要指出,(8.99)式中 $\boldsymbol{E}$ 所对应的参考构形并不一定要求是初始构形,它可以是任何一个固定的构形,而应变度量的选取也可以有无穷多种.

当改变参考构形和(或)应变度量时,本构方程(8.99)式中的参量(例如$\mathscr{L}$,$\dfrac{\partial g}{\partial \boldsymbol{E}}$,…)也应作相应的改变. 例如,对于 Green 应变 $\boldsymbol{E}$,其功共轭的应力为第二类 Piola-Kirchhoff 应力 $\boldsymbol{T}$. 如果将初始构形 $\mathscr{K}_0$ 到某一构形 $\widetilde{\mathscr{K}}$的变换张量记为 $\boldsymbol{P}$,那么,以 $\widetilde{\mathscr{K}}$作为参考构形的应变度量就可写为

$$\widetilde{\boldsymbol{E}} = \boldsymbol{P}^{-\mathrm{T}} \cdot \boldsymbol{E} \cdot \boldsymbol{P}^{-1} + \frac{1}{2}(\boldsymbol{P}^{-\mathrm{T}} \cdot \boldsymbol{P}^{-1} - \boldsymbol{I}), \tag{8.124}$$

上式中 $\boldsymbol{I}$ 为单位张量. 对应于 $\widetilde{\boldsymbol{E}}$ 的本构方程中的各个参量可通过对(8.99)式作相应的变换求得. 特别地,当 $\widetilde{\mathscr{K}}$ 与当前构形重合时,(8.124)式中的 $\boldsymbol{P}$ 就是变形梯度张量 $\boldsymbol{F}$.

为了进一步说明(8.99)式各参量在参考构形改变时的变换规律,现假定对于同一个应变状态,第一个参考构形下的应变 $\boldsymbol{E}$ 与第二个参考构形下的应变 $\widetilde{\boldsymbol{E}}$ 之间满足关系

$$\widetilde{\boldsymbol{E}} = \widetilde{\boldsymbol{E}}(\boldsymbol{E}). \tag{8.125}$$

于是有

$$\dot{\widetilde{\boldsymbol{E}}} = \mathscr{A} : \dot{\boldsymbol{E}}. \tag{8.126}$$

其中 $\mathscr{A} = \dfrac{\partial \widetilde{\boldsymbol{E}}}{\partial \boldsymbol{E}}$ 为四阶对称张量,它在直角坐标系中的分量可写为

$$\mathscr{A}_{AB}{}^{\cdot\cdot MN} = \frac{\partial \widetilde{E}_{AB}}{\partial E_{MN}} = \frac{1}{2}\left[(P^{-1})^{M}_{\cdot A}(P^{-1})^{N}_{\cdot B} + (P^{-1})^{N}_{\cdot A}(P^{-1})^{M}_{\cdot B}\right].$$

因为无论在哪种参考构形下,同一质量的物质微元上的功率应相等,所以 $\dfrac{1}{\rho_0}\boldsymbol{T} : \dot{\boldsymbol{E}}$ 是一个不变量,即

$$\frac{1}{\rho_0}\boldsymbol{T} : \dot{\boldsymbol{E}} = \frac{1}{\tilde{\rho}_0}\widetilde{\boldsymbol{T}} : \dot{\widetilde{\boldsymbol{E}}}, \tag{8.127}$$

其中 ρ_0 和 $\tilde{\rho}_0$ 分别对应于第一个和第二个参考构形的密度. 于是有

$$\frac{\tilde{\rho}_0}{\rho_0}\boldsymbol{T} = \widetilde{\boldsymbol{T}} : \mathscr{A}. \tag{8.128}$$

如果进一步假定对应于以上两种参考构形的加载面之间满足关系式

$$\frac{1}{\rho_0} g(\boldsymbol{E}, \xi_m) = \frac{1}{\tilde{\rho}_0}\tilde{g}(\widetilde{\boldsymbol{E}}, \xi_m), \tag{8.129}$$

则有

$$\frac{\tilde{\rho}_0}{\rho_0}\frac{\partial g}{\partial \boldsymbol{E}} = \frac{\partial \tilde{g}}{\partial \widetilde{\boldsymbol{E}}} : \mathscr{A}, \tag{8.130}$$

即 $\dfrac{\partial g}{\partial \boldsymbol{E}}$ 与 $\boldsymbol{T}$ 具有相同的变换规律,可见 $\dfrac{1}{\rho_0}\dfrac{\partial g}{\partial \boldsymbol{E}} : \dot{\boldsymbol{E}}$ 是一个不变量. 由此还不难证明(8.99)式中的 $\left(\dfrac{\rho_0}{H+h}\right)$ 也是一个不变量. 有关这方面的讨论可参见文献[8.10],此处不再介绍.

在弹塑性边值问题求解的每一个增量步中,通常总是选取对应于该时刻的当前构形来作为相应的参考构形.注意到这时的主伸长比 $\lambda_\alpha=1$ $(\alpha=1,2,3)$,故由(2.66)式、(2.162)式和(2.172)式可得

$$\boldsymbol{E}=\boldsymbol{0},\quad \dot{\boldsymbol{E}}=\boldsymbol{D}, \tag{8.131}$$

其中 $\boldsymbol{D}$ 为变形率张量.再由(3.60)式和(3.66)式,有

$$\boldsymbol{T}=\boldsymbol{T}^{(0)}=\boldsymbol{\tau}. \tag{8.132}$$

即与一切应变度量相共轭的应力 $\boldsymbol{T}$ 都等于对数应力 $\boldsymbol{T}^{(0)}$ 或 Kirchhoff 应力 $\boldsymbol{\tau}$.然而,这时的 $\dot{\boldsymbol{T}}$ 却与应变度量的选取有关.对应于 Green 应变 $\boldsymbol{E}^{(1)}$,可由(4.33)式求得 $\boldsymbol{T}^{(1)}=\boldsymbol{F}^{-1}\cdot\boldsymbol{\tau}\cdot\boldsymbol{F}^{-\mathrm{T}}$ 的物质导数为

$$\dot{\boldsymbol{T}}^{(1)}=\overset{\triangledown}{\boldsymbol{\tau}}-(\boldsymbol{\tau}\cdot\boldsymbol{D}+\boldsymbol{D}\cdot\boldsymbol{\tau}), \tag{8.133}$$

上式中 $\overset{\triangledown}{\boldsymbol{\tau}}$ 为 Kirchhoff 应力的 Jaumann 导数.

对(3.66)式求物质导数并与上式比较,可知

$$\dot{\boldsymbol{T}}^{(0)}=\overset{\triangledown}{\boldsymbol{\tau}}, \tag{8.134}$$

因此,与 $\boldsymbol{E}$ 相共轭的应力 $\boldsymbol{T}$ 的物质导数可写为

$$\dot{\boldsymbol{T}}=\overset{\triangledown}{\boldsymbol{\tau}}-\frac{1}{2}(1+f''(1))(\boldsymbol{\tau}\cdot\boldsymbol{D}+\boldsymbol{D}\cdot\boldsymbol{\tau}). \tag{8.135}$$

基于以上讨论,我们可以写出以当前构形作为参考构形的率型本构方程,也就是在 Euler 描述下的本构方程.对应于对数应变和 Green 应变的本构方程可类似于(8.99)式而分别写为:

$$\overset{\triangledown}{\boldsymbol{\tau}}=\left[\mathscr{L}^{(0)}-\langle 1\rangle\left(\frac{\mathscr{J}}{H+h}\right)_{(0)}\frac{\partial g^{(0)}}{\partial \boldsymbol{E}^{(0)}}\otimes\frac{\partial g^{(0)}}{\partial \boldsymbol{E}^{(0)}}\right]:\boldsymbol{D} \tag{8.136}$$

和

$$\overset{\triangledown}{\boldsymbol{\tau}}-(\boldsymbol{\tau}\cdot\boldsymbol{D}+\boldsymbol{D}\cdot\boldsymbol{\tau})=\left[\mathscr{L}^{(1)}-\langle 1\rangle\left(\frac{\mathscr{J}}{H+h}\right)_{(1)}\frac{\partial g^{(1)}}{\partial \boldsymbol{E}^{(1)}}\otimes\frac{\partial g^{(1)}}{\partial \boldsymbol{E}^{(1)}}\right]:\boldsymbol{D}. \tag{8.137}$$

在上式中,由于在不同时刻所选取的参考构形(即当前构形)并不相同,因此在计算本构方程中的各个参量时,需要特别注意到这些参量随参考构形改变时的变换规律.例如,当假定弹性张量 $\mathscr{L}^{(0)}$ 为各向同性张量时,那么其相应的 Lamé 常数就不可能是常值.因为当 Lamé 常数保持为常值时,该材料将不可能成为在内变量不变条件下的超弹性体,而这与 Ильюшин 公设要求材料具有超弹性势(8.55)式是相矛盾的.

(3) 为了求得"率型"形式弹塑性边值问题的解,需要事先给定体力

率、应力边界上的面力率和位移边界上的速度. 然而,在有限变形弹塑性理论中,物体所对应的当前时刻的构形是在不断变化的,因此,如何对“给定的体力率和面力率”予以正确的描述就显得十分重要了. 对于以初始构形作为参考构形的描述,其体力率和面力率通常可假定具有如下形式,它们对相当广泛的一类载荷都是适用的:

$$\rho_0\dot{\boldsymbol{f}} = \boldsymbol{f}_1 + \boldsymbol{f}_2(v) \quad (v_0\ 内), \tag{8.138}$$

$${}_0\dot{\boldsymbol{t}} = \dot{\boldsymbol{S}}\cdot{}_0\boldsymbol{N} = \boldsymbol{t}_1 + \boldsymbol{t}_2(v) + \boldsymbol{t}_3(\boldsymbol{L}^{\mathrm{T}})\cdot\boldsymbol{N} \quad (\partial v_{0\mathrm{T}}上). \tag{8.139}$$

而在位移边界上,可假定有

$$v = v_1 \quad (\partial v_{0u}上). \tag{8.140}$$

上式中向量 $\boldsymbol{f}_1$、$\boldsymbol{f}_2$ 和 $\boldsymbol{t}_1$、$\boldsymbol{t}_2$ 可以是当前时刻物体中质点的位置、变形梯度以及应力状态的已知函数,但 $\boldsymbol{f}_2$ 和 $\boldsymbol{t}_2$ 还线性地依赖于速度 v,仿射量 $\boldsymbol{t}_3$ 不仅是质点位置、变形梯度以及应力状态的已知函数,而且还线性地依赖于速度梯度 $\boldsymbol{L}$(当然,由于 v 和 $\boldsymbol{L}$ 是待求的量,故(8.138)式和(8.139)式左端并不是完全确定的). 利用(3.43)式,(8.139)式的左端还可表示为

$${}_0\dot{\boldsymbol{t}} = \left(\frac{\mathrm{d}S}{\mathrm{d}S_0}\right)(\dot{\boldsymbol{\sigma}} + \boldsymbol{\sigma}(\mathrm{div}\ v) - \boldsymbol{\sigma}\cdot\boldsymbol{L}^{\mathrm{T}})\cdot\boldsymbol{N}, \tag{8.141}$$

其中$\left(\dfrac{\mathrm{d}S}{\mathrm{d}S_0}\right)$可由(2.62)式写为

$$\left(\frac{\mathrm{d}S}{\mathrm{d}S_0}\right) = \mathscr{J}({}_0\boldsymbol{N}\cdot\boldsymbol{F}^{-1}\cdot\boldsymbol{F}^{-\mathrm{T}}\cdot{}_0\boldsymbol{N})^{\frac{1}{2}}.$$

特别地,在静水应力作用下,有 $\boldsymbol{\sigma}\cdot\boldsymbol{N} = -p\boldsymbol{N}$,(8.141)式将退化为

$${}_0\dot{\boldsymbol{t}} = -\left(\frac{\mathrm{d}S}{\mathrm{d}S_0}\right)[\dot{p}\boldsymbol{N} + p(\mathrm{div}\ v)\boldsymbol{N} - p\boldsymbol{L}^{\mathrm{T}}\cdot\boldsymbol{N}]. \tag{8.142}$$

由于初始时刻物体边界上的单位法向量和变形梯度可以看作是已知量,说明上式具有(8.139)式所假定的形式,其中的 $-p[(\mathrm{div}\ v)\boldsymbol{I} - \boldsymbol{L}^{\mathrm{T}}]$ 相当于(8.139)式中的 $\boldsymbol{t}_3(\boldsymbol{L}^{\mathrm{T}})$.

(二) 解的唯一性的充分条件

现假定当前时刻物体中各质点的位置、变形梯度以及应力分布已经求出. 如果这一时刻所给定的体力率、应力边界上的面力率和位移边界上的速度分布具有(8.138)~(8.140)式的形式,要考察物体中各质点的速度 v 和应力率 $\dot{\boldsymbol{S}}$ 是否会有两组不同的值. 如设这时存在两组不同的解:

$v^{(1)}$，$\dot{\boldsymbol{S}}^{(1)}$和$v^{(2)}$，$\dot{\boldsymbol{S}}^{(2)}$，并记

$$\Delta v = v^{(2)} - v^{(1)}, \quad \Delta\dot{\boldsymbol{S}} = \dot{\boldsymbol{S}}^{(2)} - \dot{\boldsymbol{S}}^{(1)}, \tag{8.143}$$

则可计算以下的积分

$$\int_{\partial v_0} \Delta v \cdot \Delta_0 \dot{\boldsymbol{t}} \mathrm{d}S_0 = \int_{v_0} (\Delta v \cdot \Delta\dot{\boldsymbol{S}}) \cdot \nabla_0 \mathrm{d}v_0$$
$$= \int_{v_0} \mathscr{J} (\Delta\boldsymbol{L} : \Delta\overset{\circ}{\boldsymbol{\sigma}}) \mathrm{d}v_0 - \int_{v_0} \rho_0 \Delta v \cdot \Delta\dot{\boldsymbol{f}} \mathrm{d}v_0, \tag{8.144}$$

其中 $\overset{\circ}{\boldsymbol{\sigma}} = \dot{\boldsymbol{\sigma}} + \boldsymbol{\sigma}\operatorname{div} v - \boldsymbol{\sigma}\cdot\boldsymbol{L}^{\mathrm{T}}$.

由于在位移边界上 $\Delta v = \boldsymbol{0}$，故上式左端可写为

$$\int_{\partial v_{0\mathrm{T}}} \Delta v \cdot [\boldsymbol{t}_2(\Delta v) + \boldsymbol{t}_3(\Delta\boldsymbol{L}^{\mathrm{T}})\cdot\boldsymbol{N}] \mathrm{d}S_0. \tag{8.145}$$

注意到 $\rho_0\Delta\dot{\boldsymbol{f}} = \boldsymbol{f}_2(\Delta v)$，因此有

$$I \equiv \int_{v_0} \mathscr{J} (\Delta\boldsymbol{L} : \Delta\overset{\circ}{\boldsymbol{\sigma}}) \mathrm{d}v_0 - \int_{v_0} \Delta v \cdot \boldsymbol{f}_2(\Delta v) \mathrm{d}v_0 -$$
$$\int_{\partial v_{0\mathrm{T}}} \Delta v \cdot [\boldsymbol{t}_2(\Delta v) + \boldsymbol{t}_3(\Delta\boldsymbol{L}^{\mathrm{T}})\cdot\boldsymbol{N}] \mathrm{d}S_0 = 0. \tag{8.146}$$

上式是在初始构形上的积分，但其中的 $\boldsymbol{N}$ 则是当前构形上物体表面的单位外法向量(当然，由于 $\boldsymbol{F}$ 和初始构形上物体表面的单位外法向量$_0\boldsymbol{N}$ 是已知的，故 $\boldsymbol{N}$ 也是已知的).

需要说明，以上讨论并未涉及材料的本构关系，故表达式(8.146)式可应用于具有任何材料性质的物体中.一旦给出了材料的率型本构方程，$\overset{\circ}{\boldsymbol{\sigma}}$便可通过$v\nabla$表示出来，这时的 I 将是关于 Δv的泛函.显然，对于一切可能的 $\Delta v(\neq 0)$，如果恒有

$$I > 0,$$

那么以上边值问题的解一定是唯一的(即不可能出现分叉).

下面我们来讨论具有(8.136)式形式的率型本构关系的弹塑性边值问题.为简单起见，可记$\dfrac{\partial g^{(0)}}{\partial \boldsymbol{E}^{(0)}} = \boldsymbol{\lambda}$，且令

$$W(\boldsymbol{D}) = \frac{1}{2}\boldsymbol{D} : \mathscr{L}^{(0)} : \boldsymbol{D} - \frac{\langle 1\rangle}{2}\left(\frac{\mathscr{J}}{H+h}\right)_{(0)} (\boldsymbol{\lambda} : \boldsymbol{D})^2. \tag{8.147}$$

于是，(8.136)式可改写为

$$\overset{\triangledown}{\boldsymbol{\tau}}=\overset{\triangledown}{\boldsymbol{\sigma}}+\boldsymbol{\sigma}(\operatorname{div} v)=\frac{\partial W(\boldsymbol{D})}{\partial \boldsymbol{D}}, \tag{8.148}$$

再令

$$\Sigma(\boldsymbol{L})=-\frac{1}{2}(\boldsymbol{\sigma}\cdot\boldsymbol{D}):\boldsymbol{L}-\frac{1}{2}(\boldsymbol{\sigma}\cdot\boldsymbol{W}):\boldsymbol{L}^{\mathrm{T}}, \tag{8.149}$$

$$U(\boldsymbol{L})=W(\boldsymbol{D})+\Sigma(\boldsymbol{L}), \tag{8.150}$$

可得　$$\frac{1}{2}\boldsymbol{L}:\overset{\circ}{\boldsymbol{\sigma}}=\frac{1}{2}(\boldsymbol{D}+\boldsymbol{W}):[\overset{\triangledown}{\boldsymbol{\sigma}}+\boldsymbol{\sigma}(\operatorname{div} v)+\boldsymbol{W}\cdot\boldsymbol{\sigma}-\boldsymbol{\sigma}\cdot\boldsymbol{D}]=U(\boldsymbol{L}), \tag{8.151}$$

$$\overset{\circ}{\boldsymbol{\sigma}}=\frac{\partial U(\boldsymbol{L})}{\partial \boldsymbol{L}}. \tag{8.152}$$

在讨论解的唯一性和稳定性时,采用上述本构关系往往是不方便的,因为(8.147)式中⟨1⟩的值还依赖于加卸载条件(8.81)式.为此,Hill 引进了**线性比较固体**(linear comparison solids)的概念.该固体的本构关系与始终处于加载状态下的弹塑性材料的本构关系完全相同,即应变(或应力)状态处于加载面上时,(8.147)式中的⟨1⟩恒等于 1.故由

$$W_L(\boldsymbol{D})=\frac{1}{2}\boldsymbol{D}:\mathscr{L}^{(0)}:\boldsymbol{D}-\frac{1}{2}\left(\frac{\mathscr{J}}{H+h}\right)_{(0)}(\boldsymbol{\lambda}:\boldsymbol{D})^2, \tag{8.153}$$

可得线性比较固体的本构方程为

$$\overset{\triangledown}{\boldsymbol{\sigma}}+\boldsymbol{\sigma}(\operatorname{div} v)=\frac{\partial W_L(\boldsymbol{D})}{\partial \boldsymbol{D}}. \tag{8.154}$$

当然,上式仅适用于物体中应变(或应力)状态已处于加载面上的那些物质微元.

现考虑在给定时刻的两组不同的解.对应于应变(或应力)状态处于加载面上的物质微元,其速度梯度、变形率、物质旋率、应力率和加卸载指数将分别记为

$$\boldsymbol{L}^{(1)},\boldsymbol{D}^{(1)},\boldsymbol{W}^{(1)},\overset{\circ}{\boldsymbol{\sigma}}{}^{(1)},\langle 1\rangle^{(1)}\text{和 }\boldsymbol{L}^{(2)},\boldsymbol{D}^{(2)},\boldsymbol{W}^{(2)},\overset{\circ}{\boldsymbol{\sigma}}{}^{(2)},\langle 1\rangle^{(2)}.$$

其差可表示为

$$\Delta\boldsymbol{L}=\boldsymbol{L}^{(2)}-\boldsymbol{L}^{(1)},\ \Delta\boldsymbol{D}=\boldsymbol{D}^{(2)}-\boldsymbol{D}^{(1)},\Delta\boldsymbol{W}=\boldsymbol{W}^{(2)}-\boldsymbol{W}^{(1)},\Delta\overset{\circ}{\boldsymbol{\sigma}}=\overset{\circ}{\boldsymbol{\sigma}}{}^{(2)}-\overset{\circ}{\boldsymbol{\sigma}}{}^{(1)}. \tag{8.155}$$

利用本构关系(8.136)式,并注意到$\left(\frac{\mathscr{J}}{H+h}\right)_{(0)}>0$,以及

$$(\boldsymbol{\lambda}:\Delta\boldsymbol{D})(\langle 1\rangle^{(2)}\boldsymbol{\lambda}:\boldsymbol{D}^{(2)}-\langle 1\rangle^{(1)}\boldsymbol{\lambda}:\boldsymbol{D}^{(1)})-(\boldsymbol{\lambda}:\Delta\boldsymbol{D})^2$$

$$
=\begin{cases}0, & \text{当 } \boldsymbol{\lambda}:\boldsymbol{D}^{(1)}>0, \boldsymbol{\lambda}:\boldsymbol{D}^{(2)}>0, \text{即} \langle 1\rangle^{(1)}=\langle 1\rangle^{(2)}=1, \\ (\boldsymbol{\lambda}:\Delta\boldsymbol{D})(\boldsymbol{\lambda}:\boldsymbol{D}^{(1)})\leqslant 0, & \text{当 } \boldsymbol{\lambda}:\boldsymbol{D}^{(1)}\leqslant 0, \boldsymbol{\lambda}:\boldsymbol{D}^{(2)}>0, \text{即} \langle 1\rangle^{(1)}=0, \langle 1\rangle^{(2)}=1, \\ -(\boldsymbol{\lambda}:\Delta\boldsymbol{D})(\boldsymbol{\lambda}:\boldsymbol{D}^{(2)})\leqslant 0, & \text{当 } \boldsymbol{\lambda}:\boldsymbol{D}^{(1)}>0, \boldsymbol{\lambda}:\boldsymbol{D}^{(2)}\leqslant 0, \text{即} \langle 1\rangle^{(1)}=1, \langle 1\rangle^{(2)}=0, \\ -(\boldsymbol{\lambda}:\Delta\boldsymbol{D})^2\leqslant 0, & \text{当 } \boldsymbol{\lambda}:\boldsymbol{D}^{(1)}\leqslant 0, \boldsymbol{\lambda}:\boldsymbol{D}^{(2)}\leqslant 0, \text{即} \langle 1\rangle^{(1)}=\langle 1\rangle^{(2)}=0.\end{cases}
\tag{8.156}
$$

可知

$$
\Delta\boldsymbol{L}:\Delta\mathring{\boldsymbol{\sigma}}\geqslant 2W_{\mathrm{L}}(\Delta\boldsymbol{D})+2\Sigma(\Delta\boldsymbol{L}). \tag{8.157}
$$

因为上式右端对应于线性比较固体中 $\Delta\boldsymbol{L}:\Delta\mathring{\boldsymbol{\sigma}}$的值,所以(8.157)式表明:线性比较固体中 $\Delta\boldsymbol{L}:\Delta\mathring{\boldsymbol{\sigma}}_{\mathrm{L}}$ 的值将始终不大于真实弹塑性物体中 $\Delta\boldsymbol{L}:\Delta\mathring{\boldsymbol{\sigma}}$的值.

有了以上准备,我们便可以计算由(8.146)式表示的 I. 因为其右端第一个积分中的 $\mathring{\boldsymbol{\sigma}}$可利用(8.152)式表示出来,而向量 $\boldsymbol{f}_2$ 和 $\boldsymbol{t}_2$ 是变元 Δv的线性函数,仿射量 $\boldsymbol{t}_3$ 是变元 $\Delta\boldsymbol{L}$ 的线性函数,所以 I 可化为关于 Δv的已知泛函.

如果令

$$
\left.\begin{aligned}\Psi_1(v)&=\frac{1}{2}v\cdot\boldsymbol{f}_2(v),\\ \Psi_2(v)&=\frac{1}{2}v\cdot\boldsymbol{t}_2(v)+\frac{1}{2}v\cdot\boldsymbol{t}_3(\boldsymbol{L}^{\mathrm{T}})\cdot\boldsymbol{N},\end{aligned}\right\} \tag{8.158}
$$

则上述泛函可以简写为

$$
\frac{1}{2}I(\Delta v)=\int_{v_0}\left[\frac{1}{2}\mathscr{J}\Delta\boldsymbol{L}:\Delta\mathring{\boldsymbol{\sigma}}-\Psi_1(\Delta v)\right]\mathrm{d}v_0-\int_{\partial v_{0\mathrm{T}}}\Psi_2(\Delta v)\mathrm{d}S_0. \tag{8.159}
$$

显然,对于在位移边界上取零值的一切可能的 $\Delta v(\neq 0)$,弹塑性边值问题解的唯一性的充分条件是恒有

$$
I(\Delta v)>0. \tag{8.160}
$$

然而,在计算(8.159)式中的($\Delta\boldsymbol{L}:\Delta\mathring{\boldsymbol{\sigma}}$)时,需要分别考虑两个不同解的加卸载条件,故在使用中往往不很方便. 注意到(8.157)式,可将(8.159)式中的$\frac{1}{2}\Delta\boldsymbol{L}:\Delta\mathring{\boldsymbol{\sigma}}$用

$$
U_{\mathrm{L}}(\Delta\boldsymbol{L})=W_{\mathrm{L}}(\Delta\boldsymbol{D})+\Sigma(\Delta\boldsymbol{L}) \tag{8.161}
$$

代替. 再令

$$I_{\mathrm{L}}(\Delta v)=2\int_{v_0}[\mathscr{J}U_{\mathrm{L}}(\Delta \boldsymbol{L})-\Psi_1(\Delta v)]\mathrm{d}v_0-2\int_{\partial v_{0\mathrm{T}}}\Psi_2(\Delta v)\mathrm{d}S_0,\tag{8.162}$$

可知当

$$I_{\mathrm{L}}(\Delta v)>0\tag{8.163}$$

成立时,(8.160)式也一定成立.因此,弹塑性边值问题解的唯一性的充分条件(8.160)式可以用稍弱的条件(8.163)式来代替.

现考虑一个弹塑性物体.在逐渐变化的外载荷作用下,该物体将经历一系列的与外力相平衡的变形过程.我们假定在此过程中(8.163)式始终成立,而当达到此过程的最终状态时,有

$$I_{\mathrm{L}}(\Delta v)\geqslant 0.\tag{8.164}$$

上式中的等号仅对某些特定的 Δv(记为 $\bar{v}$)成立.这时,上述的最终状态将对应于线性比较固体的第一个分叉点.也就是说,在这一分叉点上,两个不同的解之间满足

$$v^{(2)}=v^{(1)}+c\,\bar{v},\tag{8.165}$$

其中 c 是一个任意乘子.如果将 $v^{(1)}$ 看作是弹塑性边值问题的一个基本解,且在塑性区内处处满足 $\boldsymbol{\lambda}:\boldsymbol{D}^{(1)}\geqslant 0$,那么,以上的最终状态显然也对应于实际弹塑性物体的一个分叉点.在这一分叉点上,第二个解 $v^{(2)}$ 在塑性区内也是处处不卸载的:$\boldsymbol{\lambda}:\boldsymbol{D}^{(2)}\geqslant 0$.这与在一维弹塑性压杆的 Shanley 模型中采用切线模量来进行计算的情形完全类似.

上述满足 $I_{\mathrm{L}}(\bar{v})=0$ 的速度场 $\bar{v}$ 可通过对 $I_{\mathrm{L}}(v)$ 取变分并令其等于零来求得:

$$\frac{1}{2}\delta I_{\mathrm{L}}=\delta\left\{\int_{v_0}(\mathscr{J}U_{\mathrm{L}}-\Psi_1)\mathrm{d}v_0-\int_{\partial v_{0\mathrm{T}}}\Psi_2\mathrm{d}S_0\right\}=0.\tag{8.166}$$

当(8.158)式中 Ψ_1 是其变元 v 的二次型时,有

$$\delta\int_{v_0}(\mathscr{J}U_{\mathrm{L}}-\Psi_1)\mathrm{d}v_0=\int_{v_0}[\mathscr{J}\delta\boldsymbol{L}:\mathring{\boldsymbol{\sigma}}_{\mathrm{L}}-\delta v\cdot\boldsymbol{f}_2(v)]\mathrm{d}v_0,$$

上式中的 $\mathring{\boldsymbol{\sigma}}_{\mathrm{L}}$ 在塑性区内的值等于 $\dfrac{\partial U_{\mathrm{L}}}{\partial \boldsymbol{L}}$.

利用 $\dot{\boldsymbol{S}}\cdot\nabla_0+\rho_0\dot{\boldsymbol{f}}=\boldsymbol{0}$,并注意到在位移边界上有 $\delta v=0$,则由散度定理可得

$$\int_{v_0}\mathscr{J}\delta\boldsymbol{L}:\mathring{\boldsymbol{\sigma}}_{\mathrm{L}}\mathrm{d}v_0=\int_{v_0}\rho_0\delta v\cdot\dot{\boldsymbol{f}}\mathrm{d}v_0+\int_{\partial v_{0\mathrm{T}}}\delta v\cdot{}_0\dot{\boldsymbol{t}}\mathrm{d}S_0.$$

于是

$$\frac{1}{2}\delta I_{\mathrm{L}}=\int_{v_0}\delta\, v\cdot[\rho_0\dot{\boldsymbol{f}}-\boldsymbol{f}_2(v)]\mathrm{d}v_0+\int_{\partial v_{0\mathrm{T}}}[\delta\, v\cdot{}_0\dot{\boldsymbol{t}}-\delta\Psi_2]\mathrm{d}S_0=0. \tag{8.167}$$

为了计算上式中的 $\delta\Psi_2$，可假定$\partial v_{0\mathrm{T}}$上的面力(8.139)式可写为如下的形式：

$$_0\dot{\boldsymbol{t}}=\boldsymbol{t}_1+\boldsymbol{k}\cdot v+(\boldsymbol{\Omega}:\boldsymbol{L}^{\mathrm{T}})\cdot\boldsymbol{N}, \tag{8.168}$$

其中二阶张量 $\boldsymbol{k}$ 是对称的，而四阶张量 $\boldsymbol{\Omega}$ 的分量 Ω^{ijkl} 关于指标 i 和 l 以及 j 和 k 是反对称的. 这表明，(8.168)式只依赖于物体表面$\partial v_{0\mathrm{T}}$上的速度分布，因为根据物体表面上的速度分布，速度梯度的分量 $v_l|_k$ 除可加项 $\eta_l N_k$ 外是能够被确定的. 而由条件 $\Omega^{ijkl}=-\Omega^{ikjl}$，可知 $\Omega^{ijkl}\eta_l N_k N_j=0$，所以该可加项对面力$(\boldsymbol{\Omega}:\boldsymbol{L}^{\mathrm{T}})\cdot\boldsymbol{N}=\Omega^{ijkl}\eta_l N_k N_j$ 没有贡献.

不难证明，与(8.168)式相对应的齐次边界条件 $\bar{\boldsymbol{t}}(v)=\boldsymbol{k}\cdot v+(\boldsymbol{\Omega}:\boldsymbol{L}^{\mathrm{T}})\cdot\boldsymbol{N}$ 是自伴(self-adjoint)的，即对v的任意变分 $\delta\, v$，有：

$$\int_{\partial v_{0\mathrm{T}}}\{\bar{\boldsymbol{t}}(v)\cdot\delta\, v-v\cdot\delta\bar{\boldsymbol{t}}(v)\}\mathrm{d}S_0=0. \tag{8.169}$$

上式也说明面力 $\bar{\boldsymbol{t}}(v)$是保守的.

利用(8.169)式，可得

$$\int_{\partial v_{0\mathrm{T}}}\delta\Psi_2\mathrm{d}S_0=\int_{\partial v_{0\mathrm{T}}}\delta\, v\cdot[\boldsymbol{t}_2(v)+\boldsymbol{t}_3(\boldsymbol{L}^{\mathrm{T}})\cdot\boldsymbol{N}]\mathrm{d}S_0. \tag{8.170}$$

因此，由(8.167)式和(8.170)式可知，变分方程 $\delta I_L=0$ 的解 $\Delta\, v=\bar{v}$也是线性比较固体的自伴特征值问题的解，它满足以下的齐次条件：

$$\left.\begin{aligned}&\rho_0\dot{\boldsymbol{f}}=\boldsymbol{f}_2(v) && (\text{在 } v_0 \text{ 内}),\\ &{}_0\dot{\boldsymbol{t}}=\boldsymbol{t}_2(v)+\boldsymbol{t}_3(\boldsymbol{L}^{\mathrm{T}})\cdot\boldsymbol{N} && (\text{在}\partial v_{0\mathrm{T}}\text{上}),\\ &v=\boldsymbol{0} && (\text{在}\partial v_{0u}\text{上}).\end{aligned}\right\} \tag{8.171}$$

由以上讨论可知，分叉状态(其中包括相应的分叉"特征模态"$\bar{v}$)的计算一般可通过以下两种途径来实现：(1)寻求泛函 $I_{\mathrm{L}}(v)$的极小值；(2)直接从基本方程出发来求解相应的特征值问题. 当然，其他的途径也是可能的，但此处不再作进一步的讨论.

(三) 稳定性问题

现考虑一个与给定体力 $\rho_0\boldsymbol{f}$ 和$\partial v_{0\mathrm{T}}$上面力${}_0\boldsymbol{t}$ 处于平衡状态下的弹塑性体. 这时，弹塑性体内的位移分布 $\boldsymbol{u}$ 和应力分布 $\boldsymbol{S}$ 是已知的. 下面，我们来考察以上平衡状态是否是稳定的.

如果对上述处于平衡状态下的弹塑性体施加任何可能的微小扰动，其扰动的初始速度为v_0^*，那么，该物体内的质点将会产生具有扰动速度v^*的运动. 由(3.39)式可知，相应的运动方程为

$$\boldsymbol{S}^* \cdot \nabla_0 + \rho_0 \boldsymbol{f}^* = \rho_0 \dot{v}^*, \tag{8.172}$$

上式中字母右上方带有星号的量表示扰动后的值，它们显然依赖于v^*.

稳定平衡的动力学准则要求，只要所施加的扰动足够小，则由扰动运动所产生的位移和应力与原来处于平衡状态下的位移和应力之差就可以任意地小. 我们将利用这一准则来讨论处于平衡状态下弹塑性体的稳定性问题.

现作v^*与(8.172)式的内积，并在初始构形的体积上进行积分，可得

$$\dot{K}^* = \int_{v_0} \rho_0 v^* \cdot \boldsymbol{f}^* \mathrm{d}v_0 + \int_{v_0} v^* \cdot (\boldsymbol{S}^* \cdot \nabla_0) \mathrm{d}v_0,$$

其中K^*为扰动动能. 记${}_0\boldsymbol{t}^* = \boldsymbol{S}^* \cdot {}_0\boldsymbol{N}$，则由散度定理可知上式右端最后一项为

$$\int_{\partial v_0} v^* \cdot {}_0\boldsymbol{t}^* \mathrm{d}S_0 - \int_{v_0} \dot{\boldsymbol{F}}^* : \boldsymbol{S}^* \mathrm{d}v_0.$$

因此

$$\int_{v_0} \dot{\boldsymbol{F}}^* : \boldsymbol{S}^* \mathrm{d}v_0 - \int_{v_0} \rho_0 v^* \cdot \boldsymbol{f}^* \mathrm{d}v_0 - \int_{\partial v_0} v^* \cdot {}_0\boldsymbol{t}^* \mathrm{d}S_0 = -\dot{K}^*.$$

对上式在时间区间$[0, T]$上进行积分，并记

$$W^* = \int_0^T \mathrm{d}t \left\{ \int_{v_0} \dot{\boldsymbol{F}}^* : \boldsymbol{S}^* \mathrm{d}v_0 - \int_{v_0} \rho_0 v^* \cdot \boldsymbol{f}^* \mathrm{d}v_0 - \int_{\partial v_0} v^* \cdot {}_0\boldsymbol{t}^* \mathrm{d}S_0 \right\}, \tag{8.173}$$

则有

$$W^* = K^*(0) - K^*(T). \tag{8.174}$$

上式中$K^*(0)$和$K^*(T)$分别为扰动的初始时刻和T时刻的扰动动能，W^*则表示在扰动过程中变形功(可能有耗散)的改变与外载荷所做的功之差. 由此可见，如果对一切可能的扰动，总有

$$W^* > 0, \tag{8.175}$$

那么

$$0 \leqslant K^*(T) = K^*(0) - W^* < K^*(0) \tag{8.176}$$

总是成立的. 由于$K^*(T)$不可能小于零，而当初始扰动速度v_0^*足够小时，$K^*(0)$也足够小，故可以使$K^*(T)$的值取得任意地小. 于是，

(8.175)式可以用来作为弹塑性体处于稳定平衡的充分条件.

一般说,要计算 W^* 的值是十分困难的,往往还要作一些简化假设.最常用的假设有:

(1) 在位移边界 ∂v_{0u} 上的位移恒等于零,故扰动速度 v^* 在 ∂v_{0u} 上也恒为零.这时,(8.173)式最后一个积分的面积 ∂v_0 可改为 $\partial v_{0\mathrm{T}}$.

(2) 所作用的外载荷为呆重(dead load). 这时,由(8.138)式和(8.139)式表示的体力率和面力率的非齐次部分满足

$$\boldsymbol{f}_1=\boldsymbol{0},\quad \boldsymbol{t}_1=\boldsymbol{0}. \tag{8.177}$$

考虑到未扰动前的体系是处于平衡状态的,故满足

$$\boldsymbol{S}\cdot\nabla_0+\rho_0\boldsymbol{f}=\boldsymbol{0}.$$

将 v^* 与上式作内积并在初始构形上进行体积分,然后再对时间积分,可得

$$\int_0^T \mathrm{d}t\left\{\int_{v_0}\dot{\boldsymbol{F}}^*:\boldsymbol{S}\mathrm{d}v_0-\int_{v_0}\rho_0\, v^*\cdot\boldsymbol{f}\mathrm{d}v_0-\int_{\partial v_{0\mathrm{T}}}v^*\cdot{}_0\boldsymbol{t}\mathrm{d}S_0\right\}=0.$$

(8.173)式减去上式后,有

$$\begin{aligned}W^*=&\int_0^T\mathrm{d}t\left\{\int_{v_0}\dot{\boldsymbol{F}}^*:(\boldsymbol{S}^*-\boldsymbol{S})\mathrm{d}v_0-\right.\\&\left.\int_{v_0}v^*\cdot(\rho_0\boldsymbol{f}^*-\rho_0\boldsymbol{f})\mathrm{d}v_0-\int_{\partial v_{0\mathrm{T}}}v^*\cdot({}_0\boldsymbol{t}^*-{}_0\boldsymbol{t})\mathrm{d}S_0\right\}.\end{aligned}\tag{8.178}$$

随着扰动速度 v^* 的变化,材料中的某些物质微元可能会经历反复加卸载的复杂变形过程,从而使上式右端第一项的积分变得相当复杂.为简单计,可将上式右端的量对时间变量 t 作 Taylor 展开.注意到(8.138)式、(8.139)式和(8.177)式,有

$$\begin{aligned}&v^*=v_0^*+\dot{v}_0t+O(t^2),\\&\dot{\boldsymbol{F}}^*=\dot{\boldsymbol{F}}_0^*+O(t),\\&\boldsymbol{S}^*-\boldsymbol{S}=\dot{\boldsymbol{S}}_0^*t+O(t^2),\\&\rho_0\boldsymbol{f}^*-\rho_0\boldsymbol{f}=\boldsymbol{f}_2(v_0^*)t+O(t^2),\\&{}_0\boldsymbol{t}^*-{}_0\boldsymbol{t}=[\boldsymbol{t}_2(v_0^*)+\boldsymbol{t}_3(\boldsymbol{L}_0^{*\mathrm{T}})\cdot\boldsymbol{N}]t+O(t^2),\end{aligned}$$

其中 $\boldsymbol{L}_0^*=v_0^*\nabla$,而 $\dot{\boldsymbol{S}}_0^*$ 是与 v_0^* 相对应的 $\boldsymbol{S}$ 的变化率,可写为 $\mathscr{J}\mathring{\boldsymbol{\sigma}}_0^*\cdot\boldsymbol{F}^{-\mathrm{T}}$.于是,利用(8.158)式,可将 W^* 表示为

$$W^*=\frac{T^2}{2}\left\{\int_{v_0}[\mathscr{J}\boldsymbol{L}_0^*:\mathring{\boldsymbol{\sigma}}_0^*-2\Psi_1(v_0^*)]\mathrm{d}v_0-\right.$$

$$2\int_{\partial v_{0T}} \Psi_2(v_0^*)\mathrm{d}S_0\bigg\} + O(T^3). \tag{8.179}$$

故当 T 充分小时,条件(8.175)式可利用(8.151)式化为

$$\frac{1}{2}J(v_0^*) = \int_{v_0}[\mathscr{J}U(\boldsymbol{L}_0^*) - \Psi_1(v_0^*)]\mathrm{d}v_0 - \int_{\partial v_{0T}} \Psi_2(v_0^*)\mathrm{d}S_0 > 0, \tag{8.180}$$

其中 v_0^* 是在 ∂v_{0u} 上等于零的任意可能速度场.

上式中的 $U(\boldsymbol{L}_0^*)$ 也可用 $U_{\mathrm{L}}(\boldsymbol{L}_0^*)$ 来代替.这时,泛函 $J(v_0^*)$ 将相应地改为 $J_{\mathrm{L}}(v_0^*)$.显然,当

$$J_{\mathrm{L}}(v_0^*) > 0 \tag{8.181}$$

成立时,(8.180)式自然也是成立的.

对于较大的 T,上述分析将不再适用.但当外载荷为保守力场时,外载荷所做的功仅与物体在最终时刻 T 的构形有关,即(8.173)式右端的最后两项仅与扰动前初态($t=0$)到扰动后终态($t=T$)的位移场 $\boldsymbol{u}^*$ 有关.另一方面,为了计算(8.173)式右端第一项的积分,可定义在初始构形的单位体积上变形功(即变形比功)的改变量为:

$$\Delta W_{(0,T)}^* = \int_{\boldsymbol{F}}^{\boldsymbol{F}^*(T)} \boldsymbol{S}^* : \mathrm{d}\boldsymbol{F}^*, \tag{8.182}$$

上式中的 $\boldsymbol{F}$ 和 $\boldsymbol{F}^*(T)$ 分别为扰动前($t=0$)和扰动后($t=T$)的变形梯度.在一切可能的由 $\boldsymbol{F}$ 到 $\boldsymbol{F}^*(T)$ 的变形路径中,可定义使上式取最小值的路径,称之为极值路径.与极值路径相对应的 $\Delta W_{(0,T)}^*$ 可记为 $\Delta W_{(0,T)}^0$.因此,为了得到稳定性的充分条件,可用

$$\int_{v_0} \Delta W_{(0,T)}^0 \mathrm{d}v_0$$

来代替(8.173)式右端的第一项.显然,由此得到的表达式除了与处于平衡状态时的各力学量有关外,它仅仅是扰动位移场 $\boldsymbol{u}^*$ 的泛函.

如果将(8.180)式与(8.160)式,或者将(8.181)式与(8.163)式进行比较,则不难看出它们在形式上是完全相同的,但其含义却完全不同.然而,它们之间又是有联系的.即当(8.160)式(或(8.163)式)成立时,(8.180)式(或(8.181)式)必然也成立,因为可以取(8.160)式(或(8.163)式)中的一组速度场恒等于零.但反之不然,即当(8.180)式成立时,(8.160)式未必也成立.由此可见,如果(8.180)式可用来作为稳定性的充分条件的话,则当唯一性的充分条件成立时,该弹塑性体的平衡状态也一定是稳定的.这与 Shanley 模型的情形是相一致的.

习 题

8.1 现考虑单晶的弹塑性变形.当只有一个滑移系开动时,变形梯度 $\boldsymbol{F}$ 乘法分解(8.2)式中的 $\boldsymbol{F}_{\mathrm{e}}$ 和 $\boldsymbol{F}_{\mathrm{p}}$ 可分别写为 $\boldsymbol{F}_{\mathrm{e}}=\boldsymbol{\beta}\cdot\boldsymbol{U}_{\mathrm{e}}=\boldsymbol{V}_{\mathrm{e}}\cdot\boldsymbol{\beta}$, $\boldsymbol{F}_{\mathrm{p}}=\boldsymbol{I}+\gamma\boldsymbol{s}\otimes\boldsymbol{m}$,其中 $\boldsymbol{U}_{\mathrm{e}}$ 和 $\boldsymbol{V}_{\mathrm{e}}$ 为对称正定仿射量,$\boldsymbol{\beta}$ 为正交张量,$\boldsymbol{s}$ 和 $\boldsymbol{m}$ 分别为沿滑移方向和滑移面法向的单位向量.如果应变度量取为 Green 应变,试写出当弹性变形很小时,在 Lagrange 描述下应变空间中的加载面.

8.2 在上题中,如果取与 Green 应变相共轭的第二类 Piola-Kirchhoff 应力 $\boldsymbol{T}$ 作为基本变量,试从(8.31)式出发,写出应力空间中的加载面.

8.3 现考虑单晶中只有一个滑移系开动的情形.如果以 Green 应变作为应变度量,试证明当弹性变形很小时,正交流动法则成立.

8.4 仍考虑8.1题中单晶的弹塑性变形,现将(8.5)式中 $\boldsymbol{L}_{\mathrm{p}}=\boldsymbol{F}_{\mathrm{e}}\cdot\dot{\boldsymbol{F}}_{\mathrm{p}}\cdot\boldsymbol{F}_{\mathrm{p}}^{-1}\cdot\boldsymbol{F}_{\mathrm{e}}^{-1}$ 的对称部分和反对称部分分别定义为塑性变形率 $\boldsymbol{D}_{\mathrm{p}}$ 和塑性旋率 $\boldsymbol{W}_{\mathrm{p}}$(plastic spin).当只有一个滑移系开动时,试利用塑性变形率 $\boldsymbol{D}_{\mathrm{p}}$ 来表示塑性旋率 $\boldsymbol{W}_{\mathrm{p}}$.

8.5 试写出由题8.5a图所示的并联模型在简单拉伸条件下应力 T 与应变 E 之间的关系,并据此讨论该模型所对应的加载面.图中的 μ_1 和 μ_2 为线性弹簧的模量,ξ_1 和 ξ_2 为塑性摩擦元件的应变,满足

$$\left.\begin{aligned}\mathrm{d}\xi_1&=\left(1-\frac{\mu_1'}{\mu_1}\right)\mathrm{d}E\ \ (当\ E\geqslant E_{s_1},\mathrm{d}E>0),\\ \mathrm{d}\xi_2&=\left(1-\frac{\mu_2'}{\mu_2}\right)\mathrm{d}E\ \ (当\ E\geqslant E_{s_2},\mathrm{d}E>0),\end{aligned}\right\}\qquad(\text{Ⅷ}.\mathrm{a})$$

其中参数 μ_1,μ_1' 和 μ_2,μ_2' 大于零,它们分别对应于 $T_1\sim E$ 关系曲线和 $T_2\sim E$ 关系曲线中的弹性模量和硬化模量(参见题 8.5b 图).

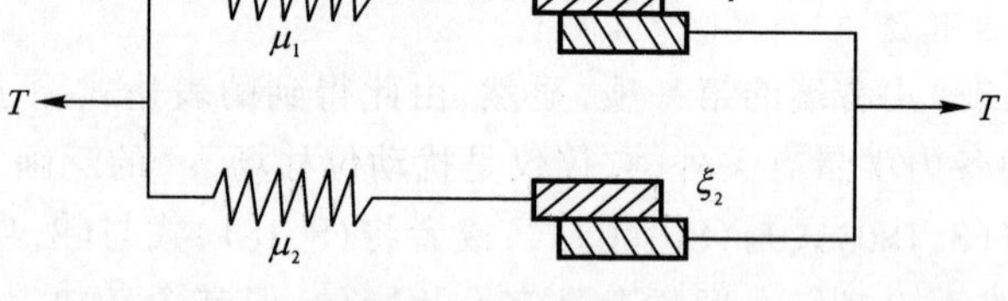

题 8.5a 图 两组线性弹簧与摩擦元件串联后的并联

8.6 现考虑理想气体经过1)自由膨胀;2)绝热膨胀;3)等温压缩;4)绝热压缩所构成的热力学闭循环.试证明在以上循环中,(8.104)式左端的值大于零.

8.7 利用第二章(2.116)式,

$$\frac{\mathscr{D}}{\mathscr{D}t}(\boldsymbol{N}\mathrm{d}S)=[(\operatorname{div}v)\boldsymbol{I}-\boldsymbol{L}^{\mathrm{T}}]\cdot\boldsymbol{N}\mathrm{d}S,$$

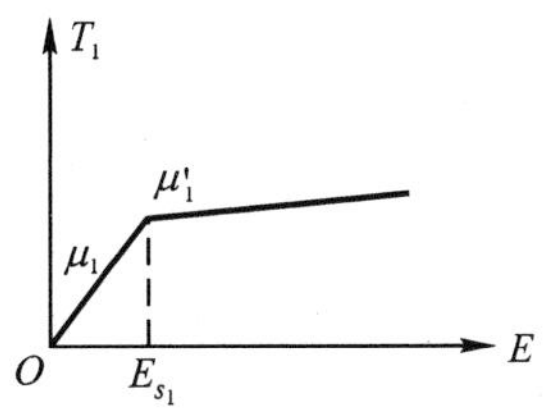

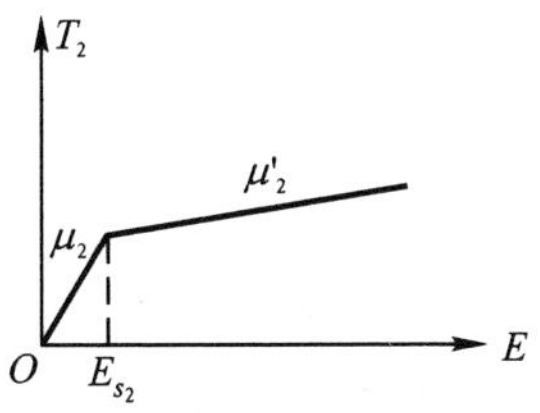

题 8.5b 图　不卸载时，T_1 和 T_2 与 E 的关系

试证明对应于静水压应力的边界条件可写为(8.142)式的形式.

8.8　(8.147)式中的弹塑性势函数 $W(\boldsymbol{D})$ 是根据(8.136)式导出的. 试从(8.137)式出发进行相应的讨论.

8.9　如果(8.168)式中的二阶张量 $\boldsymbol{k}$ 是对称的，四阶张量 $\boldsymbol{\Omega}$ 是一个常张量，其分量 Ω^{ijkl} 关于指标 i 和 l 以及 j 和 k 是反称的. 试证明(8.169)式成立.

8.10　试写出物体边界受静水应力作用时，由(8.168)式给出的面力边界条件中 $\boldsymbol{\Omega}$ 的具体表达式.

8.11　现考虑直长杆一端受轴向冲击的问题. 试写出有限变形下一维弹塑性波传播的基本方程.

参考文献

8.1　哈宽富. 金属力学性质的微观理论. 北京:科学出版社,1983.

8.2　Cottrell A. H. Dislocations and plastic flow in crystals. Oxford, England: Clarendon Press, 1953.

8.3　Meyers M. A, Chawla K. K. Mechanical metallurgy: principles and applications. New Jersey: Prentice Hall Inc. Englewood Cliffs, 1984. (中译本，程莉，杨卫. 金属力学:原理及应用. 北京:高等教育出版社,1992.)

8.4　王自强，段祝平. 塑性细观力学. 北京:科学出版社,1995.

8.5　Havner K S. Finite plastic deformation of crystalline solids. New York: Cambridge University Press, 1992.

8.6　黄筑平. 单晶体弹塑性变形的 Lagrange 描述//王自强，徐秉业，黄筑平编. 塑性力学和细观力学文集——林同骅教授八十寿辰纪念文集. 北京:北京大学出版社,1992:12—19.

8.7　黄筑平. 有限变形塑性本构理论中的几个基本问题//徐秉业，黄筑平编. 塑性力学和地球动力学进展——王仁院士八十寿辰庆贺文集. 北京:万国学术出版社,2000:1—14.

8.8　黄筑平，段祝平. 有限弹塑性变形中应变及应变率的分解. 力学进展,1990,20(1):24—39.

8.9 Naghdi P M. A critical review of the state of finite plasticity. J. Appl. Math. Phys. (ZAMP), 1990, 41:315—394.

8.10 黄筑平.有限变形塑性理论中的本构不等式和正交法则.力学与实践, 1988, 10(4):1—14.

8.11 Hill R. 1992 年 10 月 4 日给黄筑平的私人通信.

8.12 Huang Z P. A thermomechanical postulate in finite plasticity. Acta Scientiarum Naturalium Universitatis Pekinensis, 1991, 27(3):317—322.

8.13 Huang Z P. A rate-independent thermoplastic theory at finite deformation. Arch. Mech., 1994, 46(6):855—879.

8.14 Collins I F, Houlsby G T. Application of thermomechanical principles to the modelling of geotechnical materials. Proc. R. Soc. Lond., 1997, A 453:1975—2001.

8.15 Hill R. A general theory of uniqueness and stability in elastic-plastic solids. J. Mech. Phys. Solids, 1958, 6(3):236—249.

8.16 Hill R. Uniqueness criteria and extremum principles in self-adjoint problems of continuum mechanics. J. Mech. Phys. Solids, 1962, 10:185—194.

8.17 Bruhns O T. Bifurcation problems in plasticity//Th. Lehmann ed. The consititutive law in thermoplasticity. New York: Springer-Verlag, 1984:465—540.

8.18 黄筑平.有限变形弹塑性问题中解的唯一性和稳定性//中国力学学会、中国科学院力学研究所 LNM 开放实验室编.材料和结构的不稳定性.北京:科学出版社, 1993:7—19.

第九章　间断条件

§9.1　相容性条件

(一) 引言

以前我们所讨论的物理场量通常都假定对其空间坐标变量是连续可微的.当这些场量本身或其导数的空间分布有间断时,就需要研究这些间断量之间所应满足的关系.这样的关系称之为间断条件.一般说,间断条件有三类:(1) 相容性条件(conditions of compatibility),它讨论了间断函数的几何学和运动学的有关性质,并不涉及具体的物理规律和材料性质.(2) 动力学间断条件(dynamical conditions for discontinuities),它讨论了与质量守恒、动量守恒、能量守恒等物理守恒定律相关的间断条件,这些条件对任何材料都适用.(3) 基于材料本构关系而导出的间断条件.本章将重点介绍前两类间断条件.

在三维欧氏空间中,t 时刻以(u^1,u^2)为参数的光滑曲面 $\Sigma(t)$ 可表示为

$$\boldsymbol{x} = \boldsymbol{r}(u^1,u^2,t), \tag{9.1}$$

其中 $\boldsymbol{x}$ 为曲面上代表点的向径,它在 Euler 坐标系$\{x^i\}$中的坐标值为 $x^i(i=1,2,3)$.特别地,当$\{x^i\}$为直角坐标系时,有 $\boldsymbol{x}=x^i\boldsymbol{g}_i$,其中 $\boldsymbol{g}_i$ 为单位正交基向量.

曲面 $\Sigma(t)$ 上的协变基向量可定义为

$$\boldsymbol{a}_\alpha = \frac{\partial \boldsymbol{r}}{\partial u^\alpha} = \frac{\partial x^i}{\partial u^\alpha}\boldsymbol{g}_i \quad (\alpha = 1,2), \tag{9.2}$$

它们与曲面 $\Sigma(t)$ 相切.另外,可定义曲面 $\Sigma(t)$ 的单位法向量为

$$\boldsymbol{a}_3 = \boldsymbol{\nu} = \nu^i\boldsymbol{g}_i. \tag{9.3}$$

显然,(9.1) 式和(9.2) 式相当于在(1.160) 式和(1.161) 式中取 $u^3\equiv 0$ 的情形.但考虑到 $\Sigma(t)$ 会随时间 t 变化,故(9.1) ~ (9.3) 式还是时间 t 的函数.

现考虑某一物理场量 $\boldsymbol{\varphi}$,该场量本身或其导数在曲面 $\Sigma(t)$ 的两侧有

间断. 如将间断面 $\Sigma(t)$ 一侧的量标以"−"号,另一侧的量标以"+"号,则 $\boldsymbol{\varphi}$ 跨越 $\Sigma(t)$ 时的间断值可表示为

$$[\![\boldsymbol{\varphi}]\!] = \boldsymbol{\varphi}_{+} - \boldsymbol{\varphi}_{-} = \boldsymbol{A}. \tag{9.4}$$

此外,还可将 $\boldsymbol{\varphi}$ 的法向导数 $\dfrac{\partial \boldsymbol{\varphi}}{\partial \nu} = \dfrac{\partial \boldsymbol{\varphi}}{\partial x^k}\nu^k = \boldsymbol{\varphi}_{,k}\nu^k$ 的间断值记为

$$\left[\!\!\left[\frac{\partial \boldsymbol{\varphi}}{\partial \nu} \right]\!\!\right] = [\![\boldsymbol{\varphi} \nabla]\!] \cdot \boldsymbol{\nu} = [\![\boldsymbol{\varphi}_{,k}]\!] \nu^k = \boldsymbol{B}. \tag{9.5}$$

类似地,可记

$$\left[\!\!\left[\frac{\partial^2 \boldsymbol{\varphi}}{\partial \nu^2} \right]\!\!\right] = [\![(\boldsymbol{\varphi} \nabla) \nabla]\!] : \boldsymbol{\nu} \otimes \boldsymbol{\nu} = \boldsymbol{C}. \tag{9.6}$$

在以上各式中,我们约定单位法向量 $\boldsymbol{\nu}$ 是由"−"区指向"+"区的.

下面来讨论物理量 $\boldsymbol{\varphi}$ 对于空间坐标和对于时间的偏导数所应满足的间断条件,即相容性条件.

(二) 几何相容性条件(geometrical conditions of compatibility)

在时刻 t,物理量 $\boldsymbol{\varphi}$ 对空间坐标 x^i 的偏导数可利用(1.173) 式写为

$$\boldsymbol{\varphi}_{,i} = g_{ik}\nu^k \frac{\partial \boldsymbol{\varphi}}{\partial \nu} + g_{ik}g^{\alpha\beta} \frac{\partial x^k}{\partial u^\alpha} \frac{\partial \boldsymbol{\varphi}}{\partial u^\beta}. \tag{9.7}$$

上式中 g_{ik} 对应于坐标系 $\{x^i\}$ 中度量张量的协变分量,其指标用拉丁字母表示,取值范围是1,2,3,而 $g^{\alpha\beta}$ 对应于坐标系 (u^1, u^2) 中度量张量的逆变分量,其指标用希腊字母表示,取值范围是 1,2. (9.7) 式也可等价地写为

$$\begin{aligned} \boldsymbol{\varphi} \nabla = \boldsymbol{\varphi}_{,i} \otimes \boldsymbol{g}^i &= g_{ik}\nu^k \frac{\partial \boldsymbol{\varphi}}{\partial \nu} \otimes \boldsymbol{g}^i + g_{ik}g^{\alpha\beta} \frac{\partial x^k}{\partial u^\alpha} \frac{\partial \boldsymbol{\varphi}}{\partial u^\beta} \otimes \boldsymbol{g}^i \\ &= \frac{\partial \boldsymbol{\varphi}}{\partial \nu} \otimes \boldsymbol{\nu} + g^{\alpha\beta} \frac{\partial \boldsymbol{\varphi}}{\partial u^\beta} \otimes \boldsymbol{a}_\alpha. \end{aligned} \tag{9.8}$$

注意到 $\left[\!\!\left[\dfrac{\partial \boldsymbol{\varphi}}{\partial u^\beta} \right]\!\!\right] = \dfrac{\partial \boldsymbol{\varphi}_+}{\partial u^\beta} - \dfrac{\partial \boldsymbol{\varphi}_-}{\partial u^\beta} = \dfrac{\partial [\![\boldsymbol{\varphi}]\!]}{\partial u^\beta}$,可将上式在 $\Sigma(t)$ 两侧的间断值写为

$$[\![\boldsymbol{\varphi}_{,i}]\!] = g_{ik}\nu^k \boldsymbol{B} + g_{ik}g^{\alpha\beta} \frac{\partial x^k}{\partial u^\alpha} \frac{\partial \boldsymbol{A}}{\partial u^\beta}. \tag{9.9}$$

(9.9) 式称为一阶几何相容性条件(geometrical conditions of compatibility of the first order). 如果上式中的 $\boldsymbol{\varphi}$ 用其分量表示,则相应的偏导数应改为协变导数,以保证在坐标变换 $\{x^i\} \leftrightarrow \{\bar{x}^i\}$ 下和在坐标变换 $\{u^\alpha\} \leftrightarrow \{\bar{u}^\alpha\}$ 下的不变性. 例如,对于向量 $v = v_j \boldsymbol{g}^j$,(9.9) 式可写为

$$[\![v_j |_i]\!] = g_{ik}\nu^k B_j + g_{ik}g^{\alpha\beta}\frac{\partial x^k}{\partial u^\alpha}A_j |_\beta, \tag{9.10}$$

其中 $B_j = [\![v_j |_l]\!]\nu^l$, $A_j = [\![v_j]\!]$. 当然,如果$\{x^i\}$为直角坐标系,对 x^i 的协变导数也就是对 x^i 的偏导数.

当 $\boldsymbol{\varphi}$ 本身连续时,有$[\![\boldsymbol{\varphi}]\!] = \boldsymbol{A} = \boldsymbol{0}$. 这时(9.9)式将退化为

$$[\![\boldsymbol{\varphi}_{,i}]\!] = g_{ik}\nu^k \left[\!\!\left[\frac{\partial \boldsymbol{\varphi}}{\partial \nu} \right]\!\!\right]. \tag{9.11}$$

例如,当速度场 $v = v_j\boldsymbol{g}^j$ 在$\Sigma(t)$上连续,但其一阶(协变)导数有间断时,有

$$[\![v_j |_i]\!] = \lambda_j \nu_i,$$

其中 $\lambda_j = [\![v_j |_l]\!]\nu^l$, $\nu_i = g_{ik}\nu^k$. 因此,变形率张量 $\boldsymbol{D} = d_{ij}\boldsymbol{g}^i \otimes \boldsymbol{g}^j$ 的分量满足

$$[\![d_{ij}]\!] = \frac{1}{2}([\![v_i |_j]\!] + [\![v_j |_i]\!]) = \frac{1}{2}(\lambda_i\nu_j + \lambda_j\nu_i). \tag{9.12}$$

(9.7) 式左端可看作是 $\boldsymbol{\varphi}\nabla = \boldsymbol{\varphi}_{,i} \otimes \boldsymbol{g}^i$ 的"协变分量".将$(\boldsymbol{\varphi}\nabla)$代替(9.7)式中的 $\boldsymbol{\varphi}$,可得

$$(\boldsymbol{\varphi}\nabla)_{,j} = g_{jl}\nu^l \frac{\partial(\boldsymbol{\varphi}\nabla)}{\partial \nu} + g_{jl}g^{\alpha\beta}\frac{\partial x^l}{\partial u^\alpha}\frac{\partial(\boldsymbol{\varphi}\nabla)}{\partial u^\beta}, \tag{9.13}$$

上式中

$$(\boldsymbol{\varphi}\nabla)_{,j} = (\boldsymbol{\varphi}_{,i} |_j) \otimes \boldsymbol{g}^i, \quad \frac{\partial(\boldsymbol{\varphi}\nabla)}{\partial \nu} = (\boldsymbol{\varphi}_{,i} |_k)\nu^k \otimes \boldsymbol{g}^i,$$

$$\frac{\partial(\boldsymbol{\varphi}\nabla)}{\partial u^\beta} = (\boldsymbol{\varphi}_{,i} |_\beta) \otimes \boldsymbol{g}^i.$$

故有

$$\boldsymbol{\varphi}_{,i} |_j = \boldsymbol{\varphi} |_{ij} = g_{jl}\nu^l(\boldsymbol{\varphi}_{,i} |_k)\nu^k + g_{jl}g^{\alpha\beta}\frac{\partial x^l}{\partial u^\alpha}(\boldsymbol{\varphi}_{,i} |_\beta). \tag{9.14}$$

因为在欧氏空间中可交换协变导数的次序,所以上式也可写为

$$\boldsymbol{\varphi}_{,i} |_j = \boldsymbol{\varphi}_{,j} |_i = \boldsymbol{\varphi} |_{ji} = g_{il}\nu^l(\boldsymbol{\varphi}_{,j} |_k)\nu^k + g_{il}g^{\alpha\beta}\frac{\partial x^l}{\partial u^\alpha}(\boldsymbol{\varphi}_{,j} |_\beta). \tag{9.15}$$

分别对以上两式乘以 ν^j 并对 j 求和,再利用条件

$$\boldsymbol{\nu} \cdot \boldsymbol{\nu} = g_{jl}\nu^j\nu^l = 1 \quad 和 \quad \boldsymbol{\nu} \cdot \boldsymbol{a}_\alpha = (\nu_l \boldsymbol{g}^l) \cdot \left(\frac{\partial x^i}{\partial u^\alpha}\boldsymbol{g}_i\right) = \nu_l \frac{\partial x^l}{\partial u^\alpha} = 0, \tag{9.16}$$

可得

$$(\boldsymbol{\varphi}_{,i}\mid_k)\nu^k=(\boldsymbol{\varphi}_{,j}\mid_k\nu^j\nu^k)g_{il}\nu^l+g_{il}g^{\alpha\beta}\frac{\partial x^l}{\partial u^\alpha}(\boldsymbol{\varphi}_{,j}\mid_\beta\nu^j).\tag{9.17}$$

注意到(1.175)式

$$\boldsymbol{a}_{3,\beta}=\boldsymbol{\nu}_{,\beta}=-g^{\sigma\mu}b_{\beta\mu}\boldsymbol{a}_\sigma=-g^{\sigma\mu}b_{\beta\mu}\frac{\partial x^j}{\partial u^\sigma}\boldsymbol{g}_j,$$

即 $\nu^j\mid_\beta=-g^{\sigma\mu}b_{\beta\mu}\dfrac{\partial x^j}{\partial u^\sigma}$,(9.17)式右端最后一项中的 $\boldsymbol{\varphi}_{,j}\mid_\beta\nu^j$ 还可改写为

$$\begin{aligned}\boldsymbol{\varphi}_{,j}\mid_\beta\nu^j&=(\boldsymbol{\varphi}_{,j}\nu^j)_{,\beta}-\boldsymbol{\varphi}_{,j}\nu^j\mid_\beta\\&=(\boldsymbol{\varphi}_{,j}\nu^j)_{,\beta}+g^{\sigma\mu}b_{\beta\mu}\boldsymbol{\varphi}_{,j}\frac{\partial x^j}{\partial u^\sigma}.\end{aligned}\tag{9.18}$$

将上式代入(9.17)式,并将$(\boldsymbol{\varphi}_{,j}\mid_k\nu^j\nu^k)=[(\boldsymbol{\varphi}\nabla)\nabla]:\boldsymbol{\nu}\otimes\boldsymbol{\nu}$ 记为$\dfrac{\partial^2\boldsymbol{\varphi}}{\partial\nu^2}$,可得

$$(\boldsymbol{\varphi}_{,i}\mid_k)\nu^k=\left(\frac{\partial^2\boldsymbol{\varphi}}{\partial\nu^2}\right)g_{ik}\nu^k+g_{ik}g^{\alpha\beta}\frac{\partial x^k}{\partial u^\alpha}[(\boldsymbol{\varphi}_{,j}\nu^j)_{,\beta}+g^{\sigma\mu}b_{\beta\mu}\boldsymbol{\varphi}_{,\sigma}].\tag{9.19}$$

为了具体表示(9.14)式右端的最后一项,可利用(9.7)式而将 $\boldsymbol{\varphi}_{,i}\mid_\beta$ 写为

$$\begin{aligned}\boldsymbol{\varphi}_{,i}\mid_\beta&=\left(g_{ik}\nu^k\frac{\partial\boldsymbol{\varphi}}{\partial\nu}+g_{ik}g^{\sigma\mu}\frac{\partial x^k}{\partial u^\sigma}\frac{\partial\boldsymbol{\varphi}}{\partial u^\mu}\right)\Big|_\beta\\&=g_{ik}\nu^k\left(\frac{\partial\boldsymbol{\varphi}}{\partial\nu}\right)\Big|_\beta+\frac{\partial\boldsymbol{\varphi}}{\partial\nu}(g_{ik}\nu^k)\Big|_\beta+g_{ik}g^{\sigma\mu}\Big[\frac{\partial x^k}{\partial u^\sigma}(\boldsymbol{\varphi}\mid_{\beta\mu})+\\&\quad\left(\frac{\partial x^k}{\partial u^\sigma}\right)\Big|_\beta\left(\frac{\partial\boldsymbol{\varphi}}{\partial u^\mu}\right)\Big].\end{aligned}\tag{9.20}$$

利用(1.183)式和(1.184)式,可知 ν^k 和$\dfrac{\partial x^k}{\partial u^\sigma}$关于 u^β 的协变导数为

$$\nu^k\mid_\beta=-g^{\sigma\mu}b_{\beta\mu}\frac{\partial x^k}{\partial u^\sigma},$$

$$\left(\frac{\partial x^k}{\partial u^\sigma}\right)\Big|_\beta=b_{\beta\sigma}\nu^k.$$

因此,(9.20)式可表示为

$$\boldsymbol{\varphi}_{,i}\mid_\beta=\left(\frac{\partial\boldsymbol{\varphi}}{\partial\nu}\right)\Big|_\beta\nu_i-g_{ik}g^{\sigma\mu}b_{\beta\mu}\frac{\partial x^k}{\partial u^\sigma}\left(\frac{\partial\boldsymbol{\varphi}}{\partial\nu}\right)+g_{ik}g^{\sigma\mu}\Big[\frac{\partial x^k}{\partial u^\sigma}(\boldsymbol{\varphi}\mid_{\beta\mu})+b_{\beta\sigma}\nu^k\boldsymbol{\varphi}_{,\mu}\Big].\tag{9.21}$$

将(9.19)式和(9.21)式代入(9.14)式,便得到所需的表达式:

$$\boldsymbol{\varphi}\mid_{ij} = \left(\frac{\partial^2 \boldsymbol{\varphi}}{\partial \nu^2}\right)\nu_i\nu_j + g^{\alpha\beta}\frac{\partial x^k}{\partial u^\alpha}\left[\left(\frac{\partial \boldsymbol{\varphi}}{\partial \nu}\right)_{,\beta} + g^{\sigma\mu}b_{\beta\mu}(\boldsymbol{\varphi}_{,\sigma})\right](g_{ik}\nu_j + g_{jk}\nu_i) +$$
$$g^{\alpha\beta}g^{\sigma\mu}g_{ik}g_{jl}\frac{\partial x^k}{\partial u^\sigma}\frac{\partial x^l}{\partial u^\alpha}\left[(\boldsymbol{\varphi}\mid_{\beta\mu}) - b_{\beta\mu}\left(\frac{\partial \boldsymbol{\varphi}}{\partial \nu}\right)\right]. \tag{9.22}$$

于是,上式在 $\Sigma(t)$ 两侧的间断值可利用定义式(9.4) ~ (9.6) 式写为:

$$[\![\boldsymbol{\varphi}\mid_{ij}]\!] = \boldsymbol{C}\nu_i\nu_j + g^{\alpha\beta}\frac{\partial x^k}{\partial u^\alpha}(\boldsymbol{B}_{,\beta} + g^{\sigma\mu}b_{\beta\mu}\boldsymbol{A}_{,\sigma})(g_{ik}\nu_j + g_{jk}\nu_i) +$$
$$g^{\alpha\beta}g^{\sigma\mu}g_{ik}g_{jl}\frac{\partial x^k}{\partial u^\sigma}\frac{\partial x^l}{\partial u^\alpha}(\boldsymbol{A}\mid_{\beta\mu} - b_{\beta\mu}\boldsymbol{B}). \tag{9.23}$$

上式称为二阶几何相容性条件(geometrical conditions of compatibility of the second order). 特别地,当 $\boldsymbol{\varphi}$ 本身在 $\Sigma(t)$ 上连续时,上式将退化为

$$[\![\boldsymbol{\varphi}\mid_{ij}]\!] = \boldsymbol{C}\nu_i\nu_j + g^{\alpha\beta}\frac{\partial x^k}{\partial u^\alpha}\boldsymbol{B}_{,\beta}(g_{ik}\nu_j + g_{jk}\nu_i) - \boldsymbol{B}g^{\alpha\beta}g^{\sigma\mu}b_{\beta\mu}g_{ik}g_{jl}\frac{\partial x^k}{\partial u^\sigma}\frac{\partial x^l}{\partial u^\alpha}. \tag{9.24}$$

对(9.23) 式乘以 g^{ij} 并对指标求和,则由(9.16) 式、(1.163) 式和(1.180) 式,可知有

$$g^{ij}\nu_i\nu_j = 1, \quad \frac{\partial x^k}{\partial u^\alpha}(g_{ik}\nu_j + g_{jk}\nu_i)g^{ij} = 0,$$

和

$$g^{ij}g_{ik}g_{jl}\frac{\partial x^k}{\partial u^\sigma}\frac{\partial x^l}{\partial u^\alpha} = g_{kl}\frac{\partial x^k}{\partial u^\sigma}\frac{\partial x^l}{\partial u^\alpha} = \left(\frac{\partial x^k}{\partial u^\sigma}\boldsymbol{g}_k\right)\cdot\left(\frac{\partial x^l}{\partial u^\alpha}\boldsymbol{g}_l\right) = \boldsymbol{a}_\sigma\cdot\boldsymbol{a}_\alpha = g_{\sigma\alpha}.$$

因此可得

$$[\![\boldsymbol{\varphi}\mid_{ij}]\!]g^{ij} = \boldsymbol{C} + g^{\beta\mu}\boldsymbol{A}\mid_{\beta\mu} - 2H\boldsymbol{B}, \tag{9.25}$$

上式中 H 为 $\Sigma(t)$ 的平均曲率.

(三) δ- 时间导数(the δ time derivative)

在一般情况下,间断面 $\Sigma(t)$ 的位置将随时间 t 而改变. 现考虑 t 时刻的 $\Sigma(t)$ 和 $t+\Delta t$ 时刻的 $\Sigma(t+\Delta t)$,其中 Δt 是一个小量. 假定过 $\Sigma(t)$ 上代表点 P 的法向量 $\boldsymbol{\nu}$ 与 $\Sigma(t+\Delta t)$ 相交于 P_1 点(图 9.1),并将物理量 $\boldsymbol{\varphi}$ 在 P_1 点和在 P 点上的值分别记为 $\boldsymbol{\varphi}(P_1)$ 和 $\boldsymbol{\varphi}(P)$,则 δ- 时间导数可定义为

$$\frac{\delta\boldsymbol{\varphi}}{\delta t} = \lim_{\Delta t\to 0}\frac{\boldsymbol{\varphi}(P_1) - \boldsymbol{\varphi}(P)}{\Delta t} = \lim_{\Delta t\to 0}\frac{\Delta\boldsymbol{\varphi}}{\Delta t}. \tag{9.26}$$

当 $\boldsymbol{\varphi}$ 在 $\Sigma(t)$ 上有间断时,可利用(9.4) 式得

$$\frac{\delta[\![\boldsymbol{\varphi}]\!]}{\delta t} = \lim_{\Delta t\to 0}\frac{[\boldsymbol{\varphi}_+(P_1) - \boldsymbol{\varphi}_-(P_1)] - [\boldsymbol{\varphi}_+(P) - \boldsymbol{\varphi}_-(P)]}{\Delta t}$$

$$= \lim_{\Delta t \to 0} \left(\frac{\boldsymbol{\varphi}_+(P_1) - \boldsymbol{\varphi}_+(P)}{\Delta t} - \frac{\boldsymbol{\varphi}_-(P_1) - \boldsymbol{\varphi}_-(P)}{\Delta t} \right)$$

$$= \left[\!\left[\frac{\delta \boldsymbol{\varphi}}{\delta t} \right]\!\right]. \tag{9.27}$$

$\Sigma(t)$ 在 P 点沿法向 $\boldsymbol{\nu}$ 的速度 G 定义为:

$$G = \lim_{\Delta t \to 0} \frac{|\Delta \boldsymbol{x}|}{\Delta t}, \tag{9.28}$$

其中 $\Delta \boldsymbol{x}$ 为 P 点到 P_1 点的向径, $|\Delta \boldsymbol{x}|$ 为 $\Delta \boldsymbol{x}$ 的长度. 于是, 有

$$\frac{\delta \boldsymbol{x}}{\delta t} = \lim_{\Delta t \to 0} \frac{\Delta \boldsymbol{x}}{\Delta t} = \lim_{\Delta t \to 0} \frac{|\Delta \boldsymbol{x}|}{\Delta t} \boldsymbol{\nu} = G \boldsymbol{\nu}, \tag{9.29$_1$}$$

或

$$\frac{\delta x^i}{\delta t} = G \nu^i. \tag{9.29$_2$}$$

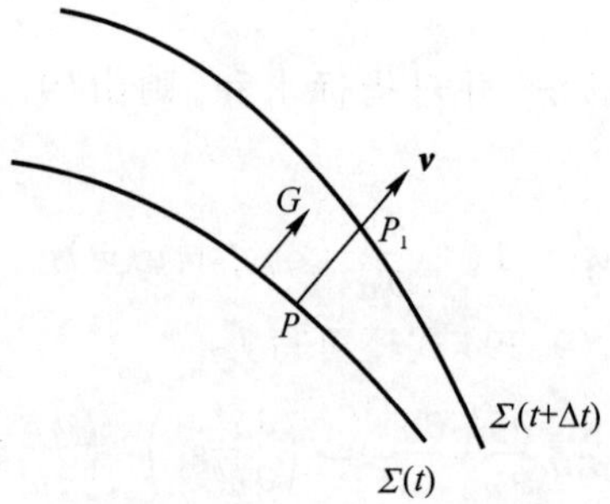

图 9.1 t 时刻和 $t + \Delta t$ 时刻的间断面

(9.26) 式也可用 $\boldsymbol{\varphi}$ 的分量来加以表示, 例如对于向量 $v = v_i \boldsymbol{g}^i$, 可利用(1.113) 式将 $\boldsymbol{g}^i$ 的 δ- 时间导数写为 $\frac{\delta \boldsymbol{g}^i}{\delta t} = \boldsymbol{g}^i_{,j} \frac{\delta x^j}{\delta t} = -\Gamma^i_{jk} G \nu^j \boldsymbol{g}^k$, 故有

$$\frac{\delta(v_i \boldsymbol{g}^i)}{\delta t} = \left(\frac{\delta v_i}{\delta t} \right) \boldsymbol{g}^i - (\Gamma^m_{ik} v_m G \nu^k) \boldsymbol{g}^i = \left(\frac{D v_i}{D t} \right) \boldsymbol{g}^i, \tag{9.30}$$

其中

$$\frac{D v_i}{D t} = \frac{\delta v_i}{\delta t} - \Gamma^m_{ik} v_m G \nu^k \tag{9.31}$$

称为不变性时间导数(invariant time derivative).

例 1 试计算 $\Sigma(t)$ 上单位法向量 $\boldsymbol{\nu}$ 的 δ- 时间导数.

解 根据(9.16) 式, 即 $\boldsymbol{\nu} \cdot \boldsymbol{\nu} = 1$, $\boldsymbol{\nu} \cdot \boldsymbol{a}_\alpha = 0$, 可知有

$$\frac{\delta \boldsymbol{\nu}}{\delta t} \cdot \boldsymbol{\nu} = 0, \quad \frac{\delta \boldsymbol{\nu}}{\delta t} \cdot \boldsymbol{a}_\alpha = -\boldsymbol{\nu} \cdot \frac{\delta \boldsymbol{a}_\alpha}{\delta t} \quad (\alpha = 1,2). \tag{9.32}$$

上式中, $\boldsymbol{a}_\alpha = \boldsymbol{a}_\alpha(u^1, u^2, t)$ 为曲面 $\Sigma(t)$ 上的切向量, 其 δ- 时间导数可写

为

$$\frac{\delta \boldsymbol{a}_\alpha}{\delta t} = \left(\frac{\partial \boldsymbol{a}_\alpha}{\partial u^\beta}\right)\frac{\delta u^\beta}{\delta t} + \frac{\partial \boldsymbol{a}_\alpha}{\partial t}. \tag{9.33}$$

(9.32) 式表明$\frac{\delta \boldsymbol{v}}{\delta t}$与 $\boldsymbol{v}$ 的点积为零,与 $\boldsymbol{a}_\alpha$ 的点积为$\left(-\boldsymbol{v}\cdot\frac{\delta \boldsymbol{a}_\alpha}{\delta t}\right)$,故$\frac{\delta \boldsymbol{v}}{\delta t}$必定沿$\Sigma(t)$的切向,可表示为

$$\frac{\delta \boldsymbol{v}}{\delta t} = \nu^{(\mu)}\boldsymbol{a}_\mu \quad (\mu = 1,2). \tag{9.34}$$

将上式代入(9.32) 式的第二式,有

$$\nu^{(\mu)} g_{\alpha\mu} = -\left(\boldsymbol{v}\cdot\frac{\delta \boldsymbol{a}_\alpha}{\delta t}\right),$$

或

$$\nu^{(\beta)} = -g^{\alpha\beta}\left(\boldsymbol{v}\cdot\frac{\delta \boldsymbol{a}_\alpha}{\delta t}\right).$$

故(9.34) 式可写为

$$\frac{\delta \boldsymbol{v}}{\delta t} = -g^{\alpha\beta}\left(\boldsymbol{v}\cdot\frac{\delta \boldsymbol{a}_\alpha}{\delta t}\right)\boldsymbol{a}_\beta, \tag{9.35}$$

于是,问题归结为对(9.33) 式的计算.

注意到(9.1) 式,(9.29) 式还可写为

$$\frac{\delta \boldsymbol{x}}{\delta t} = \frac{\partial \boldsymbol{x}}{\partial u^\alpha}\frac{\delta u^\alpha}{\delta t} + \frac{\partial \boldsymbol{x}}{\partial t} = G\boldsymbol{v}\ , \tag{9.36}$$

上式两端与$\frac{\partial \boldsymbol{x}}{\partial u^\beta} = \frac{\partial x^i}{\partial u^\beta}\boldsymbol{g}_i = \boldsymbol{a}_\beta$作点积并利用(9.16) 式,可得

$$g_{\alpha\beta}\frac{\delta u^\alpha}{\delta t} = -\boldsymbol{a}_\beta\cdot\frac{\partial \boldsymbol{x}}{\partial t}\ .$$

故有

$$\frac{\delta u^\beta}{\delta t} = -g^{\beta\mu}\boldsymbol{a}_\mu\cdot\frac{\partial \boldsymbol{x}}{\partial t} = -g^{\beta\mu}g_{ij}\frac{\partial x^i}{\partial u^\mu}\frac{\partial x^j}{\partial t}. \tag{9.37}$$

再由(1.184) 式

$$\frac{\partial \boldsymbol{a}_\alpha}{\partial u^\beta} = \boldsymbol{a}_{\alpha,\beta} = b_{\beta\alpha}\boldsymbol{v} + \overline{\Gamma}^\lambda_{\beta\alpha}\boldsymbol{a}_\lambda,$$

可将(9.33) 式表示为

$$\frac{\delta \boldsymbol{a}_\alpha}{\delta t} = -[b_{\beta\alpha}\boldsymbol{v} + \overline{\Gamma}^\lambda_{\beta\alpha}\boldsymbol{a}_\lambda]g^{\beta\mu}\left(\boldsymbol{a}_\mu\cdot\frac{\partial \boldsymbol{x}}{\partial t}\right) + \frac{\partial \boldsymbol{a}_\alpha}{\partial t}. \tag{9.38}$$

因此,上式两端与 $\boldsymbol{v}$ 的点积为

$$\boldsymbol{v}\cdot\frac{\delta \boldsymbol{a}_\alpha}{\delta t} = -g^{\beta\mu}b_{\beta\alpha}\left(\boldsymbol{a}_\mu\cdot\frac{\partial \boldsymbol{x}}{\partial t}\right) + \boldsymbol{v}\cdot\frac{\partial \boldsymbol{a}_\alpha}{\partial t}. \tag{9.39}$$

其次,注意到(9.36)式两端与 $\boldsymbol{v}$ 的点积为

$$G = \boldsymbol{v} \cdot \frac{\partial \boldsymbol{x}}{\partial t},$$

故可写出 G 对 u^α 的偏导数:

$$G_{,\alpha} = \frac{\partial G}{\partial u^\alpha} = \frac{\partial \boldsymbol{v}}{\partial u^\alpha} \cdot \frac{\partial \boldsymbol{x}}{\partial t} + \boldsymbol{v} \cdot \frac{\partial^2 \boldsymbol{x}}{\partial u^\alpha \partial t} = \frac{\partial \boldsymbol{v}}{\partial u^\alpha} \cdot \frac{\partial \boldsymbol{x}}{\partial t} + \boldsymbol{v} \cdot \frac{\partial \boldsymbol{a}_\alpha}{\partial t}. \tag{9.40}$$

利用(1.175)式

$$\frac{\partial \boldsymbol{v}}{\partial u^\alpha} = \boldsymbol{v}_{,\alpha} = - g^{\beta\mu} b_{\beta\alpha} \boldsymbol{a}_\mu,$$

可知(9.40)式为

$$G_{,\alpha} = - g^{\beta\mu} b_{\beta\alpha} \left(\boldsymbol{a}_\mu \cdot \frac{\partial \boldsymbol{x}}{\partial t} \right) + \boldsymbol{v} \cdot \frac{\partial \boldsymbol{a}_\alpha}{\partial t}, \tag{9.41}$$

它正好等于(9.39)式,即

$$\boldsymbol{v} \cdot \frac{\delta \boldsymbol{a}_\alpha}{\delta t} = G_{,\alpha}.$$

将上式代入(9.35)式,最后便得到

$$\frac{\delta \boldsymbol{v}}{\delta t} = - g^{\alpha\beta} (G_{,\alpha}) \boldsymbol{a}_\beta. \tag{9.42}$$

这就是 $\boldsymbol{v}$ 的 δ- 时间导数的表达式.

显然,$\dfrac{\delta \boldsymbol{v}}{\delta t} = \boldsymbol{0}$ 的充要条件为 $G_{,\alpha} = 0$,即法向速度 G 在 $\Sigma(t)$ 上为常数.这时,曲面族 $\Sigma(t)$ 法向的轨线为直线,故 $\Sigma(t)$ 为一族“平行”的曲面.

(四) 运动相容性条件(kinematical conditions of compatibility)

(9.26)式中的 $\boldsymbol{\varphi}$ 通常是空间位置 $\boldsymbol{x}$ 和时间 t 的函数,故其 δ- 时间导数可写为

$$\frac{\delta \boldsymbol{\varphi}}{\delta t} = \frac{\partial \boldsymbol{\varphi}}{\partial x^i} \frac{\delta x^i}{\delta t} + \frac{\partial \boldsymbol{\varphi}}{\partial t}.$$

利用(9.29)式,有

$$\frac{\delta \boldsymbol{\varphi}}{\delta t} = G \nu^i \frac{\partial \boldsymbol{\varphi}}{\partial x^i} + \frac{\partial \boldsymbol{\varphi}}{\partial t}, \tag{9.43}$$

上式在 $\Sigma(t)$ 两侧的间断值可利用(9.5)式和(9.27)式写为

$$\left[\!\!\left[\frac{\partial \boldsymbol{\varphi}}{\partial t} \right]\!\!\right] = - G\boldsymbol{B} + \frac{\delta \boldsymbol{A}}{\delta t}, \tag{9.44}$$

称之为一阶运动相容性条件. 特别地, 当 $\boldsymbol{\varphi}$ 本身在 $\Sigma(t)$ 上连续时, 上式退化为

$$\left[\!\left[\frac{\partial \boldsymbol{\varphi}}{\partial t}\right]\!\right] = -G\boldsymbol{B}. \tag{9.45}$$

例 2 试讨论 $\Sigma(t)$ 上 $\dfrac{\partial \boldsymbol{\varphi}}{\partial \nu} = (\boldsymbol{\varphi}\nabla)\cdot \boldsymbol{\nu} = \boldsymbol{\varphi}_{,k}\nu^k$ 的 δ- 时间导数所应满足的关系.

解 现将(9.8)式代入表达式

$$\frac{\delta}{\delta t}\left(\frac{\partial \boldsymbol{\varphi}}{\partial \nu}\right) = \frac{\delta(\boldsymbol{\varphi}\nabla)}{\delta t}\cdot \boldsymbol{\nu} + (\boldsymbol{\varphi}\nabla)\cdot\frac{\delta \boldsymbol{\nu}}{\delta t},$$

并利用(9.42)式和(9.43)式, 便有

$$\begin{aligned}\frac{\delta}{\delta t}\left(\frac{\partial \boldsymbol{\varphi}}{\partial \nu}\right) &= G\nu^i(\boldsymbol{\varphi}\nabla)_{,i}\cdot\boldsymbol{\nu} + \frac{\partial(\boldsymbol{\varphi}\nabla)}{\partial t}\cdot\boldsymbol{\nu} + \left(g^{\alpha\beta}\frac{\partial \boldsymbol{\varphi}}{\partial u^\beta}\otimes \boldsymbol{a}_\alpha\right)(-g^{\mu\lambda}G_{,\mu}\boldsymbol{a}_\lambda)\\ &= G[(\boldsymbol{\varphi}\nabla)\nabla]:\boldsymbol{\nu}\otimes\boldsymbol{\nu} + \frac{\partial(\boldsymbol{\varphi}\nabla)}{\partial t}\cdot\boldsymbol{\nu} - g^{\alpha\beta}G_{,\alpha}\frac{\partial \boldsymbol{\varphi}}{\partial u^\beta}.\end{aligned} \tag{9.46}$$

因为 $\dfrac{\partial(\boldsymbol{\varphi}\nabla)}{\partial t}$ 可写为 $\dfrac{\partial \boldsymbol{\varphi}}{\partial x^i\partial t}\otimes \boldsymbol{g}^i$, 所以上式还可改为

$$\frac{\partial \boldsymbol{\varphi}}{\partial x^i\partial t}\nu^i = \frac{\delta}{\delta t}(\boldsymbol{\varphi}_{,k}\nu^k) - G[(\boldsymbol{\varphi}\nabla)\nabla]:\boldsymbol{\nu}\otimes\boldsymbol{\nu} + g^{\alpha\beta}G_{,\alpha}\frac{\partial \boldsymbol{\varphi}}{\partial u^\beta}. \tag{9.47}$$

这就是 $\dfrac{\partial \boldsymbol{\varphi}}{\partial \nu}$ 的 δ- 时间导数所应满足的关系.

为了写出二阶运动相容性条件, 可令 $\boldsymbol{\varphi}' = \dfrac{\partial \boldsymbol{\varphi}}{\partial t}$. 这时, (9.7) 式和 (9.43) 式可分别写为

$$\boldsymbol{\varphi}'_{,i} = g_{ik}\nu^k(\boldsymbol{\varphi}'_{,j}\nu^j) + g_{ik}g^{\alpha\beta}\frac{\partial x^k}{\partial u^\alpha}\frac{\partial \boldsymbol{\varphi}'}{\partial u^\beta}, \tag{9.48}$$

$$\frac{\partial \boldsymbol{\varphi}'}{\partial t} = -G(\boldsymbol{\varphi}'_{,j}\nu^j) + \frac{\delta \boldsymbol{\varphi}'}{\delta t}. \tag{9.49}$$

显然, 上两式中的 $\boldsymbol{\varphi}'_{,j}\nu^j = \dfrac{\partial^2 \boldsymbol{\varphi}}{\partial x^j\partial t}\nu^j$ 可由(9.47)式来表示. 因此, 只要给出了(9.48)式中 $\dfrac{\partial \boldsymbol{\varphi}'}{\partial u^\beta}$ 和(9.49)式中 $\dfrac{\delta \boldsymbol{\varphi}'}{\delta t}$ 的具体表达式, 便可立即写出如下的二阶运动相容性条件:

$$\left[\!\left[\frac{\partial^2 \boldsymbol{\varphi}}{\partial x^i\partial t}\right]\!\right] = g_{ik}\nu^k\left[\frac{\delta \boldsymbol{B}}{\delta t} - G\boldsymbol{C} + g^{\alpha\beta}G_{,\alpha}\frac{\partial \boldsymbol{A}}{\partial u^\beta}\right] + g_{ik}g^{\alpha\beta}\frac{\partial x^k}{\partial u^\alpha}\frac{\partial[\![\boldsymbol{\varphi}']\!]}{\partial u^\beta}, \tag{9.50}$$

$$\left[\!\left[\frac{\partial^2 \boldsymbol{\varphi}}{\partial t^2}\right]\!\right] = -G\left[\frac{\delta \boldsymbol{B}}{\delta t} - G\boldsymbol{C} + g^{\alpha\beta}G_{,\alpha}\frac{\partial \boldsymbol{A}}{\partial u^\beta}\right] + \frac{\delta [\![\boldsymbol{\varphi}']\!]}{\delta t}. \tag{9.51}$$

上式中,我们已用到了(9.4) ~ (9.6) 式以及(9.27) 式和(9.47) 式.

$[\![\boldsymbol{\varphi}']\!]_{,\beta}$ 和$\dfrac{\delta [\![\boldsymbol{\varphi}']\!]}{\delta t}$的计算比较繁杂,下面仅作简要的讨论. 对(9.50)式两端乘以$\dfrac{\partial x^i}{\partial u^\lambda}$,并注意到

$$\left.\begin{aligned} \boldsymbol{a}_\lambda \cdot \boldsymbol{\nu} &= \left(\frac{\partial x^i}{\partial u^\lambda}\boldsymbol{g}_i\right)\cdot(\nu^k \boldsymbol{g}_k) = g_{ik}\frac{\partial x^i}{\partial u^\lambda}\nu^k = 0, \\ \boldsymbol{a}_\lambda \cdot \boldsymbol{a}_\alpha &= \left(\frac{\partial x^i}{\partial u^\lambda}\boldsymbol{g}_i\right)\cdot\left(\frac{\partial x^k}{\partial u^\alpha}\boldsymbol{g}_k\right) = g_{ik}\frac{\partial x^i}{\partial u^\lambda}\frac{\partial x^k}{\partial u^\alpha} = g_{\lambda\alpha}, \end{aligned}\right\} \tag{9.52}$$

可知

$$[\![\boldsymbol{\varphi}']\!]_{,\lambda} = \left[\!\left[\frac{\partial^2 \boldsymbol{\varphi}}{\partial x^i \partial t}\right]\!\right]\frac{\partial x^i}{\partial u^\lambda}. \tag{9.53}$$

另一方面,$\boldsymbol{\varphi}\,\nabla$的 δ- 时间导数可根据(9.43) 式表示为

$$\frac{\delta(\boldsymbol{\varphi}\,\nabla)}{\delta t} = G\nu^j\frac{\partial(\boldsymbol{\varphi}\,\nabla)}{\partial x^j} + \frac{\partial(\boldsymbol{\varphi}\,\nabla)}{\partial t},$$

因此有

$$\frac{D(\boldsymbol{\varphi}_{,i})}{Dt} = G\nu^j\boldsymbol{\varphi}\,|_{ij} + \frac{\partial^2\boldsymbol{\varphi}}{\partial x^i\partial t},$$

上式左端为 $\boldsymbol{\varphi}_{,i}$ 的不变性时间导数. 于是,(9.53) 式可写为

$$\begin{aligned} [\![\boldsymbol{\varphi}']\!]_{,\lambda} &= \frac{D[\![\boldsymbol{\varphi}_{,i}]\!]}{Dt} - G\nu^j[\![\boldsymbol{\varphi}\,|_{ij}]\!]\frac{\partial x^i}{\partial u^\lambda} \\ &= \frac{D}{Dt}\left([\![\boldsymbol{\varphi}_{,i}]\!]\frac{\partial x^i}{\partial u^\lambda}\right) - [\![\boldsymbol{\varphi}_{,i}]\!]\frac{D}{Dt}\left(\frac{\partial x^i}{\partial u^\lambda}\right) - G[\![\boldsymbol{\varphi}\,|_{ij}]\!]\frac{\partial x^i}{\partial u^\lambda}\nu^j. \end{aligned} \tag{9.54}$$

分别对(9.9)式和(9.23)式乘以$\dfrac{\partial x^i}{\partial u^\lambda}$和$\dfrac{\partial x^i}{\partial u^\lambda}\nu^j$,并再次利用(9.25)式,便有

$$[\![\boldsymbol{\varphi}_{,i}]\!]\frac{\partial x^i}{\partial u^\lambda} = \frac{\partial \boldsymbol{A}}{\partial u^\lambda} = \boldsymbol{A}_{,\lambda},$$

$$[\![\boldsymbol{\varphi}\,|_{ij}]\!]\frac{\partial x^i}{\partial u^\lambda}\nu^j = \boldsymbol{B}_{,\lambda} + g^{\sigma\mu}b_{\lambda\mu}\boldsymbol{A}_{,\sigma}.$$

将上两式代回(9.54) 式,得

$$[\![\boldsymbol{\varphi}']\!]_{,\lambda} = \frac{D(\boldsymbol{A}_{,\lambda})}{Dt} - [\![\boldsymbol{\varphi}_{,i}]\!]\frac{D}{Dt}\left(\frac{\partial x^i}{\partial u^\lambda}\right) - G(\boldsymbol{B}_{,\lambda} + g^{\sigma\mu}b_{\lambda\mu}\boldsymbol{A}_{,\sigma}). \tag{9.55}$$

剩下的问题就是要计算 $\boldsymbol{A}_{,\lambda}$ 和$\dfrac{\partial x^i}{\partial u^\lambda}$的不变性时间导数. 为此,可先将

它们形式地写为：

$$\left.\begin{aligned}\frac{D\boldsymbol{A}_{,\lambda}}{Dt} &= \boldsymbol{A}\mid_{\lambda\beta}\frac{\delta u^{\beta}}{\delta t}+\frac{\partial^2\boldsymbol{A}}{\partial u^{\lambda}\partial t},\\ \frac{D}{Dt}\left(\frac{\partial x^i}{\partial u^{\lambda}}\right) &= \left(\frac{\partial x^i}{\partial u^{\lambda}}\right)\bigg|_{\beta}\frac{\delta u^{\beta}}{\delta t}+\frac{\partial^2 x^i}{\partial u^{\lambda}\partial t}.\end{aligned}\right\}\tag{9.56}$$

其中

$$\boldsymbol{A}\mid_{\lambda\beta}=\frac{\partial^2\boldsymbol{A}}{\partial u^{\lambda}\partial u^{\beta}}-\boldsymbol{A}_{,\mu}\bar{\Gamma}^{\mu}_{\beta\lambda},$$

$$\left(\frac{\partial x^i}{\partial u^{\lambda}}\right)\bigg|_{\beta}=b_{\lambda\beta}\nu^i\quad .$$

利用(9.9)式和(9.52)式，可知

$$\begin{aligned}&\frac{D(\boldsymbol{A}_{,\lambda})}{Dt}-[\![\boldsymbol{\varphi}_{,i}]\!]\frac{D}{Dt}\left(\frac{\partial x^i}{\partial u^{\lambda}}\right)\\ &=[\boldsymbol{A}\mid_{\lambda\beta}-[\![\boldsymbol{\varphi}_{,i}]\!]b_{\lambda\beta}\nu^i]\frac{\delta u^{\beta}}{\delta t}+\frac{\partial^2\boldsymbol{A}}{\partial u^{\lambda}\partial t}-[\![\boldsymbol{\varphi}_{,i}]\!]\frac{\partial^2 x^i}{\partial u^{\lambda}\partial t}\\ &=[\boldsymbol{A}\mid_{\lambda\beta}-b_{\lambda\beta}\boldsymbol{B}]\frac{\delta u^{\beta}}{\delta t}+\frac{\partial^2\boldsymbol{A}}{\partial u^{\lambda}\partial t}-[\![\boldsymbol{\varphi}_{,i}]\!]\frac{\partial^2 x^i}{\partial u^{\lambda}\partial t},\end{aligned}\tag{9.57}$$

再将上式以及(9.9)式和(9.37)式代入(9.55)式，最后便得到

$$\begin{aligned}\frac{\partial[\![\boldsymbol{\varphi}']\!]}{\partial u^{\lambda}}&=[\![\boldsymbol{\varphi}']\!]_{,\lambda}=-(\boldsymbol{A}\mid_{\lambda\beta}-b_{\lambda\beta}\boldsymbol{B})g^{\beta\mu}g_{ij}\frac{\partial x^i}{\partial u^{\mu}}\frac{\partial x^j}{\partial t}+\frac{\partial^2\boldsymbol{A}}{\partial u^{\lambda}\partial t}-\\ &g_{ik}\left(\nu^k\boldsymbol{B}+g^{\alpha\beta}\frac{\partial x^k}{\partial u^{\alpha}}\frac{\partial\boldsymbol{A}}{\partial u^{\beta}}\right)\frac{\partial^2 x^i}{\partial u^{\lambda}\partial t}-G(\boldsymbol{B}_{,\lambda}+g^{\sigma\mu}b_{\lambda\mu}\boldsymbol{A}_{,\sigma}).\end{aligned}\tag{9.58}$$

最后，我们来讨论(9.51)式中的$\frac{\delta[\![\boldsymbol{\varphi}']\!]}{\delta t}$. 它实际上是一阶运动相容性条件(9.44)式：

$$\left[\!\!\left[\frac{\partial\boldsymbol{\varphi}}{\partial t}\right]\!\!\right]=[\![\boldsymbol{\varphi}']\!]=-G\boldsymbol{B}+\frac{\delta\boldsymbol{A}}{\delta t}$$

的 δ- 时间导数，即有

$$\frac{\delta[\![\boldsymbol{\varphi}']\!]}{\delta t}=-G\frac{\delta\boldsymbol{B}}{\partial t}-\boldsymbol{B}\frac{\delta G}{\delta t}+\frac{\delta^2\boldsymbol{A}}{\delta t^2}\quad .\tag{9.59}$$

于是，(9.51)式可写为

$$\left[\!\!\left[\frac{\partial^2\boldsymbol{\varphi}}{\partial t^2}\right]\!\!\right]=-G\left(2\frac{\delta\boldsymbol{B}}{\delta t}-G\boldsymbol{C}+g^{\alpha\beta}G_{,\alpha}\frac{\partial\boldsymbol{A}}{\partial u^{\beta}}\right)-\boldsymbol{B}\frac{\delta G}{\delta t}+\frac{\delta^2\boldsymbol{A}}{\delta t^2}\quad .\tag{9.60}$$

如果 $\boldsymbol{\varphi}$ 在 $\Sigma(t)$ 上连续，则 $[\![\boldsymbol{\varphi}]\!]=\boldsymbol{A}=\boldsymbol{0}$，则(9.44)式退化为

$$[\![\boldsymbol{\varphi}']\!]=-G\boldsymbol{B}.$$

将上式代入(9.50)式和(9.51)式,可得

$$\left[\!\left[\frac{\partial^2 \boldsymbol{\varphi}}{\partial x^i \partial t}\right]\!\right] = g_{ik}\nu^k\left[\frac{\delta \boldsymbol{B}}{\delta t} - G\boldsymbol{C}\right] - g_{ik}g^{\alpha\beta}\frac{\partial x^k}{\partial u^\alpha}(G\boldsymbol{B})_{,\beta}, \tag{9.61}$$

$$\left[\!\left[\frac{\partial^2 \boldsymbol{\varphi}}{\partial t^2}\right]\!\right] = G^2\boldsymbol{C} - 2G\frac{\delta \boldsymbol{B}}{\delta t} - \left(\frac{\delta G}{\delta t}\right)\boldsymbol{B} . \tag{9.62}$$

如果曲面 $\Sigma(t)$ 静止不动,即 $G = 0$,则 δ- 时间导数实际上就是对时间 t 的偏导数.这时,$(9.29)_2$ 式应等于零:

$$\frac{\partial x^i}{\partial t} = \frac{\delta x^i}{\delta t} = 0,$$

而(9.58)式退化为

$$[\![\boldsymbol{\varphi}']\!]_{,\beta} = \frac{\partial^2 \boldsymbol{A}}{\partial u^\beta \partial t} . \tag{9.63}$$

因此,(9.50)式和(9.51)式可分别写为

$$\left[\!\left[\frac{\partial^2 \boldsymbol{\varphi}}{\partial x^i \partial t}\right]\!\right] = g_{ik}\left[\nu^k\frac{\partial \boldsymbol{B}}{\partial t} + g^{\alpha\beta}\frac{\partial x^k}{\partial u^\alpha}\frac{\partial^2 \boldsymbol{A}}{\partial u^\beta \partial t}\right], \tag{9.64}$$

$$\left[\!\left[\frac{\partial^2 \boldsymbol{\varphi}}{\partial t^2}\right]\!\right] = \frac{\delta [\![\boldsymbol{\varphi}']\!]}{\delta t} = \frac{\partial^2 \boldsymbol{A}}{\partial t^2} . \tag{9.65}$$

§9.2 动力学间断条件

(一) 积分区域中有间断面的积分定理和输运定理

如果张量场 $\boldsymbol{\varphi}$ 在积分区域 v 中是连续光滑的,则散度定理(1.137)式可写为

$$\left.\begin{aligned} \int_v \boldsymbol{\varphi} \cdot\!\circ \nabla \, \mathrm{d}v &= \int_{\partial v} \boldsymbol{\varphi} \cdot\!\circ \boldsymbol{N} \mathrm{d}S, \\ \int_v \nabla \cdot\!\circ \boldsymbol{\varphi} \mathrm{d}v &= \int_{\partial v} \boldsymbol{N} \cdot\!\circ \boldsymbol{\varphi} \mathrm{d}S, \end{aligned}\right\} \tag{1.137}$$

其中 $\boldsymbol{N}$ 为积分区域边界 ∂v 上的单位外法向量.

现假定区域 v 中有一间断面 $\Sigma(t)$,即在 $\Sigma(t)$ 的两侧被积函数 $\boldsymbol{\varphi}$ 有间断.区域 v 被曲面 $\Sigma(t)$ 分割成两部分,其中一部分记为 v_-,相应的边界由 ∂v_- 和 $\Sigma(t)$ 组成,而另一部分记为 v_+,相应的边界由 ∂v_+ 和 $\Sigma(t)$ 组成.在 $\Sigma(t)$ 上,由区域 v_- 指向区域 v_+ 的单位法向量可记为 $\boldsymbol{\nu}$,即区域 v_- 在 $\Sigma(t)$ 上的单位外法向量为 $\boldsymbol{\nu}$.显然,区域 v_+ 在 $\Sigma(t)$ 上的外法向量应该为 $-\boldsymbol{\nu}$(图 9.2).

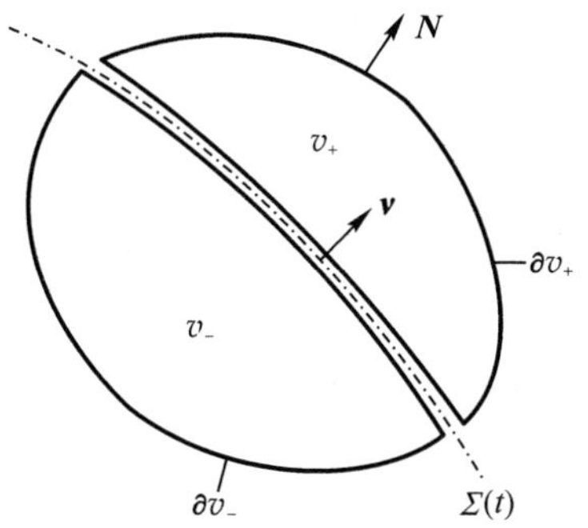

图 9.2 积分区域中的间断面 $\Sigma(t)$

如果分别对区域 v_- 和 v_+ 写出相应的散度定理,然后再相加,则不难得到如下的表达式:

$$\int_{v-\Sigma}\boldsymbol{\varphi}\text{-}\circ\nabla\,\mathrm{d}v=\int_{\partial v}\boldsymbol{\varphi}\text{-}\circ\boldsymbol{N}\mathrm{d}S-\int_{\Sigma(t)}[\![\boldsymbol{\varphi}]\!]\text{-}\circ\boldsymbol{\nu}\mathrm{d}S, \tag{9.66}$$

$$\int_{v-\Sigma}\nabla\text{-}\circ\boldsymbol{\varphi}\mathrm{d}v=\int_{\partial v}\boldsymbol{N}\text{-}\circ\boldsymbol{\varphi}\mathrm{d}S-\int_{\Sigma(t)}\boldsymbol{\nu}\text{-}\circ[\![\boldsymbol{\varphi}]\!]\mathrm{d}S, \tag{9.67}$$

其中 $[\![\boldsymbol{\varphi}]\!]=\boldsymbol{\varphi}_+-\boldsymbol{\varphi}_-$ 为 $\boldsymbol{\varphi}$ 在 $\Sigma(t)$ 上的间断值.

特别地,有

$$\int_{v-\Sigma}\boldsymbol{\varphi}\cdot\nabla\,\mathrm{d}v=\int_{\partial v}\boldsymbol{\varphi}\cdot\boldsymbol{N}\mathrm{d}S-\int_{\Sigma(t)}[\![\boldsymbol{\varphi}]\!]\cdot\boldsymbol{\nu}\mathrm{d}S. \tag{9.68}$$

下面来讨论由(2.124)式表示的输运定理.对于 $\boldsymbol{\varphi}$ 的物质积分,其时间变化率可表示为

$$\frac{\mathscr{D}}{\mathscr{D}t}\int_v\boldsymbol{\varphi}\mathrm{d}v=\int_v\frac{\partial\boldsymbol{\varphi}}{\partial t}\mathrm{d}v+\int_{\partial v}(\boldsymbol{\varphi}\otimes v)\cdot\boldsymbol{N}\mathrm{d}S, \tag{2.124}$$

其中 v 为边界 ∂v 上物质点的速度.如果上式中的 $\int_v\boldsymbol{\varphi}\mathrm{d}v$ 不是物质积分,即 $\int_v\boldsymbol{\varphi}\mathrm{d}v$ 的积分区域 v(及其边界 ∂v) 并不总是由相同物质点组成的,则不难证明,仍然可写出类似的表达式:

$$\frac{\mathscr{D}}{\mathscr{D}t}\int_{v(t)}\boldsymbol{\varphi}\mathrm{d}v=\int_{v(t)}\frac{\partial\boldsymbol{\varphi}}{\partial t}\mathrm{d}v+\int_{\partial v(t)}\boldsymbol{\varphi}G\mathrm{d}S, \tag{9.69}$$

其中 G 表示运动边界 $\partial v(t)$ 沿其外法向的速度分量.在上式中,积分区域 $v(t)$ 并不总是由相同的物质点组成.因此,$\int_{v(t)}\boldsymbol{\varphi}\mathrm{d}v$ 与(2.124)式中物质积分 $\int_v\boldsymbol{\varphi}\mathrm{d}v$ 的含义是不相同的.(9.69)式表明:$\int_{v(t)}\boldsymbol{\varphi}\mathrm{d}v$ 的时间变

化率$\lim\limits_{\Delta t\to 0}\frac{1}{\Delta t}\left(\int_{v(t+\Delta t)}\boldsymbol{\varphi}(t+\Delta t)\mathrm{d}v-\int_{v(t)}\boldsymbol{\varphi}(t)\mathrm{d}v\right)$由两部分组成,其中一部分是由于 $\boldsymbol{\varphi}$ 随时间变化引起的,而另一部分则是由于积分区域随时间变化引起的.

当被积函数 $\boldsymbol{\varphi}$ 在$\Sigma(t)$上有间断时,可将(9.69)式分别用于区域 v_- 和区域 v_+.这时有

$$\frac{\mathscr{D}}{\mathscr{D}t}\int_{v_-}\boldsymbol{\varphi}\mathrm{d}v=\int_{v_-}\frac{\partial\boldsymbol{\varphi}}{\partial t}\mathrm{d}v+\int_{\partial v_-}(\boldsymbol{\varphi}\otimes v)\cdot\boldsymbol{N}\mathrm{d}S+\int_{\Sigma(t)}\boldsymbol{\varphi}_-G\mathrm{d}S,$$

$$\frac{\mathscr{D}}{\mathscr{D}t}\int_{v_+}\boldsymbol{\varphi}\mathrm{d}v=\int_{v_+}\frac{\partial\boldsymbol{\varphi}}{\partial t}\mathrm{d}v+\int_{\partial v_+}(\boldsymbol{\varphi}\otimes v)\cdot\boldsymbol{N}\mathrm{d}S-\int_{\Sigma(t)}\boldsymbol{\varphi}_+G\mathrm{d}S,$$

其中 $\boldsymbol{\varphi}_-$ 和 $\boldsymbol{\varphi}_+$ 分别为 $\boldsymbol{\varphi}$ 在$\Sigma(t)$的 v_- 侧和 v_+ 侧上所取的值.以上两式相加后,可得

$$\frac{\mathscr{D}}{\mathscr{D}t}\int_{v-\Sigma}\boldsymbol{\varphi}\mathrm{d}v=\int_{v-\Sigma}\frac{\partial\boldsymbol{\varphi}}{\partial t}\mathrm{d}v+\int_{\partial v}(\boldsymbol{\varphi}\otimes v)\cdot\boldsymbol{N}\mathrm{d}S-\int_{\Sigma(t)}[\![\boldsymbol{\varphi}]\!]G\mathrm{d}S. \tag{9.70}$$

如果将(9.68)式中的 $\boldsymbol{\varphi}$ 改为 $\boldsymbol{\varphi}\otimes v$,还有

$$\int_{v-\Sigma}(\boldsymbol{\varphi}\otimes v)\cdot\nabla\,\mathrm{d}v=\int_{\partial v}(\boldsymbol{\varphi}\otimes v)\cdot\boldsymbol{N}\mathrm{d}S-\int_{\Sigma(t)}[\![\boldsymbol{\varphi}\otimes v]\!]\cdot\boldsymbol{\nu}\mathrm{d}S, \tag{9.71}$$

将上式代入(9.70)式,便最后得到

$$\frac{\mathscr{D}}{\mathscr{D}t}\int_{v-\Sigma}\boldsymbol{\varphi}\mathrm{d}v=\int_{v-\Sigma}\left(\frac{\partial\boldsymbol{\varphi}}{\partial t}+(\boldsymbol{\varphi}\otimes v)\cdot\nabla\right)\mathrm{d}v+\int_{\Sigma(t)}[[\![\boldsymbol{\varphi}\otimes v]\!]\cdot\boldsymbol{\nu}-[\![\boldsymbol{\varphi}]\!]G]\mathrm{d}S. \tag{9.72}$$

(二)间断面上的守恒定律

现来考察守恒定律的总体形式(3.12)式:

$$\frac{\mathscr{D}}{\mathscr{D}t}\int_{v}\rho\boldsymbol{\varphi}\mathrm{d}v=\int_{v}\rho\boldsymbol{\psi}\mathrm{d}v+\int_{\partial v}\boldsymbol{\Sigma}\cdot\boldsymbol{N}\mathrm{d}S. \tag{3.12}$$

如果积分区域 v 中包含有间断面$\Sigma(t)$,即 $\rho\boldsymbol{\varphi}$ 在$\Sigma(t)$上不连续,则守恒定律应改为

$$\frac{\mathscr{D}}{\mathscr{D}t}\int_{v-\Sigma}\rho\boldsymbol{\varphi}\mathrm{d}v=\int_{v-\Sigma}\rho\boldsymbol{\psi}\mathrm{d}v+\int_{\partial v}\boldsymbol{\Sigma}\cdot\boldsymbol{N}\mathrm{d}S. \tag{9.73}$$

利用(9.68)式,上式右端的最后一项还可表示为

$$\int_{\partial v} \boldsymbol{\Sigma} \cdot \boldsymbol{N} \mathrm{d}S = \int_{v-\Sigma} \boldsymbol{\Sigma} \cdot \nabla \, \mathrm{d}v + \int_{\Sigma(t)} [\![\boldsymbol{\Sigma}]\!] \cdot \boldsymbol{\nu} \mathrm{d}S. \tag{9.74}$$

再由(9.72)式,便可将(9.73)式写为

$$\int_{v-\Sigma} \left(\boldsymbol{\Sigma} \cdot \nabla + \rho \boldsymbol{\psi} - \frac{\partial(\rho \boldsymbol{\varphi})}{\partial t} - (\rho \boldsymbol{\varphi} \otimes \boldsymbol{v}) \cdot \nabla \right) \mathrm{d}v +$$

$$\int_{\Sigma(t)} \left[[\![\boldsymbol{\Sigma}]\!] \cdot \boldsymbol{\nu} - [\![\rho \boldsymbol{\varphi} \otimes \boldsymbol{v}]\!] \cdot \boldsymbol{\nu} + [\![\rho \boldsymbol{\varphi}]\!] G \right] \mathrm{d}S = \boldsymbol{0}. \tag{9.75}$$

如果上式对区域 $v - \Sigma$ 中以及$\Sigma(t)$上的任意部分都成立,则可得

$$\boldsymbol{\Sigma} \cdot \nabla + \rho \boldsymbol{\psi} = \frac{\partial(\rho \boldsymbol{\varphi})}{\partial t} + (\rho \boldsymbol{\varphi} \otimes \boldsymbol{v}) \cdot \nabla \quad (v - \Sigma \text{ 内}) \tag{9.76}$$

$$[\![\boldsymbol{\Sigma}]\!] \cdot \boldsymbol{\nu} = [\![\rho \boldsymbol{\varphi} (v_\nu - G)]\!] \quad (\Sigma(t) \text{ 上}), \tag{9.77}$$

其中 v_ν 为质点速度沿间断面$\Sigma(t)$法向 $\boldsymbol{\nu}$ 的分量.

(9.76)式就是守恒定律的局部形式,而(9.77)式则是相应的动力学间断条件.例如,我们可以具体写出:

(1) 质量守恒:如果取 $\boldsymbol{\varphi} = 1, \boldsymbol{\psi} = 0, \boldsymbol{\Sigma} = 0$,则(9.76)式化为

$$\frac{\partial \rho}{\partial t} + (\rho \boldsymbol{v}) \cdot \nabla = 0. \tag{3.19}$$

而相应的动力学间断条件可由(9.77)式写为

$$[\![\rho (v_\nu - G)]\!] = 0 \tag*{(9.78)$_1$}$$

或

$$\rho_- (v_\nu^- - G) = \rho_+ (v_\nu^+ - G) = m. \tag*{(9.78)$_2$}$$

其中 ρ_- 和 v_ν^- 分别为$\Sigma(t)$上的密度 ρ 和质点法向速度$\boldsymbol{v} \cdot \boldsymbol{\nu}$在区域$v_-$一侧的值,$\rho_+$ 和 v_ν^+ 分别为$\Sigma(t)$上的密度 ρ 和质点法向速度$\boldsymbol{v} \cdot \boldsymbol{\nu}$在区域$v_+$一侧的值.通常,记 $c_- = G - v_\nu^-, c_+ = G - v_\nu^+$,表示 $\Sigma(t)$ 的局部传播速度,而 m 则表示在$\Sigma(t)$的单位面积上单位时间内流过的质量.

(2) 动量守恒:如果取 $\boldsymbol{\varphi} = \boldsymbol{v}, \boldsymbol{\psi} = \boldsymbol{f}, \boldsymbol{\Sigma} = \boldsymbol{\sigma}$,则(9.76)式化为

$$\boldsymbol{\sigma} \cdot \nabla + \rho \boldsymbol{f} = \frac{\partial(\rho \boldsymbol{v})}{\partial t} + (\rho \boldsymbol{v} \otimes \boldsymbol{v}) \cdot \nabla, \tag{9.79}$$

其中 $\boldsymbol{\sigma}$ 为 Cauchy 应力,$\boldsymbol{f}$ 为单位质量上的体力.上式右端也等于

$$\left[\frac{\partial \rho}{\partial t} + (\rho \boldsymbol{v}) \cdot \nabla \right] \boldsymbol{v} + \rho \left[\frac{\partial \boldsymbol{v}}{\partial t} + (\boldsymbol{v} \nabla) \cdot \boldsymbol{v} \right].$$

利用(3.19)式和(2.88)式,它可表示为 $\rho \boldsymbol{a}$,其中 $\boldsymbol{a}$ 为质点的加速度.因此,(9.79)式可写为

$$\boldsymbol{\sigma} \cdot \nabla + \rho \boldsymbol{f} = \rho \boldsymbol{a}. \tag{3.36}$$

这就是动量守恒方程.

相应的动力学间断条件可根据(9.77)式写为

$$[\![\boldsymbol{\sigma}]\!]\cdot\boldsymbol{\nu}=[\![\rho v(v_\nu-G)]\!].$$

注意到(9.78)式,可知 $m=\rho(v_\nu-G)$ 在 $\Sigma(t)$ 上没有间断,故有

$$[\![\boldsymbol{\sigma}]\!]\cdot\boldsymbol{\nu}=\rho_-(v_\nu^- - G)[\![v]\!]=m[\![v]\!]. \tag{9.80}$$

需要指出,由动量矩守恒并不能得到新的间断条件.因此,这里就不再对动量矩守恒的间断条件进行讨论了.

(3) 能量守恒:如果取 $\boldsymbol{\varphi}=\dfrac{1}{2}v\cdot v+\varepsilon$, $\boldsymbol{\psi}=\boldsymbol{f}\cdot v+h$, $\boldsymbol{\Sigma}=v\cdot\boldsymbol{\sigma}-\boldsymbol{q}$,则(9.76)式可具体写为

$$(v\cdot\boldsymbol{\sigma}-\boldsymbol{q})\cdot\nabla+\rho(\boldsymbol{f}\cdot v+h)=\frac{\partial}{\partial t}\left(\frac{1}{2}\rho v\cdot v+\rho\varepsilon\right)+\left[\left(\frac{1}{2}\rho v^2+\rho\varepsilon\right)v\right]\cdot\nabla,$$

上式中 ε 为单位质量上的内能,h 为单位时间内单位质量上的热源,$\boldsymbol{q}$ 为热流向量,$v^2=v\cdot v$.由 Cauchy 应力 $\boldsymbol{\sigma}$ 的对称性条件,上式还可等价地写为

$$\begin{aligned}\rho\dot{\varepsilon}=\ & v\cdot(\boldsymbol{\sigma}\cdot\nabla+\rho\boldsymbol{f}-\rho\boldsymbol{a})-\\ & \left(\frac{1}{2}v\cdot v+\varepsilon\right)\left[\frac{\partial\rho}{\partial t}+(\rho v)\cdot\nabla\right]+\\ & \boldsymbol{\sigma}:\boldsymbol{D}+\rho h-\boldsymbol{q}\cdot\nabla,\end{aligned} \tag{9.81}$$

其中 $\dot{\varepsilon}$ 表示内能 ε 的物质导数,$\boldsymbol{D}$ 为变形率张量.利用(3.19)式和(3.36)式,(9.81)式便化为能量守恒定律的局部形式:

$$\rho\dot{\varepsilon}=\boldsymbol{\sigma}:\boldsymbol{D}+\rho h-\boldsymbol{q}\cdot\nabla. \tag{3.71}$$

相应于能量守恒的动力学间断条件可根据(9.77)式写为

$$\begin{aligned}[\![v\cdot\boldsymbol{\sigma}-\boldsymbol{q}]\!]\cdot\boldsymbol{\nu}&=[\![\rho(v_\nu-G)(\tfrac{1}{2}v\cdot v+\varepsilon)]\!]\\ &=\rho_-(v_\nu^- - G)\left[\!\!\left[\frac{1}{2}v\cdot v+\varepsilon\right]\!\!\right]\\ &=m\left[\!\!\left[\frac{1}{2}v\cdot v+\varepsilon\right]\!\!\right].\end{aligned} \tag{9.82}$$

(三) 一维冲击波(one-dimensional shock wave)

作为动力学间断条件的应用实例,现来考虑沿固定方向 $\boldsymbol{\nu}$ 并以常速度 G 运动的平面冲击波.根据动力学间断条件(9.78)式和(9.80)式,可知 $m=-\rho_-c_-=-\rho_+c_+$ 和 $mv-\boldsymbol{\sigma}\cdot\boldsymbol{\nu}$ 在波阵面前后是连续的,其中 $c_-=G-v_\nu^-$, $c_+=G-v_\nu^+$.如果记 $t_\nu=\boldsymbol{\sigma}\cdot\boldsymbol{\nu}$,则有

$$\left[\!\!\left[\frac{m}{2} v \cdot v - v \cdot \boldsymbol{\sigma} \cdot \boldsymbol{\nu} \right]\!\!\right] = \frac{1}{2} [\![v \cdot (mv - \boldsymbol{\sigma} \cdot \boldsymbol{\nu})]\!] - \frac{1}{2} [\![v \cdot \boldsymbol{\sigma} \cdot \boldsymbol{\nu}]\!]$$

$$= \frac{1}{2} [\![v]\!] \cdot (mv - \boldsymbol{t}_\nu) - \frac{1}{2} [\![v \cdot \boldsymbol{t}_\nu]\!]$$

$$= \frac{1}{2} v^{+} \cdot (mv^{-} - \boldsymbol{t}_\nu^{-}) - \frac{1}{2} v^{-} \cdot (mv^{\pm} \boldsymbol{t}_\nu^{+}) -$$

$$\frac{1}{2} (v^{+} \cdot \boldsymbol{t}_\nu^{+} - \frac{1}{2} v^{-} \cdot \boldsymbol{t}_\nu^{-})$$

$$= -\frac{1}{2} (v^{+} - v^{-}) \cdot (\boldsymbol{t}_\nu^{+} + \boldsymbol{t}_\nu^{-}).$$

于是,动力学间断条件(9.82)式可写为

$$m [\![\varepsilon]\!] = \frac{1}{2} [\![v]\!] \cdot (\boldsymbol{t}_\nu^{+} + \boldsymbol{t}_\nu^{-}) - [\![\boldsymbol{q}]\!] \cdot \boldsymbol{\nu}. \tag{9.83}$$

现假定可以忽略应力偏量的影响,即 Cauchy 应力可以表示为 $\boldsymbol{\sigma} = -p\boldsymbol{I}$,其中 p 为静水压应力,$\boldsymbol{I}$ 为单位仿射量. 则由 $\boldsymbol{t}_\nu = -p\boldsymbol{\nu}$ 和$[\![v]\!] \cdot \boldsymbol{\nu} = -[\![c]\!] = m \left[\!\!\left[\frac{1}{\rho} \right]\!\!\right]$,可知(9.80)式和(9.83)式还可分别写为:

$$[\![p]\!] = -m^2 \left[\!\!\left[\frac{1}{\rho} \right]\!\!\right], \tag{9.84}$$

$$[\![\varepsilon]\!] = -\frac{1}{2} \left[\!\!\left[\frac{1}{\rho} \right]\!\!\right] (p^{+} + p^{-}) - \left(\frac{1}{m} \right) [\![\boldsymbol{q}]\!] \cdot \boldsymbol{\nu}. \tag{9.85}$$

如再略去热流项,上式便化为

$$\varepsilon^{+} - \varepsilon^{-} = \frac{1}{2} \left(\frac{1}{\rho_{-}} - \frac{1}{\rho_{+}} \right) (p^{+} + p^{-}), \tag{9.86}$$

称之为 **Hugoniot 关系**(或 Rankine-Hugoniot 关系).

当热力学体系只依赖于两个独立的状态参量时(例如,可取内能 ε 和密度 ρ 为状态参量),则第三个状态变量(如压强 p)便可由状态方程来加以确定. 在状态空间(p, ε, ρ)中,经过$(p^{-}, \varepsilon^{-}, \rho_{-})$点的状态方程所决定的曲面与(9.86)式给出的曲面交线称之为 Hugoniot 线. 在冲击波的波阵面后,物质的热力学状态$(p^{+}, \varepsilon^{+}, \rho_{+})$可通过该曲线达到.

(四) 动力学间断条件的 Lagrange 描述

以前所讨论的间断条件是基于当前构形的 Euler 描述,函数中的自变量为空间坐标 $\boldsymbol{x}$ 和时间 t. 根据(2.3)式,我们可以基于初始时刻 t_0 的参考构形来讨论相应的间断条件. 这时,函数中的自变量为物质坐标 $\boldsymbol{X}$ 和时间 t.

现设想在当前时刻 t,由(9.1)式表示的间断面 $\Sigma(t)$ 上的物质点在

初始时刻 t_0 所占有的位置为曲面 $\Sigma_0(t)$. 由于 $\Sigma(t)$ 的运动,在不同时刻 t, $\Sigma(t)$ 上的物质点可能并不相同. 因此,曲面 $\Sigma_0(t)$ 的位置也将随时间 t 而改变. 类似于(9.28)式和(9.29)式, $\Sigma_0(t)$ 上的单位法向量将记为 $\boldsymbol{\nu}_0$, $\Sigma_0(t)$(相对于物质点)的运动速度在 $\boldsymbol{\nu}_0$ 方向的分量将记为 c_0,称之为局部速度.

与 §9.1 中的推导相类似,我们可以给出在 Lagrange 描述下的几何相容性条件和运动相容性条件. 这只需要将其中的 $\boldsymbol{x}$, $\boldsymbol{\nu}$ 和 G 分别改为 $\boldsymbol{X}$, $\boldsymbol{\nu}_0$ 和 c_0,便能得到相应的表达式. 因此,这里将不再进行讨论.

为了写出 Lagrange 描述下的动力学间断条件,现考虑在 t 时刻由图 9.2 表示的积分区域 v,它在 t_0 时刻对应于初始参考构形中的区域 v_0. 因为 v_0 由相同的物质点组成,所以其边界 ∂v_0 将不随时间改变. v 中的间断面 $\Sigma(t)$ 对应于 v_0 中的间断面 $\Sigma_0(t)$,类似于图 9.2,区域 v_0 被 $\Sigma_0(t)$ 所分割的两部分可分别记为 v_{0-} 和 v_{0+}. 现假定以 $\boldsymbol{X}$ 和 t 为变元的函数 $\boldsymbol{\varphi}(\boldsymbol{X},t)$ 在 $\Sigma_0(t)$ 上有间断,则与(9.68)式类似,可写出相应的散度定理为

$$\int_{v_0-\Sigma_0}\boldsymbol{\varphi}\cdot\nabla_0 \mathrm{d}v_0=\int_{\partial v_0}\boldsymbol{\varphi}\cdot{}_0\boldsymbol{N}\mathrm{d}S_0-\int_{\Sigma_0(t)}[\![\boldsymbol{\varphi}]\!]\cdot\boldsymbol{\nu}_0\mathrm{d}S_0,\tag{9.87}$$

其中 ∇_0 是相对于变元 $\boldsymbol{X}$ 的 Hamilton 算子, ${}_0\boldsymbol{N}$ 是边界 ∂v_0 上的单位法向量.

此外,注意到 ∂v_0 不随时间改变,故输运定理应写为

$$\frac{\mathscr{D}}{\mathscr{D}t}\int_{v_0-\Sigma_0}\boldsymbol{\varphi}\mathrm{d}v_0=\int_{v_0-\Sigma_0}\frac{\partial\boldsymbol{\varphi}}{\partial t}\mathrm{d}v_0-\int_{\Sigma_0}[\![\boldsymbol{\varphi}]\!]c_0\mathrm{d}S_0,\tag{9.88}$$

其中 c_0 为 $\Sigma_0(t)$ 沿 $\boldsymbol{\nu}_0$ 方向的速度,即局部速度.

在 Lagrange 描述下,守恒定律的总体形式可由(3.13)式写为

$$\frac{\mathscr{D}}{\mathscr{D}t}\int_{v_0}\mathscr{J}\rho\boldsymbol{\varphi}\mathrm{d}v_0=\int_{v_0}\mathscr{J}\rho\boldsymbol{\psi}\mathrm{d}v_0+\int_{\partial v_0}\mathscr{J}\boldsymbol{\Sigma}\cdot(\boldsymbol{F}^{-\mathrm{T}})\cdot{}_0\boldsymbol{N}\mathrm{d}S_0.\tag{3.13}$$

如果积分区域 v_0 中包含有间断面 $\Sigma_0(t)$,即 $\mathscr{J}\rho\boldsymbol{\varphi}$ 在 $\Sigma_0(t)$ 上不连续,则以上的守恒定律应改为

$$\frac{\mathscr{D}}{\mathscr{D}t}\int_{v_0-\Sigma_0}\mathscr{J}\rho\boldsymbol{\varphi}\mathrm{d}v_0=\int_{v_0-\Sigma_0}\mathscr{J}\rho\boldsymbol{\psi}\mathrm{d}v_0+\int_{\partial v_0}\mathscr{J}\boldsymbol{\Sigma}\cdot(\boldsymbol{F}^{-\mathrm{T}})\cdot{}_0\boldsymbol{N}\mathrm{d}S_0.\tag{9.89}$$

利用(9.87)式和(9.88)式,上式可写为

$$\int_{v_0-\Sigma_0}\left[(\mathscr{J}\boldsymbol{\Sigma}\cdot\boldsymbol{F}^{-\mathrm{T}})\cdot\nabla_0+\mathscr{J}\rho\boldsymbol{\psi}-\frac{\partial(\mathscr{J}\rho\boldsymbol{\varphi})}{\partial t}\right]\mathrm{d}v_0+$$

$$\int_{\Sigma_0}(\llbracket\mathscr{J}\boldsymbol{\Sigma}\cdot\boldsymbol{F}^{-\mathrm{T}}\rrbracket\cdot\boldsymbol{\nu}_0+\llbracket\mathscr{J}\rho\boldsymbol{\varphi}\rrbracket c_0)\mathrm{d}S_0=\boldsymbol{0}.$$

如果上式对区域 $v_0-\Sigma_0$ 中以及 $\Sigma_0(t)$上的任意部分都成立,则有

$$(\mathscr{J}\boldsymbol{\Sigma}\cdot\boldsymbol{F}^{-\mathrm{T}})\cdot\nabla_0+\mathscr{J}\rho\boldsymbol{\psi}=\frac{\partial(\mathscr{J}\rho\boldsymbol{\varphi})}{\partial t}\quad(v_0-\Sigma_0\text{ 内})\tag{9.90}$$

和

$$\llbracket\mathscr{J}\boldsymbol{\Sigma}\cdot\boldsymbol{F}^{-\mathrm{T}}\rrbracket\cdot\boldsymbol{\nu}_0=-c_0\llbracket\mathscr{J}\rho\boldsymbol{\varphi}\rrbracket\quad(\Sigma_0\text{ 上}).\tag{9.91}$$

(9.90)式为 Lagrange 描述下守恒定律所应满足的方程,而(9.91)式就是 Lagrange 描述下的动力学间断条件.

不难证明,(9.91)式中的 $\mathscr{J}\boldsymbol{F}^{-\mathrm{T}}\cdot\boldsymbol{\nu}_0$ 在 $\Sigma_0(t)$上是连续的.事实上,由于间断面 $\Sigma(t)$同时是区域 v_- 和区域 v_+ 的边界,故 $\Sigma_0(t)$既是 v_{0-} 的边界,又是 v_{0+} 的边界.也就是说,$\Sigma(t)$上的面元 $\boldsymbol{\nu}\mathrm{d}S$ 既可由区域 v_{0-} 边界 $\Sigma_0(t)$上的面元来表示:$(\mathscr{J}\boldsymbol{F}^{-\mathrm{T}})_-\cdot\boldsymbol{\nu}_0\ \mathrm{d}S_0$,又可由区域 v_{0+} 边界 $\Sigma_0(t)$上的面元来表示:$(\mathscr{J}\boldsymbol{F}^{-\mathrm{T}})_+\cdot\boldsymbol{\nu}_0\ \mathrm{d}S_0$.如果区域 v_- 和区域 v_+ 在边界上既不能分离,又不能相互嵌入,即位移是连续的,那么就一定有

$$(\mathscr{J}\boldsymbol{F}^{-\mathrm{T}})_-\cdot\boldsymbol{\nu}_0\ \mathrm{d}S_0=(\mathscr{J}\boldsymbol{F}^{-\mathrm{T}})_+\cdot\boldsymbol{\nu}_0\ \mathrm{d}S_0,$$

或

$$\llbracket\mathscr{J}\boldsymbol{F}^{-\mathrm{T}}\rrbracket\cdot\boldsymbol{\nu}_0=\boldsymbol{0}.\tag{9.92}$$

下面,我们来对(9.90)式和(9.91)式作具体的讨论,即将其应用于质量守恒、动量守恒和能量守恒等守恒定律中.

(1) 质量守恒:可取 $\boldsymbol{\varphi}=1,\boldsymbol{\psi}=0,\boldsymbol{\Sigma}=0$.这时(9.90)式化为$\dfrac{\partial(\mathscr{J}\rho)}{\partial t}=0$,说明对于给定的 $\boldsymbol{X}$,$\mathscr{J}\rho$ 不随时间改变,可记为

$$\mathscr{J}\rho=\rho_0.\tag{3.20}$$

因为在初始时刻 $\mathscr{J}=1$,所以上式也就是初始参考构形中的密度.

(9.91)式可写为

$$-c_0\llbracket\mathscr{J}\rho\rrbracket=-c_0\llbracket\rho_0\rrbracket=0.\tag{9.93}$$

表明当 $c_0\neq0$ 时,ρ_0 在 $\Sigma_0(t)$上连续.

在 t 时刻,流过 $\Sigma(t)$上面元 $\mathrm{d}S$ 的质量可由(9.78)式表示为

$$m\mathrm{d}S=-\rho_-c_-\mathrm{d}S=-\rho_+c_+\mathrm{d}S,$$

其中 $c_-=G-v_\nu^-$, $c_+=G-v_\nu^+$.对应于 t_0 时刻,它相当于流过 $\Sigma_0(t)$

上面元 $\mathrm{d}S_0$ 的质量,该质量等于 $\rho_0 c_0 \mathrm{d}S_0$. 故有

$$\rho_0 c_0 \mathrm{d}S_0 = \rho_-(G - v_\nu^-)\mathrm{d}S = \rho_+(G - v_\nu^+)\mathrm{d}S = -m\mathrm{d}S, \quad (9.94)$$

或

$$c_0 = -\frac{m}{\rho_0}\left(\frac{\mathrm{d}S}{\mathrm{d}S_0}\right).$$

上式中的面积比$\left(\frac{\mathrm{d}S}{\mathrm{d}S_0}\right)$可由(2.62)式给出,但其中的${}_0\boldsymbol{N}$ 需改为 $\boldsymbol{\nu}_0$.

(2) 动量守恒:可取 $\boldsymbol{\varphi} = v$, $\boldsymbol{\psi} = \boldsymbol{f}$, $\boldsymbol{\Sigma} = \boldsymbol{\sigma}$,这时(9.90)式可利用(3.20)式化为

$$\boldsymbol{S}\cdot\nabla_0 + \rho_0\boldsymbol{f} = \rho_0\boldsymbol{a}, \quad (3.39)$$

其中 $\boldsymbol{S} = \mathscr{J}\boldsymbol{\sigma}\cdot\boldsymbol{F}^{-\mathrm{T}}$, $\boldsymbol{a}$ 为质点的加速度,因为当速度 v 以 $\boldsymbol{X}$ 和 t 为变元时,加速度可以表示为 $\boldsymbol{a} = \frac{\partial v(\boldsymbol{X}, t)}{\partial t}$.

相应的动力学间断条件(9.91)式可利用(3.20)式写为

$$[\![\boldsymbol{S}]\!]\cdot\boldsymbol{\nu}_0 = -c_0\rho_0[\![v]\!]. \quad (9.95)$$

因为 $\mathscr{J}\boldsymbol{F}^{-\mathrm{T}}\cdot\boldsymbol{\nu}_0$ 在 $\Sigma_0(t)$上连续,上式也可等价地写为

$$[\![\boldsymbol{\sigma}]\!]\cdot\mathscr{J}\boldsymbol{F}^{-\mathrm{T}}\cdot\boldsymbol{\nu}_0\mathrm{d}S_0 = -c_0\rho_0[\![v]\!]\mathrm{d}S_0.$$

利用(9.94)式,并注意到 $\boldsymbol{\nu}\mathrm{d}S = \mathscr{J}\boldsymbol{F}^{-\mathrm{T}}\cdot\boldsymbol{\nu}_0\mathrm{d}S_0$,可得

$$[\![\boldsymbol{\sigma}]\!]\cdot\boldsymbol{\nu}\mathrm{d}S = m[\![v]\!]\mathrm{d}S.$$

这也就是(9.80)式.

(3) 能量守恒:可取

$$\boldsymbol{\varphi} = \frac{1}{2}v\cdot v + \varepsilon, \boldsymbol{\psi} = \boldsymbol{f}\cdot v + h, \boldsymbol{\Sigma} = v\cdot\boldsymbol{\sigma} - \boldsymbol{q}.$$

这时,(9.91)式可写为

$$[\![\mathscr{J}(v\cdot\boldsymbol{\sigma} - \boldsymbol{q})\cdot\boldsymbol{F}^{-\mathrm{T}}]\!]\cdot\boldsymbol{\nu}_0 = -c_0\left[\!\!\left[\mathscr{J}\rho\left(\frac{1}{2}v\cdot v + \varepsilon\right)\right]\!\!\right], \quad (9.96)$$

利用(9.92)式和(9.93)式,上式也可等价地写为

$$[\![v\cdot\boldsymbol{\sigma} - \boldsymbol{q}]\!]\cdot(\mathscr{J}\boldsymbol{F}^{-\mathrm{T}})\cdot\boldsymbol{\nu}_0\ \mathrm{d}S_0 = -c_0\rho_0\left[\!\!\left[\frac{1}{2}v\cdot v + \varepsilon\right]\!\!\right]\mathrm{d}S_0,$$

或由(9.94)式而写为

$$[\![v\cdot\boldsymbol{\sigma} - \boldsymbol{q}]\!]\cdot\boldsymbol{\nu} = m\left[\!\!\left[\frac{1}{2}v\cdot v + \varepsilon\right]\!\!\right],$$

这也就是(9.82)式.

§ 9.3 理想刚-塑性体动力学中的两个间断定理

本书作者曾在文献[9.5,9.6]中给出了理想刚-塑性体动力学中的两个间断定理,现对此作简要的介绍.

(一) 基本方程

在 Euler 描述下,理想刚-塑性体的基本方程有:

几何关系: $$\boldsymbol{D}=\frac{1}{2}(\boldsymbol{v}\ \nabla+\nabla\boldsymbol{v}),\tag{2.102}$$

运动方程: $$\boldsymbol{\sigma}\cdot\nabla+\rho\boldsymbol{f}=\rho\left(\frac{\partial\boldsymbol{v}}{\partial t}+(\boldsymbol{v}\ \nabla)\cdot\boldsymbol{v}\right),\tag{3.36}$$

本构方程: $$\boldsymbol{D}=\langle 1\rangle\dot{\lambda}^0\frac{\partial f^0}{\partial\boldsymbol{\sigma}}\quad(\dot{\lambda}^0\geqslant 0).\tag{8.108}$$

其中屈服面 $f^0(\boldsymbol{\sigma})=0$ 为应力 $\boldsymbol{\sigma}$ 的凸函数,$\langle 1\rangle$为加卸载因子,当应力在屈服面上:$f^0(\boldsymbol{\sigma})=0$,且 $\mathrm{d}f^0=0$ 时,取$\langle 1\rangle=1$;而当应力在屈服面内:$f^0(\sigma)<0$,或虽然应力 $\boldsymbol{\sigma}$ 在屈服面上,但 $\mathrm{d}f^0<0$ 时,取$\langle 1\rangle$为零.

如果在 t 时刻,某一个物质点的应力状态已经在屈服面上,考虑到在下一时刻其应力状态不可能超出屈服面,故这时还应有:

$$\frac{\partial f^0}{\partial\boldsymbol{\sigma}}:\frac{\mathscr{D}\boldsymbol{\sigma}}{\mathscr{D}t}=\frac{\partial f^0}{\partial\boldsymbol{\sigma}}:\left[\frac{\partial\boldsymbol{\sigma}}{\partial t}+(\boldsymbol{\sigma}\ \nabla)\cdot\boldsymbol{v}\right]\leqslant 0.\tag{9.97}$$

现考虑空间中由(9.1)式表示的光滑曲面 $\Sigma(t)$.为了要在该曲面邻近写出以上的基本方程,可采用由(1.160)式给出的曲线坐标系$\{u^1,u^2,u^3\}$.在该坐标系中,$\Sigma(t)$邻近的张量场 $\boldsymbol{\varphi}(\boldsymbol{x},t)$的右梯度可由(9.8)式表示为

$$\boldsymbol{\varphi}\ \nabla=\frac{\partial\boldsymbol{\varphi}}{\partial\nu}\otimes\boldsymbol{\nu}+g^{\alpha\beta}\frac{\partial\boldsymbol{\varphi}}{\partial u^\beta}\otimes\boldsymbol{a}_\alpha.\tag{9.8}$$

而 $\boldsymbol{\varphi}(\boldsymbol{x},t)$的右散度为

$$\boldsymbol{\varphi}\cdot\nabla=\frac{\partial\boldsymbol{\varphi}}{\partial\nu}\cdot\boldsymbol{\nu}+g^{\alpha\beta}\frac{\partial\boldsymbol{\varphi}}{\partial u^\beta}\cdot\boldsymbol{a}_\alpha.\tag{9.98}$$

此外,$\boldsymbol{\varphi}$ 对时间的偏导数可由(9.43)式写为

$$\frac{\partial\boldsymbol{\varphi}}{\partial t}=-G(\boldsymbol{\varphi}\ \nabla)\cdot\boldsymbol{\nu}+\frac{\delta\boldsymbol{\varphi}}{\delta t}.\tag{9.99}$$

以上各式中的 $\boldsymbol{\varphi}$ 可以是速度场 $\boldsymbol{v}$,也可以是应力场 $\boldsymbol{\sigma}$.如果 $\boldsymbol{\varphi}$ 在 $\Sigma(t)$上有间断,则可设想在 $\Sigma(t)$上有一个厚度为 h_Σ 的薄层过渡区,在此区域中函数 $\boldsymbol{\varphi}$ 及其导数是连续的.实际的强间断应理解为当 h_Σ 趋近

于零时的极限情形.因此,当 h_Σ 很小时,在薄层内 $\boldsymbol{\varphi}$ 沿法向 $\boldsymbol{\nu}$ 的导数$\dfrac{\partial \boldsymbol{\varphi}}{\partial \nu}$不仅不等于零,而且还要比 $\boldsymbol{\varphi}$ 沿切向 $\boldsymbol{a}_\beta$ 的导数$\dfrac{\partial \boldsymbol{\varphi}}{\partial u^\beta}$和 $\boldsymbol{\varphi}$ 的 δ-时间导数高一个数量级.

于是,由(9.80)式可知,当 $\boldsymbol{\sigma}\cdot\boldsymbol{\nu}$ 在 $\Sigma(t)$ 上有间断时,速度 v 在 $\Sigma(t)$ 上也一定有间断,即不仅有

$$\frac{\partial v}{\partial \nu}\neq \mathbf{0}, \tag{9.100}$$

而且$\dfrac{\partial v}{\partial \nu}$的范数要比$\dfrac{\partial v}{\partial u^\beta}$的范数高一个数量级.在这种情况下,薄层过渡区内的基本方程可近似写为

$$\boldsymbol{D}=\frac{1}{2}\left(\frac{\partial v}{\partial \nu}\otimes\boldsymbol{\nu}+\boldsymbol{\nu}\otimes\frac{\partial v}{\partial \nu}\right)=\dot{\lambda}^0\,\frac{\partial f^0}{\partial \boldsymbol{\sigma}}, \tag{9.101}$$

$$\frac{\partial \boldsymbol{\sigma}}{\partial \nu}\cdot\boldsymbol{\nu}=\bar{\rho}(-G+\bar{v}_\nu)\frac{\partial v}{\partial \nu}, \tag{9.102}$$

而(9.97)式可近似写为

$$(-G+\bar{v}_\nu)\frac{\partial f^0}{\partial \boldsymbol{\sigma}}:\frac{\partial \boldsymbol{\sigma}}{\partial \nu}\leqslant 0. \tag{9.103}$$

上式中 $\bar{\rho}$ 和 $\bar{v}_\nu=\bar{v}\cdot\boldsymbol{\nu}$ 分别为薄层过渡区内的平均密度和平均速度在 $\boldsymbol{\nu}$ 上的分量.

此外,由(9.100)式,可知上式中的 $\boldsymbol{D}\neq\mathbf{0}$,因此(9.101)式中的 $\dot{\lambda}^0$ 应大于零(即不等于零).

(二) 刚-塑性交界面上的两个间断定理

现假定曲面 $\Sigma(t)$为刚性区和塑性区的交界面.在刚性区一侧的物理量标以“$-$”号,在塑性区一侧的物理量标以“$+$”号.$\Sigma(t)$上的单位法向量 $\boldsymbol{\nu}$ 由刚性区指向塑性区.根据以上的基本方程,可得到如下的定理.

定理 1 对于理想刚-塑性体,在刚-塑性交界面 $\Sigma(t)$上一定有:

$$[\![\boldsymbol{\sigma}]\!]\cdot\boldsymbol{\nu}=\mathbf{0}. \tag{9.104}$$

证明 现采用反证法,如果上式不成立,则由(9.80)式可知,必然有 $G-v_\nu^+=c_+\neq 0$ 和 $[\![v]\!]\neq\mathbf{0}$.即应力 $\boldsymbol{\sigma}$ 和速度v 在 $\Sigma(t)$上有强间断.这时,可设想在 $\Sigma(t)$上有一个厚度为 h_Σ 的薄层过渡区.在此区域内,我们可以利用(9.101)式至(9.103)式.

这里有两点需要加以说明:(1)因为密度 ρ 恒大于零,故由(9.78)式

可知,当 $c_+ = G - v_\nu^+ \neq 0$ 时,也一定有 $c_- = G - v_\nu^- \neq 0$,而且 c_- 与 c_+ 同号.因此,在薄层过渡区内,$\bar{c} = G - \bar{v} \cdot \boldsymbol{\nu}$ 也不为零,其中 $\bar{c}$ 表示刚-塑性交界面 $\Sigma(t)$ 相对于薄层内介质质点的平均法向速度;(2)由于速度 v 在 $\Sigma(t)$ 上有强间断,故(9.101)式左端的变形率不等于零,而其右端中的 $\dot{\lambda}^0$ 必然大于零,这说明薄层内的应力状态处于屈服面上.因此,在薄层内(9.103)式是成立的.

由条件 $\dot{\lambda}^0 > 0$,(9.103)式可改写为

$$-\bar{c}\dot{\lambda}^0 \frac{\partial f^0}{\partial \boldsymbol{\sigma}} : \frac{\partial \boldsymbol{\sigma}}{\partial \nu} \leqslant 0. \tag{9.105}$$

将(9.101)式和(9.102)式代入上式,有

$$\begin{aligned} & -\frac{\bar{c}}{2}\left(\frac{\partial v}{\partial \nu} \otimes \boldsymbol{\nu} + \boldsymbol{\nu} \otimes \frac{\partial v}{\partial \nu}\right) : \frac{\partial \boldsymbol{\sigma}}{\partial \nu} \\ = & -\frac{\bar{c}}{2}\left[\frac{\partial v}{\partial \nu} \cdot \left(\frac{\partial \boldsymbol{\sigma}}{\partial \nu} \cdot \boldsymbol{\nu}\right) + \left(\boldsymbol{\nu} \cdot \frac{\partial \boldsymbol{\sigma}}{\partial \nu}\right) \cdot \frac{\partial v}{\partial \nu}\right] \\ = & \bar{\rho}\bar{c}^2 \left(\frac{\partial v}{\partial \nu}\right) \cdot \left(\frac{\partial v}{\partial \nu}\right) \leqslant 0. \end{aligned}$$

由于 $\bar{\rho}\bar{c}^2 > 0$ 和 $\left(\frac{\partial v}{\partial \nu}\right) \cdot \left(\frac{\partial v}{\partial \nu}\right) \geqslant 0$,故上式要求有 $\frac{\partial v}{\partial \nu} = \mathbf{0}$,这与速度 v 在 $\Sigma(t)$ 上有强间断的假定(即(9.100)式)是相矛盾的.说明当 $-c_+ \neq 0$ 时,一定有 $[\![v]\!] = \mathbf{0}$,于是定理得证.

定理 2 如果刚-塑性交界面 $\Sigma(t)$ 的运动方向是由塑性区向刚性区扩展,即当 $-c_+ = v_\nu^+ - G > 0$ 时,则对严格凸屈服面材料,必然有 $[\![\boldsymbol{D}]\!] = \mathbf{0}$.

证明 因为当 $-c_+ \neq 0$ 时,由定理 1 可知必然有 $[\![v]\!] = v^+ - v^- = \mathbf{0}$.这样,界面 $\Sigma(t)$ 两侧的速度向量可以不加区分:$v^+ = v^- = v$.同样 $-c_+$ 和 $-c_-$ 也可以不加区分,故在以后的讨论中将记为 $-c$.此外,由(9.78)式可知,界面 $\Sigma(t)$ 上的密度也是连续的:$\rho_- = \rho_+ = \rho$.因为速度向量连续,故由一阶几何相容性条件,变形率张量的间断值可由(9.12)式写为

$$\boldsymbol{D}_+ = [\![\boldsymbol{D}]\!] = \frac{1}{2}\left(\left[\!\!\left[\frac{\partial v}{\partial \nu}\right]\!\!\right] \otimes \boldsymbol{\nu} + \boldsymbol{\nu} \otimes \left[\!\!\left[\frac{\partial v}{\partial \nu}\right]\!\!\right]\right). \tag{9.106}$$

上式中,已用到刚性区中变形率 $\boldsymbol{D}_-$ 为零的条件.

根据定理 1,可知 $[\![\boldsymbol{\sigma}]\!] \cdot \boldsymbol{\nu} = \mathbf{0}$,因此有

$$[\![\boldsymbol{\sigma}]\!] : [\![\boldsymbol{D}]\!] = \frac{1}{2}\left[\left[\!\!\left[\frac{\partial v}{\partial \nu}\right]\!\!\right] \cdot ([\![\boldsymbol{\sigma}]\!] \cdot \boldsymbol{\nu}) + (\boldsymbol{\nu} \cdot [\![\boldsymbol{\sigma}]\!]) \cdot \left[\!\!\left[\frac{\partial v}{\partial \nu}\right]\!\!\right]\right] = 0. \tag{9.107}$$

下面,我们将用反证法来证明本定理的论述.假定在 $\Sigma(t)$ 上变形率

张量有间断:$[\![\boldsymbol{D}]\!] \neq \boldsymbol{0}$,那么,对于严格凸的屈服面 $f^0(\boldsymbol{\sigma})=0$,由(9.107)式可知必然有 $[\![\boldsymbol{\sigma}]\!]=\boldsymbol{0}$,即应力必然连续.事实上,当 $[\![\boldsymbol{D}]\!]=\boldsymbol{D}_+$ 不为零时,(8.108)式可写为

$$\boldsymbol{D}_+ = \dot{\lambda}_+^0 \left(\frac{\partial f^0}{\partial \boldsymbol{\sigma}}\right)^+ \quad (\dot{\lambda}_+^0 > 0). \tag{9.108}$$

这时,$\boldsymbol{D}_+$ 将指向屈服面的外法向.因为在塑性区一侧的应力 $\boldsymbol{\sigma}_+$ 是应力空间中屈服面上的点:$f^0(\boldsymbol{\sigma}_+)=0$,而在刚性区一侧的应力 $\boldsymbol{\sigma}_-$ 是应力空间中屈服面内的点:$f^0(\boldsymbol{\sigma}_-) \leqslant 0$.故当 $\boldsymbol{\sigma}_+ \neq \boldsymbol{\sigma}_-$ 时,对于严格凸的屈服面来说,就必然有 $(\boldsymbol{\sigma}_+ - \boldsymbol{\sigma}_-) : \left(\frac{\partial f^0}{\partial \boldsymbol{\sigma}}\right)^+ > 0$ (见图 9.3).

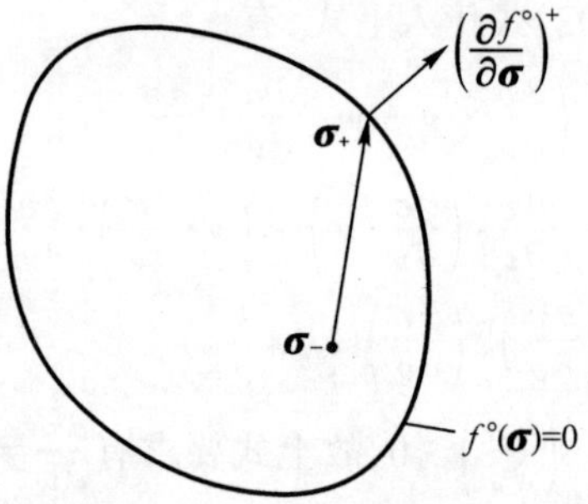

图 9.3 应力空间中的屈服面

上式可等价地写为 $\dot{\lambda}_+^0 (\boldsymbol{\sigma}_+ - \boldsymbol{\sigma}_-) : \left(\frac{\partial f^0}{\partial \boldsymbol{\sigma}}\right)^+ = [\![\boldsymbol{\sigma}]\!] : \boldsymbol{D}_+ = [\![\boldsymbol{\sigma}]\!] : [\![\boldsymbol{D}]\!] > 0$.这与(9.107)式是相矛盾的.由此可见,如果 $[\![\boldsymbol{D}]\!]$ 不为零,应力 $\boldsymbol{\sigma}$ 就一定在 $\Sigma(t)$ 上连续,并处于屈服面 $f^0(\boldsymbol{\sigma})=0$ 上.

注意到塑性区内物质点的应力状态始终在屈服面上,而刚性区内物质点的应力状态或在屈服面内,或在屈服面上,故由应力的连续性,可得

$$\left(\frac{\partial f^0(\boldsymbol{\sigma})}{\partial \nu}\right)^- = \left(\frac{\partial f^0(\boldsymbol{\sigma})}{\partial \boldsymbol{\sigma}}\right)^- : \left(\frac{\partial \boldsymbol{\sigma}}{\partial \nu}\right)^- \geqslant 0,$$

$$\left(\frac{\partial f^0(\boldsymbol{\sigma})}{\partial \nu}\right)^+ = \left(\frac{\partial f^0(\boldsymbol{\sigma})}{\partial \boldsymbol{\sigma}}\right)^+ : \left(\frac{\partial \boldsymbol{\sigma}}{\partial \nu}\right)^+ = 0,$$

和

$$\left(\frac{\partial f^0(\boldsymbol{\sigma})}{\partial \boldsymbol{\sigma}}\right)^- = \left(\frac{\partial f^0(\boldsymbol{\sigma})}{\partial \boldsymbol{\sigma}}\right)^+ = \left(\frac{\partial f^0(\boldsymbol{\sigma})}{\partial \boldsymbol{\sigma}}\right),$$

故有

$$\left(\frac{\partial f^0(\boldsymbol{\sigma})}{\partial \boldsymbol{\sigma}}\right) : \left[\!\!\left[\frac{\partial \boldsymbol{\sigma}}{\partial \nu} \right]\!\!\right] \leqslant 0. \tag{9.109}$$

因此,由于应力连续,故可利用应力的一阶几何相容性条件(9.11)式(或(9.98)式),而写出

$$[\![\boldsymbol{\sigma}\cdot\nabla]\!]=\left[\!\!\left[\frac{\partial\boldsymbol{\sigma}}{\partial\nu}\right]\!\!\right]\cdot\boldsymbol{\nu}. \tag{9.110}$$

再由速度 v 和密度 ρ 的连续性,并利用速度的一阶几何相容性条件(9.11)式和一阶运动相容性条件(9.45)式,得到

$$\begin{aligned}\left[\!\!\left[\rho\frac{\mathscr{D}v}{\mathscr{D}t}\right]\!\!\right]&=\rho\left[\!\!\left[\frac{\partial v}{\partial t}+(v\,\nabla)\cdot v\right]\!\!\right]\\&=\rho\left[\!\!\left[(-G+v_\nu)\frac{\partial v}{\partial\nu}\right]\!\!\right]=-\rho c\left[\!\!\left[\frac{\partial v}{\partial\nu}\right]\!\!\right].\end{aligned} \tag{9.111}$$

于是,当体力在 $\Sigma(t)$ 上连续时,运动方程(3.36)式在 $\Sigma(t)$ 上的间断值满足

$$\left[\!\!\left[\frac{\partial\boldsymbol{\sigma}}{\partial\nu}\right]\!\!\right]\cdot\boldsymbol{\nu}=-\rho c\left[\!\!\left[\frac{\partial v}{\partial\nu}\right]\!\!\right], \tag{9.112}$$

根据定理的条件,上式中 $-c=-G+v_\nu>0$.

因为采用反证法已假定由(9.106)式表示的变形率 $\boldsymbol{D}$ 在 $\Sigma(t)$ 上的间断值不为零,即 $\boldsymbol{D}_+\neq\boldsymbol{0}$,故可将(9.108)式写为

$$\frac{1}{2}\left(\left[\!\!\left[\frac{\partial v}{\partial\nu}\right]\!\!\right]\otimes\boldsymbol{\nu}+\boldsymbol{\nu}\otimes\left[\!\!\left[\frac{\partial v}{\partial\nu}\right]\!\!\right]\right)=\dot{\lambda}^0_+\left(\frac{\partial f^0}{\partial\boldsymbol{\sigma}}\right)^+=\dot{\lambda}^0_+\left(\frac{\partial f^0}{\partial\boldsymbol{\sigma}}\right)$$

$$(\dot{\lambda}^0_+>0). \tag{9.113}$$

上式两端与 $\left[\!\!\left[\frac{\partial\boldsymbol{\sigma}}{\partial\nu}\right]\!\!\right]$ 作双点积,并利用(9.112)~(9.113)式,可将(9.109)式写为

$$\begin{aligned}\dot{\lambda}^0_+\left(\frac{\partial f^0}{\partial\boldsymbol{\sigma}}\right):\left[\!\!\left[\frac{\partial\boldsymbol{\sigma}}{\partial\nu}\right]\!\!\right]&=\frac{1}{2}\left\{\left[\!\!\left[\frac{\partial v}{\partial\nu}\right]\!\!\right]\cdot\left(\left[\!\!\left[\frac{\partial\boldsymbol{\sigma}}{\partial\nu}\right]\!\!\right]\cdot\boldsymbol{\nu}\right)+\left(\boldsymbol{\nu}\cdot\left[\!\!\left[\frac{\partial\boldsymbol{\sigma}}{\partial\nu}\right]\!\!\right]\right)\cdot\left[\!\!\left[\frac{\partial v}{\partial\nu}\right]\!\!\right]\right\}\\&=-\rho c\left[\!\!\left[\frac{\partial v}{\partial\nu}\right]\!\!\right]\cdot\left[\!\!\left[\frac{\partial v}{\partial\nu}\right]\!\!\right]\leqslant 0.\end{aligned} \tag{9.114}$$

根据定理条件,有 $-\rho c>0$.因此上式相当于要求 $\left[\!\!\left[\frac{\partial v}{\partial\nu}\right]\!\!\right]\cdot\left[\!\!\left[\frac{\partial v}{\partial\nu}\right]\!\!\right]\leqslant 0$,这只可能有 $\left[\!\!\left[\frac{\partial v}{\partial\nu}\right]\!\!\right]=\boldsymbol{0}$,说明由(9.106)式表示的变形率张量 $\boldsymbol{D}$ 的间断值为零:$[\![\boldsymbol{D}]\!]=\boldsymbol{0}$.于是定理得证.

习 题

9.1 试证明非物质积分的输运定理表达式(9.69)式.

9.2 如果 Cauchy 应力 $\boldsymbol{\sigma}$ 和速度v 在间断面$\Sigma(t)$上连续,试给出 $\boldsymbol{\sigma}$ 的物质导数所应满足的间断条件.

9.3 在上题的假设下,试写出 $\boldsymbol{\sigma}$ 的 Oldroyd 导数所满足的间断条件.

9.4 根据位移的连续性条件,试证明(9.91)式中的$\mathscr{J}\boldsymbol{F}^{-\mathrm{T}}\cdot\boldsymbol{\nu}_0$ 在间断面 $\Sigma_0(t)$上是连续的.

9.5 在 Lagrange 描述下,试通过速度间断值$[\![v]\!]$来表示变形梯度$\boldsymbol{F}$ 的间断值.

9.6 试利用动力学间断条件导出:

(a) $c_+c_-[\![\rho]\!]=-\boldsymbol{\nu}\cdot[\![\boldsymbol{\sigma}]\!]\cdot\boldsymbol{\nu}$.

(b) 如果$[\![v]\!]=\boldsymbol{0}$,且 $c_+\neq 0$,则 $m[\![\varepsilon]\!]+[\![\boldsymbol{q}]\!]\cdot\boldsymbol{\nu}=0$.

9.7 试给出各向同性弹性介质在小扰动下间断面的传播速度.由于扰动很小,可假定介质的变形很小,并且可近似采用各向同性线性弹性固体的本构关系.

参考文献

9.1 Thomas T Y. Plastic flow and fracture in solids. New York, London: Academic Press, 1961.

9.2 Thomas T Y. The general theory of compatibility conditions. Int. J. Engng. Sci., 1966,4(3):207—233.

9.3 Courant R, Friedrichs K O. Supersonic flow and shock waves. New York: Interscience Publishers, 1948.

9.4 Hill R. Discontinuity relations in mechanics of solids. Progress in Solid Mechanics, 1961, 2:247—276.

9.5 黄筑平. 理想刚-塑性动力分析中的间断性质. 力学学报,1983(5):500—508.

9.6 Huang Z P. Two theorems concerning discontinuities in dynamics of rigid-perfectly plastic continua under finite deformation. Applied Mathematics and Mechanics, 1985,6(1):61—66.

部分习题答案或提示

第　一　章

1.1　如果 $\boldsymbol{u}$ 或 v 为零向量,或者 $\boldsymbol{u}$ 与 v 线性相关,则(1.4)式的等号成立.如果 $\boldsymbol{u}$ 与 v 线性无关,则对任意实数 α,$(\alpha\boldsymbol{u}-v)$为非零向量.故有

$$(\alpha\boldsymbol{u}-v)\cdot(\alpha\boldsymbol{u}-v)>0.$$

利用 α 的二次方程 $|\boldsymbol{u}|^2\alpha^2-2(\boldsymbol{u}\cdot v)\alpha+|v|^2=0$ 无实根的判别式,可知(1.4)式中的不等号成立,其中 $|\boldsymbol{u}|=(\boldsymbol{u}\cdot\boldsymbol{u})^{\frac{1}{2}}$,$|v|=(v\cdot v)^{\frac{1}{2}}$.

1.2　对于给定的 i 和 j,可根据行列式的定义对第 i 行或第 j 列展开,再考虑固定其他元素而改变 g_{ij}所引起的 g 的改变.

1.4　对于向量 $\boldsymbol{u}=u^i\boldsymbol{g}_i$ 和 $v=v_j\boldsymbol{g}^j$ 的并积 $\boldsymbol{u}\otimes v=u^iv_j\boldsymbol{g}_i\otimes\boldsymbol{g}^j$,可根据主不变量的定义直接证明所需的结论.

1.5　$I_2'=I_2-\dfrac{1}{3}I_1^2$,$I_3'=I_3-\dfrac{1}{3}I_1I_2+\dfrac{2}{27}I_1^3$.

1.6　$\boldsymbol{S}$ 的偏量 $\boldsymbol{S}'=\boldsymbol{S}-\dfrac{1}{3}(\mathrm{tr}\boldsymbol{S})\boldsymbol{I}$ 的三个特征值为 $\lambda_i'=\lambda_i-\dfrac{1}{3}I_1(i=1,2,3)$.它们可由 $\boldsymbol{S}'$的第二和第三主不变量 I_2'和 I_3'表示为

$$\lambda_1'=\frac{2}{\sqrt{3}}r\sin\left(\theta+\frac{2\pi}{3}\right),$$

$$\lambda_2'=\frac{2}{\sqrt{3}}r\sin\theta,$$

$$\lambda_3'=\frac{2}{\sqrt{3}}r\sin\left(\theta-\frac{2\pi}{3}\right),$$

其中 $r=\sqrt{-I_2'}$,　$\theta=\dfrac{1}{3}\sin^{-1}\left[\dfrac{-3\sqrt{3}I_3'}{2(-I_2')^{3/2}}\right]\left(|\theta|\leqslant\dfrac{\pi}{6}\right)$.而 I_2' 和 I_3' 可利用习题1.5由 I_1、I_2 和 I_3 加以表示.

1.7　如果 $\boldsymbol{U}$ 的特征值为 λ_1、λ_2 和 λ_3,则有

$$I_1=\lambda_1+\lambda_2+\lambda_3,\quad I_2=\lambda_1\lambda_2+\lambda_2\lambda_3+\lambda_3\lambda_1,\quad I_3=\lambda_1\lambda_2\lambda_3,$$

因为 λ_1、λ_2 和 λ_3 的算术平均值不小于其几何平均值:

$$(\lambda_1+\lambda_2+\lambda_3)/3\geqslant(\lambda_1\lambda_2\lambda_3)^{\frac{1}{3}},$$

可知 $I_1\geqslant3(I_3)^{\frac{1}{3}}$.

(a) 若 $I_1=3$,则利用 $\lambda_1\lambda_2\leqslant\frac{(\lambda_1+\lambda_2)^2}{4}$,可知

$$I_2=\lambda_1\lambda_2+\lambda_2\lambda_3+\lambda_3\lambda_1\leqslant\frac{(\lambda_1+\lambda_2)^2}{4}+(\lambda_1+\lambda_2)(3-(\lambda_1+\lambda_2)).$$

令 $\lambda_1+\lambda_2=x$,则不等式 $I_2\leqslant 3x\left(1-\frac{x}{4}\right)$的右端在 $x=2$ 处取最大值 3.

故有 $I_2\leqslant 3$ 和 $I_3\leqslant 1$.

(b) 若 $I_3=\lambda_1\lambda_2\lambda_3=1$,则 $I_1\geqslant 3$.

记 $\boldsymbol{U}^{-1}$的三个主不变量为 $I_1(\boldsymbol{U}^{-1})$、$I_2(\boldsymbol{U}^{-1})$和 $I_3(\boldsymbol{U}^{-1})$.由$I_3(\boldsymbol{U}^{-1})=1$,可知也有

$$I_1(\boldsymbol{U}^{-1})=\lambda_1^{-1}+\lambda_2^{-1}+\lambda_3^{-1}=\frac{\lambda_1\lambda_2+\lambda_2\lambda_3+\lambda_3\lambda_1}{\lambda_1\lambda_2\lambda_3}=\frac{I_2(\boldsymbol{U})}{I_3(\boldsymbol{U})}\geqslant 3,$$

即 $I_2\geqslant 3$.

1.8 由上题提示,可知 $I_1(\boldsymbol{U}^{-1})I_1(\boldsymbol{U})=\frac{I_1(\boldsymbol{U})I_2(\boldsymbol{U})}{I_3(\boldsymbol{U})}$,

但上式左端中,$I_1(\boldsymbol{U}^{-1})=\left(\frac{1}{\lambda_1}+\frac{1}{\lambda_2}+\frac{1}{\lambda_3}\right)\geqslant 3\left(\frac{1}{\lambda_1\lambda_2\lambda_3}\right)^{\frac{1}{3}}$,

$$I_1(\boldsymbol{U})=(\lambda_1+\lambda_2+\lambda_3)\geqslant 3(\lambda_1\lambda_2\lambda_3)^{\frac{1}{3}}.$$

故得欲证之不等式.

1.9 $\boldsymbol{F}$ 的右(或左)特征向量 $\boldsymbol{r}$(或 $\boldsymbol{l}$)等于 $\boldsymbol{F}$ 转置$\boldsymbol{F}^{\mathrm{T}}$的左(或右)特征向量.因为 $\boldsymbol{F}\neq\boldsymbol{F}^{\mathrm{T}}$,所以 $\boldsymbol{F}$ 的右特征向量$\boldsymbol{r}$ 并不等于$\boldsymbol{F}$ 的左特征向量 $\boldsymbol{l}$.但由于 $\boldsymbol{F}$ 和 $\boldsymbol{F}^{\mathrm{T}}$具有相同的特征方程,故它们有相同的特征值 $\lambda_\alpha(\alpha=1,2,3)$.

需要对以下三种情形分别进行讨论:(i) 三个特征值互不相等;(ii) 有两个相同的特征值;(iii) 三个特征值相等.

(i) $\lambda_1\neq\lambda_2\neq\lambda_3\neq\lambda_1$ 的情形

设对应于 λ_α 的左、右特征向量分别为 $\boldsymbol{l}_\alpha$ 和 $\boldsymbol{r}_\alpha(\alpha=1,2,3)$,则$(\boldsymbol{r}_1,\boldsymbol{r}_2,\boldsymbol{r}_3)$是不共面的.这可用反证法来加以证明,即假定存在三个不全为零的常数 $c_\alpha(\alpha=1,2,3)$,使得

$$c_1\boldsymbol{r}_1+c_2\boldsymbol{r}_2+c_3\boldsymbol{r}_3=\boldsymbol{0},$$

那么,用 $\boldsymbol{F}$ 和 $\boldsymbol{F}^2$分别对上式作点积,并注意到

$$\boldsymbol{F}\cdot\boldsymbol{r}_\alpha=\lambda_\alpha\boldsymbol{r}_\alpha,\quad \boldsymbol{F}^2\cdot\boldsymbol{r}_\alpha=\lambda_\alpha^2\boldsymbol{r}_\alpha\quad(\text{不对 }\alpha\text{ 求和})$$

便得到

$$\lambda_1(c_1\boldsymbol{r}_1)+\lambda_2(c_2\boldsymbol{r}_2)+\lambda_3(c_3\boldsymbol{r}_3)=\boldsymbol{0},$$
$$\lambda_1^2(c_1\boldsymbol{r}_1)+\lambda_2^2(c_2\boldsymbol{r}_2)+\lambda_3^2(c_3\boldsymbol{r}_3)=\boldsymbol{0}.$$

以上是关于 $c_1\boldsymbol{r}_1,c_2\boldsymbol{r}_2,c_3\boldsymbol{r}_3$ 的方程组,其系数行列式

$$\begin{vmatrix}1&1&1\\\lambda_1&\lambda_2&\lambda_3\\\lambda_1^2&\lambda_2^2&\lambda_3^2\end{vmatrix}=(\lambda_1-\lambda_2)(\lambda_2-\lambda_3)(\lambda_3-\lambda_1)$$

不等于零,由此推出 $c_1=c_2=c_3=0$,这与假设相矛盾,说明$(\boldsymbol{r}_1,\boldsymbol{r}_2,\boldsymbol{r}_3)$是不共面的.类似地,可证$(\boldsymbol{l}_1,\boldsymbol{l}_2,\boldsymbol{l}_3)$也是不共面的.

此外,由于当 $\alpha\neq\beta$ 时,$\lambda_\alpha\neq\lambda_\beta$,故由

$$\boldsymbol{l}_\alpha\cdot\boldsymbol{F}=\lambda_\alpha\boldsymbol{l}_\alpha,\quad \boldsymbol{F}\cdot\boldsymbol{r}_\beta=\lambda_\beta\boldsymbol{r}_\beta\qquad(\text{不对重复指标求和})$$

可知

$$\boldsymbol{l}_\alpha\cdot\boldsymbol{F}\cdot\boldsymbol{r}_\beta=\lambda_\alpha(\boldsymbol{l}_\alpha\cdot\boldsymbol{r}_\beta)=\lambda_\beta(\boldsymbol{l}_\alpha\cdot\boldsymbol{r}_\beta)\qquad(\text{不对重复指标求和}),$$

即

$$(\lambda_\alpha-\lambda_\beta)(\boldsymbol{l}_\alpha\cdot\boldsymbol{r}_\beta)=0\qquad(\text{不对重复指标求和})$$

或

$$(\boldsymbol{l}_\alpha\cdot\boldsymbol{r}_\beta)=0\quad(\text{当 }\alpha\neq\beta).$$

根据以上讨论,还可以证明:对应于同一特征值的左、右特征向量的点积不等于零:$\boldsymbol{l}_1\cdot\boldsymbol{r}_1\neq0,\boldsymbol{l}_2\cdot\boldsymbol{r}_2\neq0,\boldsymbol{l}_3\cdot\boldsymbol{r}_3\neq0$.因为根据 $\boldsymbol{l}_2\cdot\boldsymbol{r}_1=0,\boldsymbol{l}_3\cdot\boldsymbol{r}_1=0$,可知 $\boldsymbol{r}_1$ 沿由$(\boldsymbol{l}_2,\boldsymbol{l}_3)$所张成平面的法向.如果再有 $\boldsymbol{l}_1\cdot\boldsymbol{r}_1=0$,那么 $\boldsymbol{l}_1$ 也一定在由$(\boldsymbol{l}_2,\boldsymbol{l}_3)$所张成的平面内,这与$(\boldsymbol{l}_1,\boldsymbol{l}_2,\boldsymbol{l}_3)$不共面的性质是相矛盾的.

于是,我们可以定义新的左特征向量$\hat{\boldsymbol{l}}_\alpha=\boldsymbol{l}_\alpha/(\boldsymbol{l}_\alpha\cdot\boldsymbol{r}_\alpha)$(不对 α 求和),使得

$$\hat{\boldsymbol{l}}_\alpha\cdot\boldsymbol{r}_\beta=\delta_{\alpha\beta}=\begin{cases}1, & \alpha=\beta,\\0, & \alpha\neq\beta,\end{cases}$$

因此,$\boldsymbol{F}$ 的谱分解式最终可表示为

$$\boldsymbol{F}=\sum_{\alpha=1}^{3}\lambda_\alpha\boldsymbol{E}_\alpha,$$

其中 $\boldsymbol{E}_\alpha=\boldsymbol{r}_\alpha\otimes\hat{\boldsymbol{l}}_\alpha$(不对 α 求和),满足 $\boldsymbol{E}_\alpha\cdot\boldsymbol{E}_\beta=\begin{cases}\boldsymbol{E}_\alpha,\alpha=\beta,\\ \boldsymbol{0},\alpha\neq\beta.\end{cases}$

另外,注意到二阶单位张量可以写为

$$\boldsymbol{I}=\boldsymbol{E}_1+\boldsymbol{E}_2+\boldsymbol{E}_3,$$

所以,由

$$\begin{aligned}\boldsymbol{F}-\lambda_1\boldsymbol{I}&=(\lambda_2-\lambda_1)\boldsymbol{E}_2+(\lambda_3-\lambda_1)\boldsymbol{E}_3,\\ \boldsymbol{F}-\lambda_2\boldsymbol{I}&=(\lambda_3-\lambda_2)\boldsymbol{E}_3+(\lambda_1-\lambda_2)\boldsymbol{E}_1,\\ \boldsymbol{F}-\lambda_3\boldsymbol{I}&=(\lambda_1-\lambda_3)\boldsymbol{E}_1+(\lambda_2-\lambda_3)\boldsymbol{E}_2,\end{aligned}$$

可得 $\boldsymbol{E}_\alpha$ 的绝对表示式

$$\begin{aligned}\boldsymbol{E}_1&=\left(\frac{\boldsymbol{F}-\lambda_2\boldsymbol{I}}{\lambda_1-\lambda_2}\right)\cdot\left(\frac{\boldsymbol{F}-\lambda_3\boldsymbol{I}}{\lambda_1-\lambda_3}\right)=\frac{\boldsymbol{F}^2-(\lambda_2+\lambda_3)\boldsymbol{F}+\lambda_2\lambda_3\boldsymbol{I}}{(\lambda_1-\lambda_2)(\lambda_1-\lambda_3)},\\ \boldsymbol{E}_2&=\left(\frac{\boldsymbol{F}-\lambda_3\boldsymbol{I}}{\lambda_2-\lambda_3}\right)\cdot\left(\frac{\boldsymbol{F}-\lambda_1\boldsymbol{I}}{\lambda_2-\lambda_1}\right)=\frac{\boldsymbol{F}^2-(\lambda_3+\lambda_1)\boldsymbol{F}+\lambda_3\lambda_1\boldsymbol{I}}{(\lambda_2-\lambda_3)(\lambda_2-\lambda_1)},\\ \boldsymbol{E}_3&=\left(\frac{\boldsymbol{F}-\lambda_1\boldsymbol{I}}{\lambda_3-\lambda_1}\right)\cdot\left(\frac{\boldsymbol{F}-\lambda_2\boldsymbol{I}}{\lambda_3-\lambda_2}\right)=\frac{\boldsymbol{F}^2-(\lambda_1+\lambda_2)\boldsymbol{F}+\lambda_1\lambda_2\boldsymbol{I}}{(\lambda_3-\lambda_1)(\lambda_3-\lambda_2)}.\end{aligned}$$

下面讨论 $\boldsymbol{F}$ 的特征方程中有两个共轭复根的情形.不失一般性,可设这三个特征值分别为 $\lambda_1,\lambda_2=a+\mathrm{i}b,\lambda_3=a-\mathrm{i}b$,将它们代入到以上 $\boldsymbol{E}_\alpha$ 的绝对表示式中,可得

$$\boldsymbol{E}_1=\frac{\boldsymbol{F}^2-2a\boldsymbol{F}+(a^2+b^2)\boldsymbol{I}}{(\lambda_1-a)^2+b^2},$$

$$\boldsymbol{E}_2=\boldsymbol{E}_{(R)}+\mathrm{i}\boldsymbol{E}_{(I)},$$

$$\boldsymbol{E}_3=\boldsymbol{E}_{(R)}-\mathrm{i}\boldsymbol{E}_{(I)}.$$

其中

$$\boldsymbol{E}_{(R)}=-\left(\frac{\boldsymbol{F}^2-2a\boldsymbol{F}+\lambda_1(2a-\lambda_1)\boldsymbol{I}}{2[b^2+(a-\lambda_1)^2]}\right),$$

$$\boldsymbol{E}_{(I)}=\frac{(\lambda_1-a)\boldsymbol{F}^2+(a^2-b^2-\lambda_1^2)\boldsymbol{F}+\lambda_1(b^2-a^2+\lambda_1 a)\boldsymbol{I}}{2b[b^2+(a-\lambda_1)^2]}.$$

这时,$\boldsymbol{F}$ 的谱分解式可写为

$$\boldsymbol{F}=\sum_{\alpha=1}^{3}\lambda_\alpha\boldsymbol{E}_\alpha=\lambda_1\boldsymbol{E}_1+2a\boldsymbol{E}_{(R)}-2b\boldsymbol{E}_{(I)}.$$

(ii) $\lambda_1\neq\lambda_2=\lambda_3$ 的情形

可以先令 $\lambda_3=\lambda_2+\Delta\lambda$,然后再让 $\Delta\lambda$ 趋于零.即先将 $\boldsymbol{F}$ 表示为$\boldsymbol{F}=\lambda_1\boldsymbol{E}_1+\lambda_2(\boldsymbol{E}_2+\boldsymbol{E}_3)+\Delta\lambda\boldsymbol{E}_3=\lambda_1\boldsymbol{E}_1+\lambda_2(\boldsymbol{I}-\boldsymbol{E}_1)+\Delta\lambda\boldsymbol{E}_3$,再将 $\lambda_3=\lambda_2+\Delta\lambda$ 代入 $\boldsymbol{E}_3$ 的绝对表示式,可计算求得$\lim\limits_{\Delta\lambda\to 0}(\Delta\lambda\boldsymbol{E}_3)=\boldsymbol{H}$,其中 $\boldsymbol{H}=\left(\dfrac{1}{\lambda_2-\lambda_1}\right)(\boldsymbol{F}^2-(\lambda_1+\lambda_2)\boldsymbol{F}+\lambda_1\lambda_2\boldsymbol{I})$.因此有

$$\boldsymbol{F}=\lambda_1\boldsymbol{E}_1+\lambda_2(\boldsymbol{I}-\boldsymbol{E}_1)+\boldsymbol{H}.$$

(iii) $\lambda_1=\lambda_2=\lambda_3=\lambda$ 的情形

利用(ii)中的结果,可先令 $\lambda_1=\lambda_2+\Delta\lambda$,而将 $\boldsymbol{F}$ 写为

$$\boldsymbol{F}=\lambda_2\boldsymbol{E}_1+\lambda_2(\boldsymbol{I}-\boldsymbol{E}_1)+\boldsymbol{H}+\Delta\lambda\boldsymbol{E}_1,$$

可见有

$$\lim_{\Delta\lambda\to 0}(\boldsymbol{H}+\Delta\lambda\boldsymbol{E}_1)=\boldsymbol{F}-\lambda\boldsymbol{I}=\boldsymbol{H}'.$$

于是得

$$\boldsymbol{F}=\lambda\boldsymbol{I}+\boldsymbol{H}'.$$

1.10 设 λ 和$\boldsymbol{e}_3$ 分别为 $\boldsymbol{G}-\boldsymbol{G}^{\mathrm{T}}$ 的特征值和单位特征向量.由于$\boldsymbol{G}-\boldsymbol{G}^{\mathrm{T}}$是反称仿射量,故 $\lambda=0$.因此有$(\boldsymbol{G}-\boldsymbol{G}^{\mathrm{T}})\cdot\boldsymbol{e}_3=\boldsymbol{0}$,或 $\boldsymbol{G}\cdot\boldsymbol{e}_3=\boldsymbol{G}^{\mathrm{T}}\cdot\boldsymbol{e}_3=\boldsymbol{e}_3\cdot\boldsymbol{G}$.再由 $\boldsymbol{G}^2=\boldsymbol{0}$,可知

$$(\boldsymbol{G}\cdot\boldsymbol{e}_3)\cdot(\boldsymbol{G}\cdot\boldsymbol{e}_3)=(\boldsymbol{G}^{\mathrm{T}}\cdot\boldsymbol{e}_3)\cdot(\boldsymbol{G}\cdot\boldsymbol{e}_3)=\boldsymbol{e}_3\cdot\boldsymbol{G}^2\cdot\boldsymbol{e}_3=\boldsymbol{0}.$$

说明 $\boldsymbol{G}\cdot\boldsymbol{e}_3$ 是长度为零的向量:$\boldsymbol{G}\cdot\boldsymbol{e}_3=\boldsymbol{0}$.

现构造单位正交基$(\boldsymbol{e}_1',\boldsymbol{e}_2',\boldsymbol{e}_3)$,因为 $\boldsymbol{G}\cdot\boldsymbol{e}_3=\boldsymbol{e}_3\cdot\boldsymbol{G}=\boldsymbol{0}$,所以 $\boldsymbol{G}$ 可表示为

$$\boldsymbol{G}=\sum_{\alpha,\beta=1}^{2}G'_{\alpha\beta}\boldsymbol{e}'_\alpha\otimes\boldsymbol{e}'_\beta\quad(\alpha,\beta=1,2).$$

令 $\boldsymbol{u}=\boldsymbol{G}\cdot\boldsymbol{e}_1'=G'_{11}\boldsymbol{e}_1'+G'_{21}\boldsymbol{e}_2'$,则可能有两种情形:

(a) $\boldsymbol{u}=\boldsymbol{0}$,即 $G'_{11}=G'_{21}=0$.

这时 $\boldsymbol{G}=G'_{12}\boldsymbol{e}_1'\otimes\boldsymbol{e}_2'+G'_{22}\boldsymbol{e}_2'\otimes\boldsymbol{e}_2'$.由条件 $\boldsymbol{G}^2=G'_{22}\boldsymbol{G}=\boldsymbol{0}$,可知对于非零仿射量$\boldsymbol{G}$,有 $G'_{22}=0$,即 $\boldsymbol{G}$ 可表示为$\boldsymbol{G}=k\boldsymbol{e}_1\otimes\boldsymbol{e}_2$,其中 $k=G'_{12}$,$\boldsymbol{e}_1=\boldsymbol{e}_1'$,$\boldsymbol{e}_2=\boldsymbol{e}_2'$.

(b) $\boldsymbol{u}\neq\boldsymbol{0}$,则可令 $\boldsymbol{e}_1=\boldsymbol{u}/|\boldsymbol{u}|$,$\boldsymbol{e}_2=\boldsymbol{e}_3\times\boldsymbol{e}_1$,于是 $\boldsymbol{G}\cdot\boldsymbol{e}_1=(\boldsymbol{G}\cdot\boldsymbol{u})/|\boldsymbol{u}|=(\boldsymbol{G}^2\cdot\boldsymbol{e}_1')/|\boldsymbol{u}|=\boldsymbol{0}$.这相当于情形(a),故在单位正交基$(\boldsymbol{e}_1,\boldsymbol{e}_2,\boldsymbol{e}_3)$下,$\boldsymbol{G}$ 可写为

$k\boldsymbol{e}_1 \otimes \boldsymbol{e}_2$的形式．证讫．

1.11 取$v = \boldsymbol{g}_1, \boldsymbol{u} = \boldsymbol{g}_2$和$\boldsymbol{g}_3$为协变基向量，则$\boldsymbol{W} = v \otimes \boldsymbol{u} - \boldsymbol{u} \otimes v = \boldsymbol{g}_1 \otimes \boldsymbol{g}_2 - \boldsymbol{g}_2 \otimes \boldsymbol{g}_1$的轴向量可由(1.84)式写为

$$\boldsymbol{\omega} = -\frac{1}{2}\varepsilon_{ijk} W^{jk} \boldsymbol{g}^i = -\sqrt{g}\, \boldsymbol{g}^3,$$

其中W^{jk}的非零分量只有$W^{12} = -W^{21} = 1$.

另一方面，有

$$\boldsymbol{u} \times v = \boldsymbol{g}_2 \times \boldsymbol{g}_1 = -[\boldsymbol{g}_1, \boldsymbol{g}_2, \boldsymbol{g}_3]\boldsymbol{g}^3 = -\sqrt{g}\, \boldsymbol{g}^3.$$

证讫．

1.12 利用 Cayley-Hamilton 定理

$$\boldsymbol{M}^3 - \boldsymbol{M}^2(\mathrm{tr}\boldsymbol{M}) + \frac{1}{2}\boldsymbol{M}[(\mathrm{tr}\boldsymbol{M})^2 - \mathrm{tr}\boldsymbol{M}^2] - \boldsymbol{I}\left[\frac{1}{3}\mathrm{tr}\boldsymbol{M}^3 - \frac{1}{2}(\mathrm{tr}\boldsymbol{M})(\mathrm{tr}\boldsymbol{M}^2) + \frac{1}{6}(\mathrm{tr}\boldsymbol{M})^3\right] = \boldsymbol{0},$$

并取上式中的$\boldsymbol{M}$为$\boldsymbol{A} + \alpha\boldsymbol{B} + \beta\boldsymbol{C}$，其中$\alpha$和$\beta$为任意实数．展开上式，并注意到$\alpha$和$\beta$的任意性，可知以$(\alpha\beta)$为系数的项应该等于零．由此得欲证之方程．也可参考文献[1.5]的讨论．

1.13 利用

$$\begin{aligned}&(\boldsymbol{F} - \boldsymbol{Q}):(\boldsymbol{F} - \boldsymbol{Q})\\ =&\ \mathrm{tr}[(\boldsymbol{F} - \boldsymbol{Q})^{\mathrm{T}} \cdot (\boldsymbol{F} - \boldsymbol{Q})]\\ =&\ \mathrm{tr}(\boldsymbol{U}^2 + \boldsymbol{I} - \boldsymbol{Q}^{\mathrm{T}} \cdot \boldsymbol{F} - \boldsymbol{F}^{\mathrm{T}} \cdot \boldsymbol{Q}),\end{aligned}$$

可得

$$\begin{aligned}&(\boldsymbol{F} - \boldsymbol{Q}):(\boldsymbol{F} - \boldsymbol{Q}) - (\boldsymbol{F} - \boldsymbol{R}):(\boldsymbol{F} - \boldsymbol{R})\\ =&\ \mathrm{tr}(\boldsymbol{R}^{\mathrm{T}} \cdot \boldsymbol{F} + \boldsymbol{F}^{\mathrm{T}} \cdot \boldsymbol{R} - \boldsymbol{Q}^{\mathrm{T}} \cdot \boldsymbol{F} - \boldsymbol{F}^{\mathrm{T}} \cdot \boldsymbol{Q})\\ =&\ \mathrm{tr}(2\boldsymbol{U} - \boldsymbol{Q}_1^{\mathrm{T}} \cdot \boldsymbol{U} - \boldsymbol{U} \cdot \boldsymbol{Q}_1)\\ =&\ \mathrm{tr}[(\boldsymbol{Q}_1 - \boldsymbol{I})^{\mathrm{T}} \cdot \boldsymbol{U} \cdot (\boldsymbol{Q}_1 - \boldsymbol{I})],\end{aligned}$$

其中$\boldsymbol{Q}_1 = \boldsymbol{R}^{\mathrm{T}} \cdot \boldsymbol{Q} \neq \boldsymbol{I}$为正交张量．由于$\boldsymbol{U}$是对称正定仿射量，可知上式大于零．

1.14 设$\boldsymbol{A}$的谱分解式为$\boldsymbol{A} = A_1 \boldsymbol{l}_1 \otimes \boldsymbol{l}_1 + A_2 \boldsymbol{l}_2 \otimes \boldsymbol{l}_2 + A_3 \boldsymbol{l}_3 \otimes \boldsymbol{l}_3$. $\boldsymbol{\Omega}$为反对称仿射量，可表示为$\boldsymbol{\Omega} = \sum_{\alpha,\beta=1}^{3} \Omega_{\alpha\beta} \boldsymbol{l}_\alpha \otimes \boldsymbol{l}_\beta$，满足$\Omega_{\alpha\beta} = -\Omega_{\beta\alpha}$．现假设$\boldsymbol{C}$可表示为$\boldsymbol{C} = \sum_{\alpha,\beta=1}^{3} C_{\alpha\beta} \boldsymbol{l}_\alpha \otimes \boldsymbol{l}_\beta$．由于$\boldsymbol{A} \cdot \boldsymbol{\Omega} - \boldsymbol{\Omega} \cdot \boldsymbol{A}$是对称的，故当张量方程有解时，要求$\boldsymbol{C}$也是对称的，即要求有$C_{\alpha\beta} = C_{\beta\alpha}$．现记$\boldsymbol{P}_\alpha = \boldsymbol{l}_\alpha \otimes \boldsymbol{l}_\alpha$（$\alpha = 1,2,3$，不对$\alpha$求和），则由$\boldsymbol{P}_\alpha \cdot \boldsymbol{A} = \boldsymbol{A} \cdot \boldsymbol{P}_\alpha = A_\alpha \boldsymbol{P}_\alpha$（不对$\alpha$求和），可知$\boldsymbol{P}_\alpha \cdot (\boldsymbol{A} \cdot \boldsymbol{\Omega} - \boldsymbol{\Omega} \cdot \boldsymbol{A}) \cdot \boldsymbol{P}_\alpha = \boldsymbol{0}$，说明只有当$\boldsymbol{C}$满足$\boldsymbol{P}_\alpha \cdot \boldsymbol{C} \cdot \boldsymbol{P}_\alpha = \boldsymbol{0}$（即$C_{11} = C_{22} = C_{33} = 0$）时，张量方程$\boldsymbol{A} \cdot \boldsymbol{\Omega} - \boldsymbol{\Omega} \cdot \boldsymbol{A} = \boldsymbol{C}$才存在解．由

$$\boldsymbol{A} \cdot \boldsymbol{\Omega} = A_1 \sum_{\beta=1}^{3} \Omega_{1\beta} \boldsymbol{l}_1 \otimes \boldsymbol{l}_\beta + A_2 \sum_{\beta=1}^{3} \Omega_{2\beta} \boldsymbol{l}_2 \otimes \boldsymbol{l}_\beta + A_3 \sum_{\beta=1}^{3} \Omega_{3\beta} \boldsymbol{l}_3 \otimes \boldsymbol{l}_\beta,$$

$$\boldsymbol{\Omega}\cdot\boldsymbol{A}=A_1\sum_{\alpha=1}^{3}\Omega_{\alpha1}\boldsymbol{l}_\alpha\otimes\boldsymbol{l}_1+A_2\sum_{\alpha=1}^{3}\Omega_{\alpha2}\boldsymbol{l}_\alpha\otimes\boldsymbol{l}_2+A_3\sum_{\alpha=1}^{3}\Omega_{\alpha3}\boldsymbol{l}_\alpha\otimes\boldsymbol{l}_3,$$

可得 $\boldsymbol{A}\cdot\boldsymbol{\Omega}-\boldsymbol{\Omega}\cdot\boldsymbol{A}=\Omega_{12}(A_1-A_2)(\boldsymbol{l}_1\otimes\boldsymbol{l}_2+\boldsymbol{l}_2\otimes\boldsymbol{l}_1)+\Omega_{23}(A_2-A_3)(\boldsymbol{l}_2\otimes\boldsymbol{l}_3+\boldsymbol{l}_3\otimes\boldsymbol{l}_2)+\Omega_{31}(A_3-A_1)(\boldsymbol{l}_3\otimes\boldsymbol{l}_1+\boldsymbol{l}_1\otimes\boldsymbol{l}_3)$.

另一方面,根据以上讨论,$\boldsymbol{C}$ 可写为

$$\boldsymbol{C}=C_{12}(\boldsymbol{l}_1\otimes\boldsymbol{l}_2+\boldsymbol{l}_2\otimes\boldsymbol{l}_1)+C_{23}(\boldsymbol{l}_2\otimes\boldsymbol{l}_3+\boldsymbol{l}_3\otimes\boldsymbol{l}_2)+C_{31}(\boldsymbol{l}_3\otimes\boldsymbol{l}_1+\boldsymbol{l}_1\otimes\boldsymbol{l}_3),$$

故当 $\boldsymbol{A}$ 的三个特征值互不相等时,有 $\Omega_{\alpha\beta}=\begin{cases}\dfrac{C_{\alpha\beta}}{A_\alpha-A_\beta}, & \alpha\neq\beta,\\ 0, & \alpha=\beta.\end{cases}$

1.17 利用恒等式

$$(\mathcal{M}_0-\mathcal{M})^{-1}=-\mathcal{L}:(\mathcal{L}_0-\mathcal{L})^{-1}:\mathcal{L}-\mathcal{L}.$$

1.18 对于圆柱坐标系 (r,θ,z),如取 (x^1,x^2,x^3) 与 (r,θ,z) 相对应,则有 $\Gamma^2_{12}=\Gamma^2_{21}=\dfrac{1}{r}$,$\Gamma^1_{22}=-r$,其他指标的 $\Gamma^r_{ij}=0$.

对于球坐标系 (r,θ,φ),如取 (x^1,x^2,x^3) 与 (r,θ,φ) 相对应,则有

$$\Gamma^2_{12}=\Gamma^2_{21}=\frac{1}{r},\qquad \Gamma^1_{22}=-r,$$

$$\Gamma^3_{13}=\Gamma^3_{31}=\frac{1}{r},\qquad \Gamma^1_{33}=-r\sin^2\theta,$$

$$\Gamma^3_{23}=\Gamma^3_{32}=\cot\theta,\quad \Gamma^2_{33}=-\sin\theta\cos\theta,\quad \text{其他指标的 }\Gamma^r_{ij}=0.$$

1.20 对于逆变基向量 $\{\boldsymbol{g}^1,\boldsymbol{g}^2,\boldsymbol{g}^3\}$,可令 $v=v_k\boldsymbol{g}^k$, $\boldsymbol{a}^i=a^i_l\boldsymbol{g}^l$, $\boldsymbol{b}_i=b_{ik}\boldsymbol{g}^k$,则有 $v_k|_l=a^i_lb_{ik}$.再由 $\nabla\times v=\varepsilon^{lkj}v_k|_l\boldsymbol{g}_j$ 和 $\boldsymbol{a}^i\times\boldsymbol{b}_i=\varepsilon^{lkj}a^i_lb_{ik}\boldsymbol{g}_j$,可知 $\nabla\times v=\boldsymbol{a}^i\times\boldsymbol{b}_i$ 成立.

1.27 由 §1.6 例 7 的(1.130)式,有 $(\nabla v)\cdot\nabla=\nabla(v\cdot\nabla)=\nabla(\mathrm{div}v)$,再注意到 $(v\nabla)\cdot\nabla=\nabla\cdot(\nabla v)=\nabla^2 v$,故有欲证之等式.

1.28 对于向量场 $v=\varphi(\nabla\psi)-\psi(\nabla\varphi)$,可直接利用散度定理.

1.29 对 $(\boldsymbol{u}\otimes\boldsymbol{\sigma})\cdot\nabla=\boldsymbol{u}\otimes(\boldsymbol{\sigma}\cdot\nabla)+(\boldsymbol{u}\nabla)\cdot\boldsymbol{\sigma}^{\mathrm{T}}$,利用散度定理.

1.31 设 $\boldsymbol{U}$ 的三个主不变量分别为 $J_1=\mathrm{tr}\boldsymbol{U}$,$J_2=\dfrac{1}{2}[(\mathrm{tr}\boldsymbol{U})^2-\mathrm{tr}\boldsymbol{U}^2]$ 和 $J_3=\det\boldsymbol{U}$,则 $\boldsymbol{C}$ 的三个主不变量可由 J_1、J_2 和 J_3 表示为

$$I_1(\boldsymbol{C})=J_1^2-2J_2,\ I_2(\boldsymbol{C})=J_2^2-2J_1J_3,\ I_3(\boldsymbol{C})=J_3^2.$$

在上式中消去 J_2,得

$$J_1^4-2J_1^2I_1(\boldsymbol{C})-8J_1J_3+I_1^2(\boldsymbol{C})-4I_2(\boldsymbol{C})=0.$$

上式对 $\boldsymbol{C}$ 的梯度为

$$(4J_1^3-4J_1I_1(\boldsymbol{C})-8J_3)\boldsymbol{X}-2J_1^2\frac{\mathrm{d}I_1(\boldsymbol{C})}{\mathrm{d}\boldsymbol{C}}-8J_1\frac{\mathrm{d}J_3}{\mathrm{d}\boldsymbol{C}}+$$
$$2I_1(\boldsymbol{C})\frac{\mathrm{d}I_1(\boldsymbol{C})}{\mathrm{d}\boldsymbol{C}}-4\frac{\mathrm{d}I_2(\boldsymbol{C})}{\mathrm{d}\boldsymbol{C}}=\boldsymbol{0}.$$

其中 $\boldsymbol{X}=\dfrac{\mathrm{d}(\mathrm{tr}\boldsymbol{U})}{\mathrm{d}\boldsymbol{C}}$.利用(1.196)式和(1.197)式,上式化为

$$8(J_1J_2-J_3)\boldsymbol{X}-4J_2\boldsymbol{I}-4(I_1(\boldsymbol{C})\boldsymbol{I}-\boldsymbol{C})-4J_1J_3\boldsymbol{C}^{-1}=\boldsymbol{0},$$

即

$$X = \frac{1}{2(J_1J_2 - J_3)}[(J_1^2 - J_2)\boldsymbol{I} - \boldsymbol{C} + J_1J_3\boldsymbol{C}^{-1}].$$

另一方面,由 Cayley-Hamilton 定理

$$\boldsymbol{U}^3 - J_1\boldsymbol{U}^2 + J_2\boldsymbol{U} - J_3\boldsymbol{I} = \boldsymbol{0},$$

可得

$$\boldsymbol{U}^2 - J_1\boldsymbol{U} + J_2\boldsymbol{I} - J_3\boldsymbol{U}^{-1} = \boldsymbol{0},$$

和

$$\boldsymbol{U} - J_1\boldsymbol{I} + J_2\boldsymbol{U}^{-1} - J_3\boldsymbol{U}^{-2} = \boldsymbol{0}.$$

最后一式乘以 J_1 并与上一式相加后,有

$$\boldsymbol{U}^{-1} = \frac{1}{(J_1J_2 - J_3)}[(J_1^2 - J_2)\boldsymbol{I} - \boldsymbol{C} + J_1J_3\boldsymbol{C}^{-1}],$$

由此得

$$\boldsymbol{X} = \frac{\mathrm{d}(\mathrm{tr}\boldsymbol{U})}{\mathrm{d}\boldsymbol{C}} = \frac{1}{2}\boldsymbol{U}^{-1}.$$

1.32 利用

$$I_2 = \frac{1}{2}(I_1^2 - \mathrm{tr}\boldsymbol{C}) = I_3\mathrm{tr}(\boldsymbol{U}^{-1})\text{和 } I_3 = (\det\boldsymbol{C})^{\frac{1}{2}},$$

可知

$$\frac{\mathrm{d}I_2}{\mathrm{d}\boldsymbol{C}} = \frac{1}{2}(I_1\boldsymbol{U}^{-1} - \boldsymbol{I}) = \frac{1}{2}I_3(\mathrm{tr}\boldsymbol{U}^{-1})\boldsymbol{C}^{-1} + I_3\frac{\mathrm{d}(\mathrm{tr}\boldsymbol{U}^{-1})}{\mathrm{d}\boldsymbol{C}}.$$

或由 $\mathrm{tr}\boldsymbol{U}^{-1} = \frac{I_2}{I_3}$,得

$$\frac{\mathrm{d}(\mathrm{tr}\boldsymbol{U}^{-1})}{\mathrm{d}\boldsymbol{C}} = \frac{1}{2I_3}(I_1\boldsymbol{U}^{-1} - I_2\boldsymbol{U}^{-2} - \boldsymbol{I}).$$

1.33 两组主不变量的关系为

$$I_1^2(\boldsymbol{U}) = I_1(\boldsymbol{C}) + 2I_2(\boldsymbol{U}),$$
$$I_2^2(\boldsymbol{U}) = I_2(\boldsymbol{C}) + 2I_1(\boldsymbol{U})I_3(\boldsymbol{U}),$$
$$I_3^2(\boldsymbol{U}) = I_3(\boldsymbol{C}).$$

如果 $x = I_1(\boldsymbol{U})$可用 $I_1(\boldsymbol{C})$、$I_2(\boldsymbol{C})$和 $I_3(\boldsymbol{C})$来加以表示,则 $I_2(\boldsymbol{U}) = \frac{1}{2}(x^2 - I_1(\boldsymbol{C}))$和 $I_3(\boldsymbol{U}) = \sqrt{I_3(\boldsymbol{C})}$也可用 $I_1(\boldsymbol{C})$、$I_2(\boldsymbol{C})$和 $I_3(\boldsymbol{C})$来加以表示,其中 x 是 4 次方程$(x^2 - I_1(\boldsymbol{C}))^2 = 4(I_2(\boldsymbol{C}) + 2\sqrt{I_3(\boldsymbol{C})}x)$的正根.

1.34 利用 Cayley-Hamilton 定理,有

$$I_1(\boldsymbol{U})[\boldsymbol{U}^3 - I_1(\boldsymbol{U})\boldsymbol{U}^2 + I_2(\boldsymbol{U})\boldsymbol{U} - I_3(\boldsymbol{U})\boldsymbol{I}] = \boldsymbol{0},$$
$$\boldsymbol{U}^4 - I_1(\boldsymbol{U})\boldsymbol{U}^3 + I_2(\boldsymbol{U})\boldsymbol{U}^2 - I_3(\boldsymbol{U})\boldsymbol{U} = \boldsymbol{0}.$$

以上两式相加后,得

$$\boldsymbol{U}^4 = [I_1^2(\boldsymbol{U}) - I_2(\boldsymbol{U})]\boldsymbol{U}^2 + [I_3(\boldsymbol{U}) - I_1(\boldsymbol{U})I_2(\boldsymbol{U})]\boldsymbol{U} + I_1(\boldsymbol{U})I_3(\boldsymbol{U})\boldsymbol{I},$$

故得

$$\boldsymbol{U}=\frac{1}{I_1(\boldsymbol{U})I_2(\boldsymbol{U})-I_3(\boldsymbol{U})}\{I_1(\boldsymbol{U})I_3(\boldsymbol{U})\boldsymbol{I}+[I_1^2(\boldsymbol{U})-I_2(\boldsymbol{U})]\boldsymbol{C}-\boldsymbol{C}^2\}.$$

上式中的 $I_1(\boldsymbol{U})$、$I_2(\boldsymbol{U})$和 $I_3(\boldsymbol{U})$可利用上题由 $I_1(\boldsymbol{C})$、$I_2(\boldsymbol{C})$和 $I_3(\boldsymbol{C})$来加以表示.

第二章

2.1 在参考构形中任选一参考点 $\boldsymbol{X}_0$,并以 $\boldsymbol{X}_0$ 为原点建立单位正交基$(\boldsymbol{e}_1,\boldsymbol{e}_2,\boldsymbol{e}_3)$.在 t 时刻,$\boldsymbol{X}_0$ 变为 $\boldsymbol{x}_0(t)$,$(\boldsymbol{e}_1,\boldsymbol{e}_2,\boldsymbol{e}_3)$变为$(\boldsymbol{f}_1(t),\boldsymbol{f}_2(t),\boldsymbol{f}_3(t))$.由于在运动过程中保持任意两点距离不变,因此$|\boldsymbol{X}-\boldsymbol{X}_0|=|\boldsymbol{x}-\boldsymbol{x}_0|$,且$(\boldsymbol{X}-\boldsymbol{X}_0)\cdot\boldsymbol{e}_\alpha=(\boldsymbol{x}-\boldsymbol{x}_0)\cdot\boldsymbol{f}_\alpha$ $(\alpha=1,2,3)$.由此得

$$\begin{aligned}\boldsymbol{x}-\boldsymbol{x}_0&=\{(\boldsymbol{X}-\boldsymbol{X}_0)\cdot\boldsymbol{e}_\alpha\}\boldsymbol{f}_\alpha=(\boldsymbol{X}-\boldsymbol{X}_0)\cdot\boldsymbol{e}_\alpha\otimes\boldsymbol{f}_\alpha\\&=(\boldsymbol{f}_\alpha\otimes\boldsymbol{e}_\alpha)\cdot(\boldsymbol{X}-\boldsymbol{X}_0)\quad(\text{对 }\alpha\text{ 求和}).\end{aligned}$$

故有

$$\boldsymbol{x}=\boldsymbol{Q}(t)(\boldsymbol{X}-\boldsymbol{X}_0)+\boldsymbol{x}_0(t).$$

其中 $\boldsymbol{Q}(t)=\sum_{\alpha=1}^{3}\boldsymbol{f}_\alpha(t)\otimes\boldsymbol{e}_\alpha$ 为正常正交仿射量.

2.2 (a) $I_1=I_2=3+k_0^2,\quad I_3=1.$

(b) $(\eta-1)[\eta^2-(2+k_0^2)\eta+1]=0$,

$$\eta_{1,2}=1+\frac{1}{2}k_0^2\pm k_0\sqrt{1+\frac{1}{4}k_0^2},\quad \eta_3=1;$$

$$\boldsymbol{L}_{1,2}=\left[\boldsymbol{e}_1+\left(\frac{1}{2}k_0\pm\sqrt{1+\frac{1}{4}k_0^2}\right)\boldsymbol{e}_2\right]\Big/\left(2+\frac{1}{2}k_0^2\pm k_0\sqrt{1+\frac{1}{4}k_0^2}\right)^{\frac{1}{2}},$$

$$\boldsymbol{L}_3=\boldsymbol{e}_3;$$

$$\boldsymbol{l}_{1,2}=\left[\boldsymbol{e}_1-\left(\frac{1}{2}k_0\mp\sqrt{1+\frac{1}{4}k_0^2}\right)\boldsymbol{e}_2\right]\Big/\left(2+\frac{1}{2}k_0^2\mp k_0\sqrt{1+\frac{1}{4}k_0^2}\right)^{\frac{1}{2}},$$

$$\boldsymbol{l}_3=\boldsymbol{e}_3.$$

(c) $$\boldsymbol{V}:\begin{pmatrix}\dfrac{1+\sin^2\beta}{\cos\beta}&\sin\beta&0\\\sin\beta&\cos\beta&0\\0&0&1\end{pmatrix},\boldsymbol{R}:\begin{pmatrix}\cos\beta&\sin\beta&0\\-\sin\beta&\cos\beta&0\\0&0&1\end{pmatrix},$$

其中 $\tan\beta=\dfrac{1}{2}k_0,\beta=\arctan\left(\dfrac{k_0}{2}\right)$.

2.3 (a) $$\begin{aligned}&I_1(\boldsymbol{C})=\mathrm{tr}\boldsymbol{C}=C_{AB}G^{AB}=3+R^2k_0^2,\\&I_2(\boldsymbol{C})=\frac{1}{2}[(\mathrm{tr}\boldsymbol{C})^2-(\mathrm{tr}\boldsymbol{C}^2)]=3+R^2k_0^2,\\&I_3(\boldsymbol{C})=1.\end{aligned}$$

2.4 $I_1=(r')^2+(r\theta')^2+(z')^2$,

$I_2=(rr'\theta')^2+(r\theta'z')^2+(z'r')^2$,

$I_3=(rr'\theta'z')^2$.

2.6 $f(R,t)=(R^3+a^3-A^3)^{\frac{1}{3}}$,其中 A 和 a 分别为某一参考点在变形前和在变形后与原点的距离.

2.7 提示:如果变形前柱体母线由向量 $\boldsymbol{L}$ 表示,则柱体的体积为$({}_0\boldsymbol{N}\cdot\boldsymbol{L})\mathrm{d}S_0$. 变形后,$\boldsymbol{L}$ 变为$\boldsymbol{l}=\boldsymbol{F}\cdot\boldsymbol{L}$,其中 $\boldsymbol{F}$ 为变形梯度张量.变形后的柱体体积为$(\boldsymbol{N}\cdot\boldsymbol{l})\mathrm{d}S$.由(2.63)式,它与变形前的柱体体积之比为$\mathscr{J}=\det\boldsymbol{F}$.因此有

$$(\boldsymbol{N}\mathrm{d}S)\cdot\boldsymbol{F}\cdot\boldsymbol{L}=(\det\boldsymbol{F})({}_0\boldsymbol{N}\ \mathrm{d}S_0)\cdot\boldsymbol{L}.$$

由于以上关系对任意选取的柱体都成立,即对任意的 $\boldsymbol{L}$ 都成立.故可得到(2.61)式.

2.8 对右 Cauchy-Green 张量 $\boldsymbol{C}=\boldsymbol{I}+2\boldsymbol{E}$ 应用 Cayley-Hamilton 定理,有

$$(\det\boldsymbol{C})\boldsymbol{I}=\boldsymbol{C}^3-\boldsymbol{C}^2(\mathrm{tr}\boldsymbol{C})+\frac{1}{2}\boldsymbol{C}[(\mathrm{tr}\boldsymbol{C})^2-(\mathrm{tr}\boldsymbol{C}^2)],$$

上式取迹后,得

$$3(\det\boldsymbol{C})=\mathrm{tr}\boldsymbol{C}^3-\frac{3}{2}(\mathrm{tr}\boldsymbol{C})(\mathrm{tr}\boldsymbol{C}^2)+\frac{1}{2}(\mathrm{tr}\boldsymbol{C})^3,$$

将 $\boldsymbol{C}=\boldsymbol{I}+2\boldsymbol{E}$ 代入上式,并利用 $\det\boldsymbol{C}=1$,可得欲证之等式.

2.10 当 $\eta_1\neq\eta_2\neq\eta_3\neq\eta_1$ 时,$\boldsymbol{\Phi}$ 的微分式为

$$\mathrm{d}\boldsymbol{\Phi}=\sum_{\alpha=1}^{3}(\mathrm{d}\eta_\alpha\boldsymbol{N}_\alpha\otimes\boldsymbol{N}_\alpha+\eta_\alpha\mathrm{d}\boldsymbol{N}_\alpha\otimes\boldsymbol{N}_\alpha+\eta_\alpha\boldsymbol{N}_\alpha\otimes\mathrm{d}\boldsymbol{N}_\alpha).$$

由 $\boldsymbol{N}_\alpha\cdot\boldsymbol{N}_\alpha=1$(不对 α 求和),$\boldsymbol{N}_\alpha\cdot\mathrm{d}\boldsymbol{N}_\alpha=0$(不对 α 求和),以及 $\boldsymbol{N}_\alpha\cdot\boldsymbol{N}_\beta=0$(当 $\alpha\neq\beta$),可知

$$\boldsymbol{N}_\alpha\cdot\mathrm{d}\boldsymbol{\Phi}\cdot\boldsymbol{N}_\alpha=(\boldsymbol{N}_\alpha\otimes\boldsymbol{N}_\alpha):\mathrm{d}\boldsymbol{\Phi}=\mathrm{d}\eta_\alpha\quad(\alpha=1,2,3;\text{不对 }\alpha\text{ 求和}),$$

故得$\dfrac{\partial\eta_\alpha}{\partial\boldsymbol{\Phi}}=\boldsymbol{N}_\alpha\otimes\boldsymbol{N}_\alpha$(不对 α 求和).

2.11 提示1: 由于 $\boldsymbol{D}=\boldsymbol{0}$,速度梯度 $\boldsymbol{L}$ 等于物质旋率 $\boldsymbol{W}$,即 $\boldsymbol{L}=\boldsymbol{W}$,$\boldsymbol{L}$ 是反对称的,故在直角坐标系中,速度分量 v_i 满足

$$\frac{\partial v_i}{\partial x^j}=-\frac{\partial v_j}{\partial x^i}.$$

因此

$$\frac{\partial L_{ij}}{\partial x^k}=\frac{\partial^2 v_i}{\partial x^j\partial x^k}=-\frac{\partial^2 v_j}{\partial x^i\partial x^k}=\frac{\partial^2 v_k}{\partial x^i\partial x^j}=-\frac{\partial^2 v_i}{\partial x^j\partial x^k}=-\frac{\partial L_{ij}}{\partial x^k}\quad\text{或}\quad\frac{\partial L_{ij}}{\partial x^k}=0.$$

说明 $\boldsymbol{L}$ 不依赖于空间位置向量$\boldsymbol{x}$,注意到 $\boldsymbol{L}=\boldsymbol{v}\nabla=\boldsymbol{W}$ 是反称的,且仅与时间 t 有关,故$\boldsymbol{v}$ 可写为 $\boldsymbol{v}=\boldsymbol{W}\cdot(\boldsymbol{x}-\boldsymbol{x}_0)+\boldsymbol{v}_0$.

提示 2: 直接利用(2.135 式).

2.12 由(2.100)式 $\boldsymbol{L}=\boldsymbol{v}\nabla=\dot{\boldsymbol{C}}_A\otimes\boldsymbol{C}^A$,可知$\nabla\boldsymbol{v}=\boldsymbol{C}^A\otimes\dot{\boldsymbol{C}}_A$.利用第一章习题1.18,得$\nabla\times\boldsymbol{v}=\boldsymbol{C}^A\times\dot{\boldsymbol{C}}_A$,而 $\boldsymbol{W}$ 的轴向量为$\dfrac{1}{2}\nabla\times\boldsymbol{v}$.

2.13 提示：利用(2.105)式，并注意到$\nabla\times v=\nabla\times(\nabla\varphi)=\mathbf{0}$. 其中$v'=\left(\frac{\partial v}{\partial t}\right)_x=\left(\frac{\partial(\nabla\varphi)}{\partial t}\right)_x=\nabla\left(\frac{\partial\varphi}{\partial t}\right)_x=\nabla\varphi'$.

2.14 (a) 由§2.6的Lagrange-Cauchy定理，如果加速度场为势的梯度，则加速度的反对称部分$\boldsymbol{J}$(即(2.109)式)等于零. 注意到速度梯度为常值$\boldsymbol{A}$，故将$\boldsymbol{D}=\frac{1}{2}(\boldsymbol{A}+\boldsymbol{A}^{\mathrm{T}})$和$\boldsymbol{W}=\frac{1}{2}(\boldsymbol{A}-\boldsymbol{A}^{\mathrm{T}})$代入(2.110)式并令其等于零后，可知$\boldsymbol{A}^2$是对称的.

(b) 注意到加速度为$\boldsymbol{a}=\boldsymbol{A}\cdot v$，其中$\boldsymbol{A}$为常仿射量，因此其旋度可写为

$$\nabla\times\boldsymbol{a}=\nabla\times(\boldsymbol{A}\cdot v)=2[(\mathrm{tr}\boldsymbol{A})\boldsymbol{\omega}-\boldsymbol{A}\cdot\boldsymbol{\omega}],$$

其中$\boldsymbol{\omega}$为$\boldsymbol{W}$的轴向量，由于加速度为势的梯度，故上式右端为零，即有$\boldsymbol{A}\cdot\boldsymbol{\omega}=(\mathrm{tr}\boldsymbol{A})\boldsymbol{\omega}$，或$\boldsymbol{D}\cdot\boldsymbol{\omega}=(\mathrm{tr}\boldsymbol{D})\boldsymbol{\omega}$.

2.15 由(2.88)式 $\boldsymbol{a}=v'+(v\nabla)\cdot v$，并利用恒等式

$$[(v\nabla)\cdot v]\cdot\nabla=(v\nabla):(\nabla v)+[(v\cdot\nabla)\nabla]\cdot v,$$

可得$\boldsymbol{a}\cdot\nabla=v'\cdot\nabla+[(v\cdot\nabla)\nabla]\cdot v+(\boldsymbol{D}+\boldsymbol{W}):(\boldsymbol{D}-\boldsymbol{W})$. 再由$v'\cdot\nabla=(v\cdot\nabla)'$，可得欲证之等式.

2.16 提示：将$\sum_{\beta=1}^{3}\boldsymbol{e}_\beta\otimes\boldsymbol{e}_\beta=\boldsymbol{I}$对时间$t$求导，可知$\boldsymbol{\Omega}(e)$是反称的.

2.19 $\boldsymbol{F}=\sum_{\alpha=1}^{3}\lambda_\alpha\boldsymbol{l}_\alpha\otimes\boldsymbol{L}_\alpha$的物质导数可写为

$$\dot{\boldsymbol{F}}=\sum_{\alpha=1}^{3}[\dot{\lambda}_\alpha\boldsymbol{l}_\alpha\otimes\boldsymbol{L}_\alpha+\lambda_\alpha\dot{\boldsymbol{l}}_\alpha\otimes\boldsymbol{L}_\alpha+\lambda_\alpha\boldsymbol{l}_\alpha\otimes\dot{\boldsymbol{L}}_\alpha].$$

故

$$\begin{aligned}\boldsymbol{L}&=\dot{\boldsymbol{F}}\cdot\boldsymbol{F}^{-1}\\&=\left[\sum_{\alpha=1}^{3}(\dot{\lambda}_\alpha\boldsymbol{l}_\alpha\otimes\boldsymbol{L}_\alpha+\lambda_\alpha\dot{\boldsymbol{l}}_\alpha\otimes\boldsymbol{L}_\alpha+\lambda_\alpha\boldsymbol{l}_\alpha\otimes\dot{\boldsymbol{L}}_\alpha)\right]\cdot\left[\sum_{\beta=1}^{3}(\lambda_\beta^{-1}\boldsymbol{L}_\beta\otimes\boldsymbol{l}_\beta)\right]\\&=\sum_{\alpha=1}^{3}(\dot{\lambda}_\alpha/\lambda_\alpha)\boldsymbol{l}_\alpha\otimes\boldsymbol{l}_\alpha+\sum_{\alpha=1}^{3}\dot{\boldsymbol{l}}_\alpha\otimes\boldsymbol{l}_\alpha+\left(\sum_{\lambda=1}^{\alpha}\lambda_\alpha\boldsymbol{l}_\alpha\otimes\dot{\boldsymbol{L}}_\alpha\right)\cdot\boldsymbol{F}^{-1}.\end{aligned}$$

利用 $\dot{\boldsymbol{L}}_\alpha=\boldsymbol{\Omega}^{\mathrm{L}}\cdot\boldsymbol{L}_\alpha=-\boldsymbol{L}_\alpha\cdot\boldsymbol{\Omega}^{\mathrm{L}}$，上式最后一项还可写为

$$-\sum_{\alpha=1}^{3}(\lambda_\alpha\boldsymbol{l}_\alpha\otimes\boldsymbol{L}_\alpha\cdot\boldsymbol{\Omega}^{\mathrm{L}})\cdot\boldsymbol{F}^{-1}=-\boldsymbol{F}\cdot\boldsymbol{\Omega}^{\mathrm{L}}\cdot\boldsymbol{F}^{-1}.$$

证讫.

2.20 提示：

对$\boldsymbol{V}^2=\boldsymbol{F}\cdot\boldsymbol{F}^{\mathrm{T}}$两端求物质导数，可得$\boldsymbol{V}\cdot\dot{\boldsymbol{V}}+\dot{\boldsymbol{V}}\cdot\boldsymbol{V}=\dot{\boldsymbol{F}}\cdot\boldsymbol{F}^{-1}\cdot\boldsymbol{F}\cdot\boldsymbol{F}^{\mathrm{T}}+\boldsymbol{F}\cdot\dot{\boldsymbol{F}}^{\mathrm{T}}$.

再由$\boldsymbol{L}=\dot{\boldsymbol{F}}\cdot\boldsymbol{F}^{-1}=\boldsymbol{D}+\boldsymbol{W}$和$\boldsymbol{L}^{\mathrm{T}}=\boldsymbol{F}^{-\mathrm{T}}\cdot\dot{\boldsymbol{F}}^{\mathrm{T}}=\boldsymbol{D}-\boldsymbol{W}$，上式可写为

$$\boldsymbol{V}\cdot\dot{\boldsymbol{V}}+\dot{\boldsymbol{V}}\cdot\boldsymbol{V}=\boldsymbol{D}\cdot\boldsymbol{V}^2+\boldsymbol{V}^2\cdot\boldsymbol{D}+\boldsymbol{W}\cdot\boldsymbol{V}^2-\boldsymbol{V}^2\cdot\boldsymbol{W}.$$

对上式两端分别左乘$\boldsymbol{P}_\alpha=\boldsymbol{l}_\alpha\otimes\boldsymbol{l}_\alpha$(不对$\alpha$求和)和右乘$\boldsymbol{P}_\beta=\boldsymbol{l}_\beta\otimes\boldsymbol{l}_\beta$(不对$\beta$求和)，并注意到

$$\boldsymbol{P}_\alpha\cdot\boldsymbol{V}=\lambda_\alpha\boldsymbol{P}_\alpha,\quad \boldsymbol{P}_\alpha\cdot\boldsymbol{V}^2=\lambda_\alpha^2\boldsymbol{P}_\alpha\quad(\text{不对 }\alpha\text{ 求和}),$$
$$\boldsymbol{V}\cdot\boldsymbol{P}_\beta=\lambda_\beta\boldsymbol{P}_\beta,\boldsymbol{V}^2\cdot\boldsymbol{P}_\beta=\lambda_\beta^2\boldsymbol{P}_\beta\quad(\text{不对 }\beta\text{ 求和}),$$

可得

$$(\lambda_\alpha+\lambda_\beta)\boldsymbol{P}_\alpha\cdot\dot{\boldsymbol{V}}\cdot\boldsymbol{P}_\beta=(\lambda_\alpha^2+\lambda_\beta^2)\boldsymbol{P}_\alpha\cdot\boldsymbol{D}\cdot\boldsymbol{P}_\beta-(\lambda_\alpha^2-\lambda_\beta^2)\boldsymbol{P}_\alpha\cdot\boldsymbol{W}\cdot\boldsymbol{P}_\beta$$

或

$$\boldsymbol{P}_\alpha\cdot\dot{\boldsymbol{V}}\cdot\boldsymbol{P}_\beta=\left(\frac{\lambda_\alpha^2+\lambda_\beta^2}{\lambda_\alpha+\lambda_\beta}\right)\boldsymbol{P}_\alpha\cdot\boldsymbol{D}\cdot\boldsymbol{P}_\beta-(\lambda_\alpha-\lambda_\beta)\boldsymbol{P}_\alpha\cdot\boldsymbol{W}\cdot\boldsymbol{P}_\beta,$$

这正是所要证明的关系式.

2.21 提示:分别对 $\boldsymbol{e}$ 和 $\boldsymbol{V}$ 求物质导数,并利用(2.146)式,可得到类似于(2.169)式和(2.165)式的表达式,只需将其中的 $\boldsymbol{L}_\alpha$ 改为 $\boldsymbol{l}_\alpha$,$\omega_{\alpha\beta}^{\mathrm{L}}$ 改为 $\omega_{\alpha\beta}^{\mathrm{E}}$.如果将 $\dot{\boldsymbol{V}}$ 形式地写为 $\dot{\boldsymbol{V}}=\sum_{\alpha,\beta=1}^{3}\dot{V}_{\alpha\beta}\boldsymbol{l}_\alpha\otimes\boldsymbol{l}_\beta$,并注意到 $\dot{\boldsymbol{V}}=\sum_{\alpha,\beta=1}^{3}\boldsymbol{P}_\alpha\cdot\dot{\boldsymbol{V}}\cdot\boldsymbol{P}_\beta$,便可得到所要证明的关系式.特别地,对数应变 $\boldsymbol{e}^{(0)}=\ln\boldsymbol{V}$ 的物质导数可利用习题 2.20 的结果具体表示为

$$\dot{\boldsymbol{e}}^{(0)}=\sum_{\alpha,\beta=1}^{3}(\ln\lambda_\alpha-\ln\lambda_\beta)\left[\left(\frac{\lambda_\alpha^2+\lambda_\beta^2}{\lambda_\alpha^2-\lambda_\beta^2}\right)\boldsymbol{P}_\alpha\cdot\boldsymbol{D}\cdot\boldsymbol{P}_\beta-\boldsymbol{P}_\alpha\cdot\boldsymbol{W}\cdot\boldsymbol{P}_\beta\right].$$

第 三 章

3.1 由(3.19)式可知,$\rho'=0$ 相当于 $\mathrm{div}(\rho v)=0$,要证明在一切满足 $\mathrm{div}(\rho v)=0$(v 内),$v\cdot\boldsymbol{N}=\overline{v}_N$($\partial v$ 上)的速度场 $v(\boldsymbol{x})$ 中,具有形式 $\varphi\nabla$ 的速度场使 $\frac{1}{2}\int_v\rho v\cdot v\,\mathrm{d}v$ 最小.

为此,可令 $\boldsymbol{f}=v-\varphi\nabla$,则

$$\frac{1}{2}\int_v\rho v\cdot v\,\mathrm{d}v=\frac{1}{2}\int_v\rho\boldsymbol{f}\cdot\boldsymbol{f}\mathrm{d}v+\frac{1}{2}\int_v\rho(\varphi\nabla)\cdot(\varphi\nabla)\mathrm{d}v+\int_v\rho\boldsymbol{f}\cdot(\varphi\nabla)\mathrm{d}v.$$

注意到在 v 内 $\mathrm{div}(\rho\boldsymbol{f})=0$,在 ∂v 上 $\boldsymbol{f}\cdot\boldsymbol{N}=0$,可知上式最后一项为

$$\int_v\rho\boldsymbol{f}\cdot(\varphi\nabla)\mathrm{d}v=\int_{\partial v}\rho\varphi\boldsymbol{f}\cdot\boldsymbol{N}\mathrm{d}S-\int_v\varphi\mathrm{div}(\rho\boldsymbol{f})\mathrm{d}v=0.$$

因此有

$$\frac{1}{2}\int_v\rho v\cdot v\,\mathrm{d}v\geqslant\frac{1}{2}\int_v\rho(\varphi\nabla)\cdot(\varphi\nabla)\mathrm{d}v.$$

3.3 (b) 利用恒等式 $\boldsymbol{a}\times(\boldsymbol{b}\times\boldsymbol{a})=[(\boldsymbol{a}\cdot\boldsymbol{a})\boldsymbol{I}-\boldsymbol{a}\otimes\boldsymbol{a}]\cdot\boldsymbol{b}$,其中 $\boldsymbol{a}$ 和 $\boldsymbol{b}$ 为任意向量,$\boldsymbol{I}$ 为二阶单位张量.

3.6 利用质量守恒定律.

3.7 利用上题的结果或第二章的(2.124)式.

3.9 因为要求 $\boldsymbol{N}$ 是单位向量 $\boldsymbol{N}\cdot\boldsymbol{N}-1=0$,故可引入 Lagrange 乘子 λ 而计算如下的无约束极值问题:

$$\max_{N}[\tau_{(N)}^2-K^2-\lambda(\boldsymbol{N}\cdot\boldsymbol{N}-1)]=0,$$

即要在一切满足 $\boldsymbol{N}\cdot\boldsymbol{N}=1$ 的 $\boldsymbol{N}$ 中寻求使

$$\tau_{(N)}^2=\boldsymbol{N}\cdot\boldsymbol{\sigma}^2\cdot\boldsymbol{N}-(\boldsymbol{N}\cdot\boldsymbol{\sigma}\cdot\boldsymbol{N})^2=\boldsymbol{N}\cdot\boldsymbol{S}^2\cdot\boldsymbol{N}-(\boldsymbol{N}\cdot\boldsymbol{S}\cdot\boldsymbol{N})^2, \tag{Ⅲ*.a}$$

取最大值的 $\boldsymbol{N}$,其中 $\boldsymbol{S}=\boldsymbol{\sigma}-\frac{1}{3}(\mathrm{tr}\boldsymbol{\sigma})\boldsymbol{I}$ 为偏应力张量.于是,要求上式的一阶变分为零:

$$\delta\boldsymbol{N}\cdot[(\boldsymbol{S}^2\cdot\boldsymbol{N})-2S_{(N)}\boldsymbol{S}\cdot\boldsymbol{N}-\lambda\boldsymbol{N}]=0.$$

而要求(Ⅲ*.a)式的二阶变分非正:

$$\delta\boldsymbol{N}\cdot(\boldsymbol{S}^2-2S_{(N)}\boldsymbol{S}-\lambda\boldsymbol{I})\cdot\delta\boldsymbol{N}-4\delta\boldsymbol{N}\cdot(\boldsymbol{S}\cdot\boldsymbol{N}\otimes\boldsymbol{N}\cdot\boldsymbol{S})\cdot\delta\boldsymbol{N}\leqslant 0. \tag{Ⅲ*.b}$$

上式中 $S_{(N)}$ 为 $\boldsymbol{N}\cdot\boldsymbol{S}\cdot\boldsymbol{N}$.由 $\delta\boldsymbol{N}$ 的任意性,一阶变分式为零的条件可表示为

$$\boldsymbol{S}^2\cdot\boldsymbol{N}-2S_{(N)}\boldsymbol{S}\cdot\boldsymbol{N}-\lambda\boldsymbol{N}=\boldsymbol{0}. \tag{Ⅲ*.c}$$

将 $\boldsymbol{N}$ 左点乘上式后,得 $\lambda=\boldsymbol{N}\cdot\boldsymbol{S}^2\cdot\boldsymbol{N}-2S_{(N)}^2=\tau_{(N)}^2-S_{(N)}^2=K^2-S_{(N)}^2$.

而 $\boldsymbol{S}$ 左点乘(Ⅲ*.c)式并利用 Cayley-Hamilton 定理:

$$\boldsymbol{S}^3-J_2\boldsymbol{S}-J_3\boldsymbol{I}=\boldsymbol{0},$$

可得

$$-2S_{(N)}\boldsymbol{S}^2\cdot\boldsymbol{N}+(J_2-\lambda)\boldsymbol{S}\cdot\boldsymbol{N}+J_3\boldsymbol{N}=\boldsymbol{0}. \tag{Ⅲ*.d}$$

上式中,$-J_2$ 和 J_3 为 $\boldsymbol{S}$ 的第二和第三主不变量.

由于对应于剪应力 $\tau_{(N)}$ 最大的方向 $\boldsymbol{N}$ 不是 $\boldsymbol{S}$ 的主方向,故 $\boldsymbol{S}\cdot\boldsymbol{N}$ 与 $\boldsymbol{N}$ 不共线.但(Ⅲ*.c)式和(Ⅲ*.d)式表明,$(\boldsymbol{S}^2\cdot\boldsymbol{N})$,$(\boldsymbol{S}\cdot\boldsymbol{N})$和 $\boldsymbol{N}$ 共面,且这两式的系数成比例:

$$2S_{(N)}=(J_2-\lambda)/2S_{(N)}=J_3/\lambda.$$

利用 $\lambda=K^2-S_{(N)}^2$,上式化为

$$\left.\begin{aligned}&3S_{(N)}^2+K^2-J_2=0,\\&2S_{(N)}(S_{(N)}^2-K^2)+J_3=0.\end{aligned}\right\} \tag{Ⅲ*.e}$$

由此得 $S_{(N)}=\frac{3}{2}J_3(4K^2-J_2)^{-1}$,代入(Ⅲ*.e)式后,有

$$4(J_2-K^2)(J_2-4K^2)^2-27J_3^2=0,$$

展开后,有

$$4J_2^3-27J_3^2-36K^2J_2^2+96K^4J_2-64K^6=0.$$

下面给出上式须满足的限制性条件,由(Ⅲ*.e)式,可知 $J_2\geqslant K^2$.其次,在(Ⅲ*.b)式中取 $\delta\boldsymbol{N}$ 与 $\boldsymbol{S}\cdot\boldsymbol{N}$ 和 $\boldsymbol{N}$ 相垂直,则该式化为:

$$\delta\boldsymbol{N}\cdot\boldsymbol{H}\cdot\delta\boldsymbol{N}\leqslant 0, \tag{Ⅲ*.f}$$

其中 $\boldsymbol{H}=\boldsymbol{S}^2-2S_{(N)}\boldsymbol{S}-\lambda\boldsymbol{I}$.

现取单位正交基$(\boldsymbol{e}_1,\boldsymbol{e}_2,\boldsymbol{e}_3)$,使 $\delta\boldsymbol{N}$ 和 $\boldsymbol{N}$ 分别沿 $\boldsymbol{e}_1$ 和 $\boldsymbol{e}_2$ 的方向,这时 $\boldsymbol{S}\cdot\boldsymbol{N}$ 可写为 $\boldsymbol{e}_2$ 和 $\boldsymbol{e}_3$ 的线性组合:

$$\boldsymbol{S}\cdot\boldsymbol{N}=\alpha\boldsymbol{e}_2+\beta\boldsymbol{e}_3.$$

再根据(Ⅲ*.c)式,可得 $\boldsymbol{H}\cdot\boldsymbol{N}=\boldsymbol{0}$,$\boldsymbol{H}\cdot(\boldsymbol{S}\cdot\boldsymbol{N})=\boldsymbol{0}$,故有 $\boldsymbol{N}\cdot\boldsymbol{H}\cdot\boldsymbol{N}=0$,$(\boldsymbol{S}\cdot\boldsymbol{N})\cdot\boldsymbol{H}\cdot(\boldsymbol{S}\cdot\boldsymbol{N})=0$,说明

$$\boldsymbol{e}_2\cdot\boldsymbol{H}\cdot\boldsymbol{e}_2=0,\quad \boldsymbol{e}_3\cdot\boldsymbol{H}\cdot\boldsymbol{e}_3=0\ .$$

于是(Ⅲ*.f)式为

$$\boldsymbol{e}_1\cdot\boldsymbol{H}\cdot\boldsymbol{e}_1=\mathrm{tr}(\boldsymbol{H}\cdot\boldsymbol{e}_1\otimes\boldsymbol{e}_1)=\mathrm{tr}[\boldsymbol{H}\cdot(\boldsymbol{I}-\boldsymbol{e}_2\otimes\boldsymbol{e}_2-\boldsymbol{e}_3\otimes\boldsymbol{e}_3)]=\mathrm{tr}\boldsymbol{H}\leqslant 0\ .$$

即

$$2J_2=\mathrm{tr}\boldsymbol{S}^2\leqslant 3\lambda=3(K^2-S_{(N)}^2)=3K^2+(K^2-J_2),$$

因此,连同(Ⅲ*.e)式,可知 J_2 应满足:$K^2\leqslant J_2=\dfrac{1}{2}\mathrm{tr}\boldsymbol{S}^2\leqslant\dfrac{4}{3}K^2$.

3.10 利用(2.61)式和(3.28)式,可知

$$\boldsymbol{S}\cdot{}_0\boldsymbol{N}\mathrm{d}S_0=\boldsymbol{\sigma}\cdot\boldsymbol{N}\mathrm{d}S=-p\boldsymbol{N}\mathrm{d}S=-p\mathscr{J}\boldsymbol{F}^{-\mathrm{T}}\cdot{}_0\boldsymbol{N}\mathrm{d}S_0.$$

故有

$$\boldsymbol{S}\cdot{}_0\boldsymbol{N}|_{\partial v_0}=-p\mathscr{J}\boldsymbol{F}^{-\mathrm{T}}\cdot{}_0\boldsymbol{N}.$$

也可参考文献[6.8]的§5.1.2.

3.12 利用第一章的(1.156)式和(1.159)式.

3.13 利用 $\boldsymbol{U}\cdot\overset{(1)}{\boldsymbol{T}}\cdot\boldsymbol{U}\cdot\boldsymbol{R}^{\mathrm{T}}=\mathscr{J}\boldsymbol{R}^{\mathrm{T}}\cdot\boldsymbol{\sigma}$.

3.14 假定在变形过程中不改变 $\boldsymbol{E}$ 的主长度比 $\lambda_\alpha(\alpha=1,2,3)$,则由 $\dot{\boldsymbol{E}}=\boldsymbol{\Omega}^{\mathrm{L}}\cdot\boldsymbol{E}-\boldsymbol{E}\cdot\boldsymbol{\Omega}^{\mathrm{L}}$ 可知:

$$\mathrm{tr}(\boldsymbol{T}\cdot\dot{\boldsymbol{E}})=\mathrm{tr}[\boldsymbol{T}\cdot(\boldsymbol{\Omega}^{\mathrm{L}}\cdot\boldsymbol{E}-\boldsymbol{E}\cdot\boldsymbol{\Omega}^{\mathrm{L}})]=\mathrm{tr}[(\boldsymbol{E}\cdot\boldsymbol{T}-\boldsymbol{T}\cdot\boldsymbol{E})\cdot\boldsymbol{\Omega}^{\mathrm{L}}],$$

上式左端与应变度量的选取无关,上式右端中的 $\boldsymbol{\Omega}^{\mathrm{L}}=\sum\limits_{\beta=1}^{3}\dot{\boldsymbol{L}}_\beta\otimes\boldsymbol{L}_\beta$ 仅仅与应变 $\boldsymbol{E}$ 主方向 $\boldsymbol{L}_\alpha$ 的转动速率有关,故 $\boldsymbol{T}\cdot\boldsymbol{E}-\boldsymbol{E}\cdot\boldsymbol{T}$ 与应变度量的选取无关.

3.15 虚位移 $\delta\boldsymbol{u}$ 与(3.39)式两端作点积,积分并利用散度定理.

3.17 (a) 由 Carnot 定理,可知在一个循环中,有 $\sum\limits_{i=1}^{2}\dfrac{\mathscr{Q}_i}{\theta_i}\leqslant 0$.上式也可推广到具有多个热源的情形.这时有 $\oint\dfrac{\delta\mathscr{Q}}{\theta}\leqslant 0$.对于可逆过程,上式中的小于等于号应改为等于号.因为如果小于号成立,则在相反的可逆循环过程中就应有 $\oint\dfrac{\delta\mathscr{Q}}{\theta}>0$,这与 Carnot 定理是相矛盾的.因此有 $\oint\dfrac{\delta\mathscr{Q}}{\theta}=0$.说明 $\int_{(P_0)}^{(P)}\dfrac{\delta\mathscr{Q}}{\theta}$ 与从 P_0 到 P 的路径无关,即 $\dfrac{\delta\mathscr{Q}}{\theta}$ 可写为某一函数 $\rho_0\eta$ 的全微分.

(b) 如果由 P_0 到 P 的过程是不可逆的,则可构造一个由 P 到 P_0 的可逆过程,在以上循环中,有 $\oint\dfrac{\delta\mathscr{Q}}{\theta}=\int_{(P_0)}^{(P)}\dfrac{\delta\mathscr{Q}}{\theta}+\int_{(P)}^{(P_0)}\dfrac{\delta\mathscr{Q}}{\theta}=\int_{(P_0)}^{(P)}\dfrac{\delta\mathscr{Q}}{\theta}+\rho_0(\eta_0-\eta)\leqslant 0$,其中 η_0 和 η 分别对应于平衡态 P_0 和平衡态 P 的(状态函数)熵.于是(3.100)式得证.

3.19 (a) 由能量守恒定律,单位质量上输入给物体的热量增量为 $\mathrm{d}\varepsilon-\dfrac{1}{\rho_0}\boldsymbol{T}:\mathrm{d}\boldsymbol{E}$.对于固定的 $\boldsymbol{T}$,它随温度的变化率为

$$C_{\mathrm{T}}=\frac{\partial \varepsilon}{\partial \theta}\bigg|_{T}-\frac{1}{\rho_0}\boldsymbol{T}:\frac{\partial \boldsymbol{E}(\theta,\boldsymbol{T})}{\partial \theta}=\frac{\partial}{\partial \theta}\left(\varepsilon-\frac{1}{\rho_0}\boldsymbol{T}:\boldsymbol{E}\right).$$

对于准静态过程,上式右端中的 $\varepsilon-\dfrac{1}{\rho_0}\boldsymbol{T}:\boldsymbol{E}$ 是一个新的状态函数,称之为焓(enthalpy).特别地,对于一个由理想气体构成的体系,其内能仅仅是温度的函数,而上式中的 $-\dfrac{1}{\rho_0}\boldsymbol{T}:\boldsymbol{E}$ 应改写为 $pV=NR\theta$,于是有 $\widetilde{C}_{\mathrm{T}}=\widetilde{C}_{\mathrm{E}}+NR$.

(b) 利用(3.92)式和(3.98)式,有

$$C_{\mathrm{T}}-C_{\mathrm{E}}=\left(\frac{\partial \varepsilon(\theta,\boldsymbol{E})}{\partial \boldsymbol{E}}-\frac{1}{\rho_0}\boldsymbol{T}\right):\frac{\partial \boldsymbol{E}(\theta,\boldsymbol{T})}{\partial \theta}.$$

如果将 θ 视为 $\boldsymbol{E}$ 和 $\boldsymbol{T}$ 的函数,即 $\mathrm{d}\theta=\dfrac{\partial \theta}{\partial \boldsymbol{E}}\bigg|_{T}:\mathrm{d}\boldsymbol{E}+\dfrac{\partial \theta}{\partial \boldsymbol{T}}\bigg|_{E}:\mathrm{d}\boldsymbol{T}$,

(Ⅲ*.g)

则上式还可写为

$$\frac{\partial \varepsilon(\theta,\boldsymbol{E})}{\partial \boldsymbol{E}}=(C_{\mathrm{T}}-C_{\mathrm{E}})\frac{\partial \theta}{\partial \boldsymbol{E}}\bigg|_{T}+\frac{1}{\rho_0}\boldsymbol{T}, \qquad (\text{Ⅲ}^*.\text{h})$$

(对于理想气体,上式实际上应等于零).利用(Ⅲ*.g)式和(Ⅲ*.h)式,有

$$\begin{aligned}\rho_0\mathrm{d}\varepsilon&=\rho_0\left(\frac{\partial \varepsilon}{\partial \theta}\mathrm{d}\theta+\frac{\partial \varepsilon}{\partial \boldsymbol{E}}:\mathrm{d}\boldsymbol{E}\right)=\rho_0C_{\mathrm{E}}\mathrm{d}\theta+\rho_0(C_{\mathrm{T}}-C_{\mathrm{E}})\frac{\partial \theta}{\partial \boldsymbol{E}}\bigg|_{T}:\mathrm{d}\boldsymbol{E}+\boldsymbol{T}:\mathrm{d}\boldsymbol{E}\\&=\rho_0C_{\mathrm{E}}\frac{\partial \theta}{\partial \boldsymbol{T}}\bigg|_{E}:\mathrm{d}\boldsymbol{T}+\left(\rho_0C_{\mathrm{T}}\frac{\partial \theta}{\partial \boldsymbol{E}}\bigg|_{T}+\boldsymbol{T}\right):\mathrm{d}\boldsymbol{E}.\end{aligned}$$

在绝热过程中,由 $\rho_0\mathrm{d}\varepsilon-\boldsymbol{T}:\mathrm{d}\boldsymbol{E}=0$,可得

$$C_{\mathrm{E}}\frac{\partial \theta}{\partial \boldsymbol{T}}\bigg|_{E}:\mathrm{d}\boldsymbol{T}+C_{\mathrm{T}}\frac{\partial \theta}{\partial \boldsymbol{E}}\bigg|_{T}:\mathrm{d}\boldsymbol{E}=0.$$

特别地,对于理想气体的体系,上式简化为

$$\widetilde{C}_{\mathrm{E}}V\mathrm{d}p+\widetilde{C}_{\mathrm{T}}p\mathrm{d}V=0 \quad 或 \quad \frac{\mathrm{d}p}{p}=\gamma\frac{\mathrm{d}V}{V},$$

其中 $\gamma=\widetilde{C}_{\mathrm{T}}/\widetilde{C}_{\mathrm{E}}=C_{\mathrm{T}}/C_{\mathrm{E}}$,,故有 $pV^{\gamma}=$ 常数,或 $p=\alpha\rho^{\gamma}(\alpha>0)$.

3.20 由(3.71)式,$\rho\dot{\varepsilon}-\boldsymbol{\sigma}:\boldsymbol{D}=\rho\dot{\varepsilon}+p\,\mathrm{div}v=0$,再利用质量守恒定律(3.18)式,即 $\mathrm{div}v=-\dot{\rho}/\rho$,可得 $\dfrac{\mathrm{d}\varepsilon}{\mathrm{d}\rho}=\dfrac{p}{\rho^2}=\alpha\rho^{\gamma-2}$.因此有 $\varepsilon=\dfrac{\alpha}{\gamma-1}\rho^{\gamma-1}+\mathrm{const}$.

3.21 (b) 如果忽略内变量演化引起的耗散项,则(Ⅲ.a)式可写为

$$\frac{1}{\theta}[\lambda(\mathrm{tr}\boldsymbol{D})^2+2\mu\,\mathrm{tr}(\boldsymbol{D})^2]+\frac{1}{\theta^2}k(\nabla\theta)\cdot(\nabla\theta)\geqslant 0, \qquad (\text{Ⅲ}^*.\text{i})$$

上式要求对一切可能的 $\nabla\theta$ 和 $\boldsymbol{D}$ 都成立.由 $\boldsymbol{D}=\boldsymbol{0}$, $\nabla\theta\neq\boldsymbol{0}$,可得 $k\geqslant 0$;再由 $\nabla\theta=\boldsymbol{0}$, $\mathrm{tr}\boldsymbol{D}=0$, $\boldsymbol{D}\neq\boldsymbol{0}$,可得 $\mu\geqslant 0$;最后,选取 $\nabla\theta=\boldsymbol{0}$, $\boldsymbol{D}=c\boldsymbol{I}$,可得 $3\lambda+2\mu\geqslant 0$.因此必要性得证.反之,当条件 $\mu\geqslant 0$, $3\lambda+2\mu\geqslant 0$, $k\geqslant 0$ 成立时,可以证明(Ⅲ*.i)式左端一定是非负的.因为如果将 $\boldsymbol{D}$ 分解为纯偏量部分 $\boldsymbol{D}'$ 和球量部分 $\dfrac{1}{3}(\mathrm{tr}\boldsymbol{D})\boldsymbol{I}$ 之和,并代入(Ⅲ*.i)式的左端,则不难验证(Ⅲ*.i)式左端一定是非负的.

3.22 (a) 根据给定的条件,当没有变形时,有 $\boldsymbol{\sigma}:\boldsymbol{D}=0$,当没有热源时,有 $h=$

0. 再根据热传导过程为定常的条件，有 $\dot{\varepsilon}=0$. 因此能量守恒方程退化为 $\mathrm{div}\boldsymbol{q}=0$.

(b) 利用(3.129)式和(3.130)式，可知在没有黏性耗散和内变量耗散的条件下，有 $\boldsymbol{q}\cdot\nabla\theta\leqslant 0$. 注意到 $\mathrm{div}\boldsymbol{q}=0$，上式的积分可写为

$$\int_v \boldsymbol{q}\cdot\nabla\theta\,\mathrm{d}v=\int_v \mathrm{div}(\theta\boldsymbol{q})\,\mathrm{d}v-\int_v \theta\,\mathrm{div}\boldsymbol{q}\,\mathrm{d}v$$

$$=\int_{\partial v}\theta\boldsymbol{q}\cdot\boldsymbol{N}\mathrm{d}S=\theta_1\int_{\partial v_1}\boldsymbol{q}\cdot\boldsymbol{N}\mathrm{d}S+\theta_2\int_{\partial v_2}\boldsymbol{q}\cdot\boldsymbol{N}\mathrm{d}S\leqslant 0.$$

因为 $\int_v \mathrm{div}\boldsymbol{q}\,\mathrm{d}v=\int_{\partial v}\boldsymbol{q}\cdot\boldsymbol{N}\mathrm{d}S=\int_{\partial v_1}\boldsymbol{q}\cdot\boldsymbol{N}\mathrm{d}S+\int_{\partial v_2}\boldsymbol{q}\cdot\boldsymbol{N}\mathrm{d}S=0$，所以

$$\int_{\partial v_2}\boldsymbol{q}\cdot\boldsymbol{N}\mathrm{d}S=-\int_{\partial v_1}\boldsymbol{q}\cdot\boldsymbol{N}\mathrm{d}S.$$

由此可得

$$(\theta_1-\theta_2)\int_{\partial v_1}\boldsymbol{q}\cdot\boldsymbol{N}\mathrm{d}S\leqslant 0.$$

这说明 $\theta_1\geqslant\theta_2$ 的充要条件是

$$\int_{\partial v_1}\boldsymbol{q}\cdot\boldsymbol{N}\mathrm{d}S=-\int_{\partial v_2}\boldsymbol{q}\cdot\boldsymbol{N}\mathrm{d}S\leqslant 0.$$

第 四 章

4.2 提示：在时空变换(4.2)式下，速度 $\boldsymbol{v}$ 和加速度 $\boldsymbol{a}$ 分别满足如下的变换关系：

$$\boldsymbol{v}^*=\boldsymbol{Q}\cdot\boldsymbol{v}+\dot{\boldsymbol{c}}+\boldsymbol{\omega}\times(\boldsymbol{x}^*-\boldsymbol{c}),$$

$$\boldsymbol{a}^*=\boldsymbol{Q}\cdot\boldsymbol{a}+\ddot{\boldsymbol{c}}+2\boldsymbol{\omega}\times(\boldsymbol{v}^*-\dot{\boldsymbol{c}})+\dot{\boldsymbol{\omega}}\times(\boldsymbol{x}^*-\boldsymbol{c})-\boldsymbol{\omega}\times[\boldsymbol{\omega}\times(\boldsymbol{x}^*-\boldsymbol{c})],$$

其中 $\boldsymbol{\omega}$ 为反称仿射量 $\dot{\boldsymbol{Q}}\cdot\boldsymbol{Q}^{\mathrm{T}}$ 的轴向量. 可见，在惯性系中(即在满足(4.4)式 Galileo 变换的时空系中)，加速度向量是客观的：$\boldsymbol{a}^*=\boldsymbol{Q}\cdot\boldsymbol{a}$.

Cauchy 应力的散度满足：$\boldsymbol{\sigma}^*\cdot\nabla^*=\boldsymbol{Q}\cdot\boldsymbol{\sigma}\cdot\nabla$. 因此，当体力向量满足 $\boldsymbol{f}^*=\boldsymbol{Q}\cdot\boldsymbol{f}$ 时，在惯性系中的动量守恒方程满足客观性原理

$$\boldsymbol{\sigma}^*\cdot\nabla^*+\rho\boldsymbol{f}^*-\rho\boldsymbol{a}^*=\boldsymbol{Q}\cdot(\boldsymbol{\sigma}\cdot\nabla-\rho\boldsymbol{f}-\rho\boldsymbol{a}).$$

而当 $\{x^*,t^*\}$ 为非惯性系时，如果令体力向量为

$$\boldsymbol{f}^*+\boldsymbol{Q}\cdot\boldsymbol{f}+\ddot{\boldsymbol{c}}+2\boldsymbol{\omega}\times(\boldsymbol{v}^*-\dot{\boldsymbol{c}})+\dot{\boldsymbol{\omega}}\times(\boldsymbol{x}^*-\boldsymbol{c})-\boldsymbol{\omega}\times[\boldsymbol{\omega}\times(\boldsymbol{x}^*-\boldsymbol{c})],$$

在这种条件下，动量守恒方程才是客观的.

4.4 提示：这实际上是求解如下的张量方程

$$\boldsymbol{A}\cdot\boldsymbol{\Omega}-\boldsymbol{\Omega}\cdot\boldsymbol{A}=\boldsymbol{C},$$

其中 $\boldsymbol{A}=\ln\boldsymbol{V}=\boldsymbol{e}^{(0)}$，$\boldsymbol{C}=\boldsymbol{D}-\dot{\boldsymbol{e}}^{(0)}$. 根据第二章的习题 2.21，$\boldsymbol{C}$ 可表示为

$$\boldsymbol{C}=\sum_{\alpha,\beta=1}^{3}(\ln\lambda_\alpha-\ln\lambda_\beta)\boldsymbol{P}_\alpha\cdot\boldsymbol{W}\cdot\boldsymbol{P}_\beta+\sum_{\alpha,\beta=1}^{3}\left(1-\frac{(\ln\lambda_\alpha-\ln\lambda_\beta)(\lambda_\alpha^2+\lambda_\beta^2)}{\lambda_\alpha^2-\lambda_\beta^2}\right)\boldsymbol{P}_\alpha\cdot\boldsymbol{D}\cdot\boldsymbol{P}_\beta.$$

当 $\alpha=\beta$ 时,上式中 $\lambda_\alpha=\lambda_\beta$, $\dfrac{\ln\lambda_\alpha-\ln\lambda_\beta}{\lambda_\alpha-\lambda_\beta}=\dfrac{1}{\lambda_\alpha}$,可知 $\boldsymbol{C}=\sum\limits_{\alpha,\beta=1}^{3}C_{\alpha\beta}\boldsymbol{l}_\alpha\otimes\boldsymbol{l}_\beta$ 的系数满足条件:$C_{11}=C_{22}=C_{33}=0$.因此,可利用第一章习题 1.14 的结果.当 $\boldsymbol{V}$ 的三个特征值互不相等时,以上张量方程的解可写为

$$\boldsymbol{\Omega}^{\log}=\sum_{\alpha,\beta=1}^{3}\Omega_{\alpha\beta}^{\log}\boldsymbol{l}_\alpha\otimes\boldsymbol{l}_\beta,$$

其中

$$\Omega_{\alpha\beta}^{\log}=\begin{cases}\dfrac{C_{\alpha\beta}}{\ln\lambda_\alpha-\ln\lambda_\beta}, & \alpha\neq\beta,\\ 0, & \alpha=\beta.\end{cases}$$

注意到 $C_{\alpha\beta}=(\ln\lambda_\alpha-\ln\lambda_\beta)w_{\alpha\beta}+d_{\alpha\beta}-(\ln\lambda_\alpha-\ln\lambda_\beta)\left(\dfrac{\lambda_\alpha^2+\lambda_\beta^2}{\lambda_\alpha^2-\lambda_\beta^2}\right)d_{\alpha\beta}$(不对重复指标求和),可知当 $\boldsymbol{V}$ 的三个特征值互不相等时,$\boldsymbol{\Omega}^{\log}$可表示为

$$\boldsymbol{\Omega}^{\log}=\boldsymbol{W}+\sum_{\alpha,\beta=1}^{3}\left[\frac{1}{(\ln\lambda_\alpha-\ln\lambda_\beta)}-\left(\frac{\lambda_\alpha^2+\lambda_\beta^2}{\lambda_\alpha^2-\lambda_\beta^2}\right)\right]d_{\alpha\beta}\boldsymbol{l}_\alpha\otimes\boldsymbol{l}_\beta.$$

4.6 利用客观性原理,有

$$\boldsymbol{Q}\cdot\boldsymbol{\sigma}\cdot\boldsymbol{Q}^{\mathrm{T}}=\boldsymbol{f}\left[\boldsymbol{Q}\cdot\boldsymbol{F},\frac{\mathscr{D}}{\mathscr{D}t}(\boldsymbol{Q},\boldsymbol{F}),\cdots,\frac{\mathscr{D}^n}{\mathscr{D}t^n}(\boldsymbol{Q}\cdot\boldsymbol{F})\right].$$

由于 $\boldsymbol{F}$ 的极分解式为 $\boldsymbol{F}=\boldsymbol{R}\cdot\boldsymbol{U}$,故可在上式中取 $\boldsymbol{Q}=\boldsymbol{R}^{\mathrm{T}}$,注意到 $\dfrac{\mathscr{D}^m}{\mathscr{D}t^m}(\boldsymbol{Q}\cdot\boldsymbol{F})=\dfrac{\mathscr{D}^m\boldsymbol{U}}{\mathscr{D}t^m}(m=1,2,\cdots,n)$,可得欲证之式.

4.8 利用第一章的习题1.7.

4.9 由内约束条件 $\mathrm{tr}\boldsymbol{V}-3=0$ 可得 $\dfrac{\mathrm{d}(\mathrm{tr}\boldsymbol{V})}{\mathrm{d}\boldsymbol{V}}:\dot{\boldsymbol{V}}=\boldsymbol{I}:\dot{\boldsymbol{V}}=\mathrm{tr}\dot{\boldsymbol{V}}=0$.因为

$$\boldsymbol{L}=\dot{\boldsymbol{F}}\cdot\boldsymbol{F}^{-1}=\boldsymbol{D}+\boldsymbol{W}=(\dot{\boldsymbol{V}}+\boldsymbol{V}\cdot\dot{\boldsymbol{R}}\cdot\boldsymbol{R}^{\mathrm{T}})\cdot\boldsymbol{V}^{-1},$$

所以

$$\begin{aligned}\mathrm{tr}\dot{\boldsymbol{V}}&=\mathrm{tr}(\boldsymbol{L}\cdot\boldsymbol{V})-\mathrm{tr}(\boldsymbol{V}\cdot\dot{\boldsymbol{R}}\cdot\boldsymbol{R}^{\mathrm{T}})\\&=\mathrm{tr}(\boldsymbol{D}\cdot\boldsymbol{V})+\mathrm{tr}(\boldsymbol{W}\cdot\boldsymbol{V})-\mathrm{tr}(\boldsymbol{V}\cdot\dot{\boldsymbol{R}}\cdot\boldsymbol{R}^{\mathrm{T}}).\end{aligned}$$

注意到 $\boldsymbol{V}$ 为对称仿射量,$\boldsymbol{W}$ 和 $\dot{\boldsymbol{R}}\cdot\boldsymbol{R}^{\mathrm{T}}$ 为反称仿射量,故上式右端的后两项为零.因此,内约束条件可写为 $\mathrm{tr}(\boldsymbol{V}\cdot\boldsymbol{D})=\boldsymbol{V}:\boldsymbol{D}=0$.对比(4.62)式,并注意到 $\boldsymbol{D}$ 的任意性,可知“非确定应力”为 $\boldsymbol{\sigma}_N=-p'\boldsymbol{V}$.

4.11 内约束条件为 $\boldsymbol{L}_1\cdot\boldsymbol{C}\cdot\boldsymbol{L}_1-1=0$ 和 $\boldsymbol{L}_2\cdot\boldsymbol{C}\cdot\boldsymbol{L}_2-1=0$.对应于第二类 Piola-Kirchhoff 应力的"非确定"部分应该是 $\boldsymbol{L}_1\otimes\boldsymbol{L}_1$ 和 $\boldsymbol{L}_2\otimes\boldsymbol{L}_2$ 的线性组合:

$$\boldsymbol{T}_N^{(1)}=-p_1\boldsymbol{L}_1\otimes\boldsymbol{L}_1-p_2\boldsymbol{L}_2\otimes\boldsymbol{L}_2,$$

因此,对应于 Cauchy 应力的非确定应力为:

$$\boldsymbol{\sigma}_N=t_1\boldsymbol{l}_1\otimes\boldsymbol{l}_1+t_2\boldsymbol{l}_2\otimes\boldsymbol{l}_2,$$

其中 $\boldsymbol{l}_i=\boldsymbol{F}\cdot\boldsymbol{L}_i(i=1,2)$为变形后的纤维方向,$t_1=-p_1/\mathscr{J}$ 和 $t_2=-p_2/\mathscr{J}$ 是两个任意的标量因子.

4.12 利用(4.78)式.

4.13 设 $\mathscr{H}_{\mathscr{K}_1}$ 和 $\mathscr{H}_{\mathscr{K}_2}$ 中的元素分别为 $\boldsymbol{Q}_1$ 和 $\boldsymbol{Q}_2$,其对应关系由(4.78)写为 $\boldsymbol{Q}_2=\boldsymbol{P}\cdot\boldsymbol{Q}_1\cdot\boldsymbol{P}^{-1}$,故有

$$\boldsymbol{Q}_2\cdot\boldsymbol{R}\cdot\boldsymbol{U}=\boldsymbol{R}\cdot\boldsymbol{U}\cdot\boldsymbol{Q}_1=\boldsymbol{R}\cdot\boldsymbol{Q}_1\cdot\boldsymbol{Q}_1^{\mathrm{T}}\cdot\boldsymbol{U}\cdot\boldsymbol{Q}_1.$$

由极分解的唯一性,得 $\boldsymbol{Q}_2\cdot\boldsymbol{R}=\boldsymbol{R}\cdot\boldsymbol{Q}_1$,$\boldsymbol{U}=\boldsymbol{Q}_1^{\mathrm{T}}\cdot\boldsymbol{U}\cdot\boldsymbol{Q}_1$,因此有 $\boldsymbol{Q}_2=\boldsymbol{R}\cdot\boldsymbol{Q}_1\cdot\boldsymbol{R}^{\mathrm{T}}$ 和 $\boldsymbol{Q}_1=\boldsymbol{U}\cdot\boldsymbol{Q}_1\cdot\boldsymbol{U}^{-1}$.证讫.

4.14 因为对于各向同性固体,一切正交仿射量都是同格群 $\mathscr{H}_{\mathscr{K}_1}$ 的元素,故在上题中,关系式 $\boldsymbol{U}=\boldsymbol{Q}_1^{\mathrm{T}}\cdot\boldsymbol{U}\cdot\boldsymbol{Q}_1$ 对一切正交仿射量 $\boldsymbol{Q}_1$ 都成立.说明 $\boldsymbol{U}$ 为各向同性仿射量.再利用 §1.9 关于各向同性仿射量的讨论,可知 $\boldsymbol{U}$ 必具有 $\lambda\boldsymbol{I}$ 的形式.证讫.

第 五 章

5.1 由(3.51)式,外力功率 $\dot{W}$可写为

$$\dot{W}=\int_v\boldsymbol{\sigma}:\boldsymbol{D}\mathrm{d}v+\dot{K},$$

其中 $\dot{K}$ 为动能的变化率.对于不可压无黏性流体,由 $\boldsymbol{\sigma}=-p\boldsymbol{I}$,可得 $\boldsymbol{\sigma}:\boldsymbol{D}=-p\mathrm{tr}\boldsymbol{D}=0$.

另一方面,当体力有势时 $\boldsymbol{f}=-\nabla\beta$,外力功率为

$$\dot{W}=-\int_v\rho(\nabla\beta)\cdot v\,\mathrm{d}v-\int_{\partial v}p\boldsymbol{N}\cdot v\,\mathrm{d}S.$$

注意到在∂v 上 $\boldsymbol{N}\cdot v=0$,上式最后一项为零,因此有

$$\begin{aligned}\dot{W}&=\int_v[\rho\beta\mathrm{div}v-(\rho\beta v)\cdot\nabla]\mathrm{d}v\\&=\int_v\rho\beta\mathrm{div}v\mathrm{d}v-\int_{\partial v}\rho\beta v\cdot\boldsymbol{N}\mathrm{d}S=0.\end{aligned}$$

说明总动能 K 不随时间变化.

5.2 设刚性物体以外的区域为 v,其边界∂v 的单位外法向量为 $\boldsymbol{N}_*$,则在∂B 上有 $\boldsymbol{N}=-\boldsymbol{N}_*$.作用在刚性物体上的合力为

$$-\int_{\partial B}\boldsymbol{\sigma}\cdot\boldsymbol{N}_*\mathrm{d}S=-\int_v\boldsymbol{\sigma}\cdot\nabla\,\mathrm{d}v+\int_{\partial v_1}\boldsymbol{\sigma}\cdot\boldsymbol{N}_*\mathrm{d}S,$$

其中∂v_1是包围区域 v 的外边界.注意到 $\boldsymbol{\sigma}=-p\boldsymbol{I}$,和 $\boldsymbol{\sigma}\cdot\nabla=-p\,\nabla$,可得

$$-\int_v \boldsymbol{\sigma}\cdot\nabla\,\mathrm{d}v=\int_v p\,\nabla\,\mathrm{d}v=\int_{\partial B} p\boldsymbol{N}_*\mathrm{d}S+\int_{\partial v_1} p\boldsymbol{N}_*\mathrm{d}S.$$

故有

$$\int_{\partial B}\boldsymbol{\sigma}\cdot\boldsymbol{N}\mathrm{d}S=-\int_{\partial B} p\boldsymbol{N}\mathrm{d}S.$$

利用 Bernoulli 定理:$\dfrac{\mathscr{D}}{\mathscr{D}t}\left(\dfrac{1}{2}\rho_0 v^2+p\right)=0$,可知 $-p=\dfrac{1}{2}\rho_0(v\cdot v)+c$,其中 c 为常数.代入积分 $-\int_{\partial B}p\boldsymbol{N}\mathrm{d}S$ 后便得到所需之结果.

5.4 根据问题的条件,可知外力功率 $\dot{W}=0$.由§5.3中(5.27)式下面关于变形功率的讨论,动能的变化率可写为

$$\dot{K}=-2\eta'\int_v \boldsymbol{D}:\boldsymbol{D}\mathrm{d}v.$$

由不可压条件,有$\nabla\cdot\boldsymbol{L}=\nabla\cdot(v\,\nabla)=(\nabla\cdot v)\nabla=\boldsymbol{0}$.因此

$$\nabla\cdot(\boldsymbol{L}\cdot v)=(\nabla\cdot\boldsymbol{L})\cdot v+\mathrm{tr}\boldsymbol{L}^2=\mathrm{tr}\boldsymbol{L}^2.$$

再利用边界∂v上速度为零的条件,可知

$$\int_v \mathrm{tr}\boldsymbol{L}^2\mathrm{d}v=\int_v \nabla\cdot(\boldsymbol{L}\cdot v)\mathrm{d}v=\int_{\partial v}\boldsymbol{N}\cdot\boldsymbol{L}\cdot v\,\mathrm{d}S=0.$$

说明

$$\begin{aligned}\int_v(\boldsymbol{L}^{\mathrm{T}}:\boldsymbol{L})\mathrm{d}v&=\int_v(\boldsymbol{D}-\boldsymbol{W}):(\boldsymbol{D}+\boldsymbol{W})\mathrm{d}v\\&=\int_v(\boldsymbol{D}:\boldsymbol{D}-\boldsymbol{W}:\boldsymbol{W})\mathrm{d}v=0.\end{aligned}$$

注意到(1.83)式,有 $\boldsymbol{W}:\boldsymbol{W}=2\boldsymbol{\omega}\cdot\boldsymbol{\omega}$.故得

$$\int_v \boldsymbol{D}:\boldsymbol{D}\mathrm{d}v=\int_v \boldsymbol{W}:\boldsymbol{W}\mathrm{d}v=2\int_v \boldsymbol{\omega}\cdot\boldsymbol{\omega}\mathrm{d}v.$$

5.9 速度梯度可写为 $\dot{\boldsymbol{F}}\cdot\boldsymbol{F}^{-1}=\boldsymbol{A}$,其中 $\boldsymbol{A}$ 为常仿射量,故有 $\dot{\boldsymbol{F}}(t)=\boldsymbol{A}\cdot\boldsymbol{F}(t)$.设在参考时刻 $t=0$ 有 $\boldsymbol{F}(0)=\boldsymbol{I}$,则可将变形梯度写为 $\boldsymbol{F}(t)=\mathrm{e}^{\boldsymbol{A}t}=\mathrm{e}^{k\boldsymbol{N}_0t}$,其中 $k=|\boldsymbol{A}|$,$\boldsymbol{N}_0=\boldsymbol{A}/k$,它满足恒定伸长历史运动的(5.50)式.但对于一般的常仿射量,$\boldsymbol{A}^m\neq\boldsymbol{0}$.

5.11 由不可压条件,(4.26)式简化为

$$\boldsymbol{\sigma}=-p\boldsymbol{I}+\varphi_1\boldsymbol{D}+\varphi_2\boldsymbol{D}^2,$$

其中 φ_1 和 φ_2 是 $\boldsymbol{D}$ 的不变量的函数.在适当选取单位正交基后,测黏流动中的变形率张量 $\boldsymbol{D}$ 的矩阵表示可由(5.77)式表示为:

$$[\boldsymbol{D}]=\frac{1}{2}\begin{pmatrix}0&k&0\\k&0&0\\0&0&0\end{pmatrix}.$$

故有

$$I_1(\boldsymbol{D}) = \mathrm{tr}\boldsymbol{D} = 0,$$

$$I_2(\boldsymbol{D}) = \frac{1}{2}[(\mathrm{tr}\boldsymbol{D})^2 - \mathrm{tr}(\boldsymbol{D}^2)] = -k^2/4,$$

$$I_3(\boldsymbol{D}) = 0.$$

说明 φ_1 和 φ_2 是 k^2 的标量函数. 由偏应力张量的矩阵表示

$$[\boldsymbol{\sigma} + p\boldsymbol{I}] = \begin{bmatrix} \frac{k^2}{4}\varphi_2 & \frac{k}{2}\varphi_1 & 0 \\ \frac{k}{2}\varphi_1 & \frac{k^2}{4}\varphi_2 & 0 \\ 0 & 0 & 0 \end{bmatrix},$$

可知(5.90)式中的三个测黏函数分别为

$$\tau'(k) = \frac{k}{2}\varphi_1(k^2) \quad 和 \quad \sigma_1(k) = \sigma_2(k) = \frac{k^2}{4}\varphi_2(k^2).$$

它们自动满足(5.92)式的奇偶性要求. 可见:

(i) Reiner-Rivlin 流体在测黏流动中的两个正应力差相等.

(ii) 牛顿流体($\varphi_2 = 0$)在测黏流动中的三个正应力都相等.

5.12 对于牛顿流体, 测黏函数为 $\tau' = \eta' k$, 将 $k = \lambda(\tau') = \tau'/\eta'$ 代入(5.128)式, 得

$$Q = \frac{8\pi}{a^3}\int_0^{aR/2}\left(\frac{\zeta^3}{\eta'}\right)\mathrm{d}\zeta = \frac{\pi R^4}{8\eta'}a.$$

上式中 a 为比推力. 由(5.125)式, 当体力为零时, a 就是沿流动方向的压力梯度. 证讫.

5.14 利用习题5.11的结果.

第 六 章

6.1 对于各向同性超弹性体, 势函数 ψ 可写为 $\boldsymbol{C}$ 的前三阶矩的函数: $\psi = \psi(\bar{I}_1, \bar{I}_2, \bar{I}_3)$, 其中 $\boldsymbol{C}$ 的 k 阶矩定义为 $\bar{I}_k = \mathrm{tr}\boldsymbol{C}^k$. 由 $\bar{I}_1 = \mathrm{tr}\boldsymbol{C} = C_{AB}G^{AB}$, $\bar{I}_2 = \mathrm{tr}\boldsymbol{C}^2 = C_{AB}C_{MN}G^{BM}G^{AN}$, $\bar{I}_3 = \mathrm{tr}\boldsymbol{C}^3 = C_{AB}C_{MN}C_{KL}G^{BM}G^{NK}G^{LA}$, 可求得

$$\frac{\partial \bar{I}_1}{\partial \boldsymbol{C}_R} = 2G^{AR}\boldsymbol{C}_A, \quad \frac{\partial \bar{I}_2}{\partial \boldsymbol{C}_R} = 4\boldsymbol{B}\cdot(G^{AR}\boldsymbol{C}_A), \quad \frac{\partial \bar{I}_3}{\partial \boldsymbol{C}_R} = 6\boldsymbol{B}^2\cdot(G^{AR}\boldsymbol{C}_A),$$

其中

$$\boldsymbol{B} = \boldsymbol{F}\cdot\boldsymbol{F}^{\mathrm{T}} = G^{AB}\boldsymbol{C}_A \otimes \boldsymbol{C}_B.$$

故有

$$\left.\begin{aligned} &\frac{\partial \bar{I}_1}{\partial \boldsymbol{C}_R}\otimes\boldsymbol{C}_R = 2G^{AR}\boldsymbol{C}_A\otimes\boldsymbol{C}_R = 2\boldsymbol{B}, \\ &\frac{\partial \bar{I}_2}{\partial \boldsymbol{C}_R}\otimes\boldsymbol{C}_R = 4\boldsymbol{B}\cdot(G^{AR}\boldsymbol{C}_A\otimes\boldsymbol{C}_R) = 4\boldsymbol{B}^2, \\ &\frac{\partial \bar{I}_3}{\partial \boldsymbol{C}_R}\otimes\boldsymbol{C}_R = 6\boldsymbol{B}^2\cdot(G^{AR}\boldsymbol{C}_A\otimes\boldsymbol{C}_R) = 6\boldsymbol{B}^3. \end{aligned}\right\} \tag{Ⅵ*.a}$$

另一方面,由于$\frac{\partial \bar{I}_k}{\partial \boldsymbol{C}} = k\boldsymbol{C}^{k-1}$和$\boldsymbol{F}\cdot\frac{\partial \bar{I}_k}{\partial \boldsymbol{C}}\cdot\boldsymbol{F}^{\mathrm{T}} = k\boldsymbol{B}^k$,可将 Cauchy 应力

$$\boldsymbol{\sigma} = \frac{1}{\mathscr{J}}\boldsymbol{F}\cdot\boldsymbol{T}^{(1)}\cdot\boldsymbol{F}^{\mathrm{T}} = \frac{2\rho_0}{\mathscr{J}}\boldsymbol{F}\cdot\left[\frac{\partial\psi}{\partial\bar{I}_1}\frac{\partial\bar{I}_1}{\partial\boldsymbol{C}} + \frac{\partial\psi}{\partial\bar{I}_2}\frac{\partial\bar{I}_2}{\partial\boldsymbol{C}} + \frac{\partial\psi}{\partial\bar{I}_3}\frac{\partial\bar{I}_3}{\partial\boldsymbol{C}}\right]\cdot\boldsymbol{F}^{\mathrm{T}},$$

表示为

$$\boldsymbol{\sigma} = 2\rho\left[\frac{\partial\psi}{\partial\bar{I}_1}\boldsymbol{B} + 2\frac{\partial\psi}{\partial\bar{I}_2}\boldsymbol{B}^2 + 3\frac{\partial\psi}{\partial\bar{I}_3}\boldsymbol{B}^3\right],$$

与(Ⅵ*.a)式比较后,可知(6.14)式成立.

6.2 $\boldsymbol{\sigma} = \frac{1}{\mathscr{J}}\boldsymbol{F}\cdot\boldsymbol{T}^{(1)}\cdot\boldsymbol{F}^{\mathrm{T}}$ 可以表示为:

$$2\rho[\psi_3 I_3\boldsymbol{I} + (\psi_1 + \psi_2 I_1)\boldsymbol{B} - \psi_2\boldsymbol{B}^2 + \psi_4\boldsymbol{l}\otimes\boldsymbol{l} + \psi_5(\boldsymbol{l}\otimes\boldsymbol{l}\cdot\boldsymbol{B} + \boldsymbol{B}\cdot\boldsymbol{l}\otimes\boldsymbol{l})],$$

其中 $\boldsymbol{l} = \boldsymbol{F}\cdot\boldsymbol{L}_0$ 为变形后的纤维方向.

6.6 由变形功率表达式 $W = \mathscr{J}\boldsymbol{\sigma}:\boldsymbol{D} = \boldsymbol{T}:\dot{\boldsymbol{E}}$,可知 $\boldsymbol{T}^{(1)} = 2\frac{\partial W}{\partial\boldsymbol{C}}$,其中 $\boldsymbol{C} = \boldsymbol{F}^{\mathrm{T}}\cdot\boldsymbol{F}$.利用

$$\frac{\partial I_1(\boldsymbol{V})}{\partial\boldsymbol{C}} = \frac{1}{2}\boldsymbol{U}^{-1},\ \frac{\partial I_2(\boldsymbol{V})}{\partial\boldsymbol{C}} = \frac{1}{2}(I_1(\boldsymbol{V})\boldsymbol{U}^{-1} - \boldsymbol{I}),\ \frac{\partial I_3(\boldsymbol{V})}{\partial\boldsymbol{C}} = \frac{1}{2}I_3(\boldsymbol{V})\boldsymbol{C}^{-1},$$

并注意到 $\boldsymbol{T}^{(1)}$的非确定部分为(4.71)式:$-\frac{p}{2}\boldsymbol{U}^{-1}$,有

$$\begin{aligned}\boldsymbol{T}^{(1)} &= -\frac{p}{2}\boldsymbol{U}^{-1} + 2\frac{\partial W}{\partial I_3(\boldsymbol{V})}\left(\frac{1}{2}I_3(\boldsymbol{V})\boldsymbol{C}^{-1}\right) + 2\frac{\partial W}{\partial I_2(\boldsymbol{V})}\left(\frac{1}{2}(I_1(\boldsymbol{V})\boldsymbol{U}^{-1} - \boldsymbol{I})\right)\\ &= \left[-\frac{p}{2} + \frac{\partial W}{\partial I_2(\boldsymbol{V})}I_1(\boldsymbol{V})\right]\boldsymbol{U}^{-1} + I_3(\boldsymbol{V})\frac{\partial W}{\partial I_3(\boldsymbol{V})}\boldsymbol{C}^{-1} - \frac{\partial W}{\partial I_2(\boldsymbol{V})}\boldsymbol{I}\\ &= I_3(\boldsymbol{V})\boldsymbol{F}^{-1}\cdot\boldsymbol{\sigma}\cdot\boldsymbol{F}^{-\mathrm{T}}.\end{aligned}$$

由于 $\boldsymbol{U}^{-1}$的系数是非确定的,故可得所需之等式.

6.7 根据材料的各向同性性质,可知 $\boldsymbol{\sigma}$ 和 $\boldsymbol{V}$ 具有相同的主方向.故有 $\boldsymbol{\sigma}\cdot\boldsymbol{V} = \boldsymbol{V}\cdot\boldsymbol{\sigma}$.其分量形式即为欲证之等式.

6.8 在圆柱坐标系中,变形可写为 $r = r(R), \theta = \Theta, z = \lambda Z$.由不可压条件 $\left(\frac{r}{R}\right)\left(\frac{\mathrm{d}r}{\mathrm{d}R}\right)\lambda = 1$,可知

$$\lambda r^2 = R^2 + A,$$

其中 A 为积分常数.根据以上的变形规律,可计算出 $\boldsymbol{B}$ 和$\boldsymbol{B}^{-1}$,先将 $\boldsymbol{B}$ 和$\boldsymbol{B}^{-1}$的表达式代入本构关系(6.59)式,然后再代入平衡方程.积分后,便可求得应力分布.

第 七 章

7.1 利用(7.8)式,以及 $\mathscr{X}_0$ 是其变元的单调递减函数,而 $\mathscr{Y}_0$ 是其变元的单调递增函数的性质.

7.2 现将 Heaviside 阶梯函数记为

$$H(t)=\begin{cases}1, & t\geqslant 0,\\ 0, & t<0.\end{cases}$$

根据 $K^{(2)}$和 $K^{(3)}$对其变元的对称性,由

(i) 三个一重阶梯应变 $E(t)=pH(t)$,可确定 $K^{(1)}(t)$, $K^{(2)}(t,t)$, $K^{(3)}(t,t,t)$.

(ii) 三个二重阶梯应变 $E(t)=p_1H(t)+p_2H(t-k)$,可确定 $K^{(2)}(t,t-k)$, $K^{(3)}(t,t,t-k)$, $K^{(3)}(t,t-k,t-k)$. 当选取 N 个不同的 k,并对数据进行插值,可最后确定 $K^{(2)}(t,t_1)$, $K^{(3)}(t,t,t_1)$,和 $K^{(3)}(t,t_1,t_1)$. 这里需要 $3N$ 次实验.

(iii) 一个三重阶梯应变 $E(t)=p_1H(t)+p_2H(t-k)+p_3H(t-l)$,可确定 $K^{(3)}(t,t-k,t-l)$. 当选取 N 个不同的 k 和 N 个不同的 l,并对数据进行插值,可最后确定 $K^{(3)}(t,t_1,t_2)$. 由对称性条件,这里需要 $\frac{1}{2}N(N-1)$次实验.

综合以上讨论,可知总共需要 $\frac{1}{2}(N+3)(N+2)$次实验,才能确定材料函数 $K^{(1)}$, $K^{(2)}$, $K^{(3)}$.

7.3 注意到 $\boldsymbol{C}_\tau(t)$的物质导数为 $\dot{\boldsymbol{C}}_\tau(t)=2\boldsymbol{F}_\tau^{\mathrm{T}}(t)\cdot\boldsymbol{D}(t)\cdot\boldsymbol{F}_\tau(t)$,故

$$\begin{aligned}\frac{\mathrm{d}}{\mathrm{d}t}[\psi_\tau(\boldsymbol{C}_\tau(t))]&=2\frac{\partial\psi_\tau}{\partial\boldsymbol{C}_\tau(t)}:[\boldsymbol{F}_\tau^{\mathrm{T}}(t)\cdot\boldsymbol{D}(t)\cdot\boldsymbol{F}_\tau(t)]\\&=2\left[\boldsymbol{F}_\tau(t)\cdot\frac{\partial\psi_\tau}{\partial\boldsymbol{C}_\tau(t)}\cdot\boldsymbol{F}_\tau^{\mathrm{T}}(t)\right]:\boldsymbol{D}(t).\end{aligned}$$

因此,对 $\rho_0\boldsymbol{\Psi}(t)$的时间导数可写为

$$\rho_0\dot{\boldsymbol{\Psi}}(t)=2\rho_0\int_{-\infty}^{t}\left[\boldsymbol{F}_\tau(t)\cdot\frac{\partial\psi_\tau}{\partial\boldsymbol{C}_\tau(t)}\cdot\boldsymbol{F}_\tau^{\mathrm{T}}(t)\right]:\boldsymbol{D}(t)\mathrm{d}\tau.$$

上式中已用到 $\boldsymbol{C}_t(t)=\boldsymbol{I}$ 和 $\psi_\tau(\boldsymbol{I})=0$.

再由 $\rho_0\dot{\boldsymbol{\Psi}}(t)=\mathscr{J}\boldsymbol{\sigma}:\boldsymbol{D}$ 以及 $\boldsymbol{D}$ 的任意性,可得

$$\boldsymbol{\sigma}=2\rho\int_{-\infty}^{t}\boldsymbol{F}_\tau(t)\cdot\frac{\partial\psi_\tau}{\partial\boldsymbol{C}_\tau(t)}\cdot\boldsymbol{F}_\tau^{\mathrm{T}}(t)\mathrm{d}\tau.$$

当材料不可压时,由 $\rho=\rho_0$,上式化为(7.35)式.

7.4 (a) 如果令 $\sigma_R(t)=\dfrac{\sigma(t)}{\lambda^2-\lambda^{-1}}$,则有

$$\begin{aligned}\sigma_R(t)=\rho_0(\lambda^2-1)\left(\frac{1}{2}C_1(t)+C_2(t)\right)+\rho_0\lambda^{-1}(C_1(t)+\\C_2(t))+\rho_0(C_0(t)-C_1(t)).\end{aligned}$$

(b) 如果令 $R(t)=\left[\frac{1}{2}C_1(t)+C_2(t)\right]\Big/[C_1(t)+C_2(t)]$,则有

$$\sigma_R(t)=\rho_0[(\lambda^2-1)R(t)+\lambda^{-1}](C_1(t)+C_2(t))+\rho_0(C_0(t)-C_1(t)).$$

$R(t)$的值可由 $\sigma_R(t)$与 λ^{-1}之间的关系曲线求得,对应于曲线最小值的 λ^{-1}为

$\lambda_0^{-1}=(2R)^{\frac{1}{3}}$.当求出 $R(t)$后,则由 $\sigma_R(t)$与$[(\lambda^2-1)R(t)+\lambda^{-1}]$之间的线性关系,可确定其斜率 $C_1(t)+C_2(t)$和截距 $\rho_0(C_0(t)-C_1(t))$.

7.5 $\sigma(t)$可写为

$$\int_{-\infty}^{t}\left\{\left[\hat{C}_0+\frac{\hat{C}_1}{2}\left(\frac{\lambda^2(t)}{\lambda^2(\tau)}+2\frac{\lambda(\tau)}{\lambda(t)}-3\right)-\hat{C}_2\right]\left[\frac{\lambda^2(t)}{\lambda^2(\tau)}-\frac{\lambda(\tau)}{\lambda(t)}\right]+\hat{C}_2\left[\frac{\lambda^4(t)}{\lambda^4(\tau)}-\frac{\lambda^2(\tau)}{\lambda^2(t)}\right]\right\}\mathrm{d}\tau,$$

其中 $\hat{C}_0,\hat{C}_1,\hat{C}_2$ 的变元为 $t-\tau$.

7.6 当略去 η 的高阶小量后,可知

$$\boldsymbol{B}_\tau(t)=\mathrm{diag}\{1+2\eta(t)-2\eta(\tau),1+\eta(\tau)-\eta(t),1+\eta(\tau)-\eta(t)\}.$$

故(7.39)式化为

$$\sigma(t)=3\rho_0\int_{-\infty}^{t}[\hat{C}_0(t-\tau)+\hat{C}_2(t-\tau)](\eta(t)-\eta(\tau))\mathrm{d}\tau.$$

分部积分后,上式还可写为

$$\sigma(t)=3\rho_0\int_{-\infty}^{t}[C_0(t-\tau)+C_2(t-\tau)]\frac{\mathrm{d}\eta(\tau)}{\mathrm{d}\tau}\mathrm{d}\tau.$$

上式显然是不合理的,因为上式中的应力 $\sigma(t)$与 λ_0 无关,它不能用来描述真实材料的力学行为.

7.7 对应于 Kelvin-Voigt 模型的三维本构关系为

$$\boldsymbol{T}=\boldsymbol{T}^v+\rho_0\frac{\partial\psi(\boldsymbol{E})}{\partial\boldsymbol{E}},$$

它显然是(7.119)式的特殊情形.上式右端的第一项和第二项分别对应于黏壶和弹簧的贡献.对于线性黏壶,$\boldsymbol{T}^v$ 与 $\dot{\boldsymbol{E}}$之间为线性关系,对于线性弹簧,ψ 可写为$\boldsymbol{E}$ 的二次式.

7.8 对应于 Maxwell 模型的三维本构关系为

$$\boldsymbol{T}=\rho_0\frac{\partial\psi(\boldsymbol{E}-\boldsymbol{\xi})}{\partial\boldsymbol{E}},$$

$$\dot{\boldsymbol{\xi}}=\boldsymbol{\Xi}(\boldsymbol{E}-\boldsymbol{\xi},\dot{\boldsymbol{E}}).$$

上式中二阶张量 $\boldsymbol{\xi}$ 为内变量,表示黏壶的应变.第二式为内变量的演化方程,其左端为内变量的客观性导数.以上关系显然是(7.119)式的特殊情形.线性弹簧要求 ψ 是其变元的二次式,在一维情形下可写为 $\rho_0\psi=\frac{1}{2}\mu(E-\xi)^2$.线性黏壶要求 Onsager 倒易关系成立,在一维情形下,可写为

$$\eta'\dot{\xi}=-\rho_0\frac{\partial\psi}{\partial\xi}=\rho_0\frac{\partial\psi}{\partial E}=\mu(E-\xi),$$

其中 η'为黏性系数.

7.9 $T=\eta\dot{E}+\rho_0\frac{\partial\psi(E-\xi)}{\partial E}$,而内变量的演化方程为 $\eta_0\dot{\xi}=-\rho_0\frac{\partial\psi(E-\xi)}{\partial\xi}$.

第 八 章

8.1 当弹性变形很小时,加载面可由(8.31)式表示为 $\mathscr{J}\boldsymbol{\sigma}:\boldsymbol{P}-\tau_c=0$,其中 τ_c 为临界分解剪应力,

$$\boldsymbol{P}=\frac{1}{2}(\boldsymbol{s}^*\otimes\boldsymbol{m}^*+\boldsymbol{m}^*\otimes\boldsymbol{s}^*),\quad \boldsymbol{s}^*=\boldsymbol{F}_e\cdot\boldsymbol{s},\quad \boldsymbol{m}^*=\boldsymbol{m}\cdot\boldsymbol{F}_e^{-1}.$$

上式也可等价地写为

$$g_e=(\boldsymbol{C}_e\cdot\boldsymbol{T}^e):(\boldsymbol{s}\otimes\boldsymbol{m})-\tau_c=0,$$

其中 $\boldsymbol{C}_e=\boldsymbol{U}_e^2$,$\boldsymbol{T}^e$ 由(8.14)式定义,利用(8.15)式,并注意到 $\boldsymbol{C}_e=2\boldsymbol{E}^e+\boldsymbol{I}$,可知上式为 $\boldsymbol{E}^e$ 的函数.故由(8.58)式,可得应变空间中的加载面

$$g(\boldsymbol{E},\boldsymbol{F}_p)=g_e(\boldsymbol{E}^e)=0.$$

8.2 类似于上题的讨论,可知(8.31)式可等价地写为

$$f_e=(\boldsymbol{C}_e\cdot\boldsymbol{T}^e):(\boldsymbol{s}\otimes\boldsymbol{m})-\tau_c=0,$$

其中 $\boldsymbol{C}_e$ 可由(8.15)式而看作为 $\boldsymbol{T}^e$ 的函数.再将 $\boldsymbol{T}^e=\boldsymbol{F}_p\cdot\boldsymbol{T}\cdot\boldsymbol{F}_p^{\mathrm{T}}$ 代入以上表达式,便得到应力空间中的加载面:$f(\boldsymbol{T},\boldsymbol{F}_p)=0$.

8.3 当弹性变形很小时,(8.2)式可写为 $\boldsymbol{F}=\boldsymbol{\beta}\cdot\boldsymbol{F}_p$,而(8.31)式和(8.32)式可分别写为

$$F=\mathscr{J}\boldsymbol{\sigma}:\boldsymbol{P}-\tau_c=0\quad \text{和}\quad \boldsymbol{D}_p=\dot{\lambda}\frac{\partial F}{\partial\boldsymbol{\tau}}=\dot{\lambda}\boldsymbol{P}\quad(\dot{\lambda}\geqslant 0),$$

其中 $\boldsymbol{P}=\frac{1}{2}\boldsymbol{\beta}\cdot(\boldsymbol{s}\otimes\boldsymbol{m}+\boldsymbol{m}\otimes\boldsymbol{s})\cdot\boldsymbol{\beta}^{\mathrm{T}}$,$\boldsymbol{D}_p=\boldsymbol{\beta}\cdot(\dot{\boldsymbol{F}}_p\cdot\boldsymbol{F}_p^{-1})_s\cdot\boldsymbol{\beta}^{\mathrm{T}}$.

利用 $\mathscr{J}\boldsymbol{\sigma}=\boldsymbol{\tau}=\boldsymbol{F}\cdot\boldsymbol{T}\cdot\boldsymbol{F}^{\mathrm{T}}=\boldsymbol{\beta}\cdot\boldsymbol{F}_p\cdot\boldsymbol{T}\cdot\boldsymbol{F}_p^{\mathrm{T}}\cdot\boldsymbol{\beta}^{\mathrm{T}}$,(8.31)式也可由 $\boldsymbol{T}$ 和 $\boldsymbol{F}_p$ 来加以表示:$f(\boldsymbol{T},\boldsymbol{F}_p)=0$,其外法向为

$$\frac{\partial f}{\partial\boldsymbol{T}}=\frac{\partial F}{\partial\boldsymbol{\tau}}:\frac{\partial\boldsymbol{\tau}}{\partial\boldsymbol{T}}=\boldsymbol{F}^{\mathrm{T}}\cdot\frac{\partial F}{\partial\boldsymbol{\tau}}\cdot\boldsymbol{F}=\boldsymbol{F}_p^{\mathrm{T}}\cdot\boldsymbol{\beta}^{\mathrm{T}}\cdot\frac{\partial F}{\partial\boldsymbol{\tau}}\cdot\boldsymbol{\beta}\cdot\boldsymbol{F}_p.$$

另一方面,由于弹性变形很小,Green 应变表达式(8.57)式的右端第一项可近似取为零.因此有

$$\dot{\boldsymbol{E}}^p=\boldsymbol{F}_p^{\mathrm{T}}\cdot(\dot{\boldsymbol{F}}_p\cdot\boldsymbol{F}_p^{-1})_s\cdot\boldsymbol{F}_p=\boldsymbol{F}_p^{\mathrm{T}}\cdot\boldsymbol{\beta}^{\mathrm{T}}\cdot\boldsymbol{D}_p\cdot\boldsymbol{\beta}\cdot\boldsymbol{F}_p.$$

故得 $\dot{\boldsymbol{E}}^p=\dot{\lambda}\frac{\partial f}{\partial\boldsymbol{T}}(\dot{\lambda}\geqslant 0)$.

8.4 如果令 $\boldsymbol{F}(p)=\boldsymbol{\beta}\cdot\boldsymbol{F}_p$,$\boldsymbol{\omega}=\dot{\boldsymbol{\beta}}\cdot\boldsymbol{\beta}^{\mathrm{T}}$,则 $\boldsymbol{L}_p$ 也可写为 $\boldsymbol{L}_p=(\boldsymbol{V}_e\cdot\overset{\circ}{\boldsymbol{F}}(p)\cdot\boldsymbol{F}^{-1}(p)\cdot\boldsymbol{V}_e^{-1})$,其中 $\overset{\circ}{\boldsymbol{F}}(p)=\dot{\boldsymbol{F}}(p)-\boldsymbol{\omega}\cdot\boldsymbol{F}(p)$.将 $\overset{\circ}{\boldsymbol{F}}(p)\cdot\boldsymbol{F}^{-1}(p)$的对称部分和反对称部分分别记为 $\boldsymbol{D}_p^*$ 和 $\boldsymbol{W}_p^*$,则有

$$\boldsymbol{D}_p=\{\boldsymbol{V}_e\cdot(\boldsymbol{D}_p^*+\boldsymbol{W}_p^*)\cdot\boldsymbol{V}_e^{-1}\}_s,$$

$$\boldsymbol{W}_p=\{\boldsymbol{V}_e\cdot(\boldsymbol{D}_p^*+\boldsymbol{W}_p^*)\cdot\boldsymbol{V}_e^{-1}\}_a,$$

上式中的右下标 s 和 a 分别表示取对称部分和反对称部分. 注意到

$$\boldsymbol{\omega}=\dot{\boldsymbol{s}}(\beta)\otimes\boldsymbol{s}(\beta)+\dot{\boldsymbol{m}}(\beta)\otimes\boldsymbol{m}(\beta)+\dot{\boldsymbol{n}}(\beta)\otimes\boldsymbol{n}(\beta),$$

其中 $\boldsymbol{s}(\beta)=\boldsymbol{\beta}\cdot\boldsymbol{s},\quad \boldsymbol{m}(\beta)=\boldsymbol{\beta}\cdot\boldsymbol{m},\quad \boldsymbol{n}(\beta)=\boldsymbol{s}(\beta)\times\boldsymbol{m}(\beta)$, 则由

$$\dot{\boldsymbol{s}}(\beta)=[\dot{\boldsymbol{F}}(p)\cdot\boldsymbol{F}^{-1}(p)]\cdot\boldsymbol{s}(\beta)-(\boldsymbol{s}(\beta)\cdot\boldsymbol{D}_{\mathrm{p}}^{*}\cdot\boldsymbol{s}(\beta))\boldsymbol{s}(\beta),$$

$$\dot{\boldsymbol{m}}(\beta)=-[\dot{\boldsymbol{F}}(p)\cdot\boldsymbol{F}^{-1}(p)]^{\mathrm{T}}\cdot\boldsymbol{m}(\beta)+(\boldsymbol{m}(\beta)\cdot\boldsymbol{D}_{\mathrm{p}}^{*}\cdot\boldsymbol{m}(\beta))\boldsymbol{m}(\beta),$$

$$\begin{aligned}\dot{\boldsymbol{n}}(\beta)=&-\{\boldsymbol{n}(\beta)\cdot[\dot{\boldsymbol{F}}(p)\cdot\boldsymbol{F}^{-1}(p)]\cdot\boldsymbol{s}(\beta)\}\boldsymbol{s}(\beta)+\\&\{\boldsymbol{m}(\beta)\cdot[\dot{\boldsymbol{F}}(p)\cdot\boldsymbol{F}^{-1}(p)]\cdot\boldsymbol{n}(\beta)\}\boldsymbol{m}(\beta),\end{aligned}$$

可得

$$\begin{aligned}\boldsymbol{W}_{\mathrm{p}}^{*}&=(\dot{\boldsymbol{F}}(p)\cdot\boldsymbol{F}^{-1}(p))_{a}-\boldsymbol{\omega}\\&=[\boldsymbol{s}(\beta)\otimes\boldsymbol{s}(\beta)-\boldsymbol{m}(\beta)\otimes\boldsymbol{m}(\beta)]\cdot\boldsymbol{D}_{\mathrm{p}}^{*}-\\&\quad\boldsymbol{D}_{\mathrm{p}}^{*}\cdot[\boldsymbol{s}(\beta)\otimes\boldsymbol{s}(\beta)-\boldsymbol{m}(\beta)\otimes\boldsymbol{m}(\beta)]-\\&\quad[\boldsymbol{s}(\beta)\cdot\boldsymbol{D}_{\mathrm{p}}^{*}\cdot\boldsymbol{m}(\beta)][\boldsymbol{s}(\beta)\otimes\boldsymbol{m}(p)-\boldsymbol{m}(\beta)\otimes\boldsymbol{s}(\beta)].\end{aligned}$$

说明 $\boldsymbol{W}_{\mathrm{p}}^{*}$ 可由 $\boldsymbol{D}_{\mathrm{p}}^{*}$ 来加以表示. 因此当给定 $\boldsymbol{V}_{\mathrm{e}}$ 和 $\boldsymbol{D}_{\mathrm{p}}$ 后, 便可求解张量方程而得到 $\boldsymbol{W}_{\mathrm{p}}$. 特别地, 当弹性变形很小时, 有 $\boldsymbol{V}_{\mathrm{e}}\doteq\boldsymbol{I}$, 这时的 $\boldsymbol{D}_{\mathrm{p}}$ 和 $\boldsymbol{W}_{\mathrm{p}}$ 可分别取为 $\boldsymbol{D}_{\mathrm{p}}^{*}$ 和 $\boldsymbol{W}_{\mathrm{p}}^{*}$.

8.5 体系的自由能可表示为

$$\rho_0\psi=\frac{1}{2}\mu_1(E-\xi_1)^2+\frac{1}{2}\mu_2(E-\xi_2)^2.$$

故有 $T=T_1+T_2=\rho_0\dfrac{\partial\psi}{\partial E}=(\mu_1+\mu_2)E-(\mu_1\xi_1+\mu_2\xi_2)$. 当不卸载时, 上式中的 ξ_1 和 ξ_2 可由(Ⅷ.a)式并参考题 8.5b 图求得.

8.7 因为由(3.28)式, 有 ${}_0\boldsymbol{t}=\boldsymbol{S}\cdot{}_0\boldsymbol{N}=\boldsymbol{\sigma}\cdot\boldsymbol{N}\left(\dfrac{\mathrm{d}S}{\mathrm{d}S_0}\right)=-p\boldsymbol{N}\left(\dfrac{\mathrm{d}S}{\mathrm{d}S_0}\right)$, 所以, 利用(2.116)式, 可得

$$\frac{\mathscr{D}}{\mathscr{D}t}(-p\boldsymbol{N}\mathrm{d}S)=-\dot{p}\boldsymbol{N}\mathrm{d}S-p[(\operatorname{div}v)\boldsymbol{I}-\boldsymbol{L}^{\mathrm{T}}]\cdot\boldsymbol{N}\mathrm{d}S.$$

由此导出(8.142)式.

8.8 令 $\dfrac{\partial g^{(1)}}{\partial\boldsymbol{E}^{(1)}}=\boldsymbol{\lambda}_{(1)}$,

$$W_{(1)}(\boldsymbol{D})=\frac{1}{2}\boldsymbol{D}:\mathscr{L}^{(1)}:\boldsymbol{D}-\frac{\langle 1\rangle}{2}\left(\frac{\mathscr{J}}{H+h}\right)_{(1)}(\boldsymbol{\lambda}_{(1)}:\boldsymbol{D})^2,$$

并取当前构形为参考构形, 则由(4.34)式可知(8.137)式左端 $\boldsymbol{\tau}$ 的 Oldroyd 导数可表示为

$$\overset{\triangledown}{\boldsymbol{\tau}}_{(1)}=\overset{\triangledown}{\boldsymbol{\sigma}}_{(1)}+\boldsymbol{\sigma}(\operatorname{div}v)=\frac{\partial W_{(1)}}{\partial\boldsymbol{D}}.$$

注意到 $\overset{\circ}{\boldsymbol{\sigma}}=\overset{\triangledown}{\boldsymbol{\tau}}_{(1)}+\boldsymbol{L}\cdot\boldsymbol{\sigma}$, 并定义

$$\Sigma_{(1)}(\boldsymbol{L})=\frac{1}{2}(\boldsymbol{L}\cdot\boldsymbol{\sigma}):\boldsymbol{L},$$

$$U_{(1)}(\boldsymbol{L})=W_{(1)}(\boldsymbol{D})+\Sigma_{(1)}(\boldsymbol{L}),$$

便得到类似于(8.152)式的表达式

$$\overset{\circ}{\boldsymbol{\sigma}}=\frac{\partial U_{(1)}}{\partial \boldsymbol{L}}.$$

由此可进行类似于(8.153)～(8.163)式的讨论.

8.9 只需证明

$$\int_{\partial v_{0\mathrm{T}}}[\delta v\cdot(\boldsymbol{\Omega}:\boldsymbol{L}^{\mathrm{T}})\cdot\boldsymbol{N}-v\cdot(\boldsymbol{\Omega}:\delta\boldsymbol{L}^{\mathrm{T}})\cdot\boldsymbol{N}]\mathrm{d}S_0=0.$$

为此可令 $\delta v=\boldsymbol{w}$,上式中被积函数的分量形式可表示为

$$(\Omega^{ijkl}w_iv_l|_k-\Omega^{ijkl}v_iw_l|_k)N_j.$$

利用 Ω^{ijkl}关于指标 i 和 l,以及 j 和 k 的反称性,可将上式写为

$$\Omega^{ijkl}[(w_iv_l)|_k]N_j.$$

由(1.56)式,Ω^{ijkl}还可写为

$$\Omega^{ijkl}=\frac{1}{2}(\delta_m^j\delta_n^k-\delta_m^k\delta_n^j)\Omega^{imnl}=\frac{1}{2}\varepsilon_{rmn}\varepsilon^{rjk}\Omega^{imnl}.$$

现定义 $\omega_r=\frac{1}{2}\varepsilon_{rmn}\Omega^{imnl}w_iv_l$,则问题归结为要证明

$$\int_{\partial v_{0\mathrm{T}}}\varepsilon^{rjk}\omega_r|_kN_j\mathrm{d}S_0=0,$$

或

$$\int_{\partial v_{0\mathrm{T}}}(\nabla\times\boldsymbol{\omega})\cdot\boldsymbol{N}\mathrm{d}S_0=0.$$

但由 Stokes 定理(1.139)式,上式可化为在$\partial v_{0\mathrm{T}}$“边界”上的线积分.由于$\partial v_{0\mathrm{T}}$的“边界”与∂v_{0u}的“边界”相同,而在∂v_{0u}上速度的变分 $\delta v=\boldsymbol{w}$ 为零,故以上的积分应等于零.证讫.

8.10 由(8.142)式和(8.168)式可知

$$(\boldsymbol{\Omega}:\boldsymbol{L}^{\mathrm{T}})\cdot\boldsymbol{N}=-\left(\frac{\mathrm{d}S}{\mathrm{d}S_0}\right)p[(\mathrm{div}\ v)\boldsymbol{I}-\boldsymbol{L}^{\mathrm{T}}]\cdot\boldsymbol{N}.$$

故 $\boldsymbol{\Omega}$ 的分量形式可写为 $-\left(\frac{\mathrm{d}S}{\mathrm{d}S_0}\right)p[\delta_i^j\delta_l^k-\delta_i^k\delta_l^j]$,其中 δ_i^j 为 Kronecker 符号,它显然关于指标 i 和 l,以及 j 和 k 是反称的.

8.11 取杆的轴向沿直角坐标系$\{X^1,X^2,X^3\}$的 X^1 方向.如略去杆的横向变形,则变形后质点在直角坐标系$\{x^i\}$中的分量可表示为

$$x^1=X^1+U=X+U,\qquad x^2=X^2,\qquad x^3=X^3,$$

其中 U 为轴向位移,它是 $X=X^1$ 和时间 t 的函数:$U=U(X,t)$.

现采用 Lagrange 描述,Green 应变可由(2.70)式写为 $E=E_{11}^{(1)}=\gamma+\frac{1}{2}\gamma^2$,其中

$\gamma=\dfrac{\partial U}{\partial X}$. 与 Green 应变相共轭的第二类 Piola-Kirchhoff 应力 $\boldsymbol{T}^{(1)}$ 在 X^1 方向的分量可记为 $T_{11}^{(1)}=T(X,t)$. 对于弹塑性材料，不卸载时的本构关系可假定具有如下形式：$T=T(E)$，其中 $T(E)$ 是 E 的已知函数. 将以上结果代入运动方程(3.42)式，在忽略体力项的情况下，有

$$[(1+\gamma)T]_{,X}=\rho_0\frac{\partial^2 U}{\partial t^2}.$$

质点沿轴向的速度可记为 $V=\dfrac{\partial U}{\partial t}$，由此可得到在不卸载条件下弹塑性波传播的基本方程为：

$$c^2(\gamma)\frac{\partial \gamma}{\partial X}=\frac{\partial V}{\partial t},$$

$$\frac{\partial \gamma}{\partial t}=\frac{\partial V}{\partial X},$$

其中 $c^2(\gamma)=\dfrac{1}{\rho_0}\left[T(E)+(1+\gamma)^2\dfrac{\mathrm{d}T}{\mathrm{d}E}\right]$. 不难看出，$c(\gamma)$ 为弹塑性波的传播速度. 对应于以上基本方程的特征线满足 $\dfrac{\mathrm{d}X}{\mathrm{d}t}=\pm c(\gamma)$，而特征线上的关系为 $\mathrm{d}V=\pm c(\gamma)\mathrm{d}\gamma$. 显然，为了求得问题的解，还需要补充相应的初始条件和边界条件.

第 九 章

9.2 $\boldsymbol{\sigma}$ 的物质导数为 $\dot{\boldsymbol{\sigma}}=\dfrac{\partial \boldsymbol{\sigma}}{\partial t}+(\boldsymbol{\sigma}\nabla)\cdot v$. 由于 $\boldsymbol{\sigma}$ 在 $\Sigma(t)$ 上连续. 故(9.45)式可写为

$$\left[\!\left[\frac{\partial \boldsymbol{\sigma}}{\partial t}\right]\!\right]=-G\boldsymbol{B},\qquad \text{其中 } \boldsymbol{B}=\left[\!\left[\frac{\partial \boldsymbol{\sigma}}{\partial \nu}\right]\!\right].$$

再由(9.8)式：$\boldsymbol{\sigma}\nabla=\dfrac{\partial \boldsymbol{\sigma}}{\partial \nu}\otimes\boldsymbol{\nu}+g^{\alpha\beta}\dfrac{\partial \boldsymbol{\sigma}}{\partial u^\beta}\otimes\boldsymbol{a}_\alpha$，以及 $\boldsymbol{\sigma}$ 和 v 在 $\Sigma(t)$ 上连续的条件，可知

$$[\![(\boldsymbol{\sigma}\nabla)\cdot v]\!]=[\![\boldsymbol{\sigma}\nabla]\!]\cdot v=\left[\!\left[\frac{\partial \boldsymbol{\sigma}}{\partial \nu}\right]\!\right]v_\nu=\boldsymbol{B}v_\nu.$$

于是有 $[\![\dot{\boldsymbol{\sigma}}]\!]=(v_\nu-G)\boldsymbol{B}$.

9.3 $\boldsymbol{\sigma}$ 的 Oldroyd 导数可由(4.34)式写为

$$\overset{\triangledown}{\boldsymbol{\sigma}}_{(1)}=\dot{\boldsymbol{\sigma}}-\boldsymbol{\sigma}\cdot\boldsymbol{L}^{\mathrm{T}}-\boldsymbol{L}\cdot\boldsymbol{\sigma}.$$

当速度在 $\Sigma(t)$ 上连续时，有 $[\![\boldsymbol{L}]\!]=[\![v\nabla]\!]=\left[\!\left[\dfrac{\partial v}{\partial \nu}\right]\!\right]\otimes\boldsymbol{\nu}$. 如果记 $\left[\!\left[\dfrac{\partial v}{\partial \nu}\right]\!\right]=\boldsymbol{\lambda}_\nu$，则有

$$[\![\overset{\triangledown}{\boldsymbol{\sigma}}_{(1)}]\!]=(v_\nu-G)\boldsymbol{B}-(\boldsymbol{\sigma}\cdot\boldsymbol{\nu}\otimes\boldsymbol{\lambda}_\nu+\boldsymbol{\lambda}_\nu\otimes\boldsymbol{\nu}\cdot\boldsymbol{\sigma}),$$

其中 $\boldsymbol{B}=\left[\!\left[\dfrac{\partial \boldsymbol{\sigma}}{\partial \nu}\right]\!\right]$.

9.4 为简单起见，现取直角坐标系(X^1,X^2,X^3)，其中 X^1轴沿间断面 $\Sigma_0(t)$ 的

法向 $\boldsymbol{v}_0$，故 $\boldsymbol{v}_0$ 的分量形式为 $\boldsymbol{v}_0=\begin{pmatrix}1\\0\\0\end{pmatrix}$，(2.2)式可具体写为 $\boldsymbol{x}=\boldsymbol{X}+\boldsymbol{U}$，其中位移向量 $\boldsymbol{U}$ 是 $X^A(A=1,2,3)$ 和 t 的函数. 现将 $\boldsymbol{F}$ 表示为矩阵形式 $[F_{iA}]$，这时，变形梯度的间断值可用其分量表示为 $[\![F_{iA}]\!]=\left[\!\!\left[\dfrac{\partial U_i}{\partial X^A}\right]\!\!\right]$. 根据 $\boldsymbol{U}$ 的连续性，有 $\left[\!\!\left[\dfrac{\partial U_i}{\partial X^A}\right]\!\!\right]=0$（当 $A=2,3$），故 $[\![F_{iA}]\!]$ 的矩阵形式为

$$\begin{pmatrix}F_{11}&0&0\\F_{21}&0&0\\F_{31}&0&0\end{pmatrix}.$$

注意到 $[F_{iA}]$ 的逆为 $\left(\dfrac{1}{\det F}\right)[F^*_{Aj}]$，其中 $[F^*_{Aj}]$ 为 $[F_{iA}]$ 的伴随矩阵（代数余子式的转置），可得

$$[\![(\det\boldsymbol{F})F^{-1}_{iA}]\!]=\begin{pmatrix}0&0&0\\F^*_{21}&F^*_{22}&F^*_{23}\\F^*_{31}&F^*_{32}&F^*_{33}\end{pmatrix},$$

由于 $\det\boldsymbol{F}=\mathscr{J}$，故有

$$[\![\mathscr{J}\boldsymbol{F}^{-\mathrm{T}}]\!]\cdot\boldsymbol{v}_0=\begin{pmatrix}0&F^*_{21}&F^*_{31}\\0&F^*_{22}&F^*_{32}\\0&F^*_{23}&F^*_{33}\end{pmatrix}\begin{pmatrix}1\\0\\0\end{pmatrix}=\boldsymbol{0}.$$

9.5 $\boldsymbol{F}$ 的间断值可写为 $[\![\boldsymbol{F}]\!]=\left[\!\!\left[\dfrac{\partial\boldsymbol{U}}{\partial\boldsymbol{X}}\right]\!\!\right]$，其中位移 $\boldsymbol{U}$ 在间断面 $\Sigma_0(t)$ 上连续，故 $\boldsymbol{U}$ 沿 $\Sigma_0(t)$ 的切向导数为零. 在 Lagrange 描述下，一阶运动相容性条件为

$$[\![v]\!]=\left[\!\!\left[\frac{\partial\boldsymbol{U}}{\partial t}\right]\!\!\right]=-c_0\left[\!\!\left[\frac{\partial\boldsymbol{U}}{\partial\nu_0}\right]\!\!\right],$$

其中 $\dfrac{\partial\boldsymbol{U}}{\partial\nu_0}$ 是位移 $\boldsymbol{U}$ 沿 $\Sigma_0(t)$ 的法向导数，c_0 为局部速度. 此外由(9.95)式，可得

$$[\![\boldsymbol{S}]\!]\cdot\boldsymbol{v}_0=-c_0\rho_0[\![v]\!]=c_0^2\rho_0\left[\!\!\left[\frac{\partial\boldsymbol{U}}{\partial\nu_0}\right]\!\!\right],$$

因此，当 $c_0\neq0$ 时，有

$$[\![\boldsymbol{F}]\!]=\left[\!\!\left[\frac{\partial\boldsymbol{U}}{\partial\nu_0}\right]\!\!\right]\otimes\boldsymbol{v}_0=\frac{1}{c_0^2\rho_0}[\![\boldsymbol{S}]\!]\cdot\boldsymbol{v}_0\otimes\boldsymbol{v}_0=-\frac{1}{c_0}[\![v]\!]\otimes\boldsymbol{v}_0.$$

9.6 (a) 根据(9.78)式和(9.80)式，可知

$$\begin{aligned}\boldsymbol{v}\cdot[\![\boldsymbol{\sigma}]\!]\cdot\boldsymbol{v}&=-[\![\rho cv\cdot\boldsymbol{v}]\!]=[\![\rho c(c-G)]\!]=[\![\rho c^2]\!]\\&=\{(\rho_+c_+)c_+-(\rho_-c_-)c_-\}\\&=(\rho_-c_-)c_+-(\rho_+c_+)c_-=-(\rho_+-\rho_-)c_+c_-\\&=-c_+c_-[\![\rho]\!].\end{aligned}$$

(b) 因为 $[\![v]\!]=\boldsymbol{0}$，所以 $c_+=c_-$. 故由(9.78)式和(9.80)式可得

$$[\![\rho]\!]=0\quad 和\quad [\![\boldsymbol{\sigma}]\!]\cdot\boldsymbol{v}=\boldsymbol{0},$$

于是,(9.82)式可写 $m[\![\varepsilon]\!]+[\![\boldsymbol{q}]\!]\cdot\boldsymbol{\nu}=0$.

9.7 当变形很小时,应变张量可近似写为 $\boldsymbol{e}=\dfrac{1}{2}(\boldsymbol{u}\nabla+\nabla\boldsymbol{u})$,其中 $\boldsymbol{u}$ 为位移向量,而速度 v 可近似表示为 $v=\dfrac{\partial\boldsymbol{u}}{\partial t}$. 各向同性线性弹性固体的本构关系可利用(1.208)式写为

$$\boldsymbol{\sigma}=2\mu\boldsymbol{e}+\lambda(\mathrm{tr}\,\boldsymbol{e})\boldsymbol{I},$$

其中 $\boldsymbol{\sigma}$ 为 Cauchy 应力,μ 和 λ 为弹性常数.

考虑到位移 $\boldsymbol{u}$ 的连续性,故一阶几何相容性条件和一阶运动相容性条件可由(9.11)式和(9.45)式表示为

$$[\![\boldsymbol{u}\nabla]\!]=\boldsymbol{B}\otimes\boldsymbol{\nu},\quad [\![v]\!]=\left[\!\!\left[\frac{\partial\boldsymbol{u}}{\partial t}\right]\!\!\right]=-G\boldsymbol{B},$$

其中 $\boldsymbol{B}=\left[\!\!\left[\dfrac{\partial\boldsymbol{u}}{\partial\nu}\right]\!\!\right]$. 小扰动的存在要求 $\boldsymbol{B}\neq\boldsymbol{0}$ 或 $\boldsymbol{B}\cdot\boldsymbol{B}\neq 0$. 由 $[\![\mathrm{tr}\boldsymbol{e}]\!]=[\![\boldsymbol{u}\cdot\nabla]\!]=\boldsymbol{B}\cdot\boldsymbol{\nu}$,可知

$$[\![\boldsymbol{\sigma}]\!]=\mu(\boldsymbol{B}\otimes\boldsymbol{\nu}+\boldsymbol{\nu}\otimes\boldsymbol{B})+\lambda(\boldsymbol{B}\cdot\boldsymbol{\nu})\boldsymbol{I}.$$

如果未扰动介质处于静止状态,则有 $m=-\rho_+G$. 因此,动力学间断条件(9.80)式可写为

$$[\![\boldsymbol{\sigma}]\!]\cdot\boldsymbol{\nu}=\mu\boldsymbol{B}+(\mu+\lambda)(\boldsymbol{B}\cdot\boldsymbol{\nu})\boldsymbol{\nu}=-mG\boldsymbol{B}=\rho_+G^2\boldsymbol{B}. \qquad (\text{Ⅸ}^*.\text{a})$$

下面分两种情况来进行讨论.

(i) $(B_\nu)=\boldsymbol{B}\cdot\boldsymbol{\nu}$ 在间断面上不等于零.则可对上式点乘 $\boldsymbol{\nu}$,得

$$G=\sqrt{\frac{\lambda+2\mu}{\rho_+}}\quad(\text{当 }\boldsymbol{B}\cdot\boldsymbol{\nu}\neq 0). \qquad (\text{Ⅸ}^*.\text{b})$$

将(Ⅸ*.b)式代入(Ⅸ*.a)式,有 $\boldsymbol{B}=(B_\nu)\boldsymbol{\nu}$,因此

$$[\![\boldsymbol{u}\nabla]\!]=\boldsymbol{B}\otimes\boldsymbol{\nu}=(B_\nu)\boldsymbol{\nu}\otimes\boldsymbol{\nu}=[\![\nabla\boldsymbol{u}]\!].$$

说明在间断的后方有 $(\boldsymbol{u}\nabla-\nabla\boldsymbol{u})_-=\boldsymbol{0}$,可见(Ⅸ*.b)式对应于无旋波速.

(ii) $(B_\nu)=\boldsymbol{B}\cdot\boldsymbol{\nu}$ 在间断面上等于零.则由条件 $\boldsymbol{B}\neq\boldsymbol{0}$ 可得

$$G=\sqrt{\frac{\mu}{\rho_+}}\quad(\text{当 }\boldsymbol{B}\cdot\boldsymbol{\nu}=0). \qquad (\text{Ⅸ}^*.\text{c})$$

注意到这时 $[\![v]\!]\cdot\boldsymbol{\nu}=-G(B_\nu)=0$,可知还有 $c_+=c_-$,和 $\rho_+=\rho_-$. 条件 $[\![\boldsymbol{u}\cdot\nabla]\!]=\boldsymbol{B}\cdot\boldsymbol{\nu}=0$ 表明,在间断面后方有 $(\mathrm{tr}\boldsymbol{e})_-=(\boldsymbol{u}\cdot\nabla)_-=0$. 可见(Ⅸ*.c)式对应于等容波速.

全书参考文献

1. Truesdell C, Noll W. The non-linear field theories of mechanics. Handbuch der Physik,(S. Flügge ed.) III/3. Berlin: Springer-Verlag, 1965.(2nd ed. , 1992.)

2. Eringen A C. Mechanics of continua. New York: John Wiley & Sons, Inc., 1967.(2nd ed. 1980, 中译本:程昌钧,俞焕然译.连续统力学.北京:科学出版社,1991.)

3. [日]德冈辰雄.理性连续介质力学入门.(赵镇,苗天德,程昌钧译.北京:科学出版社,1982.)

4. Leigh D C. Nonlinear continuum mechanics. New York: McGraw-Hill, Inc. ,1968.

5. Chadwick P. Continuum mechanics—concise theory and problems. London: George Allen and Unwin, 1976.(中译本:傅依斌译.连续介质力学——简明理论和例题.天津:天津大学出版社,1992.)

6. Gurtin M E. An introduction to continuum mechanics. New York: Academic Press, 1981.(中译本:郭仲衡,郑百哲译.连续介质力学引论.北京:高等教育出版社,1992.)

7. Fung Y C(冯元桢). Foundations of solid mechanics. New Jersey: Prentice-Hall, Inc. , Englewood Cliffs, 1965.

8. Holzapfel G A. Nonlinear Solid Mechanisc. New York:John Wiley & Sons,2000.

9. 郭仲衡.非线性弹性理论.北京:科学出版社,1980.

10. 匡震邦.非线性连续介质力学.上海:上海交通大学出版社,2002.

11. 谢多夫.连续介质力学(中译本:李植 译),北京:高等教育出版社,第一卷 2007,第二卷 2009.

12. 黄克智,黄永刚.高等固体力学,北京:清华大学出版社,2012.

13. 高玉臣.固体力学基础.北京:中国铁道出版社,1999.

14. 王自强.理性力学基础.北京:科学出版社,2000.

主 题 索 引

（以下按英文字母顺序排列）

(以下按汉语拼音顺序排列)

B

C

D

F

外国人名译名对照表

Bernoulli, D.	伯努利, D.
Biot, M.A.	毕奥, M.A.
Carathéodory, C.	卡拉西奥多里, C
Cauchy, A. -L.	柯西, A. -L.
Chadwick, P.	查德维克, P.
Christensen, R.M.	克里斯坦森, R.M.
Clausius, R	克劳修斯, R
Coleman, B.D.	科尔曼, B.D.
Couette, M.	库埃特, M.
Drucker, D.C.	德鲁克, D.C.
Edelen, D.G.B.	埃德伦, D.G.B.
Ericksen, J.L.	埃里克森, J.L.
Eringen, A.C.	爱林根, A.C.
Euler, L.	欧拉, L.
Froude, W.	弗劳德, W.
Fung, Y.C.	冯元桢
Green, A.E.	格林, A.E.
Gurtin, M.E.	格廷, M.E.
Hagen, G.H.L.	哈根, G.H.L.
Hill, R.	希尔, R.
Jaumann, G.	耀曼, G.
Kelvin	开尔文
Lagrange, J. -L.	拉格朗日, J. -L.
Mach, E.	马赫, E.
Mooney, M.	穆尼, M.
Müller, I.	弥勒, I.
Naghdi, P.M.	纳格迪, P.M.
Newton, I.	牛顿, I.
Noll, W.	诺尔, W.

Ogden, R.W.	奥格登，R.W.
Oldroyd, J.G.	奥伊洛特，J.G.
Onsager, L.	昂萨格，L.
Poiseuille, J. -L. -M.	泊肃叶，J. -L. -M.
Poisson, S. -D.	泊松，S. -D.
Poynting, J.H.	坡印廷，J.H.
Reiner, M.	赖纳，M.
Reynolds, O.	雷诺，O.
Rivlin, R.S.	里夫林，R.S.
Stokes, G.G.	斯托克斯，G.G.
Thomas, T.Y.	托马斯，T.Y.
Treloar, L.R.G.	特雷罗，L.R.G.
Truesdell, C.	特鲁斯德尔，C.
Wang, C.C.	王钊诚
Weissenberg, K.	韦森泊，K.
Ильюшин, А.А.	伊柳辛，А.А.
Седов, Л.И.	谢多夫，Л.И.

Synopsis

Continuum Mechanics is an important branch in modern physics. It provides a unified approach to the study of mechanical response of deformable bodies to external actions. Hence, it is the foundation for advanced texts in Mechanics such as Fluid Dynamics, Elasticity, Viscoelasticity and Plasticity. In recent years, Continuum Mechanics has been a required course for graduate study in the field of Applied Science and Engineering.

The first edition of the book is based on the revised class notes of a course of the same title taught by the author in the Department of Mechanics at Peking University over a period of sixteen years. In the present edition, some of research works related to Continuum Mechanics carried out by the author are also included.

The book is organized in nine chapters. Chapter 1 presents a brief account of tensor theories required in the text. Chapter 2 provides descriptions of the deformation and motion of deformable bodies. Chapter 3 is concerned with balance principles and the exposition of continuum thermodynamics. In Chapter 4, general principles for the determination of constitutive equations are discussed. Chapter 5 deals with simple fluids with special attention given to the discussion on viscometric flows. In Chapters 6~8, constitutive relations of elastic, viscoelastic, and plastic materials under finite deformation are discussed respectively. Finally in Chapter 9, discontinuity conditions in continuum mechanics are presented.

The book places special emphasis on the precision of basic concepts and the self-consistency of theoretical framework. It is hoped that this book provides not only rigorous mathematical deductions but also physical connotations of these mathematical equations, not only recent research achievements in continuum mechanics but also clarifications on some currently debated fundamental issues. To enable readers to acquire a better understanding of the subject, examples and exercises are provided in each chapter with answers and hints for some exercises added at the end of the book.

The text is intended primarily for graduate students in the Department of Mechanics, Applied Mathematics, Applied Physics and Engineering Sciences. The book can also serve as a reference work for professors, scientists, and engineers involved in continuum mechanics research.

Contents

重 印 勘 误

（2020 年 11 月）

（1）第 30 页，（1.99）式下面两行中的三处 u 和两处 H 分别改成黑体的 $\boldsymbol{u}$ 和 $\boldsymbol{H}$.

（2）第 281 页，倒数第 5 行和倒数第 3 行公式中的$\dfrac{\rho^0}{\mu^0}$改为$\dfrac{\rho_0}{\mu^0}$.

（3）第 281 页，倒数第 3 行公式中的 $C_2\ln\left(\dfrac{I_2}{3}\right)$ 改为 $C_2\mathscr{J}^{\delta}\ln\left(\dfrac{I_2}{3}\right)$.

（4）第 281 页倒数第 1 行，“上式中 C_1,C_2 和 C_3 为待定的材料常数.”改为“上式中 C_1,C_2 和 C_3 以及 δ 为待定的材料常数.”

（5）第 282 页，（6.99）式改为：

$$\rho_0\psi=-\left(\frac{\mu^0}{J'_m+3}\right)\left[\frac{1}{2}J_mJ'_m\ln\left(1-\frac{I_1-3}{J_m}\right)-\frac{9}{2}\mathscr{J}^{\delta}\ln\left(\frac{I_2}{3}\right)+(J'_m+6)(\ln\mathscr{J}+h(\mathscr{J}))\right]$$

$$-\frac{3}{2}\left(\frac{\lambda^0}{J'_m+3}\right)\left[\frac{1}{2}J_mJ'_m\ln\left(1-\frac{3(\mathscr{J}^{2/3}-1)}{J_m}\right)-6\mathscr{J}^{\delta}\ln\mathscr{J}+(J'_m+6)(\ln\mathscr{J}+h(\mathscr{J}))\right],$$

并在（6.99）式后加上说明：“其中 $J'_m=J_m(1-6\delta)$.”

（6）第 282 页，（6.99）式下面的第一句话改为：

当材料不可压时，（6.92）式中的材料常数应取为 $C_1=\dfrac{\mu^0}{2\rho_0}\left(\dfrac{J'_m}{J'_m+3}\right)$，$C_2=\dfrac{9\mu^0}{2\rho_0}\left(\dfrac{1}{J'_m+3}\right)$.

（7）第 311 页，倒数第 8 行中的 $\tilde{\boldsymbol{C}}_s=(\boldsymbol{F}\cdot\boldsymbol{F}^*)^{\mathrm{T}}\cdot(\boldsymbol{F}\cdot\boldsymbol{F}^*)$ 改为 $\tilde{\boldsymbol{C}}=(\boldsymbol{F}\cdot\boldsymbol{F}^*)^{\mathrm{T}}\cdot(\boldsymbol{F}\cdot\boldsymbol{F}^*)$.

（8）第 321 页，倒数第 3 行和倒数第 2 行“所以当考虑温度变化时，……代替.”改为：

“所以当考虑温度变化时，（6.99）式右端与初始剪切模量相对应的项中，μ^0 应该用 $\mu^0\left(\dfrac{\theta}{\theta_0}\right)$ 代替，而（6.99）式右端与初始体积模量相对应的项中，k^0 仍然保持不变.”

（9）第 322 页，（6.245）式的下面一行公式改为：

其中 $\omega_{(\text{th})}(\mathscr{J})=\dfrac{9k^0\alpha_0}{2(J'_m+3)}\left[\dfrac{\mathscr{J}^{2/3}J_mJ'_m}{J_m-3(\mathscr{J}^{2/3}-1)}+6(1+\delta\ln\mathscr{J})\mathscr{J}^{\delta}-(J'_m+6)(1+h'(\mathscr{J})\mathscr{J})\right]$.

（10）第 322 页，(6.246)式和(6.247)式分别改为：

$$\rho_0\psi(\theta,\boldsymbol{E})=-\mu^0\left(\frac{\theta}{\theta_0}\right)\left(\frac{1}{J'_m+3}\right)\left[\frac{1}{2}J_mJ'_m\ln\left(1-\frac{I_1-3}{J_m}\right)-\frac{1}{2}J_mJ'_m\ln\left(1-\frac{3(\mathscr{J}^{2/3}-1)}{J_m}\right)-\frac{9}{2}\mathscr{J}^{\delta}\ln\left(\frac{I_2}{3}\right)+6\mathscr{J}^{\delta}\ln\mathscr{J}\right]-\frac{3k^0}{2(J'_m+3)}\left[\frac{1}{2}J_mJ'_m\ln\left(1-\frac{3(\mathscr{J}^{2/3}-1)}{J_m}\right)-6\mathscr{J}^{\delta}\ln\mathscr{J}+(J'_m+6)(\ln\mathscr{J}+h(\mathscr{J}))\right]-\omega_{(\text{th})}(\mathscr{J})(\theta-\theta_0)+\rho_0\psi_0+\rho_0\psi_{(2)}(\theta),\tag{6.246}$$

$$\eta=-\frac{\partial\psi}{\partial\theta}=\frac{\mu^0}{\rho_0\theta_0}\left(\frac{1}{J'_m+3}\right)\left[\frac{1}{2}J_mJ'_m\ln\left(1-\frac{I_1-3}{J_m}\right)-\frac{1}{2}J_mJ'_m\ln\left(1-\frac{3(\mathscr{J}^{2/3}-1)}{J_m}\right)-\frac{9}{2}\mathscr{J}^{\delta}\ln\left(\frac{I_2}{3}\right)+6\mathscr{J}^{\delta}\ln\mathscr{J}\right]+\frac{1}{\rho_0}\omega_{(\text{th})}(\mathscr{J})+C_{\text{E}}\ln\frac{\theta}{\theta_0}+\eta_0.\tag{6.247}$$

（11）第 323 页，(6.248)式中的前两行改为：

$$\rho_0\psi(\theta,\boldsymbol{E})=\mu^0\left(\frac{\theta}{\theta_0}\right)\left[\frac{1}{2}(I_1-3)-\frac{3}{2}(\mathscr{J}^{2/3}-1)\right]+\frac{9}{4}k^0\left[(\mathscr{J}^{2/3}-1)-\frac{2}{3}(\ln\mathscr{J}+h(\mathscr{J}))\right]-$$

（12）第 328 页，在本页参考文献的最后，再增加一篇参考文献：

6.22 Huang Z P. A novel constitutive formulation for rubberlike materials in thermoelasticity. Trans. ASME, J. Appl. Mech., 2014, 81: 041013-1-8.

* Erratum: J. Appl. Mech., 2016, 83(4): 047001, Paper No: JAM-15-1619.

（13）第 365 页，第 12 行，“另一方面，……，其中”改为：

“在一般情况下，$\boldsymbol{U}$ 和 $\boldsymbol{\Phi}$ 并不具有相同的主方向. 下面考虑一类特殊的变形模式，这类变形模式中的 $\boldsymbol{R}$ 可写为 $\boldsymbol{R}=\boldsymbol{R}_e\cdot\boldsymbol{R}'_i$，其中”

（14）第 366 页，第 8 行中，“可见，以上所定义的内变量……”改为“可见，以上特殊变形模式所定义的内变量……”.

（15）第 366 页，倒数第 7 行中，“为此，可假设内变量……”改为“对于以上特殊的变形模式，可假设内变量……”.

（16）第 475 页，“全书参考文献”中的文献 12 改为：

12. 黄克智，黄永刚. 高等固体力学(上册)，北京：清华大学出版社，2013.

图书在版编目（CIP）数据

连续介质力学基础/黄筑平著.—2版.—北京：高等教育出版社，2012.9（2020.12重印）
ISBN 978-7-04-034308-3

Ⅰ.①连… Ⅱ.①黄… Ⅲ.①连续介质力学-研究生-教材 Ⅳ.①O33

中国版本图书馆CIP数据核字(2012)第108554号

LIANXU JIEZHI LIXUE JICHU

策划编辑 李 鹏　责任编辑 李 鹏　封面设计 李卫青　版式设计 余 杨
责任校对 刘 莉　责任印制 韩 刚

出版发行 高等教育出版社
社　　址 北京市西城区德外大街4号
邮政编码 100120
印　　刷 涿州市星河印刷有限公司
开　　本 787mm×960mm 1/16
印　　张 32
字　　数 600千字
购书热线 010-58581118
咨询电话 400-810-0598

网　　址 http://www.hep.edu.cn
　　　　 http://www.hep.com.cn
网上订购 http://www.landraco.com
　　　　 http://www.landraco.com.cn
版　　次 2003年2月第1版
　　　　 2012年9月第2版
印　　次 2020年12月第2次印刷
定　　价 79.00元

物 料 号 34308-00